Rolf-Günther Nolden, Peter Körner, Ernst Bizer, Holger Pesch

Management im Industriebetrieb

Band 1
Geschäftsprozesse

11. Auflage

ERSTER ABSCHNITT – Betriebliche Leistungsprozesse

ZWEITER ABSCHNITT – Produktionsmanagement

DRITTER ABSCHNITT – Materialmanagement

VIERTER ABSCHNITT – Personalmanagement

FÜNFTER ABSCHNITT – Absatzmanagement

SECHSTER ABSCHNITT – Investitions- und Finanzmanagement

ANHANG – Außenhandelsgeschäfte

Bestellnummer 05174

Bildungsverlag EINS
westermann

Aus Gründen der besseren Lesbarkeit wird bei geschlechtsspezifischen Bezeichnungen in der Regel nur die männliche Form gewählt.

Die in diesem Produkt gemachten Angaben zu Unternehmen (Namen, Internet- und E-Mail-Adressen, Handelsregistereintragungen, Bankverbindungen, Steuer-, Telefon- und Faxnummern und alle weiteren Angaben) sind i. d. R. fiktiv, d. h., sie stehen in keinem Zusammenhang mit einem real existierenden Unternehmen in der dargestellten oder einer ähnlichen Form. Dies gilt auch für alle Kunden, Lieferanten und sonstigen Geschäftspartner der Unternehmen wie z. B. Kreditinstitute, Versicherungsunternehmen und andere Dienstleistungsunternehmen. Ausschließlich zum Zwecke der Authentizität werden die Namen real existierender Unternehmen und z. B. im Fall von Kreditinstituten auch deren IBANs und BICs verwendet.

Die in diesem Werk aufgeführten Internetadressen sind auf dem Stand zum Zeitpunkt der Drucklegung. Die ständige Aktualität der Adressen kann vonseiten des Verlages nicht gewährleistet werden. Darüber hinaus übernimmt der Verlag keine Verantwortung für die Inhalte dieser Seiten.

service@bv-1.de
www.bildungsverlag1.de

Bildungsverlag EINS GmbH
Ettore-Bugatti-Straße 6-14, 51149 Köln

ISBN 978-3-427-**05174**-9

westermann GRUPPE

Informationen zu Management im Industriebetrieb

Management im Industriebetrieb besteht aus einer dreibändigen Buchreihe. Diese versteht sich als lernfeldorientierte Wirtschaftslehre des Industriebetriebs unter dem Leitgedanken des Managements betrieblicher Prozesse. Sie deckt die Lernfelder des Rahmenlehrplans für den Ausbildungsberuf Industriekaufmann/-frau wie folgt ab:

Band 1: Geschäftsprozesse	Band 2: Wirtschafts- und Sozialprozesse	Band 3: Steuerung und Kontrolle
LF2 Marktorientierte Geschäftsprozesse	LF1 Orientierung in Ausbildung und Beruf	LF3 Erfassung und Dokumentation von Werteströmen
LF5 Leistungserstellungsprozesse	LF9 Unternehmen im gesamt- und weltwirtschaftlichen Zusammenhang	LF4 Analyse und Beurteilung von Wertschöpfungsprozessen
LF6 Beschaffungsprozesse	LF12 Unternehmensstrategien und -projekte; Wirtschaftspolitik	LF8 Jahresabschluss
LF7 Personalwirtschaftliche Aufgaben		Außerdem:
LF10 Absatzprozesse		Buchungen zu LF 6, 7 und 10
LF11 Investitions- und Finanzierungsprozesse		Grundlagen des Wirtschaftsrechnens

Als fiktive Modellunternehmen haben wir *MGB Maltmann Getriebebau e. K., Essen* und *Metallweb e. K., Dortmund* gewählt. **Für MGB ist eine Website eingerichtet, die Sie im Internet aufrufen können.**

Wir bedanken uns bei Frau Christiane Großer (Lauf an der Pegnitz), Herrn Hans-G. Körner (Köln), Herrn Dr. Michael Otté (Velbert) und Herrn Heinz-Werner Seyler (Kaiserslautern), die uns wichtige Anregungen gegeben haben.

Das Buch soll zum **Erwerb von Handlungskompetenz** beitragen. Es ermöglicht einen vielfältigen Einsatz: als Sachbuch für Unterricht und Selbststudium, als Übungsbuch für Klausuren und Prüfungsvorbereitung, als Nachschlagewerk (aufgrund des umfangreichen Sachwortverzeichnisses) und als Arbeitsbuch für den kompetenzorientierten Unterricht. Wir haben eine verständliche Sprache und eine gut gegliederte Darstellung gewählt, sodass die Lernenden den Lehrstoff unter Lehranleitung oder auch selbstständig erarbeiten können. Bei zahlreichen fallorientierten Arbeitsaufträgen haben wir Wert auf die Einbeziehung moderner Arbeits-, Kommunikations- und Präsentationsmethoden und des Internets als Rechercheinstruments gelegt.

Als wichtige Ergänzung zu diesem Lehrbuch halten wir eine Vielzahl von **BuchPlusWeb-Materialien** für Sie bereit. **Laden Sie deshalb vor der Arbeit mit dem Buch den gesamten Inhalt von Buch-PlusWeb auf Ihren Computer.** Die Dateinamen der Materialien sind unter den jeweiligen Buch-PlusWeb-Icons angegeben. Sie sind nach den Buchseiten geordnet (Ausnahme: der Ordner Arbeitsmethoden) und deshalb ohne Schwierigkeit aufrufbar. Wenn Sie das Digitale Schulbuch besitzen, genügt für den Aufruf ein Mausklick auf das jeweilige BuchPlusWeb-Symbol.

Web

Um den Erwerb von Handlungskompetenz zu fördern, bieten wir Ihnen als Ergänzung zum Lehrbuch einen Band mit **Lernsituationen** zu zahlreichen Themen der BWL an (Bestell-Nr. 24265).

Lehrern und Ausbildern bieten wir die ausführlichen Lösungen zu den Arbeitsaufträgen als Download (Bestell-Nr. 05176) an.

Wir wünschen Ihnen eine erfolgreiche Arbeit mit *Management im Industriebetrieb.*

Autoren und Verlag

Inhaltsverzeichnis

Vorbemerkung: Methodenkompetenz 9

ERSTER ABSCHNITT
Betriebliche Leistungsprozesse
Rahmenlehrplan: LERNFELD 2
Marktorientierte Geschäftsprozesse eines Industriebetriebes erfassen

1 Zielsystem des Industrieunternehmens .. 10
1.1 Unternehmen und Betrieb ... 10
1.2 Einflussgrößen der Zielfindung ... 11
1.2.1 Unternehmensethik: die moralische Basis 11
1.2.2 Unternehmenskultur: Identitätsstiftung .. 12
1.2.3 Anspruchsgruppen: unterschiedliche Wünsche ... 16
1.3 Shareholder-Ziele: Vorrang ökonomischer Ziele ... 17
1.3.1 Formalziele ... 17
1.3.2 Sachziele ... 18
1.4 Berücksichtigung von Stakeholder-Zielen 20
1.4.1 Zielkonflikte ... 20
1.4.2 Lösungsansätze ... 20

2 Managementprozesse ... 22
2.1 Entscheidungs- und Führungsprozess ... 22
2.2 Beschreibung der Führungsaufgaben ... 23
2.3 Entscheidungsprozess als Informationsprozess ... 25
2.4 Controlling ... 27
2.5 Informationsmanagement ... 28
2.6 Bedeutung von Internet und Intranet ... 31

3 Anforderungen von Märkten und Umfeld ... 35
3.1 Beschaffungs- und Absatzmärkte ... 35
3.2 Käufer- und Verkäufermärkte ... 36
3.3 Globalisierte Märkte ... 36
3.4 Konsequenzen für das Management ... 36
3.5 Umfeld des Unternehmens ... 37

4 Funktionen, Flüsse, Wertschöpfung ... 40
4.1 Grundlegende Teilaufgaben (Funktionen). 40
4.2 Verknüpfung der Funktionsbereiche ... 42
4.2.1 Informationsfluss ... 42
4.2.2 Güterfluss ... 43
4.2.3 Wertefluss; Wertschöpfungsprozess ... 45
4.2.4 Geldfluss ... 46

5 Traditionelle Betriebsorganisation ... 48
5.1 Aufbauorganisation ... 48
5.1.1 Stellen und Abteilungen ... 48
5.1.2 Organisationsmodelle ... 49
5.1.3 Organisationsschaubild (Organigramm) .. 51
5.2 Ablauforganisation ... 52
5.2.1 Arbeitsanalyse ... 53
5.2.2 Arbeitssynthese ... 53

6 Geschäftsprozessorientierung ... 55
6.1 Geschäftsprozess, Prozessarten ... 55
6.2 Prozessorganisation ... 58
6.3 Supply-Chain-Management ... 59
6.4 Analyse, Gestaltung und Darstellung von Geschäftsprozessen ... 60
6.4.1 Prozessanalyse ... 60
6.4.2 Prozessgestaltung ... 61
6.4.3 Prozessdarstellung ... 61
6.5 Prozesslandkarte ... 62
6.6 Prozessoptimierung – eine Controllingaufgabe ... 63
6.7 Benchmarking – eine Methode der Geschäftsprozessoptimierung ... 65
6.7.1 Begriff und Arten des Benchmarkings ... 66
6.7.2 Prozess eines Benchmarking-Projekts[1] ... 67

7 Projektmanagement (Kurzüberblick[1]) ... 68

8 Management von Querschnittsaufgaben 69
8.1 Produktmanagement ... 70
8.2 Qualitätsmanagement (QM) ... 71
8.3 Umweltmanagement ... 74
8.3.1 Umweltkosten als externe Kosten ... 74
8.3.2 Staatliche Maßnahmen ... 74
8.3.3 Dynamischer Umweltschutz unter wirtschaftlichem Aspekt ... 78
8.3.4 Umweltorientierte Unternehmensführung 79
8.3.5 Umweltschutzbeauftragte ... 80
8.3.6 Ökobilanz (Umweltbilanz) ... 81
8.3.7 Öko-Audit (Umweltbetriebsprüfung) ... 81

ZWEITER ABSCHNITT
Produktionsmanagement
Rahmenlehrplan: LERNFELD 5
Leistungserstellungsprozesse planen, steuern und kontrollieren

1 Aufgaben und Ziele des Produktionsmanagements ... 85
1.1 Produktionsziele ... 85
1.2 Aufgaben des Produktionsmanagements. 86

2 Produktionsprogramm-Management ... 87
2.1 Absatz-, Produkt- und Produktionsprogramm ... 87
2.2 Bestimmungsgrößen des Produktprogramms ... 87
2.3 Programmbreite und -tiefe ... 88
2.4 Fertigungstiefe – „make or buy“ ... 89
2.5 Programmplanung ... 91
2.5.1 Stufen des Planungsprozesses ... 91
2.5.2 Planung der Fertigungsmenge bei der operativen Planung ... 91

3 Materialien für die Fertigung ... 93
3.1 Materialarten ... 93
3.2 Gefahrstoffe ... 94

4 Umweltmanagement in der Produktion .. 96
4.1 Umweltfreundliche Materialien ... 97
4.2 Verantwortung für Rückstände ... 97
4.3 Umweltqualität der Produkte ... 99
4.4 Umweltqualität der Fertigungsverfahren . 100

5 Produktentstehungsmanagement ... 101
5.1 Produktlebenszyklus ... 101
5.2 Innovationsprozess (Ideenfindung) ... 103
5.3 Produktplanungsprozess ... 104
5.4 Produktentwicklungsprozess ... 104
5.5 Konstruktion und Stücklistenerstellung .. 107
5.5.1 Aufgaben der Konstruktion ... 107
5.5.2 Konstruktionszeichnungen ... 109
5.5.3 Stücklisten ... 110
5.5.4 Teileverwendungsnachweis ... 112

5.6 Gewerbliche Schutzrechte 114
5.6.1 Patent 114
5.6.2 Gebrauchsmuster 116
5.6.3 Eingetragenes Design 116
5.6.4 Geschützte Marken 117

6 Kostenmanagement 118
6.1 Kostenbegriff 118
6.2 Kostenarten 119
6.2.1 Kostenarten nach den eingesetzten Gütern 119
6.2.2 Kostenarten nach dem Umfang der Zurechnungsgröße 120
6.2.3 Kostenarten nach der Zurechenbarkeit auf die Betriebsleistungen 121
6.2.4 Kostenarten nach der Abhängigkeit vom Beschäftigungsgrad 124
6.3 Zusammenhang von Kosten und Erlösen: Deckungsbeitrag 131

7 Verfahrensmanagement 136
7.1 Bestimmungsgrößen der Fertigungsverfahren 136
7.2 Fertigungsverfahren nach dem Fertigungstyp 137
7.2.1 Fertigungstypen – Überblick 137
7.2.2 Einzelfertigung 138
7.2.3 Serienfertigung 138
7.2.4 Massenfertigung 139
7.2.5 Sortenfertigung 140
7.2.6 Mass Customization 142
7.3 Fertigungsverfahren nach dem Grad der Maschinisierung 143
7.3.1 Manuelle, maschinelle, automatische Fertigung 143
7.3.2 Computer Aided Manufacturing (CAM) 143
7.3.3 Computer Integrated Manufacturing (CIM) 145
7.4 Fertigungsverfahren nach der Fertigungsorganisation 149
7.4.1 Organisationstypen der Fertigung – Überblick 149
7.4.2 Werkstättenfertigung 149
7.4.3 Reihen- und Fließfertigung 153
7.4.4 Gruppenfertigung 156
7.4.5 Baustellenfertigung 158

8 Fertigungsprozessmanagement – Auftragsbearbeitungsprozesse in der Fertigung 160
8.1 Kalkulation und Auftragswesen 160
8.1.1 Kalkulation 160
8.1.2 Betriebliches Auftragswesen 162
8.2 Prozesse der Fertigungsplanung 164
8.2.1 Aufgaben der Fertigungsplanung 164
8.2.2 Abgrenzung von Fertigungsplanung und Fertigungssteuerung 165
8.2.3 Ablaufplanung 166
8.2.4 Bedarfsplanung 172
8.3 Prozesse der Fertigungssteuerung 175
8.3.1 Auftragsumwandlung 176
8.3.2 Materialdisposition 177
8.3.3 Auftragsverwaltung 181
8.3.4 Termindisposition 182
8.3.5 Auftragsfreigabe und Bereitstellungsdisposition 192
8.3.6 Arbeitsverteilung 192
8.4 Prozesssteuerung – „Push“ oder „Pull“? 195
8.4.1 Push-Prinzip (Schiebeprinzip) 196
8.4.2 Pull-Prinzip (Ziehprinzip) 196
8.5 Betriebsdatenerfassung und Produktionskontrolle 199
8.5.1 Betriebsdatenerfassung (BDE) 199
8.5.2 Produktionskontrolle 200
8.5.3 Einzelheiten zur Qualitätskontrolle in der Produktion 201
8.6 Produktionscontrolling 211
8.6.1 Aufgaben des Produktionscontrollings 211
8.6.2 Kostenplanung und Kostenkontrolle 211
8.6.3 Korrekturmaßnahmen 212
8.6.4 Kennzahlen der Produktion 213

9 Rationalisierungsprozesse 221
9.1 Begriff und Anlässe der Rationalisierung . 221
9.2 Lösung von Rationalisierungsproblemen . 222
9.3 Ansatzpunkt Automation 224
9.4 Ansatzpunkt Arbeitsorganisation 225
9.4.1 Arbeitsteilung 225
9.4.2 Arbeitsablauf 226
9.5 Ansatzpunkt Erzeugnisgestaltung 226
9.5.1 Standardisierung 226
9.5.2 Produktspezialisierung 228
9.6 Ansatzpunkt „Menschlicher Anteil an der Arbeit“ 228
9.6.1 Arbeitszeitstudien 228
9.6.2 Ergonomische Arbeitsgestaltung 228
9.7 Ansatzpunkt „Soziale Gestaltung der Arbeit“ 229
9.7.1 Humanisierung des Arbeitsinhalts 229
9.7.2 Temporäre Arbeitsorganisation 231
9.7.3 Telearbeit 231
9.8 Ganzheitliche Rationalisierungskonzepte 233
9.8.1 Schlankes Unternehmen 233
9.8.2 Umfassendes Qualitätsmanagement 236
(Total Quality Management, TQM) 236

DRITTER ABSCHNITT

Materialmanagement

Rahmenlehrplan: LERNFELD 6
Beschaffungsprozesse planen, steuern und kontrollieren

1 Gegenstand des Materialmanagements 241
1.1 Aufgaben und Ziele 241
1.2 Logistische Prozesse 243
1.2.1 Beschaffungslogistik 243
1.2.2 Entsorgungslogistik 243

2 Beschaffungsmanagement 246
2.1 Einkaufsorganisation 246
2.1.1 Externe (äußere) Einkaufsorganisation 246
2.1.2 Interne (innere) Einkaufsorganisation 246
2.2 Planungsbereiche und Informationsbeschaffung 247
2.2.1 Planungsbereiche 247
2.2.2 Datenbanken als Informationsbasis 248
2.2.3 Beschaffungsmarktforschung 249
2.2.4 ABC-Analyse und XYZ-Analyse 250
2.2.5 Wertanalyse 252
2.3 Strategische Entscheidungen der Beschaffungsplanung 256
2.3.1 Beschaffungsprinzipien 256
2.3.2 Strategische Lieferantensuche und -auswahl 258
2.4 Operative Entscheidungen der Beschaffungsplanung 262
2.4.1 Optimale Bestellmenge – ein Modell der Mengen- und Zeitdisposition bei Vorratsbeschaffung 262

2.4.2 Flexible Bestellstrategien bei Vorratsbeschaffung ... 264
2.4.3 Logistische Planung bei fertigungssynchroner Beschaffung: Just-in-time-System ... 271
2.4.4 Preisplanung ... 275
2.4.5 Operative Lieferantensuche und -auswahl 277
2.5 Operative Einkaufsprozesse ... 282
2.5.1 Traditioneller Einkauf ... 282
2.5.2 Online-Einkauf ... 286
2.6 Rechtliche Grundlagen des Einkaufsprozesses ... 290
2.6.1 Abschluss des Kaufvertrags ... 290
2.6.2 Inhalt des Kaufvertrags ... 293
2.6.3 Erfüllung des Kaufvertrags ... 305
2.7 Kreditorenmanagement ... 308
2.7.1 Kreditorenkonten ... 308
2.7.2 Rechnungsprüfung und Buchung ... 309
2.7.3 Maschineller Zahllauf ... 310
2.7.4 Zahlungsvorgang ... 311
2.8 Handlungsprozesse bei Erfüllungsstörungen ... 312
2.8.1 Nichteinhaltung des Liefertermins ... 312
2.8.2 Mangelhafte Lieferung ... 315

3 Lagerung: Bestandsmanagement und -logistik ... 320
3.1 Lagerarten, Lageraufgaben ... 320
3.2 Lagerorganisation ... 322
3.2.1 Zentrale Lagerung ... 322
3.2.2 Dezentrale Lagerung ... 323
3.2.3 Lagereinrichtung ... 324
3.2.4 Transportsysteme (Fördersysteme) ... 325
3.2.5 Anordnung des Lagergutes im Lager ... 328
3.2.6 Belegwesen ... 333
3.2.7 Prozess der Bestandsüberwachung ... 334
3.2.8 Inventurprozesse ... 334
3.3 Kosten der Lagerhaltung ... 336
3.3.1 Lagerkostenarten ... 337
3.3.2 Minimierung der variablen Lagerkosten ... 337
3.3.3 Minimierung der fixen Lagerkosten ... 338

4 Controlling im Materialmanagement ... 339
4.1 Ziele und Verfahren des Controllings ... 339
4.2 Zweck wichtiger Kennzahlen ... 339
4.3 Kennzahlen zur Versorgungssicherheit ... 340
4.3.1 Bestandskennzahlen ... 340
4.3.2 Lieferantenkennzahlen ... 342
4.4 Kennzahlen zur Wirtschaftlichkeit ... 343
4.5 Kennzahlen zur Wirtschaftlichkeit der Beschaffung ... 343
4.6 Kennzahlen zur Wirtschaftlichkeit der Lagerung ... 344

VIERTER ABSCHNITT

Personalmanagement

Rahmenlehrplan: LERNFELD 7
Personalwirtschaftliche Aufgaben wahrnehmen

1 Aufgaben des Personalmanagements ... 348

2 Ziele des Personalmanagements ... 349
2.1 Optimale Deckung des Personalbedarfs ... 349
2.2 Optimierung des Personalaufwands ... 349
2.3 Optimierung der Personalleistung ... 350
2.3.1 Leistungsfähigkeit (Eignung, Qualifikation, Kompetenz) ... 350
2.3.2 Leistungsdisposition (körperliche Leistungsbereitschaft) ... 351
2.3.3 Leistungsmotivation (psychologische Leistungsbereitschaft, Leistungswilligkeit) 351
2.3.4 Zusammenhang der Ziele ... 352

3 Einordnung des Personalmanagements ... 353
3.1 Organisatorische Eingliederung ... 353
3.2 Personalaufgaben als Querschnittsaufgaben ... 354
3.3 Personalprozesse als Supportprozesse ... 354

4 Personaldaten und ihre Auswertung ... 354
4.1 Personalakte ... 354
4.2 Personalinformationssystem ... 356
4.3 Personalstatistik und Personalcontrolling 358
4.4 Personalbestandsanalysen – eine Aufgabe des Personalcontrollings ... 359

5 Personalbeschaffungsmanagement ... 363
5.1 Personalbedarfsplanung ... 364
5.1.1 Personalbedarf ... 364
5.1.2 Quantitative Bedarfsplanung ... 364
5.1.3 Qualitative Bedarfsplanung ... 366
5.1.4 Zeitpunkt des Personalbedarfs ... 366
5.2 Personalentwicklung ... 367
5.3 Personalanwerbung ... 368
5.3.1 Mögliche Personalbeschaffungswege ... 368
5.3.2 Interne Personalbeschaffung ... 369
5.3.3 Externe Personalbeschaffung ... 370
5.3.4 Personalauswahl ... 372
5.3.5 Diskriminierungsverbot ... 375
5.3.6 E-Recruiting ... 376
5.4 Einstellung/Stellenbesetzung ... 377
5.5 Einarbeitung ... 377
5.6 Rechtliche Aspekte des Arbeitsverhältnisses ... 378
5.6.1 Arbeitsvertrag ... 378
5.6.2 Arbeitsgesetze ... 379
5.6.3 Tarifvertragliche Regelungen ... 380
5.6.4 Betriebsvereinbarungen ... 380
5.7 Vollmachten ... 382
5.7.1 Prokura ... 383
5.7.2 Handlungsvollmacht ... 384

6 Personaleinsatzmanagement ... 386
6.1 Aufgabe der Personaleinsatzplanung ... 386
6.2 Qualitativer Personaleinsatz ... 387
6.3 Quantitativer Personaleinsatz ... 387
6.4 Arbeitszeitmodelle ... 388
6.4.1 Arbeitszeit ... 388
6.4.2 Arbeitszeitmanagement ... 389
6.4.3 Schichtarbeit ... 390
6.4.4 Gleitende Arbeitszeit ... 390
6.4.5 Teilzeitmodelle ... 391
6.4.6 Verteilung der Arbeitszeit ... 393

7 Personalentwicklungsmanagement ... 396
7.1 Instrumente der Personalentwicklung ... 396
7.2 Laufbahnpläne ... 397
7.3 Beurteilung ... 398
7.3.1 Beurteilungsanlässe ... 398
7.3.2 Vorgehen bei der Beurteilung ... 399
7.3.3 Beurteilungsfehler ... 399
7.3.4 Beurteilungs- und Fördergespräch ... 400
7.4 Personalentwicklungsmaßnahmen ... 402
7.4.1 Überblick ... 402
7.4.2 Entwicklungsmaßnahmen am Arbeitsplatz ... 403
7.4.3 Entwicklungsmaßnahmen in der Nähe des Arbeitsplatzes ... 404
7.4.4 Entwicklungsmaßnahmen außerhalb des Arbeitsplatzes ... 405
7.5 Planung der Personalentwicklung ... 405

7.5.1 Planung der Entwicklungsmaßnahmen .. 405
7.5.2 Planung der Teilnahme an Maßnahmen .. 406

8 Personalabbaumanagement 407
8.1 Notwendigkeit von Personalfreisetzungen 407
8.2 Kündigung 407
8.3 Kündigungsschutz 408
8.3.1 Sozial ungerechtfertigte Kündigungen ... 408
8.3.2 Anhörungs- und Widerspruchsrecht des Betriebsrats 409
8.3.3 Klage vor dem Arbeitsgericht 410
8.3.4 Arbeitszeugnis 411
8.4 Vorgehen bei umfangreichen Personalfreisetzungen 412

9 Personalführung 415
9.1 Zielorientierte Menschenführung........ 415
9.2 Führungsstile 415
9.2.1 Arten von Führungsstilen 415
9.2.2 Beurteilung der Führungsstile........... 416
9.2.3 Einführung eines kooperativen Führungsstils 416
9.3 Konfliktmanagement 418
9.3.1 Konflikte............................ 418
9.3.2 Konfliktarten 418
9.3.3 Konfliktregelung 421

10 Arbeitsstudien und Arbeitsentgelte 423
10.1 Arbeitsstudien 423
10.1.1 Ziel von Arbeitsstudien 423
10.1.2 Arbeitsablaufstudien.................. 424
10.2 Arbeitszeitstudien 426
10.3 Personalkosten: Arten, Beeinflussbarkeit .. 429
10.4 Arbeitswertstudien.................... 430
10.4.1 Anforderungen an Arbeitsplätzen 430
10.4.2 Anforderungsarten, -niveau, -struktur ... 431
10.4.3 Methoden der Arbeitsbewertung........ 433
10.5 Anforderungsgerechtigkeit und 436
Leistungsgerechtigkeit................. 436
10.6 Zeitlohn 438
10.7 Akkordlohn 439
10.7.1 Geldakkord 439
10.7.2 Zeitakkord 440
10.7.3 Gruppenakkord........................ 441
10.8 Prämienlohn 442
10.9 Sozialgerechtigkeit: Soziallohn.......... 442
10.10 Provision 443
10.11 Gewinnbeteiligung 443
10.12 Lohn- und Gehaltsabrechnung.......... 444

FÜNFTER ABSCHNITT

Absatzmanagement

Rahmenlehrplan: LERNFELD 10
Absatzprozesse planen, steuern und kontrollieren

1 Stellung des Marketings im Unternehmen 446
1.1 Absatz und Marketing 446
1.2 Customer-Relationship-Management (CRM)............................ 447
1.3 Marketing-Organisation 449
1.3.1 Funktionsorientierte Marketingorganisation 450
1.3.2 Produktorientierte Marketingorganisation 450
1.3.3 Kundenorientierte Marketingorganisation 451
1.3.4 Gebietsorientierte Marketingorganisation 452
1.3.5 Prozessorganisation 452
1.4 Marketing-Konzeption................. 454

2 Marktforschung 454
2.1 Begriff und Aufgaben der Marktforschung 455
2.2 Methoden der Marktforschung.......... 456
2.2.1 Sekundärforschung 456
2.2.2 Primärforschung...................... 456
2.3 Forschungsgebiete.................... 458
2.3.1 Erforschung der Marktsituationen 458
2.3.2 Erforschung der Kunden 459
2.3.3 Erforschung der Konkurrenz............ 460
2.3.4 Erforschung des Umfeldes 460
2.4 Projektphasen einer Marktanalyse 461
2.5 Auswertung von Marktforschungsinformationen (Beispiel SWOT-Analyse)...... 462
2.6 Absatzprognose 463
2.6.1 Prozess der Absatzprognose 463
2.6.2 Arten der Absatzprognose 464

3 Marketingziele und Marketingstrategien. 468
3.1 Marketingziele 468
3.2 Marketingstrategien................... 471
3.2.1 Wahl der Geschäftsfelder 471
3.2.2 Marktsegmentierungsstrategien 471
3.2.3 Wachstumsstrategien 472
3.2.4 Rückzugsstrategien 473
3.2.5 Wettbewerbsstrategien................ 474

4 Überblick über die Marketinginstrumente 475
4.1 Arten der Marketinginstrumente 475
4.2 Marketinginstrumente und Absatzplanung 476
4.3 Marketing-Mix........................ 476

5 Leistungspolitik 477
5.1 Produktpolitik 477
5.1.1 Erkenntnisse anhand von Produktlebenszyklus- und Portfolioanalyse...... 477
5.1.2 Produktinnovation 479
5.1.3 Produktgestaltung 480
5.1.4 Produktvariation...................... 480
5.1.5 Produktelimination.................... 481
5.2 Programmpolitik...................... 482
5.3 Markenpolitik und Servicepolitik 485
5.3.1 Markenpolitik 485
5.3.2 Servicepolitik......................... 486

6 Distributionspolitik 487
6.1 Akquisitorische Distribution 488
6.1.1 Überblick: Absatzorgane............... 488
6.1.2 Werkseigener Absatz.................. 488
6.1.3 Werksgebundener Absatz.............. 491
6.1.4 Ausgegliederter Absatz................ 493
6.1.5 Absatzwege (Vertriebswege) 497
6.2 Physische Distribution (Absatzlogistik)... 500
6.2.1 Lagersysteme 500
6.2.2 Transportentscheidungen.............. 502

7 Kontrahierungspolitik – Preise und Konditionen......................... 506
7.1 Aufgaben der Preis- und Konditionenpolitik 506
7.2 Wirkung von Preisänderungen auf Nachfrage und Umsatz 506
7.2.1 Preisempfindlichkeit der Nachfrage...... 506
7.2.2 Preiselastizität der Nachfrage........... 507
7.3 Arten der Preissetzung 508
7.3.1 Kostenorientierte Preissetzung 508
7.3.2 Nachfrage- und konkurrenzorientierte Preissetzung......................... 508
7.4 Preisstellungssysteme................. 510
7.4.1 Bruttosystem......................... 511
7.4.2 Nettosystem 511
7.5 Preisstrategien 512
7.5.1 Preisdifferenzierung................... 512
7.5.2 Dynamische Preisgestaltung 512
7.5.3 Preispositionierung 513
7.6 Konditionenpolitik 513

8 Kommunikationspolitik ... 515
8.1 Meinungswerbung(Public Relations, Öffentlichkeitsarbeit) ... 515
8.2 Sponsoring ... 515
8.3 Absatzwerbung ... 516
8.3.1 Ziele und Aufgaben der Absatzwerbung ... 516
8.3.2 Werbemittel, Werbeelemente und Werbemedien ... 517
8.3.3 Werbegrundsätze ... 518
8.3.4 Elemente der Werbeplanung ... 519
8.3.5 Werbekampagne ... 520
8.3.6 Kontrolle des Werbeerfolgs ... 520
8.4 Verkaufsförderung (Salespromotion) ... 521
8.5 Direct Marketing ... 522
8.6 Event-Marketing ... 522
8.7 Unzulässige Werbung ... 522

9 Marketing-Konzeption von Metallweb e. K. 526
9.1 Strategische Ziele ... 526
9.2 Marketingstrategien ... 527
9.3 Marketinginstrumente im Marketing-Mix ... 528

10 Kundennahe Geschäftsprozesse[1] ... 531
10.1 Kundenmanagement ... 532
10.2 Kundentypen ... 532
10.3 Kundengewinnung ... 533
10.3.1 Begriff und Instrumente der Kundengewinnung ... 533
10.3.2 Kundengewinnungsprozess ... 534
10.4 Kundenauftragsbearbeitungsprozess ... 536
10.5 Online-Verkauf ... 540
10.6 Versandlogistik ... 541
10.6.1 Versand als logistisches Problem ... 541
10.6.2 Kommissionierung ... 542
10.6.3 Verpackung ... 543
10.6.4 Güterbeförderung ... 545
10.6.5 Aufgaben des Spediteurs ... 548
10.7 Nichtannahme der Kaufsache ... 551
10.8 Zahlungsvorgänge ... 553
10.8.1 Bargeldzahlung ... 553
10.8.2 Halbbare Zahlung ... 553
10.8.3 Bargeldlose Zahlung ... 553
10.9 Debitorenmanagement ... 557
10.9.1 Debitorenkonten ... 557
10.9.2 Prüfen und Buchen des Zahlungseingangs ... 557
10.9.3 Mahnlauf ... 559
10.9.4 Zahlungsverzug ... 560
10.9.5 Gerichtliches Mahnverfahren ... 561
10.9.6 Klageverfahren ... 563
10.9.7 Verjährung von Forderungen ... 566
10.10 Kundenbindung und Serviceprozesse ... 568
10.10.1 Kundenbindungsmaßnahmen ... 568
10.10.2 Serviceprozesse ... 569

11 Marketingcontrolling ... 572
11.1 Strategisches Marketingcontrolling ... 572
11.2 Operatives Marketingcontrolling ... 573
11.2.1 Gegenstände und Instrumente ... 573
11.2.2 Marketingkennzahlen ... 573

SECHSTER ABSCHNITT

Investitions- und Finanzmanagement

Rahmenlehrplan: LERNFELD 11
Investitions- und Finanzierungsprozesse planen

1 Finanzierung und Investition ... 579
1.1 Geschäftsprozesse ... 579
1.2 Finanzierung und Investition im Unternehmenskreislauf ... 579
1.3 Bilanz: Spiegel von Investition und Finanzierung ... 581
1.3.1 Passivseite (Finanzierungsseite) ... 581
1.3.2 Aktivseite (Investitionsseite) ... 582

2 Investitionsmanagement ... 584
2.1 Investitionsplanung ... 584
2.2 Ermittlung des Kapitalbedarfs ... 588
2.2.1 Kapitalbedarf für das Anlagevermögen ... 588
2.2.2 Kapitalbedarf für das Umlaufvermögen ... 589
2.3 Investitionsrechnungen ... 591
2.3.1 Dynamische und statische Investitionsrechnungen ... 591
2.3.2 Kostenvergleichsrechnung ... 591
2.3.3 Gewinnvergleichsrechnung ... 594
2.3.4 Rentabilitätsvergleichsrechnung ... 595
2.3.5 Amortisationsvergleichsrechnung ... 597
2.4 Investitionscontrolling ... 598

3 Finanzierungsarten ... 600
3.1 Entscheidungskriterien; Finanzierungsplan 600
3.2 Außenfinanzierung mit Eigenkapital (Einlagenfinanzierung) ... 601
3.2.1 Gesetzliche Vorschriften zur Mittelzuführung 601
3.2.2 Beurteilung der Außenfinanzierung mit Eigenkapital ... 602
3.2.3 Private Equity ... 603
3.3 Außenfinanzierung mit Fremdkapital (Kreditfinanzierung) ... 604
3.3.1 Kredit ... 605
3.3.2 Bonitätsprüfung ... 605
3.3.3 Kreditsicherung – Personal- und Realkredit 608
3.3.4 Verstärkte Personalkredite ... 609
3.3.5 Realkredite ... 612
3.3.6 Kurzfristige Kreditfinanzierung ... 619
3.3.7 Langfristige Kreditfinanzierung ... 624
3.3.8 Beurteilung der Kreditfinanzierung ... 626
3.4 Innenfinanzierung ... 628
3.4.1 Innenfinanzierung mit Eigenkapital ... 628
3.4.2 Innenfinanzierung mit Fremdkapital ... 630
3.4.3 Beurteilung der Innenfinanzierung ... 631
3.5 Leasing als Finanzierungsalternative ... 632

4 Finanzplanung und Finanzcontrolling ... 635
4.1 Finanzplanung und Finanzierungsziele ... 635
4.2 Finanzierungsregeln (Finanzierungsgrundsätze) ... 636
4.3 Aufstellung von Finanzplänen ... 637
4.4 Instrumente des Finanzcontrollings ... 638
4.4.1 Bilanzkennzahlen ... 639
4.4.2 Bewegungsbilanz ... 642
4.4.3 Kennzahlen zur Beurteilung der Ertragskraft des Kapitals (Rentabilität) ... 644
4.4.4 Kennzahlen für die Innenfinanzierungskraft des Unternehmens ... 648

ANHANG

Außenhandelsgeschäfte

1 Rechtsgrundlagen im Überblick ... 651
2 UN-Kaufrecht ... 652
3 Incoterms® ... 661
4 Dokumentärer Zahlungsverkehr ... 667

Abkürzungsverzeichnis ... 674

Sachwortverzeichnis ... 676

Bildquellenverzeichnis ... 689

VORBEMERKUNG

Methodenkompetenz

Die Unternehmen stehen in der modernen Welt unter enormem – oft sogar weltweitem – Konkurrenzdruck. Ihre Kunden verlangen immer mehr Qualität, immer mehr ausgeklügelte Technik. Und das Rad des Fortschritts dreht sich immer schneller. Unternehmen, die unter diesen Bedingungen am Markt bestehen wollen, benötigen leistungsfähige, kompetente Mitarbeiter.

Präsentation an einem interaktiven Whiteboard

Unter *Leistungsfähigkeit* versteht man heutzutage vor allem *Handlungskompetenz*, d. h. die Fähigkeit zu problemgerechtem Handeln[1].

Handlungskompetenz verlangt in erster Linie **Fachkompetenz**, also fachliches Wissen und Können. Aber dies reicht nicht aus. Vielmehr sind sog. **Schlüsselqualifikationen** erforderlich, die selbst kein Fachwissen darstellen, sondern den kompetenten Umgang mit fachlichem Wissen ermöglichen. Dabei stehen gleichberechtigt nebeneinander:

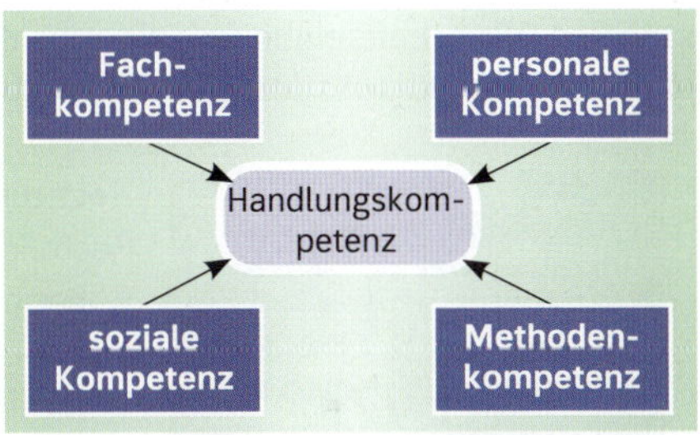

- **personale Kompetenz**
  = Fähigkeit, Anforderungen, Einschränkungen und Chancen zu erfassen sowie sich entsprechend zu motivieren, zu lernen und sich zu entwickeln
- **soziale Kompetenz**
  = Fähigkeit, in vielfältiger Form mit anderen zusammenzuarbeiten (v. a. im Team)
- **Methodenkompetenz**
  = Fähigkeit, geeignete Methoden (Verfahren, Vorgehensweisen) zur Lösung von Sachproblemen einzusetzen

Methodenkompetenz hilft, betriebliche Handlungsstrukturen zu erkennen, Informationen systematisch zu sammeln und zu verarbeiten, zweckgeeignete Arbeitsmethoden auszuwählen und anzuwenden. Industriekaufleute sollten deshalb mit den grundlegenden Arbeitsmethoden vertraut sein.

In Ergänzung zum Fachwissen geben wir Ihnen deshalb in der Online-Ergänzung zu *Management im Industriebetrieb* auch eine detaillierte Einführung in wichtige Arbeitsmethoden, die für betriebswirtschaftliche Zwecke eingesetzt werden. Es handelt sich um

Web
Ordner Arbeitsmethoden

- Präsentationstechniken,
- Visualisierungstechniken,
- Internet-Recherchen,
- Methoden systematischer Ideenentwicklung,
- Techniken zur Entscheidungsvorbereitung,
- Methoden der Gruppenarbeit,
- Protokollerstellung,
- Rollenspiel,
- Aufbau von Geschäftsbriefen.

*Sie können diese Methoden von **BuchPlus-Web** herunterladen (siehe Umschlagsinnenseite).*

Die Methoden werden auch für die Bearbeitung einer Reihe von Arbeitsaufträgen benötigt, die wir Ihnen anbieten.

Wichtig für die betriebliche Arbeit ist auch der fachmännische Umgang mit Standard-Bürosoftware (Textverarbeitungs-, Tabellenkalkulations- und Datenbankprogrammen). Dies ist jedoch Gegenstand des Faches Datenverarbeitung und wird hier nicht vermittelt.

[1] Siehe hierzu auch S. 350.

ERSTER ABSCHNITT

Rahmenlehrplan: LERNFELD 2
Marktorientierte Geschäftsprozesse eines Industriebetriebes erfassen

Betriebliche Leistungsprozesse

1 Zielsystem des Industrieunternehmens

1.1 Unternehmen und Betrieb

Ich bin Rüdiger Maltmann, Inhaber von MGB Maltmann Getriebebau e. K. Ich treffe alle grundlegenden Entscheidungen über Produktion, Einkauf, Vertrieb, Investitionen und Finanzierung. Beim Amtsgericht ist mein Unternehmen im Handelsregister eingetragen.

Die Produkte von MGB: Schieberad- und Schneckenradgetriebe. Diese werden im Stammsitz in Essen und in einem weiteren Produktionsbetrieb in Augsburg gefertigt. Mit den Gewinnen von MGB habe ich übrigens soeben ein zweites Unternehmen gekauft: Metallweb e. K. mit Sitz in Dortmund.

MGB ist ein Unternehmen (oder: eine Unternehmung). So bezeichnet man rechtlich selbstständige Wirtschaftseinheiten, die gewinnbringend Güter produzieren. Rechtlich unselbstständige Produktionsstätten im Unternehmen heißen **Betriebe**.

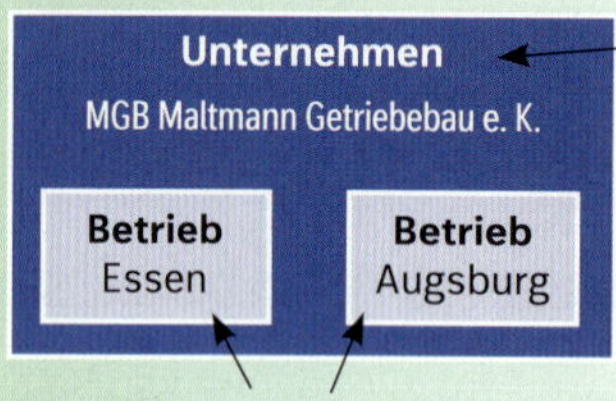

Rechtlich selbstständige Wirtschaftseinheit
Rechtliche Selbstständigkeit bedeutet:
- behördliche Meldung unter eigenem Namen
- Handeln ohne staatliche Fremdbestimmung
- rechtlich wirksames Handeln (z. B. Vertragsabschlüsse)

Rechtlich unselbstständige Produktionsstätten im Unternehmen

Wir nutzen **MGB** und **Metallweb** in diesem Buch als **Modellunternehmen**. Einzelheiten über MGB finden Sie auf seiner Website. Die Adresse lautet: www.maltgetriebe.de

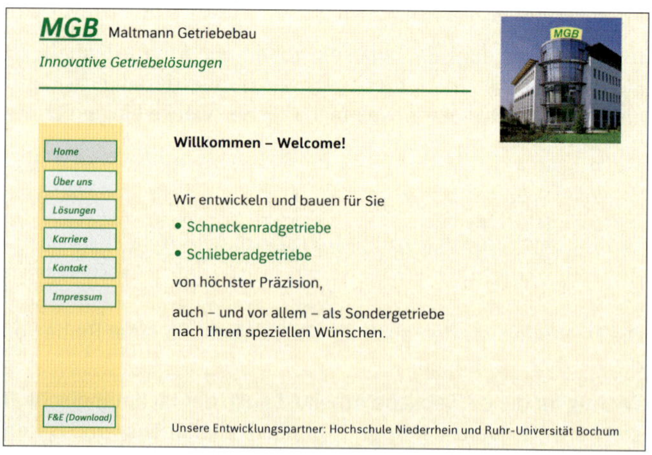

Die Wissenschaft von der Unternehmensführung ist die **Betriebswirtschaftslehre**. An diesem Wort erkennen Sie, dass man selbst in der Fachsprache etwas nachlässig mit den Begriffen Betrieb und Unternehmen umgeht. Man sagt oft *Betrieb* und meint *Unternehmen*, insbesondere, wenn von der Gütererstellung die Rede ist.

1.2 Einflussgrößen der Zielfindung

Unternehmen benötigen Ziele.

- **Ziele sind Orientierungsgrößen. Sie geben die Richtung vor und steuern das Handeln.**
- **Ziele beschreiben künftige, von den Entscheidungsträgern angestrebte Zustände.**
- **Ziele sind Messgrößen für den Erfolg der Entscheidungsträger: Der Erfolg wird an der Zielerreichung gemessen.**

Beispiel: Unternehmensgewinn als formuliertes Ziel

„Für das Geschäftsjahr 3 strebt die Geschäftsleitung von MGB einen Gewinn von 4,3 Mio. EUR an."

Die Formulierung der Unternehmensziele ist die Aufgabe der Unternehmensleitung. Kommt sie dieser Aufgabe nicht nach, ist ökonomisches Handeln unmöglich. Dann geht sie alle Teilaufgaben im Unternehmen richtungs- und orientierungslos an. Web

Bei der Zielfindung spielen drei *Einflussgrößen* eine wichtige Rolle: **Unternehmensethik**, **Unternehmenskultur** und **Anspruchsgruppen (Stakeholder)**. M 11

1.2.1 Unternehmensethik: die moralische Basis

Die Basis der deutschen und europäischen Wirtschaftsordnung ist die Marktwirtschaft. Sie hat eine ethische (sittliche) Basis: Sie gründet auf der Idee, dass der Mensch sein **Eigeninteresse** verfolgen soll. Deshalb planen die Unternehmen und die privaten Haushalte ihr Handeln in eigener Verantwortung, setzen sich selbst Ziele und suchen sie zu verwirklichen. Der **Wettbewerb** sorgt dafür, dass die beste Leistung sich durchsetzt. Die bestmögliche Versorgung der menschlichen Gesellschaft ist das Ergebnis.

Allerdings hat unternehmerisches Handeln stets Auswirkungen auf Wirtschaft, Sozialgefüge und Umwelt. Deshalb erfordert es ein hohes **Verantwortungsbewusstsein**. Die Öffentlichkeit ist kritisch und verlangt von den Unternehmen die **Berücksichtigung ethischer Grundsätze** bei der Festlegung ihrer Leitsätze und Ziele. Der Staat seinerseits verlangt die Einhaltung fairer Wettbewerbsregeln und setzt durch seine Sozial- und Arbeitsgesetzgebung unsozialem Unternehmerhandeln Grenzen.

Beispiel: Unternehmensethik – Anspruch und Wirklichkeit

Näherinnen in Bangladesch

1. Der Textilhersteller Bestextil GmbH hat sich ein Unternehmensleitbild gegeben (siehe S. 13). Dieses nennt Fairness gegenüber Lieferern, Kunden und Arbeitnehmern als Unternehmensgrundsatz.
2. Die Bestextil GmbH behindert seit zehn Jahren die Bildung eines Betriebsrats[1]. Sie lässt ihre Hosen in Bangladesch bei einem Betrieb nähen, der seine Arbeiterinnen zwölf Stunden täglich zu Hungerlöhnen beschäftigt. Und im letzten Jahr wurden ihr von der Kartellbehörde unerlaubte Preisabsprachen mit fünf Wettbewerbern nachgewiesen.
3. Als die Produktionsverhältnisse in Bangladesch durch ein Fernsehmagazin bekannt gemacht wurden, erhielt Bestextil zahllose Beschimpfungen (sog. „Shitstorm") auf Facebook. Die Nachfrage nach den Produkten brach um 15 % ein.

[1] Organ der innerbetrieblichen Mitbestimmung, von den Arbeitnehmern gewählt. Hat Mitbestimmungsrecht in sozialen Angelegenheiten, Widerspruchsrecht bei personellen Einzelmaßnahmen, ansonsten Informationsrechte. Soll Interessenausgleich und vertrauensvolle Zusammenarbeit zwischen Arbeitgeber und Arbeitnehmern bewirken (→ Internet).

1.2.2 Unternehmenskultur: Identitätsstiftung

Jede Firmenleitung träumt davon, dass alle an einem Strang ziehen. Bei MGB hatte man viel getan, um die Belegschaft dahin zu bringen: leistungsgerechte Entlohnung, gute Sozialleistungen, gute Arbeitsbedingungen und mehr. Und doch gab es Probleme. Die meisten Mitarbeiter waren eifersüchtig auf ihre eigenen Vorteile bedacht, gaben erworbene Kenntnisse ungern weiter („Wissen ist Macht"), interessierten sich für den eigenen Erfolg, aber nicht für den des Ganzen. Viele sahen ihre Arbeit als notwendiges Übel für den Broterwerb und den Betrieb als Gegner, der ihnen die Freizeit stahl. Kurzum: Es fehlte offensichtlich die positive Identifikation des Einzelnen mit der Firma, ein „Wir-Bewusstsein", das die Ziele des Unternehmens zu Zielen der Mitarbeiter machte und Kräfte mobilisierte. Die Geschäftsleitung erkannte, dass Kräfte brachlagen, die mit zunehmendem Wettbewerb benötigt wurden. Diese Erkenntnis veranlasste die Geschäftsleitung, sich eingehend mit dem Problem der Unternehmenskultur zu befassen.

- **Jede dauerhafte menschliche Gemeinschaft entwickelt gemeinsame Wertvorstellungen, Verhaltensregeln (Normen) und Kennzeichen (Symbole). Sie bilden die Kultur der Gemeinschaft.**
- **Auch Unternehmen haben eine Kultur.**

„Fortschrittlichkeit", „hohe Qualität", „Kompetenz", „Zweckgemeinschaft", „Fairness" könnten Beispiele für unternehmensbezogene Wertvorstellungen sein.

Ebenen der Unternehmenskultur

unsichtbare Ebene

Wertvorstellungen
Wertvorstellungen zeigen an, was für wünschenswert oder nicht wünschenswert gehalten wird.

Beispiel MGB: Den Markt mit technisch hochwertigen Getrieben beliefern!

teilweise sichtbare Ebene

Verhaltensregeln (Normen)
Verhaltensregeln sollen dafür sorgen, dass sich die Gemeinschaft gemäß den Wertvorstellungen verhält. Sie haben den Charakter von Grundsätzen, Leitsätzen, Richtlinien, Regeln, Befehlen, Geboten, Verboten.
Bei Erfolg verfestigen sich die Regeln zu Denk- und Verhaltensmustern.

Beispiel MGB: Faires Wettbewerbsverhalten zeigen!

sichtbare Ebene

Netzwerk der Kennzeichen (Symbole)
Eine Kultur wird nach außen sichtbar durch ihre Kennzeichen. Das sind **Taten**, **Worte** und **Erscheinung**. Diese Elemente sind ihre Erkennungszeichen.
Bei Unternehmen spricht man von **Verhalten** (behaviour), **Kommunikation** (communication) und **Erscheinungsbild** (design).

Beispiel MGB:		
	Taten, Verhalten:	Es werden marktgerechte Preise gesetzt.
	Worte, Kommunikation:	Es wird sachliche Werbung betrieben.
	Erscheinungsbild:	Es wird ein einheitliches Markenzeichen verwendet.

Eine bewusst angestrebte Unternehmenskultur – sozusagen eine Sollkultur – nennt man eine Unternehmensphilosophie.

Eine wirksame Unternehmensphilosophie erlangt insbesondere vor dem Hintergrund folgender Probleme Bedeutung, vor die sich die Unternehmen heutzutage gestellt sehen:

Unternehmensprobleme

Verschärfter Wettbewerb

Die Lebenszeiten von Produkten werden immer kürzer. Die Verbraucher sind mit Gütern gesättigt. Die Märkte öffnen sich, die Unternehmen treten weltweit in Konkurrenz miteinander (sog. Globalisierung der Märkte).
Folge: *wachsender Konkurrenzdruck*
Die Informationsflut wächst und führt bei den Verbrauchern zu „Werbefrust".
Folge: *Das Unternehmen kann sich zunehmend schlechter Gehör verschaffen.*

Kritische Öffentlichkeit

Die Öffentlichkeit beobachtet die Unternehmen kritischer. Sie sieht sie nicht nur als Güterproduzenten, sondern als Machtgebilde, deren Handeln sich ökonomisch, ökologisch und sozial auswirkt.
Folge: *wachsende ethische (sittliche) Anforderungen. Das Verlangen, sich mit den Konsequenzen des Handelns auseinanderzusetzen und Verantwortung zu übernehmen.*

Fehlender Zusammenhalt, Auseinanderdriften der Unternehmen

Die Unternehmen wachsen, diversifizieren, arbeiten weltweit. Spezialisierung, Komplexität, Unüberschaubarkeit und Anonymität nehmen zu. Echte integrierende Unternehmerpersönlichkeiten fehlen.
Folge: *wachsendes Eigenleben, Eigenprofilierung von Bereichen und Abteilungen (interne Macht- und Verteilungskämpfe)*

Emanzipierte Mitarbeiter

Die Mitarbeiter verfolgen verstärkt Ziele auf den höheren Ebenen der Bedürfnispyramide (Selbstverwirklichung; vgl. S. 351) und streben nach Einsicht in den Sinn ihrer Tätigkeit. Die organisatorische Wirklichkeit entspricht dem vielfach nicht.
Folge: *sinkende Identifikation der Mitarbeiter mit ihrem Unternehmen*

Web

Man ist heute der Ansicht:
Ein Unternehmen kann solche Probleme nur bewältigen, wenn es ihm gelingt, eine zeitgemäße Unternehmensphilosophie zu entwickeln (siehe Infomaterial Entwicklung einer Unternehmensphilosophie). *M 13*

Die wesentlichen Leitsätze einer solchen Unternehmensphilosophie hält man in einem Unternehmensleitbild fest.

Beispiel: Unternehmensleitbild

Leitbild der Bestextil GmbH

Wir wollen die Bedürfnisse bezüglich der Kleidung der europäischen Verbraucher durch ein Angebot guter Qualität zu attraktiven Preise bestmöglich bedienen.

Wir wollen günstiger als unsere Konkurrenten anbieten, dabei jedoch die Regeln eines fairen Wettbewerbs einhalten.

Wir streben nachhaltig hohe Gewinne an, um die Substanz unseres Unternehmens zu sichern und befriedigendes Wachstum auf dem europäischen Markt zu gewährleisten.

Unsere Mitarbeiter sind die Basis unseres Erfolgs. Deshalb sind uns die faire Behandlung unserer Mitarbeiter sowie die Förderung ihrer Motivation und ihres Leistungswillens wichtig. Dies gilt auch für die Mitarbeiter unserer Lieferanten.

Wir wollen in jeder Hinsicht das Prinzip der Nachhaltigkeit beachten. Dies gilt insbesondere auch für unser Verhalten gegenüber der natürlichen Umwelt sowie für unsere Beziehungen zu unseren Kunden und Lieferanten.

Hinweis: Das Leitbild von MGB finden Sie auf der Website www.maltgetriebe.de.

Das Unternehmensleitbild enthält die grundlegendsten Ziele des Unternehmens (Grundziele). Diese sind sehr allgemein formuliert. Ihre positiven Aussagen ermöglichen es den Mitarbeitern jedoch, sich mit ihrem Unternehmen zu identifizieren. Aus dem Leitbild sind konkretere Richtlinien abzuleiten (auch bereichs- und aufgabenbezogen). Diese können den Mitarbeitern als Handlungsrichtschnur dienen.

Die Unternehmensphilosophie wirkt wie folgt:

- **Sie präzisiert die festgelegten Wertvorstellungen und Normen des Unternehmens, verdeutlicht den Mitarbeitern seine „Weltanschauung", sein Selbstverständnis.**
- **Sie ist die Grundlage für die Formulierung aller Ziele des Unternehmens.**
- **Sie hilft, Zielkonflikte zu lösen.**

Wichtig ist auch: Unternehmensverhalten (Corporate Behaviour), Unternehmenskommunikation (Corporate Communication) und Erscheinungsbild des Unternehmens (Corporate Design) müssen schlüssig auf die Unternehmensphilosophie abgestimmt werden.

Die Abstimmung von Verhalten, Kommunikation und Erscheinungsbild mit der Unternehmensphilosophie macht das Unternehmen zu einer unverwechselbaren Persönlichkeit. Man sagt auch: Das Unternehmen erhält eine Unternehmensidentität (Corporate Identity).

Dem Unternehmen darf aber keine künstliche Identität von außen verpasst werden, z. B. durch Berater und Agenturen. Sie würde als unecht entlarvt werden. Das Unternehmen sollte vielmehr seinem Wesen treu bleiben und seine wahre Identität entwickeln. Eine Lösung der weiter oben angesprochenen Unternehmensprobleme ließe sich dann etwa wie folgt angehen:

M 14

Verhalten: Alle gelebten Beziehungen
- innen (z. B. Führungs-, Arbeitsverhalten),
- außen (z. B. Verhandlungen, Abschlüsse, Vorgehen bei Beschwerden und Reklamationen)

Kommunikation: Die Sprache im Unternehmen (z. B. Information, Umgangston, benutzte Begriffe) und die Kommunikationsbeziehungen nach draußen, die geeignet sind, die Einstellung gegenüber dem Unternehmen positiv zu beeinflussen (z. B. Imagewerbung, Public Relations, Sponsoring, Verkaufsförderung)

Erscheinungsbild: Einheitliches Erscheinungsbild nach innen und außen, d. h.: einheitliches
- Produktdesign,
- Grafikdesign (z. B. Firmenzeichen/Logo, Markenzeichen, Hausfarbe, Hausschrift auf Papieren, Fahrzeugen, Gebäuden, Dienstkleidung),
- Architekturdesign (z. B. bei Gebäuden, Messeständen)

(Siehe auch Präsentation *Corporate Design*.)

• Wettbewerb:	Die gesamte Unternehmenspersönlichkeit als Wettbewerbselement nutzen! Neue Wege in der Werbung gehen, die das Unternehmen selbst mehr in den Vordergrund stellen!
• Öffentlichkeit:	Vertrauenswürdige, gesellschaftlich akzeptierte Unternehmensidentität aufbauen!
• Zusammenhalt:	Koordination durch Einschwören auf gemeinsame Idee, Vision.
• Mitarbeiter:	Selbstverständnis finden! Dem Mitarbeiter klarmachen, wofür man steht, welches die Aufgaben und Zwecke des Unternehmens und damit des einzelnen Arbeitsplatzes sind!

Eine erfolgreiche Corporate-Identity-Strategie erzeugt ein **Unternehmensimage**, das weitgehend mit Unternehmenswirklichkeit und -ideal übereinstimmt. Einem solchen Image werden positive Wirkungen zugesprochen:

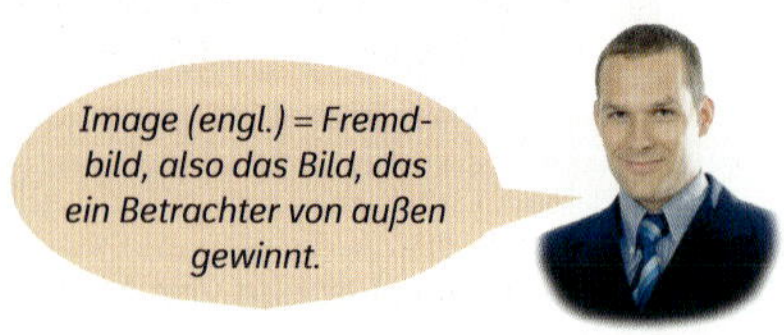

Interne Wirkungen
Bei den Mitarbeitern wird ein ganzheitliches, geschlossenes, akzeptiertes Unternehmensbild erzeugt. Der Sinn ihrer Tätigkeit im Gesamtzusammenhang wird ihnen deutlich. Betriebliche Strukturen und Prozesse werden transparenter. Mögliche Folgen:
- „Wir-Bewusstsein", Identifizierung mit dem Unternehmen
- höhere Arbeitszufriedenheit, Motivation, Leistung
- bessere Zielausrichtung
- vergrößerte Entscheidungsspielräume und Leistungssteigerungen durch einheitliches Vorgehen und einheitliche Gestaltung

Externe Wirkungen
Nach außen eindeutiges, unverwechselbares, widerspruchsfreies und zuverlässiges Bild des Unternehmens. Mögliche Folgen:
- Bessere Erkennbarkeit des Unternehmens in der Informationsflut
- Vertrauensbildung beim Partner
- höhere Attraktivität des Güterangebots
- bessere Unterscheidbarkeit von der Konkurrenz
- ggf. stärkere Kundenbindung an Marke und Hersteller
- ggf. günstigere Konditionen bei Lieferanten
- höhere Erfolgserwartungen bei Kapitalgebern
- größere Popularität und Verständnisbereitschaft in der Öffentlichkeit.

Arbeitsaufträge

1. **Die folgende Skizze macht Aussagen über die Corporate Identity (CI).**

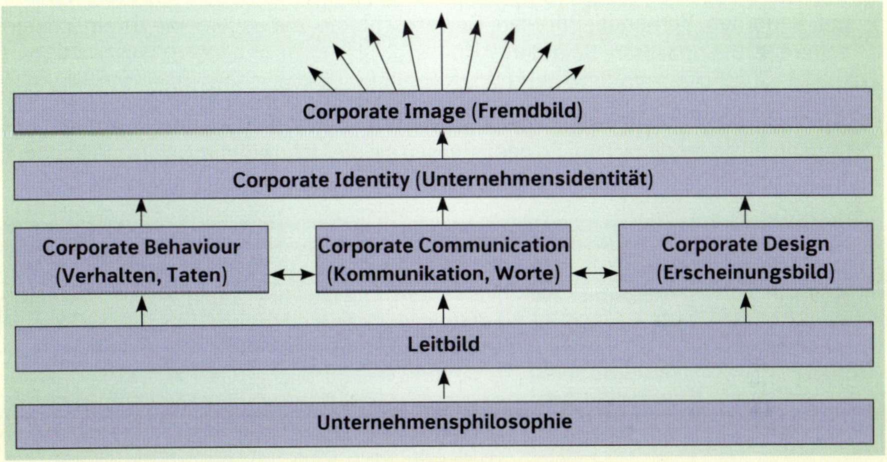

   a) Erläutern Sie die dargestellte Entwicklung der CI.
   b) In welcher Beziehung steht die CI zum Unternehmensimage?
   c) Für welche Probleme bietet die CI-Strategie Lösungsansätze?
   d) Inwiefern ist die CI auch ein wesentliches Element der Personalführung?
   e) Welche Bedeutung hat in diesem Zusammenhang das Unternehmensleitbild?
   f) Erläutern Sie den Zusammenhang zwischen Markenzeichen (z. B. dem Mercedes-Stern) und CI.

2. **„Unternehmenskulturbegründete Verhaltensregeln für die tägliche Aufgabenerfüllung sind von großer Bedeutung".**
   a) Begründen Sie diese Aussage.
   b) Wie sollte man bei der Formulierung solcher Regeln vorgehen, damit sie von den Mitarbeitern maximal akzeptiert werden?
   c) Formulieren Sie Regeln für das Verhalten am Telefon.

3. **„Unternehmenskultur ohne Unternehmensethik ist nicht vorstellbar."**
   a) Begründen Sie diese Aussage.
   b) Betrachten Sie das Unternehmensleitbild der Bestextil GmbH (siehe S. 13) und die Aussagen zu diesem Unternehmen im Beispiel auf Seite 11. Gewinnen Sie den Eindruck, dass das tatsächliche Handeln der Unternehmensleitung den Ansprüchen des Leitbildes entspricht? Welche Gründe könnten dem tatsächlichen Handeln zugrunde liegen?
   c) Welche Gefahren können für das Unternehmen entstehen, wenn Leitbild und Wirklichkeit nicht übereinstimmen?

1.2.3 Anspruchsgruppen: unterschiedliche Wünsche

Was wir von MGB erwarten ...

z. B. Onur Ataer, Arbeitnehmerin:
„Für mich sind ein sicherer Arbeitsplatz, eine interessante Tätigkeit und gerechte Entlohnung am wichtigsten."

z. B. Bernd Schneller, Bankdirektor:
„Für uns als Kapitalgeber steht die Sicherheit unserer Kredite und eine gute Verzinsung im Vordergrund".

z. B. Gernot Kluge, Kunde:
„Ich erwarte fehlerfreie Produkte von hoher und aktueller Qualität, günstige Preise und einwandfreie Serviceleistungen."

Die Aktivitäten eines Unternehmens wirken sich auf bestimmte interne und externe Personengruppen unmittelbar oder mittelbar aus. Umgekehrt benötigt das Unternehmen weitgehend die Unterstützung dieser Gruppen für sein Überleben.

- **Interne Gruppen:** Eigentümer [Shareholder (= Anteilseigner)], Manager (Führungspersonal), Arbeitnehmer;
- **Externe Gruppen:** Fremdkapitalgeber (v. a. Banken), Kunden, Lieferanten, Konkurrenten, Behörden, Verbände, Parteien, Gewerkschaften, die allgemeine Öffentlichkeit und andere (z. B. Sponsoren, Spender)

Man bezeichnet diese Gruppen als **Anspruchsgruppen (Interessengruppen, Stakeholder)**. Denn sie alle haben gewisse Ansprüche – also eigene Ziele –, die sie gegenüber dem Unternehmen geltend machen. So beeinflussen sie die Unternehmensziele direkt oder indirekt. Sie können sie unterstützen, damit konkurrieren oder sich auch gegen sie richten.

Anspruchsgruppen	Wichtige Ansprüche/Ziele	
Interne Anspruchsgruppen		
Eigentümer	**Ökonomische Ziele:**	hoher Gewinn; Kapitalsicherung; Selbstständigkeit; Einflussnahme, Selbstverwirklichung; wirtschaftliche Macht; ggf. aber auch mehr Interesse an hohen Gewinnentnahmen als an Kapitalsicherung
Manager	**Ökonomische und persönliche Ziele:**	grundsätzlich wie Eigentümer; ggf. persönliche Motive (z.B. Selbstverwirklichung, Prestige, Einkommen) stärker als bei Eigentümern
Arbeitnehmer	**Soziale Ziele:**	gerechte Entlohnung; gute Arbeitsbedingungen; sicherer Arbeitsplatz; soziale Absicherung; soziale Anerkennung; Mitbestimmung
Externe Anspruchsgruppen		
Fremdkapitalgeber	**Finanzziele:**	Kapitalsicherheit (Vertragstreue); hohe Verzinsung
Kunden	**Preisziele:** **Qualitätsziele:**	niedrige Absatzpreise hohe Leistungs-, Mengen-, Servicequalität; Vertragstreue; Anpassungsfähigkeit
Lieferer	**Preisziele:** **Qualitätsziele:**	hohe Bezugspreise Zahlungsfähig- und -willigkeit; günstige Lieferbedingungen; langfristige Geschäftsbeziehungen; Vertragstreue
Konkurrenten	**Wettbewerbsziele:**	Einhaltung der Wettbewerbsregeln; ggf. Kooperation
Behörden	**Hoheitsziele:**	Gesetzestreue; Steuerzahlung
Verbände, Parteien, Sponsoren	**Einflussziele:**	Einflussnahme auf das Unternehmen
Gewerkschaften	**Soziale Ziele:**	Vertretung der Arbeitnehmerinteressen
Öffentlichkeit	**Ethische Ziele:** **Ökologische Ziele:**	soziale Verantwortung; Einhaltung ethischer Grundsätze Umweltverantwortung (z.B. Ressourcenschonung, Emissionsvermeidung, Abfallvermeidung)

Eine grundlegende Frage ist: Wessen Ziele sollen für das Unternehmen maßgeblich und verbindlich sein? Zwei Ansätze geben unterschiedliche Antworten.

- **Shareholder-Ansatz:** Ausschließlich die Eigentümerziele sind für das Unternehmen maßgeblich, denn die Eigentümer stellen das Kapital und tragen allein das Risiko seines Verlustes. Deshalb verfolgen sie ökonomische Ziele. An erster Stelle stehen die Sicherung und die Mehrung des Eigenkapitals.

- **Stakeholder-Ansatz:** Die Ziele der Stakeholder müssen in die Unternehmensziele eingehen. Dies betrifft insbesondere
  - **soziale Ziele** (= Arbeitnehmerziele); Begründung: Der Unternehmenserfolg entsteht durch das Zusammenwirken von Kapital **und** Arbeit.
  - **ökologische Ziele** (= Umweltziele der Öffentlichkeit); Begründung: Die Öffentlichkeit hat Anspruch auf eine intakte Umwelt.

1.3 Shareholder-Ziele: Vorrang ökonomischer Ziele

Ausschnitt aus einem Interview der Zeitschrift *Industriekurier* mit R. Maltmann, Inhaber von MGB Maltmann Getriebebau e. K., Essen

IK: Herr Maltmann, ist es richtig, dass Sie für das laufende Geschäftsjahr wieder mit einem hohen Gewinn rechnen können?

M: Ja, wir können nicht nur unsere Kosten decken, sondern es bleibt noch ein ausreichender Gewinn für Investitionen und die Kapitalverzinsung.

IK: Worauf führen Sie diese positive Entwicklung zurück?

M: Nun, wir wollten die Kosten um 5 % senken und haben dies durch systematische Rationalisierung auch erreicht. Wir arbeiten jetzt produktiver und wirtschaftlicher als vor drei Jahren. Auch an den Sachzielen haben wir gearbeitet: Wir haben Schneckenradgetriebe für mehrere neue Anwendungsbereiche in der Medizintechnik entwickelt. Unsere Kunden haben das honoriert: Wir konnten unseren Marktanteil um 10 % steigern. Nicht zu vergessen: Unsere Mitarbeiter haben unsere an Spitzenleistung und fairem Wettbewerb orientierte Unternehmensphilosophie verinnerlicht und sind äußerst motiviert.

IK: Gewiss hat sich all dies positiv auf die Liquidität und die Arbeitsplatzsicherheit ausgewirkt.

M: Das kann ich ohne jede Einschränkung bejahen.

1.3.1 Formalziele

Unternehmer können wirtschaftsfremde Ziele verfolgen, etwa nach Ansehen, Einfluss und Macht streben. Palastartige Verwaltungsgebäude legen z. B. Zeugnis von solchem Streben ab. Im Vordergrund unternehmerischen Handelns steht allerdings **Wirtschaftlichkeit**. Wirtschaftlich (ökonomisch) zu handeln ist jeder bemüht, der über Werte verfügt. Denn er will diese Werte nicht verlieren, sondern mehren. Deshalb handelt er nach dem sog. ökonomischen Prinzip. Das **ökonomische Prinzip** kommt in zwei Formen vor:

- **Maximalprinzip:** Erziele mit vorgegebenem Werteinsatz ein maximales Ergebnis!
- **Minimalprinzip:** Erziele ein vorgegebenes Ergebnis mit minimalem Werteinsatz!

Beispiele: Wirtschaftlichkeit nach dem ökonomischen Prinzip

- **Maximalprinzip:** Aufgrund einer Rationalisierungsmaßnahme erstellt MGB mit einem Einsatz von 100 000,00 EUR Produkte im Wert von 200 000,00 EUR statt 170 000,00 EUR.
- **Minimalprinzip:** Aufgrund einer Rationalisierungsmaßnahme erstellt MGB Produkte im Wert von 500 000,00 EUR mit einem Einsatz von 270 000,00 EUR statt 300 000,00 EUR.

Der Werteinsatz des Unternehmers ist sein Kapital. Genauer: sein Eigenkapital. Er will, dass es wächst. Ein erwirtschafteter Eigenkapitalzuwachs heißt **Unternehmensgewinn**. Nur wenn ein Unternehmen dauerhaft Gewinn erzielt, sind seine Substanz sowie die Lebensgrundlage des Unternehmers und der Beschäftigten gesichert.

Wie entsteht der Unternehmensgewinn?

Beim Geschäftsbetrieb entstehen ständig Wertabflüsse (**Aufwendungen**) und Wertzuflüsse (**Erträge**). Aufwendungen mindern, Erträge mehren das Eigenkapital. Erträge – Aufwendungen = Unternehmensgewinn. Die wichtigsten Wertabflüsse fallen für den eigentlichen Betriebszweck, die Produktion, an (v. a. für Material-, Maschinen-, Arbeitseinsatz). Sie heißen **Kosten**. Wertzuflüsse, die unter Kosteneinsatz entstehen, sind **Leistungen** – v. a. die Verkaufserlöse (Umsätze). Leistungen – Kosten = Betriebsgewinn.

Unternehmensgewinn = Erträge – Aufwendungen; Betriebsgewinn = Leistungen – Kosten

Ein möglichst hoher Unternehmensgewinn gilt langfristig als oberstes Unternehmensziel (sog. Ziel der Gewinnmaximierung). Er mehrt den „Shareholder Value", den Wert des Unternehmerkapitals.

Das Gewinnziel ist ein Formalziel.

Formalziele sind Grundsätze, nach denen sich das unternehmerische Handeln richtet. Sie beziehen sich auf Geldgrößen.

Dem **Oberziel** Gewinn sind andere Formalziele als **Unterziele** zugeordnet:
- **Aufwandsminimierung** (möglichst niedrige Aufwendungen!)
- **Erlös-(Umsatz-)Maximierung** (möglichst hohe Erlöse!)

Ein ebenso wichtiges Formalziel wie der Gewinn ist die ständige Liquidität (Zahlungsfähigkeit). Nur wer liquide (flüssig) ist, kann die fälligen Schulden begleichen. Nachhaltige Zahlungsunfähigkeit bedroht die Existenz des Unternehmens.

Zwischen Gewinn- und Liquiditätsziel besteht ein **Zielkonflikt**:
Das Gewinnstreben verlangt die produktive Investition (Anlage) flüssiger Mittel. Angelegte Mittel können aber nicht mehr für fällige Zahlungen verwendet werden. Das Gleiche gilt auch umgekehrt.

> Von einem **Zielkonflikt** spricht man, wenn das Verfolgen eines Zieles das Erreichen eines anderen Zieles gefährdet.
>
> Gegenteil: **Zielharmonie**. Das Verfolgen eines Zieles unterstützt das Erreichen eines anderen Zieles.

Beispiel: Zielkonflikt

MGB erhält einen Großauftrag zum Bau von Getrieben. In der Vorkalkulation hat man einen Gewinn von 140 000,00 EUR errechnet. Allerdings müssen sofort Materialien für 100 000,00 EUR eingekauft werden. Es werden also 100 000,00 EUR flüssige Mittel in Materialvorräte investiert. Dieses Vorgehen ist im Sinne des Gewinnziels notwendig.

Allerdings entsteht ein Konflikt mit dem Liquiditätsziel: Das Bankkonto weist zwar momentan ein ausreichendes Guthaben von 130 000,00 EUR auf. Jedoch ist in der kommenden Woche ein Bankdarlehen von 70 000,00 EUR zur Rückzahlung fällig. Wegen des Materialeinkaufs verfügt MGB bei Fälligkeit nicht mehr über genug Liquidität, um die Schuld zu tilgen.

Ausweg: Vor der Annahme des Kundenauftrags hat MGB sich von seinen Lieferanten eine Zahlungsfrist von drei Monaten zusichern lassen. Innerhalb dieser Frist werden planmäßig viele Kundenzahlungen eingehen, die die Liquidität sichern.

1.3.2 Sachziele

Sachziele betreffen die Leistungen des Unternehmens. Sie beziehen sich nicht auf Geldgrößen, sondern auf Mengengrößen (Produktarten, Mengen, Qualitäten, Orte, Zeitpunkte).
Oberstes Sachziel ist die Erstellung nachfragewirksamer Leistungen (Produkte, Dienstleistungen). Nur diese ermöglicht Gewinnerzielung.

Beispiel: Oberstes Sachziel von MGB

Das oberste Sachziel von MGB Maltmann Getriebebau e. K. ist der Bau von Schieberad- und Schneckenradgetrieben.

An den obersten Sachzielen lässt sich erkennen, in welchen Branchen die Unternehmen tätig sind (siehe Übersicht unten).

Wie für Formalziele werden auch für die Sachziele **Unterziele** abgeleitet.

Beispiel: Unterziele von Sachzielen

Bei MGB besteht schon seit langem das Unterziel „Bau von Schieberadgetrieben für elektromechanische Werkzeuge". In diesem Bereich ist das Unternehmen Zulieferer eines Bohrmaschinenherstellers.

Aufgrund einer neu entwickelten Handbohrmaschine musste im letzten Jahr auch ein neues Zweiganggetriebe mit Rückwärtsgang konstruiert werden. Dessen Herstellung ist zurzeit das konkrete **Sachziel der Abteilung *Produktion***. Auch die Fertigungsmenge, die Produktqualität und das Fertigungsverfahren müssen der Fertigungsabteilung als Ziele vorgegeben werden.

Das **Sachziel der Abteilung *Materialmanagement*** ist die ordnungsgemäße Bereitstellung aller Materialien für die Fertigung.

Sachziele der Abteilung *Absatzmanagement* sind ordnungsgemäßer Verkauf und Lieferung.

Unternehmensarten nach dem Sachziel

Sachleistungsunternehmen

- **Industrieunternehmen**
betreiben die Produktion fabrikmäßig. Eine Fabrik ist ein Betrieb mit umfangreicher Maschinenausstattung, hohem Kapitaleinsatz und Trennung von Produktion und Verwaltung. (Weitere Einzelheiten siehe unten: Betriebsarten industrieller Unternehmen.)
- **Handwerksunternehmen**
Bearbeitungs-, Verarbeitungs- und Reparaturbetriebe. Im Gegensatz zum Industriebetrieb geringe Größe, individuelle Bearbeitung für den Auftraggeber und manuelle Fertigung.
- **Land- und Forstwirtschaftsunternehmen**
arbeiten heutzutage teils mit industriellen Methoden: Großfarmen.
- **Fischereiunternehmen**
arbeiten heutzutage teils mit industriellen Methoden: Fabrikschiffe.

Dienstleistungsunternehmen

- **Handelsunternehmen**
beschaffen Güter und verkaufen sie an Konsumenten oder andere Betriebe weiter. Arten: Groß-, Einzel-, Außenhandel
- **Kreditinstitute**
besorgen den Zahlungsverkehr, nehmen Einlagen zur Verzinsung an, stellen der Wirtschaft Kapital zur Verfügung (Kreditgewahrung) und betreiben Wertpapiergeschäfte.
- **Versicherungen**
übernehmen Risiken und gleichen Verluste aus.
- **Verkehrsunternehmen**
besorgen Güter- und Personentransporte
- **Kommunikationsunternehmen**
erstellen Informationen und schaffen Verbindungen (Rundfunk, Fernsehen, Zeitungen, Post, Telefongesellschaften, Provider u. a.)
- **andere Dienstleister**
z. B. Beratungs-, Gesundheits-, Gastgewerbe, Kulturbetriebe, Werbeagenturen u. a. m.

Betriebsarten industrieller Unternehmen:

Gewinnungsbetriebe: Ziel: Abbau der Naturschätze (Öl, Gas, Kohle, Erze, Salze u. a. m.)

Verarbeitungsbetriebe Ziel: Umwandlung eingekaufter Materialien in Produkte.

- **Grundstoffindustrie:** stellt unbearbeitete Produkte her (z. B. Eisen, Stahl, Kalk, Energien)
- **Produktionsgüterindustrie:** fertigt Halbwaren (mit erheblicher Stoffumwandlung; z. B. Bleche, Tuche) und Einbauteile (für den Einbau in andere Erzeugnisse; z. B. Lichtmaschinen)
- **Investitionsgüterindustrie:** fertigt Güter der Produktionsausrüstung (z. B. Maschinen, Fahrzeuge, Schiffe, Elektrotechnik, Elektronik)
- **Konsumgüterindustrie:** fertigt Güter für Verbraucher (z. B. Bekleidung, Lederwaren, Haushaltsartikel, Möbel, Porzellan, Nahrungs- und Genussmittel)

Veredelungsbetriebe sind grundsätzlich Verarbeitungsbetriebe. Ihr Ziel ist aber nicht die Stoffumwandlung, sondern eine technische Veränderung (Form und/oder Qualitätsverbesserung), die für eine zweckmäßigere Weiterverarbeitung oder einen individuell verfeinerten Geschmack bedeutungsvoll ist (z. B. Papier-, Glas-, Textil-, Kunststoff-, Stahl-, Holzveredelung).

1.4 Berücksichtigung von Stakeholder-Zielen

1.4.1 Zielkonflikte

Die Stakeholder-Ziele haben ihre kulturelle und gesellschaftliche Berechtigung. Sie basieren auf den Wertvorstellungen der Gesellschaft. Dazu gehören einerseits Werte wie Gesetzestreue, Vertragstreue, Fairness, Qualität, soziale Verpflichtung und Umweltschutz, andererseits aber auch Wettbewerb.

Die Käufer entscheiden sich bei Wettbewerb in der Regel für den Verkäufer, der die beste Leistung bietet (z. B. die gewünschte Qualität zum niedrigsten Preis). Folglich strebt der Verkäufer niedrigstmögliche Aufwendungen an. Seine Arbeitnehmer hingegen streben nach bestmöglichen Arbeitsbedingungen und hohen Löhnen. Dies erhöht die Aufwendungen. Deshalb bestehen **zwischen den Stakeholder-Zielen und den ökonomischen Zielen der Shareholder** grundsätzlich **Zielkonflikte**.

Ungelöste Konflikte können schlimme Folgen haben. Wenn die Konkurrenz weniger Aufwendungen hat, kann sie günstiger anbieten und zieht die Nachfrage auf sich. Gewinneinbrüche, Verluste und sogar dauerhafte Zahlungsunfähigkeit können die Folge sein. Dann wäre das Unternehmen am Ende.

1.4.2 Lösungsansätze

- **Vertragsansprüche:** Ansprüche von Fremdkapitalgebern, Kunden, Lieferanten und Öffentlichkeit, die auf Verträgen (z. B. Kaufverträgen, Kreditverträgen) oder auf hoheitlichen Rechten (z. B. Steuern und Abgaben) beruhen, sind vom Unternehmen unbedingt im Rahmen seiner Liquiditätsziele, Qualitätsziele und Terminziele zu berücksichtigen. Nichtbeachtung führt zwangsläufig zu Schadensersatzforderungen und Liquiditätsproblemen.
- **Preis- und Qualitätsziele der Kunden:** Auch diese Ziele muss sich das Unternehmen bedingungslos aneignen. Denn es kann im Wettbewerb mit seinen Konkurrenten nur bestehen, wenn es ihm gelingt, die Kundenbedürfnisse bestmöglich zu befriedigen.
- **Soziale Ziele der Arbeitnehmer:** Ihre Verwirklichung wird weitgehend dem Gesetzgeber zugewiesen. Dieser sorgt durch zwingende Rechtsvorschriften bei Arbeitsverträgen und auf dem Gebiet von Arbeitsschutz, Sozialversicherung und Mitbestimmung für die Einhaltung von Mindeststandards. Da diese Vorschriften allgemein gelten, entstehen dem einzelnen Unternehmen im Wettbewerb keine Nachteile. Das Gleiche gilt, wenn die Arbeitgeberverbände für ganze Branchen Tarifverträge mit den Gewerkschaften zur Regelung von Arbeitsentgelten und Arbeitsbedingungen schließen. Anders stellt sich die Situation jedoch dar, wenn ausländische Konkurrenten weniger strengen Vorschriften unterliegen und dadurch Wettbewerbsvorteile erlangen. Weltweite Regelungen bestehen hier nicht.

  Das Unternehmen kann den Konflikt ggf. auflösen, indem es seine Mitarbeiter z. B. durch gerechte Entlohnung, optimale Arbeitsbedingungen, ein angenehmes Betriebsklima und eine gute Aufstiegsförderung zu Bestleistungen motiviert. Dies kann die Erträge steigern, die Aufwendungen senken und die Wettbewerbsfähigkeit erhöhen.

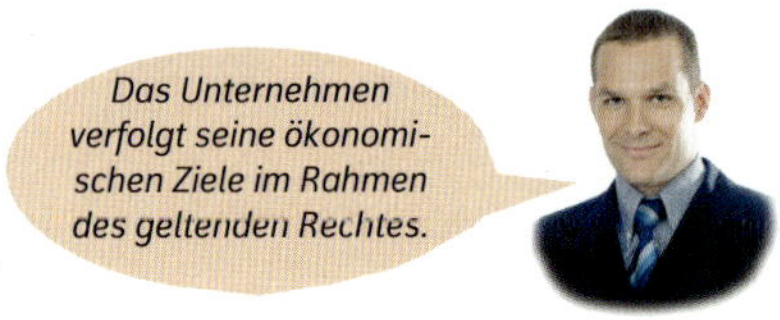

- **Ökologische Ziele der Öffentlichkeit:** Grundsätzlich gilt hier das Gleiche wie für die sozialen Ziele. Der Staat zwingt die Unternehmen durch Umweltvorschriften zu einem Mindestmaß an umweltfreundlichem Handeln. Fortschrittliche Unternehmen tun jedoch mehr. Sie richten ihre gesamte Organisation umweltfreundlich aus (sog. Umweltmanagement), lassen sich dies offiziell bestätigen (zertifizieren) und setzen sich selbst zunehmend strengere Umweltziele. In einer auf Umweltschutz bedachten Öffentlichkeit verschaffen sie sich so Ansehen, Wettbewerbs- und Kostenvorteile.

Umweltzertifikat

Arbeitsaufträge

1. Zielplanung bei einem Automobilhersteller

Ergebnisse des Vorjahres (Produkte, Kosten, Vertrieb, Kundenzufriedenheit):
- Die neuen Modelle entwickelten sich plangemäß: Der Mundo wurde zum „Auto des Jahres", der Packer zum „Van of the Year" gewählt, der Fundus erzielte Rekordverkäufe. Der Produktentwicklungsplan sieht 45 neue Produkte in den nächsten fünf Jahren vor.
- Die Kosten je Einheit wurden deutlich reduziert, die Einkaufspreise enorm gesenkt.
- Im Vertrieb wurden die Auftragsbearbeitungszeiten um zehn Tage verkürzt. Bei der Einhaltung der Lieferfristen besteht noch Optimierungsbedarf.
- Die Kundenzufriedenheit wurde gesteigert: Messungen zeigen höhere Fahrzeugqualität und niedrigere Fehlerquoten an; Fundus: Nr. 1 in der TÜV-Zuverlässigkeitsstatistik!

Ziele für das nächste Jahr (abgeleitet aus der Analyse des Vorjahres):
- Imageverbesserung der einzelnen Marken
- Gewinnsteigerung (4 % gegenüber Vorjahr)
- Kostensenkung (5 % gegenüber Vorjahr)
- Verbesserung der Kostenkontrolle
- Einhaltung der Liefertermine
- Aufbau eines Kundenbeziehungsmanagements (CRM, vgl. Seite 449)

Zielplanungsprozess: Umsetzung der allgemeinen Ziele in konkrete Ziele
In diesem Prozess werden die Geschäftsziele kommuniziert, Hintergrund, Ausrichtung, Vorteile verdeutlicht. Schritte:
1. Entwicklung eines Punkteplans (Scorecard) für das Führungsteam.
2. Daraus Ableitung weiterer Punktepläne für die einzelnen Funktionen und Produkte.
3. Weitere Ableitungen, bis die Punktepläne alle Mitarbeiter erreicht haben.

a) Unternehmensziele sind Orientierungsgrößen. Erläutern Sie dies anhand der oben formulierten Ziele des Automobilherstellers.

b) Ziele lassen sich nach vielen Gesichtspunkten einteilen. So unterscheidet man z. B.:
(1) Grundziele, strategische Ziele, taktische Ziele, operative Ziele;
(2) Formalziele, Sachziele;
(3) ökonomische Ziele, Machtziele, ökologische Ziele, soziale Ziele;
(4) Shareholder-Ziele, Stakeholder-Ziele
(5) Oberziele, Unterziele.
Welche dieser Zielarten lassen sich bei dem Automobilhersteller erkennen?

2. Werden mehrere Ziele angestrebt, so lassen sich oft Zielkonflikte erkennen.

a) Was versteht man unter Zielharmonie und was unter Zielkonflikten?

b) Beurteilen Sie, ob zwischen dem ökonomischen Ziel „Gewinnmaximierung" einerseits und
(1) dem ökologischen Ziel „Umweltschutz",
(2) dem sozialen Ziel „Arbeitsplatzsicherung"
andererseits Zielharmonie oder Zielkonflikte bestehen:

3. Das Unternehmen soll nicht nur die Interessen der Shareholder, sondern die Interessen aller Stakeholder berücksichtigen.

a) Erläutern Sie die Begriffe Shareholder und Stakeholder.

b) Begründen Sie die Behauptung am Beispiel der Arbeitnehmer (interne Gruppe) und der Lieferanten (externe Gruppe).

2 Managementprozesse

2.1 Entscheidungs- und Führungsprozess

- **MGB** fertigt Getriebe in Essen. Da die Nachfrage ständig steigt, entschied die Geschäftsleitung vor mehreren Jahren, ein Zweigwerk in Augsburg zu errichten.
- Die Preise von **MGB** sind Nettopreise, zahlbar binnen 30 Tagen. Dem Verkaufsleiter gelingt es, einen Kunden zu interessieren, der einmalig Produkte für 200 000,00 EUR abnehmen könnte. Er trifft die Entscheidung, dass dieser Kunde einen Rabatt von 10 % und ein Zahlungsziel von 60 Tagen erhält.
- Im Werk ist eine Maschine ausgefallen. Der Meister entscheidet, dass der Arbeiter während der Reparatur an der Maschine eines erkrankten Kollegen arbeitet.

Bei der Zielverfolgung ist das Unternehmen ständig mit Problemen konfrontiert.

In Problemsituationen müssen Entscheidungen getroffen werden. Hierfür ist das Management zuständig.

Merken Sie sich: „Management" hat zwei Bedeutungen.

Das Top-Management trifft die wichtigsten Entscheidungen (sie betreffen das Gesamtunternehmen). Andere Entscheidungen delegiert (überträgt) es an untergeordnete Führungsebenen.

Jede Führungskraft ist dafür verantwortlich, dass die getroffenen Entscheidungen von ihren Mitarbeitern umgesetzt werden.

Web

M 22 Deshalb ist der Prozess von Entscheidungsfindung und -umsetzung zugleich ein Führungsprozess. Die Führungskräfte müssen dabei Führungsaufgaben wahrnehmen.

Management bedeutet:

1. **Führungspersonal** (Top-, Upper-, Middle-, Lower-Management = oberste, obere, mittlere, untere Führungsebene); z. B.:
   T.-M. → Geschäftsleitung
   U.-M. → Bereichs-, Spartenleitung
   M.-M. → Abteilungsleitung
   L.-M. → Gruppen-, Teamleitung
2. alle **Aufgaben der Führung** des Unternehmens (siehe unten) und wichtiger Teilbereiche (z. B. Produktions-, Personal-, Qualitäts-, Risiko-, Umweltmanagement).

Entscheidungsprozess als Führungsprozess

Phasen des Entscheidungsprozesses		Führungsaufgaben	
• Anregungsphase	↔	• Probleme aufdecken	Das bedeutet: die Initiative ergreifen
• Suchphase	↔		
– Zielformulierungsphase	↔	• Ziele setzen	
– Planungsphase	↔	• Mittel und Wege planen	
• Entscheidungsphase	↔	• Entscheidungen treffen	
• Durchsetzungs-(Anordnungs-)Phase	↔	• Entscheidungen umsetzen/durchsetzen	
• Kontrollphase	↔	• kontrollieren	

Die Führungsaufgaben sind teils sachbezogen, teils personenbezogen:

Führung

sachbezogener Aspekt der Führung

Der Führende muss optimale Entscheidungen hinsichtlich der betrieblichen Sachprobleme treffen. Aufgaben:
- **Initiativaufgabe**
- **Entscheidungsaufgabe**

Notwendig: Wissen, Ideenreichtum, Entschlusskraft

personenbezogener Aspekt der Führung

Der Führende muss für die zielgerechte Umsetzung der Sachentscheidungen durch die Mitarbeiter sorgen. Aufgaben:
- **Durchsetzungsaufgabe**
- **Kontrollaufgabe**

Notwendig: Beherrschung der Kunst der Menschenführung

2.2 Beschreibung der Führungsaufgaben

Initiativaufgabe

Initiativ tätig sein bedeutet: Prozesse in Gang setzen (Probleme aufdecken, Ziele setzen, Mittel und Wege planen).

Nach ihrem zeitlichen Rahmen unterscheidet man mehrere **Zielebenen**:

- **Grundziele** → Leitideen, über Jahrzehnte gültig,
- **strategische Ziele** → langfristige Ziele, etwa 5 bis 10 Jahre gültig,
- **taktische (strukturelle) Ziele** → mittelfristige Ziele, maximal 5 Jahre gültig,
- **operative Ziele** → Periodenziele, 1 bis maximal 2 Jahre gültig.

Beispiel: Zielebenen bei einem Automobilhersteller

Grundziel:	Produktion innovativer Automobile von höchster Qualität
strategisches Ziel:	Entwicklung von Autos mit Wasserstoff-, Elektro-, Hybridmotoren
taktisches Ziel:	Entwicklung des Minivans Supra mit Hybridmotor (3-Liter-Auto)
operative Ziele:	1. Produktion von 100 000 Stück des Typs Susa im kommenden Jahr 1 2. Gewinn von 100 Mio. EUR in Jahr 1 aus Verkauf von Produkt Susa

Alle Ziele sollen drei grundlegende Aufgaben erfüllen (vgl. S. 11):

- **Steuerungsaufgabe:** Ziele sind Orientierungs- und Steuerungsgrößen.
- **Koordinierungsaufgabe:** Alles Handeln ist auf die Zielerfüllung auszurichten.
- **Bewertungsaufgabe:** Alles Handeln ist an den Zielen zu messen.

Ziele können diese Aufgaben nur erfüllen, wenn sie „SMART“ sind.

SMART = Mindestanforderungen an Ziele		
S	**S**pezifisch	Eindeutige, präzise Formulierung des Zielinhalts (z. B. Steigerung des Umsatzes)
M	**M**essbar	Messbare (zumindest nachprüfbare) Angabe des angestrebten Ausmaßes (z. B. 10 %)
A	**A**kzeptabel	Akzeptierung durch den Zielverantwortlichen, Identifizierung mit dem Ziel
R	**R**ealistisch	Erreichbarkeit für den Zielverantwortlichen
T	**T**erminiert	Angabe des Zielzeitraums/des Zeitpunkts der Zielerreichung (z. B. Ende 2016)
Weitere Anforderungen		
• Angabe des Zielverantwortlichen (z. B. Verkaufsleiter) und des Zielorts (z. B. Deutschland) • Verständlich, steuerbar, abgestimmt, möglichst widerspruchsfrei (keine Zielkonflikte)!		

SMARTe Ziele sind zugleich **operationale (messbare) Ziele:** Sie sind so formuliert, dass Art und Ausmaß der Zielerreichung eindeutig bestimmt werden können.

Beispiel: SMARTes (operationales) Umsatzziel

„Im ersten Halbjahr 20.. soll der Handlungsreisende Erler im Absatzgebiet Norddeutschland mit dem Verkauf von Schneckenradgetrieben eine Umsatzsteigerung von 10 % gegenüber dem Vorhalbjahr erzielen. Das Ziel ist mit Herrn Erler vereinbart und als erreichbar anerkannt.“

Weit in der Zukunft liegende Ziele (strategische Ziele) sind durch ein offenes Problemfeld gekennzeichnet. Die Sachzielsuche stehen im Vordergrund, präzise Formalziele können noch nicht formuliert, die SMART-Anforderungen nicht erfüllt werden. Operative Ziele hingegen basieren auf vorhandenen Produkten und/oder Verfahren sowie Marktverhältnissen. Hier lassen sich die Oberziele auf dem Weg einer mehrstufigen Planung operationalisieren.

Von der Mehrzahl der Unternehmen wird das **Gegenstromverfahren** bevorzugt. Dabei erfolgt die Planung zuerst von oben nach unten, vom Top- zum Lower-Management, ggf. bis zum Mitarbeiter („top-down"):

1. **Oberziele** formulieren!
2. **Grobe Lösungen** (Mittel und Wege) zur Verwirklichung dieser Ziele erarbeiten!
3. Gefundene Mittel zu **Zwischenzielen** machen (sog. Mittel-Ziel-Transformation)!
4. **Konkretere Mittel** zur Verwirklichung der Zwischenziele erarbeiten!
5. Dieses Vorgehen bis zu den **Unterzielen** fortsetzen!

Planung

- **Planung ist vorausschauendes gedankliches Handeln.**
- Das Ergebnis von Planung sind **Pläne**.
- Pläne sind Entwürfe über Mittel und Wege zur Erreichung von Zielen. Sie legen das tatsächliche spätere Handeln fest.
- Gemäß den Zielebenen unterscheidet man:
  - **Grundsatzplanung**
    Ergebnisse: Leitbilder, Unternehmensgrundsätze
  - **strategische Planung**
    Ergebnisse: Strategien
  - **strukturelle (taktische) Planung**
    Ergebnisse: Struktur- und Kapazitätspläne
  - **operative Planung**
    Ergebnisse: Detailpläne (Budgets) auf der Basis vorhandener Kapazitäten

Dann korrigieren die unteren Ebenen ungünstige/fehlerhafte Vorgaben und geben die Korrekturen nach oben zurück („bottom-up").

An diesen Prozessen sind Controller (siehe S. 27) koordinierend beteiligt. Sie müssen u. a. dafür sorgen, dass die Ziele abgestimmt werden (Zielkonflikte verhindern, gesetzte Prioritäten einhalten, ggf. Kompromisse finden).

Web

Zweckmäßig ist eine **rollierende Planung**. Diese entwickelt alle Ziel- und Planungsebenen jährlich um ein Jahr weiter in die Zukunft.

M 24 Die *operative Planung* erfolgt für alle Teilbereiche der Unternehmung. Die **Basis ist der Absatzplan**. Er hält die Absatzprodukte sowie die geplanten Absatzmengen und Umsätze fest. Von diesen Größen hängt alles andere ab: was und wie viel zu produzieren und zu beschaffen ist, welche Finanzmittel benötigt werden und wie hoch der Gewinn voraussichtlich sein wird. Wichtig ist dabei die Festlegung von **Budgets** für alle Abteilungen. Das sind finanzielle Zielwerte/Vorgabewerte (z. B. Mindestumsätze, Höchstausgaben), die einzuhalten sind.

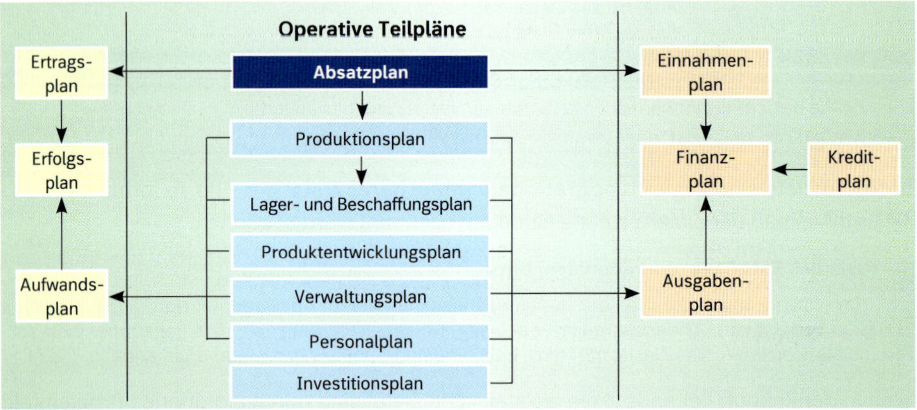

Wenn **Engpässe** bestehen (z. B. Rohstoffknappheit, Personalmangel, fehlende Finanzmittel), muss sich die Absatzplanung kurzfristig danach richten.

Langfristig sind Engpässe zu beseitigen und der Umgebung anzugleichen.

Entscheidungsaufgabe

***Entscheiden* bedeutet: Zwischen mehreren alternativen Möglichkeiten (z. B. Planvorschlägen) auswählen.**

Das Top-Management verabschiedet z. B. das Zielsystem und gibt den Managementebenen und Mitarbeitern die Ziele vor. (Dies geschieht vorzugsweise im Weg einer Zielvereinbarung. Zweck: Identifikation der Mitarbeiter mit „ihren“ Zielen).

In ihrem abgegrenzten Verantwortungsbereich muss jede Führungsperson die notwendigen Entscheidungen treffen.

Durchsetzungsaufgabe (Anordnungsaufgabe)

***Durchsetzen* bedeutet: Die Mitarbeiter veranlassen, die getroffenen Entscheidungen auszuführen.**

Die Durchsetzung erfolgt auf den festgelegten **Befehlswegen**. Eine funktionierende Organisation ist deshalb wichtig. Der Führende muss sich ihrer problemlos bedienen können. Er muss fähig zur **Motivation** (Ansporngebung), **Delegation** (Übertragung untergeordneter Entscheidungen) und **Koordination** (Ausrichtung auf das Ziel) sein.

Kontrollaufgabe

***Kontrollieren* bedeutet: Sollwerte und Istwerte vergleichen.**

Wer anordnet, muss auch die Ergebnisse kontrollieren. Dazu benötigt er **Rückmeldungen** seiner Mitarbeiter. Auch die **Meldewege** sind durch die Organisation festgelegt. Die Kontrolle ermittelt, ob und in welchem Maß die Ziele **(Sollwerte)** erreicht wurden **(Istwerte)**. Die festgestellten Werte lösen neue Entscheidungsprozesse aus: Entweder bestätigen sie das bisherige Vorgehen oder sie sind die Basis für Korrekturen.

Auch die Ziele sind im Zeitablauf auf Korrekturbedarf hin zu überprüfen. Gegebenenfalls sind Korrekturen vornehmen.

2.3 Entscheidungsprozess als Informationsprozess

Wer Entscheidungen treffen muss, benötigt dafür Informationen.

Eine Information ist eine Nachricht, die dem Empfänger wichtiges, zweckbestimmtes Wissen vermittelt.

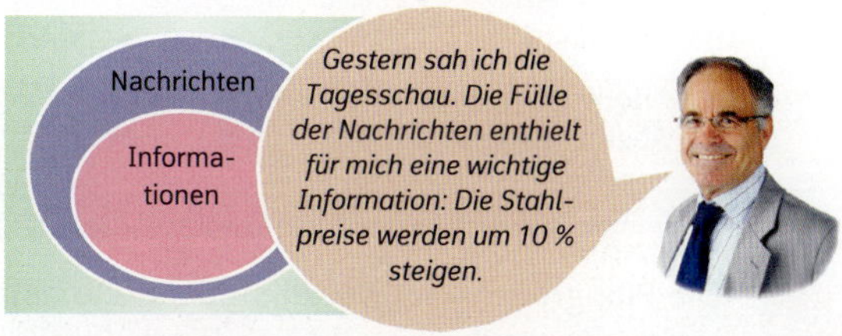

Informationen sind Idealgüter. Neue Informationen entstehen in einem mehrstufigen Informationsprozess. Dieser ist mit dem Produktionsprozess der Realgüter vergleichbar. Er stellt zugleich einen Lernprozess dar:

Realgüterproduktion		Idealgüterproduktion		Lernprozess
				Unwissenheit
Materialbeschaffung	⟷	Informationsaufnahme	⟷	Aufnahme des Informationsgehalts
Materiallagerung	⟷	Informationsspeicherung	⟷	Aufbewahren des Informationsgehalts
Fertigung	⟷	Informationsverarbeitung	⟷	Verknüpfung mit anderen Informationen
Absatz	⟷	Informationsabgabe	⟷	Wissensverwertung (z. B. Entscheidung)

Insofern sind Informationsgewinnung und -verarbeitung unerlässlich für jede Entscheidungsfindung. Je schneller verlässliche Informationen vorliegen (z. B. über Technik, Märkte, Trends) und mit bereits bekannten Informationen verknüpft werden können, umso schneller kann man reagieren und ggf. Vorteile gegenüber Konkurrenten erlangen.

Jede Phase des Entscheidungsprozesses ist zugleich eine Phase des Informationsprozesses:

Entscheidungsprozess als Informationsprozess

Phasen des Entscheidungsprozesses	Art der Informationen	Phasen des Informations-prozesses
Anregungsphase	Ursacheninformationen	Aufnahme und Speicherung von Informationen
Problem entdecken; seine Ursachen erforschen		
Suchphase: • Zielformulierungsphase • Planungsphase	 Zielinformationen Fakten- und Mittelinformationen	
Ziele entwickeln und formulieren; Mittel und Wege zur Verwirklichung suchen		
Entscheidungsphase	Auswahlinformationen	Verarbeitung von Informationen
Informationen verarbeiten; sich für eine Alternative/Kombination entscheiden		
Durchsetzungsphase	Steuerungsinformationen	Weitergabe von Informationen
Anweisende und unterrichtende Informationen an die Ausführenden		
Kontrollphase	Rückinformationen	Rückgabe von Informationen
Ergebnisse zurückmelden; Soll-Ist-Vergleich; Ziele/Maßnahmen korrigieren		

Die Informationen im Entscheidungsprozess betreffen Güter (Sachgüter und Dienstleistungen) und Werte:

Güter: geplante und realisierte		**Werte:** geplante und realisierte
• Materialarten und -mengen	⟷	• Materialaufwendungen
• Arbeitsstunden	⟷	• Arbeitsaufwendungen
• Produktarten und -mengen	⟷	• Erträge
• Absatzmengen	⟷	• Umsätze (Erlöse)
		• Gewinne

Web

M 26 Die Plangrößen (Sollwerte) steuern alle betrieblichen Arbeitsprozesse. Sie sind **Steuerungsinformationen**. Über die Ergebnisse (die Istwerte) erfolgen **Rückmeldungen** an die Entscheidungsträger. Sie lösen Kontrollen, neue Entscheidungsprozesse und Plankorrekturen aus (Rückkopplung). Steuerung und Rückkopplung bilden einen sog. *Regelkreis*.

Managementprozess als Regelkreis und Informationsprozess

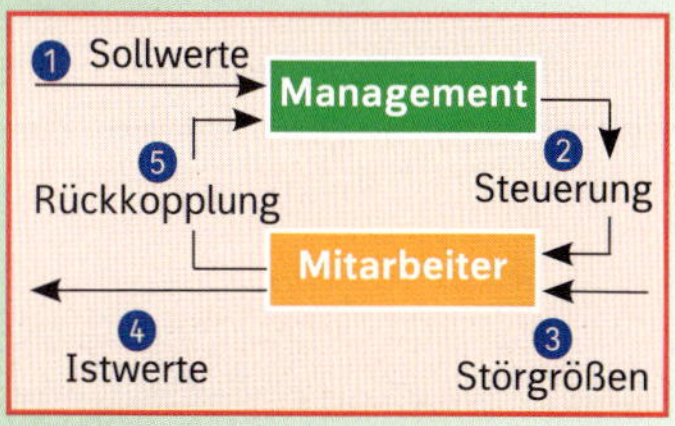

1 Die Unternehmensleitung (Management) deckt Probleme auf, setzt Ziele, plant Lösungen und trifft Entscheidungen. Das Resultat sind **Sollwerte** (anzustrebende Ergebnisse). Sie enthalten **Zielinformationen**.

2 Das Management veranlasst die Mitarbeiter, die geplanten Maßnahmen durchzuführen. Dies erfordert eine bestmögliche **Steuerung** der durchzuführenden Handlungen. Sie erfolgt durch **Steuerungsinformationen** (Anweisungen und Unterrichtungen).

3 4 Die Mitarbeiter setzen die Ziel- und Steuerungsinformationen in zielgerichtete Handlungen um und kommen zu Ergebnissen **(Istwerte)**, die möglichst den Sollwerten entsprechen sollen. Durch die Einwirkung von **Störgrößen** (z. B. Marktentwicklungen, Informationsmängel) kommt es jedoch oft zu Abweichungen. Deshalb ist eine Kontrolle der Ergebnisse unerlässlich.

5 Kontrolle bedeutet: Soll- und Istwerte vergleichen, Abweichungen feststellen und auswerten. Wer anordnet, muss auch kontrollieren! Deshalb müssen dem Management **Rückinformationen** (Rückmeldungen über die erreichten Ergebnisse) übermittelt werden. Sie lösen neue Entscheidungsprozesse aus: Entweder bestätigen sie das bisherige Vorgehen oder sie lösen Ziel- und/oder Maßnahmenkorrekturen aus. Die Kontrolle bewirkt folglich eine **Rückkopplung** (engl.: feedback) von Istwerten und Sollwerten.

- **Steuerung = Maßnahmen, die nachgeordnete Stellen zur Durchführung zielgerichteter Handlungen veranlassen. Hierfür sind Steuerungsinformationen nötig.**
- **Kontrolle = Vergleich und Rückkopplung von Ist- und Sollwerten zwecks neuer Zielausrichtung. Hierfür sind Rückinformationen nötig.**

*Merke: Steuerung + Rückkopplung = **Regelung**. Von daher die Bezeichnung Regelkreis.*

2.4 Controlling

Die Regelkreise im Unternehmen müssen möglichst reibungslos funktionieren. Deshalb sieht die Organisation größerer Betriebe **Koordinationsstellen** für die Planung und Kontrolle sowie die damit verbundenen Informationsprozesse vor. Die Stelleninhaber heißen Controller, ihre Tätigkeit heißt Controlling. Sie tragen die Verantwortung dafür, dass systematisch geplant und kontrolliert wird. Weiterhin treffen und koordinieren sie alle Vorkehrungen, die der wirksamen Durchführung von Planungen und Kontrollen dienen.

Controller müssen dafür Sorge tragen,

- dass alle Ziele operationalisiert und somit ausführbar und messbar festgelegt werden,
- dass für alle Bereiche alternative Planvorschläge (mit den erwarteten Ergebnissen) entwickelt und ausgewählt werden,
- dass die Einhaltung der Pläne im laufenden Betrieb überwacht wird,
- dass bei Abweichungen Maßnahmen zur Gegensteuerung oder Plankorrektur getroffen werden.

Um die Suche und Auswahl **optimaler** Alternativen zu sichern, müssen Controller Machtmissbrauch, Gruppenegoismus, Informationsunterdrü-

to control (engl.) = steuern, regeln

Strategisches Controlling
bezieht sich auf langfristige, strategische Unternehmenskonzepte; überprüft sie auf ihre Richtung, Plausibilität und innere Logik hin und untersucht ihre Chancen, Risiken, Stärken und Schwächen.

Operatives Controlling
- bezieht sich auf kurzfristige und laufende Planungen und Prozesse;
- umfasst unternehmens-, bereichs- und abteilungsweites sowie produktbezogenes Controlling,
- wertet die Zahlen des betrieblichen Rechnungswesens aus und verdichtet sie zu sog. Kennzahlen (oder Kennziffern);
- beurteilt die Betriebsprozesse anhand der Kennzahlen;
- erstellt Soll-Ist-Vergleiche, untersucht Abweichungen und macht Korrekturvorschläge.

ckung sowie das Unterlaufen und Manipulieren von Plänen verhindern. Deshalb befassen sie sich in der Praxis intensiv mit der Auswertung des betrieblichen Rechnungswesens und mit Management-Informationssystemen.

Web

Als **Controllinginstrumente** lassen sich zahlreiche Plan- und Istgrößen sowie Rechnungen (z. B. Bilanzen, Kalkulationen, Umsatzstatistiken, Kostenrechnungen) nutzen. Zwei Instrumente seien besonders erwähnt: Budgetierung und Kennzahlen. Beispiele hierzu finden Sie im Infomaterial *Controlling*.

M 28

- **Budgetierung**

  Ein Budget ist ein Teilplan mit Vorgabewerten (Mindest- oder Höchstwerten), die vom Budgetverantwortlichen einzuhalten sind.

  Beispiele: Ausgabenbudget, Kostenbudget. Innerhalb der Budgetgrenzen kann der Verantwortliche frei entscheiden. Insofern ist Budgetierung ein Mittel dezentraler Steuerung. Sie dient
  - der Planung der Unternehmensentwicklung,
  - der Erkennung von Engpässen und der Abstimmung von Teilplänen,
  - der Motivation der Verantwortlichen zur Übererfüllung des Solls (ggf. Belohnung!),
  - der Kontrolle von Planabweichungen durch den Soll-Ist-Vergleich.

- **Kennzahlen**

  Kennzahlen sollen Aufschluss über die Lage des Unternehmens geben. Sie geben quantitativ messbare Sachverhalte in aussagekräftig verdichteter Form an.

Arten von Kennzahlen		
Grundzahlen	absolute Größen	z. B. Bilanzsumme, Jahresgewinn, Monatsumsatz
Verhältniszahlen:	**aufeinander bezogene Größen**	
1. Gliederungszahlen	Anteile an Gesamtgrößen	z. B. Lohnkostenanteil = Lohnkosten/Gesamtkosten
2. Beziehungszahlen	verschiedenartige Größen mit sachlicher Beziehung zueinander	z. B. Stückkosten = Kosten/Stück Wirtschaftlichkeit = Ertrag/Aufwand
3. Messzahlen	Verhältnis gleichartiger Größen	z. B. Umsatz Mai/Umsatz April
4. Indexzahlen	Beziehung von Messzahlen auf eine gleichartige Basisgröße	z. B. Preisindex = $\text{Preise}_{\text{Jahr x}}$ / $\text{Preise}_{\text{Jahr 1}}$ (Jahr 1 = Basisjahr)

Kennzahlen lassen sich z. B. für Zeit- oder Branchenvergleiche nutzen. Man kann den einzelnen Sachverhalt wie auch die Entwicklung auf ihre Ursachen hin untersuchen. Kennzahlen können als Sollgrößen vorgegeben, im Soll-Ist-Vergleich untersucht und somit als Grundlage für Korrekturen genutzt werden.

2.5 Informationsmanagement

Bei MGB wird das gesamte Betriebsgeschehen in der EDV abgebildet. In einem integrierten System kann das Management Daten beliebig verknüpfen, um das Unternehmen zu steuern.
Ein ERP-System unterstützt jeden Arbeitsschritt von der Kundengewinnung über die Auftragsabwicklung bis hin zur zeitnahen Auslieferung und Abrechnung der Produkte. Es erfasst die Aufträge, prüft automatisch Preise und Bestand und gibt bei Bedarf online eine Bestellung an die Fertigung weiter. Die Geschäftsfälle werden bis hin zur Kommissionierung (Zusammenstellung der Versandartikel nach Kundenaufträgen) und Versandvorbereitung unterstützt.
Die Datenbank liefert exakte Informationen über Auftragsstand und Vertrieb. Das Management kann sofort erkennen, wenn Planungsgrößen über- oder unterschritten werden, und auf Veränderungen schnell reagieren.

Anwendungsmodule für Einkauf und Lagerung sowie für die Fertigungssteuerung mit der Überwachung der Herstellaufträge unterstützen die strikt vertriebsorientierte Auftragsabwicklung. Jeder Kundenauftrag führt automatisch zu einer Bestandsprüfung und -ermittlung. Rohstoffe werden nur für Produkte bestellt, die auch wirklich verkauft werden.
Auch das Rechnungswesen ist integriert. Es ermöglicht ein allgemeines Informations- und Planungssystem und umfasst eine detaillierte Prozesskostenrechnung. „Wir können nur wettbewerbsfähig sein, wenn jeder Mitarbeiter begreift und nachvollziehen kann, dass seine Arbeit Ertrag bringen muss", sagt Rüdiger Maltmann, der Inhaber von MGB.

Das Informationsmanagement muss jeden Aufgaben- und Entscheidungsträger optimal mit Informationen versorgen: mit dem richtigen Inhalt zur richtigen Zeit am richtigen Ort in der richtigen Form.

Dazu müssen die Aufnahme, die Speicherung, die Verarbeitung und die Abgabe von Informationen jederzeit und überall reibungslos ablaufen. Andernfalls besteht die Gefahr, dass Entscheidungen nicht oder falsch getroffen und Aufgaben nicht oder falsch erfüllt werden. Wichtige Aufgaben des Informationsmanagements sind deshalb:

- die Verwaltung der Informationen (z. B. Zuordnung eindeutiger Informationswege und Speicherplätze, lückenlose Erfassung aller Informationen, Sicherung der Informationen),
- die Gestaltung der Informationsflüsse entsprechend den betrieblichen Prozessen,
- die Bereitstellung der benötigten Zugriffsmethoden und Suchmechanismen,
- die Dokumentation der Verantwortlichkeiten.

Mithilfe der modernen **Informationstechnik** (IT) können viele Informationen heute bequem in Form von **Daten** bereitgestellt werden.

Beispiel: Anfallende Daten

- Bei jedem Kundenauftrag fallen in der Absatzabteilung Daten an
  - über den Kunden: Kundennummer, Firma, Adresse, eingeräumte Preisnachlässe, Umsatzhöhe, ...
  - über die Artikel: Artikelnummer, Bezeichnung, Mengeneinheit, Preis, Lagerbestand, ...
  - über den Kundenauftrag: Auftragsnummer, Kundennummer, Artikelnummer, Bestellmenge, Bestelldatum, ...
- Bei einem Materialeinkauf fallen in der Beschaffungsabteilung entsprechende Daten über den Lieferanten, das Material, den Lieferantenauftrag an.

__Daten__ sind in der IT Informationen in Form von Zeichen, die maschinell verarbeitet werden können (z. B. Schriftzeichen, Zahlen).

Die Daten werden in die EDV eingegeben und in **Datenbanken** – großen Informationsspeichern – abgelegt. Ein Datenbankverwaltungssystem ordnet sie und stellt sie in gewünschter Form wieder zur Verfügung.

Die Daten können durch unterschiedliche Programme erfasst und für unterschiedliche Zwecke verarbeitet werden. Typisch dafür sind **ERP-Programme** (ERP = Enterprise Resource Planning). Das sind Softwaresysteme, die die betriebswirtschaftlichen Prozesse in Produktion, Absatz, Beschaffung, Logistik, Finanz- und Personalwesen bereichsübergreifend steuern und auswerten. Sie verarbeiten die Daten einer Datenbank in Dateien (Tabellen). Eine Datei umfasst eine Anzahl gleich aufgebauter Datensätze.

Beispiel: Datensatz eines Kunden mit Auftragsdaten

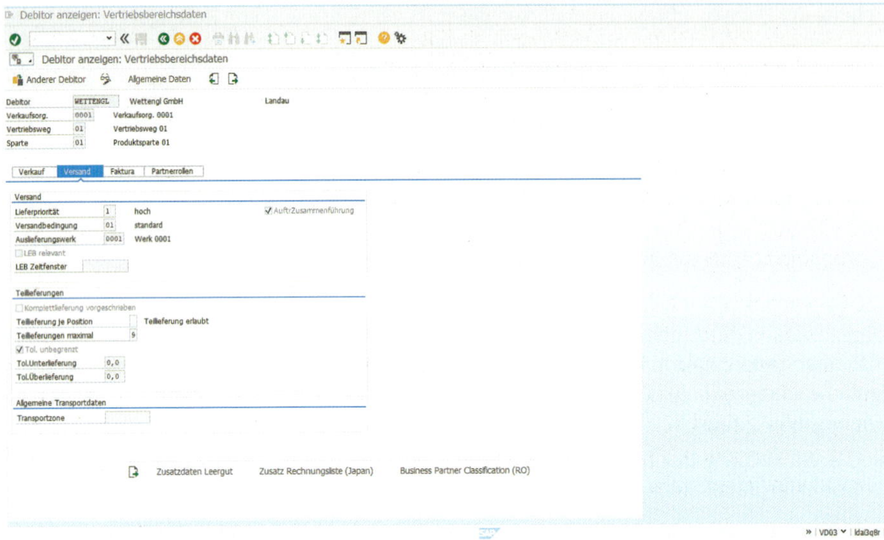

Datenbanken und ERP-Systeme stehen allen berechtigten Benutzern zur Verfügung. So entsteht ein datenbankgesteuertes Informationssystem für das gesamte Unternehmen.

Beispiel: Nutzen eines ERP-Systems

- Die bei den Kundenaufträgen anfallenden Daten können mit dem ERP-Programm verarbeitet werden,
  - um die Aufträge zu buchen,
  - um Rechnungen und Mahnungen zu erstellen,
  - um Absatz- und Umsatzstatistiken zu drucken ...
- Die Mitarbeiter können diese Daten benutzen,
  - um Erkenntnisse zu gewinnen:
    ob ein Artikel sich gut oder schlecht verkauft,
    ob es sich um einen bedeutenden Kunden handelt,
    ob der Kunde kreditwürdig ist,
    ob ein Vertreter ausreichenden Umsatz bringt ...
  - um Entscheidungen zu treffen:
    ob ein Fertigungsauftrag an die Produktionsabteilung ergehen soll,
    ob ein Artikel aus dem Sortiment genommen werden soll,
    ob eine Werbemaßnahme angebracht ist,
    ob Preiszugeständnisse nötig sind ...

ERP-Systeme umfassen Module (selbstständige Programmteile) für betriebswirtschaftliche Funktionen (Aufgabenbereiche). Das System SAP ERP hat z. B. Module, die den Funktionen Logistik, Rechnungswesen und Personalwirtschaft zugeordnet sind:

ERP-System SAP ERP

Logistik	Rechnungswesen	Personalwirtschaft
• Materialwirtschaft (mit Bestellwesen) und Vertrieb • Produktionsplanung und -steuerung sowie Qualitätsmanagement	• Finanzwesen (Debitoren-, Kreditoren-, Haupt-, Anlagenbuchhaltung) • Controlling und Kostenrechnung	• Personalmanagement, -beschaffung, -zeitwirtschaft, -abrechnung, -entwicklung, -kostenplanung

Weiterhin nutzen die Industriebetriebe

- Standard-Bürosoftware (Textverarbeitungs-, Tabellenkalkulations-, Datenbank-, Präsentationsprogramme; z. B. Microsoft *Office* und die freie Software *OpenOffice.org*),
- Internet-Browser (z. B. Microsoft *Internet Explorer*, Mozilla *Firefox*, Google *Chrome*)

und

- SCM-Systeme (SC = Supply Chain, Versorgungskette; SCM = Supply Chain Management) für systemübergreifende Anwendungen mit Lieferanten und Kunden,
- CRM-Systeme (CR = Custumer Relationship, Kundenbeziehung; CRM = Customer Relationship Management) zur Abstimmung aller kundenbezogenen Prozesse.

Die Daten aus allen Informationssystemen können wiederum ausgewertet und verknüpft werden. Damit entsteht ein umfassendes **Management-Informationssystem (Führungs-Informationssystem)**. Dieses kann von der Unternehmensleitung für die Gesamtplanung und die Vorbereitung ihrer Entscheidungen benutzt werden. Das Management-Informationssystem umfasst folglich ein Informationsnetz, welches die durchgängige Nutzung von einmal gewonnenen Datenbeständen ohne erneute Erfassung zulässt. Man spricht hier von **vernetzten Lösungen** (oder: verketteten Lösungen).

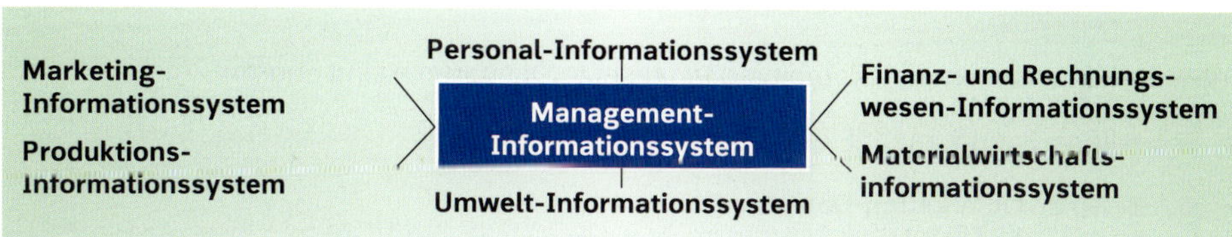

Sehen Sie sich auch die Präsentation *Informationsmanagement* an. M 31

2.6 Bedeutung von Internet und Intranet

Die zentrale Datenbank befindet sich auf einem Server. Mit diesem sind alle Mitarbeiter-PCs (Clients) verbunden, und über ihn sind sie auch untereinander verbunden. So entsteht ein internes Netzwerk, in dem jeder Mitarbeiter auf benötigte Daten zugreifen kann.

Über die Internetadresse des Unternehmens sind auch Zugriffe von außen möglich, und zwar weltweit von jedem beliebigen Computer aus. Umgekehrt kann das Unternehmen weltweit auf fremde Computer und Netzwerke zugreifen. Der jeweilige Internetnutzer gibt auf seinem Rechner die gewünschte Internetadresse ein. Die Startseite (Homepage) des Adressaten erscheint auf dem Bildschirm. Über das Anklicken von Verweisen (Links) öffnen sich weitere Dokumente mit Informationen. Natürlich ist der Zugriff nur auf freie Datenbestände möglich. Wer als interner oder externer Nutzer auf geschützte Daten zugreifen will, muss sich mittels Passwort ausweisen.

Internet-Technologie. Sog. **Protokolle** ermöglichen die Kommunikation der im Internet zusammengeschlossenen Netzwerke. Sie regeln Codierung und Versand von Zeichen: **TCP** (Transmission Control Protocol) teilt eine Versandnachricht in kleine Paketeinheiten, **IP** (Internet Protocol) besorgt den Versand zum Zielort. **Router** (Verknüpfungsrechner) bestimmen den schnellsten Weg. Typische Nachrichten sind E-Mails oder Aufträge zum Stöbern im Netz.

Die firmeninternen Netzwerke sind heute vielfach als **Intranets** ausgestattet. Diese wenden ihrerseits die Internet-Technologie an. Damit wird jeder an das Intranet angeschlossene Computer auch von außen ansprechbar. Die Kommunikation wird schneller, weil Umcodierungen entfallen. Der Übergang zum Internet wird fließend. Sicherungssysteme („Firewalls") wehren unautorisierte Angriffe von außen auf das Intranet ab.
Ein Intranet verbindet nicht nur die Computer eines Betriebes, sondern vernetzt alle Betriebe, Filialen, Mitarbeiter eines Unternehmens, und dies ggf. weltweit.

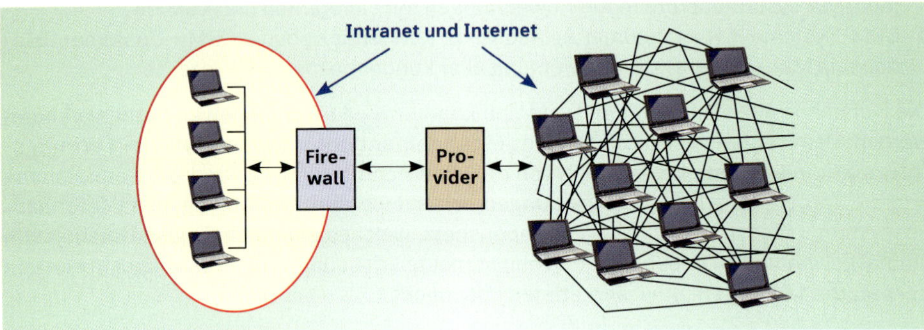

Inter- und Intranet werden kombiniert eingesetzt. Die Vorteile sind enorm:

- Schnellerer Zugriff, mehr Flexibilität

> **Beispiel: Lieferketten-Datenbank**
>
> **Problem:** Jeden Tag braucht die Daimler AG in Sindelfingen für bestimmte Autotüren 2 000 Lederverkleidungen. Früher übermittelte der Werksleiter die Bestellung per Fax an den Lieferanten. Dieser faxte wiederum Bestelldaten an seinen Unterlieferanten. Nach sechs Wochen war die Bestellliste endlich beim zuständigen Ledergerber. Zu spät für ein Unternehmen wie Daimler!
> **Lösung:** Daimler entwickelte eine Online-Lieferketten-Datenbank. Alle Lieferanten geben täglich ihre Bestände, Kapazitäten und ihren Bedarf darin ein. Bei dieser Übertragung fließen die Daten aus den Intranets der Lieferanten über das Internet in das Intranet bei Daimler und dort in die Lieferketten-Datenbank.
> **Vorteil:** Alle Beteiligten können viel schneller auf Bedarfsänderungen reagieren. Lieferschwierigkeiten werden online angezeigt. Die Folge: Reduzierung der Lagerbestände.

- Breitere Informationsbasis

  Die Mitarbeiter können z. B. in Online-Katalogen von Anbietern blättern und Internet-Suchmaschinen nutzen. So entsteht eine breitere Basis für Entscheidungen.

- Zeit- und Kostenersparnis

> **Beispiel: Rohstoff-Auktion im Internet**
>
> Daimler veranstaltete eine Internet-Auktion für Rohstoffeinkäufe (eine Versteigerung der Aufträge an den günstigsten Bieter). So wurden binnen 4 Tagen alle Rohstoffe für zwei komplette Fahrzeugreihen bestellt. Gesamtwert: 3,5 Mrd. EUR. Traditionelle Bestellungen hätten erfahrungsgemäß etwa drei Monate gedauert. Ersparnis: mehrere Millionen Euro.

- Neue Kooperationsformen

> **Beispiele: Neue Kooperationsformen**
>
> - Austausch von Informationen über E-Mails innerhalb und außerhalb des Unternehmens
> - Gemeinsame Entwicklung eines neuen Bauteils in virtuellen Räumen durch Ingenieure des Käufers und des Verkäufers
> - Austausch von Wissen im Rahmen von Diskussionsforen oder Videokonferenzen

Arbeitsaufträge

1. **Ein Entscheidungsprozess bei der Top-Dress GmbH, Produzent von Damenbekleidung**

Bei der Top-Dress GmbH werden monatlich die Zahlen der Buchführung vom Controlling statistisch ausgewertet. Dabei stellt sich heraus, dass der Gewinn im laufenden Jahr um etwa 40 % hinter den Erwartungen zurückzubleiben droht.

Eine Untersuchung ergibt, dass der Gewinnrückgang auf die Geschäftsaufgabe einer größeren Anzahl von Boutiquen zurückzuführen ist, die nun als Kunden ausfallen. Trotz Bemühungen um neue Kunden kann dieser Ausfall nicht wettgemacht werden.

In einer Direktionsbesprechung wird folgendes Ziel formuliert:

„Maßnahmen ergreifen, um den Gewinn um 50 % zu steigern."

Die Planungsabteilung wird beauftragt, entsprechende Pläne auszuarbeiten und vorzulegen. Sie sammelt Informationen über Kunden, Konkurrenten, die Aufnahmefähigkeit des Marktes, Produktions-, Einkaufs- und Finanzierungsmöglichkeiten und arbeitet zwei alternative Pläne aus. Sie zeigt auch Konsequenzen und Grenzen dieser Pläne auf.

Alternative 1:
Preiserhöhung und Sicherung des Zahlungseingangs durch neue Zahlungsbedingungen.

Diese Maßnahmen würden kurzfristig greifen. Sie würden keine zusätzlichen Ausgaben und Kosten verursachen. Der Erfolg ist andererseits verhältnismäßig ungewiss, da Kunden abspringen können und die Gewinnung neuer Kunden erschwert wird.

Alternative 2:
Ausweitung der Produktion auf Standardbekleidung. Dies bedeutet ein Vordringen auf einen neuen Markt mit entsprechenden Absatzmöglichkeiten. Andererseits ist ein Erfolg erst längerfristig zu erwarten, da zusätzliche Ausgaben und Kosten durch die notwendige Vergrößerung der Produktionsflächen und die Beschaffung neuer Maschinen entstehen.

Die Geschäftsleitung studiert Inhalt und Auswirkungen der beiden Pläne. Sie entscheidet sich schließlich zugunsten von Alternative 2. Die leitenden Mitarbeiter in der Finanzierung, Beschaffung und Produktion werden angewiesen, die notwendigen Maßnahmen hinsichtlich Mittelbeschaffung, Einkauf und Produktionssicherung vorzunehmen. Nach Ausführung der einzelnen Schritte werden die Ergebnisse sofort an die Geschäftsleitung zurückgemeldet. Diese mitlaufende Kontrolle ermöglicht es, die tatsächlichen Werte (Istwerte) mit den geplanten Werten (Sollwerten) zu vergleichen und bei Abweichungen Korrekturmaßnahmen einzuleiten.

Erläutern Sie den beschriebenen Entscheidungsprozess
a) als Führungsprozess,
b) als Informationsprozess.

2. **Die Walzwerke AG hat einen Großauftrag für den Bau von Walzwerken erhalten.**

Erläutern Sie die Führungs- und Entscheidungsprozesse, die sich aus dieser Problemstellung ergeben.

3. **Sehen Sie sich noch einmal Arbeitsauftrag 1 auf S. 21 an.**
Oberziele sind nicht operational. Deshalb müssen daraus Unterziele abgeleitet werden.
a) Wo lässt sich dieses Vorgehen auch bei dem Automobilhersteller erkennen?
b) Leiten Sie eine „Zielhierarchie" (Rangordnung) aus den beim Automobilhersteller genannten Zielen „Kostensenkung" und „Einhaltung der Liefertermine" ab, an deren Ende operationale Ziele stehen.

4. **Aus der Kybernetik[1] stammt das Modell des Regelkreises. Dessen wesentliche Elemente sind der Regler und die Regelstrecke. Der Regler soll das Handeln der Regelstrecke in Richtung auf ein vorgegebenes Ziel (Sollwert) steuern. Er berechnet dazu geeignete Maßnahmen und gibt die nötigen Informationen an die Regelstrecke weiter, welche dementsprechend handelt. Störgrößen können bewirken, dass das Ergebnis (Istwert) vom Sollwert abweicht. Istwerte und Abweichungen werden deshalb an den Regler zurückgemeldet (sog. Rückkopplung), damit der Regler neue Maßnahmen berechnen kann. Aus Steuerung und Rückkopplung zusammen ergibt sich ein Prozess, der als Regelung bezeichnet wird.**

---

[1] griech.: Steuermannskunst. Heute: Wissenschaft, die modellhaft die Steuerung und Regelung von natürlichen und künstlichen Systemen (z. B. Organismen und Organisationen) untersucht.

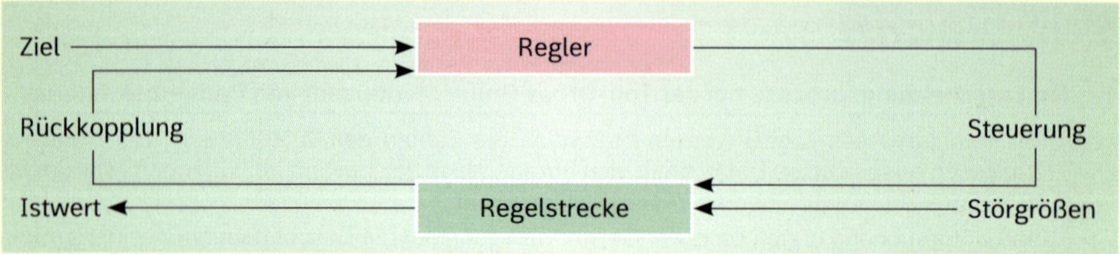

a) Erläutern Sie den Regelkreis am Beispiel einer Heizung. (Thermostat = Regler, Brenner = Regelstrecke)
b) Erklären Sie den betrieblichen Entscheidungs- und Führungsprozess als Regelkreis.
c) Erläutern Sie, wie das Controlling diesen Regelkreis beeinflusst und unterstützt.
d) Regelkreise sind auf allen Führungsebenen – von der Geschäftsleitung bis hinab zum Meister und Gruppenleiter – zu finden. Formulieren Sie ein Beispiel aus Ihrem eigenen Betrieb.

5. In größeren Unternehmen sind Controller mit Steuerungs, Kontroll- und Informationsprozessen befasst.

a) Beschreiben Sie, was Controlling ist und welche Aufgaben es erfüllt. Gehen Sie auch darauf ein, wo der Controller mit dem betrieblichen Rechnungswesen zusammenarbeiten muss.
b) Mit welchen Abteilungen des Unternehmens muss ein Controller außerdem zusammenarbeiten? Worin besteht die Kooperation?
c) Bei kleineren Unternehmen kann es sein, dass keine Controllingstellen eingerichtet werden. Wer könnte dann sinnvollerweise Controllingaufgaben übernehmen? Begründen Sie Ihre Aussage.

6. So funktioniert (vereinfacht dargestellt) ein Management-Informationssystem:

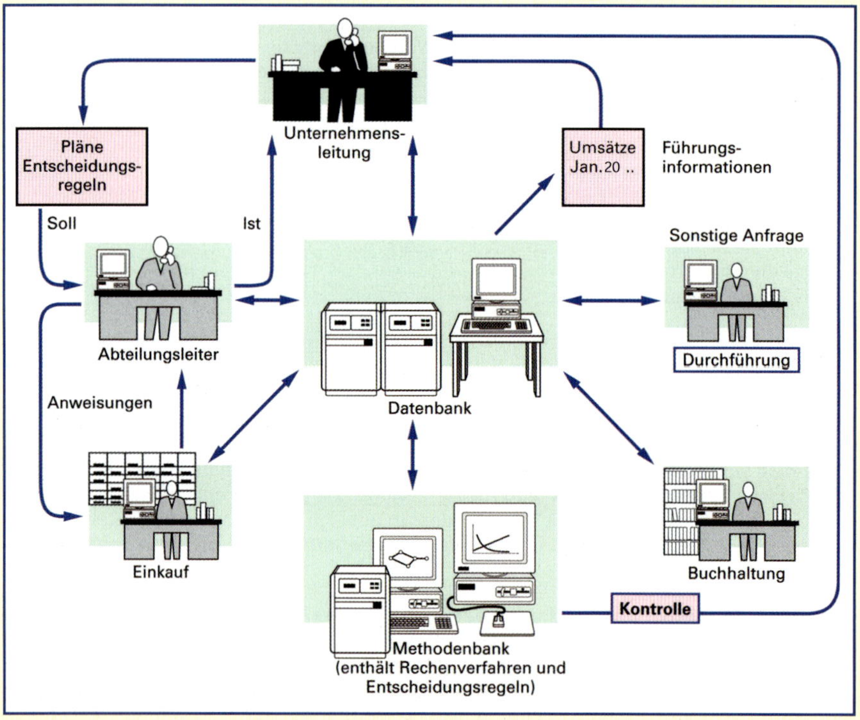

Erläutern Sie, was die Grafik aussagen will.

7. Ein Staubsaugerhersteller will durch geeignete Maßnahmen mit einem neuen Gerät einen Marktanteil von 10 % erzielen.

Nennen Sie hierfür benötigte Informationen; beschreiben Sie zwangsläufige Informationsmängel; zeigen Sie die möglichen Konsequenzen auf.

3 Anforderungen von Märkten und Umfeld

Die Gabor AG war bis in die 80er-Jahre des 20. Jahrhunderts ein bedeutender Hersteller von Registrierkassen, bis sie Konkurs[1] anmelden musste. Schuld war eine Falscheinschätzung der Marktlage. Man hatte bereits jahrzehntelang mit großem Erfolg mechanische Registrierkassen gebaut. Zuletzt hatte man einen Magnetbandspeicher eingebaut, der eine anschließende Weiterverarbeitung der Rechnungsbeträge durch die EDV ermöglichte. Die Konkurrenz war jedoch einen Schritt weiter: Sie brachte auf rein elektronischer Basis arbeitende Geräte heraus. Vorteile: 1. Die Kassen arbeiteten fast geräuschlos; 2. Neben der Eingabe über die Tastatur war eine Datenabtastung durch Scanner möglich. Von diesem Augenblick an ging die Nachfrage nach Gabor-Kassen schlagartig um 90 % zurück. Man hatte einfach den Markt verschlafen.

3.1 Beschaffungs- und Absatzmärkte

Jedes Unternehmen bietet bestimmte Leistungen an. Wer Bedarf hat, fragt Leistungen nach.

Das Zusammentreffen von Angebot und Nachfrage nennt man Markt. Jedes Gut braucht seinen Markt, um Absatz zu finden. Aus der Sicht des Unternehmens unterscheidet man Beschaffungsmärkte und Absatzmärkte.

Auf den **Beschaffungsmärkten** kauft das Unternehmen die benötigten Materialien, Maschinen, Werkzeuge, Arbeitskräfte, Dienstleistungen und Finanzmittel. Alle Mengenänderungen (z. B. durch Rohstoffverknappung), Preis- und Qualitätsänderungen sowie Ausfälle und Hinzutreten von Lieferanten haben Auswirkungen auf seine eigene Leistungserstellung.

Auf den **Absatzmärkten** bietet das Unternehmen in Konkurrenz mit anderen Anbietern seine Leistungen an.

In den letzten Jahrzehnten hat sich die Marktsituation auf den Absatzmärkten für die Anbieter stark gewandelt:

- Aus Verkäufermärkten wurden Käufermärkte.
- Aus nationalen Märkten wurden globalisierte Märkte.

Marktveranstaltung: Branchenleitmesse (Foto: © Messe Frankfurt/Petra Welzel)

[1] Heutzutage: das Insolvenzverfahren

3.2 Käufer- und Verkäufermärkte

In der Zeit des Wirtschaftsaufschwungs nach dem 2. Weltkrieg hatten die Anbieter wegen des großen Gütermangels eine starke Stellung gegenüber den Kunden. Sie mussten sich auch bei ungünstigem Preis, geringer Qualität und schlechtem Service oft keine Absatzsorgen machen. Es lagen sog. **Verkäufermärkte** vor.

Heutzutage stehen die Anbieter einem gesättigten, mit einer Fülle von Gütern aller Art versehenen Verbraucher gegenüber. Der Verbraucher ist meist sehr qualitäts- und preisbewusst, er verlangt hohe Lieferbereitschaft und zugleich eine große Auswahlmöglichkeit aus einem variantenreichen, aktuellen Produktionsprogramm. Dabei unterliegt die Nachfrage einem raschen Wandel.

Es ist deshalb nötig, das **Unternehmen vom Absatzmarkt her zu steuern**:
Man muss systematisch Absatzmöglichkeiten aufspüren und dann Produktion, Beschaffung, Personalplanung, Finanzierung und Organisation konsequent auf die bestmögliche Befriedigung der Kundenbedürfnisse ausrichten.

Die **grundlegende Fragestellung** in diesem Zusammenhang ist: „Wie kann sich das Unternehmen unentbehrlich machen und den Kunden an sich binden?"

Die **Antwort** lautet: „Das Unternehmen muss das Leben des Kunden ‚mitleben'. Es muss sich in die Lage des Kunden versetzen, seine Probleme erkennen und schnell Problemlösungen in der gewünschten Qualität anbieten."

3.3 Globalisierte Märkte

Die Märkte sind heute weltweit ausgedehnt (Globalisierung). Ursachen sind der Abbau von Handelshindernissen (Liberalisierung), schnellere Transportsysteme (Flugzeuge) und verbesserte Kommunikationstechniken (Satelliten, Internet). Die Unternehmen können deshalb heute weltweit agieren, in Konkurrenz treten, Standorte wählen und Arbeitskräfte beschäftigen oder entlassen.

Global tätige Unternehmen – sog. **Global Player** – exportieren nicht nur in alle Welt, sondern haben weltweit eigene Produktions-, Finanz-, Dienstleistungsstandorte und/oder sind mit Partnerunternehmen vernetzt. Die Siemens AG z. B. hat in etwa 190 Ländern 400 Produktionsstätten und 170 000 Mitarbeiter. Informationen werden weltweit zwischen den Arbeitsplätzen ausgetauscht. Die Produktion wandert in Billiglohnländer. Auch Planungs-, Entwicklungs-, Kontroll-, Verwaltungs- und Engineeringsaufgaben können ausgegliedert und an die preisgünstigsten Anbieter auf der Welt vergeben werden.

3.4 Konsequenzen für das Management

Bei Vorliegen von Käufermärkten und globalisierten Märkten lassen sich die Anforderungen an das Management der Unternehmen wie folgt grob kennzeichnen:

- Kundenprobleme schnell erkennen!
- Schnell reagieren und Problemlösungen anbieten!
- Höchste Qualität (d. h.: exakt die gewünschte Qualität) bieten!

Es besteht also ein Zeitproblem und ein Qualitätsproblem. Dementsprechend sind ein optimiertes Zeitmanagement und ein optimiertes Qualitätsmanagement gefordert. Wer beides besitzt, schnell und flexibel reagieren kann und zugleich höchste Qualität bietet, erzielt Wettbewerbsvorteile.

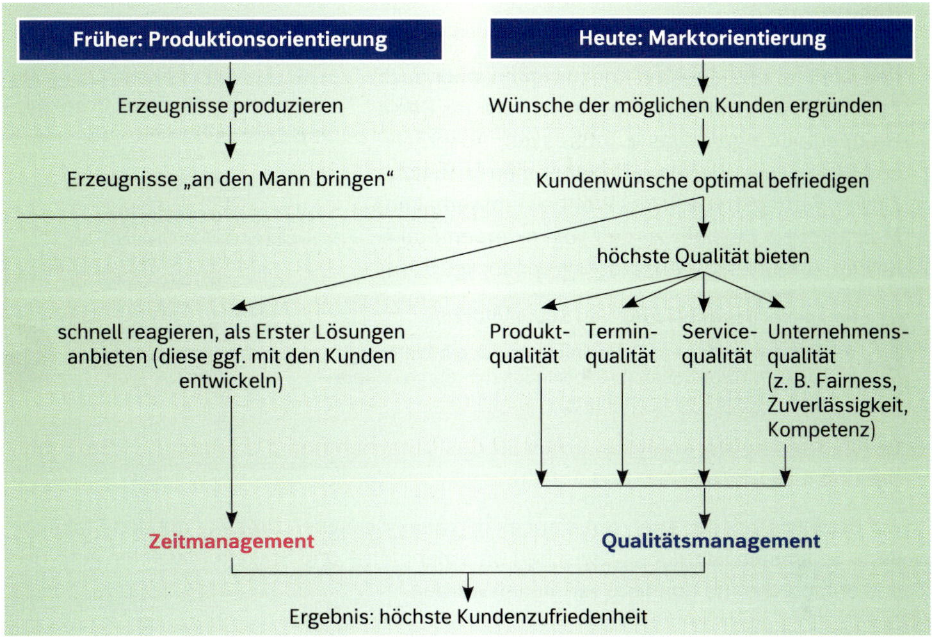

3.5 Umfeld des Unternehmens

Die Welt außerhalb des Unternehmens ist das Umfeld des Unternehmens. Die Märkte sind ein wichtiger Teil davon. Es ist zweckmäßig, zwischen dem Unternehmen selbst und seinem nahen und fernen Umfeld zu unterscheiden.

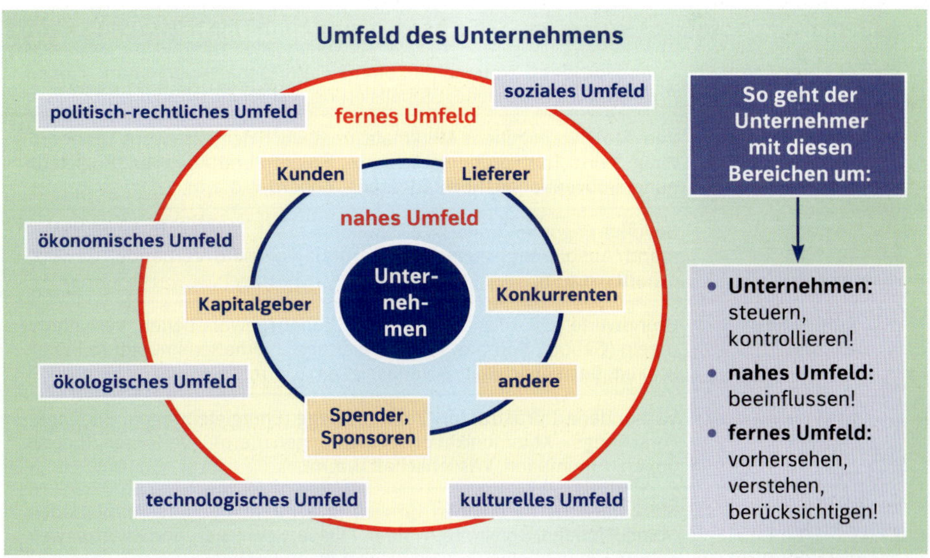

- **Unternehmen**
  Zum Unternehmen selbst gehören die Arbeitskräfte, Produktionsmittel, Vorräte an Stoffen und Produkten, ihre Prozesse, Verfahren sowie seine Organisation.

Die Unternehmensleitung kann dieses „innere Umfeld“ steuern und kontrollieren.

- **Nahes Umfeld**
  Das nahe Umfeld umfasst in erster Linie die Kunden, Lieferer und direkten Konkurrenten, aber auch Kapitalgeber, Vermieter, Sponsoren u. a. m. Diese Gruppen verfolgen eigene Interessen, Ansprüche und Ziele gegenüber dem Unternehmen (z. B. hohe Zinsen, Vertragstreue, faires Wettbewerbsverhalten). Man zählt sie deshalb zu den sog. externen Stakeholdern (Interessen-, Anspruchsgruppen; vgl. S. 16).

Externe Stakeholder können nicht kontrolliert werden. Das Unternehmen versucht vielmehr, sie durch geeignete Maßnahmen in seinem Sinn zu **beeinflussen**.

Hinweis: Stakeholder gibt es auch im Unternehmen (v. a. Arbeitnehmer und angestellte Manager) und im fernen Umfeld (z. B. Gewerkschaften, Öffentlichkeit, Staat, Behörden).

Beispiele: Beeinflussung von Stakeholdern

- Kundenverhalten (z. B. beeinflussbar durch Werbung)
- Konkurrenzverhalten (z. B. beeinflussbar durch Absprachen, eigene Preisgestaltung)

Durch Stakeholderanalysen ermittelt das Unternehmen die relevanten Stakeholder und ihre Interessen.

Auf der Basis solcher Analysen plant es den angemessenen Umgang mit den Stakeholdern. So können Harmonien zwischen Unternehmens- und Stakeholderzielen gefördert und entsprechende Konflikte vermieden werden.

- **Fernes Umfeld**
  Zum fernen Umfeld zählt man vor allem folgende Bereiche: ökonomisches, politisch-rechtliches, soziales, kulturelles, technologisches und ökologisches Umfeld.
  Die folgende Übersicht zeigt beispielhaft wichtige Merkmale dieser Umfeldbereiche.

Diese Bereiche können in der Regel nicht oder kaum beeinflusst werden. Das Unternehmen sollte jedoch versuchen, sie **vorherzusehen, zu verstehen und zu berücksichtigen**.

Fernes Umfeld	Merkmale des Umfeldbereichs
• **ökonomisches Umfeld**	Inlandsprodukt, Nationaleinkommen, Wirtschaftswachstum, Zinsen, Preisniveau, Lohnniveau, Globalisierung, Käuferverhalten u. a. m.
• **politisch-rechtliches Umfeld**	Vom Staat vorgegebene Merkmale: freiheitlich demokratische Grundordnung, Wirtschaftsordnung, Gesetze, Steuern und Abgaben, Sozialordnung, Subventionen, Rechtsordnung, Behörden u. a. m.
• **soziales Umfeld**	Bevölkerungsmerkmale (z. B. Einwohnerzahl, Altersaufbau, Bildungsstand/Ausbildung, ausgeübte Berufe); Parteien, Verbände, Gewerkschaften u. a. m.
• **kulturelles Umfeld**	Grundwerte (z. B. religiöse, ethische), Lebensgewohnheiten, Verhaltensregeln (Gebote, Verbote, Tabus, Feiertage), Verhaltensmuster (z. B. Ehrlichkeit, Bestechlichkeit, Zuverlässigkeit) u. a. m.
• **technologisches Umfeld**	Vorhandene Infrastruktur (Verkehrswege, Energieleitungen, Bildungs-, Forschungs-, Kommunikationseinrichtungen u. a. m.), Verfahren, Innovationen, Automation, Wissenschaft u. a. m.
• **ökologisches Umfeld**	Merkmale der natürlichen Umwelt (z. B. Bodenqualität, Anbauboden, Standortboden, Rohstoffe, Wälder, Flüsse, Seen, Tier- und Pflanzenwelt, Klima), Umweltbelastung, Umweltschutzmaßnahmen u. a. m.

Die Umfeldmerkmale können im Zeitablauf unterschiedliche Werte (sog. Merkmalsausprägungen) annehmen.

Beispiele: **Merkmalsausprägungen**

Merkmal	Merkmalsausprägung
Preisniveau	100 %, 110 %, 125 % eines Vergleichsjahres
durchschnittliche Lebenserwartung	70, 75, 79, 82 Jahre
Männer ohne Berufsabschluss	12 %, 13 %, 14 % der Erwerbstätigen

Je nach der Entwicklung der Merkmalsausprägungen ergeben sich für die Unternehmen Rahmenbedingungen. Günstige **Rahmenbedingungen** begründen Chancen, ungünstige Risiken.

Oft benutzt man die englischen Begriffe: Opportunities (Gelegenheiten) = günstige Rahmenbedingungen, Threats (Bedrohungen) = ungünstige Rahmenbedingungen.

Beispiele: **Rahmenbedingungen, Chancen und Risiken**

- Steigende Preise bei konstanten Einkommen senken die Kaufkraft der Bevölkerung. Damit steigt für Konsumgüterhersteller das Risiko, gesetzte Absatzziele zu verfehlen.
- Ein steigendes Ausbildungsniveau fördert die Beschaffung qualifizierter Arbeitskräfte. Für alle Unternehmen steigt die Chance, höhere Qualitätsziele zu setzen und zu erreichen.
- Zunehmende Rohstoffknappheit gefährdet und verteuert die Beschaffung. Damit steigt für Weiterverarbeiter das Risiko, die Produktions- und Absatzziele zu verfehlen.
- Die Klimaerwärmung gefährdet die Landwirtschaft und fördert Hersteller von Umwelttechnik.

Durch Umfeldanalysen untersucht das Unternehmen relevante Merkmale seines Umfeldes. So kann es

- **günstige und ungünstige Rahmenbedingungen aufspüren,**
- **Mittel und Wege finden, um Gelegenheiten zu nutzen und Gefahren abzuwehren.**

Umfeldanalysen sind Bestandteil eines umfassenden **Chancen- und Risikomanagements**. Wenn Sie sich darüber eingehender informieren wollen, nutzen Sie bitte das Informationsmaterial *Chancen- und Risikomanagement*. Auch auf Seite 587 des Lehrbuchs finden Sie Hinweise für den Umgang mit Chancen und Risiken. Web M 39

Arbeitsaufträge

1. **Veränderungen auf einem Markt ziehen stets Veränderungen auf anderen Märkten nach sich.**
   Beschreiben Sie, welche Auswirkungen eine nachhaltige Verknappung des Rohöls auf verschiedene Gütermärkte haben könnte.

2. **Vergegenwärtigen Sie sich den Markt für Personenkraftwagen.**
   Welche Auswirkungen haben die Güter-, Nachfrage- und Konkurrenzverhältnisse auf dem Pkw-Markt auf die Planung, das Marktverhalten und die Produktion der Pkw-Hersteller?

3. **Unternehmen und Globalisierung**
   (1) **Der bekannte Sportartikelhersteller PUMA hat seine Aktivitäten auf die Kernkompetenzen Produktentwicklung, Marketing und Qualitätskontrolle konzentriert. Die gesamte Fertigung und Logistik (Güterbewegungen) erfolgt durch vierzehn asiatische, osteuropäische und britische Partnerunternehmen. Das Unternehmen benötigt deshalb nur wenige Hundert Mitarbeiter, erzielt aber einen Milliardenumsatz.**
   (2) **Chefentwickler Riedel reicht Geschäftsführer Schotte einen unförmigen Kopfhörer, verbindet ihn mit der Audiohardware und drückt ein paar Tasten. Und dann hört Schotte einen Sound wie nie zuvor: Flugzeuge fliegen um seinen Kopf; dann wähnt er sich mitten in einem riesigen Symphonieorchester, dann auf dem Spielfeld der Münchener Allianz-Arena. „Wahnsinn", sagt er, „aber wer schreibt uns die Software dazu?" „Am besten eine indische Entwicklungsfirma", meint Riedel. „Die haben genug Spezialisten." Schotte: „Erweitern wir lieber für zwei Jahre unser eigenes Entwicklungsteam um drei**

ERSTER ABSCHNITT

Leute!" Riedel: „Zwei Jahre! Dann ist uns die Konkurrenz voraus! Außerdem: Jeder Entwickler kostet 150 000,00 EUR im Jahr. Die Inder bilden binnen 14 Tagen ein Entwicklungsteam; in einem halben Jahr ist die Software fertig. Und die Kosten betragen höchstens 50 000,00 EUR."

a) Erläutern Sie, inwiefern die Unternehmen in diesen Beispielen von der Globalisierung betroffen sind.
b) Welche Unternehmensbereiche sind jeweils von der Globalisierung betroffen?
c) Welche Vorteile bringt die Globalisierung den Unternehmen?
d) Welche Nachteile für die deutsche Wirtschaft werden anhand der Beispiele deutlich?

4. **Das Umfeld des Unternehmens besteht aus Teilfeldern: ökonomisches, politisch-rechtliches, soziales, kulturelles, technologisches und ökologisches Umfeld.**

a) Die Deutsche Fahrradwerke GmbH will ein neues Produkt entwickeln, und zwar ein dreirädriges Lasten-E-Bike. Ihre Lerngruppe sei mit der Unternehmensplanung befasst.
b) Bilden Sie sechs Gruppen. Jede Gruppe wählt einen Gruppensprecher. Jede Gruppe beschäftigt sich mit einem Teilumfeld des Unternehmens.
c) Drucken Sie den Bearbeitungsbogen *Umfeldanalyse* aus oder bearbeiten Sie ihn am Bildschirm. (M 40_1)
d) Notieren Sie in Ihrer Gruppe auf dem Bogen Merkmale und Entwicklungen Ihres Teilumfelds, die für das neue Produkt Bedeutung haben können.
e) Schreiben Sie auf, in welche Richtung sich diese Merkmale vermutlich entwickeln werden.
f) Geben Sie an, ob Sie die Entwicklung als günstig oder ungünstig einschätzen.
g) Stellen Sie fest, welche Chancen oder Risiken diese Entwicklung befördern kann.
h) Die Gruppensprecher präsentieren auf geeignete Weise (z. B. per Plakat, Folie, Beamer) die Ergebnisse ihrer Gruppe.

(Hinweis: Wie man eine Präsentation erstellt, erfahren Sie, wenn Sie in BuchPlusWeb im Ordner Arbeitsmethoden die Datei *1 Präsentationstechniken* aufrufen.) (M 40_2)

4 Funktionen, Flüsse, Wertschöpfung

4.1 Grundlegende Teilaufgaben (Funktionen)

Im Unternehmen wirken soziale Elemente **(Arbeitskräfte)** und technische Elemente **(Betriebsmittel)** zusammen, um unter Einsatz von **Materialien** gemeinsame Ziele (Leistungserstellung, Gewinn) zu erreichen. Deshalb bezeichnet man das Unternehmen als ein **zielgerichtetes soziotechnisches System**.

Die Leistungserstellung (Produktion und Absatz bestimmter Güter) ist die Gesamtaufgabe des Unternehmens. Sie besteht aus zahlreichen Teilaufgaben. Jeder Aufgabenträger (Mensch, Maschine) muss genau bestimmte Teilaufgaben erfüllen.

Das folgende Modell zeigt die grundlegenden Teilaufgaben (Funktionen) des Unternehmens: Leitung, Beschaffung, Lagerung, Fertigung, Absatz, Verwaltung und Finanzierung.

Leistungsfaktoren (Produktionsfaktoren)

Arbeitskräfte, Betriebsmittel und Materialien nennt man die betriebswirtschaftlichen Leistungs- oder Produktionsfaktoren.

- **Betriebsmittel** sind die Gegenstände, mit denen Leistungen erstellt werden: Anlagen, Vorrichtungen, Werkzeuge.
- **Materialien** sind die Gegenstände, die verarbeitet, bearbeitet oder eingearbeitet werden oder für das Funktionieren der Betriebsmittel (z. B. als Schmierstoffe) eingesetzt werden.
- **Ausführende Arbeitskräfte** erstellen mit Betriebsmitteln aus Materialien Leistungen. Sie erhalten Anweisungen von leitenden Arbeitskräften.
- **Leitende Arbeitskräfte** (Management) kombinieren die anderen Leistungsfaktoren miteinander. Sie planen, entscheiden, geben Anweisungen, kontrollieren und organisieren.

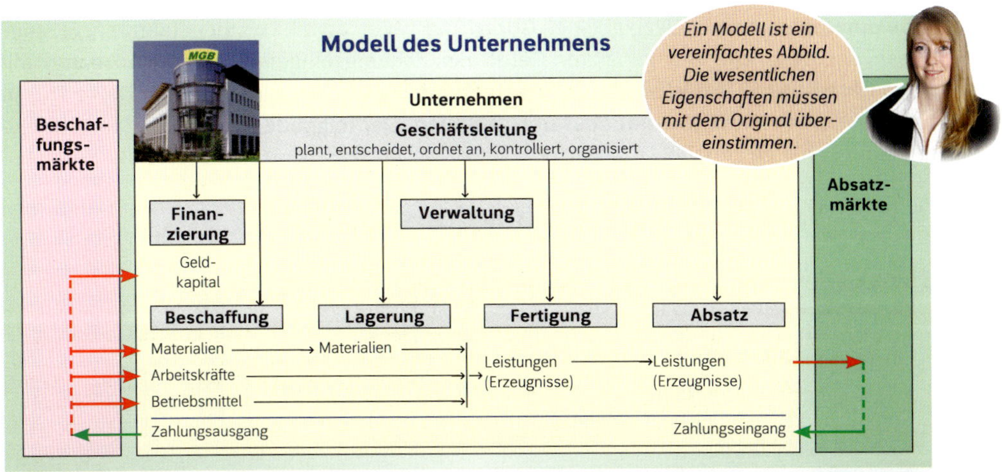

Betriebliche Aufgaben (Funktionen)

Leitung

Es ist die Aufgabe der Geschäftsleitung, die Betriebsprozesse in Gang zu setzen und zu halten. Die Geschäftsleitung hat die Anordnungs-, Entscheidungs- und Kontrollbefugnis **(Führungsfunktion)**; ihr obliegt die Gesamtplanung **(Planungsfunktion)**; sie gibt dem Unternehmen eine dauerhafte Struktur **(Organisationsfunktion)**.

Unabdingbare Aufgaben der Geschäftsleitung (das Gesamtunternehmen betreffend):

- Festlegung der Unternehmensziele und der Unternehmenspolitik,
- Koordinierung der großen betrieblichen Teilbereiche,
- Beseitigung außergewöhnlicher Störungen im laufenden Betriebsprozess,
- Maßnahmen von großer Bedeutung (z. B. Beteiligung an anderen Unternehmen, Stilllegungen),
- Besetzung der obersten Führungsstellen.

Beschaffung

Arbeitskräfte, Betriebsmittel, Materialien und Geldkapital müssen beschafft werden. Im engeren Sinn bezeichnet man mit *Beschaffung* die Versorgung mit Materialien.

Lagerung

Die beschafften Materialien können oft nicht sofort verarbeitet, sondern müssen erst gelagert werden; ebenso müssen halbfertige Produkte zwischengelagert und fertige Produkte vor dem Verkauf gelagert werden.

Fertigung

In der Fertigung wirken beim Sachleistungsbetrieb Arbeitskräfte, Betriebsmittel und Materialien zusammen, um die Materialien zu Erzeugnissen zu verarbeiten.

Absatz

Die erstellten Leistungen müssen verkauft werden. Vom Absatz lebt das Unternehmen: Nur er bringt die Mittel herein, von denen die Ausgaben bestritten werden können.

Verwaltung

Verwaltungstätigkeiten sollen die Funktionsfähigkeit des Unternehmens sichern. Dazu gehören z. B. die rechnerische Erfassung des Betriebsgeschehens (Rechnungswesen), die Aufbewahrung des Schriftguts, die Personalbetreuung, die technische Instandhaltung der Gebäude.

Finanzierung

Beschaffung, Lagerung, Fertigung, Absatz, Geschäftsleitung und Verwaltung verursachen Aufwendungen und Ausgaben. Die Beschaffung des notwendigen Kapitals heißt Finanzierung. Kapital fließt durch Einlagen der Eigentümer, Kredite der Banken und Geschäftsfreunde und durch den Verkauf der Betriebsleistungen (Erlöse) in das Unternehmen.

Das Unternehmensmodell zeigt einen **Güterfluss** (Geldkapital, Leistungsfaktoren, Erzeugnisse) und einen entgegengesetzten **Geldfluss** (Zahlungseingang, Zahlungsausgang). Mit dem Güterfluss ist ein **Wertefluss (Wertschöpfungsprozess)** verbunden. Diese Flüsse werden durch einen **Informationsfluss** gesteuert. Der folgende Abschnitt erläutert diese Zusammenhänge genauer.

4.2 Verknüpfung der Funktionsbereiche

MGB erhält einen Kundenauftrag (= Bestellung) über die Lieferung von 200 Schieberadgetrieben zum Preis von insgesamt 97 000,00 EUR. Dieser Auftrag setzt einen **Kundenauftragsbearbeitungsprozess** in Gang. Es folgen aufeinander:

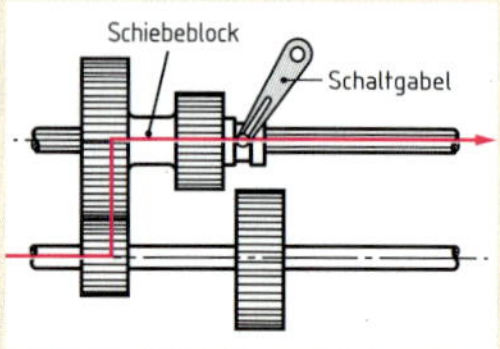

Schieberadgetriebe

- Erfassung der Auftragsdaten;
- Verfügbarkeitsprüfung der Getriebe;
- Bestellungsannahme;
- bei Nichtverfügbarkeit: Fertigungsauftrag;
- Prüfung der Materialverfügbarkeit; ggf. Materialanforderung an den Einkauf;
- Bestellung bei Lieferanten; Erfassung der Liefertermine; Terminüberwachung; Materialeingang;
- Festlegung der Fertigungstermine;
- Belegung der Maschinen; Arbeitsverteilung; Fertigung; Fertigmeldung;
- Versandanzeige an den Kunden; Versand; Rechnungserstellung.
- Außerdem ist die Eingangsrechnung zu prüfen, zu buchen, zur Zahlung anzuweisen und zu bezahlen; die Zahlung ist zu buchen.
- Entsprechendes gilt für die Ausgangsrechnung.

Die verschiedenen Funktionsbereiche arbeiten bei der Leistungserstellung zusammen. Dies lässt sich leicht am Beispiel der Bearbeitung eines Kundenauftrags zeigen:

- Der **Absatz** nimmt die Bestellung entgegen, prüft sie und bestätigt sie dem Kunden; er besorgt den Waren- und Rechnungsversand.
- Die **Fertigung** prüft die Materialverfügbarkeit, belegt die Maschinen und fertigt die Produkte, sofern sie nicht schon auf Lager liegen.
- Das **Lager** hält das Material bereit und nimmt kurzfristig die gefertigten Güter auf.
- Die **Beschaffung** bestellt nicht vorhandenes Material, überwacht die Liefertermine und den Materialeingang.
- Die **Verwaltung** – genauer: das Rechnungswesen – bucht die anfallenden Rechnungen und die Zahlungen.

Bei genauerer Betrachtung stellt man fest, dass bei der Auftragsbearbeitung **Informationen, Güter, Werte** und **Geld** bewegt werden und dass somit **vier Flüsse** durch die Bereiche strömen.

4.2.1 Informationsfluss

Bei der Auftragsbearbeitung werden Informationen erstellt, verarbeitet und weitergegeben. Die Auftragsbearbeitung versieht ihre Adressaten – die Funktionsträger in den Bereichen Absatz, Fertigung, Lagerung, Beschaffung und Verwaltung sowie die Lieferanten und den Kunden – mit zweckorientiertem Wissen, also mit Wissen, das sie für die Erfüllung ihrer Aufgaben benötigen.

Der Informationsfluss hat – sehr grob dargestellt – in etwa den folgenden Verlauf. Zur Vereinfachung verzichten wir auf die Einbeziehung des Lagerbereichs.

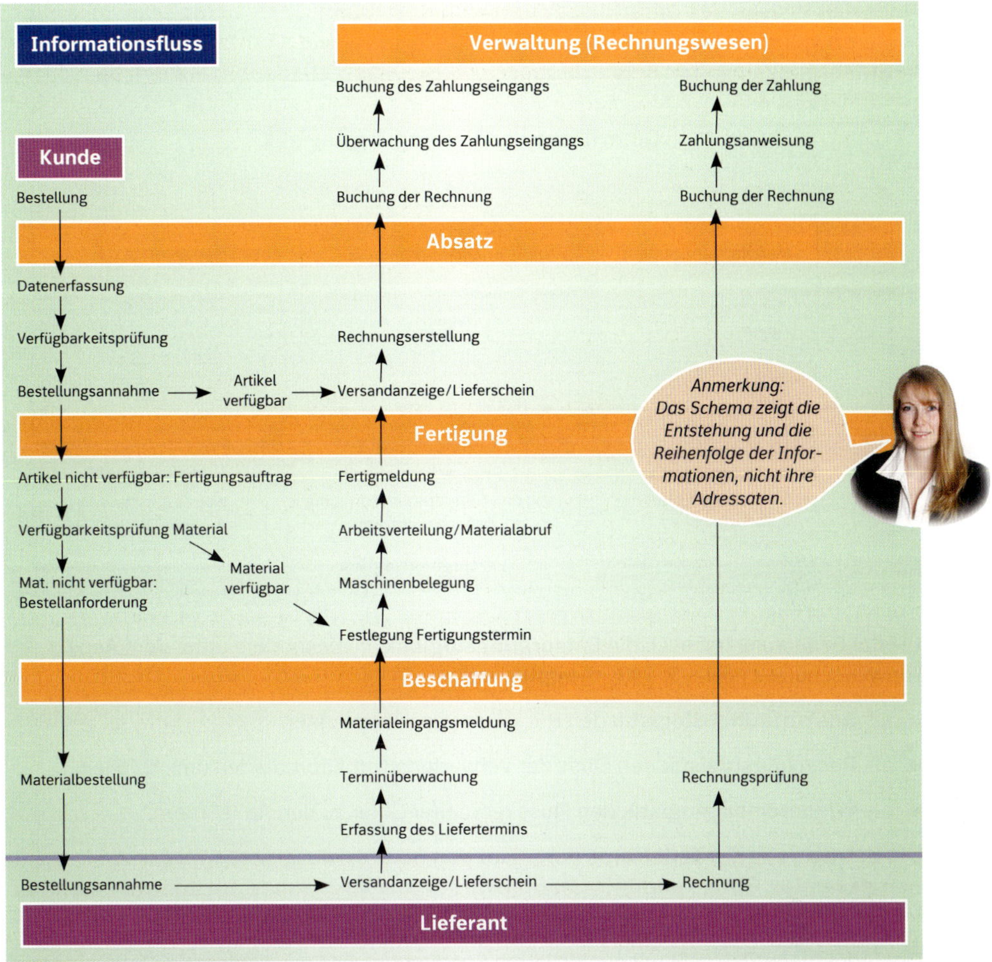

4.2.2 Güterfluss

Die Auftragsbearbeitung führt zu einem Güterfluss: Die bestellten Materialien werden angeliefert, geprüft und zwischengelagert. An den festgelegten Terminen werden sie abgerufen. Zunächst werden Halberzeugnisse (Einzelteile, dann Baugruppen) gefertigt und schließlich zum Fertigerzeugnis montiert. Engpässe können es erforderlich machen, Teile und/oder Baugruppen vor der Weiterverarbeitung kurzfristig zwischenzulagern. Auch die Fertigerzeugnisse werden ggf. bis zum Liefertermin gelagert. Dann werden sie kommissioniert (kundenauftragsgemäß zusammengestellt) und versandt.

Die optimale Gestaltung aller Güterbewegungen ist Aufgabe der betrieblichen Logistik.

Wichtige Optimierungsprobleme sind z. B. Kommissionierung, Verpackung, Verladung, Auswahl von Transportmitteln und Frachtführern, Abhol- und Zustelltermine, umweltfreundliche Transporte und niedrige Kosten.
Früher waren solche Güterbewegungen wenig beachtete Hilfsvorgänge. Erst seit den 70er-Jahren hat man erkannt, dass sie, günstig gestaltet, riesige Sparpotenziale bieten.

Nach den Phasen des Güterflusses unterscheidet man:
- **Versorgungslogistik: Beschaffungs-, Produktions- und Absatzlogistik,**
- **Entsorgungslogistik: Redistributions-, Recyclings-, Wiedereinsatzlogistik.**

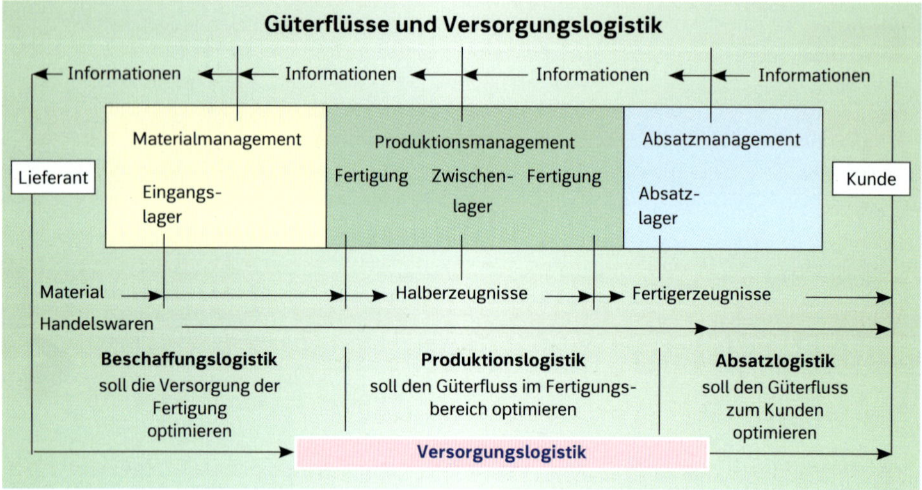

Größte Bedeutung hat auch die **Entsorgungslogistik**, insbesondere unter dem Aspekt des Umweltschutzes (siehe S. 243). Sie optimiert

- als **Redistributionslogistik** den Rückfluss von Altprodukten,
- als **Recyclingslogistik** den Fluss der Verwertung von Altprodukten und Abfällen,
- als **Wiedereinsatzlogistik** den Fluss recycelter Güter zu den Abnehmern.

Die Betrachtung der Teilströme darf nicht den Blick dafür verstellen, dass die Logistik den gesamten Güter- und Informationsfluss optimieren muss. Im Zentrum steht die logistische Kette „Zulieferer – Produzent – Abnehmer“ (Supply-Chain).

Der Industriebetrieb geht mit qualifizierten Spediteuren als Logistikdienstleistern feste vertragliche **Logistikpartnerschaften** ein, denn der Speditionsbetrieb als Verkehrsspezialist kann den außerbetrieblichen Güterfluss besser optimieren als der Industriebetrieb.

Integrierte Logistiksysteme sollen die Gesamtoptimierung der Güterflüsse bewirken. Sie sind wesentliche Elemente von sog. SCM-Systemen (SCM = Supply Chain Management). Notwendige Voraussetzungen sind:

- gründliche Planung sämtlicher Güterbewegungsprozesse und ihrer Hilfstätigkeiten,
- Bindung an feste Partner (Lieferanten, Logistikdienstleister, evtl. auch Kunden),
- vernetzte Informationssysteme (Online-Verbindungen: innerbetrieblich funktionsübergreifend, mit den Partnern betriebsübergreifend).

Die Systeme sind kundenorientiert. Sie nehmen die Kundeninformationen auf, leiten sie innerbetrieblich ohne Verzögerung weiter, lösen die notwendigen Fertigungs- und Einkaufsplanungen aus, veranlassen – durch Abstimmung mit Lieferant und Logistikdienstleister – die terminlich und örtlich richtige Bereitstellung des Materials, sorgen für den reibungslosen Material-, Produkt- und Entsorgungsfluss (von Materialrückständen, Verpackungen, Altprodukten) im Betrieb und – durch Abstimmung mit Logistikdienstleister und Kunden – für die reibungslose Versorgung des Kunden.

Wesentliche Ziele des integrierten Logistiksystems sind:
- **genaue Ausrichtung auf den Kunden und die Nachfrage,**
- **Flexibilität und Zuverlässigkeit bei Kundenbelieferung, Fertigung, Materialversorgung,**
- **Kostensenkung bei Fertigung, Lagerung, Logistiktätigkeiten.**

4.2.3 Wertefluss; Wertschöpfungsprozess

MGB hat den Verkaufspreis der 200 Schieberadgetriebe – stark vereinfacht – wie folgt kalkuliert (berechnet):

Materialeinsatz	20 000,00 EUR
+ Aufwendungen für Beschaffung, Lagerung, Fertigung, Absatz, Verwaltung	68 000,00 EUR
+ Gewinnzuschlag	9 000,00 EUR
= Verkaufspreis	97 000,00 EUR

Die Güterbewegungen werden mengenmäßig erfasst (z. B. Eingang von 200 kg Stanzblech) und wertmäßig erfasst (z. B. 200 kg Stanzblech zu 13,00 EUR/kg = 2600,00 EUR).

Deshalb entspricht dem Güterfluss zugleich ein **Wertefluss**.

Die genaue Erfassung aller Wertzuflüsse und -abflüsse ist Aufgabe des betrieblichen Rechnungswesens.

Mit dem Güterfluss entstehen Werte. Bei Produktverkauf werden sie realisiert. Der Wertefluss kennzeichnet deshalb zugleich einen Wertschöpfungsprozess.

Beispiel: Wertefluss als Wertschöpfungsprozess

Es liegt ein Kundenauftrag zur Lieferung von 200 Getrieben vor.

1. Für die Produktion werden für 30 000,00 EUR Materialien, Energien und Dienstleistungen eingekauft.
   Eingekaufte, nicht im eigenen Betrieb erzeugte Werte sind **Vorleistungen** fremder Unternehmen.
2. Die Materialien werden bei der Produktion eingesetzt und verbraucht. Folglich entsteht ein **Wertabfluss** in Höhe von 20 000,00 EUR. — 20 000,00
3. Bei der Auftragsbearbeitung kommt es im Beschaffungs-, Produktions-, Verwaltungs- und Absatzbereich zu weiteren Wertabflüssen. Zu verrechnen sind: Arbeitslöhne und Gehälter, Mieten für die Raumnutzung, Verrechnungsbeträge für den Einsatz von Computern, Maschinen, Werkzeugen, Büroausstattung u. a. m. Die Summe dieser Wertabflüsse beträgt 68 000,00 EUR. — 68 000,00
   Wertabflüsse werden bekanntlich als Aufwendungen erfasst (siehe S. 17).

   Gesamte Aufwendungen: — **88 000,00**
4. Durch die Produktion entstehen neue Werte. Alle Aufwendungen werden den Erzeugnissen zugerechnet und steigern ihren Wert – zumindest rechnerisch.
5. Die Produkte werden für 485,00 EUR/Stück verkauft. Erst beim Verkauf der Produkte wird der gesamte Wertzufluss realisiert. Es entsteht ein **Umsatz** in Höhe von 200 Stück x 485,00 EUR = 97 000,00 EUR.
   Wertzuflüsse werden bekanntlich als Erträge erfasst (siehe S. 17).

   Gesamter Ertrag: — **97 000,00**

Die insgesamt **im Unternehmen** enstandenen Werte werden als **Wertschöpfung** des Unternehmens bezeichnet.
Infolge der realisierten Wertschöpfung erzielt das Unternehmen einen **Gewinn**. Er ist die Differenz von Erträgen und Aufwendungen und somit der **Nettowertzufluss**.

Erträge (hier: Umsatz)	97 000,00
– Vorleistungen	30 000,00
= Wertschöpfung	**67 000,00**
Erträge	97 000,00
– Aufwendungen	88 000,00
= Gewinn	**9 000,00**

Der Wertschöpfungsprozess lässt sich anschaulich wie folgt darstellen:

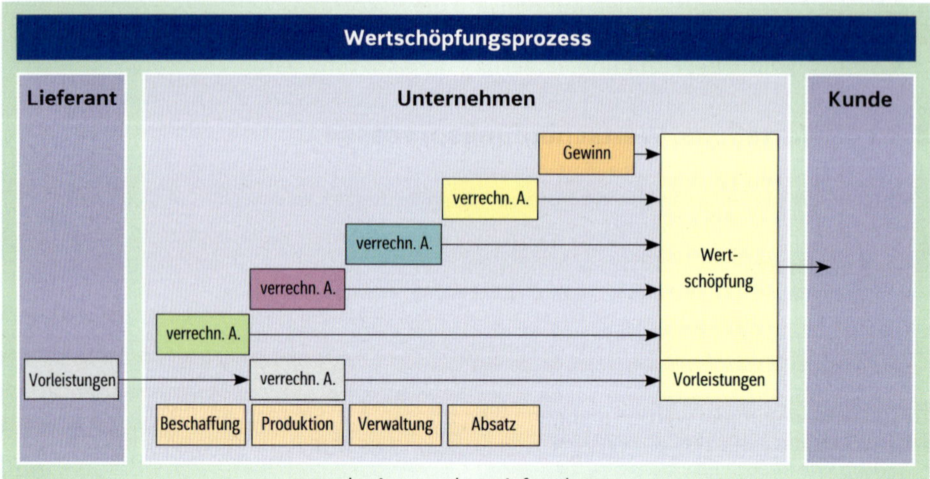

verrechn. A. = verrechnete Aufwendungen

Nützliche Wertzuflüsse sind nur die durch Umsatz realisierten Werte. Die in unverkauften Produkten verrechneten Aufwendungen sind rein rechnerische Wertzuflüsse und für das Unternehmen nutzlos. Ohne Umsatz realisiert es keinen Gewinn. Deshalb ist zu beachten:

Der Wertschöpfungsprozess ist unbedingt kunden- und nutzenorientiert zu sehen.

Alle Aufwendungen sind nur sinnvoll, wenn das Produkt dem Kunden Nutzen bringt. Nur dieser Nutzen veranlasst ihn zum Kauf. Folglich ist der Kunde der Bezugspunkt des Wertschöpfungsprozesses: Sein Wunsch löst den Prozess aus; die Wunscherfüllung beendet ihn. Deshalb sollte ein Produkt z. B. keine Eigenschaften aufweisen, die der Kunde für sich als nutzlos ansieht. Sie verursachen nur zusätzliche Aufwendungen und verteuern die Produkte. Der Kunde ist nicht bereit, den überhöhten Produktpreis zu zahlen.

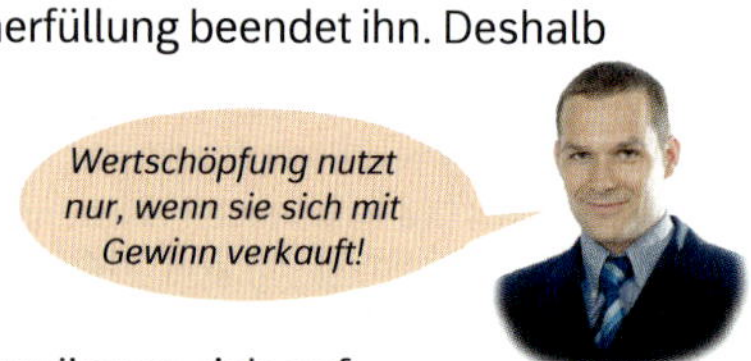

Auch Produktqualität, Termineinhaltung, Service, Kompetenz müssen sich auf Käufermärkten am Wunsch möglichst jedes einzelnen Kunden orientieren. Nur dann erzielt das Unternehmen Verkaufsgewinne. Der Gewinn markiert die letzte Stufe der Wertschöpfung.

4.2.4 Geldfluss

Der Wertefluss ist mit einem **Geldfluss** verbunden: Materialeinkäufe führen zu **Zahlungsausgängen** an die Lieferanten. Die meisten Aufwendungen – nicht alle! – sind ebenfalls mit Zahlungsausgängen verbunden (z. B. Lohn-, Miet-, Zinszahlungen). Diese Zahlungen entziehen dem Unternehmen flüssige Mittel. Umgekehrt führen die Umsätze zu **Zahlungseingängen**. Das Unternehmen muss auf ausreichend hohe und pünktliche Zahlungseingänge achten. Andernfalls gefährdet es seine eigene Liquidität (Zahlungsfähigkeit).

ERSTER ABSCHNITT

Arbeitsaufträge

1. **Auf den vorausgehenden Seiten finden Sie vier Grafiken zum Informationsfluss, zum Güterfluss, zur Wertschöpfung und zum Geldfluss.**
   Fertigen Sie eine schriftliche Beschreibung der Grafiken an.

2. **Bei der ABC GmbH geht folgende Bestellung (Auszug) der Gebr. Engels KG ein:**

Ihr Zeichen/Schreiben vom	Unser Zeichen/Schreiben vom	Durchwahl	Essen,
Pe/Kr – 03.04.20..	Si/Ga – 31.03.20..	0201 3765 – 312	05.04.20..

Bestellung

gemäß Ihrem Angebot vom 03.04.20..

Pos.	Best.Nr.	Bezeichnung	Menge	Einzelpreis	Gesamtpreis
1	506	Schreibtischstuhl Vega	500	60,00 EUR	30 000,00 EUR zzgl. USt

Lieferung frei Haus einschl. Verpackung; 200 Stück sofort, 300 Stück binnen 90 Tagen

Die nicht sofort lieferbaren Stühle müssen noch gefertigt werden.
Für die Gesamtmenge fallen an: Material- und Leistungseinkäufe 8 000,00 EUR sowie Einsatz dieser Werte in der Fertigung, weiterer Aufwand 17 000,00 EUR (Beschaffung 1 000,00 EUR, Fertigung 13 000,00 EUR, Absatz 2 000,00 EUR, Verwaltung 1 000,00 EUR).

a) Erläutern Sie die Zusammenarbeit der Funktionsbereiche bei der Bearbeitung der Bestellung.
b) Nennen Sie wichtige Informationen, die für die Auftragsbearbeitung erstellt werden müssen.
c) Jeder Funktionsbereich erstellt Informationen, die für andere Bereiche bestimmt sind. Tragen Sie derartige Informationen in eine Matrix nach folgendem Muster ein.

an … von …	Absatz	Fertigung	Beschaffung	Verwaltung
Absatz				
Fertigung				
Beschaffung				
Verwaltung				

d) „Der Informationsfluss steuert den Güterfluss." Erläutern Sie diese Aussage anhand des vorliegenden Falles.
e) Der Informationsfluss löst auch einen Wertefluss und einen Geldfluss aus. Erläutern Sie dies anhand der vorliegenden Auftragsbearbeitung.
f) Inwiefern ist der Wertefluss zugleich ein Wertschöpfungsprozess?
g) Wie viel Euro beträgt die Wertschöpfung
   - jeweils im Beschaffungs-, Fertigungs-, Absatz- und Verwaltungsbereich?
   - insgesamt?
h) Wie viel Euro und wie viel Prozent der gesamten Wertschöpfung entfallen auf den Gewinn?
i) Erläutern Sie anhand des vorliegenden Falles folgende Begriffe:
   Vorleistungen, Aufwendungen, Erträge, Absatz, Umsatz, Gewinn.

3. **Ein Kunde bestellt einen Artikel. Der Artikel ist nicht vorrätig. Er muss noch gefertigt werden. Die benötigten Materialien müssen noch eingekauft werden.**
   Die folgenden Angaben kennzeichnen die Güter-, Geld- und Informationsflüsse, die die Kundenbestellung auslösen. Setzen Sie sie passend in das nachfolgende Ablaufbild ein.

Güterfluss: Material (2x), Artikel (2x),
Geldfluss: Zahlungsausgang, Zahlungseingang,
Infofluss: Versandanzeige/Lieferschein (2x), Einlagerungsauftrag, Kundenrechnung, Kopie Kundenrechnung, Lieferantenrechnung, Kopie Lieferantenrechnung, Kopie Materialeingangsschein, Lagerabruf (Entnahmeliste), Bestellanforderung, Überweisungsauftrag, Zahlungseingangsbeleg, Fertigungsauftrag, Lieferantenbestellung, Fertigmeldung, Kundenbestellung, Fertigungsauftrag.

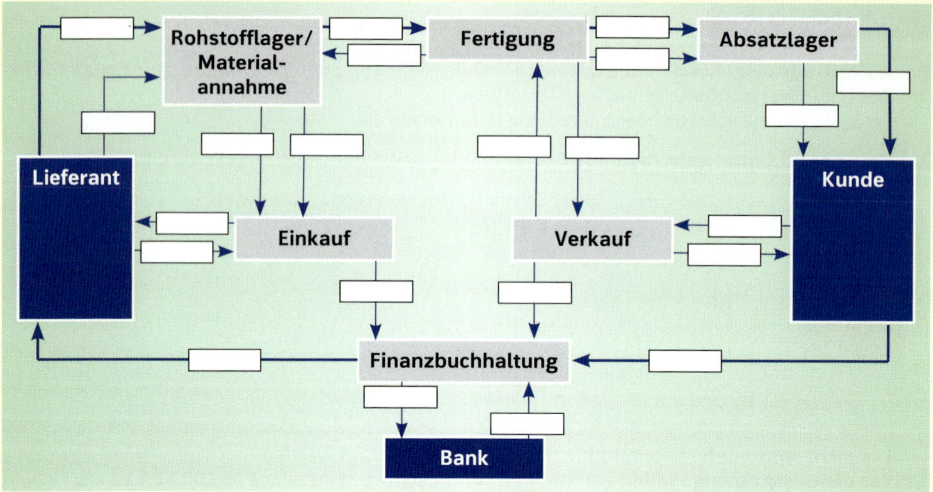

5 Traditionelle Betriebsorganisation

Man stelle sich einmal vor, den 250 Beschäftigten von MGB würde eines Morgens mitgeteilt, alle Abteilungen seien aufgelöst, jeder Mitarbeiter könne sich die Arbeit aussuchen, die ihm am meisten zusage, und Anweisungen brauche niemand mehr entgegenzunehmen. Vielmehr solle jeder nach bestem Können und in freiwilliger Abstimmung mit den anderen Betriebsangehörigen seine Kräfte kreativ für die Betriebsziele einsetzen ...
Das absolute Chaos wäre dann wohl vorprogrammiert. Ohne eine fest gefügte Ordnung wäre MGB einem in seine Einzelteile zerlegten menschlichen Körper vergleichbar, bei dem kein Organ mehr erkennen kann, welche Aufgabe ihm zugedacht ist.

Jeder Aufgabenträger muss bestimmte Teilaufgaben erfüllen. Dies erfordert **Organisation**. Organisation ist eine dauerhafte, zielorientierte Ordnung der Aufgabenträger und Arbeitsprozesse.

- **Die zielorientierte Ordnung der Aufgabenträger ist die *Aufbauorganisation*.**
- **Die zielorientierte Ordnung der Arbeitsprozesse/-abläufe ist die *Ablauforganisation*.**

5.1 Aufbauorganisation

5.1.1 Stellen und Abteilungen

Die Aufbauorganisation entsteht in den Schritten **Aufgabenanalyse** (Aufgabengliederung) und **Aufgabensynthese**.

- **Aufgabenanalyse:** Man zerlegt die komplexe Gesamtaufgabe in kleine, übersichtliche Teilaufgaben.
- **Aufgabensynthese:** Man bündelt die Teilaufgaben zu begrenzten Arbeitsgebieten, den **Stellen**.
  Stellen mit verwandten Aufgaben werden zu größeren Einheiten, den **Abteilungen**, gebündelt.

Die Leitungsstelle in einer Abteilung heißt **Instanz**.

Der Umfang einer Stelle soll **dem durchschnittlichen Leistungsvermögen eines gedachten Aufgabenträgers** entsprechen. Eine Stelle ist – mit Ausnahmen – also nicht auf eine bestimmte existierende Person zugeschnitten.

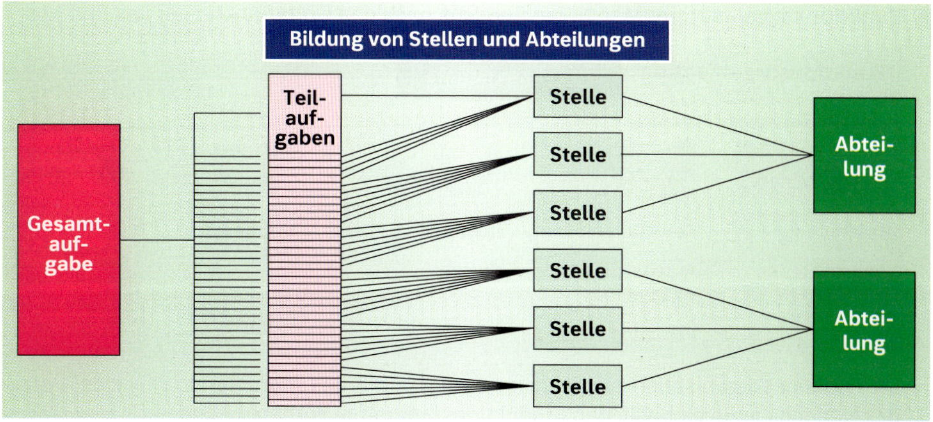

Beispiel: Stelle

Stelle eines Einkäufers für Fertigteile

Aufgabenträger können Menschen oder Maschinen sein. Man unterscheidet: Einpersonenstellen, Mehrpersonenstellen, Mensch-Maschinen-Stellen, Maschinenstellen.

Weisungssysteme

Stellen erhalten Anweisungen von vorgesetzten Stellen und geben Anweisungen an nachgeordnete Stellen. So entsteht ein Weisungssystem. Die entsprechenden Stellen heißen Linienstellen. Man unterscheidet:

- **Einliniensystem**
  Alle Stellen erhalten nur von einer übergeordneten Stelle Anweisungen.
- **Mehrliniensystem**
  Alle (oder bestimmte) Stellen erhalten von mehr als einer übergeordneten Stelle Anweisungen. Dieses System hat sich in der Praxis nicht durchgesetzt.
- **Stabliniensystem**
  Liniensystem mit Stabsstellen (oder sogar Stabsabteilungen). Das sind Stellen, die einer Linieninstanz zugeordnet sind. Sie sollen die Instanz durch informierende, planende oder beratende Tätigkeit entlasten. Stabsstellen haben kein Entscheidungs- und Weisungsrecht.

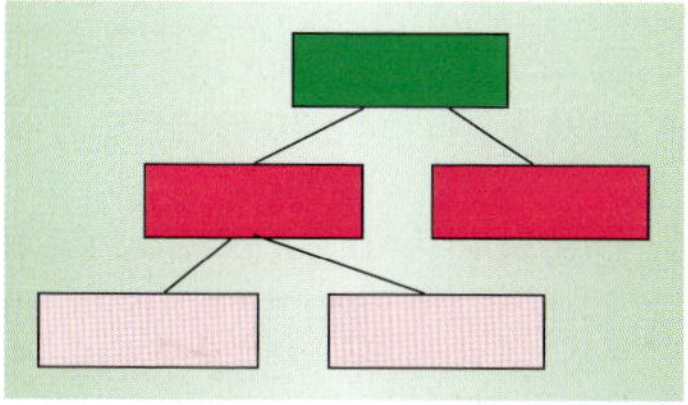

Einliniensystem

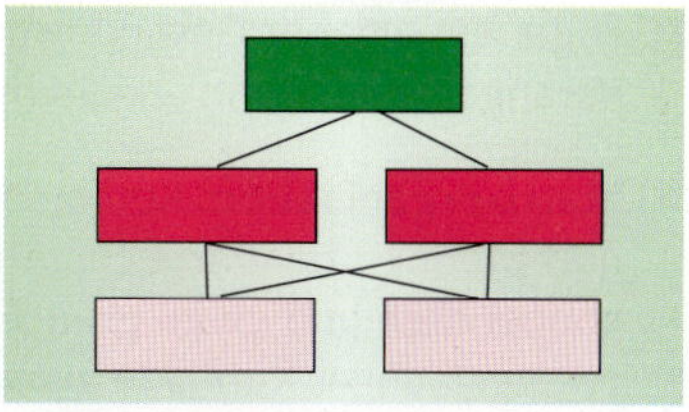

Mehrliniensystem

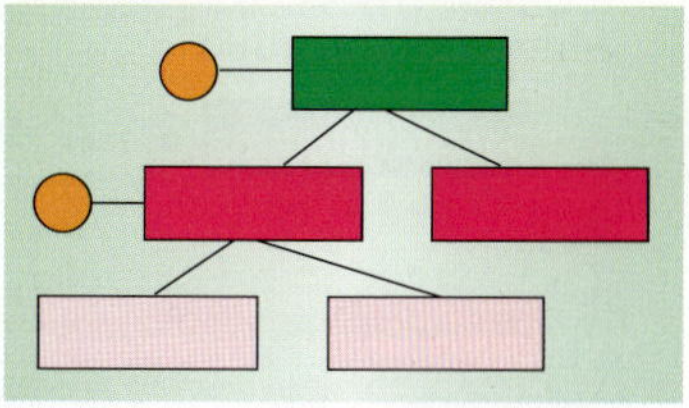

Stabliniensystem

Eine gewisse Ähnlichkeit mit Stabsstellen haben **Fachinstanzen (Zentralstellen)**. Diese bearbeiten Fragen, die alle Linienstellen gemeinsam betreffen. Sie sind der Geschäftsleitung zugeordnet und haben ein begrenztes Weisungsrecht gegenüber der Linie. Typisch sind Stellen wie Gesamtplanung, Organisation und Personalwesen.

5.1.2 Organisationsmodelle

Organisationsmodelle spiegeln die Kriterien wider, nach denen im Unternehmen Verantwortungsbereiche direkt unter der Geschäftsleitung gebildet werden.

- **Funktionsorganisation:** Man bildet Bereiche nach den Grundfunktionen des Betriebs.

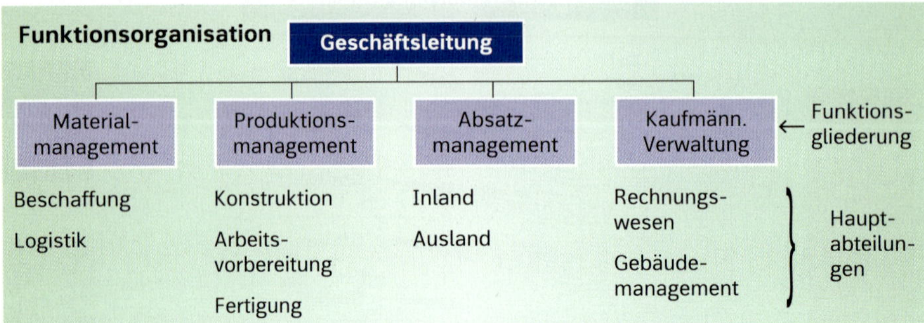

Die Funktionsorganisation ist bei kleineren und mittleren Unternehmen sowie bei Unternehmen mit einem einheitlichen Produktionsprogramm vorherrschend.

- **Spartenorganisation:** Man bildet Bereiche nach den Produktgruppen (Sparten)

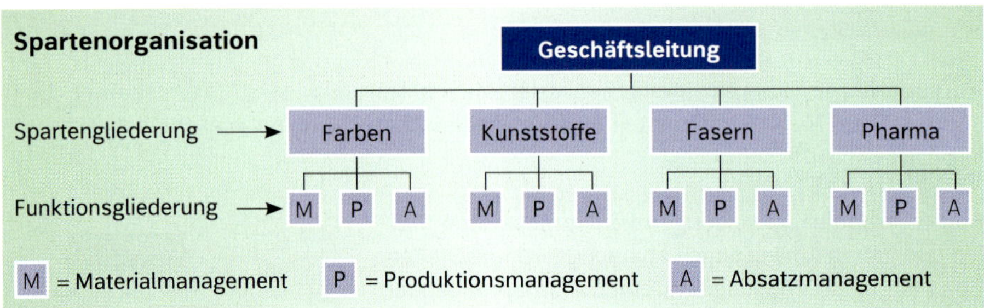

Die Spartenorganisation ist für Unternehmen mit unterschiedlichen Produktgruppen vorteilhaft. Verantwortungs- und Entscheidungsbefugnisse für die Produktgruppen können in hohem Maße auf die Spartenleiter übertragen werden. Die Sparten werden so zu relativ selbstständigen Einheiten, die Spartenleiter planen ihre Geschäfte innerhalb eines vorgegebenen Handlungsspielraums selbst. Gegebenenfalls wird für jede Sparte sogar ein eigener Gewinn ermittelt und für die Beurteilung und Steuerung der Sparte herangezogen. Dann spricht man von einem **Profit-Center**.

- **Matrixorganisation:** Kombination von Funktions- und Spartenorganisation. Funktions- und produktorientierte Instanzen stehen gleichberechtigt nebeneinander. Sie sollen kooperieren und so zu gründlicher durchdachten Problemlösungen beitragen. Wegen zwangsläufiger Konflikte zwischen den Instanzen findet man das System in Reinform sehr selten vor.

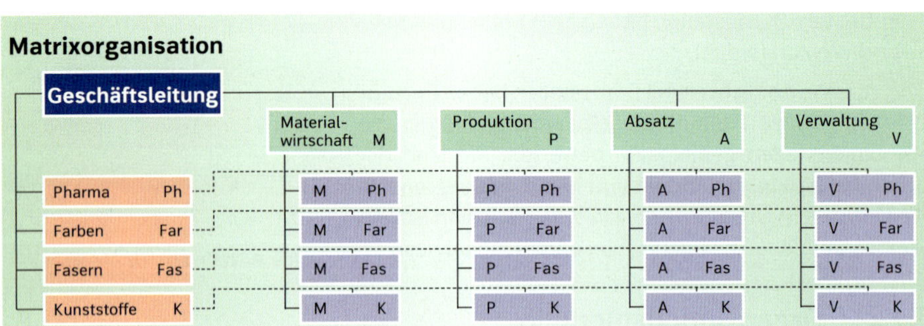

5.1.3 Organisationsschaubild (Organigramm)

Das Organisationsschaubild hält den organisatorischen Aufbau des Betriebes fest.

Hier sehen Sie das Organigramm von MGB Maltmann Getriebebau e. K.

Beispiel: Organigramm

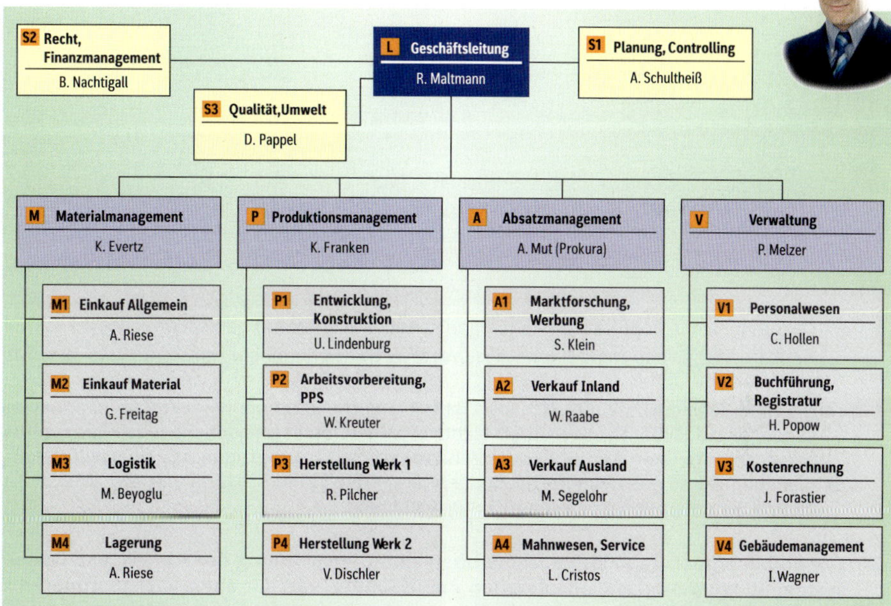

Die Verbindungslinien zeigen die Befehls- und Dienstwege an: eindeutig festgelegte Weisungswege von der Geschäftsleitung bis zu den ausführenden Stellen und entsprechende Meldewege zurück.

Das Organigramm zeigt:

- die Betriebsbereiche und Betriebsabteilungen,
- die Stellen innerhalb der Abteilungen,
- die Instanzen,
- die Rangordnung der Stellen,
- die Befehls- und Dienstwege.

Arbeitsaufträge

1. **Durch aufmerksame Betrachtung des obigen Organigramms erhält man bereits einen gewissen Einblick in den Aufbau des Unternehmens und seine Aufgabenerfüllung.**
   a) Welche Grundfunktionen müssen in diesem Unternehmen erledigt werden, um bedarfsgerechte Güter an die Abnehmer liefern zu können?
   b) Geben Sie an, welche Stellen und Abteilungen für die Durchführung dieser Aufgaben jeweils verantwortlich sind.
   c) Welche Stellen sind mit Leitungsaufgaben befasst? Geben Sie eine detailliertere Beschreibung dieser Aufgaben.
   d) Welche Stellen befassen sich mit material-, produktions-, absatz-, personal-, finanzwirtschaftlichen Aufgaben?
   e) Erläutern Sie, ob es sich um eine Funktions- oder eine Spartenorganisation handelt.
   f) Welche Stellen würden Sie als Linienstellen, welche als Stabsstellen bezeichnen?

2. **Die Müller Küchen GmbH produziert Bad- und Küchenmöbel. Ihr Organigramm zeigt folgendes Bild:**

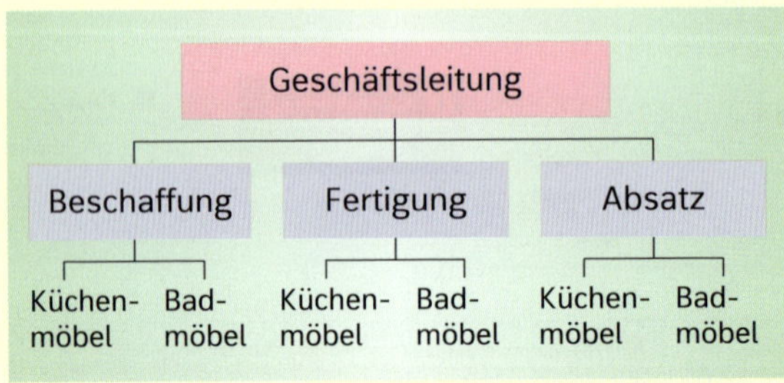

a) Erläutern Sie die Begriffe Funktionsorganisation und Spartenorganisation.
b) Nennen Sie jeweils mindestens drei Vorteile der Funktionsorganisation und der Spartenorganisation.
c) Die Unternehmensberatung Kienspan ist der Ansicht, dass die dargestellte Funktionsorganisation für die Müller Küchen GmbH nicht vorteilhaft ist. Begründen Sie diese Behauptung und entwickeln Sie aus dem obigen Organigramm ein Organigramm der Spartenorganisation.
d) Kienspan würde das neue Aufbaukonzept als Profit-Center-System anlegen. Welche Gründe könnte die Unternehmensberatung dafür anführen?

3. **Die Aufbauorganisation legt u. a. die Über- und Unterordnung der Stellen fest. Dabei kann festgelegt werden, dass Linienstellen Anweisungen von nur einer übergeordneten Stelle empfangen (sog. Einliniensystem) oder von mehr als einer Stelle (sog. Mehrliniensystem).**

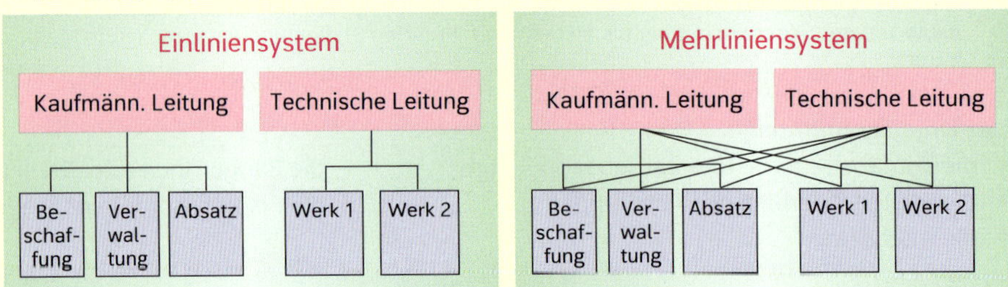

a) Nennen Sie je drei Vorteile der beiden Weisungssysteme.
b) In der Praxis hat sich das Mehrliniensystem nicht durchsetzen können. Versuchen Sie dies zu begründen.

5.2 Ablauforganisation

Die *Ablauforganisation* ordnet die Ablauf- und Bewegungsprozesse in Raum und Zeit im Sinne der Betriebsziele. Dabei verfolgt sie als Ziele
- **die optimale Auslastung der Arbeitskräfte und Betriebsmittel;**
- **die optimale Durchlaufzeit für die Bearbeitungsobjekte.**

Die Ablauforganisation entsteht in den Schritten Arbeitsanalyse (Arbeitsgliederung) und Arbeitssynthese (Arbeitsverbindung). Wir stellen dies hier an einem Beispiel aus dem Fertigungsbereich von MGB Maltmann Getriebebau e. K. dar.

5.2.1 Arbeitsanalyse

Die Arbeitsanalyse gliedert Teilaufgaben in Vorgänge, Teilvorgänge, Vorgangsstufen und Vorgangselemente[1] und ordnet sie den Bearbeitungsobjekten zu. Das Ergebnis ist ein sog. **Arbeitskatalog**.

Beispiel: Arbeitskatalog

Teilaufgabe: Gehäusemontage			
Objekte	**Verrichtungen**	**Objekte**	**Verrichtungen**
Gehäusewand	– aufsetzen – ausrichten – anpressen	Bodendichtung	– auflegen – andrücken – einpressen
Gehäuseboden	– planlegen – festspannen – verschrauben	Deckeldichtung	– auflegen – andrücken – einpressen
Gehäusedeckel	– auflegen – ausrichten – anpressen – verschrauben	Gehäuse	– ausspannen – abheben – einlagern

5.2.2 Arbeitssynthese

Die Arbeitssynthese organisiert den Prozess der Aufgabenerfüllung.

Der Prozess der Aufgabenerfüllung wird vollzogen:	Die Arbeitssynthese legt folglich fest:	Dieser Bereich der Arbeitssynthese heißt:
in der Zeit	• Zeitfolge • Zeitdauer • Zeitabgleich	Arbeitsvereinigung (zeitliche Synthese)
von Arbeitssubjekten	• Zuordnung zu einem Einzelnen • Gruppenzuordnung	Arbeitsverteilung (personale Synthese)
im Raum	• Anordnung der Arbeitsplätze • Bestimmung der Arbeitswege • zweckmäßige Ausstattung mit Arbeitsmitteln	Raumgestaltung (räumliche Synthese)

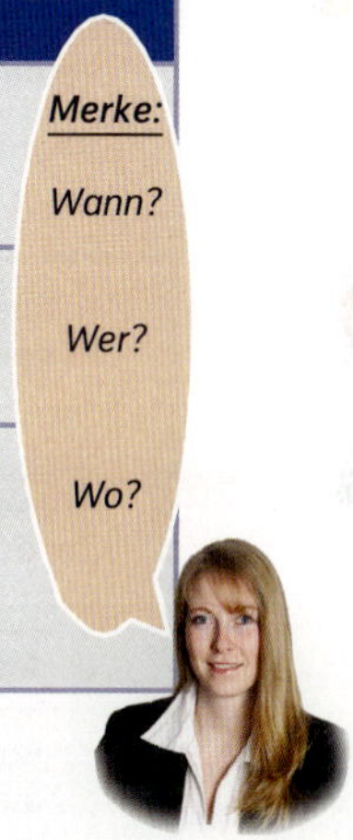

Beispiel: Gehäusemontage

Arbeitsvereinigung

Die Arbeitsverrichtungen werden in ihrer zeitlichen Reihenfolge angeordnet (Festlegung der Zeitfolge). Die Dauer der einzelnen Verrichtungen wird festgelegt (z. B. Gehäuseboden verschrauben = 5). Nun folgt der Zeitabgleich:

Es soll angenommen werden, die tägliche Arbeitszeit betrage 8 Stunden (= 480 Minuten) und pro Tag sollen 96 Gehäuse hergestellt werden. Dann wird alle 5 Minuten eine Einheit fertiggestellt. Dieser Zeitraum ist die sogenannte **Taktzeit**. Sie umfasst Bearbeitungszeit und Wartezeit. Wartezeiten verursachen Kosten, bringen aber keinen Ertrag. Deshalb wird man Verrichtungen so miteinander kombinieren, dass die Summe der kombinierten Zeiten in keinem Fall die Taktzeit überschreitet, aber die Wartezeiten minimiert werden. Die Einkreisungen im folgenden Schema geben die Zeiten der kombinierten Arbeitsvorgänge wieder, die fetten Zahlen ihre Summen.

[1] Vgl. S. 154 und S. 424.

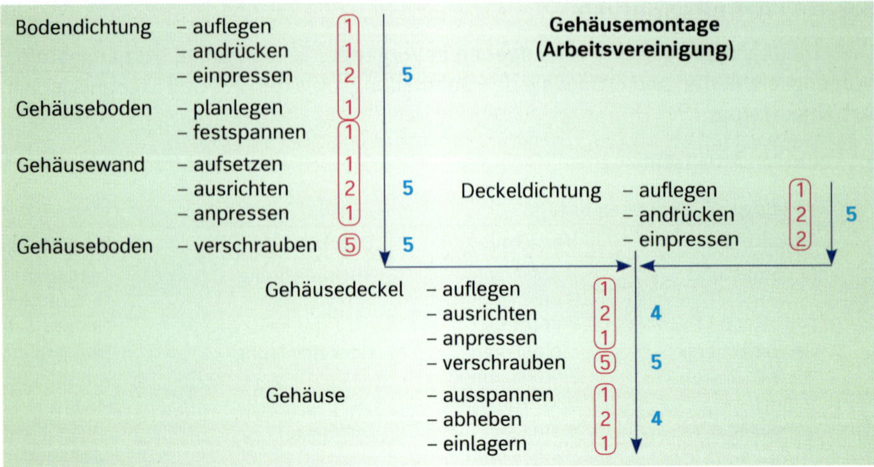

Arbeitsverteilung

Die eingetragenen Zeiten sind so errechnet, dass ein Arbeiter die entsprechende Verrichtung bei normalem Leistungsvermögen bewältigen kann, ohne überfordert zu werden.

Die kombinierten Arbeitsgangfolgen sollen jeweils einem Arbeiter zugeordnet werden. Bei 7 Folgen sind also 7 Arbeiter notwendig. Sie sollen eine Arbeitsgruppe[1] bilden, die ihre Arbeitsverteilung autonom organisiert. Sie kann selbst bestimmen, wer zu welcher Zeit welche Arbeiten übernimmt. Die Arbeitsplätze werden untereinander ausgetauscht, um Monotonie zu vermeiden. Gegenseitiges Aushelfen ist erwünscht und möglich, weil zwei Arbeitsgangfolgen die Taktzeit nicht ausfüllen.

Die Arbeitsverteilung soll auf diese Weise die optimale Auslastung der Arbeitskräfte und Betriebsmittel gewährleisten.

Raumgestaltung

Die Raumgestaltung versucht die Arbeitsplätze so anzuordnen, zu gestalten und mit Arbeitsmitteln auszustatten, dass die Durchlaufwege und Durchlaufzeiten minimiert werden.

In unserem Beispiel werden die Arbeitsplätze zu diesem Zweck nach dem Prinzip der Gruppenfertigung[2] organisiert:

Die 7 Arbeitsplätze werden mit den notwendigen Hilfsmitteln und Maschinen in einer räumlich zusammenhängenden Fertigungsgruppe zusammengefasst. Ein Transportband befördert die Arbeitsobjekte von einem Arbeitsplatz zum nächsten. Jeder Arbeitsplatz verfügt über ein Lager der dort benötigten Teile.

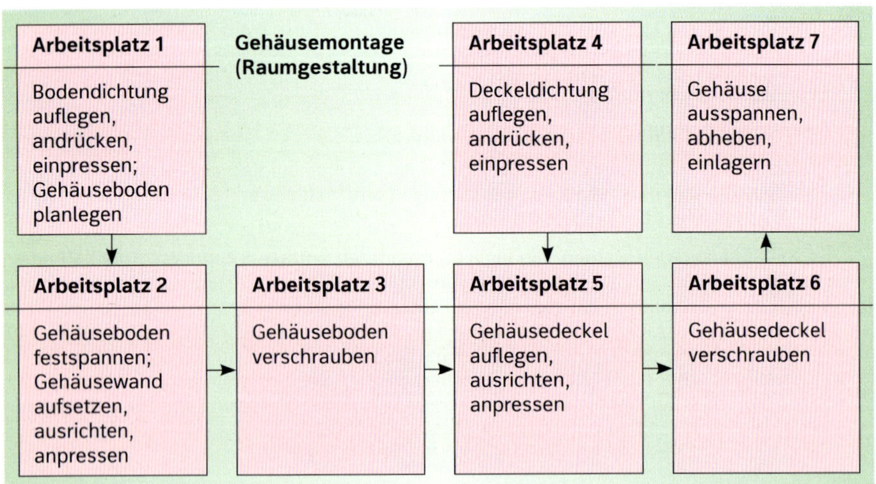

[1] Vgl. S. 230 und 234.
[2] Vgl. S. 156.

Die Arbeitssynthese führt in der Praxis zu ganz unterschiedlichen Lösungen, z. B. bei Arbeitsabläufen, die sich stets gleichförmig wiederholen, und solchen, die individuell gestaltet werden müssen. **Arbeitsablaufbeschreibungen** und **grafische Darstellungen** – z. B. Netzpläne, Ablauf-, Balken- und Prozesskettendiagramme[1] – halten die Ergebnisse fest. **Arbeitsanweisungen** legen verbindlich fest, **wer was wann wie wo** bearbeitet.

Arbeitsaufträge

1. **„Die Ablauforganisation setzt dort an, wo die Aufbauorganisation aufhört."**
   Erläutern Sie anhand dieses Satzes den Unterschied zwischen Aufbau- und Ablauforganisation.

2. **Bei einem Materialeinkauf sind im Wesentlichen die folgenden Vorgänge zu erledigen (nicht geordnet!).**
   - **Prüfen der Eingangsrechnung**
   - **Annahme des eingehenden Materials**
   - **Prüfen der Verpackung**
   - **Überprüfung des Lagerbestands**
   - **Überweisung des Rechnungsbetrags**
   - **Feststellung des Materialbedarfs**
   - **Buchung der Eingangsrechnung**
   - **Erstellung einer Bedarfsanforderung**
   - **Einlagerung des Materials**
   - **Prüfung der Bedarfsanforderung**
   - **Materialprüfung**
   - **Eingabe der Bestelldaten**
   - **Vergleich des eingegangenen Materials mit der Bestellung**
   - **Drucken der Bestellung**

   Diese Vorgänge werden in folgenden Abteilungen erledigt:
   Lager, Einkauf, Warenannahme, Materialprüfung, Rechnungsprüfung, Buchhaltung.
   a) Erstellen Sie ein Schema nach dem unten stehenden Muster.
   b) Legen Sie die richtige Zeitfolge für die genannten Tätigkeiten fest.
   c) Nehmen Sie die Arbeitsverteilung (Zuordnung zu einer Abteilung) durch Eintragung von Kreuzen vor.

   Hinweis:
   Benutzen Sie für die Lösung ggf. die Ausführungen auf den Seiten 282 ff. des Lehrbuchs.

Abteilungen / Arbeitsablauf					*z. B. Lager*			
	A	B	C	D	E	F	G	H
1. z. B. *Einlagerung des Materials*					x			
2.								

6 Geschäftsprozessorientierung

6.1 Geschäftsprozess, Prozessarten

Vor einigen Jahren stellten wir bei MGB trotz guter Konjunkturlage von Quartal zu Quartal einen Rückgang der Umsätze und der Gewinne fest, den wir uns anfangs nicht erklären konnten.
Die Suche nach den Ursachen ergab zunächst folgende Resultate:
- Die Kunden waren in aller Regel von der Qualität unserer Produkte überzeugt.
- Trotzdem wechselten viele Stammkunden zur Konkurrenz, und zwar zunehmend.
- Des Öfteren mussten Kundenaufträge abgelehnt werden, weil die von den Kunden gewünschten Lieferfristen zu kurz waren.
- Andererseits wurden von uns zugesagte Lieferfristen öfter nicht eingehalten.
- Wir konnten auf nachträgliche Änderungen der Kundenaufträge nicht flexibel reagieren, mussten z. B. teilweise die Lieferfristen um 70 % der Zeit strecken.

[1] Begriffe siehe Sachwortverzeichnis. Siehe auch S. 425.

Genauere Untersuchungen ergaben, dass die Arbeitsabläufe innerhalb der Abteilungen bestens organisiert waren und reibungslos abliefen. Allerdings mussten die Sachbearbeiter auch für kleinere Entscheidungen immer die Genehmigung der Abteilungsleiter einholen – was die Prozesse erheblich verzögerte. Außerdem gab es immer wieder Verzögerungen an den Schnittstellen der Abteilungen, also bei der Übergabe der Auftragsbearbeitung von einer Abteilung an die nächste. Notwendige Informationen wurden nicht schnell genug weitergeleitet. So kam es z. B. häufig zu Störungen, weil Änderungen der Kundenaufträge nicht richtig oder verspätet an die Fertigung und an die Zulieferer weitergegeben wurden. Unzufriedene Lieferanten und Kunden waren die Folge.

Um Abhilfe zu schaffen, beauftragten wir eine Unternehmensberatungsgesellschaft. Diese erstellte genaue Analysen aller wesentlichen Prozesse. Anschließend schlug sie uns eine Neugestaltung der Geschäftsprozesse und die Einführung eines Geschäftsprozessmanagements vor.

Eine kundenorientierte Leistungserstellung erfordert ein reibungsloses Funktionieren der Arbeitsabläufe. Dafür müssen die Tätigkeiten in den Geschäftsprozessen verzögerungsfrei verkettet werden.

Ein Geschäftsprozess ist eine logische Folge zusammengehörender, wiederholbarer Wertschöpfungstätigkeiten. Er ist der Weg, auf dem ein Ergebnis mit Kundennutzen erreicht werden soll.

Beispiel: Kundenauftragsbearbeitungsprozess

Der Kundenauftragsbearbeitungsprozess ist ein wichtiger Geschäftsprozess. Er besteht aus einer Folge von Tätigkeiten. Diese sollen zur Erfüllung des Kundenwunschs führen und somit Werte für den Kunden schaffen. Er beginnt mit der Erfassung der Auftragsdaten, führt zur Lieferung und endet mit der Buchung des Zahlungseingangs.

Geschäftsprozesse bestehen aus **Subprozessen (Teilprozessen)**.

Beispiel: Subprozesse

Einige Subprozesse des Kundenauftragsbearbeitungsprozesses sind z. B.:

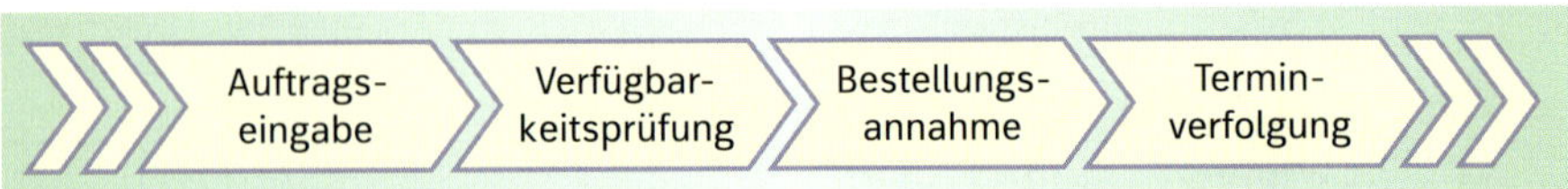

Die Wertschöpfung vollzieht sich durch die Abwicklung der Geschäftsprozesse. Man unterscheidet Kernprozesse, Supportprozesse und Managementprozesse.

- **Kernprozesse**

  Prozesse, mit denen die Hauptleistung – die Wertschöpfung – erbracht wird, heißen Kernprozesse (Schlüsselprozesse).

  Kernprozesse sind auf externe Kunden, also Käufer der Unternehmensleistungen, bezogen. Sie sind teils kundennah, teils kundenfern.

Grundlegende Kernprozesse in Industrieunternehmen

Bezeichnung	Inhalt	Anfang – Ende	
Innovationsprozess	Ideenfindung für Innovationen (Neuerungen, neue Produkte)	Vom Kundenbedürfnis bis zur Produktidee	kunden-ferne Kern-prozesse
Produktplanungsprozess	Ideenbewertung, Ideenauswahl, ggf. auch Festmachen von Nachfrageranforderungen	Von Produktidee bis Ideenauswahl, ggf. auch bis Lastenheft (Inhalt: Produktanforderungen)	
Produktentwicklungsprozess	Entwicklung der Produkte	Vom Lastenheft bis zum fertigungsreifen Produkt	

Vertriebsprozess	Vermarktung der Produkte	Von der Kundengewinnung bis zum Kundenauftrag	kunden-nahe Kern-prozesse
Kundenauftrags-bearbeitungs-prozess	Fertigung und Lieferung der Produkte	Vom Kundenauftrag bis zum Rechnungsausgleich	
Serviceprozess	Dienstleistungen für Kunden	Vom Kundenproblem bis zur Problemlösung	

- **Supportprozesse**

Die Kernprozesse werden von Supportprozessen (Hilfsprozessen) unterstützt.

Supportprozesse sind für den Unternehmenserfolg notwendig, tragen aber nicht direkt zur Steigerung des Kundennutzens bei. Ihre Auftraggeber sind interne Kunden.

> **Beispiel: Beschaffungsprozesse**
>
> Materialien müssen beschafft werden, um die Produktion zu ermöglichen. Beschaffungsprozesse werden durch Bedarfsanforderungen der Produktion ausgelöst, wenn die Lagerbestände nicht mehr ausreichen.

Grundlegende Supportprozesse

Bezeichnung	Inhalt
Prozesse des/der ...	
... Personalmanagements	Personalplanung, -beschaffung, -entwicklung, -betreuung
... Ressourcenmanagements	Planung, Beschaffung, Bereitstellung, Instandhaltung, Kontrolle von Material, Betriebsmitteln und Finanzmitteln
... Information/Kommunikation	Planung, Beschaffung, Bereitstellung, Instandhaltung, Kontrolle von Informations- und Kommunikationsressourcen
... Qualitätsmanagements	Qualitätsplanung, -lenkung, -förderung
... Rechnungswesens/Controllings	Buchführung, Bilanzierung, Kosten- und Leistungsrechnung, Statistik, Planungsrechnung, Koordination von Steuerung und Kontrolle

- **Managementprozesse**

Das Management ist die Unternehmensführung. Seine Aufgabe ist es, Probleme, Chancen und Risiken für das Unternehmen rechtzeitig zu erkennen, weitsichtig Unternehmensziele zu setzen, zielorientierte Lösungswege (Strategien) zu planen, zielorientierte Entscheidungen zu treffen und durchzusetzen sowie die Ergebnisse auf ihren Erfolg (Zielerreichung) hin zu überprüfen.

In ihrem zeitlichen Ablauf ergeben diese Führungsaufgaben Managementprozesse (Führungsprozesse; vgl. S. 22 ff.).

Managementprozesse

Probleme aufdecken	Ziele setzen	Mittel und Wege planen	Entscheidungen treffen	Entscheidungen umsetzen/durchsetzen	Ergebnisse kontrollieren

Durch Managementprozesse werden Kern- und Supportprozesse erst geschaffen, zielgerecht gestaltet, gesteuert und kontrolliert.

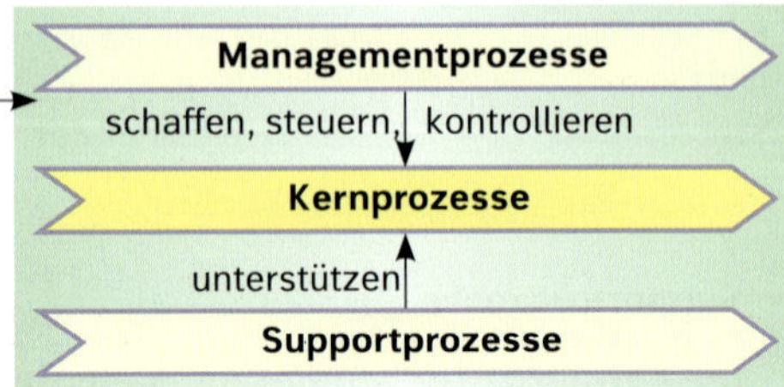

6.2 Prozessorganisation

Die traditionelle Organisation ist einer zügigen Abwicklung der Geschäftsprozesse eher hinderlich. Die Betriebsbereiche bestehen – besonders in Großunternehmen – aus einer Vielzahl von Haupt- und Unterabteilungen sowie Stellen mit einer starren Struktur:

- In der traditionellen Organisation hat jeder Stelleninhaber einen eigenen fest abgegrenzten Arbeits- und Verantwortungsbereich.
- Er erledigt in diesem engen Rahmen nur kleine Teilvorgänge und kann den Gesamtzusammenhang des Geschäftsprozesses oft nicht erfassen.
- Für Entscheidungen muss er außerdem häufig den Vorgesetzten einschalten.
- Optimierungen der Arbeitsabläufe beschränken sich im Wesentlichen auf die Abläufe innerhalb der Stelle bzw. Abteilung.
- In der Folge kommt es zu Zeit- und Mengenverlusten, ggf. auch zu Qualitätsverlusten.

Dies kann sehr nachteilig sein bei einer Entwicklung, die durch gesättigte Käufermärkte, kurze Produktlebenszeiten und Wettbewerb auf globalen Märkten geprägt ist.

Wer schnell und flexibel reagieren kann (Zeitmanagement!) und zugleich höchste Qualität bietet (Qualitätsmanagement!), erzielt bekanntlich Wettbewerbsvorteile (vgl. S. 36 ff.). Optimale Geschäftsprozesse sind für beides die beste Voraussetzung.

Um dem zunehmenden Druck zu begegnen, untersuchen Unternehmen heutzutage alle ihre Bereiche und Abläufe auf Schwachstellen. Nicht, um sie zu reparieren oder zu verbessern, sondern um sie von Grund auf geschäftsprozessorientiert neu zu gestalten (sog. **Business Process Reengineering**).

Die moderne Organisation ist geschäftsprozessorientiert. Ihr vorrangiges Ziel ist die Optimierung der Geschäftsprozesse über Stellen- und Abteilungsgrenzen hinweg. Abteilungen und Stellen haben sich den Geschäftsprozessen unterzuordnen.

Man nimmt den Abteilungsleitern Verantwortlichkeiten weg und überträgt sie auf **Prozessverantwortliche**. Die Prozessverantwortlichen leiten **Prozessteams**, die aus Fachleuten aller beteiligten Bereiche bestehen. Die Teams führen die Prozesse selbstständig durch. So wird das langwierige Weiterreichen von Abteilung zu Abteilung, von Mitarbeiter zu Mitarbeiter stark reduziert.

Vorteile der Geschäftsprozessorientierung
- bereichsübergreifende Betrachtung
- absolute Zielorientierung
- Betonung der Teamarbeit
- ausgeprägtes Kosten-Nutzen-Denken
- Ausrichtung der Prozesse am Kunden

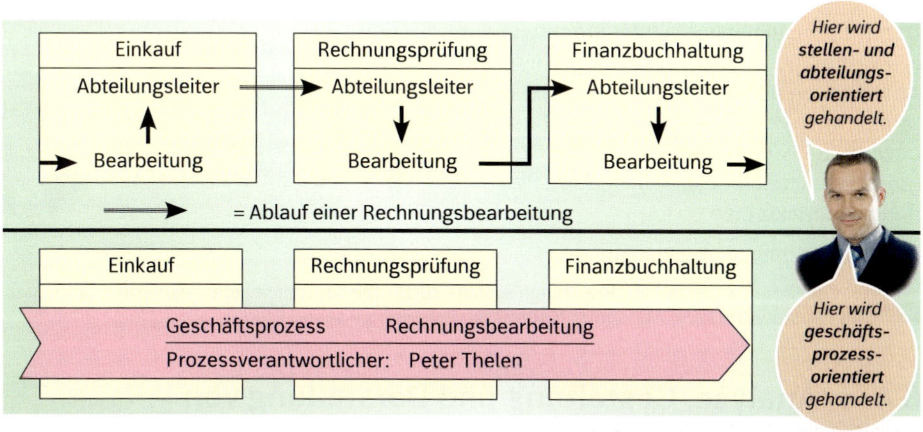

Die Einbindung der Prozessverantwortlichen in die Aufbauorganisation muss sich nach den besonderen Gegebenheiten jedes einzelnen Unternehmens richten. Im Extremfall werden die funktionsorientierten Abteilungen ganz aufgelöst und durch Geschäftsprozesse ersetzt. In der Praxis findet man jedoch Kompromisslösungen vor (siehe nebenstehende Grafik). Für kleinere Unternehmen reicht in der Regel nach wie vor die Funktionsorganisation aus. Großunternehmen tendieren eher zu Prozessteams und Matrixorganisationen mit gleichberechtigten funktionalen und prozessorientierten Einheiten.

6.3 Supply-Chain-Management

Der Wertschöpfungsprozess des Industriebetriebs ist ein Teilprozess in einer Wertschöpfungskette, an der Vor- und Nachproduzenten, Groß- und Einzelhandelsbetriebe beteiligt sind. Jeder Betrieb versorgt den nachfolgenden mit seinen Leistungen. Es liegt also eine Versorgungskette (logistische Kette, Supply-Chain) vor. Im Extremfall beginnt sie mit der Rohstoffgewinnung und endet mit der Entsorgung des Endprodukts.

Beispiel: Typische Lebensmittel-Supply-Chain

Rohstoffprodukte aus der Landwirtschaft → Fertigung von Lebensmitteln im Industriebetrieb → Großhandelsvertrieb → Einzelhandelsvertrieb → Konsum

Die Supply-Chain berührt die Sachgüter- (Stoffe, Produkte), Informations-, Auftragsbearbeitungs- und Zahlungsflüsse zwischen den beteiligten Betrieben. Für die Betriebe entstehen wesentliche Vorteile, wenn es ihnen gelingt, die entsprechenden Prozesse mittels eines vernetzten Informationssystems betriebsübergreifend zu integrieren.

Das Supply-Chain-Management (SCM) hat die Aufgabe, ausgehend vom eigenen Unternehmen betriebsübergreifend integrierte Prozesse aufzubauen und zu verwalten.

Wichtige Ziele von SCM

- niedrigere Transport- und Lagerkosten
- besserer Güterfluss (kürzere Lieferzeiten, Vermeidung zwischenbetrieblicher Liegezeiten)
- Vermeidung von Fehlmengen („Out-of-Stock")
- Verbesserung der Termintreue
- verbesserter Informationsaustausch über Störungen; damit größere Flexibilität

Durch den Online-Austausch planungsrelevanter Daten gelingt zugleich eine Abstimmung der Beschaffungs-, Produktions- und Vertriebsplanungen. Diese bewirkt, dass die Unternehmen auf Störungen unmittelbar reagieren und ihre Planung ändern können.

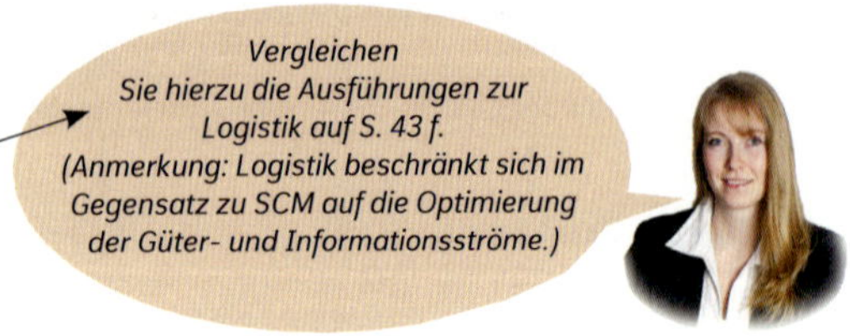

Beispiel: Planungsabstimmung

Der Zulieferer A kann wegen Maschinenausfalls kurzfristig Teile nicht liefern. Aufgrund sofortigen Datenaustauschs kann Abnehmer B sofort die Reihenfolge seiner Produktionsaufträge ändern.

6.4 Analyse, Gestaltung und Darstellung von Geschäftsprozessen

Bei MGB verfügen alle Betriebsabteilungen über ein Einkaufsbudget. Das ist ein zugeteilter Betrag, der für Einkäufe für die Abteilung verwendet werden darf, z. B. für den Einkauf von Büromaterial oder Anlagegegenständen.

Folgender Fall liegt vor: Die Abteilung Rechnungswesen benötigt einen Ersatz-PC. Dies löst einen Einkaufsprozess aus. Dieser lässt sich in Subprozesse einteilen. Einer der Subprozesse ist z. B.: *„Budgetüberprüfung anlässlich einer Bestellanforderung"*. Er lässt sich wie folgt beschreiben:

Der Abteilungsleiter richtet eine Bestellanforderung an den Einkauf. Der Einkaufssachbearbeiter prüft anhand des Budgetplans, ob das Budget der Abteilung Rechnungswesen noch ausreicht. Reicht es nicht aus, ist eine Erhöhung bei der Finanzabteilung zu beantragen. In jedem Fall wird der anfordernden Stelle das Ergebnis der Prüfung mitgeteilt.

Der Subprozess soll analysiert, gestaltet und anschaulich dargestellt werden. Anfang: Vorliegende Bestellanforderung; Ende: Mitteilung des Prüfungsergebnisses.

Wenn eine Folge von Tätigkeiten als Geschäftsprozess identifiziert (erkannt) worden ist, muss der Prozess analysiert, gestaltet und anschaulich dargestellt werden.

6.4.1 Prozessanalyse

Bei der Prozessanalyse ist es vorteilhaft, die Abläufe aus viererlei Sicht zu betrachten:

- **Organisationssicht:** Sie untersucht, welche Stellen/Abteilungen an den betrachteten Abläufen beteiligt sind.
- **Funktionssicht:** Sie untersucht, welche Vorgänge im Prozess vorkommen und wie sie zusammenhängen.
- **Datensicht:** Sie untersucht, welche Informationen bei den Vorgängen benötigt und durch sie erzeugt werden.
- **Steuerungssicht:** Sie untersucht die Beziehungen zwischen den Funktionen, Organisationseinheiten und Daten. Folgende Fragestellungen sind wichtig:

Beispiel Organisationssicht:
Am Subprozess *Budgetüberwachung* sind beteiligt:
Einkaufsabteilung, Finanzabteilung, anfordernde Stelle (hier: Rechnungswesen)

Beispiel Funktionssicht:
Anfallende Vorgänge:
Budgetprüfung, Erhöhungsantrag bei unzureichendem Budget, Mitteilung an die anfordernde Stelle

Beispiel Datensicht:
Benötigte Informationen:
Bestellanforderung, Budgetplan
Erzeugte Informationen:
Anforderung an Finanzabteilung, Mitteilung an anfordernde Stelle

- Welche Ereignisse lösen welche Funktionen aus?
- Welche Ereignisse werden durch welche Funktionen erzeugt?
- Welche Daten werden bei welchen Funktionen verarbeitet?
- Welche Funktionen werden von welchem Mitarbeiter bzw. von welcher organisatorischen Einheit ausgeführt?

6.4.2 Prozessgestaltung

Die Gestaltung von Geschäftsprozessen sollte in folgenden Schritten erfolgen:

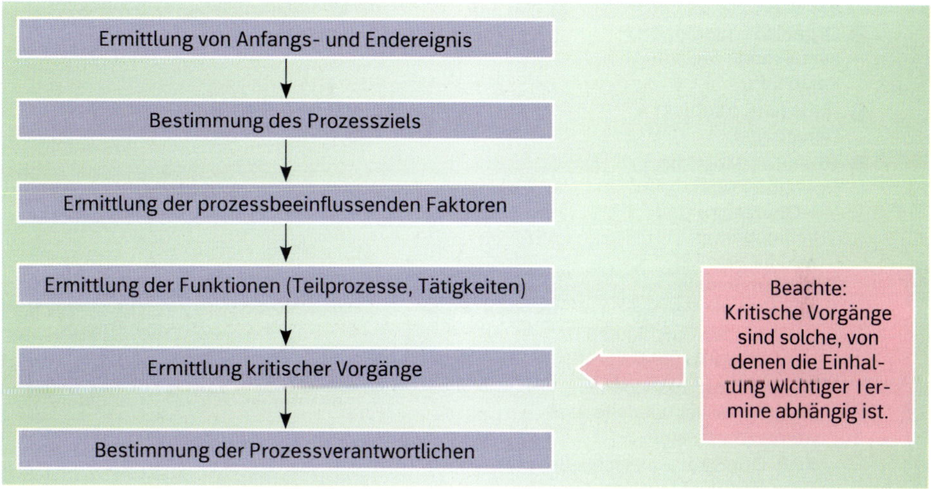

Beispiel: Gestaltung Subprozess *Budgetüberprüfung anlässlich einer Bestellanforderung*

1. Anfangsereignis	Bestellanforderung liegt vor
2. Endereignis	Bestellanforderung genehmigt
3. Prozessziel	Sicherung der Liquidität
4. prozessbeeinflussende Faktoren	- Existenz einer Finanzdatenbank - Möglichkeit des direkten Zugriffs auf die Datenbank
5. Funktionen	- Budgetprüfung - ggf. Beantragung einer Budgeterhöhung - Mitteilung des Prüfergebnisses
6. kritische Vorgänge	keine
7. Prozessverantwortlicher	Einkaufssachbearbeiter Klages

6.4.3 Prozessdarstellung

Geschäftsprozesse lassen sich vielfältig darstellen, z. B. durch Ablaufbeschreibungen oder Ablaufdiagramme (vgl. S. 424 f.). Vorzugsweise jedoch benutzt man sog. **ereignisgesteuerte Prozesskettendiagramme (EPK)**. Sie berücksichtigen alle vier genannten Sichtweisen der Prozessanalyse.

Die wichtigsten Elemente eines EPKs sind Ereignisse und Funktionen. Ereignisse lösen Funktionen aus und Funktionen führen wieder zu Ereignissen.

Beispiel: EPK; Subprozess Budgetüberprüfung anlässlich einer Bestellanforderung

Symbole:

❶ **Ereignis** = Zustand; löst eine Funktion aus oder ist Ergebnis einer Funktion

❷ **Funktion** = Handlung, Aktivität

❸ **Organisationseinheit** = ausführende Stelle(n), Person(en)

❹ **Informationsobjekt** = Datenträger

❺ **Operator.** Mögliche Operatoren sind:
- ∧-**Operator** = Und-Verknüpfung; wird für Verzweigungen benötigt: Alle Äste der Verzweigung werden durchlaufen.
- ∨-**Operator** = Oder-Verknüpfung: Entweder ein bestimmter Ast oder alle Äste werden durchlaufen.
- **XOR-Operator** = ausschließende Oder-Verknüpfung: Von 2 Ästen wird entweder der eine oder der andere durchlaufen.

- - - ➤ = zeitlich-logische Abhängigkeit zwischen Ereignissen und Funktionen

——➤ = Informations- oder Materialfluss

—— = Zuordnung von Organisationseinheiten zu Funktionen oder Ereignissen

Weiteres mögliches Symbol:

▭ = schriftliches Dokument

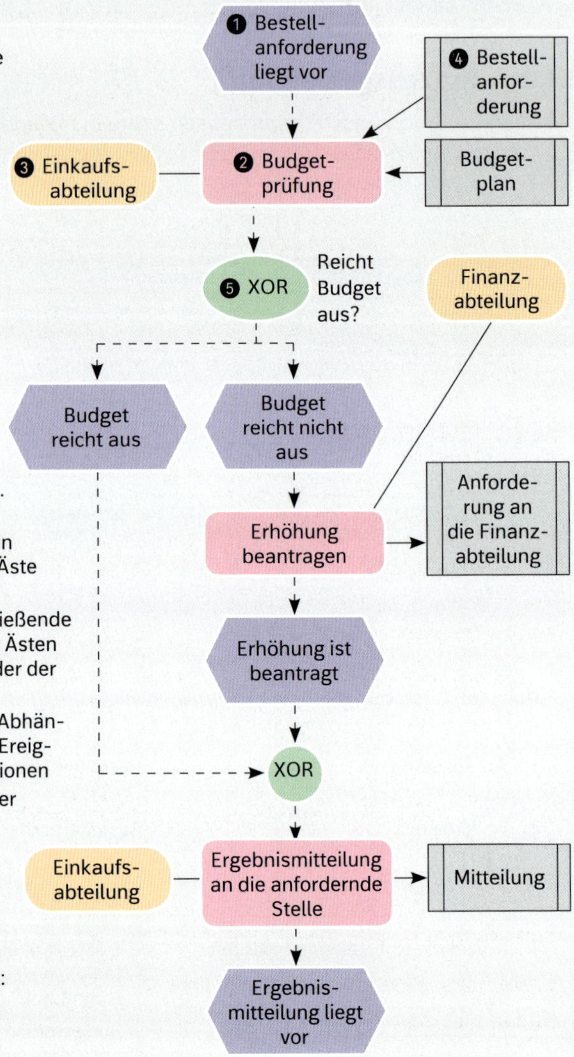

Web

M 62_1 M 62_2 Sehen Sie sich auch die Präsentationen *EPK Budgetüberprüfung* und *Symbole im EPK* an.

6.5 Prozesslandkarte

Ein Geschäftsprozess ist kein isoliertes Gebilde. Vielmehr ist er mehr oder weniger stark mit anderen Geschäftsprozessen verbunden. Die Gesamtheit der **Geschäftsprozesse** bildet – geografisch ausgedrückt – sozusagen eine „Geschäftsprozesslandschaft". Man veranschaulicht sie zweckmäßigerweise mithilfe einer sog. Prozesslandkarte.

Eine Prozesslandkarte ist eine nicht genormte grafische Übersicht über alle Prozesse mit ihren Beziehungen zu anderen Prozessen.

Die Prozesslandkarte macht die Prozessverbindungen in der Organisationsstruktur des Unternehmens (ggf. auch der Supply-Chain) transparent. Sie eröffnet weiterhin die Möglichkeit, die Geschäftsprozesslandschaften mehrerer Unternehmen zu vergleichen und dann zu optimieren.

Beispiel: Prozesslandkarte mit Detailansicht Auftragsbearbeitungsprozess

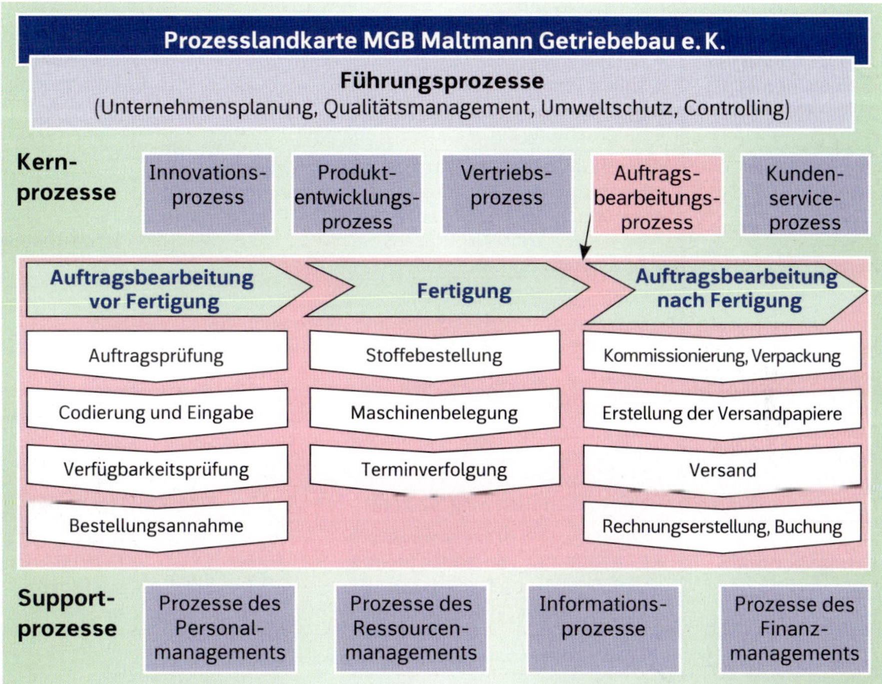

6.6 Prozessoptimierung – eine Controllingaufgabe

Das Controlling muss die Geschäftsprozesse permanent kontrollieren und Soll-Ist-Vergleiche durchführen, um Verbesserungsansätze zu finden. Wichtige Ansätze sind z. B. Kapazitätsengpässe, mangelnde Kundenzufriedenheit, Qualitätsmängel, zeitliche Engpässe und Prozesskosten. Erforderliche Verbesserungsmaßnahmen können z. B. sein:

- Entfernung unbedeutender Teilprozesse,
- Zusammenfassung von Teilprozessen,
- Aufspaltung komplexer Prozesse in Teilprozesse,
- Übertragung von Teilprozessen auf andere Unternehmen (Prozessauslagerung),
- Einführung von Selbstkontrollen durch die Prozessverantwortlichen,
- Verbesserung der Arbeitsbedingungen im Prozess,
- Optimierung der Betriebsmittelausstattung für einen Geschäftsprozess,
- Minimierung der Durchlaufzeiten.

Analysemethoden für die Prozessoptimierung

- **Benchmarking:** Siehe nächstes Kapitel.
- **Workflowanalyse:** (Workflow = arbeitsteiliger Teilprozess). Der Prozessablauf wird auf oft auftretende Fehler hin untersucht, um diese dann abzustellen (Bsp.: Doppelarbeit, überflüssige Tätigkeiten). Grundlegende Fragestellung: Warum erledigen wir bestimmte Funktionen auf diese Weise?
- **Schwachstellenanalyse:** Aufgrund vorliegender Mängel werden Prozesse auf ihre Schwachstellen hin untersucht.
  Bsp.: Zu lange Bearbeitungszeit von Beschwerden.

Prozessoptimierung und Prozesscontrolling		
Phase	**Vorgang**	**Methode**
1 Vision des Managements	• Strategische Entscheidung für Prozessoptimierung • Bestimmung der Gründe für die Veränderung • Entwicklung einer Vision (Zukunftsvorstellung) • Entwicklung von Zielsetzungen aus der Vision • Erstellung einer Machbarkeitsstudie	
2 Beauftragung des Steuerungsteams	• Bildung eines Steuerungsteams • Umsetzung der Managementidee durch das Team • Aufklärungsarbeit (z. B. Seminare) • Festlegung von Planungsteams • Unterrichtung der Mitarbeiter über das Vorhaben	Benchmarking zur Projekt-vorbereitung (vgl. S. 66)
3 Istanalyse und Grobplanung	• Durchführung einer Prozessanalyse (Planungsteam) • Ermittlung von Zielkriterien zur Prozessverbesserung • Ermittlung der Planungsgrundlagen • Bewertung kritischer Prozesse • Analyse der Schwachstellen • Entwickeln von Lösungskonzepten	Schwachstellen-analyse
4 Planung einzelner Geschäftsprozesse	• Darstellung Prozessschritte und Informationsfluss • Auswahl rechnergestützter Beschreibungshilfsmittel • Bildung von Alternativen u. Festlegung Sollkonzept	EPK Prozesslandkarte
5 Umsetzung der Sollkonzeption	• Umsetzung durch Fachteams • Klären offener Fragen • Betreuung der Umsetzung durch Planungsteam • Anstoß zur ständigen Prozessverbesserung in kleinen Schritten (sog. Kaizen)	Kaizen (vgl. S. 66)
6 Erfolgskontrolle	• Ergebnis- und Prozessbewertung • Durchführung von Audits (neutrale Prüfungen) • Verfolgen der Zielerreichung • Betreuung der Teams (Coaching)	Audit Benchmarking zur Projekt-bewertung

Vgl. Klaus Thaler, Supply-Chain-Management, Fortis FH-Verlag, Köln 2007, S. 239.

Arbeitsaufträge

1. **Die Walzwerke AG hat einen Großauftrag für die Lieferung eines Walzwerkes (Auftragswert: 300 Mio. EUR) erhalten.**
   Nennen Sie die wichtigsten Arbeitsabläufe, die durch die Erledigung dieses Auftrags in Gang gesetzt werden können.

2. **„top+ ist Siemens Weg zu Business Excellence. Alle Abläufe werden fortlaufend mit dem Ziel verbessert, schneller als bisher mit wettbewerbsfähigen Produkten auf dem Markt zu sein. Ganz oben steht in diesem Konzept die Zufriedenheit der Kunden. Ihre Wünsche sollen schneller, besser und kostengünstiger als bei jedem anderen Anbieter erfüllt werden."**

   Quelle: Schneider, Ursula; Böcker, Hans: Lerneinheit – Wie funktioniert die Industrie? München: Siemens AG 1995, S. 39.

   a) Noch vor wenigen Jahrzehnten dachte in den Betrieben niemand an Optimierungsprogramme wie bei Siemens. Was hat sich in der Wirtschaft geändert, sodass sie lebensnotwendig wurden?
   b) Andere Großunternehmen haben ähnliche Programme entwickelt – unter anderem Namen, aber mit ähnlichen Inhalten. Erläutern Sie die Grundgedanken derartiger Programme genauer.

3. **Im Einkauf eines Unternehmens liegt eine Bestellanforderung vor. Diese wird geprüft und freigegeben. Man ermittelt mögliche Lieferanten und versendet Anfragen. Bereits bestehende Lieferanten erhalten die Anfrage als E-Mail, neue Lieferanten erhalten eine förmliche Anfrage. Für die eingegangenen Angebote wird ein Angebotsvergleich erstellt, um das günstigste Angebot zu ermitteln. Anschließend erteilt der Einkaufssachbearbeiter eine briefliche Bestellung.**

[1] engl.: zeitoptimierte Prozesse

a) Erklären Sie die Begriffe Geschäftsprozess, Prozessverantwortlicher und Prozessmanagement anhand dieses Falles.
b) Erstellen Sie ein ereignisgesteuertes Prozesskettendiagramm, das den Geschäftsprozess von der Freigabe der Bestellanforderung bis zum Versand des Bestellschreibens abbildet.
c) Begründen Sie die permanente Kontrolle eines Geschäftsprozesses.

4. Voraussetzung für funktionierende Geschäftsprozesse ist ein wirksames Geschäftsprozessmanagement. „Business Process Reengineering“ ist ein Konzept, das dem Management Grundlagen für die Beurteilung von Geschäftsprozessen liefert.
Erklären Sie den Begriff Business Process Reengineering und die Aufgaben dieses Konzeptes. Recherchieren Sie hierfür im Internet über bekannte Suchmaschinen.

5. Der Subprozess „Einstellung eines Auszubildenden“ unterscheidet sich von Ausbildungsbetrieb zu Ausbildungsbetrieb ein wenig.
Erstellen Sie ein entsprechendes ereignisgesteuertes Prozesskettendiagramm für Ihren Ausbildungsbetrieb. Anfangsereignis: Stellenanzeige in der Zeitung; Endereignis: Ausbildungsvertrag.

6. Geschäftsprozesse sind mit benachbarten Geschäftsprozessen verknüpft.
a) Welchen Sinn hat unter diesem Aspekt die Erstellung einer Geschäftsprozesslandschaft?
b) Erläutern Sie (1) die Prozesslandkarte auf Seite 63, (2) die folgende Prozesslandkarte, (3) die Zusammenhänge zwischen beiden Landkarten.

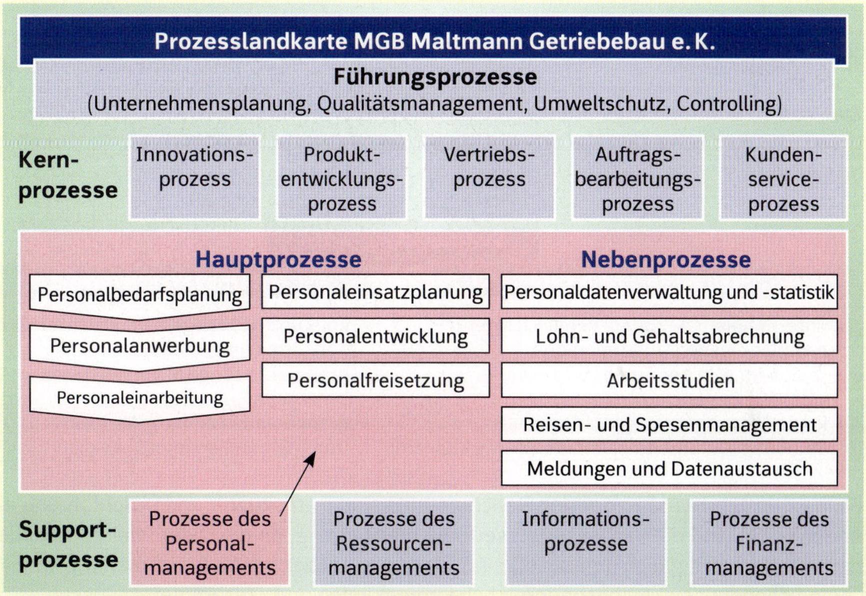

6.7 Benchmarking – eine Methode der Geschäftsprozessoptimierung

Bei MGB beschweren sich zunehmend Kunden, weil ihre Reklamationen nicht zügig bearbeitet werden. Die Controlling-Abteilung stellt fest: Die Bearbeitung dauert in der Tat bis zu 10 Wochen. Der errechnete Durchschnitt: 5 Wochen. Von diesem Ergebnis aufgeschreckt, gibt die Geschäftsleitung eine Benchmarking-Analyse für den Geschäftsprozess *Reklamationsbearbeitung* in Auftrag. Das Motto von Benchmarking ist: „Test the Best“. Damit ist gemeint: Vergleiche dich selbst mit dem besten Konkurrenten!

6.7.1 Begriff und Arten des Benchmarkings

Unternehmen, die im globalen Wettbewerb überleben wollen, müssen ständig besser werden. Bessere Geschäftsprozesse und Produkte sind gefragt. Wie aber kommt man zu diesem Ziel? Ein Weg, der heutzutage häufig gewählt wird, ist Benchmarking.

Benchmarking ist eine spezielle Form des Betriebsvergleichs, und zwar ein methodischer Vergleich mit Vergleichspartnern, die man anhand von Benchmarks als die Besten erkannt hat.

Verglichen werden Prozesse (Prozess-Benchmarking) oder Produkte (Produkt-Benchmarking).

Ein **Benchmark** ist ein Leistungswert, an dem andere gemessen werden können.

Beispiele: Benchmarks

- für die Produktqualität: die Reklamationsquote
- für den Prozess der Reklamationsbearbeitung: die Bearbeitungsdauer
- für die Qualität eines Bestückungsprozesses: die Ausschussrate[1]

Vier Wege, um besser zu werden

- **Benchmarking:** Siehe links!
- **Kaizen:** Ständiges Nachdenken über das Verbessern von Prozessen in kleinen Schritten, wozu alle Mitarbeiter aufgerufen sind
- **Total-Quality-Management:** Ein Führungssystem, das Kundenzufriedenheit durch höchste Qualität von Unternehmen, Produkten und Tätigkeiten anstrebt
- **Business-Process-Reengineering:** Radikale Neugestaltung von Geschäftsprozessen

„Genaueres hierzu erfahren Sie auf den S. 233 ff."

Ziel von Benchmarking: Unterschiede und ihre Ursachen finden, analysieren und Verbesserungen entwickeln; so Schwachstellen beseitigen!

Benchmarking-Arten

Internes Benchmarking	Externes Benchmarking
• **unternehmensbezogen:** Vergleich innerhalb des eigenen Unternehmens (z. B. Vergleich der Arbeitsprozesse von Abteilungen) • **konzernbezogen:** Vergleich zwischen Betrieben/Unternehmen innerhalb des Konzerns[2]	• **konkurrenzbezogen:** Vergleich mit direkten Konkurrenzunternehmen • **branchenbezogen:** Vergleich mit anderen Unternehmen aus der gleichen Branche[3] • **branchenunabhängig:** Vergleich mit Unternehmen anderer Branchen

Beim **unternehmensbezogenen** Benchmarking sind Datenzugriff und Durchführung einfach. Andererseits sind die Verbesserungserfolge meist gering, da die zusammengehörenden Einheiten tendenziell gleich organisiert sind. Das **konzernbezogene** Benchmarking kann erfolgversprechender sein, insbesondere nach Firmenkäufen und -zusammenschlüssen.
Für das **konkurrenzbezogene** Benchmarking ist es oft schwierig, Vergleichspartner zu finden: An Konkurrenten rückt man ungern Informationen heraus. Findet man Partner, kann man als Ergebnis höchstens mit ihnen gleichziehen. In der Zwischenzeit entwickelt sich der Konkurrent aber schon weiter. Die Grenzen zum **branchenbezogenen** Benchmarking sind fließend. Letzteres liefert oft gute Ergebnisse beim Prozessvergleich. **Branchenunabhängiges** Benchmarking birgt die größten Innovationspotenziale. Die Unternehmen sind eher zu einem offenen Informationsaustausch bereit. Immer ist es jedoch nötig, die Übertragungsmöglichkeiten gründlich herauszuarbeiten.

---

1 Ausschuss sind fehlerhafte Produkte, die nicht nachbearbeitet werden können.
2 Zusammenschluss rechtlich selbstständiger, aber wirtschaftlich unselbstständiger Unternehmen unter einheitlicher Leitung
3 Sammelbegriff für alle Unternehmen, die eine gleiche Gattung Leistungen herstellen

6.7.2 Prozess eines Benchmarking-Projekts[1]

Phase 1 – Zielsetzungsphase

- Informationsermittlung (Konkurrenzsituation, Prozessstärken und -schwächen, Finanzmittel für Benchmarking)
- Auswahl des Benchmarking-Objekts
- Projektorganisation (Arbeitsplan, Team ...)

Hohe Kosten! Darum ein Objekt auswählen, dessen Verbesserung möglichst gute Ergebnisse für das Unternehmen liefert!

Phase 2 – Interne Analyse

- Analyse des Benchmarking-Objekts
- Reduktion auf die leistungsbestimmenden Bestandteile
- Ausarbeitung der Messgrößen
- Definition der Vergleichskriterien (zur Auswahl geeigneter Partner)
- Erstellung eines Fragebogens zum Informationsaustausch

Phase 3 – Vergleich

- Auswahl geeigneter Benchmarking-Partner
- Kontaktaufnahme und Abstimmung mit den Partnern
- Durchführung des Vergleichs (Partnerbesuch, Abarbeiten des Fragenkatalogs, Erfragen von Hintergrundinformationen)
- Auswertung der gewonnenen Informationen

Phase 4 – Maßnahmen

- Entwicklung und Bewertung der Maßnahmen
- endgültiger Maßnahmenkatalog

Phase 5 – Umsetzung

- Umsetzungsplanung (Zeiten, Kosten, einzusetzende Mittel)
- Umsetzung (Beginn von Verbesserungsprojekten)
- Überprüfung der Zielerreichung und Projektabschluss

Beispiel: Branchenunabhängiges Benchmarking[2] in der Lebensmittel- und Elektronikbranche

Ausgangslage: Beim Bestückungsprozess eines Pralinenherstellers wurden Probleme festgestellt:

- zu hohe Rüstzeiten (Zeiten für das Umrüsten der Maschinen auf andere Produkte),
- zu hohe Ausschussraten durch Beschädigung der Pralinen,
- fehlerhafte Bestückung durch falsche Kommissionierung (Zusammenstellung),
- hoher Anteil manueller Nachbearbeitung

Zielsetzung: Verbesserung des Bestückungsprozesses

Vorgehen: Auswahl eines geeigneten Benchmarking-Partners durch klassifizierendes Benchmarking: Die vorhandenen Unternehmensmerkmale in der Unternehmensdatenbank des Deutschen Benchmarking-Zentrums ermöglichten die Auswahl geeigneter Benchmarking-Partner. Auf der Basis dieser Daten wurde untersucht, ob die Prozesse in den ausgewählten Unternehmen ähnlich und besser als die eigenen waren. Dazu bildete man Geschäftsprozessprofile anhand klassifizierender Merkmale. So stellte man übereinstimmende Merkmale mit der Bestückung von Leiterplatten in der Elektronikindustrie fest:

Pralinenhersteller		Leiterplattenhersteller
kleine, empfindliche Teile	↔	kleine, empfindliche Teile
Hygienebestimmungen	↔	Reinheitsbestimmungen
automatische Bestückung	↔	automatische Bestückung
große Stückzahlen	↔	große Stückzahlen

Die ähnlichen Prozesse wurden anhand der Benchmarking-Zielsetzung, Kennzahlen und anderen Informationen verglichen und bewertet. Ergebnis: eine Rangliste bewerteter Geschäftsprozesse mit ihren entscheidenden Größen.

So wurden in der Elektronikbranche Lösungen für den Pralinenhersteller gefunden und übertragen.

---

[1] Projekt = umfangreiches Vorhaben zur Lösung eines neuartigen, komplexen Problems. Hat im Gegensatz zum Prozess immer mit einem einmaligen Fall zu tun (z. B. Entwicklung eines Produkts). Das Vorgehen kann jedoch bei unterschiedlichen Projekten ähnlich sein und sich als Geschäftsprozess darstellen lassen (z. B. Produktentwicklungsprozess). Eine Kurzdarstellung des Projektmanagements finden Sie im Anschluss an dieses Kapitel.

[2] Vgl. Gunnar Siebert/Stefan Kempf: Benchmarking. Leitfaden für die Praxis, Hanser Verlag, München 1998, S. 99 f.

Umgesetzte Maßnahmen:

- Feste Rüstung für ein bestimmtes Produktionsprogramm
  Resultate: Vermeidung von Bestückungsfehlern aufgrund falscher Kommissionierung; starke Senkung der Rüstzeiten für das Produktionsprogramm
- Anwendung von Software-Programmen der Wegeoptimierung
  Resultat: Verbesserung der Bestückungszeiten
- Einführung eines neuen Handhabungsverfahrens
  Resultat: Keine Beschädigung der Produkte

Arbeitsaufträge

1. **Unternehmen stehen ständig unter Druck, sich verbessern zu müssen. Moderne Instrumente hierfür sind z. B. Benchmarking, Kaizen, Total Quality Management und Business Process Reengineering.**
   a) Informieren Sie sich genauer über die vier Instrumente.
   b) Beschreiben Sie die Instrumente (Ziele, Anwendungsgebiete, Vorgehensweise).

2. **Im Einführungsbeispiel auf Seite 65 beabsichtigt die Geschäftsleitung, eine Benchmarking-Analyse durchzuführen.**
   a) Handelt es sich hier um Produkt-Benchmarking oder Prozess-Benchmarking?
   b) Die Geschäftsleitung muss entscheiden, ob ein internes oder externes Benchmarking durchgeführt werden soll. Erstellen Sie einen Vorschlag an die Geschäftsleitung. Berücksichtigen Sie u. a. dabei die anfallenden Kosten.
   c) Formulieren Sie Ziele für das Projekt.
   d) Erstellen Sie einen Ablaufplan für das Projekt.
   e) Welche Teilphasen dieses Projekts werden im eigenen Betrieb ausgeführt?
   f) Ist es sinnvoll, in der Zielsetzungsphase nach einem Benchmarking-Partner zu suchen?

7 Projektmanagement (Kurzüberblick[1])

Benchmarking wird typischerweise als Projekt durchgeführt.

Ein Projekt ist ein umfangreiches Vorhaben zur Lösung eines neuartigen und komplexen Problems. Das Vorhaben ist stets sachlich und zeitlich begrenzt. Aufgrund seines Umfangs wird es i. d. R. durch ein funktionsübergreifendes Projektteam gelöst. Aufgabe des Projektmanagements ist die Vorbereitung, Planung, Steuerung, Überwachung und Dokumentation des Projekts.

Beispiele: Projekte

Entwicklung eines neuen Produkts; Suche und Wahl eines Standorts; Neugestaltung eines Geschäftsprozesses; Wahl einer neuen Rechtsform; Bau eines Auslieferungslagers; ...

Projekte sind wichtige Elemente der betrieblichen Planung. Oft werden sie aus Unternehmensstrategien abgeleitet und dienen ihrer konkreten Umsetzung.

Beispiel: Umsetzung einer Strategie

Strategisches Ziel: Erreichen eines Marktanteils von 40 % auf dem osteuropäischen Markt
Strategie: Aufbau von Produktionsstandorten in Osteuropa
Projekt: Suche und Wahl eines Standorts

Projekte werden üblicherweise in folgenden Phasen abgewickelt:

[1] Eine ausführliche Darstellung des Themas anhand eines konkreten Falles (Standortsuche) finden Sie in *Management im Industriebetrieb, Band 2, Wirtschafts- und Sozialprozesse*.

ERSTER ABSCHNITT

Projektphasen

Vorstudie → Projektdefinition → Projektplanung → Projektdurchführung und -steuerung → Projektabschluss

Vorstudie (bei größeren Projekten)

- **Prüfung der Machbarkeit** (Projektziel möglich? Know-how und Finanzmittel vorhanden?)
- **Prüfung der Wirtschaftlichkeit** (Nutzen > Aufwand?)
- **Risikoeinschätzung** (Folgen des Scheiterns tragbar?)
  Ergebnis: Bewilligung oder Ablehnung des Projekts

Projektdefinition

- **Istanalyse:** aktuelle Situation; bestehende Schwachstellen
- **Erstellung Anforderungskatalog:** Auflistung aller Ansprüche des Auftraggebers
- **Zielformulierung:** Sachziel (Ergebnis des Projekts); Terminziel (einzuhaltender Termin); Budgetziel (einzuhaltende Kostensumme); Teilziele
- **Erstellung des Projektauftrags** (Inhalt: Projektbezeichnung; Auftraggeber; Auftragnehmer; Poblemstellung; Projektziele [mit Anforderungskatalog; Präzisierung in einem sog. Lastenheft]; Termine, Meilensteine; Budget; Projektteam; Unterschriften)

*Ein Teilziel mit Termin heißt **Meilenstein**. Meilensteine kennzeichnen den Abschluss einer Projektphase.*

Projektplanung

- **Strukturplan:** Bildung von Aktivitäten; Zusammenfassung zu „Arbeitspaketen"; gegliederte Zusammenstellung der Arbeitspakete
- **Ablauf- und Terminplan:** zeitliche Ordnung der Arbeitspakete; Start- und Endtermine von Projektphasen, Arbeitspaketen, Meilensteinen
- **Kapazitätsplan:** verfügbare(s) Personal, Sachmittel, Räume
- **Kostenplan:** gegliederte Kostenaufstellung

Projektdurchführung und -steuerung (durch Projektleiter)

- **Initiierung von Aktivitäten:** Zuordnung der Arbeitspakete; Koordination; Entscheidungen
- **Verlaufskontrolle:** Projektstatus; Leistungsfortschritt; Termineinhaltung; Kosten
- **Steuerung der Projektentwicklung:** Abweichungskontrolle, Korrekturen

Projektabschluss

- **Abschlusspräsentation** für und **Abnahme** durch den Auftraggeber
- **Erfahrungssicherung:** Projektauswertung; Nachkalkulation; Abweichungsanalyse; Speicherung in Wissens-Datenbank
- **Projektauflösung:** Abschlussbesprechung und -bericht; Teamauflösung

Eine Projektdokumentation begleitet alle Phasen. Sie erfasst die Projektdokumente.

Arbeitsauftrag

Ihre Klasse plant einen Wandertag an der Ahr zum Innovationspark Rheinland. Folgende Elemente des Projekts sollen in einem Projekthandbuch dokumentiert werden.

a) Definieren Sie das Projektziel. Formulieren Sie die Anforderungen in einem Lastenheft.
b) Erstellen Sie eine Projektplanung mit Struktur-, Ablauf- und Terminplan.
   Beachten Sie zwei Planungsaspekte: den Wandertag selbst (Hin-, Rückfahrt, Wanderweg, Einkehr und Platzreservierung) sowie Vorbereitung und nachträgliche Auswertung (Zeitplanung für den organisatorischen Vorlauf, Überprüfung der Zielerreichung, Abweichungsanalyse).
c) Legen Sie einen oder mehrere Meilensteine fest.
d) Ordnen Sie in einem Kapazitätsplan den Arbeitspaketen Personen und Sachmittel zu.
e) Erstellen Sie einen Kostenplan für das Projekt.

8 Management von Querschnittsaufgaben

Die Papierfabrik Strepp GmbH fertigt und vertreibt Papier für Windeln. Zur Verbesserung der Wettbewerbsposition will die Geschäftsführung die Umsetzung des Umweltschutzgedankens im Betrieb fördern. Dazu gehören: Ersatz des Rohstoffs Holz durch Altpapier; Einsatz umweltfreundlicher Fertigungsverfahren; Durchführung von Marketingkampagnen; Verankerung des Umweltschutzes in der Betriebsorganisation durch Einstellung eines Umweltmanagers. Letzterer soll den Umweltschutz in allen Unternehmensbereichen verantwortlich durchsetzen.

Das Umweltmanagement gehört zu den typischen Querschnittsaufgaben. Das sind Aufgaben, deren Inhalt und Umfang sich über alle Funktionen im Wertschöpfungsprozess (Beschaffung, Fertigung, Absatz) erstrecken und in sie hineinwirken.

Wichtige Querschnittsaufgaben sind Personal-, Finanz-, Produkt-, Qualitäts- und Umweltmanagement, Logistik, Rechnungswesen und Controlling.

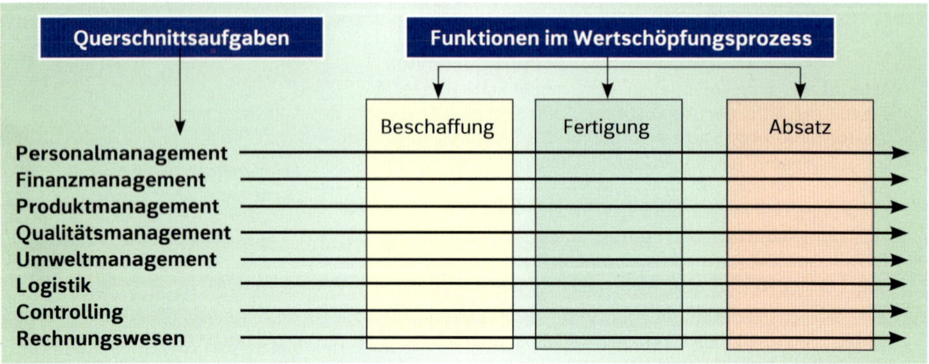

Personal- und Finanzmanagement werden in diesem Buch in eigenen Abschnitten behandelt. Grundlegendes zu Logistik und Controlling wurde schon gesagt. Es wird in den folgenden Buchabschnitten vertieft. Das Rechnungswesen ist Gegenstand von Band 3.

8.1 Produktmanagement

Die Musikproduktionsfirma Sony stellt neben anderen Produkten der Unterhaltungsindustrie Musik-CDs her. Das bedeutet: komponieren, texten, im Studio aufnehmen, in CD-Werken pressen, promoten und verkaufen. Und das jedes Jahr für mehrere Tausend CDs und Hunderte deutsche und ausländische Künstler. Wer kümmert sich in diesem Wirrwarr speziell um die CD „Tribute to Rock 'n' Roll" von Johnny B? Wer koordiniert alle Prozesse von der Produktidee bis zur Auslieferung?

In großen Industriebetrieben werden viele verschiedene Produkte nebeneinander produziert. Jede Abteilung ist mit der Gesamtheit der durchlaufenden Objekte befasst und außerdem auf ihre speziellen Verrichtungen konzentriert: Der Einkauf versucht z. B. die Beschaffungskosten für alle Rohstoffe zu minimieren; die Fertigung strebt möglichst kurze Durchlaufzeiten für alle Erzeugnisse an; der Verkauf will den Gesamtumsatz maximieren. So läuft man Gefahr, dass die Belange des einzelnen Produkts, seine Eigentümlichkeiten bei Beschaffung, Fertigung und Absatz nicht optimal berücksichtigt werden. Viele Betriebe versuchen, dieses Dilemma durch den Einsatz von Produktmanagern zu lösen. Sie sind für die Belange eines einzelnen Produkts zuständig.

Der Produktmanager koordiniert alle Prozesse, die sein Produkt durchläuft. Seine Tätigkeit ist weit gespannt: Sie beginnt gegebenenfalls schon bei der Produktidee und endet erst mit der Entsorgung des Produkts.

Die folgende Aufstellung gibt einen Überblick über Prozesse, bei denen der Produktmanager für sein Produkt tätig werden kann:

- Marktforschung (z. B.: Was wünscht sich der Absatzmarkt?)
- Produktfindung (z. B.: Wie lautet die Produktidee?)
- Kostenplanung (z. B.: Wie teuer darf das Produkt sein?)
- Produktentwicklung und Design (z. B.: Wie soll das neue Produkt aussehen?)
- Werkstoffauswahl (z. B.: Welche Rohstoffe sollen verwendet werden?)

- Fertigungstechnik (z. B.: Welche Fertigungsverfahren sollen angewendet werden?)
- Qualitätssicherung (z. B.: Werden die festgelegten Qualitätsanforderungen erfüllt?)
- Technische Dokumentation (z. B.: Ist die Gebrauchsanweisung verständlich?)
- Werbung (z. B.: Welche Werbemedien sind für das Produkt geeignet?)
- Vertrieb (z. B.: Welcher Absatzweg ist geeignet?)
- Verkaufspsychologie (z. B.: Welcher Preis wird vom Kunden akzeptiert?)
- Service (z. B.: Soll das Produkt beim Kunden installiert werden?)
- Ersatzteilversorgung (z. B.: Wie lange sollen Ersatzteile bereitgehalten werden?)
- Entsorgung und Recycling (z. B.: Ist eine Rücknahmegarantie sinnvoll?)

Diese Aufzählung ist nicht vollständig! Je nach Betrieb und Produkt kann die Tätigkeit des Produktmanagers mehr oder weniger umfangreich sein. Sie kann gegebenenfalls auch mehrere Produkte oder eine Produktgruppe umfassen.

ERSTER ABSCHNITT

8.2 Qualitätsmanagement (QM)

Bei einer Ausbildungsmaßnahme von MGB Maltmann Getriebebau e. K. wurde die Frage gestellt: **Sind 99 % Qualität viel?** Die spontane Antwort: 99 % Qualität sind ein hoher Qualitätsstandard. Umso mehr überraschte die folgende Aufstellung: **99 % Qualität heißt:**

- 4 Tage im Jahr keine Zeitung
- $^1/_4$ Stunde am Tag kein Strom
- 7 Stunden im Monat kein Wasser
- Jedes hundertste Baby im Krankenhaus wird fallen gelassen

Früher verstand man unter Qualität die Funktionstüchtigkeit der Produkte. Mit dem Wandel von Verkäufermärkten zu Käufermärkten änderte sich auch der Qualitätsbegriff. Das Deutsche Institut für Normung definiert Qualität in der Norm DIN EN ISO 9000:2015-11 wie folgt:

Qualität ist „der Grad, in dem ein Satz inhärenter (= innewohnender und objektiv messbarer) Merkmale eines Objekts Anforderungen erfüllt."
Kurz gesagt: Qualität liegt vor, wenn Anforderungen und Leistungen übereinstimmen.

- **Qualität wird heute kundenorientiert verstanden:**
  Leistungen haben die richtige Qualität, wenn sie genau die vom Kunden gewünschten Eigenschaften aufweisen und in höchstem Maße gebrauchstauglich sind.
- **Qualität wird auch umfassend verstanden:**
  Der Kunde verlangt außer Produktqualität auch Terminqualität, Beratungsqualität, Servicequalität sowie Unternehmensqualität (Fairness, Zuverlässigkeit, Kompetenz, ...).

Qualität

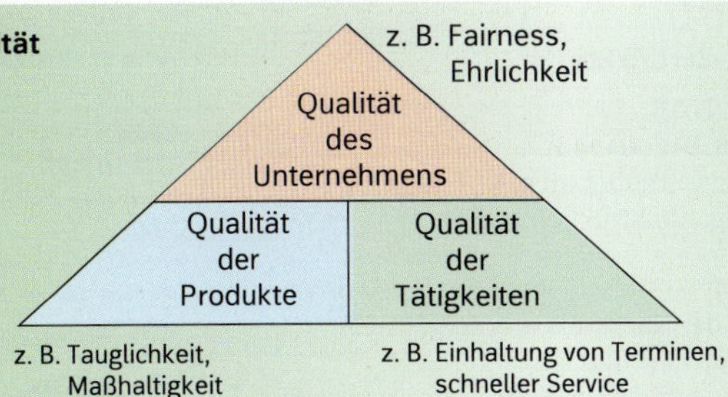

Die Leistungen haben die richtige Qualität, wenn sie die Ansprüche, Bedürfnisse und Erwartungen der Kunden erfüllen.

Beispiel: Umfassende Qualität

Jede Stelle, jede Abteilung im Betrieb nimmt direkt oder indirekt Einfluss auf die Kundenzufriedenheit. So beeinflusst ein Call-Center die Kundenzufriedenheit durch geschickte Informationsaufnahme und -weitergabe ebenso wie die Geschäftsleitung durch entsprechende qualitätsorientierte Unternehmensstrategien.

- **Qualität verlangt ständiges Bemühen um Verbesserung:**
  Heute besser sein als gestern, morgen besser als heute!

Qualität in diesem Sinn ist Aufgabe der Unternehmensführung. Sie erfordert ein **Qualitätsmanagement**, das in die Unternehmensstrategien eingebunden werden muss.

Ein gutes Qualitätsmanagement leistet vor allem:

- Formulierung einer Qualitätspolitik (Absichten und Verpflichtung zur Qualität)
- Vorgabe von Qualitätszielen
- Einrichtung und Erhaltung des Systems der Qualitätssicherung
- Bereitstellen von Arbeitsmitteln zur Qualitätssicherung
- Festlegung der Verantwortlichkeiten
- Einbezug der wichtigsten Partner des Betriebes (Lieferant, Mitarbeiter und Kunde)
- den systematischen Umgang mit Chancen, Risiken, Wissen (Risiko-, Wissensmanagement)
- Gesamtdokumentation in einem webbasierten Managementhandbuch

Die Normenreihe DIN EN ISO[1] 9000 dokumentiert Grundsätze für QM-Maßnahmen:

- **ISO 9000:** Erläuterung von Grundlagen und Definition der QM-Begriffe.
- **ISO 9001:** Mindestanforderungen an ein QM-System. Dazu gehört vor allem, dass die Qualität bei allen Prozessen ständig mitlaufend überprüft wird und Abweichungen sofort erkannt werden. Auf diese Weise ist eine Endkontrolle ggf. nicht mehr nötig. ISO 9001 ist auch die Grundlage für die Erteilung von Zertifikaten.
- **ISO 9004:** Leitfaden mit Empfehlungen zur Verbesserung von QM-Systemen in Richtung auf ein Total Quality Management (TQM). Siehe hierzu S. 236 ff.

Norm = technische Beschreibung, die jedermann zugänglich und mit Wissenschaft, Technik und Praxis abgestimmt ist. In Deutschland vom Deutschen Institut für Normung (DIN) herausgegeben (Europa: Comité Européen de Normalisation; international: International Organization for Standardization).

Die Unternehmen können die Einrichtung eines Qualitätsmanagements nach ISO 9001 durch ein **Qualitätsaudit** prüfen lassen und ein **Qualitätszertifikat** erwerben. Der Andrang ist groß, denn mehr und mehr Kunden fordern von ihren Lieferern den Qualitätsnachweis. Außerdem verspricht man sich von dem Zertifikat:

- Werbewirkung und Wettbewerbsvorteile,
- Verbesserung der Produktivität,
- Absicherung gegen Haftungsrisiken.

Das Qualitätsaudit

- ist eine systematische Prüfung durch einen amtlich zugelassenen neutralen Auditor (z. B. vom TÜV);
- bewertet das Qualitätsmanagement auf seine Wirksamkeit und Wirtschaftlichkeit;
- wird durchgeführt in Form von
  - Beobachtung der Umsetzung des QM-Systems vor Ort,
  - Interviews mit den Prozessverantwortlichen.

Beispiel: Bestandteile eines QM-Zertifikats

Prüfungsnorm: DIN EN ISO 9001: 2015
Zertifikat-Registriernummer: z. B. 012004543
Zertifikatsinhaber: z. B. Maltmann Getriebebau e. K., Essen
Geltungsbereich: z. B. Entwicklung, Konstruktion und Fertigung von Getrieben
Audit-Berichtsnummer: z. B. 4564
Text: z. B.: Durch das Audit wurde der Nachweis erbracht, dass die Forderung der ISO 9001: 2015 erfüllt ist.
Fälligkeitsdatum für Folgeaudits: z. B. 16.05.2019
Gültigkeit des Audits: z. B. 17.05.2016 bis 16.05.2019

Das Zertifikat berechtigt das Unternehmen, zu Werbezwecken ein **Qualitätslogo** auf seinen Geschäftsbriefen anzubringen.

Mehr zu *Qualitätssicherung* und *Qualitätsmanagement* siehe S. 204 f. und 236 ff.

[1] DIN EN ISO = deutsche Norm (DIN), in die eine europäische (EN) und eine internationale Norm (ISO) übernommen wurde.

Arbeitsaufträge

1. **Aus einer Stellenanzeige:**

> **Wir suchen mehrere Produktmanager** als Moderatoren an den Schnittstellen zwischen den einzelnen Abteilungen des Unternehmens und dem durch Kundenanforderungen, Entwicklungstrends und Zukunftsperspektiven bestimmten hoch innovativen Markt. Sie sind dafür verantwortlich, dass in ihrem Produktbereich zum richtigen Zeitpunkt die richtigen Produkte entwickelt werden.
> Ihre Erfahrungen liegen in einem der nachfolgenden Bereiche:
> **Steuergeräte-Entwicklung** einschließlich der zugehörigen Prozesse und Technologien,
> **Hardware** (Messtechnik, analog und digitale Signalverarbeitung),
> **Software** (PC-basierte Programme für Mess- und Versuchstechnik und digitale Signalverarbeitung).

Herr Schneidewind bewirbt sich als Produktmanager für Software. Nennen Sie wichtige Prozesse, für die er zukünftig zuständig sein wird.

2. **Das Qualitätsmanagement wird heute als eine grundlegende Führungsaufgabe jedes Unternehmens gesehen. Es ist durch folgende Merkmale gekennzeichnet:**
Qualitätspolitik – Qualitätsziele – Qualitätssicherung – Qualitätspartnerschaft – organisatorische Eingliederung – Qualitätsmanagementhandbuch.
a) Erklären Sie diese Merkmale.
b) In aller Regel enthält bereits das Leitbild eines Unternehmens Aussagen über die Qualitätspolitik. Welche diesbezüglichen Aussagen macht das Leitbild Ihres Ausbildungsbetriebes?
c) Erläutern Sie Zusammenhänge zwischen „Kundenzufriedenheit", „kontinuierlichem Qualitätsverbesserungsprozess" und Qualitätspolitik.
d) Das Qualitätsmanagement sollte in der Organisation verankert sein. Machen Sie hierzu zwei Vorschläge.

3. **Das Qualitätsmanagement der Firma ABZO Chemie AG dokumentiert das gesamte Qualitätswesen des Unternehmens.**
Welche der folgenden Themenbereiche gehören in das Handbuch, welche nicht?
Messung, Analyse und Verbesserung – Lohnpolitik – Produkt- und Dienstleistungsrealisierung – Einkaufsprozess – Qualitätspolitik – Überblick über die Geschäftsprozesse – Organisation und Verantwortung – Geschäftsprozessmanagementsystem – Finanzplan – Qualitätsmanagementsystem – Verantwortung der Leitung – Management von Ressourcen – Umfeld des Unternehmens.

Zusätzlich noch drei Arbeitsaufträge zur Logistik:

4. **Die Logistik gewinnt in den Unternehmen immer mehr an Bedeutung. Um diesen Trend erfolgreich fortzusetzen, sollten nach Meinung vieler Experten folgende Strategien eingesetzt werden:**
- **Prozessorientierung in der Wertschöpfungskette,**
- **Fusionen sowie Kooperation in Netzwerken,**
- **Einsatz spezieller Logistikdienstleister (z. B. Spediteure).**

a) Versuchen Sie genauer zu erläutern, was mit diesen Strategien gemeint ist.
b) Nehmen Sie zu der Expertenmeinung kritisch Stellung.

5. **Die betriebliche Logistik befasst sich mit Transport-, Lager- und Informationsvorgängen. Diese Vorgänge verursachen Kosten von zum Teil beträchtlicher Höhe.**
a) Nennen Sie die wesentlichen in der Wertschöpfungskette anfallenden Transport-, Lager- und Informationsvorgänge.
b) Welche Kosten fallen bei diesen Vorgängen an?
c) Nennen Sie das Oberziel der Logistik. Leiten Sie daraus Unterziele ab. Ein Teil dieser Unterziele soll auf die von Ihnen genannten Kosten Bezug nehmen.

6. **„Ein Unternehmen soll sich auf seine Kernkompetenzen konzentrieren!" Diese Forderung gibt die heute in Fachkreisen vorherrschende Meinung wieder. Eine Konsequenz ist, dass viele Unternehmen Prozesse, die nicht Kernprozesse sind, ausgliedern und von anderen Unternehmen ausführen lassen. Im Fachjargon der Logistik spricht man von „Outsourcing".**
a) Welche Vorteile könnte man sich von Outsourcing versprechen?
b) Zum Logistikbereich eines Unternehmens gehört auch der Fahrdienst für das Management. Er muss ständig verfügbar sein – eine teure Angelegenheit! Wie lassen sich hier durch Outsourcing die Kosten senken?

8.3 Umweltmanagement

8.3.1 Umweltkosten als externe Kosten

Industrieunternehmen verursachen viele Umweltbelastungen in allen Phasen von Produktion und Konsum:

- bei der **Rohstoffgewinnung** (z. B. Abbau nicht erneuerbarer Rohstoffe; Absenkung des Grundwasserspiegels durch Braunkohletagebau; Meeresverschmutzung durch Rohölgewinnung aus dem Meer);
- beim **Transport** (Luftverschmutzung; Energieverbrauch; Aufheizung der Atmosphäre);
- bei der **Produktion** (z. B. Schadstoffausstoß, Produktionsabfälle)
- bei der **Lagerung** (z. B. Wassergefährdung durch gefährliche Stoffe),
- beim **Güterkonsum** (z. B. Abfälle; Freisetzung gesundheitsgefährdender Stoffe wie Formaldehyd, Lösungsmittel),
- bei der **Entsorgung** (z. B. Luftverschmutzung durch Müllverbrennung)

Das Umweltverhalten der Unternehmen ist weitgehend durch Kostenaspekte bestimmt:

Kosten unter Umweltgesichtspunkten

Interne Kosten

Die meisten nachgefragten Güter sind nicht unbegrenzt vorhanden (sog. „knappe“ Güter). Wer sie abgibt, kann deshalb einen bestimmten Preis verlangen. Dies gilt auch für die Leistungsfaktoren Arbeitskräfte, Betriebsmittel und Material. Das Unternehmen muss sie kaufen und die Kosten für ihre Nutzung tragen. Kosten, die das Unternehmen tragen muss, heißen interne Kosten. Das Unternehmen erfasst sie möglichst genau und ist bestrebt, sie zu minimieren.

Externe Kosten

Einige wenige Güter – man denke an die Umweltgüter Luft, Grundwasser, Meer, fließende Gewässer – sind nicht teilbar. Sie sind „freie Güter“: Jeder kann sie nutzen, ohne einen Preis zu zahlen. Die Unternehmen nutzen sie durch Einleitung von Schadstoffen als Lagerraum für ihre Abfälle. Die Schadstoffe zerfressen Material, vergiften Lebewesen, Wasser und Luft. Die Kosten für Schadensbegrenzung und -beseitigung tragen die Geschädigten oder die Gesellschaft (Staat). Für die verursachenden Unternehmen sind dies externe Kosten.

Im Wettbewerb kann es sich kein Unternehmen leisten, seinen Gewinn zu gefährden. Es wird deshalb freiwillig keine externen Kosten zur Vermeidung von Umweltbelastungen auf sich nehmen. So entstehen Umweltkonflikte.

Unternehmerische Umweltkonflikte entstehen, wenn ein umweltbewusstes Verhalten zu Nachteilen für das Unternehmen führt.

Die Unternehmen sind mit einer umweltdienlichen Konfliktlösung überfordert. Deshalb muss der Staat als Gesetzgeber eingreifen.

8.3.2 Staatliche Maßnahmen

Die staatliche Umweltpolitik verfolgt wichtige Umweltschutzziele:

- **Vorsorgeprinzip:** Vorbeugendes Verhalten soll Umweltschäden von vornherein verhindern. ← z. B. vorbeugender Gewässerschutz durch betriebliche Kläranlagen

- **Verursacherprinzip:** Verursacher von Umweltbelastungen sollen möglichst die Kosten für die Schadensbeseitigung tragen.

  z. B. Abwassergebühren bei Einleitung von Abwässern

- **Nachhaltige Entwicklung (sustainable development):**
  - Erneuerbare Rohstoffe (z. B. Holz) sollen nur so stark abgebaut werden, wie sie nachwachsen.
  - Nicht erneuerbare Rohstoffe (z. B. Rohöl, Erze) sollen schonend abgebaut werden, sodass für künftige Generationen kein Mangel entsteht.
- **Kreislaufwirtschaft:** konsequentes Recycling von Materialrückständen, ausgedienten Produkten und Verpackungen soll einen Rohstoffkreislauf bewirken.

  Recyclingformen: **Wiederverwendung** (Upcycling, Mehrfachverwendung; z. B. Pfandflasche), **Weiterverwendung** (Downcycling, Andersverwendung; z. B. Marmeladenglas als Trinkglas); **Wiedergewinnung** (Aufbereitung; z. B. Kupfer aus Spulen); **Weiterverwertung** (für andere Zwecke; z. B. Karton aus Altpapier)

- **Umweltfreundliche Produkte** sollen bei Transport, Lagerung, Ge- und Verbrauch und Entsorgung Umweltschäden minimieren.

  z. B. chlorfrei gebleichtes Papier

- **Umweltfreundliche Produktionstechniken, Entsorgung, Dienstleistungsgestaltung** sollen die Umwelt entlasten.

  z. B. niedriger Energieverbrauch, Brauchwasserrückführung, Sonderabfallentsorgung, Schienen- statt Straßentransport

Eine Fülle von Maßnahmen soll diese Ziele durchsetzen:

Staatliche Umweltmaßnahmen

Appelle, Verhandlungen

Appelle zu umweltbewusstem Verhalten sollen die öffentliche Meinung beeinflussen. Verhandlungen mit Unternehmen und ihren Verbänden sollen zu freiwilligen Selbstverpflichtungen führen.

Subventionen

Unternehmen erhalten Subventionen (Staatshilfen) für Maßnahmen, die die Umweltlage verbessern und Belastungsfaktoren verringern.

Genehmigungen

Neue Produktionsanlagen benötigen vor der Erteilung der Betriebsgenehmigung eine **Umweltverträglichkeitsprüfung** (Gesetz über die Umweltverträglichkeitsprüfung dient der Durchsetzung des Vorsorgeprinzips). Sie soll die Einhaltung aller Rechtsvorschriften sicherstellen. Unterlagen über erwartete Umweltbelastungen und geplante Umweltschutzmaßnahmen sind einzureichen. Die Öffentlichkeit wird informiert. Interessenvertreter können versuchen, die Genehmigung zu verhindern. Andererseits können sachliche Argumente zu Verbesserungen führen.

Nach erteilter Genehmigung ist die Einhaltung aller Auflagen sicherzustellen. Widrigenfalls droht der Entzug der Genehmigung. Dies kann die Existenz des Unternehmens gefährden.

Steuern und Abgaben

Die Verursacher hoher Umweltbelastungen sollen durch Steuern (Öko-, Energiesteuern) und Abgaben zu einer Verringerung der Belastungen veranlasst werden.

Rechtsvorschriften

Umweltverwaltungsrecht: Vorschriften, die zwingend ein umweltfreundliches Verhalten vorschreiben. Sie betreffen die Bereiche Naturschutz und Landschaftspflege, Immissionsschutz (Luftreinhaltung, Lärmbekämpfung), Abfallvermeidung, -recycling und -entsorgung, Gewässerschutz, Energieeinsparung, Strahlenschutz, Schutz vor gefährlichen Stoffen, Gentechnik.

Beispiele: Umweltverwaltungsrecht

- **Bundesnaturschutzgesetz:** Schutz von Artenvielfalt und natürlichen Lebensräumen

- **Bundes-Bodenschutzgesetz:** Nachhaltige Sicherung und Wiederherstellung der Bodenfunktionen (ggf. durch Sanierung)
- **Immissionsschutzgesetze von Bund und Ländern; Technische Anleitung zur Reinhaltung der Luft:** Schutz von Personen und ihrer Grundstücke vor rechtswidrigen Einwirkungen durch Luftverunreinigung, Geräusche und Erschütterungen
- **Schallschutz-Verordnung; Fluglärm-Schutzgesetz; Technische Anleitungsverordnung Lärm:** Maßnahmen zur Verhinderung und Verminderung von Lärmemissionen; Grenzwerte
- **Abwasserabgabengesetz; Wasserhaushaltsgesetz:** Bestimmung der Schädlichkeit der Restverschmutzung von Wasser. Benutzung und Schutz der oberirdischen Gewässer, des Grundwassers und der Küstengewässer.
- **Kreislaufwirtschafts- und Abfallgesetz:** Bestimmungen zur Minderung und Beseitigung von Abfällen. Abfälle sind in erster Linie zu vermeiden; nicht vermeidbare Abfälle sind vorrangig zu recyceln; nur Restabfälle sind ordnungsgemäß zu entsorgen.
- **Verpackungsgesetz:** Verpflichtung des Herstellers/Vertreibers zur kostenlosen Rücknahme von Verpackungen; Festlegung und Erzielung hoher Recyclingquoten
- **Waschmittelgesetz; Benzinbleigesetz:** Zulässige Zusammensetzung und Anwendung der Waschmittel. Höchstzulässiger Gehalt an Bleiverbindungen und anderen Metallen in Benzin und Diesel.

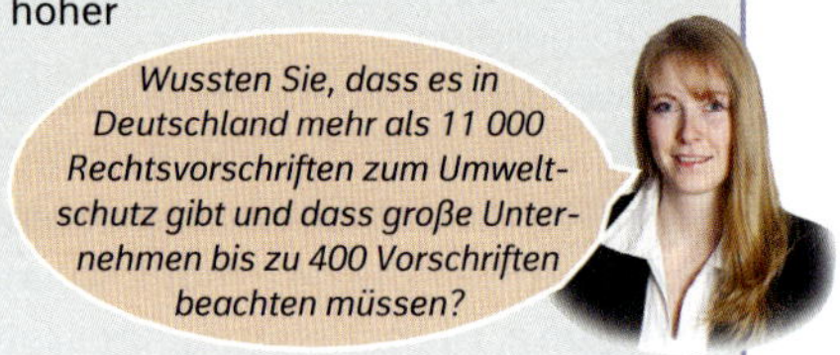

Umweltprivatrecht: Haftungsregelungen
- **für Personen- und Sachschäden**
  - Jedes Unternehmen haftet dem Geschädigten laut **§ 823 BGB** für nachweislich verschuldete Schäden (sog. Verschuldenshaftung) und muss Schadensersatz leisten. Nachteil: Oft gelingt dem Geschädigten nicht der Beweis von Schadensursache und Verschulden.
  - Bei Verstößen gegen das **Wasserhaushaltsgesetz** muss der Geschädigte nur die Ursache beweisen, nicht das Verschulden (sog. Gefährdungshaftung).
  - Für bestimmte im **Umwelthaftungsgesetz** genannte Anlagen wird die Beweislast sogar umgekehrt: Es wird gesetzlich vermutet, dass eingetretene Schäden durch die Anlagen entstanden sind. Der Betreiber müsste vorschriftsmäßigen Betrieb und Kontrolle beweisen. Beweist der Geschädigte, dass der Schaden trotz ordnungsgemäßem Betrieb entstand, haftet der Betreiber auch ohne Verschulden.
- **für Umweltschäden selbst**
  Unternehmen und Selbstständige haften laut **Umweltschadensgesetz** für eine verschuldete Schädigung von Arten und natürlichen Lebensräumen. Für 13 potenziell gefährliche Tätigkeiten (z. B. Gefahrguttransport, Herstellung gefährlicher Stoffe) haften sie ohne Verschulden. Sie haften zusätzlich für die Schädigung von Gewässern und Boden. Der ursprüngliche Zustand ist wiederherzustellen. Der Verursacher muss die Kosten dafür tragen. Das Gesetz ist anzuwenden, wenn nicht schon andere Gesetze greifen und eine strengere Haftung vorsehen.

Umweltstrafrecht: Strafen für Umweltdelikte.
Verstöße gegen Umweltvorschriften werden als **Ordnungswidrigkeiten** mit Geldbuße geahndet, „**Straftaten** gegen die Umwelt" mit höheren Geldstrafen und Freiheitsstrafen (§§ 324–330d StGB). Strafbar ist schon Handeln oder Unterlassen, das zu Umweltschäden führen kann (Gefährdungsdelikte). Treten tatsächlich Schäden ein (Erfolgsdelikte), ist die Strafe höher. Vor allem die Geschäftsführer tragen das strafrechtliche Risiko. Sie müssen den Betrieb so organisieren, dass Schäden nicht entstehen können (Mitarbeiterauswahl, Arbeitsanweisungen, Kontrollen, Nichtduldung von Schwachstellen, ...). Solche Maßnahmen sind Teile eines umfassenden **Risiko-Managements**.

Arbeitsaufträge

1. **Ökologie beginnt z. B. am Arbeitsplatz ...**
   a) Überprüfen Sie Ihren persönlichen Arbeitsplatz auf umweltverträgliche Arbeitsmittel.
   b) Überlegen Sie, ob ökologisch ratsame Änderungen zu Konflikten mit der Ökonomie führen können.

2. **Von Ihrem Abteilungsleiter hören Sie folgende Aussagen:**
   a) Umweltverträgliche Güter sind oft teurer. Als Rohstoffe erhöhen sie die Kosten des Unternehmens, als Fertigprodukte erbringen sie unbefriedigenden Umsatz.

b) Umweltverträgliche Güter genügen oft den Qualitätsansprüchen nicht (z. B. Recyclingpapier).
c) Die Umstellung auf umweltverträgliche Fertigungsverfahren erfordert oft einen hohen Kapitaleinsatz und verursacht hohe Kosten, die den Gewinn schmälern.
d) Höhere Produktionsmengen senken die Kosten pro Stück, führen aber zu höheren Schadstoffemissionen.

Nehmen Sie Stellung zu den angesprochenen Konflikten.

3. Dynamischer Umweltschutz

Das deutsche Ordnungsrecht gab seit den 70er-Jahren des 20. Jahrhunderts wichtige Anstöße für den betrieblichen Umweltschutz. Es stieß aber schon in den 1990er-Jahren an seine Grenzen. Viele Vorschriften hemmten innovative Umweltinvestitionen, anstatt sie zu fördern. Sie begünstigten teure „End-of-Pipe-Techniken", die die Umwelt nicht als Ganzes entlasteten, sondern nur die Probleme zwischen den Umweltmedien Luft, Wasser und Boden verschoben. Um das Verhältnis zwischen Aufwand und Ergebnis zu verbessern, mussten neue Technologien und Produkte entwickelt werden, durch die Umweltbelastungen von vornherein vermieden wurden. Dies ging nur, wenn man der unternehmerischen Eigeninitiative mehr Raum gab. So konnte man ehrgeizigere umweltpolitische Ziele erreichen; und dies sogar mit weniger finanziellem Aufwand.

a) Inwiefern liefert das Ordnungsrecht Anstöße für den betrieblichen Umweltschutz?
b) Inwiefern können Ordnungsvorschriften innovations- und investitionshemmend wirken?
c) Was könnte nach Ihrer Ansicht mit End-of-Pipe-Techniken gemeint sein?
d) Unternehmer treffen ihre Entscheidungen grundsätzlich nach Kosten-Nutzen-Gesichtspunkten. Sind nach Ihrer Ansicht staatliche Maßnahmen wie Subventionen, Umweltabgaben, Energiesteuern, Einführung der Gefährdungshaftung geeignet, die Unternehmerentscheidungen zugunsten des Umweltschutzes zu steuern?

4. Stellungnahme zum Kreislaufwirtschafts- und Abfallgesetz

Hersteller in der Pflicht. Das Kreislaufwirtschafts- und Abfallgesetz leitete eine neue Epoche in der Abfallwirtschaft ein. Wer Güter produziert und vertreibt, ist für Abfallvermeidung, Verwertung und umweltverträgliche Beseitigung selbst verantwortlich und muss die Kosten dafür tragen. Damit wird die alte Rollenverteilung abgelöst, nach der die Wirtschaft produziert und die Kommunen auf Kosten der Allgemeinheit die entstehenden Abfälle zu entsorgen haben.

Abfallvermeidung hat Priorität. Das Gesetz setzt auf die Vermeidung von Abfällen. Die Industrie soll langlebige, mehrfach verwendbare, reparaturfreundliche Produkte herstellen. Sie hat auch in Produktionsverfahren anfallende Abfälle durch Maßnahmen wie Kreislaufrückführung und Rückgewinnung von Einsatzstoffen (etwa Ölen und Lösemitteln) zu verringern.

Ökologie und Ökonomie bestimmen die Verwertung. Nicht vermeidbare Abfälle müssen umweltverträglich verwertet werden (Stoff-Recycling, hochwertige energetische Verwertung). Dies muss umweltverträglich erfolgen, darf nicht zum gefährlichen Ausschleusen von Schadstoffen führen. Das Gesetz verlangt keine Verwertung um der Verwertung willen und um jeden Preis: Die Erfüllung der hohen Umweltanforderungen soll technisch möglich und wirtschaftlich zumutbar sein. Nur verbleibende Restabfälle dürfen umweltverträglich beseitigt werden.

Neue Chancen ... Das Gesetz eröffnet Expansionsmöglichkeiten für kleine und mittelständische Unternehmen, vermittelt dem Beratungsmarkt wichtige Impulse und führt in den Unternehmen zu einer grundlegenden ökologischen Umorientierung. Für die Umwelttechnikbranche ergeben sich beträchtliche Entwicklungschancen.

... und Probleme. Gerade für kleine und mittlere Unternehmen bringen das Gesetz und die nachgeordneten umfangreichen Regelungen viele neue, schwer überschaubare Anforderungen. Hier hätten sich viele statt mehr Bürokratie eine Deregulierung erhofft. Zum Teil geht das Gesetz über die EU-Vorgaben hinaus, so bei 18 zusätzlich aufgenommenen „besonders überwachungsbedürftigen" Abfallarten. Auch befürchtet man, das Gesetz werde die Konzentration in der Entsorgungsbranche beschleunigen und letztlich zu höheren Entsorgungskosten führen.

a) Welche Umweltprinzipien und -ziele kommen in dieser Stellungnahme zum Ausdruck?
b) Nennen Sie entsprechende Beispiele der Abfallbehandlung aus Ihrem Ausbildungsbetrieb.
c) Erläutern Sie Probleme, die Ihr Ausbildungsbetrieb mit dem Kreislaufwirtschafts- und Abfallgesetz hat.

5. Fortschrittliche Unternehmen tun gut daran, dynamischen Umweltschutz zu betreiben.

a) Was ist unter dynamischem Umweltschutz zu verstehen?
b) Welche ökonomische Bedeutung hat in diesem Zusammenhang das Umweltmanagement für das Unternehmen?

6. **Auf einem bislang unbebauten Grundstück neben dem Einfamilienhaus von Studienrätin A errichtet Möbelfabrikant B ebenfalls ein Einfamilienhaus, das er ausschließlich mit Holzresten aus seiner Fabrik beheizt. Kurze Zeit darauf erkrankt Frau A so schwer, dass sie in den Ruhestand versetzt werden muss. Sie führt ihre Erkrankung darauf zurück, dass das von Herrn A verbrannte Holz mit Chemikalien verunreinigt ist. Sie will Schadensersatz erstreiten.**
   a) Auf welche Rechtsbestimmung kann Frau A sich berufen?
   b) Beurteilen Sie die Chancen von Frau A, tatsächlich Schadensersatz zu erhalten.

7. **Eine chemische Fabrik liegt an einem Fluss. Eines Tages versagt – unbemerkt von dem zuständigen Mitarbeiter – ein Gerät, sodass Lauge über einen vergessenen Schacht in den Fluss gelangt. 200 Meter flussabwärts betreibt die Gemeinde ein Wasserwerk. Nach Anzeige durch einen Anwohner lässt sie am nächsten Tag Wasserproben durch ein Institut untersuchen. Die Analyse ergibt eine erhöhte Konzentration von Chloriden und Phosphaten. Die Gemeinde will Ersatz für die Kosten des Gutachtens in Höhe von 3 000,00 EUR.**
   a) Welche Beweislasten muss die Gemeinde tragen, welche nicht?
   b) In welchem Umfang haften der Geschäftsführer und der zuständige Mitarbeiter des Betriebes?

8. **Kurze Zeit nach Inbetriebnahme einer neuen Anlage durch ein Unternehmen treten an den Gebäuden in der Nachbarschaft Schäden auf. Die Anlage gehört zu jenen Anlagen, die im Anhang 1 zu § 1 Umwelthaftungsgesetz aufgezählt sind. Der Geschädigte verlangt Schadensersatz.**
   a) Beurteilen Sie die Beweislast in diesem Fall.
   b) Kann der Geschädigte auch dann Schadensersatz beanspruchen, wenn sich herausstellt, dass die Anlage völlig ordnungsgemäß betrieben wurde?

8.3.3 Dynamischer Umweltschutz unter wirtschaftlichem Aspekt

Wir befinden uns im Jahr 2018

Wir, MGB, sind ein mittelständisches Unternehmen, das seine Vorteile in den letzten Jahren gezielt nutzen konnte: Wir sind flexibel, nah am Markt und reagieren schnell auf den Wandel der Märkte und des Umfelds. Beispiel: das Öko-Audit nach EMAS. Wir haben die Chancen, die dieses *Eco-Management and Audit Scheme* eröffnet, erkannt und gezielt genutzt.

Die Erfolgsbilanz unseres Öko-Audits

Wir haben unsere Umwelt entlastet und dadurch die Position unseres Unternehmens entscheidend verbessert:

- Unsere Kunden geben unseren Produkten und Diensten den Vorzug,
- Behörden und Politiker, Öffentlichkeit und Nachbarn schätzen unsere Glaubwürdigkeit,
- wir haben unsere Stellung gegenüber der Konkurrenz gefestigt,
- wir haben weniger Schwierigkeiten bei der Abwicklung von Genehmigungsverfahren.

Wir haben unsere Kosten gesenkt:

- durch die Einrichtung eines wirksamen Umweltmanagements,
- durch effizienten Einsatz unserer Ressourcen,
- durch niedrige Steuern und Abgaben aufgrund gesunkener Emissionswerte,
- durch Verbesserung unserer Kreditwürdigkeit bei Finanzierungen,
- durch günstigere Versicherungsprämien aufgrund unseres verbesserten Risikomanagements.

Wirksamer Umweltschutz bedeutet: Haushalte und Unternehmen müssen von sich aus immer neu die größtmöglichen Anstrengungen zur Vermeidung von Umweltschäden unternehmen.

Rechtsvorschriften sind dann nur Minimalanforderungen. Sie schaffen den notwendigen Ordnungsrahmen, motivieren aber nicht zum „Bessermachen“. Sie können ja nur Grenzwerte festlegen, die nicht überschritten werden dürfen.

- Die Umweltschutzvorschriften werden zunehmend schärfer.
- Die Abgaben für umweltschädliches Verhalten (z. B. Abwassergebühren) und die Kosten für die Vermeidung/Beseitigung von Umweltschäden steigen. Aus externen Kosten werden also zunehmend interne Kosten.
- Staatliche Subventionen für umweltfreundliche Investitionen verschaffen Kostenvorteile.
- Schärfere Haftungsvorschriften (Gefährdungshaftung) vergrößern das Kostenrisiko in der Folge von Störfällen und chronischen Belastungen.
- Die Endverbraucher achten zunehmend auf umweltfreundliche Produkte. Die Umweltfreundlichkeit eines Produkts ist heute ein gängiges Verkaufsargument und oft schon unverzichtbare Voraussetzung für den Marktzugang.
- Gewerbliche Käufer verlangen von ihren Zulieferern umweltfreundliche Materialien und Fertigungsverfahren.
- Betriebe, die keine umweltfreundlichen Produkte und Verfahren entwickeln, koppeln sich vom technischen Fortschritt ab. Sie entziehen sich auf längere Sicht selbst die Lebensgrundlage. Sie können nicht gegen die wachsamere Konkurrenz bestehen.

Fortschrittliche Unternehmen haben erkannt: Betrieblicher Umweltschutz muss dynamisch sein. Diese Unternehmen ersetzen staatliche Gängelung mittels Rechtsvorschriften durch eigenverantwortliches maximales Handeln. Sie machen ökologisches Verhalten zum Bestandteil einer umweltorientierten Unternehmensführung (Umweltmanagement).

8.3.4 Umweltorientierte Unternehmensführung

Umweltorientierte Unternehmensführung (Umweltmanagement)

- richtet eine Umweltdatenbank und ein Umwelt-Informationssystem ein,
- berücksichtigt den Umweltschutz bei allen Betriebsprozessen und bei allen betrieblichen Funktionen (siehe die unten stehende Übersicht),
- verankert den Umweltschutz auch in der Organisation des Betriebes und legt alle Kompetenzen, Aufgaben und Tätigkeiten in einem Umweltschutzhandbuch fest,
- dokumentiert ihre Umweltschutzbemühungen auch gegenüber der Öffentlichkeit, z. B. durch die Erstellung und Veröffentlichung von Ökobilanzen[1] und durch die Teilnahme am Öko-Audit der Europäischen Union[2].

Umweltorientierte Unternehmensführung (Umweltmanagement)

Informationsbeschaffung

- Zusammenarbeit mit Öko-Instituten und Öko-Verbänden
- Anschluss an eine Öko-Datenbank oder Errichtung einer solchen
- Erstellung von Öko-Bilanzen

Beschaffung

- Beschaffung umweltfreundlicher und reichlich vorhandener Rohstoffe
- Nutzung von Recycling-Möglichkeiten
- Umweltbewusste Auswahl der Lieferanten
- Nutzung umweltschonender Verkehrskonzepte

[1] Siehe S. 81.
[2] Siehe S. 81.

Produktion

- Durchführung ökologischer Produktanalysen
- Einstellung der Produktion umweltschädlicher Erzeugnisse
- Entwicklung umweltfreundlicher Erzeugnisse/recyclingfähiger Erzeugnisse
- Einführung umweltfreundlicher Produktionsverfahren
- umweltfreundliche Entsorgung von umweltschädlichen Abfällen und Stoffen

Absatz

- umweltbezogene Aktionen in der Öffentlichkeit
- umweltbezogene Verkäufer-, Händler- und Verbraucherinformationen
- umweltbezogene Preissetzungen
- Verwendung von Umweltzeichen („Blauer Engel" und „Euroblume" für umweltfreundliche Produkte)
- Nutzung umweltschonender Verkehrskonzepte

Blauer Engel

Euroblume

Finanzierung und Investition

- Nutzung von Subventionen zur Finanzierung umweltfreundlicher Investitionen

Organisation

- Einrichtung von Stellen für betriebliche Umweltschutzbeauftragte
- Einrichtung von Umweltschutz-Projektgruppen
- Einrichtung eines Umweltschutz-Ausschusses
- Einrichtung einer Sammelstelle für Umweltschutz-Vorschläge

8.3.5 Umweltschutzbeauftragte

Betriebe, deren Produktion die Umwelt beeinflussen kann, müssen Beauftragte für besondere Belange des Umweltschutzes bestellen.

Das Umweltrecht fordert die Betriebsbeauftragten für Abfall, für Gewässerschutz und Immissionsschutz sowie den Störfall-, den Gefahrgut- und den Tierschutzbeauftragten. Nach dem Gentechnik-Gesetz muss bei Vorliegen bestimmter Voraussetzungen auch ein Beauftragter für biologische Sicherheit bestellt werden.

Die Beauftragten üben ihre Aufgaben vielfach nebenamtlich aus. Häufig sind es Betriebsleiter, die alle technischen Details vor Ort kennen. Sie haben i. d. R. keine öffentlich-rechtlichen Befugnisse, sondern sind Element der innerbetrieblichen Eigenüberwachung.

Aufgaben der Umweltschutzbeauftragten

Kontrollfunktion

Der Beauftragte muss darauf achten, dass die umweltrechtlichen Bestimmungen im Betrieb eingehalten werden.

Initiativfunktion

Der Beauftragte hat in seinem jeweiligen Fachgebiet darauf hinzuwirken, dass umweltschonende Verfahren und Produkte eingesetzt werden.

Anhörungsrecht

Der Beauftragte muss vor Investitionsentscheidungen von der Unternehmensleitung gehört werden.

Informationsfunktion

Der Beauftragte soll die Betriebsangehörigen über die betriebliche Umweltsituation informieren.

Berichtsfunktion

Der Beauftragte hat einen Jahresbericht zu erstellen.

In vielen Unternehmen werden unabhängig von gesetzlichen Verpflichtungen Umweltschutzbeauftragte bestellt – Ausdruck der Philosophie, den Umweltschutz von vornherein in die unternehmerische Strategie einzubinden. In den größeren Unternehmen rankt sich um die gesetzlichen Umweltschutzbeauftragten oft ein Netz von Spezialisten, die für das Umweltschutz-Know-how[1] der Unternehmen stehen.

> **Beispiel: Umweltschutzbeauftragte**
>
> Die Immissionsschutz-, Abwasser- und Abfallbeauftragten tragen Verantwortung für Einzelanlagen. Sie berichten dem Betriebsbeauftragten für Umweltschutz auf der Werks- oder Betriebsebene, der die Geschäftsführung informiert. Auf der Konzernebene gibt es sogar zentrale Referate für Umweltschutz und technische Sicherheit.

8.3.6 Ökobilanz (Umweltbilanz)

Die Ökobilanz ist eine Übersicht über alle Stoff- und Energiemengen, die im Laufe eines Jahres in den Betrieb eingehen (Input) und den Betrieb verlassen (Output). Sie liefert grundlegende Informationen über die Auswirkungen der betrieblichen Tätigkeiten auf die Umwelt und damit für Entscheidungen hinsichtlich Beschaffung, Produktion und Absatz.

4-Stufen-Methode für Ökobilanzen

(1) Bilanzierungsziel

Entscheidung, welche Größen für einen Produktionsprozess und welche Lebenszyklen eines Produkts berücksichtigt werden sollen. Energie- und Verkehrsdaten sind einzubeziehen.

(2) Sachbilanz (siehe S. 82)

Umfasst alle Elemente des Produktionsprozesses und des Produkt-Lebenszyklus, von der Gewinnung der Rohstoffe über den Gebrauch des Produkts bis hin zur Abfallbehandlung und Abfallentsorgung.

(3) Wirkungsbilanz

Die Daten der Sachbilanz werden auf ihre möglichen Umweltwirkungen, z. B. Klimaveränderungen, Abbau der Ozonschicht, Belastungen der Gewässer hin überprüft.

(4) Bilanzbewertung

Die Ergebnisse von Sach- und Wirkungsbilanz werden zu einer Gesamtbewertung zusammengefasst. Diese komplexe Aufgabe kann laut Umweltbundesamt zurzeit noch nicht geleistet werden.

8.3.7 Öko-Audit (Umweltbetriebsprüfung)

Die Europäische Gemeinschaft (jetzt: Europäische Union) hat 1993 eine Verordnung über die freiwillige Beteiligung gewerblicher Unternehmen an einem Gemeinschaftssystem für das Umweltmanagement und die Umweltbetriebsprüfung erlassen [früher: EG-**Öko-Audit-Verordnung;** jetzt **EMAS** (Eco-Management and Audit Scheme)]. Die Verordnung wurde 2001 erneuert (EMAS II) und in Deutschland durch das **Umweltauditgesetz** umgesetzt. 2010 ist wiederum eine Novelle (EMAS III) in Kraft getreten.

EMAS will die Unternehmen über den Markt dazu drängen, sich selbst konkrete Umweltziele – über das gesetzlich Geforderte hinaus – zu setzen, Maßnahmen zu ihrer Verwirklichung zu treffen und ein Umweltmanagement zu schaffen. Die Prüfung erfolgt durch Audits. Die erfolgreiche Teilnahme wird über die IHK in ein Register eingetragen (www.emas-register.de) und berechtigt zur Führung eines EMAS-Logos.

---

[1] Know-how (engl.) = wissen, wie; geistig technische Spezialkenntnisse und Erfahrungen (z. B. über Fertigungsverfahren), die nicht rechtlich geschützt werden können und deshalb oft strenger Geheimhaltung unterliegen.

Beispiel: Ökobilanz eines Unternehmens der Textilbranche

Input	2017	Output	2017
1. Rohstoffe (kg)	2 992 575	**1. Produkte (kg)**	
2. Halb- und Fertigwaren (kg)	1 954 433	Beinbekleidung	4 432 403
3. Hilfsstoffe (kg)		Oberbekleidung	339 823
Farbstoffe	60 310	**2. Verpackungen (kg)**	
Chemikalien	1 071 012	Transportverpackung	735 196
Produktverpackungen	1 824 532	Produktverpackung	1 806 171
Produktzutaten	85 553	**3. Abfälle (kg)**	
4. Betriebsstoffe (kg)	1 325 893	Sonderabfälle	83 687
5. Energie (kWh)		Wertstoffe	1 472 895
Gas	13 870 996	Restmüll	171 040
Strom	26 663 766	**4. Energieabgabe**	101 635 998
Heizöl	36 214 053	**5. Abwasser**	
Fernwärme	8 102 143	Menge (cbm)	284 662
Treibstoff	14 585 040	Schwermetall (kg)	30
6. Wasser (cbm)		**6. Abluft**	
Stadtwasser	237 996	Menge (cbm)	23 715 924
Rohwasser (Brunnen/See)	135 622	Belastung (kg)	120 042 786
Luft (cbm)	84 556 546		
Bestand:			
Boden (qm)		**Anlagen (Stück)**	
versiegelt	56 329	Produktionsmaschinen	3 974
überbaut	118 611	Büro-/Kommunikationsmaschinen	3 399
grün	412 613	Fuhrpark	279
Gebäude (qm)	158 058	technische Anlagen	302

Web

M 82 EMAS beinhaltet die Anforderungen der internationalen Norm ISO 14001 (Umweltmanagementsysteme). Zusätzlich fordert EMAS

- die Prüfung durch einen externen, staatlich zugelassenen Umweltgutachter,
- die Veröffentlichung einer Umwelterklärung (Organisationsbeschreibung, Umweltpolitik, Umweltaspekte, Umweltprogramm, Umweltleistung, Rechtsvorschriften),
- eine kontinuierliche Verbesserung der Umweltleistungen,
- eine Verpflichtung zur Einhaltung aller umweltrechtlichen Vorschriften.

Die Registrierung nach EMAS beschränkte sich bis 2009 auf die EU. Jetzt ist auch eine weltweite Registrierung möglich. EMAS als anspruchsvollstes System verursacht den Unternehmen Kosten (z. B. wegen jährlicher externer Überprüfungen). Entlastungen an anderer Stelle, die die EU-Kommission angekündigt hatte, sind bisher ausgeblieben. Deshalb lassen sich die meisten Unternehmen in Deutschland und in der EU bisher nur nach der weniger anspruchsvollen Norm ISO 14001 zertifizieren. Mit EMAS III will die EU den Trend umkehren. Sie erleichtert z. B. den Zugang für kleine und mittlere Unternehmen (2-jährliche Aktualisierungen) und lässt – wie oben gesagt – auch Organisationen mit Sitz außerhalb der EU zur Registrierung zu.

EMAS
GEPRÜFTES UMWELTMANAGEMENT

Das EMAS-Logo darf z. B. verwendet werden:

- auf Umwelterklärungen,
- auf Broschüren, Berichten, Informationsdokumenten, im Internet,
- auf dem Briefkopf,
- für die Imagewerbung, in Umweltproduktdeklarationen (nicht auf Produkten!).

Arbeitsaufträge

1. **Die Teilnahme an EMAS führt zu hohen Kosten für die Unternehmen: Honorare für externe Berater, Gebühren für die zugelassenen Gutachter, Gebühren für die Teilnahmeerklärung, Kosten für neu einzustellende Audit-Mitarbeiter, für die Schulung und Weiterbildung der Mitarbeiter, für die Öffentlichkeitsarbeit[1]. Unter diesem Aspekt ergibt sich die Frage, ob sich die Teilnahme lohnt. Diese Frage steht heute auch vielfach in Verbindung mit dem Problem von Öko-Risiken (Umweltrisiken).**

   Im Jahr 2012 wurden die EMAS-validierten Organisationen in Deutschland befragt, wie entscheidungsrelevant jeder der folgenden Aspekte für sie bei der Einführung von EMAS war.

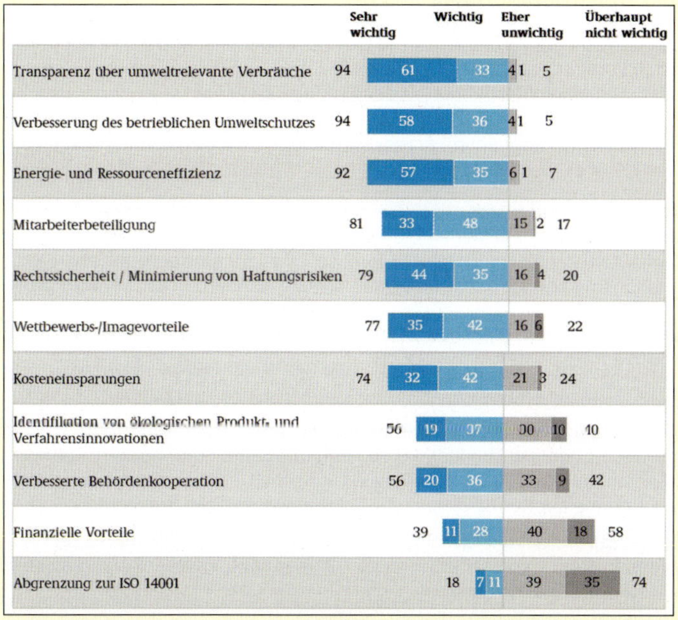

Quelle: UBA: EMAS in Deutschland. Evaluierung 2012.

   a) Nennen Sie möglichst viele Umweltrisiken.
   b) Ist EMAS laut der Befragung geeignet, Öko-Risiken zu bewältigen?
   c) Welche zusätzlichen Gründe für die EMAS-Einführung sind für die Befragten besonders wichtig?
   d) Mehr als drei Viertel der Befragten versprechen sich Wettbewerbsvorteile durch EMAS. Wie kann es zu solchen Vorteilen kommen?
   e) Fast drei Viertel der Befragten rechnen sogar mit Kosteneinsparungen. Wie lässt sich dies angesichts der oben genannten hohen Kosten für EMAS begründen?

2. **Erklärung von MGB Maltmann Getriebebau e. K. zum Öko-Audit:**

   „Die Umweltschutzleitlinien (Umweltpolitik), das Umweltprogramm, das Umweltmanagementsystem und die Umwelt-Betriebsprüfungsverfahren von MGB Maltmann Getriebebau e. K., entsprechen den Anforderungen der Verordnung (EWG) Nr.1836/93 „Öko-Auditsystem" und der Norm DIN EN ISO 14001 „Umweltmanagementsysteme". Die Daten und Angaben dieser Umwelterklärung geben ein angemessenes und richtiges Bild der Umweltrelevanz aller Tätigkeiten am Standort wieder. Daher wird diese Umwelterklärung für gültig erklärt."

   a) Welchen Inhalt hat die Norm DIN EN ISO 14001? Informieren Sie sich hierüber im Internet.
   b) Hat Ihr Ausbildungsbetrieb ebenfalls eine Erklärung zum Öko-Audit abgegeben? Wenn ja, wie lautet sie?
   c) Berichten Sie darüber, welche Inhalte der Norm DIN EN ISO 14001 Ihr Ausbildungsbetrieb erfüllt.

---

[1] Zum Begriff *Öffentlichkeitsarbeit* vgl. Sachwortverzeichnis.

ZWEITER ABSCHNITT

Rahmenlehrplan: LERNFELD 5
Leistungserstellungsprozesse planen, steuern und kontrollieren

Produktionsmanagement

Ein Beispiel für Moderne Produktionsprozesse

Automobilfirmen müssen sich ständig verbessern. Ford z. B. hat in Deutschland große Anstrengungen unternommen, um den Fertigungsprozess zu optimieren. So wurde bei Saarlouis ein Industriepark nach dem Prinzip der „schlanken Produktion" (Lean Production) gebaut.

Das Hauptwerk besteht aus vier Komponenten: Press-, Karosserie-, Lackier- und Montagewerk.

- **Das Presswerk**
  Rund 230 000 Tonnen Metallband werden jährlich verarbeitet, aus 1 000 Tonnen Stahlblech täglich 300 000 Teile gefertigt. Bis zu seiner endgültigen Form durchläuft das Blech in mehreren Arbeitsschritten 17 vollautomatische und zwei Handpressen. Es wird gezogen, gelocht, gestanzt oder abgekantet. Zum Einsatz kommen ein- oder mehrarmige Roboter. Präzision wird großgeschrieben. Vor der Weitergabe an die Karosseriefertigung wird jedes fertig gepresste Teil strengsten Qualitätskontrollen unterzogen. Blechabfälle werden recycelt: Sie werden zur Wiedereinschmelzung in Stahlwerke transportiert.

- **Das Karosseriewerk**
  Hier sind 98 % der Fertigung automatisiert. 479 Roboter verschweißen die geformten Bleche zu Rohkarossen. Das garantiert höchste Qualität, kurze Fertigungszeiten und höchste Fahrsicherheit. Ein Fokus-Pkw besteht aus ca. 500 Blechteilen. Ein Ultraschall-Prüfverfahren kontrolliert die Schweißqualität. Die Fertigung der Rohkarossen umfasst fünf wesentliche Segmente:

  Fertigung der Bodengruppe. Die Teile der Bodengruppe (Vorderwagen, vorderes und hinteres Bodenblech) werden in einer Geometriestation genau gespannt, anschließend präzise verschweißt und in der Messmaschine vermessen.

  Fertigung der Seitenwände auf die gleiche Weise.

  Zusammenbau der Basiselemente zu einer vollständigen Rohkarosse. Dazu werden die Teile geklammert, mittels Lasertechnik vermessen und dann verschweißt.

  Fertigung der Anbauteile. Türen, Heckklappe, Kotflügel, Motorhaube werden halbautomatisch mit der Karosserie verschraubt. Spezialsoftware garantiert die Maßhaltigkeit.

  Versiegelung der Kanten. Die Bördelkanten an Türen, Heckklappe usw. werden zum Schutz vor Korrosion vollautomatisch versiegelt. Auch hier erfolgt eine Qualitätskontrolle.

  Teile, die nicht im eigenen Presswerk gefertigt werden, werden im Rundverkehr über einen Transporttunnel direkt an den Bedarfsort geliefert.

- **Das Lackierwerk**
  Spülbad. Die Rohkarosserie wird von Fetten und Metallspänen befreit. Die folgende Phosphatierung sorgt für optimale Lackhaftung und zusätzlichen Korrosionsschutz. Dann wird in einem dreiminütigen Elektrotauchbad die erste Lackschicht aufgetragen. Blechüberlappungen, Verbindungsflansche usw. werden zusätzlich versiegelt. Gegen Rost werden Steinschlagschutz-Materialen aufgetragen. Dämmmaterial dient zur Geräuschreduzierung.
  Eigentliche Lackierung. Der Staub wird abgeblasen. Deck- und Klarlacke werden durch Spritzlackierer und Spritzautomaten aufgetragen. Ein Wachsautomat beschichtet alle Hohlräume mit umweltverträglichem Wachs.

- **Das Montagewerk – die visuelle Fabrik**
  Das Montagewerk wirkt aufgeräumt und klar organisiert. Hier wird nach Bedarf gefertigt. An den Fertigungslinien stehen Materialien für wenige Stunden. Eine Reihe von Teilen wird vormontiert von den Zuliefererfirmen des Industrieparks auf einem vollautomatischen Transport-

system direkt am Verbauort angeliefert. Lichttafeln (Control-Boards) unterrichten die Mitarbeiter kontinuierlich. Über Tastatur kann der Mitarbeiter von seiner Arbeitsstation auf seine Probleme aufmerksam machen. Anhand von Qualitätsprozessblättern werden der Arbeitsablauf und die benötigten Werkzeuge beschrieben. Die Arbeitsgruppen tauschen ihre Arbeitsstellen nach dem Rotationsprinzip. Rund 3 000 Teile werden nach und nach einmontiert. Erste Station ist der **Sequenzstapel**. Die Türen werden ausgehängt; sie gehen auf eine „Extra-Reise", die Türenstraße.

Innen- und Außenausstattung der Karosse. Arbeitsschritte: Verkabelung des Autos; Einbau der Dachverkleidung, Heizung, Teppiche, Scheinwerfer; Verklebung der Scheiben; Einbau der Sitze; Einbau der Türen

Integration von Motor und Fahrwerk. Der Teileeinbau erfolgt von unten. Der Pkw erhält die nötigen Betriebsstoffe. Kein Fahrzeug verlässt die Halle ohne gründlichen Check.

Die Zulieferbetriebe – ein innovatives Logistikkonzept
Das Hauptwerk – das Herz des Industrieparks – wird um den Lieferpark ergänzt. Auf einer Fläche von 200 000 m² arbeiten zahlreiche Zulieferbetriebe an Fertigung und Vormontage von Komponenten für das Hauptwerk: ACÜ, Benteler, Grupo Antolin, Lear Cooperation, LMS, Losito, Michels, RESA, SEKURIT, TENNECO Automobile VISTEON. Schweißuntergruppen, Dachverkleidungen, Kabelstränge, Instrumententafel, Teppiche, Kühlmodule, Tür- und Seitenverkleidungen, Motor, Getriebe, Achsen usw. kommen „von nebenan". Die Schweißuntergruppen werden per Trailor durch einen Transporttunnel direkt ins Karosseriewerk geliefert. Die anderen Teile kommen mittels Elektrohängebahn über eine Verbindungsbrücke an. Alle werden just in time in richtiger Reihenfolge („in sequence") an 16 Liftstationen geliefert. Sechs Tage im Voraus erhalten die Lieferanten des Parks die geplanten Fertigungszahlen. Sie sind dazu über ein Datennetz verbunden. Der Feinabruf für die Komponenten des Tages erfolgt, sobald ein Fahrzeug aus der Lackiererei in das Montagewerk einläuft. Die direkte Verbindung zwischen Hauptwerk und Zulieferbetrieben eröffnet zahlreiche Chancen:

- gemeinsame Planung und Entwicklung
- optimale Organisation der Fertigungsprozesse
- geringere Fertigungskosten
- geringerer Verpackungsaufwand
- kürzere Transportwege
- Wegfall innerbetrieblicher Lagerhaltung
- Entlastung der Umwelt
- kein Qualitätsverlust durch lange Transportwege – bessere Qualität
- schnellere Reaktionszeiten
- bessere Kommunikation zwischen Hauptwerk und Zulieferer

1 Aufgaben und Ziele des Produktionsmanagements

1.1 Produktionsziele

Das Produktionsmanagement ist der Führungsbereich, der mit der Produktion (Fertigung) der Erzeugnisse (Produkte) befasst ist.

Die Fertigung ist im modernen Industriebetrieb maschinisiert und automatisiert. Deshalb muss das Produktionsmanagement wie kein anderer Managementbereich nicht nur mit betriebswirtschaftlichen, sondern auch mit technischen Problemen umgehen können.

Bei der Frage, welche Produktionsziele das Produktionsmanagement setzen muss, legen wir die Einteilung in Shareholder-Ziele (ökonomische Ziele) und Stakeholder-Ziele (soziale Ziele und Umweltziele) zugrunde. Weiterhin ist zu beachten, dass die Produktionsziele vorrangig durch die Absatzziele (Marktziele) bestimmt werden. Um eine Zielkontrolle zu ermöglichen, müssen die Ziele möglichst operationalisiert werden.

Ziele des Produktionsmanagements

Ökonomische Ziele

Sachziele

- Erstellung bedarfsgerechter Leistungen
  - in der benötigten Art und Qualität (Ziel: Produktqualität)
  - in der benötigten Menge (Ziel: Mengenqualität)
  - zum Bedarfszeitpunkt (Ziel: Terminqualität)
  - mit den gewünschten Nebenleistungen (Ziel: Servicequalität)
- kurze Durchlaufzeiten
- hohe Kapazitätsauslastung
- hohe Mengenergiebigkeit (Produktivität)
- Optimierung der Prozesse
- hohe Anpassungsfähigkeit von Maschinen und Personal an Änderungen (Ziel: Flexibilität)

Formalziele

- Minimierung der Kosten (Personalkosten, Materialkosten, Betriebsmittelkosten)
- Minimierung der Transportkosten
- Minimierung der Zwischenlagerkosten
- Maximierung der Wirtschaftlichkeit (Verhältnis von Kosten und Leistungswerten)

Soziale Ziele

- gerechte Entlohnung
- angenehmes Arbeitsklima
- optimale Arbeitsbedingungen (Arbeitsplatz, -ablauf, -zeit, -umgebung, Freiheitsgrade, Verantwortung, Unfallverhütung)

Ökologische Ziele

- umweltverträgliche Materialien
- Vermeidung von Rückständen
- umweltverträgliche Rückstandsentsorgung
- umweltverträgliche Produkte
- umweltverträgliche Fertigungsverfahren

Lesen Sie nach auf S. 20 f.

Typische Zielkonflikte

- **Konflikte zwischen ökonomischen Zielen einerseits und sozialen Zielen sowie Umweltzielen andererseits**
  Hier gelten sinngemäß die Ausführungen im ersten Abschnitt des Buches.
- **Konflikte zwischen Absatzzielen und Produktionszielen**
  Auf Käufermärkten hat die Verfolgung der Absatzziele aus Wettbewerbsgründen Vorrang vor den Produktionszielen. Beispiel: Die Termineinhaltung für einen wichtigen Kundenauftrag verhindert die maximale Kapazitätsauslastung bestimmter Werkstätten. Um solche Konflikte zu minimieren, muss das Unternehmen für schnelle Prozesse und hohe Flexibilität sorgen.

1.2 Aufgaben des Produktionsmanagements

Die mit der Produktion zusammenhängenden Aufgaben vollziehen sich – wie jedes wichtige betriebliche Geschehen – in drei Phasen:

Produktionsplanung → Produktionsdurchführung → Produktionskontrolle

In jeder Phase sind bestimmte Teilaufgaben zu erfüllen:

Teilaufgaben des Produktionsmanagements

Produktionsplanung

- Produktionsprogrammplanung (betrifft Art und Menge der Erzeugnisse)
- Fertigungsanlagen- und -verfahrensplanung
- Fertigungsplanung (Vollzugsplanung)

Produktionsdurchführung

- Fertigungssteuerung (unmittelbare Vorbereitung, Steuerung und Überwachung der Fertigung)
- Be- und Verarbeitung der Werkstoffe

Produktionskontrolle

- technische Kontrolle (Qualitätskontrolle)
- betriebswirtschaftliche Kontrolle (Nachkalkulation, Kostenrechnung)

Wichtige Managementaufgaben in diesem Zusammenhang sind:

- **Produktionsprogramm-Management** → Festlegung des Produktionsprogramms
- **Produktentstehungsmanagement** → Produktforschung, -entwicklung, -gestaltung
- **Verfahrensmanagement** → Anlagenplanung und Fertigungsverfahren
- **Fertigungsprozessmanagement** → Planung und Steuerung der Fertigung
- **Kostenmanagement** → Kostenplanung, -kontrolle, -analyse
- **Qualitätsmanagement** → Sicherung der Einhaltung von Produkt-, Mengen-, Terminqualität
- **Umweltmanagement** → Sicherung der Umweltverträglichkeit von Materialien, Produkten, Fertigungsverfahren
- **Produktionscontrolling** → Sicherung der Zielsetzung, Planung, Kontrolle

2 Produktionsprogramm-Management

2.1 Absatz-, Produkt- und Produktionsprogramm

Das Produktionsprogramm (Fertigungsprogramm) umfasst die Art und Menge der Produkte, die in einem bestimmten Zeitraum gefertigt werden. Sein wichtigster Teil ist das Produktprogramm.

Ständige Absatzmarktforschung einerseits und naturwissenschaftlich-technische Forschung andererseits sind erforderlich, um absatzträchtige Produkte zu entwickeln.

Das Produktionsprogramm wird aus dem Absatzprogramm abgeleitet, ist aber nicht damit identisch: Zum Absatzprogramm gehören auch nicht selbst produzierte Handelswaren (z. B. Zubehör) und Dienstleistungen (z. B. Wartung). Zum Produktionsprogramm gehören auch selbst erstellte Werkzeuge und Vorrichtungen für den Einsatz im eigenen Betrieb (sog. Eigenleistungen).

Das Produktprogramm umfasst die absatzbestimmten Erzeugnisse des Produktionsprogramms.

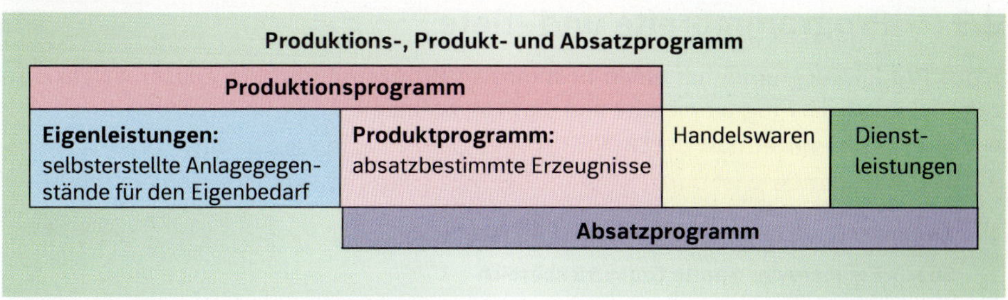

2.2 Bestimmungsgrößen des Produktprogramms

Das Produktprogramm muss immer wieder neu geplant und den Marktverhältnissen angepasst werden. Viele Größen üben dabei ihren Einfluss aus.

Wichtige Bestimmungsgrößen des Produktprogramms

Produktfelder

Produktfelder sind Bereiche, in denen ein Unternehmen tätig sein will (z. B. Elektroindustrie, Fahrzeugbau, Maschinenbau). Sie werden vor der Betriebsgründung abgesteckt und langfristig angepasst.

Marktchancen

Der Betrieb wird nur Produkte in sein Programm aufnehmen, von denen er sich aufgrund von Marktforschungen einen ausreichenden Umsatz (Erlös) verspricht.

Kosten

Der Betrieb wird nur Produkte in sein Programm aufnehmen, die mit vertretbaren Kosten gefertigt werden können.

Materialien

Können nicht alle Materialien in der benötigten Menge beschafft werden, so ist die Fertigung bestimmter Erzeugnisse nicht möglich.

Finanzierungsmöglichkeiten

Viele Produkte benötigen teure Anlagen und/oder eine kostspielige Forschung und Entwicklung. Sie können nur ins Programm aufgenommen werden, wenn das nötige Eigen- und Fremdkapital aufgebracht werden kann. Oft ist dies nur Großbetrieben möglich.

Stand der Technik

Die fortschreitende Technik führt zum Veralten bestehender und zur Entwicklung neuer Produkte. Aufgrund des fast überall gegebenen harten Wettbewerbs wird der Betrieb bestrebt sein, die jeweils modernsten Produkte zu fertigen.

Eigene Forschung, Know-how

Der Betrieb wird bestrebt sein, eigene Produktforschung zu betreiben und ein umfangreiches Produktwissen zu erwerben. Sein Ziel ist die Fertigung möglichst exklusiver Produkte, die geringer Konkurrenz ausgesetzt sind und hohe Nachfrage und Umsätze erzielen.

Gesetzliche und soziale Einflüsse

Der Gesetzgeber verbietet die Fertigung von Produkten, die Mensch und Umwelt schädigen, oder knüpft sie an bestimmte Auflagen. Auch die Nachfrager werden gegenüber derartigen Produkten zunehmend sensibel.

Vertretbarkeit der Güter

Vertretbare Güter sind solche, die nach allgemeiner Auffassung durch gleichartige Güter ersetzbar sind (z. B. DVDs, PCs, Konserven, ...). Bei solchen Gütern ermittelt man sorgfältig die Marktchancen und produziert dann oft – nicht immer! – ohne konkret vorliegende Kundenaufträge die Produkte auf Lager (Lagerfertigung). Bei nicht vertretbaren Gütern (z. B. Spezialmaschinen, Schiffen) hingegen produziert man i. d. R. nur auf Bestellung (Auftragseinzelfertigung). Das momentane Produktprogramm entspricht dann der Summe der Kundenaufträge.

In der Praxis benutzt man den Begriff „Produktionsprogramm" oft auch dann, wenn man eigentlich das Produktprogramm meint.

2.3 Programmbreite und -tiefe

Jedes Produktprogramm hat einen bestimmten **Programmumfang**. Dieser ist gekennzeichnet durch die Programmbreite und die Programmtiefe.

- **Die Programmbreite ist durch die Zahl der Produktarten bestimmt.**
- **Die Programmtiefe ist durch die Zahl der Varianten der Produktarten bestimmt.**

Web

M 88

Beispiel: Produktprogramm der Kunert AG (Beinbekleidung)

Siehe auch die Datei *Programmbreite und -tiefe*.

Sparte Feinbereich

Produktarten:
Feinstrümpfe,
Feinstrumpfhosen

Sparte Grobstrickbereich

Produktarten:
Socken,
Söckchen,
Kniestrümpfe,
Leggins

Varianten: verschiedene Qualitäten, Größen, Farben, Muster

wenige Produktarten: enges Programm	viele Produktarten: breites Programm
wenige Varianten:	flaches Programm
viele Varianten:	tiefes Programm

Der Programmumfang
wird bestimmt von

Absatzüberlegungen	**Kostenüberlegungen**	**technischen Gegebenheiten**
Ein umfangreiches Programm	*Ein umfangreiches Programm*	*Ein breites Programm kann bewirkt werden durch*
• verringert die Abhängigkeit von einem einzelnen Produkt, • genießt die Vorliebe der Kunden, • kann bewirken, dass sich die einzelnen Produkte ergänzen (Komplementärgüter) oder behindern (Substitutionsgüter) ❶.	• verhindert tendenziell Spezialisierungsvorteile ❷, • erhöht die Kosten für die Umrüstung von Maschinen, • hemmt oft eine optimale Materialausnutzung.	• die zwangsläufige Miterzeugung von Kuppelprodukten ❸, • die Verwendung von Rückständen, • die Möglichkeit der Nutzung brachliegender Kapazitäten.

❶ **Komplementärgüter** sind z. B. Auto und Benzin, Messer und Gabel, Tisch und Stuhl. Wer das eine Produkt absetzt, hat auch gute Chancen für den Absatz des andern. **Substitutionsgüter** dagegen können sich gegenseitig ersetzen (z. B. Butter und Margarine, Glas und Kunststoff). Sie nehmen sich deswegen oft gegenseitig Absatz weg.

❷ **Produktspezialisierung** bedeutet Konzentration auf bestimmte Produkte. Sie bewirkt ein enges Produktionsprogramm, bringt aber häufig Kostenvorteile durch geringere Entwicklungskosten, größere Produktserien, evtl. Massenproduktion, kleinere Materialläger, Ausnutzung optimaler Bestellmengen, weniger häufige Umrüstung von Maschinen.

❸ **Kuppelprodukte** fallen im selben Produktionsprozess zwangsläufig nebeneinander an (z. B. bei der Rohölverarbeitung u. a.: Gas, Rohbenzin, Rohpetroleum, Dieselöl, Schmieröl). Der Gesamterlös muss dann die Produktionskosten decken.

In der Praxis hat sich eine intelligente Begrenzung des Programmumfangs als günstig und gewinnsteigernd erwiesen: Produktspezialisierung bringt Kostenvorteile; die Anwendung von Typung und Baukastensystemen bewirkt zugleich die Befriedigung individueller Kundenbedürfnisse.

Einzelheiten hierzu finden Sie auf S. 227 ff.

Lesen Sie zu diesem Kapitel auch Band 3 „Steuerung und Kontrolle", 2. Abschn., Kap. 7.5.4

2.4 Fertigungstiefe – „make or buy"

Oft entstehen Produkte und Entwicklungsarbeit noch von A bis Z im eigenen Betrieb. Dafür werden neue Systeme entworfen, Spezialmaschinen und -werkzeuge beschafft, Strukturen und Ausrüstungen geändert. Entsprechend hoch ist die finanzielle Belastung. Dabei haben externe Anbieter oft mehr Know-how, bieten gezielte Lösungen an, sind besser, präziser, schneller und technisch auf dem neuesten Stand. Sie bieten ggf. weitere Vorteile: niedrigere Stückkosten, Wegfall von Entwicklungs- und Lagerkosten, von Kapitalbindung für Investitionen, von Zinskosten für investiertes Kapital, von Risiko bei Entwicklungsrückschlägen oder Produktionsrückgang, von Personal- und Raumkosten sowie Just-in-time-Lieferung (Lieferung exakt zum Bedarfszeitpunkt).

Von der Programmtiefe ist die Fertigungstiefe (Wertschöpfungstiefe) zu unterscheiden. Sie bezeichnet den prozentualen Anteil der eigenen Wertschöpfung am Produktionswert der gefertigten Produkte.

$$\text{Fertigungstiefe} = \frac{\text{eigene Wertschöpfung}}{\text{Produktionswert}} \cdot 100$$

Immer mehr Industriebetriebe stellen benötigte Teile und Halberzeugnisse nicht selbst her („make“), sondern kaufen sie von Zulieferern ein („buy“). Sie betreiben Outsourcing (Fremdvergabe). Die Fertigungstiefe zeigt abnehmende Tendenz.

Beispiel: Abnehmende Fertigungstiefe durch Outsourcing

Grundsätzlich könnten die Automobilhersteller eigene Erzbergwerke, Hütten-, Stahl- und Walzwerke besitzen, um ihre Rohstoffe und Bleche zu produzieren. Entsprechend könnten sie auch Reifen, Sitze, Scheinwerfer, Tacho, Lichtmaschine usw. selbst erzeugen. In der Praxis aber beziehen sie zunehmend Teile von ihren Zulieferbetrieben, die i. d. R. zu Systemlieferanten geworden sind. Die Fertigungstiefe beträgt in modernen Werken nur noch 20 %.

Eigenfertigung setzt voraus:

- die Beherrschung der notwendigen **Fertigungstechnik** (Sicherung der Produktqualität!), → Jeder Betrieb verfügt nur in seinen Kernbereichen über das notwendige Know-how.
- die Bereitstellung der notwendigen **Kapazitäten** (Fertigungs- und Lagerraum, Maschinen, Personal), → Solche Kapazitäten stehen immer nur begrenzt zu Verfügung.
- die **Finanzierbarkeit** dieser Kapazitäten (Eigenkapital, Kredite), → Große Kapazitäten erfordern stets enorm viel Kapital.
- **Kostenvorteile** bei der Fertigung gegenüber Fremdbezug. → Diese Kostenvorteile sind meist nur in den Kernbereichen gegeben.

Deshalb bietet sich Fremdbezug seit jeher an bei

- **kompletten Einbauteilen.** Sie können von spezialisierten Betrieben (mit besserem Know-how) kostengünstiger und/oder in besserer Qualität bezogen werden (z. B. Tachometer, Scheinwerfer, Reifen, Sitze, Bordcomputer).
- **Grundstoffen, Hilfs- und Betriebsstoffen.** Selbst Weltkonzerne, die Endprodukte fertigen, überlassen aus den gleichen Gründen die Förderung von Rohstoffen (z. B. Erze, Öl, Salze, Holz) und ihre Umwandlung in Grundstoffe (z. B. Stahl, Mineralöl, Holzplatten) sowie die Produktion von Hilfs- und Betriebsstoffen (z. B. Klebstoffe, Schrauben, Schmiermittel) spezialisierten Betrieben.
- **Energien, Maschinen, Werkzeuge.** Nur für Spezialwerkzeuge, die auf dem Markt nicht erhältlich sind, wird bisweilen eine eigene Werkzeugmacherei unterhalten.
- **Handelswaren.** Handelswaren ergänzen die eigene Produktpalette. Für ihre Fertigung fehlt in der Regel bereits das notwendige Know-how.

Sind Know-how und Kapazitäten vorhanden, so liegen die variablen (mengenabhängigen) Herstellkosten (vgl. S. 127; z. B. Fertigungsmaterial und Fertigungslöhne) oft unter den Fremdbezugspreisen. Die Eigenfertigung erscheint insofern günstiger.

Beispiel: Vergleich Eigenfertigung oder Fremdbezug bei vorhandenen Kapazitäten

Bei dem Motorradhersteller Herakles AG ist die Abteilung Auspufffertigung mit einer Fertigung von 980 Stück pro Monat zu 70 % ausgelastet. Die Produktion eines neuen Modells erhöht die Auslastung um 300 Stück auf über 90 %. Pro Stück fallen Fertigungslöhne von 55,00 EUR, Fertigungsmaterialkosten von 35,00 EUR und weitere variable Herstellkosten von 10,00 EUR an. Summe: 100,00 EUR. Der Auspuff kann von einem zuverlässigen Lieferanten auch für 113,00 EUR bezogen werden. Die Eigenfertigung erscheint kostengünstiger.

Trotz solcher Kostenvorteile verlagern immer mehr Hersteller sogar in ihren Kernbereichen die Fertigung wichtiger Produktkomponenten auf Zulieferer. Sie schließen ganze Fertigungsanlagen und Betriebsteile und sparen so neben Fertigungslöhnen und Fertigungsmaterialkosten auch die Abschreibungen (Kosten für Abnutzung), Zins-, Wartungs-,

Reparatur-, Sozialversicherungskosten u. a. m. ein (sog. „fixe“ [festliegende, mengenunabhängige] Kosten; vgl. S. 126). Damit wird der Fremdbezug letztlich kostengünstiger.

Beispiel: Kosten bei Aufgabe der Abteilung Auspufffertigung

Längerfristig erwartete Absatzmenge: 1 500 Stück/Monat.
Monatliche fixe Kosten der Abteilung Auspufffertigung: 100 000,00 EUR.
Variable Herstellkosten pro Einheit: 100,00 EUR.
Fremdbezugskosten pro Einheit: 113,00 EUR.

Soll unter diesen Bedingungen die Auspufffertigung aufgegeben werden?

Bei der **„kritischen Menge x“** sind die Kosten von Eigenfertigung und Fremdbezug gleich:

$$100\,000 + 100x = 113x$$
$$100\,000 = (113 - 100)x$$
$$x = \frac{100\,000}{113 - 100} = 7\,692{,}3077$$

$$\text{kritische Menge} = \frac{\text{fixe Kosten}}{\text{Bezugskosten/Stück} - \text{variable Herstellkosten/Stück}}$$

Eine eigene Auspufffertigung ist erst ab 7 693 Einheiten kostengünstiger als Fremdbezug.

Die Reduzierung der Fertigungstiefe macht allerdings eine kompromisslose Sicherung der Lieferqualität (Produkt- und Servicequalität, Termintreue) erforderlich. Sie erfolgt z. B. durch langfristige Bindungen an feste Lieferanten, Rahmenverträge und ggf. Vernetzung der Informationssysteme.

2.5 Programmplanung

2.5.1 Stufen des Planungsprozesses

Das Produktionsprogramm ist nach Art und Menge der Produkte zu planen und festzulegen.

Nach dem Planungszeitraum unterscheidet man lang-, mittel- und kurzfristige Planung.

Stufen der Produktionsprogrammplanung

Langfristige (strategische) Planung
Die langfristige Planung ist eine Perspektivplanung, die je nach Art des Betriebes bis zu zehn Jahre in die Zukunft reichen kann. Sie legt vor allem Produktfelder (Geschäftsfelder) fest und bestimmt Produktvorstellungen, die langfristig entwickelt werden sollen. Die Festlegung der Geschäftsfelder erfolgt im Rahmen einer grundlegenden Unternehmens- und Marketingstrategie (vgl. S. 471).

Mittelfristige (strukturelle oder taktische) Planung
In Rahmen der mittelfristigen Planung werden konkrete Produkte entwickelt. Die wahrscheinliche Fertigungsmenge auf der Basis von erwarteten Kundenaufträgen oder (bei Fertigung für den anonymen Markt) von Absatzprognosen wird ermittelt. Sie ergibt den voraussichtlichen Primärbedarf. Die notwendigen Kapazitäten werden bereitgestellt.

Kurzfristige (operative) Planung
Die kurzfristige Planung legt fest, welche konkreten Endproduktmengen in den einzelnen Perioden des unmittelbar bevorstehenden Planungszeitraums produziert werden sollen. Dabei wird davon ausgegangen, dass der Bestand an Betriebsmitteln und Arbeitskräften fest vorgegeben ist.

2.5.2 Planung der Fertigungsmenge bei der operativen Planung

Ein Teil der Industrieunternehmen produziert nur, wenn Kundenaufträge vorliegen **(Auftragsfertigung)**. Handelt es sich jeweils um individuelle Produkte, von denen nur ein Stück/wenige Stücke zu liefern sind (sog. Auftragseinzelfertigung; z. B. Spezialmaschinen), existiert eine eigentliche Mengenplanung nicht. Vielmehr sind die Aufträge so einzuordnen, dass die betriebliche Kapazität bestmöglich ausgelastet wird, die Durchlaufzeit der Aufträge minimiert wird und die zugesagten Lieferfristen eingehalten werden.

Andere Unternehmen fertigen auch ohne vorliegende Aufträge für den anonymen Markt (z. B. Kühlschränke). Sie prognostizieren die Absatzmenge durch Marktforschung möglichst genau und produzieren auf Lager (**Lagerfertigung**). Die Fertigungsmenge richtet sich an den Absatzerwartungen aus. Ein Problem ist die **Anpassung an Absatzschwankungen**. Hier liegt die Aufgabe der **Beschäftigungsglättung**. Sie soll unterschiedliche Kapazitätsbeanspruchungen der Produktionsstätten mit der Nachfrageentwicklung abstimmen. Entsprechendes gilt auch bei Auftragsfertigern mit Serienfertigung (z. B. Automobilzulieferern).

1. Möglichkeit: Fertigung synchron zum Absatz

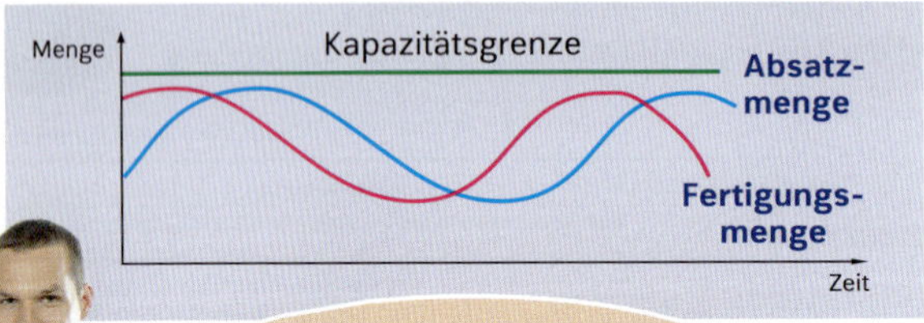

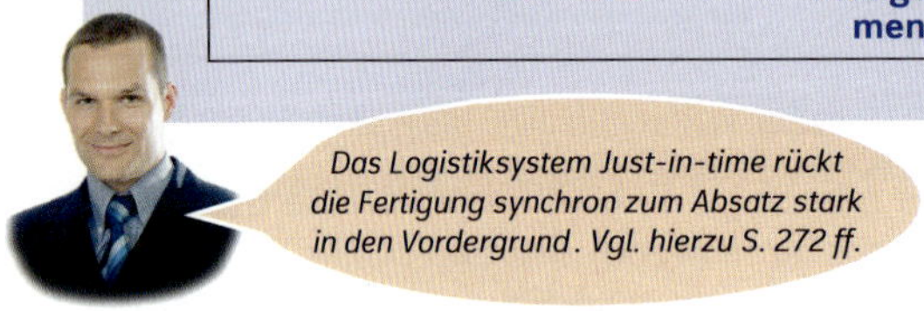

Vorteil:
Kosten der Lagerhaltung für die Fertigprodukte relativ gering, da die produzierten Erzeugnisse zeitnah abgesetzt werden.

Nachteil:
Stark schwankende Kapazitätsauslastung. Produktion muss schnell auf- und abgebaut werden können, sonst kann die Nachfrage nicht befriedigt werden bzw. entstehen hohe Fixkosten für die Leerkapazität.

2. Möglichkeit: Gleichmäßige Kapazitätsauslastung

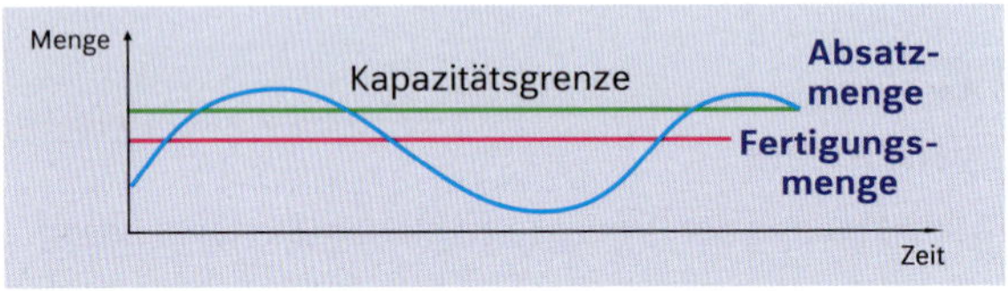

Vorteil:
Geringe Fixkosten für überschüssige Kapazität, Produktionsmengen ausreichend.

Nachteil:
Lagerkosten der Fertigerzeugnisse höher.

3. Möglichkeit: Stufenweise Anpassung

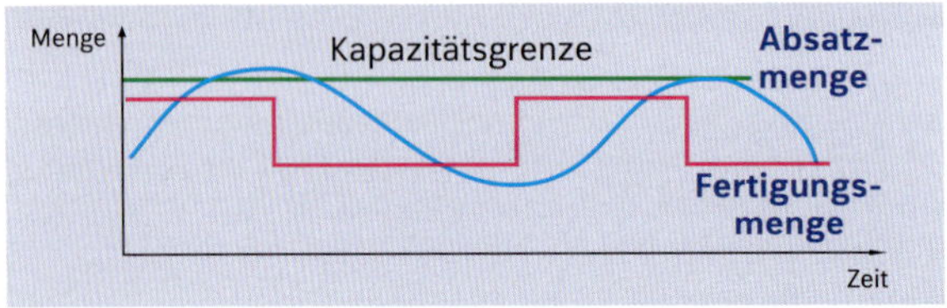

Unter der Voraussetzung, dass die Fertigung stufenweise auf- und abgebaut werden kann, sucht dieses Verfahren die genannten Vorteile zu nutzen und die Nachteile zu vermeiden.

Können mehrere Produkte auf denselben Anlagen gefertigt werden, ergibt sich die Frage, welche Produkte ins Fertigungsprogramm aufgenommen werden sollen.

- Bei ausreichender Kapazität wird man alle das Betriebsergebnis verbessernden Produkte in der Menge fertigen, die der Markt aufnimmt.
- Bei nicht ausreichender Kapazität und/oder begrenzter Aufnahmefähigkeit des Marktes wird man zuerst die Produkte aufnehmen, die das Betriebsergebnis am meisten verbessern.

Arbeitsaufträge

1. **Die Planung des Produktionsprogramms ist eine wichtige Teilaufgabe des Produktionsmanagements.**
   a) Lässt sich das Produktionsprogramm mit dem Absatzprogramm gleichsetzen?
   b) Stellen Sie die Teilaufgaben des Produktionsmanagements in ihrem zeitlichen Ablauf als Prozess dar und berücksichtigen Sie dabei die gestufte Planung des Produktionsprogramms.
   c) Bedeuten Fertigungsprogrammtiefe und Fertigungstiefe das Gleiche?
   d) Nimmt die Fertigungstiefe in der Industrie heutzutage eher zu oder ab? Erläutern Sie die Gründe und die sich ergebenden Notwendigkeiten.

[1] Vgl. S. 237.

2. **Die folgende Aufzählung nennt eine Reihe betrieblicher Ziele:**
   - **Minimierung der Beschaffungskosten**
   - **Minimierung der Fertigungskosten**
   - **Minimierung der Durchlaufzeiten**
   - **Maximierung des Umsatzes**
   - **Minimierung der Lagerkosten**
   - **Sicherung der Liquidität (Zahlungsfähigkeit)**
   - **Maximierung der Kapazitätsauslastung**
   - **Optimierung der Arbeitsbedingungen**
   - **Minimierung der Rüstkosten**
   - **Maximierung der Ausbringungsmenge**
   - **Minimierung der Lieferfristen**
   - **Maximierung der Absatzmengen**

   a) Ordnen Sie diese Ziele den Betriebsbereichen Materialmanagement, Produktionsmanagement, Absatzmanagement, Personalmanagement und Finanzmanagement zu.
   b) Geben Sie an, welche Ziele aus dem Bereich Produktionsmanagement miteinander und/oder mit anderen Zielen in Konflikt stehen.

3. **Auf einer Produktionsanlage können monatlich 1 000 Stück gefertigt werden. Monatliche fixe Kosten = 20 000,00 EUR. Material- und Lohnkosten pro Stück = 200,00 EUR. Bezugskosten pro Stück bei Fremdbezug = 250,00 EUR.**

   a) Ist Eigenfertigung oder Fremdbezug günstiger bei einer Menge von 300, 600, 1 000 Stück?
   b) Von welcher Menge an wird der Fremdbezug günstiger als die Eigenfertigung?

4. **Der bekannte Sportartikelhersteller PUMA hat sich voll auf die „Kernkompetenzen" Produktentwicklung, Absatz und Qualitätskontrolle konzentriert. Fertigung und Logistik erfolgen durch 14 asiatische, osteuropäische und britische Partnerunternehmen. PUMA benötigt deshalb nur wenige Hundert Mitarbeiter, erzielt aber einen Milliardenumsatz.**

   a) Hat PUMA eine hohe oder niedrige Fertigungstiefe?
   b) Erläutern Sie die typischen Vorteile von Outsourcing anhand des Beispiels PUMA.
   c) Welche Gefahren entstehen für das Unternehmen? Wie kann es ihnen begegnen?

3 Materialien für die Fertigung

3.1 Materialarten

Materialien sind Gegenstände, die verarbeitet, bearbeitet oder eingebaut werden (Produktmaterialien) oder für das Funktionieren der Betriebsmittel eingesetzt werden (Betriebsmaterialien).

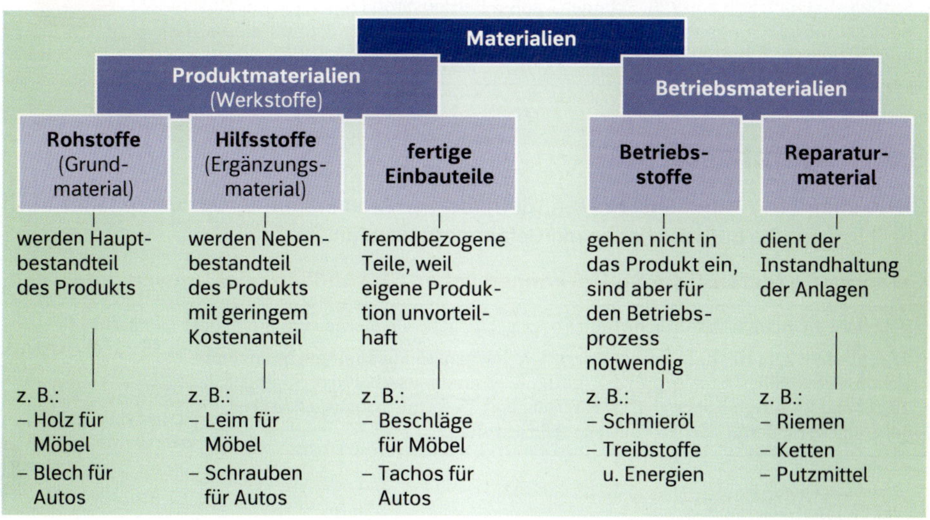

Materialarten (Erläuterungen)

Rohstoffe (Grundmaterial)

Rohstoffe bestimmen als Hauptbestandteile den materiellen Grundcharakter des Produkts. Sie können unmittelbar der Natur entnommen sein (z. B. Schafwolle, Zuckerrüben, Eisenerz) oder als Halberzeugnisse (z. B. Profilstahl, Garn, Tuch) von Vorleistungsbetrieben stammen. (Insofern ist die Bezeichnung *Grundmaterial* zweckmäßiger.) Meist können sie für die Fertigung verschiedener Produkte verwendet werden.
Für die Kalkulation[1] des Fertigerzeugnisses ist wichtig: Ihre Verbrauchsmenge kann meist für jeden einzelnen Auftrag genau vorherbestimmt und vorgegeben, ihre Entnahme aus dem Lager durch Materialentnahmescheine gesteuert und überwacht werden. Ihr Verbrauchswert stellt deshalb sog. Materialeinzelkosten dar[2].

Hilfsstoffe (Ergänzungsmaterial)

Als Nebenbestandteile des Produkts haben sie lediglich ergänzenden Charakter. Ihre Verbrauchsmenge wird nicht auftragsweise vergeben, sondern nach Bedarf dem Lager entnommen. Ihr Verbrauchswert stellt in der Kalkulation sog. Materialgemeinkosten[2] dar. Er wird lediglich durch einen prozentualen Zuschlag (Erfahrungswert) auf die Einzelkosten erfasst. Dieses Vorgehen beeinträchtigt die Genauigkeit der Kostenrechnung und Kalkulation. Es bewirkt auch leicht Verschwendung. Deshalb sollte man auch „nebensächliches" Material, wann immer möglich, auftragsweise vorgeben.

Fertige Einbauteile

Soweit diese Teile durch Montage in das Erzeugnis eingehen, sind sie eigentlich Grund- oder Ergänzungsmaterial, das nicht be- oder verarbeitet, sondern „eingearbeitet" wird. Häufig sind es Normteile (z. B. Schrauben, Muttern, Beilagscheiben, Stifte, Bolzen, Schmiergefäße). Oder es sind Spezialteile aus Zulieferbetrieben (z. B. Vergaser, elektrische/elektronische Ausrüstung und Servo-Teile in der Kfz-Industrie), deren Herstellung im eigenen Betrieb technisch nicht möglich oder deren Fremdbezug wirtschaftlicher ist. Auch Handelswaren sind fremdbezogene Teile. Zwar werden sie nicht eingebaut, dienen aber doch der Schaffung marktfähiger Leistungen (z. B. als Zubehör).

Betriebsstoffe und Reparaturmaterial

Diese Stoffe dienen der Durchführung der Erzeugung einschließlich der Krafterzeugung. Sie werden nicht Bestandteil der Erzeugnisse und stehen nicht in Beziehung zu einem bestimmten Erzeugnis. Insofern wird ihr Wert in der Kostenrechnung/Kalkulation als Materialgemeinkosten durch prozentuale Zuschläge auf die Einzelkosten erfasst. Maßgebend ist stets der Verbrauchszweck, niemals die Stoffeigenschaft. So kann z. B. Schmieröl außer Betriebsstoff (zum Ölen der Maschinen) sein: Ergänzungsmaterial (Ölfüllung im Produkt Motor), Grundmaterial (bei auftragsweiser Zurechnung) oder auch Handelsware.

3.2 Gefahrstoffe

Chemiebetriebe, Munitionsfabriken, Betriebe der Atomindustrie, Gaswerke, aber auch unzählige andere Betriebe haben mit Gefahrstoffen zu tun.

Gefahrstoffe (gefährliche Stoffe) können Leben, Gesundheit oder Umwelt gefährden.

§ 3a Abs. 1 ChemG: Gefährliche Stoffe oder gefährliche Gemische sind Stoffe oder Gemische, die

1. explosionsgefährlich, 2. brandfördernd, 3. hochentzündlich, 4. leichtentzündlich, 5. entzündlich, 6. sehr giftig, 7. giftig, 8. gesundheitsschädlich, 9. ätzend, 10. reizend, 11. sensibilisierend, 12. krebserzeugend, 13. fortpflanzungsgefährdend, 14. erbgutverändernd oder 15. umweltgefährlich sind; ...

So definiert das ***Chemikaliengesetz*** *Gefahrstoffe.*

[1] Preisberechnung
[2] Vgl. Sachwortverzeichnis.

Wer Gefahrstoffe herstellt, lagert oder in den Verkehr bringt, ist an die diesbezüglichen Rechtsvorschriften gebunden. Die wichtigsten Bestimmungen für den Umgang mit Gefahrstoffen sind in der **Gefahrstoffverordnung** enthalten:

- Wer Gefahrstoffe in den Verkehr bringt (Hersteller, Importeur), muss sie vorschriftsgemäß einstufen, verpacken und kennzeichnen.
- Er muss den Abnehmern ein Sicherheitsdatenblatt übergeben.
- Für eine genannte Anzahl von Stoffen bestehen Herstellungs- und Anwendungsverbote (z. B. Asbest).
- Arbeitnehmer dürfen gefährlichen krebserzeugenden Stoffen nicht ausgesetzt werden.
- Der Arbeitgeber muss alle vorgeschriebenen Maßnahmen zum Schutz des menschlichen Lebens, der Gesundheit und der Umwelt und zur Gefahrenabwehr treffen und Schutzausrüstungen stellen.
- Es sind Luftmessungen durchzuführen und vorgeschriebene Grenzwerte einzuhalten.
- Der Arbeitgeber muss in einer Betriebsanweisung auf die Gefahren durch den Umgang mit Gefahrstoffen hinweisen und die Arbeitnehmer unterweisen.
- Gefahrstoffe sind so aufzubewahren und zu lagern, dass die menschliche Gesundheit und die Umwelt nicht gefährdet werden.
- Für die mit Gefahrstoffen Beschäftigten sind Vorsorgeuntersuchungen vorgeschrieben.

Wichtige Rechtsvorschriften

- Chemikaliengesetz
- Gefahrstoffverordnung
- Gefahrgutgesetz
- Gefahrgutverordnungen (für Gefahrguttransporte)
- Atomgesetz
- Sprengstoffgesetz
- Arzneimittelgesetz
- Kriegswaffenkontrollgesetz
- Gefahrgutbeauftragten-Verordnung
- verschiedene Umweltgesetze (siehe S. 76)

Die EU hat das „**G**lobal **H**armonisierte **S**ystem für die Einstufung und Kennzeichnung von Chemikalien" der UN als europäische **GHS-Verordnung** umgesetzt. Diese Verordnung unterteilt physikalisch-chemische Gefahren, toxische Gefahren und Umweltgefahren jeweils in Gefahrenklassen und diese in Gefahrenkategorien. Gefahrstoffe sind dementsprechend einzustufen und zu kennzeichnen.

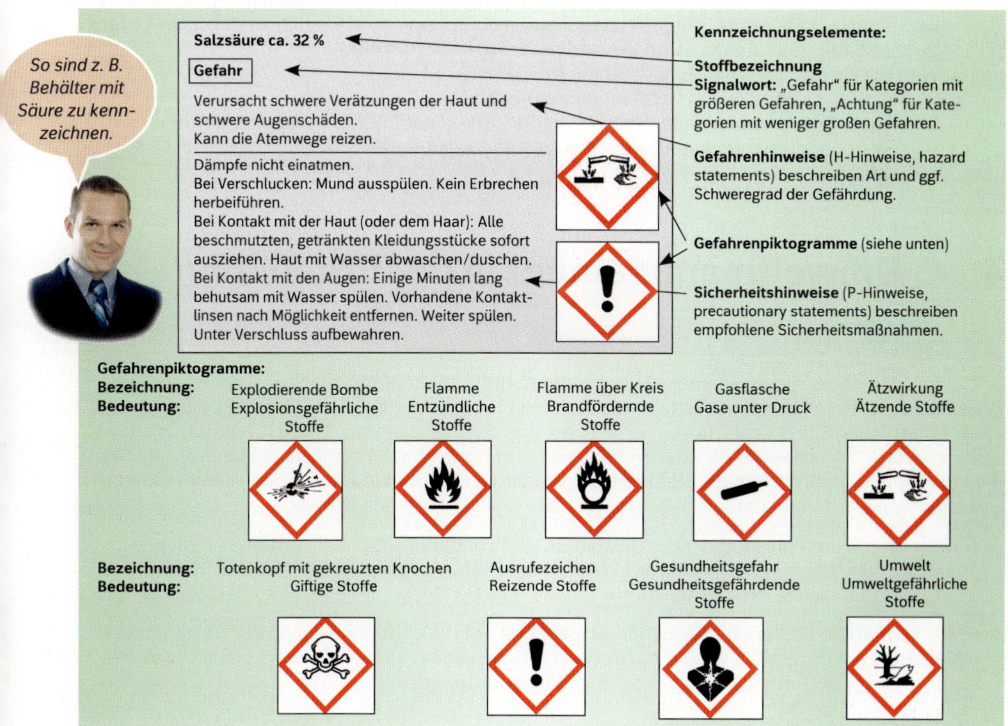

Darüber hinaus schreibt die **Gefahrgutbeauftragten-Verordnung** vor:

Unternehmen, die gefährliche Güter versenden, verpacken, befördern oder zur Beförderung übergeben, müssen einen Gefahrgutbeauftragten (den Unternehmer selbst oder einen Angestellten) bestellen, wenn vorhersehbar oder abschätzbar ist, dass innerhalb eines Jahres mehr als 50 t gefährlicher Güter umgeschlagen werden. Der Beauftragte soll den ordnungsgemäßen Umgang mit Gefahrgütern überwachen. Seine Sachkunde erwirbt er durch Schulung bei der IHK. Nach jeweils fünf Jahren muss er einen Fortbildungskurs besuchen.

Arbeitsaufträge

1. **Zufällig beobachtet ein Meister, wie der Arbeiter Eilrich eine Flüssigkeit aus einem Topf in eine Limonadenflasche füllt und sie oben auf ein Regal stellt. Auf die Frage des Meisters, was die Flasche enthalte, antwortet Eilrich: „Schwefelsäure".**
   a) Gegen welche Bestimmung hat Eilrich verstoßen?
   b) In welche Art von Behälter darf die Säure nur abgefüllt werden?
   c) Wie muss der Behälter gekennzeichnet sein?

2. **Sie finden einen Behälter, auf dem eine Flamme abgebildet ist.**
   Was bedeutet dieses Symbol?

3. **Der Gefahrgutbeauftragte soll**
   - **schriftliche Aufzeichnungen führen,**
   - **genaue Angaben machen über Zeitpunkte der Überwachung, überwachte Personen und überwachte Geschäftsvorgänge,**
   - **die Namen der beauftragten Personen auflisten und Auskunft erteilen über deren Schulung,**
   - **Mängel unverzüglich anzeigen,**
   - **innerhalb eines halben Jahres nach Ablauf des Geschäftsjahres einen Jahresbericht vorlegen (Angaben über Art und Menge der Gefahrgüter, Beförderungsart, verwendete Verpackungen, Fahrzeuge, eingesetztes Personal, Anlagen und Einrichtungen zum Gefahrgutumschlag, Schulungen und besondere Ereignisse (Unfälle)).**

   a) Warum schreibt der Staat Gefahrgutbeauftragte vor?
   b) Benötigt jeder Betrieb einen Gefahrgutbeauftragten?
   c) Kann jeder Arbeitnehmer ohne Weiteres als Gefahrgutbeauftragter eingesetzt werden?
   d) Wie erwirbt der Gefahrgutbeauftragte die notwendigen Kenntnisse?

4 Umweltmanagement in der Produktion

Strategische Partnerschaft im Papierrecycling

Kunden des Kopiererproduzenten Rexox können ihre Papierabfälle kostenlos loswerden. Der Geschäftsbereich Papier & Zubehör hat mit dem Entsorger Trienen GmbH eine Recycling-Partnerschaft vereinbart. Fehldrucke, Fehlkopien und Schnittreste der Kunden werden in Containern nach Sorten getrennt. Trienen liefert die Abfälle an Papierfabriken. Diese bereiten das Papier auf und führen es dem Stoffkreislauf wieder zu. Das Konzept dient dem Umweltschutz: Recyclingpapier schont natürliche Ressourcen wie Holz, Energie und Wasser.

Trienen lieferte der Papierindustrie im letzten Geschäftsjahr rund 850 000 t sortiertes Altpapier. In seinen Sortieranlagen wird Material aus kommunalen Sammlungen, aus dem Dualen System, aus Gewerbe und Industrie verarbeitet.

Rexox vermarktet Papiere und Zubehör ausgerichtet auf die Bedürfnisse digitaler Dokumentenerstellung. Zum Programm zählen gestrichene, ungestrichene und selbstdurchschreibende Papiere sowie Inkjet-Tintenpatronen und Laser-Toner-Cartridges.

Der Absatzmarkt verlangt umweltfreundliche Produkte. Die Fertigung muss deshalb solche Produkte konstruieren und bauen. Dies setzt auch die Verwendung umweltfreundlicher Materialien und die Anwendung umweltfreundlicher Fertigungsverfahren voraus.

4.1 Umweltfreundliche Materialien

An verwendete Materialien sind insbesondere folgende Anforderungen zu stellen:

Umweltverträglichkeit der Materialien

Nachhaltigkeit

- Alle Materialien sollen möglichst so eingesetzt werden, dass die anfallenden Materialrückstände und die entstehenden Produkte recycelbar sind.
- Für die Fertigung sollen möglichst Materialien eingesetzt werden, die durch Recycling gewonnen wurden.
- Ansonsten sollen als Materialien möglichst erneuerbare Primärrohstoffe verwendet werden. Sie sollen nur in dem Umfang verbraucht werden, wie sie nachwachsen.
- Nicht erneuerbare Primärrohstoffe sollen im Sinne des „sustainable development" sparsam verwendet werden.

Merke:
***Primärrohstoffe** sind der Natur entnommen. **Sekundärrohstoffe** entstehen durch Recycling.*

Umweltfreundlichkeit bei Prozessen

Es sollen Materialien verwendet werden, die bei Gewinnung, Verarbeitung, Transport, Lagerung, Gebrauch sowie bei den daraus entstandenen Produkten die Umwelt nicht belasten.

Umweltfreundliche Verpackung

Die Verpackung der Materialien soll auf das Notwendige reduziert werden. Im Übrigen gelten für sie die gleichen Anforderungen wie für die Materialien selbst.

4.2 Verantwortung für Rückstände

In Betrieb und Haushalt fallen Rückstände an:

- **Produktionsrückstände** sind unerwünschte, unvermeidbare Abfallprodukte, die neben den beabsichtigten Produkten anfallen (z. B. Materialreste, Ausschussprodukte, Stäube, verunreinigtes Wasser, Emissionen: Abgase, Abwärme, Abstrahlungen, Erschütterungen). Auch ausgemusterte Maschinen, Geräte und Werkzeuge sind Rückstände.
- **Konsumrückstände** sind ausgemusterte Produkte und Verpackungen, Emissionen und die durch den Güterverbrauch entstehenden Abfälle.

Rückstände können verwertbar (Werkstoffe, Sekundärrohstoffe) oder nicht verwertbar (Abfälle) sein.

Das Kreislaufwirtschafts- und Abfallgesetz schreibt vor: Wer Güter produziert, vermarktet oder konsumiert, ist für die Vermeidung, Verwertung und umweltverträgliche Beseitigung der Rückstände grundsätzlich selbst verantwortlich. Dabei gilt die folgende Rangordnung.

Rangordnung bei der Behandlung von Rückständen

❶ Rückstände sind in erster Linie zu vermeiden.
→ sparsame Rohstoff- und Energienutzung

❷ Nicht vermeidbare Rückstände sind vorrangig zu verwerten.
→ Recycling: Wiederverwendung, Weiterverwendung, Wiedergewinnung, Weiterverwertung

❸ Nur verbleibende Abfälle sind umweltfreundlich zu entsorgen.
→ Abfallverbrennung, Deponielagerung, Stoffumwandlung (z. B. Kompostierung, bakterielle Zersetzung)

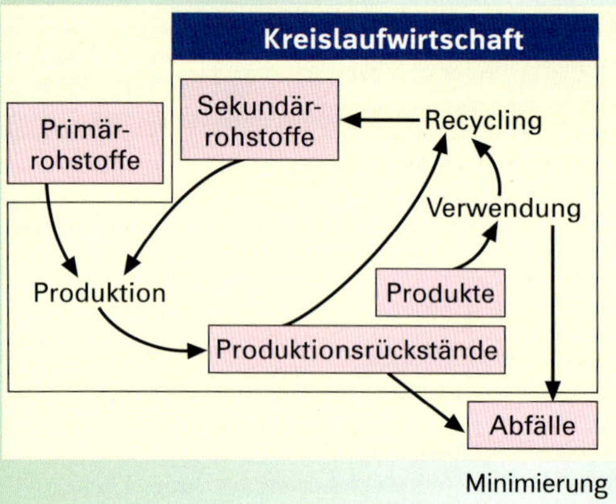

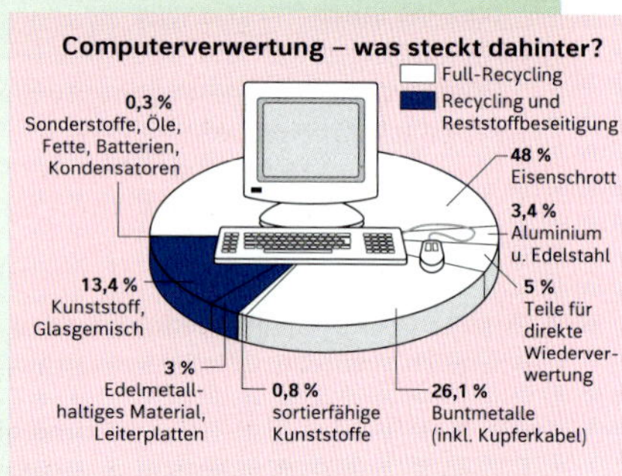

Recycling soll bewirken:

- langfristige Sicherung der Versorgung mit Primärrohstoffen,
- Energieeinsparung durch Sekundärrohstoffe,
- Entlastung der Umwelt von Abfällen.

Beispiele: Recycling

- **Wiederverwendung:** Tonerauffangbehälter für Kopiergeräte werden bei den Kunden eingesammelt und an den Tonerhersteller zur erneuten Befüllung zurückgegeben.
- **Wiedergewinnung:** Aus Altglas wird einschmelzbares Granulat hergestellt. Je sortenreiner das Glas aufbereitet ist und je sorgfältiger die Störstoffe entfernt sind, desto besser lässt sich das Material wieder für die Neuglasproduktion nutzen.
- **Wiedergewinnung:** Aus Kunststoff wird wieder Kunststoff. Folien, Becher, Eimer oder sonstige Kunststoffgebinde werden vorbehandelt, aufgeschmolzen und regranuliert. Das Regranulat wird wie Neumaterial zur Herstellung von Kunststoffprodukten eingesetzt.
- **Weiterverwertung:** Teppichboden wird zu Fäden versponnen. Hauptbestandteil des neuen Fadens ist Polyamid. Er ist in Textilfasern wiederzufinden.
- **Weiterverwertung:** Alt-PCs werden von den Industrieunternehmen in Sammelbehältern zur Verfügung gestellt. Noch nutzbare Bauteile werden gezielt demontiert, Kunststoffteile werden einer stofflichen Verwertung zugeführt usw.

Problematisch wird Recycling, wenn Energieverbrauch und Umweltbelastung beim Sammeln (Zunahme des Verkehrs!), Sortieren und Wiederaufbereiten höher sind als bei der Primärrohstoffgewinnung. Ökobilanzen zur Klärung dieser Frage liegen noch nicht vor.

Das **Kreislaufwirtschafts- und Abfallgesetz,** das **Verpackungsgesetz**, das **Altfahrzeuggesetz** und das **Elektro- und Elektronikgerätegesetz** enthalten bereits zwingende Rücknahmevorschriften für gebrauchte Produkte.

Beispiele: Altfahrzeuge und Altgeräte

- **Altfahrzeuge:** Wer sein altes Fahrzeug endgültig stilllegen möchte, muss seiner Zulassungstelle einen Verwertungsnachweis vorlegen. Dieser sagt aus, dass das Auto nach dem Stand der Technik recycelt und verwendet wird. Der Fahrzeughalter kann wählen, ob er sein Altauto bei einem Kfz-Betrieb oder einem Verwerterbetrieb abgibt.
- **Altgeräte:** Große Händler müssen sperrige Altgeräte (z. B. Kühlschränke, Waschmaschinen, Fernseher) beim Kauf eines gleichwertigen Gerätes kostenlos zurücknehmen, Kleingeräte (z. B. Rasierer, Handys) auch ohne Neukauf. Kommunale Recyclinghöfe nehmen Altgeräte kostenlos an.

Die Rücknahmeverpflichtungen zeigen schon allgemeine Wirkung: Die Hersteller beginnen ihre Produkte von Anbeginn an so zu konzipieren, dass sie möglichst vollständig wiederverwertet werden können.

Beispiele: Recyclingquoten

- Seit 2015 müssen aufgrund der EU-Altfahrzeugrichtlinie 85 % der Kfz-Teile wiederverwendet oder recycelt und 95 % insgesamt verwertet werden.
- Elektroschrott: In der EU sollen 85 % der Altgeräte eingesammelt und bis zu 80 % davon wiederverwertet werden.

4.3 Umweltqualität der Produkte

Umweltfreundliche Produkte werden von Anfang an geplant. Deshalb müssen die Gesichtspunkte der Umweltqualität für alle Lebensphasen des Produkts schon bei der Produktentwicklung und der Konstruktion sorgfältig berücksichtigt werden.

Lebensphasen und Umweltqualität des Produkts

Fertigungsphase →	Nutzungsphase →	Entsorgungsphase
↓ Fertigungsqualität	↓ Nutzungsqualität	↓ Entsorgungsqualität
• Verwendung von Sekundärrohstoffen • Verwendung nachwachsender und nachhaltiger Primärrohstoffe • sparsamer Materialeinsatz (z. B. miniaturisierte Bauteile) • sparsame Verpackung	• Robustheit, Langlebigkeit, Stabilität, Haltbarkeit • Reparaturfreundlichkeit • Schadstofffreiheit • Gesundheitsunbedenklichkeit • ggf. Aufrüstbarkeit • Aufrüstbarkeit und Kompatibilität mit anderen Produkten • niedriger Energieverbrauch • keine Energieverluste • keine Emissionen • optimale Produktinformation für den Verwender	• Kennzeichnung der Bauteile mit den Entsorgungseigenschaften • Mehrfachverwendbarkeit • lösbare Verbindungen • demontagegerechte Verbindungen • recycelbare Materialien, geringer Anteil an Abfallstoffen • Vermeidung von Verbundmaterialien • ggf. thermisch verwertbare, kompostierbare, biologisch abbaubare Stoffe

Ein gutes Design kann die Umweltqualität des Produkts wesentlich unterstützen, ohne dass das Produkt blass oder langweilig wirken muss.

In der Praxis existieren zahlreiche Konzepte und Richtlinien zur umweltfreundlichen Produktgestaltung, z. B. ein Prüfschema des Umweltbundesamtes und die VDI-Richtlinie[1] 2243 *(Recyclingorientierte Produktentwicklung).*

1 VDI = Verein Deutscher Ingenieure

4.4 Umweltqualität der Fertigungsverfahren

„Sanfte" Fertigungsverfahren sind in dreifacher Weise umweltfreundlich. Sie sind

- **materialsparend** → minimale Materialrückstände, keine Ausschussproduktion
- **energiesparend** → minimaler Verbrauch an Strom, Wasser, Gas, Benzin
- **emissionsarm** → minimale Belastung von Boden, Wasser, Luft durch Emissionen (z. B. Absaug-, Filter-, Klär-, Brauchwasserrückführungs-, Entschwefelungs-, Lärmschutzanlagen)

Die einschlägigen Rechtsvorschriften (z. B. Bundesimmissionsschutzgesetz, Umwelthaftungsgesetz) sind zu beachten. Durch Herausgabe von Ökobilanzen und Teilnahme an EU-Öko-Audits kann das Unternehmen vorbildliches Umweltverhalten nachweisen.

Arbeitsaufträge

1. **Die Papierindustrie lebt von dem regenerativen Rohstoff Holz. Die Papierfabrik Nordthal GmbH verwendet als einziger SC-Papier-Produzent ausschließlich total chlorfrei gebleichten Zellstoff zur Herstellung von absolut chlorfrei gebleichtem Papier (SC = super kalandriert; Naturpapier ohne zusätzliche Beschichtung. Chlor ist ein giftiges Gas, das die Atmungsorgane angreift. Es verseucht vor allem das Wasser bei der Altpapieraufbereitung.) Speziell für die Materialwirtschaft ist von Bedeutung: Die Nordthal setzt immer mehr Altpapier ein und verwendet immer mehr inländisches Holz – überwiegend aus einen Umkreis von 200 km. Wo immer möglich, wird mit der Bahn angeliefert. Das für die Papiererzeugung benötigte Faser- und Schleifholz – ohnehin minderwertiges Holz – soll vornehmlich aus Durchforstungen kommen. Es wird auch Schwachholz aus der Sägeindustrie, das nicht für die Bau- und Möbelproduktion geeignet ist, eingesetzt. Das Unternehmen, das selbst keinen Wald besitzt, legt Wert auf Lieferanten, die Holz aus nachhaltiger Waldbewirtschaftung liefern. Es lehnt artenarme Monokulturen ab. Das Holz darf nicht aus geschützten, wertvollen Biotopen und nicht aus übel zugerichteten Urwäldern stammen. Beim Einkauf wird darauf geachtet, dass die geforderten Umweltschutzmaßnahmen eingehalten werden. Im Gebirge wird Seilkrantechnik eingesetzt, im Flachland sind es Traktoren und wendige Kleinschlepper mit Niederdruckreifen.**
   a) Was versteht man unter regenerativen Rohstoffen?
   b) Nennen Sie alle Umweltprobleme, die in dem obigen Text hinsichtlich der Nutzung des regenerativen Rohstoffes Holz angesprochen werden.
   c) Erläutern Sie möglichst eingehend die Maßnahmen, die Nordthal zur Lösung dieser Probleme ergreift.

2. **Das Einführungsbeispiel auf Seite 96 beschreibt eine „strategische Partnerschaft im Papierrecycling".**
   a) Wer sind die „strategischen Partner"?
   b) • Welche Art Rückstände fallen an?
      • Wer trägt laut Kreislaufwirtschaftsgesetz die Verantwortung für die Rückstände?
      • Welche Art Recycling findet statt?
   c) Erläutern Sie, worin die strategische Eigenschaft der Partnerschaft besteht und warum gerade diese Form der Kooperation für den Rückstandsverantwortlichen notwendig ist.

3. **Es ist anzunehmen, dass auch Ihr Ausbildungsbetrieb eine maximale Umweltqualität von Produkten und Fertigungsverfahren anstrebt.**
   Wählen Sie ein Produkt aus dem Fertigungsprogramm Ihres Betriebs aus. Untersuchen Sie das Produkt hinsichtlich der Aspekte Fertigungs-, Nutzungs- und Entsorgungsqualität. Arbeiten Sie bereits erzielte Erfolge heraus und zeigen Sie Möglichkeiten für weitere Verbesserungen auf.
   In einem zweiten Schritt untersuchen Sie die Fertigungsverfahren für das ausgewählte Produkt auf ihre Umweltfreundlichkeit hin. (Holen Sie sich ggf. Unterstützung bei den Mitgliedern des Umweltschutzmanagements und verwenden Sie Unterlagen wie Umweltbericht und Umweltbilanz.) Erstellen Sie einen schriftlichen Bericht und erstellen Sie eine computergestützte Präsentation der Ergebnisse.

5 Produktentstehungsmanagement

Automobilhersteller betreiben ständig **Forschung**, z. B. hinsichtlich neuer Materialien, Treibstoffe, Motoren. Nur so können sie **Produktinnovationen** entwickeln. Die Entwicklung soll zu optimaler **Produktgestaltung** führen, die dem Kundenbedarf entspricht und der Konkurrenz standhält.

Bis zur Markteinführung verursacht ein neuer Wagen nur Kosten und erbringt keinen Gewinn. Setzt er sich am Markt durch, steigt mit dem Absatz der Gewinn rasch. In der Reifephase steigen beide langsamer. Ist der Markt gesättigt, steigen sie nicht mehr. Natürlich schläft die Konkurrenz nicht. Sie produziert inzwischen verbesserte Fahrzeuge. Mit jährlichen **Produktverbesserungen** versucht man den Gewinn zu halten. Wenn aber die Konkurrenz wirklich neuartige, überlegene (z. B. sichere, umweltfreundliche, preiswerte) Autos auf den Markt bringt, sinkt der Gewinn rasch (Degenerationsphase). Spätestens jetzt muss man wieder gewinnträchtige Produktinnovationen vorweisen können und das alte Produkt vom Markt nehmen **(Produktelimination)**.

5.1 Produktlebenszyklus

Web

Alle Produkte haben nur eine begrenzte Lebensdauer. Der Produktlebenszyklus[1] zeigt die typischen Lebensphasen. (Siehe auch die Präsentation *Produktlebenszyklen*.)

M 101

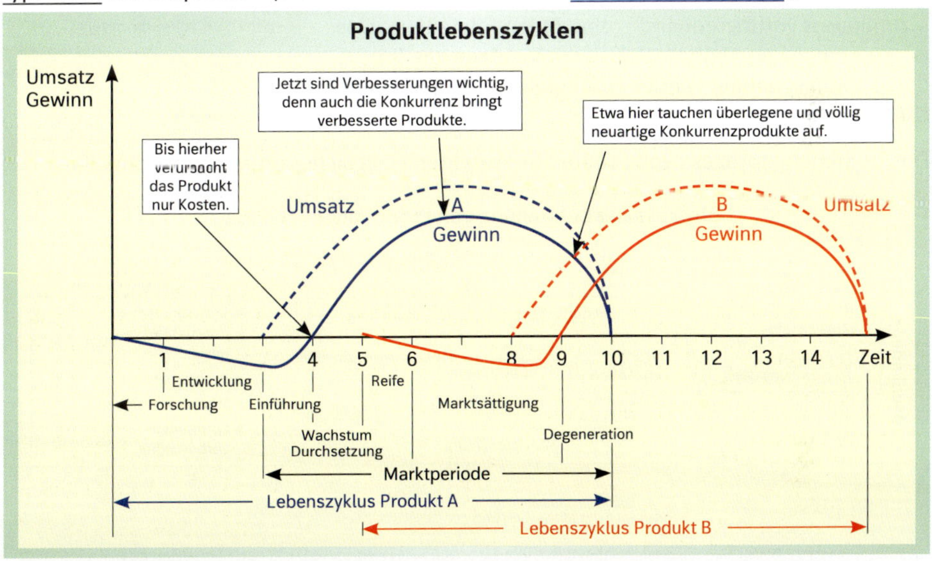

- In der **Forschungs- und Entwicklungsphase erzeugt** das Produkt keine Umsätze, sondern nur Kosten – und damit Verlust.
- Auch in der **Markteinführungsphase** entstehen Verluste, denn die Kosten für Werbung/Absatzförderung sind noch hoch, die Absatzmengen klein. Ein Produkt, das jetzt scheitert, ist ein **Flop**.
- Die **Wachstumsphase** beginnt mit der Überwindung der Marktwiderstände. Umsatz und Gewinn steigen stark. Bei kurzlebigen Produkten (z. B. Saison-, Scherzartikeln) brechen sie rasch wieder ab. Hohe Gewinne sind dann nötig, um schnell die Kosten zu decken.
- Die **Reifephase** kennzeichnet eine weitere, aber weniger starke Marktausdehnung. Die Zahl der Neukunden nimmt ab.

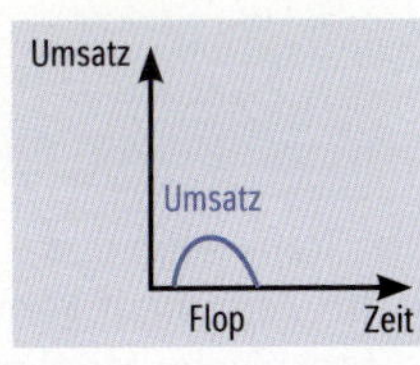

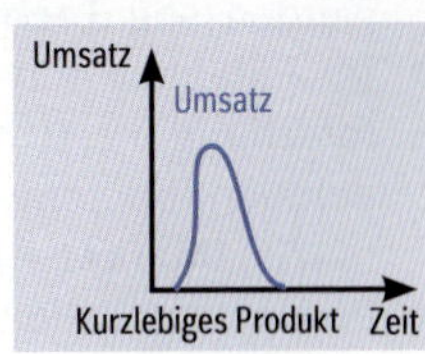

[1] Zyklus = periodisch ablaufendes Geschehen

- In der **Phase der Marktsättigung** tauchen verbesserte Konkurrenzprodukte auf. Sie ziehen Käufer ab. Durch Produktverbesserungen versucht das Unternehmen gegenzusteuern. Ziel: ein **Relaunch** (Verlängerung des Zyklus).
- In der **Degenerationsphase** tauchen neuartige, überlegene Konkurrenzprodukte auf. Die Käufer wandern nun in starkem Umfang ab. Sonderangebote können kurzfristig den Umsatz noch einmal steigern. Dann muss das Produkt aufgegeben werden.

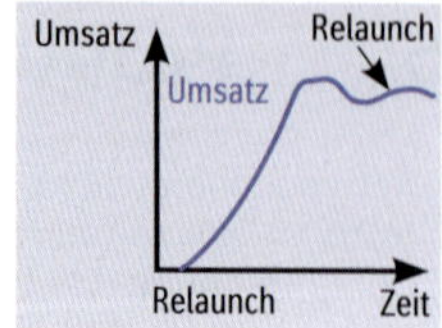

Aufgrund des immer schnelleren technischen Fortschritts werden auch die Produktlebenszyklen immer kürzer.

Die begrenzte Lebensdauer der Produkte zwingt zu ständigem Bemühen um **Produktinnovationen** und – weil neue Produkte oft auch neue Fertigungsverfahren erfordern – um **Verfahrensinnovationen**.

__Innovationen__ sind die Neuerungen, die mit dem technischen, sozialen und wirtschaftlichen Wandel einhergehen.

Dabei ist es wichtig, den Produktentstehungsprozess so kurz wie möglich zu halten, um einen Innovationsvorsprung vor der Konkurrenz zu gewinnen. Dieser Vorsprung verschafft – zumindest vorübergehend – eine Monopolstellung. Das Unternehmen kann höhere Preise durchsetzen, die Innovationskosten schneller wieder hereinholen und einen einträglichen Gewinn erwirtschaften.

Der Entstehungsprozess von Produktinnovationen lässt sich grob wie folgt darstellen:

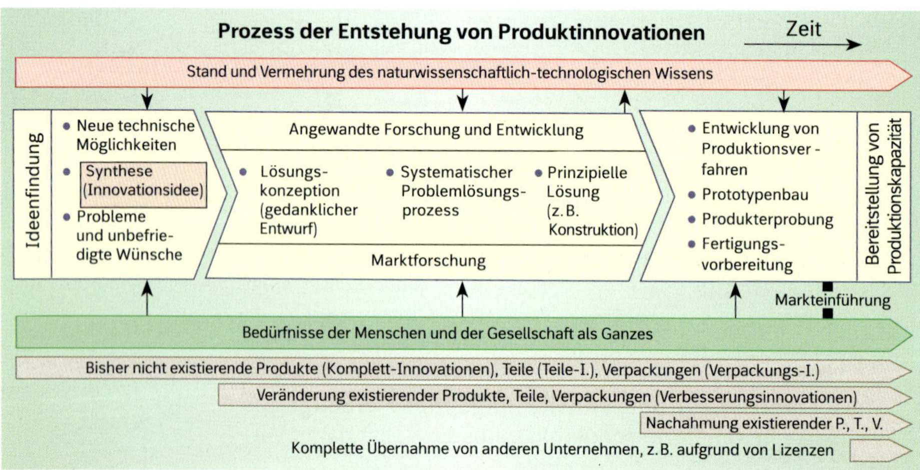

Die Grafik zeigt u. a.:

- Im Zeitablauf vermehrt sich das naturwissenschaftlich-technologische Wissen. Neue technische Möglichkeiten können vom Unternehmen als Innovationsauslöser genutzt werden (sog. **Technology-Push-Strategie** – Strategie des Technologieschubs).
- Im Zeitablauf ändern sich die Bedürfnisse von Mensch und Gesellschaft. Durch Marktforschung – z. B. Markt- und Umfeldanalysen (vgl. S. 39, 455, 459) – kann das Unternehmen Probleme und unbefriedigte Wünsche erkennen und als Innovationsauslöser nutzen (**Market-Pull-Strategie** – Strategie des Marktsogs).
- Produktinnovationen müssen durchaus nicht immer Komplettinnovationen sein. Auch Teile-, Verpackungs-, Verbesserungs- und Nachahmungsinnovationen sowie Komplettübernahmen mit Lizenz können zum Erfolg führen. Dies umso mehr, als sie den Innovationsprozess enorm verkürzen können.

Die Prozesse der Produktentstehung sind kundenferne Kernprozesse (vgl. S. 56).

5.2 Innovationsprozess (Ideenfindung)

Industrielle Hersteller sind ständig auf der Suche nach innovativen Produktideen. Deshalb stammen viele Ideen von ihnen selbst. Aber auch ihre (gewerblichen) Kunden liefern oft Ideen und suchen sich dann Hersteller für die Produktentwicklung.

Betriebsinterne Ideenquellen	Betriebsexterne Ideenquellen
• Tätigkeit der F&E-Abteilung • Mitarbeiterteams zur Ideenfindung • Personalvorschläge (Vorschlagswesen fördern!) • Kunden- und Außendienstberichte • Anregungen der Marktforschungsabteilung • Anregungen der Werbeabteilung	• Kundenanfragen • Kunden-, Absatzmittlerbefragungen • wissenschaftliche Veröffentlichungen • Verbandsmitteilungen • Rechtsvorschriften • erworbene Lizenzen • Konkurrenzangebot (Messen, Ausstellungen!)

Innovationen setzen oft erhebliche Anstrengungen von **Forschung und Entwicklung (F&E)** voraus. Beide – das zeigt der Produktlebenszyklus – verursachen nur Kosten, keinen Umsatz. Deshalb müssen sie früh einsetzen. Nur so können die Kosten aus den Gewinnen der bestehenden Erzeugnisse bestritten werden.

Forschungen sind wissenschaftliche Anstrengungen zum Erwerb neuer Erkenntnisse.

- **Technische Grundlagenforschung** dient der Vermehrung des Grundwissens. Sie ist nicht auf einen Verwertungszweck gerichtet. Nur Großunternehmen haben – neben Hochschulen und wissenschaftlichen Institutionen – hierfür die finanziellen Mittel.
- **Angewandte Forschung** bezieht sich auf konkrete Anwendungsmöglichkeiten. Sie ist typisch für Unternehmen.
- **Marktforschung** betrifft die Beschaffung von Informationen über Märkte und Absatzmöglichkeiten (Einzelheiten siehe S. 455 ff.).

Entwicklung ist die erstmalige Umsetzung von Erkenntnissen zur Findung von Produkten und Verfahren. (Siehe auch die Präsentation *Forschung und Entwicklung*.) Web *M 103_1*

F&E ist teuer. Deshalb betreiben viele Unternehmen eine vertragliche F&E-Kooperation mit Hochschulen (siehe www.maltgetriebe.de) und anderen Unternehmen. Selbst Konkurrenten kooperieren (z. B. Ford und VW). Vorteile: Kostenersparnis, Vermeidung von Doppelentwicklungen, größere Forschungskapazität, Nutzung fremden Know-hows.

Bei der systematischen Ideensuche ist die Arbeit in **Projektteams** vorteilhaft. Sie gibt der unterschiedlichen Denkfähigkeit und Kreativität der Mitglieder Raum. Dabei werden gerne Methoden systematischer Ideenentwicklung angewendet. Dazu gehören z. B.:

- die Funktionsanalyse,
- morphologische Verfahren,
- Brainstorming-Verfahren,
- Synektik.

Das Infoblatt *Methoden systematischer Ideenentwicklung* liefert Ihnen Einzelheiten zu diesen Methoden.

Funktionsanalyse
Die Tätigkeiten des Verwenders werden in Schritte (Funktionen) zerlegt. Dann werden Produktlösungen ermittelt, die die Funktionen optimal erfüllen.

Morphologische Verfahren
Man schreibt bestimmende Problemmerkmale auf, dann zeigt man in einem Schema alle möglichen Lösungen auf, bewertet sie und verfolgt die günstigsten weiter.

Brainstorming
Die Mitglieder einer Gruppe äußern spontan beliebige Einfälle – auch absurd anmutende – zu einem Problem. Dann erfolgt die Auswertung.

Synektik
Gruppenmitglieder zeigen zu einem Problem Entsprechungen in andersartigen Bereichen auf. Einige werden zum Problem in Beziehung gebracht. Dann erfolgen spontane Lösungsvorschläge. Sie werden auf Realisierbarkeit geprüft.

Web *M 103_2*

5.3 Produktplanungsprozess

Hinweis:
Produktplanung und Produktentwicklung sind in der Praxis uneinheitlich. Die hier aufgeführten Prozesse können deshalb auch anders ablaufen. So erfolgt z. B. die Machbarkeitsprüfung oft nach der Erstellung des Lastenheftes – insbesondere bei Produkten, die im Kundenauftrag entwickelt werden.

Je nach Branche braucht man viele – bis zu 200 – Ideen für ein Erfolg versprechendes Produkt. Deshalb müssen Innovationsideen bewertet und ausgewählt werden.

- Die **Bewertung und Auswahl** erfolgt oft durch Gruppen in mehreren Entscheidungsphasen. In Gate Meetings („Gatter-Treffen") wird entschieden, welches Gatter („Aus", „Weiter", „Warten") sich für eine Idee hinsichtlich der nächsten Phase öffnen soll. Dabei kommen zahlreiche Instrumente zur Anwendung: Nutzwertanalysen (siehe S. 279, 281), Checklisten u. a. m.
- Zunächst führt man **Machbarkeitsprüfungen** durch. Sie untersuchen, ob die Ideen realisierbar sind, und zwar:
  - **technisch** (Technik vorhanden? Technik beschaffbar?),
  - **fachlich** (Know-how vorhanden? Know-how beschaffbar?),
  - **organisatorisch** (Fertigungsorganisation geeignet?),
  - **wirtschaftlich** (finanzierbar? Material beschaffbar? Termine einhaltbar? Kosten vertretbar?),
  - **rechtlich** (mit bestehenden Rechtsvorschriften vereinbar?),
  - **ökologisch** (unbedenklich?).

  Nicht realisierbare Ideen werden nicht weiterverfolgt (Gatter „Aus").
- Die sog. **K-Checkliste** (wegen der Anfangsbuchstaben so genannt) nennt wichtige Merkmale für die Bewertung und Auswahl der verbleibenden realisierbaren Ideen: Kundenpotenzial, Kundennutzen (besonders hoch bei kreativen Ideen), Konkurrenzvorteil, Konkurrenzreaktion, Kommunikation (z. B. Informationsvorsprünge), Klima (gesellschaftliche Sensibilisierung), Kosten, Kompetenz, Kapitalbedarf.
- Wichtig ist auch die Abschätzung verlustbringender Risiken (Gefahren) durch **Risiko-Analysen**. Sie erfolgt immer wieder begleitend zur Produktplanung und -entwicklung.

Bei der Ideenbewertung kommt es in der Praxis immer wieder zu zwei Fehlern:

- **Ablehnungsfehler:** Eine gute Idee wird zu Unrecht abgelehnt.
  Folge: Gelegenheit verpasst.
- **Annahmefehler:** Eine schlechte Idee wird zu Unrecht akzeptiert.
  Folge: Verschwendung von Ressourcen.

Ein berühmter Ablehnungsfehler: 1877 lehnte in den USA die Telegraph Company – der Betreiber des größten Telegrafennetzes – das Angebot des Telefonerfinders G. Bell zum Kauf seines Telefonpatents ab.

Deshalb sind vor der endgültigen Ablehnung/Annahme einer Idee folgende Kontrollfragen nützlich:

- „Wir sind dabei, die Idee abzulehnen. Was passiert, wenn ein Konkurrent sie realisiert?"
- „Wir sind dabei, die Idee anzunehmen. Warum hat noch kein Konkurrent sie realisiert?"

5.4 Produktentwicklungsprozess

Ein Projekt ist ein umfangreiches Verfahren zur Lösung eines neuartigen und komplexen Problems.

Die Produktentwicklung stellt ein umfangreiches Projekt dar, das nur mit einem guten Projektmanagement gelöst werden kann (vgl. S. 68).

Bei technischen Produkten verläuft die Produktentwicklung zweckmäßigerweise in vier Phasen:

Aufgabe klären → konzipieren → entwerfen → ausarbeiten

- **Aufgabe klären**
  Insbesondere sind die Anforderungen an das Produkt (technische, wirtschaftliche, ggf. auch gesellschaftliche und ökologische Anforderungen) genau zu formulieren. Hierzu dienen das Lastenheft (die Anforderungsliste) und das Pflichtenheft.

Lastenheft
(Was? Wofür?)

↓

Pflichtenheft
(Wie? Womit?)

Das Lastenheft wird vor dem Projektbeginn vom Auftraggeber oder in Zusammenarbeit mit ihm erstellt. Es kann sich um einen internen Auftraggeber (z. B. die Geschäftsleitung) oder um einen externen Auftraggeber (einen Kunden) handeln. Im Lastenheft sind alle Forderungen des Auftraggebers an die Lieferungen und Leistungen des Auftragnehmers einschließlich aller Rahmenbedingungen zu beschreiben.

Das Pflichtenheft beschreibt, wie die Anforderungen des Lastenheftes umgesetzt werden sollen. Es wird im Laufe des Projekts vom Auftragnehmer (Entwicklungsteam) erstellt.

- **Konzipieren**
  Die Gesamtfunktion des Produkts (z. B.: Geschirr spülen) wird in Teilfunktionen zerlegt (z. B.: Geschirr lagern, Wasser erhitzen, Spülmittel zuführen). Für sie sucht man prinzipielle Lösungen. Auch hier können die oben erwähnten Methoden systematischer Ideenentwicklung sinnvoll eingesetzt werden. Es entsteht ein gedanklicher Entwurf.

- **Entwerfen**
  In einem systematischen Problemlösungsprozess wird zuerst ein grob-, dann ein feinmaßstäblicher Entwurf erstellt, ggf. in Zusammenarbeit mit Produktdesignern. Damit werden einfache Modelle des Produkts hergestellt. Maßstäbliche Modelle dienen zur Bewertung der äußeren Erscheinung, Funktionsmodelle zum Beweis der Produktfunktion.

- **Ausarbeiten**
  - Die maßgebenden Module sowie das Gesamtprodukt werden konstruiert (Einzelheiten siehe Kapitel 1.2). Dies erfordert immer wieder neue Abstimmung.
  - Produktionsverfahren und Fertigungsunterlagen werden erstellt.
  - Bei Serienprodukten (siehe S. 138) werden Prototypen gebaut (voll funktionsfähige erste Erprobungsausführungen) und hinsichtlich aller gestellten Anforderungen getestet. Anhand der Fehlerprotokolle wird das Produkt überarbeitet und das Pflichtenheft angepasst.
  - Die Serienfertigung wird vorbereitet. Mithilfe einer Nullserie (Vorserie) prüft man, ob alle Hilfsmittel serientauglich sind. Die Nullserie ist nicht für den Verkauf bestimmt.

Arbeitsaufträge

1. **Forschung und Entwicklung im Siemens-Konzern**

   Um innovative Produkte und Systeme auf dem Weltmarkt wettbewerbsfähig anbieten zu können, müssen wir rechtzeitig über die Schlüsselkomponenten verfügen und deren Fertigungstechnik beherrschen. Insgesamt 4,29 Mrd. EUR haben wir im Geschäftsjahr 2013 für Forschung und Entwicklung als Investition in die Zukunft aufgewendet (im Vorjahr 4,24); rund 29 800 (Vorjahr: 29 500) Mitarbeiter sind weltweit mit dieser Aufgabe befasst.

   Eine Analyse unserer Geschäftsfelder ergab, dass ihre technische Weiterentwicklung im Wesentlichen durch den Fortschritt in 12 Technologien bestimmt ist, hinter denen sich rund 60 technologische Handlungsfelder verbergen (z. B. „Simulation Technologies“). Diese „Kerntechnologien“ werden meist von mehreren Geschäftsfeldern und Bereichen gebraucht und sind untereinander vielfältig verknüpft. Sie werden mindestens für das nächste Jahrzehnt die wichtigste Quelle für Innovationen im Unternehmen bleiben.

Im Spannungsfeld des „technology push" und „market pull" sind die Kerntechnologien in Anpassung an das Geschäft einer ständigen Überprüfung unterworfen. Der Einsatz für die Kerntechnologien wird von der Zentralabteilung „Corporate Technology" aktualisiert, was je nach Markt- und Technologieentwicklung auch zur Neueinrichtung oder zur Beendigung einer Kerntechnologie führen kann.

Quelle: Schneider, Ursula; Böcker, Hans: Lerneinheit – Wie funktioniert die Industrie? München: Siemens AG 1995, S. 39

a) Aus welchen Gründen wird bei Siemens Forschungs- und Entwicklungsarbeit betrieben?
b) Ist die Tendenz zu Forschung und Entwicklung eher zunehmend oder abnehmend?
c) Versuchen Sie zu erläutern, was unter „technology push" und „market pull" zu verstehen ist und welche Bedeutung sie für die Siemens-Forschung haben.
d) Sowohl der Staat (Universitäten, Forschungsinstitute) als auch Großunternehmen betreiben Grundlagenforschung. Staatliche Forschung will ganz allgemein das menschliche Wissen erweitern. Gilt dies auch für die industrielle Grundlagenforschung bei Siemens?

2. Ein Druckerhersteller will einen neuen Tintenstrahldrucker entwickeln und die Produkteigenschaften mittels einer morphologischen Matrix festlegen.

Gehäuseform	quadratisch				
Gehäusematerial	Blech				
Gehäusefarbe	grau				
Einzugsschacht	Einzelblatteinzug				
Anschluss	USB				
Tinte	schwarz				
Patronenvolumen	20 ml				
Druckgeschwindigkeit	2 Blatt/Min.				
Service	kein Service				
Zusatzfunktion	Scanner				

Ergänzen Sie die Matrix und wählen Sie dann in jeder Zeile ein Merkmal aus.

3. Bei der Firma Systemmöbel GmbH wurde aufgrund von Marktuntersuchungen und Berichten des Außendienstes ein Bedarf an wirbelsäulenschonenden Gesundheitsstühlen (Kniestühlen) für Bürotätigkeiten festgestellt. Für qualitativ hochwertige Stühle erscheint bei einer Preisobergrenze von 250,00 EUR ein jährlicher Absatz von 2 500 Stück möglich. Das Bauprinzip der Stühle ist bekannt (siehe Skizze), und Systemmöbel liegt auch eine Reihe gesicherter Forschungsergebnisse hinsichtlich der Vorteile für die Körperhaltung vor. Die Geschäftsleitung beschließt deshalb die Entwicklung und Produktion unter Berücksichtigung innovativer Aspekte.

a) Organisieren Sie eine Brainstorming-Gruppe und versuchen Sie möglichst viele Vorschläge zur Gestaltung der Stühle zu sammeln.
b) Bei der Produktplanung und -entwicklung sollten u. a. beachtet werden:
   - technische Anforderungen an das Produkt,
   - wirtschaftliche Anforderungen an das Produkt,
   - gesellschaftliche Anforderungen an das Produkt,
   - ökologische Anforderungen an das Produkt.

   Ordnen Sie jedem der vier Bereiche konkrete Anforderungen an das Produkt zu, die Ihrer Meinung nach zu erfüllen sind, um dem Produkt zum Markterfolg zu verhelfen.

5.5 Konstruktion und Stücklistenerstellung

5.5.1 Aufgaben der Konstruktion

Konstruktion ist die fertigungsgerechte und funktionsfähige Gestaltung der Produkte.

Dabei sind von vornherein zahlreiche Anforderungen zu berücksichtigen:

- **Kundenanforderungen** (z. B. hinsichtlich Materialqualität, gewünschter Funktionen, Bedienungs-, Wartungs-, Reparatur-, Entsorgungsfreundlichkeit, Wertbeständigkeit),
- **Umweltanforderungen** (hinsichtlich Fertigungs-, Nutzungs- und Entsorgungsqualität der Produkte; vgl. S. 99),
- **Betriebsanforderungen** (hinsichtlich der fertigungsgerechten Produktgestaltung, der Beschaffbarkeit der Materialien, der Einhaltung der Kostenvorgaben).

Deshalb muss sich der Konstrukteur optimal mit den Mitarbeitern aus Absatz, Produktion, Einkauf, Umweltmanagement, Finanzierung und Rechnungswesen abstimmen.

Die Konstruktionsaufgaben umfassen:

- Ermittlung der Hauptdimensionen des Erzeugnisses,
- Ermittlung der einzelnen Funktionsabläufe und der beteiligten Elemente,
- konstruktive Gestaltung der Baugruppen und Einzelteile (fremdbezogene Teile sind zu berücksichtigen),
- Werkstoffauswahl,
- Bestimmung von Toleranzen (so groß wie möglich – so klein wie nötig),
- Formgebung (zweckmäßig, einfach, leicht herstellbar, geschmackvoll),
- Erstellung von Fertigungsunterlagen (Konstruktionszeichnungen, Stücklisten, Fertigungspläne, Steuerprogramme),
- Herausgabe von Bau- und Betriebsvorschriften,
- Erstellung von Bedienungsanleitungen.

Phasen des Konstruktionsprozesses

Konzeptphase
- Untersuchung der Aufgabenstellung
- Erarbeitung alternativer Lösungen
- Bewertung der Lösungen

Gestaltungsphase
- konkrete Ausarbeitung des Lösungskonzepts
- maßstäblicher Entwurf, ggf. Modell
- Bewertung der Lösung

Detaillierungsphase
- Ausarbeitung und Darstellung der Einzelteile
- Erstellung von Fertigungsunterlagen (Zeichnungen, Stücklisten, Fertigungspläne, Steuerprogramme)

In **Chemiebetrieben** findet keine Konstruktion statt, sondern es werden **Rezepturen** für die chemischen Produkte erstellt. Zuständig ist das **Betriebslabor**.

Heutzutage ist die computergestützte Konstruktion (**Computer Aided Design**) die Regel. Dabei dient der Bildschirm als elektronisches Zeichenbrett, CAD-Systeme werden vorwiegend für die **Detaillierungsphase** herangezogen. Dabei ist es möglich, in einer Datenbank bereits gespeicherte Grundelemente (z. B. Linien, Flächen, Körper) und Teilkonstruktionen abzurufen, zu variieren und zu neuen Konstruktionen zusammenzusetzen. Dies ist

u. a. dann vorteilhaft, wenn aufgrund von Kundenaufträgen nur bestimmte Änderungen an bestehenden Produkten notwendig werden.

Mit CAD können nicht nur Konstruktionszeichnungen erstellt werden. Die im CAD-Rechner vorhandenen Informationen über die Gestalt von Werkstücken werden vielmehr auch dazu verwendet, Steuerprogramme für numerisch gesteuerte Maschinen zu erstellen.

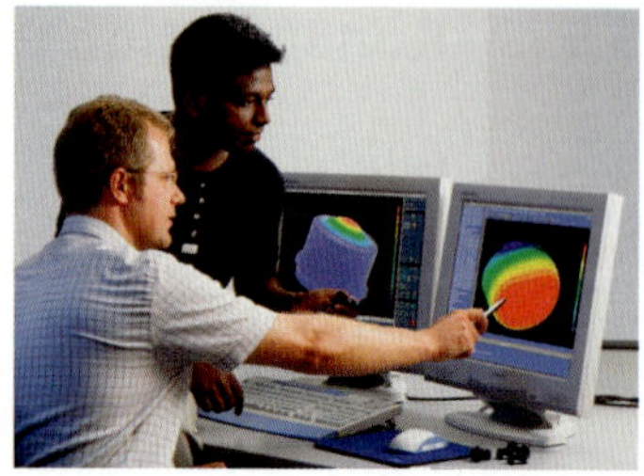

Beispiel: Programmieren und Fertigen eines Frästeils

Entwicklung und Konstruktion eines Frästeils mit CAD-Systemen

Handskizze als Entwurf

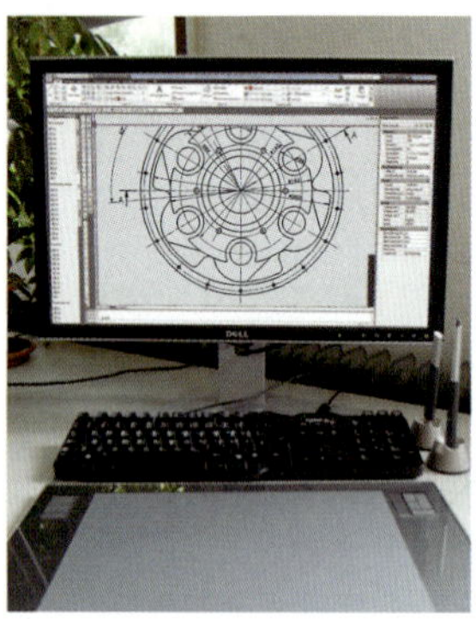

Konstruktion am Bildschirm

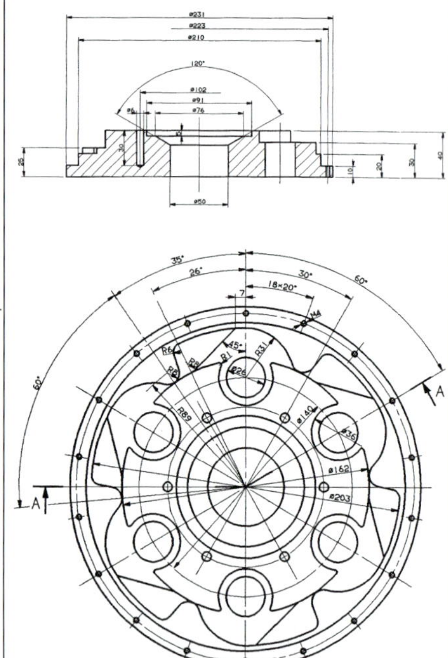

Technische Zeichnung nach CAD-Konstruktion

Entwicklung eines Fräsprogramms mit anschließender Probefertigung

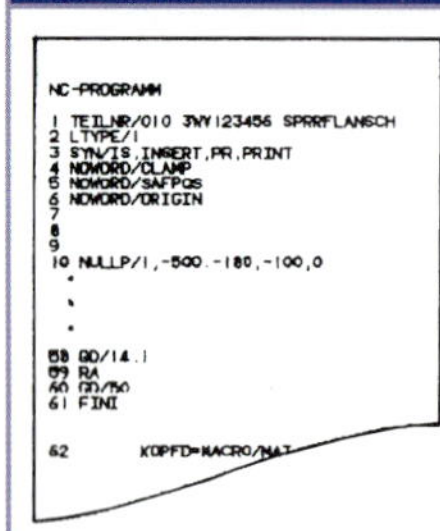

Programm

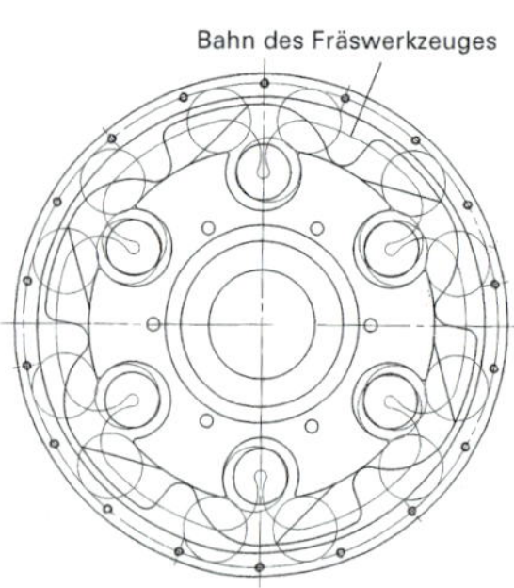

Simulation der Fräserbahn

Bearbeitung an einem Bearbeitungszentrum

5.5.2 Konstruktionszeichnungen

Zeichnungen des Produkts sind wichtige Ergebnisse der Konstruktionsarbeit.

Konstruktionszeichnungen

Produkt (Bohrprisma) → **Gesamtzeichnung**
Sie zeigt maßstäblich das Produkt im gesamten Aufbau, seine Zusammensetzung aus Baugruppen und baugruppenunabhängigen Teilen sowie deren Lage zueinander.

Baugruppe (Spindel komplett) → **Gruppenzeichnung**
Sie zeigt maßstäblich die räumliche Lage und die Form der zu einer Baugruppe zusammengefassten Teile.

Einzelteil (Spindel) → **Teilezeichnung**
Sie zeigt maßstäblich ein oder mehrere Werkstücke ohne räumliche Zuordnung zu anderen Teilen.

Anordnung der Teile → **„Explosionszeichnung"** (nach DIN 199 **„Anordnungsplan"** genannt)
Besondere Art der Gruppen- oder Gesamtzeichnung. Sie zeigt die Gegenstände räumlich zueinander, nicht unbedingt in allen Details und maßstäblich, sodass sich ihre Anordnung erkennen lässt. Sie wird vor allem für Montage, Demontage, Ersatzteilbeschaffung sowie Dokumentationszwecke benötigt.

Beispiel: Konstruktionszeichnungen

(1) Gesamtzeichnung

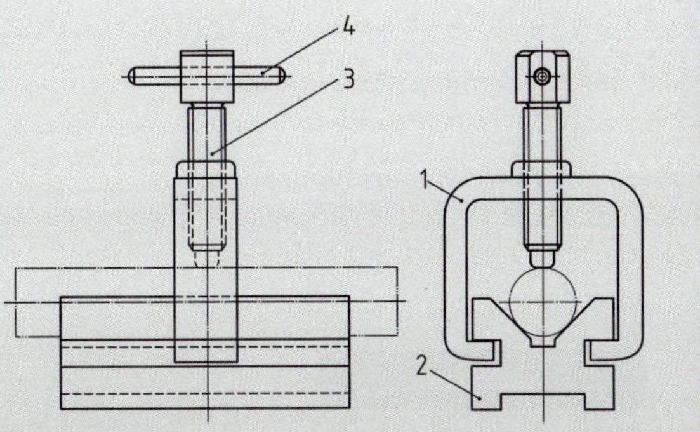

Pos.	Menge	Einh.	Benennung	Sachnummer/Norm-Kurzbezeichnung	Bemerkung
4	1	St.	Zylinderstift	ISO 2338-A-6×50-St	DIN EN 22338
3	1	St.	Spindel	02.001	
2	1	St.	Spannprisma	02.001	gehärtet
1	1	St.	Spannbügel	02.001	
1	2	3	4	5	6

Allgemein-Toleranzen ISO 2768 -m | Oberfläche DIN ISO 1302 | Maßstab 1:1 | Gewicht

	Datum	Name
Bearb.	23.5. ..	Marku
Gepr.		
Norm		

Bohrprisma

H.Stam GmbH | 02.000 | Blatt 1 | 3 Bl.

Zust. | Änderung | Datum | Name | Ursprung | Ersatz für | Ersatz durch

Zu den Normenabkürzungen:
Normen sind anerkannte Regeln (Vereinheitlichungen, Methoden) der Technik; sie sind mit Wissenschaft und Praxis abgestimmt, jedermann zugänglich und durch besondere Normenverfahren festgelegt.

- DIN Deutsche Norm des Deutschen Instituts für Normung e. V. (Berlin)
- ISO Internationale Norm der Internationalen Organisation für Normung (Genf)
- EN Europäische Norm des Europäischen Komitees für Normung (CEN; Brüssel)
- DIN ISO Internationale Norm, die auch als deutsche Norm gültig ist
- DIN EN Europäische Norm, die auch als deutsche Norm gültig ist

Auf der Zeichnung befindet sich ein Schriftfeld.

Hier macht der Konstrukteur u. a. eine Aufstellung über die Teile, die die Zeichnung enthält:

die **Stückliste.**

(2) Explosionszeichnung

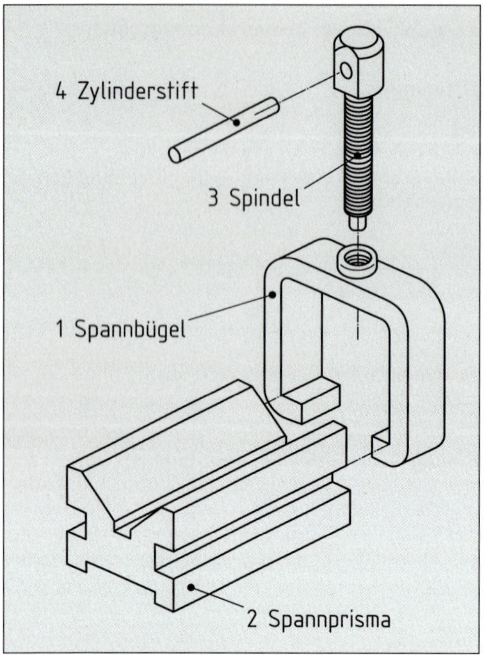

Explosionszeichnungen lassen sich besonders rationell mit CAD erstellen. Die Gegenstände werden dreidimensional in den Computer eingegeben. Sie können in beliebigem Maßstab auf dem Bildschirm gezeigt, dort zueinander verschoben, evtl. gedreht und aus jeder Perspektive betrachtet werden.

Eine Gruppenzeichnung und eine Teilezeichnung finden Sie in der Präsentation Konstruktionszeichnungen.

Web M 110

5.5.3 Stücklisten

Auf der Zeichnung erstellt der Konstrukteur eine Stückliste[1] der Teile, die die Zeichnung enthält. Diese Aufstellungen werden für das Gesamtprodukt zusammengezogen zur Konstruktionsstückliste.

Die *Konstruktionsstückliste* ist eine Zusammenstellung aller Baugruppen, Einzelteile und Werkstoffe eines Produkts.

Mithilfe von Standardprogrammen des PPS-Systems[2] werden aus der Konstruktionsstückliste verschiedene andere Stücklistentypen für unterschiedliche Zwecke abgeleitet und anschließend gespeichert.

Stücklisten

nach dem Aufbau	nach dem Verwendungszweck
Aufbaustücklisten	**Arbeitsstücklisten**
• Mengenübersichtsstücklisten • Strukturstücklisten – einfache Strukturstücklisten – Baukastenstücklisten • Variantenstücklisten	• Bereitstellungsstücklisten (Material-, Dispositionsstücklisten) • Fertigungsstücklisten • Kalkulationsstücklisten • Montagestücklisten

[1] In Chemiebetrieben findet man statt der Stücklisten Rezepturen.
[2] Einzelheiten zum Begriff „PPS-System“ siehe S. 146.

Aufbaustücklisten

Mengenübersichtsstücklisten zeigen alle Baugruppen und Einzelteile, die direkt oder indirekt in das Erzeugnis eingehen (zusammenziehende mehrstufige Stücklisten). Sie reichen für die Ermittlung des Bruttobedarfs für das Produkt aus.

Bruttobedarf = Teilpositionsmengen · Produktmenge

Mengenübersichtsstücklisten zeigen jedoch nicht, welche Teile auf welcher Fertigungsstufe in welche Baugruppe eingehen. Sie ermöglichen es deshalb nicht, die für die einzelnen Fertigungsstufen erforderlichen Produktionsaufträge stufenweise separat zu planen.

Strukturstücklisten zeigen die Aufgliederung von Erzeugnissen nach konstruktiv zusammengehörenden Baugruppen:

- **einfache Strukturstücklisten** enthalten sämtliche Baugruppen und Teile des Erzeugnisses in ihrem fertigungstechnischen Zusammenhang (mehrstufige Stücklisten).
- **Baukastenstücklisten** stellen den Aufbau immer nur bis zur nächstniederen Stufe dar (einstufige Stücklisten). Der Gesamtaufbau ist deshalb nur durch das Zusammenfügen aller Baukastenstücklisten zu erkennen. Vorteil von Baukastenstücklisten: Die Zusammensetzung von mehrfach verwendeten Baugruppen muss nur einmal dargestellt werden.

Variantenstücklisten werden für Enderzeugnisse mit Varianten aufgestellt. Solche Erzeugnisse haben einen hohen Anteil an gleichen Bauteilen in allen Varianten. Für sie wird eine Gleichteilestückliste (auch Rumpfstückliste genannt) erstellt. Hinzu kommen individuelle Variantenstücklisten für die restlichen Teile.

Die folgenden Beispiele können Sie auch anschaulich anhand der Präsentation Stücklisten nachvollziehen.

Web M 111

Beispiel 1: Mengenübersichts-, einfache Struktur-, Baukastenstückliste

Ein Produkt P1 habe die folgende Erzeugnisstruktur (Fertigungsstufen 4 bis 0; G = Baugruppe; E = Einzelteil). 2 E1 bedeutet z. B.: 2 Stück von Einzelteil E1.

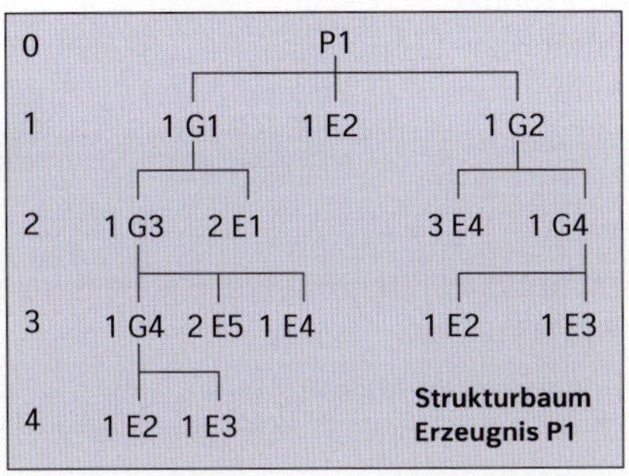

Strukturbaum Erzeugnis P1

Mengenübersichtsstückliste:

Teile-Nr.	Stückzahl
G1	1
G2	1
G3	1
G4	2
E1	2
E2	3
E3	2
E4	4
E5	2

einfache Strukturstückliste:

Fertigungsstufe	Teile-Nr.	Stückzahl
1	G1	1
2	G3	1
3	G4	1
4	E2	1
4	E3	1
3	E5	2
3	E4	1
2	E1	2
1	G2	1
2	G4	1
3	E2	1
3	E3	1
2	E4	3
1	E2	1

Baukastenstücklisten:

P1	Teile-Nr.	Stückzahl
	G1	1
	G2	1
	E2	1

G1	Teile-Nr.	Stückzahl
	G3	1
	E1	2

G2	Teile-Nr.	Stückzahl
	G4	1
	E4	3

G3	Teile-Nr.	Stückzahl
	G4	1
	E4	1
	E5	2

G4	Teile-Nr·	Stückzahl
	E2	1
	E3	1

Beispiel 2: Variantenstücklisten

Die Produktvarianten P2 und P3 haben die folgende Erzeugnisstruktur:

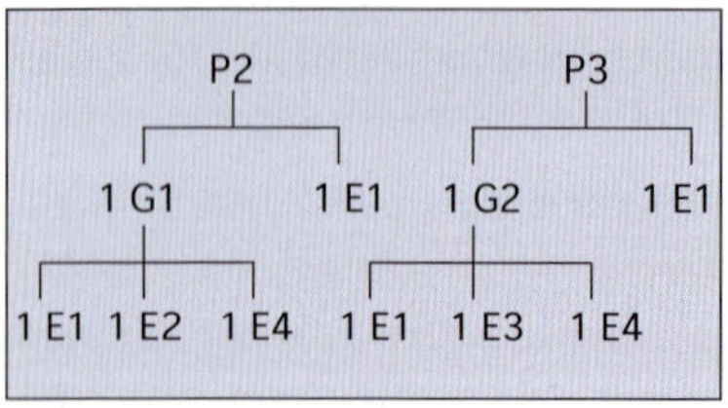

Mehrfachstückliste:

Teile-Nr.	Stückzahl Variante P2	Stückzahl Variante P3
G1	1	–
G2	–	1
E1	2	2
E2	1	–
E3	–	1
E4	1	1

Gleichteilestückliste P2 – P3

Teile-Nr.	Stückzahl
E1	2
E4	1

Variantenstückliste P2

Teile-Nr.	Stückzahl
G1	1
E2	1

Variantenstückliste P3

Teile-Nr.	Stückzahl
G2	1
E3	1

Arbeitsstücklisten

Bereitstellungs-, (Material-, Dispositions-)Stücklisten dienen der Ermittlung des Materialbedarfs. Für den Bruttobedarf reichen Mengenübersichtsstücklisten, für den Nettobedarf (vgl. S. 178) sind Strukturstücklisten nötig.

Fertigungsstücklisten sind Strukturstücklisten, die für die Fertigungsteile aufgestellt werden. Sie sind nach dem Fertigungs- und Materialfluss aufgebaut und enthalten notwendige Angaben für die Fertigung (z. B. Auftragsnummer, Produktmenge, Anfangs- und Endtermin).

Kalkulationsstücklisten sind Fertigungsstücklisten mit besonderen Feldern für die Kalkulation (z. B. Preise, Zeiten).

Montagestücklisten enthalten besondere Felder für die Kostenstellen der Montage.

5.5.4 Teileverwendungsnachweis

Stücklisten sind so dargestellt, dass sie für ein Produkt alle Gruppen und Einzelteile evtl. bis hinunter zum Rohmaterial enthalten. Für Änderungen, Disposition und Normung will man ggf. auch wissen, in welchen Baugruppen und Enderzeugnissen ein bestimmtes Teil enthalten ist. Hier hilft der Teileverwendungsnachweis weiter.

Die Stückliste fragt: „Woraus besteht ein Erzeugnis?" Der Teileverwendungsnachweis fragt: „Wo ist ein Teil enthalten?"

Im Teileverwendungsnachweis sind für jedes Teil die Enderzeugnisse oder Baugruppen aufgeführt, in denen das jeweilige Teil enthalten ist.

Verwendungsnachweise sind Stücklisten mit umgekehrtem Aufbau.

Beispiel: Teileverwendungsnachweise (siehe obiges Beispiel 2)

Mengenübersichtsverwendungsnachweis

Einzelteil E1	
kommt vor in	**Gesamtmenge**
G1	1
G2	1
P2	2
P3	2

Strukturverwendungsnachweis

Einzelteil E1			
Stufen 0	**Stufen 1**	**kommt vor in**	**Menge**
	x	G1	1
x		P2	2
	x	G2	1
x		P3	2

Zusammenfassung der Aufgaben der Stückliste

1. **Arbeitsvorbereitung:** zusammen mit den Zeichnungen Unterlage für die Ablaufplanung (Arbeitsgänge und Montageablauf) und Fertigungssteuerung (Prüfung der Verfügbarkeit von Rohmaterialien, Einzelteilen und Gruppen)
2. **Lager:** Stückliste als Information zur Bereitstellung der Rohmaterialien und Teile
3. **Montage:** Stückliste als Montageanleitung
4. **Einkauf:** Stückliste als Grundlage zur Material- und Teilebeschaffung
5. **Rechnungswesen:** Stückliste als Grundlage für Vor- und Nachkalkulation
6. **Kundendienst:** Stückliste als Ersatzteilliste

Arbeitsaufträge

1. **Ihr Chef hat eine Idee. Er beabsichtigt eine Haushaltsmaschine auf den Markt zu bringen, die Kartoffeln wäscht, schält, zerteilt und frittiert. Er beauftragt den Leiter der Konstruktionsabteilung, sich entsprechende Gedanken über Konzeption, Gestaltung und Detaillierung einer solchen Maschine zu machen.**
   a) Erläutern Sie die Punkte, die in den einzelnen Phasen bedacht werden müssen.
   b) In welcher Weise kann der Computer bei der Konstruktion herangezogen werden?
   c) Welcher Hilfsmittel bedarf es, um Daten ein- und auszugeben?
   d) Inwiefern sind CAD-Programme auch als Hilfsmittel für die anschließende Fertigung geeignet?
   e) Mit welchen anderen Abteilungen muss die Konstruktionsabteilung stets eng zusammenarbeiten? Begründen Sie Ihre Aussage.
   f) Im Rahmen der Konstruktion gewinnt das Internet als großer Datenpool an Bedeutung. Welche Aufgaben könnte das Internet erfüllen?

2. **Die Konstruktionsabteilung hat das folgende Erzeugnis konstruiert.**

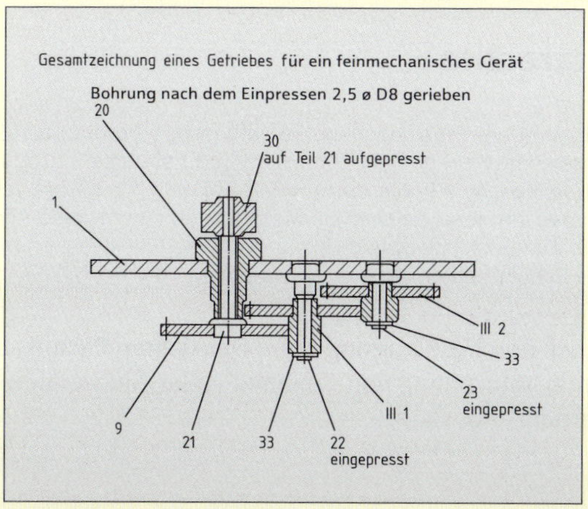

   a) Welche Einzelaufgaben gehören zu der konstruktiven Gestaltung dieses Erzeugnisses?
   b) Welche Arten von Zeichnungen müssen erstellt werden?
   c) Zu dem Getriebe gehört die unten stehende Konstruktionsstückliste.
      – Welche anderen Stücklisten werden üblicherweise aus der Konstruktionsstückliste entwickelt?
      – Wodurch unterscheiden sich diese Stücklisten von der Konstruktionsstückliste?

Konstruktionsstückliste

Lfd. Nr.	Stück	Benennung	Teilenummer	Material	Fertigungshinweise
1	1	Große Platine	456051001000	Ms 58-2,0	
9	1	Zahnrad	091062002002	Ms 58-1,2	55 Zähne, m = 0,3 Ev.
20	1	Lagerbuchse	456014002000	Ms 58-8,0∞	
21	1	Lagerwelle	456022004000	NR-5,0∞	
22	1	Lagerbolzen	456022005000	NR-5,0∞	
23	1	Lagerbolzen	456022006000	NR-5,0∞	
30	1	Ritzel	456009003001	Ns-7,0∞	20 Zähne, m = 0,3 Ev.
33	2	Sicherungsscheiben	1,5 DIN 6799	F.-St.	

   d) Für welche Arbeiten wird die Stückliste als Unterlage benutzt?

ZWEITER ABSCHNITT

3. Ein Produkt hat folgende Erzeugnisstruktur (Strukturbaum)

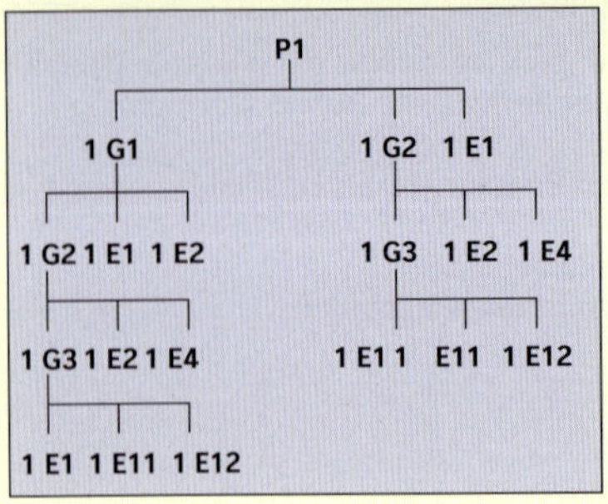

Erstellen Sie
a) die Mengenübersichtsstückliste,
b) die einfache Strukturstückliste,
c) die Baukastenstücklisten,
d) Mengenübersichtsteileverwendungsnachweise für E1 und E4,
e) Strukturteileverwendungsnachweise für E1 und E4.

4. Nur gutes Aussehen reicht bei vielen Gegenständen des täglichen Bedarfs schon lange nicht mehr aus. Auch der richtige „Sound" ist entscheidend, und dabei kommt es nicht immer darauf an, dass ein Gegenstand leise ist: Ein zu leiser Motor würde einen Ferrari-Fahrer unruhig machen und bei einem Staubsauger, der zu leise ist, kommen schnell Zweifel an der Saugkraft auf. „Akustikdesign" nennt sich der Berufszweig, der sich mit den richtigen Geräuschen beschäftigt.

Web

M 114 Hören Sie sich auch die Audiodatei *Der Sound der Lebensmittel* an.

a) Welche Einzelaufgaben hat der Akustikdesigner bei der Konstruktion?
b) Nennen Sie weitere Einsatzgebiete (Beispiele) für einen Akustikdesigner.
c) Warum spielen Geräusche gerade bei der Produktentwicklung und Konstruktion eine immer wichtigere Rolle?

5.6 Gewerbliche Schutzrechte

Firmeninhaber Hansen entwickelt eine besondere Fräsmaschine. Sowohl in das Produktdesign[1] als auch in die Entwicklung des Fräsmechanismus hat er viel Geld investiert. Er stellt sein Produkt erstmals während einer Fachmesse vor. Die Maschine findet dort großen Anklang. Ein halbes Jahr später eröffnet ihm aber ein Abnehmer, dass ihm eine gleichartige Maschine zu einem wesentlich günstigeren Preis angeboten wurde. All der Aufwand, den Hansen in das neue Produkt investiert hat, erscheint umsonst. An die Anmeldung von Schutzrechten hatte er nicht gedacht.

Erzeugnisse, Formen und Marken können durch **Eintragung beim Deutschen Patent- und Markenamt (DPMA)** in **München** unter Androhung von Freiheits- oder Geldstrafen vor unbefugter Verwendung geschützt werden.

5.6.1 Patent

§ 1 Abs. 1 Patentgesetz: Patente werden für Erfindungen erteilt, die neu sind, auf einer erfinderischen Tätigkeit beruhen und gewerblich anwendbar sind.

§ 9: Das Patent hat die Wirkung, dass allein der Patentinhaber befugt ist, die patentierte Erfindung ... zu benutzen.

§ 16 Abs. 1: Das Patent dauert zwanzig Jahre, die mit dem Tag beginnen, der auf die Anmeldung der Erfindung folgt.

Patentfähige Erfindungen können **Erzeugnisse** oder **Verfahren** sein.

[1] Festlegung der Erscheinungsform eines Erzeugnisses in Qualität, Form, Verpackung und Markierung, abhängig von der Produktart

Verfahren der Patenterteilung

Anmeldung Gebühr: Papierform: 60,00 EUR elektronisch: 40,00 EUR	Der schriftlichen Anmeldung sind eine genaue Beschreibung der Erfindung und Zeichnungen beizufügen.
Vorprüfung	Das Patentamt prüft, ob alle Formvorschriften eingehalten wurden und ob *offensichtlich* sachliche Voraussetzungen nicht erfüllt sind. (EDV-Programme und Produkt-Design sind z. B. nicht patentfähig.)
Offenlegung	Veröffentlichung der Anmeldung und Möglichkeit der Einsichtnahme in die Unterlagen beim Patentamt für jedermann.
Prüfungsantrag Gebühr: 350,00 EUR	Der Anmelder hat bis zu 7 Jahre Zeit, die Hauptprüfung zu beantragen.
Prüfung	Das Patentamt prüft die gewerbliche Anwendbarkeit und die Neuheit. Neuheit liegt nur dann vor, wenn die Erfindung nicht zum Stand der Technik gehört. Das ist der Fall, wenn sie vor dem Tag der Anmeldung beim Patentamt nirgendwo auf der Welt in irgendeiner Weise (durch schriftliche oder mündliche Beschreibung, Benutzung oder sonst wie) der Öffentlichkeit zugänglich gemacht wurde.
Patenterteilung	Für den Erfinder oder seinen Rechtsnachfolger entsteht die Patentwirkung: • Der Patentinhaber allein darf das Patent selbst benutzen (z. B. einen erfundenen Gegenstand herstellen, anbieten, gebrauchen, besitzen, einführen; ein erfundenes Verfahren anwenden oder anbieten und ein damit unmittelbar hergestelltes Erzeugnis anbieten, gebrauchen, besitzen, ...). • Er kann das Patent auch verkaufen oder verpachten. • Er kann das Patent anderen auch gegen Gebühr für einen bestimmten Zeitraum zur Verwertung überlassen (**Lizenz**).
Veröffentlichung	Die Patenterteilung wird im **Patentblatt** veröffentlicht.
Eintragung	Das Patent wird in die Patentrolle beim Patentamt eingetragen. Die Schutzdauer beträgt 20 Jahre ab dem Tag nach der Anmeldung.

Für das Patent sind Gebühren zu zahlen: Anmeldegebühr, Prüfungsantragsgebühr und ab dem 3. Jahr (70,00 EUR) jährlich steigende Jahresgebühren (20. Jahr: 1 940,00 EUR).

Das deutsche Patent hat nur nationale Wirkung. Schutzrechte für andere Staaten müssen bei deren Patentbehörden beantragt werden. Ein Europa-Patent für zurzeit 35 Vertragsstaaten und zwei sog. Erstreckungsstaaten kann beim **Europäischen Patentamt (EPA)**, ebenfalls mit Sitz in München, beantragt werden[1]. Die Gebühren sind beträchtlich höher. Sie hängen u. a. von der Zahl der Staaten ab, für die das Patent erteilt werden soll. Für mehr als drei Staaten kommt das Verfahren nach einer Faustregel des EPA billiger als Einzelpatente.

Die meisten Erfindungen werden in den Betrieben von den mit Forschung und Entwicklung befassten Beschäftigten getätigt. Sie unterliegen den Vorschriften des **Gesetzes über Arbeitnehmererfindungen**:

- **Diensterfindungen** entstehen aus der Tätigkeit des Arbeitnehmers im Betrieb oder beruhen maßgeblich auf Erfahrungen oder Arbeiten des Betriebs. Sie können vom Arbeitgeber in Anspruch genommen werden. Dem Arbeitnehmer steht eine angemessene Vergütung zu.
- **Freie Erfindungen** sind alle anderen Arbeitnehmererfindungen während der Dauer des Arbeitsverhältnisses. Fallen sie in den Arbeitsbereich des Betriebs, sind sie dem Arbeitgeber zunächst zu angemessenen Bedingungen anzubieten.

---

[1] **Vertragsstaaten:** Albanien, Belgien, Bulgarien, Dänemark, Deutschland, Estland, Finnland, Frankreich, Griechenland, Großbritannien, Irland, Island, Italien, Kroatien, Lettland, Liechtenstein, Litauen, Luxemburg, Malta, Mazedonien, Monaco, Niederlande, Norwegen, Österreich, Polen, Portugal, Rumänien, San Marino, Schweden, Schweiz, Serbien, Slowakei, Slowenien, Spanien, Tschechien, Türkei, Ungarn, Zypern. **Erstreckungsstaaten:** Bosnien und Herzegowina, Marokko, Moldawien, Montenegro (Stand Februar 2018)

5.6.2 Gebrauchsmuster

§ 1 Abs. 1 Gebrauchsmustergesetz: Als Gebrauchsmuster werden Erfindungen geschützt, die neu sind, auf einem erfinderischen Schritt beruhen und gewerblich anwendbar sind.

Das Gebrauchsmuster ist dem Patent sehr ähnlich. Es betrifft im Wesentlichen die gleichen Objekte, allerdings keine Verfahren. Es eignet sich grundsätzlich mehr für geringere Erfindungswerte.

Beispiele: Gebrauchsmuster

- Faltschachtel
- Schreibgeräte
- Archivkassetten

Die Anmeldung und die Schutzwirkung entsprechen denen des Patents. Die **Schutzdauer** beträgt aber nur 3 Jahre. Sie kann gegen Gebührenzahlung um 3, dann zweimal um 2 Jahre auf maximal 10 Jahre verlängert werden. Schutz: nur in Deutschland – kein Europaschutz!

Hinsichtlich der Neuheit wird nur verlangt, dass die Erfindung noch nicht schriftlich beschrieben oder **im Inland** öffentlich benutzt wurde. Die Neuheit wird auch nicht sachlich geprüft, sondern es erfolgt nur eine Registrierung! Eine Prüfung erfolgt erst, wenn jemand einen Löschungsantrag gegen ein eingetragenes Gebrauchsmuster stellt oder es zu einem Gerichtsverfahren wegen Verletzung des Gebrauchsmusterschutzes kommt. Gebrauchsmuster werden vom DPMA in die **Rolle für Gebrauchsmuster** eingetragen.

5.6.3 Eingetragenes Design

Unter *Design* versteht man die ästhetische Formgebung. Im Sinne des Designgesetzes ist es die zwei- oder dreidimensionale Erscheinungsform eines Erzeugnisses oder Erzeugnisteils. Diese ergibt sich insbesondere aus den Merkmalen der Linien, Konturen, Farben, Gestalt, Oberflächenstruktur, Werkstoffe (§ 1 DesignG).

Beispiele: Design
Stoffmuster; Tapetenmuster; Formgebung von Verpackungen, Flaschen, Gläsern, Maschinen, Möbeln

Möbeldesign

§ 2 Abs. 1 DesignG: Als eingetragenes Design wird ein Design geschützt, das neu ist und Eigenart hat.
§ 7 Abs. 1 DesignG: Das Recht auf das eingetragene Design steht dem Entwerfer [...] zu.
§ 38 Abs. 1 DesignG: Das eingetragene Design gewährt seinem Rechtsinhaber das ausschließliche Recht, es zu benutzen und Dritten zu verbieten, es ohne seine Zustimmung zu benutzen.

Ein Design ist neu gemäß § 2 DesignG, wenn vor dem Anmeldetag kein identisches Design offenbart wurde. Es hat Eigenart, wenn es einen anderen Gesamteindruck als schon offenbarte Designs hervorruft.

Der Schutz erfordert die Anmeldung beim DPMA und die Eintragung in das **Register für eingetragene Designs**. Die Anmeldung muss u. a. eine zur Bekanntmachung geeignete Wiedergabe des Designs enthalten. In einer Sammelanmeldung können bis zu hundert Designs zugleich angemeldet werden. Das Patentamt prüft weder die Berechtigung des Anmelders noch die Richtigkeit der in der Anmeldung gemachten Angaben. Wie beim Gebrauchsmuster erfolgt nur eine Registierung. Schutzdauer: jeweils fünf Jahre ab Anmeldetag (durch Gebührenzahlung), maximal 25 Jahre. Die unberechtigte Nutzung des eingetragenen Designs ist strafbar. Gegen Zahlung einer Festgebühr (300,00 EUR) kann beim DPMA die Löschung von zu Unrecht eingetragenen Designs beantragt werden. Das Amt führt ein Nichtigkeitsverfahren durch. Dies erspart ein langwieriges, ggf. teures und unsicheres Gerichtsverfahren.

Über das DPMA kann auch ein EU-weiter Designschutz beim Amt der EU für geistiges Eigentum (EUIPO) in Alicante (Spanien) oder ein Schutz für bestimmte Länder beim Internationalen Büro der Weltorganisation für geistiges Eigentum (WIPO) in Genf (Schweiz) beantragt werden.

5.6.4 Geschützte Marken

§ 1 Markengesetz: Nach diesem Gesetz werden geschützt: 1. Marken, [...]

Unter einer Marke versteht man bestimmte Elemente, die unverwechselbar zur Identifikation eines Produkts/einer Dienstleistung und zur Abhebung von Konkurrenten dienen: Markenname, Markenzeichen, Markensymbol oder eine Kombination davon. Grundsätzlich kann alles als Marke dienen, was sich grafisch darstellen lässt; außerdem Hörzeichen. Vielfach wird auch das Firmenzeichen (Logo) zur Kennzeichnung der Marke benutzt.

Beispiele: Marken

Persil, Schwartau, Aral, Nivea, Chiquita, Braun, Moulinex

Solche Marken sind allgemein bekannt. Der Abnehmer verbindet damit eine bestimmte Qualität. Dem Betrieb verschafft sie ein bestimmtes Image. Die Marke ist deshalb in der Lage, mehrere Funktionen zu erfüllen:

Funktionen der Marke
Herkunfts- und Unterscheidungsfunktion Die Marke zeigt die Herkunft der Ware aus einem bestimmten Geschäftsbetrieb und unterscheidet sie von anderen Marken.
Gewährfunktion Die Marke verbürgt eine gleichbleibende Qualität.
Werbefunktion Bekanntheit der Marke und damit verbundene Qualitätsvorstellungen machen die Marke zu einem wichtigen Werbeelement.
Wertfunktion Aus den genannten Gründen stellt die Marke für das Unternehmen einen schutzbedürftigen Wert dar. Das alleinige Recht, die Marke zu führen, steigert den Wert.

Nur der Inhaber einer Marke darf diese benutzen. Er kann sie auch verkaufen oder Markenlizenzen erteilen. Dritte dürfen auch kein identisches oder ähnliches Zeichen benutzen.

Grundsätzlich wird der Markenschutz für Deutschland durch Anmeldung beim DPMA und Eintragung ins Markenregister erworben. Die Schutzdauer beginnt mit dem Tag der Anmeldung und läuft 10 Jahre. Sie kann stets wieder um jeweils 10 Jahre verlängert werden. Auf der Basis der deutschen Marke kann man bei der WIPO Schutz für andere Länder beantragen.

Schutz genießt aber auch ein Zeichen, das

1. im geschäftlichen Verkehr benutzt wird und innerhalb der beteiligten Verkehrskreise als Marke Verkehrsgeltung erworben hat,
2. als Marke offenkundig und allseitig bekannt ist.

Allerdings müssten in diesen beiden Fällen Beweise geführt werden. Der Schutz einer eingetragenen Marke hingegen ist eindeutig.

Arbeitsaufträge

1. **Das Recht an Erzeugnissen kann gegen die unbefugte Verwendung durch Dritte geschützt werden.**
   a) **Der Mediziner Dr. Schmelzer hat eine faustgroße künstliche Niere erfunden, die in den Körper eingepflanzt werden kann.**
   b) **Die Firma Herbert Pfiff hat ein Bohrergewinde für Steinbohrer entwickelt, welches die herkömmliche Bohrgeschwindigkeit verdoppelt.**
   c) **Die Getränkefirma Edith Durst GmbH hat für ihre Saftflaschen eine neue Form entwickeln lassen, die an eine Karaffe erinnert.**

   Welche Möglichkeiten haben die genannten Unternehmen bzw. Personen, die unbefugte Verwertung ihrer Arbeitsergebnisse durch Dritte zu verhindern?

2. **In dem Eingangsbeispiel auf Seite 114 wird die Entwicklung einer neuen Fräsmaschine angesprochen.**
   a) Welche Schutzrechte hätte Unternehmer Hansen erwerben können?
   b) Durch welche Rechtsvorschriften wird dieser Schutz begründet?
   c) Worin hätte der Schutz bestanden?
   d) Wie lange hätte der Schutz bestanden? Hätte er verlängert werden können?
   e) Erläutern Sie, wie Hansen hätte vorgehen müssen, um den Schutz zu erzielen?
   f) Auf welchen geografischen Raum erstreckt sich jeweils der Schutz?

3. **NIVEA® ist eine seit vielen Jahrzehnten bekannte Marke.**
   a) Erläutern Sie den Begriff der Marke.
   b) Beschreiben Sie die Elemente der Marke NIVEA®.
   c) Warum ist die Herstellerfirma an einem Schutz der Marke interessiert?
   d) Wie kann die Herstellerfirma den Schutz der Marke erwirken?
   e) Nennen Sie mindestens 5 Beispiele dafür, wie ein Konkurrent gegen den Markenschutz verstoßen könnte.
   f) Inwiefern ist es möglich, dass der Markenschutz für NIVEA® schon seit vielen Jahrzehnten besteht?

6 Kostenmanagement

6.1 Kostenbegriff

Hier werden Grundbegriffe behandelt. Einzelheiten (einschließlich Prozess- und Zielkostenrechnung) finden Sie in *Management im Industriebetrieb, Band 3, Steuerung und Kontrolle.*

Die Möbelfabrik Kaufmanns KG fertigt Schränke, Tische und Stühle und verkauft sie. Wie jeder andere Betrieb muss sie dafür Arbeitskräfte, Betriebsmittel (vor allem Maschinen) und verschiedene Materialien einsetzen. Außerdem benötigt sie Dienstleistungen anderer Betriebe: der Banken (für Zahlungsverkehr und Kreditaufnahme), der Spediteure und Transportbetriebe (für den Transport von Material und Fertigprodukten), der Versicherungen (zur Abdeckung von Risiken) und andere mehr.

Bei der Leistungserstellung fallen Kosten an.
Kosten dürfen nicht mit Ausgaben und Aufwendungen verwechselt werden.

- ***Ausgaben*** **entstehen, wenn das Unternehmen Zahlungen tätigt oder Verbindlichkeiten (Geldschulden) eingeht.**
- ***Aufwendungen*** **sind alle Werte, die in einem Geschäftsjahr verzehrt werden und so das Eigenkapital mindern. Dies schließt auch betriebsfremde Zwecke ein (z. B. Spekulationsverluste).**
- ***Kosten*** **sind nur Werte, die in einem Geschäftsjahr zur Erstellung von Leistungen [Eigenleistungen und Absatzleistungen (Produkte, Handelswaren, Dienstleistungen)] eingesetzt werden.**

Nicht alle Kosten mindern das Eigenkapital. Beispiel: Kosten werden auch für die Arbeit des Unternehmers als Geschäftsführer angesetzt. Die Kosten müssen den erstellten Leistungen richtig zugerechnet werden. Deshalb werden die Leistungen als **Kostenträger** bezeichnet.

Arbeitsauftrag

In der Maschinenfabrik Wilhelm Willemsen GmbH, Kempen, ist die Auszubildende Agnes Horsten im Rechnungswesen eingesetzt. Der Buchhalter gibt ihr verschiedene Belege, die zu bearbeiten sind.

(1) Spende des Betriebes an das Rote Kreuz, 1 000,00 EUR
(2) Rohstoffe werden in der Fertigung verbraucht, 2 500,00 EUR
(3) Barverkauf eines Pkw für 2 000,00 EUR, der noch einen Wert von 3 000,00 EUR hat
(4) Überweisung von Kfz-Steuer, 4 000,00 EUR

a) Helfen Sie der Auszubildenden, indem Sie feststellen, in welcher Höhe Aufwendungen, Ausgaben und Kosten anfallen.
b) Erläutern Sie ihr die Begriffe.
c) Bilden Sie je ein Beispiel für
- Ausgaben, die weder Aufwand noch Kosten sind;
- Ausgaben, die zugleich Aufwendungen und Kosten sind;
- Ausgaben, die zugleich Aufwendungen, aber keine Kosten sind.

6.2 Kostenarten

6.2.1 Kostenarten nach den eingesetzten Gütern

Kosten entstehen durch den Einsatz von Gütern. Bei der Erfassung betrieblicher Kosten setzt man deshalb zunächst bei diesen Gütern an und unterscheidet folgende Kostenarten:

Kosten

- **Arbeitskosten**
  z. B.:
  - Löhne
  - Gehälter
  - Sozialkosten
- **Materialkosten**
  z. B.:
  Einsatz an Roh-, Hilfs-, Betriebsstoffen, Energien, bezogenen Fertigteilen
- **Betriebsmittelkosten**
  z. B.:
  - Mieten
  - Zinskosten
  - Abschreibungen (erfassen die jährliche Wertminderung von Betriebsmitteln)
- **Kosten für Fremdleistungen**
  - für direkte Fremdleistungen
    z. B.:
    - Telefonrechnungen
    - Reparaturrechnungen
    - Spediteurrechnungen
  - für indirekte Fremdleistungen
    z. B.:
    - Kfz-Steuer
    - IHK-Beiträge

Für die Kostenerfassung sind möglichst Belege heranzuziehen, z. B. Lohnscheine, Gehaltslisten, Materialentnahmescheine, Zähleranzeigen, Einkaufs- und Reparaturrechnungen. Die eingesetzte Menge wird festgestellt und bewertet. Da beim Material schwankende Einkaufspreise die Kalkulation erschweren, ersetzt man sie oft durch Verrechnungspreise (Durchschnittswerte, die die erwartete Preisentwicklung mit berücksichtigen).

Beispiel: Kostenerfassung

Materialentnahmeschein
3,8 m² Spanplatten
16 mm

Ermittlung der Menge

→

Preisliste	
	EUR
• Spanplatte 16 mm; m²	12,00

Bewertung der Menge

6.2.2 Kostenarten nach dem Umfang der Zurechnungsgröße

- ***Gesamtkosten*** **sind die Kosten für die Gesamtmenge einer Leistungsart (sog. Ausbringungsmenge) im Abrechnungszeitraum.**
- ***Stückkosten*** **(Durchschnittskosten) sind die Kosten einer Mengeneinheit.**

$$\text{Stückkosten} = \frac{\text{Gesamtkosten}}{\text{Ausbringungsmenge}}$$

Beispiel: Stückkosten

Für die Erstellung von 100 000 Gummimanschetten für Pkws wurden in einem Jahr eingesetzt:

50 000 kg Kautschuk zu	6,00 EUR/kg	300 000,00 EUR
3 000 Arbeitsstunden zu	10,00 EUR/Std.	30 000,00 EUR
3 000 Maschinenstunden zu	30,00 EUR/Std.	90 000,00 EUR
Für Maschinenreparaturen und Wartungen wurden gezahlt:		2 500,00 EUR
Die Gesamtkosten für 100 000 Manschetten betrugen:		422 500,00 EUR
Die Stückkosten für 1 Manschette betrugen:		4,23 EUR

Arbeitsauftrag

Verschiedenen Belegen sind für den Monat März folgende Angaben zu entnehmen:

(1) Strom: Verbrauch laut Zähler 12 450 kWh à 0,15 EUR
(2) Fertigungslöhne laut Lohnscheinen: 450 Stunden, Stundenlohn 13,70 EUR; 450 Stunden, Stundenlohn 14,10 EUR
(3) Gehälter laut Gehaltsliste: 18 250,00 EUR
(4) Sozialversicherung, Arbeitgeberanteil: 6 010,00 EUR
(5) vermögenswirksame Arbeitgeberleistungen: 572,00 EUR
(6) 14 500 kg Schnellstahl, Verrechnungspreis 22,50 EUR/kg
(7) 420 m² Zinkblech, Verrechnungspreis 14,40 EUR/m²
(8) 34 l Schmieröl à 5,30 EUR/l
(9) 68 m³ Wasser à 0,60 EUR/m³
(10) 700 Elektronik-Bauteile à 250,00 EUR
(11) Lagermiete 2 450,00 EUR
(12) Telefonrechnung: 1 310 Gebühreneinheiten à 0,023 EUR
(13) Reparaturrechnungen 440,00 EUR

a) Berechnen Sie die Gesamtkosten für den Monat März.
b) Wie viel Euro fallen für Arbeitskosten, für Materialkosten, für Betriebsmittelkosten, für Kosten für Fremdleistungen an?
c) Berechnen Sie die Stückkosten bei 700 gefertigten Produkten.

6.2.3 Kostenarten nach der Zurechenbarkeit auf die Betriebsleistungen

Alle Kosten müssen **verursachungsgerecht** auf die Kostenträger verteilt werden. Dies ist leicht, wenn der Betrieb nur eine Produktart herstellt. Dann sind ja alle Kosten durch diese Produktart verursacht. Bei mehreren Produktarten wird die Zuordnung schwieriger.

Beispiel: Kosten im Monat Juli

- Fertigungsmaterialkosten aufgrund von Materialentnahmescheinen: 26 875,00 EUR; davon 14 000,00 EUR für Schränke, 6 200,00 EUR für Tische, 6 675,00 EUR für Stühle;
- Fertigungslöhne aufgrund von Lohnscheinen: 23 600,00 EUR; davon 11 000,00 EUR für Schränke, 7 000,00 EUR für Tische, 5 600,00 EUR für Stühle;
- Restliche Kosten: 61 000,00 EUR; davon Angestelltengehälter aufgrund von Gehaltslisten: 17 000,00 EUR.

Fertigungsmaterialkosten und **Fertigungslöhne** lassen sich den einzelnen Kostenträgern belegbar verursachungsgerecht zuordnen. Sie heißen deshalb **Einzelkosten**.

Anders die Gehälter: Das Gehalt eines Meisters betrifft alle Kostenträger seiner Werkstatt, das eines Buchhalters ggf. sogar alle Kostenträger gemeinsam. Diese Kostenträger müssen derartige Kosten darum auch gemeinsam tragen. Sie heißen deshalb **Gemeinkosten**.

Kosten nach der Zurechenbarkeit auf die Kostenträger

Einzelkosten	Gemeinkosten
• Fertigungsmaterialkosten • Fertigungslöhne • Sondereinzelkosten (durch spezielle Aufträge verursacht)	alle anderen Kosten

Man könnte die Gemeinkosten jedem Kostenträger durch einen einheitlichen Prozentzuschlag auf die Einzelkosten zurechnen.

Beispiel: Einheitlicher Gemeinkostenzuschlag (Beträge in EUR)

	gesamt	Schränke	Tische	Stühle
Einzelkosten	50 475,00	25 000,00	13 200,00	12 275,00
Gemeinkosten	61 000,00 ≙ 120,8519 % der Einzelkosten ⇒	30 212,98	15 952,45	14 834,57

Dieses Vorgehen ist aber zu ungenau: Jeder Kostenträger nimmt die Orte der Kostenentstehung, die sog. **Kostenstellen** (Abteilungen, Arbeitsplätze), unterschiedlich in Anspruch. Konkret: Wenn Schränke die Drechslerei nicht durchlaufen, dürfen sie auch nicht mit deren Gemeinkosten belastet werden. Deshalb verteilt man die Gemeinkosten mithilfe einer Verteilungsrechnung, des sog. **Betriebsabrechnungsbogens** (BAB), auf die Kostenstellen. Die Gemeinkosten einer Kostenstelle werden den Kostenträgern dann in dem Maß belastet, in dem sie die Kostenstelle in Anspruch genommen haben. Als Maß der Beanspruchung werden die Einzelkosten gewählt.

Man bildet, entsprechend den betrieblichen Funktionen, zumindest die **Kostenstellen Material (Einkauf, Lager), Fertigung, Verwaltung, Vertrieb**. Folglich unterscheidet man Material-, Fertigungs-, Verwaltungs- und Vertriebsgemeinkosten. (In der Praxis bildet oft jede einzelne Maschine/Anlage eine eigene Kostenstelle.)

Beispiel: **BAB Juli 20..**

Gemeinkosten	EUR	Verteilungs-grundlage	Material EUR	Fertigung EUR	Verwaltung EUR	Vertrieb EUR
Hilfsstoffe	13 000,00	Entnahmescheine	0,00	10 300,00	0,00	2 700,00
Energie	3 000,00	Zähler (kWh)	600,00	2 000,00	200,00	200,00
Reparaturen	5 000,00	Rechnungen	600,00	3 200,00	800,00	400,00
Gehälter	17 000,00	Gehaltslisten	1 000,00	5 000,00	8 000,00	3 000,00
Sozialabgaben (Gehaltsbereich)	3 000,00	Gehaltslisten	200,00	1 000,00	1 500,00	300,00
Abschreibungen	17 000,00	Anlagendatei	1 500,00	6 000,00	7 000,00	2 500,00
Raumkosten	3 000,00	Anlagendatei	400,00	2 000,00	200,00	400,00
Summe Gemeinkosten	**61 000,00**		① **4 300,00**	② **29 500,00**	**17 700,00**	**9 500,00**
Fertigungsmaterial			③ 26 875,00			
Fertigungslöhne				④ 23 600,00		
Herstellkosten (Summe ① bis ④)			84 275,00			

Nun werden folgende Gemeinkostenzuschlagssätze berechnet:

$$\textbf{Materialgemeinkostenzuschlagssatz (in \%)} = \frac{\text{Materialgemeinkosten}}{\text{Fertigungsmaterialkosten}} \cdot 100; \quad \frac{4\,300}{26\,875} \cdot 100 = 16\ \%$$

$$\textbf{Fertigungsgemeinkostenzuschlagssatz (in \%)} = \frac{\text{Fertigungsgemeinkosten}}{\text{Fertigungslöhne}} \cdot 100; \quad \frac{29\,500}{23\,600} \cdot 100 = 125\ \%$$

$$\textbf{Verwaltungsgemeinkostenzuschlagssatz (in \%)} = \frac{\text{Verwaltungsgemeinkosten}}{\text{Herstellkosten}} \cdot 100; \quad \frac{17\,700}{84\,275} \cdot 100 = 21\ \%$$

$$\textbf{Vertriebsgemeinkostenzuschlagssatz (in \%)}^{1} = \frac{\text{Vertriebsgemeinkosten}}{\text{Herstellkosten}} \cdot 100; \quad \frac{9\,500}{84\,275} \cdot 100 = 11{,}27\ \%$$

Auf einem **Kostenträgerzeitblatt** werden alle Kosten addiert. Dann werden die Gemeinkosten auf die Kostenträger verteilt. Dazu verwendet man für die Kostenträger die gleichen Zuschlagssätze wie für die unverteilten Kosten.

Beispiel: **Kostenträgerzeitblatt**

Kostenträgerzeitblatt Juli 20..

Kostenbezeichnung	EUR	Zuschlag	Kostenträger Schränke	Tische	Stühle
Fertigungsmaterial	26 875,00		14 000,00	6 200,00	6 675,00
+ Materialgemeinkosten	4 300,00	≙ 16,00 % →	2 240,00	992,00	1 068,00
Materialkosten (1)	31 175,00		16 240,00	7 192,00	7 743,00
Fertigungslöhne	23 600,00		11 000,00	7 000,00	5 600,00
+ Fertigungsgemeinkosten	29 500,00	≙ 125,00 % →	13 750,00	8 750,00	7 000,00
Fertigungskosten (2)	53 100,00		24 750,00	15 750,00	12 600,00
Herstellkosten (1) + (2)	84 275,00		40 990,00	22 942,00	20 343,00
+ Verwaltungsgemeinkosten	17 700,00	≙ 21,00 % →	8 609,00	4 818,43	4 272,57
+ Vertriebsgemeinkosten	9 500,00	≙ 11,27 % →	4 620,65	2 586,16	2 293,19
Selbstkosten	111 475,00		54 219,65	30 346,59	26 908,76

[1] Eigentlich müssen die Vertriebsgemeinkosten auf die Herstellkosten der verkauften, nicht der produzierten Erzeugnisse bezogen werden. Zur Vereinfachung wird hier angenommen, dass genau alle produzierten Erzeugnisse verkauft wurden.

Wesentliche Fehler können entstehen, wenn in Wirklichkeit

- die Höhe der Material- und Fertigungsgemeinkosten nicht von der Höhe der entsprechenden Einzelkosten abhängt,
- die Höhe der Verwaltungs- und Vertriebsgemeinkosten nicht von der Höhe der Herstellkosten abhängt,
- diese Abhängigkeiten nicht bei allen Kostenträgern zumindest ungefähr im gleichen Verhältnis gegeben sind.

So ist z. B. bei automatischen Anlagen der Anteil der Fertigungslöhne an den gesamten Fertigungskosten sehr niedrig. Dies führt zu überhöhten Fertigungsgemeinkostenzuschlägen – mit hohem Fehlerrisiko! Denn: Viele Gemeinkosten (Abschreibungen, Zinsen, Raum-, Werkzeug-, Energie- und Reparaturkosten) sind vom Maschineneinsatz, nicht von den Fertigungslöhnen abhängig. Deshalb spaltet man für entsprechende Anlagen die Gemeinkosten auf und geht dann unterschiedlich vor:

maschinenabhängige Fertigungsgemeinkosten	**Restfertigungsgemeinkosten (fertigungslohnabhängig)**
• Abschreibungen • Raumkosten • Zinskosten • Energiekosten • Wartungs-, Reinigungs-, Reparaturkosten • Werkzeugkosten	• Hilfslöhne (nicht produktbezogen) • Gehälter • soziale Aufwendungen • Heizungskosten • andere Fertigungsgemeinkosten
Berechnung der Maschinenkosten pro Stunde Laufzeit: Maschinenstundensatz (MSS)	**Berechnung eines (Rest-)Fertigungsgemeinkostenzuschlagssatzes (RKZ):**
$\text{MSS} = \dfrac{\text{maschinenabhängige Fertigungsgemeinkosten}}{\text{Laufstunden der Maschinen}}$	$\text{RKZ} = \dfrac{\text{Restfertigungsgemeinkosten}}{\text{Fertigungslöhne}} \cdot 100$

Beispiel: Maschinenstundensatz, Restgemeinkosten, Kostenträgerzeitblatt

Juli 20..: Fertigungsgemeinkosten 29 500,00 EUR, davon maschinenabhängig 20 000,00 EUR, Rest 9 500,00 EUR; 178 Maschinenlaufstunden, davon 50 für Schränke, 70 für Tische, 58 für Stühle; Fertigungslöhne 23 600,00 EUR

Berechnung des Maschinenstundensatzes:

$$\text{MSS} = \frac{20\,000{,}00 \text{ EUR}}{178 \text{ Std.}} = 112{,}36 \text{ EUR/Std.}$$

Berechnung des Restgemeinkostenzuschlagssatzes:

$$\text{RKZ} = \frac{9\,500{,}00 \text{ EUR}}{23\,600{,}00 \text{ EUR}} \cdot 100 = 40{,}2542\ \%$$

Kostenträgerzeitblatt Juli 20..

Kostenbezeichnung	EUR	Zuschlag/ Stundensatz	Kostenträger Schränke	Tische	Stühle
Fertigungsmaterial	26 875,00		14 000,00	6 200,00	6 675,00
+ Materialgemeinkosten	4 300,00 ≙	16,00 % →	2 240,00	992,00	1 068,00
Materialkosten (1)	31 175,00		16 240,00	7 192,00	7 743,00
Maschinenkosten	20 000,00	112,36 EUR →	5 617,98	7 865,17	6 516,86
+ Fertigungslöhne	23 600,00		11 000,00	7 000,00	5 600,00
+ Fertigungsgemeinkosten	9 500,00 ≙	40,2542 % →	4 427,96	2 817,79	2 254,24
Fertigungskosten (2)	53 100,00		21 045,94	17 682,96	14 371,10
Herstellkosten (1) + (2)	84 275,00		37 285,94	24 874,96	22 114,10
+ Verwaltungsgemeinkosten	17 700,00 ≙	21,00 % →	7 831,04	5 224,41	4 644,55
+ Vertriebsgemeinkosten	9 500,00 ≙	11,27 % →	4 203,10	2 804,06	2 492,84
Selbstkosten	111 475,00		49 320,08	32 903,43	29 251,49

Arbeitsaufträge

1. **Bei der Handmaschinenfabrik Skerath GmbH ergeben sich für September folgende Kosten:**

   Fertigungsmaterial: 390 000,00 EUR
   Hilfsstoffe: 72 000,00 EUR
   davon laut Entnahmescheinen: Material 2 000,00 EUR, Fertigung 70 000,00 EUR
   Strom: 17 220,00 EUR für 137 760 kWh, davon laut Zählerablesung: Material 39 360 kWh
   Fertigung: 59 040 kWh, Verwaltung 19 600 kWh, Vertrieb 19 760 kWh
   Reparaturen: 7 600,00 EUR
   davon laut Rechnungen: Material 400,00 EUR, Fertigung 5 000,00 EUR,
   Verwaltung 1 000,00 EUR, Vertrieb 1 200,00 EUR
   Fertigungslöhne einschließlich Sozialkosten: 247 000,00 EUR
   Gehälter und Sozialkosten: 236 000,00 EUR, davon laut Gehaltslisten: Material 20 000,00 EUR, Fertigung 31 000,00 EUR, Verwaltung 105 000,00 EUR, Vertrieb 80 000,00 EUR
   Versicherungsprämien: 10 200,00 EUR, davon laut Anlagendatei: Material 1 200,00 EUR, Fertigung 6 000,00 EUR, Verwaltung 2 400,00 EUR, Vertrieb 600,00 EUR
   Abschreibungen: 54 000,00 EUR, laut Anlagendatei zu verteilen im Verhältnis 2:4:2:2

   a) Ermitteln Sie die Einzel- und Gemeinkosten.
   b) Erläutern Sie, wie die Gemeinkosten sinnvoll auf die Kostenträger verteilt werden können.
   c) Welche Probleme treten bei dieser Verteilung auf?
   d) Erstellen Sie den BAB mithilfe eines Tabellenkalkulationsprogramms.

2. **Aus einem BAB der Handmaschinenfabrik Skerat GmbH ergeben sich folgende Summen: Gemeinkosten: Material 60 000,00 EUR, Fertigung 348 000,00 EUR (davon maschinenabhängig: 200 000,00 EUR), Verwaltung 144 000,00 EUR, Vertrieb 96 000,00 EUR.**

Einzelkosten	Stichsägen	Kreissägen	Bohrmaschinen
Fertigungsmaterial	350 000,00 EUR	370 000,00 EUR	480 000,00 EUR
Fertigungslöhne	50 000,00 EUR	55 000,00 EUR	87 000,00 EUR
Maschinenstunden:	50	60	70

   Erstellen Sie ein Kostenträgerzeitblatt mithilfe eines Tabellenkalkulationsprogramms.

3. **Die Selbstkosten der Kostenträger weichen in den beiden Kostenträgerzeitblättern auf Seite 122 und Seite 123 erheblich voneinander ab.**
   Begründen Sie die Abweichungen.

6.2.4 Kostenarten nach der Abhängigkeit vom Beschäftigungsgrad

Ausbringungsmenge und Kapazität

Die Ausbringungsmenge (= Produktionsertrag) ist das Ergebnis eines Produktionsprozesses in einem bestimmten Zeitabschnitt, d. h. eine bestimmte Menge von Erzeugnissen.

Die *quantitative Kapazität*[1] ist die Ausbringungsmenge, die in einem Zeitabschnitt auf einer Anlage maximal gefertigt werden kann. Man sagt auch: Sie ist das mengenmäßige Leistungsvermögen der Anlage in dem Zeitabschnitt (z. B. Stunde).

[1] Davon zu unterscheiden ist die **qualitative Kapazität**. Sie ist der Leistungsfächer einer Anlage, d. h. ihre Fähigkeit, Leistungen einer bestimmten Art zu erbringen.
Ein Präzisionsbohrwerk erzielt bedeutend bessere, genauere Leistungen als eine Bohrmaschine einfacher Bauart. Es hat eine höhere qualitative Kapazität. Allerdings sind auch die Kosten einer solchen Maschine bedeutend höher. Dies bedingt, dass sie nur für die Präzisionsarbeiten eingesetzt werden soll, für die sie konstruiert worden ist und die von den Käufern der betrieblichen Leistungen mit einem entsprechenden Preis honoriert werden. Ein anderer Einsatz würde nur unnötigen Verschleiß des teuren Geräts sowie gegebenenfalls Terminschwierigkeiten und damit vermeidbare Kosten bewirken.

Bei einer verfeinerten Betrachtung unterscheidet man folgende Arten der **quantitativen Kapazität**:

technische Kapazität *z. B. 1 100 Stück*	Oberstes Leistungsvermögen einer Anlage bei Höchstbelastung (Spitzengeschwindigkeit, längstmögliche Beanspruchung, keine Pausen)
Maximalkapazität (Kannleistung) *z. B. 1 000 Stück*	Leistungsvermögen unter Berücksichtigung aller begrenzenden Einflüsse (z. B. Rüstzeiten, Unterbrechungszeiten, Nichteinsatzzeiten)
Optimalkapazität (wirtschaftliche Kapazität, Betriebsoptimum) *z. B. 900 Stück*	Ausbringungsmenge mit den niedrigsten Stückkosten (z. B. wegen Einhaltung der optimalen Geschwindigkeit und der optimalen Beanspruchungszeit)
genutzte Kapazität (Beschäftigung, Kapazitätsausnutzung) *(z. B. 800 Stück)*	Tatsächliche Ausbringungsmenge (Istproduktion, Istleistung)
Mindestkapazität *z. B. 300 Stück*	Manche Anlagen haben eine Mindestkapazität (z. B. Hochofen). Dies ist z. B. der Fall, wenn aus technischen Gründen eine Mindestdrehzahl besteht.

Denken Sie nach: Die kostenminimale Kapazität ist nicht unbedingt die gewinnmaximale Kapazität.

Die Gesamtkapazität des Betriebes hängt von den Einzelkapazitäten seiner Anlagen ab. Erstellt er eine einzige Leistungsart (sog. Einproduktbetrieb) in Stufen auf verschiedenen Anlagen, so bestimmt die Anlage mit der kleinsten Kapazität (Engpass) die Gesamtkapazität.

Bei Mehrproduktbetrieben ist eine allgemein gültige Aussage über die Gesamtkapazität schwieriger. Werden die verschiedenen Leistungsarten in getrennten Prozessen auf gesonderten Anlagen erstellt, hat jeder Bereich seine eigene Teilkapazität. Andernfalls (z. B. bei Einzelfertigung) sind die verschiedensten Betriebsmittelkombinationen möglich. Die Gesamtkapazität lässt sich nicht eindeutig ermitteln.

Beschäftigungsgrad und Kosten

Für Zwecke des Produktionscontrollings bezieht man die Ausbringungsmenge prozentual auf die Maximalkapazität. Das Ergebnis heißt Beschäftigungsgrad (oder Kapazitätsausnutzungsgrad). Der Beschäftigungsgrad gibt an, wie stark eine Anlage mengenmäßig ausgelastet ist.

$$\text{Beschäftigungsgrad} = \frac{\text{Ausbringungsmenge}}{\text{Maximalkapazität}} \cdot 100$$

Beispiel: Beschäftigungsgrad

Das Unternehmen Michael Block kann täglich 20 Anhängerkupplungen für Wohnwagen herstellen. Entsprechend der Kundennachfrage werden tatsächlich 15 Kupplungen gefertigt.

$$\text{Beschäftigungsgrad} = \frac{15}{20} \cdot 100 = 75\ (\%)$$

Die vorhandene Maximalkapazität wird nur zu 75 % oder $^3/_4$ ausgenutzt.

Ändert sich die Ausbringungsmenge (bzw. der Beschäftigungsgrad), so kann sich dies in den Gesamtkosten der betreffenden Menge unterschiedlich niederschlagen.

Fixe Kosten

Ein Teil der Gesamtkosten ändert sich nicht mit der Ausbringungsmenge (bzw. dem Beschäftigungsgrad). Diese Kosten heißen *fixe Kosten*.

Den fixen Gesamtkosten entsprechen degressiv[1] fallende fixe Stückkosten.

Beispiel: **Fixkosten**

fixe Gesamtkosten (EUR)	Ausbringungsmenge in Stück	in %	degressiv fallende fixe Stückkosten (EUR)
1 000,00	50	25	20,00
1 000,00	100	50	10,00
1 000,00	150	75	6,67
1 000,00	200	100	5,00

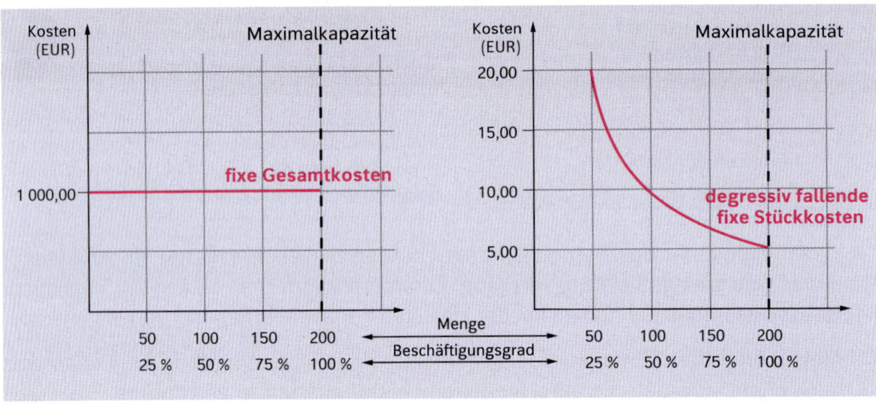

Der Verlauf der fixen Gesamtkosten ist konstant. Die fixen Stückkosten dagegen verlaufen degressiv fallend. Dies rührt daher, dass der gleichbleibend hohe Fixkostenbetrag auf die Ausbringungsmenge bezogen wird. Je größer die Ausbringungsmenge wird, desto niedriger werden die Kosten pro Stück.

Fixkostenarten

Kosten der Betriebsbereitschaft

Unausgelastete Anlagen verursachen Kosten in Form von Mieten, Versicherungen, Zinsen, Abschreibungen, Wartung. Wird die überschüssige Kapazität trotz Minderauslastung vorgehalten, so geschieht dies, um sich schnell Absatzerhöhungen anpassen zu können.

Kosten aufgrund befristeter rechtlicher Bindungen

Durch Arbeitsverträge und Kündigungsfristen liegen die Personalkosten immer für die Dauer der Kündigungsfrist fest. Auch für andere Verträge (z. B. Mietverträge) existieren solche Fristen.

Kosten aufgrund der Unteilbarkeit von Produktionsfaktoren

Benötigt beispielsweise ein Betrieb für die Produktion von 2 000 Produkteinheiten 2 Maschinen und sinkt die Nachfrage auf 1 500 Einheiten, so werden rechnerisch nur 1 $^1/_2$ Maschinen benötigt. Es ist jedoch nicht möglich, eine Maschine zu halbieren.

Langfristig können alle Kosten abgebaut werden, und sei es durch Auflösung des Unternehmens.

[1] degressiv (lat.) = in abnehmendem Maße

Variable Kosten

Ein Teil der Gesamtkosten ändert sich mit der Ausbringungsmenge (bzw. dem Beschäftigungsgrad). Diese Kosten heißen variable Kosten.

Die variablen Kosten können sich im gleichen Verhältnis wie die Ausbringungsmenge ändern, aber auch stärker oder schwächer. Dementsprechend unterscheidet man:

- **variable Gesamtkosten**
  - proportionale variable Kosten →
  - überproportionale variable Kosten →
  - unterproportionale variable Kosten →
- **variable Stückkosten**
  - konstante variable Stückkosten
  - progressiv steigende variable Stückkosten
  - degressiv fallende variable Stückkosten

Beispiel: Variable Gesamt- und Stückkosten

Ausbringungsmenge in Stück	Ausbringungsmenge in %	proportionale variable Kosten (EUR)	konstante variable Stückkosten (EUR)	überproportionale variable Kosten (EUR)	progr. steig. variable Stückkosten (EUR)	unterproportionale variable Kosten (EUR)	degr. fall. variable Stückkosten (EUR)
100	25	500,00	5,00	500,00	5,00	500,00	5,00
200	50	1 000,00	5,00	1 050,00	5,25	800,00	4,00
300	75	1 500,00	5,00	1 800,00	6,00	1 000,00	3,33
400	100	2 000,00	5,00	2 800,00	7,00	1 100,00	2,75

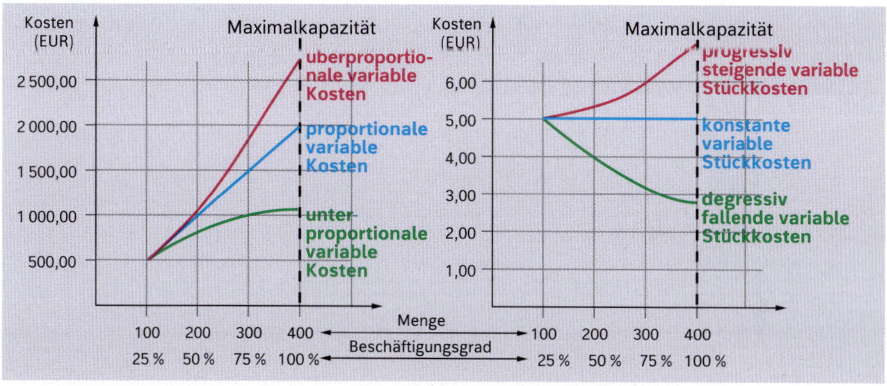

Gesetz der Massenproduktion und Optimalkapazität

In der Praxis hat jeder Betrieb und jede Anlage fixe und variable Kosten:

Gesamtkosten = fixe Kosten + variable Kosten

Gesamt- und Stückkosten hängen von der Ausbringungsmenge ab.

Kostenverläufe bei proportionalen variablen Kosten

Beispiel: Kostenverläufe bei proportionalen variablen Kosten

Auf einer Anlage werden Anhängerkupplungen gefertigt. Die Anlage hat fixe Kosten von 25 300,00 EUR jährlich. Die Kupplungen haben pro Stück einen Materialwert von 50,00 EUR und verursachen Arbeitslöhne von 40,00 EUR; also entstehen variable Kosten von 90,00 EUR pro Stück. Die Maximalkapazität liegt bei 1 000 Stück pro Jahr.

produzierte Menge pro Jahr (in Stück)	fixe Kosten (EUR)	variable Kosten (EUR)	Gesamtkosten (EUR)	Stückkosten (EUR)
1	25 300,00	90,00	25 390,00	25 390,00
10	25 300,00	900,00	26 200,00	2 620,00
100	25 300,00	9 000,00	34 300,00	343,00
230	25 300,00	20 700,00	46 000,00	200,00
1 000	25 300,00	90 000,00	115 300,00	115,30

Die Gesamtkosten haben den Verlauf einer steigenden Geraden. Sie sind die Summe aus fixen und variablen Kosten.

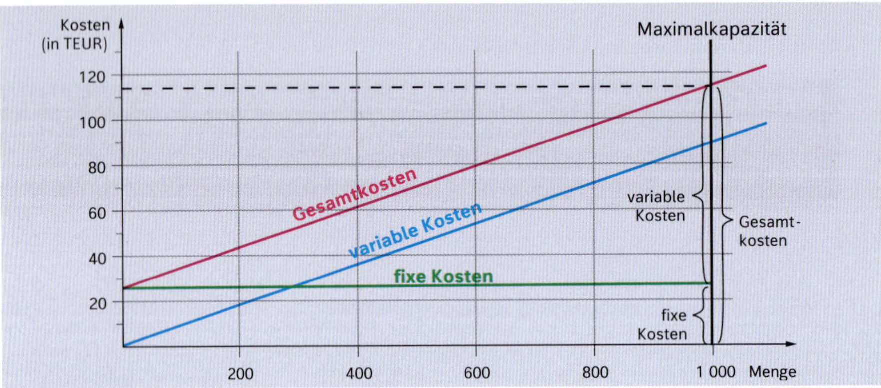

Die Stückkosten verlaufen degressiv fallend:

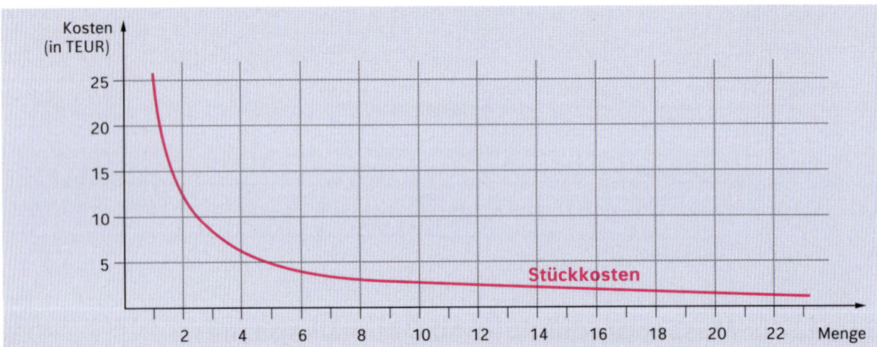

Enthalten die Gesamtkosten proportionale variable Kosten, so sinken mit wachsender Ausbringungsmenge die Stückkosten degressiv fallend (sog. *Gesetz der Massenproduktion*). Grund: Die variablen Stückkosten sind konstant; die fixen Kosten verteilen sich auf eine größere Stückzahl (Fixkostendegression).

$$\text{Stückkosten} = \frac{\text{fixe Kosten}}{\text{Ausbringungsmenge}} + \text{variable Stückkosten}$$

Beispiel: Stückkosten bei einer Jahresproduktion von 1 000 Kupplungen

$$\text{Stückkosten} = \frac{25\,300{,}00 \text{ EUR}}{1\,000 \text{ Stück}} + 90{,}00 \text{ EUR} = 115{,}30 \text{ EUR}$$

Für die Optimalkapazität gilt:

Bei proportionalen variablen Kosten liegt die Optimalkapazität bei einem Beschäftigungsgrad von 100 %. Sie entspricht der Maximalkapazität.

■ Kostenverläufe bei unter- und überproportionalen variablen Kosten

Bei unterproportionalen variablen Kosten tritt zur Fixkostendegression die Degression der variablen Stückkosten. Die gesamten Stückkosten sinken deshalb bis zur Kapazitätsgrenze stärker als bei proportionalen variablen Kosten. Die Optimalkapazität entspricht ebenfalls der Maximalkapazität.

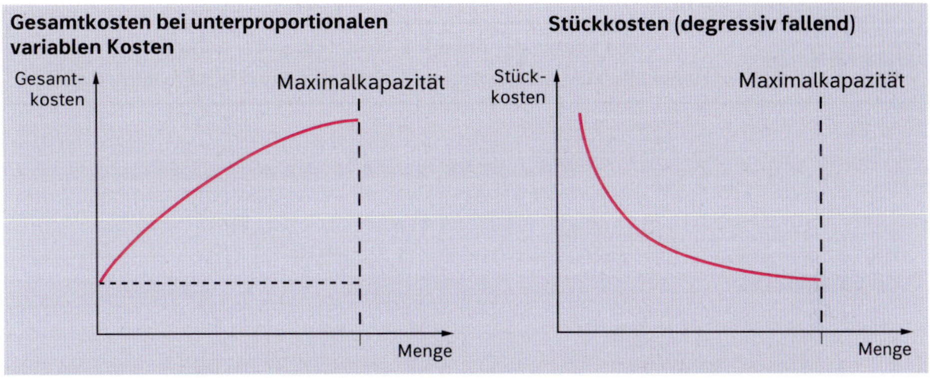

Bei **überproportionalen variablen Kosten** sind zwei Phasen zu unterscheiden:

- **Phase 1:** Die variablen Stückkosten steigen, aber die Fixkostendegression überwiegt. Folglich sinken die gesamten Stückkosten degressiv.
- **Phase 2:** Die Progression der variablen Stückkosten überwiegt die Fixkostendegression. Folglich steigen die gesamten Stückkosten progressiv.

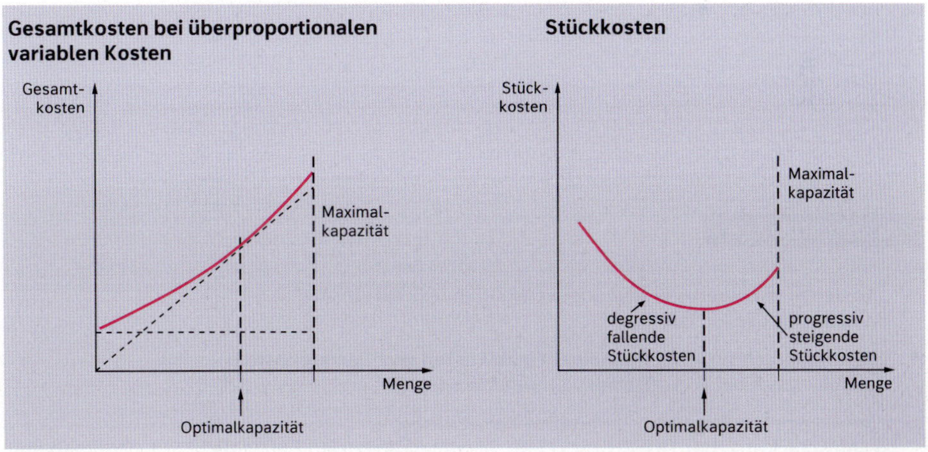

Bei überproportionalen variablen Kosten wird die Optimalkapazität im Tiefpunkt der Stückkostenkurve erreicht. Sie liegt ggf. bei einem Beschäftigungsgrad unter 100 %.

Abhängigkeit der Kosten von der Anlagengröße

Der Zwang zur Modernisierung der Betriebsmittel führt zu Veränderungen der Kostenstruktur. Größere und leistungsfähigere Anlagen verursachen in der Regel höhere Fixkosten, während die variablen Kosten einen weniger starken Anstieg aufweisen. Im Schnittpunkt der Gesamtkostenkurven zweier Anlagen liegt die sog. **kritische Menge**. Von dieser Ausbringungsmenge an lohnt sich der Einsatz der größeren Anlage.

Beispiel: Berechnung der kritischen Menge

	Anlage 1	Anlage 2
fixe Kosten	10 000,00 EUR	12 000,00 EUR
variable Kosten	100,00 EUR	60,00 EUR

Bei der kritischen Menge x sind die Kosten beider Anlagen gleich:

$$10000 + 100x = 12000 + 60x$$
$$(100 - 60)x = 12000 - 10000$$
$$x = \frac{12\,000 - 10\,000}{100 - 60} = 500 \text{ (Stück)}$$

$$\text{kritische Menge} = \frac{\text{fixe Kosten der Anlage 2 – fixe Kosten der Anlage 1}}{\text{variable Stückkosten der Anlage 1 – variable Stückkosten der Anlage 2}}$$

Auf längere Sicht bewirkt das ständige Ersetzen durch größere Anlagen

1. ein im Verhältnis zur Ausbringungsmenge unterproportionales Ansteigen der Gesamtkosten:
   K_1 = Gesamtkosten bei Anlage 1
   K_2 = Gesamtkosten bei Anlage 2
   K_3 = Gesamtkosten bei Anlage 3

2. ein verstärktes Absinken der Stückkosten:
   k_1 = Stückkosten bei Anlage 1
   k_2 = Stückkosten bei Anlage 2
   k_3 = Stückkosten bei Anlage 3

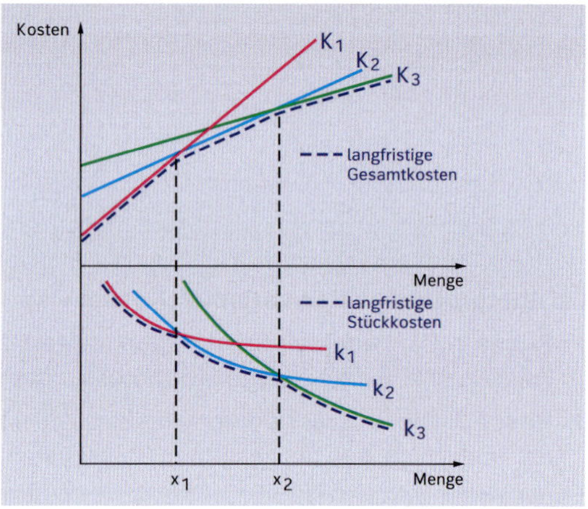

Arbeitsaufträge

1. **„Kosten sind bewerteter leistungsverbundener Gütereinsatz".**
   Erläutern Sie diesen Satz.

2. **Die Kostenrechnung unterscheidet Einzelkosten und Gemeinkosten.**
   Handelt es sich dabei um fixe oder um variable Kosten?

3. **Eine Anlage hat folgende quantitative Kapazitäten:**
   technische Kapazität 18 000 Stück/Std., Maximalkapazität 17 500 Stück/Std., Optimalkapazität 16 000 Stück/Std., Minimalkapazität 5 000 Stück/Std.
   a) Wodurch unterscheidet sich die quantitative Kapazität von der qualitativen Kapazität?
   b) Wie viel Prozent beträgt der Beschäftigungsgrad bei einer Ausbringungsmenge von 14 875 Stück?
   c) Ist die Anlage optimal ausgelastet?
   d) Welcher Gesamtkostenverlauf (proportional, progressiv, degressiv steigend) könnte den obigen Angaben zugrunde liegen?
   e) Bei welchen Kostenverläufen ist die Optimalkapazität gleich der Maximalkapazität?

4. In einem Betrieb fallen unter anderem folgende Kosten an:
Zinskosten für Anlagen, Materialkosten für bezogene Fertigteile, Löhne für Akkordarbeiter, Raummiete, Versicherungsgebühren, Grundsteuer, Abschreibungen, Verpackungskosten für die hergestellten Produkte, Gehälter der Werkstattmeister, Sozialversicherungskosten.
Welche dieser Kosten sind variabel, welche (zumindest zeitweise) fix?

5. Der Wirtschaftswissenschaftler Karl Bücher hat das sog. „Gesetz der Massenproduktion" formuliert:

$$\text{Stückkosten} = \frac{\text{fixe Kosten}}{\text{Ausbringungsmenge}} + \text{variable Kosten je Stück}; \; k = \frac{K_f}{m} + k_v$$

Erläutern Sie diese Formel und die ihr zugrunde liegenden Kostenbedingungen.

6. Ein Fotokopierautomat kostet 600,00 EUR Monatsmiete. 100 000 Blatt kosten 1 500,00 EUR. Für jede Kopie sind 0,03 EUR zu zahlen. Die Bedienungskraft erhält ein Monatsgehalt von 1 300,00 EUR und verursacht Lohnnebenkosten (Arbeitgeberanteil zur Sozialversicherung, vermögenswirksame Leistung, Gratifikationen, Urlaubsgeld usw.) von 700,00 EUR.

Wie viel kostet eine Kopie bei monatlich 20 000, 50 000, 100 000, 200 000 Kopien?

7. Ein Plastikgefäßhersteller hat die Wahl zwischen zwei Produktionsanlagen (I und II):
I: Fixe Kosten monatlich 5 000,00 EUR, variable Kosten pro Stück 0,50 EUR.
II: Fixe Kosten monatlich 10 000,00 EUR, variable Kosten pro Stück 0,30 EUR.

a) Zeichnen Sie die Kostenkurven für beide Maschinen in ein gemeinsames Koordinatensystem.
b) Stellen Sie fest, bei welcher Produktionsmenge (kritische Menge) der Einsatz der Anlage II kostengünstiger wird.
c) Welche Anlage würden Sie beschaffen, wenn Sie mit einem monatlichen Absatz von zunächst 20 000 Stück Plastikgefäßen (Absatzpreis maximal 0,55 EUR) rechnen, der auf längere Sicht auf 40 000 Stück gesteigert werden kann, wenn man den Preis auf 0,40 EUR senkt?

8. In einem Industriebetrieb entwickelten sich die variablen Kosten wie folgt:

Fertigungsmenge in Stück	Variable Kosten in EUR
100	3 981,07
200	9 802,55
300	16 605,72
400	24 136,71
500	32 259,75

Zeichnen Sie die Kurve der variablen Kosten mithilfe eines Tabellenkalkulationsprogramms. Welcher Kostenverlauf liegt vor?

9. Eine Möbelfabrik kann die Basisschränke für ihre Küchenserien in Polen beschaffen oder selbst fertigen. Eigenfertigung: fixe Kosten/Jahr: 2 000 000,00 EUR; variable Herstellkosten je Basiselement: 100,00 EUR; Fremdbezug: Basiselement 220,00 EUR

a) Ermitteln Sie die kritische Menge, von der an die Eigenfertigung günstiger wird.
b) Nennen Sie weitere Gesichtspunkte, die auch für die Entscheidung wichtig sind.

6.3 Zusammenhang von Kosten und Erlösen: Deckungsbeitrag

Die Anhängerkupplungen werden (vom Hersteller) bisher für 200,00 EUR pro Stück verkauft. Nach einem halben Jahr sind 230 Kupplungen verkauft und die Nachfrage steigt ständig. Man hofft, bis zum Ende des Geschäftsjahres 500 bis 550 Stück absetzen zu können. Doch schon macht sich Konkurrenz bemerkbar. Andere Anbieter bringen Anhängerkupplungen für 160,00 EUR auf den Markt. Man bemerkt sofort einen Umsatzrückgang. Wenn man seine Kunden nicht verlieren will, muss man ebenfalls den Preis senken. Wie weit kann man maximal heruntergehen?

Web

M 132

Die folgende Tabelle zeigt die Erlöse- und Kostensituation bei steigender Verkaufsmenge:

Den Inhalt dieses Kapitels können Sie auch anhand der Präsentation *Deckungsbeitrag* nachvollziehen.

Beispiel: Kosten, Erlöse und Betriebsergebnis bei steigender Verkaufsmenge

Verkaufsmenge (Stück)	1	2	10	100	230	231	das letzte Stück zu 160,00 EUR 231
Verkaufserlöse (EUR)	200,00	400,00	2 000,00	20 000,00	46 000,00	46 200,00	46 160,00
variable Kosten (EUR)	90,00	180,00	900,00	9 000,00	20 700,00	20 790,00	20 790,00
gedeckte Fixkosten (EUR)	110,00	220,00	1 100,00	11 000,00	25 300,00	25 410,00	25 370,00
gesamte Fixkosten (EUR)	25 300,00	25 300,00	25 300,00	25 300,00	25 300,00	25 300,00	25 300,00
noch zu deckende Fixkosten/Verlust (EUR)	25 190,00	25 080,00	24 200,00	14 300,00	0,00		
Betriebsgewinn (EUR)					0,00	110,00	70,00

Die Differenz zwischen den Verkaufserlösen und den variablen Kosten trägt zur Abdeckung der fixen Kosten bei. Diese Differenz heißt daher *Deckungsbeitrag*. Man unterscheidet den *Deckungsbeitrag je Stück* und den *Gesamtdeckungsbeitrag*.

Gesamtdeckungsbeitrag = Gesamterlös – gesamte variable Kosten
Deckungsbeitrag je Stück = Stückerlös – variable Stückkosten

Beispiel: Stück- und Gesamtdeckungsbeitrag

Stückerlös:	200,00 EUR
variable Stückkosten:	90,00 EUR
Deckungsbeitrag je Stück:	110,00 EUR

Verkaufsmenge: 100 Stück

Gesamterlös:	20 000,00 EUR
gesamte variable Kosten:	9 000,00 EUR
Gesamtdeckungsbeitrag:	11 000,00 EUR

Solange der Stückerlös größer als die variablen Stückkosten ist, entsteht ein positiver Deckungsbeitrag je Stück. Mit steigender Absatzmenge trägt er in wachsendem Umfang zur Deckung der fixen Kosten bei und garantiert ab einer kostendeckenden Absatzmenge – der **Gewinnschwelle** (Break-Even-Point[1]) – einen Stückgewinn in Höhe des Deckungsbeitrages je Stück. Ziel des Unternehens ist deshalb ein hoher Deckungsbeitrag je Stück, um schnell die Gewinnschwelle zu erreichen.

Die Überlegungen zum Deckungsbeitrag zeigen:

$$\text{Gewinnschwelle} = \frac{\text{fixe Gesamtkosten}}{\text{Deckungsbeitrag je Stück}}$$

[1] engl.: break-even = kostendeckend

Beispiel: Gewinnschwelle (Anhängerkupplung)

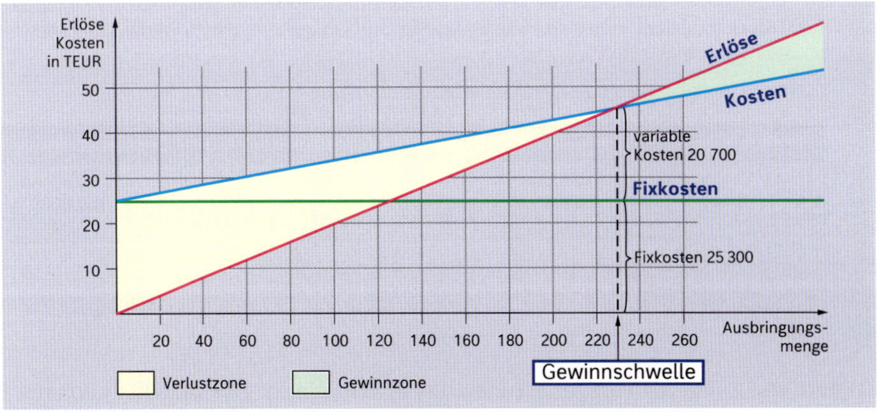

- Der Anbieter kann bei einer bereits abgesetzten Menge von 230 Stück auf einen Preis von 160,00 EUR zurückgehen, da die fixen Kosten bereits voll abgedeckt sind. Bei diesem Preis erzielt jedes Stück einen Deckungsbeitrag von 70,00 EUR, der zugleich Gewinn ist.

	vor der Preissenkung	nach der Preissenkung
Erlös/Stück	200,00 EUR	160,00 EUR
– variable Kosten/Stück	90,00 EUR	90,00 EUR
Deckungsbeitrag/Stück	110,00 EUR	70,00 EUR

- Von der Gewinnschwelle an hat der Gewinn je Stück stets die Höhe des positiven Stückdeckungsbeitrages. Der Gesamtgewinn steigt bei steigender Ausbringungsmenge immer mehr an. Der maximale Gewinn wird bei Erreichen der Kapazitätsgrenze erzielt.

  Für unser Beispiel bedeutet dies: Der Anbieter könnte mit dem Preis im Konkurrenzkampf bis auf die Höhe der variablen Stückkosten hinuntergehen, ohne einen Verlust zu erzielen.

- Kann der Anbieter im nächsten Jahr nur einen durchschnittlichen Preis von 160,00 EUR erzielen, so wären seine fixen Kosten bei einer Absatzmenge von 230 Stück nur zu einem geringen Anteil gedeckt. Ein Gewinn wäre nur möglich, wenn es ihm gelänge,
  - entweder die Absatzmenge beträchtlich zu steigern,
  - oder die variablen Kosten zu senken (Rationalisierung, günstigerer Einkauf),
  - oder die fixen Kosten zu senken (Rationalisierung).

  Die variablen Kosten können deshalb nur kurzfristig die Preisuntergrenze sein[1].

1. **kurzfristige Preisuntergrenze** = variable Stückkosten
2. **langfristige Preisuntergrenze** = gesamte Stückkosten (Selbstkosten)

Die Deckungsbeitragsrechnung ist Lösungsansatz für zahlreiche kurzfristige Probleme.[1]

Beispiele:

1. Annahme zusätzlicher Aufträge

Der Hersteller kann Lieferant eines Betriebes werden, welcher 200 Kupplungen pro Jahr zum Preis von 140,00 EUR abnehmen würde. Man stellt bisher 500 Stück im Jahr her, die Kapazität ist jedoch auf 1 000 Stück ausgelegt.

Bei Annahme des Zusatzauftrags entstehen keine zusätzlichen Fixkosten, wohl aber wird die Kapazität besser ausgelastet. Der Auftrag bringt einen zusätzlichen Deckungsbeitrag von 50,00 EUR (140,00 EUR minus 90,00 EUR) je Stück, also insgesamt einen Zusatzgewinn von 10 000,00 EUR.

[1] Vgl. S. 509.

2. Kurzfristige Fertigungsprogramm-(oder Sortiments-)Planung (oder Maschinenbelegung)
Ein Unternehmen fertigt auf einer Anlage 3 Produkte mit gleicher Fertigungszeit. Die Kapazität ist auf 1 000 Stück ausgelegt. Vom Markt werden nur 900 Stück aufgenommen. Je Produkt sind zwischen 200 und 400 Stück anzubieten.

In welcher Reihenfolge sind die Erzeugnisse zu produzieren?

Produktgruppe	Erlös je Stück (EUR)	variable Kosten je Stück (EUR)	Deckungsbeitrag (EUR)
I	200,00	100,00	100,00
II	300,00	150,00	150,00
III	150,00	80,00	70,00

Aufgrund der Deckungsbeiträge lautet die Reihenfolge: II, I, III.

Dies bedeutet: Von II ist zunächst die gesamte Nachfrage zu befriedigen (400 Stück), dann von I (300 Stück) und schließlich von III (200 Stück).

In der Praxis sind die Fertigungszeiten meist nicht gleich. Produkte mit kürzeren Fertigungszeiten können je Zeiteinheit in größerer Menge gefertigt werden und erzielen evtl. einen höheren Deckungsbeitrag je Zeiteinheit. Dieser sog. **relative Deckungsbeitrag** bestimmt nun die Entscheidung. Dies gilt auch, wenn die unterschiedlichen Zeiten nur für eine einzelne Engpassstufe gelten.

Beispiel: Relativer Deckungsbeitrag

Es werden 3 Produktgruppen geführt. Engpass: Montageabteilung

Produktgruppe	Erlös je Stück (EUR)	variable Kosten je Stück (EUR)	Deckungsbeitrag je Stück (EUR)	Montagezeit je Stück (Min.)	montierte Einheiten je Std.	relativer Deckungsbeitrag (EUR)
I	200,00	100,00	100,00	30	2	200,00
II	300,00	150,00	150,00	60	1	150,00
III	150,00	80,00	70,00	20	3	210,00

Der relative Deckungsbeitrag ist hier der auf eine Stunde umgerechnete Deckungsbeitrag. Die Produkte sind in der Reihenfolge III, I, II zu fertigen. Wie viel von den letzten Gruppen gefertigt werden kann, hängt von den freien Kapazitäten in der Montageabteilung ab.

Wenn mehrere Produktionsengpässe bestehen, löst man das Problem anhand der linearen Optimierung, einer mathematischen Methode der modernen Verfahrensplanung (Operations-Research).

Arbeitsaufträge

1. **Auf einer Anlage können in der Stunde maximal 120 Stück gefertigt werden. Zurzeit werden im Durchschnitt 100 Stück produziert. Die Anlage läuft 320 Stunden im Monat. Die fixen Kosten der Anlage betragen im Monat 10 000,00 EUR. Der Materialverbrauch beträgt pro Stück 1,00 EUR, der Arbeitslohn pro Stück 0,30 EUR. Das Stück wird zu 1,90 EUR verkauft.**

   a) Wie viel Prozent beträgt der Beschäftigungsgrad?
   b) Liegen unterpropotionale, proportionale oder überproportionale variable Kosten vor?
   c) Wie viel Euro betragen die variablen Kosten einer Monatsproduktion?
   d) Wie viel Euro betragen die Gesamtkosten einer Monatsproduktion?
   e) Wie viel Euro betragen die Stückkosten?
   f) Wie viel Euro betragen die Stückkosten bei einem Beschäftigungsgrad von 70 % (100 %)?
   g) Erläutern Sie anhand dieser Aufgabe die Fixkostendegression (Gesetz der Massenproduktion).

h) Ermitteln Sie die Gewinnschwelle zeichnerisch und rechnerisch. Setzen Sie ein Tabellenkalkulationsprogramm ein.
i) Wie viel Euro beträgt der Monatsgewinn bei einer Stundenproduktion von 100 Stück?
j) Wie viel Euro betragen die kurzfristige und die langfristige Preisuntergrenze bei den drei genannten Beschäftigungsgraden?
k) Kann ein Zusatzauftrag über 3 000 Stück zum Stückpreis von 1,40 EUR angenommen werden? Um wie viel Euro verändert er das Monatsergebnis?

2. Ein Industrieunternehmen kann auf einer Anlage alternativ die Produkte I, II, III, IV fertigen. Jedes Produkt benötigt die gleiche Fertigungszeit. Gesamtkapazität: 2 000 Stück.

Produkt	Stückerlös (EUR)	variable Stückkosten (EUR)	maximal absetzbare Menge (Stück)
I	180,00	100,00	2 000
II	300,00	160,00	1 000
III	350,00	170,00	500
IV	250,00	140,00	1 000

In welcher Reihenfolge und Stückzahl sollten die Produkte gefertigt werden?

3. Vier Erzeugnisse durchlaufen bei ihrer Fertigung eine Abteilung, deren Kapazität einen Engpass darstellt. Ein fünftes Produkt durchläuft diese Abteilung nicht.

Erzeugnis	**A**	**B**	**C**	**D**	**E**
Stückerlös (EUR)	**100,00**	**200,00**	**300,00**	**150,00**	**250,00**
variable Stückkosten (EUR)	**50,00**	**110,00**	**160,00**	**90,00**	**100,00**
Fertigungszeit im Engpassbereich (Min.)	**30**	**40**	**20**	**10**	**0**

In welcher Reihenfolge sind die Produkte zu fertigen, wenn als vordringliches Ziel die Maximierung des Deckungsbeitrages angesehen wird?

4. Die ABZO AG bietet vier chemische Produkte P1, P2, P3 und P4 in jeweils drei Preisgruppen an. Die Kunden werden nach ihrem Vorjahresumsatz einer Preisgruppe zugeordnet.

Produkt	Preisgruppe 1		Preisgruppe 2		Preisgruppe 3	
	Verkaufspreis (EUR)	geschätzte Absatzmenge (Stück)	Verkaufspreis (EUR)	geschätzte Absatzmenge (Stück)	Verkaufspreis (EUR)	geschätzte Absatzmenge (Stück)
P1	33,00	300	44,00	260	49,00	200
P2	110,00	250	120,00	220	128,00	180
P3	125,00	220	155,00	200	188,00	150
P4	67,00	120	78,00	100	93,00	90

Alle Produkte durchlaufen zwei Maschinen.

Produkt	variable Kosten (EUR)	Bearbeitungszeit Maschine 1 (Min.)	Bearbeitungszeit Maschine 2 (Min.)
P1	20,00	7	3
P2	85,00	9	6
P3	87,00	20	10
P4	34,00	12	8

Die fixen Kosten belaufen sich auf 20 000,00 EUR.

Berechnen Sie unter Verwendung eines Tabellenkalkulationsprogramms
a) die geschätzten Gesamtumsätze für jedes Produkt und jede Preisgruppe,
b) die absoluten Deckungsbeiträge für alle Produkte und Preisgruppen,
c) den Gesamtgewinn.
d) Der Vorstand trifft die Entscheidung, in Zukunft alle vier Produkte nur noch zu den Preisen der Preisgruppe 3 zu verkaufen. Man rechnet dann mit folgenden Absatzmengen: P1: 350; P2: 300; P3: 270; P4: 150 Stück. Als Fertigungskapazitäten werden zur Verfügung gestellt: Maschine 1: 10 000 Min., Maschine 2: 7 000 Min. Bei welcher Maschine besteht ein Engpass?

ZWEITER ABSCHNITT

e) Bestimmen Sie die Fertigungsreihenfolge der vier Produkte auf der Basis der relativen Deckungsbeiträge und die Fertigungsmengen.
f) Ermitteln Sie vorhandene Restkapazitäten.
g) Berechnen Sie den Gewinn.
h) Nennen Sie Maßnahmen, durch die Engpasssituationen generell verhindert werden können.

7 Verfahrensmanagement

7.1 Bestimmungsgrößen der Fertigungsverfahren

Jede Produktion erfordert bestimmte Fertigungsverfahren. Ein Fertigungsverfahren ist eine Art der Güterherstellung, eine festgelegte Vorgehensweise.

Den Ingenieur interessieren die **technischen Fertigungsverfahren**, d. h. die Art und Weise der Rohstoffbe- und -verarbeitung. Man unterscheidet dabei

- physikalische Prozesse (Grundverfahren nach DIN 8580: urformen, umformen, trennen, fügen, beschichten, Stoffeigenschaft ändern),
- chemische Prozesse (z. B. destillieren, raffinieren, legieren),
- biologische Prozesse (z. B. gerben, gären, mälzen).

Web M 136

Einzelheiten zu den Verfahren nach DIN 8580 finden Sie in der Präsentation Technische Fertigungsverfahren (physikalische Prozesse)

Der Betriebwirt hingegen untersucht bevorzugt **Verfahren**, die mit der **Wirtschaftlichkeit** der Prozesse zu tun haben und diese fördern.

Man unterscheidet Verfahren nach ...	Unterscheidendes Merkmal
... dem Fertigungstyp	die Menge gleichartiger Erzeugnisse, die nacheinander hergestellt werden
... dem Maschinisierungsgrad	der Anteil menschlicher Arbeitskraft
... der Fertigungsorganisation	die Anordnung der Betriebsmittel

Wichtige Bestimmungsgrößen für Fertigungsverfahren

Werkstoff

Jeder Werkstoff erfordert ein adäquates technisches Be- bzw. Verarbeitungsverfahren. So wird Rohkäse natürlich anders als Metall oder Farbstoff verarbeitet.

Fertigprodukt

Auch jede einzelne Produktart verlangt ein adäquates technisches Herstellungsverfahren. So wird Weichkäse anders als eine Karusselldrehmaschine oder als ein Handy hergestellt.

Nachfrage

Man unterscheidet zwischen Lagerfertigung und Auftragsfertigung.

- Ein Teil der Unternehmen produziert ohne vorliegende Kundenaufträge für den anonymen Markt. Dies ist bei gleichartigen Gütern möglich (z. B. Kühlschränken, Nahrungsmitteln, Haushaltswaren). Man ermittelt die Nachfragemenge möglichst genau durch Marktforschung, produziert Massen, größere Auflagen (Serien) oder Sorten auf Lager (**Lagerfertigung**) und verkauft sie ab. Produziert wird heute oft auf automatischen Fertigungsanlagen und/oder am Fließband.
- Bei **Auftragsfertigung** produziert man nur für konkret vorliegende Kundenaufträge. Oft sind es individuelle Produkte (z. B. eine Spezialmaschine, eine Luxusacht). Alle Produkte unterscheiden sich, werden einzeln konstruiert und gefertigt. Dies schließt z. B. eine Fertigung am Fließband aus. Stattdessen fertigt und montiert man die Teile in Werkstätten und auf Baustellen.
  Auftragsfertigung kann allerdings auch für feste Kunden aufgrund langfristiger vertraglicher Bindungen (Rahmenlieferverträge) erfolgen. Ein typisches Beispiel sind Automobilzulieferer. Sie liefern große Mengen gleichartiger Erzeugnisse (z. B. Autositze, Lichtmaschinen) an die Kfz-Hersteller. Deshalb kommt es bei ihnen ebenfalls oft zu Lagerfertigung, zu automatisierten Produktionsverfahren und zur Fließbandfertigung.

Betriebsgröße

Großbetriebe sind anders mit Personal und Betriebsmitteln ausgestattet als Kleinbetriebe. Sie produzieren z. B. oft größere Mengen und können deshalb mehr auf große Fertigungsanlagen und auf Fließbandfertigung zurückgreifen.

Faktorpreise

Ändern sich die Preise der Leistungsfaktoren (Produktionsfaktoren), so sucht der Betrieb die kostengünstigste Kombination der Leistungsfaktoren (sog. Minimalkostenkombination). Deshalb besteht seit Langem die Tendenz, teure Arbeitskräfte durch Maschinen zu ersetzen.

Technischer Fortschritt

Auch der technische Fortschritt wirkt auf die Fertigungsverfahren ein:

- Produktinnovationen erfordern ggf. neue Fertigungsverfahren (Verfahrensinnovationen).
- Der technische Fortschritt führt zum Ersatz menschlicher Arbeitskraft durch Maschinen.
- Der technische Fortschritt führt zu immer höheren Graden der Automation.
- Der technische Fortschritt erschafft stets von neuem produktivere und flexiblere Fertigungsanlagen.

Soziale, rechtliche und ökologische Einflüsse

- Kostengünstige Verfahren (z. B. das Fließband, schwere Handarbeit) können schädlich für den Menschen sein (z. B. Monotonie, einseitige Belastung). Man sucht deshalb humanere Verfahren.
- Die Gesetzgebung verbietet Fertigungsverfahren, die zu Unfällen oder gesundheitlichen Beeinträchtigungen führen oder die Umwelt gefährden.
- Fertigungsverfahren sollten in dreifacher Hinsicht umweltfreundlich sein und zur Nachhaltigkeit beitragen:
  - materialsparend (minimale Materialrückstände, keine Ausschussproduktion),
  - energiesparend (minimaler Verbrauch an Strom, Wasser, Gas, Kraftstoff),
  - emissionsarm (minimale Belastung von Boden, Wasser, Luft durch Emissionen; z. B. aufgrund von Absaug-, Filter-, Klär-, Brauchwasserrückführungs-, Entschwefelungs- und Lärmschutzanlagen).

7.2 Fertigungsverfahren nach dem Fertigungstyp

7.2.1 Fertigungstypen – Überblick

Fertigungstypen werden unterschieden nach der Menge gleichartiger Erzeugnisse, die nacheinander hergestellt werden.

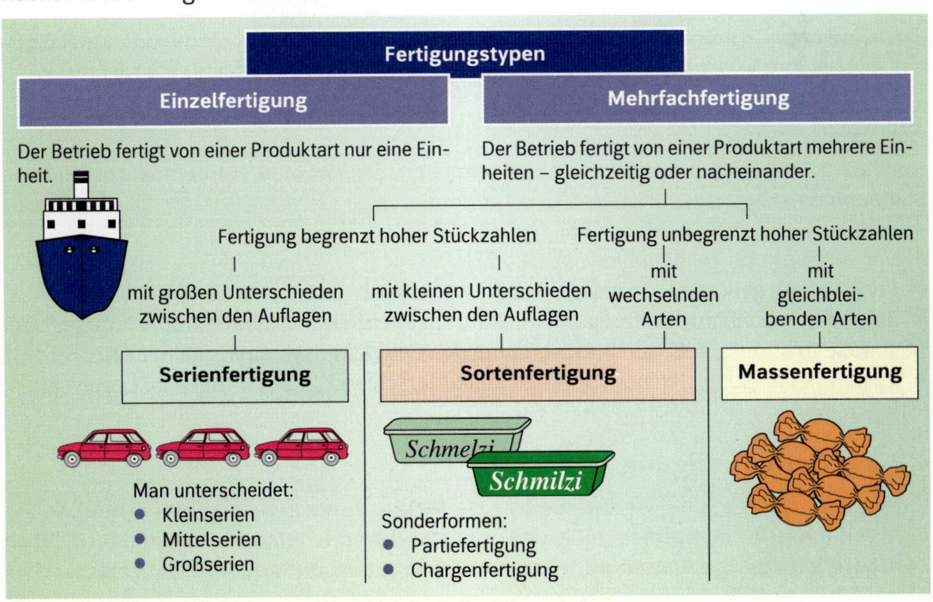

7.2.2 Einzelfertigung

Bei Einzelfertigung fertigt der Betrieb von einer Produktart nur eine Einheit.

Einzelgefertigtes Hochleistungsfahrrad

- Es handelt sich um **Auftragsfertigung** („make to order") nach individuellen Kundenwünschen. Typische Produkte sind z. B. Schiffe, Gebäude, Brücken, Schwermaschinen, Spezialmaschinen, Spezialanfertigungen.
- Es existiert **kein festes Produktionssprogramm**. Vielmehr setzt sich das „Programm" aus der Summe der Einzelaufträge zusammen. Meist werden mehrere Aufträge gleichzeitig bearbeitet.
- Eine **intensive Kundenbearbeitung** ist nötig.
- Es wird eine Vielzahl an flexibel einsetzbaren Maschinen **(„Universalmaschinen")** benötigt, damit sich der Betrieb auf stets neuartige Aufträge umstellen kann. Die Maschinen müssen schnell auf neue Aufträge umgerüstet werden können.
- Das **Personal** muss **gut ausgebildet** und anpassungsfähig sein.
- Die Teilebearbeitung erfolgt in der Regel in sog. **Werkstätten** (z. B. Bohrerei, Dreherei, Fräserei). Die Maschinen einer Werkstatt sind auf bestimmte Verrichtungen spezialisiert (bohren, drehen, fräsen, ...). Die Montage erfolgt in einer Montageabteilung. Bestimmte Produkte werden vollständig auf einer **Baustelle** (z. B. Werft) hergestellt.

- Als Beschaffungskonzept für die Materialbeschaffung kommt vorwiegend die **Einzelbeschaffung** zur Anwendung.

Vorteile der Einzelfertigung

- Der Einsatz von Universalmaschinen und gut ausgebildeten Mitarbeitern gestattet die Erfüllung individueller und spezieller Kundenwünsche.
- Desgleichen ermöglichen sie eine flexible Anpassung an Nachfrageänderungen.
- Anspruchsvolle Aufgabenstellungen bewirken verantwortungsbewusste und motivierte Mitarbeiter.

Nachteile der Einzelfertigung

- Relativ lange Fertigungs- und Lieferzeiten, da „schnelle" Verfahren (Fließbänder) nicht eingesetzt werden können und Materialien einzeln beschafft werden müssen.
- Aus den gleichen Gründen entstehen relativ hohe Kosten pro Stück.
- Jeder Auftrag erfordert eine aufwendige Konstruktion und Preiskalkulation.

Um die Nachteile der Einzelfertigung zu minimieren, wendet man, wenn möglich, folgende Maßnahmen an:

- Einsatz automatischer Maschinen (vgl. S. 143 f.),
- Verwendung von Teilefamilien (vgl. S. 227),
- Verwendung genormter Teile (vgl. S. 226),
- auftragsunabhängige Vorfertigung mit auftragsorientierter Endfertigung/Montage („assemble to order"), z. B. durch Anwendung des Baukastensystems (vgl. S. 227),
- Zusammenfassung gleicher Vorgänge aus unterschiedlichen Aufträgen zu Losen (Auflagen, Serien).

7.2.3 Serienfertigung

Eine Serie (Auflage, Los) ist eine begrenzte Menge eines gleichartigen Produkts. Sie wird auf einer Anlage gleichzeitig oder unmittelbar nacheinander hergestellt. Nach Fertigstellung der geplanten Serienstückzahl wird eine andere Serie aufgelegt.

- Serienprodukte sind oft – aber nicht immer! – kompliziertere Montageprodukte. Bei der Entwicklung von Montageprodukten wird vor der Markteinführung zunächst ein Prototyp, dann eine Nullserie gebaut (vgl. S. 105).
- Serienprodukte werden teilweise im Kundenauftrag gefertigt (z. B. die Produkte von Automobilzulieferern), teilweise für den anonymen Markt (z. B. die Autos selbst).
- Die Produkte zweier Serien unterscheiden sich stark. Die Anlage muss deshalb für eine neue Serie mit hohen Kosten und großem Zeitaufwand umgerüstet werden.
- Man unterscheidet **Klein-, Mittel- und Großserien**. Eine zahlenmäßige Abgrenzung ist produktabhängig. Viele technische Produkte (Fahrzeuge, Büromaschinen, elektronische Geräte usw.) werden in Großserien gefertigt.
- Großserienprodukte werden oft so lange produziert, wie sie mit Gewinn verkauft werden können.
- Bei der marktorientierten Fertigung von Großserien war in der Vergangenheit die **Lagerfertigung** die Regel. Mit dem Vordringen von Logistik, Management-Informationssystemen und flexibler Automatisierung (vgl. S. 143 f.) ist aber bei vielen Betrieben eine stärkere Bindung der Fertigung an die tatsächlichen Auftragseingänge möglich geworden.

Serienartikel Pkw

- Großserienfertigung ist in der Regel als Fließfertigung (siehe S. 154 ff.) oder als Gruppenfertigung (siehe S. 156 f.), Kleinserienfertigung oft auch als Werkstättenfertigung (wie die Einzelfertigung) organisiert.

Vorteile der Serienfertigung

- hohe Produktivität (große Stückzahlen)
- kurze Durchlaufzeiten
- kostengünstige Beschaffung (Mengenrabatte)
- ggf. minimale Lagerkosten (bei fertigungssynchroner Beschaffung)
- hohe Maschinenauslastung
- relativ niedrige Lohnkosten (angelernte Arbeit)
- niedrige Stückkosten
- einmalige Kalkulation

Nachteile der Serienfertigung

- keine individuelle Produktion wie bei Einzelfertigung
- hoher Kapitalbedarf aufgrund teurer Spezialmaschinen
- hohe Fixkosten
- keine flexible Anpassung an Marktveränderungen
- Anpassungen kostspielig

7.2.4 Massenfertigung

Bei der *Massenfertigung* werden unbegrenzt hohe Mengen eines Produkts produziert.

Massenartikel sind oft relativ unkomplizierte Produkte, die für den anonymen Markt auf Lager gefertigt werden (z. B. Zigaretten, Dragees, Elektrizität, chemische Artikel).

Massenartikel Waschmittel

Die Produktion erfolgt meist auf einzelnen oder auf fließbandmäßig hintereinandergeschalteten Spezialmaschinen (Transferstraßen). Vielfach sind dies heutzutage **Automaten**. Wenn Großserien in so großen Mengen hergestellt werden, dass die Stückzahlbegrenzung praktisch entfällt, liegt auch hier Massenfertigung vor. Die Übergänge sind fließend.

Warum werden große Mengen kostengünstig produziert?

Weil sich die fixen Produktionskosten auf die große Menge verteilen („Fixkostendegression").

Beispiel: Tischproduktion.
Variable Kosten (Material, Arbeit) je Tisch = 200,00 EUR; fixe Kosten/Monat = 10 000,00 EUR.
Kosten eines Tisches (EUR) bei einer Fertigung von

1 St.:	200,00 + 10 000,00 =	10 200,00
100 St.:	200,00 + 10 000,00/100 =	300,00
10 000 St.:	200,00 + 10 000,00/10 000 =	201,00

Die Lagerfertigung der Produkte erfordert **keine Produktionsumstellungen**. Deshalb können die Maschinen optimal ausgelastet werden.

Die **Vor- und Nachteile** der Massenfertigung entsprechen denen der Serienfertigung.

7.2.5 Sortenfertigung

Eigenschaften der Sortenfertigung

***Sortenartikel* sind Varianten des gleichen Grundprodukts. Sie unterscheiden sich nur bezüglich einzelner Merkmale.**

Sortenartikel Haushaltsreiniger

Solche Merkmale können z. B. sein:
- Maße (Schuhe verschiedener Größen aus gleichem Leder),
- Material (Kleidung gleichen Schnitts aus verschiedenen Stoffen),
- Materialzusätze (z. B. bei Bier- und Käsesorten).

Bei Fertigung unbegrenzter Mengen ist die Sortenfertigung ein Sonderfall der Massenfertigung, bei begrenzten Mengen ein Sonderfall der Serienfertigung.

Die Sorten werden parallel auf verschiedenen Anlagen oder nacheinander auf den gleichen Anlagen gefertigt. Im letztgenannten Fall werden sie oft – insbesondere bei unbegrenzten Mengen – in ständigem Wechsel produziert. So kann die Kundennachfrage nach jeder Sorte einigermaßen gleichmäßig bedient werden.

Durch den Sortenwechsel kommt es auch bei unbegrenzter Gesamtmenge zu begrenzten Fertigungsmengen (Serien, Auflagen, Losen). Anders als bei Serienfertigung erfordert die Umstellung wegen der Ähnlichkeit der Artikel allerdings nur geringfügige Umrüstungen. Für den Zeitpunkt der Umstellung ist oft die optimale Losgröße entscheidend (siehe unten).

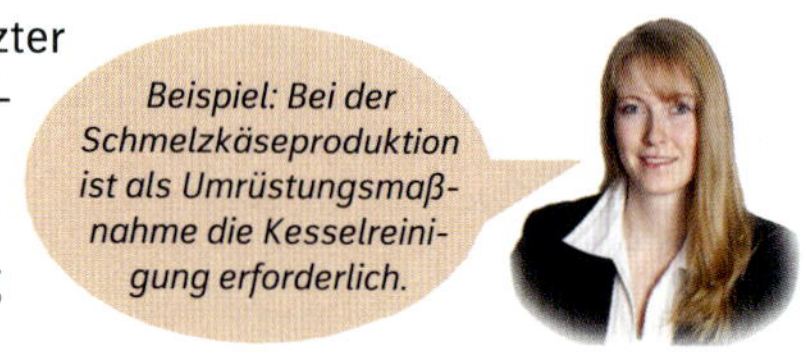

Viele Werkzeuge, Schreibgeräte, Bleche, Schrauben, Kleidungsstücke, Drähte, Ziegel, konservierte Nahrungsmittel werden z. B. in Sortenfertigung hergestellt. Meist ist **Lagerfertigung** für den anonymen Markt gegeben. Sie ist als Fließ- und Gruppenfertigung organisiert.

Vorteile der Sortenfertigung

- hohe Produktivität (große Stückzahlen)
- kurze Durchlaufzeiten
- ggf. kostengünstige Beschaffung (Mengenrabatte)
- ggf. minimale Lagerkosten von Materialien (nur bei fertigungssynchroner Beschaffung)
- hohe Maschinenauslastung
- relativ niedrige Lohnkosten (angelernte Arbeit)
- niedrige Stückkosten
- einmalige Kalkulation

Nachteile der Sortenfertigung

- keine Sonderanfertigungen
- hoher Kapitalbedarf aufgrund teurer Spezialmaschinen
- hohe Fixkosten (z. B. Fixkosten je Rüstvorgang)
- ggf. hohe Lagerkosten (bei großen Losgrößen)

Partie- und Chargenfertigung sind Sonderformen der Sortenfertigung. Die Produktvarianten entstehen hier aber ungewollt durch den Produktionsprozess:
- Eine **Partie** ist eine in sich einheitliche Rohstoffmenge. Sie unterscheidet sich von jeder anderen Partie in ihren Eigenschaften. Amerikanische Baumwolle hat z. B. eine andere Faserlänge und Reißfestigkeit als ägyptische. Folglich unterscheiden sich auch die Produkte.
- Eine **Charge** ist die Füllmenge für einen Produktionsvorgang (z. B. die Beschickungsmenge eines Hochofens, eines Backofens, eines Töpferbrennofens, einer Branntwein-

destillieranlage). Die Bedingungen des Produktionsprozesses werden in solchen Fällen nicht vollständig beherrscht. Dies führt zu verschiedenen Produktausfällen, wie hellem oder dunklerem Brot.

Optimale Losgröße

Im Rahmen der Beschaffung soll die optimale Bestellmenge (vgl. S. 262 ff.) die Summe von Beschaffungs- und Lagerkosten minimieren. Ein fast identisches Problem existiert auch bei der Sortenfertigung. Hier geht es um die Ermittlung der optimalen Losgröße.

Web

Wenn die Artikel einer Sorte auf einer Anlage in großen Stückzahlen hintereinander gefertigt, aber erst nach und nach abgesetzt werden, entstehen bis zum Verkauf Lagerkosten. Diese lassen sich nur reduzieren, wenn man kleinere Lose (Serien, Auflagen) fertigt und die Sorte wechselt. Allerdings muss die Anlage für jedes neue Los umgerüstet – neu eingerichtet – werden (z. B. reinigen, Werkzeuge, Vorrichtungen, Förderzeuge, Prüfmittel wechseln, Proben fertigen). Dabei entstehen mehr oder weniger hohe Rüstkosten.

M 141

ZWEITER ABSCHNITT

- Die **Rüstkosten (Loswechselkosten)** fallen für jedes Los (Serie, Auflage) in gleicher Höhe an, unabhängig von der Losgröße. Sie sind **auflagenfixe Kosten**.
- Die **Lagerkosten** hingegen ändern sich mit der Losgröße: Bei großen Losen sind sie hoch, bei kleinen niedrig. Sie sind **auflagenvariable Kosten**.

Die optimale Losgröße ist die Fertigungsmenge, bei der die Summe aus Rüstkosten und Lagerkosten ein Minimum erreicht.

Beispiel: Optimale Losgröße

Eine Fabrik produziert auf denselben Maschinen zehn Sorten Maschinenschrauben, von jeder Sorte 10 000 Stück im Jahr. Der Absatz ist gleichmäßig über das Jahr verteilt.

Die Herstellkosten je Stück betragen 4,00 EUR. In Höhe der Herstellkosten ist Kapital gebunden, wenn Schrauben gelagert werden müssen.

Die Lagerung von je 1 000 Schrauben verursacht 200,00 EUR Lagerkosten (einschl. Lagerzinsen) im Jahr (= 0,20 EUR/Stück). Bezieht man die Lagerkosten pro Stück prozentual auf die Kapitalbindung (hier: die Herstellkosten), erhält man den sog. Lagerkostensatz (genauer: Zins- und Lagerkostensatz). Der Lagerkostensatz beträgt folglich (0,20 EUR / 4,00 EUR) · 100 = 5 %.

Pro Sortenwechsel entstehen Rüstkosten von 100,00 EUR.

Von jeder Schraubenart ist mindestens **ein** Los von 10 000 Stück zu fertigen. Diese Menge kann auch auf mehrere Lose verteilt werden kann. Die Tabelle berechnet die optimale Losgröße.

Lose	Losgröße	Rüstkosten/ Los (EUR)	gesamte Rüstkosten (EUR)	durchschnittl. Lagermenge	durchschnittl. Lagerkosten (EUR)	Gesamtkosten (EUR)
(1)	(2)	(3)	(4) = (1) · (3)	(5) = (2) / 2	(6) = (5) · 0,2 = (5) · 4,00 · 5 %	(7) = (4) + (6)
1	10 000	100,00	100,00	5 000	1 000,00	1 100,00
2	5 000	100,00	200,00	2 500	500,00	700,00
→ **3**	**3 333**	**100,00**	**300,00**	**1 667**	**333,40**	**633,40**
4	2 500	100,00	400,00	1 250	250,00	650,00
5	2 000	100,00	500,00	1 000	200,00	700,00

Optimale Losgröße laut Tabelle: 3 333 Stück (drei Lose; Gesamtkosten 633,40 EUR).

Formel für die optimale Losgröße:

$$\text{Opt. Losgröße} = \sqrt{\frac{200 \cdot \text{Jahresabsatzmenge} \cdot \text{Rüstkosten}}{\text{Herstellkosten/Stück} \cdot \text{Lagerkostensatz}}} = \sqrt{\frac{200 \cdot 10\,000 \cdot 100}{4 \cdot 5}} = 3\,162{,}28$$

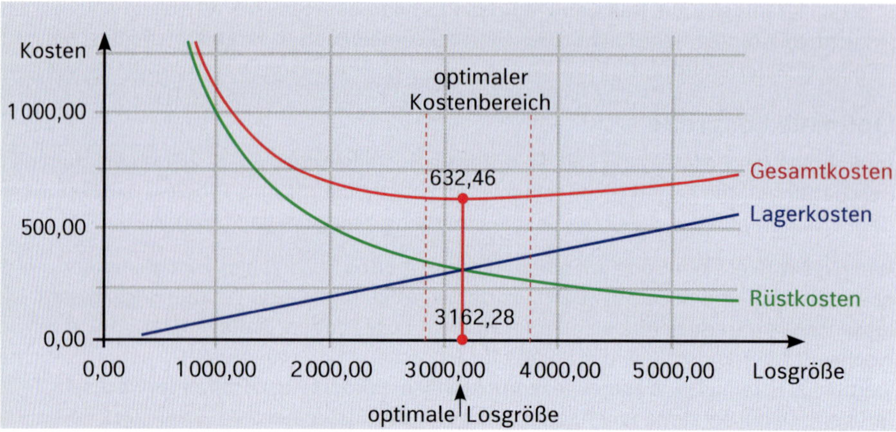

Anmerkung zur Formel:
Das mathematische Ergebnis von 3 162,28 Stück ist praktisch nicht verwendbar. Es bedeutet 3,16 Lose (nicht ganzzahlig!). Die optimale Losgröße muss in der Praxis jedoch nicht exakt berechnet werden, denn die Gesamtkostenkurve verläuft in der Umgebung des Minimums flach. Abweichungen von –10 % bis +20 % erhöhen die Kosten kaum.

Die optimale Losgröße ist nur ein Modell, das sehr starke Einschränkungen voraussetzt:

- Es wird ein gleichmäßiger Lagerabgang (= Abverkauf) angenommen.
- Jahresabsatzmenge, Rüst- und Herstellkosten, Zins- und Lagerkosten pro Stück sind konstant.
- Die Produktionsmengen sind beliebig teilbar.
- Es gibt keine Mindest- und Höchstmengen (z. B. begrenzte Lagerkapazitäten).

Diese Voraussetzungen liegen in der Praxis nicht vor. Viele Unternehmen verzichten daher bewusst auf die Ermittlung der optimalen Losgröße. Sie geben von vornherein nur den Bedarf für einen erfahrungsgemäß günstigen Zeitraum – z. B. einen Monat – in die Fertigung.

Auch bei **Einzelfertigung** stellt sich das Problem der Losgröße:

Häufig kommen gleiche Teile in ansonsten unterschiedlichen Kundenaufträgen vor. Die Fertigung dieser Teile versucht man dann in wirtschaftlichen Fertigungslosen zusammenzufassen, um Rüstkosten zu sparen.

7.2.6 Mass Customization

Der technische Fortschritt führt dazu, dass unter anderem die Grenzen zwischen herkömmlichen Verfahren allmählich verwischt werden. So können die Hersteller heutzutage ohne wesentliche Zusatzkosten Serien- und Massenartikel liefern, die in ausgewählten Merkmalen individuell nach den Kundenwünschen gestaltet sind. Das Ergebnis ist Mass Customization, also „kundenindividuelle Massenfertigung“ (oder auch „kundenindividuelle Serien-, Sortenfertigung“).

Für die Individualisierung eignen sich insbesondere
- Designelemente (z. B. die Farbe des Handys),
- Passform (z. B. die Anpassung von Schuhen an die Fußform),
- Produktbausteine (z. B. der Stoff von Autositzen, das Material von Armaturenbrettern).

Für den Hersteller kommt es darauf an, wenige, aber aus Kundensicht für die Individualisierung entscheidende Produktmerkmale herauszufinden. Gelingt ihm dies, gewinnt er Vorteile gegenüber den Konkurrenten.

Ggf. kann der Hersteller sogar zur Auftragsfertigung übergehen, seine Lagerbestände beträchtlich verringern und so Kosten einsparen.

Viele Hersteller stellen einen **Produktkonfigurator** auf ihrer Website zur Verfügung, mit dessen Hilfe der Kunde die gewünschten Produkteigenschaften selbst zusammenstellen kann (siehe z. B.: www.volkswagen.de/de/models/join_up.html).

7.3 Fertigungsverfahren nach dem Grad der Maschinisierung

7.3.1 Manuelle, maschinelle, automatische Fertigung

Manuelle Fertigung (Handarbeit) findet man heute v. a. im Handwerk. Allerdings werden moderne Handmaschinen eingesetzt: Bohrmaschine, Schwingschleifer, Stichsäge usw. In der Industrie gibt es sie noch bei Montage- und Präzisionsarbeiten. Handarbeit ist lohnintensiv. Das bedeutet: Der Anteil der Lohnkosten an den Gesamtkosten ist hoch.

Die maschinelle Fertigung ist viel produktiver als die manuelle. Die Arbeitskraft erstellt in der gleichen Zeit mehr Leistungen. Mit zunehmender Maschinisierung nimmt der Anteil der Lohnkosten ab, der Anteil der Betriebsmittelkosten steigt. Man sagt: Der Betrieb wird anlagenintensiver. Wegen der höheren Produktivität sinken trotzdem die Gesamtkosten.

Dabei setzen sich automatische Verfahren immer mehr durch. Automaten übernehmen ganze Arbeitsprozesse (z. B. vollautomatische Walzstraßen, Flaschenabfüllanlagen, EDV-Anlagen). Sie ersetzen vor allem wiederholbare Tätigkeiten. Die Automation führt zur höchsten Produktivität. Automatisierte Betriebe sind in höchstem Maße anlagenintensiv.

Automatische Fertigung ist heute verbunden mit „Computer Aided Manufacturing“ und „Computer Integrated Manufacturing“.

7.3.2 Computer Aided Manufacturing (CAM)

CNC-Maschinen

***Computer-Aided Manufacturing (CAM)* ist Fertigung durch computergesteuerte Maschinen (CNC-Maschinen). Der Computer wird vom Bediener frei programmiert. Programmspeicherung, -änderung und -optimierung erfolgen an der Maschine.**

CNC-Maschine (CNC = Computerized Numerical Control)

Der Bediener übernimmt die Konstruktionsdaten und gibt die Arbeitsplandaten ein (z. B. Vorfahrwege, Vorschub, Spindeldrehzahl, Werkzeug, Kühlmittel u. a. m.). Vor der Abarbeitung des Programms erfolgen **Testläufe**.

Die Computersteuerung gestattet es, eine Bearbeitung zu speichern und immer wieder abzurufen. Die Maschine übernimmt die Bedienung selbst. Dies bedeutet eine große körperliche Entlastung.

Industrieroboter

Industrieroboter sind universell einsetzbare Automaten. Sie werden v. a. für die Fertigung großer Stückzahlen eingesetzt. Dabei ist der Arbeitsprozess in sinnvolle Arbeitsschritte aufgeteilt. An jedem Platz werden nur bestimmte Aufgaben gelöst. Der Arbeiter muss oft gleiche Bewegungen ausführen. Soll ein Roboter diese übernehmen, muss er den Menschen imitieren können. Meist wird ein menschlicher Arm imitiert: Auf- und Ab-, Links- und Rechts-, Raus- und Rein-, Schwenk- und Drehbewegungen.

- Die Bewegungen werden durch Bewegungsachsen ermöglicht. Sie sind hinsichtlich Bewegungsfolgen, -wegen und -winkeln frei programmierbar.
- Roboter haben Greifer, Werkzeuge, Messgeräte oder andere Fertigungsmittel.
- Roboter können mittels Sensoren (Messwertaufnehmern) sehen, fühlen und hören. Kameras ersetzen die Augen, Ultraschall das Ohr und Flächensensoren die Fingerspitzen.

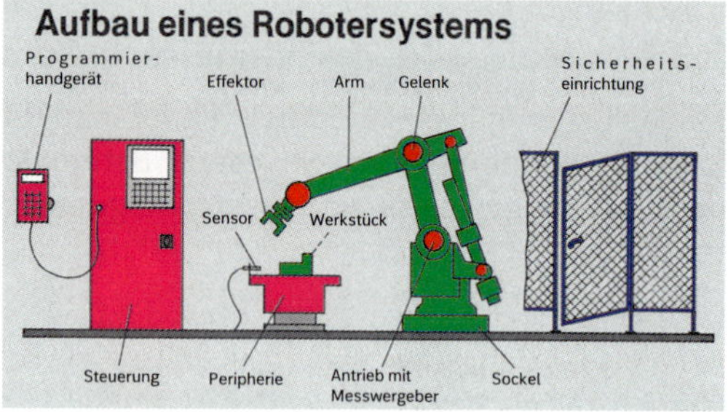

Beispiel: Sensoren

Roboter ohne Sensoren greifen ins Leere, wenn ein Werkstück nicht programmgemäß liegt. Sensoren erfassen die Abweichungen. Sie veranlassen eine Korrektur der Roboterbewegung.

Bearbeitungszentren (BAZ)

In Bearbeitungszentren sind CNC-Maschine und Industrieroboter miteinander verbunden. Dabei werden das Herstellungsverfahren, die Werkzeugwahl, der Werkzeugwechsel sowie der Fertigungsablauf durch ein Werkstückprogramm gesteuert. Das Bearbeitungszentrum kann unterschiedliche Tätigkeiten (z. B. Bohren, Fräsen, Schleifen) durchführen.

Flexible Fertigungssysteme

Ein flexibles Fertigungssystem verzahnt mehrere Bearbeitungszentren (vgl. S. 157).

- Die Verbindung erfolgt durch ein automatisches, elektronisch gesteuertes Transportsystem. Dieses befördert die Werkzeuge und Werkstücke zu den einzelnen Maschinen.
- Ein zentrales Steuerungssystem steuert alle Transportvorgänge und Bearbeitungen.
- Alle Arbeiten – außer Überwachung, Wartung, Fehlerbeseitigung – laufen automatisch ab.
- Unterschiedliche Werkstücke können in beliebiger Reihenfolge eingeplant werden.
- Die Werkstücke können durch ein Wechseln unterschiedlicher Werkzeuge unterschiedlich bearbeitet werden.

Mit flexiblen Fertigungssystemen können verschiedene Varianten des gleichen Produkttyps, verschiedene Typen ähnlicher Produkte oder sogar verschiedene Produkte hergestellt werden. Dies eröffnet z. B. völlig neue Möglichkeiten für die Sortenfertigung.

Flexible Fertigungssysteme sind die Vorstufe zur vollautomatischen „menschenleeren Fabrik". Sie verbessern u. a. die Arbeitsbedingungen, weil gefährliche, monotone und körperlich schwere Tätigkeiten von Maschinen erledigt werden.

- Erfassung und schnelle Verarbeitung großer Datenmengen, fehlerfreie Weiterverwendung einmal eingegebener Daten;
- Automatisierung der Einzel- und Kleinserienfertigung;
- flexible Fertigung, hohe Anpassungsfähigkeit an Nachfrageänderungen (z. B. Voraussetzung für Just-in-time; vgl. S. 271 ff.);
- exakte Terminplanung (ebenfalls Voraussetzung für Just-in-time);
- fehlerfreie Fertigung durch mitlaufende Fertigungskontrolle.

7.3.3 Computer Integrated Manufacturing (CIM)

Der Kunde von heute verlangt ein vielfältiges Produktangebot, kurze Entwicklungs- und Produktionszeiten, beste Qualität sowie sichere und kurze Lieferzeiten.

Früher versuchte man solche Anforderungen durch Rationalisierung und Automatisierung in den einzelnen Betriebsabteilungen zu erfüllen. Diese isolierten Lösungen führten aber nicht zum Erfolg, denn es fehlte die material- und informationstechnische Verknüpfung aller Abläufe. Die Suche nach der umfassenden, integrierten Gesamtlösung führte zum Computer Integrated Manufacturing.

Computer-Integrated Manufacturing (CIM) **bedeutet computerintegrierte Fertigung. Dabei sind alle Fertigungs- und Materialbereiche untereinander und mit der Verwaltung durch ein Computersystem verbunden. Eine zentrale Datenbank ist angeschlossen. Jeder Berechtigte kann Daten aus dem System abrufen und verwerten.**

CIM liegt folglich ein **vernetztes Informationssystem** zugrunde. Dieses ermöglicht die durchgängige Nutzung von einmal gewonnenen Daten ohne erneute Erfassung. Es ist Bestandteil des umfassenden Management-Informationssystems (vgl. S. 31).

Alle Prozesse vom Kundenauftrag über die Konstruktion, Materialeinkauf, Planung, Steuerung und Kontrolle der Fertigung bis zur Auslieferung, Fakturierung und ggf. Mahnung werden mithilfe eines komplexen Computerprogramms geplant, gesteuert und überwacht.

Vernetzte Lösungen eröffnen folgende Möglichkeiten:

Stärkung der Marktstellung	Senkung der Kosten
• durch bessere Berücksichtigung von Kundenwünschen aufgrund flexibler Produktion • durch größere Termintreue • durch prompte Bereitstellung von Serviceleistungen • durch höhere Produktqualität	• durch kürzere Rüstzeiten der Anlagen • durch kürzere Durchlaufzeiten der Produkte • durch bessere Kapazitätsauslastung • durch geringere Kapitalbindung (z. B. aufgrund niedrigerer Lagerbestände) • durch fehlerfreie Fertigungsunterlagen • durch Senkung von Ausschuss und Nacharbeit

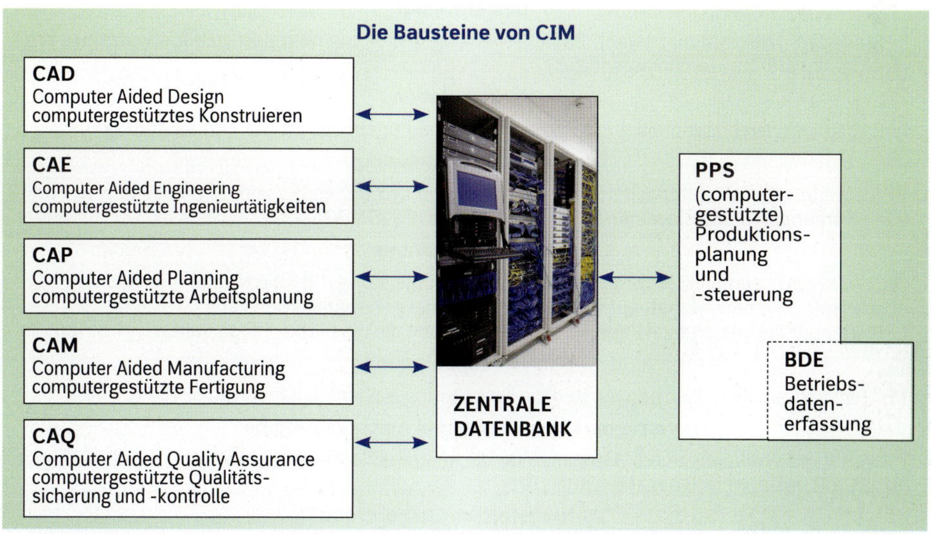

CAD ist bekanntlich computergestütztes Konstruieren.

CAE ist eng mit CAD verbunden. Es kann auf dem Computer den Fertigungsvorgang in allen Einzelheiten simulieren und z. B. auftretende Verschleiß- und Produktionsfehler ermitteln. So werden am Bildschirm Festigkeits-, Wärme-, Zähigkeits- und Strömungsuntersuchungen, Wege- und Verteilungsanalysen durchgeführt.

CAP erstellt Arbeitsvorgaben, insbesondere Arbeitsvorgänge und Arbeitspläne.

CAM als computergestützte Fertigung wurde bereits ausführlich erläutert.

CAQ computergestützte Qualitätssicherung und Qualitätskontrolle. Dazu gehören die Erstellung von Prüfplänen und die Durchführung rechnergesteuerter Mess- und Prüfverfahren. Gegenstand von CAQ sind Mengen-, Termin- und Qualitätsprüfungen.

PPS steht für Produktionsplanung und -steuerung (Planung und Steuerung des Fertigungsvollzugs durch die Abteilung Arbeitsvorbereitung (vgl. Organigramm, S. 51). Sie erfolgt mithilfe einer PPS-Software. Diese ist Bestandteil der ERP-Software.

BDE erfasst Daten, die beim Fertigungsprozess anfallen: Maschinen-, Auftrags-, Lager-, Personaldaten, Daten zum Auftragsfortschritt (Auftragserledigung). Es leitet sie an das PPS-System weiter. Bei computergesteuerten Maschinen erfolgt die Erfassung automatisch. BDE macht den Stand der Fertigung durchsichtig und ermöglicht schnelle Korrekturen.

Aufgaben eines PPS-Systems

Grunddatenverwaltung

PPS verwaltet:

- **Materialstammdaten (Teilestammdaten)** = Daten über das Material (vgl. S. 248)
- **Erzeugnisstrukturdaten** = Konstruktionsdaten entsprechend dem Strukturbaum (vgl. S. 111)
- **Auftragsdaten** über Auftragszugänge, -änderungen, -löschungen und über den Materialbedarf
- **Arbeitsplandaten** über Arbeitsgänge, Zeitvorgaben, Arbeitswerte zur Arbeitsplanerstellung
- **Betriebsmitteldaten** = Kapazitäts-, Instandhaltungs-, technische Daten der Fertigungsanlagen

Bedarfsermittlung

PPS ermittelt den Brutto- und Nettomaterialbedarf (vgl. S. 177 f.).

Lagerbestandsführung

PPS ermittelt die Arten der Lagerbestände, v. a. den verfügbaren Lagerbestand (vgl. S. 265).

Bestellwesen

PPS erledigt: Lieferantenauswahl, Bestellerfassung und -verwaltung, Bestellüberwachung, Wareneingangsprüfung, Rechnungsprüfung.

Vorkalkulation

PPS kalkuliert den Listenpreis (Katalogpreis) bzw. den Angebotspreis (für Kundenaufträge).

Durchlaufterminierung

PPS ermittelt die Durchlaufzeiten (Zeiten vom Beginn des ersten bis zum Ende des letzten Fertigungsvorgangs) für die einzelnen Fertigungsaufträge (vgl. S. 170).

Kapazitätsplanung

Die Kapazität – genauer: Maximalkapazität oder Kannleistung – ist die Menge, die in einem Zeitabschnitt (z. B. einem Monat) auf einer Anlage maximal gefertigt werden kann.
PPS ermittelt die bestehende Kapazitätsauslastung und die noch freien Kapazitäten (vgl. S. 186 f.).

Maschinenbelegung

PPS legt anhand der freien Kapazitäten die Bearbeitungsreihenfolge fest (vgl. S. 187 ff.).

Verfügbarkeitsprüfung und Auftragsfreigabe

PPS prüft, ob Werkzeuge und Materialien für die anstehenden Aufträge verfügbar sind. Dann gibt es die Aufträge zur Fertigung frei (vgl. S. 192).

Auftragsfortschrittskontrolle

PPS erstellt Informationen über den Stand und Fortschritt der Bearbeitung während der Fertigung.

Arbeitsaufträge

1. **Die industrielle Fertigung kennt unterschiedliche Fertigungstypen.**

   Welcher Fertigungstyp liegt vor bei
   a) einer Maschinenfabrik, die Großwalzwerke produziert,
   b) einem Automobilwerk,
   c) einer Schuhfabrik,
   d) einer Brotfabrik,
   e) einer Zigarettenfabrik,
   f) einer Brauerei,
   g) einem Hochofen?

   Stellen Sie jeweils fest, ob die Produktion auf Lager oder in Kundenauftrag durchgeführt wird. Geben Sie auch an, in welchen Fällen der Vorteil der Massenproduktion, also Kostensenkung durch große Stückzahlen, zum Tragen kommt.

2. **Der technische Fortschritt führt dazu, dass unter anderem die Grenzen herkömmlicher Verfahren allmählich verwischt werden. Ein typisches Beispiel: Mass Customization, meist übersetzt mit „individualisierte Massenfertigung". Zutreffender wäre wohl: individualisierte Serien- oder Sortenfertigung. Die folgende Abbildung zeigt die Grundmerkmale:**

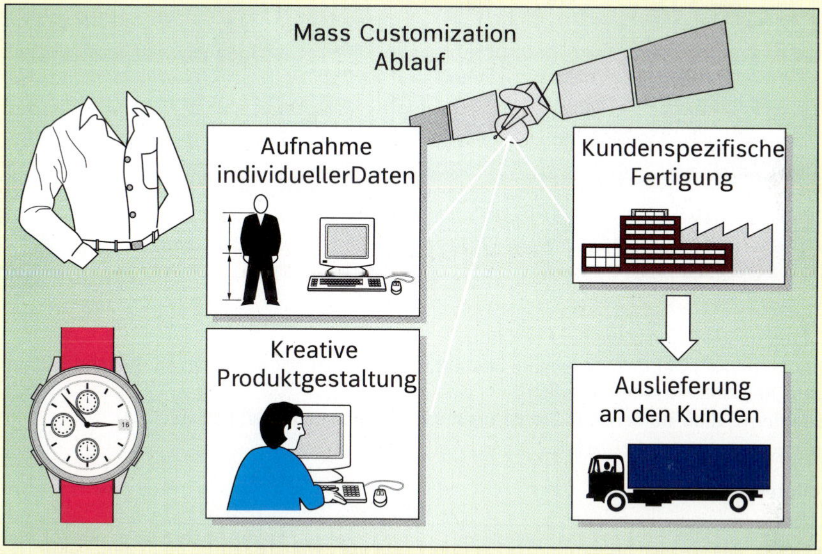

   a) Versuchen Sie, die Idee vom Mass Customization anhand der Abbildung zu erklären. Wenn nötig, suchen Sie im Internet nach genaueren Informationen.

   b) Bilden Sie mehrere Arbeitsgruppen. Jede Gruppe wählt ein Produkt, das ihr für Mass Customization geeignet erscheint, erarbeitet die Grundzüge der Auftragsabwicklung, Fertigung, Beschaffungs- und Absatzlogistik und präsentiert die Ergebnisse. Dabei sollen auch die Vorteile von Mass Customization herausgestellt werden.

3. **Gegeben sind die Begriffe**
   Los, Auflage, Rüstzeit, auflagenfixe Kosten, auflagenvariable Kosten, optimale Losgröße.

   Erläutern Sie diese Begriffe.

4. **Die Fertigungskosten für eine Serie von 120 Stück betragen 4 800,00 EUR. Der Lohnanteil je Stück beträgt 35,00 EUR.**

   a) Wie viel Euro betragen die Rüstkosten, die verrechnet werden müssen?
   b) Wie viel Euro betragen die Rüstkosten je Stück, wenn die Losgröße auf 250 Stück erhöht wird?

5. **Es werden 5 Sorten produziert. Der Jahresabsatz beträgt jeweils 12 000 Stück. Er verläuft gleichmäßig. Herstellkosten pro Stück 10,00 EUR; Rüstkosten 500,00 EUR; Zins- und Lagerkosten 100,00 EUR pro 100 Stück und pro Jahr.**

   Berechnen Sie die optimale Losgröße unter Verwendung eines Tabellenkalkulationsprogramms.

ZWEITER ABSCHNITT

6. Die industrielle Produktion hat sich zunehmend in folgenden Stufen entwickelt:

Mechanisierung → **Technisierung** → **Automatisierung**

a) Welche Auswirkungen hat diese Form der Rationalisierung (= zweckmäßige Gestaltung von Arbeitsgängen) auf den Einsatz des Produktionsfaktors Arbeit?

b) Wie wird die Kostensituation des Betriebes beeinflusst?

7. Die folgende Karikatur vergleicht – überspitzt – die Arbeit an einer manuell bedienten Maschine und an einer CNC-Maschine.

a) Erläutern Sie die Aussage der Karikatur.

b) Die Arbeit an einer CNC-Maschine besteht natürlich nicht aus Untätigkeit. Welche Tätigkeiten und Fähigkeiten sind erforderlich?

c) Erläutern Sie die numerische Steuerung als wesentlichen Bestandteil von CAM.

8. Die moderne Fabrik

Die Fabrik, wie sie sich heutzutage präsentiert, war vor zwanzig Jahren noch eine Zukunftsvision. Fertigung, Fertigungsgeschwindigkeit, Flexibilität, Zuverlässigkeit und Qualität haben ein Niveau erreicht, das in der vorhergehenden Generation nicht realisierbar war.

Die heutige Fabrik ist rechnerintegriert und flexibel automatisiert. Der Fertigungsablauf ist kontinuierlich, material- und informationstechnisch verknüpft sowie papierfrei. Vielfältige Produkte können in kleinen Losen oder in beliebiger Reihenfolge wirtschaftlich gefertigt werden. Die Vorbereitungszeiten für die Einführung neuer Produkte sind gegenüber früher stark verkürzt. Zwischenlagerbestände sind minimiert, eine Endlagerung von Produkten zur Anpassung an Nachfrageschwankungen ist vielfach nicht erforderlich.

Die Rahmenbedingungen wirtschaftlicher Fertigung haben sich gegenüber früher verändert. Der Kapitalbedarf für Anlageinvestitionen ist gestiegen; ebenso der Fixkostenanteil an den Gesamtkosten. Der Anteil der variablen Kosten hat sich verringert. Softwareentwicklung, Programmierung und die Fähigkeit zu schnellen Reparaturen erfordern hohe Investitionen. Mit den höheren Investitionskosten gehen Produktivitätssteigerungen, Qualitätsverbesserungen, bessere Umstellfähigkeit, niedrigere Lohnanteile, niedrigere Kosten für gebundenes Kapital (in Material, Halb- und Fertigprodukten), weniger Ausschuss und Nacharbeit und schnellere Reaktion einher. Die höhere Gesamtinvestition erfordert eine Umlage auf eine größere Zahl von Produkten. Flexible Produktionsmittel ermöglichen ein breiteres Produktionsspektrum als die konventionelle Fertigung und machen die genannten Bedingungen erfüllbar.

Wegen flexibler Automatisierung sind die Stückkosten nicht mehr so stark von der Produktionsmenge, sondern mehr von der Bearbeitungszeit von Teilen und Produkten abhängig. Die Kosten bei Einzel- und Kleinserienfertigung nähern sich den Durchschnittskosten bei Massenfertigung. Die moderne Fabrik kann deshalb die Zahl ihrer Produkte und Produktvarianten ohne übermäßige Mehrkosten erweitern.

Die Lebenszyklen der Produkte sind kürzer, Neukonstruktionen häufiger geworden. Die geänderten Produktionsbedingungen führen dazu, dass der Abnehmer zunehmend individuell gestaltete Produkte und zunehmend hohe Qualität einfordert.

a) Die moderne Fabrik ist rechnerintegriert. Erläutern Sie, was dies bedeutet, und nehmen Sie dazu das Schaubild auf Seite 145 zu Hilfe.
b) Die moderne Fabrik ist flexibel automatisiert. Was bedeutet dies?
c) Erläutern Sie das Verhältnis von fixen und variablen Kosten in der modernen Fabrik. Begründen Sie diesen Zusammenhang.
d) Es wird behauptet, dass die moderne Fabrik große Fertigungsmengen benötigt, dass aber trotzdem Einzel- und Kleinserienfertigung vorliegt. Klären Sie diesen „Widerspruch" auf.

9. **Das PPS-System ist mit anderen Elementen des CIM-Systems verbunden.**
a) Erstellen Sie eine Grafik, die die Beziehungen zwischen den CIM-Elementen CAD, CAE, CAP, CAM, CAQ, PPS und BDE aufzeigt.
b) Welche Aufgaben erfüllt ein PPS-System?
c) Erfassen Sie die Grunddaten eines PPS-Systems in einer Mindmap.
(Hinweis: Zumindest bei a) und c) wird Gruppenarbeit empfohlen.)

7.4 Fertigungsverfahren nach der Fertigungsorganisation

7.4.1 Organisationstypen der Fertigung – Überblick

Nach dem Layout (der räumlichen Anordnung) der Betriebsmittel und Arbeitsplätze und nach der Gestaltung der Wege von Material und Halberzeugnissen durch den Fertigungsprozess unterscheidet man verschiedene **Organisationstypen der Fertigung**:

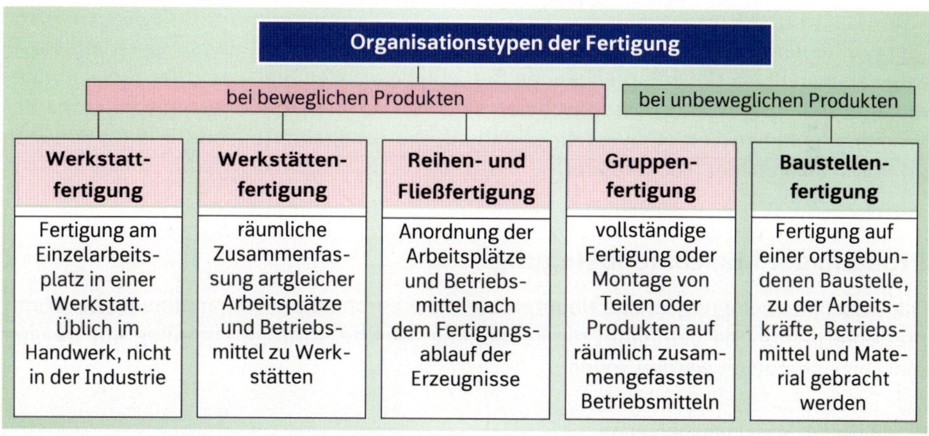

7.4.2 Werkstättenfertigung

Herr M. ist Zerspanungsmechaniker bei der Schürmann GmbH, einer Werkzeugmaschinenfabrik, die Spitzen-, Plan-, Karussell-, Revolverdrehmaschinen und Bohrmaschinen auf Bestellung produziert. Kaum eine Maschine gleicht der anderen, jede muss eigens nach den Wünschen des Kunden konstruiert werden. Die Einzelteile werden in verschiedenen Werkstätten (Dreherei, Fräserei, Bohrerei, Schlosserei, Stanzerei, Schleiferei usw.) gefertigt und in den Montagehallen zusammengebaut. In der Dreherei befinden sich 12 Drehmaschinen. Die hier bearbeiteten Werkstücke werden anschließend in einer anderen Abteilung (Bohrerei oder Schleiferei) weiterbearbeitet.

Verrichtungszentralisation

Eine *Werkstatt im industriellen Sinn* ist ein Ort, an dem Betriebsmittel mit gleichartigen Verrichtungen zu einer Gruppe zusammengefasst werden *(Verrichtungszentralisation).*

- An unterschiedlichen Objekten (Werkstücken) werden stets gleichartige Verrichtungen durchgeführt (z. B. Bohrungen).
- Die Werkstücke werden von einer Werkstatt zur nächsten transportiert.
- Werkstättenfertigung findet sich bei Einzel- und Kleinserienfertigung.

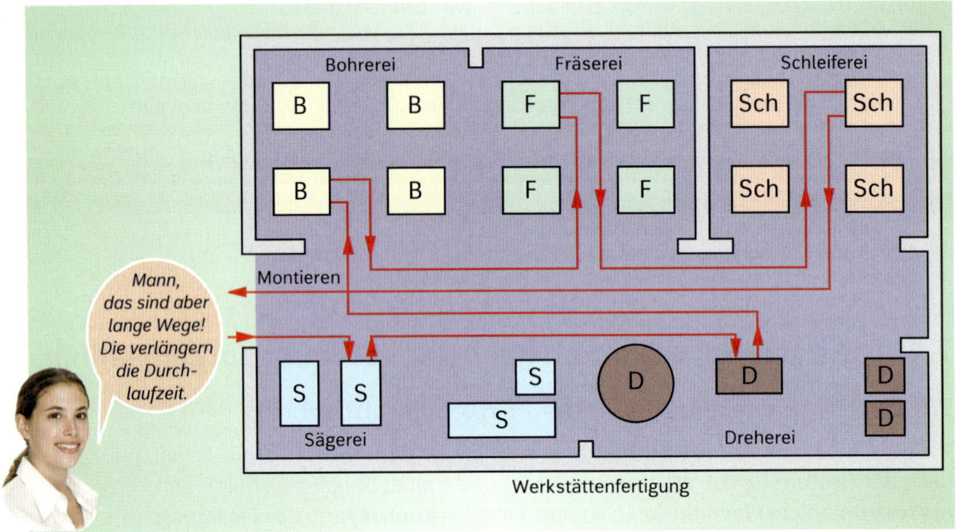

Werkstättenfertigung

Werkstättenfertigung ist angebracht, wenn der Betrieb auf stets andersartige Kundenaufträge abgestellt ist. Die entsprechenden Betriebe bearbeiten meist eine Vielzahl von Kundenaufträgen gleichzeitig. Die Maschinen sind von vornherein für verschiedenartige Bearbeitungen konstruiert (Universalmaschinen). Die Arbeitskräfte sind für diese Arbeiten gründlich ausgebildet (Facharbeiter).

Problem der Maschinenbelegung

Die Maschinenbelegung ist das Hauptproblem der kurzfristigen Terminplanung bei Werkstättenfertigung. Sie beinhaltet die Festlegung, welche Aufträge endgültig auf welcher Maschine bearbeitet werden sollen.

Beispiel: Maschinenbelegung

Auf 3 Maschinen (M) müssen täglich 4 verschiedene Arbeiten ausgeführt werden:

Arbeit 1:	2 Std. M 1 → 2,5 Std. M 3 → 1,5 Std. M 2
Arbeit 2:	4 Std. M 1 → 1 Std. M 3
Arbeit 3:	2 Std. M 2 → 0,5 Std. M 3
Arbeit 4:	3 Std. M 2 → 1 Std. M 1 → 1 Std. M 3

1. Lösungsansatz:

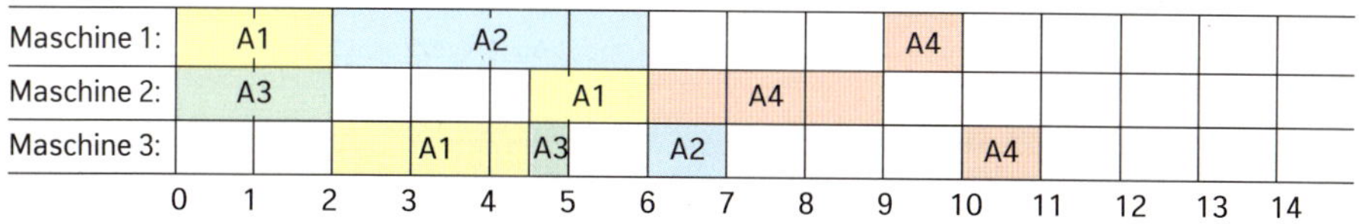

Der Plan weist lange Durchlaufzeiten auf. Die Durchlaufzeit ist die Zeitspanne zwischen dem Beginn des ersten und dem Abschluss des letzten Bearbeitungsvorganges. Durch Wartezeiten entstehen unfreiwillige Läger (sog. „organisatorische" Läger). Die Maschinenbelegung lässt sich wesentlich verbessern, indem man Arbeit 3 und 4 nach vorn schiebt:

2. Lösungsansatz:

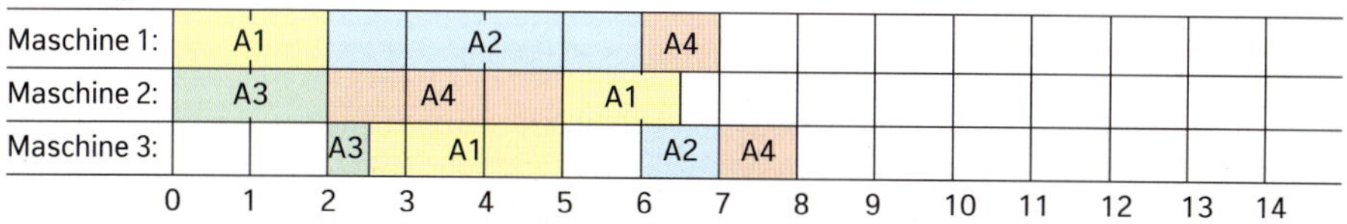

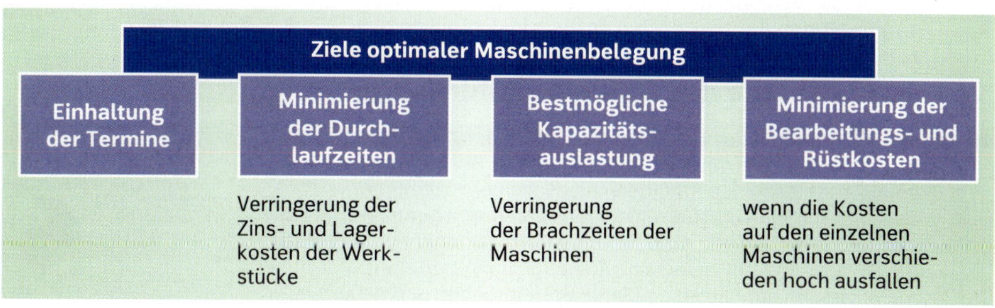

Bei Werkstättenfertigung wirft eine optimale Maschinenbelegung Probleme auf:

- Maschinen bleiben längere Zeit ungenutzt, weil der Produktionsfluss sie nicht rechtzeitig mit Aufträgen versorgt (siehe obiges Beispiel, Maschine 3). Es treten Maschinenleerkosten auf.
- Maschinen können von mehreren Aufträgen gleichzeitig beansprucht und so längere Zeit blockiert werden. Dann entstehen Stauzeiten und Kosten für die Werkstücke, die noch nicht bearbeitet werden können. (Siehe obiges Beispiel; Arbeit 4 kann nach Maschine 2 nicht sofort auf Maschine 1 weiter bearbeitet werden. Dies verlängert die Durchlaufzeit dieses Werkstückes.)

Man hat noch keinen Weg gefunden, dieses **„Dilemma der Ablaufplanung"** allgemeingültig zu lösen. In der Praxis konzentriert man sich auf die Engpässe, die ja die Durchlaufzeit wesentlich beeinflussen. **Entscheidungsgrundlagen** können sein:

- **Dringlichkeit der Aufträge:**
  Die eiligsten Aufträge werden zuerst bearbeitet.
- **Minimierung der Rüstkosten:**
  Serienteile, Familienteile laufen zuerst durch.

> Man spricht hier von **Prioritätsregeln.** Weitere Prioritätsregeln siehe S. 175

- **Maximierung des Deckungsbeitrages:**
  Produkte mit dem höchsten Deckungsbeitrag werden zuerst bearbeitet. Bei unterschiedlichen Fertigungszeiten ist bekanntlich der relative Deckungsbeitrag maßgebend (vgl. S. 134).

Beispiel: Deckungsbeitrag (DB)

Sechs Aufträge mit gleicher Bearbeitungszeit müssen 4 Werkstätten durchlaufen, für die insgesamt 40 000,00 EUR monatliche Fixkosten entstehen.

Auftrag	Auftragserlös (EUR)	variable Kosten (EUR)	Deckungsbeitrag (EUR)
1	30 000,00	16 000,00	14 000,00
2	40 000,00	17 000,00	23 000,00
3	25 000,00	9 000,00	16 000,00
4	35 000,00	13 000,00	22 000,00
5	50 000,00	29 000,00	21 000,00
6	47 000,00	20 000,00	27 000,00

Auftrag 1 erzielt einen Deckungsbeitrag von 14 000,00 EUR. Das bedeutet: Der Erlös aus dem Auftrag deckt über die variablen Kosten von 16 000,00 EUR auch 14 000,00 Fixkosten (von insgesamt 40 000,00 EUR) ab. Es verbleiben 26 000,00 EUR, die noch abzudecken sind, bevor die Gewinnzone erreicht wird. Je höher der Deckungsbeitrag eines Auftrags ist, desto schneller kommt der Betrieb in die Gewinnzone.
Die vorliegenden Aufträge sollten deshalb in der Reihenfolge 6, 2, 4, 5, 3, 1 erledigt werden.

Vor- und Nachteile der Werkstättenfertigung

- Eignung der Arbeitskräfte für unterschiedliche Bearbeitungen
- Eignung der Maschinen für unterschiedliche Bearbeitungen
- Maschinenschäden und Erkrankungen wirken sich nur begrenzt aus.
- niedrigere Investitionskosten für Universalmaschinen (im Gegensatz zur Fließfertigung mit vielen einzelnen Spezialmaschinen)
- hohe Anpassungsfähigkeit an Marktveränderungen und neuartige Aufträge (Marktflexibilität)

Andererseits fallen bei der Werkstättenfertigung sofort die langen Transportwege auf. Sie verlängern die Durchlaufzeiten, machen teure Transporteinrichtungen erforderlich (z. B. Kräne, Elektrokarren, Hubroller, Gabelstapler) und erschweren die Aufgabe der Produktionslogistik.

- lange Transportwege, teure Transportmittel
- ständig teure Umrüstungen der Maschinen
- lange Materialliegezeiten
- lange Durchlaufzeiten wegen langer Transportwege und ständiger Umrüstungen
- keine Eignung für kostensparende Großserien
- Jeder Auftrag erfordert eine aufwendige Preiskalkulation.
- Jeder Auftrag erfordert eine gut durchdachte Fertigungssteuerung.
- hohe Lohnkosten für Facharbeiter
- Überblick über die Gesamtheit der Fertigungsabläufe schwierig; zahlreiches, teures Führungspersonal (Meister, Vorarbeiter) für dezentralisierte Entscheidungen nötig
- Probleme in der Auslastung der Werkstätten:
  - Die Maschinen können von mehreren Aufträgen gleichzeitig beansprucht werden.
  - Die Maschinen können mit Aufträgen unversorgt bleiben.
- Die Steuerung des Betriebsprozesses von seinem Ende her nach dem Pull-Prinzip ist nicht möglich (vgl. S. 196).

Die Transportwege können verkürzt werden, wenn die meisten Produktarten die Produktionsstellen in gleicher Reihenfolge durchlaufen. Dann ist es zweckmäßig, die Anordnung der Werkstätten dem Materialfluss anzupassen: Es kommt zu einer **ablaufgebundenen Werkstattanordnung**.

7.4.3 Reihen- und Fließfertigung

Der Amerikaner Frederick Winslow Taylor (1856–1915) gilt als der Vater der Rationalisierung. Er zerlegte Arbeitsgänge in ihre Bestandteile und fand dabei die günstigste Bewegungs- und Grifffolge heraus.
Tayler fand heraus: Eine enorme Zeitersparnis und eine entsprechende Produktionssteigerung lassen sich erreichen, wenn unnötige Bewegungen ausgeschaltet, langsame Bewegungen durch schnelle und unökonomische Handgriffe durch ökonomische ersetzt werden.
Die Umsetzung in die Praxis heißt Taylorismus. Die Arbeit wird in kleinste Einheiten zerlegt. Diese erfordern keine Denkvorgänge und können schnell wiederholt werden. Das Ziel: höchste Produktivität (Ergiebigkeit).
Das Fließband gilt als der Ursprung der arbeitszerlegten Produktion. 1873 wurde es in den Schlachthäusern von Chicago und Cincinnati eingeführt. 40 Jahre später stellte Henry Ford (1863–1947) die Produktion seiner Autos in Detroit auf Fließbandfertigung um. Ergebnis: Die Montagezeit verringerte sich je Auto von zwölf auf eineinhalb Stunden.

Die Nachteile der Werkstättenfertigung lassen sich vermeiden, wenn man die Maschinen in der Reihenfolge der Arbeitsvorgänge anordnen kann.

Objektzentralisation

Wenn die Betriebsmittel und Arbeitsplätze in der Reihenfolge der auszuführenden Arbeitsvorgänge angeordnet sind, liegt *Fertigung nach dem Flussprinzip* vor. An jedem Arbeitsplatz nimmt man eine andere Verrichtung am gleichen Bearbeitungsobjekt vor *(Objektzentralisation)*.

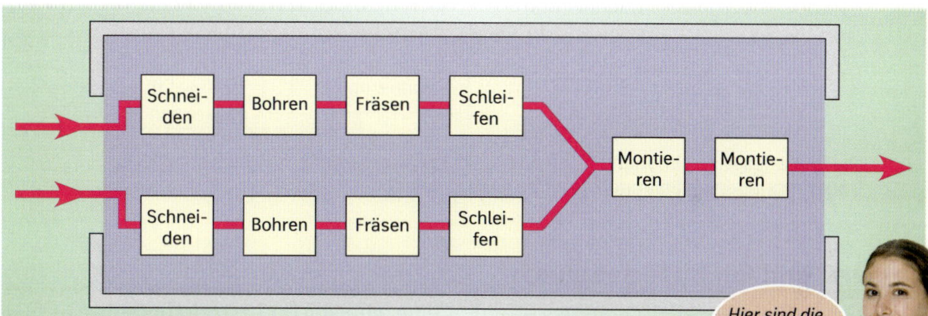

Fertigung nach dem Flussprinzip

Reihenfertigung

Bei Reihenfertigung (Straßenfertigung) sind die anfallenden Arbeitsverrichtungen zeitlich nicht genau aufeinander abgestimmt (z. B. wegen großer Produktvariation, häufigem Typenwechsel, unvertretbar hohen Investitionskosten). Zum Ausgleich sind zwischen den Arbeitsplätzen Teileläger (sog. Zwischenpuffer) erforderlich.

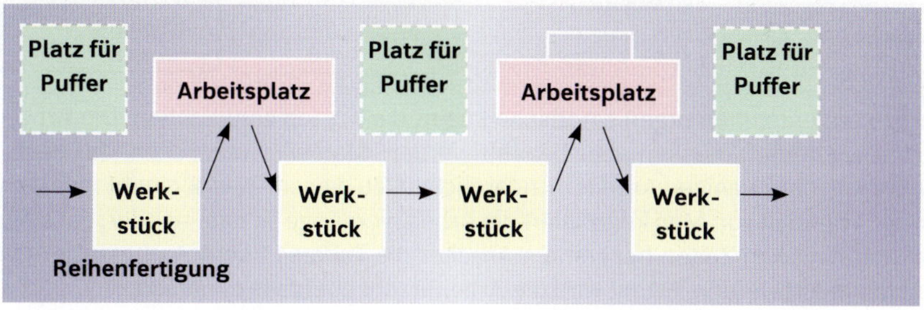

Reihenfertigung

Fließfertigung

Bei Fließfertigung ist eine exakte zeitliche Abstimmung erreicht: Die Werkstücke passieren in einer für alle Arbeitsverrichtungen gleichen **Taktzeit** mittels eines Fördersystems (z. B. Fließband) gleichmäßig oder auch ruckweise die einzelnen Arbeitsplätze. Bei automatisierten Arbeitsplätzen liegt eine Transferstraße vor.

Fließfertigung

Die Fertigung ist in eine große Anzahl von kleinen, unselbstständigen Verrichtungen zerlegt (Arbeitszerlegung). Dies geschieht in **Arbeitsgliederungsplänen**.

Beispiel: Arbeitsgliederungsplan (Ausschnitt)

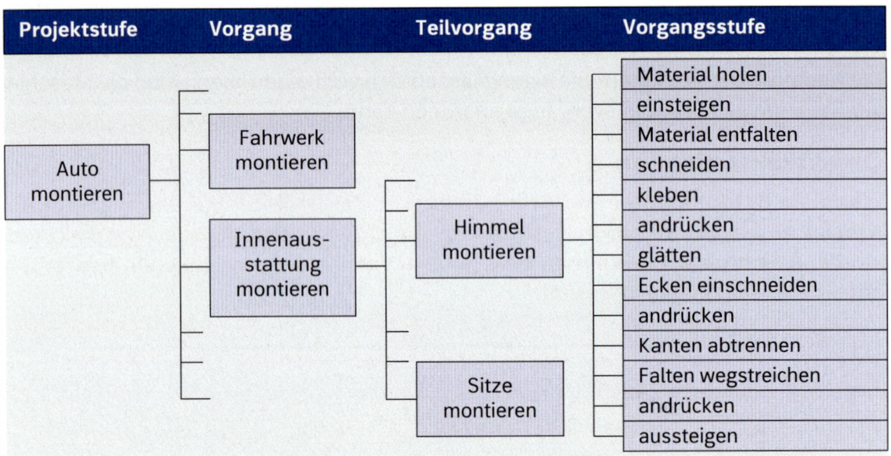

Die Vorgangsstufen können noch weiter in **Vorgangselemente** gegliedert werden.
Beispiel: kleben → hinlangen, greifen, heben, anlegen

Taktzeit und Fließbandabgleich

Ein gleichmäßiger Materialdurchfluss erfordert eine einheitliche Taktzeit für den gesamten Fertigungsprozess.

- **Die Taktzeit ist diejenige Zeit, in der jeweils eine Mengeneinheit fertiggestellt wird. Sie hängt von der geplanten Ausbringungsmenge ab.**
- **Die Taktzeit ist zugleich die Zeitspanne vom Beginn eines Arbeitsgangs bis zum Beginn des folgenden gleichartigen Arbeitsvorgangs.**

Beispiel: Taktzeit

Arbeitszeit pro Tag: 8 Std. = 480 Minuten
Sollmenge pro Tag: 48 Stück
Die Taktzeit beträgt 10 Minuten pro Stück

$$\text{Taktzeit} = \frac{480}{48} = 10$$

Bearbeitungszeit
+ Wartezeit des Arbeiters
= Taktzeit

Durch Wartezeiten entstehen organisatorische Läger, die Kosten verursachen. Die Arbeiter sind nicht beschäftigt, müssen aber bezahlt werden. Man wird versuchen, das Fertigungssoll mit möglichst wenigen Arbeitern zu erreichen. Zu diesem Zweck nimmt man den sog. **Fließbandabgleich** vor: Man kombiniert die Arbeitsvorgänge so miteinander, dass die Summe der kombinierten Zeiten bei keinem Arbeiter die Taktzeit überschreitet, aber die Wartezeiten minimiert werden. Damit wird die Arbeiterzahl ebenfalls minimiert.

Beispiel: Fließbandabgleich

Auf einer Fertigungsstraße soll ein bestimmtes Produkt hergestellt werden. Dabei sind 9 Arbeitsgänge zu vollziehen (die Vorgänge A bis I). Die Arbeitsgangfolgen sind wie folgt festgelegt:

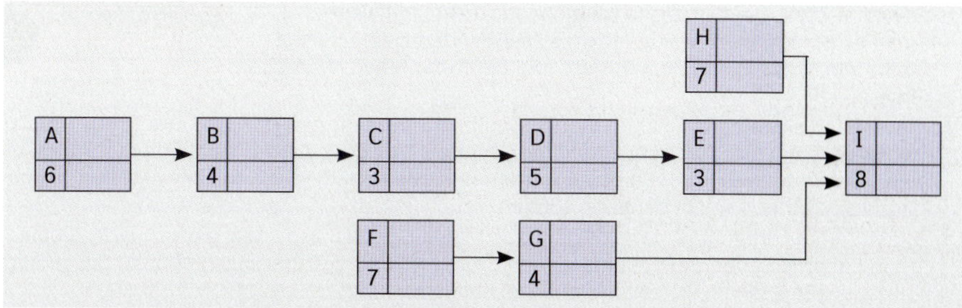

Wie kann ein möglichst gleichmäßiger Materialdurchfluss mit minimalen Wartezeiten und minimalem Personaleinsatz erreicht werden?

Dies ist das Problem des **optimalen Fließbandabgleichs**. Optimale Lösung:

Zusammenfassung	Bearbeitungszeit (Min.)	Wartezeit (Min.)	Zahl der Arbeiter
A und B	6 + 4 = 10	0	1
C und F	3 + 7 = 10	0	1
D und G	5 + 4 = 9	1	1
E und H	3 + 7 = 10	0	1
I	8	2	1
	47	3	5

Durchlaufzeit: 50 Min., minimale Wartezeit: 3 Min., minimale Arbeiterzahl: 5

Wichtig für eine funktionierende Fließfertigung ist ein Arbeitsplan, der Art und Reihenfolge der Verrichtungen, Stückzeiten und Taktzeiten umfasst (sog. Fließarbeitsplan).

Vor- und Nachteile der Fließfertigung

Die Anordnung der Maschinen nach der Reihenfolge der Arbeitsgänge ist nur bei der Großserien-, Sorten- und Massenproduktion angebracht. Es müssen stets gleichartige Werkstücke durchlaufen. Varianten des gleichen Grundprodukts sind jedoch mit der Fließfertigung verträglich. Sie erfordern oft nur automatisierte Werkzeugwechsel.

Liegen diese Voraussetzungen vor, so kann die Fließfertigung große Vorteile bringen:

- Es können schnelle Spezialmaschinen – auch Bearbeitungszentren, Automaten, Roboter eingesetzt werden.
- Es können billige, angelernte Arbeitskräfte eingesetzt werden. Sie führen nur wenige Verrichtungen aus, sind darauf spezialisiert und arbeiten folglich schnell und fehlerfrei.
- Der Produktionsausstoß ist groß; die Fixkostendegression wird voll wirksam, die Stückkosten sind niedrig und folglich auch die Absatzpreise (Konkurrenzvorteil).

- Eine intensive Fertigungsplanung wird nur einmal vor Beginn einer Serie notwendig. Die Fertigungssteuerung beschränkt sich auf die rechtzeitige Materialbestellung und auf die Störungen des Arbeitsablaufs.
- Da gleichartige Produkte erstellt werden, entfällt die aufwendige Preiskalkulation für jede einzelne Kundenbestellung.
- Der Betriebsprozess kann nach dem Pull-Prinzip von seinem Ende her gesteuert werden.

- Die Arbeit ist monoton, die geistige Beanspruchung gering, die körperliche Beanspruchung einseitig. Arbeitsunlust, „Krankfeiern", bisweilen Sabotage, körperliche und seelische Erkrankungen sind häufig, ebenso Kündigungen der Arbeitnehmer. Hohe Kosten sind die Folge. Man hat deshalb versucht, die Arbeitsprozesse weitgehend zu automatisieren. Wo dies nicht möglich war, wurde die Fließbandarbeit durch eine Reihe von Maßnahmen humanisiert oder durch die Arbeit in Gruppen ersetzt.

- Bei Ausfall einzelner Maschinen oder Arbeitskräfte steht ggf. der gesamte Produktionsprozess still. Teure Reparaturkolonnen und „Springer", die jede Arbeit übernehmen können, müssen stets bereitstehen. Heutzutage werden die Arbeitskräfte auch intensiv geschult, damit sie Störungen schnell selbst beheben können.
- Die gesamte Fertigungsanlage besteht aus teuren Spezialmaschinen, die sich nicht für die Fertigung gänzlich anderer Produkte eignen. Durch Nachfrageänderungen können die getätigten Investitionen deshalb schnell zu Fehlinvestitionen werden.

7.4.4 Gruppenfertigung

Die Gruppenfertigung ist eine Organisationsform, die Elemente der Werkstättenfertigung und der Fließfertigung kombiniert:

- Für eine festgelegte Anzahl von Fertigungsvorgängen sind bestimmte Maschinen notwendig.
- Diese Maschinen werden in einer räumlich zusammenhängenden Fertigungsgruppe (Werkstatt) zusammengefasst.
- Die Maschinen werden in der Werkstatt nach dem Flussprinzip geordnet.

Die Gruppenfertigung kombiniert Teilabläufe nach dem Flussprinzip. Dadurch entstehen sog. Fertigungsinseln oder Fließinseln.

Man will so die Vorteile der Fließfertigung für diese Teilabläufe ausnutzen.

Viele Betriebe haben z. B. ein umfangreiches Produktionsprogramm und verhältnismäßig kleine Serien. Dabei werden weiterhin bestimmte Einzelteile für alle oder für viele Teile des Produktionsprogramms benötigt. Unter diesen Umständen ist eine Fließfertigung für den gesamten Fertigungsprozess nicht möglich, aber für die genannten Einzelteile lohnt sich die Einrichtung von Fließinseln. Andere Verrichtungen hingegen werden in getrennten Werkstätten vorgenommen.

Fertigungsinsel

Ggf. gelingt es sogar, aus gleichen Bestandteilen (Bausteinen) unterschiedliche Produkte zusammenzubauen (Baukastensystem) oder erst von einem bestimmten Fertigungsstadium an eine gesonderte Bearbeitung in einzelnen Werkstätten durchzuführen.

Beispiel: Gruppenfertigung

Eine Stanze, eine Entgratmaschine, eine Bohrmaschine und eine Biegemaschine bilden eine Fließinsel für die Fertigung eines Formteils, das für viele Produkte eines umfangreichen Fertigungsprogramms benötigt wird.

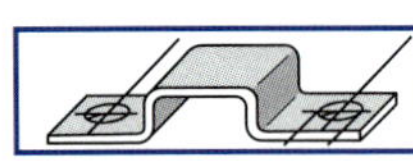

Vorteile der Gruppenfertigung	
gegenüber der Werkstättenfertigung – kürzere Transportwege – schnellerer Fertigungsdurchlauf – geringere Kosten für Zwischenläger – größere Übersichtlichkeit des Produktionsprozesses	**gegenüber der Fließ- und Reihenfertigung** – größere Anpassungsfähigkeit – vielseitigere Beschäftigung der Arbeitskräfte (weniger Monotonie, besserer Kontakt, eventuell sogar Austausch von Arbeitern) – geringere Störanfälligkeit

Die Fertigungsinseln bieten die Möglichkeit für Rationalisierungsmaßnahmen, die mit Bemühungen um eine „Humanisierung der Arbeit“ verbunden sind: Arbeitserweiterung, Arbeitsplatzwechsel, Arbeitsanreicherung und Gruppenarbeit (Teamarbeit).

Sie können auch mit automatischen Maschinen bestückt sein (z. B. CNC-Maschinen, Robotern). Auf diese Weise entstehen flexible Fertigungsinseln.

Flexible Fertigungsinseln werden in der Mittel- und Großserienfertigung zur automatischen Komplettbearbeitung mehrerer Einzelteile für eine Baugruppe eingesetzt.
Sie bestehen aus

- **Bearbeitungsmaschinen,**
- **einem Werkstücktransportsystem,**
- **einem Werkzeugtransportsystem,**
- **der Systemsteuerung.**

Beispiel: Flexible Fertigungsinsel

Die flexible Fertigungsinsel besteht aus

- 6 Bearbeitungszentren,
- einer Waschmaschine,
- einer Entgratmaschine,
- einer rechnergeführten Werkzeugversorgung
- einer automatischen Werkstückversorgung,
- einer Messmaschine,
- einer Systemsteuerung.

Die Fertigungsinsel wird zur Fertigung von 20 unterschiedlichen Motorenteilen eingesetzt. Es sind 180 verschiedene Werkzeuge erforderlich.

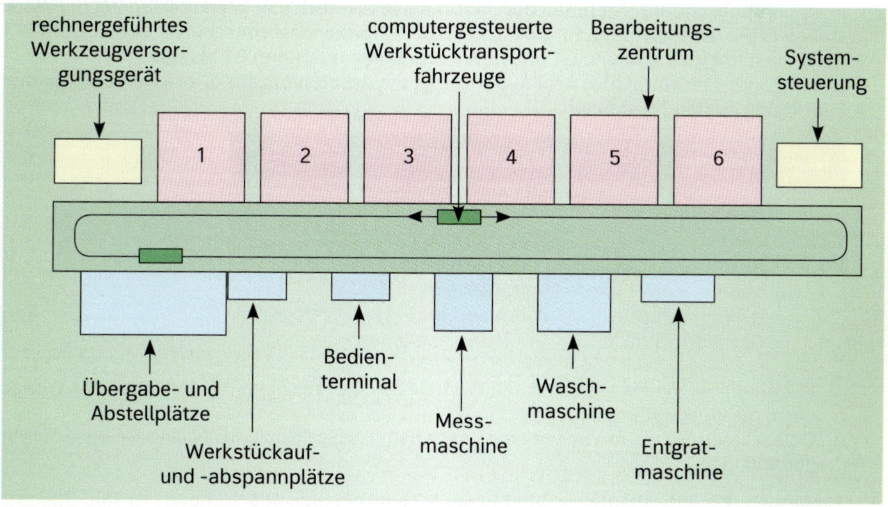

7.4.5 Baustellenfertigung

Bei der *Baustellenfertigung* wird das Produkt an innerbetrieblichen oder außerbetrieblichen Baustellen produziert. Es ist ortsgebunden, unbeweglich; Arbeitskräfte, Betriebsmittel und Werkstoffe müssen zur Baustelle transportiert werden (Raumzentralisation).

Baustellenfertigung betrifft in erster Linie die Erstellung von Großprojekten im Hoch- und Tiefbau, von Brücken und Schiffen. Der Arbeitsablauf lässt sich nur in zeitlicher Hinsicht organisieren. Dazu werden Bauablaufpläne erstellt.

Für die Einrichtung der Baustelle und den Transport der Produktionsfaktoren entstehen hohe Kosten. Man bemüht sich deshalb, die Fertigung der Teile in Fabriken zu verlegen (Fertigteil-Bauweise, Normteile), sodass die Arbeit auf der Baustelle sich möglichst auf die Montage reduziert. Dabei spielt handwerkliches Können vielfach noch eine größere Rolle als bei den anderen Organisationsformen.

Wenn möglich, versucht man auch hier die Vorteile der Serienfertigung zu nutzen (z. B. Erstellung gleichartiger Häuser in größeren Bauabschnitten).

Sonderfall: die Fertigung nach dem Wanderprinzip. Der Arbeitsgegenstand ist auch ortsgebunden, doch muss die Baustelle mit dem Arbeitsfortschritt abschnittsweise verlegt werden (Straßen-, Kanal- und Gleisbau, Kabelverlegungen, Bau von Pipelines).

Straßenbaustelle

Arbeitsaufträge

1. **Es seien folgende Fertigungen gegeben:**
   1) Bau von Überseefrachtschiffen auf der Werft
   2) Abfüllen von Getränkeflaschen
   3) Herstellung von Herrenkonfektion
   4) Montage von Fernsehgeräten

   Bilden Sie vier Arbeitsgruppen, eine für jede Fertigung. Jede Arbeitsgruppe soll die Fertigungsorganisation festlegen, die für ihren Fall am besten geeignet ist, ihre Entscheidung begründen und die wichtigsten Fertigungsvorgänge beschreiben. Die Ergebnisse der Gruppenarbeit sind in geeigneter Form zu präsentieren.

2. **In einem Industrieunternehmen durchläuft ein Werkstück vier Werkstätten W1 bis W4. In W1 stehen drei Fräsmaschinen F1 bis F3, in W2 drei Spitzendrehmaschinen S1 bis S3, in W3 eine Gewindeschneidemaschine G1 und in W4 drei Bohrmaschinen B1 bis B3.**
   Der folgende (vereinfachte) Arbeitsplan zeigt die Arbeitsvorgänge, ihre Reihenfolge und ihre Zuordnung zu den Maschinen:

Nr.	Vorgang	Maschine
1	fräsen	Fräsmaschine (F2)
2	drehen	Spitzendrehmaschine (S3)
3	fräsen	Fräsmaschine (F3)
4	bohren	Bohrmaschine (B1)
5	reiben	Bohrmaschine (B2)
6	Gewinde schneiden	Gewindeschneidmaschine (G1)

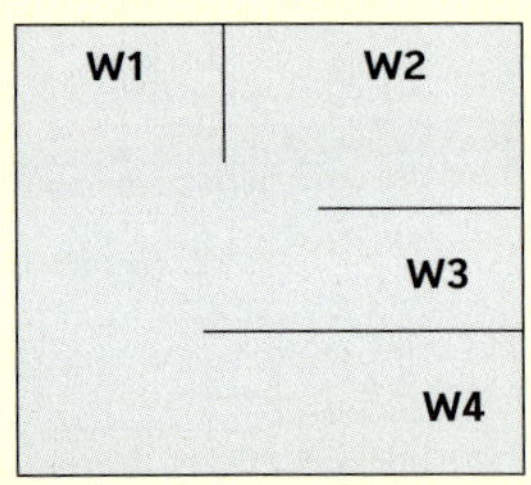

   a) Platzieren Sie die Maschinen in die Werkstätten und zeichnen Sie den Fluss des Werkstücks durch die Werkstätten.
   b) Organisieren Sie die Arbeitsvorgänge nach dem Flussprinzip und fertigen Sie auch hierfür eine Zeichnung an.

3. **Ein Betrieb (Einzelfertigung) arbeitet in der 5-Tage-Woche mit 8 Stunden pro Tag. Überstunden sind möglich, wenn auch nicht erwünscht, weil sie erhöhte Kosten verursachen (25 % Lohnzuschlag). Es stehen die Maschinen M1, M2, M3, M4, M5 zur Verfügung.**

In der 36. Woche müssen aus Termingründen folgende Arbeitsvorgänge unbedingt ausgeführt werden (Zeitangaben in Stunden):

Auftrag 1:	**20 M2 → 5 M4 → 3 M5 → 7 M1**	**Auftrag 4:**	**10 M5 → 10 M1 → 5 M4**
Auftrag 2:	**15 M1 → 2 M3 → 3 M5**	**Auftrag 5:**	**20 M1 → 4 M2 → 2 M3 → 17 M4**
Auftrag 3:	**15 M3 → 5 M2**	**Auftrag 6:**	**15 M4 → 5 M5 → 5 M3 → 11 M2**

a) Nehmen Sie eine möglichst optimale Maschinenbelegung vor.
b) Welche Möglichkeiten bleiben, wenn die Reihenfolge der Arbeiten es unmöglich machen sollte, dass alle Aufträge in der Woche ausgeführt werden können?
c) Erläutern Sie die Probleme, die hier im Hinblick auf die Durchlaufzeiten und die Maschinenauslastung zu Tage treten, und ihre wirtschaftlichen Auswirkungen.
d) Je nach der gewählten Bearbeitungsreihenfolge entstehen für bestimmte Aufträge offensichtlich immer Wartezeiten. Nennen Sie Gründe, die es rechtfertigen, bestimmte Aufträge vorzuziehen.
e) Für welche Fertigungsorganisation sind die beschriebenen Probleme typisch und bei welcher sind sie optimal gelöst? Welche Nachteile hat dafür die letztgenannte Organisationsform?

4. **Das Fließband ist zum einen durch eine konsequente Arbeitszerlegung, zum anderen durch eine einheitliche Taktzeit gekennzeichnet.**
a) Was versteht man unter Arbeitszerlegung und Taktzeit?
b) An einem 8-Stunden-Tag sollen an einem Fließband 96 Einheiten produziert werden. Berechnen Sie die Taktzeit.
c) Die einheitliche Austaktung eines Fließbandes ist in der Praxis recht schwierig. Begründen Sie dies und erläutern Sie, inwiefern die Arbeitszerlegung hier eine bedeutsame Hilfestellung leistet.
d) Welche wirtschaftlichen Vorteile bewirken Arbeitszerlegung und einheitliche Taktzeit? Welche negativen Auswirkungen haben sie andererseits für den arbeitenden Menschen?

5. **Auf einer Fertigungsstraße sollen die dargestellten Arbeitsvorgänge vollzogen werden (Zeitangaben in Dezimalminuten). Die Arbeitszeit pro Tag beträgt 13 Stunden. Es sollen 100 Teile pro Tag fertiggestellt werden.**
Stellen Sie einen optimalen Fließbandabgleich her.

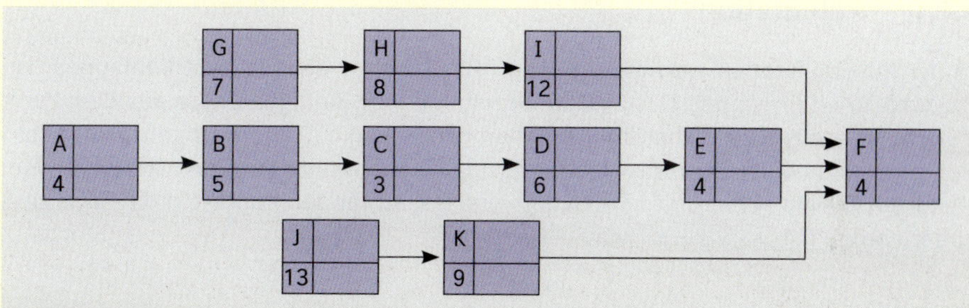

6. **Die Fließfertigung eines Unternehmens hat folgende Struktur:**

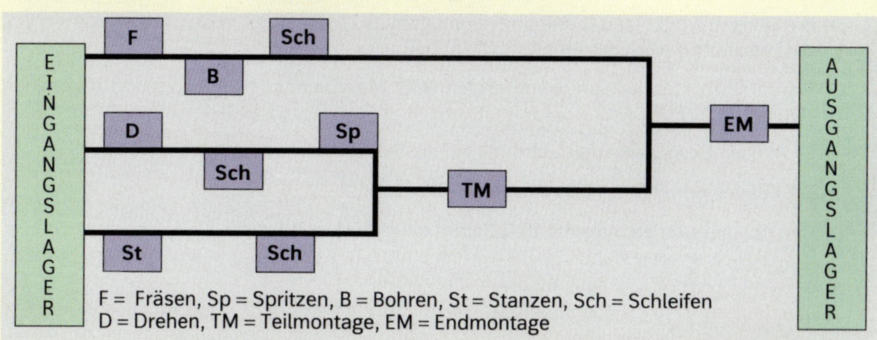

Im Rahmen von Rationalisierungsmaßnahmen soll die Fließfertigung durch Gruppenfertigung ersetzt werden. Zeichnen Sie Ihren Vorschlag für die neue Fertigungsorganisation.

8 Fertigungsprozessmanagement – Auftragsbearbeitungsprozesse in der Fertigung

8.1 Kalkulation und Auftragswesen

MGB Maltmann Getriebebau e. K. hat eine Anfrage bezüglich Lieferung von 200 Schiebradgetrieben erhalten. Die Überprüfung der gewünschten Lieferfristen, der Lagerbestände, der freien Produktionskapazität und der Finanzierung ergibt, dass ein eventueller Auftrag ausgeführt werden kann. MGB erstellt deshalb ein Angebot.

MGB produziert einerseits Sonderanfertigungen im Kundenauftrag (Einzelstücke, Kleinserien), andererseits große Serien (u. a. Standardprodukte). Im letzteren Fall kann MGB seine Kosten vorausplanen. Im Rahmen der Plankostenrechnung sind u. a. die Kosten und der Listenverkaufspreis – der in der Preisliste angegebene Preis – der Schieberadgetriebe je Produkteinheit kalkuliert worden. (Unternehmen ohne Plankostenrechnung kalkulieren ggf. auf der Basis von Normalkosten.) Die Rabatt- und Skontosätze sind Maximalsätze. Sie können von den Sätzen abweichen, die dem einzelnen Kunden tatsächlich angeboten werden. Bei einer Bestellung von 200 Stück gewährt MGB 10 % Rabatt.

Hinweis: Einzelheiten zur Plankosten- und Normalkostenrechnung finden Sie in *Management im Industriebetrieb, Band 3, Steuerung und Kontrolle*.

8.1.1 Kalkulation

In der Plankalkulation wird mithilfe des PPS-Systems der Listenverkaufspreis für eine Produkteinheit errechnet. Das System bezieht die notwendigen Daten aus dem zentralen Datenbanksystem. Zunächst ermittelt man die Selbstkosten. Dabei geht man nach dem Rechenschema der Kostenträgerzeitrechnung vor[1]. Anschließend kalkuliert man den notwendigen Gewinn. Weiterhin sind Skonto und Rabatt für den Kunden in die Rechnung einzubeziehen.

Beispiel: Plankalkulation Schieberadgetriebe

- Materialeinzelkosten (Verbrauch an Fertigungsmaterial gemäß Stückliste): 100,00 EUR.
- Fertigungseinzelkosten (Fertigungslöhne gemäß Zeitangaben in den Arbeitsplänen[2] und gemäß den Lohnsätzen der Arbeiter): 55,00 EUR.
- Maschinenkosten entsprechend errechneter Maschinenstundensätze und Maschinenlaufzeiten: 155,00 EUR.
- Es wird ein Gewinnzuschlag von 10 % auf die Selbstkosten verrechnet.
- Die Kunden erhalten bei Barzahlung 3 % Skonto.
- Den Kunden werden maximal 15 % Rabatt eingeräumt.

[1] Vgl. S. 123.
[2] Vgl. S. 167.

(1)		Fertigungsmaterial	100 %	100,00 EUR		
(2)	+	Materialgemeinkosten	20 %	20,00 EUR		
(3)	=	Materialkosten	120 %	120,00 EUR		120,00 EUR
(4)	+	Maschinenkosten			155,00 EUR	
(5)	+	Fertigungslöhne	100 %	55,00 EUR		
(6)	+	Fertigungsgemeinkosten	45 %	24,75 EUR		
			145 %	79,75 EUR	79,75 EUR	
(7)	=	Fertigungskosten			234,75 EUR	234,75 EUR
(8)		Herstellkosten	100 %			354,75 EUR
(9)	+	Verwaltungsgemeinkosten	15 %			53,21 EUR
(10)	+	Vertriebsgemeinkosten	9 %			31,93 EUR
(11)	=	Selbstkosten	124 %	100 %		439,89 EUR
(12)	+	Gewinnzuschlag		10 %		43,99 EUR
(13)	=	Barverkaufspreis	97 %	110 %		483,88 EUR
(14)	+	Kundenskonto	3 %			14,97 EUR
(15)	=	Zielverkaufspreis	100 %	85 %		498,85 EUR
(16)	+	Kundenrabatt		15 %		88,03 EUR
(17)	=	Listenverkaufspreis		100 %		586,88 EUR

Erläuterungen zu (13) bis (16):

Der Rabatt wird vom Listenverkaufspreis gewährt. Dieser ist rechnerisch der Grundwert (100 %). Nach Rabattabzug verbleibt der Zielverkaufspreis. Er gilt für Lieferungen mit Zahlungsziel. Bei vorzeitiger Zahlung erhält der Kunde Skonto vom Zielpreis. Der Zielpreis ist also bei diesem Rechenschritt der Grundwert (100 %). Es verbleibt der Barverkaufspreis.

Bei der Kalkulation in Richtung Listenverkaufspreis (Vorwärtskalkulation) ist folglich zuerst der Skonto auf den Barverkaufspreis, dann der Rabatt auf den Zielverkaufspreis aufzuschlagen. Die Rechnung ist dabei jeweils eine Im-Hundert-Rechnung vom verminderten Grundwert.

Barverkaufspreis und Gewinn bei einer Bestellung von 200 Stück, für die 10 % Rabatt vereinbart werden:

Listenverkaufspreis	200 · 586,88 EUR	117376,00 EUR
– 10 % Rabatt		11737,60 EUR
= erzielter Zielverkaufspreis		105638,40 EUR
– 3 % Skonto		3169,15 EUR
= erzielter Barverkaufspreis		102469,25 EUR
– Selbstkosten	200 · 439,89 EUR	87978,00 EUR
= erzielter Gewinn		14491,25 EUR

Bei **Auftragseinzelfertigung** (Einzel- und Kleinserienfertigung) ist eine Kalkulation mit Plankosten praktisch kaum durchführbar. Nur für den einzelnen Auftrag wird eine **Vorkalkulation** erstellt. Aufgrund der unterschiedlichen, oft komplizierten Produktstrukturen ist dies oft schwierig und risikoreich. Bevor ein Angebot abgegeben werden kann, müssen ggf. Preis- und Mengenanfragen an eigene Lieferanten gerichtet und die notwendigen Bearbeitungen in den eigenen Werkstätten durchdacht werden. Häufig lässt sich dies nur aufgrund von Erfahrungen mit früheren ähnlichen Aufträgen durchführen.

Nach der Fertigstellung von Produkten, die speziell im Kundenauftrag gefertigt wurden, nimmt man bei größeren Aufträgen eine **Nachkalkulation** vor. Dazu werden die tatsächlich angefallenen Verbrauchswerte an Material, Löhnen und Maschinenstunden sowie die tatsächlich angefallenen Gemeinkosten ermittelt und kalkuliert. So erhält man die tatsächlichen Selbstkosten. Die Differenz zwischen dem erzielten Barverkaufspreis und den Selbstkosten stellt den erzielten Gewinn dar.

8.1.2 Betriebliches Auftragswesen

Durch die Kundenbestellung wird das Angebot angenommen. Aus der Kundenbestellung geht nun der **Kundenauftrag** hervor.

Ein *Auftrag* ist die innerbetriebliche Aufforderung einer dazu befugten Stelle an andere Stellen, eine bestimmte Aufgabe durchzuführen.

Der Kundenauftrag zieht je nach Situation weitere innerbetriebliche Aufträge zum Versand, zur Fertigung oder Entwicklung der bestellten Produkte nach sich:

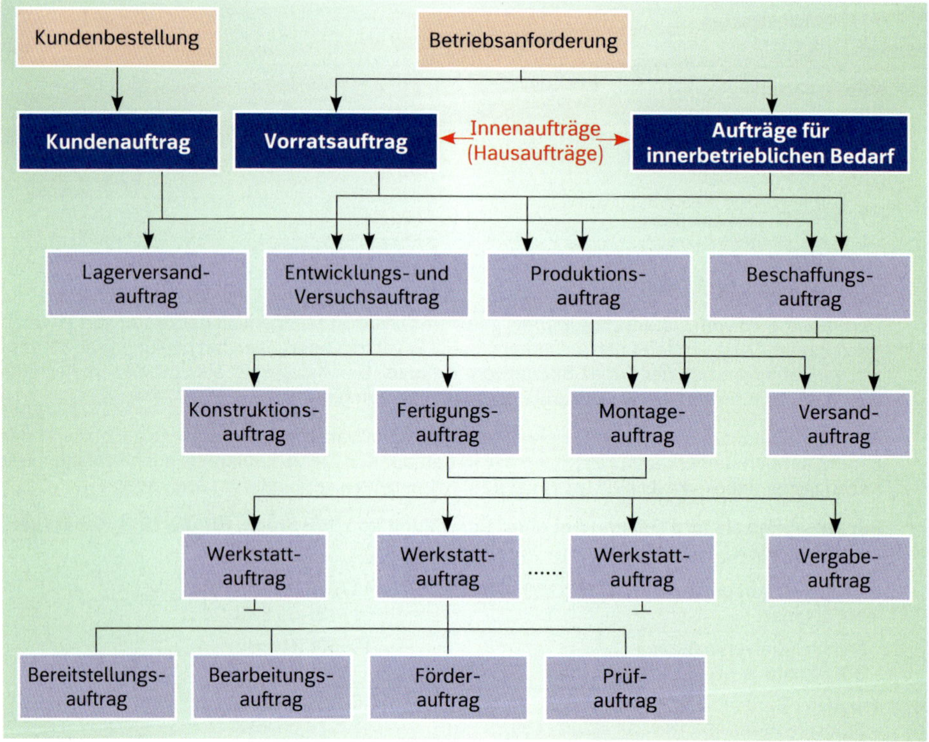

Bei **Lagerfertigung** steht nicht die Kundenbestellung am Anfang, sondern eine **Betriebsanforderung** (z. B. der Geschäftsleitung). Diese führt zu einem

- **Vorratsauftrag** (Auftrag, Produkte für einen geschätzten Kundenbedarf auf Lager zu produzieren, ggf. auch vorher zu entwickeln und zu konstruieren) oder zu
- **Aufträgen für innerbetrieblichen Bedarf** (z. B. Aufträge zum Bau und zur Instandhaltung von Maschinen, Werkzeugen, Fertigungshilfsmitteln für den eigenen Betrieb).

Diese Aufträge sind **Innenaufträge (Hausaufträge)**: Sie werden nicht vom Kunden initiiert. Der Kundenauftrag löst bei ausreichendem Lagerbestand nur noch die Lieferung vom Lager aus (Lagerversandauftrag).

Um den Kundenauftrag sachgerecht bearbeiten zu können, wird im Verkauf eine **Auftragsvorbereitung** vorgenommen. Hierzu gehören außer den oben bereits erwähnten Tätigkeiten vor allem[1]:

- Überprüfung der Bestellung auf Vollständigkeit und Fehler anhand einer Prüfliste,
- Vergabe einer Auftragsnummer,
- Ergänzung des Auftrags durch betriebseigene Bezeichnungen und Nummern (z. B. Standardbezeichnungen und Nummern, die keine Verwechslungen aufkommen lassen),
- Anlegen einer Kundenauftragsmappe.

Arbeitsaufträge

1. **Die Möbelfabrik Kaumanns KG erhält eine Anfrage über 150 Packtische, die nach Kundenvorgabe zu fertigen sind. Der Verkauf will dem Kunden ein Angebot mit 20 % Rabatt und 3 % Skonto machen. Es werden verrechnet:**

Materialgemeinkostenzuschlag	20 %	Vertriebsgemeinkostenzuschlag	10 %
Fertigungsgemeinkostenzuschlag	55 %	Gewinnzuschlag	12 %
Verwaltungsgemeinkostenzuschlag	15 %		

Die Einzelkosten und Maschinenkosten ergeben sich aufgrund folgender Angaben:

Materialliste (gemäß Stückliste)				
Bezeichnung	Menge	Abmessung in cm	Einzelpreis in EUR	Gesamtpreis in EUR
Tischbein	4	78	2,40/m	?
Querverbindung	2	100	2,40/m	?
Längsverbindung	2	200	2,40/m	?
Tischplatte	1	200 x 100 x 3	35,00/m²	?
Schraube	8	3 x 0,5	0,10/Stück	?

Arbeitsvorgänge laut Arbeitsplan							
Arbeitsfolge	Arbeitsplatz	Arbeitsvorgang	Rüstzeit in Min.	Zeit je Einheit in Min.	Stückzahl	Vorgabezeit in Min.	Lohnsatz je 60 Min. in EUR
10	21	Tischbein zuschneiden	7	2,0	?	?	21,00
20	21	Längsverbindung zuschneiden	7	2,1	?	?	21,00
30	21	Querverbindung zuschneiden	7	2,1	?	?	21,00
40	26	Gestell schweißen	9	9,5	?	?	22,00
50	30	Gestell grundieren	3	2,2	?	?	21,00
60	40	Gestell lackieren	3	4,2	?	?	21,00
70	50	Montage	6	3,2	?	?	21,00

Maschinenkosten			
Arbeitsplatz	Arbeitsvorgang	Belegungszeit in Min.	Maschinenstundensatz in EUR
21	10, 20, 30	?	110,00
26	40	?	160,00
30	50	?	70,00
40	60	?	70,00
50	70	?	90,00

[1] Vgl. S. 537.

Lösen Sie die Arbeitsaufträge a) bis e) mithilfe eines Tabellenkalkulationsprogramms.

a) Ermitteln Sie die Materialeinzelkosten für den Auftrag.
b) Ermitteln Sie die Fertigungseinzelkosten für den Auftrag.
c) Ermitteln Sie die Maschinenkosten.
d) Ermitteln Sie den Bar-, Ziel- und Angebotspreis.
e) Es könnte sein, dass der Kunde seine Bestellung von weiteren Preiszugeständnissen abhängig macht. Wären solche Preiszugeständnisse vertretbar? (Gehen Sie bei Ihren Überlegungen davon aus, dass von den Gemeinkosten 60 % fixe Kosten und 40 % variable Kosten sind.)
f) Ergibt sich der Fertigungsauftrag im vorliegenden Fall aus einem Außenauftrag (Kundenauftrag) oder aus einem Innenauftrag (Lagerauftrag)?

2. Die Maschinenfabrik Wilhelm Willemsen KG in Kempen soll in einer Vorkalkulation die Selbstkosten für ein Spezialwerkzeug berechnen. Aus dem Rechnungswesen werden folgende Daten geliefert: Fertigungsmaterial 100,00 EUR, Fertigungslöhne Dreherei 50,00 EUR, Fertigungslöhne Schleiferei 40,00 EUR. Es gelten folgende Zuschlagssätze:

Materialgemeinkostenzuschlag	**30%**
Fertigungsgemeinkostenzuschlag Dreherei	**100%**
Fertigungsgemeinkostenzuschlag Schleiferei	**120%**
Verwaltungsgemeinkostenzuschlag	**8%**
Vertriebsgemeinkostenzuschlag	**8%**

a) Wie erhält man die Zuschlagssätze für die Vorkalkulation?
b) Berechnen Sie den Selbstkostenpreis des Werkzeugs.
c) Für ein Angebot an einen Kunden werden 12 % Gewinnzuschlag kalkuliert. Auf welchen Betrag lautet der Angebotspreis bei sofortiger Zahlung?

Benutzen Sie für b) und c) ein Tabellenkalkulationsprogramm.

8.2 Prozesse der Fertigungsplanung

Die Fertigung der bestellten Schieberadgetriebe (siehe S. 160) ist für MGB keine neue Aufgabe. Die Getriebe befinden sich schon seit drei Jahren im Produktionsprogramm. Sie werden nicht ständig produziert, sondern in bestimmten Zeitabständen wird eine Serie von 500 Stück aufgelegt. Ab und zu bestellt ein Kunde eine größere Menge. Auch in diesem Fall wird ein Fertigungsauftrag erteilt. Als die Getriebe in das Produktionsprogramm aufgenommen wurden, musste der Fertigungsablauf genau geplant werden. Er umfasste vor allem die Ermittlung der Arbeitsgänge und Arbeitsgangfolgen sowie der Durchlaufzeit und des Bedarfs an Personal, Betriebsmitteln und Material.

8.2.1 Aufgaben der Fertigungsplanung

Eine rationale Fertigung verlangt eine gründliche Planung. Diese betrifft:

- die Planung des Arbeitsablaufs (Arbeitsvorgänge und Zeiten),
- die Planung des Bedarfs an Betriebsmitteln, Personal und Material,
- die Dokumentation der Planungsergebnisse

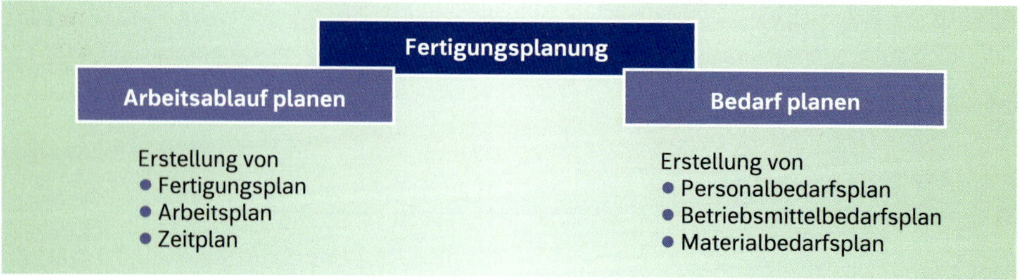

8.2.2 Abgrenzung von Fertigungsplanung und Fertigungssteuerung

Die Fertigungsplanung legt auf der Grundlage der Konstruktionsunterlagen Regelungen fest, die vor der Erteilung der innerbetrieblichen Fertigungsaufträge getroffen werden.

Diese Regelungen betreffen den Fertigungsablauf und den Bedarf an Betriebsmitteln, Personal und Material. Sie sind jedoch noch nicht auf bestimmte Kundenaufträge/Vorratsaufträge und Termine bezogen! Genau hier setzt die Fertigungssteuerung an:

Die Fertigungssteuerung bezieht sich unmittelbar auf den Ablauf des Fertigungsprozesses. Sie bereitet ihn für konkrete Fertigungsaufträge vor, lenkt und überwacht ihn.

Dabei ist die Fertigungssteuerung einerseits auf den einzelnen Auftrag bzw. die einzelne Position des Fertigungsprogramms, andererseits zugleich auf die Steuerung aller Aufträge durch den gesamten Fertigungsfluss abgestellt.

Je nachdem, ob Einzel- und Kleinserienfertigung oder Großserien-, Massen-, Sortenfertigung vorliegt, haben Fertigungsplanung und Fertigungssteuerung ein unterschiedliches Gewicht:

Schwerpunkte von Fertigungsplanung und Fertigungssteuerung	
bei Großserien-, Massen-, Sortenfertigung: • Aufträge meist ähnlich oder gleich	**bei Einzel- und Kleinserienfertigung:** • Kundenaufträge, im Extremfall immer verschieden (andere konstruktive, bearbeitungsmäßige, materialmäßige Schwerpunkte)
• Die **Fertigungsplanung** plant eingehend und detailliert den Produktionsablauf und versucht, ihn dem Flussprinzip anzunähern. Ein Fließarbeitsplan hält alle Verrichtungen in der richtigen Reihenfolge fest. Die Zeiten der Arbeitsvorgänge werden berechnet, die Taktzeiten festgelegt und aufeinander abgestimmt. • Die **Fertigungssteuerung** konzentriert sich auf rechtzeitige Materialbereitstellung, personelle Besetzung der Arbeitsplätze, Überwachung der Bestände an Material und Erzeugnissen sowie auf Störungen des Ablaufes.	• Die **Fertigungsplanung** kann nur den organisatorischen Rahmen unter Verzicht auf detaillierte Planungsunterlagen schaffen. • Die **Fertigungssteuerung** muss immer neu die Probleme der Materialdisposition, Termindisposition, Auftragsumwandlung, Maschinenbelegung, Bereitstellungsdisposition, Arbeitsverteilung und Arbeitsüberwachung lösen.

Eine eindeutige Abgrenzung von Fertigungsplanung und -steuerung ist nicht möglich. Darum ist in der Praxis meist eine besondere Abteilung, die **Arbeitsvorbereitung**, mit den Aufgaben sowohl der Fertigungsplanung als auch der Fertigungssteuerung betraut. Sie bedient sich für die Erfüllung dieser Aufgabe heutzutage computergestützter Systeme (CAP, PPS, BDE; vgl. S. 146).

Web

Sehen Sie sich auch die Übersicht Prozesse in der Fertigung an. M 165

8.2.3 Ablaufplanung

Erstellung des Fertigungsplans

Aus Zeichnungen und Stückliste wird der Fertigungsplan entwickelt. Er enthält die Baugruppen des Produkts mit den zu fertigenden Teilen.

Beispiel: Konstruktionsstückliste und Fertigungsplan

Lieferantenstamm: Material

Schieberadgetriebe							Baugruppe/Zeichn.-Nr. 3-4205	
Gr.	Lfd. Nr.	St. je Einheit	Gegenstand	*)	Zeichn.-Nr. oder Modell-Nr.	Werkstoff	Rohmaße	Rohgewicht kg/Stück
0	1	1	Gehäuse		3-4205/1	Ge 12. 91	2018	12,000
0	2	1	Deckel		3-4205/2	Ge 12. 91	1019	4,500
II	3	6	Sechskantschraube M			St 37	DIN 931	
0	4	1	Welle		3-4205/3	C 45 G	Ø 35; 135	0,550
0	5	1	Welle		3-4205/4	St 50. 11	Ø 25; 180	0,600
0	6	1	Stirnrad 28 Z	X	3-4205/5	St 60. 11	Ø 65; 22	0,540
0	7	1	Stirnrad 36 Z	X	3-4205/6	St 60. 11	Ø 75; 22	0,730
0	8	1	Stirnrad 24 Z	X	3-4205/7	St 60. 11	Ø 60; 22	0,445
0	9	1	Stirnrad 32 Z	X	3-4205/8	St 60. 11	Ø 65; 22	0,540
I	10	1	Ölstutzen M 16			St 37		
0	11	2	Buchse		3-4205/9	G Bz 9	2022	0,255
0	12	2	Buchse		3-4205/10	G Bz 9	2023	0,285
I	13	2	Verschraubung M 18			St 37. 12		
0	14	1	Kegelzahnrad		3-4205/11	St 60. 11	Ø 65; 50	1,350
I	15	1	Riemenscheibe 140 Ø	X		Ge 12. 91		
0	16	1	Nutenscheibe		3-4205/12	St 50. 11	Ø 70; 20	0,700
II	17	5	Zylinderschraube M			St 37	3020	
0	18	1	Gabel mit Griff	X	3-4205/13	Ge 12. 91	2020	2,560
0	19	1	Indexbolzen		3-4205/14	St 37. 12	Ø 8; 40	0,018
I	20	1	Druckfeder 10 Ø; 30		3-4205/15	Federst.	Ø 1,5; 200	
II	21	2	Kugellager 6404				DIN 625	
II	22	2	Kugellager 6405				DIN 625	
I	23	4	Dichtungsring Fi 6			Filz		
I	24	1	Passfeder A 5x5; 25			Keilstahl	DIN 6885	
II	25	1	Passfeder A 5x5; 20			Keilstahl	DIN 6885	
II	26	2	Kugellager EL 5				DIN 625	
I	27	2	Halsschraube M 8x12; 6			St 37		
II	28	4	Zylinderstift 6 m 6x24			St 60	DIN 7 geh.	

0 = Fertigungsteil
I = Bezugsteil
II = Normteil

*) kommt in mehreren Typen vor (Baukastenteil)

	Datum	Name
bearbeitet	15.01.20..	Schneider
geprüft	18.01.20..	Müller

Liste besteht aus 3 Blatt

Blatt-Nr. 1

C:\Fertigungsplan Nr.: 30

Schieberadgetriebe						
Nr.	**Fertigungs-gruppe**	**Einzelteile**	**Arbeits-plan-Nr.**	**Zeichnungs-Nr.**	**Stück-liste-Nr.**	**Bemerkung**
300	Gehäuse	Gehäusekasten	3000	3-4205/1	03/1	
		Gehäusedeckel	3001	3-4205/2	03/2	
301	Getriebe-	Welle	3010	3-4205/3	03/4	
	Einbausatz	Welle	3011	3-4205/4	03/5	
		Stirnrad 28 Z	3012	3-4205/5	03/6	
		Stirnrad 36 Z	3013	3-4205/6	03/7	
		Stirnrad 24 Z	3014	3-4205/7	03/8	
		Stirnrad 32 Z	3015	3-4205/8	03/9	
		Buchse	3016	3-4205/9	03/11	
		Buchse	3017	3-4205/10	03/12	
		Kegelzahnrad	3018	3-4205/11	03/14	
		Nutenscheibe	3019	3-4205/12	03/16	
302	Zuhaltung	Gabel mit Griff	3020	3-4205/13	03/18	
		Indexbolzen	3021	3-4205/14	03/19	

Erstellung des Arbeitsplans

Für jedes Fertigungsteil, jede Baugruppe und das Produkt hält man nun in einem gesonderten Arbeitsplan das technische Fertigungsverfahren (Fertigungsablauf) genau fest.

Der Arbeitsplan enthält die Folge der Arbeitsvorgänge für ein Erzeugnis, eine Baugruppe oder ein Einzelteil. Er enthält auch die nötigen Informationen über:

- **das Werkstück,**
- **das Ausgangsmaterial,**
- **die Betriebsmittel (Kostenstellen),**
- **die Vorrichtungen und Werkzeuge,**
- **die Lohngruppen,**
- **die Rüstzeiten und Vorgabezeiten je Einheit.**

Beispiel: Arbeitsplan

C:\Arbeitsplan Nr.: 3000

Gegenstand	Auftrags-(Kommissions-)Nr.	Arbeitsplan Nr.
Gehäusekasten 03/1		3000

Zeichnungs-Nr.	Baumuster-Type	Teil-Nr.	Los-Nr.	Losgröße
4-420571	6045-006.039	3000		

Menge	Einh.	Werkstoff	Abmessung oder Modell-Nr.
1	Stück	Ge 12.91	2018

Betriebsmittel, Kostenstelle	Arb.-folge	Arbeitsvorgang	Unterweisungskarte Nr.	Vorrichtung, Werkzeug	Lohngruppe	Zeitvorgabe t_r	t_e
1130	010	richten	30000		04	8,00	1,00
0310	020	Auflagefläche winklig fräsen	30001	Fräsvorr. 3	06	10,00	1,20
0260	030	bohren Ø 5,8	30002	Bohrvorr. 7	05	8,00	0,50
0260	040	bohren 4 x Ø 4,8; 2 x Ø 2,8;	30003	Bohrvorr. 9	05	8,00	8,10
		2 x Ø 3,8; 9 x Ø 2,5;					
		Ø 4					
0260	050	reiben 2 x Ø 4; 2 x Ø 3	30004		06	8,00	1,90
0280	060	Gewinde schneiden 10 x M3	30005	Gew. vorr. 7	06	8,00	4,40
0260	070	reiben 4 x Ø 5	30006	Reibvorr. 17	06	8,00	2,20
0310	080	Fläche winklig fräsen	30007	Fräsvorr. 12	06	10,00	1,50
1130	090	entgraten	30008		03	5,00	1,20

t_r = Rüstzeit, t_e = Zeit je Einheit (in Dezimalminuten [1 Std. = 100 Min.])

Der Inhalt des Arbeitsplans im Einzelnen:

- **Allgemeine Angaben:** Sie kennzeichnen den Arbeitsplan und das Werkstück.
- **Arbeitsvorgänge:** Es sollen die Bezeichnungen verwendet werden, die vom Deutschen Institut für Normung in der Norm DIN 8580 (Einteilung der Fertigungsverfahren) festgelegt worden sind[1].
- **Material:** Das Material wird hinsichtlich Werkstoff, Form und Rohabmessung endgültig vom Arbeitsplaner festgelegt. Hilfsmittel hierfür sind die Zeichnungen und Stücklisten. Den Materialstammdaten des PPS-Systems können außerdem technische Hinweise sowie Hinweise auf Lagerbestände, Lagerabmessungen und Materialkosten entnommen werden.
- **Betriebsmittel:** Jedem Arbeitsvorgang wird das entsprechende Betriebsmittel zugeordnet. Die Betriebsmitteldaten werden ebenfalls dem PPS-System entnommen: fertigungstechnische Daten (z. B. Arbeitsbereich, Leistung) und wirtschaftliche Daten (Maschinenstundenkosten bei Normalauslastung). Die kostengünstigste Maschine ist

[1] Vgl. Infomaterial M 136.

auszuwählen. Dabei muss eventuell die geplante Ausbringungsmenge beachtet werden. Eine kleine Menge kann wahrscheinlich auf einer einfachen Maschine wirtschaftlicher gefertigt werden, eine große Serie auf einem Automaten. Nicht vorhandene Maschinen müssen beschafft werden. Es besteht aber auch die Möglichkeit, Lohnaufträge an andere Betriebe zu vergeben, wenn die eigene Kapazität qualitativ oder quantitativ nicht ausreicht.

- **Fertigungshilfsmittel[1]:** Werkzeuge, Vorrichtungen, Lehren und Förderzeuge sollen so ausgesucht werden, dass die Kosten des Produktionsprozesses minimiert werden. Universalvorrichtungen lohnen sich bei Einzel- und Kleinserienfertigung, weil sie für unterschiedliche Probleme immer wieder verwendet werden können. Spezialvorrichtungen sind auf ganz bestimmte Arbeitsgänge zugeschnitten und lohnen sich folglich nur bei größeren Serien.
- **Arbeitswerte:** Die Arbeitswerte sind Ausdruck der Anforderungen, die der Arbeitsvorgang an den Ausführenden stellt. Gemäß diesen Anforderungen ist der Arbeitsvorgang im PPS-System fest einer Lohngruppe zugeordnet. Somit ist der Arbeitswert eine bestimmende Größe für die Höhe des Entgelts. Grundlage für die Einteilung sind sogenannte Arbeitswertstudien[2].
- **Die Zeitdaten:** Das PPS-System enthält die Vorgabezeit je Einheit sowie die Rüstzeiten für bekannte Tätigkeiten. Man erhält die Werte durch Arbeitszeitstudien[3].

Die genannten Daten werden den Arbeitsvorgängen teils automatisch durch das PPS-System zugeordnet (z. B. die Arbeitswerte), teils wählt der Arbeitsplaner sie über Dialogfenster, die das PPS-System anbietet, am Bildschirm aus.

Bei numerisch gesteuerten Maschinen kann der Arbeitsplan ggf. durch ein CAD-erstelltes Steuerprogramm ersetzt werden, das alle Schalt-, Weg- und Werkzeuginformationen sowie die technologischen Angaben, Vorschub-, Drehzahlwerte usw. als Maschinenbefehle enthält.

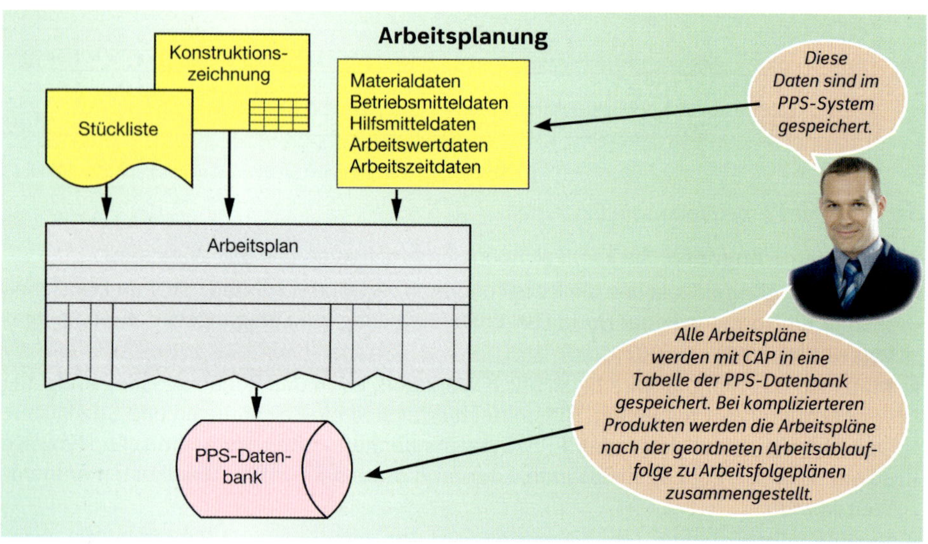

Der behandelte Arbeitsplan ist ein sog. **Basisarbeitsplan**. Er ist vorerst noch auftragsunabhängig, d. h., er enthält keine Daten eines konkreten Fertigungsauftrags. Diese Daten werden bei der Maschinenbelegung hinzugefügt. Dann entsteht ein **Auftragsarbeitsplan**.

[1] Vgl. S. 173. [2] Vgl. S. 432. [3] Vgl. S. 428.

Arbeitsaufträge

1. **Im Produktentstehungsprozess stellt die Arbeitsvorbereitung das Bindeglied zwischen Konstruktion und Fertigung dar. Hier werden die notwendigen Planungsaufgaben durchgeführt, die sich aus der Komplexität der Produkte und Prozesse für Fertigung und Montage ergeben.**
   a) Erläutern Sie den Begriff *Arbeitsvorbereitung* genauer.
   b) Welche Einzelaufgaben erfüllt die Arbeitsvorbereitung?
   c) Erläutern Sie den Zusammenhang zwischen Konstruktion und Arbeitsvorbereitung.
2. **Auf den vorausgehenden Seiten sind abgedruckt: eine Konstruktionsstückliste (Seite 166), ein Fertigungsplan (Seite 166), ein Arbeitsplan (Seite 167).**
   Bilden Sie mehrere Gruppen, die die folgenden Aufgaben lösen.
   a) Erläutern Sie den Zweck und den Aufbau des Fertigungsplans.
   b) Erläutern Sie, wie der Fertigungsplan aus der Stückliste abgeleitet wurde.
   c) Erläutern Sie den Zweck und den Aufbau des Arbeitsplans.
   d) Erstellen Sie ein ereignisgesteuertes Prozesskettendiagramm, das aufzeigt, wie der Arbeitsplan aus Stückliste und Fertigungsplan abgeleitet wurde.
   e) Der Arbeitsplan enthält Informationen über den Werkstoff, die benötigten Maschinen, Werkzeuge und Vorrichtungen sowie über die Lohngruppe der Arbeitnehmer und die Zeitvorgaben. Woher entnimmt der Arbeitsplaner diese Informationen?
   f) Der Arbeitsplan berücksichtigt auch die benötigten Fertigungshilfsmittel.
      - Welche Arten von Hilfsmitteln sind zu unterscheiden?
      - Wann lohnt sich der Einsatz von Universal- bzw. Spezialvorrichtungen?
3. **Arbeitspläne sehen in den einzelnen Betrieben vom Aufbau des Formulars her unterschiedlich aus.**
   a) Beschaffen Sie sich einen Arbeitsplan aus Ihrem Ausbildungsbetrieb und untersuchen Sie ihn auf eventuelle zusätzliche oder andere Angaben.
   b) Erläutern Sie, wie dieser Arbeitsplan aus Stückliste und Fertigungsplan abgeleitet wurde.
4. **Der Arbeitsplaner stellt fest, dass ein Arbeitsvorgang auf den Maschinen 8261, 8270 oder 8271 durchgeführt werden kann:**

Maschinen-Nummer	Rüstkosten (EUR)	Fertigungskosten pro Stück (ohne Rüstkosten) (EUR)
8261	200,00	0,25
8270	60,00	0,30
8271	10,00	0,40

   a) Auf welcher Maschine sollte ein Auftrag über 100 Stück gefertigt werden?
   b) Auf welcher Maschine sollte ein Auftrag über 1 000 Stück gefertigt werden?
   c) Bei welcher Auftragsmenge sind die Gesamtkosten für die Maschinen 8261 und 8270 gleich?
5. **Basisarbeitsplan für die Montage eines Einbaudownlights**

<table>
<tr><th colspan="6">Arbeitsplan</th></tr>
<tr><td colspan="2">Montage eines Einbaudownlights</td><td></td><td colspan="3">Arbeitsplannummer: 3434</td></tr>
<tr><td colspan="2">Kundennummer:</td><td></td><td colspan="3">Baustelle: Köln, Meierstr. 8</td></tr>
<tr><td colspan="2">Zeichnungs-Nr.:</td><td></td><td colspan="3"></td></tr>
<tr><td>Menge:</td><td>Einheit:</td><td>Werkstoff:</td><td colspan="3">Modell-Nr.:</td></tr>
<tr><td>Nummer des Arbeitsgangs</td><td>Arbeitsvorgang</td><td>Werkzeug</td><td>Rüstzeit (Min.)</td><td>Zeit je Einheit (Min.)</td><td>Lohn-gruppe</td></tr>
<tr><td>010</td><td>Ausschnitt für Leuchte erstellen</td><td>Fräse</td><td>4</td><td>1,5</td><td>1</td></tr>
<tr><td>020</td><td>Grundelement einsetzen und befestigen</td><td>Schraubendreher</td><td>3,5</td><td>3</td><td>1</td></tr>
<tr><td>020</td><td>Anschluss Zuleitung</td><td>Schraubendreher, Abmantler, Abisolierzange</td><td>1</td><td>5</td><td>3</td></tr>
<tr><td>040</td><td>Einsetzen des Reflektors</td><td>Schraubendreher</td><td>1</td><td>1</td><td>1</td></tr>
<tr><td>050</td><td>Bestücken der Leuchte</td><td></td><td>0,5</td><td>0,5</td><td>1</td></tr>
<tr><td>060</td><td>Montage Blendschutz-raster</td><td></td><td>1</td><td>1</td><td>2</td></tr>
</table>

   a) Ist der Basisarbeitsplan in Ordnung? Wenn nein, verbessern Sie die Fehler.
   b) Wie viel Zeit benötigt der Einbau von 10 Downlights?

Erstellung der Zeitpläne (Fristenpläne)

Die Planung des Arbeitsablaufs erfordert auch:

- die **Ermittlung des Zeitaufwands** für jeden Arbeitsabschnitt,
- die **Ermittlung der Durchlaufzeit** der Erzeugnisteile und des gesamten Erzeugnisses.

Für die Zeitplanung gilt:

- Die benötigten Zeitvorgaben werden durch Arbeitszeitstudien[1] ermittelt. Sie werden im PPS-System gespeichert und teilweise (Rüstzeit, Ausführungszeit je Einheit) auch im Arbeitsplan festgehalten.
- Die ermittelten Zeiten beziehen sich nicht auf konkrete Aufträge und deren Termine. Sie geben nur eine Übersicht über die Zeitvorgaben jeder Fertigungsstufe und ihrer Lage zueinander. Sie berücksichtigen nicht die Dringlichkeit von Aufträgen sowie die Belegung und Vorbelastung von Betriebsmitteln und Werkstätten. Hier liegt der Unterschied zur Terminplanung/Termindisposition[2]. Diese ist auf konkrete Aufträge ausgerichtet.
- Die Zeitplanung legt den Zeitaufwand im Detail fest. Dies erleichtert wesentlich die anschließende Terminplanung/Termindisposition. Das gilt auch, wenn die theoretischen Werte den später tatsächlich benötigten Durchlaufzeiten nicht genau entsprechen.
- Die ermittelten Werte dienen u. a. der Lohnabrechnung und Kostenrechnung.

Die Durchlaufzeit ist die Zeitspanne, die zwischen dem Beginn des ersten Arbeitsganges und dem Ende des letzten Arbeitsganges verstreicht.

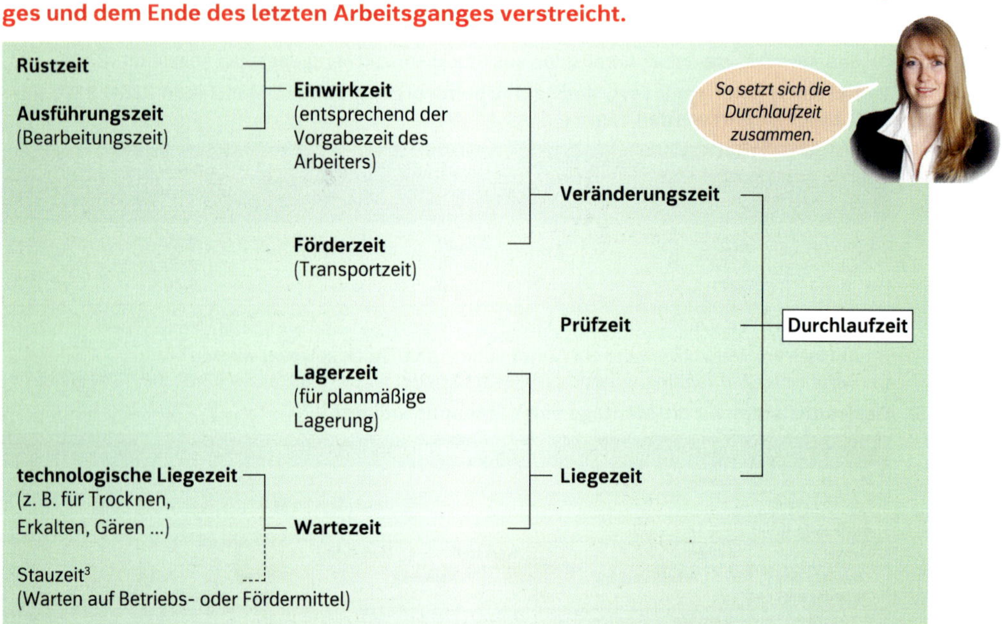

Die Durchlaufzeit kann für ein Stück, aber auch für jede beliebige andere Stückzahl ermittelt werden (z. B. für eine optimale Losgröße oder einen Fertigungsauftrag).

Zeitpläne (oder Fristenpläne) in Form von Balkendiagrammen sind ein gebräuchliches – weil sehr anschauliches – Mittel zur Darstellung der Durchlaufzeiten von Teilen,

---

[1] Vgl. S. 426.

[2] Vgl. S. 182 ff. Die Terminfestlegung ist typisch für die Schwierigkeiten bei der Abgrenzung von Fertigungsplanung und Fertigungssteuerung: Bei Auftragsfertigung ist sie eine Dispositionsaufgabe (Termin**disposition**) im Rahmen der Fertigungssteuerung. Bei Lagerfertigung werden die Fertigungstermine unabhängig von vorliegenden Kundenaufträgen im Voraus festgelegt. Daher ist die Terminfestlegung hier eine planerische Aufgabe (Termin**planung**) im Rahmen der Fertigungsplanung.

[3] Wird bei der Zeitplanung i. d. R. nicht berücksichtigt, sondern erst bei der Terminplanung.

Gruppen und Produkten. Sie stellen jeden Vorgang durch einen Balken dar. Seine Länge entspricht der geplanten Zeit (Vorgabezeit, Sollzeit) des Vorgangs.

Beispiel: Zeitplan

■ = Einwirkzeit ■ = Transport- und Liegezeit

Gehäusekasten 03/1		Arbeitsplan Nr. 3000	Losgröße: 100 Stück
	Arbeitsvorgang	Durchlaufzeit	500 1 000 1 500 2 000 2 500 Dez.min.
010	richten	160	
020	fräsen	190	
030	bohren	118	
040	bohren	878	
050	reiben	258	
060	Gewinde schneiden	508	
070	reiben	288	
080	fräsen	240	
090	entgraten	185	
	Gesamtdurchlaufzeit	2 825	500 1 000 1 500 2 000 2 500 Dez.min.

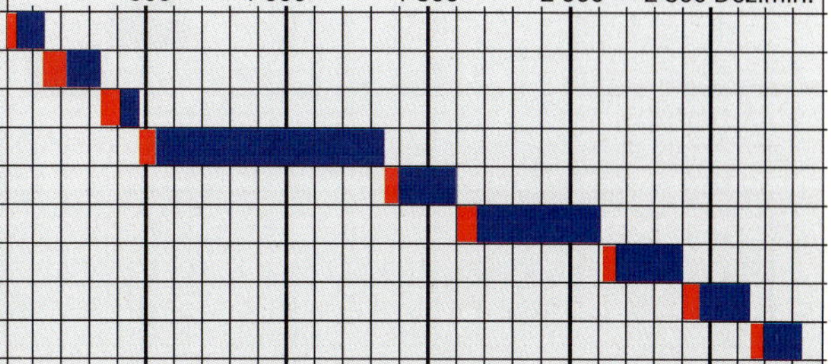

Durch unproduktive Zeiten liegen Teile fest. Es entstehen organisatorische Läger. Sie verursachen Zins- und Lagerkosten. Eine Minimierung der Durchlaufzeiten bedeutet deshalb gleichzeitig die Minimierung der organisatorischen Läger. Dazu muss man versuchen, ein möglichst starkes Überlappen der Vorgänge zu erreichen.

Beispiel: Minimierung der Durchlaufzeit

In dem abgebildeten Zeitplan wird mit Vorgang 050 erst begonnen, nachdem die vollständige Losgröße von 100 Stück in Vorgang 040 abgearbeitet wurde. Würde man bereits nach 50 Stück mit Vorgang 050 beginnen, so würden sämtliche folgenden Vorgänge um 409 Minuten nach vorn verschoben. Allerdings tritt dadurch ein zusätzlicher Transportvorgang hinzu.

Die Aufstellung von Zeitplänen ist besonders bei Mehrfachfertigung zu empfehlen. Vor allem bei Großserien-, Sorten- und Massenfertigung lohnt sich die sorgfältige Minimierung der Durchlaufzeiten. Die Zeitplanung geht hier bekanntlich bis zur Festlegung von Taktzeiten und bis zum Fließbandabgleich. Bei Einzelfertigung ist die generelle Ermittlung der Durchlaufzeit z. B. für Teilefamilien oder Baukastenteile sehr sinnvoll. Für das Gesamtprodukt steht hier jedoch mehr die genaue Terminplanung für den einzelnen Auftrag mit kalendermäßig festgelegten Terminen im Vordergrund.

Arbeitsaufträge

1. **Der Arbeitsplan auf Seite 167 zeigt die Zeitvorgaben (Rüstzeit und Zeit je Einheit) für das Teil *Gehäusekasten* des Produkts *Schieberadgetriebe*. Die Förder- und Liegezeit betrage vor Vorgang 010 52 Dez.min., vor 080 80 Dez.min., ansonsten vor jedem Vorgang 60 Dez. min.**
   Berechnen Sie die Durchlaufzeit für 1 Stück, 50 Stück und 100 Stück nach folgendem Schema:

Vorgang	Förder- und Liegezeit	Rüstzeit	Ausführungszeit für 1 Stück	für 50 Stück	für 100 Stück
010 020 ...					
Summe:					
Durchlaufzeit:					

(Benutzen Sie ein Tabellenkalkulationsprogramm.)

2. Ein Betrieb fertigt fünf Getriebewellen. Die Teile durchlaufen zuerst die Dreherei, anschließend die Fräserei entsprechend dem folgenden Balkendiagramm.

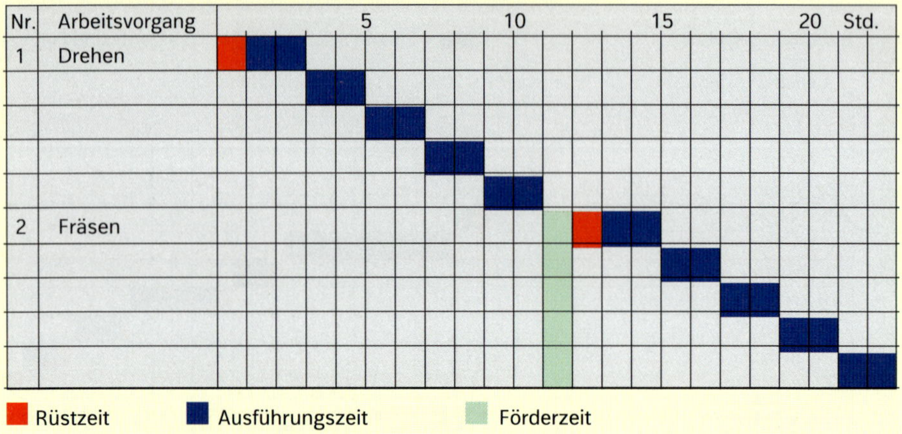

a) Ermitteln Sie die Liegezeit in der Dreherei.
b) Ermitteln Sie die Gesamtdurchlaufzeit.
c) Beurteilen Sie, ob mit dem folgenden Vorschlag die Durchlaufzeit verkürzt werden kann: Jede Welle soll sofort nach ihrer Bearbeitung in der Dreherei in die Fräserei transportiert und dort so früh wie möglich bearbeitet werden.
   - Fertigen Sie hierfür einen neuen Fristenplan an.
   - Ermitteln Sie die neue Gesamtdurchlaufzeit.
   - Nennen Sie weitere Vorteile dieser überlappenden Fertigung.
   - Nennen Sie andererseits Nachteile.

3. Ein rascher Materialdurchlauf ist ein wesentliches Ziel der Zeitplanung. In bestimmten Fällen steht dieses Ziel jedoch in Konflikt mit dem ebenfalls wichtigen Ziel einer möglichst vollständigen Kapazitätsauslastung.
a) Begründen Sie beide Zielsetzungen.
b) Wann widersprechen sich die beiden Ziele?

4. Für die Bestimmung der Durchlaufzeit eines Auftrages liegen folgende Zeiten vor:

Rüstzeit	**150 Sekunden**	**Prüfzeit**	**120 Sekunden**
Ausführungszeit	**350 Sekunden**	**Lagerzeit**	**120 Sekunden**
Förderzeit	**20 Sekunden**	**Wartezeit**	**60 Sekunden**

a) Berechnen Sie die Liegezeit, die Veränderungszeit und Durchlaufzeit je Einheit.
b) Berechnen Sie die Durchlaufzeit für die Fertigung von 100 Einheiten.
c) Berechnen Sie die Durchlaufzeit für die 100 Einheiten, wenn der Auftrag aus innerbetrieblichen Gründen in vier gleiche Teileinheiten zerlegt wird.

8.2.4 Bedarfsplanung

Das Produkt Schieberadgetriebe wurde – wie schon auf S. 164 gesagt – vor drei Jahren ins Produktionsprogramm von MGB aufgenommen. Es passte genau in das bisherige Produktfeld und wies keine wesentlichen konstruktiven Unterschiede zu drei anderen Produkten aus dem bestehenden Produktionsprogramm auf. So konnte es vom vorhandenen Personal auf den vorhandenen Maschinen gefertigt werden und bot vor allem die Möglichkeit, die bestehenden Produktionskapazitäten besser auszulasten. Nur einige Fertigungshilfsmittel mussten neu bereitgestellt werden.

Für die Fertigung besteht **Bedarf an Betriebsmitteln, Arbeitskräften und Materialien**. Er ist nach Art, Menge und Zeit zu planen.

Merken Sie sich dies!

Bedarf
= benötigte Arten in den benötigten Mengen zum Bedarfszeitpunkt

Betriebsmittelbedarf

Betriebsmittel sind vor allem Maschinen und Fertigungssysteme.

Der notwendige Bestand an Maschinen und Fertigungssystemen wird langfristig geplant. Diese Betriebsmittel sind deshalb nur bei der Betriebsgründung, bei der Aufnahme neuartiger Produkte in das Produktionsprogramm, bei Kapazitätserweiterungen, bei Änderungen der Fertigungsorganisation oder Modernisierungs- und Rationalisierungsmaßnahmen neu zu beschaffen. Ansonsten muss sich die Produktionsplanung und -steuerung am bestehenden Betriebsmittelpark ausrichten und jeden Auftrag entsprechend einbauen.

Zu den Betriebsmitteln gehören weiterhin die Fertigungshilfsmittel.

Fertigungshilfsmittel

Werkzeuge
Gegenstände zur Bearbeitung von Werkstücken, entweder für manuelle Benutzung oder zum Einspannen in Maschinen (z. B. Bohrer, Fräser)

Vorrichtungen
Hilfsmittel für Maschinen und Werkzeuge, um Werkstücke vorteilhaft und/oder sicher bearbeiten zu können (z. B. Spann-, Bohr-, Fräs-, Messvorrichtungen)

Lehren
Prüfmittel, die das Maß und/oder die Form des zu prüfenden Werkstücks verkörpern

Förderzeuge
Gegenstände, die dem Transport der Materialien, Werkstücke, Werkzeuge und anderer Objekte dienen

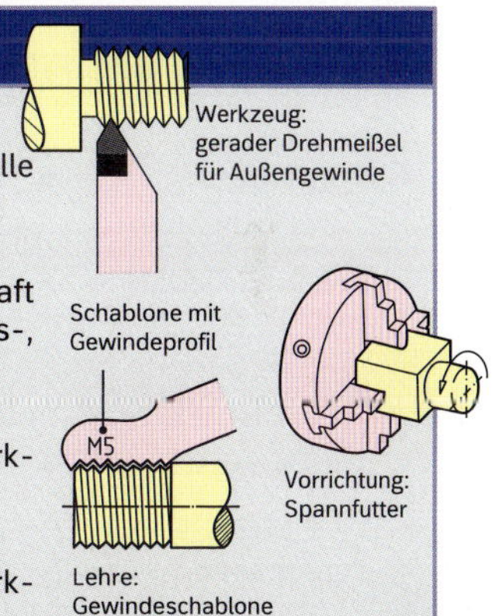

Für industriell gefertigte Produkte lassen sich nur zum Teil Fertigungshilfsmittel in „normalen“ – z. B. genormten – Ausführungen verwenden. Vielmehr sind sie oft erzeugnisgebunden und müssen folglich für jeden ersten Auftrag eigens konstruiert werden. Für ihre Fertigung können Fremdaufträge an andere Betriebe vergeben werden. Oft erstellen die Betriebe diese Gegenstände aber selbst.

Werkzeuge werden z. B. in eigenen Werkzeugmachereien erstellt.

Personalbedarf

Wie der Betriebsmittelbedarf, so wird auch der Personalbedarf grundsätzlich langfristig geplant. Insofern ist eine auf die Besetzung von Stellen gerichtete Personalplanung ebenfalls nur bei Fertigungsaufnahme, -erweiterung und -umstellung erforderlich. Dann ist Personal in der benötigten Menge (quantitativer Personalbedarf) und mit der benötigten Qualifikation (qualitativer Personalbedarf) bereitzustellen. Der Bedarf wird im Stellenplan festgehalten[1]. Er ist in der Regel auch an den Bestand und die Veränderungen von Betriebsmitteln gebunden. Betriebsmittel- und Personalbedarfsplanung werden darum meistens gemeinsam vorgenommen.

[1] Auf S. 364 ff. finden Sie weitere Einzelheiten zur Personalplanung.

Kurzfristig ist der Personalbestand hingegen eine feste Größe. Neue Aufträge müssen sich folglich hinsichtlich Fertigungsmenge und Lieferfristen an Personalbestand und verfügbare Arbeitszeit anpassen. Bei Überlastung ist ggf. ein Ausgleich durch Überstunden oder Vergabe von Lohnaufträgen an andere Betriebe möglich.

Materialbedarf

Der Bedarf an Materialien ergibt sich entweder aus dem Fertigungsprogramm (der Produktpalette) des Betriebes im betreffenden Planungszeitraum oder aus vorliegenden Kundenaufträgen.

Das Ergebnis der Konstruktion sind bekanntlich **Zeichnungen** des Produkts sowie **Stücklisten**. Die Stücklisten führen alle Baugruppen, Einzelteile und Materialien auf, aus denen das Produkt besteht.

Sie wissen: In Chemiebetrieben findet man anstelle der Konstruktionsabteilung das Betriebslabor und anstelle der Stücklisten Rezepturen.

Dementsprechend sind folgende **Bedarfsarten** zu unterscheiden:

Bedarfsart		Beispiele: Bedarfsarten
• **Primärbedarf** →	die verkaufsfähigen Produkte, Ersatzteile und Handelswaren	→ Drehmaschinen
• **Sekundärbedarf** →	– die Baugruppen des Produkts	→ Getriebe in der Drehmaschine
	– die Einzelteile der Baugruppen	→ Welle im Getriebe
	– die Rohstoffe, aus denen die Einzelteile gefertigt werden	→ Gussstahl
• **Tertiärbedarf** →	der Bedarf an Hilfs- und Betriebsstoffen	→ Schmierfett
• **Zusatzbedarf** →	entsteht zusätzlich zum Sekundärbedarf	→ Zusatzbedarf wegen Ausschuss, Schwund, Ungenauigkeiten

Die Bedarfsmengen an Materialien und Teilen werden entweder anhand von Verbrauchswerten der Vergangenheit **pauschal** ermittelt (sog. **verbrauchsgesteuerte Bedarfsermittlung**), oder sie werden für ein mengenmäßig bestimmtes Produktionsprogramm exakt festgelegt (sog. **plangesteuerte Bedarfsermittlung**).

Bei einem nach Art und Menge längerfristig festgelegten Fertigungsprogramm ist die Materialbedarfsplanung eher der Fertigungsplanung zuzurechnen, bei einem kurzfristigen Fertigungsprogramm und Auftragseinzelfertigung eher der Fertigungssteuerung (Materialdisposition).

Arbeitsaufträge

1. **Ein Betrieb soll drei Produkte P1, P2 und P3 fertigen, die aus den folgenden Baugruppen (G) und Teilen (E) zusammengesetzt sind. Produkte und Baugruppen setzen sich wie folgt zusammen:**

P1	P2	P3	G1	G2	G3	G4
1G1 1G2 1E1 1E2	1G1 1G2 1G3	1G1 1G4 3E1 2E4	2E4 1E5	1G1 1E1 1E3 1E4	1E4 1E6 1E8	2E2 1E4 1E7

   a) Erläutern Sie anhand dieses Beispiels die Begriffe Primärbedarf und Sekundärbedarf.
   b) Warum sind Tertiär- und Ergänzungsbedarf nicht in den Strukturbäumen zu finden?

2. **Die Motoren GmbH hat einen neuartigen Fahrrad-Hilfsmotor entwickelt, der die Tretleistung des Fahrers nicht ersetzen, sondern unterstützen soll. Es sollen vor allem die Fahrgeschwindigkeit erhöht und das Fahren an Steigungen und bei Gegenwind erleichtert werden.**

   Die Konstruktionsarbeiten für den Motor sind abgeschlossen. Mit mehreren Fahrradherstellern wurden langfristige Verträge geschlossen, die einen Absatz von monatlich 900 Motoren sichern. Für eine Produktion von täglich etwa 40 Motoren müssen neue Kapazitäten bereitgestellt werden.

   Geben Sie in Grundzügen die notwendigen Überlegungen wieder, die sich auf die Bedarfsplanung für Betriebsmittel, Personal und Material für den beschriebenen Fall beziehen.
   (Bilden Sie ggf. drei arbeitsteilige Gruppen. Jede Gruppe erstellt einen Bericht für eine Bedarfsart und trägt ihn vor.)

8.3 Prozesse der Fertigungssteuerung

Die Bestellung der 200 Schieberadgetriebe (siehe S. 160) ist von MGB wie folgt auszuführen: 100 Stück sind sofort zu liefern (Sofortauftrag). Die Sofortlieferung ist möglich, weil aufgrund früherer Fertigungsaufträge noch 110 Stück auf Lager liegen. Für die restlichen 100 Stück wurde eine Lieferfrist von 4 Monaten vereinbart (Terminauftrag). Da die Erfahrung zeigt, dass mit weiteren Kundenbestellungen zu rechnen ist, müssen ein optimaler Fertigungsauftrag entwickelt und die nötigen Maßnahmen zur Steuerung der Fertigung ergriffen werden.

Die Fertigungssteuerung bereitet den Fertigungsprozess für konkrete Fertigungsaufträge vor, lenkt und überwacht ihn.

Sie ist in Betrieben mit Massen- und Großserienfertigung von untergeordneter Bedeutung und tritt hinter eine eingehende Fertigungsplanung zurück. In Betrieben mit Einzelfertigung hingegen ist eine allgemeine Planung des Produktionsprozesses kaum möglich, da sich die Kundenaufträge nach Produktart und -qualität stark unterscheiden. Hier ist die Fertigungssteuerung sehr ausgeprägt. Sie erfolgt meist nach vorher festgelegten Prioritätsregeln. Diese legen die Reihenfolge der Aufgaben nach ihrer Dringlichkeit fest.

Beispiele: Prioritätsregeln bei Auftragseinzelfertigung

- Auftragseingang: Aufträge, die zuerst eingehen, werden zuerst bearbeitet.
- Liefertermin: Aufträge, die zuerst ausgeliefert werden, werden zuerst bearbeitet.
- Kundenumsatz: Umsatzstarke Aufträge werden zuerst bearbeitet.
- Deckungsbeitrag: Aufträge mit dem höchsten relativen Deckungsbeitrag werden zuerst bearbeitet (vgl. S. 134).
- Rüstkosten: Gleichartige Aufträge werden zusammengefasst, um die Rüstkosten zu minimieren.

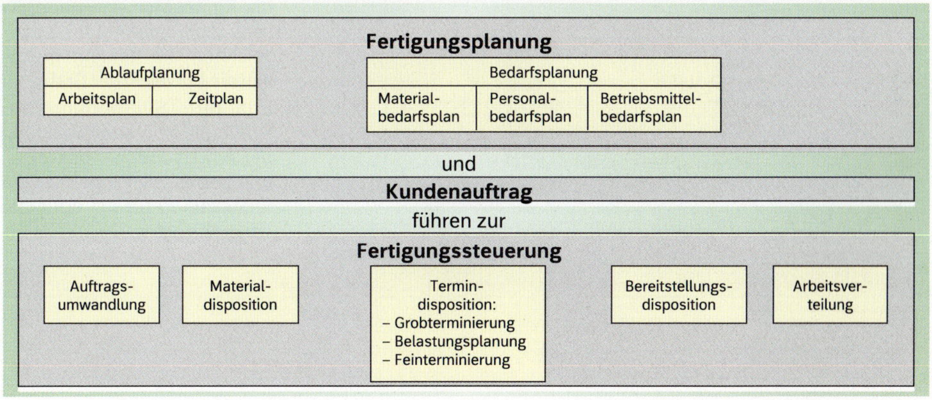

8.3.1 Auftragsumwandlung

Jeder eingegangene Kundenauftrag erhält im Verkauf eine Auftragsnummer und wird in einer Kundenauftragsmappe abgelegt[1]. Dann gelangt er zur Arbeitsvorbereitung. Dort wird die Stückliste überprüft, um festzustellen, welche Teile gefertigt und welche Materialien beschafft werden müssen. Für die Fertigungsteile sind Fertigungsaufträge (Fertigungslose) abzuleiten. Dabei ist zu beachten:

- Es können weitere Kunden- oder Innenaufträge für das gleiche Produkt mit unterschiedlichen Lieferterminen vorliegen.
- Es können weiterhin Aufträge für andere Produkte vorliegen, die gleiche Fertigungsteile enthalten.

Für jeden dieser Aufträge könnte man die notwendigen Fertigungsaufträge getrennt ableiten. Stattdessen kann aber auch eine Zusammenfassung zu größeren Fertigungsaufträgen sinnvoll sein.

Beispiel: Losbildung

Der oben angeführte Terminauftrag über 100 Getriebe verlangt die Fertigung von mindestens 90 Getrieben (10 Stück liegen noch auf Lager). Sie umfasst laut Konstruktionsstücklise die Herstellung eines Stirnrads 28 Z. Man könnte also hierfür ein Fertigungslos von 90 Stück bilden. Allerdings sind weitere Kundenbestellungen zu erwarten. Außerdem kommt das Teil auch in einem anderen Getriebe vor, von dem eine Bestellung über 200 Stück vorliegt. Insofern wäre auch ein größeres Fertigungslos, z. B. 290 Stück, vielleicht auch 500 Stück, sinnvoll.

Bei derartigen Zusammenfassungen spricht man von einer **Auftragsumwandlung**.

Vorteil: Reduzierung von Rüstkosten durch Zusammenfassung von Aufträgen.

Nachteil: Lagerkosten für nicht sofort benötigte Teile. Deshalb kann umgekehrt auch die Aufteilung eines Kundenauftrags in kleinere Teillose sinnvoll sein.

Um die Summe von Lager- und Rüstkosten zu minimieren, versucht man in der Praxis, **optimale Losgrößen** zu bilden[2].

Arbeitsaufträge

1. Bei der Auftragsumwandlung ist das Problem der optimalen Losgröße zu lösen.

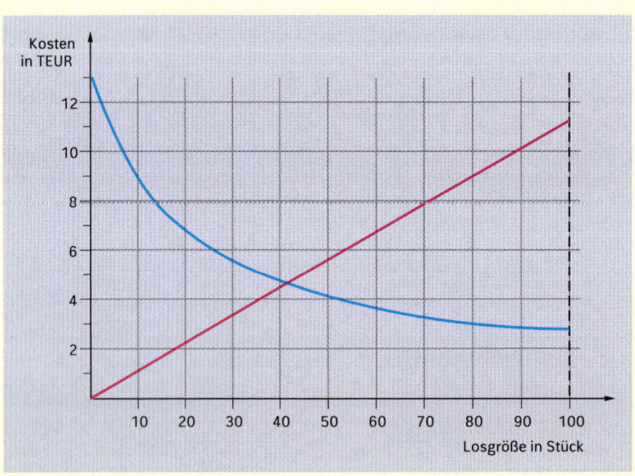

a) Was versteht man unter einem Fertigungslos?

b) Wie entwickeln sich bei wachsenden Losgrößen einerseits die Rüstkosten und andererseits die Lagerkosten? Kennzeichnen Sie dementsprechend die Kurven in der Grafik.

c) Erläutern Sie anhand der Grafik die Kostenentwicklung bei wachsenden Losgrößen und geben Sie (ungefähr) die Stückzahlen für die optimale Losgröße an.

---

[1] Vgl. S. 536.
[2] Vgl. S. 141 f.

2. Ein Industrieunternehmen mit verschiedenen Produkten führt die Optimierung der Losgröße gemäß unten stehender Tabelle durch.

a) Vervollständigen Sie unter Berücksichtigung der proportional verlaufenden Rüst- und Lagerhaltungskosten die Tabelle und ermitteln Sie die optimale Losgröße.

Anzahl der Lose	Losgröße (Stück)	Rüstkosten (EUR)	Lagerhaltungskosten (EUR)	Gesamtkosten (EUR)
10	24 000	10 000	60 000	
20	12 000			
40				

b) Nennen Sie zwei Gründe, die ein Industrieunternehmen veranlassen können, von der optimalen Losgröße abzuweichen.

3. Für Fertigungsteile nimmt die Arbeitsvorbereitung häufig eine Auftragsumwandlung vor.
Stellen Sie die Auftragsumwandlung mithilfe eines ereignisgesteuerten Prozessketten-Diagramms dar (Anfangsereignis: vorliegender Nettobedarf; Endereignis: gespeicherter Auftrag).

8.3.2 Materialdisposition

Plangesteuerte Bedarfsermittlung

Bei der plangesteuerten Bedarfsermittlung[1] stellt man den Bedarf nach Art, Menge und Termin für ein mengenmäßig bestimmtes Produktionsprogramm oder vorliegende Kundenaufträge exakt fest. Ausgangsbasis sind die Konstruktionszeichnungen und Stücklisten.

■ Bruttobedarfsrechnung

Die Stücklisten sind im PPS-System gespeichert. Jede Stückliste führt die einzelnen Baugruppen und Teile eines Produkts auf. Gleiche Teile können an unterschiedlichen Stellen und in unterschiedlichen Baugruppen enthalten sein. Es ist festzustellen, wie oft jedes Teil insgesamt vorkommt. Dazu geht das PPS-System wie folgt vor:

Stücklistenauflösung: Die Stückliste wird in die Baugruppen und die darin enthaltenen Teile aufgelöst (zerlegt). Zweck: Feststellung des Sekundärbedarfs.

- Gleiche Teile werden addiert und mit der Fertigungsmenge des Produkts multipliziert.
- Das Vorgehen wird für alle Teile des Produkts wiederholt.
- Ergebnis: Sekundärbedarf an allen Teilen für ein Produkt.
- Der entsprechende Bedarf aller betroffenen Stücklisten wird addiert.
- Ggf. wird ein notwendiger Zusatzbedarf hinzu addiert.
- Ergebnis: der Gesamtbedarf **(Bruttobedarf)** an allen Teilen für alle Produkte.

Beispiel: Bruttobedarfsrechnung

Auszüge aus den Stücklisten zweier Produkte. Von Produkt 1 werden 100 Stück gefertigt, von Produkt 2 200 Stück. Wie viel Stück beträgt der Bedarf an dem Teil Sechskantschraube?

Pos.	Menge	Einh.	Benennung
1	2	Stck	Federring
2	2	Stck	Sechskantschraube
3	1	Stck	Gehäuseoberteil
4	1	Stck	Gehäuseunterteil

Pos.	Menge	Einh.	Benennung
1	2	Stck	Stirnrad
2	2	Stck	Kugellager
3	6	Stck	Sechskantschraube
4	3	Stck	Passfeder

[1] Man findet auch folgende Bezeichnungen: programmgesteuerte, bedarfsgesteuerte, deterministische (vorausbestimmende) Bedarfsermittlung.

■ Nettobedarfsrechnung

Der Bruttobedarf wird um Lagerreserven und um erwartete Zugänge (aus der Fertigung und aus ausstehenden Bestellungen) korrigiert. Das Ergebnis ist der **Nettobedarf**. Dieser ist auf die verschiedenen Perioden (z. B. Wochen) zu verteilen, in denen er nach dem Fertigungsprogramm anfällt.

Beispiel: **Nettobedarfsrechnung**

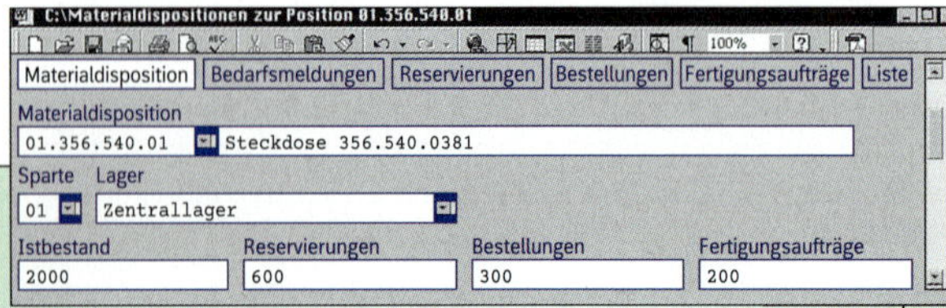

		Periode 1	Periode 2	Periode 3
Sekundärbedarf **Steckdose 356 540 0381**		800	500	1 200
+ Zusatzbedarf für Ersatzteile		200	100	200
+ Zusatzbedarf für Ausschuss		50	30	70
= Bruttobedarf		1 050	630	1 470
Lager-Istbestand	2 000			
– Mindestbestand	– 200			
– Reservierungen	– 600			
= sicher verfügbarer Lagerbestand	1 200			
+ erwartete Zugänge aus Fertigungsaufträgen	200			
+ erwartete Zugänge aus Bestellungen	300			
= Lagerreserve (wahrscheinlich verfügbarer Lagerbestand)	1 700	– 1050	– 350	– 300
= Nettobedarf		0	280	1 170
Vorlaufverschiebung		280	1 170	

Die Berechnung des Nettobedarfs setzt eine lückenlose Lagerbestandsführung durch das PPS-System voraus, die alle Lagerbewegungen erfasst.

■ Vorlaufverschiebung

Das obige Beispiel für eine Nettobedarfsberechnung enthält eine Vorlaufverschiebung um eine Periode. Dies hat folgenden Hintergrund:

Der Bedarf muss mengenmäßig und zeitlich festgelegt werden. Maßgebend ist der geplante Fertigstellungstermin des Produkts (Zeitpunkt des Primärbedarfs). Gehen Sekundärteile/-materialien in übergeordnete Teile oder Baugruppen ein, müssen sie früher zur Verfügung stehen: Ihr Bedarfszeitpunkt verschiebt sich um die sog. Vorlaufzeit in Richtung Gegenwart (Vorlaufverschiebung). Die Vorlaufzeit einer untergeordneten Einheit entspricht der Durchlaufzeit der jeweils übergeordneten Einheit.

Beispiel: Verschiebung um die Vorlaufzeit

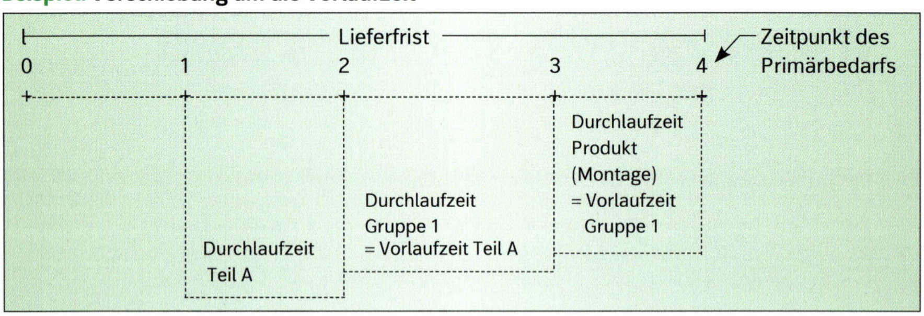

■ Dispositionsstufen-Verfahren

Bisher wurden die Grundzüge der Bedarfsberechnung erläutert. Jetzt sollen sie noch um das Dispositionsstufen-Verfahren ergänzt werden. Dies ist das in der Praxis gängigste Verfahren für die Bedarfsberechnung bei einer Fertigungsstruktur mit mehreren Fertigungsstufen.

Beispiel: Dispositionsstufen-Verfahren

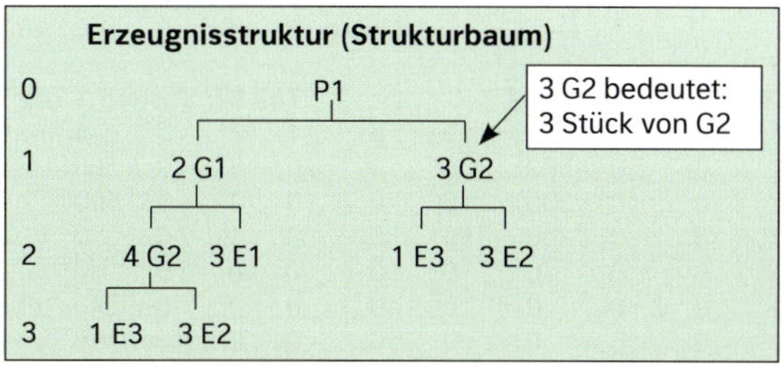

Vorlaufverschiebung	
P1:	0 Tage
G1:	1 Tag
G2:	1 Tag
E1:	1 Tag
E2:	1 Tag
E3:	1 Tag

Lagerbestand	
P1:	0 Stück
G1:	20 Stück
G2:	300 Stück
E1:	40 Stück
E2:	500 Stück
E3:	200 Stück

Von Erzeugnis P1 sollen geliefert werden:
40 Stück in Periode 5,
55 Stück in Periode 6.

Bestehende Bestellungen: 1 130 Stück von E3; erwarteter Eingang in Periode 2
Bestehende Reservierungen: 40 Stück von E2

1. **Bestimmung der Dispositionsstufen**

   Die Dispositionsstufe eines Teils ist die zahlenmäßig höchste Fertigungsstufe, auf der dieses Teil auftritt. Für das vorliegende Problem sollen die Dispositionsstufen wie folgt bestimmt sein:

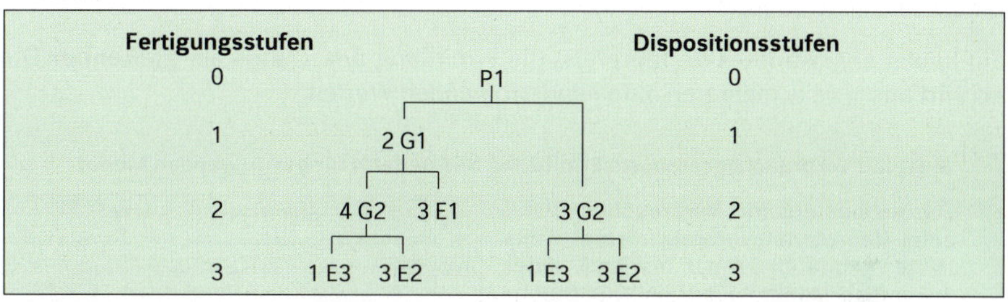

2. **Bestimmung des Nettobedarfs unter Berücksichtigung der Vorlaufverschiebung:**

Stufe 0: **Produkt P1; Vorlauf 0 Tage**

Periode	**1**	**2**	**3**	**4**	**5**	**6**
Bruttobedarf	0	0	0	0	40	55
– Lagerbestand	0	0	0	0	0	0
– besteh. Bestellungen	0	0	0	0	0	0
+ best. Reservierungen	0	0	0	0	0	0
= Nettobedarf	0	0	0	0	40	55
Vorlaufverschiebung	0	0	0	0	40	55

Stufe 1: **Teil G1; Vorlauf 1 Tag**

Periode	**1**	**2**	**3**	**4**	**5**	**6**
Bruttobedarf	0	0	0	0	80	110
– Lagerbestand	0	0	0	0	20	0
– besteh. Bestellungen	0	0	0	0	0	0
+ best. Reservierungen	0	0	0	0	0	0
= Nettobedarf	0	0	0	0	60	110
Vorlaufverschiebung	0	0	0	60	110	0

Stufe 2:

Periode	Teil G2; Vorlauf 1 Tag **1**	**2**	**3**	**4**	**5**	**6**	Teil E1; Vorlauf 1 Tag **1**	**2**	**3**	**4**	**5**	**6**
Bruttobedarf	0	0	0	240	560	165	0	0	0	180	330	0
– Lagerbestand	0	0	0	240	60	0	0	0	0	40	0	0
– besteh. Bestellungen	0	0	0	0	0	0	0	0	0	0	0	0
+ best. Reservierungen	0	0	0	0	0	0	0	0	0	0	0	0
= Nettobedarf	0	0	0	0	500	165	0	0	0	140	330	0
Vorlaufverschiebung	0	0	0	500	165	0	0	0	140	330	0	0
→							0	0	0	500	165	0

Stufe 3:

Periode	Teil E3; Vorlauf 1 Tag **1**	**2**	**3**	**4**	**5**	**6**	Teil E2; Vorlauf 1 Tag **1**	**2**	**3**	**4**	**5**	**6**
Bruttobedarf	0	0	0	500	165	0	0	0	0	1 500	495	0
– Lagerbestand	0	0	0	200	0	0	0	0	0	500	0	0
– besteh. Bestellungen	0	0	0	300	165	0	0	0	0	0	0	0
+ best. Reservierungen	0	0	0	0	0	0	0	0	0	40	0	0
= Nettobedarf	0	0	0	0	0	0	0	0	0	1 040	495	0
Vorlaufverschiebung	0	0	0	0	0	0	0	0	1 040	495	0	0

Verbrauchsgesteuerte Bedarfsermittlung

Bei der *verbrauchsgesteuerten Bedarfsermittlung*[1] legt man den zukünftigen Bedarf auf der Basis von Verbrauchswerten der Vergangenheit fest.

Das PPS-System entnimmt diese Werte den Absatz- und Verbrauchsstatistiken des Betriebes. Es berechnet den Bedarf aus dem Trend (Entwicklungstendenz) der Werte. Auch Saisoneinflüsse (höherer oder niedrigerer Verbrauch zu bestimmten Jahreszeiten) können berücksichtigt werden.

Ein häufig angewandtes Verfahren ist die Ermittlung des Trends als **gleitender Durchschnitt** aus jeweils mehreren aufeinanderfolgenden Werten.

Beispiel: Verbrauchsgesteuerte Ermittlung des Bedarfs für den folgenden Monat

Die nebenstehende Verbrauchsstatistik zeigt den Monatsverbrauch eines Teils in den Monaten Januar bis Juni. Jeder zukünftige Monatsbedarf soll als Durchschnitt der jeweils letzten drei Monatsverbrauchswerte berechnet werden (gleitender Durchschnitt).

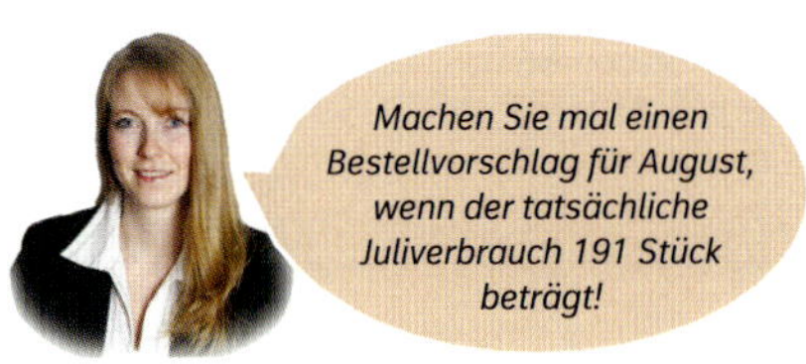

Verbrauchsstatistik Ölstutzen M16

Monat	tatsächlicher Verbrauch	berechneter Bedarf
Januar	210	
Februar	189	
März	190	
April	199	197
Mai	192	193
Juni	200	194
Juli		197
August		

$$\frac{210 + 189 + 190}{3} \qquad \frac{189 + 190 + 199}{3} \qquad \frac{190 + 199 + 192}{3}$$

Wahl zwischen plan- und verbrauchsgesteuerter Bedarfsermittlung

Die verbrauchsgesteuerte Bedarfsermittlung ist ein relativ einfaches, oberflächliches und deshalb kostengünstiges Verfahren. Sie führt zwangsläufig zu ungenauen Ergebnissen.

Die plangesteuerte Bedarfsermittlung ist genau, aber aufwendig und relativ teuer. Sie erfordert die Brutto- und Nettobedarfsrechnung sowie die Ermittlung der Vorlaufverschie-

[1] Auch stochastische (zufallsabhängige) Bedarfsermittlung genannt.

bung. Sämtliche Stücklisten, Durchlaufzeiten und Liefertermine müssen vorliegen; der Rechenaufwand ist hoch.

Die Wahl des Verfahrens richtet sich deshalb im Prinzip nach folgenden Überlegungen:

Wahl zwischen plan- und verbrauchsgesteuerter Bedarfsermittlung

Die Stückzahlen der Produkte

- sind nicht genau festgelegt
  - – wegen stetiger Produktion;
  - – wegen schwankender Nachfrage (z. B. bei Saisonartikeln).
  - → verbrauchsgesteuerte Bedarfsermittlung
- sind genau festgelegt
  - Die Materialien werden erfahrungsgemäß immer wieder benötigt. → verbrauchsgesteuerte Bedarfsermittlung
  - Die Materialien haben einen niedrigen Verbrauchswert (v. a. Hilfs- und Betriebsstoffe). → Ermittlung durch ABC-Analyse → verbrauchsgesteuerte Bedarfsermittlung
  - Die Materialien haben einen hohen Verbrauchswert. → Ermittlung durch ABC-Analyse → plangesteuerte Bedarfsermittlung

verbrauchsgesteuerte Bedarfsermittlung | **plangesteuerte Bedarfsermittlung**

Weitere Einzelheiten siehe Infomaterial *Wahl Bedarfsermittlungsverfahren*.

Web M 181

ZWEITER ABSCHNITT

8.3.3 Auftragsverwaltung

Die entstandenen Fertigungsaufträge (-lose) müssen permanent angepasst und verwaltet werden, da im Fertigungsablauf immer wieder neue Daten dazukommen. Die Auftragsverwaltung umfasst im Einzelnen:

- Speicherung der Auftragsdaten in das PPS-System,
- Bereitstellung aller Daten für verschiedene Zwecke der Fertigungssteuerung,
- Grundlage für die Erstellung aller Auftragspapiere,
- Fortschreibung der Auftragsfortschritte nach der Auftragsfreigabe,
- Auskunft über den Fertigungsstand eines bestimmten Auftrages am Fertigungsleitstand[1].

Daten des Fertigungsauftrages

- Auftragsnummer (zur Auftragsidentifizierung)
- Sachnummer (Kurzbezeichnung des zu fertigenden Erzeugnisses)
- Fertigstellungstermin des Produkts
- externe Priorität (kennzeichnet die Bedeutung oder Dringlichkeit des Auftrags)
- Abhängigkeitsdaten (vorhergehende und nachfolgende Aufträge, weitere Aufträge)
- Auftragsmenge (ggf. nach Bestimmung der optimalen Losgröße)

Arbeitsaufträge

1. **Betrachten Sie noch einmal die Erzeugnisbäume in Arbeitsauftrag 1 auf Seite 174. Von Produkt P1 und P2 sind je 50 Stück, von P3 80 Stück zu fertigen.**
   a) Stellen Sie Mengenübersichtsstücklisten auf und ermitteln Sie den Bruttobedarf an Teil 4.
   b) Erläutern Sie anhand dieses Beispiels den Begriff *plangesteuerte Bedarfsermittlung*.

[1] Vgl. S. 192.

2. **In den Kalenderwochen 1, 2 und 3 besteht an dem Teil Verschraubung M2 ein Sekundärbedarf von 500, 600 und 700 Stück. Hinzu kommen 15 % Zusatzbedarf für Ersatzteile. Der Lagerbestand beträgt momentan 1 500 Stück. Davon sind 400 Stück reserviert und 150 Stück Mindestbestand. Aus Fertigungsaufträgen sind in Woche 2 und 3 jeweils 200 Stück, aus ausstehenden Bestellungen in Woche 1 und 2 jeweils 100 Stück zu erwarten. M2 wird in die Baugruppe G1 montiert, für deren Fertigung eine Durchlaufzeit von 1 Woche benötigt wird.**
Berechnen sie den Nettobedarf jeder Woche unter Berücksichtigung der Vorlaufverschiebung.

3. **Ein Erzeugnis hat den folgenden Strukturbaum (Erzeugnisstruktur):**

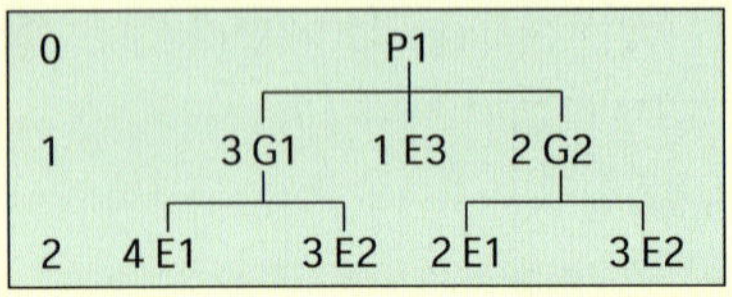

Vorlaufverschiebung	
P1:	0 Tage
G1:	1 Tag
G2:	1 Tag
E1:	2 Tage
E2:	1 Tag
E3:	1 Tag

Lagerbestand	
P1:	20 Stück
G1:	0 Stück
G2:	30 Stück
E1:	20 Stück
E2:	0 Stück
E3:	10 Stück

Von Erzeugnis P1 sollen geliefert werden: 100 Stück in Periode 4, 200 Stück in Periode 6. Bestehende Bestellungen: 100 Stück von E3; erwarteter Eingang in Periode 3. Bestehende Reservierungen: 50 Stück von E1.
Stellen Sie den Brutto- und Nettobedarf an allen Teilen und Baugruppen fest.

4. **Lesen Sie schon jetzt den Abschnitt 2.2.4 ABC-Analyse auf Seite 250 f. des Lehrbuchs und lösen Sie den Arbeitsauftrag 4 auf Seite 255. Lösen Sie anschließend folgende Aufgaben:**
   a) Die Stückzahlen der Produkte, für die die Materialien benötigt werden, seien genau festgelegt. Für welche Materialien schlagen Sie eine verbrauchsgesteuerte, für welche eine plangesteuerte Bedarfsermittlung vor?
   b) Die Monatsverbräuche von M13 betrugen im Jahr 20..: 80, 83, 78, 81, 87, 84, 85, 85, 88, 82, 81, 86 Stück. Der Bedarf soll verbrauchsgesteuert als gleitender Durchschnitt der jeweils letzten 6 Monate ermittelt werden. Berechnen Sie den voraussichtlichen Bedarf für den Januar des folgenden Jahres.
   c) Der tatsächliche Januarverbrauch beträgt 85 Stück. Berechnen Sie den Februarbedarf.

8.3.4 Termindisposition

Die Termindisposition ordnet die einzelnen Vorgänge der Auftragsbearbeitung terminmäßig in den Fabrikkalender – dieser notiert die Arbeitstage fortlaufend – ein. Sie legt die Anfangstermine und Endtermine unter Berücksichtigung der Vorgangsdauer fest. Dabei ist es natürlich hilfreich, wenn ein Zeitplan besteht (siehe S. 170).

Lieferfristüberschreitungen können zu Schadensersatzforderungen und Konventionalstrafen führen!

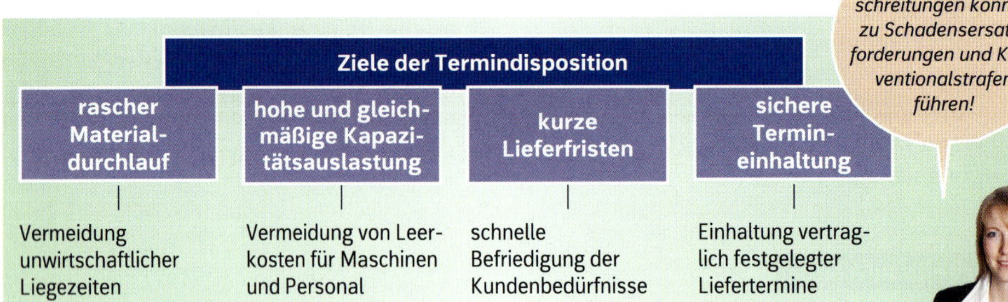

Die Termindisposition umfasst drei Bereiche:

- eine grobe und vorläufige Terminermittlung: **Grob-(oder Durchlauf-)Terminierung**
- die Überprüfung der Werkstättenauslastung: **Belastungs-(Kapazitäts-)Planung**
- die endgültige Terminermittlung: **Feinterminierung, Maschinenbelegung**

ZWEITER ABSCHNITT

Grobterminierung (Durchlaufterminierung)

Die Grobterminierung ist insbesondere nötig,

- um den frühestmöglichen Liefertermin zu berechnen,
- um bei einem feststehenden Liefertermin die spätestmöglichen Starttermine erkennen zu können.

Man unterscheidet Vorwärts- und Rückwärtsterminierung.

Vorwärtsterminierung (progressive Terminierung)	Rückwärtsterminierung (retrograde Terminierung)
Die Terminierung erfolgt „von links nach rechts", vom Starttermin zum Endtermin. Die Vorgänge werden dabei mit ihren frühestmöglichen Startterminen eingesetzt. Man erkennt den frühestmöglichen Endtermin jedes Vorgangs und des gesamten Auftrags.	Die Terminierung erfolgt „von rechts nach links", vom Endtermin zum Starttermin. Die Vorgänge werden dabei mit ihren spätestmöglichen Endterminen eingesetzt. Man erkennt den spätestmöglichen Starttermin jedes Vorgangs.
Vorteil: geringerer Zeitdruck, daher größere Sicherheit Nachteil: höhere unwirtschaftliche Liegezeiten, daher höhere Kapitalbindung, höhere Zinskosten	Vorteil: Vermeidung von Liegezeiten, daher geringere Kapitalbindung, niedrigere Zinskosten Nachteil: hoher Termindruck, daher höhere Störanfälligkeit

Für die Grobterminierung benutzt man Balkendiagramme und Netzpläne.

*Übrigens: Alle Terminberechnungen beruhen auf dem **Fabrikkalender**, in dem die Arbeitstage fortlaufend nummeriert sind.*

■ Balkendiagramm

Beispiel: **Terminplan**

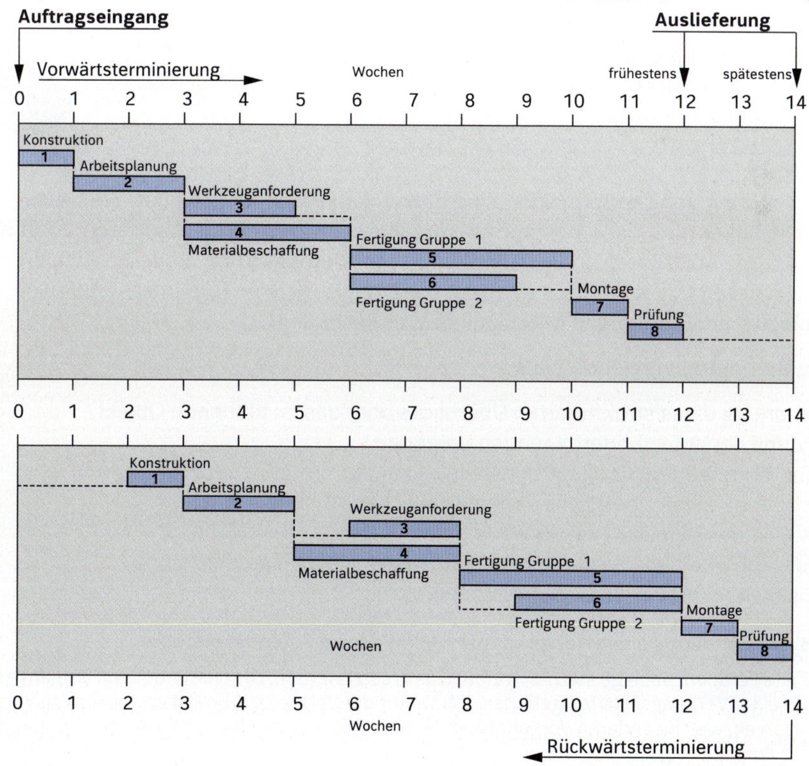

Die Vorwärtsterminierung zeigt die frühesten Anfangszeitpunkte (FAZ) und Endzeitpunkte (FEZ).
Die Rückwärtsterminierung zeigt die spätesten Anfangszeitpunkte (SAZ) und Endzeitpunkte (SEZ).
Die Gegenüberstellung lässt bei den einzelnen Vorgängen unterschiedliche Zeitreserven (Puffer) erkennen:

(1) Gesamter Puffer eines bestimmten Vorgangs:

Spätester Anfangszeitpunkt des Vorgangs minus frühester Anfangszeitpunkt. Oder: Spätester Endzeitpunkt minus frühester Endzeitpunkt.

> **Beispiel: Gesamter Puffer**
>
> Der gesamte Puffer von Vorgang 8 beträgt 2 Wochen.
> Der gesamte Puffer von Vorgang 3 beträgt 3 Wochen.

(2) Freier Puffer eines bestimmten Vorgangs:

Frühester Anfangszeitpunkt eines folgenden Vorgangs minus frühester Endzeitpunkt des bestimmten Vorgangs.

> **Beispiel: Freier Puffer**
>
> Der freie Puffer von Vorgang 3 beträgt z. B. eine Woche, der von Vorgang 4 beträgt 0 Wochen.

Im vorliegenden Beispiel hat auch der letzte Vorgang (8) einen Gesamtpuffer (2 Wochen). In einem solchen Fall haben alle anderen Vorgänge mindestens diesen gesamten Puffer. Hätte Vorgang 8 keinen Gesamtpuffer (keinen Auslieferungsspielraum), so hätten die Vorgänge 1, 2, 4, 5 und 7 auch keinen Gesamtpuffer mehr. Sie würden sog. **kritische Vorgänge**. Ihre Verzögerung würde eine unerlaubte Verzögerung des Gesamtprojekts bewirken.

Netzplan

Bei der Erstellung von Großprojekten sind Balkendiagramme ungeeignet. Sie lassen nicht einwandfrei erkennen, dass bestimmte Vorgänge von bestimmten anderen Vorgängen abhängig sind. Auch weckt das Balkendiagramm den Eindruck eines kontinuierlichen Ablaufs. In der Praxis kommt es aber auf die Einhaltung von Terminen – Anfangs- und Endterminen – an. Dem tragen Netzpläne besser Rechnung.

Der Netzplan verfolgt folgende **Ziele**:

- Verschaffung eines strukturierten Überblicks über das zu planende Objekt,
- Abbildung der aufeinanderfolgenden Vorgänge,
- genaue Zeitangaben für alle Arbeitsteile,
- Verschaffung eines Überblicks über die zeitlichen Abhängigkeiten,
- Ermittlung des längsten, zeitaufwendigsten Weges,
- Voraussehbarkeit von Störungen, die das Projekt zeitlich gefährden,
- Möglichkeit rechtzeitiger Gegenmaßnahmen.

> **Beispiel: Erstellung eines Netzplans nach MPM (Metra Potential Method)**
>
> Eine alte Fertigungsanlage soll durch eine neue ersetzt werden. Die hierfür nötigen Vorgänge werden in einer Vorgangsliste festgehalten. Die Dauer der Vorgänge wird notiert. Bei jedem Vorgang gibt man an, welche anderen Vorgänge ihm unmittelbar vorausgehen (von welchen Vorgängen er unmittelbar abhängig ist).

Bezeichnung	Art	Dauer (in Tagen)	nachfolgende Vorgänge
A	Angebotseinholung, Vergleich Bestellung	25	D, E, H
B	Demontage der alten Anlage	8	C
C	Entfernung des alten Fundaments	5	F
D	Konstruktion des neuen Fundaments	9	F
E	Lieferzeit für die neue Anlage	21	G
F	Errichtung des neuen Fundaments	9	G
G	Installation der neuen Anlage	6	I
H	Personalausbildung	15	J
I	elektrische Anschlüsse	2	J
J	Probelauf	1	K
K	Abnahme, Inbetriebnahme	2	–

Schritt 1: Erstellung des Netzplans

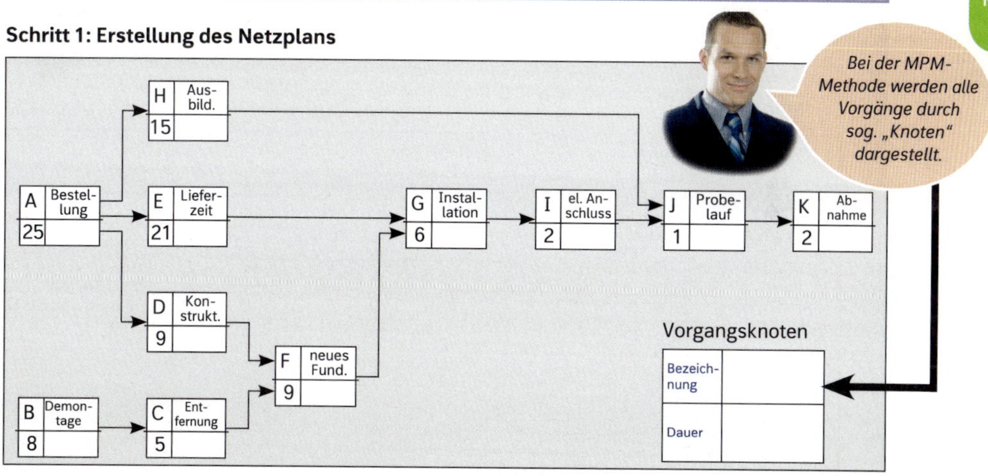

Schritt 2: Vorwärtsrechnung (rote Eintragungen im Netzplan)

Die Vorwärtsterminierung zeigt die frühesten Anfangszeitpunkte (FAZ) und Endzeitpunkte (FEZ). Berechnung:

FEZ = FAZ + Dauer

Schritt 3: Rückwärtsrechnung (grüne Eintragungen im Netzplan)

Die Rückwärtsterminierung zeigt die spätesten Anfangszeitpunkte (SAZ) und Endzeitpunkte (SEZ). Berechnung:

SAZ = SEZ – Dauer

Die Gegenüberstellung von Vor- und Rückwärtsrechnung lässt bei den einzelnen Vorgängen Zeitreserven (Puffer) erkennen.

Schritt 4: Berechnung des Gesamtpuffers eines Vorgangs

Betrachten wir Vorgang B: Er kann auch am Termin 24 beginnen. Folglich hat er einen Puffer von 24 Tagen. Wird B am Termin 24 begonnen, dann ist er am Termin 32 erledigt. Der Beginn von C verzögert sich entsprechend, sein Puffer fällt weg. Folglich gilt die Pufferzeit von 24 Tagen für beide Vorgänge „insgesamt". Man bezeichnet sie deshalb als Gesamtpuffer.

Gesamtpuffer = SAZ – FAZ (oder: Gesamtpuffer = SEZ – FEZ)

Schritt 5: Berechnung des freien Puffers eines Vorgangs

Wir vergleichen nun den frühesten Endzeitpunkt von C mit dem frühesten Anfangszeitpunkt des Nachfolgers F: Der FEZ von C liegt um 21 Tage vor dem FAZ von F. Diese Zeitreserve heißt freier Puffer.

Freier Puffer = FAZ (Nachfolger) – FEZ

Schritt 6: Feststellung des kritischen Weges

Als kritischen Weg. bezeichnet man die Vorgangsfolge, die dem längsten Weg vom ersten bis zum letzten Vorgangsknoten entspricht. Bei den kritischen Vorgängen haben alle Gesamtpuffer und freien Puffer den Wert Null.

Verzögert sich auch nur einer dieser Vorgänge, so verzögert sich auch der Endtermin des gesamten Projektes. Man muss dann nach geeigneten Problemlösungen suchen, z. B. Überstunden oder Vergabe als Lohnauftrag an einen Fremdbetrieb. In der Praxis hat sich gezeigt, dass etwa ein Fünftel aller Vorgänge kritisch ist.

Fertiger Netzplan:

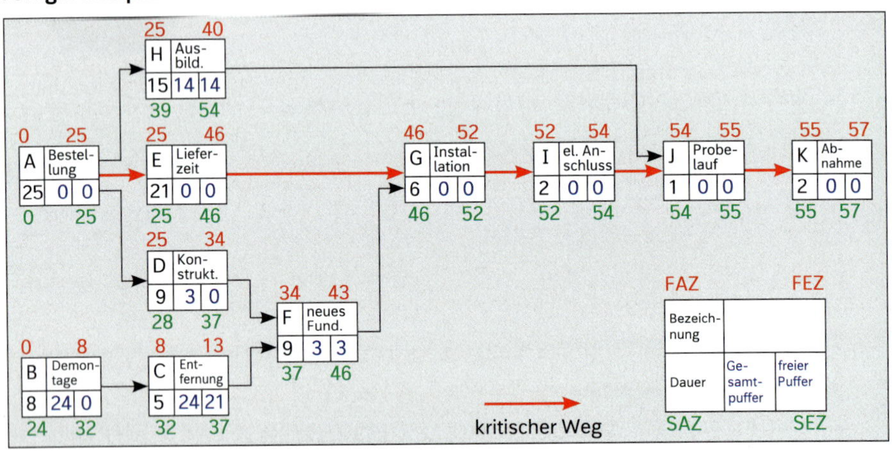

Belastungsplanung (Kapazitätsplanung)

Bei Annahme einer Bestellung kann nur geschätzt werden, welche Kapazitäten für die Erledigung zur Verfügung stehen. In dem Umfang, in dem sich mit fortschreitender Terminplanung verfeinerte Zeitdaten einstellen – die Arbeitsgänge und Vorgabezeiten werden ermittelt –, lässt sich genauer ermitteln, in welchem Maß die Maschinen und Arbeitsplätze durch die Aufträge belastet sind, ob noch leere Kapazitäten zur Verfügung stehen oder ob Überstunden notwendig werden. Kenntnis der Maschinenbelastung ist umgekehrt Voraussetzung für eine genaue Terminplanung.

Alle Aufträge, für die bereits Maschinenbelegungen erfolgt sind, sind in der PPS-Datenbank gespeichert. Aus diesen Daten sowie den Betriebsmitteldaten kann das PPS-System jederzeit die bestehende Belastung jedes Arbeitsplatzes ermitteln und anzeigen. So sind z. B. folgende wichtige Abfragen möglich:

- Wie sieht die Belastung eines bestimmten Arbeitsplatzes in einer gewünschten (frei wählbaren) Periode aus?
- Welche Arbeitsvorgänge werden für einen Produktionsvorgang benötigt?
- Welche Arbeitsvorgänge belasten einen bestimmten Arbeitsplatz?
- Welche freien Kapazitäten stehen zur Verfügung?

Beispiel: Belastungsübersicht

Arbeitsvorbereitung			**Belastungsübersicht**				
Abteilung: Werkzeugbau					Woche: 6		Jahr: 20..
	Stunden						
	Drehen	Hobeln	Bohren	Fräsen	Schleifen	Montage	Summe
Masch.-Plätze	7	6	10	10	10	12	
Personen	7	6	10	10	10	12	
Std./Woche	40	40	40	40	40	40	
Gesamtkapaz.	280	240	400	400	400	480	
Auftrags-Nr.							
24701	39	45	30	60	60	80	314
14812	29	30	20	20	40	20	159
24931	48	35	10	35	20	35	183
24936	60	40	10	40	40	75	265
25021	57	45	50	90	80	100	422
15011	34	25	50	30	30	30	199
25011	13	5	0	0	5	15	38
25012	0	0	0	0	5	30	35
25018	0	10	0	0	20	40	70
Summe/Platz	280	235	170	275	300	425	1 685
Gesamtkapaz.	280	240	400	400	400	480	2 200
freie Kapaz.	0	+5	+230	+125	+100	+75	+515

Es ergibt sich hier die ungünstige Situation, dass zwar insgesamt 515 Stunden an Kapazität frei sind, dass aber die einzelnen Arbeitsplätze sehr ungleichmäßig belastet werden. So ist die Bohrerei nur zu 42,5 % ausgelastet, während die Dreherei in der betrachteten Terminperiode durch die vorhandenen Aufträge voll ausgelastet ist. Ihre Belastungsschranke (Kapazitätsobergrenze) ist erreicht. Sollten noch weitere Aufträge anfallen, so muss die Arbeitsvorbereitung geeignete Maßnahmen treffen, um zwingende Termine nicht zu gefährden.

Sollte bei einem einzubauenden Arbeitsgang die Auftragszeit die Belastungsschranke überschreiten, so bieten sich grundsätzlich folgende Lösungen an:

- Ausweichen auf eine geeignete andere Maschine,
- Vergabe des Auftrags als Lohnauftrag an einen anderen Betrieb,
- Einbau von Überstunden (sofern möglich),
- zeitliche Streckung des Auftrags (teilweise Übernahme in die nächste Periode),
- Übernahme des gesamten Auftrags in die nächste Periode,
- Änderung der Maschinenbelegung und zeitliche Streckung eines anderen Auftrags,
- eine Kombination der genannten Maßnahmen.

Feinterminierung (Maschinenbelegung, Einlastung der Aufträge)

Feinterminierung bedeutet, die Arbeitsvorgänge eines Fertigungsauftrags für einen bestimmten Ausführungstermin einem bestimmten Arbeitsplatz zuzuordnen (**Maschinenbelegung**). Damit wird automatisch auch darüber entschieden, in welcher Reihenfolge die Fertigungsaufträge bearbeitet werden. Deshalb findet man für die Feinterminierung häufig auch die Bezeichnung **Reihenfolgeplanung**. Vor allem ist streng darauf zu achten, dass die Termine der kritischen Vorgänge eingehalten werden.

Die mit der Maschinenbelegung beginnenden Arbeiten, zu denen anschließend die Auftragsfreigabe, die Disposition der Materialbereitstellung, die Arbeitsverteilung und die Bearbeitung der Rückmeldungen des Betriebsdatenerfassungssystems gehören, werden als **Werkstattsteuerung** bezeichnet. Sie wurden früher von den Meistern der Fertigungsbereiche erledigt und sind heute elektronischen **Fertigungsleitständen** zugeordnet. Diese sind mit dem PPS-System verbunden und stellen somit ein dezentrales Bindeglied zwischen dem System und dem Produktionsprozess dar.

Die für die Auftragsterminierung notwendigen Daten der Arbeitspläne und Fertigungsaufträge sind in der PPS-Datenbank gespeichert: Arbeitsplatz-, Arbeitsgang-, Artikel-, Stücklisten- und Produktionsdaten. Damit kann das PPS-System die Vorgabezeit[1] (den Zeitbedarf pro Arbeitsvorgang) ermitteln:

Vorgabezeit = Rüstzeit + Zeit je Einheit · Stückzahl

Beispiel: Terminierung Arbeitsvorgang „richten" für Gehäusekasten zum Schieberadgetriebe (vgl. S. 167)

Arbeitsplan

Los-Nr. | Losgröße: 3000 (100 Stück)

Stück | Werkstoff: Ge 13.91 | Abmessung oder Modell-Nr.: 2018

Betriebsmittel, Kostenstelle	Arb.-folge	Arbeitsvorgang	Unterweisungskarte Nr.	Werkzeug Vorrichtung	Lohngruppe	Zeitvorgabe t_r	t_e
1130	010	richten	30000		04	8,00	1,00
0310	020	Auflagefläche winklig fräsen	30001	Fräsvorr.3	06	10,00	1,20
0260	030	bohren ø 5,8	30002	Bohrvorr.7	05	8,00	0,50

Arbeitsplatz Richterei — Rüstzeit — Zeit je Einheit — 100 Stück

Vorgabezeit für Arbeitsvorgang 010 = 8 Dez.Min. + 1 Dez.Min. · 100 Stück = 108 Dez.Min.
Arbeitsvorgang 010 betrifft die Kostenstelle 1130. Der Leitstand sucht sie auf und zeigt unter anderem ihre Belastung an:

Kapazitätsübersicht Arbeitsplatz 1130

		Datum	Bedarf für AG	Angebot	frei	Auslastung	%
01	Mi	29.10.12	0:00,00	24:00,00	24:00,00		0,00
02	Do	30.10.12	0:00,00	24:00,00	24:00,00		0,00
03	Fr	31.10.12	0:00,00	24:00,00	24:00,00		0,00
04	Sa	01.11.12	0:00,00	0:00,00	0:00,00		
05	So	02.11.12	0:00,00	0:00,00	0:00,00		
06	Mo	03.11.12	0:00,00	24:00,00	24:00,00		
07	Di	04.11.12	0:00,00	24:00,00	24:00,00		

Bedarf für Arbeitsvorgang 1:08,00 — Rest 1:08,00
Auslastungsfaktor 100,00 %

Am 29., 30., 31.10., 03. und 04.11. stehen freie Kapazitäten von jeweils 24 Stunden (3-Schicht-Betrieb!) zur Verfügung. Sa. und So. keine Arbeit.

Der Disponent kann die benötigten 108 Dezimalminuten z. B. zum Termin 03.11. einlasten. Er könnte aber auch einen anderen Auftrag eingeben. Auf diese Weise entscheidet er über die Maschinenbelegung.

Sie wissen: Insbesondere bei Engpässen sind bei der Maschinenbelegung die festgelegten Prioritätsregeln zu beachten (siehe S. 151 und 175).

[1] Vgl. S. 426.

Kapazitätsübersicht Arbeitsplatz 1130

		Datum	Bedarf für AG			Angebot	frei	Auslastung	%
01	Mi	29.10.12	0:00,00	▲▼	♂	24:00,00	24:00,00		0,00
02	Do	30.10.12	0:00,00	▲▼	♂	24:00,00	24:00,00		0,00
03	Fr	31.10.12	0:00,00	▲▼	♂	24:00,00	24:00,00		0,00
04	Sa	01.11.12	0:00,00	▲▼	♂	0:00,00	0:00,00		0,00
05	So	02.11.12	0:00,00	▲▼	♂	0:00,00	0:00,00		0,00
06	Mo	03.11.12	1:08,00	▲▼	♂	24:00,00	22:92,00		4,50
07	Di	04.11.12	0:00,00	▲▼	♂	24:00,00	24:00,00		0,00

Bedarf für Arbeitsvorgang 1:08,00 Rest 0:00,00
Auslastungsfaktor 100,00 %

Restkapazität des Arbeitsplatzes nach Einlastung

Noch einzulastende Restzeit

Mit der Einlastung sind Start und Ende des Arbeitsvorgangs festgelegt. Unter Berücksichtigung der Übergangszeit zum nächsten Arbeitsvorgang ergibt sich auch dessen Starttermin. So lassen sich nacheinander alle Termine für den Fertigungsauftrag einlasten. Der Disponent ermittelt die Pufferzeit und schreibt sie in die Fertigungsauftrags-Datenbank.
Reicht bei einem Arbeitsvorgang die verfügbare Kapazität nicht aus, muss eine der im Abschnitt „Belastungsplanung" genannten Lösungsmöglichkeiten (oder eine Kombination) gewählt werden.
Zuletzt versieht der Disponent den Arbeitsplan mit den Daten des Fertigungsauftrags. Das sind vor allem: Auftragsnummer, Losnummer, Losgröße, Start- und Endtermine. Der bisher auftragsunabgängige Arbeitsplan (sog. **Basisarbeitsplan**) wird so zu einem auftragsbezogenen Arbeitsplan (**Auftragsarbeitsplan**). Der Disponent speichert ihn in der PPS-Datenbank ab.

Auch die **Maschinenbelegung** wird in der Form von Balkendiagrammen übersichtlich dargestellt. Die Arbeitsvorgänge werden dabei als Balken den Maschinen zugeordnet. Die Länge der Balken entspricht der Vorgangsdauer. Start- und Endtermine, Terminüberschreitungen, Belegungszeit der Betriebsmittel, Engpässe und Leerkapazitäten sind rasch und genau erkennbar. Sie zeigen Ansatzpunkte auf für eine optimale Maschinenbelegung, die

- die Maschinenleerkosten minimiert,
- die Durchlaufzeiten minimiert,
- dringende Aufträge bevorzugt,
- deckungsbeitragsmaximale Aufträge bevorzugt,
- die Rüstkosten minimiert.

Beispiel: Maschinenbelegung

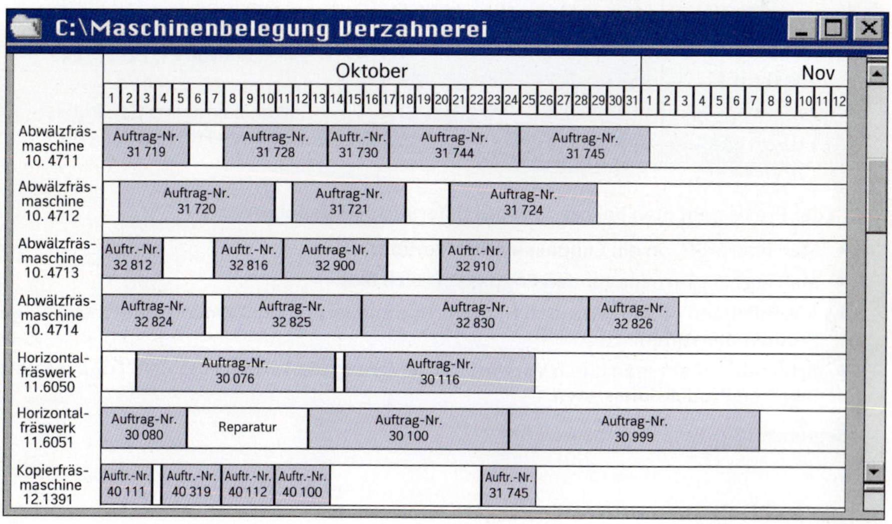

Arbeitsaufträge

1. Die beiden folgenden Skizzen zeigen zwei verschiedene Arten von Terminplänen.

①

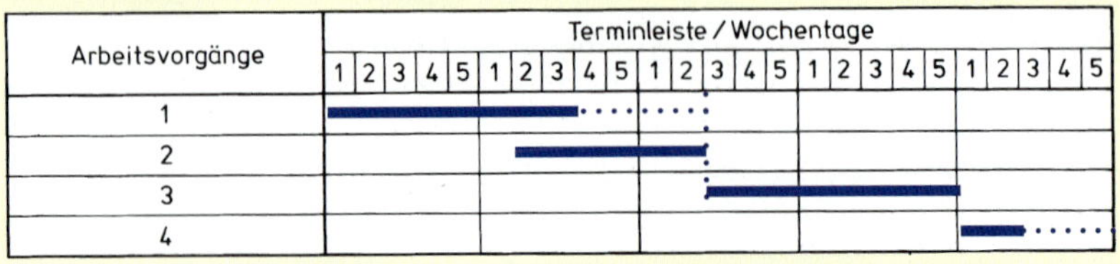

②

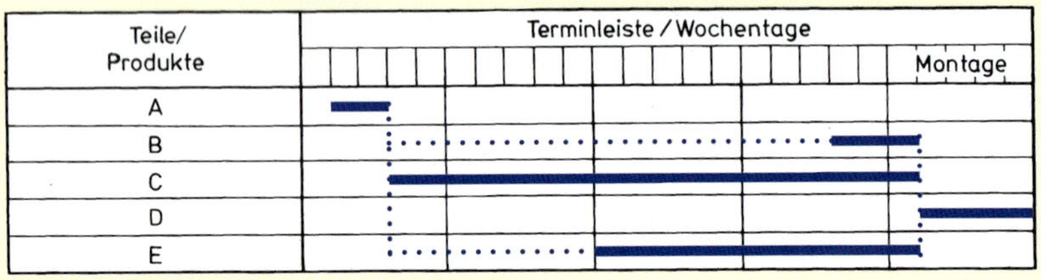

a) Fertigen Sie den jeweils fehlenden Terminplan für Vorwärts- bzw. Rückwärtsterminierung an.
b) Bestimmen Sie die FAZ, FEZ, SEZ und SAZ.
c) Bestimmen Sie die Pufferzeiten.

2. Für das Produkt P1 liegen folgende Erzeugnisstruktur und Arbeitszeiten vor:

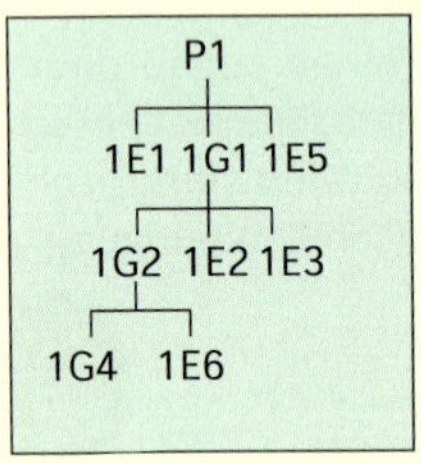

Elemente	Stunden
P1	20
G1	30
G2	30
E 1	10
E 2	20
E 3	60
E 4	30
E 5	40
E 6	50

a) Erstellen Sie zwei Terminpläne (Vorwärts- und Rückwärtsterminierung) in Form von Balkendiagrammen.
b) Bestimmen Sie FAZ, FEZ, SEZ, SAZ und die Pufferzeiten.

3. Ein Erzeugnis P1 wird nach dem folgendem Strukturbaum gefertigt. Die Einzelteile E1, E2, E3 und E4 werden mit den angegebenen Zeiten (Stunden) auf den Maschinen M1 bis M4 in der dargestellten Reihenfolge erstellt. Endmontage: 1 Stunde.

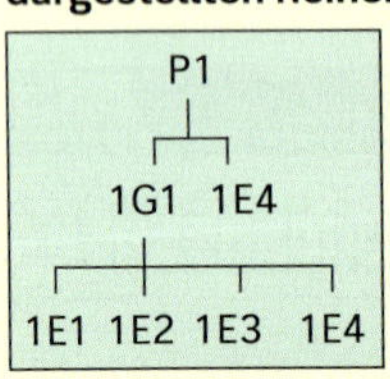

	M1	M2	M3	M4
E1	0,8	1,2	0,4	1,2
E2	0,4	1,2		0,4
E3	0,4	0,6	1,2	1,6
E4	1,2		1,6	

a) Ein Kunde bestellt 150 Stück. Ermitteln Sie die benötigte Stückzahl von E1, E2, E3, E4.
b) Ermitteln Sie mithilfe eines Balkendiagramms den frühestmöglichen Fertigstellungstermin.

4. In der Praxis geht man bei der Grobterminierung oft wie folgt vor:

- **Man überprüft, ob ein Engpassbereich vorliegt.**
- **Man legt die Termine für den Engpassbereich fest.**
- **Anschließend plant man durch Rückwärtsterminierung die Termine für die vorgelagerten Produktionsstufen.**
- **Schließlich plant man durch Vorwärtsterminierung die Termine der dem Engpass nachgelagerten Produktionsstufen.**

Begründen Sie diese Vorgehensweise.

5. Nehmen wir an, Sie wären Angestellter in der Stabsabteilung „Planung“ Ihrer Firma.

Suchen Sie Argumente, um Ihren Vorgesetzten davon zu überzeugen, dass man bei der Durchführung größerer Projekte die Methoden der Netzplantechnik anwenden sollte.

6. Ein Maschinenprojekt besteht aus den Baugruppen A und B.
Baugruppe A setzt sich aus den Teilen A1, A2 und A3 zusammen.
Baugruppe B setzt sich aus den Teilen B1 und B2 zusammen.
Zunächst ist die Arbeitsplanung durchzuführen: 60 Tage. Anschließend erfolgt die Fertigung (Zeitangaben in Tagen):
A1: Fräsen 12, Bohren 10, Gewindeschneiden 12, Fräsen 8, Feinbohren 12, Schleifen 16
A2: Drehen 10, Fräsen 10, Wärmebehandlung 20, Schleifen 16
A3: Drehen 16, Fräsen 10, Schleifen 12
Montage Baugruppe A: 30
B1: Hobeln 20, Bohren 12, Gewindeschneiden 10, Schleifen 12
B2: Fräsen 16, Bohren 10, Härten 12
Montage Baugruppe B: 20
Endmontage beider Baugruppen: 30

a) Stellen Sie eine Vorgangsliste auf.

b) Zeichnen Sie den Netzplan.

c) Ermitteln Sie früheste und späteste Termine, kritischen Weg und Pufferzeiten.

7. Für die Fertigungsaufträge A1 bis A7 wurden die folgenden spätesten Anfangszeitpunkte (SAZ) berechnet:

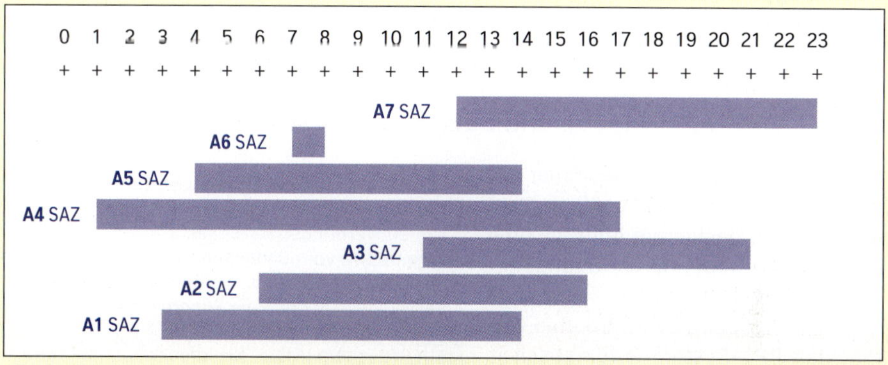

Die Aufträge müssen u. a. auf den Maschinen B bis F bearbeitet werden. Die Reihenfolge der Bearbeitung und die Arbeitszeiten in Stunden liegen wie folgt fest:

Reihenfolge:	1.	2.	3.	4.	5.
A1	3B	10C	2D	7E	7F
A2	2F	4C	3E	4D	
A3	5B	2D	4F		
A4	6C	4D	8E	4B	
A5	6E	7F	5B	4C	3D
A6	1B				
A7	6C	7D	2F		

Die Maschinen B bis F sind schon wie folgt belastet (in Std.). Die eingelasteten Aufträge sind dringlich und zuerst zu bearbeiten.

Maschine	Belastungsschranke	bestehende Belastung
B	70	63
C	70	50
D	70	60
E	63	45
F	63	54

a) Nennen Sie in der Reihenfolge ihrer Dringlichkeit diejenigen Fertigungsaufträge, die in den ersten 10 Tagen begonnen werden müssen.

b) Zeichnen Sie einen Maschinenbelegungsplan. Tragen Sie die bestehende Belastung ein. Tragen Sie anschließend von den Aufträgen A1 bis A7 diejenigen ein, die unter Berücksichtigung ihrer Dringlichkeit *vollständig* bearbeitet werden können.

8. **Ein Textilunternehmen hat sich auf die Herstellung von hochwertigen Herrenabendanzügen spezialisiert, wobei über die einzelnen Modelle folgende Daten vorliegen:**

Modell	Preis (EUR)	Nachfrage (Stck.)	Zeit/Stck. d. Engpassfaktors (Min.)	Variable Kosten/Stck. (EUR)	Absoluter Deckungsbeitrag (EUR)	Relativer Deckungsbeitrag (Min.)
A	350,00	700	150	125,00		
B	450,00	900	160	170,00		
C	540,00	600	150	240,00		
D	660,00	450	200	300,00		

Mit 4 800 Stunden ist die Kapazität des Engpassfaktors ausgelastet; die Fixkosten betragen insgesamt 350 000,00 EUR.

Ermitteln Sie

a) die jeweiligen absoluten Deckungsbeiträge,

b) die jeweiligen relativen Deckungsbeiträge,

c) die Reihenfolge der Modelle,

d) die Stückzahlen der Modelle, die zum gewinnmaximalen Produktionsprogramm führen,

e) den maximalen Gewinn.

9. **Im Rahmen termingebundener Abstimmung der Produktion kann es kurzfristig zu Kapazitätsengpässen kommen.**

Erläutern Sie Möglichkeiten, Engpässe kurzfristig zu beseitigen.

8.3.5 Auftragsfreigabe und Bereitstellungsdisposition

Durch Eingabe der Materialnummer und der Auftragsnummer gibt der Disponent am Leitstand bestimmte Aufträge oder auch alle Aufträge, deren Anfangstermin in einer bestimmten Zeitspanne liegt, zur Fertigung frei. Daraufhin verfügt das PPS-System automatisch in der Materialdatenbank die Reservierung der für den Auftrag notwendigen Einsatzmengen. Diese Reservierungen werden dann bei den Bedarfsberechnungen und der Ermittlung des verfügbaren Bestandes berücksichtigt.

Fertigungsleitstand

Der Fertigungsleitstand ist ein PC, der mit dem PPS-System verbunden ist. Er gestattet es, die Fertigung unmittelbar vom Bildschirm aus zu steuern und zu überwachen. Dadurch werden Betriebsmittel- und Personaleinsatz und die Subprozesse der Fertigung weitestgehend optimiert.

Am Bildschirm lassen sich unmittelbar ablesen:

- die Kapazitätsauslastung von einzelnen Maschinen, Arbeitsgruppen und Fertigungsbereichen,
- die Gesamtdurchlaufzeit der Aufträge,
- der Auftragsstand der Arbeitsfolgen (Auftragsfortschritt),
- die Verfügbarkeit von Material und Werkzeugen.

Einzelaufgaben:

- Erstellung von Alternativen zu bestehenden Arbeitsplänen,
- Maschinenbelegung; ggf. Änderung bei Über- und Unterkapazitäten,
- Feststellung des vorhandenen Auftragsvolumens („Auftragsbergs“),
- Setzen von Prioritäten für kritische Aufträge,
- Beseitigung von Fertigungsengpässen durch Vergabe von Lohnaufträgen,
- Vergabe der Werkstattaufträge, Ausdruck der Auftragspapiere und der Arbeitsverteilerliste.

8.3.6 Arbeitsverteilung

Die Arbeitsverteilung ist die Weiterleitung der Arbeitsaufträge an die Arbeitsplätze (die Vergabe der **Werkstattaufträge**). Dabei spielt der **Fertigungsleitstand** die bestimmende Rolle. Er legt die endgültige Maschinenbelegung fest und erstellt verschiedene Auftragspapiere und eine Arbeitsverteilerliste, in der die einzelnen Arbeiten mit gewissen Terminspannen vorgegeben werden.

Die Auftragspapiere dienen dazu, den Arbeitsprozess in Gang zu setzen, ihn zu begleiten und zu überwachen.

Wenn der Betrieb über ein Betriebsdatenerfassungssystem verfügt, können diese Papiere durch Computerinformationen ergänzt und zum Teil ersetzt werden. Der Leitstand des Fertigungssystems/der Werkstatt oder sogar die einzelnen Arbeitsplätze sind mit Bildschirmen ausgestattet. Der Werkstattleiter/Disponent kann alle benötigten Auftragsdaten unmittelbar abrufen, den Auftragsfortschritt kontrollieren und ggf. auf Störungen reagieren. Die Fertigmeldung wird über den Leitstand an das PPS-System zurückgegeben. Der Auftrag wird aus dem Bestand gelöscht.

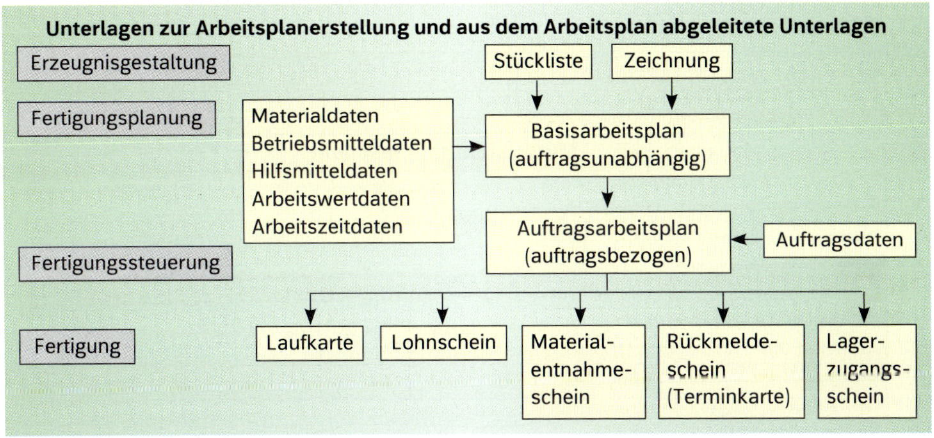

Auftragspapiere

Laufkarte

Die Laufkarte ist der mit den Auftragsdaten versehene Arbeitsplan. Sie enthält alle Auftragsdaten. Deshalb begleitet sie das Werkstück durch seinen gesamten Fertigungsprozess, weist den Weg für den innerbetrieblichen Transport und lässt anhand von Erledigungs-, Prüf- und Ausschussvermerken immer den Bearbeitungsstand erkennen.

Materialentnahmeschein

Der Materialentnahmeschein weist das benötigte Material nach und dient zu seiner Entnahme. Er wird bei Gesamtentnahmen durch die **Entnahme-Stückliste** ersetzt.

Lohnschein

Der Lohnschein enthält den einzelnen Arbeitsgang. Er ist die Arbeitsanweisung für den Arbeiter. Außerdem enthält er Felder für die Lohnberechnung, in die der Arbeiter seine Eintragungen macht.

Rückmeldeschein (Terminkarte)

Der Rückmeldeschein wird nach Erledigung eines Arbeitsganges sofort an den Leitstand zurückgegeben. Dann kann sofort der nächste Arbeitsgang veranlasst werden. Der Erledigungsvermerk wird in die PPS-Datenbank eingegeben. Der Leitstand kann sich jederzeit am Bildschirm eine Auftragsfortschrittsübersicht zeigen lassen oder sich eine solche ausdrucken lassen.

Lagerzugangsschein

Nach Abschluss aller Arbeitsgänge geht das gefertigte Teil mit einem Lagerzugangsschein ins Lager. Damit gilt der Auftrag als ausgeführt.

Beispiel: **Auftragspapiere**

Laufkarte

Gegenstand	Auftrags-(Kommissions-)Nr.	Arbeitsplan Nr.
Gehäusekasten 03	12.243/127	3000

Zeichnungs-Nr.	Baumuster-Type	Teil-Nr.		Los-Nr.	Losgröße
3-4205/1	6045-006.039	3000		3	100

Menge	Einh.	Werkstoff	Abmessung oder Modell-Nr.	Ausstelltag	Starttermin	Endtermin
1	Stück	Ge 12.91	2018	171	175	182

Betriebsmittel, Kostenstelle	Arb.-folge	Arbeitsvorgang	Unterweisungskarte Nr.	Vorrichtung, Werkzeug	L.-Gr.-Fakt.	Zeitvorgabe t_r	Zeitvorgabe t_e	Kontrollvermerk	Ausschuss Fabr.	Ausschuss Mat.	Gute Stücke
1130	010	richten	30000		04	8,00	1,00				
0310	020	Auflagefläche winklig fräsen	30001	Fräsvorr. 3	06	10,00	1,20				
0260	030	bohren Ø 5,8	30002	Bohrvorr. 7	05	8,00	0,50				
0260	040	bohren 4 x Ø 4,8; 2 x Ø 2,8;	30003	Bohrvorr. 9	05	8,00	8,10				
		2 x Ø 3,8; 9 x Ø 2,5;									
		Ø 4									
0260	050	reiben 2 x Ø 4; 2 x Ø 3	30004		06	8,00	1,90				
0280	060	Gewinde schneiden 10 x M3	30005	Gew. vorr. 7	05	8,00	4,40				

Materialentnahmeschein

Gegenstand	Auftrags-(Kommissions-)Nr.	Arbeitsplan Nr.
Gehäusekasten 03	12.243/127	3000

Zeichnungs-Nr.	Baumuster-Type	Teil-Nr.		Los-Nr.	Losgröße
3-4205/1	6045-006.039	3000		3	100

Menge	Einh.	Werkstoff	Abmessung oder Modell-Nr.	Ausstelltag	Termin
1	Stück	Ge 12.91	2018	171	175

ausgegeben am	Quittung des Empfängers Name Datum	Kostenst.-Abt.	ausgegebene Menge	Einh.	Einheitspreis EUR	ct	Gesamtpreis EUR	ct
Lagerdatei gebucht								

Lohnschein

Gegenstand	Auftrags-(Kommissions-)Nr.	Arbeitsplan Nr.
Gehäusekasten 03	12.243/127	3000

Zeichnungs-Nr.	Baumuster-Type	Teil-Nr.	Los-Nr.	Losgröße
3-4205/1	6045-006.039	3000	3	100

Menge	Einh.	Werkstoff	Abmessung oder Modell-Nr.	Ausstelltag	Termin
1	Stück	Ge 12.91	2018	171	175

Betriebsmittel, Kostenstelle	Arb.-folge	Arbeitsvorgang Nr.	Unterweisungskarte	Betriebsmittel Werkzeug-Vorr.	L.-Gr.-Fakt.	Zeitvorgabe t_r	Zeitvorgabe t_e	Gesamtminuten	Lohnbetrag EUR	ct
0260	030	bohren Ø 5,8	30002	Bohrvorr. 7	05	8,00	0,50			

Name des Arbeiters	Stamm-Kontroll-Nr.	Arbeitsbeginn	Kontrolle	Ausschuss Fabr.	Ausschuss Mat.	Gut-Stück	Abschlag Minuten	Gegenzeichnung Meister	Lohnbüro
		Arbeitsende							
		Arbeitsbeginn							
		Arbeitsende							

Rückmeldeschein

Gegenstand	Auftrags-(Kommissions-)Nr.	Arbeitsplan Nr.
Gehäusekasten 03	12.243/127	3000

Zeichnungs-Nr.	Baumuster-Type	Teil-Nr.		Los-Nr.	Losgröße
3-4205/1	6045-006.039	3000		3	100

Menge	Einh.	Werkstoff	Abmessung oder Modell-Nr.	Ausstelltag	Termin
1	Stück	Ge 12.91	2018	171	175

Betriebsmittel, Kostenst.	Arb.-folge	Arbeitsvorgang	Unterweisungskarte Nr.	Vorrichtung, Werkzeug	L-Gr. Fakt.	Zeitvorgabe t_r	Zeitvorgabe t_e	Arbeitsbeginn Soll	Arbeitsbeginn Ist	Arbeitsende Soll	Arbeitsende Ist
0260	030	bohren Ø 5,8	30002	Bohrvorr.7	05	8,00	0,50	175		176	

Lagerzugangsschein

Gegenstand Gehäusekasten 03				Auftrags-(Kommissions-)Nr. 12.243/127		Arbeitsplan Nr. 3000
Zeichnungs-Nr. 3-4205/1		Baumuster-Type 6045-006.039	Teil-Nr. 3000		Los-Nr. 3	Losgröße 100
Menge 1	Einh. Stück				Ausstelltag 171	Termin (Soll) 182

Arbeitsaufträge

1. **Das Produkt P wird aus den Gruppen A und B montiert. Jeder Fertigungsauftrag wird erfasst, freigegeben, durchgeführt und fertig gemeldet (verbunden mit einem Lagerzugang). Jeder dieser Vorgänge hat Auswirkungen auf die Lagerbestände (Zunahme, Abnahme, keine Änderung).**

   Stellen Sie selbst eine Matrix wie die folgende auf. Tragen Sie die richtigen Auswirkungen ein.

	Erfassung	Freigabe	Durchführung	Fertigmeldung
Tatsächlicher Bestand von P				
Reservierter Bestand von A und B				
Verfügbarer Bestand von P				

2. **Auf Seite 194 und oben sind Auftragspapiere abgebildet.**
   a) Wer stellt die Auftragspapiere aus und wer erhält sie?
   b) Welchem Zweck dient die Laufkarte?
   c) Vergleichen Sie die Laufkarte mit dem Arbeitsplan auf Seite 167. Erläutern Sie Gemeinsamkeiten und Unterschiede.
   d) Welchen Zwecken dienen die anderen Auftragspapiere?
   e) Aus welcher Unterlage werden alle Auftragspapiere abgeleitet?

3. **Wegen der Verschiedenartigkeit der Aufträge ist eine gut funktionierende Fertigungssteuerung von größter Bedeutung. Sie besteht aus einer geordneten Folge von Aktivitäten.**
   a) Nennen Sie diese Aktivitäten in der Reihenfolge ihres Ablaufs.
   b) Stellen Sie den Geschäftsprozess der Fertigungssteuerung mithilfe eines ereignisgesteuerten Prozesskettendiagramms dar.

8.4 Prozesssteuerung – „Push“ oder „Pull“?

Taiichi Ohno war in den 1950er-Jahren Produktionsleiter im Stammwerk des japanischen Autoherstellers Toyota. Er hatte eine Idee, die er so beschrieb:

„Es müsste doch möglich sein, den Materialfluss in der Produktion nach dem Supermarkt-Prinzip zu organisieren, das heißt, ein Verbraucher entnimmt aus dem Regal eine Ware bestimmter Spezifikation und Menge; die Lücke wird bemerkt und wieder aufgefüllt.“

Mit dieser Idee legte Ohno den Grundstein für die operative Produktionssteuerung bei Toyota. Ein System, das heute bei allen Automobilherstellern und vielen anderen Industriebetrieben eingeführt ist.

8.4.1 Push-Prinzip (Schiebeprinzip)

Die Prozesssteuerung, die wir bisher behandelt haben, funktioniert wie folgt:

- **Eine zentrale Stelle (z. B. die Arbeitsvorbereitung) plant aufgrund des tatsächlichen oder erwarteten Kundenbedarfs die Produkt-, Gruppen-, Teile- und Materialmengen sowie Fertigungs- und Beschaffungstermine bis in die Einzelheiten.**
- **Sie bildet entsprechende Fertigungsaufträge und gibt sie der Produktion vor.**
- **Mit geeigneten Steuerungsmaßnahmen werden dann die Aufträge möglichst störungsfrei und termingerecht durch den Produktionsprozess „geschoben".**

Die Steuerung erfolgt heutzutage mithilfe von PPS-Systemen und anderen CIM-Instrumenten. In Betrieben, die im Kundenauftrag produzieren (typisch: Einzelfertigung, evtl. Kleinserien, Werkstättenfertigung), kommt die Werkstattsteuerung durch Fertigungsleitstände hinzu.

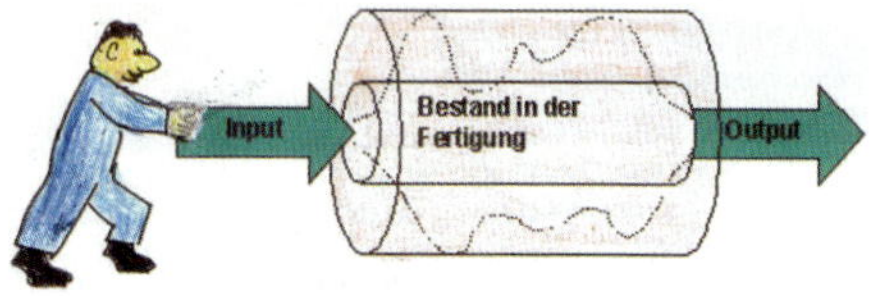

Das System bedeutet zwangsläufig einen hohen – und deshalb teuren – Planungs- und Koordinationsaufwand. Für die genannten Betriebe hat man jedoch bisher keine günstigere Steuerungsform für die Produktionsprozesse gefunden.

Dies ist anders bei Betrieben, die Massenfertigung betreiben oder größere Mengen unverändert (ggf. aber auch Varianten und Sorten) herstellen. Die hohen Planungskosten verführten hier in der Vergangenheit dazu, eine möglichst gleichmäßige und hohe Kapazitätsauslastung anzustreben, durch hohe Stückzahlen die Produktionskosten zu senken, auf Lager zu fertigen und die Produkte nach und nach abzuverkaufen. Man produzierte „drauflos", sicherte die Produktionsbereitschaft durch große Materialläger und nahm bei Nachfrageschwankungen gewisse Absatzläger in Kauf.

Einerseits entstanden auf diese Weise hohe Lagerkosten. Das System ist unter den genannten Umständen relativ träge und kann sich schlecht anpassen, wenn die Nachfrage mengenmäßig schwankt. Und wenn sie sich ändert, bleibt man ggf. auf hohen Produktbeständen sitzen. Zugleich kann man die geänderte Nachfrage nicht bedienen. Diese Gefahren sind für die Verhältnisse auf den heutigen Käufermärkten typisch.

8.4.2 Pull-Prinzip (Ziehprinzip)

Das Pull-Prinzip bietet Möglichkeiten, die genannten Nachteile zu vermeiden, indem es den Produktionsprozess vom Ende her steuert:

- **Entsprechend dem momentanen Kundenbedarf wird der kurzfristige Produktionsplan nur für die letzte Produktionsstufe, die Endmontage, aufgestellt.**
- **Diese ruft bei der vorgelagerten Vormontage die benötigten Teile ab.**
- **Die Vormontage tut das Gleiche bei der ihr vorgelagerten Fertigungsstelle.**
- **Dieser Prozess setzt sich bis zum Einkauf (und ggf. im Betrieb des Lieferanten) fort.**
- **Er wird nicht vom Beginn her „angeschoben", sondern vom Ende her „gezogen".**

Produziert und geliefert wird folglich immer nur das, was von den jeweils nachfolgenden Stellen benötigt und abgerufen wird. Produktion und Einkauf passen sich den Bedarfsschwankungen an, Lagerbestände werden auf allen Stufen zwar nicht vollständig, aber doch weitgehend vermieden.

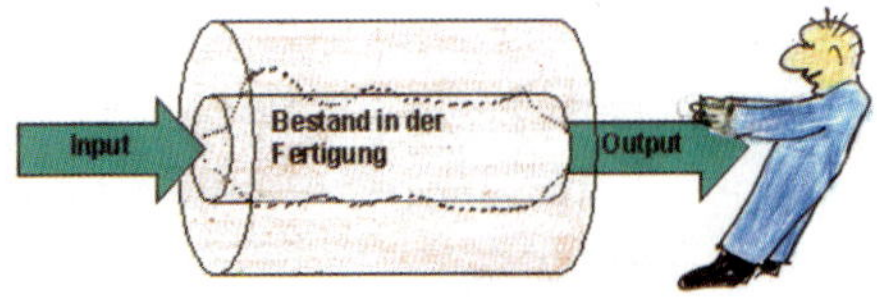

Die Steuerung der Fertigungs- und Logistikprozesse erfolgt nicht durch eine zentrale Stelle, sondern dezentral durch den Abruf der jeweiligen Bedarfsstelle.

Das bekannteste Beispiel für das Pull-Prinzip ist das von Taiichi Ohno entwickelte Kanban-System. Kanbans sind Steuerkarten (jap. Kanban = Karte, Zettel), die für die Prozesssteuerung benutzt werden.

Produktionskanbans dienen als Fertigungsauftrag, Transportkanbans als Bestellung und Transportauftrag. Die Kanbans sind an genormten Behältern mit vorgegebenen Materialmengen angebracht. Sie enthalten alle nötigen Informationen für die Produktion und den Materialfluss (v. a. Teilebezeichnung, Menge, Adressen von Lieferstellen, Pufferlager, Verbrauchsstelle). Die gefüllten Behälter werden an Pufferlager geliefert, die ihrerseits die Verbrauchsstellen beliefern. Die Pufferlager befinden sich also zwischen Liefer- und Verbrauchsstelle. Das folgende Beispiel zeigt, wie das System funktioniert:

Häufig benutzte Bezeichnungen:

Quelle (= Lieferstelle),
Senke (= Verbrauchsstelle),
Supermarkt (= Pufferlager)

Beispiel: Prozesssteuerung durch Kanban

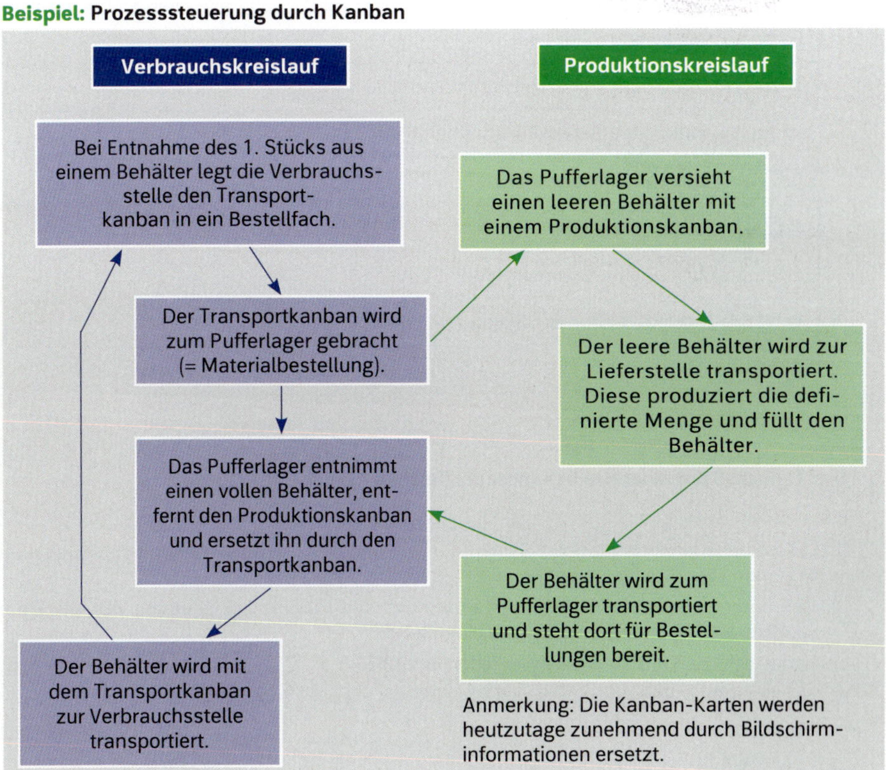

Anmerkung: Die Kanban-Karten werden heutzutage zunehmend durch Bildschirminformationen ersetzt.

Jede Fertigungsstufe hängt direkt von ihrer vorgelagerten Stufe ab. Deshalb ist eine prozessbegleitende Qualitätskontrolle (Selbstkontrolle durch die Mitarbeiter) unerlässlich (vgl. S. 203, 273). Ziel ist die sog. Null-Fehler-Produktion.

Die Arbeitsplätze sind oft so eingerichtet, dass sie auch Varianten bearbeiten können. Dann entspricht die Losgröße der Kanban-Behältermenge oder einem Vielfachen davon.

Das Kanban-System eignet sich nicht für jede Produktion. **Wichtige Voraussetzungen** sind:

- Fließfertigung mit strenger Taktung,
- konstante Losgrößen mit kurzen und konstanten Rüstzeiten (kein Anstreben optimaler Losgrößen, sondern Vermeidung von Lagerbeständen! Dabei erhöhen niedrige Losgrößen die Reaktionsfähigkeit auf Nachfrageschwankungen),
- relativ geringe Schwankungen des Bedarfs,
- möglichst kontinuierliche Produktion,
- relativ wenige Varianten.

Arbeitsaufträge

1. **Die Prozesssteuerung in der Fertigung kann in Industrieunternehmen nach dem Push-Prinzip oder nach dem Pull-Prinzip erfolgen.**

   a) Im Folgenden werden verschiedene Merkmale genannt. Treffen sie auf das Push-Prinzip, auf das Pull-Prinzip, auf beide oder auf keines zu?

Merkmale	Pull-Prinzip	Push-Prinzip
Fertigung möglichst großer Lose		
dezentrale Steuerung der Prozesse		
strikte Einhaltung der Bearbeitungsreihenfolge		
möglichst lange Durchlaufzeiten		
Prozesssteuerung vom Ende her		
im Vergleich geringere Lagerbestände		
im Vergleich größere Störanfälligkeit		
Gefahr von Engpässen		

   b) Welche Nachteile hat das Push-Prinzip, welche das Pull-Prinzip?

2. **Das Kanban-System ist das bekannteste Beispiel für das Pull-Prinzip.**

   Beantworten Sie dazu folgende Fragen:

   a) Es wird behauptet, das Kanban-System sei ein Supermarkt-System. Stimmt diese Behauptung? Begründen Sie Ihre Meinung.

   b) Man unterscheidet den Transport-Kanban und den Produktions-Kanban. Wie werden diese Kanbans als Steuerungsinstrumente eingesetzt?

   c) Eignet sich das Kanban-System für jeden Betrieb?

   d) Welche Vorteile verspricht man sich von einem funktionierenden Kanban-System?

8.5 Betriebsdatenerfassung und Produktionskontrolle

8.5.1 Betriebsdatenerfassung (BDE)

BDE-Terminal

Durch Eintragungen in den Auftragspapieren können die Mitarbeiter in der Fertigung Daten über Arbeitserledigung, Kontrollen, Ausschuss, Materialverbrauch und Arbeitszeiten an die Werkstattleitung zurückgeben. Diese Daten werden für die Lagerbestandsführung, für die Lohnberechnung, für die Maschinenwartung und für Kontrollzwecke verwendet.

Moderne Betriebe verfügen mit dem PPS-System zugleich auch über ein BDE-System. Damit können zahlreiche zusätzliche Daten erfasst werden. Sie werden teils automatisch von den Maschinen aufgezeichnet, teils vom Mitarbeiter über ein BDE-Terminal (Datenerfassungsgerät am Arbeitsplatz) an den Fertigungsleitstand gemeldet.

BDE-Daten	
Auftragserledigungsdaten	Arbeitsgangbeginn und -ende; Rüst-, Ausführungs-, Stauzeiten
Produktdaten	Erstellte Mengen, fehlerfreie und fehlerhafte Mengen
Maschinendaten	Lauf-, Stand-, Warte-, Störzeiten
Werkzeugdaten	Werkzeugart, Entnahme-, Einsatz-, Standzeit, Werkzeugschäden
Materialdaten	Entnahme- und Rückgabemengen und -zeiten, Materialfehler
Förderdaten	Förderarten, Förderzeiten, Störzeiten
Qualitätsdaten	Prüf- und Messergebnisse; Fehlermeldungen; Korrekturvorschläge
Instandhaltungsdaten	Art, Beginn und Ende von Instandhaltungsmaßnahmen
Arbeitsdaten	Anwesenheitszeit (Anfang, Ende), Rüst-, Verrichtungs-, Überwachungs-, Erholungszeit; Wartungszeit
Kostendaten	Kostenart, -stelle, -träger

Die Betriebsdatenerfassung erfasst die bei der Auftragserledigung anfallenden Daten. Dies ermöglicht die Feststellung von Fehlern und Störungen sowie schnelle Korrekturmaßnahmen. Folglich ist BDE die Basis der Produktionskontrolle.

Neben der reinen Erfassung der Daten leistet das BDE-System auch ihre Aufbereitung sowie die Ausgabe aussagekräftiger Informationen in Form von Listen, Tabellen und Diagrammen.

Beispiel 1: Auftragsauswertung

Anzeige: Auftragsauswertung

Auftragsauswertung - Einzelprotokoll

Auftrags-Nr.	Bezeichnung	AFO	Bezeichnung	Arb.Std.	Vorg.Zeit	Abw.	Abw. %	-40 -20 0 20 40	Pers.Kst.	Gemeinkst.	Fertig.-Kst.
000001360	Fußgestell	010	Zuschneiden	817,02	750,40	-66,62	-8,88		43.506,19	61.276,25	104.782,44
		020	Abkanten	283,05	300,25	17,20	5,73		14.612,95	21.228,75	35.841,70
		030	Schweißen	415,35	450,00	34,65	7,70		14.617,19	17.652,38	32.269,56
		040	Lackieren	191,95	300,40	108,45	36,10		6.321,60	8.637,75	14.959,35
Summe				1707,37	1801,05	93,68	5,20		79.057,92	108.795,13	187.853,05
Ges.Summe				1707,37	1801,05	93,68	5,20		79.057,92	108.795,13	187.853,05

AFO = Arbeitsfolge, Arb.Std. = Arbeitsstunden, Vorg.Zeit = Vorgabezeit, Abw. = Abweichung, Pers.Kst. = Personalkosten

Beispiel 2: Werkstattauslastung

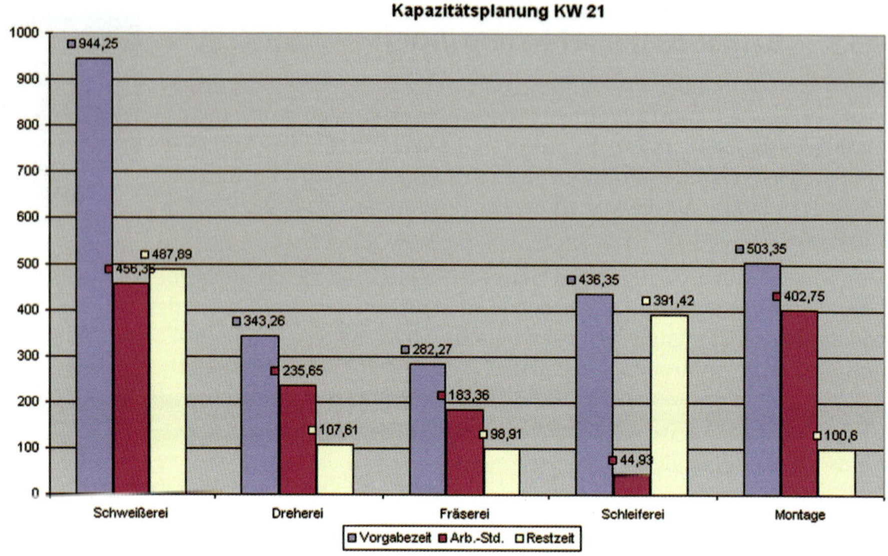

8.5.2 Produktionskontrolle

Durch die Produktionskontrolle (Fertigungskontrolle) soll festgestellt werden, ob und in welchem Ausmaß die vorgegebenen Ziele erreicht wurden. Dies erfordert

- den Vergleich der Rückmeldedaten mit den Vorgabedaten (Soll-Ist-Vergleich),
- die Analyse der Abweichungsursachen.

Die Kontrollergebnisse lösen ggf. Entscheidungen zur Korrektur der Fehler aus.

Produktionskontrolle im Regelkreis der Produktion

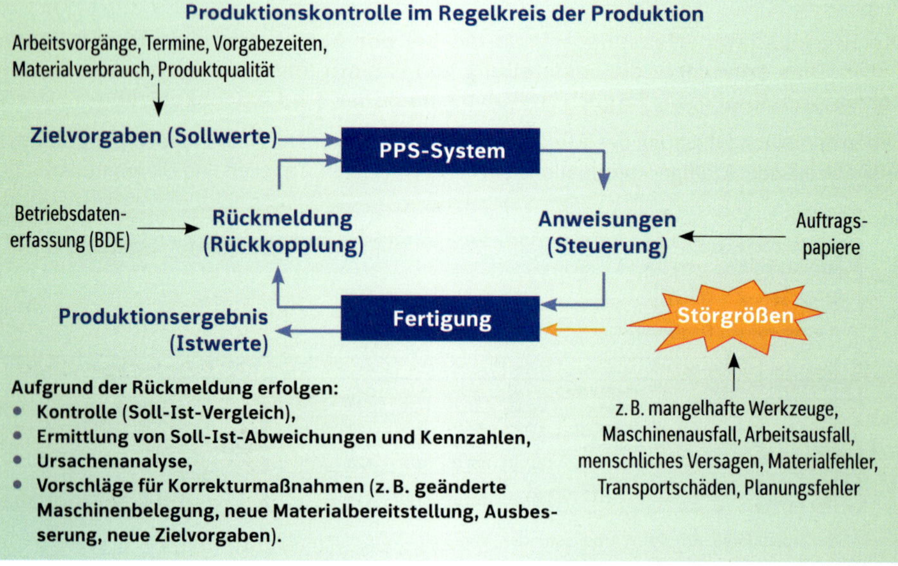

Aufgrund der Rückmeldung erfolgen:

- **Kontrolle (Soll-Ist-Vergleich),**
- **Ermittlung von Soll-Ist-Abweichungen und Kennzahlen,**
- **Ursachenanalyse,**
- **Vorschläge für Korrekturmaßnahmen (z. B. geänderte Maschinenbelegung, neue Materialbereitstellung, Ausbesserung, neue Zielvorgaben).**

Die Produktionskontrolle ersteckt sich insbesondere auf die Mengen-, Termin-, Auslastungs-, Kosten- und Qualitätskontrolle.

Bereiche der Produktionskontrolle
Qualitätskontrolle
Mitlaufende Kontrolle/Endkontrolle der gefertigten Teile und Produkte anhand von Abnahme- und Prüfvorschriften. Ziele: Gefahrenabwehr, Kostenvermeidung, Sicherung der Kundenzufriedenheit.
Mengen- und Terminkontrolle
Auf jeder Fertigungsstufe sind die geplanten Fertigungsmengen und die kritischen Termine unbedingt einzuhalten, damit das Gesamtprojekt nicht gefährdet wird. Die Einhaltung von Mengen und Terminen ist ebenfalls ein Qualitätsmerkmal der Auftragserfüllung. Außerdem ist sie nötig, damit die geplanten Kosten nicht überschritten werden.
Auslastungskontrolle
CNC-Maschinen und Automaten können ihre Belastung aufzeichnen und über das BDE-System melden. Ansonsten vergleicht man in kürzeren Abständen die tatsächliche Maschinenbelegung mit den Belegungsplänen. Die Kapazitätsauslastung wirkt sich auch auf die Höhe der Kosten aus.
Kostenkontrolle
Die Kostenkontrolle vergleicht Ist- und Sollverbrauchswerte an Material, Löhnen, Maschinenstunden. Die Verbrauchsabweichungen werden ermittelt, analysiert und ausgewertet. Materialverluste z. B. entstehen durch Ausfall, Ausschuss, Abfälle. • **Ausfall** = nachbesserungsfähige Produkte; Folge: Nachbearbeitungskosten • **Ausschuss** = nicht nachbesserungsfähige Produkte; Folge: Unverkäuflichkeit, Fehlerkosten • **Abfälle** = Fertigungsreste, meist von geringerer Qualität. Abfallbeseitigung ist teuer. Negative Kostenabweichungen ergeben sich folglich oft aufgrund von Qualitätsmängeln. Deshalb ist größter Wert auf Qualitätssicherung und Qualitätskontrolle zu legen. Die Kostenkontrolle ist die Grundlage für die Ermittlung der **Wirtschaftlichkeit** der Produktion.

8.5.3 Einzelheiten zur Qualitätskontrolle in der Produktion

Prüfplanung

Die Norm DIN EN ISO 9000 definiert den Begriff der Qualität. Sinngemäß kann man wie folgt formulieren:

Qualität gibt an, in welchem Ausmaß die messbaren Eigenschaften einer Einheit den vorher festgelegten Anforderungen entsprechen.

Die „Erfordernisse“ werden dabei heute kundenorientiert interpretiert: Es sind die vom Kunden gewünschten Eigenschaften. Diese Merkmale muss ein Produkt aufweisen. In diesem Sinne soll es höchste Gebrauchstauglichkeit haben.

Die **Qualitätskontrolle** ist nur Teil eines umfassenden Qualitätssicherungs-Systems. Sie ist **der Prozess, der die Erfüllung der Qualitätsforderung nachweisen soll**. Sie umfasst drei Schwerpunkte[1]:

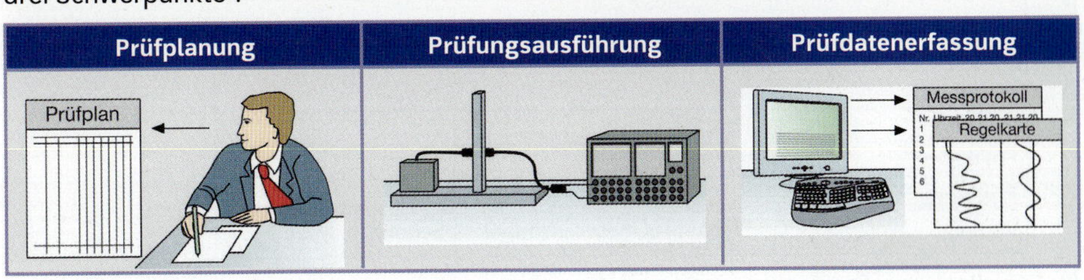

[1] Vgl. Ulrich Greßler/Rainer Göppel, Qualitätsmanagement, Eine Einführung, Bildungsverlag EINS, Troisdorf 2010, S. 12.

Der Prüfplan muss festlegen: Prüfmerkmale, Prüfumfang (z. B. Stichprobe), Prüfmittel, Prüfmethode, Prüfzeitpunkt, Prüfer, Prüfort, Dokumentation der Prüfdaten (z. B. Messprotokoll).

Beispiele: Prüfmerkmale

Allgemeine Beschaffenheit	– Entsprechung mit der Zeichnung – vorgegebene Werkstoffe – Oberflächenausführung
Maßhaltigkeit	Einhaltung der Toleranzen, z. B. bei Längen, Winkeln, Durchmessern
Eigenschaften	physikalische oder chemische
Tauglichkeit	Ausübung bestimmter Funktionen
Normen	Einhaltung der ISO-, DIN-, Betriebsnormen
Vorschriftsmäßigkeit	TÜV-, VDE-, Bauvorschriften usw.

Beispiel: Prüfplan

Prüfplan

Dok.-Nr.: Q-313895-2/95
Blatt: 1 von 1

Ident-Nr.: 275
Benennung: Gewindering
Zeichnungs-Nr.: 558200002
Prüfplan-Nr.: 99

lfd. Nr.	Prüfmerkmal	Prüfmittel	Prüfumfang	Prüfmethode	Prüfzeitpunkt	Prüfdokumentation
1	Länge L1	Messschieber	n = 2	1/V	5 h	Regelkarte
2	Länge L2	Messschieber	n = 2	1/V	5 h	Regelkarte
3	Durchmesser	Messschraube	n = 10	1/V	5 h	Regelkarte
4	Rundheit	Rundheitsmessgerät	n = 2	3/V	5 h	Regelkarte
5	Gewinde	Gewindelehrdorn	n = 5	1/V	3 h	Regelkarte
6	Oberflächengüte	Oberflächentaster	n = 5	3/V	3 h	Regelkarte
7	Materialhärte	Härteprüfgerät	n = 1	3/V	100 Stück	Messprotokoll
8						

Prüfmethode

1 = Werker-Selbstprüfung
2 = Prüfung durch Qualitätssicherung
3 = Prüfung durch Messraum
4 = Prüfung durch Labor

V = variabel (quantitativ ermitteln)
A = attribut (qualitativ ermitteln)
n = Anzahl der Teile aus dem Gesamtlos (Stichprobe)

Erstellt:	Greßler				
Datum:	14. Feb. 20..				
Freigabe:	Göppel				
Änderungsstand:					
Verteiler:	Greßler	Göppel	Schmid	Maier	

Quelle: Ulrich Greßler/Rainer Göppel: Qualitätsmanagement, Eine Einführung, Bildungsverlag EINS, Troisdorf 2010, S. 15

Arten der Qualitätskontrolle

Man unterscheidet verschiedene Arten der Qualitätskontrolle:

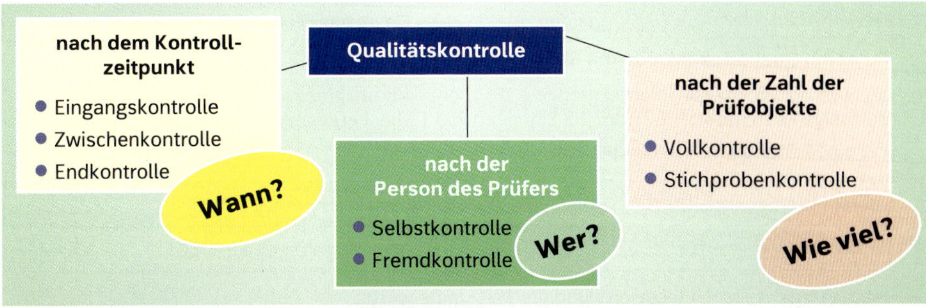

Kontrollart	Beschreibung
Eingangskontrolle	erfolgt bei Zulieferteilen
Zwischenkontrolle	erfolgt bei Bauteilen und Baugruppen
Endkontrolle	erfolgt bei der Endabnahme des Fertigfabrikates
Je früher die Kontrolle einsetzt, desto wirkungsvoller und kostengünstiger ist sie. Überschlägig gilt die **Zehner-Regel**: Wird ein Fehler erst in der folgenden Stufe entdeckt, verursacht er zehnfache Kosten. Oft können Fehler bei ausschließlicher Endkontrolle nicht mehr aufgedeckt werden. Aber die Endkontrolle ist oft unerlässlich, um das fehlerfreie Zusammenwirken der Teile zu prüfen.	
Selbstkontrolle	erfolgt durch die Bearbeiter selbst (anhand Kontrollliste), ist bei vielen Zwischenkontrollen möglich. Man denke z. B. an die mitlaufende Kontrolle bei JIT (S. 273).
Fremdkontrolle	erfolgt durch das Qualitätswesen. Endkontrolle ist stets Fremdkontrolle.
Vollkontrolle	Alle Produkte eines Loses werden anhand der Qualitätsmerkmale geprüft (100 %-Kontrolle). Anwendung meist bei funktionskritischen Teilen technischer Produkte, ebenso bei automatischer Kontrolle (Flaschen). Mehrfache Vollkontrolle durch verschiedene Prüfgruppen bei sicherheitsempfindlichen Produkten (Flugzeug, Raumfahrzeug, Reaktor). Manche Betriebe prüfen jeden Artikel, weil die Kunden die höheren Kosten zu zahlen bereit sind oder weil der Ausschuss bei der Weiterverarbeitung verringert wurde.
Stichprobenkontrolle	Man wählt nach dem Zufallsverfahren einen bestimmten Prozentsatz (eine Stichprobe) des Loses für die Kontrolle aus. (Zufallsverfahren bedeutet: Jedes Stück muss die gleiche Chance haben, ausgewählt zu werden.) Aus dem Fehleranteil in der Stichprobe schließt man auf den Fehleranteil im Gesamtlos. Die Stichprobenkontrolle ist bisweilen produktbedingt. Pralinen z. B. können nicht lückenlos geprüft werden.

Stichproben werden z. B. beim Einsatz von **Regelkarten** entnommen. Diese Karten eignen sich vor allem für die Überwachung der Großserienfertigung. Ziel: Durch rechtzeitiges Eingreifen in den Prozess soll ein Überschreiten der Toleranzgrenzen verhindert werden! Die Regelkarten enthalten noch innerhalb der Toleranzgrenzen obere und untere Warn- und Eingriffsgrenzen. Diese werden mit mathematisch-statistischen Verfahren berechnet. In festen Zeitabständen entnimmt man Stichproben aus dem Prozess, misst das festgelegte Prüfmerkmal (z. B. Länge, Stärke, Gewicht) und trägt den Messmittelwert in die Regelkarte ein. Nun sind drei Möglichkeiten zu unterscheiden:

1	Die Werte liegen zwischen den Warngrenzen	→ **Prozess verläuft einwandfrei.**
2	Die Werte liegen zwischen den Warn- und Eingriffsgrenzen	→ **Prozess genauer beobachten (z. B. das Prüfintervall verkleinern)!**
3	Die Werte überschreiten die Eingriffsgrenzen	→ **Eingreifen! Fehlerquelle beseitigen!**

Beispiel: Qualitätskontrolle mit Regelkarten

Sollwert = 21,5; untere Toleranzgrenze = 18; obere Toleranzgrenze = 25;
Zulässige Fehlerquote = 63 ppm (63 Einheiten von 1 Mio. hergestellten Einheiten)

Für eine Fehlerquote von 63 ppm gilt:

untere Warngrenze (UWG)	= 20,80	obere Warngrenze (OWG)	22,20
untere Eingriffsgrenze (UEG)	= 20,58	obere Eingriffsgrenze (OEG)	22,42

Eintragung der Einzelmesswerte und der Messmittelwerte:

Stichprobe		Qualitätskontrolle							Entscheidung
Nr.	Uhrzeit	Einzelmesswerte						Messmittelwerte	
1	08:00	20	21	21	22	21	22	21,2	in Ordnung
2	08:30	21	21	22	21	22	21	21,3	in Ordnung
3	09:00	22	23	22	21	23	23	22,3	beobachten!
4	09:30	23	21	22	23	23	23	22,5	eingreifen!
5	10:00	20	21	20	21	21	21	20,7	beobachten!
6	10:30	22	22	22	21	22	21	21,7	in Ordnung

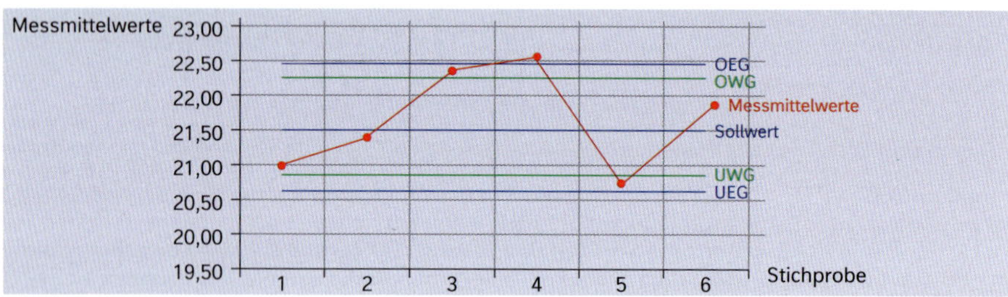

Qualitätssicherung

Die Qualitätssicherung umfasst alle Tätigkeiten, die die Erfüllung der Qualitätsanforderungen durch Ausschalten von Störgrößen gewährleisten sollen.

Sie gilt als Führungsaufgabe und schlägt sich in einer qualitätsorientierten Unternehmensführung (Qualitätsmanagement) nieder.

Qualität entsteht durch das Zusammenwirken von Faktoren, die man merkwirksam die „7 M" nennt. Ihr mangelhaftes Funktionieren macht sie zu Störgrößen (Fehlerquellen).

Die 7 M-Störgrößen[1]

- Mensch → Qualifikation, Verantwortungsgefühl, Kondition
- Maschine → Steifigkeit, Positionsgenauigkeit, Rundlauf, Geradheit, Verschleißzustand, Schneidengeometrie, Maß, Form oder Toleranz des Werkzeuges
- Material → Abmessungen, Formabweichungen, Festigkeit, Spannungen, Gefüge
- Management → falsche Qualitätspolitik, falsche Qualitätsziele
- Methode → Arbeitsfolge, Fertigungsverfahren, Prüfmethode
- Mitwelt → Temperatur, Feuchte, Licht, Gase, Schwingungen
- Messbarkeit → Messunsicherheit

↓

Qualität

Untersuchungen zeigten: Betriebsprobleme haben zu 20 % technische und organisatorische, aber zu 80 % menschliche Ursachen!

[1] Vgl. Ulrich Greßler/Rainer Göppel, Qualitätsmanagement. Eine Einführung. Bildungsverlag EINS, Troisdorf 2010, S. 20.

Qualitätssicherung (ohne Qualitätskontrolle)

Qualitätsplanung

Alle Planungstätigkeiten vor Produktionsbeginn, um die Qualität eines Produktes zu sichern.
Dazu gehören vor allem:

- Feststellung aller Anforderungen an das Produkt im Lastenheft;
- Festlegung aller Qualitätsmerkmale und Toleranzen;
- systematische Suche nach möglichen Fehlerquellen bei konstruktiver Gestaltung, Material, Fertigungsverfahren (z. B. einwandfreie Einstelldaten der Maschinen).
  Wichtige Analyse-Instrumente sind z. B.:
  - das CAQ-System,
  - Fehlersammellisten (zur Ermittlung von Fehlerhäufigkeiten für bestimmte Fehlerarten) und Säulendiagramme (zur Darstellung der Fehlerhäufigkeit),
  - ereignisgesteuerte Prozesskettendiagramme,
  - Benchmarking, Workflowanalysen, Schwachstellenanalysen, z. B. in der Form von Fehler-Möglichkeits- und Einfluss-Analysen (s. S. 209) und Ishikawa-Diagrammen (siehe Infomaterial _Visualisierungstechniken_);
- Festlegung von Maßnahmen zur Fehlervermeidungg (siehe Infomaterial _Vereinbarung über Qualitätssicherung_);
- Festlegung von Verantwortlichkeiten für qualitätssichernde Maßnahmen;
- systematische Speicherung und Bereitstellung des Wissens über Qualitätssicherung.

Web
M 205_1
M 205_2

Qualitätslenkung (Qualitätsregelung)

Die Arbeitstechniken und Tätigkeiten zur Überwachung des Arbeitsprozesses und zur Beseitigung von Fehlerquellen.

- Prüfpläne, Prüfanweisungen, Prüfmethoden, Prüfmittel, Prüfdokumentation;
- Analyse der durch die Fertigungskontrolle festgestellten Fehler;
- Erfassung und Beseitigung maßgeblicher Fehlerquellen (Störgrößen).

Qualitätsförderung

Maßnahmen, die die Mitarbeiter zu qualitätsförderndem Eigenhandeln motivieren.

- Vertrauen, Schulung, Beteiligung an Zielen und Entscheidungen sowie Teamarbeit (= wichtige Elemente der Motivationsförderung);
- Kaizen (fortgesetztes Nachdenken über Verbesserungen im Team; auch KVP = Kontinuierlicher Verbesserungsprozess genannt; vgl. S. 235);
- Qualitätszirkel (regelmäßige Treffen kleiner Mitarbeitergruppen zwecks Problemlösungen);
- Qualitätsprämien (Zahlungen für Ausschussminderungen).

Qualitätsförderung ist Herausforderung zur stetigen Verbesserung.

Qualitätssicherung wird erst wirksam, wenn sie sich an **Qualitätsstandards** ausrichtet. Denn: Qualitätsstandards machen die Ergebnisse von Qualitätskontrollen nachprüfbar und vergleichbar.

Standards
sind Regeln (Vereinheitlichungen, Methoden), die weithin anerkannt sind und meist auch angewandt werden. Sie sind ein Oberbegriff für Regeln, die sich ungeplant aus Erfahrung und Praxis entwickeln, und für Normen (vgl. S. 226). Sie können sogar in Gesetzen festgehalten sein.

Qualitätsstandards

Herstellerspezifische Standards	Industriestandards	(Inter)nationale Normen	Gesetze
Ein Hersteller entwickelt Regeln für eine Problemstellung. Viele Anwender folgen ihm aufgrund mehrjähriger positiver Erfahrungen mit diesen Regeln.	Viele Hersteller und Anwender erkennen es als nützlich, für eine Problemstellung bestimmte Regeln einzuhalten. Ein Normungsverfahren wurde nicht durchgeführt.	Regeln für eine Problemstellung; jedermann zugänglich, mit Wissenschaft und Praxis abgestimmt; besonderes Normenverfahren wurde von zuständigen Organisationen durchgeführt.	Verbindliche Festlegung wichtiger Normen in nationalen Gesetzen oder internationalen Vorschriften (z. B. EU-Verordnungen und Richtlinien).

freiwillig ⟷ **verbindlich**

Ein standardisiertes Verfahren liegt z. B. dem Einsatz von **Regelkarten** zugrunde (vgl. S. 203 f.).

Qualitätskosten

Qualitätskosten entstehen als Fehlerverhütungskosten, Prüf- und Fehlerkosten.

Qualitätskosten

Fehlerverhütungskosten

entstehen für die vorbeugenden Maßnahmen der Qualitätsplanung, -regelung, -förderung.

Prüfkosten

entstehen durch den Prüfvorgang (für Prüfgeräte, -werkzeuge, -materialien, -personal). Sie entstehen auch, wenn der Prüfvorgang Zerstörung erfordert (z. B. Prüfung von Sicherheitsgurten auf Festigkeit).

Fehlerkosten

entstehen durch die mangelhafte Qualität:

- für **Ausfall** (nachbesserungsfähige Produkte. Folge: Nachbearbeitungskosten),
- für **Ausschuss** (nicht nachbesserungsfähige Produkte. Folgen: unverkäufliches Produkt; Verlust von Material, Maschinennutzung, Arbeitseinsatz; ggf. teure Ausschussbeseitigung),
- für **Gewährleistung und Garantie** (nach Produktauslieferung; Reparaturkosten, Preisnachlass, Rücknahme, Schadensersatz),
- für **Haftung** (nach Produkthaftungsgesetz bei Folgeschäden an Personen oder Sachen aufgrund fehlerhafter Produkte).

Wie intensiv soll die Qualitätssicherung unter Kostengesichtspunkten erfolgen? Es gilt:

Sicherungs-intensität	Fehler-quote	Fehler-kosten	Sicherungs-kosten
stark	klein	niedrig	hoch
schwach	groß	hoch	niedrig

Fehler- und Sicherungskosten entwickeln sich bei variierender Sicherungsintensität gegenläufig.

Es ist die Sicherungsintensität zu wählen, bei der die Summe aus Fehlerkosten und Sicherungskosten am kleinsten ist.

Beispiel: **Kostenminimale Sicherungsintensität**

Fehlerquote	Fehlerkosten (EUR)	Sicherungskosten (EUR)	Gesamtkosten (EUR)
0 %	0,00	100,00	100,00
1 %	15,00	70,00	85,00
2 %	30,00	50,00	80,00
3 %	45,00	35,00	80,00
4 %	60,00	25,00	85,00
5 %	75,00	20,00	95,00

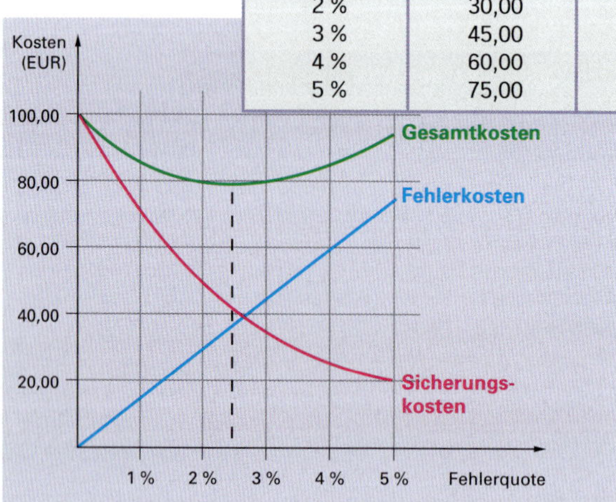

Allerdings hat dieses Modell heute oft nur noch theoretischen Wert: Aufgrund zunehmender Qualitätsforderungen der Kunden und harter Konkurrenz sind die Betriebe gezwungen, maximale vorbeugende Qualitätssicherungsmaßnahmen durchzuführen. Man strebt also eine **Null-Fehler-Produktion** an.

Die Null-Fehler-Produktion verursacht höhere vorbeugende Qualitätssicherungskosten, aber die Prüf- und Fehlerkosten sinken i. d. R. stärker. Insgesamt ergibt sich ein kostensenkender Effekt.

ZWEITER ABSCHNITT

Arbeitsaufträge

1. **Die vom Fertigungsleitstand ausgegebenen Auftragspapiere dienen unter anderem der Produktionskontrolle.**
   Erläutern Sie die unterschiedlichen Kontrollmöglichkeiten.

2. **Auch für Ihren Ausbildungsbetrieb gilt: Die Produkterstellung geht stets mit einer Qualitätskontrolle einher.**
   Erstellen Sie mithilfe einer Präsentationssoftware eine Präsentation, die folgende Probleme berücksichtigt:
   a) Gründe für das Interesse an der Qualitätskontrolle
   b) Merkmale der Produktkontrolle (Wählen Sie ein geeignetes Produkt aus)
   c) Prozess der Qualitätskontrolle (Planung, Ausführung, Datenerfassung)
   d) Ansätze zur Senkung der durch die Qualitätskontrolle entstehenden Kosten

3. **Fehlermeldung**

Fehlermeldung

Kennwort	Fehlermeldung Nr.	Q-Bereich
	410 - 116	95001

Lieferant	WBZ	FSL-Ziffer
	2-972165-745-191	22.8.31

Gegenstand	Gegenstands-Ident-Nr.	Sonder-Nr./Kontierung
CA 59 6-31	KL 59 8006 P1 R12	7-899 307 - 706

Ausgangsmaterial	Werkstoff	Stamm-Nr.
Nabe	St. 44	

KA	Geschätzte Fehlerkosten	FA	FU	FO	FG	FB	Verurs. Abt.	Prod. Gruppe	Geprüf. Menge
3	180,00	0102	11	900	2	0	75700	762	20

Herstellmenge	Mengeneinheit
20	ST

Verteiler: Q-Sicherung, Betriebsassistent, Technik, Werkstatt, Verursacher, Aussteller

Fehlerbeschreibung
Bohrung Ø 75 - H7 Ausschuss, einseitig
Istmaß 75,09 Sollmaß 75 - H7

Antrag zum Entscheid
Ausbüchsen

Entscheid Ausbüchsen auf 70 - H7, für nächst kleinere Type (CA 58.4.31 verwenden)

Dat. Aussteller	Dat. Abteilungsmeister
28.09. [illegible]	28.09. [illegible]

a) Geben Sie alle Informationen wieder, die sich aus der Fehlermeldung ersehen lassen.
b) Begründen Sie die Entscheidung, die in der Fehlermeldung getroffen wurde.

4. Unterschiedliche Sicherungsintensitäten sollen zu folgenden Fehlerquoten, Fehlerkosten und Sicherungskosten führen.

Fehlerquote	Fehlerkosten (EUR)	Sicherungskosten (EUR)
0 %	0,00	400,00
1 %	25,00	300,00
2 %	50,00	225,00
3 %	75,00	169,00
4 %	100,00	127,00
5 %	125,00	95,00

a) Bei welcher Fehlerquote liegt die kostenminimale Sicherungsintensität?

b) Stellen Sie Sicherungs-, Fehler- und Gesamtkosten grafisch dar (Koordinatenkreuz).

5. Qualitätssicherung für automatische Montage

In der automatischen Montage kommt es darauf an, dass jedes Teil funktioniert. Fällt ein noch so kleines Einzelteil aus, kann das den Stillstand der gesamten Anlage bedeuten. Das hat dazu geführt, dass beispielsweise sogar die Hersteller von Kleinschrauben (bis Durchmesser 6 mm) gezwungen sind, dem Abnehmer eine 100%-Qualität zu garantieren.

Die Qualität dieser Produkte wird mit dem „Reinheitsgrad" (Verhältnis von Liefermenge zu den darin befindlichen unbrauchbaren Teilen) gemessen. So können bestehende Automatisierungshemmnisse für Schraubverbindungen spürbar vermieden werden. Mit steigendem Automatisierungsgrad einer Montageanlage nimmt deren Empfindlichkeit, d. h. die Störungsanfälligkeit, ebenso die Störungsdauer zu. Wenn miteinander verkettete Schraubeinheiten oder Mehrspindelautomaten verwendet werden, dann vervielfachen sich die Verfügbarkeiten der einzelnen Schraubeinheiten zu einer Gesamtverfügbarkeit.

Verfügbarkeit ist das Verhältnis von effektiver Laufzeit zur Betriebszeit einer Montageanlage. Ist der Reinheitsgrad eines Lieferloses bekannt, so lassen sich die durch die unbrauchbaren Schrauben verursachten Störungen berechnen. Allerdings sind schlechte Schrauben nicht die einzige Störquelle bei Schraubautomaten. Störungen, die durch ungünstige Produktgestaltung oder unzureichende Anpassung von Schraubstation und Schrauben verursacht werden, sind häufiger und meist auch schwerwiegender: Durch schlechte Reinheitsgrade verursachte Minderungen der Verfügbarkeit von Schraubautomaten sind aber meist auffälliger und auch leichter zu beheben und darum fast immer der erste Ansatzpunkt für Verbesserungen.

Für die Schraubenhersteller ist es daher wichtig, bereits bei der Produktkonstruktion die Interessen der automatisierten Montage mitzubedenken und gemeinsam mit dem Automatenhersteller oder der Betriebsmittelplanung des Schraubenanwenders beratend mitzuwirken.

Der Produktkonstrukteur, der Schraubenhersteller und der Automatenhersteller bzw. die Betriebsmittelplanung entwickeln zunächst gemeinsam ein Lastenheft, das der Produktfunktion und der automatengerechten Montage gleichermaßen gerecht wird. Das Ergebnis des Dreiergespräches sollte möglichst eine anwendungsbezogene Zeichnung sein.

Nach dieser Zeichnung wird der Schraubenhersteller in individuellen Fertigungen unter besonders wirksamen Qualitätssicherungsverfahren die Schrauben herstellen und am Ende des Produktionsprozesses eine automatische 100%-Kontrolle der besonders anfälligen Merkmale durchführen.

Der Schraubenanwender verarbeitet das Lieferlos und stellt Menge und Art der möglicherweise noch vorhandenen fehlerhaften Teile oder Fremdteile fest.

Die Fremd- und Fehlerteile stellt der Schraubenanwender dem Hersteller zu, damit dieser sich auf deren Vermeidung bei Folgeaufträgen einstellen kann. Der Schraubenhersteller ordnet dann die zur Verfügung gestellten Fehler- und Fremdteile nach vier verschiedenen Kategorien und zieht daraus Konsequenzen zur Vermeidung dieser Fehler. Die Zeichnung wird dann entsprechend ergänzt und der Schraubenanwender darüber informiert.

a) Aus welchen Umständen ergibt sich in diesem Beispiel die Notwendigkeit der Qualitätskontrolle?

b) Zu welchem Zeitpunkt setzt die Qualitätssicherung (die auch die Qualitätskontrolle umfasst) bereits ein?

c) Die gelieferten Schrauben sind Markenartikel und teurer als vergleichbare Schrauben für manuelle Verarbeitung.
   - Wo liegt die Ursache für den höheren Preis?
   - Wie lassen sich die höheren Kosten für den Verwendungsbetrieb rechtfertigen?

6. Sie sehen hier einen Ausschnitt aus einer Fehler-Möglichkeits- und Einfluss-Analyse (FMEA):

FEHLER-MÖGLICHKEITS- UND EINFLUSS-ANALYSE

Konstruktions-FMEA ☒ Prozess-FMEA ☐

Systeme/Merkmale	Potenzielle Fehler	Potenzielle Folgen des Fehlers	Potenzielle Fehlerursachen	DERZEITIGER ZUSTAND: Vorgesehene Prüfmaßnahmen	Auftreten	Bedeutung	Entdeckung	Risiko-Prioritätszahl (RPZ)	Empfohlene Abstellmaßnahmen	Verantwortlichkeit
Fahrrad-Sattelstütze	Materialermüdung	Bruch der Stütze Sturz des Fahrers	Scharfe Biegekanten an Aufnahmetasche		5	8	5	200[1]	Kantenrundung vorsehen	Produktentwicklung

Wahrscheinlichkeit des Auftretens (Fehler kann vorkommen)

unwahrscheinlich	= 1
sehr gering	= 2-3
gering	= 4-6
mäßig	= 7-8
hoch	= 9-10

Bedeutung (Auswirkungen auf den Kunden)

kaum wahrnehmbare Auswirkungen	= 1
unbedeutender Fehler, geringe Belästigung des Kunden	= 2-3
mäßig schwerer Fehler	= 4-6
schwerer Fehler, Verärgerung des Kunden	= 7-8

Wahrscheinlichkeit der Entdeckung (vor Auslieferung an Kunden)

hoch	= 1
mäßig	= 2-5
gering	= 6-8
sehr gering	= 9
unwahrscheinlich	= 10

Priorität (RPZ)

hoch	= 1000
mittel	= 125
keine	= 1

1) 5 · 8 · 5 = 200

Quelle: Fritz Koch, Jürgen Lehberger, Georg Pyzalla, Technologie. Bildungsverlag EINS, Troisdorf 2010, S. 171

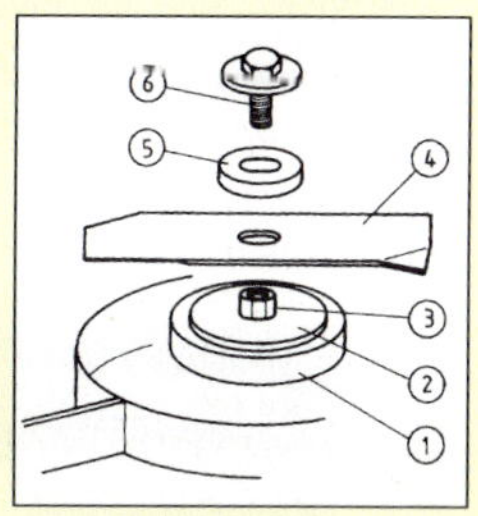

a) Wozu dient eine FMEA?

b) Erläutern Sie den Inhalt der abgebildeten FMEA.

c) Erstellen Sie selbst eine kurze FMEA für die Konstruktion der Messerbefestigung eines Rasenmähers. Möglicher Fehler: Lösen des Messers während des Rasenmäherbetriebs

7. Qualitätssicherung verlangt das Ausschalten aller Störgrößen, die die Erfüllung der Qualitätsanforderungen beeinträchtigen können. Der Papierhersteller Schoeller AG weiß, dass nicht ordnungsgemäß gewartete Betriebsmittel schnell zu solchen Störgrößen werden können. Schon bei den Kaufverhandlungen über eine neue Papiermaschine wird deshalb die Frage angesprochen, ob mit dem Hersteller ein Wartungsvertrag, ein Inspektionsvertrag oder ein Instandhaltungsvertrag geschlossen werden soll.

a) In der Norm DIN 31501 werden die Begriffe Instandhaltung, Inspektion und Wartung definiert. Erläutern Sie die drei Arten.

b) Wichtig für die Instandhaltungsplanung ist der Verlauf der Ausfallrate (fallend, konstant, steigend). Für die Papiermaschine gelten folgende Erfahrungswerte:

Betriebszeit (Jahre)	1	2	3	4	5	6	7	8	9	10	11	12	13
Ausfallrate (Tage)	75	50	25	10	10	10	10	10	10	10	25	50	100

Zeichnen Sie die Ausfallratenkurve mithilfe eines Tabellenkalkulationsprogramms. Begründen Sie den Verlauf der Kurve in der Anlaufperiode (Phase 1), in der normalen Arbeitsperiode (Phase 2) und in der Abnutzungsperiode der Maschine (Phase 3).

c) Ein Ausfall der Papiermaschine kann verschiedene Gründe haben („7 M-Störgrößen"!). Erstellen Sie eine Mindmap und ein Ishikawa-Diagramm für mögliche Störgrößen.

d) Bei der Instandhaltung unterscheidet man verschiedene Instandhaltungsstrategien. (Frage: Wann sind welche Maßnahmen erforderlich?) Die gebräuchlichsten Strategien:
- Operative Strategie: Betrieb bis zum Ausfall; dann ggf. Maßnahmen
- Periodische Strategie: Maßnahmen in festen Zeitabständen
- Inspektionsstrategie: Vorbeugende Maßnahmen in Abhängigkeit vom Abnutzungsgrad (festgestellt durch Inspektion oder Maschinendiagnose)
- Präventivstrategie: Vorbeugende Maßnahmen in festgelegten Leistungsintervallen

Diskutieren Sie darüber, welche dieser Strategien im vorliegenden Fall sinnvoll erscheinen.

e) Instandhaltung verursacht hohe Kosten. Kosteneinsparung wird z. B. durch Ferndiagnose, Videodiagnose oder Ferninstandhaltung möglich. Erklären Sie die drei Begriffe. Welche Vorteile haben die drei Verfahren neben der Kosteneinsparung?

f) Die Schoeller AG überlegt, ob die Instandhaltung der Maschine durch Eigen- oder Fremdpersonal durchgeführt werden soll. Diskutieren Sie die Vor- und Nachteile.

(Hinweis: Falls erforderlich, nutzen Sie die Internetrecherche zur Informationsgewinnung.)

8. Die BÄDER AG fertigt Fliesen für Wohnraum, Küche, Bad und Außenbereich. Die Badfliesen Adlon werden bisher in zwei Brennöfen gefertigt. Die Sollstärke der Fliesen beträgt 9 mm. Die Qualität der Fertigungsprozesse soll wie folgt bestimmt werden: Bei jeder Beschickung der Brennöfen werden je 10 gebrannte Fliesen entnommen und die mittlere Fliesenstärke (arithmetisches Mittel) sowie die Streuung der Einzelwerte um den Mittelwert berechnet. Als Maß der Streuung wird die Standardabweichung gewählt.

Ergebnisse der ersten Beschickung (mm):
Ofen 1: 8,8; 9,0; 9,1; 8,9; 9,2; 8,9; 8,8; 9,1; 9,2; 9,0
Ofen 2: 8,6; 9,3; 9,0; 9,4; 8,9; 9,0; 9,4; 9,4; 8,7; 8,8

a) Informieren Sie sich im Internet über die Bedeutung des arithmetischen Mittels und der Standardabweichung für die Qualitätskontrolle.

b) Berechnen Sie das arithmetische Mittel (x) und die Standardabweichung gemäß folgendem Schema. Benutzen Sie ggf. ein Tabellenkalkulationsprogramm.

Messung Nr.	Stärke in mm	Mittlere absolute Abweichung in mm	Mittlere quadratische Abweichung
i	x_i	$\lvert x_i - x \rvert$	$\lvert x_i - x \rvert^2$
1			
2			
...			
10			
Summe			
Arithmetisches Mittel = Summe : 10		↓	↓
Mittlere absolute Abweichung = Summe : 10			↓
Mittlere quadratische Abweichung = Summe : 10			
Standardabweichung = Wurzel aus mittlerer quadratischer Abweichung			

c) Welcher Brennofen liefert nach den vorliegenden Ergebnissen eine höhere Qualität? Begründen Sie Ihre Aussage.

d) Reichen die berechneten Ergebnisse für die Beurteilung der Qualität aus? Begründen Sie Ihre Antwort und machen Sie einen Vorschlag, wie die Bäder AG weiter vorgehen soll, um zu signifikanten Ergebnissen zu gelangen.

8.6 Produktionscontrolling

8.6.1 Aufgaben des Produktionscontrollings

Die Kontrolle ist bekanntlich wesentlicher, aber nicht alleiniger Bestandteil des umfassenderen Controllings.

- Das **strategische Produktionscontrolling** wirkt bei der Festlegung grundlegender Produktionsziele und entsprechender Optimierungsmaßnahmen mit: Maßnahmen zur Maximierung von Produktivität und Wirtschaftlichkeit, zur Optimierung von Kapazität und Termineinhaltung, zur Minimierung von Fertigungszeiten und Kosten. Als Instrumente seien beispielhaft genannt:
  - Potenzialanalysen (betreffen die Verfügbarkeit der längerfristig bereitstehenden „Potenzialfaktoren“ Betriebsmittel und Arbeitskräfte[1]),
  - zielführende Kostenrechnungssysteme (Plankosten-, Prozesskosten-, Zielkosten-, Deckungsbeitragsrechnung; s. Band 3 Steuerung und Kontrolle),
  - Investitionsplanung und Investitionsrechnungen (s. S. 584 ff., 591 ff.).
- Das **operative Produktionscontrolling** wirkt bei der Setzung operationaler Ziele mit, entwickelt Sollwerte, Kennzahlen zur Beurteilung der Zielerreichung und Maßnahmen für unzulässige Istabweichungen.

Das Ziel des Produktionscontrollings ist die Senkung der Produktionskosten und die Steigerung der Wirtschaftlichkeit.

8.6.2 Kostenplanung und Kostenkontrolle

Bei Betrieben mit Massen-, Großserien-, Sortenfertigung liegen folgende Größen für längere Zeit fest:

- das Produktprogramm (Arten, Mengen),
- die Fertigungsverfahren,
- die Fertigungskapazitäten.

Deshalb lassen sich die Kosten für eine Planperiode vorausplanen. Diesem Zweck dient die **Plankostenrechnung**.

Einzelheiten zur Plankostenrechnung finden Sie in Band 3 *Steuerung und Kontrolle*.

Hinweis:
Bei **Einzelfertigung** ist eine Kostenvorausplanung nicht möglich. Nur die Kosten jedes einzelnen Auftrags können durch eine eigene, oft komplizierte Vorkalkulation ermittelt werden. Nach Auftragserledigung erfasst man durch eine Nachkalkulation Istkosten und Kostenabweichungen. Durch Gegenüberstellung von Auftragserlös und Istkosten ermittelt man den Gewinn für den Auftrag.

Aufgrund der BDE-Daten kann eine Kostenkontrolle erfolgen.

Wichtig für die Kostenplanung ist die sog. **Kostenspaltung**. Sie trennt fixe und variable Kosten.

Lesen Sie hierzu noch einmal auf Seite 126 f. nach.

Beispiel: Kostenplanung und Kostenkontrolle

1. Ein Betrieb plant seine Kosten für das folgende Halbjahr.
   - Geplante fixe Herstellkosten = 100 000,00 EUR,
   - Kapazitätsgrenze = 4 000 Stück,
   - Variable Herstellkosten bei 100 % Kapazitätsauslastung = 150 000,00 EUR,
   - Geplante Kapazitätsauslastung = 75 % = 3 000 Stück.

   Welche Kosten sind bei dieser Auslastung einzuplanen?
   Kosten (100 %) = 100 000,00 + 150 000,00 = 250 000,00
   Kosten (75 %) = 100 000,00 + 0,75 · 150 000,00 = 212 500,00 = **Plankosten**

[1] Gegensatz: „Repetierfaktor“ Material (wird ständig verbraucht und muss dementsprechend neu beschafft werden).

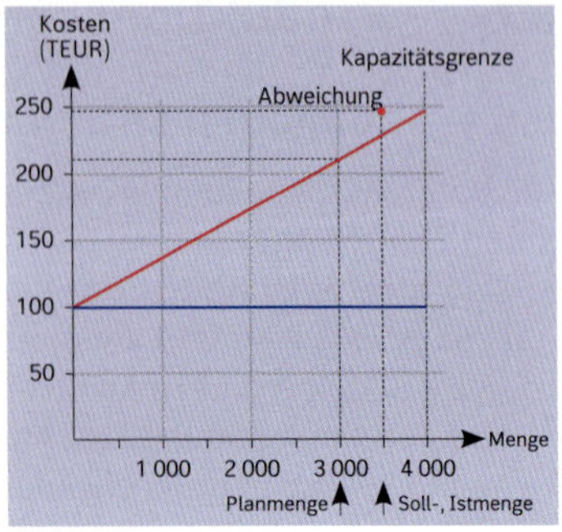

2. Nach Ablauf des Halbjahrs belaufen sich die **Istkosten** auf 245 000,00 EUR. Man stellt fest, dass
   - 3 600 Stück produziert wurden (= 90 % Auslastung),
   - die Materialpreise unabweisbar um 4 000,00 EUR gestiegen sind.

   Welche Kosten dürfen aufgrund der höheren Produktionsmenge entstehen (Sollkosten)?
   Sollkosten (90 %)
   = 100 000,00 + 0,9 · 150 000,00
   = 235 000,00 (EUR)
3. **Gesamte Kostenabweichung**
   = 245 000,00 – 235 000,00 = 10 000,00 (EUR).
   Davon sind
   - 4 000,00 EUR durch die Preissteigerung bedingt (sog. **Preisabweichung**),
   - 6 000,00 EUR durch ungeplanten Mehrverbrauch an Material oder Mehreinsatz an Arbeit und Betriebsmitteln bedingt (sog. **Verbrauchsabweichung**).

   Für welche Abweichungen ist die Produktionsleitung verantwortlich ?
   Nur für die Verbrauchsabweichung.

   Welche Maßnahmen sind zu ergreifen?
   Genaue Untersuchung der Ursachen (betriebsmittel-, arbeits-, material-, organisations-, vorgabenbedingte Störungen) sowie Suche nach Verbesserungen.

Verbrauchsabweichungen zeigen, dass Ressourcen verschwendet werden. Die Produktion erreicht nicht den gewünschten Grad an Wirtschaftlichkeit.

8.6.3 Korrekturmaßnahmen

Die Art der Korrekturmaßnahmen hängt von der Art der Störungen ab. Die Störungen lassen sich bestimmten Gruppen zuordnen. Die folgende Tabelle nennt wesentliche Zusammenhänge, erhebt jedoch keinen Anspruch auf Vollständigkeit.

Gruppen	Ursachen	Korrekturmaßnahmen
Betriebsmittel-bedingte Störungen	• Unzureichende qualitative Kapazität • Kapazitätsengpass • Maschinenausfall	• Maschinenwechsel; Neuanschaffung; Fremdvergabe • Längerfristig: Investition Kurzfristig: Fremdvergabe • 14-täglicher Wartungsdienst durch eine Wartungsfirma; zwei Stunden je Woche Instandhaltung der Maschinen durch die eigenen Mitarbeiter
Arbeitsbedingte Störungen	• Unzureichende Kompetenz • Undisponiertheit • Mangelnde Motivation • Fehlzeiten	• Neueinstellung; Fortbildung • Andere Arbeitszeiten • Akkordlohn, Prämienlohn • Prämienlohn, Gleitzeitsystem
Materialbedingte Störungen	• Materialfehler • Falsche Materialauswahl • Materialverwechslung	• Bessere Eingangskontrolle • Stichprobenartige Tests im eigenen Labor • Einführung Vier-Augenprinzip
Organisationsbedingte Störungen	• Ungeeignete Fertigungsverfahren	• Wechsel der Fertigungsverfahren; Fließ- statt Reihenfertigung; Gruppen- statt Reihenfertigung
Vorgabenbedingte Störungen	• Fehlerhafte Ziele • Planungsfehler • Fehlerhafte Anweisungen/ Unterlagen	• Zielanpassung • Anpassung der Planung • Anweisungen korrigieren; neues Informationssystem

Gegebenenfalls sind nur Nachbearbeitungen erforderlich. Oft ist es jedoch nötig, die Störungsursachen zu beseitigen. Je nach deren Art kann dies z. B. dazu führen, dass Ausführungsprozesse, Sollgrößen, Planungen, ja sogar die ursprünglichen Zielsetzungen überarbeitet werden müssen.

8.6.4 Kennzahlen der Produktion

Das Controlling verdichtet im Produktionsbereich das anfallende Zahlenmaterial zu Kennzahlen, um damit Prozesse und Ergebnisse zu beurteilen. Die Kennzahlen sollen Aussagen darüber ermöglichen, in welchem Ausmaß die Bereichsziele (vgl. S. 86) erreicht werden.

Kennzahlen erlangen oft erst im Rahmen von Zeit-, Betriebs-, Branchen- und Soll-Ist-Vergleichen Aussagekraft.

Die Ziele des Produktionsbereichs lassen sich auf das Streben nach **Wirtschaftlichkeit** zurückführen, also auf das **ökonomische Prinzip**: Erziele mit gegebenem Einsatz ein größtmögliches Ergebnis (Maximalprinzip) oder ein gegebenes Ergebnis mit geringstmöglichem Einsatz (Minimalprinzip)! (Vgl. hierzu S. 17.)

Der Grad der Wirtschaftlichkeit durch die Kennzahlen **Ergiebigkeitsgrad** und **Sparsamkeitsgrad** gemessen. Der Wert des Ergiebigkeitsgrades sollte möglichst groß sein, der des Sparsamkeitsgrades möglichst klein.

$$\text{Ergiebigkeitsgrad} = \frac{\text{Ergebnis}}{\text{Einsatz}}$$

$$\text{Sparsamkeitsgrad} = \frac{\text{Einsatz}}{\text{Ergebnis}}$$

Beispiel: Ergiebigkeitsgrad und Sparsamkeitsgrad

MGB erstellt mit einem Einsatz von 100 000,00 EUR Leistungen im Wert von 160 000,00 EUR. Das Unternehmen führt Rationalisierungsmaßnahmen durch, um ...

- mit gleichem Einsatz Leistungen im Wert von 200 000,00 EUR zu erstellen → **Maximalprinzip**
- die gleiche Leistung mit einem Einsatz von 80 000,00 EUR zu erzielen → **Minimalprinzip**

Berechnung von Ergiebigkeitsgrad (E) und Sparsamkeitsgrad (S):

Überlegen Sie: Welche Werte von E und S kennzeichnen auf jeden Fall Unwirtschaftlichkeit?

$$E = \frac{\text{Ergebnis (EUR)}}{\text{Einsatz (EUR)}} \qquad \frac{160\,000{,}00}{100\,000{,}00} = 1{,}6 \qquad \frac{200\,000{,}00}{100\,000{,}00} = 2{,}0$$

$$S = \frac{\text{Einsatz (EUR)}}{\text{Ergebnis (EUR)}} \qquad \frac{100\,000{,}00}{160\,000{,}00} = 0{,}6255 \qquad \frac{80\,000{,}00}{160\,000{,}00} = 0{,}5$$

Ergiebigkeitsgrad: Jeder EUR Einsatz erzielte vorher 1,6 EUR, nachher 2,0 EUR Leistungen.
Sparsamkeitsgrad: Jeder EUR Leistungen wurde vorher mit 0,625 EUR, nachher mit 0,5 EUR Einsatz erzielt.

Der Grad der Wirtschaftlichkeit wurde also gesteigert.

Produktivitätskennzahlen

Im Produktionsbereich geht es zunächst um den Einsatz bestimmter **Mengen** der Leistungsfaktoren (Produktionsfaktoren) Arbeitskraft, Betriebsmittel und Material sowie um das Ergebnis dieses Einsatzes, die **Ausbringungsmenge**.

- **Der Mengeneinsatz der Faktoren soll möglichst ergiebig (produktiv) erfolgen.**
- **Die Ausbringungsmenge soll möglichst sparsam erstellt werden.**

Die Kennzahl der **mengenmäßigen Ergiebigkeit** ist die **Produktivität**.

$$\text{Produktivität} = \frac{\text{Ausbringungsmenge}}{\text{Faktoreinsatzmengen}}$$

Die Faktoreinsatzmengen sind Arbeitsstunden, Maschinenstunden und Materialeinheiten (Stück, kg, Liter usw.). Diese unterschiedlichen Größen lassen sich nicht zusammenfassen. Deshalb bildet man die Teilproduktivitäten **Arbeits**-, **Anlagen**- (Kapital-) und **Materialproduktivität** (Materialeffizienz).

$$\text{Arbeitsproduktivität} = \frac{\text{Ausbringungsmenge}}{\text{Arbeitsstunden}}$$

$$\text{Anlagenproduktivität} = \frac{\text{Ausbringungsmenge}}{\text{Maschinenstunden}}$$

$$\text{Materialproduktivität} = \frac{\text{Ausbringungsmenge}}{\text{Materialeinheiten}}$$

Die Produktivitätskennzahlen geben an, wie viele Produkteinheiten je eingesetzte Arbeitsstunde, Maschinenstunde, Materialeinheit ausgebracht werden.

Beispiel 1: Teilproduktivitäten

Die VTP-GmbH fertigt u. a. Tauchpumpen. Monatliche Einsatzmengen: 160 Arbeitsstunden, 160 Maschinenstunden, 3 200 kg Stahl. Monatliche Ausbringungsmenge: 800 Pumpen.

Nach einer Rationalisierungsmaßnahme (Kauf einer leistungsfähigeren Anlage) steigt die monatliche Ausbringungsmenge auf 1 120 Pumpen bei einem Einsaz von 4 480 kg Stahl.

	vor der Rationalisierung	nach der Rationalisierung
Arbeitsproduktivität =	800 Stück/160 Std. = 5 Stück/Std.	1 200 Stück/160 Std. = 7 Stück/Std.
Anlagenproduktivität =	800 Stück/160 Std. = 5 Stück/Std.	1 200 Stück/160 Std. = 7 Stück/Std.
Materialproduktivität =	800 Stück/3 200 kg = 25 Stück/Std.	1 200 Stück/4 480 kg = 0,25 Stück/Std.

Je Arbeitsstunde und Maschinenstunde werden nach der Rationalisierungsmaßnahme zwei Stück zusätzlich produziert. Die Arbeits- und die Anlagenproduktivität steigen also jeweils um 40 %. Die Materialproduktivität ändert sich nicht.

Das Beispiel zeigt auch: Die Steigerung der Arbeitsproduktivität kann hier nicht dem Faktor Arbeitskraft zugerechnet werden. Vielmehr beruht sie auf dem Einsatz eines leistungsfähigeren Betriebsmittels.

Merke:
Eine Teilproduktivitätskennzahl stellt einen Ursache-Wirkungs-Zusammenhang nur her, wenn die Mengenleistung der anderen Produktionsfaktoren unverändert bleibt.

Die Kehrwerte der Produktivitäten heißen **Mengenkoeffizienten**. Sie messen die **mengenmäßige Sparsamkeit**. Der **Arbeitskoeffizient** z. B. bezeichnet die Anzahl der pro Produkteinheit eingesetzten Arbeitsstunden.

$$\text{Arbeitskoeffizient} = \frac{\text{Arbeitsstunden}}{\text{Ausbringungsmenge}}$$

Kennzahlen der mengenmäßigen Wirtschaftlichkeit

Im zweiten Schritt untersucht das Controlling die wirtschaftliche Verwendung der eingesetzten **Werte**. Dazu bewertet sie die eingesetzten Arbeits- und Maschinenstunden sowie Materialeinheiten mit ihren Kosten je Einheit (Faktorstückkosten):

Wertmäßiger Einsatz = eingesetzte Faktoreinheiten · Faktorstückkosten = Herstellkosten

Die Bewertung bietet die Möglichkeit, die ungleichen Leistungsfaktoren zumindest wertmäßig zusammenzufassen. Der Ergiebigkeitsgrad ist jetzt eine Kostenproduktivität, der Sparsamkeitsgrad ein Kostenkoeffizient.

- **Die Kostenproduktivität gibt an, wie viel Produkteinheiten je eingesetztem Euro Herstellkosten erzeugt werden.**
- **Der Kostenkoeffizient bezeichnet die Stückherstellkosten.**
- **Kostenproduktivität und Stückherstellkosten werden auch als Kennzahlen der mengenmäßigen Wirtschaftlichkeit bezeichnet.**

$$\text{Kostenproduktivität} = \frac{\text{Ausbringungsmenge}}{\text{Herstellkosten}}$$

$$\text{Stückherstellkosten} = \frac{\text{Herstellkosten}}{\text{Ausbringungsmenge}}$$

Je höher die Kostenproduktivität ist und je niedriger die Stückherstellkosten sind, desto größer ist die mengenmäßige Wirtschaftlichkeit.

Beispiel 2 (Fortsetzung): Kostenproduktivität und Stückherstellkosten

Stückkosten: 1 Arbeitsstunde = 25,00 EUR, 1 Maschinenstunde = 60,00 EUR (alternativ 50,00 EUR nach der Rationalisierung), 1 kg Stahl = 0,50 EUR

	vor der Rationalisierung		nach der Rationalisierung		
	160 Arbeitsstd. zu 25 EUR =	4 000 EUR	160 Arbeitsstd. zu 25 EUR =	4 000 EUR	4 000 EUR
	160 Masch.std. zu 60 EUR =	9 600 EUR	160 Masch.std. zu 60 EUR =	9 600 EUR	
			zu 50 EUR =		8 000 EUR
	3 200 kg Stahl zu 0,50 EUR =	1 600 EUR	4 480 kg Stahl zu 0,50 EUR =	2 240 EUR	2 240 EUR
	800 Stück Pumpen =	15 200 EUR	1 120 Stück Pumpen =	15 840 EUR	14 240 EUR
Kostenproduktivität =	800 Stück/15 200 EUR ≈	**0,053 Stück/EUR**	1 120 Stück/15 840 EUR ≈ **0,07 Stück/EUR** 1 120 Stück/14 240 EUR ≈		**0,079 Stück/EUR**
Stückherstellkosten =	15 200 EUR/800 Stück ≈	**19,00 EUR/Stück**	15 840 EUR/1 120 Stück ≈ **14,14 EUR/Stück** 14 240 EUR/1 120 Stück ≈		**12,71 EUR/Stück**

Vor der Rationalisierung werden pro eingesetztem Euro Herstellkosten 0,053 Stück erstellt, nachher 0,07 Stück (0,079 Stück). Die Produktivität steigt also um ungefähr 32,1 % (49 %).
Die entsprechenden Stückherstellkosten betragen 19,00 EUR und 14,14 EUR (12,71 EUR).

Kennzahlen der wertmäßigen Wirtschaftlichkeit

Die Leistungserstellung und -verwertung eines Unternehmens gilt als **wirtschaftlich**, wenn es einen **Betriebsgewinn erwirtschaftet**. Die Wirtschaftlichkeit steigt mit dem Betriebsgewinn.

Ausbringungsmenge · Marktpreis = Leistungen

	Leistungen
=	**Kosten**
=	**Betriebsgewinn**

Kennzahlen der wertmäßigen Wirtschaftlichkeit setzen Leistungen und Kosten zueinander in Beziehung.

$$\text{Ergiebigkeitsgrad} = \frac{\text{Leistungen}}{\text{Kosten}}$$

$$\text{Sparsamkeitsgrad} = \frac{\text{Kosten}}{\text{Leistungen}}$$

- **Der Ergiebigkeitsgrad (E) gibt an, wie viel Euro Leistungen je Euro Kosteneinsatz erzielt werden.**
- **Der Sparsamkeitsgrad (S) gibt an, wie viel Euro Kosten für einen Euro Leistungen aufgewendet werden müssen.**

Ist der Gewinn gleich null, haben Ergiebigkeits- und Sparsamkeitsgrad den Wert 1. Mit zunehmendem Gewinn/zunehmender Wirtschaftlichkeit wird der Ergiebigkeitsgrad größer, der Sparsamkeitsgrad kleiner.

Merke:

Gewinn	E	S
< 0	< 1	> 1
= 0	= 1	= 1
> 0	> 1	< 1

Beispiel 3 (Fortsetzung): Wertmäßige Wirtschaftlichkeit

Ausbringungsmenge = 800 Pumpen, Marktpreis = 30,00 EUR/Stück, Kosten = 19 000,00 EUR (davon Herstellkosten 15 200,00 EUR, Verwaltungskosten 1 800,00 EUR, Vertriebskosten 2 000,00 EUR).

Leistungen	800 · 30,00 EUR =		24000,00 EUR
Herstellkosten		15200,00 EUR	
Verwaltungs-/Vertriebskosten		3800,00 EUR	
– Summe Kosten		19000,00 EUR	19000,00 EUR
= Betriebsgewinn			5000,00 EUR

Ergiebigkeitsgrad = 24 000,00 EUR/19 000,00 EUR ≈ **1,26**
Mit jedem Euro Kosten werden 1,26 EUR Leistungen erzielt.

Sparsamkeitsgrad = 19 000,00 EUR/24 000,00 EUR ≈ **0,79**
Für jeden Euro Leistungen werden 0,79 EUR Kosten aufgewendet.

Die Produktion kann sehr produktiv und trotzdem wertmäßig unwirtschaftlich sein. Dies ist der Fall, wenn die betrieblichen Leistungen die Kosten nicht decken. Die Ursachen dafür können fehlende Nachfrage oder zu niedrige Marktpreise sein.

Beispiel 4 (Fortsetzung): Einfluss des Marktpreises auf die wertmäßige Wirtschaftlichkeit

Aufgrund der in Beispiel 1 genannten Rationalisierungsmaßnahme steigt die Ausbringungsmenge auf 1 120 Stück. Die Herstellkosten sinken auf 14 240,00 EUR (siehe Beispiel 2). Wegen einer Konjunkturflaute fällt der Marktpreis gleichzeitig auf 16,00 EUR.

	Produktivitätssteigerung		**Marktpreissenkung**	
Leistungen	**1 120** · 30,00	= 33 600,00	1 120 · **16,00**	= 17 920,00
Herstellkosten	14240,00		14240,00	
V/V-Kosten	3 800,00		3 800,00	
– Summe Kosten		–18040,00		–18040,00
= Gewinn		15560,00		–120,00
	Ergiebigkeitsgrad = 33 600,00/18 040,00 ≈ **1,86**		Ergiebigkeitsgrad = 17 920,00/18 040,00 ≈ **0,99**	

Der Ergiebigkeitsgrad müsste aufgrund der Rationalisierungsmaßnahme von 1,26 auf 1,86 steigen. Wegen des Preisverfalls sinkt er jedoch auf 0,99.

Das Unternehmen hat zweifellos alles getan, um wirtschaftlicher zu arbeiten: Die Kosten sind gesunken, die Ausbringungsmenge ist gestiegen. Aufgrund der gesunkenen Marktpreise macht sich jedoch der Kapitaleinsatz schlechter bezahlt; er „rentiert" sich weniger.

Das Beispiel zeigt: Rationalisierungsmaßnahmen können die Produktivität steigern und die Kosten senken. Damit verbessert sich die wertmäßige Wirtschaftlichkeit. Wenn jedoch der Absatzpreis der hergestellten Güter sinkt, sinkt auch der Gewinn. Damit verschlechtert sich die wertmäßige Wirtschaftlichkeit.

Entsprechendes gilt übrigens auch, wenn die Preise der Leistungsfaktoren sich ändern – insbesondere Zinsen, Löhne, Gehälter, Materialpreise.

Umgekehrt können bestimmte Maßnahmen höchst unproduktiv sein. Der Gewinn kann infolge verbesserter Marktchancen aber trotzdem steigen und die wertmäßige Wirtschaftlichkeit sich verbessern.

Um zu beurteilen, wie sich Verbesserungsmaßnahmen im Produktionsbereich auswirken, sollte man deshalb den Marktpreis nicht berücksichtigen und Wirtschaftlichkeitsvergleiche anhand der produktivitätsbedingten **mengenmäßigen Wirtschaftlichkeit** anstellen.

Wenn das Unternehmen über eine Plankostenrechnung verfügt, kann man Verbrauchsabweichungen feststellen (vgl. S. 212). Je kleiner die Verbrauchsabweichungen sind, desto wirtschaftlicher ist die Fertigung. Der Grad der Wirtschaftlichkeit wird in diesem Fall durch die Gegenüberstellung von Istkosten und Sollkosten gemessen.

$$\text{Wirtschaftlichkeit} = \frac{\text{Istkosten}}{\text{Sollkosten}}$$

Beispiel 5 (Fortsetzung): Wirtschaftlichkeitskennzahl Istkosten/Sollkosten

Nach der genannten Rationalisierungsmaßnahme werden mithilfe der Plan-Kostenrechnung die monatlichen Sollkosten mit 13 800,00 EUR ermittelt. Die durchschnittliche monatliche Verbrauchsabweichung im Planungszeitraum beträgt + 440,00 EUR.

Wirtschaftlichkeit = 14 240,00 EUR / 13 800,00 EUR ≈ 1,03

Ob dieses Ergebnis tolerierbar ist, muss durch genauere Untersuchungen festgestellt werden. Es wird umso besser, je mehr sich die Kennzahl dem Wert 1 nähert.

ZWEITER ABSCHNITT

Weitere wirtschaftlichkeitsbedeutsame Kennzahlen

Die Auslastung der Betriebsmittel, die Zusammensetzung der Kosten und die Qualität der Produktionsprozesse und Produktionsergebnisse wirken sich auf die Wirtschaftlichkeit aus und zeigen Ansätze für Verbesserungsmaßnahmen auf. Insofern sind z. B. folgende Kennzahlen von Bedeutung:

- **Beschäftigungsgrad**
  Der Beschäftigungsgrad (Kapazitätsausnutzungsgrad) gibt an, zu wie viel Prozent eine Anlage mengenmäßig ausgelastet ist. Optimal ist eine möglichst hohe Auslastung (nahe der Kapazitätsgrenze).

  $$\text{Beschäftigungsgrad} = \frac{\text{Ausbringungsmente}}{\text{Maximalkapazität}} \cdot 100$$

  Beispiel: Beschäftigungsgrad

  (800 Stück / 1000 Stück) · 100 = 80 % Auslastung

- **Kostenartenintensität**
  Die Kostenartenintensität gibt den Prozentanteil einer Kostenart (z. B. Arbeits-, Betriebsmittel-, Material-, Energiekosten) an den Herstellkosten an. Ist der Intensitätswert einer Kostenart relativ hoch, lohnen sich Einsparungen bei dieser Kostenart besonders.

  $$\text{Kostenartenintensität} = \frac{\text{Betrag der Kostenarten}}{\text{Herstellkosten}} \cdot 100$$

- **Qualitätskennzahlen**
  Folgende Kennzahlen eignen sich für die Beurteilung der Qualität von Produktionsergebnissen und Prozessen:
  - **Ausschussquote.** Sie gibt den Prozentanteil des Ausschusses an der Fertigungsmenge an.

    $$\text{Ausschussquote} = \frac{\text{Ausschussmenge}}{\text{Fertigungsmenge}} \cdot 100$$

    Ähnliche Kennzahlen: **Ausfall-, Gutmengen-, Nacharbeitsquote**.
  - **Ausschussstrukturquote.** Prozentanteil einer Ausschussart am gesamten Ausschuss.

    $$\text{Ausschussstrukturquote} = \frac{\text{Ausschussmenge nach Ursache}}{\text{gesamte Ausschussmenge}} \cdot 100$$

- **Verlässlichkeit einer Anlage.** Zeitspanne zwischen jeweils zwei aufeinanderfolgenden Anlagenstillständen. Je kürzer sie ist, desto öfter steht die Anlage still und verursacht Reparaturkosten.

Verlässlichkeit = Ausfalldatum – voriges Ausfalldatum

- **Zeitgerecht ausgeführte Aufträge.**
Prozentanteil der zeitgerecht ausgeführten Aufträge.

$$\text{Anzahl p. a. A.} = \frac{\text{zeitgerecht ausgeführte Aufträge}}{\text{veranlasste Aufträge}} \cdot 100$$

Rentabilitätskennzahl

Die Wirtschaftlichkeitskennzahlen sagen nichts über die Wirtschaftlichkeit des Kapitaleinsatzes aus. Kapital ist wirtschaftlich eingesetzt, wenn es sich zufriedenstellend „verzinst". Man stellt dies anhand der Kennzahl *Rentabilität* fest.

Man erhält die Kennzahl *Rentabilität*, indem man den Gewinn prozentual auf das durchschnittlich eingesetzte Kapital bezieht.

Sie sagt aus, wie viel Euro Gewinn auf je 100,00 EUR Kapitaleinsatz entfallen.

$$\text{Rentabilität} = \frac{\text{Gewinn}}{\text{durchschnittlicher Kapitaleinsatz}} \cdot 100$$

Beispiel 6 (Fortsetzung): **Rentabilität**

Die Pumpenproduktionsanlage wurde für 100 000,00 EUR gekauft (durchschnittlich eingesetztes Kapital = 100 000,00 EUR / 2 = 50 000,00 EUR).

Die Rationalisierungsmaßnahme bewirkte weitere Ausgaben von 30 000,00 EUR (durchschnittlich eingesetztes Kapital = 130 000,00 EUR / 2 = 65 000,00 EUR).

Die Konjunktur hellt sich nach kurzer Zeit wieder auf, sodass die Pumpen zu einem Stückpreis von 27,00 EUR abgesetzt werden können.

Gewinn und Rentabilität stellen sich wie folgt dar:

	vor der Rationalisierung			**nach der Rationalisierung**		
Leistungen	800 · 30,00 =		24 000,00	1 120 · 27,00 =		30 240,00
Herstellkosten		15 200,00			14 240,00	
V/V-Kosten		3 800,00			3 800,00	
– Summe Kosten			–19 000,00			–18 040,00
= Gewinn			5 000,00			12 200,00

$$\text{Rentabilität} = \frac{5\,000{,}00 \text{ EUR}}{50\,000{,}00 \text{ EUR}} \cdot 100 = 10\ \%$$

$$R = \frac{12\,200{,}00 \text{ EUR}}{65\,000{,}00 \text{ EUR}} \cdot 100 \approx 18{,}77\ \%$$

Auf je 100,00 EUR Kapitaleinsatz entfallen vor Rationalisierung und Konjunktureinflüssen 10,00 EUR Gewinn, danach 18,77 EUR. Dies ist eine Rentabilitätsverbesserung von 87,7%.

Vergleich: Produktivität, Wirtschaftlichkeit, Rentabilität

Die **Produktivität** betrifft die **mengenmäßige Ergiebigkeit** der Produktionsfaktoren. Sie ist ein **technisches Problem**. Höhere Produktivität bedeutet aber nur dann höhere Wirtschaftlichkeit, wenn die Produktionskosten nicht im gleichen Umfang wie die Ausbringungsmenge steigen.

Die **Wirtschaftlichkeit** betrifft die **wertmäßige Ergiebigkeit** oder **Sparsamkeit.** Sie ist ein **kaufmännisches Problem**. Höhere Wirtschaftlichkeit bedeutet aber nur dann höhere Rentabilität, wenn die Kosteneinsparungen nicht durch Preisverfall, Absatzeinbrüche, Zinssteigerungen, Lohnerhöhungen und andere gewinnmindernde Tatbestände kompensiert werden.

Die **Rentabilität** betrifft die **Verzinsung des eingesetzten Kapitals**. Sie ist ein **unternehmerisches Problem**.

Auf Dauer besteht zwischen Produktivität, Wirtschaftlichkeit und Rentabilität der hier dargestellte Zusammenhang.

Rationalisierung, technischer Fortschritt

↓

Erhöhung der Produktivität – Durch Rationalisierung und technischen Fortschritt wird das mengenmäßige Produktionsergebnis steigen.

↓

Erhöhung der Wirtschaftlichkeit – Die Produktionssteigerung führt in der Regel zu einer Senkung der Kosten pro Stück und damit zu einer höheren Wirtschaftlichkeit.

↓

Erhöhung der Rentabilität – Wenn keine negativen Kräfte auf dem Absatzmarkt entgegenwirken, steigt im Normalfall auch die Rentabilität.

Arbeitsaufträge

1. **Ein Betrieb mit Serienfertigung plant seine Kosten für das folgende Vierteljahr:**
   Die fixen Herstellkosten belaufen sich auf 00 000,00 EUR.
   Maximale Ausbringungsmenge: 1 000 Stück.
   Variable Herstellkosten bei voller Kapazitätsauslastung: 100 000,00 EUR.
   Der Betrieb rechnet mit einer tatsächlichen Kapazitätsauslastung von 85 %.
   a) Welche Gesamtherstellkosten sind bei dieser Auslastung einzuplanen?
   b) Nach Ablauf des Vierteljahres stellt man fest, dass die Kosten sich tatsächlich auf 164 000,00 EUR belaufen. Untersuchungen ergeben, dass 800 Stuck produziert wurden und dass die Materialpreise um 2 000,00 EUR gesunken sind.
   - Wie viel Euro betragt die gesamte Kostenabweichung?
   - Auf welchen Ursachen beruht die Kostenabweichung?
   - Für welche Abweichungen trägt die Produktionsleitung die Verantwortung?
   - Welche Maßnahmen sind zu ergreifen?

2. **In den folgenden Fällen werden technische und wirtschaftliche Störungen in der Papierproduktion der Kölner Mühle AG beschrieben. Es wurden noch keine Ursachen festgestellt und noch keine Korrekturmaßnahmen festgelegt.**
   (1) Bei einer Erstprobe stellt ein externes Labor fest, dass die Papierdicke ungleichmäßig ist.
   (2) Die Materialkosten sind zu hoch.
   (3) Das Rüsten der Papiermaschine dauert zu lange.
   (4) Die Papiermaschine stoppt ungewollt (Grund: Papierstillstand wegen Verschmutzung).
   (5) Die Papiermaschine lässt nur eine Breite von 2,50 m zu. Die Breite ist nicht veränderbar. Im Rahmen eines Kundenauftrages soll für einen guten Kunden Papier mit einer Auftragspapierbreite von 1,00 m erstellt werden.
   (6) Das erzeugte Faser-Wasser-Gemisch wird über ein Formationssieb gelenkt. Absauger saugen dabei das Wasser aus dem Gemisch. Trotzdem ist es zu nass.
   (7) Das erstellte Papier hat Flecken.
   (8) Das Papier reißt während der Produktion. Die Festigkeit ist mangelhaft.
   Erstellen Sie eine Tabelle wie auf Seite 212, ordnen Sie die Störungen Störungsgruppen zu und tragen Sie mögliche Ursachen sowie Korrekturmaßnahmen ein.
   (Informieren Sie sich ggf. über die Papierherstellung im Internet.)

3. **In einem Unternehmen werden auf den Anlagen F1, F2 und F3 in 3 Schichten je Tag die Keilriemen K1 (Klassischer Keilriemen DIN 2215/ISO 4184), K2 (Schmalkeilriemen DIN 7753/ ISO 4184) und K3 (Hochleistungs-Schmalkeilriemen – flankenoffen, formgezahnt DIN 7753) hergestellt.**

Folgende Daten wurden für die Monate März und April zusammengestellt:

Anlagen	F1		F2		F3	
Produkte	K1		K2		K3	
Monate	März	April	März	April	März	April
Alter der Anlagen	4 Jahre		8 Jahre		2 Jahre	
Maximalkapazität/Schicht in Stück	220	220	300	300	400	400
Sollmenge in Stück (Optimalkapazität)	200	200	290	290	340	340
Ausbringungsmenge pro Schicht in Stück	152	192	254	254	390	370
Veranlasste Aufträge	10	11	10	9	30	30
davon nicht termingerecht ausgeführt	0	0	2	3	4	3
Ausschuss wegen Materialfehlern in Stück	1	1	2	2	3	3
Ausschuss wegen Maschinenfehlern in Stück	1	1	2	2	24	20
Stückkosten in EUR	4,00	3,30	5,00	5,00	6,60	6,00
davon Materialkosten	1,00	1,00	1,50	1,50	2,30	2,20
Arbeitskosten	0,80	0,80	1,20	1,20	1,00	1,00
Betriebsmittelkosten	2,20	1,50	2,30	2,30	3,30	2,80
Marktpreis pro Stück in EUR	6,00	6,00	8,00	8,00	10,00	10,00
Variable Stückkosten in % der Stückkosten	60	63,3	70	70	60	54

Web

M 220

a) Berechnen Sie folgende Kennzahlen. Benutzen Sie dazu das Material Kennzahlen zu 3.
   (1) durchschnittliches Anlagenalter in Jahren,
   (2) Anlagenproduktivität (Stück je Maschinenstunde),
   (3) Optimalkapazität (in Prozent der Maximalkapazität),
   (4) Beschäftigungsgrad,
   (5) Abweichung des Beschäftigungsgrads von der Optimalkapazität (in Prozentpunkten),
   (6) prozessgerecht ausgeführte Aufträge (in Prozent der veranlassten Aufträge),
   (7) Ausschussquote,
   (8) Ausschussstrukturquote: Ausschussanteil wegen Materialfehlern,
   (9) Ausschussstrukturquote: Ausschussanteil wegen Maschinenfehlern,
   (10) Materialintensität
   (11) Arbeitsintensität
   (12) Anlagenintensität
   (13) Gesamtdeckungsbeitrag pro Schicht

b) Berechnen Sie auch die Veränderung der Kennzahlen von März nach April.

c) Geben Sie mögliche Ursachen für die Veränderungen – insbesondere für den Ausschuss – an. Nennen Sie mögliche Korrekturmaßnahmen.

4. Die Gummiwerke AG fertigte im Monat März mit 656 ihrer Beschäftigten 182 115 Reifen des Typs „Radiant Stahl", im April 185 090 Einheiten des gleichen Typs. Die geleisteten Arbeitsstunden beliefen sich im März auf 109 716, im April auf 104 796 Stunden. Der Einsatz aller anderen Betriebsmittel blieb unverändert (Wert 210 000,00 EUR).

a) Wie entwickelten sich Arbeitsproduktivitat und Kapitalproduktivität?

b) Wie erklären Sie die Änderung der Kapitalproduktivität trotz gleichen Betriebsmitteleinsatzes?

5. Die Gummiwerke AG stellte im Februar 15 900 und im März 16 100 Auto-Reifen der Marke „Steel 2" her. Es fielen folgende Kosten an:
Arbeitseinsatz je Monat: 20 000 Arbeitsstunden à 30,00 EUR,
Materialkosten: 24,84 EUR je Reifen,
Maschinenkosten je Monat: 450 000,00 EUR,
Verwaltungs- und Vertriebskosten je Monat: 300 000,00 EUR.

Folgende Verkaufspreise wurden erzielt: Februar 123,00 EUR und März 119,00 EUR. Die Sollherstellkosten betrugen 89,50 EUR pro Stück.

a) Berechnen Sie die Arbeitsproduktivität.
b) Berechnen Sie die wertmäßige Wirtschaftlichkeit für jeden Monat nach der Formel: Wirtschaftlichkeit (Ergiebigkeitsgrad) = Leistungen / Kosten.
c) Welchen wesentlichen Nachteil hat die Anwendung dieser Formel im vorliegenden Fall?
d) Berechnen Sie die mengenmäßige Wirtschaftlichkeit in Form der Kostenproduktivität und der Stückherstellkosten.
e) Berechnen Sie die Wirtschaftlichkeit nach der Formel Istkosten / Sollkosten.
f) Beurteilen Sie die Entwicklung der Kennzahlen.

6. **Eine Reifenaufbaumaschine der Gummiwerke AG, die für 325 000,00 EUR gekauft wurde, stellt bei 4 600 Arbeitsstunden 78 320 Werkstücke her.**
Die Lohnkosten einschließlich der Nebenkosten betragen 20,80 EUR/Std. Es entstehen weitere Kosten von 32 500,00 EUR jährlich. Der Wert der gefertigten Stücke liegt bei 4,00 EUR je Werkstück.
Bisher konnten mit einer Maschine herkömmlicher Bauart lediglich 53 840 Stücke hergestellt werden. Der Anschaffungswert der Maschine lag bei 250 000,00 EUR. Die Lohnkosten waren die gleichen. Die weiteren Kosten beliefen sich auf 25 000,00 EUR jährlich.

a) Berechnen Sie den Anstieg der Arbeitsproduktivität.
b) Berechnen Sie den Anstieg der Kapitalproduktivität.
c) Berechnen Sie die Wirtschaftlichkeit nach einer hier anwendbaren Formel. Um wie viel ist sie gestiegen?
d) Berechnen Sie den Anstieg der Rentabilität.

ZWEITER ABSCHNITT

9 Rationalisierungsprozesse

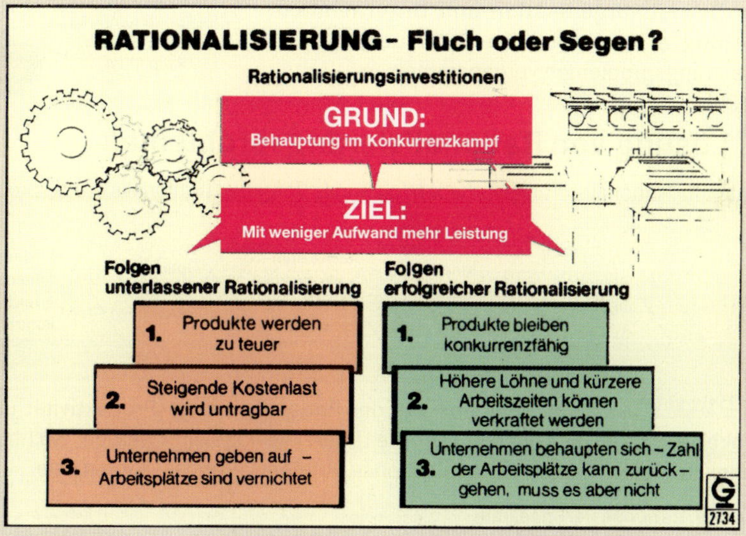

9.1 Begriff und Anlässe der Rationalisierung

Jeder Betrieb versucht, seine Leistungen mit bestmöglichen Mitteln und Methoden zu erstellen. Er gestaltet seine Organisation und die Arbeitsabläufe zielgerecht, setzt zweckmäßige Betriebsmittel und Fertigungsverfahren ein. Leider sind die gefundenen Lösungen immer nur eine gewisse Zeit optimal, denn die wirtschaftlichen, technischen und sozialen Bedingungen des Betriebes und seiner Umwelt ändern sich ständig. Anpassungsmaßnahmen werden nötig.

Beispiele: Rationalisierungsanlässe

- Die Technik schreitet voran (Entwicklung neuer Materialien, neuer Fertigungsverfahren, schnellerer, automatischer, flexiblerer, handlicherer, energiesparenderer Maschinen) und eröffnet Möglichkeiten der Kosteneinsparung und der Leistungssteigerung.
- Gesetze schreiben zunehmend umweltschonende Produkte und Verfahren vor.
- Die Abnehmer verlangen eine Produktqualität, die mit den bestehenden Verfahren und Betriebsmitteln nicht erreicht werden kann.
- Die Arbeitnehmer sind unzufrieden wegen monotoner oder anstrengender Arbeit.
- Bestimmte Abteilungen entwickeln sich zunehmend zu Engpässen.
- Es stellt sich heraus, dass bei Konkurrenzbetrieben Produkte schneller entwickelt, Entscheidungen schneller getroffen werden, Informationen schneller ausgetauscht werden.

Reagiert der Betrieb auf derartige Gegebenheiten nicht, so kann er letztlich nicht mehr produktiv und wirtschaftlich arbeiten.

Durch Rationalisierungsmaßnahmen versuchen die Unternehmen, ihre Leistungen zu verbessern und ihre Kosten zu senken. Damit steigt die Wirtschaftlichkeit der Fertigung.

Rationalisierung bezeichnet vernünftige Gestaltungsmaßnahmen mit dem Ziel, die Wirtschaftlichkeit (das Verhältnis von Kosten und Leistungen) zu verbessern.

Ein ungünstiges Verhältnis von Kosten und Leistungen zeugt von Qualitätsmängeln und Mittelverschwendung (bei Materialien, Produkten, Betriebsmitteln, Geschäftsprozessen, Arbeitsabläufen, Sicherheit, menschengerechter Arbeitsgestaltung, Termineinhaltung, Service u. a. m.). Wo immer Rationalisierungsmaßnahmen ansetzen, streben sie weniger Verschwendung und bessere Qualität an. Damit wird **Rationalisierung letztlich Bestandteil eines Total Quality Managements.**

In Deutschland hat der **REFA-Verband für Arbeitsgestaltung, Betriebsorganisation und Unternehmensentwicklung e. V.** wesentliche Untersuchungen zu Rationalisierungsproblemen vorgenommen.

9.2 Lösung von Rationalisierungsproblemen

REFA schlägt für Rationalisierungsvorhaben folgendes Vorgehen (Rationalisierungsprozess) vor:

Ziele setzen → Aufgabe abgrenzen → Ideale Lösungen suchen → Daten sammeln; praktikable Lösungen entwickeln → Optimale Lösungen auswählen → Lösung einführen, Zielerreichung kontrollieren

Stufe 1: Ziele setzen Aus dem Oberziel der Rationalisierung (Produktivität und Wirtschaftlichkeit steigern!) müssen realisierbare Unterziele abgeleitet werden. Wichtige Rationalisierungsziele sind: Kosten-, Organisations-, Humanisierungs-, Terminziele.

Beispiele: Rationalisierungsziele

Kostenziele
- Selbstkostensenkung um 15 %
- Ausschussverringerung um 90 %
- Durchlaufzeitverkürzung um 30 %

Organisatorische Ziele
- Beseitigung der Minimumsektoren
- Erhöhung des Beschäftigungsgrades auf 80 %
- Sicherung eines stetigen Materialflusses

Humane Ziele
- Verringerung der Arbeitsmonotonie
- Senkung der körperlichen Belastung
- Schaffung motivierender Kooperationsformen

Terminziele
- Festlegung des Realisierungstermins der Rationalisierungsmaßnahme

Dabei sind die Einflussgrößen des Sachverhalts zu untersuchen.

Beispiele: Einflussgrößen

- *Prozentanteil der einzelnen Kostenarten (Material-, Personal-, Betriebsmittel-, Verwaltungskosten)*
  Man wird dort ansetzen, wo die höchsten Einsparungen möglich sind.
- *Gegebener Rationalisierungsgrad und Stand der Technik*
  Dies erlaubt Rückschlüsse darauf, wo sich neue Verfahren einsetzen lassen.
- *Zukünftige Entwicklung des Absatz- und Beschaffungsmarktes*
  Diese Entwicklung erlaubt Rückschlüsse, bei welchen Erzeugnissen und Materialien sich Rationalisierungsmaßnahmen am ehesten lohnen.

Stufe 2: Aufgaben abgrenzen

Grobabgrenzung

- **Benennung des Rationalisierungsgegenstands** (z. B. ein Arbeitsablauf, Arbeitsplatz, Produkt)
- **Festlegung eines Mindestziels** (z. B. Herstellungskostensenkung Baugruppe X um mindestens 15 %)

Feinabgrenzung

- **Festlegung der Systemgröße** (Angabe, ob sich die Maßnahme auf einen bestimmten Arbeitsplatz, eine Arbeitsplatzgruppe oder den ganzen Betrieb erstreckt)
- **Festlegung der Rationalisierungsansätze**
- **Festlegung der Minimalforderungen, die die Rationalisierungsmaßnahme unbedingt beachten muss** (z. B. bestimmte Fertigungsmengen, bestimmte Produktqualität, begrenzter Umfang an Finanzmitteln, Zwang zur Nutzung bestimmter Betriebsmittel, Eignung des Arbeitsplatzes auch für Frauen)
  Für die Feinabgrenzung werden zweckmäßigerweise Projektteams gebildet.

Wichtige Ansatzpunkte der Rationalisierung

- **Menschlicher Anteil an der Arbeit** (z. B. zweckmäßige Bewegungsabläufe – etwa Grifffolgen – und Arbeitsmethoden; Abstimmung mit der Arbeitsumgebung)
- **Erzeugnisgestaltung** (z. B. konstruktive Vereinfachungen, Normung und Typung, Spezialisierung, Qualitätsverbesserung)
- **Automation** (z. B. CNC-Maschinen, Roboter, flexible Fertigungssysteme)
- **Arbeitsorganisation** (z. B. Bildung von Aufgabenbereichen, Gestaltung nach dem Fließprinzip)
- **Soziale Gestaltung** (z. B. Bildung von Arbeitsgruppen, Arbeitszeitgestaltung, Arbeitssicherheit)

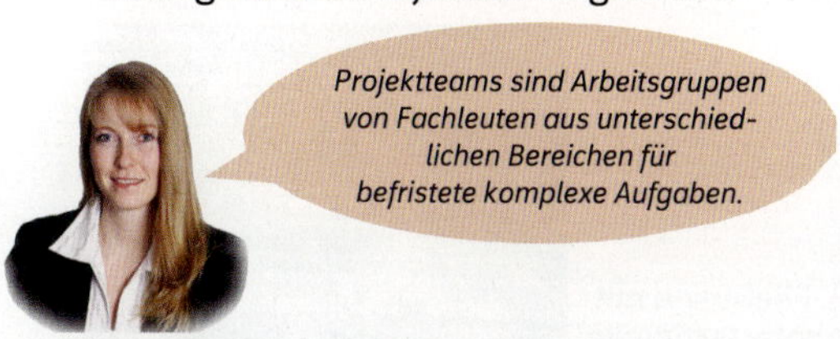

Stufe 3: Ideale Lösungen suchen Auch hierzu sind Projektgruppen geeignet. Sie sollen zunächst ohne Rücksicht auf die Beschränkungen der Stufe 2 ungehemmt Ideallösungsvorschläge einbringen. Ideale Arbeitsformen: Brainstorming, Synectic.

Stufe 4: Daten sammeln und praktikable Lösungen entwickeln Rationalisierungsansätze, zweckmäßige Systemgröße und Minimalforderungen werden wieder eingeführt (Stufe 2). Die Ergebnisse von Stufe 3 werden an diesen Bedingungen ausgerichtet. Dabei sollten mindestens zwei Lösungen genau ausgearbeitet werden.

Stufe 5: Optimale Lösung auswählen Es sollen nur Lösungen ausgewählt werden, die technisch sicher, wirtschaftlich, menschlich zumutbar und rechtlich zulässig sind.

Stufe 6: Lösung einführen und Zielerreichung kontrollieren

Die Entscheidung wird von der Geschäftsleitung gefällt. Sie berücksichtigt technische und psychologische Aspekte:

Technische Aspekte	Psychologoische Aspekte
• Soll das neue System sofort voll oder soll es erst allmählich eingeführt werden? • Soll es durch eigene Mitarbeiter oder externe Spezialisten eingeführt werden? • Wie können Ausfälle in der laufenden Produktion vermieden werden? • Wie soll die Rationalisierungsmaßnahme zeitlich ablaufen? • Wie werden die nötigen Arbeitskräfte geschult/angelernt?	• Sind die Mitarbeiter zu Änderungen bereit? • Sind die Mitarbeiter in die Entwicklung der Rationalisierungsmaßnahme mit einbezogen worden? • Sind die Mitarbeiter rechtzeitig informiert worden?

Die Einführungsphase muss laufend überwacht werden. Nur so lässt sich feststellen, ob die Rationalisierungsmaßnahmen konsequent und wie geplant angewendet wird.
Anschließend ist die **Kontrolle** durchzuführen: Vergleich der Rationalisierungsergebnisse mit den Zielen. Werden die Ziele nicht wie planmäßig erreicht, sind die Ursachen zu suchen und Korrekturmaßnahmen einzuleiten.

Arbeitsauftrag

REFA schlägt vor, bei Rationalisierungen in sechs Stufen vorzugehen:

a) Nennen Sie diese Stufen und beschreiben Sie sie kurz in eigenen Worten.
b) Suchen Sie Möglichkeiten der Rationalisierung der betrieblichen Ausbildung. Gehen Sie dabei nach der REFA-Methode vor.
c) Entwickeln Sie Rationalisierungsmaßnahmen für Ihren derzeitigen Arbeitsplatz anhand der REFA-Methode.
d) Entwickeln Sie in Gruppenarbeit Rationalisierungsmaßnahmen für den Arbeitsplatz Ihres BWL-Lehrers.
e) Vergleichen Sie die REFA-Methode mit den Vorgehensweisen, die auf den Seiten 26, 64, 67 und 254 des Lehrbuchs dargestellt werden.

9.3 Ansatzpunkt Automation

Fließband mit Handfertigung

Fließband mit Roboterfertigung

Bei Betriebsmitteln lässt sich eine stetige Entwicklung von Handarbeit zu Maschineneinsatz und Automation erkennen. Dabei werden bestehende Produktionsverfahren durch produktivere, kostengünstigere, qualitativ bessere Verfahren ersetzt.

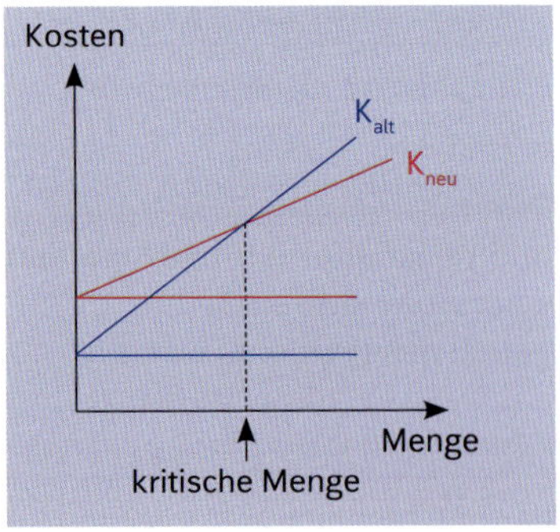

Neue, modernere, leistungsfähigere Anlagen verursachen meist höhere Fixkosten, aber niedrigere variable Kosten als ältere Anlagen. Im Schnittpunkt der Gesamtkostenkurven zweier Anlagen (K_{alt}, K_{neu}) liegt die „kritische Menge“. Ab hier sind die Kosten der neuen Anlage niedriger. Ihr Einsatz lohnt sich (vgl. S. 130).

Als Beispiele für Fertigungsautomation haben wir bereits **Computer Aided Manufacturing** und **Computer Integrated Manufacturing** behandelt.

9.4 Ansatzpunkt Arbeitsorganisation

9.4.1 Arbeitsteilung

Ausgangspunkt für eine rationale Arbeitsorganisation ist die Arbeitsteilung.

Arbeitsteilung bedeutet: Verteilung der Arbeiten in einem Leistungsprozess auf verschiedene Träger. Sie bedeutet Spezialisierung auf bestimmte Tätigkeiten.

Die Arbeitsteilung innerhalb des Betriebs umfasst zwei Aspekte: Aufgabengliederung und Arbeitszerlegung.

- **Aufgabengliederung**
Die betriebliche Gesamtaufgabe wird in Teilaufgaben gegliedert. Diese werden Stellen zugeteilt. Die Aufgabengliederung spiegelt sich im Organigramm wider.
- **Arbeitszerlegung**
Bei der Arbeitszerlegung wird die Arbeit in Teilarbeiten (Arbeitsvorgänge) zerlegt.

Arten der Arbeitszerlegung sind:

Mengenteilung
Mehrere Personen führen die gleiche Arbeit nebeneinander aus.

Artteilung
Mehrere Personen führen aufeinanderfolgende Arbeiten aus.

Beispiel: **Mengen- und Artteilung**

In einer Glasschleiferei bearbeiten 5 Glasschleifer nebeneinander Gläser.

Am Fließband führen Arbeiter aufeinanderfolgende Arbeiten an gleichartigen Objekten aus.

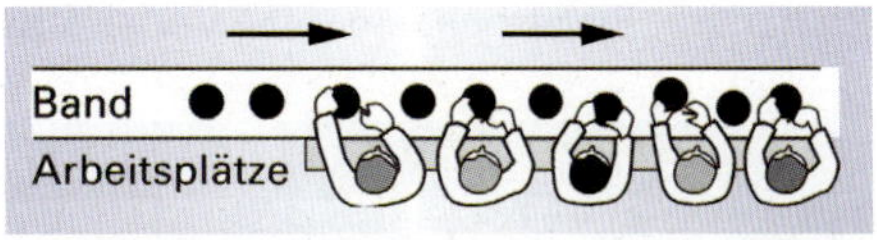

Arbeitsgliederungspläne zerlegen einen Arbeitsvorgang nacheinander in Teilvorgänge, Vorgangsstufen und Vorgangselemente[1]. Diese Aufteilung ist wichtig für die Bildung einheitlicher Taktzeiten bei der Fließfertigung, aber auch für die Gruppenfertigung (Fließinseln).

Arbeitsteilung	
Vorteile	**Nachteile**
Die Arbeitsteilung ermöglicht: – die Spezialisierung des Arbeiters. Durch Übung und Gewöhnung wird dessen Produktivität und/oder die Qualität seiner Leistung gesteigert. – den wirtschaftlichen Betriebsmitteleinsatz. Am gleichen Arbeitsplatz fallen stets gleiche Arbeitsvorgänge an. Dadurch ist der Einsatz von Spezialmaschinen möglich. – den Einsatz ungelernter bzw. angelernter Arbeitskräfte. Die sich immer wiederholenden Arbeitsvorgänge ermöglichen es, auf ungelernte Arbeitskräfte zurückzugreifen.	Die Arbeitsteilung bewirkt – Arbeitsmonotonie, – einseitige Belastung des Arbeiters. Dies kann führen zu – Unlust, – hoher Fluktuation, – willkürlichem Fernbleiben von der Arbeit, – höherem Krankenstand, – Sabotage, – höheren Kosten.

[1] Vgl. S. 154 und 424.

9.4.2 Arbeitsablauf

Die Ergebnisse von Aufgabengliederung und Arbeitszerlegung werden benutzt, um den Arbeitsablauf rational zu gestalten. Dazu werden eingehende Arbeitsablaufstudien durchgeführt. Sie entwickeln u. a. anschauliche grafische Darstellungen von Arbeitsabläufen (z. B. Grundrissdarstellungen, Prozessdarstellungen), die für die Optimierung der Arbeitsabläufe benutzt werden können.

9.5 Ansatzpunkt Erzeugnisgestaltung

9.5.1 Standardisierung

Standardisierung ist Vereinheitlichung. Für die Industrie sind v. a. wichtig: Normung, Typung, Baukastensysteme, Teilefamilien.

Sie erinnern sich? Standards sind weithin anerkannte und angewandte Regeln (Vereinheitlichungen, Methoden). Dazu gehören Normen sowie Regeln, die sich aus Erfahrung und Praxis entwickeln.

Normung

Normung bedeutet eine allgemein anerkannte Vereinheitlichung von Einzelteilen, einfachen Erzeugnissen und immateriellen Gegenständen auf der Grundlage von Normen.

Normen entstehen durch ein besonderes Normenverfahren, das von der zuständigen Organisation durchgeführt wird. Sie sind mit Wissenschaft und Praxis abgestimmt und jedermann zugänglich. Arten sind: Dienstleistungs-, Gebrauchstauglichkeits-, Liefer-, Maß-, Planungs-, Sicherheits-, Stoff-, Verfahrens- und Verständigungsnormen.

Werksnormen	Nationale Normen	Internationale Normen
gelten nur im Bereich eines Unternehmens. Besser redet man von Werkstandards, weil i. d. R. kein Normungsverfahren durchgeführt wurde.	z. B. **DIN** (von **D**eutsches **I**nstitut für **N**ormung); **AFNOR** (von **A**gence **F**rançaise de **N**ormalisation)	**ISO**-Normen (von **I**nternational **O**rganization for **S**tandardization); **EN**-Normen (zuständig: CEN = Comité Européen de Normalisation)
z. B. einheitliche Vordrucke	z. B. einheitliche Papierformate (DIN A4 usw.)	z. B. genormte Containermaße (Norm: ISO 688)

DIN-Normen werden unter Mitwirkung der Öffentlichkeit vom Deutschen Institut für Normung (DIN) herausgegeben.

Grundnormen gelten für unterschiedlichste Bereiche (z. B. einheitliche Maßeinheiten, Normdurchmesser); **Fachnormen** gelten für bestimmte Branchen (z. B. Elektrotechnik, Bauwesen).

Web M 226

- Normung bewirkt vielseitige Verwendbarkeit der Teile;
- Normung erleichtert Konstruktion, Kalkulation und Bestellung;
- Normung bewirkt Kosten- und Preissenkungen;
- Normung ermöglicht die Massenfertigung;
- Normung vereinfacht und verbilligt die Lagerhaltung (Beschränkung auf wenige Arten);
- Normung verbessert die Qualität der Erzeugnisse (durch Spezialisierung) und des Kundendienstes (schnelle Ersatzlieferung, Austauschbarkeit der Teile).

Sehen Sie sich auch die Datei _Bedeutung von Normen_ an.

Typung

Typung ist Vereinheitlichung von Endprodukten. Typen sind gleichartige Produkte, die sich in Einzelheiten unterscheiden können.

Beispiel: Typung

Pkw-Typ VW Golf: vereinheitlichtes Endprodukt mit unterschiedlichen Teilen (Lackierung, Motorstärke, Ausstattung)

- **Baureihen** sind verschiedene Größen des Typs (z. B. aufgrund von Motorstärken).
- **Varianten** sind unterschiedliche Ausführungen von Bauteilen (z. B. getönte Scheiben).

Normteile gehen i. d. R. als Einzelteile in das Enderzeugnis ein. Das der Typung unterworfene Erzeugnis spricht dagegen direkt den Verwender an.

Typung nutzt die Vorteile der Spezialisierung und trägt durch Baureihen und Varianten dennoch den individuellen Kundenwünschen Rechnung. Ziel: Durch möglichst wenige Typen möglichst viele **Kundenwünsche** zu befriedigen.

Baukastensystem

Beim Baukastensystem bestehen die Produkte aus Bausteinen. Das sind Teile, die nach Baumusterplänen zu verschiedenartigen Erzeugnissen zusammengebaut werden können.

Beispiel: Baustein

Motor VX kann in die Modelle F1, F2, F3 eingebaut werden.

Bausteine übertragen den Gedanken der Normung auf kompliziertere Teile.

Vorteile des Baukastensystems:
- Nutzung der Vorteile der Fixkostendegression durch hohe Auflagen der Bausteine,
- erleichterte, kostengünstigere Wartung und Reparatur,
- schnellere Ersatzteilbeschaffung,
- Wiederverwendbarkeit der Bauteile,
- Möglichkeit von An- und Umbau oder Umstellung.

Teilefamilien

Fertigungstechnisch verwandte Teile von ähnlicher Form bilden eine Teilefamilie. Sie können auf den gleichen Maschinen mit dem gleichen Werkzeug produziert werden. Lediglich die Steuerung der Maschine wird verändert.

Beispiel: Teilefamilien

Bei Drehteilen kann man nach der groben Form (wellen-, hülsen-, scheibenförmig) Teileklassen bilden. Innerhalb dieser differenziert man nach weiteren Formmerkmalen und nach Abmessungen.

Listen-Nr.	Teilefamilien bei Drehteilen
NN 33-050	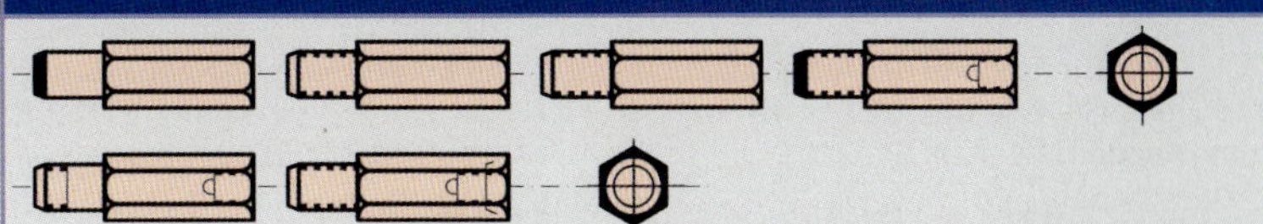
NN 33-054	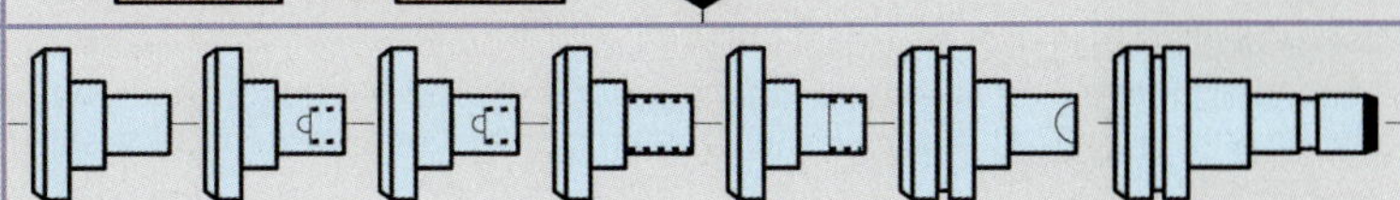

Die einzelnen Teilefamilien und ihre Objekte müssen klar durch Teilefamilienschlüssel gekennzeichnet sein. Das ist ein an der Form oder Fertigungstechnik orientiertes Zeichnungsnummernsystem.

9.5.2 Produktspezialisierung

***Produktspezialisierung* ist die Beschränkung des Fertigungsprogramms eines Unternehmens auf wenige Produktarten.**

Beispiel: Produktspezialisierung
Ein Unternehmen stellt ausschließlich Zahnräder her.

Die **Vorteile** von Normung und Typung wirken sich bei Spezialisierung besonders aus:

- Steigerung von Erzeugnisqualität und Leistungsfähigkeit des Betriebs, da dem engen Produktkreis erhöhte Aufmerksamkeit gewidmet werden kann;
- Verringerung des Bedarfs an Werkzeugen, Maschinen, Vorrichtungen (stark wachsend mit der Zahl der Erzeugnisse);
- weniger Konkurrenz durch Absprachen mit Konkurrenzbetrieben.

Nachteil: Größeres Absatzrisiko; ein Ausweichen auf andere Artikel durch schnelle Umstellung der Produktion ist nicht möglich.

9.6 Ansatzpunkt „Menschlicher Anteil an der Arbeit“

9.6.1 Arbeitszeitstudien

Arbeitszeitstudien ermitteln die **Vorgabezeit**. Das ist die Zeit, die für die ordnungsgemäße Erledigung einer Aufgabe bei normaler Leistung der Arbeitskraft veranschlagt wird. Vielfach setzt sie die Ermittlung rationeller Bewegungsabläufe (z. B. Hinlangen, Greifen, Loslassen, ...) voraus. Die Vorgabezeit wird in den Arbeitsplan eingetragen. Besonders wichtig ist sie auch für die Akkordarbeit (siehe S. 439).

9.6.2 Ergonomische Arbeitsgestaltung

Die Ergonomie ist die Wissenschaft von der Anpassung der Arbeit an den Menschen. Diese Anpassung bezieht sich zugleich auf

- die körpergerechte Gestaltung der Arbeitsplätze,
- die Gestaltung des Bewegungsablaufs,
- die Gestaltung der Arbeitszeit,
- die Gestaltung der Arbeitsumgebung.

Bereiche der ergonomischen Arbeitsgestaltung
Arbeitsplatz
Die Arbeitsmittel und der Arbeitsraum müssen den Körpermaßen angepasst werden. So ist im Sitzen eine gewisse Beinfreiheit erforderlich. Hebel und Maschinen sollen körpergerecht konstruiert und angeordnet sein.
Bewegungsablauf
Die manuelle Arbeitstechnik soll einerseits rationalisiert werden, andererseits sollen einzelne Körperteile nicht einseitig belastet und eine gesunde Körperhaltung angestrebt werden. Leistungs- und Reaktionsfähigkeit, Muskelkräfte, Aufmerksamkeit und Konzentration sollen nicht überbeansprucht werden.

Arbeitszeit

Arbeitsbeginn, Arbeitsdauer und Pausen sollen so gelegt werden, dass die Ermüdung gering, die Erholung groß ist[1].

Arbeitsumgebung

Schädliche oder belästigende Umgebungseinflüsse (Gase, Staub, Dampf, Hitze, Lärm, Feuchtigkeit, Gerüche usw.) sollen gemindert oder ganz beseitigt werden.
Psychologische Gesichtspunkte (z. B. angenehme Farben, Formen, Materialien) und soziologische Gesichtspunkte (z. B. Repräsentationsfähigkeit usw.) sollen berücksichtigt werden und eine angenehme Arbeitsatmosphäre schaffen.

Beispiele: Ergonomisch gestaltete Arbeitsplätze

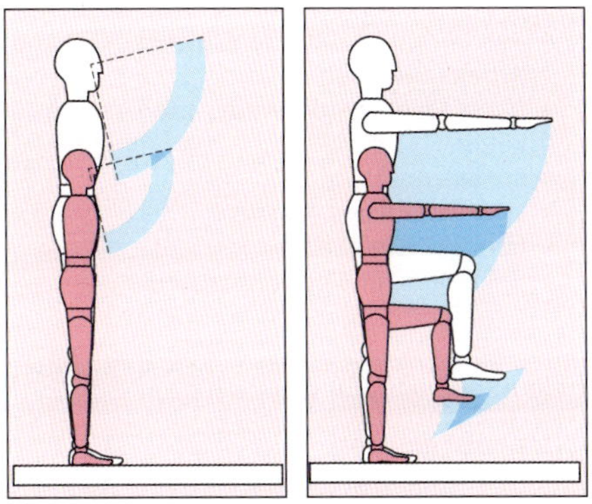

Das Blickfeld sowie der Arbeitsbereich für Arme und Beine sind je nach Körpergröße unterschiedlich; ein Arbeitsplatz soll angepasst werden.

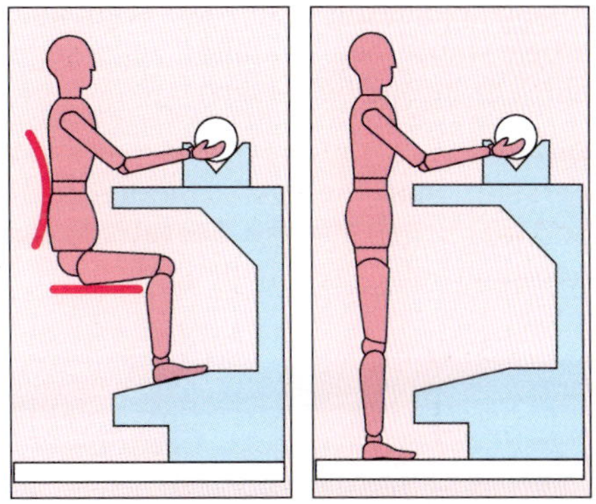

An einem gut gestalteten Arbeitsplatz soll der Mitarbeiter abwechselnd im Stehen und im Sitzen arbeiten können.

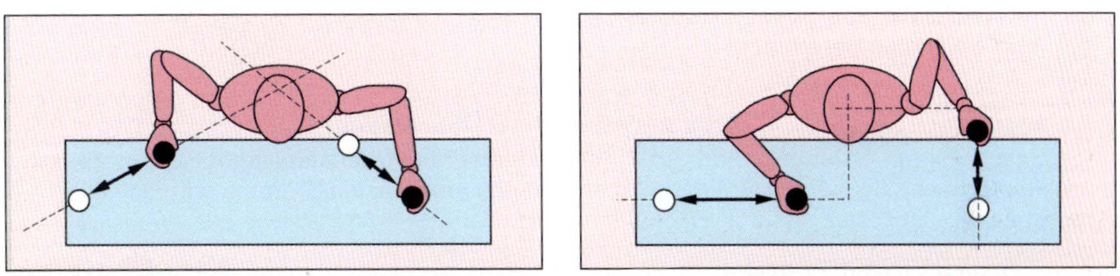

Hebel und ähnliche Bedienungselemente sollen so angeordnet sein, dass sie zur Körpermitte hin bewegt werden, weil dann die geringste Kraftanstrengung notwendig ist.

9.7 Ansatzpunkt „Soziale Gestaltung der Arbeit“

9.7.1 Humanisierung des Arbeitsinhalts

Moderne Zeiten – dieser Stummfilm ist Charlie Chaplins Satire auf die seelenlose Fließbandwelt des frühen 20. Jahrhunderts. Charlie, der tragische Held, erlebt, wie er zum Rädchen im Getriebe, zu einem Bestandteil der Maschinerie wird.
Charlie steht am Fließband. Er schraubt und schraubt. Immer weiter. Es kommt, was kommen muss. Er dreht durch. Mit seinem Schraubenschlüssel rennt er hinter der Sekretärin des Chefs her, gerät, immer weiter schraubend, auf die Straße. Dort will er bei einer vollbusigen Passantin weiterschrauben, was natürlich zu Problemen führt.

[1] Vgl. S. 351.

Fließbandarbeit ist technisch optimal, aber schädlich für den Menschen:

- Die konsequente Arbeitszerlegung lässt den Sinn der Arbeit nicht mehr erkennen, nimmt Freude und Leistungsbereitschaft, entfremdet den Menschen von seiner Arbeit.
- Durch ständig wiederholte Bewegungen entstehen Monotonie, Ermüdung, einseitige Belastung, Konzentrationsschwächen, Unlust, Organschäden.

Folgen: hoher Krankenstand, bisweilen Sabotage der Arbeit, Beschädigung von Produkten, hohe Kündigungsraten. Das alles mit entsprechenden Kosten für den Betrieb.

Durch eine humanere Arbeitsgestaltung wurde versucht, den Arbeitsinhalt stärker an die Fähigkeiten und Bedürfnisse der Arbeitenden anzupassen. Die Fließbandarbeit wurde neu gestaltet, teils sogar durch Gruppenarbeit ersetzt.

Unter *Humanisierung* der Arbeitswelt versteht man die menschengerechte und menschenwürdige Gestaltung der betrieblichen Arbeitsbedingungen.

Arbeitnehmerforderungen, anknüpfend an den Gedanken der Arbeitshumanisierung

- Arbeitsplatzsicherheit
- ausführbare, zumutbare, nicht schädliche Arbeitsaufgaben
- persönlichkeitsfördernde, interessante Tätigkeiten
- soziale Kontakte
- selbstständiges Arbeiten
- Lohngerechtigkeit
- Spielraum für eigene Entscheidungen

Maßnahmen der Arbeitshumanisierung

Arbeitserweiterung (Jobenlargement)

Mehrere hintereinandergeschaltete Arbeitsgänge werden zusammengefasst und einer Arbeitskraft zugewiesen.

Beispiel: Einzelarbeitsplatz

Der Mitarbeiter erledigt eine in sich abgeschlossene Arbeitsaufgabe. Er kann selbst Arbeitsleistung und -rhythmus bestimmen.

Arbeitsplatzwechsel (Jobrotation)

Die Beschäftigten nehmen innerhalb eines festgelegten Arbeitsabschnitts einen Tausch der Arbeitsplätze vor. So werden eintönige Arbeiten durch Abwechslung – durch unterschiedliche körperliche und seelische Belastungen – aufgelockert.

Beispiel: Umlauf-Prinzip

Das Werkstück wird durch „Ring-Transport" immer wieder zum Ausgangspunkt zurückbefördert. In festgelegtem Rhythmus werden die Arbeitsplätze wie abgebildet getauscht.

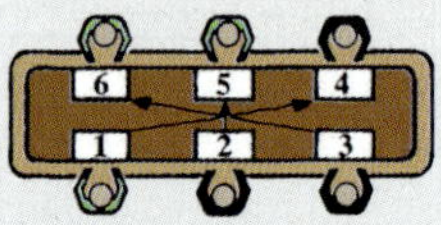

Arbeitsanreicherung (Jobenrichment)

Der Arbeitsinhalt wird mit Entscheidungs- und Gestaltungselementen angereichert. Diese können betreffen: Planung und Verteilung der Arbeit, Materialhandhabung und Qualitätskontrolle sowie die Koordination mit anderen Stellen. Dadurch entstehen höhere Freiheitsgrade und ein gewisses Maß an Selbstkontrolle in einem überschaubaren Verantwortungsbereich.

Gruppenarbeit (Teamarbeit, teilautonome Arbeitsgruppen)

Eine Gruppe von Arbeitern (5 bis 30 Personen) erhält eine gemeinsame mehrstufige Aufgabe zugewiesen, die sie in einer festen Zeit in eigener Regie erfüllen kann. Sie kann selbstständig die Arbeit unter die Gruppenmitglieder aufteilen, Montageteile abrufen und das Arbeitstempo bestimmen. Jeder in der Gruppe muss alle Handgriffe beherrschen. Die Gruppenarbeit umfasst Arbeitserweiterung, Arbeitsplatzwechsel und Arbeitsanreicherung. Darüber hinaus fördert sie die sozialen Kontakte.

Die Teamarbeit ist Bestandteil moderner Konzepte wie Lean Production und Total Quality Management. Vgl. S. 235 ff.!

9.7.2 Temporäre Arbeitsorganisation

Für befristete Aufgaben, größere Projekte (z. B. die Planung einer Anlage) ist die starre Aufbauorganisation des Betriebes oft hinderlich. Sie ist ja auf die betrieblichen Funktionen, nicht auf Prozesse ausgerichtet. Deshalb fasst man für derartige Aufgaben Fachleute aus den betroffenen Abteilungen unter einem Projektleiter zusammen.

Der Projektleiter ist für die Projektabwicklung verantwortlich.
Er vertritt das Projektteam nach außen und ist mit weitreichenden Vollmachten ausgestattet. Dazu gehören die Mitwirkung bei der Auswahl der Mitarbeiter, ihre Anleitung, Beurteilung, ggf. auch Mitwirkung bei ihrer Entlohnung.

Projektgruppen organisieren erfahrungsgemäß ihre Arbeit weitgehend selbst. Dabei sind die Aufgabenstellung, die Anforderungen und die Verfügbarkeit der Gruppenmitglieder zu berücksichtigen.

Die interdisziplinäre Zusammenarbeit bedeutet für die Mitglieder eine neue Herausforderung. Diese umfasst z. B. die eigenverantwortliche Vertretung des Fachgebiets, fachübergreifendes Denken, Kooperation im Team sowie konsensorientierte Entscheidungsfindung. Deshalb sind Projektgruppen auch ein wesentliches Instrument zur Entwicklung künftiger Führungskräfte.

9.7.3 Telearbeit

Bei der Telearbeit hat der Mitarbeiter seinen Arbeitsplatz nicht mehr im Betrieb. Er arbeitet vielmehr an einem Computer, der an einem beliebigen Platz steht: in der Regel zu Hause, aber auch bei einem Kunden, auf einer Messe, sogar im Auto oder Flugzeug. Der Computer ist online mit dem Betriebscomputer verbunden und kommuniziert mit ihm. So wird der Arbeitsplatz durch die Telekommunikation ortsungebunden.

Vorteile der Telearbeit	Nachteile der Telearbeit
Bessere Vereinbarkeit von Beruf und Familie	Soziale Isolation des Mitarbeiters
Erhöhte Mitarbeitermotivation durch einen modernen, telekommunikativen Arbeitsplatz	Problem der Mitarbeiterführung
Ersparnis von Arbeitsplatzkosten wie Büroräumen	Probleme mit dem Datenschutz
Entlastung der Verkehrswege	Hoher organisatorischer Aufwand
Geringere Wegezeiten zum Arbeitsplatz	Hoher technischer Aufwand
Neue Teilzeitarbeitsplätze	Ungewohnte Kommunikationsmethode für die Beschäftigten
Flexible Gestaltung der Arbeitszeit	Fremdbestimmung des Mitarbeiters durch den PC

Weitere Einzelheiten siehe Infomaterial *Telearbeit*.

Web M 231

Arbeitsaufträge

1. **Eine Fertigungsanlage hat fixe Kosten von 10 000,00 EUR im Vierteljahr. Außerdem verursacht jedes produzierte Stück Kosten von 100,00 EUR. Die Anlage soll durch eine modernere Anlage ersetzt werden. Deren Fixkosten betragen 13 000,00 EUR. Jedes produzierte Stück verursacht Kosten von 80,00 EUR. Zurzeit werden im Vierteljahr 140 Stück abgesetzt. Zukünftig rechnet man mit 200 Stück.**
   a) Welche Anlage erzeugt die genannten Mengen jeweils kostengünstiger?
   b) Berechnen Sie die kritische Menge, von der an die neue Anlage kostengünstiger arbeitet.

2. **Normung, Typung und Bausteine sind wichtige Maßnahmen der Vereinheitlichung.**
   a) Worin unterscheiden sich Normung und Typung?
   b) Papierformate sind genormt. Welche Rationalisierungsvorteile entstehen daraus?
   c) Erläutern Sie die Typung anhand des Erzeugnisprogramms Ihres Betriebes.
   d) Zeigen Sie, wie sich die Einführung des Baukastensystems
      (1) in der Bauindustrie,
      (2) in der Möbelindustrie,
      (3) in der Elektroindustrie auswirkt.

3. **„Die Spezialisierung stellt auch eine Gefahr für die Wirtschaft dar."**
   Erklären Sie diese Behauptung anhand passender Beispiele.

4. **„Wir wollen die Identifizierung des Arbeiters mit seinem Produkt langsam wieder aufbauen."**
   Erläutern Sie, was mit diesem Satz gemeint sein könnte.

5. **„Und nun passen Sie mal auf, was passiert, wenn ich das Ding hier einstecke!"**
   Was soll die abgebildete Karikatur aussagen?

© Jupp Wolter (Künstler), Haus der Geschichte, Bonn

6. **Zum Schmunzeln – aber Humanisierung der Arbeit?**

   a) Warum erfordert die dargestellte Arbeitsorganisation Humanisierungsmaßnahmen?
   b) Erläutern Sie, wieso die dargestellte „Maßnahme" nicht das Geringste mit Arbeitshumanisierung zu tun hat.
   c) Beschreiben Sie Maßnahmen, die tatsächlich geeignet sind – und in der Praxis angewendet werden –, die Arbeit humaner zu gestalten.

7. **Die Montage eines Telefonendgerätes setzt sich aus folgenden drei Arbeitsvorgängen zusammen:**
   - **Montage des Handapparates,**
   - **Montage des Gehäuses,**
   - **Montage des Endgerätes.**

   Diese Arbeiten sind bisher je einem Mitarbeiter übertragen worden.
   a) Sie sollen die drei Mitarbeiter überzeugen, dass sie die Montage der Baugruppen innerhalb einer Gruppe gestalten sollen. Fertigen Sie ein Argumentationsschema an.

b) Welche Maßnahmen müssen Sie durchführen, damit diese Mitarbeiter in der Lage sind, die Montage der Baugruppen in einer Fertigungsgruppe zu gestalten?

c) Beschreiben Sie mögliche Konflikte, die in dieser Arbeitsgruppe entstehen können.

d) Begründen Sie, warum es sich bei dieser Arbeitszusammenfassung noch nicht um eine Fertigungsinsel handeln kann.

8. Bei modernen Formen der Arbeitsorganisation werden die Stufen der Unternehmenshierarchie abgebaut.

Erläutern Sie dies am Beispiel der temporären Arbeitsorganisation.

9. Telearbeit ist eine besonders moderne Arbeitsorganisation, die die Arbeitswelt erheblich verändert.

a) Welche Tätigkeiten eines Fertigungsbetriebes sind besonders geeignet, in dieser Organisationsform erledigt zu werden?

b) Welche Tätigkeiten sind auf keinen Fall geeignet, in Form von Telearbeit erledigt zu werden?

9.8 Ganzheitliche Rationalisierungskonzepte

9.8.1 Schlankes Unternehmen

Das Massachusetts Institute of Technology (MIT) veröffentlichte 1990 eine Studie, in der die japanische, amerikanische und europäische Automobilproduktion verglichen wurden. Der Vergleich fiel eindeutig zugunsten der Japaner aus. Hier einige Zahlen:

	Japan	Europa
• Entwicklungszeit für ein neues Pkw-Modell in Monaten	46,2	57,3
• Rückkehr zur normalen Fertigungsqualtität nach Modellwechsel nach ... Monaten	1,4	12
• Fertigungsstunden pro Fahrzeug	16,8	36,2
• Montagefehler pro 100 Fahrzeuge	60,0	97,0

Die Japaner waren produktiver, kostengünstiger, erzielten von vornherein eine höhere Qualität. Die MIT-Studie wies nach, dass das Erfolgsgeheimnis letztlich auf einer „Unternehmensphilosophie" beruhte, die wesentliche Unterschiede zur europäischen (und amerikanischen) Konzeption aufwies.

Europäische „Philosophie"	Japanische „Philosophie"
Das Unternehmen ist eine Zweckgemeinschaft der Produktionsfaktoren. Der dispositive Faktor „denkt und lenkt"; ausführende Arbeitskräfte arbeiten mit technisch möglichst perfekten, durchrationalisierten Fertigungsanlagen. So sollen Massenproduktion und größtmögliche Senkung der Stückkosten ermöglicht werden. Vollendete Form: Computer Integrated Manufacturing.	Das Unternehmen ist eine Sinngemeinschaft der darin arbeitenden Menschen. Die Menschen sollen sie so begreifen, sich mit ihr identifizieren und gemeinsam ihre Kräfte optimal für das Wohlergehen des Unternehmens einsetzen. Der arbeitende Mensch ist das kostbarste Gut des Unternehmens. Er muss seine Kräfte optimal entfalten können.

Mit der japanischen Philosophie verbindet sich ein wesentlicher Grundgedanke:

Jede Art von Verschwendung muss vermieden werden.

Verschwendung äußert sich z. B. in:

- unnötigen Lagerbeständen,
- Ausschuss aufgrund mangelhafter Qualität,
- unausgenutzter quantitativer Kapazität,
- unausgenutzter qualitativer Kapazität,
- Fehlern aufgrund mangelnder Motivation und Identifikation mit den Unternehmenszielen.

Das Unternehmen muss diese Verschwendung „abspecken", es muss schlank (MIT nennt es „lean") werden. Das Ergebnis heißt für den Bereich der Fertigung z. B. **schlanke Produktion (Lean Production)**. Mit ihr wird das Unternehmen auch in hohem Maße wettbewerbsfähig.

Die Organisationsform der schlanken Produktion ist die Teamarbeit (Gruppenarbeit).

Es wurde erkannt, dass die Gruppe produktiver, flexibler und kreativer arbeiten kann als der Einzelne, weil sich die Kräfte der Teammitglieder gegenseitig ergänzen und fördern. Möglichst viele Beschäftigte (in japanischen Automobilwerken fast 70 %) sind deshalb in Arbeitsgruppen integriert.

Teamarbeit (Gruppenarbeit)

Verantwortlichkeit der Gruppe

Die Gruppe übernimmt einen in sich abgerundeten Arbeitsprozess und ist dafür voll verantwortlich.

Vielseitige Qualifikation

Damit die Mitarbeiter ihre Kräfte optimal entfalten können, werden sie bestens ausgebildet und vielseitig qualifiziert. Sie sind deshalb dynamisch. Sie kennen alle Arbeiten der Gruppe. Arbeitsplatzwechsel, Arbeitserweiterung und Arbeitsanreicherung sind deshalb selbstverständlich und erhöhen die Motivation.

Total-Productive-Maintenance (TPM)

Aufgrund ihrer hohen Qualifikation sind die Mitarbeiter zur eigenverantwortlichen Instandhaltung der Betriebsmittel (TPM) befähigt. Sie können bei Maschinenstörungen selbst Analysen durchführen sowie Störungen und Defekte beseitigen. Maschinenleerkosten für Maschinenstillstand und Reparaturkosten sinken.

Abbau von Hierarchien

Auf die Gruppe werden Aufgaben und Kompetenzen übertragen, die vorher übergeordneten, vor- und nachgelagerten Stellen vorbehalten waren. Die Gruppen werden in die Planung und Kontrolle einbezogen. Deshalb können solche Abteilungen wie Arbeitsvorbereitung, Logistik und Qualitätsüberwachung ausgedünnt werden. Die Entscheidungswege werden kürzer, Zeiten werden eingespart, Hierarchien und Kosten werden abgebaut. Das Management erhält eine neue Qualität: Es ist nicht – wie in der alten Organisation – Befehlserteiler, sondern soll die produzierenden Gruppen unterstützen.

Null-Fehler-Produktion

Die Verantwortlichkeit für den Gruppenarbeitsprozess beinhaltet auch, dass jede Gruppe voll verantwortlich für die Leistungen ist, die sie der folgenden Gruppe übergibt. Sie muss alles tun, um Fehler von Anfang an zu vermeiden. Es wird also die Null-Fehler-Produktion angestrebt. Die Folge: niedrige Kosten für Qualitätskontrolle und Fehlerbeseitigung. (Hier liegt ein wichtiger Grund dafür, dass die japanischen Automobile von vornherein eine höhere Qualität als die der europäischen und amerikanischen Konkurrenz hatten. Letztere kalkulierte eine bestimmte Fehlerquote ein und beseitigte dann die Fehler mit hohen Kosten.)

„Kaizen": kontinuierliches Verbessern

Um Fehlerfreiheit und eine ständige Qualitätssteigerung zu gewährleisten, soll die Gruppe kontinuierlich über Verbesserungen nachdenken und Verbesserungsvorschläge machen.

Alle genannten Merkmale fördern die **Identifikation** des Mitarbeiters mit seiner Arbeit und motivieren ihn. Die Gruppenleistung ist auch ein wichtiges Kriterium für die Lohnfindung.

Lean Production vernachlässigt keineswegs die **Technik**. Im Gegenteil: Automation und CIM werden gezielt integriert, um die Leistung und Qualität zu steigern.

Die Arbeitsgruppen stehen auch nicht konkurrierend und abgegrenzt nebeneinander, sondern sie überlappen sich und **kommunizieren** miteinander. Darüber hinaus wird das **Just-in-time-System** streng angewendet und sorgt dafür, dass **Kunden und Lieferanten** mit in die Struktur eingebunden werden. Man geht mit den Lieferanten feste Bindungen ein und verpflichtet sie, ebenfalls die volle Verantwortung für rechtzeitige Lieferung und Qualität zu übernehmen. Die eigene Eingangskontrolle kann damit weitgehend entfallen.

Auf der anderen Seite sucht man ständigen Kontakt zu den Kunden, ja sogar die Zusammenarbeit mit ihnen.

Als wesentlicher Schlüssel für den Erfolg von Lean Production wird **Kaizen** angesehen, das **kontinuierliche Verbessern der Prozesse (KVP)**, zu dem alle Teammitarbeiter ständig aufgerufen sind. Wichtig ist, dass ein durch Kaizen verbesserter Zustand als verbindlicher Standard festgeschrieben wird, damit auf diesem Standard neue Verbesserungen aufgebaut werden können.

Kaizen führt zu einem nie endenden Optimierungsprozess.

Für das Kaizen-Konzept sind die Produktionsmitarbeiter am wichtigsten, da sie das aktuelle Produkt herstellen. Das Management kann Kaizen nur einführen, durchsetzen, fördern und überwachen.

Verbesserungen kommen grundsätzlich auf zweierlei Art zustande:

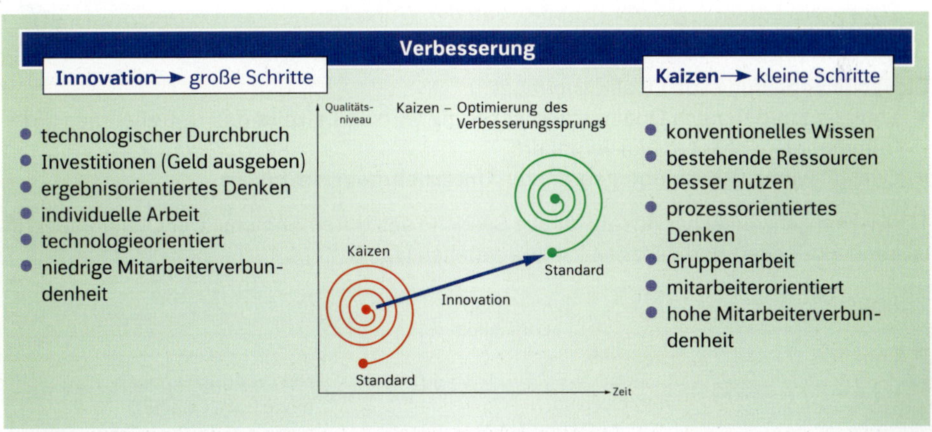

Eine Ausweitung der Gedanken der Lean Production führt zum **Lean Management**, zur schlanken Unternehmensführung. Sie beinhaltet unter anderem den Abbau von Instanzen in der Verwaltung, die Bildung dezentralisierter Unternehmenseinheiten mit eigenverantwortlichen Kompetenzen und die Bildung effizienter Teams.

9.8.2 Umfassendes Qualitätsmanagement (Total Quality Management, TQM)

Wenn man TQM und Lean zum Vergleich gegenüberstellt, entdeckt man rasch, dass sie z. T. gleiche Elemente und gleiche Methoden verwenden und auch sonst recht viele Gemeinsamkeiten aufweisen. Vor allem wäre da zu nennen:

- die konsequent durchgeführte Delegation von Verantwortung,
- die Betonung der Eigenverantwortung (Ausschöpfung des Potenzials an Eigeninitiative und Kreativität),
- die Fokussierung auf die Motivierung und Identifikation der Mitarbeiter,
- die Prozessorientierung,
- der Einsatz der Teamarbeit.

Auch das Ziel beider Ansätze ist identisch: Zur langfristigen Sicherung der Existenz und Substanz des Unternehmens sollen die Ergebnisse messbar verbessert werden.

Allerdings verfolgt man dieses Ziel auf unterschiedlichen Wegen:

- Lean orientiert sich in erster Linie intern; es setzt bei der Organisation, Kosten und Effizienz an.
- TQM orientiert sich in erster Linie extern, indem es den Kundenbezug herausstellt.

Die Norm DIN ISO 9004 bezeichnet TQM als eine Führungsmethode mit folgenden Merkmalen:

- **TQM stellt die Qualität in den Mittelpunkt.**
- **TQM will zufriedene Kunden durch Qualität.**
- **TQM basiert auf der qualitätsorientierten Mitwirkung aller Mitglieder.**
- **TQM strebt auf dieser Basis an:**
  - **langfristigen Geschäftserfolg,**
  - **Nutzen für die Mitglieder des Unternehmens,**
  - **Nutzen für die Mitglieder der Gesellschaft.**
- **TQM stellt Fehler jeglicher Art sofort an der Wurzel ab.**
- **TQM führt eine vorbeugende Fehlerverhütung durch.**

Der Kunde steht bei uns im Mittelpunkt. Er bestimmt täglich unser Handeln. Wir wollen höchste Qualitätsansprüche erfüllen und streben beständig nach Verbesserung der Qualität.

Die große Bedeutung von Qualität verlangt:

- Stetiges Streben nach Qualitätsverbesserung wird im **Leitbild** des Unternehmens (der Unternehmensphilosophie) verankert.
- Qualität wird zu einem übergeordneten **Unternehmensziel** erklärt.

TQM ist ein ganzheitlicher Ansatz für alle Bereiche des Unternehmens. Der Qualitätsbegriff ist kundenorientiert und ganzheitlich zu verstehen (vgl. S. 71).

Qualität

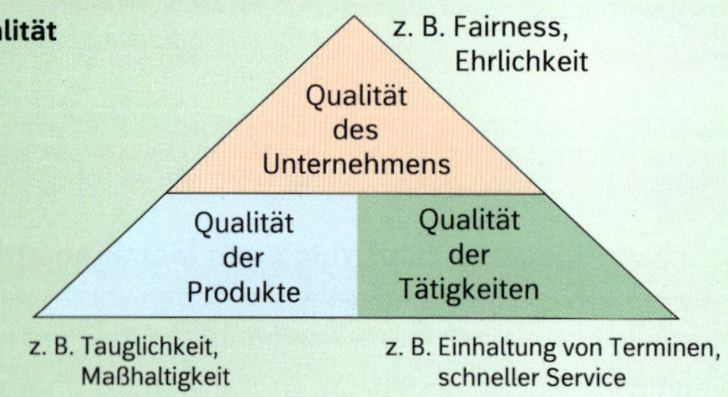

Die Leistungen haben die richtige Qualität, wenn sie die Ansprüche, Bedürfnisse und Erwartungen der Kunden erfüllen.

Auch der Kundenbegriff ist ganzheitlich zu verstehen:

Externe Kunden sind ...	Interne Kunden sind ...
• die (eventuellen) Käufer der Produkte • Verwender und Benutzer • staatliche und gesellschaftliche Einrichtungen, die Leistungen in Anspruch nehmen	• alle Mitarbeiter, die Arbeitsergebnisse aus einer Vorstufe übernehmen und weiterverarbeiten

So wird das gesamte Unternehmen zu einem Beziehungsgeflecht von Kunden und Lieferanten. Beide tragen Qualitätsverantwortung: Der Kunde formuliert eindeutig die Qualitätsanforderungen, der Lieferant liefert die verlangte Qualität. Dies bedingt eine intensive Kommunikation.

Auswirkung erfüllter Qualitätsansprüche

extern:
- Zufriedenheit externer Kunden
- steigende Kundenbindung (→ Stammkunden)
- gutes Unternehmensimage (→ Wettbewerbsvorteile, ggf. bessere Aussichten für Preiserhöhungen und Absatzsteigerungen)

intern:
- hohe Motivation interner Kunden
- ungestörte, ununterbrochene Arbeitsprozesse

Auswirkung unerfüllter Qualitätsansprüche

extern:
- Unzufriedenheit externer Kunden
- Kundenreklamationen
- Preisnachlässe, Produktrücknahmen (→ Umsatzausfall), Schadensersatz
- Kundenabwanderung
- schlechtes Unternehmensimage (→ Wettbewerbsnachteile)

intern:
- gestörte Prozesse
- Nachbearbeitungskosten
- Kosten für Ausschuss (unverkäufliche Produkte → Material-, Arbeits-, Maschinenzeitverlust)

TQM ist prozess-, mitarbeiter-, veränderungs- und gesellschaftsorientiert:

Prozessorientierung
Jede sich wiederholende Folge von Tätigkeiten ist ein Prozess. Sie kann standardisiert und ständig verbessert werden. Der Prozess wird durch den Prozessverantwortlichen auf seine Wirksamkeit hin untersucht und optimiert.

Mitarbeiterorientierung
Jeder Mitarbeiter ist am Verbesserungsprozess beteiligt. Der Mitarbeiter ist das wertvollste Gut des Unternehmens. Er soll ganzheitlich denken und handeln und ständig besser qualifiziert werden.

Veränderungsorientierung
Traditionelle Abläufe werden auf ihren Nutzen für Kunden und Unternehmen hinterfragt und müssen ständig verbessert werden.

Gesellschaftsorientierung
Das Unternehmen steht in der Öffentlichkeit und muss sein Image pflegen. Seine Verantwortung umfasst auch das Umfeld, in dem es arbeitet. Gesellschaftliche Schwerpunkte können z. B. Umweltmanagement, Arbeitsplatzsicherheit oder Wohltätigkeit sein.

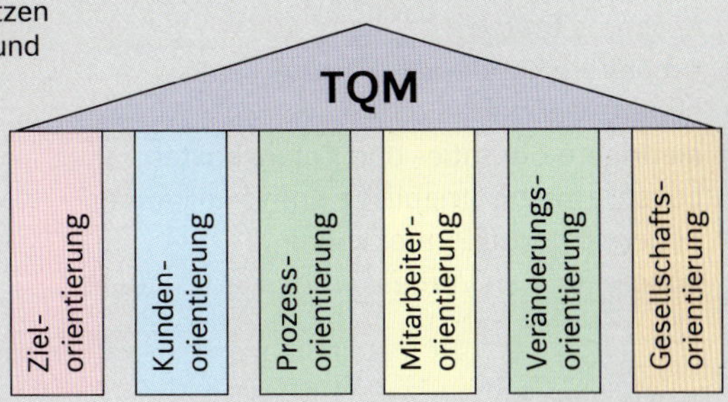

Teamarbeit, Kaizen, Null-Fehler-Produktion haben bei TQM das gleiche Gewicht wie bei Lean Production.

Für die Qualitätsanalyse existieren zahlreiche **TQM-Instrumente**. Hierzu gehören u. a.:
- das CAQ-System,
- Fehlersammellisten (zur Ermittlung von Fehlerhäufigkeiten für bestimmte Fehlerarten) und Säulendiagramme (zur Darstellung der Fehlerhäufigkeit),
- ereignisgesteuerte Prozesskettendiagramme,
- Benchmarking,
- Workflowanalysen,
- Schwachstellenanalysen (z. B. in der Form von Fehlermöglichkeits- und Einfluss-Analysen und von Ursache-Wirkungs-Diagrammen).

Beispiel: Ursache-Wirkungs-Diagramm (Ishikawa-Diagramm[1])

Das Diagramm beschreibt mögliche Problem-Ursachen. Als Oberbegriffe können die 7 M-Störgrößen, aber auch individuell problembezogene Größen gewählt werden. Den Oberbegriffen ordnet man detaillierte Ursachen zu, die anschließend weiter analysiert werden können.

Das folgende Diagramm analysiert die Ursachen für häufige Lieferterminüberschreitungen[2].

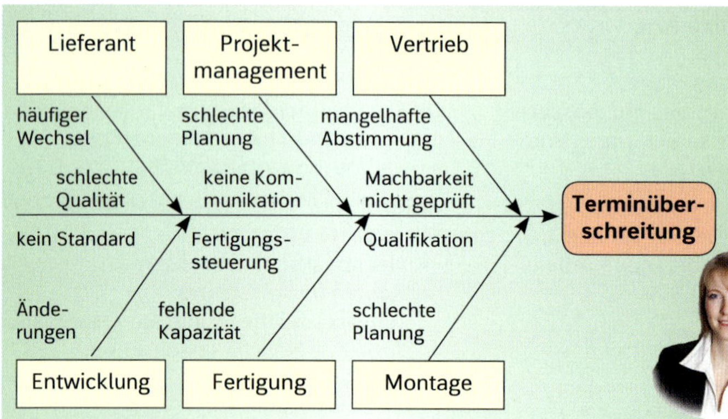

Betriebe mit TQM haben oft zahlreiche Vorteile gegenüber Konkurrenten:
- bessere Produkte und Dienstleistungen,
- bessere Kapazitätsauslastung,
- bessere Materialausnutzung,
- weniger Kosten für Ausschuss und Nacharbeit,
- bessere Vermeidung von Stillstandszeiten,
- geringere Umweltbelastung,
- weniger Betriebsunfälle,
- besseres Image,
- schnellere Kundengewinnung,
- höhere Marktanteile,
- niedrigere Garantie- und Kulanzkosten,
- bessere innerbetriebliche Kommunikation,
- höhere Mitarbeitermotivation,
- höhere Rate an Verbesserungsvorschlägen.

Der wirtschaftliche Erfolg aufgrund der Qualitätsverbesserung durch TQM ist das Endglied einer „Reaktionskette“.

Verbesserte Qualität
↓
Verbesserte Produktivität
↓
Sinkende Kosten
↓
Wettbewerbsfähige Preise
↓
Sichere Marktanteile
↓
Festigung des Unternehmens
↓
Sichere Arbeitsplätze
↓
Langfristiger wirtschaftlicher Erfolg

[1] Kaoru Ishikawa, jap. Chemiker (1915–1989)
[2] Vgl. Bernd Ebel, Qualitätsmanagement. Verlag Neue Wirtschaftsbriefe, Herne 2001.

Regeln für Mitarbeiter in einem Unternehmen mit TQM[1]

- Jeder Mitarbeiter kennt seine Ziele und die Ziele des Unternehmens.
- Er prüft Auftragsformulare, Dokumente und Druckvorlagen bei allen Arbeiten; er veranlasst kontinuierlich ihre Aktualisierung.
- Er prüft sorgfältig Verträge jeder Art.
- Er behandelt Kundeneigentum sorgfältig.
- Er weiß, was er wo kontrollieren muss.
- Auch Prüfmittel überprüft er kontinuierlich, damit keine Fehlmessungen erfolgen.
- Er sammelt die Prüfergebnisse permanent. Dazu füllt er Prüfmittelüberwachungskarten aus.
- Er lagert Ausschuss sofort in einem Sperrlager zwischen.
- Aus Fehlern lernt er: Er erkennt Fehlerursachen und erarbeitet neue Lösungen.
- Er identifiziert neue Materialien und Produkte eindeutig durch eine Nummerierung.
- Er kauft nur die Materialien ein, die genau definierten Qualitätsanforderungen entsprechen. Liegen beim Einkauf Unklarheiten vor, so gibt er die beschafften Materialien an das eigene Labor zur Untersuchung.
- Er verpackt, lagert und versendet alle Produkte fachgerecht.
- Bei der Entwicklung von Produkten hält er klare Prozessanweisungen ein.
- Er prüft sich permanent selbst.
- Bei fehlendem Wissen ist er bereit sich weiterzubilden.
- Der Mitarbeiter weiß: Der Kunde ist König.

ZWEITER ABSCHNITT

Arbeitsaufträge

1. **Fall 1:**

   Ein Bericht aus den siebziger Jahren des 20. Jahrhunderts:

   Nachmittagsschicht in einem deutschen Automobil werk, Fertigungsstraße für ein 16 000-DM-Auto. Auf dem Band: Hinterachsen, die langsam vorwärtsgleiten. Ein Arbeiter, gelernter Mechaniker, öffnet eine Plastikklappe am Differenzialgehäuse einer Achse, wirft eine Schraubenmutter zwischen die Zahnräder, schließt die Kappe wieder. Das Band zieht weiter, eine neue Hinterachse kommt, wieder wird eine Mutter ins Differenzial geworfen, ein Aggregat im Wert von 500 Mark unbrauchbar gemacht.

   Ein paarmal geht das so, dann wird ein Vorarbeiter Zeuge des Geschehens, nimmt den Arbeiter zur Seite, stellt ihn zur Rede. „Ich hasse diese Arbeit", sagt der Arbeiter. – „Wenn du noch einmal ...", warnt ihn der Vorarbeiter. Kein Aufsehen, keine Meldung – der Vorfall wird vertuscht. Dem Vorarbeiter fehlen sowieso drei Leute.

   Fall 2:

   Ein Bericht aus den neunziger Jahren des 20. Jahrhunderts:

   Seit Oktober 1990 bis zum Frühjahr 1992 produzierten hier 200 Mitarbeiter circa 10 000 Opel Vectra-Modelle im Jahr. In diesem kleinen Produktionswerk wurden von Anfang an viele Lean-Elemente umgesetzt. Jetzt bildet die alte Mannschaft den Mitarbeiterstamm des nach modernstem Fabrik-Layout konstruierten neuen Werks. 2 000 Beschäftigte sollen hier künftig 150 000 Autos im Jahr bauen. Im Mittelpunkt der schlanken Produktion in Eisenach steht nicht die Automation, sondern es sind die Mitarbeiter.

---

1 Vgl. QM-Präsentation, Weiterbildungsunterlagen der Heimbach GmbH & Co. KG, Düren.

a) Mit welchen Schwierigkeiten hat das Automobilwerk in Fall 1 zu kämpfen?
b) Nennen Sie Gründe für diese Schwierigkeiten.
c) Beschreiben Sie Möglichkeiten, die in der Praxis versucht werden, um diese Schwierigkeiten zu beseitigen.
d) Was versteht man unter der in Fall 2 genannten „schlanken Produktion"?
e) Erläutern Sie die wichtigsten „Lean-Elemente".
f) Die schlanke Produktion hat sich als produktiver und kostengünstiger als die europäische Produktionsweise erwiesen. Nennen Sie die Vorteile und begründen Sie sie.

2. Das sog. Kano-Modell des japanischen Wirtschaftswissenschaftlers Noriaki Kano unterscheidet drei Arten von Kundenanforderungen:

- **Basisanforderungen sind vom Kunden unausgesprochene Anforderungen. Ihre Erfüllung sieht er als selbstverständlich an.**
- **Leistungsanforderungen werden vom Kunden direkt genannt. Es sind Anforderungen, welche ihm besonders wichtig sind. Bei einem Wettbewerbsvergleich betrachtet der Kunde meist diese Leistungsanforderungen.**
- **Begeisterungsanforderungen werden vom Kunden meist nicht genannt. Diese Begeisterungsanforderungen kennt der Kunde entweder nicht, weil sie technische Neuerungen betreffen, oder er erwartet die Erfüllung dieser Anforderungen in dem jeweiligen Produkt noch nicht.**

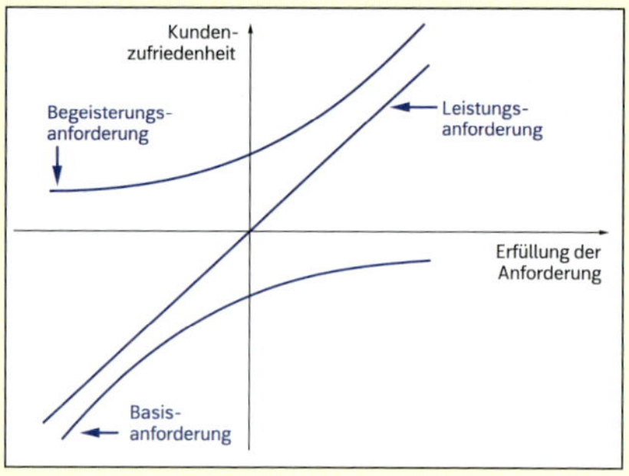

a) Nennen Sie Beispiele aus dem Automobilbereich für die drei Anforderungsarten.
b) Wie wirkt sich gemäß dem nebenstehend abgebildeten „Kano-Modell" die Nichterfüllung und Erfüllung der Anforderungen auf die Kundenzufriedenheit aus?
c) Inwiefern können Erkenntnisse wie die des Kano-Modells Anlass für die Einführung von Total Quality Management sein?
d) Inwiefern ist es richtig, die Einführung von TQM (oder auch von Lean Production) als eine ganzheitliche Rationalisierungsmaßnahme zu bezeichnen?

3. Die Fertigungskontrolle hat im Laufe eines Jahres je Schicht folgende Mengen Fehlerstücke festgestellt.

Schicht:	**1**	**2**	**3**	**4**	**5**	**6**
Fehlerstücke:	**43**	**45**	**23**	**32**	**46**	**34**

a) Erstellen Sie ein Säulendiagramm/Histogramm für die Fehlerstücke je Schicht in einem Jahr.
b) Nennen Sie Maßnahmen, wie die einzelnen Schichten weniger Fehler machen können.

4. Zahlreiche Kunden der Paul Gerhard GmbH beschweren sich über die schleppende Bearbeitung ihrer Reklamationen. Eine von der Geschäftsleitung in Auftrag gegebene Analyse bestätigt die lange Bearbeitungsdauer.

Erstellen Sie ein Ursache-Wirkungs-Diagramm zur Feststellung der Ursachen dieses Problems.

DRITTER ABSCHNITT

Rahmenlehrplan: LERNFELD 6
Beschaffungsprozesse planen, steuern und kontrollieren

Materialmanagement

1 Gegenstand des Materialmanagements

1.1 Aufgaben und Ziele

Das Unternehmen benötigt für seine Leistungserstellung die **Leistungsfaktoren (Produktionsfaktoren)** *leitende Arbeitskräfte*, *ausführende Arbeitskräfte*, *Betriebsmittel* und *Materialien*.

Die Besetzung hoher Führungsstellen ist Aufgabe der Geschäftsleitung, die Beschaffung anderer Arbeitskräfte Aufgabe des Personalmanagements. Auch die Beschaffung teurer Betriebsmittel ist der Geschäftsleitung vorbehalten. Diese nimmt zur Klärung der Finanzierungsprobleme das Finanzmanagement zuhilfe.

Web

Siehe Datei *Senkung der Einkaufskosten*. *M 241*

Für alle Probleme, die die Versorgung der Verbrauchsstellen mit Materialien und Handelswaren betreffen, ist das Materialmanagement zuständig. Diese Prozesse des Ressourcenmanagements gehören zu den Supportprozessen.

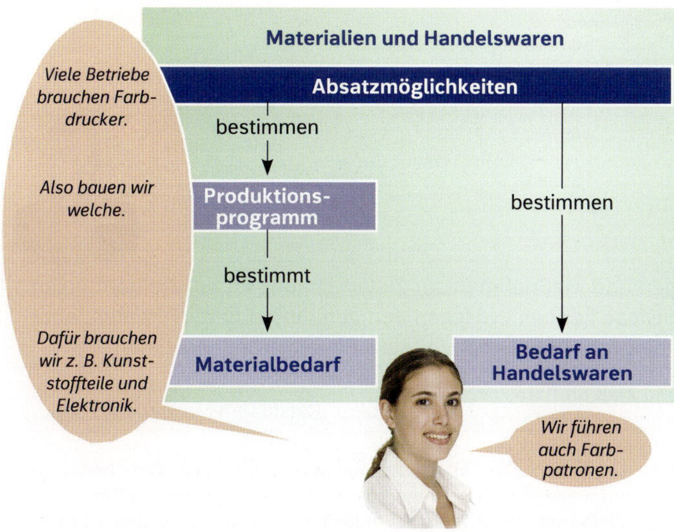

Materialien
werden verarbeitet, bearbeitet, eingearbeitet oder sind für das Funktionieren der Betriebsmittel nötig.

Handelswaren
sind Sachen, die gekauft und unverändert weiterverkauft werden. Sie ergänzen die Produktpalette.

Die Aufgaben des Materialmanagements sind:
- **die Versorgung der Verbrauchsstellen von Produktion und Absatz mit Materialien und Handelswaren,**
- **die Zuführung der entstehenden Rückstände zu Verwertung und Entsorgung.**

Teilaufgaben sind:

- die **Beschaffung** von Materialien und Waren,
- ggf. ihre **Lagerung** bis zur Verwertung,
- die **Beschaffungslogistik**.

Diese Aufgaben umfassen Planungs-, Durchführungs- und Kontrollprozesse.

Merke: Beschaffung ist mehr als Einkauf!

Die **Beschaffung** umfasst Planungs-, Entscheidungs-, Umsetzungs- und Kontrollaufgaben.

Der **Einkauf** umfasst nur die Umsetzungsaufgaben: Anfragen erstellen, Angebote einholen, Kaufvertrag schließen, Bestellung abwickeln, vertragsmäßige Lieferung überwachen.

Die wichtigsten Ziele des Materialmanagements sind eine gesicherte Versorgung (Sachziel) und niedrige Kosten (Formalziel) unter Beachtung der Umweltfreundlichkeit (ökologisches Ziel).

Ziele des Materialmanagements

ökonomische Ziele

Sachziele

- **Versorgung der Verbrauchsstellen mit Material und Waren**
  - **in der benötigten Art und Qualität**
    Ziel: hohe Materialqualität
    Vorgehen: Bedarfsplanung
  - **in der benötigten Menge**
    Ziel: hohe Mengenqualität
    Vorgehen: Mengenplanung
  - **zum Bedarfszeitpunkt**
    Ziel: hohe Terminqualität
    Vorgehen: Zeitplanung
  - **zum gewünschten Preis**
    Ziel: hohe Preisqualität
    Vorgehen: Preisplanung
- **Auswahl günstiger Lieferanten**
  Ziel: hohe Liefer-/Servicequalität
  Vorgehen:
  Bezugsquellenermittlung,
  Lieferantenauswahlprozess

Formalziele

- **Minimierung der Kosten:**
  Material-, Waren-, Beschaffungs-, Lager-, Fehlmengenkosten (aufgrund fehlenden Materials), Abteilungskosten (z. B. für Einrichtungen und Verwaltung)
- **Minimierung der Kapitalbindung in Vorräten**
- **Beschaffungsflexibilität**
  (Anpassungsfähigkeit an Marktveränderungen hinsichtlich Materialart, Mengen, Terminen und Preisen)
- **Unterziele:**
  - Minimierung der Lieferzeiten
  - Vereinfachung des Materialflusses
  - Optimierung des Einkaufsprozesses
  - Optimierung der Lagerbestände

ethische und ökologische Ziele

- Beschaffung umweltverträglicher Materialien
- umweltverträgliche Transporte
- umweltverträgliche Lagerung
- Vermeidung von Rückständen
- umweltverträgliche Rückstandsentsorgung
- Einhaltung gesetzlicher Vorschriften
- nachhaltige und faire Beziehungen zu den Lieferern

Eingekaufte Vorräte „binden“ Geldkapital. Dieses liegt bis zum Produktverkauf fest und kann bis dahin nicht mehr anderweitig gewinnbringend eingesetzt werden.

Bei der Planung der Strategien und Maßnahmen zur Zielerreichung ist auf Zielharmonien und Zielkonflikte zu achten. Diese können zwischen den genannten Bereichszielen, aber auch mit den Zielen anderer Bereiche (Produktion, Absatz, Finanzierung) bestehen.

Web

M 242

Beispiel: Zielharmonien und Zielkonflikte

Siehe Datei *Zielbeziehungen*.

Ziel: Minimierung der **Lagerkosten**.
Um dieses Ziel zu erreichen, plant man den Einkauf kleiner Materialmengen. Dies bedeutet zugleich kleine Lagermengen und folglich niedrige Lagerkosten. Kleine Lagermengen bedeuten auch geringe **Kapitalbindung** (Zielharmonie). Aber: Jetzt muss man häufiger bestellen als beim Einkauf großer Mengen, verliert ggf. Rabatte und zahlt höhere Frachtraten. Die **Beschaffungskosten** steigen also (Zielkonflikt). Und sollte eine Lieferverzögerung eintreten, kann es zu **Fehlmengenkosten** kommen, weil die Produktion stillsteht und/oder Kunden nicht beliefert werden können (Zielkonflikt).
Lösung: Die Einkaufsmenge suchen, bei der die Summe der Kosten minimiert wird.

1.2 Logistische Prozesse

1.2.1 Beschaffungslogistik

Die Ziele des Materialmanagements werden in hohem Maße über die **Beschaffungslogistik** umgesetzt.

Die Beschaffungslogistik betrifft die Planung, Steuerung und Kontrolle des Material- und Warenflusses vom Lieferanten bis zur Einlagerung (ggf. auch bis zur sofortigen Verwendung in der Fertigung).

Oft ist das Materialmanagement darüber hinaus auch mit der **Lager- und Produktionslogistik** befasst.

Wichtige **Logistikziele** sind

- die **Minimierung des Versorgungsrisikos** (pünktliche Lieferung!),
- die **Optimierung der Logistikkette** (Wegfall unnötiger Transporte, Prüfungen, Lagerungen; Minimierung von Kosten und Kapitalbindung).

Dafür gehen die Unternehmen mit qualifizierten Logistikdienstleistern, den Spediteuren, oft feste vertragliche **Logistikpartnerschaften** ein.

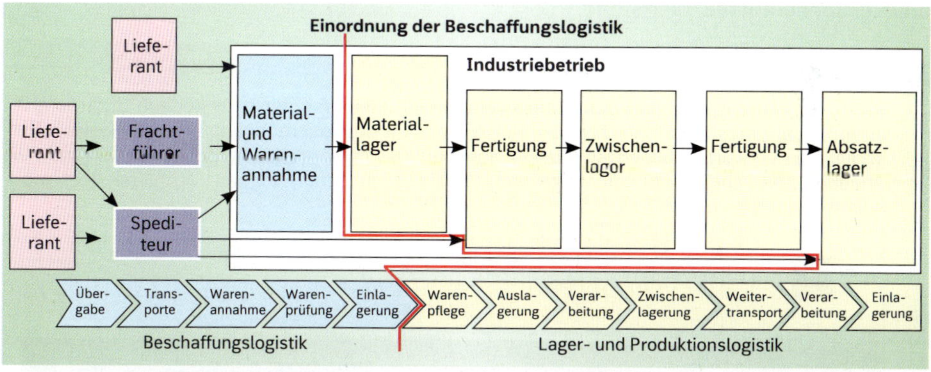

1.2.2 Entsorgungslogistik

Die Entsorgungslogistik plant, steuert und überwacht alle Güterflüsse bei Entsorgung und Recycling von Rückständen vom Anfallort der Rückstände bis zum Wiedereinsatzort der aufbereiteten Güter. Sie ergänzt die Versorgungslogistik zu einer Kreislauflogistik.

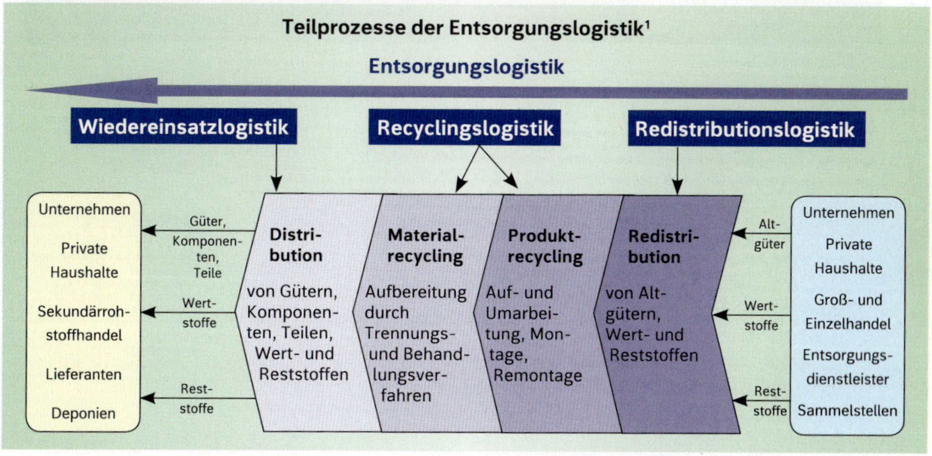

[1] Vgl. Peter Klaus/Winfried Krieger (Hrsg.), Gabler Lexikon Logistik, GWV Fachverlage, Wiesbaden 2000, S. 122.

Wie bei der Versorgungslogistik geht der Industriebetrieb enge vertragliche Bindungen mit Logistikdienstleistern ein. Neben Spediteuren sind dies Entsorgungsunternehmen, die als Spezialisten oft eigene Verteilungssysteme und Recyclingbetriebe unterhalten. Die Vernetzung der Computersysteme ermöglicht den notwendigen Informationsfluss. In Zusammenarbeit mit dem Logistikdienstleister sind zu planen:

- die recyclinggerechte Optimierung der Produktionsprozesse und Produkte,
- die Planung logistischer Kreisläufe zur Sicherung der Weiterverwertung oder Wiederverwendung von Altprodukten, die Entwicklung und Planung von Demontageprozessen und dazugehörigen Distributionswegen,
- der Einsatz der Fördertechnik mit (ggf. automatischer) Sortierung und Demontage von Werkstoffen und Bauteilen,
- die umweltfreundliche Gestaltung aller Transport- und Lagervorgänge (einschließlich Auswahl umweltfreundlicher Transportmittel (Bahn) und Minimierung der Transporte).

Viele Unternehmen bieten ihre Rückstände örtlichen oder überregionalen **Abfall- und Recyclingbörsen** im Internet zum Weiterverkauf an. Zurzeit können ge- und verkauft werden: Altautos, Aktenvernichtung, Bauabfälle, Elektronikschrott, Gewerbeabfälle, Organikabfälle, Sonderabfälle, Wertstoffe.

Beispiel: Abfallbörse, Recyclingbörse

Im Ausschreibungsformular der bundesweiten Recyclingbörse der IHKs können Unternehmen ihren Entsorgungsbedarf beschreiben. Die Börse stellt das Inserat online und interessierte Entsorger oder Verwerter können ein Angebot abgeben. Das entsorgende Unternehmen vergleicht die Angebote, entscheidet über die Vergabe und schließt den Entsorgungsvertrag mit der Börse ab.

Arbeitsaufträge

1. **Der Betrieb muss für die Erstellung seiner Leistungen Einsatzmittel beschaffen.**
   a) Nennen Sie die Hauptgruppen der Beschaffungsobjekte sowie je zwei Beispiele.
   b) Was sind Produktmaterialien und Betriebsmaterialien? Wie werden sie eingeteilt? Nennen Sie auch hier jeweils ein Beispiel.
   c) Nennen Sie die Ziele der Materialwirtschaft. Bilden Sie in Ihrer Klasse Gruppen. Jede Gruppe erläutert detailliert ein Ziel.

2. **Die Verfolgung eines Ziels kann die Erreichung eines anderen Ziels unterstützen (Zielharmonie) oder gefährden (Zielkonflikt). Im Folgenden sind eine Reihe von Zielen des Materialmanagements und anderer Funktionsbereiche aufgeführt.**
   a) **Das Materialmanagement will die Beschaffungskosten durch Ausnutzung hoher Rabatte, niedriger Frachttarife und niedriger Verpackungskosten minimieren. Mögliche Maßnahme: Einkauf großer Mengen an Material und Handelswaren.**
   b) **Das Materialmanagement will Fehlmengenkosten verhindern. Mögliche Maßnahme: Haltung großer Lagervorräte.**
   c) **Das Materialmanagement will die Lagerhaltungskosten minimieren. Mögliche Maßnahme: Minimierung der Lagervorräte.**
   d) **Das Materialmanagement will die Kapitalbindung in Vorräten minimieren. Mögliche Maßnahme: Minimierung der Lagervorräte.**
   e) **Das Produktionsmanagement will das Risiko unzureichender und ungleichmäßiger Auslastung der Fertigungsanlagen minimieren. Mögliche Maßnahme: Vorhaltung großer Materialvorräte.**
   f) **Das Absatzmanagement will die Lieferbereitschaft auch für den Fall unerwarteter oder unvermutet großer Bestellungen sichern. Mögliche Maßnahme: Hohe Bestände an Erzeugnissen und Handelswaren.**
   g) **Das Finanzmanagement strebt eine hohe Liquidität (und damit eine niedrige Kapitalbindung) an. Mögliche Maßnahme: Minimierung der Lagervorräte.**

   Erläutern Sie, welche Auswirkungen die genannten Maßnahmen im Beschaffungs- und Lagerungsbereich haben und wo sich Zielharmonien und Zielkonflikte mit Zielen des Materialmanagements und anderen Zielen abzeichnen.

3. **Untersuchen Sie Ihren Ausbildungsbetrieb und fertigen Sie einen Bericht an.**
   a) Welche Bereiche oder Abteilungen sind mit materialwirtschaftlichen Prozessen befasst?
   b) Welche untergeordneten Abteilungen bzw. welche Subprozesse finden Sie vor?
   c) Befragen Sie die Mitarbeiter, welche logistischen Aufgaben sie erledigen, mit wem sie dabei Informationen austauschen und um welche Informationen es sich handelt.

4. **Frau Mex will ihren Pkw *cabrio*, Baujahr 1999, bei der Werkstatt *cabrio* Meyer GmbH reparieren lassen. Nach einem selbst verschuldeten Auffahrunfall ist der Wagen an der Frontseite stark beschädigt. Frau Mex hat keine Kasko-Versicherung. *cabrio* führt nur Reparaturen mit Neuteilen durch. Eine Werkstattdiagnose ergibt, dass eine solche Reparatur den Zeitwert des Autos übersteigt. Frau Mex nimmt deshalb von der Reparatur Abstand. Resultat: Sie ist vorerst für die Werkstatt als Kunde verloren.**

   Aus Berichten der Werkstätten erfährt die Zentrale des Autobauers, dass derartige Fälle in letzter Zeit häufiger vorkommen. Ein Projektteam wird beauftragt, Lösungen zu entwickeln. Den Teammitgliedern ist bewusst, dass die zu erarbeitende Lösung die Vorschriften des Kreislaufwirtschaftsgesetzes und des Altfahrzeug-Gesetzes berücksichtigen muss.
   a) Welchen Inhalt haben die angeführten Rechtsvorschriften?
   b) Informieren Sie sich im Internet, wie bestehende Automobilhersteller das oben angerissene Problem lösen.
   c) Entwerfen Sie (als Projektteam von ***cabrio***) die Grundzüge eines gesetzeskonformen Logistiksystems für Entsorgung und erneute Werkstattversorgung.

2 Beschaffungsmanagement

2.1 Einkaufsorganisation

Viele Unternehmen haben heutzutage Optimierungsbedarf hinsichtlich ihrer Einkaufsorganisation. Das ist das Ergebnis einer Befragung von 125 Industrieunternehmen zum Thema „Trends im Einkauf". 63 % gaben an, ihr Einkauf sei nicht optimal organisiert. Probleme bereiten vor allem:

- die Rechnungsprüfung (sie ist für 22 % aller Befragten ein Engpass),
- die Prozesskosten (aufgrund falscher Gestaltung der Einkaufsprozesse),
- die optimale Suche nach Materialien (sie ist bei 43 % der Befragten mangelhaft organisiert).

2.1.1 Externe (äußere) Einkaufsorganisation

Der Einkauf kann zentralisiert oder dezentralisiert sein.

- Bei **zentralem Einkauf** existiert eine Einkaufsabteilung, die die Beschaffungsgegenstände für die gesamte Unternehmung einkauft. Diese Organisation ist günstig bei Klein- und Mittelbetrieben. Es kommt auch vor, dass mehrere Klein- und Mittelbetriebe eine Einkaufsgesellschaft gründen, die den kompletten Einkauf für sie durchführt.
- Bei **dezentralem Einkauf** haben Zweigwerke oder Produktsparten eigene Einkaufsbereiche. Diese übernehmen das Einkaufscontrolling ihres Beschaffungsumfangs und berichten der Geschäftsführung über ihre Einkaufsdaten und Lieferantenbewertungen. Für ihre Lieferanten übernehmen sie die Verantwortung. Durch den Einsatz von Projekteinkäufern in den Projektteams unterstützen sie den Produktentstehungsprozess und gewährleisten, dass die Interessen und das Know-how des Einkaufs schon zu Beginn einer Neuentwicklung berücksichtigt werden.
- Bei großen Unternehmen steht über den dezentralen Einkaufsbereichen oft eine **zentrale Einkaufsleitung**. Sie koordiniert die Einkaufsstandorte, hat Richtlinienkompetenz für das Materialgruppenmanagement, legt Strategien – z. B. Beschaffungsstrategien (vgl. S. 259) –, Standards und Methoden der Einkaufsaktivitäten fest und schließt langfristige Lieferkontrakte.

2.1.2 Interne (innere) Einkaufsorganisation

Die Teilaufgaben der operativen (laufenden) Beschaffung werden verschiedenen Aufgabenträgern zugewiesen. Man unterscheidet Verrichtungs- und Objektzentralisation.

- Bei der **Verrichtungszentralisation** sind gleichartige Verrichtungen für alle Materialien auf eine Stelle konzentriert. Sie trennt zusammengehörende Prozesse und kommt deshalb in der Praxis kaum vor.
- Bei der **Objektzentralisation** ordnet man alle Einkaufstätigkeiten für eine Materialgruppe einer Stelle zu.

Beispiel: Verrichtungszentralisation

Stelle 1: Materialdisposition →
Stelle 2: Lieferungsüberwachung →
Stelle 3: Wareneingang und Warenprüfung →
Stelle 4: Rechnungsprüfung →
für alle Materialien

Beispiel: Objektzentralisation
zuständig für

Stelle 1: Materialgruppe 1 →
Stelle 2: Materialgruppe 2 →
Stelle 3: Materialgruppe 3 →
Stelle 4: Materialgruppe 4 →
hinsichtlich aller Verrichtungen

Bestimmte Verrichtungen, die für alle Gruppen gleich sind, können ausgegliedert werden. So werden eng an den Einkauf gebundene Aufgaben, wie z. B. Angebotseinholung und Lieferungsüberwachung, oft von einem Einkaufsassistenten wahrgenommen, der für mehrere Einkäufer tätig ist.

Arbeitsaufträge

1. **Ein Chemieunternehmen produziert Kunststoffe und Arzneimittel in zwei Werken (Bremen und Essen) sowie Farben und Chemiefasern in einem dritten Werk in Dortmund. Neben Werkstoffen müssen auch Maschinen sowie Büromaterialien eingekauft werden.**
   Entwerfen Sie eine zweckmäßige externe Beschaffungsorganisation.

2. **Die Einkaufsabteilung einer Maschinenfabrik ist wie folgt organisiert: Disposition (verantwortlich für Planung und Anordnung) und vier Einkaufsgruppen. Jede Einkaufsgruppe besteht aus 4 bis 5 Einkäufern, von denen jeder auf ein bestimmtes Einkaufsgebiet spezialisiert ist, z. B. Einkäufer 12: Schmiedestücke, Antriebselemente, Walzmaterial, Schweißkonstruktionen, Ölanlage, Hydraulikanlage, Kunststoffe.**
   a) Erläutern Sie die Zentralisationsformen dieser Organisation.
   b) Zeichnen Sie das Teilorganigramm.

3. **Die Einkaufsabteilung der ABZO Chemie AG ist wie folgt organisiert:**
   Leitung: Frau Haas. Einkaufsassistent: Herr Blau. Einkäufer: Frau Hufbauer, Herr Schmidt.
   Frau Haas koordiniert den Einkauf (national und international), hält die Kontakte zu den Profitcentern, ist zuständig für den Einkauf von A-Gütern[1], Investitionsgütern über 50 000,00 EUR und Energien (Gas – Strom) und für Rahmenverträge des Einkaufs.
   Herr Blau ist dem Einkaufsleiter direkt unterstellt. Er erfüllt allgemeine Korrespondenzaufgaben, verarbeitet die „Post", organisiert Reisen und Veranstaltungen, führt Angebotsvergleiche durch. Außerdem kauft er Büroartikel, Bücher und Zeitschriften selbstständig ein.
   Frau Hufbauer kauft Rohstoffe/Chemikalien (B- und C-Güter[1]) und das Labormaterial für die vier Betriebslabore ein.
   Herr Schmidt beschafft Investitionsgüter bis 50 000,00 EUR und ist für den Einkauf von DV-Material und Dienstleistungen zuständig. Weitere Aufgaben: Kfz-Leasing und Logistik.
   a) Zeichnen Sie das Teilorganigramm der Abteilung.
   b) Nach welchen Gesichtspunkten sind die Aufgaben der Stelleninhaber zentralisiert?
   c) Ist dem Prinzip der Geschäftsprozessorientierung Rechnung getragen?

DRITTER ABSCHNITT

2.2 Planungsbereiche und Informationsbeschaffung

2.2.1 Planungsbereiche

Bei MGB Maltmann Getriebebau e. K. wurde festgestellt, dass man für die Fertigung rund 10 000 verschiedene Materialien und Teile benötigt. Im letzten Jahr traten in der Produktion Störungen auf, weil ein Serieneinbauteil im Wert von 0,30 EUR nicht rechtzeitig nachbestellt worden war. Gleichzeitig fiel ein Zulieferer wegen Anmeldung des Insolvenzverfahrens aus. Es dauerte 2 Wochen, bis ein neuer Lieferant gefunden wurde. Die Organisationsabteilung nahm daraufhin eine Überprüfung der Arbeitsabläufe in der Einkaufsabteilung vor.
Bei der Untersuchung stellte sich heraus, dass bei dem einen Serieneinbauteil keine Anforderung des Lagers an den Einkauf vorgelegen hatte und dass im anderen Fall die Lieferantendatenbank nicht ausreichend ergänzt worden war. Informationsmängel hatten also die Probleme verursacht.

Der Prozess der Materialbeschaffung umfasst sechs grundlegende Planungsbereiche:

❶ Ermittlung des Materialbedarfs	❹ Entscheidungen über den Einkaufspreis
❷ Entscheidung über die Einkaufsmenge	❺ Ermittlung von Bezugsquellen
❸ Entscheidung über den Einkaufszeitpunkt	❻ Lieferantenauswahl

[1] Siehe ABC-Analyse, S. 250 f.

Dieser Prozess setzt (wie jeder Planungs- und Entscheidungsprozess) die Gewinnung und Verarbeitung von Informationen voraus. Es handelt sich im Wesentlichen um **Bedarfsinformationen** und **Angebotsinformationen**.

Vergleichen Sie S. 26.

Informationen für die Planung und Durchführung des Einkaufs

Bedarfsinformationen (Informationen über Materialien) – werden benötigt für:

- **Bedarfsfestlegung**: Festlegung der Art, Qualität, Abmessungen, Einsatzmengen der Materialien im Einsatzzeitraum → **Frage:** Was wird benötigt?
- **Mengenfestlegung**: Festlegung der notwendigen Beschaffungsmenge → **Frage:** Wie viel ist einzukaufen?
- **Zeitfestlegung**: Festlegung des günstigsten Beschaffungszeitpunktes → **Frage:** Wann ist einzukaufen?
- **Preisfestlegung**: Festlegung akzeptabler Einkaufspreise → **Frage:** Welcher Preis ist vertretbar?

Angebotsinformationen (Informationen über Lieferanten) – werden benötigt für:

- **Ermittlung der Bezugsquellen**: Ausfindigmachung möglicher Lieferanten → **Frage:** Wo kann man einkaufen?
- **Auswahl der Lieferanten**: Ausfindigmachung der Lieferanten mit den günstigsten Preisen und Konditionen → **Frage:** Welches Angebot ist zu nehmen?

2.2.2 Datenbanken als Informationsbasis

Für die operativen Einkaufsprozesse können die benötigten Informationen dem betrieblichen Datenbanksystem entnommen werden, soweit sie dort gespeichert sind:

- Die **PPS-Datenbank** enthält Stammdaten über die Baugruppen, Einzelteile und sonstigen Materialien der Produkte sowie über die Erzeugnisstruktur (Strukturbaum).
- Die **Materialdatenbank** enthält die Materialstammdaten für jedes Material (z. B. Materialnummer, Materialbezeichnung, Mengeneinheit, Preisdaten, Bestandsdaten, Lieferantennummer, Verbrauchsmengen und -werte u. a. m.).

Datenorganisation

Stammdaten sind Grunddaten, die sich über einen gewissen Zeitraum nicht ändern.

Bewegungsdaten beschreiben Änderungen von Zuständen.

Datensätze sind Zusammenfassungen von Daten, die zu einem Objekt (z. B. Material, Lieferant) gehören und in einer Datei abgelegt sind.

Ein Materialstammsatz kann z. B. insgesamt folgende Daten enthalten:

Materialnummer, Materialgruppe, Materialbezeichnung, Mengeneinheit, Gewicht/Volumen, Verpackungsart, letzter Einkaufspreis pro Mengeneinheit, durchschnittlicher Einkaufspreis pro Mengeneinheit, Verrechnungspreis, Lagerbestand (fortgeschrieben), Lagerwert (fortgeschrieben), Mindestbestand, Bestellbestand (Meldebestand), Höchstbestand, ABC-Zugehörigkeit), Wiederbeschaffungszeit, Lieferanten-Nummer, Bestellnummer, mengenabhängige Rabattsätze, artikelabhängige Preiszu- und -abschläge (z. B. andere Rabatte, Mindermengen-, Veredelungs-, Legierungszuschlag), Zu- und Abgänge im laufenden Jahr, letzter Zu- und Abgang (Datum), Verbrauchsmenge, Verbrauchswert.

- Die **Lieferantendatenbank** enthält Stammdaten über die Lieferanten, ihre Materialien, Preise und Verkaufskonditionen.
- Die **Lieferantenauftragsdatenbank** enthält Bewegungsdaten über die Lieferantenaufträge (Zugang, Änderung und Löschung von Aufträgen).

Durch Verknüpfung von Material- und Lieferantenstammdaten entstehen zusätzliche Stammdaten, z. B. Einkaufsinfosätze, Orderbuchdaten und Quotierungen.

- **Einkaufsinfosätze** bestehen aus Material- und Lieferantenstammdaten, z. B. den Preisen eines Lieferanten für bestimmte Artikel.
- Das **Orderbuch** fixiert z. B.:
  - mögliche Lieferanten für einen bestimmten Artikel (sog. Artikellieferanten),
  - Festlieferanten für einen bestimmten Artikel und einen bestimmten Zeitraum,
  - gesperrte Lieferanten für einen bestimmten Artikel und einen bestimmten Zeitraum,
  - Rahmenverträge für einen bestimmten Artikel über einen bestimmten Zeitraum.
- Bei **Quotierungen** wird die Lieferung von Material anhand von festgelegten Quoten (Anteilen) auf die Lieferanten verteilt.

Durch zielgerichtete Analysen werden aus diesen Daten weitere Informationen gewonnen.

2.2.3 Beschaffungsmarktforschung

Beschaffungsmarktforschung ist die systematische Beschaffung und Verwertung von Informationen über die Beschaffungsmärkte des Unternehmens.

Ihre **Ziele** sind:
- Informationsgewinnung über den Markt (Schaffung von Markttransparenz),
- Sicherung optimaler Beschaffungsentscheidungen,
- Verbesserung der Beschaffungsprozesse und der Beschaffungsorganisation.

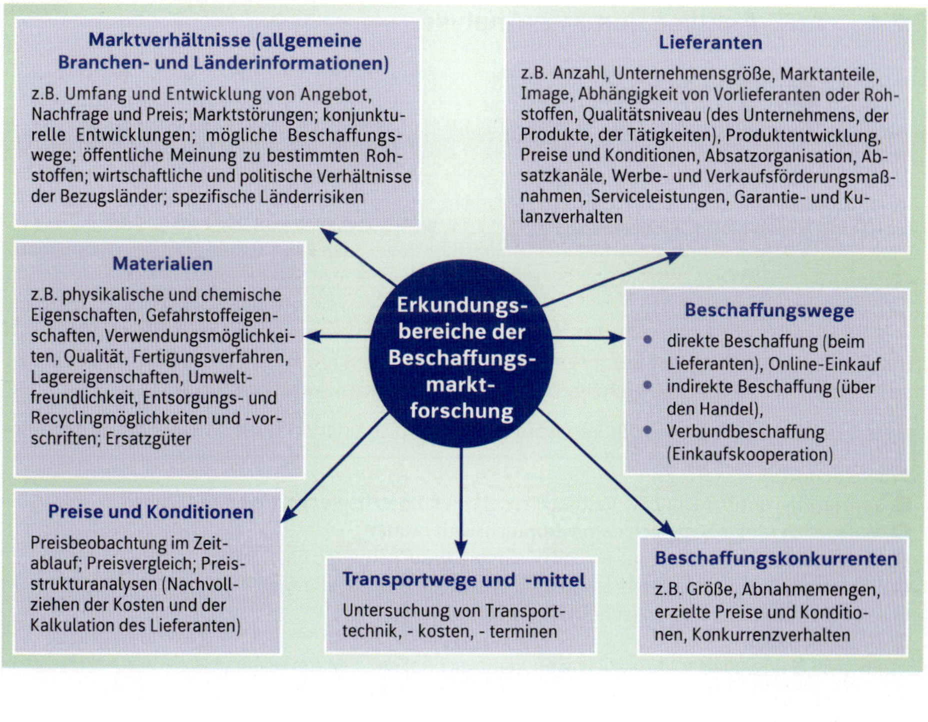

Man gewinnt die Daten durch **Primär- und Sekundärforschung**.
- Bei der Primärforschung werden eigene Erhebungen durchgeführt (z. B. Befragungen, Materialtests, Anfragen, Messebesuche, Betriebsbesichtigungen).
- Bei der Sekundärforschung wertet man vorhandene Quellen aus.

Informationsquellen bei Primärforschung
- Befragungen (schriftliche oder telefonische Erhebungen/ Anfragen bei Anbietern, Verbänden, Industrie- und Handelskammer, Verarbeitern ...)
- Erfahrungsaustausch unter Einkäufern in Einkäufer-Clubs
- Tests (z. B. Probekäufe und anschließende innerbetriebliche Erprobung)
- Internetdatenbanken
- Anfragen, Ausschreibungen, Angebote
- Messebesuche
- Betriebsbesichtigungen
- Lieferantenauskunft
- Lieferantenaudit (Betriebsprüfung)

Informationsquellen bei Sekundärforschung

Interne Informationsquellen
- Lieferantendatenbank

Informationen
- der Konstruktionsabteilung über Material- und Konstruktionsbeschreibungen, Ersatzprodukte
- der Materialdisposition über Bedarfsmengen und Termine
- der Produktion über die Verarbeitbarkeit von Materialien
- des Verkaufs über Umsätze und Absatzplanung
- des Rechnungswesens über Kalkulationen und erfassten Materialschwund
- Einkaufsstatistiken
- Materialprüfberichte

Externe Informationsquellen
- Handbücher, Fachbücher
- Statistiken
- Börsen- und Marktberichte
- Preisnotierungen an Börsen und anderen Märkten
- Verbandsveröffentlichungen
- Wirtschaftszeitungen
- Geschäftsberichte
- Hauszeitschriften von Anbietern
- Kataloge, Prospekte, Werbemittel, Anzeigen
- Fachzeitschriften
- Wirtschaftsforschungsinstitute
- Lieferantensuchmaschinen
- Informationen der Industrie- und Handelskammern
- Internetdatenbanken
- Germany Trade & Invest
- Deutsche Außenhandelskammer
- Fachverbände

Web M 250 Oft ist es vorteilhaft, Marktanalysen von Marktforschungsinstituten vornehmen zu lassen, die auf solche Aufgaben spezialisiert sind.

Sehen Sie sich hierzu die Präsentation Beschaffungsmarktforschung – outgesourct an.

2.2.4 ABC-Analyse und XYZ-Analyse

MGB Maltmann Getriebebau e. K. benötigt für die Produktion etwa 10 000 Materialien. Teure und billige, häufig und selten eingesetzte. Ein Problem ist die Feststellung des mengenmäßigen Bedarfs an jedem Material. Eine **gründliche Planung** verursacht hohe Planungskosten (Zeitaufwand, Personaleinsatz, Rechnereinsatz, ...). Dafür sind die Ergebnisse recht exakt. Eine **oberflächliche Planung** ist billig, aber ungenau. Es ist leicht einzusehen, dass eine teure Planung sich lohnt, wenn unexakte Ergebnisse noch teurer zu stehen kommen. Konkret: Wird von Material E im Jahr für 1 Mio. EUR verbraucht, von Material F für 100,00 EUR, so macht ein Planungsfehler von 10 % bei E 100 000,00 EUR, bei F 10,00 EUR aus. Für E lohnt sich deshalb eine gründliche Bedarfsplanung, für F kaum. Man kann Kosten einsparen, wenn man die Materialien nach ihrem Wert in Gruppen einteilt. Dazu bedient man sich der ABC-Analyse.

Die ABC-Analyse ist eine Methode zur Schwerpunktbildung. Sie teilt Elemente nach ihrer Bedeutung für einen Sachverhalt in drei Gruppen (A, B, C) ein. A-Elemente: wichtig, B-Elemente: weniger wichtig, C-Elemente: am wenigsten wichtig.

Bei Materialien und Teilen ist der **Verbrauchswert** entscheidend für die A-B-C-Eingruppierung.

Arbeitsschritte:
1. Verbrauchswert berechnen: Verbrauchswert = Verbrauchsmenge x Wert pro Einheit
2. Materialien rangmäßig nach dem Verbrauchswert ordnen
3. Prozentanteil jedes Materials an der Gesamtverbrauchsmenge bestimmen
4. Prozentanteil jedes Materials am Gesamtverbrauchswert bestimmen
5. Prozentanteile kumulieren (schrittweise aufaddieren)
6. Gruppen bilden:
   Etwa 85 % kumulierter Verbrauchswert kennzeichnet die A-Materialien.

Etwa 10 % weiterer kumulierter Verbrauchswert kennzeichnet die B-Materialien.
Etwa 5 % restlicher kumulierter Verbrauchswert kennzeichnet die C-Materialien.
(Die prozentmäßige Abgrenzung richtet sich an den individuellen Betriebsanfoderungen aus).

Beispiel: ABC-Analyse (Zur Vereinfachung wird eine Anzahl von nur 10 Materialien angenommen.) M = Materialart, V = Verbrauchsmenge, P = Stückpreis in EUR, W = Verbrauchswert

M	V (Stück)	P	W ❶	M nach Rang ❷	V (in %) ❸		W (in %) ❹		ABC-Teile ❻
M1	6 000	4	24 000	M 2	3,89	❺	37,73	❺	
M2	1 000	200	200 000	M 8	+ 11,67		+ 28,30		A
M3	500	20	10 000	M 6	+ 3,89	= 19,45	+ 18,87	= 84,9	
M4	2 000	10	20 000	M 1	23,35		4,53		
M5	3 000	5	15 000	M 4	+ 7,78		+ 3,77		B
M6	1 000	100	100 000	M 5	+ 11,67	= 42,80	+ 2,83	= 11,13	
M7	200	5	1 000	M 3	1,95		1,89		
M8	3 000	50	150 000	M10	+ 31,13		+ 1,51		
M9	1 000	2	2 000	M 9	+ 3,89		+ 0,38		C
M10	8 000	1	8 000	M 7	+ 0,78	= 37,75	+ 0,19	3,97	
	25 700		530 000		100,00	100,00	100,00	100,00	

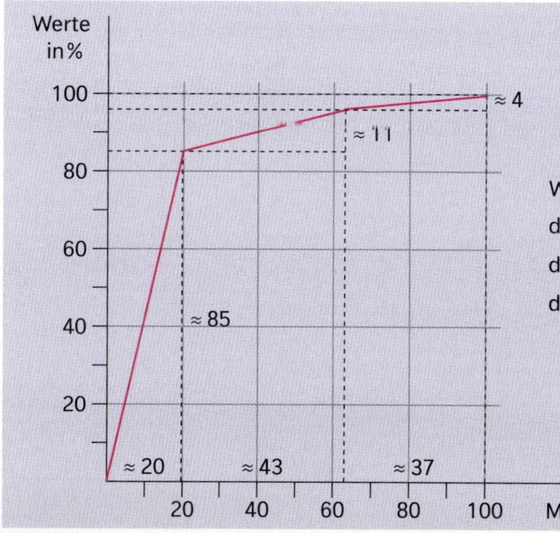

Wert-Mengen-Verhältnis
der A-Teile: $\frac{85}{20} = 4{,}25$ (groß)
der B-Teile: $\frac{11}{43} = 0{,}26$ (klein)
der C-Teile: $\frac{4}{37} = 0{,}11$ (sehr klein)

Zur Darstellung der Wert-Mengen-Verhältnisse benutzt man auch Balkendiagramme.

Ergebnis:
Knapp 20 % der Materialien haben einen Verbrauchswert von bereits 85 %. Sie sind **A-Materialien**. Für sie kommt z. B. eine gründliche Bedarfsplanung infrage. **C-Materialien:** oberflächliche Planung. Oft handelt es sich um Hilfs- und Betriebsstoffe. Bei den **B-Materialien** ist zu prüfen, ob sie den A-Materialien oder den C-Materialien nahestehen.

Empfehlenswerte Maßnahmen

für A-Materialien:	**für C-Materialien:**
genaue Bedarfsplanung	nur Bedarfsschätzung
intensive Marktforschungsmaßnahmen	oberflächliche Marktbeobachtung
optimale Planung der Bestell- und Lagermengen	Abschätzung der Bestellmenge
Minimierung der Lagerbestände	Inkaufnahme größerer Bestände
Auswahl zuverlässiger Lieferanten	
langfristige Lieferantenverträge und	ggf. auch wechselnde Lieferanten
Abruf benötigter Mengen bei Bedarf	
genaue Kontrolle der Lagerbestände	Abbau von Kontrollen; Stichproben
genaue Kontrolle von Materialentnahmen	Abbau von Kontrollen; ggf. Selbstbedienung
genaue Überwachung der Materialqualität	Stichprobenüberwachung

DRITTER ABSCHNITT

Die ABC-Analyse lässt sich für zahlreiche weitere Untersuchungen verwenden, z. B. für die Einteilung von Produkten, Profitcentern, Kostenbereichen, Absatzgebieten, Werbemedien, Lieferanten, Kunden, Mitarbeitern nach ihrer Bedeutung.

M 252 Web Die Beurteilung von Materialien kann noch verbessert werden durch XYZ-Analysen. Diese ziehen ein zusätzliches Einteilungsmerkmal heran: **die Genauigkeit, mit der sich der künftige Materialbedarf vorhersagen lässt.** Man leitet dieses Merkmal aus dem bisherigen Verbrauchsverlauf ab und teilt die Materialien nach der Vorhersagegenauigkeit in X-, Y- und Z-Materialien ein.

Verbrauchsverlauf	Vorhersagegenauigkeit	Güter
konstant →	hoch →	X-Güter
schwankend, aber trendmäßig →	mittel →	Y-Güter
völlig unregelmäßig →	niedrig →	Z-Güter

Mögliche Kombinationen:

	A	B	C
X	AX	BX	CX
Y	AY	BY	CY
Z	AZ	BZ	CZ

X-Materialien werden laufend und in gleicher Menge benötigt. Es ist folglich sicherzustellen, dass die Versorgung mit diesen Gütern auf keinen Fall stockt. Die größte Aufmerksamkeit ist den AX-Materialien zu schenken.

2.2.5 Wertanalyse

MGB Maltmann Getriebebau e. K. besitzt ein Multifunktionsgerät der Extraklasse, das vielfältige Druck-, Kopier-, Scanner- und Faxaufgaben erfüllen kann. Zu seiner Entlastung sollen für die Büros 10 Kopiergeräte angeschafft werden, die zugleich als PC-Drucker verwendet werden sollen. Dem Betrieb werden vier Geräte angeboten:

Alternativen	**I**	**II**	**III**	**IV**
Produktnamen	Copy 2000	Copycentre 11470 cx	MFAAC 9650	Laserystem 1220
Druckformat	A4	A4	A4	A4
Auflösung	800 x 800	1 200 x 1 200	600 x 600	1 200 x 1 200
Kopieren	Tintenstrahl	Tintenstrahl	Laser	Laser
Auflösung	300 x 300	300 x 300	200 x 400	200 x 400
Drucken	–	Tintenstrahl	Laser	Laser
Druckgeschwind.	–	6 Seiten/Min.	12 Seiten/Min.	14 Seiten/Min.
Farbscanner	–	1 200 x 1 200	1 200 x 1 200	–
Faxen	–	–	Laserfax	–
Preis	220,00 EUR	400,00 EUR	800,00 EUR	550,00 EUR
Papierkapazität	500 Blatt	250 Blatt	1 000 Blatt	500 Blatt

Welches Gerät sollte eingekauft werden?

Jedes Produkt, Teil, Material, Konzept (allgemein: jedes Verwendungsobjekt) muss die Funktionen (Aufgaben) erfüllen, die sein Abnehmer verlangt. Nur dann wird auch der gewünschte Nutzen erzielt.

__Abnehmer__, das kann z. B. der Konstrukteur, der Einkäufer, der Produktionsleiter oder der Kunde des Betriebes sein. Besonders schlimm wird es natürlich, wenn der Kunde nicht zufrieden ist.

Funktionen können unterschiedliches Gewicht haben:

- **Hauptfunktionen** sind unverzichtbar. Erfüllt das Objekt sie nicht, wird es auf jeden Fall zurückgewiesen.
- **Nebenfunktionen** unterstützen oder ergänzen die Hauptfunktionen. Sie erhöhen den Nutzen, aber jede zusätzliche Funktion bedeutet i. d. R. auch höhere Kosten. Der Abnehmer sollte sich deshalb fragen, welche Funktionen so wichtig für ihn sind, dass er diese Kosten akzeptieren kann.
- **Unnötige Funktionen** sind ohne Bedeutung für den gewünschten Zweck und bringen folglich keinen Nutzen.

Beispiel: Kauf von Kopiergeräten (Fortsetzung des Einführungsbeispiels)

Hauptfunktionen:	Kopieren, Drucken
Nebenfunktionen:	Scannerfunktion, Laserdruck, große Papierkapazität
Unnötige Funktion:	Faxfunktion

Ein wichtiges Ziel des Betriebes ist es, den Nutzen der von ihm gekauften, produzierten und angebotenen Objekte zu maximieren und dabei die Kosten zu minimieren.

Die Wertanalyse ist ein allgemeines Verfahren zur Planung, Gestaltung und Verbesserung des „Wertes" (Nutzens) eines untersuchten Objekts. Sie setzt bei den Funktionen an, die das Objekt erfüllen soll. Ihre Ziele sind:

- **gewünschte Funktionen zu integrieren,**
- **unnötige Funktionen auszuschließen,**
- **für die gefundenen Funktionen möglichst kostengünstige Lösungen zu finden.**

Wertanalysen sind in allen Betriebsbereichen anwendbar, also bei Konstruktion, Fertigung, Beschaffung und Absatz „funktionstüchtiger" Objekte. Dabei muss für jedes Objekt, abhängig von den verfolgten Zwecken, untersucht werden, welche Funktionen es erfüllen soll (ob es z. B. „windschnittig", „schlagfest", „schnell", „geräuscharm", „elastisch", „tragfähig", „formschön", „recycelbar" sein soll).

Beispiel: Kauf von Kopiergeräten (Fortsetzung des Einführungsbeispiels)

Folgende Schritte sind für die Entscheidung über den Kopierereinkauf sinnvoll:

1. Der Verwendungszweck der Geräte wird genau festgelegt.
2. Die Hauptfunktionen der Geräte werden ermittelt.
3. Die Nebenfunktionen der Geräte werden ermittelt und mit Bewertungszahlen versehen.
4. Die unnötigen Funktionen werden ermittelt und ausgeschlossen.
5. Die Bewertungszahlen werden addiert.
6. Die Kosten der Kopierer werden ermittelt.
7. Die alternativen Geräte werden unter Berücksichtigung von Bewertung und Kosten verglichen.

Alternative Geräte	I	II	III	IV
Hauptfunktionen:				
Drucken	nein	ja	ja	ja
Kopieren		ja	ja	ja
Nebenfunktionen:				
Scannerfunktion		20	20	nein
Laserdruck		0	10	10
Papierkapazität		0	5	3
Unnötige Funktion:				
Faxfunktion		nein	0	nein
Summe		20	35	13
Kosten (in EUR)	220,00	400,00	800,00	550,00

Entscheidung:

Gerät II wird gewählt: Es erfüllt alle Hauptfunktionen. Die Punktzahl bei den Nebenfunktionen ist niedriger als bei Gerät III. Dieser Nachteil wird durch den günstigeren Anschaffungspreis mehr als ausgeglichen.

In der betrieblichen Praxis sind die Probleme in der Regel bedeutend komplexer und komplizierter. Wertanalysen sollten deshalb als gut vorbereitete Projekte durchgeführt werden.

Vorbereitung des Projekts	• Benennung eines Moderators. Er steuert die Wertanalyse und Teamarbeit. • Definition der Aufgabenstellung • Festlegung des Kostensenkungsziels • Planung des Ablaufs • Bestimmung der Teammitglieder
Ermitteln des Istzustandes	• Beschaffung von Informationen (Objekt-, Umfeld-, Kosten-, Konkurrenzobjektinformationen und Testberichte) • Ermitteln der Istfunktionen (Haupt-, Neben- und unnötige Funktionen) • Festlegung der Sollfunktionen • Zuordnung der Kosten zu den Sollfunktionen
Prüfen des Istzustandes	• Bewertung der Funktionen • Bestimmung der Nutzwerte • Prüfung der Kosten • Auswertung der gewonnenen Informationen
Entwickeln von Lösungen	• Ideenentwicklung durch systematische Suchmethoden (z. B. Brainstorming) • Erstellen von Lösungsalternativen
Lösungsfestsetzung	• Festlegung der Kriterien zur Bewertung der Lösungsalternativen • Lösungsideenbewertung • Erstellen des Gesamtlösungskonzeptes mit Entscheidungen
Lösungsverwirklichung	• Detailrealisation mit Festlegung des Personal- und Kapazitätsbedarfs • Zeitplanung • Realisation und Controlling • Erstellen eines Abschlussberichts über die Wertanalyse

Arbeitsaufträge

1. **Die Top-Dress GmbH sucht einen Lieferanten für Mischgewebe, mit dem sie langfristig feste Bindungen eingehen will. Deshalb muss der Lieferant nicht nur einwandfreie Produktqualität, sondern auch höchste Termin- und Servicequalität garantieren. Ein Team soll einen Fragebogen entwickeln. Dieser soll mehreren infrage kommenden Interessenten zugesandt werden, um die notwendigen Informationen zu erhalten. Lieferanten, die nicht bereit sind, die gestellten Fragen offen und wahrheitsgemäß zu beantworten, werden von vornherein nicht berücksichtigt.**
   a) Betreibt die Top-Dress GmbH im vorliegenden Fall
      - Marktanalyse oder Marktbeobachtung,
      - Primärforschung oder Sekundärforschung?

   b) Entwickeln Sie in Gruppenarbeit je fünf wichtige Merkmale, die Termin- und Servicequalität beschreiben.

   c) Erstellen Sie einen Fragebogen mit mehreren Fragen zu jedem Merkmal. Die Fragen sollen so formuliert werden, dass überprüft werden kann, in welchem Umfang der Lieferant den Merkmalen gerecht wird.

2. **Die Geschäftsleitung der ABZO Chemie AG möchte einen Überblick über die Arten betrieblicher Daten gewinnen, die in Zusammenhang mit den Geschäftsprozessen anfallen. Im Einkauf wird der Einkaufsassistent, Herr Krämer, beauftragt, die Datenarten für den Subprozess „Einkauf von A-Materialien" zusammenzustellen. Als Methode wählt er das Mindmapping.**
   Erstellen Sie die Mindmap.

3. **Im Rohstofflager wird ein neues Lagerverwaltungssystem eingerichtet. Dazu müssen Materialstammsätze erstellt werden. Unter anderem liegen folgende Daten vor:**
Materialnummer, Lieferantennummer, Mengeneinheit, Bestelldatum, Zeichnungsnummer, Stücklistennummer, Verpackungsart, Mindestbestand, Verrechnungspreis, Bankverbindung Lieferant X, Vertreternummer, ABC-Zugehörigkeit.
Welche der aufgeführten Daten gehören in den Materialstammsatz?

4. **Ein Betrieb benötigt die folgenden Materialien. Es liegen die angegebenen Zahlen vor.**

Material	Verbrauch (Stück)	Wert pro Stück (EUR)	Material	Verbrauch (Stück)	Wert pro Stück (EUR)
M1	10 000	0,40	M11	4 000	0,30
M2	6 000	0,90	M12	1 000	10,00
M3	2 000	3,80	M13	1 000	1,20
M4	8 000	0,50	M14	1 000	3,10
M5	3 000	5,20	M15	9 000	0,10
M6	7 000	0,20	M16	5 000	2,40
M7	1 000	0,30	M17	5 000	0,40
M8	500	0,20	M18	500	1,00
M9	500	4,00	M19	500	2,00
M10	5 000	1,90	M20	6 000	0,15

Ermitteln Sie anhand einer ABC-Analyse, für welche Materialien eine genaue Planung des Bedarfs ratsam ist. (Benutzen Sie, wenn möglich, ein Tabellenkalkulationsprogramm.)

DRITTER ABSCHNITT

5. **Die Materialien in Auftrag 4 haben folgende Verbrauchsverläufe:**
konstant: M1 M2 M5 M6 M10 M13 M16
trendmäßig: M3 M8 M7 M9 M12 M15
unregelmäßig: M4 M11 M14 M17 M18 M19 M20
a) Beurteilen Sie: Welchen Güterkombinationen ist nunmehr die größte Aufmerksamkeit zu schenken?
b) Gilt noch uneingeschränkt die Aussage: „A-Güter erfordern grundsätzlich höhere Aufmerksamkeit als B-Güter"?
c) Welcher Kombination sollte man mehr Aufmerksamkeit schenken: AZ oder BX?
d) Die Materialien M1, M2 und M20 sind wie folgt eingruppiert:
M1 ist ein AX-Gut
M2 ist ein BX-Gut.
M20 ist ein CZ-Gut.
Erläutern Sie die Bezeichnungen und ziehen Sie Rückschlüsse auf die Behandlung der jeweiligen Materialien.

6. **Die Schneider & Wibbel OHG will ihre Lieferanten nach ihrer jeweiligen Umsatzhöhe in A-, B- und C-Lieferanten einteilen. Folgende Umsatzzahlen werden der Buchhaltung entnommen:**

Liefererant	Umsatz
Müller GmbH	30 000,00 EUR
Telekom AG	600 000,00 EUR
Siemens AG	2 800 000,00 EUR
VEW AG	2 000 000,00 EUR
Schoeller Textil GmbH	300 000,00 EUR
Meyer AG	70 000,00 EUR
März AG	500 000,00 EUR

a) Bestimmen Sie die A-, B- und C-Lieferanten.
b) Welche Zwecke könnte der Betrieb mit der Einteilung der Lieferanten nach der Umsatzhöhe verfolgen?

7. **Ein Betrieb hat in seiner Lieferantendatenbank 127 Lieferanten verzeichnet. Er will diese Lieferanten mithilfe einer ABC-Analyse in Gruppen einteilen.**
a) Nennen Sie möglichst viele Zwecke, die der Betrieb mit der beabsichtigten Einteilung verfolgen könnte.
b) Versuchen Sie, möglichst viele Merkmale aufzuzählen, die für die Beurteilung von Lieferanten herangezogen werden können.
c) Wählen Sie einen Zweck und fünf Merkmale aus, die für dieses Ziel nach Ihrer Meinung am wichtigsten sind. Versuchen Sie nun, eine Methode zu finden, die es erlaubt, alle fünf Merkmale zugleich für die Gruppenbildung heranzuziehen, und dabei das unterschiedliche Gewicht der Merkmale berücksichtigt. (Hinweis: Ähnliches Vorgehen wie bei der Wertanalyse)
d) Welche Maßnahmen wären nach Ihrer Ansicht für A-Lieferanten sinnvoll?

8. Die Konstruktionsabteilung benötigt für die Konstruktion eines Produkts ein Material, das höchsten Ansprüchen genügen soll. Das Material muss deshalb die Funktionen A und B erfüllen. Weitere nützliche, aber nicht unverzichtbare Funktionen sind C, D und E. C wird viermal, D doppelt so wertvoll wie E eingeschätzt.
Nachforschungen ergeben, dass sechs Werkstoffe auf dem Markt erhältlich sind, die ggf. infrage kommen. Sie erfüllen die folgenden Funktionen und kosten die angegebenen Beträge.

Werkstoff	erfüllte Funktionen	Anschaffungskosten (EUR)
I	A B C D E F	40,00
II	A B D E G	35,00
III	A B C E H	20,00
IV	A B C D F	15,00
V	A B C D E F G	45,00
VI	A C D E F G H	17,00

a) Stellen Sie fest, ob sich mithilfe dieser Angaben eine vereinfachte Wertanalyse entsprechend dem Beispiel auf Seite 253 durchführen lässt. Wenn ja, welche Schritte sind dann aufgrund der obigen Angaben bereits durchgeführt?

b) Führen Sie die Wertanalyse vollständig durch und fällen Sie eine Entscheidung.

c) Welche Entscheidung treffen Sie, wenn das Material
- nur gehobenen Ansprüchen genügen soll?
- nur niedrigen Ansprüchen genügen soll?

2.3 Strategische Entscheidungen der Beschaffungsplanung

Die Materialbeschaffung erfordert mehrere strategische Entscheidungen. Dazu gehören:

- **Entscheidungen über die Fertigungstiefe**
  Frage: Sollen die benötigten Teile und Baugruppen selbst gefertigt oder eingekauft werden?

- **Entscheidungen über sog. Beschaffungsprinzipien**
  Frage: Soll stets nur zur Befriedigung des aktuellen Bedarfs eingekauft oder sollen Lagervorräte angelegt werden?
- **Strategische Entscheidungen über die Lieferantenauswahl**
  Fragen z. B.: Soll von wechselnden Lieferanten oder von Festlieferanten eingekauft werden? Regional oder weltweit? Teile oder vollständige Komponenten?

Mit solchen Entscheidungen legt sich das Unternehmen längerfristig fest – mit entsprechenden Risiken, Chancen, Kosten- und Erfolgswirkungen. Deshalb sind diese Entscheidungen vom Top Management zu treffen.

2.3.1 Beschaffungsprinzipien

Die **NSB Werftbetriebe GmbH** baut Jachten. Ausschließlich im Kundenauftrag (sog. Auftragsfertigung) und nach den Wünschen des Kunden. Es liegt Einzelfertigung vor: Fast jedes Schiff ist ein Unikat. Viele der verwendeten Materialien und Teile werden nur für ein ganz bestimmtes Schiff benötigt. Sie werden jeweils eingekauft, wenn der entsprechende Bedarf vorliegt.
Die **Gadget GmbH & Co. KG** fertigt innovative Scherz-, Geschenk- und Spielartikel. Das Fertigungsprogramm muss stets von neuem in kurzen Abständen an den geänderten Kundenbedarf angepasst werden. Viele Materialien werden jedoch immer wieder benötigt und müssen oft sehr kurzfristig verfügbar sein. Man sichert den Bedarf durch den Einkauf größerer Mengen ab und versucht dabei, die Einkaufs- und Lagerkosten zu minimieren.
Die **KlipperCamp AG** baut Wohnwagen und Wohnmobile. Sie hat für den Zeitraum eines Jahres ein festes Fertigungsprogramm geplant. Die Fertigungsabläufe und -zeitpunkte sind für Halbjahresperioden genau festgelegt. Die benötigten Materialien und Teile werden von festen, vertraglich langfristig gebundenen Liefereranten jeweils genau zum Einsatztermin geliefert.

Nach der Ermittlung des Materialbedarfs (siehe S. 175 und 178 ff.) muss das Materialmanagement die Deckung des Materialbedarfs sichern.

Aufgaben der Beschaffungsplanung	Ziele der Beschaffungsplanung
• Festsetzung des Beschaffungszeitpunkts • Festsetzung der Beschaffungsmenge • Planung der Beschaffungspreise • Ermittlung und Auswahl der Lieferanten	• Kostenminimierung (Preise, Beschaffungs-, Lagerkosten) • Minimierung des Versorgungsrisikos • Qualitätssicherung

Die Beschaffung vollzieht sich unter Berücksichtigung von drei grundlegenden Beschaffungsprinzipien: von Einzelbeschaffung, Vorratsbeschaffung und fertigungssynchroner Beschaffung. Die Entscheidung für eines der drei Prinzipien hängt stark von den angewendeten Fertigungsverfahren ab.

Einzelbeschaffung:
Das Material wird fallweise für einen bestimmten vorliegenden Auftrag eingekauft, geliefert und bereitgestellt.
Die Einzelbeschaffung ist typisch für die Auftragseinzelfertigung, kommt aber auch sonst bei seltenem Bedarf vor.

Beschaffungsplanung: Beschaffungsmenge und -zeitpunkt werden unmittelbar durch die Fertigungsplanung bestimmt. Die Beschaffungsplanung beschränkt sich auf die Lieferantenauswahl.
Versorgungsrisiko: relativ hoch
Lagerkosten: nur Zwischenlagerung, deshalb niedrige Lagerkosten
Beschaffungskosten: hoch: keine Vorteile großer Bezugsmengen (z. B. Rabatte, niedrige Frachtraten)
Kapitalbindung: niedrig, weil Lagerbestände fehlen.

Vorratsbeschaffung:
Ein Materialvorrat wird für einen Bedarf eingekauft und geliefert, der durch das festgelegte Fertigungsprogramm bestimmt ist. Aus dem Lagervorrat wird das Material für die Fertigung bereitgestellt.
Die Vorratsbeschaffung ist traditionell der Regelfall im Industriebetrieb. Der Vorrat sichert einerseits die Kontinuität der Fertigung und vergrößert andererseits den Handlungsspielraum auf den Beschaffungsmärkten. Aber: starke Tendenz zur fertigungssynchronen Beschaffung, wenn die notwendigen Voraussetzungen vorliegen.

Beschaffungsplanung: Beschaffungsmenge und -zeitpunkt werden in kurzen Zeitabständen wiederkehrend geplant, denn der auftretende Bedarf und die vorhandenen Lagervorräte müssen zeitlich und mengenmäßig abgeglichen werden.
Versorgungsrisiko: minimiert durch Vorratshaltung
Lagerkosten und Beschaffungskosten: Einkäufe sollen so erfolgen, dass Beschaffungs- und Lagerkosten in ihrer Summe minimiert werden.
Kapitalbindung: relativ hoch, abhängig vom Lagerbestand.

Fertigungssynchrone Beschaffung:
Das Material wird genau zum Zeitpunkt seines Einsatzes in der Fertigung angeliefert und bereitgestellt.
Voraussetzung: Massen- oder Serienfertigung mit großen Stückzahlen (z. B. typisch für die Autoindustrie). Diese gestattet eine Fertigungsplanung, die den zeitlichen Fertigungsablauf und die Materialeinsatzmengen genau vorbestimmt. Eine Materialbeschaffungsplanung wie bei der Vorratsbeschaffung wird somit überflüssig.

Beschaffungsplanung: Beschaffungsmenge und -zeitpunkt werden unmittelbar durch die Fertigungsplanung bestimmt. Logistische Planung (termingenaue Anlieferung!) steht im Vordergrund.
Lagerkosten: sehr niedrig (nur geringe Sicherheitsbestände)
Versorgungsrisiko: hohes Risiko von Lieferungsverzögerungen und -ausfällen. Man sichert sich u. a. durch feste, langfristige vertragliche Bindungen mit seinen Lieferanten ab.
Beschaffungskosten: Rahmen-Lieferverträge sichern den Lieferanten große Absatzmengen und den Abnehmern hohe Preisnachlässe. Transportkostenminimierung erfordert intelligente logistische Lösungen.
Kapitalbindung: niedrig, weil Lagerbestände fehlen.

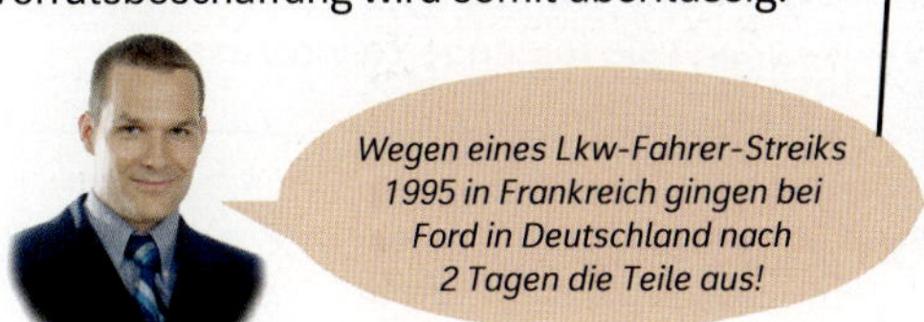

Arbeitsaufträge

1. **„Vorratsbeschaffung und Einzelbeschaffung sind zwei entgegengesetzte Beschaffungsprinzipien, aber Materialbereitstellung ohne Vorratshaltung muss nicht gleichbedeutend mit Einzelbeschaffung sein."**
   Stimmt diese Behauptung? Erläutern Sie den Hintergrund!

2. **Jeder Betrieb verfolgt bei seinen Einkaufsaktivitäten immer auch folgende Ziele:**
   - Sicherung eines gleichmäßigen Fertigungsablaufs
   - Schnelle Belieferung von Kunden
   - Flexible Anpassung an Bedarfsanforderungen der Fertigung
   - Niedrige Lagerkosten
   - Geringe Kapitalbindung durch Vorräte
   - Günstige Einkaufspreise durch Einkauf großer Mengen
   - Erhaltung der Zahlungsmittelbestände (der Liquidität)
   - Niedriges Risiko aufgrund von Lagerbeständen
   - Niedrige Frachtkosten
   - Günstige Lieferungs- und Zahlungsbedingungen seitens der Lieferanten

   a) Vergleichen Sie Vorratsbeschaffung und Einzelbeschaffung im Hinblick auf diese Ziele. Welche Ziele harmonieren besser mit dem einen, welche mit dem anderen Beschaffungsprinzip?
   b) Erläutern Sie anhand der genannten Ziele den typischen Zielkonflikt der Materialwirtschaft.
   c) Es wird behauptet, der angedeutete Zielkonflikt sei bei der fertigungssynchronen Beschaffung bedeutend besser gelöst. Begründen Sie dies und führen Sie möglichst viele Vorteile dieses Beschaffungsprinzips an. Nennen Sie andererseits mögliche Schwachstellen.

2.3.2 Strategische Lieferantensuche und -auswahl

Notwendigkeit fester Bindungen

Der Lebensmittelhersteller Mars hatte mehr als 600 Lieferanten. 50 % aller Bestellungen entfielen auf 3 % der Lieferanten, die restlichen 50 % auf 97 % der Lieferanten. Bei Letzteren war das Verhältnis von Bestellwert und Bestellaufwand absolut unwirtschaftlich. Die Folgen:

- zu hoher Zeitaufwand im Einkauf,
- zu viel Arbeit in der Rechnungsprüfung,
- zu hohe Prozesskosten im gesamten Wertschöpfungsprozess Einkauf.

Eine Untersuchung ergab: Die Firma kaufte geringwertige Artikel bei zu vielen Lieferanten, die Disposition war schlecht geregelt. Häufig waren nicht einmal Artikel zu Warengruppen zusammengefasst. Daraufhin wurde ein neues Konzept erarbeitet: Jetzt sind nur noch zehn Lieferanten tätig, jeder für eine Warengruppe. Sie führen Bestandsführung und Bestellung selbst durch. Die Kosten in Einkauf, Logistik und Qualitätskontrolle sind enorm gesenkt. Zum Beispiel wird nur ein Mitarbeiter für das Überprüfen von Lieferungen und Rechnungen benötigt.

Optimales Materialmanagement verlangt eine optimale Lieferantenauswahl. Dabei ist zu beachten, dass sich die Kunden-Lieferanten-Beziehungen des Industriebetriebs im Laufe der letzten Jahrzehnte stark gewandelt haben. Zum Beispiel neigt der moderne Betrieb aus Wettbewerbs- und Kostengründen stark zum Outsourcing wichtiger Funktionen. Zugleich muss er aber strikte Qualitätssicherung betreiben sowie seine Logistik und Supply Chain optimal gestalten. Dies ist nur möglich, wenn er feste Bindungen mit seinen Lieferanten eingeht, zumindest für die laufend benötigten Materialien. Lieferantensuche „von Fall zu Fall" und häufiger Lieferantenwechsel stören die Geschäftsprozesse. Sie kommen nur noch für einmalig oder sporadisch benötigte Güter infrage.

Insofern erfährt die **Lieferantensuche und -auswahl** eine Wandlung von einem operativen zu einem **strategischen Prozess**. In der Regel umfasst sie folgende Teilprozesse:

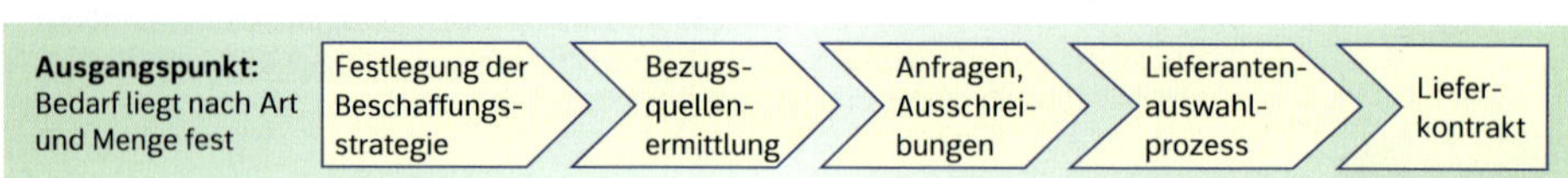

Beschaffungsstrategien (Lieferantenauswahlstrategien)

Mit der Entscheidung für eine Beschaffungsstrategie legt der Betrieb fest, in welche grundlegende Beziehung zu dem/den Lieferanten eines Materials er eintreten will. Die folgenden Strategien sind gegenwärtig von größter Bedeutung.

Bearbeiten Sie zu diesem Thema das Arbeitsblatt Beschaffungsstrategien.

Web M 259

Einquellenbeschaffung – Single Sourcing
Ein(e) Material(gruppe) wird von **einem** festen Lieferanten bezogen. Die Zusammenarbeit kann ausgedehnt werden, z. B. auf F&E, Qualitätssicherung, Disposition. Vertrauen und Offenheit zwischen Lieferanten und Kunde sind von größter Bedeutung.

Mehrquellenbeschaffung – Multiple Sourcing
Ein(e) Material(gruppe) wird von zwei oder mehr festen Liefereranten bezogen. Dabei gilt grundsätzlich das Gleiche wie bei der Einquellenbeschaffung.

Modulare Beschaffung – Modular Sourcing
Module werden komplett von einem Zulieferer bezogen. Sein Know-how wird optimal genutzt. Die Strategie wird v. a. bei technisch komplexen Produkten (z. B. Autos) gewählt. Die Entwicklung geht in Richtung Systemlieferant (vgl. S. 273). **(Gegensatz: Einzelteilbeschaffung – Unit Sourcing)**

Globale Beschaffung –Global Sourcing
Das Internet macht sie möglich: die weltweite Lieferantensuche, die globale Beschaffung. Gründe: Kostensenkung aufgrund niedrigerer Lohnkosten im Ausland und/oder nationale Lieferengpässe. Natürliche Probleme sind: erhöhtes Qualitätsrisiko (besonders bei High-Tech-Produkten), erhöhtes Ausfallrisiko, erhöhtes logistisches Risiko, Währungsrisiko. Umso wichtiger ist deshalb auch hier der Aufbau fester und sicherer Lieferantenbindungen. **(Gegensatz: Local Sourcing – Lokale Beschaffung)**

Verbundbeschaffung
Hier gehen mehrere Hersteller vertraglich eine Einkaufskooperation (Zusammenarbeit) ein. Durch die Zusammenlegung ihrer Einkaufsvolumen erlangen sie mehr Marktmacht, Preiszugeständnisse und günstigere Einkaufskonditionen (Einkaufsbedingungen). **(Gegensatz: Einzelbeschaffung)**

DRITTER ABSCHNITT

Lieferantenermittlung (Bezugsquellenermittlung)

Der Einkauf muss geeignete Lieferanten ermitteln. Dabei zeigt die Praxis oft: Steht der Bedarf fest, fehlt die Zeit für gründliche Untersuchungen über Lieferquellen. Deshalb soll der Einkauf zumindest für A-Güter systematisch Beschaffungsmarktforschung betreiben.

Externe Informationsquellen sind vor allem:

- Datenbanksysteme der IHKs,
- Auskünfte der AHKs (deutsche Auslandshandelskammern),
- allgemeine Internetsuchmaschinen (z.B. www.google.de, www.fireball.de, https://ixquick.de),
- Lieferantensuchmaschinen, z.B.:
  - ABC der deutschen Wirtschaft (www.abconline.de)
  - Wer liefert was? (www.wlw.de)
  - Sachon-BDI-Einkaufsführer „Die deutsche Industrie“ (www.diedeutscheindustrie.de)
  - Product Search (www.product-search.de)

Anfragen, Ausschreibung

Durch Anfragen (= Bitte um Angebot) erhält man genauere Kenntnis über die Produkte/Waren und die Leistungsfähigkeit der Lieferanten.

Beispiel: Anfrage der MGB Maltmann Getriebebau e. K.

> Wir suchen im Rahmen unserer Fertigung von Getrieben für feinmechanische Geräte einen Festlieferanten von Präzisionszahnrädern, die in Zusammenarbeit mit uns zu entwickeln und nach unseren genauen Vorgaben herzustellen sind. Einzelheiten können Sie unserer Ausschreibung unter www.maltgetriebe.de entnehmen.
> Wenn Sie an einer dauernden Zusammenarbeit interessiert sind und unseren Anforderungen entsprechen können, bitten wir um Ihr Angebot bis zum 15. Oktober 20..

Bei umfangreichem Bedarf und bei der Suche nach Festlieferanten erfolgt oft eine **Ausschreibung**. Darin beschreibt das nachfragende Unternehmen seinen Bedarf in allen Einzelheiten und bittet öffentlich um Angebote. Eventuell erfolgt die Ausschreibung in Form einer Internetauktion: Der Käufer schreibt sein Objekt im Internet aus. Interessenten geben dort ihr Angebot ab. Der Käufer wählt den günstigsten Anbieter aus.

Lieferantenauswahlprozess

Schlechte Materialqualität, unpünktliche Materiallieferungen, mangelhafter Lieferservice können sich katastrophal auf die Leistungen des Industriebetriebs auswirken. Deshalb ist eine zuverlässige **Lieferantenbeurteilung** unerlässlich.

Wir wollen nicht irgendeinen Lieferanten, sondern den besten!

Wichtige Beurteilungs- und Auswahlmerkmale

- **Finanzielle Merkmale**
  - Listen-/Angebotspreis, Rabatte
  - Lieferungsbedingungen (Beförderungs-, Verpackungs-, Versicherungskosten
  - Zahlungsbedingungen (Vorauszahlung, Teilzahlung, Zahlungsfristen, Skonto)
  - Einstandspreis (= der maßgebliche Preis!)

	Listen-/Angebotspreis
–	Rabatte
=	Zieleinkaufspreis
–	Skonto
=	Bareinkaufspreis
+	Bezugskosten
=	Einstandspreis

- **Materialqualität** (gemessen an den Anforderungen des Kunden)
  - gewünschte Funktionen (Tauglichkeit)
  - Einhaltung technischer Standards (Qualitätsstandards), Normen, gesetzlicher Vorschriften
  - Haltbarkeit
  - Umweltverträglichkeit
- **Lieferantenqualität**
  - Artqualität (Einhaltung der Art- und Qualitätsvereinbarungen, mängelfreie Lieferung)
  - Mengenqualität (lieferbare Menge, Einhaltung der Mengenvereinbarungen)
  - Terminqualität (Lieferzeit, Einhaltung der Terminzusagen)
  - Servicequalität (Kundendienstleistungen, Beratung)
  - Reklamationsverhalten (z.B. Garantien, Kulanz)
  - Warenrücknahme (z.B. zwecks Recycling oder Entsorgung)
  - Flexibilität (Anpassungsfähigkeit an geänderte Anforderungen)
  - Innovationsfähigkeit (Weiterentwicklung von Produkten und Leistungen)
  - Kooperationsbereitschaft (z.B. gemeinsame Materialentwicklung mit dem Kunden)

Die Beurteilung wird im Rahmen eines gründlichen Lieferantenauswahlprozesses vorgenommen:

Web M 260_1

Web M 260_2

Sehen Sie sich hierzu auch die Präsentation Strategische Lieferantenauswahl an.

Lieferantenauswahlprozess

Auswahlmerkmale entwickeln → Siehe oben.

Checkliste erstellen → Um sicherzustellen, dass alle als wichtig erachteten Auswahlmerkmale wirklich berücksichtigt werden, sollten Befragungen und Untersuchungen anhand einer Checkliste erfolgen.

Informationen beschaffen → Man erhält die nötigen Informationen

- durch Selbstauskunft des Lieferanten,
- durch Befragung von Kunden des Lieferanten und durch Einholen von Auskünften,
- durch Aufsuchen des Lieferanten und Vor-Ort-Untersuchung von Organisation, Produkten und Prozessen,
- durch den Nachweis von Audits (Betriebsprüfungen) unabhängiger Zertifizierungsorganisationen und Vorlage der Zertifizierungsurkunden.

Sehen Sie sich z.B. den beigefügten Lieferantenfragebogen an.

Nutzwertanalyse durchführen

Die Verantwortlichen von Zentraleinkauf, Produktion, Logistik und Absatz beraten gemeinsam über die abgegebenen Angebote. Sie vergleichen die Lieferanten mithilfe einer Nutzwertanalyse. Sie wird nach dem gleichen Prinzip wie die Nutzwertanalyse beim Angebotsvergleich durchgeführt (siehe S. 281).

ggf. Verhandlungen führen

Der Umfang, die Intensität und Dauer des Beurteilungs- und Auswahlprozesses hängen von der Bedeutung des beabsichtigten Geschäfts ab. Bei der Suche nach einem Systemlieferanten für wichtige Module z. B. wird man extrem sorgfältig vorgehen. Die endgültige Lieferantenauswahl erfolgt dann erst nach intensiven Verhandlungen, die alle Einzelheiten berücksichtigen.

Rahmenvertrag schließen

Der Auswahlprozess endet mit dem Abschluss eines detaillierten Vertragswerks, des Rahmenvertrags.

Arbeitsaufträge

1. **Der Rohstoffeinkauf der Müller Textil GmbH kauft seine Baumwolle ausschließlich beim Bremer Kontor Menrad AG ein (Einquellenversorgung oder Single Sourcing). Der Einkaufsleiter überlegt nun, die benötigte Baumwolle weltweit einzukaufen (Global Sourcing).**

   Diskutieren Sie die beiden Einkaufsmöglichkeiten in Form einer Debatte. (Debatte: Moderator; zwei Gruppen, die debattieren; Redner jeder Seite tragen Standpunkte vor; anschließend argumentative Auseinandersetzung mit den Standpunkten der Gegenseite).

2. **Für eine Nutzwertanalyse zweier Lieferanten liegen folgende Beurteilungsmerkmale, Gewichtungen und Noten vor:**

		Lieferant 1		Lieferant 2	
Merkmal	**Gewichtung**	**Note**	**Wert**	**Note**	**Wert**
Einstandspreis	9	10		9	
Qualität	8	9		9	
Garantie	5	4		5	
Lieferzeit	5	8		7	
Innovationsfähigkeit	3	9		6	
Vorlieferantenabhängigkeit	3	7		8	
Lieferungsbedingungen	4	8		7	
Zahlungsbedingungen	4	8		7	
Entsorgung	3	7		8	
Umweltfreundlichkeit	4	9		9	

   Führen Sie die Nutzwertanalyse zu Ende.

3. **Auf die Ausschreibung von MGB Maltmann Getriebebau e. K. (siehe Seite 259), die Lieferung von Präzisionszahnrädern betreffend, geben sieben Anbieter ihr Angebot ab. Die Anbieter sollen mithilfe einer Nutzwertanalyse verglichen werden.**

   Entwickeln Sie einen Vordruck für eine Nutzwertanalyse zur vergleichenden Beurteilung der Anbieter.
   Der Vordruck soll mindestens 15 Beurteilungskriterien enthalten.
   Erarbeiten Sie die Kriterien und ihre Gewichtungszahlen in drei parallelen Arbeitsgruppen.
   Diskutieren Sie anschließend Ihre Arbeitsergebnisse und einigen Sie sich auf eine gemeinsame Lösung.

2.4 Operative Entscheidungen der Beschaffungsplanung

2.4.1 Optimale Bestellmenge – ein Modell der Mengen- und Zeitdisposition bei Vorratsbeschaffung

Beschaffung und Lagerung verursachen Kosten, deren Höhe von der Einkaufsmenge abhängt. Um sie zu minimieren, sollte man die Einkaufsmenge genauer planen.

Vorteile großer Einkaufsmengen	Nachteile großer Einkaufsmengen
• Wer große Mengen kauft, erhält Rabatte. • Die Fracht- und Verpackungskosten sind für große Sendungen günstiger als für kleine. • Wenn man große Mengen kauft, muss man nicht so oft bestellen. Und jede Bestellung verursacht Kosten für Schreibarbeit, Papier, Porto, Ablage, Buchung, Materialkontrolle, Einlagerung, ...	• Wer große Mengen kauft, muss sie bis zum Verbrauch lagern. Auch die Lagerung verursacht hohe Kosten: für Lagerraum, Lagereinrichtung, Personal, Verwaltung, Materialpflege, Versicherung, Schwund, Zinsverluste, ...

DRITTER ABSCHNITT

Kleine Mengen ⟶ *hohe Beschaffungskosten, niedrige Lagerkosten.*
Große Mengen ⟶ *niedrige Beschaffungskosten, hohe Lagerkosten.*

Web

Beschaffungs- und Lagerkosten entwickeln sich gegenläufig. Bei der optimalen Bestellmenge erreicht ihre Summe ein Minimum.

M 262

Beispiel: Optimale Bestellmenge (siehe auch die Präsentation *Optimale Bestellmenge*)

MGB Maltmann Getriebebau e. K. benötigt jährlich 1 800 Gussstücke mit einem Einstandspreis von je 100,00 EUR. Davon werden täglich gleichmäßig 5 Stück verbraucht.
Die Lagerkosten pro Stück (lk) betragen im Jahr 30,00 EUR. Sie enthalten auch die Zinsen für die Kapitalbindung (das durch die Lagerung gebundene Kapital). Die Kapitalbindung entspricht dem Einstandspreis. Bezieht man die Lagerkosten pro Stück prozentual auf die Kapitalbindung (den Einstandspreis), erhält man den sog. Lagerkostensatz (genauer: Zins- und Lagerkostensatz):
Lagerkostensatz = (Lagerkosten pro Stück/Einstandspreis) · 100 = (30/100) · 100 = 30 %
Um jederzeitige Verfügbarkeit zu gewährleisten, wird ein Mindestbestand (MB) von zehn Stück gehalten. Er verursacht Kosten von 10 · 30,00 EUR = 300,00 EUR.
Bei jedem Kauf fallen feste Bestellkosten von 20,00 EUR an.
Die folgende Tabelle zeigt die Kosten bei unterschiedlichen Bestellmengen:

Bestellmenge (B)	Zahl der Bestellungen pro Jahr	Kosten pro Bestellung (in EUR)	gesamte Bestellkosten (in EUR)	durchschnittlicher Lagerbestand (L)	durchschnittliche Lagerkosten (in EUR)	Gesamtkosten (in EUR)
				$\frac{B}{2}$ + EB	L · lk	
1800	1	20,00	20,00	910	27 300,00	27 320,00
900	2	20,00	40,00	460	13 800,00	13 840,00
450	4	20,00	80,00	235	7 050,00	7 130,00
225	8	20,00	160,00	122,5	3 675,00	3 835,00
100	18	20,00	360,00	60	1 800,00	2 160,00
60	30	20,00	600,00	40	1 200,00	1 800,00
50	36	20,00	720,00	35	1 050,00	1 770,00
40	45	20,00	900,00	30	900,00	1 800,00
30	60	20,00	1 200,00	25	750,00	1 950,00

(Hinweis: Der Mindestbestand kann auch unberücksichtigt bleiben. Dann sind lediglich die durchschnittlichen Lagerkosten sowie die Gesamtkosten **konstant** um 300,00 EUR kleiner.)
Bei 36 Bestellungen pro Jahr zu 50 Stück sind die Gesamtkosten am niedrigsten.
Die optimale Bestellmenge beträgt deshalb 50 Stück.
Wegen des gleichmäßigen Verbrauchs sind zugleich mit der optimalen Bestellmenge die Anzahl der Bestellungen (hier 36) und damit auch die Bestelltermine festgelegt. Die Mengendisposition ist also zugleich eine Zeitdisposition.

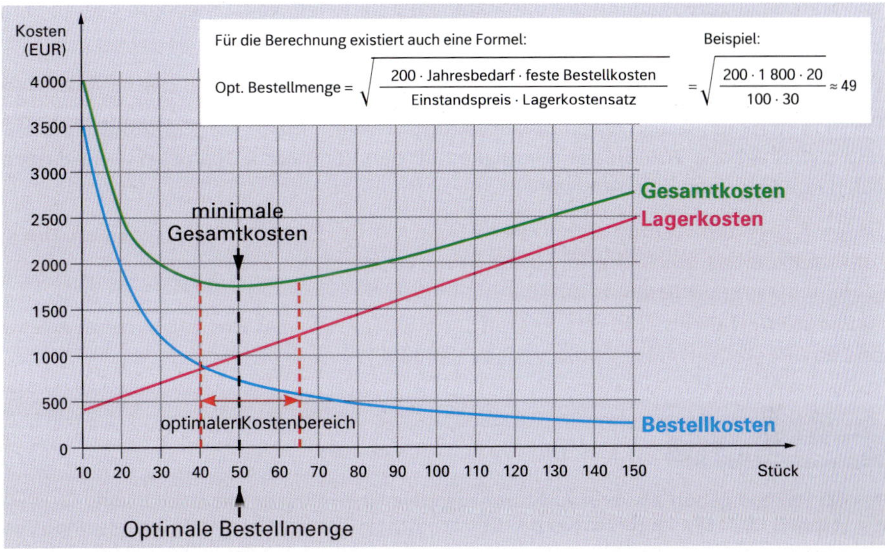

Anmerkungen zur Formel:

1. Der *Lagerkostensatz* ergibt sich wie folgt:
   LKS = (durchschnittliche Lagerkosten/durchschnittliche Kapitalbindung) · 100
   (Durchschnittliche Kapitalbindung = durchschnittlicher Lagerbestand · Einstandspreis pro Stück)
2. Das mathematische Ergebnis von 49 Stück ist praktisch nicht verwendbar. Es bedeutet 36,73469 Bestellungen (nicht ganzzahlig!). Die optimale Bestellmenge muss in der Praxis jedoch nicht exakt berechnet werden, denn die Gesamtkostenkurve verläuft in der Umgebung des Minimums sehr flach. Abweichungen von – 20 % bis + 30 % erhöhen die Kosten kaum.

Web
M 263

DRITTER ABSCHNITT

Die optimale Bestellmenge ist nur ein Modell. Dieses ist von der Realität ziemlich weit entfernt, denn es enthält einschränkende Voraussetzungen:

- Es wird ein gleichmäßiger Lagerabgang (= Verbrauch der Teile) angenommen.
- Jahresbedarf, Preis, Bestellkosten sowie Zins- und Lagerkosten pro Stück sind konstant.
- Die Wiederbeschaffungszeit ist gleich null.
- Die Beschaffungsmengen sind beliebig teilbar.
- Es gibt keine Mindest- und Höchstmengen (z. B. unbegrenzte Lagerkapazität).

In der Praxis sind diese Voraussetzungen in der Regel nicht erfüllt:

- Rabatte und bestellmengenabhängige Transportkosten müssen einbezogen werden.
- Fixe Lagerkosten und beschränkte Lagerkapazitäten sind zu berücksichtigen.
- Meist liegt kein gleichmäßiger Lagerabgang vor.
- Kostenansätze und Verkaufsmengen ändern sich im Zeitablauf.

Außerdem kann man in der Praxis eine errechnete optimale Bestellmenge manchmal gar nicht realisieren, weil z. B.

- der Lieferant eine Mindestmenge vorgibt,
- die Ware nur in festen Verpackungseinheiten geliefert wird,
- die Artikel nur beschränkt lagerfähig sind,
- es sich um Saisonartikel handelt.

Die zu verarbeitenden Informationsmengen sind nicht nur weitaus größer als im Modell, sondern sie sind teilweise auch unsicher.

Fazit: Die Planung einer optimalen Bestellmenge begegnet in der Praxis **größten Schwierigkeiten**.

Will man alle Möglichkeiten und Änderungen berücksichtigen, so wird bei einer großen Zahl von Materialien die Planung der optimalen Bestellmenge weitaus höhere Kosten verursachen, als sie einzusparen hilft.

Die Planung einer optimalen Bestellmenge lohnt sich deshalb nur bei AX-Materialien.

Diese Materialien haben einen hohen Verbrauchswert, einen konstanten Verbrauchsverlauf und eine hohe Vorhersagegenauigkeit für den Verbrauch). Man ermittelt sie bekanntlich durch ABC- und XYZ-Analyse).

In der Regel behilft man sich in der Praxis mit flexiblen Bestellstrategien, die keine optimalen, aber hinreichend gute Lösungen ergeben. Sie heben die Annahme des gleichmäßigen Verbrauchs auf.

Bekannte Verfahren sind das Bestellpunktverfahren, das Bestellrhythmusverfahren und das Bestellterminverfahren (siehe S. 266 ff.).

Arbeitsaufträge

1. **Ein Fertigungsbetrieb verbraucht pro Tag etwa 50 Profileisen mit einem Einstandspreis von je 20,00 EUR. Die Lagerkosten pro Stück betragen im Jahr 1,00 EUR. Als eiserner Bestand wurden 300 Stück festgelegt. Bei jeder Bestellung fallen fixe Bestellkosten von 9,00 EUR an. Die Wiederbeschaffungszeit beträgt fünf Tage (Das Jahr wird mit 360 Tagen gerechnet).**
   a) Berechnen Sie den Meldebestand. Wann ist spätestens zu bestellen, wenn der eiserne Bestand bei normalem Lagerabgang am 28. März erreicht wird?
   b) Welche Stückzahl ist zu bestellen (optimale Bestellmenge)?
   Wie hoch ist folglich der Höchstbestand?
   (Ermitteln Sie die Lösung rechnerisch und zeichnerisch. Benutzen Sie auch ein Tabellenkalkulationsprogramm.)

2. **Dem Einkauf der AKO GmbH liegt ein Angebot für Multifunktionspapier vor:**
   Preis je Karton (5 Pakete à 500 Blatt) 12,00 EUR; ab 40 Kartons 10 % Mengenrabatt; Verpackungs- und Transportkostenpauschale 30,00 EUR
   Weitere betriebliche Daten: Monatsbedarf 50 000 Blatt, Mindestbestand 15 000 Blatt, feste Bestellkosten 20,00 EUR, Lagerkostensatz 10 %
   Beurteilen Sie, ob der Einkauf eines Monatsbedarfs oder eines Vierteljahresbedarfs vorzuziehen ist.

2.4.2 Flexible Bestellstrategien bei Vorratsbeschaffung

Bedeutung des Lagerbestands

Einkaufszeitpunkt und Einkaufsmenge können ggf. bestimmt sein durch
- **vorliegende Angebote** (z. B. bei Messen, Ernten, Saisonwechsel),
- **Preisentwicklungen** (z. B. Einkauf vor erwarteter Preiserhöhung),
- **begrenzte Lagerfähigkeit** der verwendeten Materialien und Handelswaren.

Meist werden Materialien jedoch beschafft, wenn ein **Bedarf** festgestellt wird und die Lagerreserve für die **Bedarfsdeckung** nicht ausreicht. Wenn die Lagerreserve verbraucht ist, können **Fehlmengenkosten** entstehen. Deshalb sind wichtige Lagerbestände immer als Kennzahlen im Auge zu behalten.

Lagerbestände

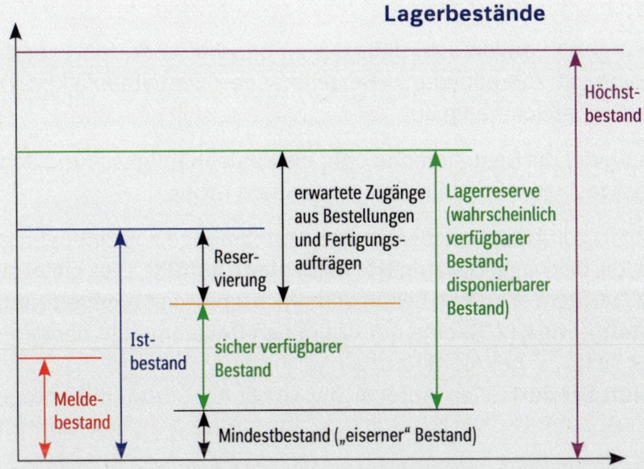

Lagerung verursacht Kosten. Deshalb wird ein **Höchstbestand** festgelegt. Er darf nicht überschritten werden.

Istbestand = tatsächlicher Bestand
Er soll niemals den Mindestbestand unterschreiten und den Höchstbestand überschreiten.

Um Fehlmengenkosten (für Produktionsstillstand, Ersatzlieferungen, Vertragsstrafen, Gewinnentgang) zu vermeiden, wird ein **Mindestbestand (eiserner Bestand)** festgelegt. Er darf nicht unterschritten werden.

Sinkt der Istbestand auf den **Meldebestand**, erfolgt eine Bedarfsmeldung an den Einkauf zwecks Nachbestellung.

Istbestand
− Mindestbestand (eiserner Bestand)
− erfolgte Reservierungen (für die Fertigung)
= sicher verfügbarer Lagerbestand
\+ erwartete Zugänge aus Bestellungen und Fertigungsaufträgen
= Lagerreserve (wahrscheinlich verfügbarer Lagerbestand) (disponierbarer Lagerbestand)

Mindestbestände sollen unter normalen Umständen niemals angegriffen werden. Ihre Höhe richtet sich bei Fertigungsteilen nach der **Erstellungszeit**, bei Einkaufsteilen nach der **Wiederbeschaffungszeit**. Je länger sie ist, desto höher sollte der Mindestbestand sein.

Der Mindestbestand soll schützen bei
- *Lieferverzögerungen,*
- *Mehrverbrauch,*
- *falscher Bedarfsberechnung.*

Vorlaufzeit (Bedarfsermittlung, Bestellvorbereitung, Bestellungserteilung)
\+ **Lieferzeit** (Bestellungsannahme, ggf. Fertigung und Versand durch den Lieferanten)
\+ **Nachlaufzeit** (Transport, Materialannahme, Materialkontrolle, Einlagerung)
= **Wiederbeschaffungszeit**

Vorlaufzeit (Arbeitsvorbereitung)
\+ **Fertigungszeit**
\+ **Nachlaufzeit** (Fertigmeldung, Qualitätskontrolle)
= **Erstellungszeit**

Die Mindestlagerbestände müssen auch umso höher sein, je mehr man Fehlmengenkosten vermeiden will. Damit steigen jedoch die Lagerkosten. Es entsteht folglich ein **Zielkonflikt**. Diesen löst man in der Praxis oft zugunsten der Lagerkostenreduzierung:

In der betrieblichen Praxis zieht man oft die Minimierung der Lagerbestände vor und nimmt dafür höhere Fehlmengenkosten in Kauf.

Wenn die Produktnachfrage, die Fertigungsmengen oder das Angebot auf den Beschaffungsmärkten sich ändern, müssen die Kennzahlen ggf. neu festgesetzt werden. Hier liegt eine Aufgabe des Beschaffungscontrollings.

DRITTER ABSCHNITT

Bestellpunktverfahren

Die flexiblen Bestellstrategien gehen davon aus, dass der zu beschaffende Jahresbedarf geplant ist und feststeht. Für ihn gilt: Jahresbedarf = Bestellmenge x Bestellhäufigkeit. Der Bedarf tritt jedoch nicht unbedingt gleichmäßig auf.

Die Strategien setzen nun entweder die Bestellmenge oder die Bestellhäufigkeit (und damit den Bestellzeitpunkt) zunächst fest und ermitteln dann die andere Größe.

Beim Bestellpunktverfahren wird zunächst eine bestimmte Bestellmenge zugrundegelegt:

- entweder die Bestellmenge, die das Lager **bis zum Höchstbestand auffüllt**. Dies bietet sich v. a. bei den geringwertigen C-Gütern an, deren Bedarf verbrauchsgesteuert ermittelt wird.
- oder eine **konstante Bestellmenge** (z. B. eine der optimalen Bestellmenge nahekommende Menge). Dies bietet sich v. a. bei AX-Gütern an.
- oder auch ein **aktueller Nettobedarf**. Dies bietet sich v. a. bei AZ-Gütern mit unregelmäßigem Verbrauch an.

Den Bestellzeitpunkt ermittelt das Bestellpunktverfahren nun wie folgt:

Das ERP-System überprüft nach jeder Entnahme den Lagerbestand. Erreicht er einen festgelegten Meldebestand (Bestellpunkt), so erfolgt eine Bedarfsmeldung und Bestellung.

Der Meldebestand ist so hoch anzusetzen, dass der Mindestbestand bei normalem Verbrauch innerhalb der Wiederbeschaffungszeit nicht angegriffen wird.

Meldebestand = Mindestbestand + (durchschnittl. Tagesentnahme · Wiederbeschaffungszeit)

Beispiel: Bestellpunktverfahren

Jeden Tag werden im Durchschnitt fünf Ölsiebe eingebaut.
Als Mindestlagerbestand ist ein Zweitagesbedarf, also zehn Stück, festgelegt.
Es werden immer 45 Stück bestellt. Als Höchstbestand sind 55 Stück festgelegt (vorher 65).
Die Wiederbeschaffungszeit beträgt vier Tage.
Unter diesen Umständen ist neu zu bestellen, wenn noch 30 Stück (Meldebestand) auf Lager liegen. Denn während der Wiederbeschaffungszeit von vier Tagen sinkt der Bestand um (5 · 4) Stück = 20 Stück auf den Mindestbestand ab.

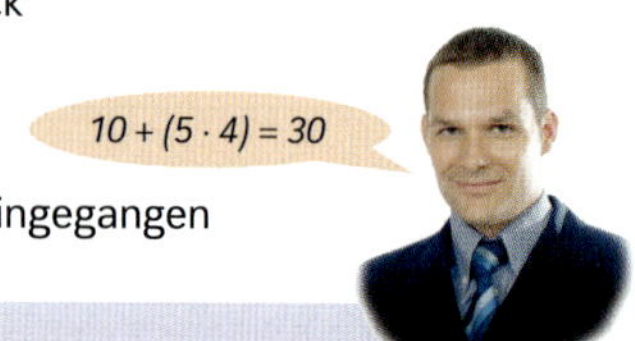

Am Ende der Wiederbeschaffungszeit muss die neue Lieferung eingegangen und eingelagert sein und für die Fertigung bereitstehen.

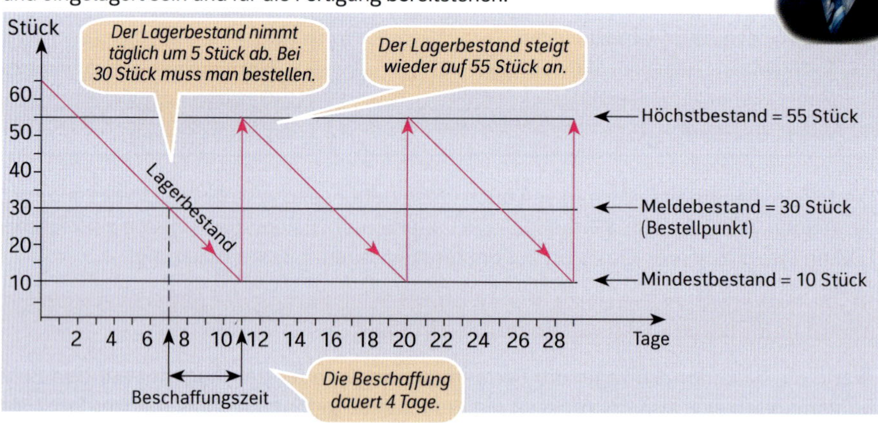

Das Beispiel zeigt einen gleichmäßigen Materialverbrauch. Dies ist aber nicht Voraussetzung. Bei ungleichmäßigem Verbrauch ergeben sich unregelmäßige „Sägezähne".

Vorteile		Nachteile
• Relativ niedrige Mindestbestände möglich (Gefahr der Unterdeckung ist klein) • Relativ niedrige Lagerkosten und Kapitalbindung für Mindestbestände • Anwendung bei regelmäßigem und unregelmäßigem Bedarf sinnvoll	**Bestellpunktverfahren**	• Nur Erfassung von bewegten Gütern (Lagerhüter nicht feststellbar). • Sammelbestellungen zur Ausnutzung von Rabatten nicht möglich • Unregelmäßiger Bedarf erfordert oft Anpassung des Meldebestands (Verwaltungskosten!) • Bei seltenem Bedarf Gefahr überhöhter Bestände (Lagerkosten!)

Bestellrhythmusverfahren

Dieses Verfahren legt zunächst nicht die Bestellmenge, sondern die Bestellzeitpunkte fest.

Dazu wird der Lagerbestand vom ERP-System in festen Prüfintervallen – z. B. monatlich, vierzehntäglich, wöchentlich – überprüft.

Ob bestellt wird, kann von Bedingungen abhängig gemacht werden:

1. Bestellung auf jeden Fall, wenn Lagerentnahmen festgestellt wurden.
2. Bestellung nur, wenn der Lagerbestand eine festgelegte Menge (Bestellpunkt) erreicht oder unterschritten hat.

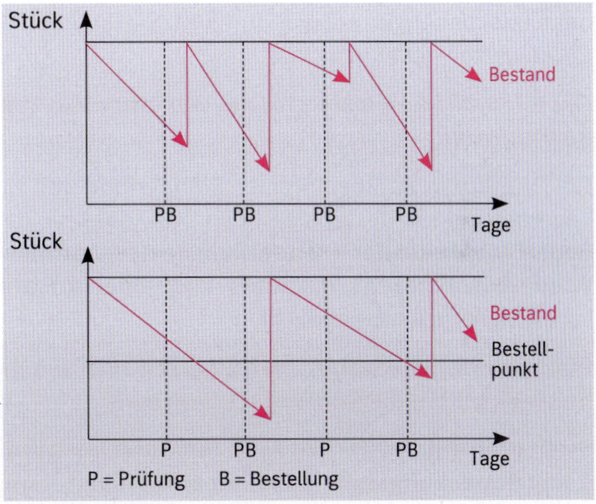

Als Bestellmenge wird meist die Menge gewählt, die das Lager wieder bis zum Höchstbestand auffüllt. Aber auch eine konstante Menge ist möglich.

Je länger die Prüfintervalle sind, desto größer ist die Gefahr von Fehlmengen. Deshalb sollten kurze Intervalle festgelegt werden.

Vorteil		Nachteile
• Systematische Erfassung **aller** Güter (ermöglicht z. B. Vorschläge für den Umgang mit wenig bewegten Teilen und Lagerhütern)	**Bestellrhythmusverfahren**	• Höhere Mindestbestände nötig, weil zur Lieferzeit das periodische Prüfintervall hinzukommt (Lagerkosten!) • Bei unregelmäßigem Verbrauch besteht Gefahr überhöhter oder unzureichender Bestände (Lagerkosten!) • Lange Intervalle → Gefahr der Unterdeckung; kurze Intervalle → höhere Verwaltungskosten

Wegen der Fehlmengengefahr ist die Anwendung des Verfahrens bei sehr ungleichmäßigem Bedarf nicht üblich.

Will man der Bestellung von Gütern mit hohem Verbrauchswert (A-Güter) feste Prüfintervalle zugrunde legen, so zieht man eine abgewandelte Form vor: das Bestellterminverfahren.

Bestellterminverfahren

Die Überprüfung des Lagerbestands erfolgt hier in festen Prüfintervallen, die den Planperioden entsprechen. Das Vorgehen entspricht insofern dem Bestellrhythmusverfahren. Dabei wird die **Lagerreichweite** (die Reichweite des wahrscheinlich verfügbaren Lagerbestands, der Lagerreserve) ermittelt. Sie ist durch die Isteindeckungszeit und die Solleindeckungszeit gekennzeichnet.

Die Isteindeckungszeit gibt an, wie lange die Lagerreserve den geplanten Bruttobedarf abdeckt.

Am Prüftermin zu Beginn einer Planperiode **soll** die Lagerreserve mindestens so hoch sein, dass sie den Bedarf während der Planperiode, eines normalen Wiederbeschaffungszeitraums und einer zusätzlichen Sicherheitszeit abdeckt.

Planperiode, Wiederbeschaffungszeit und Sicherheitszeit bilden die Solleindeckungszeit.

Stellt man am Prüftermin fest: Isteindeckungszeit ≤ Solleindeckungszeit, so ist eine Nachbestellung zu veranlassen.

Hinweise:
- Die **Sicherheitszeit** hat hier den gleichen Zweck wie ein Mindestbestand.
- Die **Planperiode** muss berücksichtigt werden, damit die *Isteindeckungszeit* nicht kleiner werden kann als *Wiederbeschaffungszeit* + *Sicherheitszeit* (vgl. die Grafik im Beispiel).

Der unter Berücksichtigung der Sicherheitszeit späteste **Bestelltermin** errechnet sich:

Bestelltermin = Prüfzeitpunkt + Isteindeckungszeit – Sicherheitszeit – Wiederbeschaffungszeit

Beispiel: Plangesteuerte Zeitdisposition

Eine Planperiode dauert sechs Tage. Sie entspricht dem Prüfintervall.

Der Bruttobedarf ist gemäß der Tabelle geplant. Die Grafik zeigt zusätzlich die geplanten Einsatzmengen und -termine innerhalb der Perioden (zugleich Prüfintervalle).

	Periode 1	Periode 2	Periode 3	Periode 4	Periode 5	Periode 6
Lagerbestand – Bruttobedarf	3 000 500	2 500 600	1 900 400	1 500 500	1 000 700	300 600
= Restbestand	2 500	1 900	1 500	1 000	300	– 300

Lagerreserve zu Beginn von Periode 3 (Prüftermin; Tag 112 des Fabrikkalenders): 1 900 Stück. Wiederbeschaffungszeit: 10 Tage, Sicherheitszeit 5 Tage.

Die Grafik zeigt: Der Bestand deckt ab Prüftermin 3 den Bedarf nur noch 20 Tage (Isteindeckungszeit). An Termin 132 des Fabrikkalenders muss neues Material zur Verfügung stehen (Isteindeckungstermin).

Isteindeckungszeit (= 20 Tage) < Solleindeckungszeit (= 10 Tage + 5 Tage + 6 Tage = 21 Tage) Folglich ist eine Bestellung zu veranlassen.

Bestelltermin = 112 + 20 – 5 – 10 = 117

Die Bestellung muss spätestens an Tag 117 des Fabrikkalenders erfolgen. Dann steht das Material wahrscheinlich an Tag 127 zur Verfügung (Sollliefertermin). 5 Tage Sicherheitszeit dienen als Puffer bei eventuellen Verzögerungen.

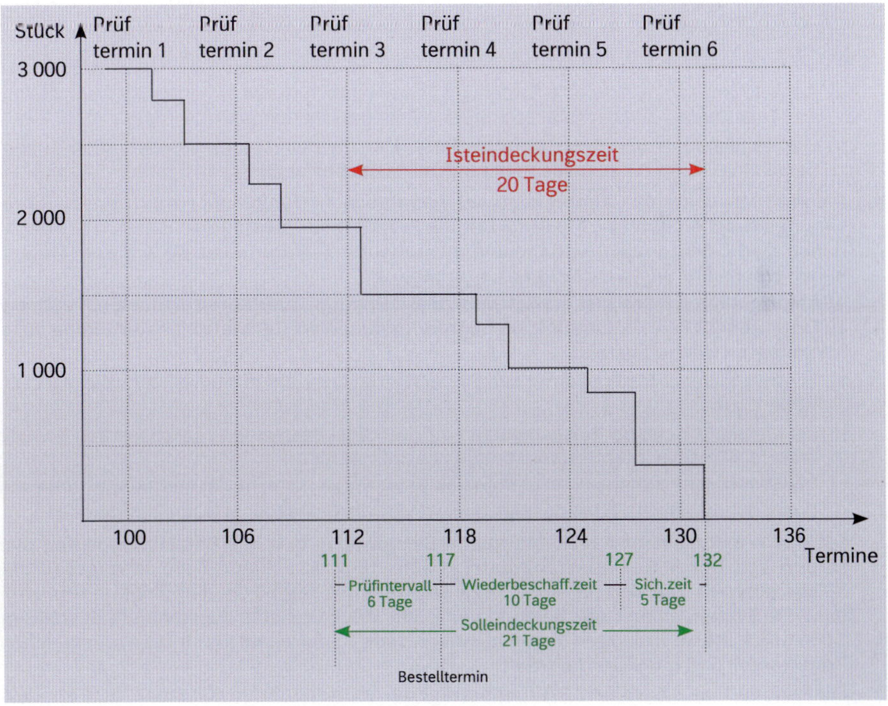

Arbeitsaufträge

1. **Tagesverbrauch 70 Stück, Wiederbeschaffungszeit 2 Wochen, Mindestbestand 210 Stück.**
   Berechnen Sie den Meldebestand.

2. **Ein Materialstammsatz enthält unter anderem folgende Daten:**

Lagerbestand:	**23**	**Meldebestand:**	**25**
Reservierter Bestand:	**20**	**ausstehende Bestellungen:**	**60**
Mindestbestand:	**14**		

   Einkäufer X. behauptet, dass unter diesen Bedingungen schon längst eine Bestellung hätte vorgenommen werden müssen.
   Nehmen Sie Stellung dazu und erläutern Sie Herrn X., wann eine Bestellung erfolgen muss.

3. **Die Düsseldorfer Maschinenbau GmbH hat laufenden Bedarf an Rillenkugellagern. Der Bedarf wird verbrauchsgesteuert ermittelt. Der EDV sind folgende Lagerbewegungen der letzten Tage zu entnehmen:**

Rillenkugellager 16002 – DIN 625

Lager-Nr.: 2. 13. 45
Meldebestand: 100
Höchstbestand: 500
Mindestbestand: 30

Tag	Monat	Beleg	Zugang	Abgang	Bestand	Empfangende Kostenstelle
4.	März	Übertrag			120	
5.	März	ME 2043		6	114	120
6.	März	ME 2098		8	106	110
7.	März	ME 3060		5	101	120
8.	März	ME 3100		5	96	110
9.	März	ME 3109		3	93	112

   a) An welchem Tag musste eine Bestellung vorgenommen werden? Geben Sie die Bestellmenge an. (Tagesbedarf durchschnittlich 5 Stück, Wiederbeschaffungszeit 14 Tage)
   b) Der Tagesbedarf verringert sich um 10 %. Der Meldebestand wird daraufhin angepasst. Berechnen Sie die prozentuale Änderung des Meldebestands.

4. **Die MAB Maschinenbau GmbH kann auf Vorratsbeschaffung nicht verzichten. Zu Rationalisierungszwecken untersucht sie zurzeit die Prozesse der Bestelldisposition. 75 % der Materialien sind C-Materialien und ihnen nahestehende B-Materialien. 60 % dieser Materialien haben einen sehr ungleichmäßigen Lagerabgang.**
   Alle Materialien werden bisher nach dem Bestellrhythmusverfahren disponiert. Prüfintervall: 10 Tage (gemäß Fabrikkalender); bei Lagerentnahmen erfolgt stets eine Auffüllung auf einen festgelegten Höchstbestand.
   a) Für welche der C-Materialien ist das Bestellrhythmusverfahren sinnvoll, für welche nicht? Was ist der Grund?
   b) Bei Material F12 ist der Höchstbestand auf 130 Stück festgelegt. Täglich werden 3 Stück verbraucht. Muss bei jeder Bestandsprüfung bestellt werden?
   c) Die Wiederbeschaffungszeit beträgt für F12 6 Tage. Welche Menge könnte unter diesen Umständen sinnvoll als Mindestbestand, welche als Bestellpunkt festgelegt werden?

5. **Für das A-Teil G5 nimmt MGB Maltmann Getriebebau e. K. die Bestelldisposition plangesteuert vor. Der Mindestbestand beträgt 200 Stück. Die Wiederbeschaffungszeit beträgt 5 Tage, davon 1 Tag Vorlauf und 2 Tage Nachlauf. An Tag 80 des Fabrikkalenders ermittelt das PPS-System einen Lagerbestand von 2 500 Stück und eine ausstehende Bestellung von 1 000 Stück. Reservierungen liegen nicht vor. Jede Periode umfasst 8 Tage, desgleichen das Prüfintervall und die Sicherheitszeit.**
   Für Periode 1 bis 3 nach dem Prüftag beträgt der Bruttobedarf je 400 Stück, für Periode 4 und 5 je 600 Stück, für die anschließenden Perioden je 500 Stück.
   a) Wie viel Stück beträgt die Lagerreserve am Tag 80?
   b) Ermitteln Sie die Isteindeckungszeit und den Isteindeckungstermin.
   c) Ermitteln Sie die Solleindeckungszeit und den Bestelltermin.
   d) Welcher Tag ist der späteste zulässige Liefertermin?

2.4.3 Logistische Planung bei fertigungssynchroner Beschaffung: Just-in-time-System

Im Werk Saarlouis des Autobauers Ford sind die Systemlieferanten direkt nebenan in einem „Lieferantenpark“ angesiedelt. Sechs Tage vor der Montage erhalten sie die geplanten Fertigungszahlen für die Produktion der Komponenten. Erst wenn die Karosserie aus dem Lackierwerk ins Montagewerk einläuft, werden die Komponenten endgültig abgerufen und vollautomatisch zum sofortigen Einbau ans Band geliefert. Der Informationsaustausch zwischen Ford und seinen Zulieferern wird durch die Vernetzung der Computersysteme gewährleistet.

Durch eine 1 000 m lange Förderbrücke ist der Lieferantenpark mit dem Fahrzeugwerk verbunden.

Hintergrund: Käufermärkte

Die Vorratsbeschaffung ist in der Industrie immer noch das grundlegende Beschaffungsprinzip. Wenn die Voraussetzungen vorliegen (vgl. S. 257), besteht jedoch eine Tendenz zur fertigungssynchronen Beschaffung. Die Ursache dafür sind Marktveränderungen:

Zur Zeit der **Verkäufermärkte** war der Absatz sicher. Man konnte große Mengen „drauflos produzieren“ und die ständige Produktionsbereitschaft durch große Materialläger absichern.

Wo existiert fertigungssynchrone Beschaffung?

Die fertigungssynchrone Beschaffung ist im Automobilbau die Regel und von dort allgemein bekannt. Aber sie breitet sich inzwischen in allen Branchen aus, in denen große Serien gleichartiger Artikel produziert werden, so z. B. in der Elektro- und Elektronikindustrie, im Flugzeugbau, in der Lebensmittel-, Genussmittel-, Möbelindustrie sowie in Teilen der pharmazeutischen Industrie.

Heute herrschen **Käufermärkte** vor: Die Nachfrage ändert sich schnell; der Käufer verlangt eine variantenreiche Auswahl und hohe Lieferbereitschaft. Die alte „Produktionsphilosophie“ erzeugt so gleich doppelte Gefahr:

- In Teilbereichen kann man auf hohen Beständen „sitzen bleiben“.
- Gleichzeitig ist man in anderen Teilbereichen eventuell nicht lieferbereit.

Man muss deshalb viel flexibler als früher reagieren. Beim Festhalten am alten System würden die Lagerbestände und damit die Lagerkosten extrem wachsen. Darum verfolgt man das logistische Ziel, **Produkte und Material bedarfssynchron bereitzustellen und die Lagerbestände abzubauen**.

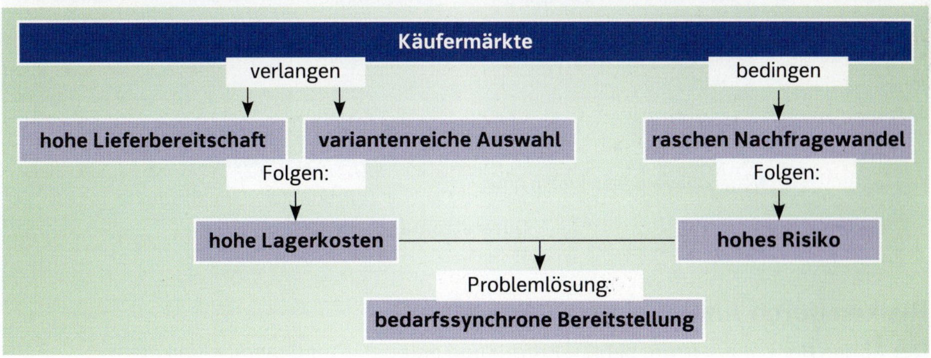

Just-in-time (JIT)

Die Minimierung der Lagervorräte und Lagerkosten ist heute vielfach Bestandteil eines Logistiksystems, das unter dem Namen „Just-in-time" bekannt wurde.

„Just in time" bedeutet: genau zur rechten Zeit. Gemeint ist: Alle Güter sollen genau zu dem Zeitpunkt bereitgestellt werden, wo Bedarf daran besteht.

Folglich wird der gesamte Betriebsprozess von seinem Ende her gesteuert: Vorgeschaltete Stufen dürfen immer nur das liefern, was von der jeweils folgenden Stufe benötigt und abgerufen wird. Dies gilt für Absatz, Fertigung und Beschaffung.

Steuerung des Betriebsprozesses durch JIT

Absatz

Der Absatzbereich richtet sich nach dem aktuellen Kundenbedarf (genauer: nach den Kundenbestellungen. Er „bestellt" deshalb seinerseits bei der Fertigung nur die benötigten Mengen und liefert sie kurzfristig ohne Zeitverzögerung (just in time) aus.

Folgen: Keine Produktion auf Vorrat; keine Kapitalbindung in Absatzlägern; keine Lagerkosten, kein Risiko unverkäuflicher Vorräte; hohe Termintreue.

Fertigung

Jede vorgeschaltete Produktionsstufe fertigt immer zeitpunktgenau (just in time) exakt die Mengen, die von der jeweils nachgeschalteten Stufe benötigt und abgerufen werden. Jede nachgeschaltete Stelle ruft immer genau den unmittelbaren Bedarf ab.

Folgen: Keine Kosten und Kapitalbindung für „organisatorische Läger" (Zwischenläger für Material, das nicht sofort weiterverarbeitet werden kann); kurze Durchlaufzeiten von Material und Produkten.

Beschaffung

Die Beschaffung bestellt beim Lieferanten genau die Mengen, die unmittelbar von der Fertigung abgerufen werden, und sorgt für die fertigungssynchrone Anlieferung (just in time).

Folgen: Minimierung von Kosten und Kapitalbindung für Beschaffungsläger. Man hält nur noch knappe Mindestbestände (eiserne Bestände) zur Absicherung gegen Lieferverzögerungen vor.

Die Intensität der Just-in-time-Belieferung ist unterschiedlich. Vielfach ist tägliche Anlieferung gängig. Vor allem bei der Automobilproduktion ist das Zeitfenster enger: Bleche kommen frühmorgens mit Ganzzügen, aber Montageteile werden von den Zulieferern oft exakt zum Verarbeitungszeitpunkt ans Band geliefert und dies auch noch **„just in sequence"** – genau in der benötigten Reihenfolge der Verarbeitung, z. B. zehn graue Autospiegel, dann zehn schwarze.

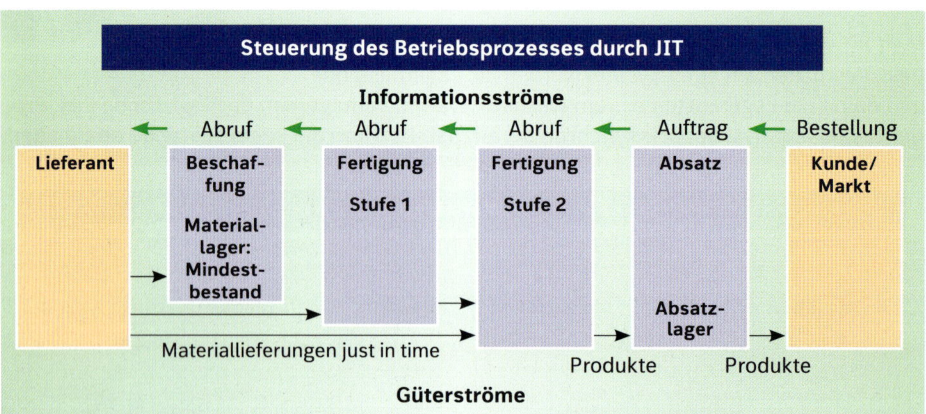

Risiken durch Just-in-time

Der Abbau der Lagervorräte bei JIT-Produktion erzeugt grundlegende Risiken:

- **Qualitätsrisiko**
  Schadhafte Lieferteile können nicht durch einwandfreie Lagerteile ersetzt werden.
- **Terminrisiko**
  Werden Teile nicht termingerecht angeliefert, steht ggf. die Produktion still und es können eigene Liefertermine nicht eingehalten werden.
- **Kostenrisiko**
  Zwar werden die Lagerkosten minimiert, aber wegen der häufigen Bestellungen steigen die Bestellkosten und ggf. auch die Transportkosten.
- **Auslastungsrisiko**
  Sinkende Nachfrage bewirkt ggf. eine Minderauslastung der Anlagen zulasten des Gewinns.
- **Umweltrisiko**
  Die Zahl der Transporte nimmt stark zu. Die Lagerung wird sozusagen in großem Umfang „auf die Straße verlegt“. Entsprechend steigen die Abnutzung der Straßen, Lärmbelästigung, Umweltverschmutzung und Gesundheitsgefahren. Wenn der Staat die Verursacher nicht in Haftung nimmt, trägt die Öffentlichkeit die Lasten und Kosten.

Lösungsansätze für Risiken

Die Lösung erfordert abgestimmte Maßnahmen von Materialwirtschaft, Qualitätsmanagement, Logistik, Fertigungssteuerung, EDV und Telekommunikation.

Vermeidung des Qualitätsrisikos

Das Qualitätsrisiko lässt sich nur durch höchste Qualität beseitigen. „Null-Fehler-Produktion“ ist anzustreben. Voraussetzungen sind z. B. höchste Betriebsmittel- und Werkzeugqualität, Mitarbeiterschulung und -motivation, Lieferantenqualität.

Jedem Mitarbeiter und Lieferanten wird ein gesteigertes Verantwortungs- und Qualitätsbewusstsein vermittelt. Er weiß, dass die nachfolgende Stufe von seiner rechtzeitigen und einwandfreien Lieferung abhängt. Er nimmt mitlaufend Qualitätskontrollen vor.

Die Lieferanten werden durch langfristige Rahmenverträge gebunden. Sie entwickeln Materialien in enger Abstimmung mit dem Kunden und exakt nach seinen Wünschen. Sie garantieren die Produktqualität und nehmen Qualitätskontrollen vor.

Vermeidung des Terminrisikos

Die Vermeidung des Terminrisikos erfordert:

- einen extrem **schnellen Datenfluss** im Betrieb und mit Lieferern und Logistikdienstleistern (vernetzte Systeme). Er umfasst Steuerungsdaten (v. a. die geplanten Fertigungszahlen), Kontrolldaten und Prozessdaten (über den jeweiligen Stand von Lieferung und Produktion);
- **langfristige vertragliche Bindung (Rahmenverträge) mit Lieferern und Logistikdienstleistern** (Spediteuren) und Sicherung eines reibungslos funktionierenden Transport- und Lagersystems;
- gegenseitige **Abstimmung der Wirtschaftspläne** von Betrieb und Lieferern; feste Reservierung von Kapazitäten der Lieferer;
- ggf. die Vorhaltung von Pufferlägern.

Systemlieferanten

Teilelieferanten werden durch Systemlieferanten abgelöst. Diese liefern – fertig montiert – ganze Baugruppen (Module oder Systeme genannt. Unterschied: Systeme zeichnen sich gegenüber Modulen durch eine hohe eigene Entwicklungsleistung des Lieferers aus).

Der Kleinwagen SMART wird z. B. aus 12 Systemen montiert. Sie werden von 12 Systemlieferanten geliefert, die ihre Produktionsstätten auf dem Gelände des Montagebetriebs haben. Wirkung: optimale Kommunikation und Lieferpünktlichkeit; weniger Lager- und Transportkosten.

Die Absicherung kann bis zum Aufkauf des Zulieferunternehmens gehen. Auf jeden Fall aber wächst die gegenseitige Abhängigkeit:

Der Betrieb dringt durch die Vernetzung der Computersysteme in die innerbetriebliche Organisation des Zulieferers ein. Er zwingt ihn ebenfalls zum JIT, weil der Lieferant ja zum spätestmöglichen Zeitpunkt liefern muss. Andererseits bestimmt der Lieferant durch seine Leistung die Wettbewerbsfähigkeit seines Abnehmers mit.

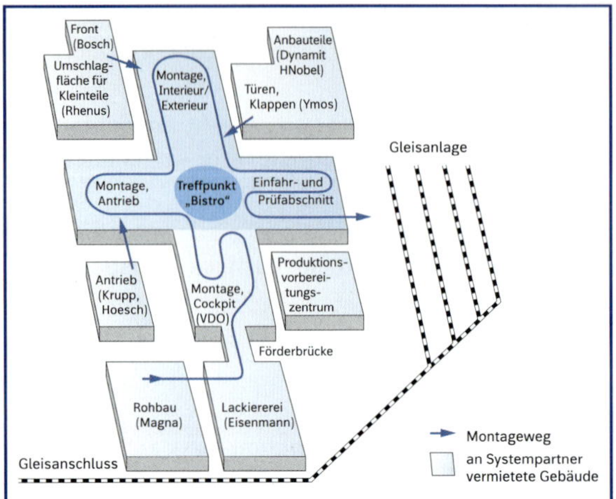

SMART-Werk, Hambach, Lothringen

Vermeidung des Kostenrisikos

- Die **Ansiedlung des Zulieferers auf dem Werksgelände** des Montagebetriebs vermeidet Transportkosten.
- Ist dies nicht möglich, kann ein Spediteur die Lieferungen aller Lieferanten in einem **zentralen Auslieferungslager** bündeln. Er kann dann die täglich benötigten Güter zu kostengünstigen Ladungen zusammenstellen und schnell ausliefern. Durch sein eigenes EDV-System kann er die Fertigstellungstermine der Lieferanten überwachen. Er sichert die Einhaltung der Liefertermine. Als Lagerfachmann übernimmt er alle notwendigen Lagerarbeiten (z. B. auch Materialpflege und Qualitätsprüfung).
- Im **Rahmenvertrag** mit dem Lieferanten versucht der Industriebetrieb durchzusetzen, dass der Lieferant bis zum Abruf des Materials vom Lager Wareneigentümer bleibt. Dann trägt der Lieferant die Kosten der Lagerung.

Vermeidung des Auslastungsrisikos

Der Gefahr der unzureichenden Auslastung können manche Betriebe durch eine flexible Fertigungsstruktur begegnen. Sie haben Anlagen, die jederzeit schnell auf die Fertigung anderer Produkte umgestellt werden können.

Ist dies nicht möglich, bleiben nur Feierschichten, Kurzarbeit und Entlassungen.

Vermeidung des Umweltrisikos

Auf das Umweltrisiko reagieren die Betriebe unterschiedlich:

- teils durch Berücksichtigung umweltfreundlicherer Transporteure (Bahn, Schiff),
- teils durch Wiedervergrößerung der Lagerhaltung (z. B. Abrücken von der punktgenauen Anlieferung und Öffnen eines „Zeitfensters" von 48 Stunden),
- teils durch Verpflichtung des Lieferanten, sein Werk in der unmittelbaren Nachbarschaft des Abnehmers oder sogar auf dessen Gelände zu errichten,
- durch Optimierung der Lkws (Gewichtsreduzierung, raumsparende Beladung, Rücktransporte, Reduzierung des Luftwiderstands).

Ergebnisse eines funktionierenden JIT-Systems:

- **Die Flexibilität des Unternehmens wird verbessert: raschere Einstellung auf den Kundenbedarf, verbesserte Leistungsfähigkeit am Markt, bessere Termintreue, besserer Lieferservice.**
- **Das Risiko nicht absetzbarer Produktbestände sinkt.**
- **Die Durchlaufzeiten werden verkürzt, daher wird weniger Kapital gebunden.**
- **Lager- und Transportkosten werden eingespart.**

Arbeitsaufträge

1. **Der Wandel von Verkäufermärkten zu Käufermärkten verlangte immer mehr den Einsatz einer wirksamen Logistik.**

   Welche konkreten Gründe sprechen unter Berücksichtigung des Wandels vom Verkäufer- zum Käufermarkt für ein Logistiksystem?

2. **Unternehmen müssen immer neue Wege der Kostenersparnis finden. So berichtet die Zeitschrift „Der Spediteur", dass eine asiatische Firma überlegt, ob sie den Montagevorgang aus der Produktion in das zum Transport bestimmte Schiff verlegen soll. Dies wäre eine kreative Umsetzung des Just-in-time-Gedankens.**
   a) Was versteht man unter Just-in-time und welche Ziele hat es?
   b) Inwiefern kommt der Just-in-time-Gedanke in dem obigen Text zum Ausdruck?
   c) Welche Voraussetzungen müssen für die Einführung des Logistiksystems Just-in-time gegeben sein?

3. **Ein funktionierendes Just-in-time-System wirkt sich positiv auf die Produktivität und die Kostensituation eines Unternehmens aus. Beispielhaft dafür ist die Zusammenarbeit zwischen der Flugzeugbau AG Hamburg und der Spedition Hauer.**

   In der Nähe Hamburgs liegt das von Hauer errichtete zentrale Auslieferungslager, in dem alle für die Flugzeugbau AG Hamburg benötigten Teile lagern.

   Für Sendungen von Zulieferern wird bei der Anlieferung im zentralen Auslieferungslager ein Warenbegleitschein ausgestellt. Dieser gibt in Form eines Strichcodes Warenart und Lagerplatz an. Die Spedition Hauer prüft die Menge. Prüffachleute der Flugzeugbau AG prüfen die Qualität der angelieferten Waren.

   Abgerufen werden die Teile per Computer von den anfordernden Stellen über eine Standleitung zu Hauer. Der Computer bei Hauer stellt dann die Lieferung zusammen und sorgt auch für die entsprechenden Transportmöglichkeiten. Per Lkw werden die benötigten Teile zur Flugzeugbau AG gebracht und kommen sofort in die Produktion.

   Welche Vorteile ergeben sich
   a) für die Flugzeugbau AG Hamburg,
   b) für die Spedition Hauer,
   c) allgemein aus der Anwendung von Just-in-time?

4. **Bei den großen Automobilherstellern werden die Rohstoffe für die Produktion in den frühen Morgenstunden angeliefert und am gleichen Tag verarbeitet. Es werden vielfach nur eiserne Bestände als Lagerreserve gehalten.**

   Für eine Tagesproduktion von 1 000 Pkws werden 5 000 Reifen benötigt. Im Hochlager können 40 Reifen übereinander gelagert werden. Für einen Stapel werden einschließlich Verkehrsraum 1,5 m² benötigt. Bei einer Lagerhaltung für 5 Tage und Kosten von 100,00 EUR pro Quadratmeter und pro Monat errechnen sich die Lagerkosten wie folgt:

Anzahl der Reifen	**5 000**	**·**	**? Tage**	**=**	**? Reifen**	
Anzahl der Stapel	**?**	**:**	**40**	**=**	**? Stapel**	
Flächenbedarf	**?**	**·**	**1,5 m²**	**=**	**? m²**	
Lagerkosten	**? m²**	**·**	**? EUR**	**·**	**? Monate =**	**? EUR**

   Wird nur ein Sicherheitslager für einen Tag eingerichtet und werden Lagerraum und Einrichtungen entsprechend verkleinert, so sinken die Lagerkosten auf ? EUR.

   Berechnen Sie die fehlenden Zahlen in diesem Beispiel und stellen Sie fest, ob Just-in-time wirklich zur Einsparung von Lagerkosten führt.

2.4.4 Preisplanung

Material und Handelswaren sollen möglichst preisgünstig eingekauft werden. Deshalb gilt:

- **Den günstigsten Einkaufszeitpunkt suchen! (Viele Preise sinken und steigen im Zeitablauf.)**
- **Optimale Bestellmengen kaufen! (Man erzielt Rabatte, spart Transport-, Verpackungs-, Bestell- und Lagerkosten.)**
- **Skonto ausnutzen! (Skonto ist ein Preisnachlass für vorzeitige Zahlung.)**
- **Auf günstige Konditionen (Liefer- und Zahlungsbedingungen) achten!**

DRITTER ABSCHNITT

Allerdings sollte man nicht wegen jedes kurzfristigen Preisvorteils den Lieferanten wechseln. Dies gilt insbesondere bei langfristigen Beziehungen mit Lieferanten. Zu solchen Beziehungen kommt es z. B., weil viele Betriebe konstant höchste Materialqualität benötigen. Sie gehen deshalb feste Vertragsbindungen mit ihren Lieferanten ein. Der Lieferant entwickelt dann Teile in enger Abstimmung mit dem Käufer und exakt nach dessen Wünschen. Er garantiert die Produktqualität und nimmt entsprechende Qualitätskontrollen vor. Der Preis wird von den Vertragspartnern genau ausgehandelt und verbindlich vereinbart.

Die Erzielung günstiger Preise und Konditionen ist oft eine Machtfrage. Auf dem Verkäufermarkt ist der Verkäufer stark, auf dem Käufermarkt der Käufer. Großabnehmer sind im Vorteil. Sie können ihre Einkaufsbedingungen und Preisvorstellungen durchsetzen.

Meist plant man seinen Verkaufspreis schon bei der Produktentwicklung. Damit er nicht überschritten wird, werden auch für die Materialien Preisobergrenzen festgelegt. Der Einkauf ist daran gebunden und versucht, sie bei den Lieferanten durchzusetzen. Insbesondere A-Materialien erfordern eine möglichst exakte Preisplanung. Wenn möglich, versucht man durch **Preisstrukturanalysen** die Preiskalkulation (Preisberechnung) des Lieferanten nachzuvollziehen und festzustellen, ob Preissenkungsspielräume bestehen.

Der für den Einkauf maßgebliche Preis ist der Einstandspreis.

Beispiel: Kalkulationsschema zur Berechnung des Einstandspreises

❶	**Listeneinkaufspreis**	100 %		4 176,00 EUR
❷	– Lieferantenrabatte	25 %		– 1 044,00 EUR
❸	= **Zieleinkaufspreis**	75 %	100 %	= 3 132,00 EUR
❹	– Lieferantenskonto		3 %	– 93,96 EUR
❺	+ Einkaufskosten		2 %	+ 62,64 EUR
❻	= **Bareinkaufspreis**		99 %	= 3 100,68 EUR
❼	+ Bezugskosten			+ 365,00 EUR
❽	= **Einstandspreis**			= 3 465,68 EUR

Erläuterungen

❶ **Listeneinkaufspreis** = Preis laut Katalog oder Preisliste des Lieferers
❷ **Preisabschläge**, z. B. Mengenrabatt bei Bezug größerer Mengen
❸ Zahlbar innerhalb eines vereinbarten **Zahlungsziels** (Zahlungsfrist)
❹ **Barzahlungsrabatt** für vorzeitige Zahlung (meist binnen 10 Tagen)
❺ Vom Zieleinkaufspreis berechnete **Provision** für einen vom Käufer mit dem Einkauf beauftragten Einkaufskommissionär oder Makler. Es bleibt der ...
❻ ... **Bareinkaufspreis.**
❼ Mangels anders lautender Vereinbarungen mit dem Verkäufer muss der Käufer alle Kosten der Abnahme tragen (§ 448 BGB). In der Kalkulation nennt man sie **Bezugskosten.** Sie umfassen v. a. Verpackungs-, Umschlags- und Transportkosten (einschl. Transportversicherung) sowie – beim Einkauf im Ausland – die Eingangsabgaben (Zoll, Verbrauchsteuern, Einfuhrumsatzsteuer).
❽ Der **Einstandspreis (Bezugspreis)** enthält alle Kosten, die das Material/die Ware bis zum Eingang im Betrieb verursacht hat.

Web M 276

Sehen Sie sich auch das Arbeitsblatt Einstandspreis an.

Arbeitsaufträge

1. **Listenpreis des Lieferanten 225,00 EUR;**
   Rabattstaffel: 10 Stück 10 % Rabatt, 20 Stück 15 % Rabatt, 50 Stück 20 % Rabatt
   Lieferung unfrei einschließlich Verpackung, ab 50 Stück Lieferung frei Haus, Zahlung binnen 30 Tagen netto oder binnen 10 Tagen mit 3 % Skonto.

Wie viel Euro beträgt der Einstandspreis pro Stück bei einer Bestellung
- von 5 Stück (20,00 EUR Fracht),
- von 10 Stück (36,00 EUR Fracht),
- von 20 Stück (60,00 EUR Fracht),
- von 50 Stück?

2. Ein Industriebetrieb erhält von einem seiner Lieferanten, von dem er – über das Jahr verteilt – etwa 1 000 Stück eines Teiles in 5 Teillieferungen bezieht, folgende Mitteilung:
– Die Listenpreise werden ab 1. Juni um 5 % erhöht.
– Bei Abnahmemengen ab 100 Stück wird der Rabatt von 10 % auf 13 % erhöht.

a) Wie viel Prozent beträgt die tatsächliche Preissteigerung für den Käufer?
b) Begründen Sie, ob im vorliegenden Fall ein Käufermarkt oder ein Verkäufermarkt vorliegt.
c) Das Einkaufsteil wird für die Fertigung eines Niedrigpreisprodukts benötigt, dessen Absatzpreis äußerst scharf kalkuliert ist und wegen starker Konkurrenz keine Erhöhung erlaubt. Nennen Sie möglichst viele Maßnahmen, die der Kunde ergreifen könnte, um der Preiserhöhung zu entgehen.

3. Ein Lieferant hat sein Produkt bisher zu einem Stückpreis von 125,00 EUR angeboten. Er teilt einem Kunden mit, dass er aufgrund gestiegener Kosten vom folgenden Monat an 150,00 EUR berechnen muss, und führt Lohnerhöhungen von 8 % sowie Materialpreissteigerungen von 12 % an.

Dem Kunden liegt eine veröffentlichte Gewinn- und Verlustrechnung des Lieferanten vor, der er folgende Daten entnimmt:

Umsatzerlöse 110 000,00 EUR, Materialaufwand 50 000,00 EUR, Personalaufwand 20 000,00 EUR, sonstiger Aufwand 30 000,00 EUR.

a) Wie viel Prozent beträgt die geforderte Preiserhöhung?
b) Ermitteln Sie den prozentualen Anteil von
- Materialaufwand,
- Personalaufwand

am Gesamtaufwand des Lieferanten.
c) Überprüfen Sie, ob die Lohn- und Materialpreiserhöhungen eine Absatzpreiserhöhung im angeführten Ausmaß rechtfertigen.

2.4.5 Operative Lieferantensuche und -auswahl

Lieferantenermittlung (Bezugsquellenermittlung)

Ein Einkaufssachbearbeiter der Elektroinstall GmbH erhält von einer Bedarfsstelle – Lager, Arbeitsvorbereitung, Betriebsbüro usw. – eine Bestellanforderung über 10 000 m Kabel NYM 3 x 1,5. Liefertermin: 3 Wochen.

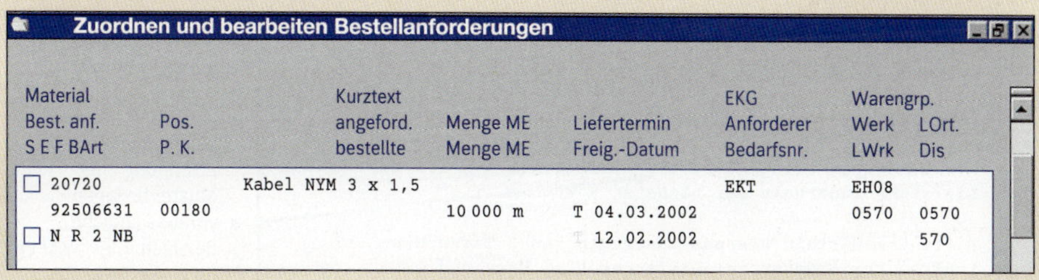

Die Elektroinstall GmbH hat für viele Materialien – v. a. AX- und BX-Materialien – Festlieferanten. Eine Bestellung dieser Materialien erfolgt immer beim Festlieferanten. Für Kabel NYM ist dies nicht der Fall. Das Unternehmen verzichtet auf Festlieferanten

- bei einfachen Teilen und Materialien, die am Markt problemlos und kurzfristig beschaffbar sind,
- bei einmalig oder sporadisch benötigten Teilen und Materialien.

Für die Bezugsquellenermittlung greift man zunächst auf die Lieferantendatenbank als interne Informationsquelle zurück.

Beispiel: Ermittlung von Bezugsquellen für Kabel NYM 3 x 1,5

Man gibt den Materialnamen oder die Materialnummer ein. Dann werden alle gespeicherten Lieferanten dieses Materials angezeigt. Es kann sich um mögliche Lieferanten (Artikellieferanten) oder um Festlieferanten handeln. (Leistungsfähige ERP-Systeme können nach Eingabe eines Lieferantennamens, einer Lieferantennummer auch alle gespeicherten Artikel des Lieferanten anzeigen.)

Lieferantenstamm: Material

Materialnummer: 643456 — Materialnamen: Kabel NYM 3 x 1,5

Lieferantennummer	Lieferant	PLZ	Ort
748	Meyer & Sohn	80995	München
721	Gabert OHG	51109	Köln
711	Olm KG	41561	Kaarst

Für jeden Lieferanten sind in der Regel auch die Preise, Lieferungs- und Zahlungsbedingungen gespeichert, sodass ggf. ohne Angebotseinholung unmittelbar eine Bestellung erfolgen kann.

Sind keine Lieferanten gespeichert, greift man auf die gleichen **externen Informationsquellen** wie bei der strategischen Lieferantensuche zurück. Allgemeine Internetsuchmaschinen und Lieferantensuchmaschinen sind hier an erster Stelle zu nennen.

Angebotseinholung

Durch Anfragen (= Bitte um Angebot) erhält man genauere Kenntnis über die Produkte/Waren und die Leistungsfähigkeit der Lieferanten.

Anfragen sind unverbindlich. Sie verpflichten zu nichts. Deshalb erfolgen sie bei problemlosen Waren oft telefonisch. Das geht schnell und Probleme lassen sich sofort besprechen. Kommt es auf Präzision und Vermeidung von Missverständnissen an, wählt man die Schriftform.

Mögliche Zwecke einer Anfrage

- Ermittlung günstiger Bezugsmöglichkeiten für einen konkreten Bedarf
- Marktforschung: allgemeine Überprüfung von Bezugsmöglichkeiten
- Vergleich mit bisherigen Lieferanten

Die **Zahl der Anfragen** – i. d. R. mindestens drei – richtet sich nach dem Bestellwert. Ausnahmen bilden z. B. Kleinaufträge, eiliger Bedarf sowie Material, das von weniger als drei zuverlässigen Lieferanten angeboten wird.

Beispiel: Anfrage

12.02.20..

Anfrage

Sehr geehrte Damen und Herren,

wir benötigen dringend 10 000 m Kabel NYM 3 x 1,5 zur Lieferung innerhalb der nächsten 3 Wochen.

Bitte übermitteln Sie uns innerhalb von 3 Tagen kostenfrei Ihr Angebot zur Lieferung frei Haus und Zahlung binnen 30 Tagen netto Kasse oder binnen 10 Tagen mit Skonto.

Mit freundlichen Grüßen

Elektroinstall GmbH

Die Anfrage sollte unbedingt enthalten:

- genaue Warenbezeichnung (ggf. Zeichnung oder Muster beilegen!),
- voraussichtliche Bezugsmenge (wichtig für Lieferfähigkeit, Lieferzeit, Rabatte, Höhe von Transport- und Verpackungskosten; ggf. Staffelpreise[1] erfragen!),
- gewünschte Liefer- und Zahlungsbedingungen.

[1] Siehe Sachwortverzeichnis: Preisstaffelung.

Die Angebote werden kostenfrei mit angemessener Fristsetzung erbeten. Sie werden durch Eingabe in die Lieferantendatenbank überwacht.

Bei umfangreichem Bedarf erfolgt ggf. eine **Ausschreibung**. Eventuell wird diese auch mit einer **Internetauktion** verbunden. Der Käufer schreibt sein Objekt im Internet aus. Interessenten geben dort ihr Angebot ab. Der Käufer wählt den günstigsten Anbieter aus.

Angebotsvergleich

Eingehende Angebote werden anhand festgelegter **Beurteilungsmerkmale** verglichen. Details hierzu finden Sie auf S. 260.

Unerlässliche Merkmale muss der Anbieter erfüllen, sonst scheidet er von vornherein aus. **Zusätzliche Kriterien** vergleicht man gern in Form einer **Nutzwertanalyse** (Punktebewertungsmodell, Scoring-Modell; siehe Kap. 5.5 im Text *Techniken zur Entscheidungsvorbereitung*). Dabei erhält jedes Merkmal eine Note. Diese multipliziert man mit einer Gewichtungszahl. Die Ergebnisse werden addiert.

Web M 279

Den Zuschlag erhält der Lieferant mit der höchsten gewichteten Notensumme. Wenn alle anderen Merkmale in gleichem Maß erfüllt werden oder vernachlässigt werden können, ist der Einstandspreis entscheidend.

ERP-Systeme bieten in der Regel nur Lieferantenvergleiche anhand eines Faktors – des Einstandspreises – an. Man nennt sie deshalb Einfaktorenmodelle. Die anderen Faktoren müssen außerhalb des Systems verglichen werden.

DRITTER ABSCHNITT

Beispiel: Angebotsvergleich

Die Elektroinstall GmbH hat drei Angebote über Kabel NYM 3 x 1,5 eingeholt: von der Gabert OHG, der Mielenz GmbH & Co. KG und der Franz Weiler GmbH. Gabert scheidet von vornherein aus, weil sie als Lieferzeit acht Wochen angibt.

Angebot Mielenz:

13.02.20..

Angebot

Sehr geehrte Damen und Herren,

wir danken Ihnen für Ihre Anfrage und bieten Ihnen auf der Grundlage unserer umseitigen allgemeinen Geschäftsbedingungen an:
Kabel NYM 3 x 1,5, zum Preis von 45,50 EUR/100 m zuzüglich Umsatzsteuer. Mengen bis 10.000 m sind sofort lieferbar. Bei Abnahme von mindestens 1.000 m erhalten Sie 15 % Rabatt. ← Art, Preis ← Menge, Lieferzeit ← Rabatt
Der Preis versteht sich frei Haus einschließlich Verpackung. ← Beförderungskosten, Verpackungskosten
Zahlung: 30 Tage netto Kasse oder 10 Tage mit 3 % Skonto. ← Zahlungstermin, Skonto
Für Ihre Bestellung sichern wir Ihnen prompte Lieferung zu.

Mit freundlichen Grüßen
MIELENZ GmbH & Co. KG

Brocker
i. V. Brocker

Allgemeine Geschäftsbedingungen

...

7. Mängel, die bei ordnungsgemäßer Untersuchung feststellbar sind, müssen uns binnen 8 Tagen nach der Ablieferung schriftlich gemeldet werden. Widrigenfalls übernehmen wir keine Mängelhaftung. Soweit unsere Mängelhaftung gegeben ist, genügen wir dieser nach unserer Wahl durch Preisnachlass oder kostenlose Ersatzlieferung. Für versteckte Mängel gewähren wir ein Jahr Garantie, ebenfalls in Form kostenloser Ersatzlieferung. ← Regelungen für mangelhafte Lieferung
8. Die Ware bleibt bis zur vollständigen Bezahlung unser Eigentum. ← Regelung des Eigentumsübergangs

...

10. Erfüllungsort und Gerichtsstand für beide Partner ist Münster. ← Erfüllungsort, Gerichtsstand

Angebot Weiler:

Wir bieten Ihnen an:	
Bezeichnung:	**Kabel NYM 3 x 1,5**
Preis:	**44,20 EUR je 100 m** **10 % Rabatt für Längen ab 1000 m**
Lieferungsbedingungen:	**Lieferung frei Haus 2 Wochen nach Bestellungseingang** **Für die Verpackung berechnen wir 40,00 EUR**
Zahlungsbedingungen:	**30 Tage netto oder 10 Tage unter Abzug von 2 % Skonto**

Dieses Angebot erfolgt auf der Basis unserer umseitigen Allgemeinen Lieferungsbedingungen.

Die AGB von Mielenz und Weiler stimmen inhaltlich überein; allerdings gibt Weiler für versteckte Mängel 2 Jahre Garantie.

Der **Angebotsvergleich** wird entsprechend dem folgenden Schema vorgenommen. (Nutzwertanalyse siehe S. 281.)

Angebotsvergleich				
Artikel: Kabel NYM 3 x 1,5 Menge: 10 000 m				
Lieferant Unterlage	Franz Weiler GmbH Angebot vom 16. Febr. 20..		Mielenz GmbH & Co. KG Angebot vom 16. Febr. 20..	
		EUR		EUR
Mindestabnahme Listenpreis Rabatt	 100 m 44,20 ab 1 000 m 10 %	 4 420,00 442,00	 100 m 45,50 ab 1 000 m 15 %	 4 555,00 682,50
Zieleinkaufspreis Skonto	 10 Tg./2 %	3 978,00 79,56	 10 Tg./3 %	3 867,50 116,03
Bareinkaufspreis Verpackungskosten Transportkosten		3 898,44 40,00		3 751,47 ——
Einstandspreis		3 938,44		3 751,47

Nutzwertanalyse

Gewichtung			Note	Wert		Note	Wert
Einstandspreis	10	3 938,44	9	90	3 751,47	10	100
Qualität	10	gleich			gleich		
Liefermenge	5	keine Beschränkung	10	50	keine Beschränkung	10	50
Lieferzeit	5	2 Wochen	7	35	sofort	10	50
Zahlungsziel	2	30 Tage	8	16	30 Tage	8	16
Garantie	4	2 Jahre	10	40	1 Jahr	6	24
weitere qualitative Kriterien	3	unbekannt			unbekannt		
Summe				231			240

Der Einstandspreis bei Mielenz ist günstiger, außerdem ist die gewichtete Notensumme größer. Die Bestellung ergeht deshalb an Mielenz.

Das weitere Vorgehen entspricht dem Einkaufsprozess, wie er im folgenden Abschnitt beschrieben wird. Der Text der Bestellung könnte z. B. dem Brief auf Seite 283 ähnlich sein.

DRITTER ABSCHNITT

Arbeitsaufträge

1. **Ein Einkaufssachbearbeiter erhält von der Arbeitsvorbereitung eine Bestellanforderung betreffend Experimentiertrafos, Leistung 24 Watt VA, Spannungen 4, 6, 10, 14, 16, 20 Volt, für Wechselstrom, maximal 6 Amp., Lieferzeit 4 Wochen.**
   Wie wird der Einkaufssachbearbeiter vorgehen, um geeignete Lieferanten zu finden?

2. **Ein Einkaufssachbearbeiter von MGB Maltmann Getriebebau e. K. sucht neue Lieferanten für Präzisionsschrauben. Er schlägt in Lieferantensuchmaschinen nach, z. B. in „Wer liefert was?" Dieses Verzeichnis enthält mehr als 105 000 Lieferanten und ihre Produkte/Leistungen.**
   Suchen Sie mögliche Lieferanten für Präzisionsschrauben mit dieser oder einer anderen Quelle und referieren Sie über Ihr Vorgehen.

3. **Der Einkaufssachbearbeiter von MGB erhält eine Bedarfsmeldung über 470 Rillenkugellager 16002 – DIN 625. Er findet in der Lieferantendatenbank die folgenden Angaben:**

Rillenkugellager 16002 – DIN 625

Lieferant	Unterlagen	Preis EUR	Preis je	Rabatt	Frachtkosten	Verpackung	Zahlungsbedingungen	Lieferzeit	Bemerkungen
Krüger & Sohn, Mainz	Angebot 18. Okt. 20 ..	25,00	Stck.	100 Stck. 10 %	frei Haus	einschl.	30 Tg. netto, 10 Tg. 2 %	sofort	Garantie 2 Jahre
Rollkugel GmbH, Münster	Preisliste 01. Dez.- 20 ..	24,00	Stck.	200 Stck. 15 %	unfrei (98,00 EUR)	einschl.	60 Tg. netto, 8 Tg. 1 %	sofort	Garantie 3 Jahre
Fritz Peters OHG, Frankfurt	Angebot 13. Jan. 20 ..	23,70	Stck.	200 Stck. 10 %	unfrei (96,00 EUR)	ausschl. (40,00 EUR)	30 Tg. netto, 10 Tg. 2 %	sofort, ab 400 Stck. 14 Tg.	Garantie 4 Jahre

Web

Nehmen Sie einen Angebotsvergleich vor. Benutzen Sie dafür die Excel-Tabelle _Angebotsvergleich_. M 281
Gewichtungszahlen: Einstandspreis 10, Zahlungsziel 2, Lieferzeit 5, Garantiedauer 5.
Gehen Sie bei der Benotung nach eigenem Ermessen vor.

2.5 Operative Einkaufsprozesse

2.5.1 Traditioneller Einkauf

Bei optimaler Gestaltung von Logistik und Supply Chain sind Festlieferant und Kunde miteinander vernetzt. Bestellungen werden ggf. automatisch ausgelöst, durchgeführt und abgerechnet. Der Lieferant garantiert konstante Qualität. Wareneingangsprüfungen sind überflüssig.

Ist dies nicht der Fall, gilt grundsätzlich Folgendes:

Wir gehen davon aus, dass die Lieferanten ermittelt und in der Lieferantendatenbank als mögliche Lieferanten für ein bestimmtes Material (Artikellieferant) oder als Festlieferant gespeichert sind.

Unter diesen Umständen vollzieht sich der operative Einkauf (d. h. die laufende konkrete Einkaufstätigkeit) beim traditionellen Einkauf in der Regel in folgenden Schritten:

- Der anfordernde Mitarbeiter erstellt eine Bestellanforderung[1]:

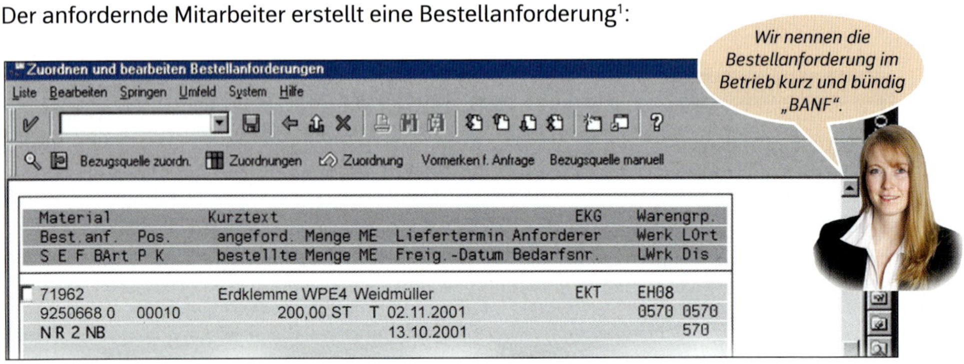

- Die BANF erscheint auf dem Computer des Einkaufssachbearbeiters im Rahmen einer BANF-Liste. Sie enthält alle notwendigen Informationen über den Einkaufsgegenstand, unter Umständen auch den Wunschlieferanten.

- Der Computer prüft die Richtigkeit der Daten, meldet Fehler und erlaubt Korrekturen.

- Der Einkäufer prüft die BANF. Er kann sie akzeptieren oder abändern (z. B. Menge, Termin). Dabei spielen Lieferfristen, Mindestbestellmengen, Rabatte und Sonderkonditionen eine Rolle. Dann beantragt er per Mausklick die Freigabe der BANF beim Vorgesetzten.

- Nach der Freigabe ruft er eine Liste mit Lieferantenvorschlägen ab und wählt den gewünschten Lieferanten aus. (Er hat jederzeit direkten Zugriff auf alle relevanten Daten, z. B. Materialstammdaten und Lieferantendaten.)

[1] Die Abbildungen sind dem System der Firma SAP entnommen.

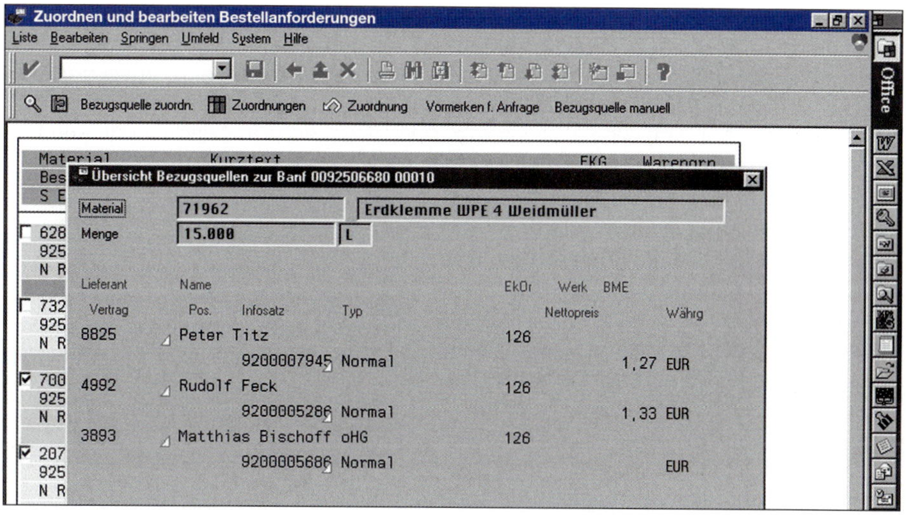

- Die Einkaufssoftware erstellt automatisch eine Liste aller Artikel, die bei dem ausgewählten Lieferanten bestellt werden. Der Einkäufer wählt per Mausklick endgültig die zu bestellenden Artikel aus und speichert die Bestelldaten ab. Das System druckt die versandfertigen Bestellungen aus. Die Bestellung wird dem Empfänger per Brief, Fax oder E-Mail zugesandt.

Der langsame und teure Brief wird immer mehr durch Fax (Fernkopie) und E-Mail (elektronische Post) verdrängt. Beide können per Computer erstellt und übermittelt werden. Aus Sicherheitsgründen empfiehlt es sich ggf. E-Mails verschlüsselt zu versenden.

Beispiel: Bestellung

23.10.20..

Bestellung

Sehr geehrte Damen und Herren,

wir bestellen zur sofortigen Lieferung frei Haus einschließlich Verpackung an die auf der Rückseite angegebene Versandanschrift:

200 Stück Erdklemme WPE4 Weidmüller.

Preis 1,60 EUR je Stück, zahlbar binnen 30 Tagen netto Kasse oder binnen 10 Tagen mit 3 % Skonto.

- Zum Zweck der Terminüberwachung speichert das System die Daten in eine Lieferantenauftragsdatenbank.
- Bei **Bestellungsannahme** durch den Lieferanten gibt der Einkaufssachbearbeiter mit der Bestellnummer die bestätigte Menge und den bestätigten Termin ein. Die Lieferantenauftragsbank wird korrigiert.
- Das System erfasst die ausgehenden Bestellungen in der Materialdatenbank als **„ausstehende Bestellungen“**. Damit können sie für die Lagerbestandsführung und -überwachung weiterverwendet werden[1].

[1] Vgl. S. 334.

- Die **Terminüberwachung** erfolgt automatisch: Die fälligen Lieferungen werden täglich auf dem Bildschirm des Einkäufers angezeigt und ausgedruckt. Geht eine bestellte Sendung nicht pünktlich ein, so kann noch am selben Tag eine Mahnung[1] ausgedruckt werden. Auch dies geschieht teilweise automatisch.

- Oft kündigt eine **Versandanzeige** des Lieferanten die Lieferung an. Größere Betriebe verfügen über eine Abteilung **Warenannahme** oder **Materialannahme**. Dort prüft man in Gegenwart des Überbringers Anschrift, Absender, Anzahl, Gewicht und Verpackung der Packstücke. Der Empfang der Sendung wird auf den Warenbegleitpapieren (z. B. Lieferschein, Frachtbrief) quittiert. Vom Überbringer lässt man sich festgestellte Mängel (z. B. Verpackungsschäden) schriftlich bestätigen. Eine Kopie der Begleitpapiere verbleibt bei der Warenannahme.

Die sofortige äußere Prüfung ist wichtig!

↓	Sie klärt sofort: ↓
Anschrift:	Ist die Sendung für uns?
Absender:	Haben wir dort bestellt?
Verpackung:	Liegen äußere Schäden vor? Lassen sie evtl. auf Warenschäden schließen?
Anzahl, Gewicht:	Wird geliefert, was die Begleitpapiere behaupten?

- In einem **Materialeingangsschein** werden Material und Lieferant genau bezeichnet. Der Einkauf erhält eine Ausfertigung. Er kann nun feststellen, ob Material/Ware und Bestellung übereinstimmen (Vergleich von Materialeingangsschein und Bestellung).

- Grundsätzlich ist unverzüglich eine **Material-/Warenprüfung** vorzunehmen:
  - Je nach Art des Gutes wird gemessen, gezählt, gewogen;
  - Art, Beschaffenheit, Aufmachung und Qualität werden untersucht und ggf. mit Proben und Mustern sowie mit den Angaben in Angebot, Bestellung, Bestellungsannahme, Versandanzeige, Rechnung und in den Warenbegleitpapieren verglichen.
  - Bei größeren Mengen werden zumindest Stichproben entnommen.
  - **Mängel** werden unverzüglich gerügt[2].
  - Einwandfreie Güter werden ins Lager eingeordnet.

Unverzüglich bedeutet nicht sofort, sondern: ohne schuldhafte Verzögerung; also so, wie bei ordentlicher Organisation zügig zu verfahren ist. Zuerst eingegangene Güter sind z. B. auch zuerst zu prüfen.

- Den Eingang der Güter bucht man mengenmäßig in der Materialdatenbank (beim Festplatzsystem[3] auch auf Lagerfachkarten).

- Die eingehende Lieferantenrechnung erhält einen Eingangsstempel und gelangt in die Rechnungsprüfung. Dort erfolgt eine
  - **sachliche Prüfung** (Vergleich mit der Bestellung),
  - **rechnerische Prüfung** (Einzel- und Gesamtpreis, Rabatt, Fracht- und Verpackungskosten).

  Danach bucht man sie als Verbindlichkeit. Sie wird rechtzeitig zur Zahlung angewiesen und am Fälligkeitstermin bezahlt.

Materialprüfung ist teuer:
Sie verlangt den Einsatz von Personal und Prüfgeräten und kostet Zeit. Ein gutes Qualitätsmanagement erfordert heute oft, dass der Betrieb mit seinen Lieferanten dauerhafte vertragliche Bindungen eingeht und mit ihnen gemeinsam optimale Maßnahmen zur Sicherung der Produkt- und Lieferqualität entwikkelt. Eine Qualitätsprüfung beim Material-/Wareneingang kann dann entfallen.
(Vergleichen Sie hierzu Arbeitsauftrag 5 auf S. 208.)

[1] Vgl. S. 312.
[2] Vgl. S. 318.
[3] Vgl. S. 330.

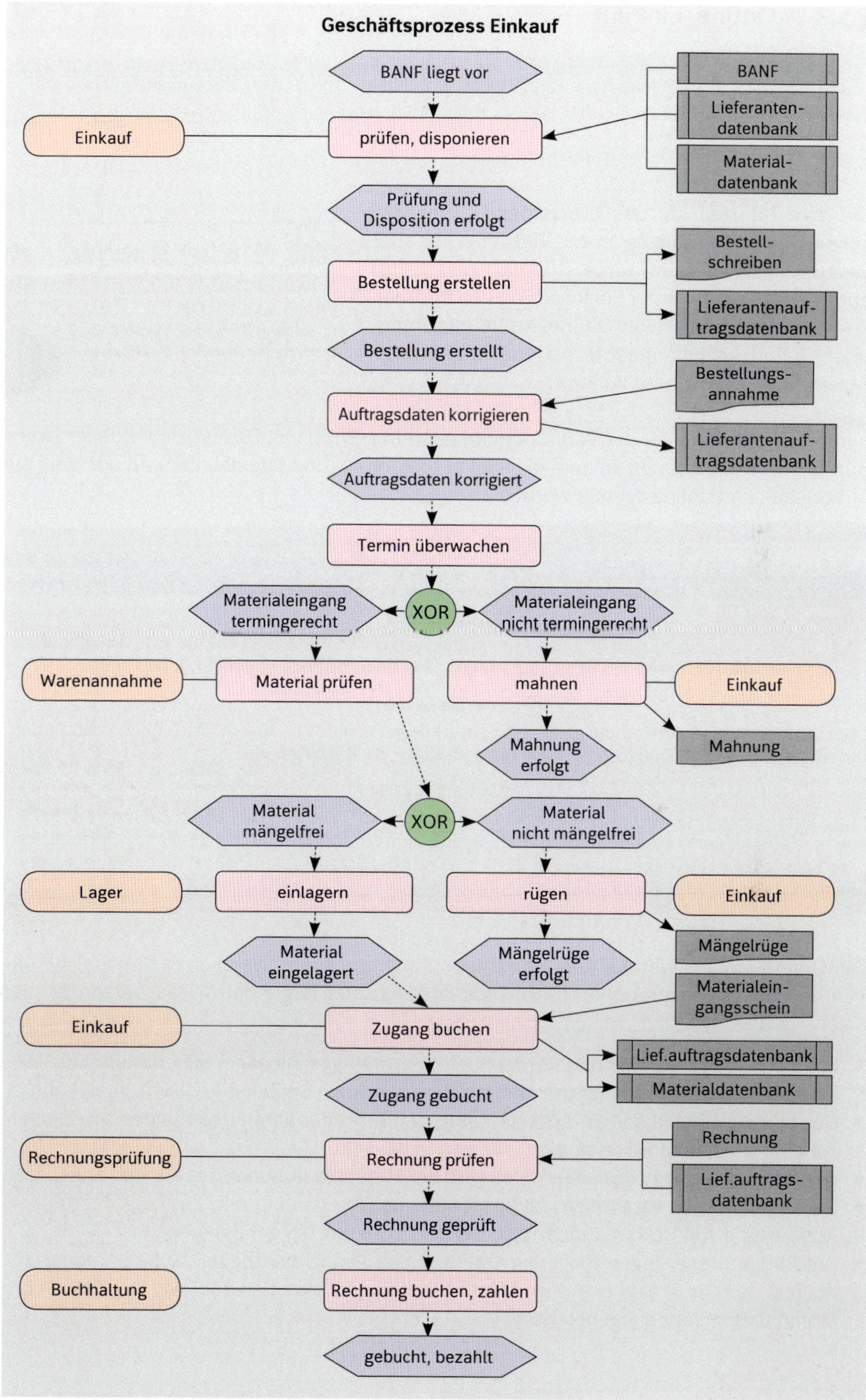
Geschäftsprozess Einkauf
BANF liegt vor
BANF
Lieferanten-datenbank
Material-datenbank
Einkauf
prüfen, disponieren
Prüfung und Disposition erfolgt
Bestellung erstellen
Bestell-schreiben
Lieferantenauf-tragsdatenbank
Bestellung erstellt
Bestellungs-annahme
Auftragsdaten korrigieren
Lieferantenauf-tragsdatenbank
Auftragsdaten korrigiert
Termin überwachen
Materialeingang termingerecht
XOR
Materialeingang nicht termingerecht
Warenannahme
Material prüfen
mahnen
Einkauf
Mahnung erfolgt
Mahnung
Material mängelfrei
XOR
Material nicht mängelfrei
Lager
einlagern
rügen
Einkauf
Mängelrüge
Material eingelagert
Mängelrüge erfolgt
Materialein-gangsschein
Einkauf
Zugang buchen
Lief.auftragsdatenbank
Materialdatenbank
Zugang gebucht
Rechnung
Rechnungsprüfung
Rechnung prüfen
Lief.auftrags-datenbank
Rechnung geprüft
Buchhaltung
Rechnung buchen, zahlen
gebucht, bezahlt

2.5.2 Online-Einkauf

Der Einkauf von MGB Maltmann Getriebebau e. K. hat bis vor Kurzem alle Einkaufsgüter in traditioneller Form beschafft. Jetzt wickelt man einen Teil der Käufe im E-Commerce ab, dem „elektronischen Handel" im Internet: Die meisten C-Güter werden nun online eingekauft. Für A- und B-Güter bleibt es beim alten Verfahren.

Mit dem Internet hat das **E-Business** („elektronisches Geschäft") Einzug in die Betriebe gehalten. Dazu gehören **E-Commerce** (Handel) und **E-Procurement** (Einkauf) unter Einschaltung des Internets. Das Spektrum reicht von Online-Artikelinformation über Online-Artikelangebote bis zur vollständigen Abwicklung von Ein- und Verkauf.

Arten des E-Business sind:
E-Commerce (Ein- und Verkauf),
E-Procurement (Einkauf),
E-Payment (Zahlungsverkehr),
E-Logistics (Logistik),
E-Learning (Personalentwicklung),
E-Recruiting (Personalanwerbung)

Für das Angebot richtet der Verkäufer einen **Online-Shop** ein. Das ist ein virtueller (computersimulierter) Katalog, in dem die Artikel präsentiert und begutachtet und aus dem sie ausgewählt und online bestellt werden.

Grundlegende Elemente eines Online-Shops
Datenbank Die Datenbank verwaltet alle Artikeldaten in Datensätzen. Ein Datensatz enthält z. B. Artikelnamen, Artikelnummer, Preis, Verfügbarkeit, Lieferungs- und Zahlungsbedingungen u. a. m.
Warenkorb Der virtuelle Warenkorb hat die gleiche Aufgabe wie ein echter Warenkorb. Der Kunde kann Waren hineinlegen, wieder herausnehmen und mit dem Korb „zur Kasse gehen".
Zahlungssystem Das Shop-System bietet i. d. R. mehrere Zahlungsmöglichkeiten an (vor allem Zahlung auf Rechnung, Zahlung per Nachnahme (d. h. Barzahlung an den Überbringer der Sendung), Zahlung per Kreditkarte. Günstig – aber von vielen Systemen nicht geboten – ist auch eine direkte Bonitätsprüfung[1].

Der Online-Einkauf wird für den Industriebetrieb interessant, wenn er zu Rationalisierungen und Kosteneinsparungen führt. Dies ist v. a. unter folgenden Voraussetzungen der Fall:

- Mit dem Lieferanten werden Rahmenlieferverträge geschlossen. Sie enthalten die Vertragsinhalte, auf deren Angabe man bei den laufenden Bestellungen verzichten kann.
- Der Lieferant passt seinen Artikelkatalog den Anforderungen des Kunden an. Zielsetzung ist ein „Standardkatalog".
- Die Artikeldatenbank des Lieferanten wird der Materialdatenbank des Kunden angepasst.
- Die Zahlung wird vereinfacht (z. B. monatliche Abrechnung und Zahlung; monatliche Auswertung von Reklamationen und Berücksichtigung bei der Zahlung).
- Die Budgetplaner legen für jeden Online-Einkaufssachbearbeiter zu Beginn des Jahres fest, welche Artikel er aus den Online-Katalogen bestellen oder wie viel Geld er pro Monat und im Jahr ausgeben darf.

[1] Bonität bezeichnet den Ruf, die Zahlungsfähigkeit und -willigkeit eines Kunden und begründet folglich seine Kreditwürdigkeit.

Beispiel: Online-Einkauf

Bei der Vidosonal AG sind die C-Güter festgelegt, die online beschafft werden dürfen. Die oben angeführten Voraussetzungen sind erfüllt.
Der Einkaufssachbearbeiter bei Vidosonal öffnet per Mausklick am Computer den Online-Katalog des Büroartikelanbieters *büro-orga GmbH*. Auf dem Bildschirm erscheinen die Daten der angebotenen Artikel. Der gewünschte Artikel wird angeklickt; ggf. werden weitere notwendige Daten eingegeben. Ein Tastendruck – und schon ist die Bestellung online auf dem Weg zum Lieferanten. Kein Vorgesetzter muss den Einkauf abzeichnen, kein Controller die Rechnung überprüfen. Ist der Artikel eingegangen, wird der Katalogpreis dem Lieferanten am Monatsende gutgeschrieben (ggf. als Sammelgutschrift, wenn weitere Artikel eingekauft wurden).

Ergebnis: Die Bearbeitungsschritte beim Einkauf sind wesentlich reduziert.

Bearbeitungsschritte	
AB-Güter: traditioneller Einkauf	**C-Güter: Online-Einkauf**
Bedarfsfeststellung	Bedarfsfeststellung
Vorab-Marktsondierung	
Erstellen der Bestellanforderung	Erstellen der Bestellanforderung
Genehmigungsverfahren	
Budgetkontrolle	
Freigabe der Bestellanforderung	
Angebotseinholung	
Angebotsvergleich	
Bestellschreiben	Bestellung
Warenlieferung	Warenlieferung
Erstellen der Wareneingangsmeldung	Erstellen der Wareneingangsmeldung
Transport zum Bedarfsort	Transport zum Bedarfsort
Rechnungseingangsbuchung	
rechnerische Rechnungsprüfung	
preisliche Rechnungsprüfung	
technische Prüfung	
Zahlungsanweisung	Sammelanweisung

Arbeitsaufträge

1. **Der Einkaufsprozess erfordert ggf. das Einholen von Angeboten.**

   Erstellen Sie ein Vorgangsketten-Diagramm für den Einkaufsprozess mit Einholung von Angeboten bis zur Bestellungserteilung.

2. **Die Qualität der gelieferten Materialien/Waren muss „stimmen".**

   a) Welche negativen Auswirkungen hat eine mangelhafte Materialqualität?

   b) Erstellen Sie einen Bericht über die Material-/Warenprüfung anhand eines Beispiels aus Ihrem Ausbildungsbetrieb.

   c) „Wenn wir mit unseren Lieferanten gemeinsam Qualitätssicherungskonzepte entwickeln, so entstehen uns hohe Kosten. Aber die späteren Kostenvorteile sind viel größer. Letzten Endes haben wir beide – Lieferant und Abnehmer – Vorteile."

   Erläutern Sie diese Aussage.

3. **Betrachten Sie noch einmal Arbeitsauftrag 3 auf Seite 281.**

   a) Beschreiben Sie den weiteren Ablauf des Einkaufs. Nehmen Sie dazu ggf. das auf Seite 285 abgebildete Prozessketten-Diagramm „Geschäftsprozess Einkauf" zu Hilfe.

   b) Schreiben Sie die Bestellung auf einen Briefbogen gemäß folgendem Formular. Benutzen Sie dafür auch Angaben und Ergebnis aus Arbeitsauftrag 3 auf Seite 270.

Bestellung

Unter Zugrundelegung der umstehenden Einkaufsbedingungen bestellen wir bei Ihnen für unser Werk

zur Lieferung an die auf der Rückseite angegebene Versandanschrift:

Diese Bestelldaten sind in allen Schriftstücken, auch auf Frachtbriefen, Paketscheinen, Lieferscheinen usw., anzugeben Bestellung Nr.	Auftragsnummer	Kostenstelle		Tag
Lieferanten-Nr.	Sachbearbeiter	Durchwahl	Lieferzeit:	
Gegenstand	Zeichnungs- bzw. Waren-Nr.	Mengen-einheit	Menge	EUR

c) Überprüfen Sie die folgende Eingangsrechnung auf ihre sachliche und rechnerische Richtigkeit.

Rollkugel GmbH · Postfach 33 00 33 · 48130 Münster

Maltmann Getriebebau e. K.
Altendorfer Str. 127
45143 Essen

RECHNUNG

ER 3002		11.3.
Rechnungsprüfung	sachlich Pf.	rechnerisch hv
Buchhaltung	S	H
Anweisung zur Zahlung	22.03. EC.	

Kunden-Nr.	Rechnungs-Nr.	Rechnungs-Datum
7238	8213/88	12. 03. 20..
BEI ZAHLUNG BITTE ANGEBEN		

Ihre Bestellung	Bestelldatum	Lieferschein-Nr.	Lieferdatum
3347	02.03.20..	L6712	10.03.20..

Artikel-Nr.	Artikel-Bezeichnung	Menge	Einzelpreis	Rabatt	Gesamtpreis
16002	Rillenkugellager DIN 625	470 Stck.	24,00		11 280,00
				15 %	-1 692,00
					9 588,00

Versandart	Nettopreis EUR	% MwSt	EUR MwSt	Bruttopreis EUR
ab Werk	9 588,00	19	1 821,72	11 409,72

ÜBERWEISEN SIE	BIS: 12.04.20..	EUR 11 409,72	Netto
	BIS: 22.03.20..	EUR 11 295,62	Skonto 1 %

Sparkasse Münsterland
BLZ 400 501 50
IBAN DE92 4005 0150 0001 2347 65
BIC WELADED1MS5
Konto 123 476 5

Finanzamt Münster Innenstadt
Steuer-Nr. 337/5709/0231
USt-IdNr.: DE 120691293

Die Lieferung erfolgte auf der Grundlage unserer Lieferungs- und Zahlungsbedingungen.

Die Ware bleibt bis zur vollständigen Bezahlung unser Eigentum.
Erfüllungsort und Gerichtsstand für beide Teile ist Münster.

4. E-Commerce für die Materialwirtschaft wird in der letzten Zeit oft mit E-Procurement gleichgesetzt. E-Procurement bezeichnet die Neugestaltung des Beschaffungsprozesses durch den Einsatz internetbasierter Technologien. Es kann durch folgende Grafik beschrieben werden:

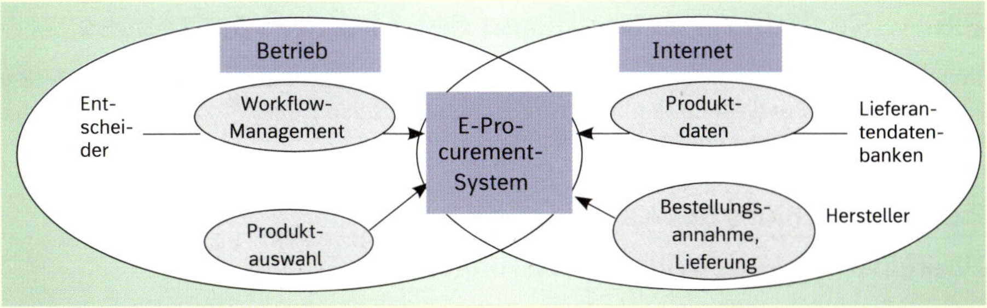

a) Erläutern Sie mithilfe einer Internetrecherche die Elemente Lieferantendatenbank, Produktdaten, Produktauswahl und Workflow-Management eines E-Procurement-Systems.

b) Welche Kosten-, Qualitäts- und Zeitvorteile können mit dem Einsatz des E-Procurement-Systems erreicht werden?

c) Mit dem E-Procurement-System werden hauptsächlich Güter im Bereich MRO (maintenance = Instandhaltungsmaterial, repair = Reparaturmaterial, operations = Bürobedarf, Hard- und Software) angeschafft. Nennen Sie Beispiele zu den drei Güterarten.

5. **Viele große Unternehmen sind dazu übergegangen, Teile ihres Einkaufsbedarfs über Einkaufsauktionen im Internet zu decken. Dafür bieten Firmen ihre Website als Handelsplatz an. Dort gibt der Käufer sein Beschaffungsobjekt bekannt (sog. Ausschreibung), und interessierte Verkäufer können in festgelegter Frist Konkurrenzangebote abgeben. So kann der Käufer den günstigsten Anbieter auswählen.**
Der Sportartikelhersteller Puma AG schrieb über den Handelsplatz econia.com seinen Bedarf an Kartons für Schuhware im Rahmen einer Einkaufsauktion aus. Alte und neue Lieferanten nahmen an der auf 16 Tage befristeten Ausschreibung teil und gaben ihre Angebote ab. In Absprache mit Puma griff man auch auf den Lieferantenstamm von econia zurück. Puma selbst brachte fünf Altlieferanten in die Auktion ein. Für produktspezifische Anfragen stellte Puma den Interessenten Produktmuster zur Verfügung. Von 25 potenziellen Lieferanten nahmen schließlich elf an der Auktion teil. Der Erfolg war groß: Die abgegebenen Angebote reduzierten den Einkaufspreis um 30 %. Das Gebot, das den Zuschlag bekam, lag um rund 78 000,00 EUR unter dem Höchstgebot. Puma sparte über 15 000,00 EUR an Kosten ein.

a) Einkaufsauktionen sind umgekehrte Versteigerungen. Erläutern Sie dies.

b) Nennen Sie möglichst viele Vorteile, die eine Einkaufsauktion im Internet dem Käufer gegenüber einem traditionellen Einkauf bietet.

c) Sind Internetauktionen nach Ihrer Ansicht für die Beschaffung von A-, B- oder C-Gütern geeignet?

6. **In den letzten Jahren schossen „Internet-Marktplätze“ bzw. „-Portale“ wie Pilze aus dem Boden. Traditionelle Geschäftsmodelle wurden drastisch verändert. Online-Marktplätze bzw. -portale sind Internet-Plattformen, die eine effizientere Geschäftsabwicklung gestatten. Die Internet-Technologie verschafft Zugang zu einem grenzüberschreitenden Netzwerk von Einkäufern und Anbietern. Wer am Online-Handel teilnimmt, gewinnt im Wettbewerb mit traditionell arbeitenden Konkurrenten.**
Informationsportale liefern die Informationen für Entscheidungen und ermöglichen den einfachen Austausch von Wissen und Informationen.
Transaktionsportale ermöglichen die Abwicklung von Bestellungen und sonstigen Transaktionen (z. B. Ausschreibungen). Ein Vorteil der Portale liegt in der großen Transparenz. Immer häufiger wird das Internet in der Pre-Sales-Phase genutzt, um wichtige Informationen für die Kaufentscheidung zu finden. Informationsportale spielen in diesem Zusammenhang eine wichtige Rolle. Auch bei der Abwicklung von Transaktionen hat das Internet Fuß gefasst. Der elektronische Austausch von Informationen hat die Abwicklung von Geschäften beschleunigt.
Ein starkes Portal kann sogar zur Vereinheitlichung von Daten in einer Branche führen. In der Baubranche vereinheitlichen Firmen die Artikel-Stammdaten unterschiedlicher Lieferanten und stellen sie dem Bauhandel zur Verfügung. Wenn dieser Versuch erfolgreich ist, wird die vereinheitlichte Datenbasis die Effizienz im Austausch von Daten zwischen Unternehmen erheblich steigern.

Welche zusätzlichen Funktionen kann ein Online-Marktplatz gegenüber einem Online-Shop für den Einkauf eines Industriebetriebes erfüllen?

2.6 Rechtliche Grundlagen des Einkaufsprozesses

Im Folgenden werden die vertragsrechtlichen Grundlagen des Kaufvertrags nach BGB und HGB behandelt. Für Geschäfte mit ausländischen Vertragspartnern findet grundsätzlich das UN-Kaufrecht Anwendung (siehe S. 651 ff.).

2.6.1 Abschluss des Kaufvertrags

Übereinstimmende Willenserklärungen

Der Kaufvertrag betrifft die entgeltliche Veräußerung von beweglichen Sachen (Waren), unbeweglichen Sachen oder Rechten. Grundlegende Regelung: §§ 433–479 BGB.

Der Kaufvertrag ist ein zweiseitiges Rechtsgeschäft. Deshalb kommt er nur durch zwei übereinstimmende Willenserklärungen – Antrag und Annahme – zustande.

Beispiel: Antrag und Annahme

Der Verkäufer macht ein Angebot (= Antrag).

Der Käufer bestellt (= Annahme).

Der Käufer könnte auch ohne vorheriges Angebot bestellen. Dann wäre seine Bestellung der Antrag. Der Verkäufer müsste eine Bestellungsannahme tätigen.

Web

M 290

Siehe auch die Präsentation *Abschluss des Kaufvertrags*.

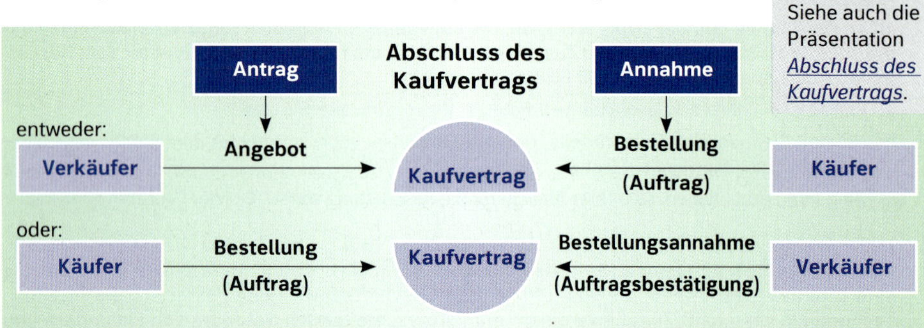

Bei Kaufverträgen über Waren sind diese Willenserklärungen völlig formfrei. Sie können mündlich, fernmündlich, brieflich, durch E-Mail, Fax oder sogar durch schlüssiges Handeln abgegeben werden. Beispiel Supermarkt: Ware aufs Kassenband legen und bezahlen.

Antrag zum Kaufvertrag

Ein Angebot wird oft aufgrund einer **Anfrage** des Kunden abgegeben (siehe S. 276). Eine Anfrage ist kein Antrag zu einem Kaufvertrag, sondern eine völlig **unverbindliche Erkundigung** oder eine Aufforderung zur Abgabe eines Angebots.

Ein Antrag muss stets an eine bestimmte Person gerichtet sein.

Anpreisungen von Waren, die an die Allgemeinheit gerichtet sind, gelten nicht als Anträge (z. B. Werbebriefe, Schaufenster- und Warenauslagen, Zeitungsanzeigen, Prospekte, Kataloge). Sie stellen – wie eine Anfrage – Aufforderungen zur Abgabe eines Antrags dar und verpflichten zu nichts.

Ein Antrag ist eine bindende Willenserklärung.

Wenn der Verkäufer seine Bindung an sein Angebot (oder auch an Teile seines Angebots) ausschließen will, fügt er sog. **Freizeichnungsklauseln** ein:

Beispiel: **Freizeichnungsklauseln**

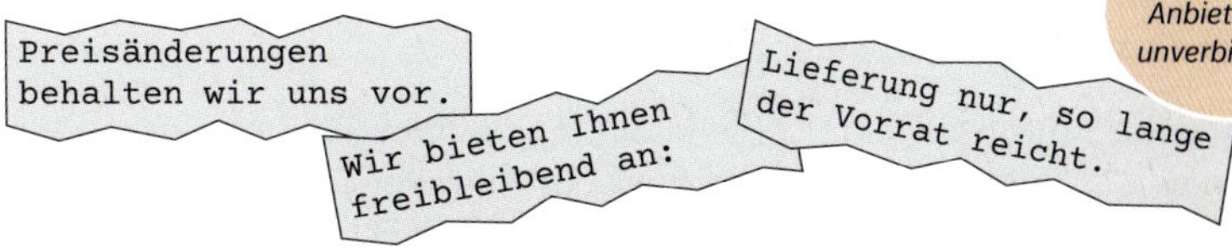

Wer eine **Frist** setzt, ist nur bis zu ihrem Ablauf gebunden.

Antrag und Annahme sind empfangsbedürftige Willenserklärungen.

Ein Angebot z. B. bindet den Verkäufer erst, wenn es beim Käufer eingeht.
Es kann deshalb rechtzeitig widerrufen werden. Der Widerruf ist rechtzeitig erfolgt, wenn er spätestens mit dem Angebot selbst eintrifft. Mit dem Widerruf erlischt das Angebot. Entsprechendes gilt für Bestellung und Bestellungsannahme (§ 130 BGB).

Ein Antrag zum Kaufvertrag ist auch die **Zusendung unbestellter Waren**. Wenn der Empfänger Verbraucher ist, gilt sie jedoch als unlauterer Wettbewerb.

Annahme des Antrags

Die Annahme ist – wie der Antrag – eine bindende Willenserklärung.

Ein Antrag muss stets unverändert angenommen werden.

Eine Annahme unter Erweiterungen, Einschränkungen oder sonstigen Änderungen gilt als Ablehnung, verbunden mit einem neuen Antrag (§ 150 Abs. 2 BGB).

Ausnahme: Käufer und Verkäufer weisen in ihren Erklärungen jeweils auf ihre voneinander abweichenden Allgemeinen Geschäftsbedingungen hin. Der Vertrag bleibt trotzdem wirksam, wenn die Parteien einverständlich mit der Durchführung beginnen. Für die sich widersprechenden Punkte gelten dann die gesetzlichen Vorschriften (§ 306 BGB).

Die Annahme eines Antrags muss auch rechtzeitig erfolgen. Dies bedeutet:

Ein Antrag unter Anwesenden und per Telefon muss sofort angenommen werden. Sonst erlischt die Bindung des Antragstellers (§ 147 Abs. 1 BGB).

Ein Antrag an einen Abwesenden kann nur bis zu dem Zeitpunkt angenommen werden, in welchem der Antragende den Eingang der Antwort unter regelmäßigen Umständen erwarten darf (§ 147 Abs. 2 BGB).

„Unter regelmäßigen Umständen" bedeutet:

Es sind zuzugestehen:
- die Übermittlungszeit von Antrag und Annahme,
- eine angemessene Bearbeitungszeit (ggf. unter Berücksichtigung von saisonbedingtem vermehrten Arbeitsanfall, Urlaub, Einholen notwendiger Auskünfte, Beschluss-fassung durch das zuständige Organ).

Für die Annahme ist ein mindestens gleich schnelles Kommunikationsmittel zu benutzen.

Beispiel:
Antrag: Fax
Annahme: Telefon, Fax, E-Mail

Geht die Annahme verspätet ein, so gilt sie als neuer Antrag (§ 150 BGB). Muss der Antragende erkennen, dass die Verspätung nur durch Transportverzögerung entstand (z. B. Fehlleitung durch die Post), so muss er seine Ablehnung unverzüglich nach dem Eingang der verspäteten Annahme mitteilen. Andernfalls gilt die Annahme als nicht verspätet (§ 149 BGB).

Schlüssiges Handeln kann eine förmliche Annahme ersetzen. (Der Kunde bestellt, der Verkäufer sendet die Ware ohne Weiteres zu.)

Schweigen auf einen Antrag bedeutet Ablehnung. Ausnahme: Eine Annahmeerklärung ist nach der Verkehrssitte nicht zu erwarten oder der Antragende hat darauf verzichtet (§ 151 BGB). (In Vorverhandlungen wurde z. B. bereits Einigkeit erzielt.)

Wer **unbestellte Waren** erhält und schweigt (z. B. nicht zahlt), lehnt ebenfalls den Antrag ab. Ausnahme: Der Empfänger ist Kaufmann und steht mit dem Absender in ständiger Geschäftsverbindung (Fairnessgebot gemäß § 157 BGB).

Sendet ein Unternehmer unbestellte Sachen an einen Verbraucher, hat er keinerlei Ansprüche. Der Verbraucher kann nach Belieben mit der Sache verfahren, sie z. B. wegwerfen oder vernichten (§ 241 a BGB).

Eine **Bestellungsannahme** ist nur unerlässlich,
- wenn der Käufer ohne vorausgehendes Angebot bestellt,
- wenn das vorausgehende Angebot freibleibend war.

Sie kann jedoch durch schlüssiges Handeln, also durch eine sofortige Lieferung, ersetzt werden (siehe oben).

Trotzdem verwendet der Verkäufer auch sonst gern die Bestellungsannahme, um
- Missverständnissen vorzubeugen,
- seinen Dank auszudrücken,
- sie zugleich als Rechnung und/oder Versandanzeige zu verwenden,
- seine Allgemeinen Geschäftsbedingungen anzubringen.

Sachlich zutreffender als „Bestellungsannahme" ist in diesem Fall der Begriff „Auftragsbestätigung". In der Praxis werden beide Begriffe jedoch gleichbedeutend verwendet.

Beispiel: **Auftragsbestätigung/Versandanzeige der Mielenz GmbH & Co. KG auf die Bestellung der Elektroinstall GmbH** (siehe S. 281)
Vorausgegangen sind ein gleichlautendes Angebot (siehe S. 279) und eine gleichlautende Bestellung, durch die der Kaufvertrag schon geschlossen wurde.

17.02.20..

Auftragsbestätigung/Versandanzeige

Sehr geehrte Damen und Herren,

wir danken Ihnen für Ihre Bestellung. Wir werden Ihnen die Sendung morgen per Lkw zustellen.

10 000 m Kabel NYM 3 x 1,5 zum Preis von 45,50 EUR/100 m netto, abzüglich 15 % Rabatt.

Lieferung frei Haus einschließlich Verpackung. Zahlung 30 Tage netto Kasse oder 10 Tage mit 3 % Skonto.

Mit freundlichen Grüßen

Arbeitsaufträge

1. **Schneider & Co. erhalten von Nadeler & Söhne folgendes briefliches Angebot vom 16. Nov., welches am 18. Nov. eintrifft:**
   „Gabardine-Stoff gemäß beigefügtem Musterkatalog. Preis gemäß Preisliste. Angebot freibleibend."
   Schneider & Co. bestellen am 19. Nov. 20 Ballen gemäß Musterkatalog und Preisliste mit 15 % Rabatt. Der Brief geht am selben Tag zur Post und kommt am 21. Nov. an.
   a) Erläutern Sie die Bindung der Parteien an ihre Willenserklärungen.
   b) Erläutern Sie die Möglichkeit eines Widerrufs durch Schneider & Co.
   c) Begründen Sie, warum durch die beiden Willenserklärungen kein Kaufvertrag zustande kommt.
   d) Erläutern Sie ausführlich, wie Nadeler & Söhne vorgehen müssen, damit doch noch ein Kaufvertrag zustande kommt.

2. **Untersuchen Sie die Schriftstücke auf Seite 278 und 279.**
   a) Welche rechtliche Bedeutung hat die Anfrage?
   b) Wird durch eine Bestellung ein rechtsgültiger Kaufvertrag geschlossen? (Begründung!)
   c) Bis wann müsste das Angebot spätestens angenommen werden?
   d) Bis wann könnte das Angebot noch widerrufen werden?
   e) Enthält das Angebot Freizeichnungsklauseln?
   f) Begründen Sie, ob für das Zustandekommen eines Kaufvertrags noch eine Bestellungsannahme erforderlich ist.
   g) Auch wenn keine Bestellungsannahme erforderlich sein sollte, kann sie doch von Nutzen sein. Erläutern Sie dies.

2.6.2 Inhalt des Kaufvertrags

Bedeutung Allgemeiner Geschäftsbedingungen

Die Rechte und Pflichten für Käufer und Verkäufer ergeben sich aus dem Inhalt des Kaufvertrags. Deshalb legt man in der Praxis – besonders bei hohen Warenwerten – folgende Punkte oft bis ins Einzelne in Angebot und Bestellung fest:

- Art, Beschaffenheit, Qualität der Ware,
- Warenmenge,
- Warenpreis,
- Preisnachlass,
- Erfüllungsort,
- Gerichtsstand,
- Beförderungskosten,
- Verpackungskosten,
- Lieferzeit,
- Zahlungstermin,
- Eigentumsübergang,
- Regelungen für Liefer-, Annahme- und Zahlungsstörungen sowie mangelhafte Lieferung

Für Sachverhalte, die nicht in Angebot und Bestellung selbst aufgeführt sind, verweisen die Unternehmen in der Regel auf ihre AGB.

Beispiel: die AGB von MGB. Sie finden sie auch auf der Website www.maltgetriebe.de

Web M 293

AGB sind vorformulierte Vertragsbedingungen, die eine Vertragspartei der anderen einseitig auferlegt. In der Regel werden sie allen Geschäften zugrunde gelegt. Sie werden wirksam, indem die andere Vertragspartei sich ihnen unterwirft.

AGB werden nur Vertragsbestandteil, wenn der Verwender bei Vertragsabschluss ausdrücklich auf sie hinweist. Der Vertragspartner muss von ihnen Kenntnis nehmen können (z. B. Abdruck auf dem Angebot) und mit ihrer Anwendung einverstanden sein (§ 305 Abs. 2 BGB).
Für die Rechtswirksamkeit von AGB macht das BGB verbindliche Einschränkungen:

- **Überraschende Klauseln werden nicht Vertragsbestandteil** (§ 305 c Abs. 1 BGB). Überraschende Klauseln sind so ungewöhnlich, dass man nicht damit rechnen muss.

> **Beispiel: Überraschende Klausel**
>
> Gebr. Müller kaufen eine Werkzeugmaschine. Die Hersteller-AGB verpflichten sie für zehn Jahre zur monatlichen Wartung durch den Hersteller.

- **Individuelle Abreden haben stets Vorrang vor AGB** (§ 305 b BGB).
- **Auslegungszweifel gehen zulasten des Verwenders der AGB** (§ 305 c Abs. 2 BGB).
- **Soweit ABG-Bestimmungen nicht Vertragsbestandteil geworden oder unwirksam sind, bleibt der Vertrag wirksam und richtet sich in den betreffenden Punkten nach dem Gesetz** (§ 306 Abs. 1 und 2 BGB).

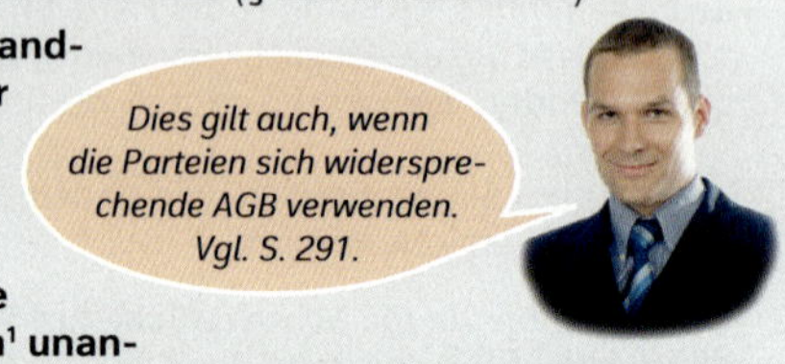

- **AGB-Bestimmungen sind unwirksam, wenn sie den Vertragspartner entgegen Treu und Glauben[1] unangemessen benachteiligen. Dies ist im Zweifel[2] anzunehmen, wenn die Einschränkungen den Vertragszweck gefährden oder wesentliche Grundgedanken der gesetzlichen Regelung nicht damit vereinbar sind** (§ 307 Abs. 1 und 2 BGB).

Web

M 294 Für Verbraucherverträge gelten weitere AGB-Einschränkungen (§ 308, § 309 BGB).

Art, Beschaffenheit, Qualität der Ware

Die Art der Ware ergibt sich aus ihrem Namen. Beschaffenheit und Qualität können auf unterschiedliche Weise festgelegt werden: z. B. durch genaue Beschreibung, Abbildungen, Modelle, Muster, Proben, Marken, Güteklassen.

Marke: Elemente, die zur Identifikation eines Produkts oder einer Dienstleistung und zur Abhebung von Konkurrenten dienen: Markennamen, Markenzeichen, Markensymbol oder eine Kombination davon.

Güteklassen: Sammelbegriff für Handelsklassen, Typen und Standards. Sie werden von Handelsorganisationen (Fachverbänden, Börsen) oder vom Staat festgelegt.

- *Handelsklassen:* Güteklassen für Obst, Gemüse und andere landwirtschaftliche Produkte
- *Typen:* Güteklassen für Massenerzeugnisse der Industrie (z. B. Mehl)
- *Standards:* Einwandfrei festlegbare Durchschnittsqualitäten von bestimmten Metallen (Zinn, Kupfer, Blei, Zink) und landwirtschaftlichen Erzeugnissen (Baumwolle, Kaffee, Kakao, Kautschuk, Weizen, Hafer, Gerste, Mais, Zucker, Jute, Wolle, Ölsaaten, Sisal, Futtermitteln). Standards bewirken Fungibilität (gegenseitige Vertretbarkeit). Diese ermöglicht, dass die betreffenden Güter beim Kaufhandel nicht anwesend sein müssen und nach Zahl, Maß oder Gewicht gehandelt werden können. Dies geschieht auf eigens dafür geschaffenen Märkten, den Warenbörsen.

Es ist darauf zu achten, dass die Waren **genau bezeichnet werden**. Wenn nötig, sind Zeichnungen, Modelle, Muster, Qualitätsbezeichnungen, Fabrikate mit Bestellnummern anzugeben.

> **Beispiel: Warenbezeichnung**
>
> UV-Stablampe (Fabrikat Hanau), Bestell-Nr. 1 770 317.

Viele Teile und einfache Erzeugnisse sind genormt. Normen sind technische Beschreibungen als Grundlage für eine allgemein anerkannte Vereinheitlichung. Für die Normung sind zuständig: Deutsches Institut für Normung – DIN (für Deutschland), Comité Européen de

---

[1] Ausdruck, der so viel bedeutet wie: Ehrlichkeit, Rechtschaffenheit, Fairness.

[2] „Im Zweifel" bedeutet: wenn nichts anderes vereinbart oder aus den Umständen zu entnehmen ist.

Normalisation – CEN (für Europa), International Organization for Standardization – ISO (international). Für eine Bestellung genormter Güter genügt die festgelegte Norm-Bezeichnung.

Beispiel: Warenbezeichnung durch Normangabe
Flachrundschraube M 8 x 65 DIN 603

Je nach Festlegung von Warenart und -beschaffenheit unterscheidet man auch verschiedene Arten des Kaufvertrags:

Web M 295

Arten des Kaufvertrags nach der Festlegung von Warenart und -beschaffenheit

Stückkauf (Spezieskauf)
Die Vertragspartner bestimmen die Kaufsache konkret (z. B. ein bestimmter Pkw Renault Twingo). Sie kann vertretbar[1] sein (bestimmter Neuwagen) oder nicht vertretbar (bestimmter Gebrauchtwagen).
Wichtig: Der Verkäufer wird ohne Haft- und Schadensersatzpflicht von der Lieferpflicht frei, wenn die Lieferung ohne sein Verschulden unmöglich wird (§ 275 BGB).

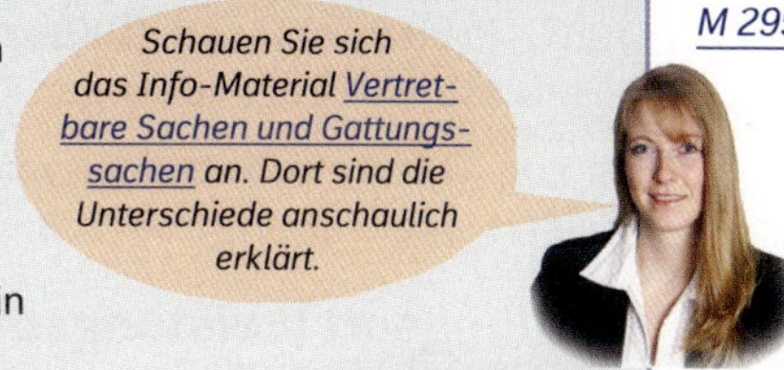

Gattungskauf (§ 243 BGB, § 360 HGB)
Die Vertragspartner bestimmen die Kaufsache nur der Gattung nach. Dafür legen sie Merkmale fest, z. B. Typ, Sorte, Qualität. Der Verkäufer kann jede Sache mit diesen Merkmalen liefern. Meist sind die Sachen vertretbar (z. B. alle Neuwagen Typ Renault Twingo Liberty), bisweilen auch nicht (z. B. alle Gebrauchtwagen Renault Twingo Liberty, Baujahr 2007). Wenn die Sachen nicht als Serienprodukte ohnehin völlig gleichartig sind, sind Sachen mittlerer Art und Güte zu liefern. Wichtig: Hat der Verkäufer die geschuldete Gattungssache bereitgestellt, so wird sie zur Stückschuld und er muss nur noch sie liefern.

Bestimmungskauf (Spezifikationskauf) (§ 375 HGB)
Gattungskauf, bei dem der Käufer Einzelheiten der Kaufsache (z. B. Länge, Farbe) erst später bestimmen (spezifizieren) muss. Versäumt er den Termin, kann der Verkäufer eine angemessene Nachfrist setzen und nach ihrem Ablauf selbst die Spezifikation vornehmen.

Kauf nach Besicht
Der Käufer besichtigt/prüft die Kaufsache vor Vertragsabschluss und kauft sie dann „wie besehen". Der Verkäufer haftet nicht für später festgestellte Mängel.

Kauf zur Probe
Der Käufer kauft fest eine Probemenge. Bei Zufriedenheit stellt er ggf. weitere Käufe in Aussicht.

Kauf nach Probe (nach Muster)
Die Kaufsache muss einer Probe/einem Muster/einer früheren Lieferung entsprechen.

Kauf auf Probe (zur Ansicht) (§ 454 BGB)
Kauf mit Rückgaberecht innerhalb einer vereinbarten Frist nach Lieferung.

Kauf in Bausch und Bogen (en bloc, tel quel; Ramschkauf)
Kauf einer Sache zu einem Pauschalpreis ohne besondere Qualitätszusicherung für einzelne Teile.

Warenmenge

Die Menge wird in der Regel in einer gebräuchlichen Maßeinheit (z. B. in Stück, m, m², m³, kg, l) angegeben. Ohne Mengenangabe im Angebot ist der Lieferant verpflichtet, jede handelsübliche Menge zu liefern.

Wird die Menge gewichtsmäßig angegeben, so sind folgende Größen zu unterscheiden: Bruttogewicht – Verpackungsgewicht (Tara) = Nettogewicht

[1] Vertretbare Sachen sind im Verkehr nach Zahl, Maß oder Gewicht bestimmt und deshalb nach allgemeiner Auffassung durch gleiche Sachen ersetzbar.

Warenpreis

Der Preis ist in der vereinbarten Art und Menge zu zahlen. So kann z. B. die Zahlung in inländischer, aber auch in ausländischer Währung vereinbart werden (§ 244 BGB).

Die Angabe kann als Gesamtpreis oder als Preis pro Einheit (z. B. pro Stück, Paar, Dutzend, Liter, 100 kg) erfolgen.

Ist der Preis für das Gewicht angegeben, so bezieht er sich ohne besondere Vereinbarung auf das Nettogewicht (= Bruttogewicht – Verpackungsgewicht). Preisstellung: „Preis netto".

Der Vertrag oder der Handelsbrauch des Erfüllungsortes können bestimmen, dass der Kaufpreis sich auf das Bruttogewicht bezieht (§ 380 HGB). Die Preisstellung lautet dann: „Preis brutto".

Durch **Preisnachlässe (Rabatte)** und **Preiszuschläge** werden an sich einheitliche Angebotspreise gegenüber den Kunden differenziert. Einzelheiten dazu siehe S. 511.

Ein sog. **Naturalrabatt** liegt vor bei einer **Warendraufgabe** (z. B. 50 Stück bestellt, 60 geliefert) oder **-dreingabe** (z. B. 50 Stück bestellt, 40 berechnet).

Erfüllungsort (Leistungsort)

Der Erfüllungsort ist der Ort, an dem der Schuldner die geschuldete Leistung auf seine Kosten und Gefahr vertragsgemäß bereitstellen muss. Dadurch wird er von seiner Verpflichtung frei. Die späteren Kosten und Gefahren muss der Vertragspartner tragen. Warenschuldner ist der Verkäufer, Geldschuldner der Käufer. Außerdem bestimmt der Erfüllungsort den Gerichtsstand (siehe S. 298).

An **Kosten** können z. B. auftreten: Verpackungs-, Wiege-, Prüf-, Versicherungs-, Transport-, Umschlagskosten.

Das Tragen der **Gefahr** wird auch als **Gefährdungshaftung** bezeichnet: Der Schuldner muss bis zur Übergabe am Erfüllungsort für einen zufälligen (d. h. unverschuldeten) Untergang und eine zufällige Verschlechterung der Leistung einstehen. Übergibt er die Leistung an einem anderen Ort, so trägt er ebenfalls die Gefährdungshaftung bis zur Übergabe (§ 446 BGB).

> **Haftung**
> ist die Pflicht, für Schulden sowie verursachte Schäden und Mängel einzustehen. Verschuldenshaftung setzt ein schuldhaftes Herbeiführen des Schadens voraus, Gefährdungshaftung nicht.

Für ein Verschulden haftet der Schuldner in jedem Fall (sog. **Verschuldenshaftung**). Ein Verschulden liegt vor, wenn er vorsätzlich handelt (d. h. den Schaden willentlich herbeiführt) oder fahrlässig handelt (d. h. die nötige Sorgfalt außer Acht lässt) (§ 276 BGB). Grobe Fahrlässigkeit bedeutet ein in besonderem Maße unsorgfältiges Verhalten.

Der Verkäufer muss z. B. sorgfältig sein in der Auswahl der Verpackung, des Spediteurs bzw. Frachtführers[1], des Transportweges und des Transportmittels. Er darf auch nicht ohne dringenden Grund von besonderen Anweisungen des Käufers über die Art der Versendung (z. B. Spezialverpackung, gewünschter Spediteur) abweichen (§ 446 Abs. 2 BGB).

---

1 **Frachtführer** = die Unternehmen der Eisenbahn, des Güterkraftverkehrs, der Binnenschifffahrt und des Luftverkehrs, die die Güterbeförderung mit eigenen Beförderungsmitteln durchführen.
Spediteur = Kaufmann, der den Güterversand durch Frachtführer besorgt, d. h. die Durchführung veranlasst, organisiert und kaufmännisch abwickelt. In der Regel führen Spediteure zusätzlich Transporte selbst aus, insbesondere mit eigenen Lkws. Sie gelten dann rechtlich ebenfalls als Frachtführer.

§ 269 BGB besagt: Der Erfüllungsort kann vertraglich vereinbart werden. Unterbleibt dies, gilt der sog. „natürliche Erfüllungsort". Liegt für einen Vertrag auch kein natürlicher Erfüllungsort vor, wird der Erfüllungsort durch weitere Bestimmungen in § 269 BGB gesetzlich festgelegt.

Arten des Erfüllungsorts

vertraglicher Erfüllungsort	natürlicher Erfüllungsort	gesetzlicher Erfüllungsort
Durch vertragliche Vereinbarung festgelegter Erfüllungsort. (Diese Vereinbarung kann auch stillschweigend erfolgen. So gilt bei den Zuschickungskäufen des täglichen Lebens oft die Wohnung des Käufers stillschweigend als Erfüllungsort für die Warenschuld vereinbart.)	Erfüllungsort, der sich aus den Umständen, insbesondere der Natur des Schuldverhältnisses ergibt. So gilt bei der Lieferung von Baumaterial die Baustelle, bei der Lieferung von Heizöl an den Endverbraucher der Ort des Heizkessels als natürlicher Erfüllungsort.	Für alle anderen Fälle ist in § 269 BGB der Erfüllungsort gesetzlich festgelegt: Es ist der Wohnsitz (bei Gewerbetreibenden der Ort der Niederlassung) des jeweiligen Schuldners. Beim Platzgeschäft (Kauf mit Zusendung der Leistung innerhalb der politischen Gemeinde) ist es seine Adresse.

Ist einem Geschäft der gesetzliche Erfüllungsort zugrunde zu legen, so gilt Folgendes für Warenschuld und Geldschuld:

Warenschuld (§§ 269, 447, 474 BGB)	Geldschuld (§§ 269, 270 BGB; EGH-Urteil)
• Erfüllungsort ist der Ort des Verkäufers (Warenschuldners) (§ 269 BGB). Der Käufer muss die hier vertragsgemäß bereitgestellte Ware auf seine Kosten und Gefahr abholen (sog. **Holschuld**). • Versendet der Verkäufer auf Verlangen des Käufers die Ware nach einem anderen Ort als dem Erfüllungsort (sog. **Versendungskauf**), so trägt der Käufer (Warengläubiger) die Gefahr des Versands ab Übergabe der Sendung an den Spediteur, Frachtführer oder sonstigen Beförderer (§ 447 BGB, sog. **Schickschuld**). Bei einem Transport durch eigenes Personal jedoch haftet der Verkäufer nach herrschender Meinung für die vom Personal verursachten Schäden[1]. **Ausnahme:** Bei Versendung an Verbraucher trägt der Verkäufer stets die Gefahr bis zur Warenübergabe (§ 474 BGB). Dies gilt nur dann nicht, wenn der Käufer selbst einen Beförderer beauftragt, den der Verkäufer ihm nicht vorher benannt hat.	• Erfüllungsort ist der Ort des Käufers (Geldschuldners) (§ 269 BGB). Hier muss er das Geld am Fälligkeitstag abschicken (sog. **Schickschuld**). Anders als bei der Schickschuld beim Versendungskauf gilt hier jedoch: Der Schuldner muss die Kosten der Übermittlung (z. B. die Überweisungskosten) und die Verlustgefahr tragen (§ 270 BGB). Man spricht deshalb von einer modifizierten Schickschuld. • Laut Urteil des Europäischen Gerichtshofs vom April 2008 erfolgt allerdings eine Zahlung bei Verträgen zwischen Unternehmern nur rechtzeitig, wenn die Zahlung termingerecht beim Gläubiger eingeht. Die Geldschuld wird folglich bei solchen Verträgen zur **Bringschuld** (siehe unten). Insofern hat dann § 269 BGB nur noch für die Bestimmung des Gerichtsstands Bedeutung (siehe S. 298).

Die stärkere Vertragspartei (z. B. ein Alleinanbieter, ein Großabnehmer) kann oft ihre Allgemeinen Geschäftsbedingungen durchsetzen und ihren eigenen Sitz als vertraglichen Erfüllungsort für beide Parteien erzwingen. Die andere Partei muss ihre Leistung dann vertragsgemäß (kostenfrei, pünktlich, fehlerfrei) an diesen Ort bringen. Dafür haftet sie. Ihre Schuld wird zu einer sog. **Bringschuld**.

Beispiel: Erfüllungsort

Verkäufer:	Elektro GmbH, Essen
Käufer:	Haushaltscenter, Nürnberg
Ware:	40 Kühlschränke
Preis:	7 600,00 EUR, zahlbar am 10. Aug. 20..

Über den Erfüllungsort ist keine Vereinbarung getroffen. Der Käufer hat den Versand durch die Spedition Erler, Essen und Nürnberg, vorgeschrieben.

[1] Vgl. Otto Palandt, Bürgerliches Gesetzbuch, 67. Aufl., Beck Verlag, München 2008, § 278 Rn 15 und § 447 Rn 12.

DRITTER ABSCHNITT

Erfüllungsort des Verkäufers ist Essen. Er muss die Ware transportsicher verpacken und ordnungsgemäß dem Spediteur Erler übergeben. Handelt er fahrlässig, sodass die Ware z. B. auf dem Transport wegen mangelhafter Verpackung beschädigt wird, haftet er dem Käufer. Das Risiko für zufälligen Verlust, Beschädigung oder Untergang auf dem Transport trägt dagegen das Haushaltscenter als Käufer. Es muss auch Ersatzansprüche gegen den Spediteur geltend machen, wenn dieser einen Schaden verursacht.
Erfüllungsort des Käufers ist Nürnberg (§ 269 BGB). Als Unternehmer muss er aber laut Urteil des Europäischen Gerichtshofs so rechtzeitig zahlen, dass die Zahlung am 10.08. beim Gläubiger eingeht. Er muss auch die Überweisungskosten tragen. Geht der Überweisungsbetrag verloren, so muss der Käufer noch einmal zahlen. Wegen Schadensersatz kann er sich gegebenenfalls an sein Kreditinstitut halten.

Gerichtsstand

Der Gerichtsstand ist der Ort des für Rechtsstreitigkeiten zuständigen Gerichts.

Für Streitigkeiten aus einem Vertragsverhältnis gilt: Der Gegner ist an dem Ort zu verklagen, an dem er die streitige Verpflichtung erfüllen muss. Das ist grundsätzlich der natürliche Erfüllungsort, in Ermangelung dessen der gesetzliche Erfüllungsort gemäß § 269 BGB. Nur bei Kaufleuten ist ein vertraglicher Erfüllungsort auch zugleich Gerichtsstand (§ 29 ZPO).

Kaufleute können untereinander auch einen anderen Gerichtsstand vereinbaren, unabhängig vom Erfüllungsort (§ 38 ZPO). Dabei wird jeder versuchen, den eigenen Ort als Gerichtsstand durchzusetzen.

Ein fremder Gerichtsstand geht in die Kosten: Anfahrtswege, Zeitaufwand, fremde Anwälte ...

Beförderungskosten

Der Verkäufer muss die Waren auf seine Kosten am Erfüllungsort bereitstellen (§ 448 BGB). Alle Kosten für die Beförderung an einen anderen Ort trägt der Käufer. Im Kaufvertrag wird die Übernahme der Beförderungskosten aber häufig anders geregelt. Dies geschieht entweder durch individuelle Abmachungen oder durch Frankaturklauseln der AGB.

Merke: Vertragliche Regelungen zur Übernahme der Beförderungskosten verändern keinesfalls den Erfüllungsort.

Grundsätzlich können solche Regelungen festlegen,

- wer die Frachtkosten für den Haupttransport (per Bahn, Lkw, Schiff, Flugzeug) trägt;
- wer die Anfuhrkosten zur Versandstation und die Abfuhrkosten von der Empfangsstation übernimmt;
- zu wessen Lasten Wiege-, Belade-, Entlade- oder Umschlagskosten gehen sollen.

In der Praxis richten sich die Kaufverträge jedoch in aller Regel an den Klauseln in den Geschäftsbedingungen der Spediteure und Transportunternehmen aus.

Innerdeutscher Verkehr:
Bei der Lkw-Beförderung von Kleingut (Stückgut) durch Spediteure und beim Paketversand durch KEP-Dienstleister werden i. d. R. nur zwei Frankaturklauseln verwendet:

- **„frei Haus“** → Der Absender zahlt das gesamte Beförderungsentgelt.
- **„unfrei“** → Der Empfänger zahlt das gesamte Beförderungsentgelt.

Kleingut, Ladung, Spediteur, KEP-Dienstleister u. a. m: Lesen Sie nach auf S. 545 ff.

Für komplette Lkw-Ladungen werden sinngemäß weitere Klauseln verwendet:

- z. B. „frei Lager“, „frei Verwendungsstelle“, „frei Schiff“ (statt „frei Haus“);
- z. B. „ab Lager“, „ab Werk“, „ab Fabrik“ (statt „unfrei“).

Der innerdeutsche Eisenbahnverkehr befördert keine Stückgüter, sondern nur komplette **Wagenladungen**. Die Zahlungsvermerke der Bahngesellschaften erlauben eine Kostenteilung zwischen Absender und Empfänger.

Beispiel: Zahlungsvermerke der DB Cargo Deutschland Aktiengesellschaft (Schienenfrachtführer der Deutschen Bahn)

Zahlungsvermerk	Bedeutung: Der Absender bezahlt ...
Frei Fracht	die Fracht für die gesamte Beförderungsstrecke
Frei Fracht einschließlich ...	die Fracht und die gesondert ausgewiesenen Kosten
Frei	die Fracht und alle beim Versand berechenbaren Kosten
Frei ... (Bezeichnung der Kosten)	nur die aufgeführten Kosten
Frei aller Kosten	alle Kosten für die gesamte Beförderungsstrecke (Ladeentgelte, Fracht, Zölle, sonstige Kosten), nicht jedoch die vom Empfänger verursachten Kosten
Unfrei	keine Kosten; der Empfänger bezahlt sämtliche Kosten

Internationaler Handelsverkehr:
Bei grenzüberschreitenden Warenkäufen werden vorformulierte, weltweit anerkannte Vertragsklauseln verwendet, die Incoterms. Näheres hierzu siehe S. 660 ff.

Verpackungskosten

Der *Verkäufer trägt* nach BGB die Kosten der *Verkaufs- und Umverpackung* (siehe S. 543). Sie sind *Kosten der Übergabe*.

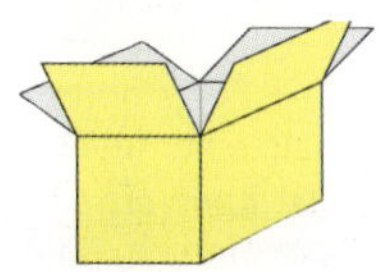

Der Käufer trägt die Kosten der Transportverpackung (z. B. Kartons, Kisten) nach einem anderen Ort als dem Erfüllungsort. Sie sind *Kosten der Abnahme* (§ 448 Abs. 1 BGB).

Der Verkäufer weist in Angebot/Bestellungsannahme oft durch die Klausel „Preis ausschließlich Verpackung" auf die Gültigkeit dieser gesetzlichen Regelung hin. Will er hingegen davon abweichen und die Kosten der Versandverpackung übernehmen, so lautet die Klausel: „Preis einschließlich Verpackung".

Ist der Preis für das Gewicht angegeben, werden die Regelungen über die Verpackungskosten meist mit den Preisstellungen **„Preis netto"** bzw. **„Preis brutto"** verbunden. Man erhält dann folgende Möglichkeiten:

Vereinbarungen über Verpackungskosten			
Preis netto einschließlich Verpackung			
Der Käufer zahlt für:	Nettogewicht	z. B.:	100 kg à 2,00 EUR = 200,00 EUR
Preis netto ausschließlich Verpackung			
Der Käufer zahlt für:	Nettogewicht + Verpackungskosten	z. B.:	200,00 EUR 30,00 EUR 230,00 EUR

Preis brutto einschließlich Verpackung (kurz: bfn = brutto für netto)

Der Käufer zahlt für:	Nettogewicht + Tara (Verpackungsgewicht)	z. B.:	100 kg à 2,00 EUR = 200,00 EUR 5 kg à 2,00 EUR = 10,00 EUR 105 kg à 2,00 EUR = 210,00 EUR

Preis brutto ausschließlich Verpackung

Der Käufer zahlt für:	Nettogewicht + Tara + Verpackungskosten	z. B.:	200,00 EUR 10,00 EUR 30,00 EUR 240,00 EUR

Häufig wird zusätzlich vereinbart, dass der Kunde teures Verpackungsmaterial frachtfrei gegen Gutschrift der Kosten oder eines Teils der Kosten zurücksenden kann.

Lieferzeit

Wenn nichts anderes vereinbart oder aus den Umständen zu entnehmen ist, kann der Gläubiger die Leistung sofort verlangen, der Schuldner sie sofort bewirken. Ist eine Zeit festgelegt, so darf im Zweifel[1] der Schuldner schon vorher leisten (§ 271 BGB).

Diese Vorschrift gilt sowohl für die Lieferung als auch für die Zahlung.
Ist sofort zu liefern, so liegt ein **Sofortkauf** vor, ist später zu liefern, ein **Terminkauf**.

Werden bei einem Terminkauf z. B. die Ausdrücke „Lieferung Anfang Juni“, „... Mitte Mai“, „... Ende August“ verwendet, so sind darunter der 1., 15. und Letzte des Monats zu verstehen (§ 192 BGB).

Neben dem Sofortkauf und dem Terminkauf sind folgende nach der Lieferzeit unterschiedene Kaufarten von besonderer Bedeutung.

Kaufarten (nach der Lieferzeit unterschieden)

Fixkauf

Es ist vereinbart, dass die Lieferung mängelfrei zu einem genau bestimmten Zeitpunkt oder innerhalb einer fest bestimmten Frist erfolgen muss (§ 323 Abs. 2 Nr. 2 BGB).
Der Kaufvertrag steht und fällt mit der Einhaltung des Termins bzw. der Frist. Dazu ist allerdings erforderlich, dass man den diesbezüglichen Willen der Vertragspartner an einer eindeutigen Fixklausel erkennen muss.

Beispiele: Fixklauseln

- „Lieferung am 20. Oktober 20.. fest“ („fix“, „exakt“, „genau“, „präzis“, „prompt“, „spätestens“)
- „Lieferung bis 20. Oktober 20.., spätestens bis 18:00 Uhr“

Kauf auf Abruf

Es wird eine Frist vereinbart, innerhalb derer der Käufer Teilmengen zu ihm genehmen Zeitpunkten abrufen kann.
Vorteil für den Kunden: Die Lagerung wird auf den Verkäufer abgewälzt.
Vorteil für den Verkäufer: Größere Aufträge werden gesichert, die Kapazität wird ausgelastet.

Teillieferungskauf

Die Lieferung erfolgt in Teilmengen:
- entweder **auf Abruf** (siehe oben)
- oder als **Fixkauf** („Lieferung fix Mitte jedes Monats“)
- oder **gegen Andienung**: Der Verkäufer kann innerhalb einer bestimmten Frist die Lieferzeitpunkte wählen. Dies ist z. B. der Fall, wenn der Lieferant die Ware erst herstellen muss und fertig gestellte Teilmengen an den Kunden ausliefert.
  Vorteil für den Lieferanten: Lagerung beim Kunden
  Vorteil für den Kunden: Zahlung erst nach vollständiger Lieferung

[1] „Im Zweifel“ bedeutet: wenn nichts anderes vereinbart oder aus Umständen zu entnehmen ist.

Zahlungstermin

Ohne anderweitige Vereinbarung kann der Lieferant sofortige Zahlung bei Übergabe der Ware verlangen (§ 271 BGB): Barkauf mit Zahlung „Zug um Zug“. Gebräuchliche Formel: „Zahlung netto“ oder „netto Kasse“.

Zahlungsziel ausnutzen oder Skonto abziehen? Siehe hierzu die Materialien Effektivverzinsung bei Skontoabzug (1) und Effektiverzinsung bei Skontoabzug (2).

M 301_1
M 301_2

Web

Häufige Zahlungsvereinbarungen

Vorauszahlung, Anzahlung

Üblich bei Großaufträgen (z. B.: „10 % bei Produktionsaufnahme, 30 % bei Montagebeginn, 40 % bei Übergabe, 20 % drei Monate nach Übergabe“). Der Käufer trägt einseitig das Risiko des Leistungsausfalls.

Zahlung mit festgelegter Frist nach der Lieferung (Zielkauf)

Hier trägt der Lieferant einseitig das Risiko des Leistungsausfalls. Er prüft deshalb die Kreditwürdigkeit des Kunden und sichert den Zahlungseingang, etwa durch Eigentumsvorbehalt. Den Zinsverlust durch die Kreditgewährung kalkuliert er in den Kaufpreis ein und gestattet bei vorzeitiger Zahlung den Abzug von Skonto.

Eine Sonderform des Zielkaufs ist der Ratenkauf. Der Käufer leistet dabei den Kaufpreis in mindestens zwei Raten (Teilzahlungen).

Nachnahme für Sie: Macht 152,65 EUR Nachnahmebetrag.

Beim Versendungskauf erfolgt die Zug-um-Zug-Zahlung oft als **Nachnahme**: Dabei ist der Überbringer (Post, Frachtführer, Spediteur) beauftragt, dem Käufer die Ware nur gegen Zahlung mit Bargeld oder mit einem gleichwertigen Zahlungsmittel zu übergeben (§ 422 HGB).

Weitere Vertragsinhalte

- **Eigentumsübergang:** Der Verkäufer behält sich in seinen AGB in der Regel das Eigentum an den verkauften Waren bis zur vollständigen Bezahlung vor. Einzelheiten hierzu siehe S. 306.
- **Gewährleistung für Mängel und Regelungen für Liefer-, Annahme- und Zahlungsstörungen:** Auch diese Inhalte sind meist Bestandteile der AGB. Sie können allerdings nur wirksam werden, wenn keine zwingenden gesetzlichen Vorschriften entgegenstehen. Einzelheiten siehe S. 312, 315, 551 und 560.

Arbeitsaufträge

1. **Die Maschinenfabrik Klemm GmbH benötigt Scheren-Hubtische.**

Maschinenfabrik Klemm GmbH (MK)

Klemm GmbH · Nordstraße 11 · 50733 Köln

Pelzer GmbH & Co. KG
Berliner Straße 2
47138 Duisburg

Ihre Zeichen, Ihre Nachr. vom	Unsere Zeichen, unsere Nachr. vom	Datum
	pd-se	09.06.20..

Anfrage

Sehr geehrte Damen und Herren,

wir benötigen dringend mehrere Scheren-Hubtische mit einer Traglast von 300 kg. Bitte unterbreiten Sie uns Ihr Angebot. Wir bitten auch um Zusendung Ihres Katalogs.

DRITTER ABSCHNITT

Pelzer GmbH & Co. KG PB **Betriebseinrichtung**

Pelzer GmbH & Co. KG · Berliner Straße 2 · 47138 Duisburg

Maschinenfabrik
Klemm GmbH
Nordstraße 11
50733 Köln

Ihre Zeichen/Ihre Nachr. vom	Unsere Zeichen/Unsere Nachr. vom	Datum
pd-se	pr-ge	12. Juni 20..

Angebot

Sehr geehrte Damen und Herren,

wir danken Ihnen für Ihre Anfrage und senden Ihnen unseren Katalog. Von dem auf Seite 110 abgebildeten Scheren-Hubtisch können wir Ihnen sofort bis zu 10 Stück liefern. Für größere Stückzahlen müssen wir einen Termin vereinbaren.

Für Bestellungen ab 15 000,00 EUR gewähren wir Ihnen 5 % Rabatt. Ansonsten gelten unsere umseitig abgedruckten Geschäftsbedingungen.

Wir würden uns freuen, bald von Ihnen zu hören.

Auszug aus dem Katalog:

Kleine Plattform, Doppel-Schere		**fahrbar**
Plattform-Länge x Breite		**800 x 600 mm**
Traglast		**300 kg**
Bauhöhe		350 mm
Nutzhub		800 mm
Hubzeit		24 sec.
Gewicht ca.		135 kg
Wechselstrom-motor 220 V	**Bestell-Nr.** **Preis EUR**	112928 H **3 495,00**
Drehstrom-motor 380 V	**Bestell-Nr.** **Preis EUR**	112986 H **3 620,00**

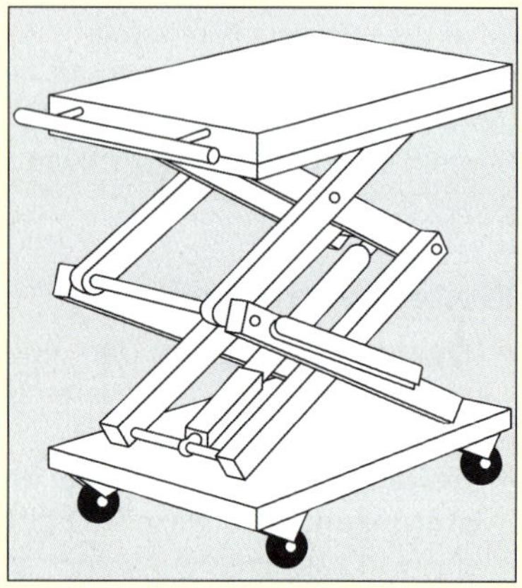

Geschäftsbedingungen (Auszug)

1. Für unsere Verkäufe gelten mangels abweichender schriftlicher Vereinbarung die nachstehenden Bedingungen.

...

3. Angaben über die Lieferzeit führen zum Fixkauf nur bei ausdrücklicher schriftlicher Bestätigung. Für Überschreitung der Lieferzeit haften wir darüber hinaus nicht.

...

5. Für alle Lieferungen, auch für solche innerhalb des Erfüllungsorts oder mit unseren Fahrzeugen oder den Fahrzeugen unserer Werke, richtet sich die Gefahrtragung nach den für Versendungsverkäufe maßgebenden gesetzlichen Bestimmungen.
6. Die Preise verstehen sich unfrei ab Werk oder Lager (sofern nicht anders vermerkt), ausschließlich Montage, zuzüglich der Verpackung, die nicht zurückgenommen wird. In den Preisen ist die Mehrwertsteuer nicht enthalten.
7. Unsere Rechnungen sind 10 Tage nach Rechnungsdatum unter Abzug von 2 % Skonto oder nach 30 Tagen netto zur Zahlung fällig. Ein Skontoabzug ist nur vom Warenwert möglich. Barvorlagen unsererseits für Montage und Fracht sind immer sofort ohne jeden Abzug zur Zahlung fällig. Hiervon abweichende Vereinbarungen sind schriftlich zu treffen.

...

9. Erfüllungsort und Gerichtsstand – soweit gesetzlich zulässig auch für Ansprüche aus Wechseln oder Schecks – ist Duisburg.

15.06.20..

Bestellung

Sehr geehrte Damen und Herren,

wir bestätigen Ihnen unsere telefonische Bestellung von heute Morgen, betreffend 5 Scheren-Hubtische, Best.-Nr. 112928 H, zur sofortigen Lieferung abzüglich 5 % Rabatt.

a) Wie nimmt Klemm mit Pelzer Kontakt auf?

b) Geht Klemm durch diese Kontaktaufnahme eine Verpflichtung gegenüber Pelzer ein (z. B. eine Kaufverpflichtung)?

c) • Wer gibt als erster eine Willenserklärung zum Abschluss eines Kaufvertrags ab, und in welcher Form erfolgt diese Willenserklärung?
- Muss eine solche Willenserklärung unbedingt in dieser Form erfolgen? Nennen Sie ggf. weitere Möglichkeiten.

d) Ist das Unternehmen, das diese Willenserklärung abgibt, daran gebunden?

e) In welchem Augenblick ist im vorliegenden Fall der Kaufvertrag geschlossen?

f) • Ist im vorliegenden Fall eine Bestellungsannahme für den gültigen Vertragsabschluss erforderlich?
- In der Praxis erfolgt oft auch dann eine schriftliche Bestellungsannahme, wenn sie nicht mehr für den Vertragsabschluss erforderlich ist. Begründen Sie dieses Vorgehen.
- Fertigen Sie eine schriftliche Bestellungsannahme für den vorliegenden Fall an. Kündigen Sie darin zugleich den Warenversand mit den nach Ihrer Meinung notwendigen Angaben an (sog. Versandanzeige). Benutzen Sie ein Textverarbeitungsprogramm.

g) • Zählen Sie die Vertragsbedingungen auf, die in den Willenserklärungen von Käufer und Verkäufer enthalten sein sollten.
- Warum werden diese Vertragsbedingungen im Text des vorliegenden Angebots und der nachfolgenden Bestellung nicht sämtlich erwähnt?

h) Wie sind die Art, die Beschaffenheit und die Menge der Ware festgelegt?

i) • Welchen Preis muss Klemm zahlen
  – 30 Tage nach Rechnungsdatum,
  – 10 Tage nach Rechnungsdatum?
- Entsprechen die Vereinbarungen über den Zahlungstermin den gesetzlichen Bestimmungen?

So wird gerechnet:

	Listenpreis	*... EUR*
–	*Rabatt (... % vom Listenpreis)*	*... EUR*
=	*Zielpreis*	*... EUR*
–	*Skonto (... % vom Zielpreis)*	*... EUR*
=	*Barpreis netto*	*... EUR*
+	*Umsatzsteuer*	*... EUR*
=	*Barpreis brutto*	*... EUR*

j) Stellen Sie sich einmal vor, Klemm verfügte erst 30 Tage nach Rechnungsdatum über genügend Geld zur Bezahlung der Rechnung. Für Zahlung binnen 10 Tagen müsste das Bankkonto überzogen werden. Dies würde 15 % Jahreszins kosten. Stellen Sie durch eine geeignete Rechnung fest, ob die Zahlung binnen 10 Tagen trotzdem günstiger wäre.

k) • Wo befindet sich der Erfüllungsort für die Warenschuld und für die Geldschuld?
- Handelt es sich dabei um den gesetzlichen, natürlichen oder vertraglichen Erfüllungsort?
- Liegen insofern Hol-, Schick- oder Bringschulden vor?

l) Gesetzt den Fall, die Hubtische würden auf dem Transport zum Kunden beschädigt. Wer trägt dann den Schaden, und müsste Klemm die Waren trotzdem bezahlen?

m) Wer trägt die Kosten für den Transport der Ware und für die Verpackung?

n) An welchem Ort müssten Klemm und Pelzer wegen ihrer Ansprüche gegen den Vertragspartner jeweils gerichtlich klagen?

2. Gegeben sind folgende Kaufvertragsarten:

(1) Kauf auf Probe	**(3) Kauf zur Probe**	**(5) Fixkauf**	**(7) Stückkauf**
(2) Kauf nach Probe	**(4) Kauf auf Abruf**	**(6) Gattungskauf**	**(8) Spezifikationskauf**

Welche dieser Kaufvertragsarten werden durch die folgenden Aussagen beschrieben?

a) Der Vertragsgegenstand ist durch gemeinsame, von den Vertragspartnern festgelegte Merkmale bestimmt.
b) Mit der Einhaltung des Liefertermins steht und fällt der Kaufvertrag.
c) Der Lieferzeitpunkt kann vom Käufer bestimmt werden.
d) Der Vertragsgegenstand muss genau einem Muster entsprechen.
e) Es wird eine bestimmte Menge gekauft; der Käufer kann später noch Merkmale wie Maße, Formen, Farben selbst bestimmen.
f) Der Käufer kann den Kaufgegenstand zurückgeben, wenn er nicht seinen Erwartungen entspricht.

3. Ein Unternehmen bestellt 10 Stück einer Ware. Der Lieferant gewährt 10 % Rabatt und 3 % Skonto.

a) Wie viel Prozent beträgt die gesamte Preisermäßigung?
b) Statt des Geldrabatts könnte der Käufer auch eine Drauf- oder Dreingabe von einem Stück nach seiner Wahl erhalten. Welcher der beiden Naturalrabatte ist günstiger für ihn?

4. Käufer und Verkäufer seien Unternehmer. Gegeben sind die folgenden Sachverhalte:

(1) Sitz des Verkäufers: Essen. Sitz des Käufers: Köln.
Lieferung von Schränken von Essen nach Köln.
Erfüllungsort für die Lieferung ist Essen.
Erfüllungsort für die Zahlung ist Essen.

(2) Sitz des Verkäufers: Essen. Sitz des Käufers: Köln.
Lieferung von Baumaterial an eine Baustelle in Wuppertal.
Erfüllungsort für die Lieferung ist Wuppertal.
Erfüllungsort für die Zahlung ist Köln.

(3) Sitz des Verkäufers: Bonn. Sitz des Käufers: Neuss.
Lieferung von Lebensmitteln von Bonn nach Neuss.
Erfüllungsort für die Lieferung ist Neuss.
Erfüllungsort für die Zahlung ist Neuss.

In welchen dieser Fälle handelt es sich um a) den vertraglichen, b) den natürlichen, c) den gesetzlichen Erfüllungsort?

5. Schneider & Co. erhalten von Gebr. Faden das folgende briefliche Angebot vom 16. April: „Jeans-Stoff zu 6,50 EUR je Meter. Lieferung unfrei."
Schneider & Co. bestellen am 19. April 20 Ballen zu 6,00 EUR je Meter bei Lieferung frei Haus fest bis spätestens zum 30. April im Werk eingehend. Gebr. Faden liefern daraufhin am 24. April ohne besondere Bestellungsannahme.

a) Um was für einen Kauf handelt es sich hier hinsichtlich der Lieferzeit?
b) Welcher Preis ist der Lieferung zugrunde zu legen?
c) Wer muss die Transportkosten tragen?
d) Wer muss die Kosten für die Versandverpackung tragen?
e) Wann ist die Zahlung fällig?

6. Auf eine Anfrage von Einzelhändler Willi Wolle, 20123 Hamburg, vom 4. Aug. schreibt die Klaus Krause KG, 40597 Düsseldorf, am 6. Aug. ein Angebot mit folgendem Inhalt: „Gartenstühle, Rohrgestell mit Tuchbespannung, zusammenklappbar, gemäß beiliegendem Prospekt. Abgabe nur in Packungen von jeweils 5 Stück. Stückpreis 10,00 EUR zuzüglich Mehrwertsteuer bei Abnahme von mindestens 30 Stück. Bei Abnahme von mindestens 50 Stück 5 % Rabatt. Lieferungsbedingungen: Versand frei Haus, Verpackungskosten pro Paket 2,00 EUR. Preis netto ausschließlich Verpackung. Lieferung 14 Tage nach Eingang der Bestellung. Zahlungsbedingungen: Zahlung binnen 30 Tagen nach Rechnungsdatum netto Kasse oder binnen 10 Tagen mit 2 % Skonto."
Wolle nimmt durch Bestellung von 50 Stück am 8. Aug. das Angebot an. Versandtag der Ware und Rechnungsdatum ist der 24. Aug.

a) Wer trägt das Risiko für Schäden wegen mangelhafter Verpackung?
b) Wer trägt das Risiko für den Verlust des Zahlungsbetrages nach erfolgter Banküberweisung?
c) Ab wo trägt der Käufer das Risiko für die zufällige Verschlechterung der Ware?
d) Wie muss der Käufer vorgehen, um seiner Zahlungspflicht zu genügen?
e) Welchen Betrag muss der Kunde binnen 10 Tagen nach Rechnungsdatum überweisen?
f) Welche Transportkosten muss der Käufer übernehmen?
g) Wo befindet sich der Gerichtsstand für eine Klage
   - des Verkäufers gegen den Käufer?
   - des Käufers gegen den Verkäufer?
h) Schreiben Sie eine Bestellung über 60 Stück. (Benutzen Sie ein Textverarbeitungsprogramm.)

2.6.3 Erfüllung des Kaufvertrags

Erfüllungsgeschäft

Der Kaufvertrag ist ein Verpflichtungsgeschäft. Er begründet ein gegenseitiges Schuldverhältnis und verpflichtet die Vertragspartner, ihre Leistungen entsprechend ihren Vereinbarungen zu erbringen.

Sind keine besonderen Vereinbarungen getroffen, bestimmt § 242 BGB: Der Schuldner muss die Leistung so bewirken, wie Treu und Glauben mit Rücksicht auf die Verkehrssitte es erfordern. Dies verlangt ein ehrbares, rechtschaffenes, faires Verhalten unter Berücksichtigung der herrschenden, gegebenenfalls örtlich unterschiedlichen Gepflogenheiten.

Die Vertragserfüllung ist nach deutschem Recht ein eigenes Rechtsgeschäft: das *Erfüllungsgeschäft*. Dieses verändert die Rechte an den betroffenen Sachen und bringt das Schuldverhältnis zum Erlöschen (§ 362 BGB).

Das Erfüllungsgeschäft vollzieht sich bei beweglichen Sachen (Waren) in zwei Schritten: **Einigung** und **Übergabe**. Dabei ist die Einigung sozusagen ein eigener Vertrag, der die Übereignung zum Inhalt hat.

Bestandteile des Erfüllungsgeschäftes (§ 929 BGB)
Einigung
Käufer und Verkäufer müssen sich darüber einig sein, dass das Eigentum an der Sache und der Besitz auf den Käufer übergehen sollen. Der Käufer darf eine gekaufte Sache auch nach Verstreichen des Liefertermins nicht eigenmächtig gegen den Willen des Verkäufers an sich nehmen! Dies wäre verbotene Eigenmacht. Er kann aber auf Herausgabe klagen.
Übergabe
Die Sache muss tatsächlich übergeben werden. Mit der Übergabe erwirbt der Käufer das Eigentum, d. h. die rechtliche Verfügungsgewalt, und den Besitz, d. h. die tatsächliche Verfügungsgewalt. Beim Versendungskauf erfordert die Übergabe die Zusendung der Ware.

Das Infoblatt *Erfüllungsgeschäft* stellt den Sachverhalt noch einmal auf heitere Art dar.

Web M 305

Beispiel: Erfüllung des Kaufvertrags

- **Verpflichtungsgeschäft:**
  Ein Kunde kauft in der Baustoffhandlung 50 m² Fliesen.
- **Erfüllungsgeschäft:**
  - **Einigung:** Der Verkäufer gibt dem Kunden einen Auslieferungsschein für das Lager.
  - **Übergabe:** Der Lagerarbeiter übergibt dem Kunden die Ware nach Vorzeigen des Auslieferungsscheins.

Wenn ein Dritter die Sache im Besitz hat, so kann die Übergabe dadurch ersetzt werden, dass der Eigentümer seinen Herausgabeanspruch an den Käufer abtritt (§ 931 BGB).

Beispiel: Abtretung des Herausgabeanspruchs

Der Großhändler Moser hat einen Posten Reis in einem Lagerhaus eingelagert und für die Einlagerung einen Lagerschein erhalten. Er verkauft den Reis an die Firma Speiser. Das Eigentum kann an Speiser übertragen werden, indem

- Moser den Reis abholt und Speiser zustellt,
- Moser den Lagerschein auf Speiser überträgt und damit seinen Herausgabeanspruch an Speiser abtritt.

Die Übergabe kann auch durch die Vereinbarung ersetzt werden, dass das Eigentum auf den Käufer übergeht, der Besitz aber beim Verkäufer bleiben soll (**Besitzkonstitut**; § 930 BGB).

Grundstücke kann man einem Erwerber nicht wie bewegliche Güter übergeben. Die Eigentumsübertragung erfordert hier die Einigung und die Eintragung des Rechtsübergangs im Grundbuch des Amtsgerichts. Die Einigung trägt die Bezeichnung **Auflassung**. Sie muss wegen der Bedeutung dieses Rechtsgeschäftes durch einen Notar beurkundet werden.

Das *Eigentum* an einer unbeweglichen Sache wird erworben durch Einigung (Auflassung) und Eintragung in das Grundbuch (§ 873 BGB). Der Besitz wird erworben, indem der alte Besitzer dem neuen die Sache zum Gebrauch überlässt (§ 854 BGB).

Eigentumsvorbehalt

DRITTER ABSCHNITT

Web M 306

Angebot
... Die Ware bleibt bis zur vollständigen Bezahlung unser Eigentum.

Siehe AGB von MGB!

In der Regel behält sich der Verkäufer im Angebot, in der Bestellungsannahme oder in seinen AGB das Eigentum an der Kaufsache (Ware) bis zur vollständigen Bezahlung des Kaufpreises vor (§ 449 BGB). Dann wird der Käufer bei der Übergabe der unbezahlten Sache nur deren Besitzer. Denn es fehlt die Einigung über den Eigentumsübergang. Erst mit der vollständigen Bezahlung geht das Eigentum automatisch auf den Käufer über.

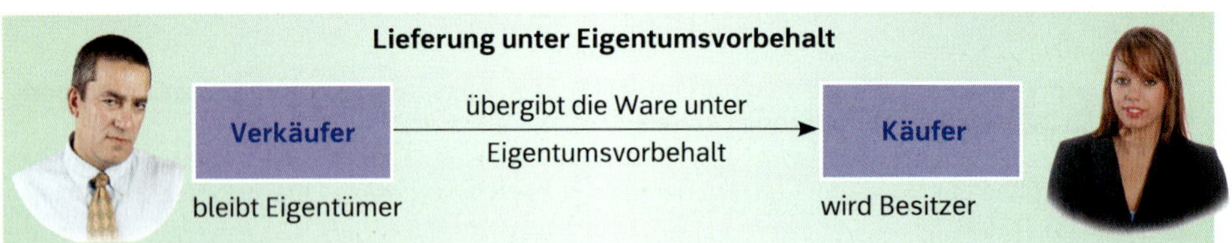

Der Eigentumsvorbehalt berechtigt den Verkäufer,
- **dem mit der Zahlung säumigen Käufer eine Nachfrist für die Zahlung zu setzen,**
- **nach deren Ablauf vom Vertrag zurückzutreten, die Rückgabe der Kaufsache zu verlangen (§ 449 BGB) sowie Schadensersatz zu fordern (§ 280 BGB).**

In den folgenden Fällen nützt der Eigentumsvorbehalt dem Verkäufer nichts:

Der Eigentumsvorbehalt erlischt, wenn die Sache ...	Beispiele:
• ... untergeht oder wertlos wird →	Totalschaden eines Fahrrads durch Unfall
• .. mit einem Grundstück fest verbunden wird (§ 946 BGB) →	Einbauschrank Von § 946–§ 948 BGB ausgenommen sind Handwerkerleistungen.
• ... mit beweglichen Sachen zu einer Einheit verbunden oder vermischt wird (§§ 947, 948 BGB) →	Einbau eines Sportlenkrades in ein Auto
• ... verarbeitet wird (§ 950 BGB) →	Verarbeitung von Blech zu Kühlschränken
• ... von einem gutgläubigen Dritten erworben wird (§ 932 BGB) →	Kauf eines Fernsehers durch einen Kunden, dem die Lieferung an den Verkäufer unter Eigentumsvorbehalt nicht bekannt ist.

Für die kaufmännische Praxis ist wichtig: Muss der Verkäufer erkennen, dass sein Käufer die Sache zum Zweck des Weiterverkaufs erwirbt – z. B. als Groß- oder Einzelhändler –, so willigt er trotz Eigentumsvorbehalts in den Weiterverkauf ein. Er kann die Einwilligung zwar vertraglich ausschließen oder widerrufen. Ggf. verzichtet der Käufer dann aber auf den Kauf. Deshalb sichert sich der Verkäufer gern durch eine der folgenden **Erweiterungen des Eigentumsvorbehalts** (oder durch eine Kombination dieser Formen) ab.

Erweiterter Eigentumsvorbehalt[1]
Weitergeleiteter Eigentumsvorbehalt Der Käufer darf die Sache nur in der Weise weiterveräußern, dass der Verkäufer Vorbehaltseigentümer bleibt. (In der Praxis ungebräuchlich geworden.)
Nachgeschalteter Eigentumsvorbehalt Der Käufer darf die Sache nur unter seinem eigenen Eigentumsvorbehalt weiterveräußern. Dies ist im Zwischenhandel üblich.
Verlängerter Eigentumsvorbehalt Der Käufer darf die Sache verarbeiten oder weiterverkaufen. Als Ersatz für den untergegangenen Eigentumsvorbehalt soll der Verkäufer sicherheitshalber das Eigentum an dem hergestellten Gegenstand oder an der Forderung aus dem Weiterverkauf erhalten.
Kontokorrentvorbehalt Der Eigentumsvorbehalt erlischt erst, wenn der Käufer alle oder einen bestimmten Teil der Forderungen aus der Geschäftsverbindung beglichen hat.

DRITTER ABSCHNITT

Ein **nachträglicher Eigentumsvorbehalt**, der erst im Lieferschein oder in der Rechnung angebracht wird, ist vertragswidrig. Treffen diese Papiere spätestens mit der Kaufsache selbst ein, gilt er trotzdem, denn er drückt die fehlende Einigung über die Eigentumsübertragung aus. Der Käufer kann aber widersprechen und Eigentumsübertragung verlangen, denn es liegt ein Rechtsmangel vor (vgl. S. 315).

Wird eine Sache unter Eigentumsvorbehalt von dritter Seite gepfändet, kann der Verkäufer durch eine sog. Widerspruchsklage ihre Freigabe verlangen. Ist über das Vermögen des Schuldners das Insolvenzverfahren eröffnet, kann er die Herausgabe seines Eigentums verlangen (sog. Aussonderungsrecht; § 47 InsO). Einzelheiten hierzu finden Sie im Infomaterial *Zahlungsunfähigkeit*.

Web *M 307*

Arbeitsaufträge

1. **Auf Seite 279 ist ein Angebot der Mielenz GmbH an die Elektroinstall GmbH abgebildet, auf Seite 292 die Auftragsbestätigung.**

   Erläutern Sie, wie die ordnungsgemäße Erfüllung des Kaufvertrags vonstatten gehen muss.

2. **Herr Berger hat Herrn Müller in einem schriftlichen Kaufvertrag die Lieferung eines Mopeds für den 5. Mai zugesagt, hält aber den Termin nicht ein und verweigert am 6. Mai die Herausgabe, als Herr Müller bitterböse bei ihm erscheint.**

   Beurteilen Sie, ob Herr Müller sich das Moped, das bei Herrn Berger im Hof steht, einfach wegnehmen darf.

3. **Herr Lochmann hat seine Bohrmaschine an Herrn Krummwerker verliehen und vereinbart, dass er sie bei Bedarf jederzeit zurückfordern kann. Herr Basteler kauft die Bohrmaschine von Herrn Lochmann.**

   Welche Möglichkeiten bestehen für Herrn Lochmann, Herrn Basteler Besitz und Eigentum am Kaufgegenstand zu verschaffen?

4. In den Allgemeinen Geschäftsbedingungen einer Aktiengesellschaft steht:
„Der Liefergegenstand bleibt bis zur Bezahlung unserer sämtlichen, auch der künftig entstehenden Forderungen gegen den Besteller unser Eigentum. Der Besteller tritt bereits jetzt seine Forderungen aus einem Weiterverkauf der Vorbehaltsware in Höhe des Lieferpreises zuzüglich 10 % Inkassozuschlag zur Sicherheit an uns ab, wenn er vor der Zahlung des Lieferpreises die Ware veräußert."

a) Welche Sicherung liegt hier vor?
b) Welche Rechte hat der Verkäufer bei ausbleibender Zahlung des Käufers?
c) Nennen Sie Fälle, in denen der Lieferant durch die obigen Klauseln nicht abgesichert ist.

2.7 Kreditorenmanagement

2.7.1 Kreditorenkonten

Die Kreditorenbuchführung betrifft folgende Vorgänge am Ende des störungsfreien Geschäftsprozesses Einkauf: Prüfung der Eingangsrechnung, Buchung als Verbindlichkeit und Bezahlung.

Für die Buchführung ist wichtig: Die Buchung der Eingangsrechnung ausschließlich im Hauptbuch auf **dem Sachkonto 4400 Verbindlichkeiten aus Lieferungen und Leistungen** reicht nicht aus, denn dieses Konto weist nicht die Schulden gegenüber den **einzelnen** Kreditoren (Gläubiger) aus. (Entsprechendes gilt für die Forderungen an die Kunden, die Debitoren (Schuldner).)

Einzelheiten zu Kontokorrentbuch und Einkaufsbuchungen siehe Management im Industriebetrieb, Bd. 3, Steuerung und Kontrolle.

Deshalb ist das Hauptbuch um ein Nebenbuch zu ergänzen: das **Kontokorrentbuch**[1]. Dieses enthält **Personenkonten**: für jeden Lieferanten ein Kreditorenkonto (und entsprechend für jeden Kunden ein Debitorenkonto). Diese Konten präzisieren den Inhalt der Sachkonten des Hauptbuchs.

Beispiel: Kreditorenkonten

Hauptbuchhaltung:
4400 Verbindlichkeiten aus Lieferungen und Leistungen

Kreditorenbuchhaltung:
70001 Kirch & Co. KG
70002 Berger GmbH
... ...

Die notwendigen Arbeiten werden mithilfe eines Kreditorenprogramms (bzw. Debitorenprogramms) erledigt. Das Kreditorenprogramm z. B. entnimmt die Daten für jedes Kreditorenkonto dem **Lieferantenstammsatz** in der Lieferantendatenbank.

Relevante Daten des Lieferantenstammsatzes

Kommunikationsdaten	Zahlungsverkehrsdaten	Berechtigungsdaten
Lieferantennummer Lieferantennamen (Firma) Lieferantenanschrift (auch: Land) Umsatzsteuer-Identifikationsnr. Telefon, Fax, E-Mail-Adresse	Bankverbindung (Bankleitzahl, Bank, Kontonummer, BIC, IBAN[2]) Zahlungsbedingungen Zahlungswege (z. B. Überweisung, Scheckzahlung)	Passwort (für Personen, die Zugangsberechtigung zum Konto haben)

[1] ital.: conto corrente = laufende Rechnung
[2] Vgl. S. 554.

Das System benutzt die Daten des Lieferantenstammsatzes

- **als Vorschlagswerte für die Buchung:**
  Es schlägt z. B. einen Buchungssatz unter Berücksichtigung der gespeicherten Skontoangaben vor.

- **für die Verarbeitung der Geschäftsfälle:**
  Es verarbeitet z. B. die Daten über die Zahlungswege und über die Bankverbindung für den maschinellen Zahllauf.

2.7.2 Rechnungsprüfung und Buchung

Rechnungsnummer: 860348	Datum: 05.09.20..	
Artikel	Menge	Einzelpreis
Kopierer M37	2 Einheiten	378,15 EUR
Zwischensumme netto	MwSt-Betrag	Rechnungsbetrag
756,30 EUR	143,70 EUR	900,00 EUR

Die Rechnung wird in folgenden Schritten geprüft und gebucht:

- Der Sachbearbeiter bestimmt den Lieferanten durch Eingabe der Kreditorennummer.
- Er gibt die Rechnungsnummer (Referenznummer) und die Rechnungsdaten ein.
- Er gibt die Bestellnummer ein und ruft die Daten der Bestellung auf.

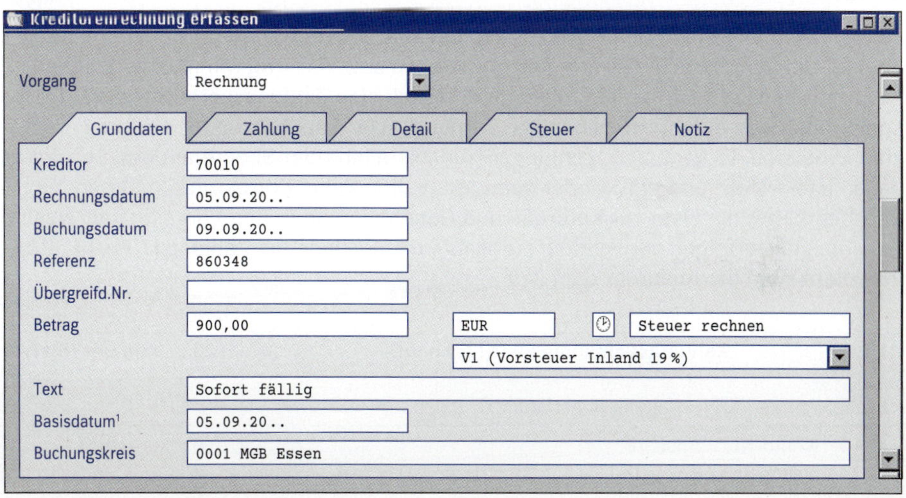

- Das System vergleicht die gespeicherten Bestelldaten mit den Rechnungsdaten. Bei Differenzen erscheint auf dem Bildschirm eine Warnmeldung. Die Differenzen sind zu untersuchen und zu genehmigen. Ggf. kann die Rechnung auch unter Angabe des Grundes für die Zahlung gesperrt werden. Die richtigen Daten werden gespeichert.

- Der Sachbearbeiter ruft eine „Simulation“ der Buchung auf. Darin erstellt das System einen Buchungsvorschlag. Ist dieser in Ordnung, erfolgt die endgültige Buchung.

---

[1] Das Basisdatum ist das Ausgangsdatum für die Berechnung einer Zahlungsfrist.

Belegübersicht

Kreditoren Rechnung (KR)

Belegnummer[1]	23476	Buchungskreis	0001	Geschäftsjahr	
Belegdatum	05.09.20..	Buchungsdatum	09.09.20..	Periode	
Referenz	860348	Übergreifd.Nr.:			
Belegwährung	EUR				

Pos.	BS	Konto	Kurztext Konto	Zuordnung	St	Betrag
1	31	70010	Topas AG		V1	900,00 -
2	40	6000	Verbr. Rohstoffe 1		V1	756,30
3	40	2600	Eingangssteuer		V1	143,70

Für **Lieferanten mit maximal einem Einkaufsumsatz im Jahr** werden kein eigenes Kreditorenkonto und kein eigener Stammsatz angelegt. Stattdessen erfasst man sie auf einem **Sammelkonto (CPD-Konto = Conto pro Diverse)**. Die Lieferanten- und Rechnungsdaten werden erst bei der Belegerfassung eingegeben.

2.7.3 Maschineller Zahllauf

Fällige Rechnungen werden nicht einzeln bezahlt, sondern man führt – z. B. einmal pro Woche – kostensparende Sammelüberweisungen aus. Das Programm erstellt anhand der gespeicherten Zahlungsbedingungen automatisch eine Zahlungsvorschlagsliste. Deshalb spricht man von einem „maschinellen Zahllauf". Der Sachbearbeiter prüft die Liste und klärt Probleme. Er kann z. B. Zahlungen zurückstellen oder Skonto ändern. Es wird eine neue Liste erstellt und ggf. wieder geändert. Fallen keine Korrekturen mehr an, gibt der Sachbearbeiter die Liste zur Kontrolle und Genehmigung an den Vorgesetzten. Nach der Genehmigung erfolgen der Echtlauf (Zahllauf), die Buchung der Zahlung (70010 TOPAS an 2800 Bank) und der Ausdruck der Liste.

MGB		**Zahlungsvorschlagsliste (Zahllauf)**				**07.09.20..**	**Uhrzeit 15:17:10** Seite 1
Buchungskreis: 0001		Regulierungsdatum: 07.09.20..					
K Bu.Kr	Konto-Nr. Beleg-Nr.	Anschrift Beleg-Dat.	Basis-Dat.	Zahl.bed.	Zahlweg	Bankanschrift Währung Brutto Netto	
K	70010	TOPAS AG Postfach 1265 73748 Ostfildern				Kreissparkasse 61150020 001234555	
0001	860348	07.09.20..	07.09.20..			EUR 900,00 900,00	
					Überweisung	EUR 900,00	
K	70016						

Die Daten werden auf Datenträger überspielt und online zur Bank übertragen.

[1] Die Belegnummer ist eine interne Nummer, die vom System automatisch für den Rechnungsbeleg vergeben wird.

Prozessname: Kreditorenbuchführung
Von der Prüfung der Rechnungsdaten bis zur Zahlung

Prozessinputs:		Inputlieferanten	Prozessoutputs:		Outputkunden:
Rechnung	←	Lieferant	Buchungsbeleg	→	Kreditorenbuchhaltung
Bestelldaten	←	Einkauf	Zahlliste	→	Kreditorenbuchhaltung
Lieferpapiere	←	Warenannahme	Sammelüberweisung	→	Kreditinstitut

Rechnung liegt vor → Kreditoren daten ermitteln → Rechnungsdaten eingeben → Werte rechnerisch überprüfen → Rechnungspositionen nachbearbeiten → Sperrgrund prüfen und eventuell setzen → Daten speichern → Buchung simulieren → buchen → Zahllauf vornehmen → Zahlung vornehmen

2.7.4 Zahlungsvorgang

Grundsätzlich kann man Schulden auf dreierlei Art bezahlen.

- **mit Bargeld:** Zahlung mit Banknoten und Münzen,
- **halbbar:** entweder: Bargeldeinzahlung auf ein Konto des Empfängers oder Bargeldauszahlung vom Konto des Zahlers,
- **bargeldlos:** Umbuchung vom Zahlerkonto auf das Empfängerkonto.

Zahlungen von Industriebetrieben erfolgen heute fast ausschließlich bargeldlos in Form von Überweisungen. Überweisungen sind Umbuchungen von Geldbeträgen von einem Konto auf ein anderes aufgrund eines Überweisungsauftrags:

- **Einzelüberweisung:** Aufgrund des Auftrags erfolgt eine Überweisung.
- **Sammelüberweisung:** Aufgrund des Auftrags erfolgen mehrere Überweisungen.

Alle anderen Zahlungswege sind für Betriebe zu personal-, zeit- und kostenintensiv und deshalb nur für den privaten Zahlungsverkehr geeignet. Nur bei Zahlungen ins Ausland kommen noch Schecks vor.

Für den Zahlungsverkehr unterhält der Industriebetrieb Girokonten bei Kreditinstituten. Wie private Girokonten nehmen sie Geldbeträge auf, über die der Kontoinhaber jederzeit und ohne Einschränkung verfügen kann. Bei entsprechenden Vereinbarungen mit dem Kreditinstitut kann das Konto auch überzogen werden. Die Bank führt die Zahlung dann aus, ohne dass ein Guthaben besteht. Sie gewährt einen Kredit.

Die herkömmliche Form des Auftrags ist das gedruckte Überweisungsformular. Die Überweisungen der Industriebetriebe erfolgen heutzutage jedoch beleglos durch Datenfernübertragung:

Der Auftrag wird ohne Datenträger online über das Leitungsnetz der Deutschen Telekom AG vom Betriebscomputer an den Bankcomputer übermittelt.

Arbeitsauftrag

Betrachten Sie noch einmal die Rechnung der Rollkugel GmbH auf Seite 288.

a) Sie haben diese Rechnung bereits auf ihre sachliche und rechnerische Richtigkeit überprüft. Für diese Prüfung und für die anschließende Buchung sind u. a. folgende Daten einzugeben:

- Belegnummer
- Referenznummer
- Rechnungsnummer
- Belegdatum
- Buchungsdatum
- Basisdatum

Lesen Sie – soweit möglich – diese Daten aus der Rechnung ab und ergänzen Sie sie pauschal um die fehlenden Daten.

b) Für die Zahlung erstellt das Programm die Vorschlagsliste. Erstellen Sie den Teilausdruck für die vorliegende Rechnung.

c) Formulieren Sie die vertragliche Zahlungsbedingung, die der Rechnung zugrunde liegt.

d) Ermitteln Sie durch eine geeignete Rechnung, ob es günstiger ist, die Zahlungsfrist voll auszunutzen oder vorzeitig unter Abzug von Skonto zu zahlen.

e) Formulieren Sie den Buchungssatz für die Bezahlung der Rechnung ohne und mit Ausnutzung von Skonto.

f) Erstellen Sie ein ereignisgesteuertes Prozesskettendiagramm für den Geschäftsprozess der Kreditorenbuchführung, welchem der Sachbearbeiter alle benötigten Informationen für die Prüfung, Buchung und Bezahlung der Rechnung entnehmen kann.

g) Erstellen Sie mithilfe eines Präsentationsprogramms eine Präsentation des Systems der Kreditorenbuchführung Ihres Ausbildungsbetriebes.

2.8 Handlungsprozesse bei Erfüllungsstörungen

Wenn ein Vertragspartner seine Leistung nicht vertragsgemäß erbringt, liegt eine Erfüllungsstörung vor. Vom Lieferanten können zwei solche Störungen ausgehen: Nichteinhaltung des Liefertermins und mangelhafte Lieferung.

2.8.1 Nichteinhaltung des Liefertermins

Wird bei Fälligkeit nicht geliefert, kann dem Käufer Schaden entstehen (z. B. Produktionsausfall, teurer Ersatzkauf, Kundenverlust, Schadensersatzforderungen von Kunden. Deshalb sollte der Käufer umgehend die Lieferung anmahnen.

Die Mahnung versetzt den Verkäufer in Lieferungsverzug (§ 286 BGB). Der Verzug beginnt mit dem Tag ihrer Zustellung.

„Verzug" ist ein juristischer Begriff. Wer in Verzug ist, hat eine Reihe von Nachteilen zu tragen.

Hinweis: Der Käufer kann seinerseits in Verzug geraten, wenn er die Lieferung nicht vertragsgemäß abnimmt und bezahlt. Das BGB behandelt Lieferungs- und Zahlungsverzug grundsätzlich gleich und benutzt für sie den gemeinsamen Begriff **Schuldnerverzug**. Dies leuchtet ein, denn der Käufer ist Geldschuldner, der Verkäufer Warenschuldner.

Der Verkäufer gerät nicht in Verzug, wenn er die Lieferverzögerung nicht verschuldet hat. Dies ist z. B. bei höherer Gewalt der Fall (etwa wegen eines Streiks) und erst recht, wenn die Schuld beim Käufer selbst liegt (z. B. Verweigerung einer vereinbarten fälligen Vorauszahlung). Den Entlastungsbeweis muss der Verkäufer führen.

Laut § 286 BGB ist eine Mahnung nicht erforderlich, wenn

- der Liefertermin nach dem Kalender bestimmt ist („Der Termin mahnt“),
- der Liefertermin sich kalendermäßig ab einem vorauszugehenden Ereignis berechnen lässt,
- der Schuldner die Leistung ernsthaft und endgültig verweigert,
- besondere Gründe den sofortigen Verzugseintritt rechtfertigen.

„Lieferung bis Ende Mai“

„Lieferung 14 Tage nach Bestellungseingang“

z. B. Nichtlieferung trotz Ankündigung alsbaldiger Lieferung

Im Verzug haftet der Lieferant auch für eine zufällige (= unverschuldete) Verschlechterung und einen zufälligen Verlust der Kaufsache (§ 287 BGB). Dies gilt sogar für höhere Gewalt. Außerdem hat der Käufer folgende Rechte:

Rechte des Käufers bei Lieferungsverzug

Entweder:

- **Auf Lieferung bestehen und Schadensersatz wegen der Lieferungsverzögerung verlangen** (§ 280 BGB), z. B. wegen Produktionsausfall oder Schadensersatzforderungen eigener Kunden.
  Hinweis: Bei einem Fixhandelskauf kann der Käufer auf Lieferung nur weiterbestehen, wenn er dies dem Verkäufer sofort anzeigt (§ 376 HGB).
- **Zusätzlich bis zur Lieferung die Zahlung verweigern** (§ 273 BGB).

Oder stattdessen:

- **Eine angemessene Nachfrist setzen. Nach erfolglosem Ablauf:**
- **Vom Kaufvertrag zurücktreten** (§ 323 BGB). Der Verkäufer muss eine schon erhaltene Zahlung zurückerstatten.
- **Zusätzlich Schadensersatz statt der Lieferung verlangen** (§ 281 BGB, § 325 BGB), z. B. wegen Produktionsausfall, Mehrkosten wegen Deckungskauf (= Ersatzkauf), Schadensersatzforderungen eigener Kunden.

Oder:

- **Ersatz von Aufwendungen fordern, die billigerweise im Vertrauen auf die Lieferung getätigt wurden** (§ 284 BGB), (z. B. für die Anfertigung eines Rahmens zum gekauften Bild).

Nach Ablauf einer Nachfrist vom Vertrag zurücktreten (allerdings ohne Schadensersatz) kann der Käufer auch, wenn der Verkäufer die Lieferungsverzögerung nicht verschuldet hat, also nicht im Lieferungsverzug ist.

Hinweise zur Nachfristsetzung:

- Eine Nachfrist ist angemessen, wenn der Verkäufer die Sache liefern kann, ohne sie erst zu beschaffen oder anzufertigen.
- Die Fristsetzung ist entbehrlich, wenn
  - der Verkäufer die Lieferung ernsthaft und endgültig verweigert,
  - ein Fixkauf vorliegt,
  - besondere Umstände den sofortigen Rücktritt rechtfertigen.

Umstände, die den sofortigen Rücktritt rechtfertigen (Beispiele):

- Just-in-time-Vertrag,
- Zweckkauf (z. B. Brautkleid, Osterartikel),
- unmögliche Lieferung (z. B. bei Unfall eines als unfallfrei zugesicherten Gebrauchtwagens).

Hinweise zum Schadensersatz:

- Für die Geltendmachung eines Schadens muss die Schadenshöhe anhand getätigter Ausgaben nachgewiesen werden (sog. **konkrete Schadensberechnung**), z. B. als Preisunterschied beim Deckungskauf.
- Der gewerbliche Käufer (nicht: Verbraucher) kann stattdessen auch den für die Branche üblichen entgangenen Gewinn ansetzen (sog. **abstrakte Schadensberechnung**).

Gewerbetreibende ändern bei ihren Geschäften untereinander die gesetzlichen Bestimmungen gewöhnlich durch ihre AGB oder ausdrückliche Vereinbarungen ab. Zur Vermeidung von Streitigkeiten über die Höhe eines Schadensersatzes vereinbaren sie z. B. oft eine **Konventionalstrafe (Vertragsstrafe)**. Diese fällt automatisch und ohne Schadensnachweis an. Sie darf jedoch eine vernünftige Höhe nicht übersteigen, d. h. 0,2 % bis 0,3 % der Vertragssumme pro Tag der Verzögerung (BGH Az: VII ZR 293/79).

Beispiel: Auszug aus einem Rahmenvertrag über Just-in-time-Lieferung

„Erfolgen die Lieferungen zeitlich nicht entsprechend der vertraglichen Vereinbarung, ist auch ohne Lieferantenverschulden für jeden Tag der Verspätung eine Vertragsstrafe von 10 000,00 EUR (zehntausend EUR) an den Käufer zu zahlen."

Arbeitsaufträge

1. **Am 18. Juni 20.. schreibt die Gebr. Reinhards OHG an ihren Lieferanten**

   In Ihrer Auftragsbestätigung vom 16. Mai 20.. sagten Sie uns verbindlich zu, unsere Bestellung innerhalb eines Monats ab Datum der Bestellung auszuführen. Die Ware ist bisher nicht bei uns eingetroffen. Anlässlich unserer telefonischen Anfrage vom 15. Juni 20.. teilten Sie uns mit, dass Sie aufgrund unerwartet zahlreicher Auftragseingänge zurzeit generell nicht in der Lage seien, pünktlich zu liefern.

   Wir können diese Erklärung nicht akzeptieren und setzen Ihnen mit dieser Mahnung eine Nachfrist bis spätestens zum 23. Juni 20.. Eine Aufstellung über unseren Schaden aus der verspäteten Lieferung lassen wir Ihnen noch zugehen.

   Nach Ablauf der Nachfrist sind wir leider gezwungen, die Annahme der Ware abzulehnen. Wir behalten uns für diesen Fall alle weitergehenden Rechte vor.

   Beurteilen Sie, ob Gebr. Reinhards rechtlich einwandfrei vorgehen.

2. **Das Chemiewerk Elegius GmbH hat aufgrund eines Angebots der Peter Pfister OHG 32 Schutzanzüge bestellt.**

   Ihr Angebot vom 20.08.20.. | Ihr Zeichen We/k. | München 22.08.20..

   Bestellung Nr.: 3245

Lfd. Nr.	Menge	Gegenstand	Größe	Einheit	Preis je Einheit	Zu liefern bis
1	je 4	Schutzanzüge Katalog-Nr. 36	44, 46 52, 54	Stück Stück	56,00 EUR 59,00 EUR	14 Tage nach Eingang der Bestellung
2	je 8	„	48, 50	Stück	56,00 EUR	

   <u>Zahlungsbedingungen:</u>
   10 % Rabatt; Zahlung 30 Tage nach Lieferung netto Kasse oder binnen 10 Tagen mit 2 % Skonto

   <u>Lieferungsbedingungen:</u>
   Unfrei einschließlich Verpackung

   Am 15. September ist die Ware noch nicht eingetroffen.

   a) Welche Schritte wird Elegius nun unternehmen?
   b) Von welchem Tag an befindet sich der Lieferant in Lieferungsverzug?
   c) Muss den Lieferanten in diesem Fall ein Verschulden treffen, damit er in Lieferungsverzug gerät?
   d) Schreiben Sie einen Brief von Elegius an den Lieferanten sowie das Antwortschreiben auf diesen Brief. (Benutzen Sie ein Textverarbeitungsprogramm.)

e) Nachdem die Pfister OHG in Lieferungsverzug gesetzt wurde, schickt sie die bestellten Waren ab. Diese werden jedoch auf dem Bahntransport teilweise beschädigt.
   - Kann der Lieferant trotzdem den vollen Kaufpreis vom Käufer verlangen?
   - Wer muss Ersatzansprüche bei der Bahn geltend machen: der Verkäufer oder der Käufer?

3. **Stellen Sie sich vor, es handle sich bei dem Geschäft zwischen Elegius und der Pfister OHG um einen Fixkauf, bei dem „Lieferung fix am 13. September" vereinbart wurde.**
   In welchen Punkten unterscheiden sich nun die Rechte und Pflichten des Käufers gegenüber dem „normalen" Kauf?

2.8.2 Mangelhafte Lieferung

Mängelarten

Der Verkäufer muss dem Käufer die Kaufsache (Ware) frei von Mängeln übergeben (Gewährleistungspflicht; § 433 BGB). Andernfalls kann der Käufer die Abnahme verweigern.

Grundsätzlich lassen sich folgende vier Mängelarten unterscheiden:

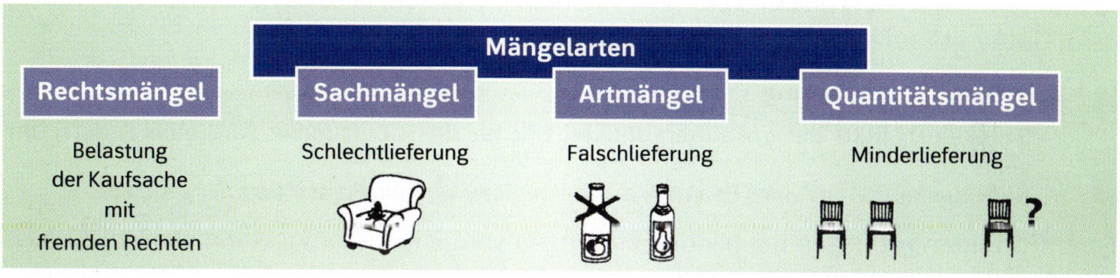

DRITTER ABSCHNITT

Schauen Sie sich hierzu auch die Präsentation *Mangelhafte Lieferung* an. Web M 317

Rechtsmängel

Die Sache ist frei von Rechtsmängeln, wenn Dritte in Bezug auf die Sache keine Rechte gegen den Käufer geltend machen können, die nicht im Kaufvertrag vereinbart sind (§ 435 BGB).

Solche fremden Rechte sind z. B. fremdes Eigentum, fremde Besitzrechte, fremde Pfandrechte, fremde Nutzungsrechte.

Beispiele: Rechtsmängel

- Die verkaufte Sache ist verliehen. Der Besitzer gibt sie nicht heraus.
- Die verkaufte Sache ist an einen Kreditgeber verpfändet. Dieser gibt sie nicht heraus.
- Die verkaufte Sache ist zur Sicherheit an einen Kreditgeber übereignet. Dieser gibt sein Recht nicht auf.

Sachmängel

Verkäufer und Käufer können Vereinbarungen über die Beschaffenheit der Kaufsache treffen. Dann begründet jede Abweichung von diesen Vereinbarungen einen Mangel:

Die Sache ist frei von Sachmängeln, wenn sie bei Gefahrübergang die vereinbarte Beschaffenheit hat (§ 434 Abs. 1 BGB).

Beispiele: Vereinbarungen über die Beschaffenheit

- Die Sache muss genau einer Probe oder einem Muster oder einer früheren Lieferung entsprechen (Kauf nach Probe/Muster).
- Der gekaufte Gebrauchtwagen muss unfallfrei sein.
- Der gekaufte Spritzlack muss schadstofffrei sein.

In der Praxis trifft man im Kaufvertrag oft keine Vereinbarungen über die Beschaffenheit der Kaufsache. Vielmehr werden die meisten Sachen so gekauft, wie der Hersteller oder Händler sie im Geschäft oder Katalog oder Internetshop anbietet. Dann gilt:

Die Sache ist frei von Sachmängeln,
- **wenn sie sich für die vertraglich vorausgesetzte Verwendung eignet, sonst**
- **wenn sie sich für die gewöhnliche Verwendung eignet und so beschaffen ist, wie dies bei gleichartigen Sachen üblich ist und der Käufer es nach Art der Sache erwarten kann (§ 434 Abs. 1 BGB).**

Beispiele: Freiheit von Sachmängeln
- Neue Sachen dürfen keine Fehler haben, verdorben oder beschädigt sein.
- Gebrauchte Sachen müssen die für derartige Sachen übliche Beschaffenheit haben. (Von einem Jahreswagen z. B. kann der Käufer erwarten, dass er so beschaffen ist, wie das bei Jahreswagen üblich ist.)

Als Sachmängel gelten auch eine unsachgemäß durchgeführte Montage durch den Hersteller und eine mangelhafte Montageanleitung.

Artmängel und Quantitätsmängel

Artmängel liegen bei Falschlieferungen vor: Beim Stückkauf wird nicht das bestellte Stück, beim Gattungskauf eine andere Gattung geliefert.

Beispiele: Falschlieferung
- **Stückkauf:** Statt der gekauften antiken Uhr für das Chefzimmer wird eine andere Uhr geliefert.
- **Gattungskauf:** Statt eines Beamers der Marke Sony wird ein Fujitsu-Beamer geliefert.

Quantitätsmängel liegen bei Minderlieferungen vor: Eine Lieferung kann weniger Stücke oder eine geringere Menge als vereinbart enthalten. Eine Sache kann auch zu kleine Abmessungen haben.

Beispiele: Minderlieferungen
- **Weniger Stücke:** Statt 40 bestellter Konferenzstühle werden 35 geliefert.
- **Zu kleine Abmessungen:** Statt eines Stahlstabs von 3,90 m Länge wird ein Stab von 3,81 m geliefert.

Art- und Quantitätsmängel stehen den Sachmängeln gleich (§ 434 Abs. 3 BGB).

Rechte des Käufers

Bei manchen Stückkäufen ist weder eine Beseitigung des Mangels noch eine Ersatzlieferung möglich. Dann kann der Verkäufer nicht vertragsgemäß liefern (sog. Unmöglichkeit der Leistung; § 275 Abs. 1 BGB). Der Käufer hat in diesem Fall das Recht auf Rücktritt vom Vertrag (siehe unten). Zusätzlich kann der Käufer ggf. Schadensersatz oder Aufwendungsersatz verlangen (siehe unten).

Beispiel: ein beschädigter Kunstgegenstand.

Web M 316

Ansonsten – das sind die meisten Fälle – hat der Käufer zunächst nur Anspruch auf Nacherfüllung (§ 437 Nr. 1. BGB).

Schauen Sie sich auch die Präsentation *Käuferrechte bei mangelhafter Lieferung* an.

Nacherfüllung (§ 439 BGB)
wahlweise
- **Mängelbeseitigung**
- **Ersatzlieferung** (nur wenn nach Art der Sache möglich)

Der Verkäufer muss die Aufwendungen für die Nacherfüllung tragen, insbesondere Transport-, Wege-, Arbeits- und Materialkosten, ggf. auch Aus- und Einbaukosten in angemessener Höhe.

Der Verkäufer kann eine unmögliche oder unverhältnismäßig teure Nacherfüllungsart ablehnen und den Käufer auf die andere Art verweisen.

Der Käufer kann eine angemessene Nachfrist zur Nacherfüllung setzen. Ist diese erfolglos abgelaufen oder die Nacherfüllung fehlgeschlagen ist (i. d. R. nach dem zweiten erfolglosen Versuch), hat er das Recht auf Vertragsrücktritt oder Kaufpreisminderung (§ 437 Nr. 1., § 323, § 441 BGB).

Die **Nachfrist** kann entfallen (§ 440 BGB),
- wenn der Verkäufer beide Arten der Nacherfüllung verweigert,
- wenn die dem Käufer zustehende Art der Nacherfüllung fehlgeschlagen oder ihm unzumutbar ist,
- beim Fixkauf und Zweckkauf (Vorliegen besonderer Umstände) (§ 323 BGB).

Rücktritt vom Vertrag	Preisminderung
Die gegenseitigen Leistungen sind Zug um Zug (§ 348 BGB) zurückzugewähren (§ 346 Abs. 1 BGB). Ein Rücktritt ist nicht möglich bei einem unerheblichen Mangel (§ 323 Abs. 5). Beachte: War die Ware schon in Gebrauch, kann der Verkäufer bei Kundenrücktritt einen Nutzungsersatz fordern.	Der Käufer kann den Kaufpreis durch Erklärung gegenüber dem Verkäufer gemäß dem Umfang der Wertminderung herabsetzen (auch bei unerheblichen Mängeln). Soweit erforderlich, ist die Wertminderung zu schätzen (§ 441 Abs. 3 BGB).

Hat der Verkäufer seine Pflichtverletzung (den Mangel) verschuldet, so hat der Käufer zusätzlich ein Recht auf Schadensersatz (§ 280, § 281 BGB).

Das Verschulden wird vermutet. Der Beweis des Gegenteils obliegt dem Verkäufer.

Schadensersatz wegen Pflichtverletzung (§ 280 BGB)	Schadensersatz statt der Leistung (§ 281 BGB)
Der Anspruch erfasst alle Schäden, die durch Nachbesserung, Ersatzlieferung, Vertragsrücktritt und Kaufpreisminderung nicht beseitigt werden können (**Mangelfolgeschäden**, z. B. zusätzliche Kosten, Vermögensnachteile, Körperschäden, Datenverlust, Produktionsausfall, Schadensersatzforderungen eigener Kunden).	Wenn der Käufer vom Vertrag zurücktritt, werden Kaufsache und Kaufpreis zurückerstattet. Der Käufer kann nun zusätzlich verlangen, dass er so gestellt wird, als hätte er die Kaufsache vertragsgemäß erhalten. Er kann z. B. die Mehrkosten für einen Ersatzkauf (Deckungskauf) sowie einen entgangenen Gewinn verlangen.

Anstelle des Schadensersatzes statt der Leistung kann der Käufer den **Ersatz von Aufwendungen** fordern, die er billigerweise im Vertrauen auf die Leistung gemacht hat (z. B. Anmieten einer Lagerhalle, Kosten für Werbung) (§ 284 BGB).

Hat der Verkäufer eine **Garantie** (= feste Zusicherung der Sacheigenschaften) übernommen, bestehen insofern diese **Ansprüche verschuldensunabhängig** (§ 276 Abs. 1 BGB).

Übersicht: Käuferrechte bei mangelhafter Lieferung

vorrangig: **Nacherfüllung** (wahlweise Mängelbeseitigung, Ersatzlieferung) → nachrangig: **Vertragsrücktritt** oder **Kaufpreisminderung**

↓ ggf. zusätzlich: Schadensersatz

Beachte: Die Rechte des Käufers sind ausgeschlossen, wenn er den Mangel bei Vertragsschluss kennt (§ 442 BGB).

Die gesetzlichen Käuferrechte können vertraglich abgeändert werden. Im Allgemeinen schränkt der gewerbliche Verkäufer sie durch seine **AGB** stark ein.

Ausnahme: Beim Verbrauchsgüterkauf (Kauf beweglicher Sachen durch einen Verbraucher bei einem Unternehmer) sind vor einer Mängelmitteilung getroffene Vereinbarungen zum Nachteil des Verbrauchers unwirksam (§ 475 Abs. 1 BGB).

Bei **arglistig verschwiegenen Mängeln** sind Haftungsausschlüsse nichtig (§ 444 BGB).

Für **zweiseitige Handelsgeschäfte** gilt weiterhin:
- Die mangelhafte Ware darf beim Platzkauf (Kauf mit Zusendung innerhalb desselben Ortes) zurückgeschickt werden. (Ein Verbraucher hingegen muss für ihre einstweilige Aufbewahrung sorgen, bis der Verkäufer Verfügungen trifft (§ 379 HGB). Dies soll dem Verkäufer unnö-

tige Kosten ersparen.) Verderbliche Waren darf der Käufer, wenn Gefahr im Verzug ist, unter den gleichen Bedingungen wie beim Annahmeverzug[1] versteigern lassen (§ 373, § 379 HGB).

- Ist nur der Käufer Kaufmann, so lässt sich aus dem Grundsatz von Treu und Glauben (§ 242 BGB) schließen, dass für ihn die gleichen Pflichten gelten.

Unternehmerrückgriff

Der Unternehmer, der eine neu hergestellte mangelhafte Sache von einem Verbraucher zurücknehmen oder eine Preisminderung erfahren musste, kann die Rechte nach § 437 BGB gegen seinen eigenen Lieferanten geltend machen. Dabei muss er keine Nachfrist setzen. Er kann auch Ersatz der Aufwendungen für eine Nacherfüllung verlangen (§ 478 BGB). Entsprechendes gilt für die anderen Lieferanten in der Lieferkette.

Voraussetzung: Der Mangel muss schon bei Übergang der Gefahr auf den Unternehmer bestanden haben.

Verjährungsfristen

Wenn der Käufer Mängel vor dem Gefahrenübergang entdeckt, kann er die Lieferung ablehnen. Ansonsten muss er die Mängel dem Verkäufer innerhalb der Verjährungsfrist mitteilen und genau beschreiben **(Mängelrüge)**. Allgemeine Angaben („Der Fernseher ist beschädigt") reichen nicht. Oft ruft man an und bestätigt anschließend zur Beweissicherung die Mängelrüge schriftlich.
Grundsätzlich muss nach erfolgter Lieferung der Käufer beweisen, dass ein Mangel schon bei Gefahrübergang vorhanden war.

Ausnahme: Umkehrung der Beweislast beim Verbrauchsgüterkauf: Es gilt die (widerlegbare) Vermutung, dass ein binnen sechs Monaten seit Gefahrübergang auftretender Sachmangel schon bei Gefahrübergang bestand (§ 476 BGB).

<table>
<tr><th colspan="4">Verjährungsfristen</th></tr>
<tr><td></td><td>bei offenen Mängeln
(bei Prüfung erkennbar, z. B. Bruch) ↓</td><td>bei versteckten Mängeln
(nicht ohne Weiteres erkennbar, z. B. Materialfehler) ↓</td><td>bei arglistig verschwiegenen Mängeln
(versteckte Mängel, die der Lieferant kannte und absichtlich verheimlichte) ↓</td></tr>
<tr><td>nach § 438 BGB
(bürgerlicher Kauf; einseitiger Handelskauf) →</td><td colspan="2">Die Mängel sind binnen 2 Jahren nach Ablieferung der Sache zu rügen.</td><td rowspan="2">Die Mängel sind binnen 3 Jahren zu rügen. Die Frist beginnt am Ende des Jahres der Mängelentdeckung.</td></tr>
<tr><td>nach § 377 HGB
(zweiseitiger Handelskauf) →</td><td>Die Ware ist unverzüglich zu prüfen; die Mängel sind anschließend unverzüglich zu rügen.</td><td>Die Mängel sind unverzüglich nach Entdeckung des Mangels, jedoch binnen 2 Jahren nach Ablieferung zu rügen.</td></tr>
<tr><td colspan="4">Für die Einhaltung der Fristen genügt die rechtzeitige Absendung der Mängelrüge. Eine Rüge nach Fristablauf kann der Lieferant zurückweisen. Die Fristen können vertraglich vereinbart werden (§ 202 BGB). Da sich mit dem Zeitablauf die Schadensursache zunehmend schwerer ermitteln lässt, findet man in der Praxis häufig Verkürzungen. Eine Verkürzung auf weniger als 2 Jahre (bei gebrauchten Sachen 1 Jahr) ist beim Verbrauchsgüterkauf unwirksam (§ 476 Abs. 2 BGB).</td></tr>
<tr><td colspan="4">Verjährung der Rückgriffsansprüche der Unternehmer gegen ihre Vorlieferanten:
• Ersatz von Aufwendungen für die Nacherfüllung: 2 Jahre ab Ablieferung der Sache durch den Vorlieferanten an den Unternehmer.
• restliche Ansprüche:
– frühestens 2 Monate nach Erfüllung der Verbraucheransprüche
– spätestens 5 Jahre nach Ablieferung der Sache durch den Vorlieferanten an den Unternehmer.</td></tr>
</table>

[1] Vgl. S. 551.

Garantie und Kulanz

Die gesetzliche Gewährleistung darf nicht mit der **Garantie** verwechselt werden, die der Hersteller (bisweilen auch der Händler) auf Waren gewährt. Die Garantie beruht auf freiwilliger Basis und beschränkt sich meist auf den kostenlosen Austausch von Teilen. Sofern die Garantieleistungen einen geringeren Umfang haben als die gesetzliche Mangelhaftung, sollte der Kunde sie erst nach dem Ablauf der Verjährungsfrist in Anspruch nehmen.

In der Praxis geht der Verkäufer oft auch ohne gesetzliche oder vertragliche Verpflichtung auf die Forderungen des Kunden ein. Dann liegt **Kulanz** vor. Sie ist v. a. angebracht, wenn die Forderung des Kunden gerechtfertigt erscheint, bisweilen sogar bei ungerechtfertigten Ansprüchen. So wird man einen Kunden mit hohem Umsatz wegen einer kleineren Reklamationsforderung nicht verärgern. Man könnte ihn verlieren!

Arbeitsaufträge

DRITTER ABSCHNITT

1. **Eine Druckerei hat der Spirituosenfabrik Walter Diekers KG Etiketten mit einem Druckfehler geliefert.**
   a) Um welche Mängel handelt es sich?
   b) Innerhalb welchen Zeitraums muss die Spirituosenfabrik rügen?
   c) Welche Rechte kann die Spirituosenfabrik geltend machen?
   d) Fertigen Sie eine unterschriftsreife Mängelrüge an.
   e) Schreiben Sie die Antwort des Lieferanten.
   (Benutzen Sie ein Textverarbeitungsprogramm.)
2. **Die AGB eines Betriebes der Elektroindustrie enthalten hinsichtlich von Mängeln die folgenden Sätze. Weitere Bestimmungen sind nicht enthalten.**

   > **Beanstandungen und Gewährleistung**
   >
   > Reklamationen irgendwelcher Art anerkennen wir nur innerhalb von 7 Tagen nach Erhalt der Ware.
   >
   > Für nachweisbar durch unser Verschulden entstandene Mängel infolge von Material- oder Fertigungsfehlern leisten wir Gewähr für die Dauer von 12 Monaten bei normalem Gebrauch innerhalb des Haushaltes, bzw. von 6 Monaten bei gewerblichem Einsatz zum Beispiel in Pensionen, Kantinen, Hotels u. Ä.
   >
   > Die Garantieleistung erstreckt sich auf eine kostenlose Instandsetzung bzw. nach unserer Wahl auf die Lieferung eines einwandfreien Austausch-Gerätes bei frachtfreier Rückgabe des fehlerhaften Stückes. Darüber hinausgehende Ansprüche können nicht gestellt werden.

   a) Nennen Sie die hier vorgenommenen Gewährleistungsbeschränkungen.
   b) Sind diese Beschränkungen
      - gegenüber anderen Unternehmen,
      - gegenüber Verbrauchern wirksam?
3. **Marion Mann erhält am 17.02.2013 von der Autohandlung Brumm GmbH einen fabrikneuen Pkw Marke Bulli XL geliefert. Am 19.03.2014 stellt sie fest, dass bei Regen Wasser in den Kofferraum eindringt.**
   a) Welche Mängelart liegt vor?
   b) Kann Frau Mann den Mangel so spät nach Lieferdatum noch rügen und Rechte geltend machen? Nennen Sie den äußersten Termin.
   c) Welche Rechte kann und wird Frau Mann geltend machen?
   d) Der Händler unternimmt die Reparatur des Schadens. Er weist darauf hin, dass er die Materialkosten, nicht aber die Arbeitskosten trägt. Nehmen Sie hierzu Stellung.
   e) Trotz Reparatur dringt weiter Wasser ein. Auch ein zusätzlicher Reparaturversuch bleibt erfolglos. Wie viele Reparaturversuche muss Frau Mann noch zugestehen? Raten Sie ihr, wie sie sinnvollerweise vorgehen sollte.
   f) Der Händler will nicht auf den entstandenen Kosten sitzen bleiben, denn er hat den fehlerhaften Wagen nicht produziert. Was kann er diesbezüglich unternehmen?
4. **Ein Verbraucher bringt ein defektes Gerät zurück in das Geschäft, bei dem er es kürzlich gekauft hat. Der Verkäufer sagt: „Kein Problem. Wir schicken es zum Hersteller ein. Sie haben ja, Gott sei Dank, noch Garantie. Spätestens in drei Wochen haben Sie es zurück."**
   Der Käufer ist baff. Drei Wochen warten! Dabei liegen noch mehrere Geräte im Regal!
   Wie ist die Rechtslage? Muss der Käufer sich auf das Vorgehen des Händlers einlassen?

3 Lagerung: Bestandsmanagement und -logistik

Die Hochalp Käsefabriken im Allgäu sind auf die Produktion von Schmelzkäse spezialisiert. Über fünf Entladerampen werden täglich Rohkäsepartien und Verpackungsmaterial angeliefert. Beides wird an vorbestimmten Lagerplätzen eingelagert. Jede Käselieferung wird vollautomatisch gewogen und gelangt – elektronisch gesteuert – zu der Lagerstraße, in der sie eingelagert werden soll.
Das Käselager fasst 3 000 Tonnen Naturkäse. Er muss im Lager bis zu 4 Monate reifen. Die Hauptsorten sind Emmentaler, Chester, Gouda und Tilsiter. 480-kW-Kältemaschinen sorgen für die Einhaltung der richtigen Temperatur. Der Käseprüfer entnimmt regelmäßig Proben für das Laboratorium, das Qualität und biologische Fakten der Rohware kontrolliert.
Der Käseverbrauch ist im Sommer am größten. Deshalb ist das Lager zu dieser Zeit etwas lückenhaft. Vor dieser Hauptverbrauchszeit ist es wichtig, sich mit ausreichenden Vorräten einzudecken. Einen Einfluss auf die Lagermenge hat auch der Preis des Rohkäses, der weitgehend durch die Käsebörse in Neuwaden bestimmt wird.
Der Rohkäse wird in einem Arbeitsgang gemahlen, gemischt, geschmolzen und portioniert. Es gibt deshalb keine Zwischenlagerung von unfertigen Produkten, wie es bei anderen Industriebetrieben (z. B. in der Metallverarbeitung) der Fall ist.
Nach Verarbeitung, Abfüllung, Abpackung und Verpackung werden die versandfertigen Kolli zu Palettenladungen zusammengestellt; ein elektronisch gesteuertes Lagersystem bestimmt den genauen Lagerplatz jeder Palette in einer der neun Etagen eines Hochlagers. Auf dem Rückweg bringt der Stapelkran die Paletten mit, die an der Laderampe benötigt werden.

Rohkäselager

Unter einem *Lager* versteht man einmal eine Menge gelagerter Güter, zum anderen den Ort oder Raum, an dem die Lagerung stattfindet.

3.1 Lagerarten, Lageraufgaben

Läger gibt es im Bereich von

Beschaffung	Produktion	Absatz	Verwaltung
Läger für Roh-, Hilfs- und Betriebsstoffe: – Eingangslager[1] – Hauptlager[2] – selbstständige Nebenläger[3]	Läger für Materialbedarf: – Bereitstellungslager[4] – Handlager[5] – Zwischenlager[6] Läger für Investitionsbedarf: – Werkzeuglager – Vorrichtungslager[7] – Maschinenersatzteillager	Läger für: – Fertigerzeugnisse – Ersatzteile – Handelswaren	Läger für Büromaterialien

[1] vorübergehende Lagerung zur Eingangskontrolle
[2] zentrale oder dezentrale Lagerung der Materialien
[3] für Güter, die nur ein betrieblicher Bereich benötigt
[4] stellt die erforderlichen Materialien für die Fertigung bereit
[5] direkt am Arbeitsplatz, für häufig benötigte Materialien
[6] nimmt halbfertige Erzeugnisse bis zur Weiterverarbeitung auf
[7] für teure Vorrichtungen und Werkzeuge, die aufmerksamer Pflege bedürfen

Die Läger erfüllen wichtige Aufgaben (Funktionen).

Aufgaben der Lagerung

Sicherung und Zeitüberbrückung

Außenpolitische Änderungen (z. B. Ausfuhrstopps) oder Witterungseinflüsse (z. B. verspätete Ernten), Lieferantenausfälle und Transportschwierigkeiten können die Materialversorgung gefährden; Störungen in einzelnen Produktionsstufen können den Produktionsfluss zum Stocken bringen; ein plötzlicher Nachfrageanstieg kann die Lieferbereitschaft beeinträchtigen.

- Materialläger (eiserner Bestand!), Zwischenläger, Fertigprodukte- und Warenläger sichern die Funktionsfähigkeit des Betriebes und überbrücken zugleich Lieferfristen und Wartezeiten.
- Bestellte Werkstoffe treffen erst nach Ablauf einer bestimmten Lieferfrist ein. Lagervorräte überbrücken diese Frist. Saisonartikel (z. B. Zuckerrüben, Getreide) fallen zu bestimmten Zeitpunkten in Massen an und können erst allmählich verarbeitet werden. Das Lager dient als Puffer.
- Der Betrieb soll möglichst gleichmäßig produzieren, um die Kapazität auszulasten. Die Kundennachfrage entwickelt sich dagegen oft ungleichmäßig. Das Lager an Fertigerzeugnissen gleicht die Schwankungen aus.

Preisausgleich

Rechnet man mit einem Preisanstieg bei Materialien, so kann man durch Anlegen eines Lagervorrats noch eine Zeitlang kostengünstig produzieren. Im Absatzbereich gestatten Lagerbestände es, bei Preiserhöhungen von Konkurrenten weiter zu unverändertem Preis anzubieten und so Kunden zu binden.

Kosteneinsparung

Vorratshaltung bedeutet Einsparung von Zeit, Weg und Arbeit durch das Zusammenfassen vieler kleiner Bestellungen zu einer Großbestellung. Bestell-, Verpackungs- und Transportkosten können gespart, Mengenrabatte ausgenutzt werden. So lassen sich die Beschaffungskosten senken.

Umformung

Mit der Lagerung ist manchmal ein gewisser Umformungsprozess verbunden (z. B. Trocknung, Kühlung, Härtung), der erst eine anschließende Verarbeitung ermöglicht.

In manchen Branchen führt die Lagerung zu einer Veredelung (z. B. Reifelagerung bei Käse oder Whisky, Aushärtung von Autoreifen).

Lagervorräte können allerdings auch unfreiwillig entstehen.

- **Unfreiwillige Materialläger** entstehen, wenn der Fertigungsprozess verspätet einsetzt.
- **Unfreiwillige Zwischenläger** entstehen,
  - wenn eine Produktionsanlage schneller arbeitet als die nachfolgende Anlage;
  - wenn eine Anlage von mehreren Aufträgen beansprucht wird.
- **Unfreiwillige Fertigerzeugnisläger** entstehen, wenn die Erzeugnisse nicht wie geplant abgesetzt werden können.

Arbeitsauftrag

Läger erfüllen wichtige Aufgaben.

a) Erstellen Sie eine Präsentation über
   - die Läger in Ihrem Ausbildungsbetrieb,
   - die dort gelagerten Güter,
   - die Aufgaben dieser Läger.

b) Wo befinden sich die genannten Läger? Begründen Sie die vorgefundene Ordnung.

3.2 Lagerorganisation

Die Organisation des Lagers, seine Größe und die Art der Lagerung sind von den Stoffen abhängig, die für die Produktion benötigt werden. Auch sind viele gesetzliche Vorschriften zu beachten, z. B. bei der Lagerung von Explosivstoffen, Chemikalien[1] oder Lebensmitteln.

Zur Verkürzung der innerbetrieblichen Transportwege, die gleichbedeutend mit einer Verringerung der Transportkosten ist, sollte das Lager nahe am Verbrauchsort eingerichtet werden. Dies gilt besonders für große und schwere Teile. Andererseits sind die Verbrauchsorte häufig räumlich getrennt, sodass mehrere Läger erforderlich werden (**dezentrale Lagerung**). Dadurch steigen wiederum die Kosten, weil jeweils Mindestbestände gehalten werden müssen. Dies spricht für eine **zentrale Lagerung**.

Weitere Probleme der Lagerorganisation betreffen die Lagereinrichtung und Transportsysteme, die Anordnung des Lagergutes im Lager sowie die Erfassung der Lagerbestände (Organisation des Lagerablaufs).

3.2.1 Zentrale Lagerung

Die zentrale Lagerung ist übersichtlicher und verursacht weniger Raum- und Verwaltungskosten als die dezentrale Lagerung. Die Mindestlagerbestände (eiserne Bestände) sind kleiner. Die Inventur (Bestandskontrolle) ist leichter durchzuführen.

Ein zentrales Lager ist oft (nicht immer!) das Hauptlager, das alle für die normale Fertigung erforderlichen Werkstoffe aufnimmt. Dezentralisiert in den einzelnen Werkstätten befinden sich zusätzlich Nebenläger für wichtige und häufig in diesen Abteilungen benötigte Materialien. Letztlich richtet man an den einzelnen Arbeitsplätzen Handläger zur Bereithaltung von ständig benötigten Kleinmaterialien ein. Voraussetzung für die zentrale Lagerung ist eine klare Nummerierung der Lagerplätze. Nur sie ermöglicht die Auffindung des Lagerortes für jeden Lagergegenstand[2].

Beispiel: Zentrales Lager

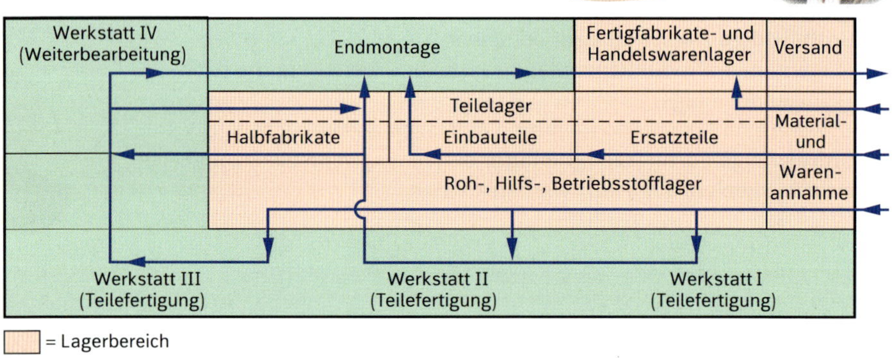

Die Abbildung zeigt eine Möglichkeit für die Anordnung eines zentralen Lagers. Die einzelnen Lagerarten sind in einem optimalen Kompromiss von Arbeitsfluss und organisatorischer Einheit räumlich zusammengefasst:

---

[1] Vgl. S. 93 f.
[2] Vgl. S. 330.

Die Warenannahme verteilt die eingehenden Stoffe und Teile auf die Unterläger (Handelswarenlager; Roh-, Hilfs- und Betriebsstofflager; Lager für fertig bezogene Einbauteile). Roh-, Hilfs- und Betriebsstoffe gehen in die Teilefertigung. Die fertigen Teile (Halbfabrikate) und die Einbauteile werden ebenfalls in der Nähe ihrer Verbrauchsorte (Weiterverarbeitung, Montage) gelagert. Die Endmontage liefert unmittelbar an das Lager für Fertigfabrikate.

3.2.2 Dezentrale Lagerung

Eine dezentrale Lagerung kann durch die Gliederung des Betriebes in verschiedene, räumlich getrennte Werke unumgänglich sein. Sie erweist sich aber auch bei geschlossenen Betriebskomplexen aus technischen oder organisatorischen Gründen oft als notwendig oder zweckmäßig.

Die dezentrale Lagerung kann stofforientiert oder verbrauchsorientiert erfolgen.

Dezentrale Lagerung

Stofforientierung

Bestimmte Lagergüter werden für den gesamten Betrieb in getrennten Lägern bereitgestellt. Dies ist in vielen Fällen schon wegen der Beschaffenheit der Lagergüter oder wegen Sicherheitsvorschriften notwendig, z. B. für explosives Material, geruchsempfindliche Lebensmittel, wärmeempfindliche Stoffe.

Verbrauchsorientierung

Die verschiedenen Läger sind auf bestimmte Fertigungsstufen ausgerichtet. Alle Teile, die für eine bestimmte Fertigungsstufe benötigt werden, werden in einem eigenen Lager gelagert. Oft handelt es sich auch um Bereitstellungsläger.

Beispiel: Dezentrales Lager

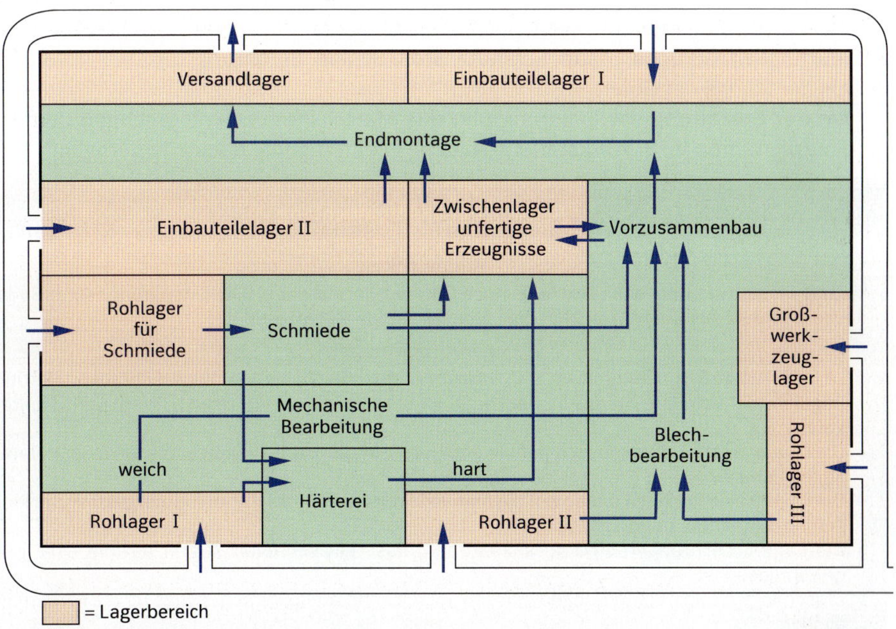

Der Betrieb ist als rechteckiger Flachbau angelegt. Um das Gebäude herum führt eine Straße, sodass bei allen Teillägern eine Anlieferung erfolgen kann. Daher können die verschiedenen Läger dezentral nach fertigungsorientierten Gesichtspunkten angelegt werden. Die Fertigung zeigt eine Gliederung in Warm- und Kaltblechbearbeitung und Montage. Zwischen der Weich- und Hartbearbeitung liegen die Schmiede und die Härterei.

Arbeitsauftrag

Lagerung kann zentral oder dezentral erfolgen.

a)
- Die Zeichnung auf Seite 322 zeigt ein zentrales Lager. Allerdings sind die Materialien dort nicht kunterbunt durcheinander gelagert, sondern es lässt sich eine bestimmte Anordnung erkennen. Erläutern und begründen Sie diese Anordnung.
- Welche Arten von Lägern konnten in der Zeichnung nicht berücksichtigt werden?

b)
- Die dezentralen Läger in der Zeichnung auf Seite 323 hätten auch ohne große Schwierigkeit in einem zentralen Lagerblock zusammengefasst werden können. Der Fertigungsfluss würde sich dabei nicht einmal ändern. Fertigen Sie eine entsprechende Zeichnung an.
- Welchen Vorteil bietet im vorliegenden Fall die dezentrale Lagerung?

c) Berichten Sie über die Lagerorganisation (zentral – dezentral) in Ihrem Ausbildungsbetrieb. Begründen Sie die gewählte Organisationsform.

3.2.3 Lagereinrichtung

Läger müssen zweckmäßig eingerichtet sein. Zugleich ist eine optimale Abstimmung mit den innerbetrieblichen Transportsystemen (Fördersystemen) notwendig. Nur so lässt sich eine sichere Versorgung von Produktion und Absatz gewährleisten. Die Auswahl der Lagereinrichtungen hängt ab

- vom physikalischen Zustand der Güter, z. B.: fest, flüssig, gasförmig; glühend, erkaltet, gekühlt, gefroren;
- von der äußeren Form der Güter, z. B.: Schüttgut, Stückgut (lose, verpackt); Größe, Gewicht;
- von den sonstigen Eigenschaften der Güter, z. B.: Gefährlichkeit; Empfindlichkeit (gegen Kälte, Hitze, Feuchtigkeit, Gerüche, Staub, Schmutz, Stoß, Schlag, Berührung, ...);
- von der Menge der Güter;
- von der Gestaltung der Lagerung und des Materialflusses entsprechend dem Fertigungsverfahren (z. B. Werkstättenfertigung, Fließfertigung, Baustellenfertigung).

Aspekte der Lagereinrichtung

Räumlichkeit

Wichtig ist eine ausreichende Größe (je nach Güterart und -menge). Die Einsparung teurer Bodenfläche erfordert (bei Stapelfähigkeit) eine entsprechende Raumhöhe.

Lagervorrichtungen

- Je nach Art des Gutes kommen z. B. infrage: unterschiedliche Arten von Schränken, Vitrinen, Regalen, Schubladen, Ständern, Tanks, Silos, Stapelkästen, Gitterboxen, Transportbehältern, Paletten.
- Die Lagervorrichtungen müssen auf die aufzunehmenden Verpackungseinheiten (z. B. Paletten) abgestimmt sein.
- Die Lagervorrichtungen können auf die manuelle oder automatische (computergesteuerte) Einlagerung/Entnahme abgestellt sein.
- Die Lagervorrichtungen sind so anzuordnen, dass ein schneller Zugriff auf die Lagergüter gewährleistet ist.
- Zwischen den Lagervorrichtungen müssen ausreichend breite Verkehrswege für die Fördermittel bleiben.

Spezial-, Schutz-, Sicherungseinrichtungen

Je nach Gefährlichkeit, Empfindlichkeit, Wert des Gutes können z. B. erforderlich sein: Kühl-, Trocken-, Klimaanlagen, Heizungen, Ventilatoren, Dichtungen, Umwälzanlagen; Feuerlöschanlagen (Sprinklersysteme), Alarmanlagen, Stahltüren, Gitter, Sicherheitsschlösser.

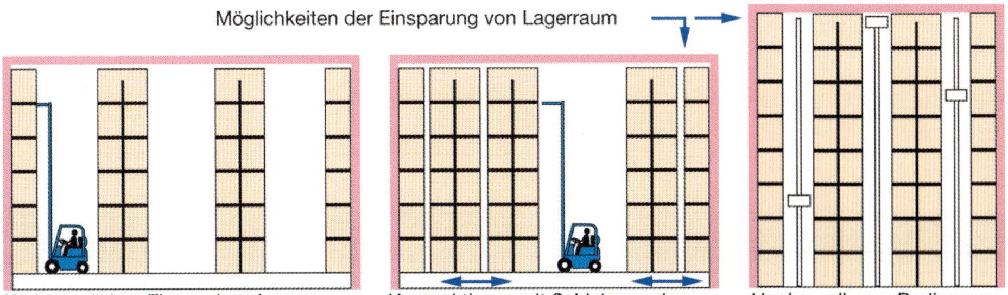

Herkömmliches Eingeschosslager; Bedienung durch Gabelstapler — Kompaktlager mit Schieberegalen — Hochregallager; Bedienung durch Stapelkräne

Eine wesentliche Rationalisierung und Kostenersparnis wird erreicht, wenn die **Verpackungseinheit** der Güter zugleich auch Lager- und Fördereinheit ist. Dies vereinfacht Handhabung, Umschlag, Ein- und Ausladung und Stapeln. Hier spielt insbesondere die Palette als Standardverpackung eine wesentliche Rolle.

Ideallösung:
Verpackungseinheit
= Lagereinheit
= Fördereinheit
= Fertigungseinheit
= Verkaufseinheit
= Ladeeinheit
= Versandeinheit

Flachpaletten sind genormte Ladeflächen aus Holz in den Abmessungen 1 200 x 800 mm. Sie können von allen Seiten mit Gabelstaplern aufgenommen werden.

Neben diesen Flachpaletten gibt es **Gitterbox-Paletten** aus Stahlrohr und -draht.

3.2.4 Transportsysteme (Fördersysteme)

Die logistische Bewältigung von Lagerung und Fertigung ist stets auch mit der Optimierung der innerbetrieblichen Transporte verbunden. Transporte erfolgen

- von der Entladerampe ins Lager oder direkt zum Fertigungsort,
- vom Lager zum Fertigungsort,
- zwischen Fertigungsorten,
- vom Fertigungsort ins Lager oder direkt zur Laderampe,
- vom Lager zur Laderampe.

Zu befördern sind Produktmaterial, Halb- und Fertigerzeugnisse sowie Handelswaren, Betriebsmaterial, Werkzeuge, Abfallstoffe, Vorrichtungen und ggf. sogar ortsveränderliche

Betriebsmittel (z. B. Baumaschinen bei Baustellenfertigung[1]). Die Auswahl der Förderzeuge hängt von den gleichen Faktoren ab wie die der Lagereinrichtung.

Für alle Beförderungen, Verladungen, Ein- und Auslagerungen werden Förderzeuge benötigt. Sie bilden insgesamt das innerbetriebliche Transportsystem (Fördersystem).

Arten der Bereitstellung

Fallweise Bereitstellung

Die Güter werden unregelmäßig, je nach Bedarf, bereitgestellt. Geeignete Förderzeuge sind:
- manuelle Mittel: Handwagen, Hubwagen, Handkarre, Schubkarre, Hubkarre, Roller;
- maschinelle Mittel: Schlepper mit Anhänger(n), selbstfahrende Transportwagen (z. B. Elektrokarren), Gabelhubwagen (nicht zum Stapeln bestimmt), Gabelstapler, Laufkatzen, Kräne, Aufzüge.

Fließende Bereitstellung

Die Güter werden kontinuierlich bereitgestellt. Dies ist bei einem stetigen Fertigungsfluss nötig. Geeignete Förderzeuge sind v. a. Hängebahnen, Transportgondeln, Gleitförderer, Stetigförderer, Transportbänder, Rollenbahnen, Röllchenbahnen, Rohrleitungen, Saug- und Druckförderer. Sie ermöglichen ggf. gleichzeitig auch technologische Abläufe wie Trocknen, Erkalten, Aushärten ...

Bei automatischen Produktionsprozessen und bei Fertigungsvorgängen während des Transportes lässt sich oft keine genaue Grenze mehr zwischen Fördermittel und Fertigungsmittel ziehen. Das Fließband z. B. ist zugleich Fördermittel und Fertigungsmittel.

Das innerbetriebliche Transportsystem verursacht Kosten für Förderzeuge, Personal und Energien. Es sollte deshalb reibungslos funktionieren.

Ein funktionierendes Transportsystem bedeutet: termingerechte Ver- und Entsorgung der Produktionsmaschinen bei Fließen des Materials.

Palettenhubwagen

Fallweise Bereitstellung

Gabelstapler

[1] Vgl. S. 158.

Transportgondeln, Transportband

Röllchenbahn

Fließende Bereitstellung

In der Praxis treten jedoch Schwierigkeiten auf.

Beispiel: Förderprobleme bei Meisterdisposition

In Betrieb X wird das benötigte Material von den Werkstattmeistern bestellt (Meisterdisposition). Die Meister von sechs verschiedenen Werkstätten fordern gleichzeitig die Zufuhr von Material an. Es steht nur ein geeignetes Fördermittel zur Verfügung. Die Werkstätten müssen nacheinander bedient werden. Für die zuletzt bedienten Werkstätten entstehen längere Wartezeiten. Sie bewirken Maschinenstillstand und eine Verlängerung der Durchlaufzeit, also unnötige Kosten.

DRITTER ABSCHNITT

Andere kostensteigernde Mängel könnten sein:

- Eine vorzeitige Versorgung von Maschinen mit Material. Folge: unfreiwillige Läger.
- Die optimale Reihenfolge für die Belieferung der Maschinen wird nicht eingehalten. Folge: unnötige Transportkosten.
- Transportmittel werden nicht ausgelastet, weil aus Sicherheitsgründen zu viele Förderzeuge beschafft wurden. Folge: unnötige Betriebsmittelkosten.
- Die Förderzeuge fahren auf dem Rückweg leer. Folge: unnötige Transportkosten.

Als Lösung bietet sich der Aufbau eines **EDV-gesteuerten Dispositionssystems** an. Dabei werden alle Transportaufträge in einer zentralen Leitstelle gesammelt und den Förderzeugen optimal zugeordnet. Folgen:

- größtmögliche Auslastung der Förderzeuge,
- Minimierung der Fahrten,
- Verkürzung der Transportwege,
- zeitgerechte Belieferung (Vermeidung unfreiwilliger Läger und verlängerter Durchlaufzeiten).

Arbeitsaufträge

1. **Für welche Lagereinrichtung ein Betrieb sich entscheidet, hängt von unterschiedlichen Einflussgrößen ab.**
   a) Nennen Sie wichtige Einflussgrößen.
   b) Berichten Sie über die Lagereinrichtungen in Ihrem Ausbildungsbetrieb. Erläutern Sie dabei die speziellen Einflussgrößen.
2. **Die bekannteste und verbreitetste Lagervorrichtung ist das Regal. Lagerregale gibt es in den verschiedensten Formen, z. B. Regale mit Regalböden, mit auskragenden Armen (für**

Langgut), mit unterschiedlichen Rahmen (für Paletten, Fässer, stehende Lagerung von Rohren, Leisten, ...) oder waagerechten Achsen (z. B. für Kabeltrommeln). Dabei kann es sich um herkömmliche eingeschossige Regale mit Gängen handeln, um Schieberegale oder Hochregale (vgl. Abb. S. 325). Die Regale können sich auch in einem Aufzug nach dem Paternoster-Prinzip befinden (vgl. S. 338).

a) Welche Vor- und Nachteile haben herkömmliche eingeschossige Regale?
b) Welche Gründe führen zur Installation von Schieberegalen, Hochregalen, Paternoster-Lägern?
c) Das Paternoster-Lager arbeitet nach dem Prinzip „Ware zum Mann". Was ist damit gemeint? Welche Vorteile hat das Prinzip?

3. **Paletten haben eine erhebliche Bedeutung für die Rationalisierung von Lager- und Transportvorgängen.**
   a) Erläutern Sie den Aufbau einer Palette.
   b) Welche Vorteile bietet die Palette bei Transport und Lagerung?

4. **Das innerbetriebliche Fördersystem versorgt und entsorgt die Läger und Produktionsanlagen.**
   a) Welche Förderbewegungen sind erforderlich?
   b) Was bedeutet „EDV-gestützte Disposition" für das betriebliche Fördersystem?

3.2.5 Anordnung des Lagergutes im Lager

Ordnungsmerkmale

Zur Bestimmung des optimalen Lagerortes müssen insbesondere berücksichtigt werden:

- Umschlagshäufigkeit[1],
- Größe, Volumen,
- Wert,
- Bestellhäufigkeit,
- Gewicht,
- besondere Eigenschaften, z. B. Licht-, Geruchs-, Feuchtigkeitsempfindlichkeit, Gefährlichkeit (ggf. Zusammenlagerverbote).

Grundsätzlich sollten die Warenflussrichtungen einheitlich sein und die Transportwege insbesondere bei schweren Gütern verkürzt werden. Werden schwere Teile (z. B. Motorblöcke) weit entfernt vom Verbrauchsort verstaut, so sind An- und Abtransport teuer. Das Gleiche gilt für ständig benötigte Rohstoffe, bei denen sich die Transporte auf immer gleichen Transportwegen wiederholen.

Materialnummer/Artikelnummer

Jede Materialart besitzt ihre eigene Materialnummer. Dies kann eine fortlaufende Nummer (z. B. 1001, 1002, 1003, ...) oder eine **sprechende Nummer** sein. Sprechende Nummern enthalten genaue, systematische technische und/oder wirtschaftliche Informationen (z. B. häufig eine Verschlüsselung der Materialeigenschaften). Artikel (Fertigerzeugnisse und Handelswaren) haben eine entsprechende Artikelnummer.

Beispiel: Materialnummer 3112430

Materialgruppe (Stahl)	3
Materialuntergruppe (Flussstahl)	1
Materialart (Profilstangen)	1
Querschnitt (rund)	2
Oberfläche (blank gezogen)	4
Abmessungen (Durchmesser)	3 0

[1] Siehe Sachwortverzeichnis.

Zusätzlich können Farbmarkierungen hinzutreten, um bei gleichem äußerem Aussehen Verwechslungen zu vermeiden, z. B. bei Treibstoff- und Ölfässern, Gasflaschen usw.

Organisations-Nummerierung

Auch jeder Lagerplatz wird durch eine Nummer gekennzeichnet. In der Regel handelt es sich ebenfalls um eine sprechende Nummer, die die organisatorische Einteilung des Lagers widerspiegelt.

Beispiel: Organisations-Nummer

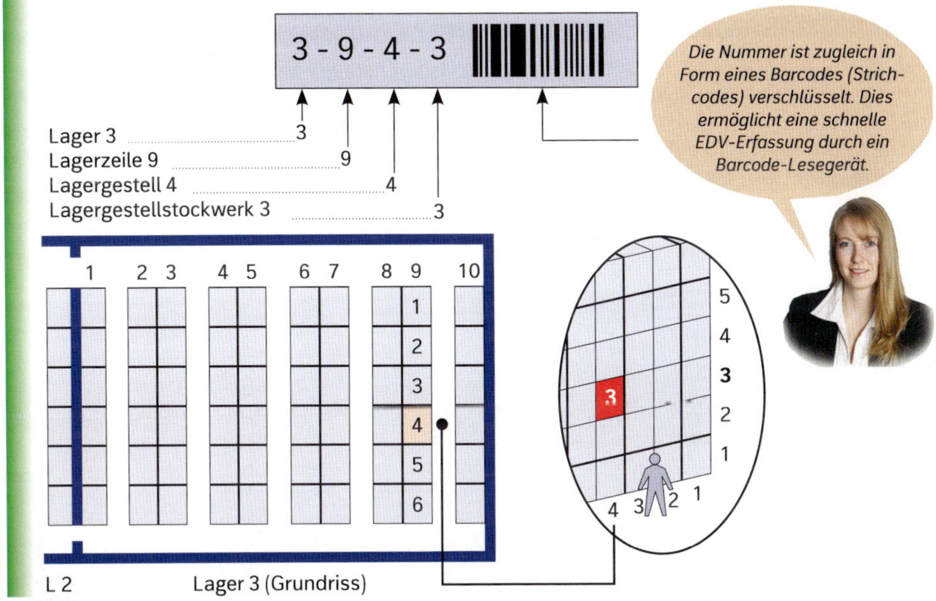

Die Organisations-Nummerierung sorgt dafür,

- dass man Material und Artikel unverwechselbar einlagern kann,
- dass man die Güter eindeutig und ohne Zeitverlust wieder auffinden und ausliefern kann.

Es ist zweckmäßig, die Lagervorrichtungen deutlich sichtbar durch Schilder mit den Organisations-Nummern zu kennzeichnen.

Ordnungshinweise – hier an der Regallängsseite – sollen wissenschaftlichen Erkenntnissen entsprechen. Größe, Form, Farben, Kontrast und Oberfläche sind entscheidende Faktoren für das schnelle Erkennen der Schilder.

Festplatzsystem

Beim Festplatzsystem wird jeder Material- oder Artikelnummer ein fester Stammplatz zugewiesen. Er darf nur mit dem entsprechenden Material/Artikel belegt werden.

> **Beispiel: Festplatz**
>
> Dem oben angeführten Material mit der Materialnummer 3112430 soll eindeutig der Lagerplatz 35431 zugewiesen sein.

Das Festplatzsystem eignet sich vor allem für manuell bediente und verwaltete Läger.

Vorteile	Nachteile
• Die Güter können am transportgünstigsten Platz gelagert werden. • Der Lagerist kennt das System. Suchzeiten werden verkürzt. Die Abgabebereitschaft des Lagers wird erhöht.	• Bei geringer Material-/Warenmenge bleibt der Lagerplatz leer. • Bei großen Mengen kann umgekehrt Lagerplatz fehlen.

Beim Festplatzsystem ist es zweckmäßig, sog. **Lagerfachkarten** zu führen. Sie befinden sich direkt am Lagerort. Die Lagerbewegungen (Zugänge, Abgänge) und der jeweilige Bestand werden eingetragen.

> **Beispiel: Lagerfachkarte**

Material/Teil:	*Ölsieb*	Mindestbestand:	40
Material-Nr./Teile-Nr.:	463021	Lager-Nr.:	43654
Datum	**Zugang**	**Abgang**	**Bestand**
31.12.00			90
06.01.01		20	70
15.01.01		30	40
17.01.01	200		240
29.01.01		8	232

In der Lagerverwaltung wird außerdem für jedes Material/jeden Artikel eine **Lagerkarte** geführt. Sie ist aufgebaut wie die Lagerfachkarte, enthält aber noch Angaben über Mindest-, Melde- und Höchstbestand. Bei EDV-mäßiger Verwaltung wird stattdessen ein Material- bzw. Artikelstammsatz geführt[1].

Freiplatzsystem (oder: chaotische Lagerung)

Beim Freiplatzsystem wird das Material/der Artikel dort eingelagert, wo gerade Platz im Lager ist. Zumindest bei einem großen manuell bedienten und verwalteten Lager wäre dabei tatsächlich ein Chaos vorprogrammiert: Es wäre kaum möglich, gelagerte Güter problemlos wieder aufzufinden.

Das Freiplatzsystem eignet sich folglich nur für **EDV-verwaltete Läger**. Dabei sind die Lagerplätze sowie ihre aktuelle Belegung mit einer Material-/Artikelart im Lagercomputer gespeichert. Die zuständigen Mitarbeiter müssen auf die Daten der Materialstammdatei und der Artikelstammdatei zugreifen können.

EDV-verwaltete Läger sind oft automatisiert. Es bieten sich an:

- **Hochregalläger** mit automatischem Stapelkran[2]. Der Kran nimmt die Ein- und Auslagerungen vor.

[1] Vgl. S. 248.
[2] Vgl. S. 331.

- **Paternosterläger**[1]. Die Lagerfächer/Regale sind wie bei einem Paternoster-Aufzug senkrecht beweglich. Das gewünschte Regal/Fach wird zum Bediener transportiert.
- **Karusselläger** (wie Paternosterläger, aber horizontal bewegt).

Prozess der Ein- und Auslagerung beim Freiplatzsystem

Einlagerung

- Der Einlagerungsauftrag (mit Material-/Artikelnummer, Menge/Größe) wird eingegeben.
- Der Rechner schlägt am Bildschirm den zurzeit optimalen Lagerplatz vor.
  Dabei spielen Gutinformationen (z. B. Menge, Größe, Umschlagshäufigkeit) und Lagerinformationen (vorhandene Fläche, freie Plätze) eine Rolle.
- Der Mitarbeiter gibt i. d. R. eine Bestätigung des Lagerplatzes und der eingelagerten Menge ein.
- Der Computer druckt ein Barcode-Etikett.
- Der Mitarbeiter bringt das Barcode-Etikett am Material/Artikel an.
- Das Gut wird auf die Förderanlage (z. B. ein Transportband) gelegt, vom Förderfahrzeug (z. B. Stapelkran) erfasst und automatisch am vorbestimmten Ort eingelagert.
  Sind mehrere Positionen einzulagern, so errechnet der Computer auch automatisch die transportwegoptimale Reihenfolge der Einlagerungen.

Auslagerung

- Der Auslagerungsauftrag (mit Material-/Artikelnummer und Menge) wird eingegeben und am Bildschirm angezeigt.
- Der Computer stellt den Lagerplatz fest und zeigt ihn an. Bestehen mehrere Lagerplätze, so schlägt der Computer vor, die am längsten eingelagerten Posten zuerst auszulagern (sog. FIFO-Prinzip: first in – first out[2]. Bei mehreren Positionen berechnet er die optimale Reihenfolge der Entnahmen, um Wege und Zeit zu sparen.
- Der Mitarbeiter bestätigt i. d. R. den Vorschlag des Computers.
- Das Förderfahrzeug entnimmt das Gut und liefert es ab.
- Die erforderliche Menge wird entnommen und am Bildschirm zurückgemeldet.
- Das Förderfahrzeug lagert die Restmenge wieder ein.

Nach jeder Lagerbewegung schreibt das System den neuen Bestand in die Materialdatenbank/Artikeldatenbank.

Der große Vorteil des Freiplatzsystems mit EDV-Verwaltung gegenüber dem Festplatzsystem ist eine optimale Ausnutzung der Lagerfläche. In der Praxis ließ sich bisweilen eine um 30 % größere Lagerkapazität feststellen. Auch die Auslagerung nach dem FIFO-Prinzip gilt als ein großer Vorteil.

Web M 331

Sehen Sie sich auch die Präsentation Festplatz- oder Freiplatzsystem an.

EDV-verwaltetes Hochregallager mit vollautomatischem Förderfahrzeug

[1] Vgl. S. 338.
[2] engl.: Was zuerst hereinkommt, geht auch wieder zuerst hinaus.

DRITTER ABSCHNITT

Arbeitsaufträge

1. Aus einem Zeitungsartikel

> Wer an Lagerorganisation denkt, denkt an Computer. Dabei wird aber oft vergessen, dass Organisation ohne Ordnung nichts nützt. Ordnung ist der entscheidende Faktor, wenn es darum geht, Fehler zu vermeiden, die sehr teuer werden können. Das klingt selbstverständlich und ist es sicher auch – bei Lageranlagen ab einer gewissen Investitionssumme, die grundlegende Planung sozusagen zwingend vorschreiben.
>
> Aber bei all den anderen – und das ist die Mehrzahl der Läger in Deutschland – wird auch heute noch oft nach dem Prinzip Zufall gearbeitet.
>
> Das so entstehende, oft nur mühsam beherrschte Chaos kostet außerdem Zeit und Nerven der Mitarbeiter.
>
> Organisations-Spezialisten haben dieses Problem untersucht. Das Ergebnis: Rund 97 % der „Chaos-Kosten" können durch Organisations-Nummerierung vermieden werden.

a) Erläutern Sie,
- was mit dem „Prinzip Zufall" gemeint ist,
- welche negativen Auswirkungen das „mühsam beherrschte Chaos" hat,
- was eine Organisations-Nummerierung ist,
- wie der Nummernschlüssel einer Ordnungsnummer aufgebaut ist.

b) Ein Betrieb hat zwei Materialläger mit Schieberegalen. Lager 1 hat den in der Zeichnung dargestellten Aufbau. Lager 2 hat den gleichen Aufbau, besteht aber aus 14 Lagerzeilen.
- Wo befindet sich eine Palette mit der Materialnummer 21416829385, der der Lagerplatz 2-02-07-6 zugewiesen ist?

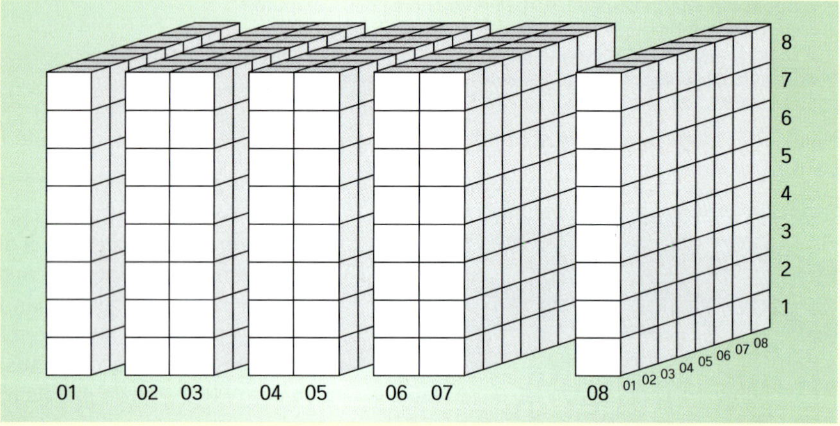

- Wäre es beim Festplatzsystem sinnvoll, einer anderen Palette mit der gleichen Materialnummer den Lagerplatz 2-08-01-1 zuzuweisen? Begründen Sie Ihre Aussage.
- Beurteilen Sie den gleichen Sachverhalt für das Freiplatzsystem.

c) Nehmen Sie Stellung dazu, ob sich eine Verlängerung von Lagergassen und eine Aufstockung von Regalen mit dem System der Organisations-Nummerierung verträgt.

2. Auf Seite 330 ist eine Lagerfachkarte abgebildet.

a) Erläutern Sie die Aufgabe der Lagerfachkarte und die Eintragungen auf der Karte.

b) Wo werden die Bewegungen und Bestände außerdem dokumentiert?

c) Bei welchem System (Fest-, Freiplatzsystem) sind Lagerfachkarten sinnvoll einsetzbar, bei welchem nicht?

3. Der Industriebetrieb Alt & Gut GmbH hat ein manuell verwaltetes Materiallager, der Betrieb Neu & Besser GmbH ein EDV-verwaltetes vollautomatisches Hochregallager.

a) Handelt es sich bei Alt & Gut nach Ihrer Ansicht um ein Fest- oder ein Freiplatzsystem?

b) Bei der Einlagerung einer Palette mit Verteilerkästen fallen bei Alt & Gut folgende Arbeiten an. Sie sind hier in einer falschen Reihenfolge aufgeführt.
(a) Zugang in die Lagerfachkarte eintragen
(b) Materialnummer feststellen
(c) Material einlagern
(d) Eingangsbelegskopie ablegen
(e) Materialeingangsbeleg lesen
(f) Bestand errechnen und in die Lagerkarte eintragen
(g) Zugang in die Lagerkarte eintragen
(h) Lagernummer für das Material feststellen
(i) Kopie des Eingangsbelegs an die Lagerverwaltung weitergeben
(j) Einlagerung auf dem Eingangsbeleg bestätigen
(k) Eingangsbeleg ablegen
(l) Bestand errechnen und in die Lagerfachkarte eintragen
(m) Anhand des Lagerplans den Lagerort feststellen

Bringen Sie die genannten Tätigkeiten in die richtige Reihenfolge.

c) Bei einer entsprechenden Einlagerung fallen bei Neu & Besser die folgenden, ebenfalls ungeordneten Tätigkeiten an.
(a) Palette zur Einlagerung an den Stapelkran übergeben
(b) Barcode-Etikett entnehmen
(c) Materialnummer feststellen
(d) Materialeingangsbeleg ablegen
(e) Materialeingangsbeleg lesen
(f) Materialnummer und Menge über Tastatur eingeben
(g) Lagerplatzvorschlag und Menge über Tastatur bestätigen
(h) Barcode-Etikett auf die Palette kleben
(i) Lagerplatzvorschlag des Computers prüfen

Bringen Sie auch diese Tätigkeiten in die richtige Reihenfolge.

d) Stellen Sie die Geschäftsprozesse aus Auftrag b) und c) mithilfe ereignisgesteuerter Prozessketten dar.

e) Der Lagerdisponent erhält einen Materialentnahmeschein über 4 Verteilerkästen.
Nennen Sie für beide Firmen die erforderlichen Auslagerungstätigkeiten in der richtigen Reihenfolge.

3.2.6 Belegwesen

Lagerbewegungen sind geplant (von der Bedarfsplanung vorbestimmt) oder ungeplant. Für jede Bewegung ist ein Beleg notwendig. Für geplante Bewegungen werden die Belege im Zuge der Arbeitsvorbereitung durch die EDV erstellt.

Auf S. 193 und 335 sind Materialentnahmescheine abgebildet.

Lagerbewegungen

- **Lagerentnahmen**
  - geplant
    - Einzelentnahmen: Erfassung mit Materialentnahmescheinen
    - Gesamtentnahme aller Teile für einen Auftrag: Erfassung mit Entnahme-Stücklisten
  - ungeplant
    - Erfassung mit Materialentnahmescheinen
- **Lagerzugänge**
  - geplant
    - Gefertigte Teile: Erfassung mit Materialzugangsscheinen
    - Gelieferte Einkaufsteile: Erfassung mit Wareneingangsbelegen
  - ungeplant
    - Materialrückgabe (nicht verbrauchte Teile): Erfassung mit Materialrückgabeschein

3.2.7 Prozess der Bestandsüberwachung

Für die Bedarfs- und Einkaufsdisposition ist die Kenntnis der Lagerreserve (wahrscheinlich verfügbarer/disponierbarer Lagerbestand) notwendig (vgl. S. 265). Die EDV ermittelt ihn nach jeder Lagerbewegung.

Dispositionslisten geben über die jeweilige Situation Auskunft.

Beispiel: Dispositionsliste

Dispositionsliste 15. Juli 20..

Bezeichnung: Kanne	Mat.-Nr.: 04636	Lager-Nr.: 436543
Lagerbestand: 2 685	Reserviert: 0	Mindestbestand: 3 000

Reservierungen			**Lager-reserve**	**Bestellungen**			
Auftr.-Nr.	Menge	Termin		Best.-Nr.	Menge	Termin	
			6 385	4638	3 700	20.Juli	
12 411	863	24.August	5 522				
12 962	1 477	11.September	4 045				
12 411	610	21.September	3 435				
12 411	479	16.Oktober	2 956				<Min.!
			4 956	4 638	2 000	22.Oktober	
12 692	2 000	05.November	2 956				<Min.!

Sowohl der Istbestand als auch die Lagerreserve werden mit kritischen Lagerwerten verglichen, z. B. mit dem Mindestbestand, dem Meldebestand und dem Höchstbestand. Bei Unter- bzw. Überschreitung sind gegebenenfalls Korrekturmaßnahmen zu ergreifen.

Einzelheiten hierzu finden Sie in Band 3 *Steuerung und Kontrolle.*

3.2.8 Inventurprozesse

Handelsgesetzbuch und Abgabenordnung schreiben für den Schluss jedes Geschäftsjahres eine **Bestandsaufnahme (Inventur)** aller betrieblichen Wirtschaftsgüter vor. Für Sachgüter wird eine körperliche Inventur verlangt: Der Bestand muss – je nach Art der Güter – durch Zählen, Messen, Wiegen und notfalls durch Schätzen ermittelt werden.

Vorgehen bei der Inventur

- Mengen erfassen und in Listen eintragen.
- Soll- und Istbestand vergleichen, Korrekturen vornehmen.
- Die erfassten Mengen bewerten.
- Güter, Mengen und Werte geordnet in ein Bestandsverzeichnis (Inventar) eintragen.

Neben der **Stichtagsinventur** – sie findet binnen 10 Tagen vor oder nach dem Ende des Geschäftsjahres (dem „Bilanzstichtag“) statt und erfordert wegen ihres Umfangs meist einen Betriebsstillstand – ist auch eine **permanente Inventur** erlaubt. Sie erfolgt für Teilbereiche über das ganze Jahr verteilt (möglichst bei niedrigem Bestand). Voraussetzung: Der Bestand zum Bilanzstichtag muss anhand einer ordnungsmäßigen Lagerbestandsführung genau zu ermitteln sein.

Man wählt über den Computer die zu erfassenden Teile aus und lässt eine **Inventurerfassungsliste** ausdrucken. Man ermittelt die Istmengen durch körperliche Bestandsaufnahme und trägt sie in die Liste ein. Nach Eingabe der Daten druckt der Computer eine **Abstimmliste** mit den festgestellten Differenzen aus.

Beispiel: **Abstimmliste**

Abstimmliste

Lager-Nr.	Bezeichn.	Mat.-Nr.	ME	Sollbest.	Istbest.	Diff.
436534	Kanne	04636	Stck.	2956	2950	- 6
436542	Ölsieb	04630	Stck.	2040	2041	+ 1

Die Differenzen müssen mit der Lagerverwaltung abgeklärt werden. Eventuell ergeben sich noch Korrekturen. Die endgültige Differenz wird in den Computer eingegeben. Die **Inventarliste** wird über den Drucker ausgegeben.

Für betriebliche Zwecke werden die Bestände mit Verrechnungspreisen bewertet. Das Handels- und Steuerrecht verlangt dagegen den Ansatz höchstens mit den Anschaffungs- bzw. Herstellungskosten, bei einem Wertverlust mit dem niedrigeren Wert. Eine Wertsteigerung darf nicht berücksichtigt werden (**Niederstwertprinzip**). Gleichartige Gegenstände werden gewöhnlich nach dem Verfahren des permanenten Durchschnitts bewertet.

Beispiel: **Permanenter Durchschnitt**

Tag	Einstandspreis je Stück (EUR)	Zugang	Abgang	Bestand
01.06.	3,00	1 000		1 000
20.06.			500	500
03.07.	3,45	1 000		1 500
15.07.			400	1 100

Permanenter Durchschnitt:

Stück	Preis (EUR)	Gesamtpreis (EUR)
1 000	3,00	3 000,00
– 500	3,00	1 500,00
= 500	3,00	1 500,00
+ 1 000	3,45	3 450,00
= 1 500	3,30	4 950,00
– 400	3,30	1 320,00
= 1 100	3,30	3 630,00

Arbeitsaufträge

1. In einem Maschinenbaubetrieb wurde folgender Beleg verwendet.

Materialentnahmeschein		Lager-Nr. **2**		Empfangende Kostenstelle **4611 (Dreherei)**	
Baumuster **T 121 008** Stückliste Verbrauchszweck		Auftrags-Nr. **365 461** belastete Kostenstelle ausstellende Kostenstelle **2322 (FVO)**			
Gegenstand	Abmessungen	Menge	Einzelpreis EUR ct	Gesamtpreis EUR ct	
Automatenstahl 9 S 20 DIN 1651	**10 mm Ø**	**160 kg**			

a) Für welche Vorgänge wurde der Beleg verwendet?
b) Die Verwendung des Beleges ist zwingend vorgeschrieben. Begründen Sie diese Vorschrift.
c) Erläutern Sie den Inhalt des Beleges im Einzelnen.
d) Was ist zu tun, wenn für den Auftrag Nr. 365461 tatsächlich nur 144 kg Stahl verbraucht werden?

2. Betrachten Sie noch einmal die Lagerfachkarte auf Seite 330. Der jeweils angezeigte Bestand (Istbestand) darf nicht mit der Lagerreserve verwechselt werden.

a) Erläutern Sie die Begriffe Istbestand und Lagerreserve.
b) Wie errechnet sich die Lagerreserve?
c) Wofür ist die Kenntnis der Lagerreserve vonnöten?

DRITTER ABSCHNITT

3. **Die Dispositionsliste auf Seite 334 gibt über die Lagerreserve Auskunft. Als weitere Vorgänge folgen:**
   Bestellung von 6 000 Stück am 27. Oktober, voraussichtlicher Eingang am 4. November,
   Reservierung von 220 Stück für den 10. November am 3. November,
   Eingang von 6 000 Stück am 4. November aus der Bestellung vom 27. Oktober,
   Reservierung von 580 Stück für den 12. November am 6. November.
   Erstellen Sie je eine Dispositionsliste
   a) am 28. Oktober,
   b) am 4. November,
   c) am 6. November
   und nennen Sie die jeweils ausgewiesene Lagerreserve.

4. **Vordruck für eine Inventurliste**

Lager:			**Lagergasse:**		**Lagergestell:**				
Teile-Nr.	Bezeichnung	Einheit	Sollbestand	Istbestand	Beschaffenheit	Einstandspreis EUR	Wertminderung %	EUR	Inventurwert EUR

   a) Wozu dient die Inventurliste?
   b) Was versteht man unter Sollbestand und Istbestand?
   c) Für jedes Teil/Material/Artikel ist der Inventurwert zu ermitteln. Dabei sind Wertminderungen zu berücksichtigen. Wie können Wertminderungen zustande kommen?
   d) Übertragen Sie die Inventurliste in Ihr Heft und nehmen Sie die notwendigen Eintragungen für 5 Teile/Materialien/Artikel Ihres Betriebes vor.

5. **Der Lagerbestand an beschichteten Spanplatten, 16 mm dick, ergibt sich wie folgt:**

Datum	Einstandspreis	Zugang	Abgang	Bestand
6. März	100,00	30		30
15. März			10	20
15. April			15	5
18. April	95,00	30		35
1. Juni			20	15
1. Oktober			10	5
11. Dezember	105,00	30		35

   Berechnen Sie den Wert des Bestandes zum 31. Dezember.

3.3 Kosten der Lagerhaltung

3.3.1 Lagerkostenarten

Web M 337

Lagerung ist teuer und Lagerkosten entstehen in vielerlei Arten:

Lagerkosten
Kosten der Lagerkapazität (des Aufnahmevermögens)
Kosten für Lagergebäude, -einrichtungen, -fördermittel (Mieten, Abschreibungen, Zinsen, Versicherung) und Lagerpersonal (Entlohnung, Sozialversicherung)
Kosten der Lagerbereitschaft
Kosten für Beleuchtung, Heizung, Kühlung, Instandhaltung, Reinigung
Kosten der Lagervor- und -nachbereitung
Kosten für Ein-, Um-, Auslagern (z. B. Treibstoff), Ver- und Entpacken, Kommissionieren
Kosten der Lagervorräte
Kosten der Warenpflege; Bearbeitung (z. B. Mischen, Ver- und Umpacken, Zuschneiden, Ab- und Umfüllen, Reparieren), Lagerbestandsführung, Inventur; Verzinsung des in den Vorräten gebundenen Kapitals (Lagerzinsen); Versicherungskosten
Kosten des Lagerrisikos
Risiken entstehen durch den **technischen Fortschritt** (Ablösung durch neuartige Materialien), durch **Nachfrageänderungen** (z. B. wegen Mode- oder Geschmackswandel), durch **Preisschwankungen** (z. B. Preisverfall an den Rohstoffmärkten) und durch **Mengenverluste** aufgrund menschlicher Einwirkung (z. B. Diebstahl, Bruch) oder aufgrund natürlicher Ursachen (Verderb, Schwund durch Trocknen oder Verdunsten, Brand, Wassereinbruch). Nur wenige Risiken sind kalkulierbar (z. B. Diebstahl, Brand, Wasserschäden). Für sie entstehen Versicherungskosten oder in der Kostenrechnung werden Wagniszuschläge angesetzt. Die meisten unterliegen dem **allgemeinen Unternehmerrisiko**. Der Unternehmensgewinn sollte so hoch sein, dass er nicht nur das Eigenkapital angemessen verzinst, sondern auch eine „Risikoprämie" für dieses Wagnis enthält (vgl. Band 3 „Steuerung und Kontrolle").

Fixe (feste) Kosten entstehen unabhängig von der Menge der Lagergüter. Dies gilt im Wesentlichen für die Kosten der Lagerkapazität und der Lagerbereitschaft.

Variable (veränderliche) Kosten hingegen ändern sich mit der Menge der Lagergüter. Dies gilt für die Kosten der Lagervorräte, der Lagervor-/-nachbereitung, des Lagerrisikos.

Außerdem bewirkt die Lagerung Liquiditätsverluste: Die in Vorräten investierten Gelder sind bis zu ihrer Freisetzung durch Produktverkäufe „totes Kapital": Sie sind dem Betrieb für andere, eventuell gewinnbringende Einkäufe und auch für die Bezahlung von Verbindlichkeiten entzogen. Dies hemmt die Liquidität, die ständige Zahlungsbereitschaft.

3.3.2 Minimierung der variablen Lagerkosten

Eine Minimierung der variablen Lagerkosten erfordert

- die Minimierung der Lagervorräte,
- den schnellstmöglichen Umschlag (Produktionseinsatz, Produktverkauf) der Vorräte.

Bekanntlich spielt in diesem Zusammenhang beim Industriebetrieb eine Reihe bekannter Probleme und Entscheidungen eine Rolle:

- die Entscheidung für Einzelbeschaffung, Vorratsbeschaffung oder JIT-Beschaffung,
- die Bedeutung eiserner Bestände zwecks Vermeidung von Fehlmengenkosten,
- die Festlegung optimaler Bestellmengen,
- der Zeitpunkt von Materialangeboten (z. B. Messen, Ernten, Saisonwechsel),
- die Preisentwicklung (Einkauf vor erwarteten Preiserhöhungen),
- die Lagerfähigkeit des Materials,
- Mindestabnahmemengen und feste Verpackungseinheiten.

3.3.3 Minimierung der fixen Lagerkosten

Die Minimierung der fixen Lagerkosten setzt v. a. eine sorgfältige Kapazitätsplanung voraus. Die Sollgröße des Lagers wird grundsätzlich durch die Entscheidung über die Höhe der Lagervorräte und den Lagerumschlag bestimmt. Flächen und Räume, die nicht ausgenutzt werden, sollten auch nicht vorgehalten werden.

Liegen Lagervorrat und Lagerumschlag fest, wird die **Entscheidung über die Lagerkapazität** wesentlich beeinflusst durch

- Art, Größe, Gewicht der Lagergüter,
- Lagerart (Haupt-, Neben-, Handlager),
- Lagerstandort (zentral, dezentral),
- die geplanten Lagervorrichtungen,
- die Beschaffungsdauer.

Von großer Bedeutung ist es, die benötigte Lagerkapazität mit möglichst geringer Grundfläche zu erzielen. Dies erfordert den Einsatz Raum sparender und den Transport erleichternder Lagervorrichtungen und Fördermittel, evtl. unter Ausnutzung der Möglichkeiten, die die Automation heute bietet. Ideal sind die schon erwähnten computergesteuerten Hochregal-, Paternoster- oder Karusselläger.

Beispiel: Regallager und Paternosterlager

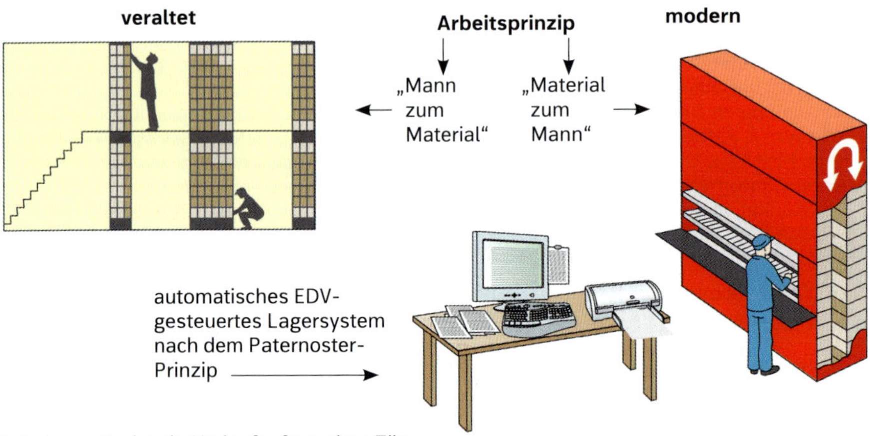

Ein Paternoster ist ein Umlaufaufzug ohne Tür.
Nach dem gleichen Prinzip („Material zum Mann"), nur mit horizontaler Laufrichtung, arbeiten *Karusselläger*.

Arbeitsaufträge

1. **Das Betriebsergebniskonto von MGB Maltmann Getriebebau e. K. weist folgende Positionen auf:**
   Materialkosten, Löhne, Gehälter, Sozialkosten, Instandhaltung, Steuern, Gebühren, Beiträge, Versicherungsprämien, Mieten, Verkehrs-, Büro-, Werbekosten, Abschreibungen, Sondereinzelkosten der Fertigung und des Vertriebs.
   Welche dieser Kosten können auch durch die Lagerung mitverursacht sein?

2. **Die Karikatur auf Seite 336 zeigt ein sehr gut gefülltes Materiallager, aber zugleich eine damit verbundene Konfliktsituation. Offensichtlich hat diese etwas mit den entstehenden Lagerkosten zu tun.**
   a) Erläutern Sie den angedeuteten Konflikt.
   b) Welche Kostenarten entstehen durch Materiallagerung?
   c) Welche der von Ihnen genannten Kosten sind fix, welche variabel?
   d) Stellen Sie sich vor, der betreffende Betrieb könnte zur JIT-Belieferung wechseln. Wie würde dies sich auf die verschiedenen Arten von Lagerkosten auswirken?
   e) Die meisten Industriebetriebe können JIT nicht verwirklichen und müssen Lagervorräte halten. Sie versuchen, sich einer optimalen Bestellmenge anzunähern. Wie wirkt dies sich auf die Höhe der Lagerkosten aus?

f) Teilweise versucht man auch, die Lagerung outzusourcen. Dies geschieht z. B., indem man sein Eigenlager durch ein Fremdlager bei einem Logistikdienstleister ersetzt, der auch die Anlieferung auf Abruf übernimmt.
   (1) Welche Lagerkosten werden bei Fremdlagerung völlig eingespart?
   (2) Ein Industriebetrieb überlegt, ob er sein Materiallager zugunsten der Fremdlagerung aufgeben soll. Er lagert ständig 2 000 Paletten, die im Durchschnitt 4-mal jährlich umgeschlagen werden. Die fixen Kosten des Lagers betragen jährlich 1 Mio. EUR, die Lagerkosten je Palette 100,00 EUR. Ist die Fremdlagerung vorteilhaft, wenn der Spediteur für die entsprechende Lagerung einschließlich Anlieferung 200,00 EUR berechnet?
   (3) Ab welcher Anzahl Paletten wird das Eigenlager kostengünstiger?

4 Controlling im Materialmanagement

4.1 Ziele und Verfahren des Controllings

„Wenn wir die Einkaufskosten um 10 % senken könnten, würde unser Gewinn glatt um 100 % steigen!"
Man könnte auch sagen: „Das Geld, das der Geschäftsprozess Einkauf verdient, muss der Betrieb nicht erst in anderen Prozessen verdienen."

Im Materialbereich lassen sich enorme Kosten einsparen. Deshalb haben hier auch Controllingmaßnahmen[1] große Bedeutung. Wichtige Ziele des Controllings sind hier:

- frühzeitige Erkennung von Schwachstellen des Bereichs,
- Überbrückung von Schnittstellen mit anderen Abteilungen und Betrieben,
- Senkung der Beschaffungskosten.

Verfahren wie die ABC-XYZ-Analyse, die Wertanalyse, die Preisstrukturanalyse, die Berechnung und Überprüfung von Meldebeständen und optimalen Bestellmengen gehören ebenso zum Bereichscontrolling wie Kennzahlen, die monatlich aus den Controllingergebnissen zusammengetragen werden sollten.

4.2 Zweck wichtiger Kennzahlen

Es ist die Aufgabe des Controllings, bei Zielbildung, Planung und Kontrolle koordinierend mitzuwirken. Der Controller wertet z. B. das anfallende Zahlenmaterial aus, verdichtet es zu Kennzahlen und beurteilt die Betriebsprozesse anhand der Kennzahlen.

Wichtige **ökonomische Ziele der Materialwirtschaft** sind bekanntlich:
- **das Sicherheitsziel**:
  die gesicherte Versorgung der Verbrauchsstellen
- **Wirtschaftlichkeitsziele:**
  - die Minimierung der Beschaffungs- und Lagerkosten
  - die Minimierung der Kapitalbindung in Vorräten

Kennzahlen zur Versorgungssicherheit und zur Wirtschaftlichkeit sollen Aussagen darüber zulassen, in welchem Ausmaß diese Ziele erreicht werden.

[1] Vgl. S. 27 f.

4.3 Kennzahlen zur Versorgungssicherheit

Die Versorgungssicherheit wird einerseits durch große Lagervorräte, andererseits durch sichere Marktverhältnisse (reichhaltiges Angebot, stabile Beschaffungspreise, zuverlässige Lieferanten) gewährleistet. Insofern unterscheidet man Bestands- und Lieferantenkennzahlen.

4.3.1 Bestandskennzahlen

Schon die bekannten Arten der Lagerbestände sind wichtige Kennzahlen der Versorgungssicherheit: Istbestand, Mindestbestand, Höchstbestand, sicher verfügbarer Bestand, disponierbarer Bestand (Lagerreserve), Meldebestand, durchschnittlicher Bestand. Folgende Zusammenhänge sind schon bekannt:

❶ Istbestand
❷ – Mendestbestand (eiserner Bestand)
– erfolgte Reservierungen (für die Fertigung)
❸ = sicher verfügbarer Lagerbestand
+ erwartete Zugänge aus Bestellungen und Fertigungsaufträgen
❹ = Lagerreserve (wahrscheinlich verfügbarer/disponierbarer Lagerbestand)

Mindestbestand
+ durchschnittliche Tagesentnahme · Wiederbeschaffungszeit
❺ = Meldebestand

Mindestbestand
+ (ggf. optimale) Bestellmenge
❻ = Höchstbestand

Die Versorgungssicherheit steigt mit zunehmendem Lagerbestand.

Wenn man in regelmäßigen zeitlichen Abständen den Istbestand prüft, kann man auch errechnen, welche Menge durchschnittlich auf Lager liegt. Die Rechnung wird umso genauer, je kürzer die Prüfintervalle sind.
Oft unterscheidet man
(1) jährliche Prüfintervalle,
(2) monatliche Prüfintervalle,
(3) tägliche Prüfintervalle (z. B. automatische Speicherung der Bestände und der Lagerdauer bei EDV-verwalteten Lägern).

Dementsprechend ergeben sich folgende – mehr bzw. weniger genaue – Berechnungsmöglichkeiten für den **durchschnittlichen Lagerbestand** (Ø LB):

(1) $$\text{Ø LB} = \frac{\text{Jahresanfangsbestand} + \text{Jahresendbestand}}{2}$$ ← sehr ungenau

(2) $$\text{Ø LB} = \frac{\text{Jahresanfangsbestand} + 12\ \text{Monatsendbestände}}{13}$$ ← genauer

(3) $$\text{Ø LB} = \frac{B_1 \cdot T_1 + B_2 \cdot T_2 + B_3 \cdot T_3 + \ldots + B_n \cdot T_n}{T_1 + T_2 + T_3 + \ldots T_n}$$ ← genau

(B = Bestand,
T = Lagerdauer,
n = letzte Nummer)

Beispiel: Durchschnittlicher Lagerbestand

	Tage	Bestand (Stück)			
01.01. – 14.02.	44	40	40 · 44	=	1 760
15.02. – 02.03.	18	20	20 · 18	=	360
03.03. – 26.04.	54	10	10 · 54	=	540
27.04. – 30.04.	4	5	5 · 4	=	20
01.05. – 01.08.	91	100	100 · 91	=	9 100
02.08. – 19.09.	48	70	70 · 48	=	3 360
20.09. – 20.11.	61	40	40 · 61	=	2 440
21.11. – 31.12.	40	25	25 · 40	=	1 000
			360		18 580

(1) **Ø LB** = (40 + 25) : 2 = **32,5**

(2) **Ø LB** = (40 + 40 + 20 + 10 + 5 + 100 + 100 + 100 + 70 + 40 + 40 + 25 + 25) : 13 = **47,31**

(3) **Ø LB** = 8 580 : 360 = **51,61**

Bei täglich gleichmäßigen Entnahmen und stets gleicher Bestellmenge lässt sich der durchschnittliche Lagerbestand auch wie folgt genau berechnen:

$$\text{durchschnittlicher Lagerbestand} = \frac{\text{Bestellmenge}}{2} + \text{eiserner Bestand}$$

Die Kennzahl **Lagerreichweite** gibt an, wie viele Tage (oder auch Wochen, Monate, Jahre) der durchschnittliche Lagerbestand (oder eine andere Bestandsart) ausreicht:

$$\text{Lagerreichweite} = \frac{\text{durchschnittlicher Lagerbestand (bzw. anderer Bestand)}}{\text{durchschnittliche Entnahme pro Tag (oder Woche, Monat, Jahr)}}$$

Der Reichweite können auch der Bestandswert (= Bestandsmenge · Stückpreis) und der Entnahmewert (= Entnahmemenge · Stückpreis) zugrunde gelegt werden.

Beispiel: Lagerreichweite

Die Zeiteinheit sei ein Tag.
Gegeben sind:
Mindestbestand = 20 Stück;
Wiederbeschaffungszeit = 4 Tage;
Istbestand am 28.07.20.. = 90 Stück
Tagesentnahme (regelmäßig) = 5 Stück
optmale Bestellmenge = 100 Stück

Dann errechnen sich:
Meldebestand = (20 + 5 · 4) Stück = 40 Stück
Höchstbestand = (20 + 100) Stück = 120 Stück
durchschnittlicher Lagerbestand = (100 : 2 + 20) Stück = 70 Stück

Reichweite
- des durchschnittlichen Lagerbestands = 70 Stück : 5 Stück/Tag = 14 Tage
- des Istbestands = 90 Stück : 5 Stück/Tag = 18 Tage
- des Höchstbestands = 120 Stück : 5 Stück/Tag = 24 Tage
- des Meldebestands = 40 Stück : 5 Stück/Tag = 8 Tage

- **Bei Lieferengpässen oder einer schlechten Bestelldisposition ist die Lagerreichweite ggf. zu niedrig. Dann ist auch die Lieferbereitschaft des eigenen Lagers unzureichend. Dies kann zu Fehlmengenkosten führen (z. B. wegen Produktionsausfall).**
- **Ist die Lagerreichweite – und damit auch die Lieferbereitschaft – übermäßig groß, so kommt es zu unnötigen Lagerkosten und zu überhöhter Kapitalbindung.**

Die Lieferbereitschaft wird durch die Kennzahl **Lieferbereitschaftsgrad (Lieferservicegrad)** gemessen:

$$\text{Lieferbereitschaftsgrad} = \frac{\text{rechtzeitig ausgelieferte Mengen}}{\text{insgesamt angeforderte Mengen}} \cdot 100$$

$$\text{Lieferbereitschaftsgrad} = \frac{\text{rechtzeitig erfüllte Aufträge}}{\text{gesamte Aufträge}} \cdot 100$$

Auch der Lieferbereitschaftsgrad kann natürlich mit Wertgrößen (= Menge · Stückpreis) berechnet werden.

4.3.2 Lieferantenkennzahlen

Bei fertigungssynchroner Beschaffung (Just-in-time-Belieferung) werden bekanntlich die Lagerbestände bis auf kleine Mindestbestände abgebaut, um Lagerkosten einzusparen. Dies setzt jedoch eine absolut zuverlässige Belieferung voraus.

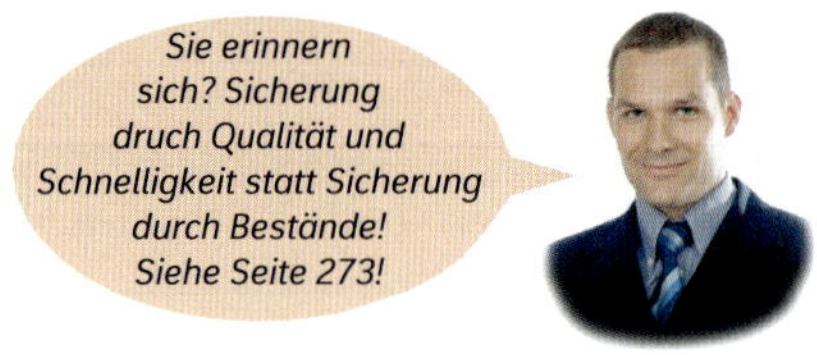

Die Qualität der Belieferung durch den Lieferanten wird ebenfalls durch den **Lieferbereitschaftsgrad** gemessen (siehe oben).

Ergänzende Kennzahlen zur Lieferantenqualität sind die **Verzugsquote** und die **Reklamationsquote**:

$$\text{Verzugsquote} = \frac{\text{verspätete Lieferungen}}{\text{gesamte Lieferungen}} \cdot 100$$

$$\text{Reklamationsquote} = \frac{\text{Reklamationen}}{\text{gesamte Lieferungen}} \cdot 100$$

Beispiel: Lieferantenqualität

Bei der Belieferung durch den Lieferanten Carl Foss GmbH mit dem Material FG12 stellt das Controlling in den Quartalen 1 bis 4 die folgende Entwicklung fest.

(L = Lieferbereitschaftsgrad, V = Verzugsquote, R = Reklamationsquote)

Quartal	1		2		3		4	
Lieferungen	12		12		12		12	
erfüllte	12	L = 100 %	12	L = 100 %	11	L = 91,67 %	10	L = 83,33 %
verspätete	0	V = 0 %	0	V = 0 %	1	V = 8,33 %	2	V = 16,67 %
Reklamationen	0	R = 0 %	1	R = 8,33 %	1	R = 8,33 %	1	R = 8,33 %

Die Lieferantenqualität nimmt mit jedem Quartal ab. Damit sinkt auch die Versorgungssicherheit. Es sollten geeignete Verbesserungsmaßnahmen erfolgen.

4.4 Kennzahlen zur Wirtschaftlichkeit

Je sicherer die Verhältnisse auf den Beschaffungsmärkten (Art, Mengen, Preise der Materialien) sind und je besser die Lieferantenqualität ist, desto mehr kann die Unternehmung teure Bestände abbauen und sich auf die Optimierung der Wirtschaftlichkeit konzentrieren.

Wirtschaftlich handeln bedeutet in der Materialwirtschaft: Das Einkaufsvolumen (= Summe aller Einstandspreise) soll mit minimalem Kosteneinsatz bereitgestellt werden.

Erinnern Sie sich noch? Wirtschaftlichkeit – Maximal-, Minimalprinzip – Ergiebigkeits-, Sparsamkeitsgrad! Lesen Sie noch einmal auf Seite 17 und 213 nach!

Die Materialwirtschaft stellt der Produktion als **Ergebnis** ihrer Tätigkeit alle Materialien zur Verfügung. Deren Wert ist das Einkaufsvolumen (= Summe aller Einstandspreise). Wirtschaftliches Handeln bezieht sich hier auf das **Sparsamkeitsprinzip:** Das Ergebnis (Einkaufsvolumen) soll mit **kleinstmöglichem Einsatz** (minimalen Kosten) bereitgestellt werden.

Die Kosten bestehen bekanntlich aus Beschaffungskosten (gemeint: die mittelbaren Beschaffungskosten) und Lagerkosten. Die grundlegende Kennzahl der Wirtschaftlichkeit ist folglich:

$$\text{Wirtschaftlichkeit} = \frac{\text{Beschaffungskosten} + \text{Lagerkosten}}{\text{Einkaufsvolumen}} \cdot 100$$

Die Kennzahl lässt sich auflösen in zwei getrennte Kennzahlen:

$$\text{Wirtschaftlichkeit der Beschaffung} = \frac{\text{Beschaffungskosten}}{\text{Einkaufsvolumen}} \cdot 100$$

$$\text{Wirtschaftlichkeit der Lagerung} = \frac{\text{Lagerkosten}}{\text{Einkaufsvolumen}} \cdot 100 = \text{Lagerkostensatz}$$

Am besten fallen die Kennzahlen bei JIT-Beschaffung aus: Lagerkosten fallen kaum an und die Beschaffungskosten sind aufgrund fester Lieferantenbeziehungen minimiert. Bei Vorratsbeschaffung ist das Modell der optimalen Bestellmenge ein Ansatz.

4.5 Kennzahlen zur Wirtschaftlichkeit der Beschaffung

Um die Beschaffungskosten zu senken, müssen v. a. die Beschaffungsprozesse (einschließlich Logistikprozesse) kostengünstig gestaltet werden. Aus der großen Fülle existierender Kennzahlen können wir hier nur wenige exemplarisch herausgreifen:

$$\text{durchschnittliche Prozesskosten je Bestellung} = \frac{\text{Personalkosten} + \text{Personalnebenkosten} + \text{Sachkosten}}{\text{Anzahl der Bestellungen}}$$

Ersetzt man im Nenner Bestellungen durch *Standardbestellungen, Rahmenvertragsabrufe, Einzelbestellungen, Bestellungen von A-, B-, C-Materialien*, so erhält man die durchschnittlichen Prozesskosten für diese Arten von Bestellungen und kann erkennen, wie kostengünstig eine Art ist.

Ähnliche Kennzahlen ergeben sich für die Logistik:

$$\text{durchschnittliche Lieferkosten je Anlieferung} = \frac{\text{Frachtkosten} + \text{Umschlagskosten} + \text{sonstige Logistikkosten}}{\text{Anzahl der Anlieferungen}}$$

Ersetzt man im Nenner Anlieferungen durch *Anlieferungen von A-, von B-, von C-Materialien oder von Material X*, erhält man die durchschnittlichen Logistikkosten für diese Materialarten und kann erkennen, wie kostengünstig die Logistikleistungen sind.

Von Interesse könnten auch sein:
- das Volumen an Materialien, das ein Einkäufer in einem Zeitabschnitt beschafft,
- die Anzahl der Anfragen in einem Zeitabschnitt,
- der E-Procurement-Nutzungsgrad
  = Anzahl der Online-Einkäufe : Anzahl der abgewickelten Einkäufe,
- die Rabattquote
  = Gesamtrabattwert : Materialeinkaufswert zu Listenpreisen · 100

4.6 Kennzahlen zur Wirtschaftlichkeit der Lagerung

Der Lagerbestand ist nicht nur für die Versorgungssicherheit, sondern auch für die Wirtschaftlichkeit der Lagerung maßgeblich. Für Kennzahlen zur Wirtschaftlichkeit benutzt man den durchschnittlichen Lagerbestand. Wichtige Kennzahlen sind
- die Umschlagshäufigkeit,
- die durchschnittliche Lagerdauer,
- die durchschnittlichen Lagerkosten,
- die durchschnittliche Kapitalbindung,
- der Lagerzinssatz.

Die **Umschlagshäufigkeit** gibt an, wie oft der durchschnittliche Bestand im Jahr umgeschlagen wird (oder: wie oft das Lager im Jahr geräumt wird).

Die **durchschnittliche Lagerdauer** gibt an, wie lange der durchschnittliche Bestand auf Lager liegt.

$$\text{Umschlagshäufigkeit} = \frac{\text{Jahresentnahme}}{\text{durchschnittlicher Lagerbestand}}$$

$$\text{durchschnittliche Lagerdauer} = \frac{360}{\text{Umschlagshäufigkeit}}$$

Je niedriger bei unverändertem Jahresverbrauch der durchschnittliche Lagerbestand ist, desto schneller wird das Lager geräumt und desto kürzer ist die Lagerdauer.

Beispiel: Umschlagshäufigkeit und durchschnittliche Lagerdauer

Tagesentnahme = 5 Stück (Jahresentnahme = 360 · 5 Stück = 1 800 Stück)

	durchschnittlicher Lagerbestand	Umschlagshäufigkeit	durchschnittliche Lagerdauer
①	70 Stück	$\frac{1\,800 \text{ Stück}}{70 \text{ Stück}} = 25{,}7\text{-mal}$	$\frac{360 \text{ Tage}}{25{,}7} = 14 \text{ Tage}$
②	10 Stück	$\frac{1\,800 \text{ Stück}}{10 \text{ Stück}} = 180\text{-mal}$	$\frac{360 \text{ Tage}}{180} = 2 \text{ Tage}$

Je niedriger der durchschnittliche Lagerbestand ist, desto niedriger sind natürlich auch die Lagerkosten und desto weniger Kapital ist in den Lagerbeständen gebunden.

> **durchschnittliche Lagerkosten = durchschnittlicher Bestand · Lagerkosten pro Stück**
> **durchschnittliche Kapitalbindung = durchschnittlicher Bestand · Einstandspreis pro Stück**

Beispiel: Durchschnittliche Lagerkosten, durchschnittliche Kapitalbindung

Die Lagerkosten pro Stück sollen 40,00 EUR betragen, der Einstandspreis 100,00 EUR. Dann gilt bei einem durchschnittlichen Lagerbestand von ① 70 bzw. ② 10 Stück:

	durchschnittliche Lagerkosten	durchschnittliche Kapitalbindung
①	70 · 40,00 EUR = 2 800,00 EUR	70 · 100,00 EUR = 7 000,00 EUR
②	10 · 40,00 EUR = 400,00 EUR	10 · 100,00 EUR = 1 000,00 EUR

Ein kleinerer durchschnittlicher Bestand bedeutet einen schnelleren Umschlag, eine kürzere Lagerdauer und damit eine raschere Freisetzung des gebundenen Kapitals.

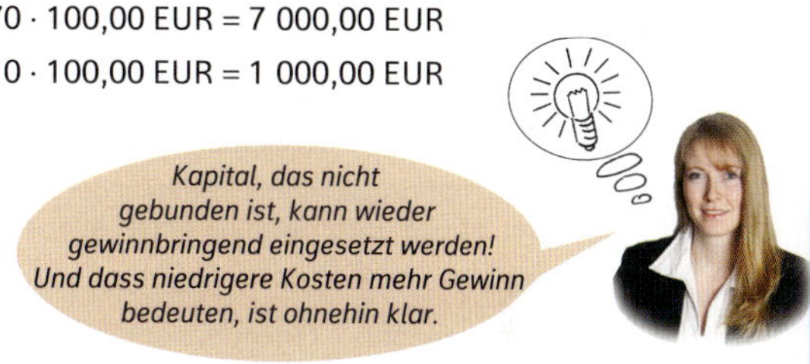

Der **Lagerzinssatz** gibt an, wie viel Prozent Zinsen das im durchschnittlichen Lagerbestand gebundene Kapital während der durchschnittlichen Lagerdauer kostet.

$$\text{Lagerzinssatz} = \frac{\text{durchschnittliche Lagerdauer} \cdot \text{Marktzinssatz}}{360}$$

Wenn der Lagerzinssatz und somit auch die Lagerkosten niedrig gehalten werden können, so wirkt sich dies letztlich auch im Angebotspreis der Waren aus.

Beispiel: Lagerzinssatz

Wir führen das letzte Beispiel fort:
Durch das in den Lagerbeständen gebundene „tote Kapital" gehen Zinsen verloren, die man ansonsten z. B. durch Anlage des Geldes bei einer Bank erzielen könnte. Wenn z. B. der Marktzinssatz 8 % beträgt (er bezieht sich auf 1 Jahr = 360 Tage), so ergibt sich für eine Lagerdauer von 14 Tagen bzw. zwei Tagen folgende Berechnung des Lagerzinses:

	Fall 1 (14 Tage)	Fall 2 (2 Tage)
Lagerzinssatz	$\frac{14 \cdot 8}{360} \approx 0{,}31\,\%$	$\frac{2 \cdot 8}{360} \approx 0{,}044\,\%$

In Fall 1 liegen also die in den Selbstkosten enthaltenen Lagerkosten um 0,266 Prozentpunkte (0,31 % – 0,044 %) höher als in Fall 2. Entsprechend höher muss auch der Angebotspreis liegen.

> **Wichtiger Hinweis:**
> Wenn das Unternehmen einen Fabrikkalender führt, ist bei den Kennzahlen das Jahr nicht mit 360 Tagen zu rechnen, sondern mit der Gesamtsumme der Arbeitstage gemäß Fabrikkalender (z. B. 300).

Arbeitsaufträge

1. **Die Kanther GmbH hat im März 20.. zwanzig alte PCs in einem Lichtwellenleiter-Netzwerk durch neue PCs ausgetauscht. Für den Kauf der zwanzig PCs wurden Ausschreibungen an verschiedene IT-Anbieter versandt. Vier Angebote gingen ein. Sie enthielten die nebenstehenden Endpreise.**

Angebot	Endpreis
1	35 000,00 EUR
2	36 000,00 EUR
3	40 000,00 EUR
4	33 000,00 EUR

Der Einkaufssachbearbeiter ist zunächst geneigt, Anbieter 4 zu wählen. Für die Entscheidungsfindung wird die Controllingabteilung gebeten, Kennzahlen bereitzustellen. Dies ist möglich, weil die Kanther GmbH in der Vergangenheit Erfahrungen mit allen vier Anbietern gemacht hat. Folgende Zahlen liegen vor:

Lieferer	Lieferungen	Reklamationen	verspätete Lieferungen
1	10	0	0
2	15	3	4
3	12	0	2
4	8	3	4

a) Aufgrund welcher Kennzahl ist der Einkäufer geneigt, Angebot 4 zu wählen?

b) Die Anschaffungskosten werden in der Praxis auch anhand des mittleren Marktpreises beur-teilt. Dieser ist das arithmetische Mittel aller eingeholten Angebotspreise. Man errechnet daraus die Kennzahl *Einkaufsergebnis*.

$$\text{Einkaufsergebnis} = \text{Einkaufsmenge} \cdot \left(\frac{\text{Summe aller Angebotspreise}}{\text{Anzahl der Angebote}} - \text{effektiver Kaufpreis}\right)$$

Berechnen Sie die Kennzahl für jedes der vier Angebote und vergleichen Sie die Angebote anhand der Kennzahl. Welche zusätzliche Information liefert die Kennzahl gegenüber dem direkten Preisvergleich?

c) Berechnen Sie weitere Kennzahlen, die für die Einkaufsentscheidung relevant sind.

d) Entscheiden Sie sich für einen Anbieter und begründen Sie Ihre Entscheidung.

2. **Ein Fertigungsbetrieb beschaffte und verbrauchte im vergangenen Jahr 484 Profileisen mit einem Einstandspreis von je 20,00 EUR.**

Es erfolgten acht Bestellungen.

Dabei fielen anteilige Prozesskosten an: Personalkosten 180,00 EUR, Personalnebenkosten 45,00 EUR, Sachkosten 55,00 EUR.

Die jährlichen Lagerkosten betrugen 2,00 EUR je Stück.

Es fanden monatliche Inventuren statt. Dabei wurden folgende Bestände ermittelt:

2. Januar: 58	**31. März: 38**	**30. Juni: 41**	**30. September: 40**	**30. November: 49**
31. Januar: 16	**30. April: 76**	**31. Juli: 31**	**31. Oktober: 70**	**31. Dezember: 22**
28. Februar: 34	**31. Mai: 50**	**31. August: 47**		

Bei den Lagerentnahmen konnten 30 Stück nicht rechtzeitig ausgeliefert werden.

Berechnen Sie

a) den durchschnittlichen Lagerbestand,

b) die Umschlagshäufigkeit,

c) die durchschnittliche Lagerdauer bzw. Lagerreichweite (zwei Berechnungswege!),

d) die durchschnittlichen Lagerkosten,

e) die durchschnittliche Kapitalbindung,

f) die Kosten der durchschnittlichen Kapitalbindung bei einem Marktzins von 6 %,

g) den Lagerzinssatz,

h) die Beschaffungskosten (Bestellkosten) pro Bestellung und insgesamt,

h) die Wirtschaftlichkeit von Beschaffung und Lagerung sowie insgesamt,

i) den Lieferbereitschaftsgrad.

j) Mit welchen Maßnahmen könnte die Umschlagshäufigkeit erhöht werden?

k) Warum wird in der Praxis eine hohe Umschlagshäufigkeit anstrebt?

3. Betrachten Sie noch einmal die Aufgabenstellungen von Auftrag 3 auf Seite 270.

a) Geben Sie an, wie groß unter den angegebenen Voraussetzungen der durchschnittliche Lagerbestand, die Umschlagshäufigkeit und die durchschnittliche Lagerdauer sind.

b) Berechnen Sie: durchschnittliche Lagerkosten, durchschnittliche Kapitalbindung und Lagerzinssatz (Marktzinssatz = 5 %, Einstandspreis 15,00 EUR, Lagerkosten/Stück 3,00 EUR).

c) Erläutern Sie, was die berechneten Kennzahlen aussagen.

4. In einem Betrieb wird behauptet, der durchschnittliche Lagerbestand habe gesenkt werden können, gleichzeitig sei aber auch die Umschlagshäufigkeit gesunken und die Lagerdauer gestiegen.

Nehmen Sie hierzu Stellung.

Rahmenlehrplan: LERNFELD 7
Personalwirtschaftliche Aufgaben wahrnehmen

VIERTER ABSCHNITT

Personalmanagement

1 Aufgaben des Personalmanagements

Unternehmen benötigen die Leistungsfaktoren Arbeitskräfte, Betriebsmittel und Material. Mit dem Faktor *Arbeitskräfte* ist insbesondere das Personalmanagement befasst.

Das Personalmanagement umfasst alle mitarbeiterbezogenen Gestaltungsmaßnahmen zur Verwirklichung der Unternehmensziele. Sein Aufgabenbereich umfasst alle Probleme der Führung und Behandlung, der Bereitstellung, des Einsatzes, der Entwicklung und des Abbaus von Arbeitskräften.

Personalmanagement

Personalführung

Personalplanung – setzt Ziele und legt spätere Maßnahmen fest

Einzelaufgaben

- **Personalbedarfsermittlung**
- **Personalbeschaffung:** Personalanwerbung, -auswahl, -einstellung
- **Personaleinsatz:** Stellenbeschreibung, Arbeitszuweisung, Einsatzzeit
- **Personalentwicklung:** Aus-, Fort-, Weiterbildung, Beurteilung
- **Personalbetreuung (Sozialwesen):** Sozialleistungen
- **Arbeitsbewertung und Entlohnung**
- **Personalabbau**

Personalverwaltung – erledigt die laufenden Aufgaben

Personalinformationssystem – liefert die benötigten Informationen

- **Personalführung:** betrifft den personenbezogenen Aspekt der Unternehmensführung. Führungsaktivitäten: Anordnung, Information, Koordination, Delegation, Motivation.
- **Personalplanung:** Planung des Personalbedarfs, der Personalbeschaffung, des Personaleinsatzes, der Personalentwicklung und des Personalabbaus.
- **Personalverwaltung:** Alle laufenden Aufgaben und Formalitäten: Bearbeitung von Mitarbeiteranträgen; Personalakten; Personalstatistik; Lohn- und Gehaltszahlungen.
- **Personalinformationssystem:** liefert Informationen für Personalplanung, -verwaltung und -controlling.
- **Einzelaufgaben:** Werden in den folgenden Abschnitten behandelt.

2 Ziele des Personalmanagements

Die wichtigsten Ziele des Personalmanagements sind
- **die optimale Deckung des Personalbedarfs,**
- **die Optimierung des Personalaufwands,**
- **die Optimierung der Personalleistung.**

2.1 Optimale Deckung des Personalbedarfs

Die optimale Deckung des Personalbedarfs umfasst zwei Teilziele:
- **die Deckung des quantitativen Bedarfs:**
  Genau die benötigte Zahl Arbeitskräfte muss in der Zeit des Bedarfs bereitstehen. Deshalb betreiben die meisten Betriebe eine eigene Aus- und Fortbildung. Ist keine interne Personalbeschaffung möglich, müssen Arbeitskräfte extern angeworben werden.
- **die Deckung des qualitativen Bedarfs:**
  Die Arbeitskräfte müssen die benötigte Leistungsfähigkeit (Qualifikation, Kompetenz) besitzen. Auch deshalb ist eine innerbetriebliche Aus- und Fortbildung enorm wichtig.

2.2 Optimierung des Personalaufwands

Die Optimierung des Personalaufwands umfasst drei wichtige Unterziele:
- **die optimale Deckung des Personalbedarfs:** siehe oben. Unterdeckung und Unterqualifikation bewirken mangelhafte Leistung; Überdeckung und Überqualifikation führen zu unnötigem Personalaufwand.
- **optimale Arbeitsbedingungen:**
  Dies bedeutet z. B. optimale Ausstattung mit Arbeitsmitteln, optimale Gestaltung der Arbeitsplätze, optimale Organisation der Arbeit, optimales Betriebsklima. Mängel führen zu schlechten Arbeitsleistungen und damit zu unnötigem Personalaufwand.
- **optimale Entlohnung:**
  Die optimale Entlohnung ist:
  - marktgerecht: Sie ergibt sich als Marktpreis aus Angebot und Nachfrage nach Arbeit;
  - anforderungsgerecht: Höhere Schwierigkeit wird besser entlohnt;
  - leistungsgerecht: Höhere Leistung bei gleicher Schwierigkeit wird besser entlohnt.

  Optimale Entlohnung fördert die Wettbewerbsfähigkeit des Unternehmens und motiviert den Arbeitnehmer zur Leistung.

> Arbeitsbedingungen und Entlohnung – hier treffen die Shareholderziele der Eigentümer und die Stakeholderziele der Arbeitnehmer aufeinander. Ein erfolgreiches Personalmanagement sollte sie so weit wie möglich zur Deckung bringen. Dies gilt auch für weitere Ziele wie Arbeitsplatzsicherung, Arbeitsschutz und Altersvorsorge.

2.3 Optimierung der Personalleistung

Zu optimieren sind: Leistungsfähigkeit, Leistungsdisposition und Leistungsmotivation.

2.3.1 Leistungsfähigkeit (Eignung, Qualifikation, Kompetenz)

Der Mitarbeiter ist geeignet, wenn er den gestellten Anforderungen entspricht.

- **Qualitative Eignung:** Der Mitarbeiter kann eine entsprechende Tätigkeitsart bewältigen.
- **Quantitative Eignung:** Der Mitarbeiter kann die geforderte Arbeitsmenge bewältigen.

Ich kann Briefe übersetzen. Und ich schaffe bis zu 25 Stück pro Tag.

Wichtige Bestimmungsgrößen der Leistungsfähigkeit

Begabung

Begabungen sind Leistungsanlagen, die im Wesentlichen vererbt werden. Man unterscheidet z. B. geistige Begabung (Intelligenz), praktisch-technische Begabung und künstlerische Begabung.

Körperliche Eignung

Für bestimmte Arbeiten sind bestimmte Körpergrößen, Körperkräfte, Reichweiten, Ausdauer usw. erforderlich. Männliche Jugendliche erreichen ihre volle Körperkraft erst mit 25 Jahren, weibliche mit 22. Dann nimmt die Körperkraft langsam wieder ab.

Ausbildung

Die meisten Tätigkeiten setzen ein bestimmtes Wissen und Können voraus, das durch Ausbildung vermittelt wird. Mitarbeiterschulung und Fortbildung erhöhen die Eignung.

Erfahrung

Die Ausübung von Tätigkeiten ist stets mit neuen Erkenntnissen verbunden. Sie erhöhen den Grad der Vertrautheit mit dem Aufgabeninhalt.

Übung

Geschwindigkeit und Geschicklichkeit nehmen bei repetitiven Tätigkeiten mit jeder Wiederholung zu. Sie führen zu Routine. Durch intensives Training kann die Wirkung verstärkt werden.

Leistungsfähigkeit wird heutzutage als Handlungskompetenz aufgefasst. Teilkompetenzen: Fach-, Methoden-, Sozial- und Personalkompetenz (vgl. S. 9).

Mitarbeiter:
Jeder Mitarbeiter trägt die Verantwortung für Erwerb und Entwicklung seiner Kompetenz selbst.

Unternehmen:
Personaleinstellung: Zeugnisse, Auskünfte über den Bewerber, Eignungstests und Vorstellungsgespräche leisten Hilfe bei der Eignungsbeurteilung.

Später: Regelmäßige Beurteilungen; Fortbildungs- und Qualifizierungsmaßnahmen (Anpassung und Steigerung der Kompetenz).

Beurteilungen nehmen wir natürlich auch bei Versetzung, Beförderung und Fortbildung vor.

Eignungsbeurteilung geglückt?

2.3.2 Leistungsdisposition (körperliche Leistungsbereitschaft)

Die Leistungsdisposition schwankt mit dem körperlichen Zustand. Von großem Einfluss sind Alter, Tagesrhythmus und Ermüdungszustand.

Alter: Bei körperlicher Arbeit nimmt die Leistungsfähigkeit des Erwachsenen mit zunehmendem Alter ab. Bei geistiger Arbeit steigt sie aufgrund von Erfahrung und Training eher. Der Betrieb sollte insofern geeignete Arbeitsplätze bereithalten.

Tagesrhythmus: Wird 24 Stunden täglich gearbeitet, sind die höchsten Leistungen zwischen 08:00 und 11:00 Uhr und zwischen 18:00 und 21:00 Uhr möglich, die niedrigsten zwischen 01:00 und 04:00 Uhr. Die Arbeitsorganisation sollte die Anforderungen – soweit möglich – entsprechend verteilen.

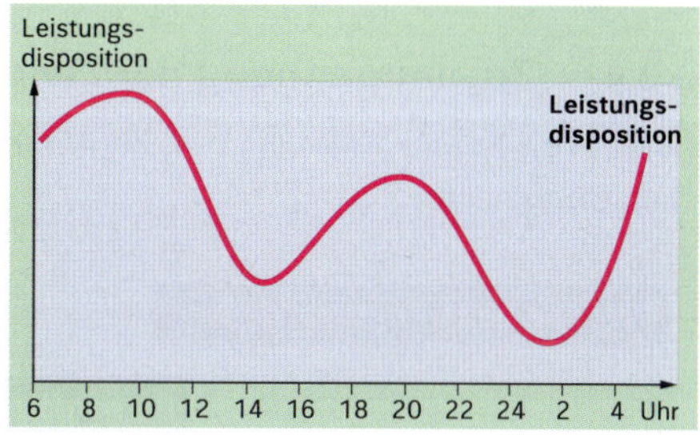

Ermüdung: Arbeitspausen dienen der Erholung. Sie sollten deshalb in Zeiten absteigender Leistung gelegt werden. Die Mittagspause sollte lang sein. Die vom Arbeitszeitgesetz vorgeschriebene Mindestpause von 30 Minuten (oder zwei Pausen von 15 Minuten) bei einem 8-Stunden-Tag ist nach arbeitsmedizinischen Erkenntnissen zu kurz.

2.3.3 Leistungsmotivation (psychologische Leistungsbereitschaft, Leistungswilligkeit)

Sie basiert auf **Bedürfnissen**, die der Mensch durch seine Arbeitsleistung zu befriedigen hofft. Der amerikanische Psychologe A. H. Maslow ordnet sie fünf Stufen zu:

Bedürfnisstufen

Selbstverwirklichungsbedürfnisse
z. B. Entfaltung individueller Fähigkeiten, Unabhängigkeit

Achtungsbedürfnisse
z. B. Stärke, Kompetenz, Können, Prestige, Ansehen, Einfluss, Beachtung

Zugehörigkeitsbedürfnisse
z. B. sozialer Kontakt, Anerkennung, Zuneigung, Einordnung

Sicherheitsbedürfnisse
z. B. persönliche und soziale Sicherheit, sicherer Arbeitsplatz, Freiheit von Furcht und Chaos

Physiologische Bedürfnisse
z. B. Sicherung von Nahrung und körperlicher Unversehrtheit

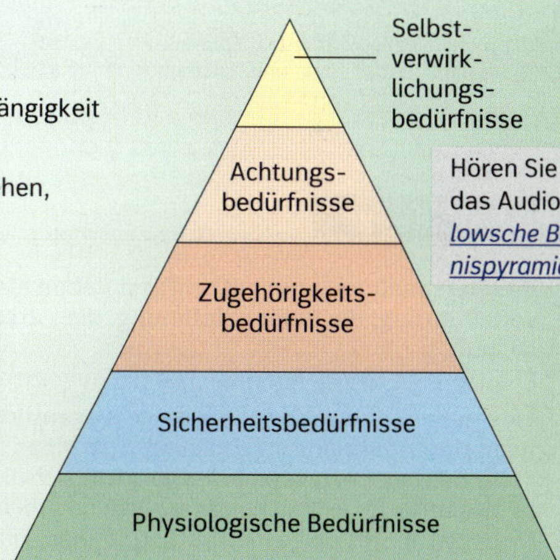

Hören Sie auch das Audio *Maslowsche Bedürfnispyramide*.

Web M 351

Die Motivation der Mitarbeiter steigt, wenn das Unternehmen diese Bedürfnisse durch geeignete Maßnahmen befriedigen kann. Dazu gehören zunächst eine angemessene Entlohnung, weiterhin eine optimale Personalführung, Schaffung eines optimalen Arbeitsklimas, Personalfortbildung sowie Entfaltungs- und Aufstiegsmöglichkeiten.

Humankapital und Humanvermögen

Das Unternehmen muss ggf. für die Erzielung hoher Leistungsfähigkeit und -bereitschaft beträchtliche finanzielle Mittel (sog. Humankapital) aufwenden. Deshalb stellt diese Leistungsfähigkeit und -bereitschaft ein Leistungspotenzial (Leistungsreserve) von hohem Wert dar. Dieses Potenzial

VIERTER ABSCHNITT

ermöglicht erst eine hohe Wertschöpfung und Wettbewerbsfähigkeit des Unternehmens. Man sieht es deshalb als einen Vermögenswert (Humanvermögen) an, den man – wenn der Gesetzgeber dies zuließe – sogar in die Bilanz aufnehmen könnte.
Es ist leicht einzusehen, dass in einer rohstoffarmen Volkswirtschaft wie Deutschland nur ein hohes Humanvermögen die Wettbewerbsfähigkeit in einer globalisierten Welt sichern kann. Sein Erwerb erfordert schulische, universitäre und betriebliche Aus- und Fortbildung auf höchstem Niveau.

2.3.4 Zusammenhang der Ziele

Die drei wichtigen Ziele des Personalmanagements führen im Wesentlichen zu den gleichen Unterzielen:

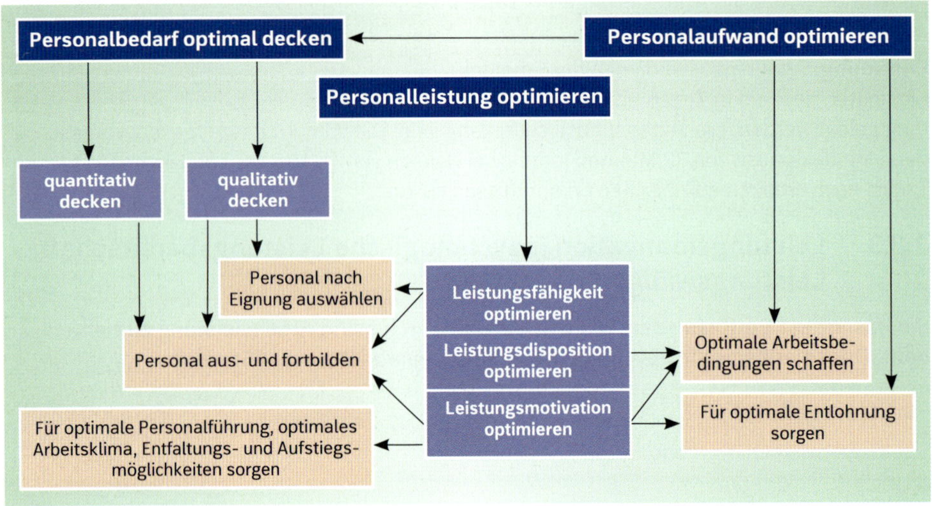

VIERTER ABSCHNITT

Arbeitsaufträge

1. **Das Personalmanagement umfasst neben einer Reihe von Einzelaufgaben vor allem die Personalführung, die Personalplanung, die Personalverwaltung und das Personalinformationssystem.**
   Erläutern Sie jeweils in einem Satz die Aufgaben der vier genannten Bereiche.
2. **Eine gute Personalplanung ist eine wesentliche Voraussetzung für die Erreichung eines positiven Unternehmensergebnisses, also eines Gewinns.**
   a) In welchen Prozessschritten vollzieht sich die Personalplanung?
   b) Bilden Sie für jeden Prozessschritt eine Arbeitsgruppe. Jede Arbeitsgruppe soll Argumente erarbeiten, die die obige Behauptung stützen. Ein Gruppensprecher soll die erarbeiteten Ergebnisse vortragen.
3. **Die drei wichtigen Formalziele des Personalmanagements führen im Wesentlichen zu den gleichen Unterzielen.**
   Erläutern Sie diesen Satz anhand der oben dargestellten Übersicht.
4. **„Der Mensch ist am ehesten bereit, Leistungen für den Betrieb zu erbringen, wenn seine eigenen Bedürfnisse durch seine Arbeit befriedigt werden."**
   a) Welche Bedürfnisse sind mit diesem Satz angesprochen?
   b) Welche Möglichkeiten hat der Betrieb, den Bedürfnissen des Einzelnen entgegenzukommen?
   c) Von dem früheren österreichischen Bundeskanzler Bruno Kreisky (Foto) stammt der Satz: „Sie glauben gar nicht, wie viel Lob ich ertragen kann." Inwiefern ist auch damit das Problem der Bedürfnisbefriedigung angesprochen?

5. Motivations-Faktoren
Die folgenden Zahlen beruhen auf einer Untersuchung des Instituts der deutschen Wirtschaft.

Motivations-Faktoren
So viel Prozent der befragten Arbeitnehmer wären bereit, ihre beruflichen Anstrengungen zu steigern für ... (Mehrfachnennungen)

– höheres Einkommen	48
– bessere Aufstiegs- und Karrierechancen	25
– größere Selbstständigkeit und Unabhängigkeit	25
– mehr Möglichkeiten, eigene Ideen wirksam umzusetzen	23
– mehr Urlaub	22
– eine interessante Tätigkeit	22
– mehr Einfluss, Entscheidungskompetenzen	22
– freiere Gestaltungsmöglichkeiten bei der Arbeitszeit	21
– Verkürzung der Arbeitszeit	21
– mehr Möglichkeiten, sich durch Tüchtigkeit und Leistung auszuzeichnen	16
16 – So viel Prozent sind nicht bereit, ihre beruflichen Anstrengungen zu steigern.	

a) Ist nach Ihrer Ansicht die pessimistische These gerechtfertigt, dass die Unternehmen es bald nur noch mit einem „Heer freizeitlüsterner Mitarbeiter" zu tun haben werden?
b) Ein Sechstel der Mitarbeiter ist nicht zu einer Leistungssteigerung bereit. Nennen Sie mögliche Gründe.
c) Wie spiegeln sich die Stufen der Maslowschen Bedürfnispyramide in der Statistik wider?

3 Einordnung des Personalmanagements

3.1 Organisatorische Eingliederung

Die organisatorische Eingliederung des Personalmanagements ist in der Praxis unterschiedlich gelöst:

- In **kleinen Unternehmen** trifft der Geschäftsführer häufig die Personalentscheidungen selbst. Routineaufgaben erledigt eine Stelle in der Verwaltungsabteilung. Manche davon werden auch häufig outgesourct (ausgegliedert) und an fremde Dienstleister vergeben (z. B. Lohn- und Gehaltsabrechnung).
- In **Unternehmen mit Funktionsorganisation** (mittlere Größe, einheitliches Produktionsprogramm) ist dem Personalmanagement entweder ein eigener Bereich zugeteilt oder das Personalmanagement ist einer Stabsabteilung bei der Geschäftsleitung übertragen.
- In **Unternehmen mit Spartenorganisation** sind die vor Ort wichtigsten Personalaufgaben (z. B. Einstellungen, Beförderungen) eigenen Personalabteilungen innerhalb der Sparten übertragen. Aufgaben, die das Gesamtunternehmen betreffen (z. B. Tarifwesen, Sozialwesen, Behandlung von Führungskräften), sind einer Zentralabteilung bei der Geschäftsleitung zugeordnet.

Lesen Sie noch einmal auf S. 50 nach.

In Unternehmen, die dem Mitbestimmungsgesetz oder dem Montanmitbestimmungsgesetz unterliegen, ist ein **Arbeitsdirektor** als gleichberechtigtes Mitglied des Vorstands bzw. der Geschäftsführung zu bestellen. Seine Aufgaben sind in den Gesetzen nicht definiert. Er ist jedoch üblicherweise mit Personalangelegenheiten befasst. In Montanunternehmen kann der Arbeitsdirektor nicht gegen die Stimmen der Arbeitnehmervertreter im Aufsichtsrat bestellt oder abbestellt werden.

3.2 Personalaufgaben als Querschnittsaufgaben

Viele personalwirtschaftliche Entscheidungen können nur im Zusammenwirken von Personalmanagement und Fachabteilung sinnvoll getroffen werden (z. B. Einstellungen, Beförderungen, Versetzungen, Entlassungen). Deshalb haben die **Aufgaben des Personalmanagements** den Charakter von **Querschnittsaufgaben**. So bezeichnet man Aufgaben, die in alle Funktionen im Wertschöpfungsprozess (Beschaffung, Lagerung, Fertigung, Absatz) hineinwirken. Personalmanagement und Fachabteilung sind bei den entsprechenden Entscheidungen zur Zusammenarbeit und gegenseitigen Abstimmung verpflichtet.

3.3 Personalprozesse als Supportprozesse

Die Prozesse des Personalmanagements gehören nicht zu den Kernprozessen (Geschäftsprozesse, mit denen die Wertschöpfung erbracht wird). Sie sind vielmehr Supportprozesse. Als solche sind sie zwar für den Unternehmenserfolg notwendig, tragen aber nicht direkt zur Steigerung des Kundennutzens bei (vgl. S. 57).

Arbeitsauftrag

Das Personalmanagement ist in Unternehmen mit Funktionsorganisation oft anders eingebaut als in Unternehmen mit Spartenorganisation.
Zeichnen Sie die im Abschnitt 3.1 angesprochenen Organisationsformen in ein Organigramm.

4 Personaldaten und ihre Auswertung

Eine zielgerechte Planung des Personalbestands und ein optimaler Einsatz der Mitarbeiter setzen eine genaue Erfassung und Aufbereitung der Personaldaten voraus. Die Personalverwaltung führt deshalb Personalakten, unterhält ein Personalinformationssystem und erarbeitet Personalstatistiken. Die Daten werden auch für das Personalcontrolling genutzt.

4.1 Personalakte

Der Chef darf eine ganze Menge in die Personalakte schreiben.

Dazu können z. B. auch Vermerke über häufige Arbeitsunlust gehören.

Bei Einstellung, Beschäftigung und Ausscheiden von Mitarbeitern fallen Dokumente an. Sie werden in der Personalakte aufbewahrt. Deren Form und Inhalt ist nicht gesetzlich vorgeschrieben. Auch besteht keine Pflicht, Personalakten zu führen.

Die Personalakte kann grundsätzlich alle Dokumente und Informationen enthalten, die das Arbeitsverhältnis betreffen (auch Nachteiliges). Ausnahmen: objektiv Falsches, Entwürdigendes und gesetzlich nicht Zugelassenes.

Dokumente der Personalakte

Personalbelege – personenbezogene Unterlagen
- Personalien
- Zeugnisse
- ärztliche Stellungnahmen
- ggf. Sozialversicherungsausweis
- Meldebescheinigungen
- Bewerbungsunterlagen einschl. Fragebogen und testpsychologischem Gutachten

Vertragsbelege – Unterlagen über das Arbeitsverhältnis
- Arbeitsvertrag
- Arbeitsvertragsänderungen
- Beurteilungen
- Verwarnungen, Abmahnungen
- Beförderungsunterlagen
- Entlohnungsänderungen
- Kündigungen
- Aufhebungsvertrag

Tätigkeitsbelege – Nachweise über ausgeführte Tätigkeiten
- Versetzungsmeldungen
- Fortbildungsmaßnahmen
- besondere Leistungen
- Verbesserungsvorschläge

Der Inhalt der Personalakte wird auch elektronisch archiviert. Dies ermöglicht den dezentralen Zugriff auf zentral geführte Akten. Das elektronische Archiv ist Teil der Personalakte im rechtlichen Sinn.

- Der Zugriff darf nur über die Personalnummer oder den Namen möglich sein.
- Personenübergreifende Sortier- oder Selektionsmöglichkeiten müssen ausgeschlossen sein.
- Zugriffe auf die Personalakte müssen unter Angabe der zugreifenden Stelle elektronisch protokolliert werden.
- Zugriff dürfen nur der Firmeninhaber, der Geschäftsführer und der direkte Vorgesetzte haben.

VIERTER ABSCHNITT

Beispiel: Elektronische Personalakte

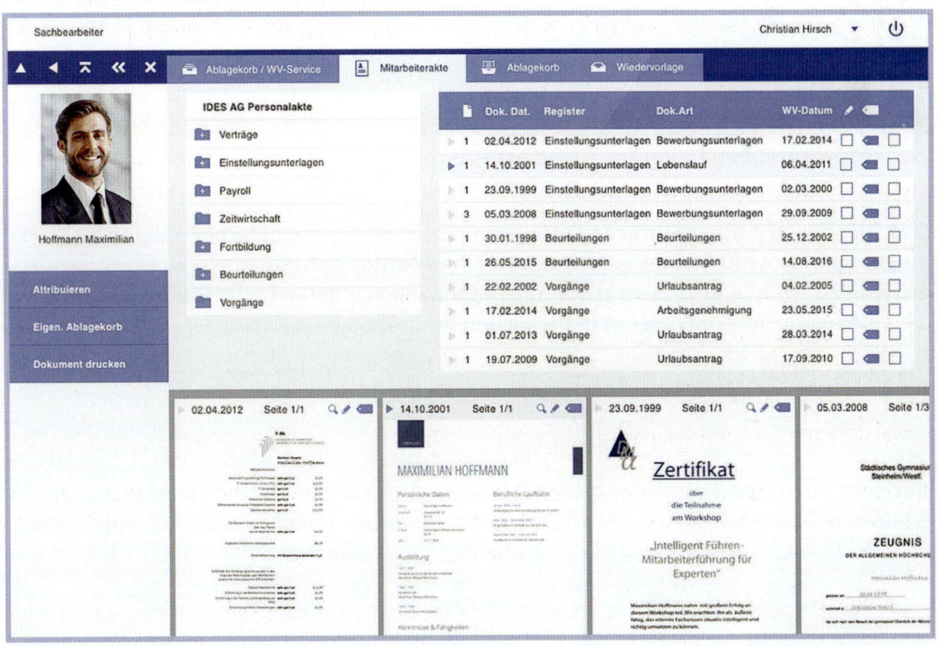

Arbeitnehmerrechte:
- Der Arbeitnehmer hat das Recht auf Einsicht in seine Akte (§ 83 BetrVG). Er kann ein Mitglied des Betriebsrates hinzuziehen.
- Sind Berichte nicht sachgemäß verfasst, kann er Berichtigung verlangen.
- Sind Verwarnungen oder Abmahnungen ungerechtfertigt, kann er die Entfernung verlangen. [Wenn gerechtfertigt, trotzdem nach 2 ½ Jahren (Arbeitsgericht Frankfurt/M.) bis 5 Jahren (andere Gerichte)].
- Er kann auch Erklärungen zum Inhalt der Akte abgeben und verlangen, dass sie ihr beigefügt werden.

4.2 Personalinformationssystem

Bei MGB Maltmann Getriebebau e. K. stehen zurzeit folgende Personalentscheidungen an:
- Kann Mitarbeiter X eine bestimmte Vollmacht erhalten?
- Welche Mitarbeiter sollen auf einen Lehrgang geschickt werden?
- Welche Mitarbeiter sind für selbstständige Aufgaben geeignet?
- Soll Mitarbeiter Y befördert werden?
- Soll Mitarbeiter Z eine Leistungszulage erhalten?
- Muss das Leistungsverhalten von Mitarbeiter W beanstandet werden?
- Welche Mitarbeiter sollen nach Rationalisierungsmaßnahmen entlassen werden?
- Ist ein Bewerber aus einer innerbetrieblichen Stellenausschreibung einem externen Bewerber vorzuziehen?
- Zu welchem Zeitpunkt kann Mitarbeiter X Urlaub erhalten?
- Wie kann die Arbeitsleistung der Mitarbeiter kontrolliert werden?
- Wie viele Mitarbeiter scheiden im nächsten Jahr aus?
- Wie viele Mitarbeiter sind einzustellen?

Führungskräfte benötigen für personenbezogene Entscheidungen umfassende Informationen über alle Mitarbeiter und Gegenstände der Personalwirtschaft. Diese Informationen werden in größeren Unternehmen von computergestützten Personalinformationssystemen bereitgestellt.

Das *computergestützte Personalinformationssystem (PIS)* übernimmt neben den klassischen Daten des Personalwesens (Gehalts- und Lohndaten, Personalstatistik) zusätzlich Daten psychologischer, medizinischer, sozialer und persönlicher Art.

Das PIS besteht aus mehreren Datenbanken, in denen die Mitarbeiterdaten zu Merkmalsgruppen zusammengefasst werden. Eine **Methodenbank** stellt Auswertungsprogramme zur Verfügung und verknüpft die Datenbanken untereinander. Außerdem stellt sie die Verbindung mit den anderen betrieblichen Informationssystemen her.

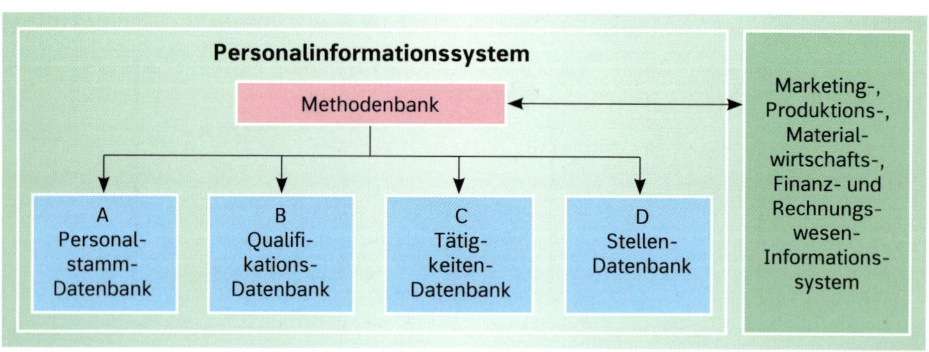

Daten in Personalinformationssystemen

Personalstammdaten

z. B. Personalnummer, Name, Geschlecht, Geburtsdatum, Staatsangehörigkeit, Religionszugehörigkeit, Familienstand, Kinderzahl, Anschrift, Ein-/Austrittsdatum, Kündigungsgrund, Lohn-/Gehaltsgruppe, Gehalt, Bankleitzahl, Kontonummer, Lohnsteuerklasse, Lohnsteuerfreibetrag, Finanzamt, Rentenversicherungsnummer, Krankenkasse

Laufbahndaten

z. B. Schul-/Hochschulbesuch und Abschlüsse, Berufsausbildung, ausgeübte Berufe, Beförderungen, Fortbildung

Fähigkeitsdaten

z. B. Sprachkenntnisse, spezielle kaufmännische oder technische Kenntnisse

Arbeitszeitdaten

z. B. täglicher Arbeitsbeginn, Unterbrechungen, Arbeitsende, Fehlzeiten, Arbeitsdauer für Einzelaufgaben

Leistungsdaten

z. B. automatisch gemessene Leistungen, Ergebnisse von Beurteilungen

medizinische Daten

z. B. Routineuntersuchungen, Impfungen, Krankheiten, Krankheitsdauer

Durch PIS soll die Arbeit im Personalbereich rationalisiert werden. Darüber hinaus sollen die betrieblichen Arbeitsprozesse insgesamt rationell erfasst und kontrolliert werden. Einzelne **Teilaufgaben** sind:

- allgemeine Personalverwaltung,
- Personalaktenführung,
- Zeit- und Kostenkontrolle,
- Leistungsabrechnung,
- Urlaubsermittlung,
- Auswahl geeigneter Arbeitnehmer für den jeweiligen Arbeitsplatz,
- Erstellung von Anforderungs- und Leistungsprofilen,
- Leistungsbewertung und -beurteilung,
- Lohn- und Gehaltsfindung,
- Ermittlung des Personalbedarfs,
- Personalstatistiken,
- Förderungsprogramme.

Ein allgemein akzeptiertes PIS darf das Persönlichkeitsbild eines Mitarbeiters nicht so umfassend abbilden, dass dies als Eingriff in die Privatsphäre empfunden wird oder dass damit die **Gefahr einer missbräuchlichen Nutzung/Weitergabe** personenbezogener Daten entsteht. Der Datenschutz wird durch die Datenschutz-Grundverordnung der EU (DSGVO) und ergänzend durch das Bundesdatenschutzgesetz (BDSG) geregelt.

Das Bundesdatenschutzgesetz gestattet die Speicherung personenbezogener Daten nur, soweit sie für das Arbeitsverhältnis von Bedeutung sind (§ 26 Abs. 1 BDSG). Den erfassten Personen sind durch Art. 15–18 DSGVO im Wesentlichen vier Rechte zugesichert:

(1) Recht auf Auskunft
- über die gespeicherten Daten,
- über den Zweck der Speicherung.

(2) Recht auf Berichtigung unrichtiger Daten.

(3) Recht auf Löschung
- von unzulässig gespeicherten Daten,
- von Daten, an deren Speicherung kein Interesse mehr besteht.

(4) Recht auf Sperrung von Daten
- z. B., wenn gesetzliche oder andere Aufbewahrungsfristen eine Löschung nicht zulassen,
- z. B., wenn eine Löschung die Interessen des Betroffenen beeinträchtigt.

4.3 Personalstatistik und Personalcontrolling

MGB Maltmann Getriebebau e. K. gibt der Belegschaft regelmäßig den monatlichen Krankenstand bekannt. Auch die Normallinie und Ideallinie des Krankenstandes sind ersichtlich.

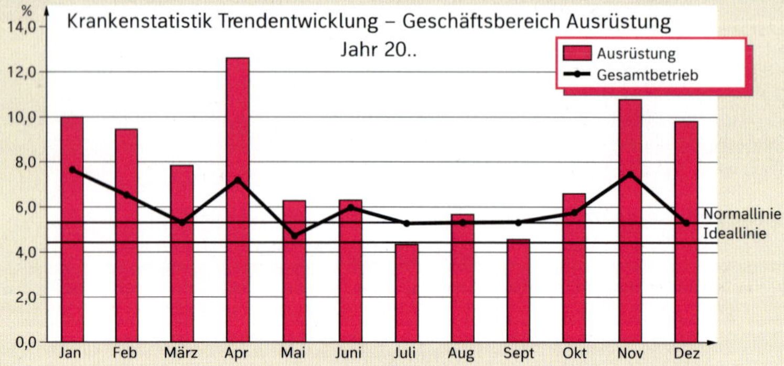

Die *Personalstatistik* erarbeitet zahlenmäßige Aussagen über die Gesamtheit des Personals und über Personalgruppen.

Bereiche der Personalstatistik

Personalstruktur

- Männer, Frauen
- Deutsche, Ausländer
- Angestellte, Arbeiter, Auszubildende, freie Mitarbeiter
- schwangere Frauen
- Wehr-/Zivildienstleistende
- Alter und Betriebszugehörigkeit
- Familienstand
- Ungelernte, Angelernte, Gelernte, Hochqualifizierte
- Stammpersonal, Leihpersonal
- Vollzeit-, Teilzeitbeschäftigte
- Zuordnung zu Abteilungen
- Position wie Sachbearbeiter, Gruppenführer, Abteilungsleiter usw.

Personalereignisse

- **Personalbewegung**
  - Personalstand (Stichtag)
  - Zugänge
  - Abgänge
  - Abgangsgründe
- **Arbeitszeiten**
  - Gleitzeitverhalten
  - Schichten
  - Überstunden
- **Fehlzeiten**
  - Urlaub
  - Unfall
  - Mutterschutz
  - Ausbildung
  - Jubiläen
  - Krankheit
  - Kur
  - Freistellung
  - Fortbildung
  - Wehr-/Zivildienst
  - sonstige Fehlzeiten

Natürlich können – je nach Unternehmen – noch viele andere Daten statistisch erfasst werden.

Personalaufwand

- Grundlöhne
- Grundgehälter
- Zulagen
- Überstundenentgelte
- Erfolgsbeteiligungen

Sozialaufwand

- **gesetzliche Sozialleistungen**
- **tarifliche Sozialleistungen**
  - Gratifikationen
  - Vermögenswirksame Leistungen
- **freiwillige Sozialleistungen**
  - Betriebsrenten
  - Betriebsarzt
  - Betriebsveranstaltungen

VIERTER ABSCHNITT

Die Aufgabe des Personalcontrollings ist es, Planung und Kontrolle im Personalbereich zu koordinieren.

Das Personalcontrolling

- analysiert alle Daten von PIS und Personalstatistik und wertet sie aus,
- ermittelt Kennzahlen,
- stellt Soll-Ist-Vergleiche an,
- überprüft, ob geeignete Mittel zur Erreichung der Personalziele eingesetzt werden,
- überprüft, ob die Mittel wirtschaftlich eingesetzt werden,
- überprüft, ob die Mittel effizient (wirksam) eingesetzt werden.

Beispiele: Kennzahlen zu den vier Bereichen der Personalstatistik

- **zur Personalstruktur:**

$$\text{Gruppenanteil} = \frac{\text{Zahl der Gruppenmitglieder}}{\text{Gesamtbelegschaft}} \cdot 100$$

- **zu Personalereignissen:**

$$\text{Fluktuationsquote} = \frac{\text{Personalabgänge}}{\text{durchschnittlicher Personalbestand}} \cdot 100$$

$$\text{Krankheitszeitquote} = \frac{\text{Krankheitsstunden}}{\text{Sollarbeitsstunden}} \cdot 100$$

$$\text{Überstundenquote} = \frac{\text{Überstunden}}{\text{Istarbeitsstunden}} \cdot 100$$

- **zum Personal- und Sozialaufwand:**

$$\text{Leistungsquote} = \frac{\text{Personalaufwand}}{\text{Gesamtpersonalkosten}} \cdot 100$$

$$\text{Sozialquote} = \frac{\text{Sozialaufwand}}{\text{Gesamtpersonalkosten}} \cdot 100$$

$$\text{Personalkosten je Mitarbeiter} = \frac{\text{Gesamtpersonalkosten}}{\text{Gesamtbelegschaft}}$$

4.4 Personalbestandsanalysen – eine Aufgabe des Personalcontrollings

Die Personalplanung setzt eine genaue Kenntnis des Personalbestands voraus. Deshalb sind Personalbestandsanalysen sinnvoll.

Bei Personalbestandsanalysen geht man ähnlich wie bei der Marktforschung vor:
- Vornahme von Zeitpunkt- und Zeitraumanalysen;
- Methoden: Primär- und Sekundärforschung

Der Gegenstand von Personalbestandsanalysen ist die systematische Untersuchung des Personalbestands unter quantitativen und qualitativen Aspekten.

Personalbestand bedeutet in diesem Zusammenhang nicht nur die Anzahl und Art der vorhandenen Arbeitskräfte, sondern die gesamte Istsituation im Personalbereich: Sie betrifft Stellen, Strukturen und Mitarbeiter.

Personalbestandsanalysen

Stellenanalysen

Untersuchung der Aufgabenverteilung im Betrieb; vor allem:
- vorhandene Funktionsbereiche
- zu erfüllende Aufgabenfelder im Rahmen der Funktionen
- Verteilung der Aufgaben
- erfordernisgerechte Verteilung
- personelle Engpässe

Instrumente:
- Stellenpläne,
- Stellenbesetzungspläne,
- Stellenbeschreibungen

Strukturanalysen

Untersuchung der quantitativen Personalsituation im Betrieb; z. B.:
- Führungsstrukturen
- Entgeltstrukturen
- Personalbewegungsstrukturen

Instrumente:
- Personalstatistiken

Vergleiche: S. 358 S. 354 S. 366 S. 397

Mitarbeiteranalysen

Untersuchung der qualitativen Personalsituation im Betrieb; vor allem:
- vorhandene Mitarbeiterpotenziale
- Nutzung der Mitarbeiterpotenziale

Instrumente:
- Personalakte (z. B. Beurteilungen)
- Laufbahnpläne
- Profilabgleiche

Stellenpläne sind Teilorganigramme, die alle Stellen einer Organisationseinheit enthalten. Stellenbesetzungspläne enthalten zusätzlich die Namen der Stelleninhaber.

Stellenbeschreibungen sind systematische Gliederungen von Stellen. Sie enthalten:

- das Instanzenbild: Über- und Unterstellung, Stellvertretung, Zusammenarbeit mit anderen Stellen, Befugnisse und Vollmachten
- das Aufgabenbild: Stellenzweck, Fachaufgaben
- das Leistungsbild: Stellenanforderungen (Ausbildung, Berufserfahrung, spezielle Kenntnisse, Verhaltensanforderungen)

VIERTER ABSCHNITT

Laufbahnpläne geben an, welche Stufen/Stellen ein Mitarbeiter im Laufe seiner beruflichen Entwicklung einnehmen kann/soll und welche qualifizierenden Maßnahmen dafür nötig sind.

Profilabgleiche stellen die Stellenanforderungen **(Anforderungsprofil)** und die gezeigten Fähigkeiten **(Fähigkeitsprofile, Qualifikationsprofile)** von Personen einander gegenüber.

Als Grundlage für die Erstellung von Anforderungsmerkmalen gilt das sog. „Genfer Schema". Wegen der Verschiedenartigkeit von Arbeitsplätzen wurde es um zahlreiche Merkmale ergänzt.

Wichtige Anforderungsmerkmale

Das Genfer Schema wurde für Zwecke der Arbeitsbewertung entwickelt. (Vgl. S. 431.)

Fachliche Anforderungen:	Vorbildung, Ausbildung, Fachkenntnisse, Fertigkeit, Erfahrung
Geistige Anforderungen:	Auffassungsvermögen, analytisches Denkvermögen, Gedächtnis, Urteilsfähigkeit, Kreativität, Ausdrucksvermögen, Lernbereitschaft, technisches Verständnis, rechnerisches Denken
Arbeitsverhalten:	Konzentration, Arbeits- und Einsatzbereitschaft, Sorgfalt, Problembewusstsein, Entscheidungsvermögen, Vielseitigkeit, Zuverlässigkeit, Selbstständigkeit, Ergebnisverantwortung, Verhandlungsgeschick, Verantwortungsbereitschaft
Sozialverhalten:	Anpassungs-, Durchsetzungsvermögen, Kontaktfähigkeit, Kooperations-, Hilfsbereitschaft, Teamorientierung, Toleranz
Führungsverhalten:	Zielsetzungs-, Planungs-, Durchsetzungs-, Kontroll-, Organisations-, Motivations-, Delegationsfähigkeit

Ein **Anforderungsprofil** entsteht, indem man zusätzlich den gewünschten Ausprägungsgrad der Anforderungsarten hinzufügt.

Ein **Fähigkeitsprofil** entsteht, indem man nach dem gleichen Verfahren die Fähigkeiten von Stelleninhabern oder Bewerbern einschätzt.

Die Gegenüberstellung der Profile in einem Schema macht Über- und Unterqualifizierungen erkennbar und zeigt Ansatzpunkte für Maßnahmen (z. B. Fortbildung, Beförderung, Versetzung, Kündigung).

Neben dem dargestellten Kurvendiagramm werden auch andere Darstellungsarten (z. B. Balkendiagramme) verwendet.

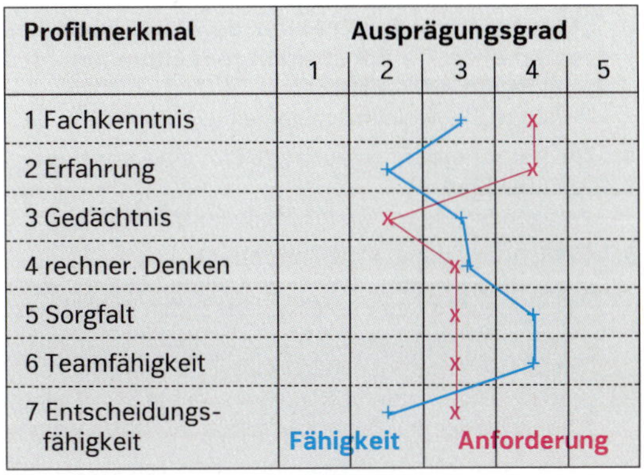

Arbeitsaufträge

1. **Personalinformationssysteme dienen der Entscheidungsvorbereitung und Kontrolle.**
   a) Nennen Sie sechs personenbezogene Entscheidungen im Personalbereich.
   b) Beschreiben Sie den Aufbau eines Personalinformationssystems.
   c) Welche Informationen können in den Datenbanken eines Personalinformationssystems gespeichert werden?
   d) Welche rechtlichen Grundlagen müssen zum Schutz der Mitarbeiter bei der Nutzung eines Personalinformationssystems berücksichtigt werden?
   e) Wodurch unterscheiden sich Personalinformationssysteme und Personalakte?

2. **In der Tönner GmbH ist die Stelle einer Chefsekretärin zu besetzen. Aufgrund einer innerbetrieblichen Stellenausschreibung hat sich Frau Bach beworben.**
   a) Nennen Sie unter Benutzung der nachstehenden Profilanalyse die vom Personalinformationssystem bereitgestellten Daten und werten Sie diese aus.

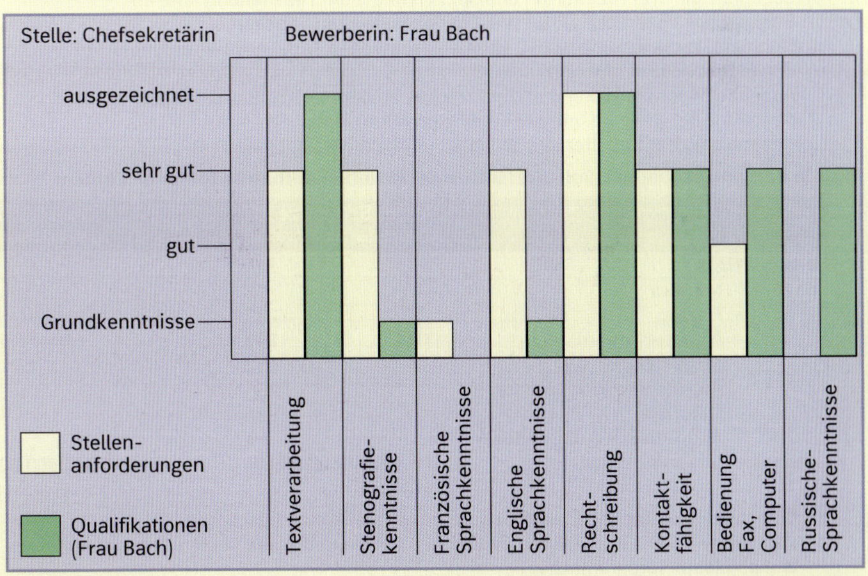

   b) Welche Entscheidungen werden notwendig, wenn keine qualifiziertere Bewerberin zur Verfügung steht?

3. Im Personalbüro lesen der Personalleiter und sein Assistent erstaunt einen Computerauszug mit Informationen über einen im Flur wartenden Bewerber. Der Assistent wendet sich mit kritischem Blick dem Personalleiter zu und meint:
„Eigentlich genau der Mann, den wir brauchen; aber mit zwölf Jahren Diphterie, mit 17 Jahren an einer Demonstration teilgenommen, geschieden und noch dreimal falsch geparkt – na ja, ich weiß nicht ..."
Erläutern Sie, welche Probleme die geschilderte Situation anspricht.

4. Ihr Personalchef beauftragt Sie, eine gegliederte Aufstellung der Lohn- und Gehaltsdaten anzufertigen.
Fertigen Sie diese Aufstellung in Form einer Mindmap an.

5. Einrichtung einer Skill-Datenbank

Der Brief des Betriebsratsvorsitzenden Paul Meyer an den Personalvorstand des IT-Beratungsunternehmens Poens & Muck war nett im Ton, aber hart im Anliegen. Meyer wies darauf hin, dass es im Unternehmen keine Aufzeichnung darüber gebe, in welche Beratungsprojekte die Mitarbeiter eingebunden seien. Meyer schlug eine zentrale Auslastungs-Datenbank vor, die auch für anderweitige Aufgaben zur Verfügung stehen könnte. Der Vorschlag wurde realisiert.

Der neue Informationspool wurde Teil einer „Employee-Profile-Datenbank". Darin sind die „Skills" – Qualifikationen, Erfahrungen und Eignungen – der Mitarbeiter zentral erfasst.

Steigende Mitarbeiterzahlen und Beratungsprojekte sorgen im Personalbereich für Unübersichtlichkeit. Deshalb ist eine zentrale Skill-Datenbank mit Namen und Standort der jeweiligen Fachleute hilfreich. Projektmanager erhalten ein Werkzeug, um ihre Mannschaft je nach Anforderung zusammenzustellen. Zudem ist die Datenbank in Zeiten des strategischen und personellen Umbaus ein wichtiges Hilfsmittel zur Personalplanung und -steuerung.

In Skill-Datenbanken sind Personalstammdaten verzeichnet, außerdem Informationen über Ausbildung, beruflichen Werdegang und Tätigkeit. Spezielle Erfahrungen und Kenntnisse sind zusätzlich bewertet.

(Vgl. Brigitta Palass, manager magazin, 12/2000.)

Die Geschäftsleitung Ihres Ausbildungsbetriebs hat im manager magazin von der Skill-Datenbank der Firma Poens & Muck erfahren. Sie beabsichtigt, eine eigene Skill-Datenbank in Microsoft Access anzulegen. Sie werden mit den folgenden Aufgaben betraut:

a) Bestimmen Sie die notwendigen Datenfelder für die Tabellen MITARBEITER und PROJEKT und die Beziehungstabelle MITARBEITER-PROJEKT.
b) Legen Sie die drei Tabellen an und speichern Sie die Tabellenentwürfe ab.
c) Erfassen Sie Daten nach Ihrer Wahl in den jeweiligen Tabellen.
d) Nehmen Sie die für eine Skill-Datenbank sinnvollen Tabellenverknüpfungen vor.
e) Entwerfen Sie drei Abfragesysteme:
(1) Ausgabe aller Mitarbeiter und der Projekte, an denen die Mitarbeiter beteiligt sind,
(2) Ausgabe aller Projekte und der beteiligten Mitarbeiter.
(3) Ausgabe aller Mitarbeiter, die an keinem Projekt beteiligt sind.

6. Die Personalstatistiken von zwei Industriebetrieben enthalten folgende Zahlen:

	Adam Schwarze KG Kammgarnspinnerei	Sperner GmbH Werftbetriebe
Beschäftigte	**345**	**296**
davon: – Männer	**62**	**245**
– Frauen	**283**	**51**
– Arbeiter(innen)	**293**	**255**
– Angestellte	**52**	**45**
– Angelernte, Ungelernte	**256**	**46**
– Gelernte	**84**	**230**
– Akademisch Ausgebildete	**5**	**20**
gesamte Personalkosten	**7 875 660,00 EUR**	**8 376 800,00 EUR**

a) Berechnen Sie den Anteil jeder Gruppe an der Gesamtbelegschaft.
b) Vergleichen Sie die jeweiligen Gruppenzahlen mithilfe von Säulendiagrammen eines Tabellenkalkulationsprogramms.
c) Erläutern Sie Gemeinsamkeiten und Unterschiede in den Personalstrukturen der beiden Betriebe.
d) Geben Sie wahrscheinliche Gründe für die unterschiedlich hohen Personalkosten je Mitarbeiter an.

7. Bei MGB Maltmann Getriebebau e. K. werden in jeder Abteilung und für jeden Mitarbeiter Fehlzeitenkarten geführt. Diese werden wöchentlich der Personalabteilung übergeben, ins Personalinformationssystem übernommen und ausgewertet. Für die Abteilung Einkauf ergab sich für Februar 20..:

Mitarbeiterzahl:	**22**
Tarifliche Arbeitszeit:	**2 536 Std. (bei 8 Std./Tag und 5 Tagen/Woche)**
Mehrarbeitszeit:	**305 Std.**
Fehlzeiten:	
Fortbildung:	**150 Std.**
Urlaub:	**102 Std.**
Krankheit:	**116 Std.**
Sonderurlaub unbezahlt:	**4 Std.**
Unentschuldigt:	**0 Std.**
Sonstiges:	**0 Std.**

Aus diesem Zahlenmaterial werden vom Personalcontroller Kennzahlen berechnet.
Berechnen Sie:

a) die durchschnittliche tägliche Istarbeitszeit,
b) die Fehlzeitenquote,
c) die Fortbildungsquote,
d) die Krankheitszeitquote,
e) die Urlaubsquote,
f) die Überstundenquote,
g) die Auslastungsquote (Gesamtistzeit in Prozent von der Sollzeit).

Die Kennzahlen werden in zeitlicher Hinsicht ausgewertet. Sie werden auch mit den entsprechenden Kennzahlen der anderen Abteilungen verglichen. Dabei ergibt sich folgendes Zahlenmaterial:

	Berichtsmonat		Vormonat		Jahresdurchschnitt	
	Abteilung	Betriebsdurchschnitt	Abteilung	Betriebsdurchschnitt	Abteilung	Betrieb
Fehlzeitenquote	14,67	9,72 %	12,11 %	10,43 %	11,93 %	10,85 %
Fortbildungsquote	5,91	5,00 %	5,60 %	5,00 %	5,43 %	5,04 %
Krankheitszeitquote	4,57	3,88 %	3,67 %	3,71 %	3,16 %	3,65 %
Urlaubsquote	4,18	3,53 %	3,22 %	3,24 %	9,54 %	9,55 %
Überstundenquote	12,35	8,77 %	6,33 %	4,26 %	3,95 %	3,15 %
Auslastungsquote	97,36	97,36 %	97,28 %	97,01 %	97,48 %	97,50 %

Beurteilen Sie die Kennzahlen der Abteilung im Zeitablauf und im Vergleich mit dem Betriebsdurchschnitt. Wo könnten sich Ansatzpunkte für personelle Maßnahmen ergeben?

5 Personalbeschaffungsmanagement

Das Personalmanagement muss kompetente Arbeitskräfte für die Vielzahl der betrieblichen Aufgaben bereitstellen. Die dabei ablaufenden Geschäftsprozesse sind wichtige **Supportprozesse** für die Kernprozesse des Unternehmens. Gelingt die Bereitstellung nicht zufriedenstellend, so kann der gesamte Wertschöpfungsprozess des Betriebs stocken.

5.1 Personalbedarfsplanung

MGB Maltmann Getriebebau e. K. hat zurzeit genau 258 Beschäftigte. Die Personalabteilung hat ermittelt, dass in den nächsten 5 Jahren jährlich etwa 4 bis 5 Mitarbeiter aus Altersgründen ausscheiden werden. Erfahrungsgemäß kündigen jährlich etwa 2 bis 4 Mitarbeiter. Deshalb werden seit Langem jedes Jahr zwischen 5 und 7 Auszubildende eingestellt, die später zumindest einen Teil der Lücken füllen sollen. Sie werden allerdings kaum genau die frei werdenden Stellen besetzen. Diese werden nämlich zunächst innerbetrieblich ausgeschrieben. Jeder Mitarbeiter kann sich bewerben. Nur wenn sich intern keine geeigneten Bewerber finden, nimmt man eine externe Beschaffung vor. Die Personalabteilung wählt nach Eignung aus und stellt Maßnahmen zur Einarbeitung und Fortbildung bereit.

5.1.1 Personalbedarf

Der Personalbedarf muss geplant werden

- nach der Quantität
- nach der Qualität
- nach der Zeit
- nach dem Ort

Wie viele Arbeitskräfte ...
... mit welchen Qualifikationen ...
... werden wann ...
... an welchen Arbeitsplätzen benötigt?

Er wird im Stellenplan des Betriebes festgeschrieben.

Arten des Personalbedarfs

Neubedarf
- bei Schaffung zusätzlicher Stellen (Betriebsgründung, Betriebserweiterung, Umorganisation)

Ersatzbedarf
- bei Personalabgängen (Wiederbesetzung frei gewordener Stellen)

Zusatzbedarf
- bei Spitzenbelastungen
- bei befristeten Personalausfällen (z. B. Urlaub, Krankheit, Wehr-/Zivildienst, Fortbildung, Mutterschutzfrist, Elternzeit)

§ 92 BetrVG (Betriebsverfassungsgesetz) schreibt vor: Der Betriebsrat[1] ist über die Personalplanung, insbesondere über den Personalbedarf, rechtzeitig und umfassend zu informieren. Er hat ein Beratungsrecht und kann selbst Vorschläge machen.

5.1.2 Quantitative Bedarfsplanung

Bruttobedarfsermittlung (Kennzahlenmethode)

Die Mitarbeiterzahl orientiert sich am geplanten Arbeitsanfall. Bei leitenden, planenden, kreativen Tätigkeiten muss man sich auf Schätzwerte stützen. Bei ausführenden Tätigkeiten lässt sich der Bruttobedarf wie folgt berechnen:

$$\text{Bruttopersonalbedarf} = \frac{\text{monatliche Bearbeitungsmenge} \cdot \text{Arbeitszeit/Stück}}{\text{durchschnittliche monatliche Arbeitszeit}} \cdot \text{Verteilzeitfaktor}^{2}$$

[1] Der Betriebsrat ist das vom Betriebsverfassungsgesetz vorgesehene Organ der innerbetrieblichen Mitbestimmung zur Interessenvertretung der Arbeitnehmer gegenüber der Geschäftsleitung.

[2] Verteilzeiten sind unregelmäßige Zeiten, die durch einen prozentualen Zuschlag auf die regelmäßige Zeit (Grundzeit) berücksichtigt werden: Sie umfassen sachliche Verteilzeiten (störungsbedingte Unterbrechungen) und persönliche Verteilzeiten (persönlich bedingte Unterbrechungen, z. B. Händewaschen). Vgl. S. 426.

Beispiel: Bruttobedarfsermittlung

Geplante monatliche Bearbeitungsmenge	= 1 800 Stück
Arbeitszeit/Stück	= 3 Stunden
Durchschnittliche Arbeitszeit/Monat	= 160 Stunden
Verteilzeitzuschlag = 10 % ➔ Verteilzeitfaktor	= 1,1

$$\text{Bruttopersonalbedarf} = \frac{1\,800 \cdot 3}{160} \cdot 1{,}1 = 37{,}125 \rightarrow 38 \text{ Mitarbeiter}$$

Nach einer bestimmten Zeit plant man eine Kapazitätsausweitung von 20 %. Man nimmt an, dass der Personalbedarf im gleichen Umfang steigt.

Neubedarf (Bruttobedarf)	= 37,125 · 0,2 = 7,425 (Mitarbeiter)
geplanter Bestand	= 37,125 + 7,425 = 44,55 (Mitarbeiter) ➔ 45 Mitarbeiter

Der Personalbedarf wird hier aufgrund von Kennzahlen (Bearbeitungsmenge, Fertigungskapazität) ermittelt **(Kennzahlenmethode)**. Andere mögliche Kennzahlen sind z. B.:

- Fertigung: Ausbringungsmenge
- Absatz: Umsatz, Absatzmenge, Absatzgebiet
- Materialwirtschaft: Zahl der Material-/Teilearten, Lagerkapazität
- Verwaltung: Zahl der Bearbeitungsvorgänge

Bruttobedarfsermittlung (Stellenmethode)

Bei der **Stellenmethode** geht man vom aktuellen Personalbestand im Stellenplan der Abteilungen aus und untersucht, wie betriebliche Veränderungen den Personalbedarf beeinflussen.

Beispiel: Bruttopersonalbedarf

Abteilung: Einkauf	Abteilungsleiter	Einkäufer	Einkaufsassistent	Hilfskraft (Ablage)
aktueller Planstellenbestand (1. Jan.)	1	11	2	1
Umorganisation (Einkaufsteams)		−2	−2	
Erzeugnisanlauf Biodieselmotor		+3		+1
Erzeugnisanlauf XA-Getriebe		+2		
Bruttopersonalbedarf (Planstellen) (1. Juni)	1	14	0	2
Neubedarf (Planstellen)		+3		+1

Nettobedarfsermittlung

Unter Berücksichtigung etwaiger Personalbewegungen erhält man den Nettopersonalbedarf.

Beispiel: Nettopersonalbedarf (Einkäufer)

	Bruttopersonalbedarf (Planstellen)	14
−	aktueller Stellenbestand (Planstellen)	− 11
	Neubedarf (Planstellen)	3
+	Ersatzbedarf:	
	derzeit unbesetzte Stellen (Tod)	+ 1
	erfolgte Kündigungen	+ 2
	Abgänge in Ruhestand	+ 0
−	zu erwartende Zugänge:	
	Übernahmen aus Ausbildungsverhältnis	− 2
	Rückkehr aus Elternzeit	− 1
	Rückkehr vom Wehr-/Zivildienst	− 1
	Nettopersonalbedarf	+ 2

Sehen Sie sich auch die Karikatur *Nettobedarfsermittlung* an.

Web

M 365

VIERTER ABSCHNITT

5.1.3 Qualitative Bedarfsplanung

Jede Stelle stellt bestimmte Anforderungen an den möglichen Stelleninhaber. In der Regel erfordert sie auch eine bestimmte Ausbildung.

Arbeit nach dem Ausbildungsniveau

Ungelernte Arbeit
erfordert keine Ausbildung, sondern nur eine Einweisung.

Angelernte Arbeit
setzt durch Sonderausbildung (Anlernvertrag!) erworbene Spezialkenntnisse/-fertigkeiten voraus. Entsprechende tarifliche Eingruppierung.

Gelernte Arbeit
setzt allseitige Ausbildung in staatlich anerkanntem Ausbildungsberuf (Berufsausbildungsvertrag!) voraus.

Hoch qualifizierte Arbeit
setzt oft Hochschulausbildung voraus. Einsatz für entsprechende Fachtätigkeiten und Führungsaufgaben.

Stellenbeschreibungen erfassen bekanntlich die Anforderungsarten, Anforderungsprofile den gewünschten Ausprägungsgrad der Anforderungen. Auf diese Weise lassen sich sofort die erforderlichen Qualifikationen ablesen. Die Unterlagen können bei der Stellenausschreibung verwendet werden.

Beispiel: Auszug aus einer Stellenbeschreibung

Positionsbezeichnung:
Sachbearbeiter(in) Einkauf Produktionsmaterial

Hauptaufgabe:
Führt alle Beschaffungsaufgaben für Produktionsmaterial durch, überwacht die Lagerbestände, führt Preisverhandlungen zusammen mit dem Abteilungsleiter, beobachtet die Marktlage.

Einzelaufgaben:
1. Beobachtung der Bestände an Roh-, Hilfs- und Betriebsstoffen,
2. Prüfung der Bedarfsanforderungen und Ermittlung des Bedarfs,
3. Ermittlung von Bezugsquellen,
4. Prüfung und Bearbeitung der Angebote,
5. Empfang von Vertretern,
6. Führung von Verhandlungen mit Lieferanten über Preise und Bezugsbedingungen (gemeinsam mit dem Abteilungsleiter),
7. Aufgabe von Bestellungen,
8. Terminkontrolle der Lieferungen,
9. Wareneingangskontrolle und -prüfung,
10. Prüfung der Lieferantenrechnungen,
11. Anweisung der Lieferantenrechnungen,
12. Bearbeitung von Reklamationen und Gutschriften,
13. Bewertung von Beständen an Roh-, Hilfs- und Betriebsstoffen,
14. Kontrolle der Bestandsentwicklung der Produktionsmateriallager.

Weitere Aufgaben:
Mitwirkung an der Beschaffungsplanung

Anforderungsprofil
a) Schulbildung:
Mittlere Reife oder Abitur
b) Berufsausbildung:
Abgeschlossene Ausbildung als Industriekaufmann/-kauffrau
c) Berufserfahrung:
3–5 Jahre kaufmännische Tätigkeit nach Ausbildungsabschluss, davon 2 Jahre Einkaufstätigkeit
d) Spezialkenntnisse:
- ein Jahr Branchenerfahrung
- Grundkenntnisse der EDV
- Lesen technischer Zeichnungen
e) Fertigkeiten/Eigenschaften:
- Verhandlungsgeschick
- Kontaktfähigkeit
- gute Umgangsformen
- analytisches Denkvermögen

5.1.4 Zeitpunkt des Personalbedarfs

Um Hektik bei der Personalbeschaffung zu vermeiden, sollte der Bedarfszeitpunkt früh und genau geplant werden. Dies ermöglicht auch, durch eine gezielte Personalentwicklung Nachwuchs auf bestimmte Stellen hin innerbetrieblich aufzubauen.

Arbeitsaufträge

1. **Ein Unternehmen mit Fließfertigung plant eine Ausbringungsmenge von 10 000 Stück monatlich. Die Taktzeit beträgt 20 Minuten, die durchschnittliche monatliche Arbeitszeit 156 Stunden, der Verteilzeitzuschlag 0,5 %.**
   a) Berechnen Sie den Bruttopersonalbedarf für die Anlagen.
   b) Zu Beginn des Jahres 20.. ergibt sich aus der Personalstatistik eine Fluktuationsquote von 12 %. Zwei Mitarbeiter werden binnen Kurzem zum Wehrdienst eingezogen. Berechnen Sie den Nettopersonalbedarf.
2. **Stellenbeschreibungen sind geeignete Hilfsmittel für die qualitative Personalplanung. Sie sollten folgende Elemente enthalten: Bereich, Abteilung, Arbeitsort, Sachgebiet, Stellenbezeichnung, Aufgaben, Verantwortung für ..., Vollmachten, Überordnung, Unterordnung, aktive und passive Stellvertretung, Anforderungsprofil.**
   a) Welche dieser Elemente sind für die qualitative Personalplanung von Bedeutung?
   b) Fertigen Sie eine Stellenbeschreibung für einen Handlungsreisenden an.
3. **Sie sind als Personalsachbearbeiter u. a. für die Personalbedarfsplanung zuständig. Der Stellenbestand des laufenden Jahres sowie der Bruttopersonalbedarf (BPB) und die erwarteten Zu- und Abgänge für das Folgejahr sind in der abgebildeten Tabelle festgehalten.**

Abteilung	lfd. Jahr	Folgejahr			
	Istbestand	BPB	Zugänge	Abgänge	NPB
Einkauf	11	10	1	0	
Verwaltung	33	31	3	0	
Vertrieb	20	18	4	1	
Fertigung	182	168	14	2	
Summe					

   Berechnen Sie die Summen und den Nettopersonalbedarf.

5.2 Personalentwicklung

Der Bedarf an qualifizierten Mitarbeitern ist der Auslöser für Personalentwicklungsmaßnahmen: Die Personalentwicklung gibt dem Betrieb die Möglichkeit, Anforderungs- und Fähigkeitsprofile zur Deckung zu bringen und somit seinen Personalbedarf aus den eigenen Reihen zu decken.

Unter Personalentwicklung versteht man alle betrieblichen Maßnahmen der Berufsbildung. Sie dient der Vermittlung beruflicher Qualifikationen und umfasst Berufsausbildung, Fortbildung und Umschulung.

Berufsbildung (§ 1 Berufsbildungsgesetz)

Berufsausbildung
↓
vermittelt in einem geordneten Ausbildungsgang
- eine breit angelegte berufliche Bildung,
- die fachlichen Fertigkeiten und Kenntnisse, die für die Ausübung einer qualifizierten beruflichen Tätigkeit notwendig sind.

↓
Deckung des Nachwuchsbedarfs

Fortbildung
↓
soll ermöglichen,
- die beruflichen Kenntnisse und Fertigkeiten
  - zu erhalten: **Erhaltungsfortbildung**
  - zu erweitern: **Erweiterungsfortbildung**
  - der technischen Entwicklung anzupassen: **Anpassungsfortbildung**
- beruflich aufzusteigen: **Aufstiegsfortbildung**

↓
Deckung von Spezial- und Führungsbedarf

Umschulung
↓
soll zu einer anderen beruflichen Tätigkeit befähigen

↓
Erhaltung von Mitarbeitern bei strukturellen Änderungen (z. B. neuen Techniken, Fortfall von Berufen) und alters-, unfall-, krankheitsbedingten Änderungen

Unser Prinzip: Interne Personalbedarfsdeckung vor externer Deckung! Denn: Die Entwicklung von unternehmensspezifischem Know-how bringt Wettbewerbsvorteile!

Für die Mitarbeiter ist die Personalentwicklung zugleich ein wichtiges Motivationsmoment: Sie eröffnet ihnen die Chance auf einen qualifizierten Arbeitsplatz und auf beruflichen Aufstieg im eigenen Betrieb.

Der Betriebsrat hat bei der betrieblichen Berufsbildung Mitbestimmungsrechte (§§ 96–98 BetrVG).

Mitbestimmungsrechte des Betriebsrates

Beratungsrecht

Der Arbeitgeber muss mit dem Betriebsrat beraten:

- Fragen der Berufsbildung der Arbeitnehmer,
- über Errichtung und Ausstattung von Einrichtungen zur Berufsbildung,
- über die Einführung betrieblicher Berufsbildungsmaßnahmen,
- über die Teilnahme an außerbetrieblichen Berufsbildungsmaßnahmen.

Vorschlagsrecht

Der Betriebsrat kann Vorschläge machen:

- zu Fragen der Berufsbildung der Arbeitnehmer,
- für die Teilnahme von Arbeitnehmern oder Gruppen von Arbeitnehmern an Maßnahmen der beruflichen Bildung.

Mitbestimmungsrecht

- Der Betriebsrat hat bei der Durchführung von Maßnahmen der betrieblichen Berufsbildung mitzubestimmen.
- Der Betriebsrat kann der Bestellung einer mit der Durchführung der betrieblichen Berufsbildung beauftragten Person widersprechen oder ihre Abberufung verlangen, wenn sie nach dem Berufsbildungsgesetz ungeeignet ist.

VIERTER ABSCHNITT

5.3 Personalanwerbung

Personalbeschaffung wird heute unter dem Aspekt des Personalmarketings gesehen. Das heißt: Umsetzen des Marketinggedankens im Personalbereich. Das Unternehmen „verkauft" eine Stelle an einen Bewerber, betrachtet ihn als „Kunden", orientiert sich an seinen Bedürfnissen, denkt und handelt bewerberorientiert.

5.3.1 Mögliche Personalbeschaffungswege

Bei Personalbedarf wird der Leiter des anfordernden Bereichs tätig. Er richtet auf einem Formular eine Personalanforderung an die Personalabteilung.

Inhalt der Personalanforderung:

- anfordernde Abteilung
- Bezeichnung der Stelle
- Stellenanforderungen
- Lohn-/Gehaltsgruppe
- Arbeitsort
- Arbeitszeit
- Bedarfszeitpunkt

(Bei **Neubedarf** außerdem: Bedarf begründen, Stellenbeschreibung beifügen, Personalkosten und Dauer der Besetzung angeben!)

Bei Neubedarf und bei Stellen für leitende Angestellte ist grundsätzlich vorher die Geschäftsleitung einzuschalten.

Die Personalabteilung kann nun eine interne oder eine externe Personalbeschaffung vornehmen.

Hören Sie sich auch die Audiodatei *Interne versus externe Personalbeschaffung* an.

Web M 369

Personalbeschaffungswege

interne Personalbeschaffung	externe Personalbeschaffung
Besetzung der Stelle mit einem Betriebsangehörigen	Besetzung der Stelle mit einem Betriebsfremden
• aufgrund einer innerbetrieblichen Stellenausschreibung • aufgrund von Personalentwicklungsmaßnahmen • durch Versetzung auf die Stelle • durch Leistung von Mehrarbeit	• aufgrund einer Stellenvermittlung durch die Agentur für Arbeit oder private Vermittler • aufgrund einer Stellenanzeige (Stellenangebot) • aufgrund einer Stellenanzeige (Stellengesuch) • aufgrund einer unverlangten Bewerbung • durch Personalleasing • aufgrund von E-Recruiting
Vorteile	
• Förderung der Mitarbeitermotivation (nicht bei unfreiwilliger Versetzung) • Mitarbeiter kennt Betrieb/Sachverhalt • Betrieb konnte bisherige Leistungen beurteilen • keine Anwerbungskosten • oft kürzere Einarbeitungszeit	• stärkerer Wettbewerb für die eigenen Mitarbeiter • Bewerber bringt Kenntnisse aus anderen Betrieben mit • ggf. neues Ideenpotenzial • Bedarfsdeckung, wenn im Betrieb geeignete Mitarbeiter fehlen • ggf. schnelle Ersatzbeschaffung
Nachteile	
• ggf. „Betriebsblindheit" • ggf. Demotivation abgelehnter Bewerber • ggf. „Fortloben" durch Vorgesetzte	• längere Einarbeitungszeit • Anwerbungskosten • ggf. Demotivation eigener Mitarbeiter

5.3.2 Interne Personalbeschaffung

Interne Stellenausschreibung

Viele Betriebe schreiben freie Arbeitsplätze innerbetrieblich aus. Der Betriebsrat kann laut Betriebsverfassungsgesetz eine solche Ausschreibung sogar verlangen (§ 93 BetrVG. Ausnahme: Positionen für leitende Angestellte). Das Ausschreibungsverfahren wird oft in Betriebsvereinbarungen zwischen Arbeitgeber und Betriebsrat schriftlich festgelegt. Interne Bewerber haben jedoch keinen Vorrang vor externen Bewerbern.

Beispiel: Interne Stellenausschreibung

MGB – Abt. Personal- und Sozialwesen

In unserem Zentrallager ist zum 1. März 20.. die Stelle

eines Lageristen/einer Lageristin

zu besetzen. Die Stelle umfasst alle Tätigkeiten bei Ein- und Auslagerung, Materialpflege, Bestandsüberwachung und Inventur. Sie erfordert gute Materialkenntnisse sowie Kenntnisse der Lagerbestandsführung und Lagerlogistik. Bewerbungen sind an die Abteilung Personal- und Sozialwesen zu richten.

VIERTER ABSCHNITT

Der Betriebsrat hat noch weitere Mitbestimmungsrechte:

- Richtlinien über die personelle Auswahl bei Einstellungen, Versetzungen, Umgruppierungen und Kündigungen bedürfen seiner Zustimmung (§ 95 BetrVG).
- In Betrieben mit in der Regel mehr als zwanzig wahlberechtigten Arbeitnehmern muss der Arbeitgeber den Betriebsrat vor jeder Einstellung, Eingruppierung, Umgruppierung und Versetzung unterrichten und seine Zustimmung einholen. Der Betriebsrat kann vor allem seine Zustimmung verweigern, wenn gesetzliche oder tarifliche Bestimmungen verletzt werden, beschäftigte Arbeitnehmer ungerechtfertigt gekündigt werden oder sonstige Nachteile erleiden, der betroffene Arbeitnehmer ungerechtfertigt benachteiligt wird, die nach § 93 erforderliche Ausschreibung unterblieben ist oder die personelle Maßnahme gegen eine Richtlinie nach § 95 BetrVG verstößt (§ 99 BetrVG).

Personalentwicklungsmaßnahmen

Zum Bedarfszeitpunkt kann der Betrieb, der vorausschauend Maßnahmen der Ausbildung, Anpassungs- und Aufstiegsfortbildung sowie Umschulung ergriffen hat, ggf. auf das geschulte Personal zurückgreifen.

Versetzungen

__Mobbing__ ist Drangsalierung am Arbeitsplatz. „Beliebteste" Methoden: hinter dem Rücken reden, Gerüchte verbreiten, jemanden wie Luft behandeln (vgl. S. 419).

Organisatorische Änderungen, Rationalisierungsmaßnahmen, Ausfälle von Kollegen, mangelnde Eignung, Streit mit Kollegen oder Vorgesetzten (z. B. Mobbing) können Versetzungen nötig machen.

Bei der Versetzung wird ein **anderer Arbeitsbereich zugewiesen** (andere Aufgabe, Verantwortung, Tätigkeitsart, Gruppe). Sie kann ggf. mit einer Verbesserung oder Verschlechterung verbunden sein. Die Zuweisung ist nur möglich, wenn sie nicht im Gegensatz zu den Abmachungen des Arbeitsvertrags steht. Andernfalls ist eine **Änderungskündigung** erforderlich: Der Arbeitgeber kündigt das Arbeitsverhältnis, bietet aber gleichzeitig dessen Fortsetzung zu geänderten Bedingungen an. In diesem Fall greifen die Bestimmungen des Kündigungsschutzgesetzes (vgl. S. 410).

Mehrarbeit

Mehrarbeit (Überstunden, höhere Arbeitsintensität) bietet sich bei kürzerfristigen Spitzenbelastungen an. Man vermeidet damit zusätzliche Bindungen durch Neueinstellungen, ist aber an die Bestimmungen von Arbeitszeitgesetz, Tarifverträgen und Betriebsvereinbarungen gebunden.

5.3.3 Externe Personalbeschaffung

Stellenvermittlung

Der Betrieb kann den Einrichtungen der Bundesagentur für Arbeit (örtliche Agentur für Arbeit, Landesstellen und Zentralstelle für Arbeitsvermittlung, Fachvermittlungsstellen) offene Stellen melden. Bei der Agentur für Arbeit als arbeitslos Gemeldete werden dann zur Bewerbung aufgefordert. Die Agenturen für Arbeit vermitteln vor allem ausführende Arbeitskräfte, die anderen Stellen Führungskräfte.

Außer der Agentur für Arbeit kann jedermann **gewerbliche Arbeitsvermittlung** betreiben. Er muss lediglich die Aufnahme einer solchen Tätigkeit der Agentur für Arbeit schriftlich mitteilen.

Viele Stellen werden auch nicht gewerblich durch eigene Mitarbeiter der Betriebe an Arbeit suchende Bekannte vermittelt.

Initiativbewerbung, Stellengesuch

Viele Arbeitssuchende verlassen sich nicht ausschließlich auf die Agentur für Arbeit, sondern bewerben sich unaufgefordert (Initiativbewerbung), oft bei mehreren Unternehmen gleichzeitig. Etwa ein Fünftel aller Arbeitsverträge kommt so zustande!

Betriebe finden neue Mitarbeiter über

- *Stellenanzeigen* 37 %
- *unverlangte Bewerbungen* 20 %
- *Agentur für Arbeit* 19 %
- *eigene Mitarbeiter* 17 %
- *sonstige Wege* 7 %

Stellengesuche als Anzeigen in Zeitungen sind Erfolg versprechend, wenn in dem betreffenden Beruf Mangel an Arbeitskräften herrscht.

Stellenanzeige (Stellenangebot)

Stellenanzeigen sind teuer. Deshalb ist die Auswahl des Anzeigenträgers wichtig:

- regionale Tageszeitungen ➔ für untere Hierarchieebenen
- überregionale Tages- und Wochenzeitungen ➔ für höhere Hierarchieebenen (haben meist größere Mobilität)
- Fachzeitschriften ➔ für Spezialarbeitskräfte

Beispiel: Stellenanzeige

KRONENBERG

Wir sind ein erfolgreiches mittelständisches Unternehmen aus dem Großraum Köln/Düsseldorf mit ca. 200 Mitarbeitern.
Wir sind einer der führenden Hersteller von Systemen aus kaltgeformten Spezialprofilen, Press-, Stanz- und Ziehteilen sowie Freileitungsarmaturen.
Unsere hochwertigen Produkte sind aus Aluminium, Stahl und NE-Metallen und auf Wunsch beschichtet bzw. oberflächenveredelt. Wir erweitern unsere Aktivitäten und suchen zum Aufbau, Überwachung und Betreuung eines Netzwerkes Sie als

Systemadministrator(in)

Die Aufgabe
- Hard- und Softwarebetreuung unseres neu zu erstellenden 100 MBit-NT-Netzwerkes sowie einer ISDN-TK-Anlage
- Schulung unserer Mitarbeiter (VPPS und MS-Office)
- Kleinere Programmierungen einer SQL-Datenbank.

Die Anforderung
- entsprechende technisch/elektronische Ausbildung
- analytisches Denkvermögen
- Freude am Schulen
- Bereitschaft zur Weiterbildung

Das Angebot
- leistungsgerechte Dotierung
- übliche Sozialleistungen
- berufliche Weiterentwicklung in einem expandierenden Unternehmen
- intensive Einarbeitung in die Software VPPS

Haben wir Ihr Interesse geweckt? Wir freuen uns über Ihre Bewerbung an:

GBerger@Kronenberg-profil.de

Kronenberg GmbH & Co. KG, Hochstraße 2, 42799 Leichlingen

VIERTER ABSCHNITT

Personalleasing

Bisweilen wird Personal sehr schnell und nur für eine kurze Zeitspanne benötigt.

Beispiele: Vorübergehender Personalbedarf

- Urlaub, Krankheit, Fortbildung oder sonstige Abwesenheit von Mitarbeitern
- kurzfristige Leistungsspitzen, dringende Aufträge

Personalleasing-Firmen beschäftigen Arbeitnehmer, die sie in solchen Fällen anderen Firmen aufgrund eines Arbeitnehmerüberlassungsvertrags als *Leiharbeitnehmer* überlassen. Das Zeitpersonal kommt dem Entleiher meist billiger als Überstunden oder Neueinstellungen.

Das Arbeitnehmerüberlassungsgesetz (AÜG) bestimmt:

- Der Verleiher benötigt eine Erlaubnis der Bundesagentur für Arbeit.
- Der Arbeitsvertrag zwischen Arbeitnehmer und Verleiher ist auf unbestimmte Zeit zu schließen.
- Der Verleiher muss den Arbeitnehmer stets voll bezahlen, unabhängig vom tatsächlichen Arbeitseinsatz.
- Der Arbeitnehmer hat Anspruch auf die vollen Sozialleistungen.

Web
M 371

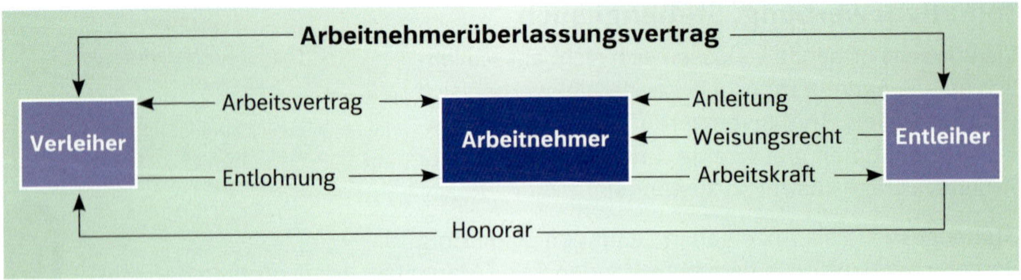

Der Entleiher meldet jeden überlassenen Arbeitnehmer der zuständigen Krankenkasse. Der Verleiher führt alle Lohnnebenkosten ab.

Grundsätzlich können nur Arbeitskräfte eingesetzt werden, die Arbeiten übernehmen können, welche keine Einarbeitung benötigen (oft Arbeiten mit weniger hohen Anforderungen). Es sind aber auch qualifizierte, hochflexible Arbeitskräfte anzutreffen.

Sehr häufig werden Schreibkräfte, aber auch Monteure, Facharbeiter, technische Fachkräfte überlassen.

Vermittlung durch Personalberater

Führungspersonal wird meist über Personalberater im Auftrag des suchenden Unternehmens gefunden. Ihr Einsatz kommt insbesondere infrage, wenn dieses Unternehmen nicht genannt werden will. Eine besondere Form ist das Head-Hunting (Kopfjagen), das Abwerben von anderen Firmen. Geeignete Kandidaten werden dabei meist telefonisch vom Personalberater angesprochen.

VIERTER ABSCHNITT

5.3.4 Personalauswahl

Die Personalauswahl erfolgt oft nach schriftlicher Bewerbung. Bei weniger qualifizierten Tätigkeiten wird der Bewerber auch unmittelbar zur Vorstellung aufgefordert.

Die Bewerbung soll umfassen:

- Bewerbungsschreiben
- Bewerberfoto (Siehe aber S. 375!)
- Lebenslauf
- Schulzeugnisse
- Arbeitszeugnisse
- ggf. Leistungsbilanz

Zusätzlich können verlangt werden:

- Personalfragebogen
- Referenzen (Angabe von Personen, die Auskünfte geben können)
- Arbeitsproben (z. B. Entwürfe, Texte, Bilder, Konstruktionen); üblich bei gewerblichen Tätigkeiten

Bei der **Bewerberauswahl** muss das Anforderungsprofil der Stelle den Qualifikationsprofilen der Bewerber gegenübergestellt werden. Am geeignetsten ist, wer dem Anforderungsprofil am besten entspricht.

Vergleichen Sie hierzu Arbeitsauftrag 2 auf Seite 361.

Instrumente der Bewerberauswahl

Analyse der Bewerbungsunterlagen

- Zwingende Anforderungen des Anforderungsprofils nicht erfüllt ➔ Bewerber ungeeignet; Absage
- Unterlagen nicht formgerecht ➔ schwerwiegend: Absage
- Unterlagen nicht vollständig ➔ Bitte um Vervollständigung
- Unterlagen uneingeschränkt in Ordnung ➔ Einladung zum Vorstellungsgespräch

- **Analyse des Lebenslaufs:**
  - **Zeitfolgen- und Lückenanalyse:**
    Welche Verweilzeiten hat der Bewerber hinsichtlich seiner Tätigkeiten? Hat der Bewerber Unterbrechungszeiten verschwiegen?

Achten Sie unbedingt auf vollständige und formgerechte Bewerbungsunterlagen!

Beispiel: Bewerbung mit Lebenslauf

Merke: Gehaltsvorstellungen in der Bewerbung nur bei Aufforderung äußern!

Ralf Schneider
Bornstr. 11
45127 Essen
Tel.: 0201123678

Essen, 2. Juni 20..

Ebert GmbH & Co. KG
Personalabteilung
Postfach 10 01 64
50441 Köln

Bewerbung als Fertigungssteuerer ← Bewerbung

Sehr geehrte Damen und Herren,

ich habe Ihre Anzeige in der Rheinischen Post gelesen und bewerbe mich um die ausgeschriebene Stelle. Ich bin seit acht Jahren ungekündigt in einer entsprechenden Stellung bei MGB Maltmann Getriebebau e. K., Essen, tätig. Aus familiären Gründen möchte ich nach Köln umziehen und suche deshalb dort eine neue Stelle.

← Arbeitsverhältnis
← gekündigt/ungekündigt
← Grund der Bewerbung

Ich bearbeite Kunden- und Betriebsaufträge komplett von der Erstellung bis zur Abrechnung. Die Arbeit mit modernen PPS-Systemen ist mir bestens vertraut. ← Tätigkeit, Fähigkeiten

Ich könnte meinen Arbeitsplatz zum 1. September 20.. wechseln. ← Verfügbarkeit

Über einen Termin für ein Vorstellungsgespräch würde ich mich sehr freuen.

Mit freundlichen Grüßen

R. Schneider

Anlagen
Lebenslauf mit Lichtbild
2 Zeugniskopien
2 Beurteilungen

Wichtige inhaltliche Elemente!

Lebenslauf in tabellarischer Form →

Lebenslauf

Persönliche Daten

Vor- und Zuname:	Ralf Schneider
Anschrift:	Bornstr. 11, 45127 Essen
Telefon:	0201123678
Geburtstag und -ort:	24. Aug. 1985 in Bochum
Staatsangehörigkeit:	deutsch
Familienstand:	ledig

Schulbildung

1991 - 1995	Grundschule in Bochum
1995 - 2001	Realschule in Bochum
2001 - Juni 2003	Höhere Handelsschule in Bochum mit Abschluss

Berufsausbildung

01.08.2003 - 12.07.2006	Ausbildung zum Industriekaufmann bei MGB Maltmann Getriebebau e. K. in Essen

Berufliche Tätigkeit

13.07.2006 - 31.07.2007	Fertigungssteuerer bei MGB
01.08.2007 - 31.07.2008	Zivildienst
ab 01.08.2008	Fertigungssteuerer bei MGB

Fortbildung

13.06.2011 - 13.09.2011	Betriebliche Schulung in CAD und BDE

Essen, 2. Juni 20..

R. Schneider

Verweilzeiten möglichst kalendergenau angeben! Sonst entsteht der Eindruck, dass Lücken verschwiegen werden.

Man kann übrigens den Lebenslauf auch mit der aktuellen Position beginnen und rückwärts erzählen.

Als „dritte Seite" wird der Bewerbung oft eine Leistungsbilanz des Bewerbers beigefügt. Siehe hierzu das Infoblatt Leistungsbilanz.

Web M 373

VIERTER ABSCHNITT

Instrumente der Bewerberauswahl (Fortsetzung)

- **Entwicklungsanalyse:**
  Vertikale Entwicklung:
  Welche Leistungsbeförderungen sind erfolgt? (Zum Beispiel Einstellung als Sachbearbeiter, nach zwei Jahren Gruppenleiter, nach drei weiteren Jahren Abteilungsleiter)
  Horizontale Entwicklung:
  Welche Fortbildung im Berufsfeld wurde wahrgenommen? (Zum Beispiel Erwerb zusätzlicher Kenntnisse im Qualitätsmanagement)
- **Firmen- und Branchenanalyse:**
  In welcher Branche war der Bewerber tätig? Ist sie vergleichbar?
  Wie groß ist das abgebende Unternehmen? Ist es hinsichtlich Größe (Mitarbeiterzahl, Umsatz) und Organisation vergleichbar?
  Ziel der Analyse: Einen Mitarbeiter finden, der nach kurzer Einarbeitungszeit seine volle Kraft einbringen kann.

- **Analyse der Zeugnisse:**
  Schulzeugnisse verlieren mit zunehmender Länge des Berufslebens als Leistungsnachweise an Bedeutung. An ihre Stelle treten die Arbeitszeugnisse.

Vorstellungsgespräch

- **freies Gespräch:** Inhalt nicht vorgegeben; Auswertung oft schwierig
- **strukturiertes Gespräch:** Rahmen mit unbedingt zu klärenden Fragen vorgegeben

1. Kontaktaufbau; Klärung des Gesprächsablaufs
2. Vorstellung des Unternehmens 1: v. a. Programm, Markt, Standorte
3. Prüfung des persönlichen und beruflichen Werdegangs des Bewerbers
4. Situative Bewährung: kleine arbeitsplatztypische Aufgabenstellungen
5. Prüfung der gegenseitigen Erwartungen
6. Vorstellung des Unternehmens 2: v. a. Arbeitsplatz, Abteilung, Sozialleistungen
7. Abschluss: vorbereitende Vertragsverhandlungen (z. B. Vergütung, Urlaub)

- **standardisiertes Gespräch:** Inhalt und Ablauf genau vorgegeben; starr, aber Auswertung leicht

Auswertung bezieht sich auf

- das Verhalten des Bewerbers: Aufschlüsse z. B. über sein Wesen, Mimik, Gestik, Sprechweise, Reaktionsfähigkeit, Verhandlungsgeschick, Ausdrucksfähigkeit
- die Motive des Bewerbers: Begründung des schulischen, beruflichen, privaten Werdegangs
- das äußere Erscheinungsbild des Bewerbers

Zweck des Vorstellungsgesprächs: Abklärung, ob die Erwartungen von Arbeitgeber und Bewerber übereinstimmen. Der Arbeitgeber sollte sich über den Bewerber und seine Fähigkeiten informieren, der Bewerber über den Betrieb, seine Eigenarten und Leistungen sowie über die zu besetzende Stelle (Stellenbeschreibung!). Der Inhalt des Arbeitsvertrags ist ebenfalls abzuklären.

Tests und andere geeignete Überprüfungen

- **Eignungstests**
  - *Leistungstests* erfassen einzelne geistige Leistungsmerkmale, z. B. Konzentration, Willenseinsatz, Aufmerksamkeit, Reaktionsgeschwindigkeit.
  - *Intelligenztests* untersuchen die allgemeine Intelligenz (Urteils- und Denkvermögen) oder eine spezielle Intelligenz (z. B. Sprachbeherrschung, Rechengewandtheit, Kombinationsfähigkeit, räumliches Vorstellungsvermögen).
  - *Spezielle Begabungstests* untersuchen spezielle Begabungen (z. B. Motorik, Fingerfertigkeit, Begabung für Technik, Zeichnen).
  - *Persönlichkeitstests* untersuchen persönliche Eigenschaften (z. B. Charakter, Sozialverhalten, Interessen, Neigungen, Einstellungen).
- **Gruppendiskussionen** erfassen z. B. Ausdrucksvermögen, Reaktionsfähigkeit, Sachkompetenz, Sozialverhalten anhand eines Diskussionsthemas und in einer Stresssituation.

- **Assessment-Center:** Ein- bis zweitägige Beurteilungsseminare; enthalten eine Vielzahl von Übungen in möglichst praxisgerechten Situationen, ggf. unter Stressbedingungen; Möglichkeit, Fachkompetenz, Problemlösungsfähigkeit, Sozialverhalten, Teamfähigkeit zu testen.

Ärztliche Untersuchung: Zweck: Feststellung, ob der Bewerber körperlich gesund ist und die Belastungen des Berufs ertragen kann. Vorgeschrieben für Jugendliche unter 18 Jahren (§ 45 Jugendarbeitsschutzgesetz).

5.3.5 Diskriminierungsverbot

Wenn ein Unternehmen heutzutage ein Stellenangebot macht, sollte es Formulierungen wie „suchen jungen Mann zwischen 25 und 35 Jahren" vermeiden: Interessenten, die auf diese Weise ausgeschlossen werden, könnten wegen Geschlechts- oder Altersdiskriminierung vor Gericht klagen. Selbst von einer Bitte um „Bewerbung mit Lichtbild" sollte abgesehen werden, denn ein Foto könnte Auskunft über die Rasse oder Herkunft geben.

„Sie stellen mich doch nur nicht ein, weil ich schwul bin!"

Das Allgemeine Gleichbehandlungsgesetz (AGG) verbietet Benachteiligungen und Diskriminierungen hinsichtlich Rasse, ethnischer Herkunft, Geschlecht, Religion oder Weltanschauung, Behinderung, Alter oder sexueller Identität (§ 1 AGG).

Für Arbeitgeber bedeutet dies z. B.: Die unterschiedliche Behandlung von Männern und Frauen, von Menschen mit und ohne Behinderung, von jungen und älteren Mitarbeitern oder von Menschen mit unterschiedlichen Lebensformen und Ausdrucksweisen ist diskriminierend und deshalb verboten. Wer sich als benachteiligt ansieht, kann sich durch eine Klage vor Gericht zur Wehr setzen.

Das Gesetz ist im Betrieb auszuhängen/auszulegen.

Allgemeines Gleichbehandlungsgesetz (AGG)

Anwendungsbereich

§ 2: Benachteiligungen aus einem in § 1 genannten Grund sind nach Maßgabe dieses Gesetzes unzulässig in Bezug auf:

- die Bedingungen, einschließlich Auswahlkriterien und Einstellungsbedingungen, für den Zugang zu unselbstständiger und selbstständiger Erwerbstätigkeit,
- die Beschäftigungs- und Arbeitsbedingungen einschließlich Arbeitsentgelt und Entlassungsbedingungen,
- den Zugang zu allen Formen und allen Ebenen der Berufsberatung, der Berufsbildung einschließlich der Berufsausbildung, der beruflichen Weiterbildung und der Umschulung sowie der praktischen Berufserfahrung,
- die Mitgliedschaft und Mitwirkung in einer Beschäftigten- oder Arbeitgebervereinigung,
- den Sozialschutz, einschließlich der sozialen Sicherheit und der Gesundheitsdienste,
- die sozialen Vergünstigungen,
- die Bildung,
- den Zugang zu und die Versorgung mit Gütern und Dienstleistungen, die der Öffentlichkeit zur Verfügung stehen, einschließlich von Wohnraum.

§ 7: Beschäftigte dürfen nicht wegen eines in § 1 angeführten Grundes benachteiligt werden.

§ 8: Eine unterschiedliche Behandlung wegen eines in § 1 genannten Grundes ist nur mit Ausnahmen zulässig.

VIERTER ABSCHNITT

5.3.6 E-Recruiting

Das Jobkarussell dreht sich im Zuge von Globalisierung und Konzentration in einem irren Tempo. Die Mitarbeiter wechseln immer öfter, die Personalabteilungen sind überlastet. Oft sind sie viel mehr mit Verwaltung als mit Planung beschäftigt. Hier schlägt die Stunde der Online-Stellenbörsen.

Web

M 376 E-Recruiting ist Personalbeschaffung über das Internet. Viele Betriebe versehen z. B. ihre Internetseiten mit Stellenanzeigen und sogar Bewerbungsbögen oder Bewerbungsfragebögen, auf denen Bewerber ihre Daten direkt eingeben können (siehe z. B. www.maltgetriebe.de). Besonders effektiv aber sind **Stellenbörsen**.

Für die Inanspruchnahme einer Stellenbörse benötigt der Betrieb nur einen Internetanschluss und eine Lizenz der Stellenbörse. Bewerber haben es noch einfacher: Sie müssen nur Zugang zum Internet haben. Ihnen entstehen auch keine Kosten – im Gegensatz zu den Betrieben:

Hier die Namen einiger bekannter Stellenbörsen:

- www.futurestep.com
- www.jobpilot.de
- www.jobscout24.de
- www.jobs.de
- www.jobware.de
- www.monster.de
- www.stepstone.de

Beispiele: Kosten von Stellenbörsen

- Bei der Stellenbörse Jobline kostet eine Anzeige pro Monat 750,00 EUR.
- Für die Vermittlung von Top-Managern verlangen spezielle Jobbörsen bis zu einem Drittel der Jahresgehaltssumme als Honorar.

Die Stellenbörsen speichern Stellenangebote vieler Firmen in Stellendatenbanken und Bewerberdaten in Bewerberdatenbanken, gleichen sie ab und bringen Angebot und Nachfrage zusammen.

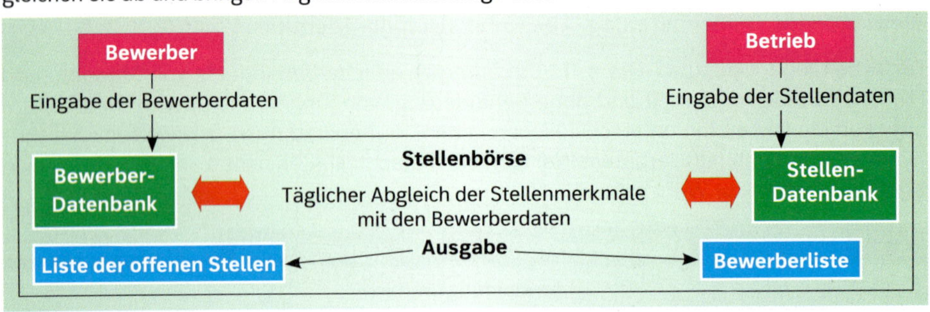

Die von den Bewerbern einzugebenden Daten sind die Daten des **Lebenslaufs**. Einige Stellenbörsen ersetzen oder ergänzen diese Eingabe durch ein **Assessment-Center** in Form eines Online-Spiels. Andere führen mit den Bewerbern **interaktive Testverfahren** durch, um zusätzliche persönlichkeitsrelevante Eigenschaften (Motivation, Flexibilität, ...) zu ermitteln.

Zusätzliche Serviceleistungen der Stellenbörsen für Bewerber und Betriebe

(Sie sollen die Personalauswahl noch effektiver machen.)

- Virtuelle Messen für Bewerber und Unternehmen
- Bewerberdatenverwaltung
- Ausgabe der neuesten Stellenangebote
- Erstellen digitaler Bewerbungsmappen
- Speichern von Fachbeiträgen
- Durchführen von Tests jeglicher Art
- Aktuelle Bücherliste und Gerichtsurteile
- Firmenprofile
- Referenzeinholung
- Live-Chats mit Karriereberatern
- Verfassen von Arbeitszeugnissen
- Ausgabe von Personal-Newslettern
- Informationen über Weiterbildungsseminare
- Erstellen von Lohn-/Gehaltsabrechnungen
- Lexikon der Personalwirtschaft
- Gehalts-Check
- Hilfestellung bei Anzeigenerstellung

5.4 Einstellung/Stellenbesetzung

Die Stellenbesetzung erfolgt durch den Abschluss des Arbeitsvertrags. Dieser kennzeichnet – ggf. in Verbindung mit der Stellenbeschreibung – den genauen Einsatz des Mitarbeiters durch Bezeichnung der Tätigkeit, Angabe von Arbeits- und Pausenzeiten sowie Dauer des Jahresurlaubs. Für den Fall, dass der neue Mitarbeiter seiner Aufgabe wider Erwarten nicht gerecht wird, sollte eine Probearbeitszeit – üblicherweise drei Monate – vereinbart werden.

- Der Mitarbeiter legt die steuerliche Identifikationsnummer und den Sozialversicherungsausweis vor.
- Personalakte und Personalstammsatz werden angelegt.
- Der Mitarbeiter ist vom Betrieb bei der Krankenkasse anzumelden.

5.5 Einarbeitung

Die Einarbeitung sollte gut geplant werden. Nur dann wird der Mitarbeiter rasch die Anforderungen des Arbeitsplatzes erfüllen können.

Wichtige Bestandteile des Einarbeitungsplans

- Bestellung eines Betreuers
- Vorstellung des Mitarbeiters bei allen Kontaktpersonen
- Besichtigung der Betriebsräume
- Informationsgespräche, Aushändigung von Informationsmaterial, Schulungsmaterial
- Einweisung am Arbeitsplatz (Erklären, Vormachen, Selbermachen unter Aufsicht)
- Begleitende Schulungs- und Trainingsmaßnahmen
- Teilnahme an Besprechungen und Konferenzen

VIERTER ABSCHNITT

Beispiel: Einarbeitungsplan

Einarbeitungsplan für Herrn Ralf Schneider

Datum	Zeit	Ort	Partner	Vorgänge
30.08.		Bau 2, AV	Herr Bebber (Abteilungsleiter)	Information der Arbeitsgruppe über den neuen Mitarbeiter, Bestellung von Herrn Renner als Betreuer
01.09.	08:00 Uhr	Bau 1, Zi. 10	„	Begrüßung, Besichtigung der Betriebsräume, Aushändigung von Organisationsplan, Betriebsordnung, Produktionsprogramm, Schulungsprogramm Fertigungssteuerung
	nachmittags	Bau 2, AV	„	Vorstellung der Arbeitsgruppe
		„	Herr Renner (Fertigungssteuerer)	Einführung in den Arbeitsplatz
02.09.	ganztägig	„	Herr Renner (als Betreuer)	Bearbeitung des Schulungsprogramms
03.09.	„	„	„	gemeinsame Bearbeitung von Arbeitsaufgaben
05.09.	„	„	„	selbstständige Bearbeitung von Arbeitsaufgaben im Team
20.09.	Ende der Einarbeitungszeit			

5.6 Rechtliche Aspekte des Arbeitsverhältnisses

5.6.1 Arbeitsvertrag

Das Arbeitsverhältnis ist ein Dienstverhältnis (siehe § 611 ff. BGB) zwischen Arbeitgeber und Arbeitnehmer. Es wird durch den Arbeitsvertrag geregelt.

Bewerber müssen dem Arbeitgeber alle Fragen zu Ausbildung, früheren Arbeitsverhältnissen, Gesundheit und Fähigkeiten wahrheitsgetreu beantworten. Sittenwidrige Fragen (z. B. nach bestehender Schwangerschaft, Gewerkschaftszugehörigkeit, gefährlichen Sportarten) können sie jedoch ohne negative Rechtsfolgen falsch beantworten! Der Bewerber seinerseits erwartet Aufklärung über seine künftigen Pflichten und Rechte.

Identifikationsnummer: Lebenslang gültige Nummer für Steuerzwecke. Der Arbeitgeber benötigt sie für die Lohnsteuerabführung.

Sozialversicherungsausweis: Vom Rentenversicherungsträger ausgegeben. Enthält Namen und RV-Versicherungsnummer. Der Arbeitgeber benötigt sie für die Abführung der Sozialversicherungsabgaben.

Der Vertrag wird oft schriftlich, oft auch formlos geschlossen. Dann legt der Arbeitnehmer dem Arbeitgeber nur seine steuerliche Identifikationsnummer und seinen Sozialversicherungsausweis vor. Bei Minderjährigen muss der gesetzliche Vertreter zustimmen (§ 113 BGB).

Der Vertragsinhalt – z. B. Voll-/Teilzeitarbeit, ggf. Befristung – kann unter Einhaltung gültiger Gesetze, Tarifverträge und Betriebsvereinbarungen frei vereinbart werden. Eine **Befristung** ist nur aus sachlich gerechtfertigtem Grund zulässig (z. B. bei nur vorübergehendem Mehrbedarf an Arbeitskräften); sonst nur eine höchstens zweijährige (in neu gegründeten Unternehmen höchstens vierjährige) Befristung bei Neueinstellung. Befristete Arbeitsverhältnisse enden mit dem Fristablauf.

Der Arbeitgeber muss dem Arbeitnehmer binnen Monatsfrist nach dem vereinbarten Beginn des Arbeitsverhältnisses ein Schriftstück über die wesentlichen Vertragsbedingungen aushändigen (§ 2 Nachweisgesetz). Wer bereits in einem Arbeitsverhältnis steht, kann nachträglich ein solches Schriftstück fordern).

Web M 378

Mindestinhalt des Schriftstücks nach § 2 NachwG

- Name und Anschrift von Arbeitgeber und Arbeitnehmer
- Beginn des Arbeitsverhältnisses; ggf. dessen Befristung
- Arbeitsort
- Bezeichnung/Beschreibung der Arbeit
- Dauer des Erholungsurlaubs
- Kündigungsfristen
- Höhe, Fälligkeit, detaillierte Zusammensetzung des Entgelts
- regelmäßige wöchentliche (oder tägliche) Arbeitszeit
- anzuwendende Tarifverträge/Betriebsvereinbarungen

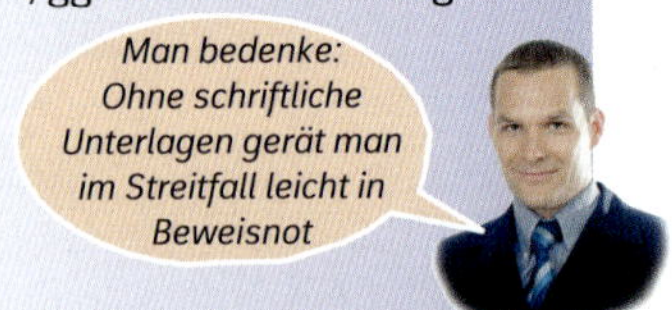

Eine Reihe gesetzlicher Rechte und Pflichten, die das Arbeitsverhältnis betreffen, wird wegen ihrer Bedeutung oft mit in den Arbeitsvertrag aufgenommen.

Pflichten des Arbeitnehmers (= Rechte des Arbeitgebers) aus dem Arbeitsvertrag
Pflicht zur Arbeitsleistung (§ 611 BGB) Der Arbeitnehmer muss die Arbeiten verrichten, die seinem Arbeitsvertrag entsprechen (ein Einkäufer darf z. B. nicht ständig als Buchhalter eingesetzt werden). Die Arbeit ist im Zweifelsfall persönlich und nach bestem Wissen und Gewissen zu leisten. Die Verletzung der Arbeitspflicht (Nichtleistung, Schlechtleistung) macht den Arbeitnehmer schadensersatzpflichtig, wenn er vorsätzlich oder grob fahrlässig gehandelt hat. Bei „normaler“ Fahrlässigkeit ist der Schaden zwischen Arbeitgeber und Arbeitnehmer „quotal“ zu verteilen.
Gehorsamspflicht Der Arbeitnehmer muss bei seiner Tätigkeit die Weisungen des Arbeitgebers befolgen.

Treuepflicht, Verschwiegenheitspflicht, Schmiergeldverbot

Der Arbeitnehmer muss die Interessen von Arbeitgeber und Betrieb wahrnehmen. Er darf Geschäfts- und Betriebsgeheimnisse nicht weitergeben (z. B. Konstruktion, Kalkulationsgrundlagen) und keine Schmiergelder zum eigenen Vorteil annehmen. Pflichtverletzungen können zu Schadensersatzforderungen, fristloser Entlassung und strafrechtlicher Verfolgung führen.

Pflicht zur Unterlassung von Wettbewerb (§§ 60, 61 HGB; § 133 f. GewO)

Ohne Einwilligung des Arbeitgebers darf der Arbeitnehmer nicht im Geschäftszweig des Arbeitgebers Geschäfte für eigene oder fremde Rechnung machen. Kaufmännische Angestellte dürfen auch kein eigenes Geschäft in einem beliebigen Geschäftszweig betreiben. Das Wettbewerbsverbot kann durch eine „Konkurrenzklausel" im Arbeitsvertrag auch für eine gewisse Zeit nach dem Ausscheiden aus der Firma bestehen bleiben (bei kaufmännischen Angestellten z. B. maximal zwei Jahre). Der Arbeitgeber muss dem Arbeitnehmer eine Entschädigung zahlen (für jedes Jahr mindestens die Hälfte der zuletzt bezogenen vertraglichen Leistungen).

Pflichtverletzungen können ebenfalls zu Schadensersatzforderungen und fristloser Entlassung führen. Bei Geschäften auf eigene Rechnung hat der Arbeitgeber auch das „Selbsteintrittsrecht" (d. h., er kann das Geschäft selbst ausführen), bei Geschäften auf fremde Rechnung das Recht auf Herausgabe der Vergütung.

Pflichten des Arbeitgebers (= Rechte des Arbeitnehmers) aus dem Arbeitsvertrag

Vergütungspflicht (§§ 611, 614, 616 BGB)

Der Arbeitgeber muss pünktlich zahlen (bei Angestellten z. B. am Ende des Monats). Voraussetzung ist, dass die Arbeitsleistung auch tatsächlich erbracht wurde. Ausnahme: bei unverschuldetem Unglück (z. B. Lohnfortzahlung bei Krankheit für 6 Wochen) oder relativ kurzer Verhinderung (z. B. Ladung als Zeuge vor Gericht).

Fürsorgepflicht (§ 618 BGB)

Der Arbeitgeber muss die Unfallverhütungs- und Arbeitsgesetze beachten und muss Sorge dafür tragen, dass Gesundheit und Anstandsgefühl des Arbeitnehmers nicht beeinträchtigt werden. Die Sozialversicherungsbeiträge sind ordnungsgemäß abzuführen.

Urlaub

Der Arbeitnehmer hat Anspruch auf bezahlten Urlaub. Jugendarbeitsschutzgesetz: bis 16 Jahre 30, bis 17 Jahre 27, bis 18 Jahre 25 Werktage. Bundesurlaubsgesetz: über 18 Jahre 24 Werktage, wenn der Arbeitnehmer dem Betrieb mindestens 6 Monate angehört.

Arbeitszeugnis (§ 630 BGB)

Der ausscheidende Arbeitnehmer hat Anspruch auf ein Zeugnis. Dieses muss Art und Dauer der Beschäftigung enthalten (einfaches Zeugnis), auf Wunsch des Arbeitnehmers auch Angaben über Führung und Leistung (qualifiziertes Zeugnis). Weitere Einzelheiten siehe S. 407.

Gemäß Teilzeit- und Befristungsgesetz (TzBfG) können Arbeitnehmer in Betrieben mit mehr als 15 Arbeitnehmern (ohne Auszubildende) ab sechs Monaten Betriebszugehörigkeit Beschäftigung in **Teilzeit** verlangen.

5.6.2 Arbeitsgesetze

Der Arbeitsvertrag ist ein Dienstvertrag nach § 611 ff. BGB.
Die § 59 ff. HGB enthalten weitere Bestimmungen für kaufmännische Arbeitnehmer,
Die § 105 ff. GewO enthalten weitere Bestimmungen für gewerbliche Arbeitnehmer.
Des Weiteren haben folgende Gesetze für das Arbeitsverhältnis Bedeutung:

- Nachweisgesetz
- Arbeitszeitgesetz
- Bundesurlaubsgesetz
- Kündigungsschutzgesetz
- Betriebsverfassungsgesetz
- Jugendarbeitsschutzgesetz
- Mutterschutzgesetz
- Arbeitsgerichtsgesetz
- Arbeitsplatzschutzgesetz
- Bundeselterngeld- und Elternzeitgesetz
- Teilzeit- und Befristungsgesetz
- Sozialgesetzbuch IX (Schwerbehindertenschutz)
- Tarifvertragsgesetz

5.6.3 Tarifvertragliche Regelungen

Einzelheiten: Siehe Bd. 2, Wirtschafts- und Sozialprozesse.

Gewerkschaften schließen Tarifverträge mit Arbeitgeberverbänden (Flächentarifverträge) oder einzelnen Arbeitgebern (Haustarifverträge).

Tarifverträge sind sog. kollektive (für alle angeschlossenen Mitglieder verbindliche) Arbeitsverträge. Sie enthalten Abmachungen über Löhne, Gehälter und andere arbeitsrechtliche Regelungen.

Sie gelten nur für Arbeitnehmer, die der tarifschließenden Gewerkschaft angehören und bei einem tarifschließenden Arbeitgeber bzw. einem Arbeitgeber des tarifschließenden Verbands beschäftigt sind. Der Arbeitgeber kann sie aber auf alle Arbeitnehmer anwenden.

Entgelttarifverträge legen die Vergütungen fest, **Rahmentarifverträge** die Entgeltgrundlagen (z. B. Entgeltgruppen, vermögenswirksame Leistungen, Erfolgsbeteiligung) und **Manteltarifverträge** die Arbeitsbedingungen (z. B. Arbeitszeiten, Pausen, Urlaubszeiten, Rationalisierungs-, Kündigungsschutz).

5.6.4 Betriebsvereinbarungen

Beispiele finden Sie unten in Arbeitsauftrag 3 und auf S. 395.

Betriebsvereinbarungen sind Verträge zwischen Arbeitgeber und Betriebsrat.

Sie regeln Fragen der Arbeitsbedingungen (z. B. Urlaubsplan, Arbeitszeitbeginn und -ende, Betriebsordnung), der Mitbestimmung, der Unfallverhütung, des Gesundheitsschutzes, der Errichtung von Sozialeinrichtungen; der Förderung der Vermögensbildung. Tarifvertraglich schon geregelte Fragen können nur Gegenstand von Betriebsvereinbarungen werden, wenn der Tarifvertrag ausdrücklich ergänzende Vereinbarungen zulässt (§ 77 Abs. 3 BetrVG). Betriebsvereinbarungen gelten unmittelbar und zwingend. Sie sind mit einer Frist von drei Monaten kündbar.

Arbeitsaufträge

1. **Bei Personalbedarf werden vielfach Personalanforderungen auf einem Formular vom anfordernden Bereich an die Personalabteilung gerichtet.**
   Erstellen Sie eine Personalanforderung. Legen Sie dabei eine Ihnen bekannte Stelle in Ihrem Ausbildungsbetrieb zugrunde.
2. **Bei der Techno GmbH ist die Stelle eines Betriebselektrikers zu besetzen. Die Personalabteilung setzt eine Anzeige in die Zeitung. Daraufhin erhebt der Betriebsrat Einspruch.**
   a) Worauf gründet sich der Einspruch des Betriebsrats höchstwahrscheinlich?
   b) Welche Rechte hat der Betriebsrat bei Personalplanung und Stellenbesetzung?
3. **Beispiel einer Betriebsvereinbarung über innerbetriebliche Stellenausschreibungen:**

> Zwischen ... und ... wird folgende Betriebsvereinbarung abgeschlossen:
>
> **1. Allgemeines**
> Jeder Arbeitsplatz soll innerbetrieblich ausgeschrieben werden. Gleichzeitig oder später kann auch eine externe Ausschreibung erfolgen.
> Die Stellenausschreibungen werden an den Anschlagbrettern für 2 Wochen ausgehängt. Beginn und Ende der Ausschreibung müssen ersichtlich sein.
>
> **2. Inhalt**
> Die Ausschreibungen müssen enthalten:
> (1) Bezeichnung der Funktion,
> (2) Beschreibung des Arbeitsplatzes bzw. der Aufgabenstellung,
> (3) Einsatzort,
> (4) Fachliche und sonstige Anforderungen,
> (5) Tarifgruppe bzw. übertarifliche Vertragsgruppe,
> (6) die Personaldienststelle, an die die Bewerbungen zu richten sind.

> **3. Bewerbung**
> Jeder Mitarbeiter, der seinen bisherigen Arbeitsplatz mindestens ein Jahr innehat, kann sich schriftlich bewerben. Bewerbungen werden vertraulich behandelt. Die Personalabteilung kann mit Zustimmung des Bewerbers Rücksprache mit der aufnehmenden und abgebenden Stelle nehmen.
>
> **4. Auswahl**
> Für die Auswahl unter mehreren Bewerbern gelten die Auswahlrichtlinien.
>
> **5. Durchführung**
> Soll der Bewerber die ausgeschriebene Stelle erhalten, so wird die Versetzung binnen 3 Monaten, in Ausnahmefällen nach Abschluss der noch auszuführenden Arbeiten durchgeführt.
> Der Bewerber kann binnen 3 Monaten nach Stellenantritt zu den alten Bedingungen auf seinen bisherigen Arbeitsplatz zurückkehren. Ist dieser besetzt oder aufgelöst, ist er auf einen gleichwertigen Arbeitsplatz zu versetzen. Dies gilt auch, wenn sich der Mitarbeiter als ungeeignet für die neue Stelle erweist.

a) Zwischen welchen Parteien wird die Betriebsvereinbarung abgeschlossen?
b) Nennen Sie die gesetzliche Grundlage für die Vereinbarung.
c) Warum werden Bewerbungen vertraulich behandelt?
d) Dürfen interne Bewerber und externe Bewerber unterschiedlich behandelt werden?
e) Welche Vorteile haben innerbetriebliche Stellenausschreibungen für Betrieb und Mitarbeiter?
f) Kann die Bewerbung eines internen Bewerbers für diesen auch negative Folgen haben?
g) Kann der Betriebsrat die Einstellung eines externen Bewerbers verhindern, wenn dieser einem internen Bewerber vorgezogen wird?

4. **Eine Stellenanzeige (Stellenangebot) enthält grundsätzlich die folgenden Punkte. (In der Praxis findet man natürlich vielfach Abweichungen.)**
Wir sind (Unternehmen): z. B. Firmenname, -zeichen, Branche, Standort, Unternehmensgröße, Mitarbeiterzahl, Führungsstil.
Wir haben (freie Stelle): z. B. Ausschreibungsgrund, Aufgabenbeschreibung, Verantwortungsumfang, Vertretungsmacht, Entwicklungschancen.
Wir suchen (Anforderungsmerkmale): z. B. Berufsbezeichnung, Vorbildung, Ausbildung, Kenntnisse, Fähigkeiten, Berufserfahrung, persönliche Eigenschaften, Alter.
Wir bieten (Leistungen): z. B. Lohn-/Gehaltshöhe, Wohnungshilfe, Fahrgeld(zuschuss), Sozialleistungen, Gleitzeit.
Wir bitten (Bewerbung): z. B. schriftliche Bewerbung, Anruf, persönliche Vorstellung, Kontaktperson/-abteilung.
Auf Seite 373 finden Sie die Bewerbung des Herrn Schneider. Formulieren Sie eine Stellenanzeige, auf die Herr Schneider geantwortet hat.

5. **In der Zeitung finden Sie folgendes Stellenangebot.**

> **Bezirksleiter/-in gesucht**
> **(Alter 25–35 Jahre)**
> **Sind Sie bereit, sich im Direktverkauf und in der Anwerbung und Führung von Mitarbeitern zu bewähren, so werden Sie schnell bei uns Karriere machen. Wir bieten Festanstellung, hohe Erfolgsbeteiligung und Spesenerstattung.**
> **Ihre Bewerbung richten Sie an:**
> **Hakawerk, Bachstr. 1, 41719 Waldenbach**

a) Diese Stellenanzeige könnte unangenehme Folgen für den Stellenanbieter haben. Erläutern Sie den Grund hierfür.
b) Bewerben Sie sich schriftlich um die Stelle.
(Alternative: Bewerben Sie sich um eine Stelle in Ihrem Ausbildungsberuf.)

Hinweis: In die Bewerbungsmappe gehören (individuell gestaltet):
- das Bewerbungsschreiben, kurz gefasst, ggf. mit der Bitte um diskrete Behandlung der Bewerbung;
- Lebenslauf, tabellarisch aufgebaut, mit Lichtbild oben rechts, mit allen Ausbildungs- und Tätigkeitsdaten und mit Beschreibung der jeweiligen Stelle und des Verantwortungs- und Erfahrungsbereichs in Stichworten;
- Zeugniskopien in zeitlicher Reihenfolge.

Referenzangaben und Referenzschreiben nur bei ausdrücklicher Aufforderung beilegen!
c) Beschreiben Sie das Verfahren der Personalauswahl, das üblicherweise auf die Bewerbung folgt.
d) Notieren Sie 5 Fragen, die Sie im Vorstellungsgespräch dem Bewerber stellen würden.
e) Notieren Sie 5 Fragen, die Sie Ihrerseits als Bewerber stellen würden.

6. **Ihr Ausbildungsbetrieb hat vier Ausbildungsplätze für den Ausbildungsberuf Industriekaufmann/-frau ausgeschrieben. 120 Bewerbungen sind eingegangen. Ihr Personalleiter beauftragt Sie, ein Konzept für die Bewerberauswahl zu erstellen. Das Konzept soll auf jeden Fall einen Test enthalten. Auch bei der Umsetzung des Konzepts sollen Sie möglichst viele Aufgaben selbstständig erfüllen.**
   a) Nennen Sie Kriterien zur Auswahl der Bewerber.
   b) Welche Testarten kommen für die Bewerberauswahl infrage?
   c) Erstellen Sie einen geeigneten Auswahltest.
   d) Das Konzept soll auch eine Selbstdarstellung des Betriebes einschließen. Zeigen Sie hierfür Möglichkeiten auf.
   e) Erstellen Sie das verlangte Konzept.
7. **Der Personalleiter Ihres Ausbildungsbetriebs beabsichtigt, für die Personalbeschaffung die Dienste einer Online-Stellenbörse heranzuziehen.**
   a) Suchen Sie im Internet nach Stellenbörsen, die die Aufgaben der Personalbeschaffung erledigen können. Erstellen Sie einen schriftlichen Vergleich der Börsen anhand der angebotenen Dienstleistungen.
   b) Stellen Sie die Vorteile der traditionellen Personalbeschaffung und des E-Recruitings gegenüber.
8. **Werner Schuhmacher hat sich bei der Nutzfahrzeugbau AG als Angestellter im Einkauf beworben. Im Vorstellungsgespräch wurde Einigung über das Arbeitsverhältnis erzielt. Die Stelle soll am 1. Juni angetreten werden. Besondere Vereinbarungen wurden weder mündlich noch schriftlich getroffen. Herr Schuhmacher gibt am 1. Juni in der Personalabteilung seine Arbeitspapiere ab.**
   a) Ist es zulässig, ein Arbeitsverhältnis ohne schriftlichen Vertrag einzugehen?
   b) Nach welchen Rechtsvorschriften richtet sich das Arbeitsverhältnis von Herrn Schuhmacher?
   c) Welche Arbeitspapiere übergibt Herr Schuhmacher?
   d) Ist es Herrn Schuhmacher erlaubt, einer Nebentätigkeit als Versicherungsvertreter nachzugehen?
   e) Darf Herr Schuhmacher während des Urlaubs eines Kollegen vertretungsweise auch mit Ablagetätigkeiten beauftragt werden?
   f) Kann Herr Schuhmacher, wenn er wichtige Privatangelegenheiten zu besorgen hat, sich von seinem Freund Pitt Herberts vertreten lassen, der den gleichen Beruf hat?
   g) Berichten Sie kurz über die Rechte und Pflichten, die Herr Schuhmacher aus dem Arbeitsvertrag hat.
9. **In verschiedenen Arbeitsverträgen seien die folgenden Vereinbarungen zu finden.**
   a) Die Probezeit beträgt 3 Monate. Innerhalb der Probezeit ist jederzeit eine Kündigung ohne Angabe von Gründen möglich.
   b) Als Arbeitslohn erhält der Arbeitnehmer jeden Monat 10 % der von ihm hergestellten Werkzeuge.
   c) Der Arbeitnehmer darf nicht auf eigene Rechnung im Geschäftszweig des Arbeitgebers tätig werden. Bei Zuwiderhandlung kann der Arbeitgeber selbst in das Geschäft eintreten. Dieses Wettbewerbsverbot gilt noch bis zu 3 Jahren nach Ausscheiden des Arbeitnehmers.
   d) Der Jahresurlaub beträgt im Jahr der Einstellung für jeden Monat Betriebszugehörigkeit einen Werktag, anschließend 16 Werktage jährlich.
   e) Während des Jahresurlaubs erhält der Arbeitnehmer kein Arbeitsentgelt. Der Betrieb zahlt ihm freiwillig für jeden Werktag einen Betrag von 20,00 EUR.

   Sind diese Vereinbarungen zulässig? Begründen Sie Ihre Antwort.

5.7 Vollmachten

MGB Maltmann Getriebebau e. K. versendet folgendes Schreiben:

06.03.20..

Rundschreiben an meine Geschäftsfreunde

Ich habe dem Leiter unseres Materialeinkaufs, Herrn Gerhard Freitag, Einzelprokura erteilt. Außerdem darf ich Ihnen die neue Leiterin meiner Niederlassung in Augsburg, Frau Elly Rossmanith, vorstellen. Ich habe Frau Rossmanith Gesamtvollmacht für die Geschäfte der Niederlassung erteilt.

Mit freundlichen Grüßen

Rüdiger Maltmann

MGB Maltmann Getriebebau e. K.

Es zeichnen:

Herr Freitag:
MGB Maltmann Getriebebau e. K.

ppa. *Gerhard Freitag*

Frau Rossmanith:
MGB Maltmann Getriebebau e. K.
Niederlassung Augsburg

i. V. *Elly Rossmanith*

Angestellte werden häufig mit Vollmachten ausgestattet.

Die *Vollmacht* ist eine Vertretungsbefugnis. Der Bevollmächtigte darf (im festgelegten Rahmen) für den Vollmachtgeber Rechtsgeschäfte tätigen (§ 164 BGB).

Handelsrechtliche Vollmachten

- **Handlungsvollmacht**
  - Generalhandlungsvollmacht
  - Artvollmacht
  - Spezialvollmacht
- **Prokura**
  - Einzelprokura
  - Gesamtprokura
  - Filialprokura

5.7.1 Prokura

Die *Prokura* ermächtigt zu allen Arten von gerichtlichen und außergerichtlichen Geschäften und Rechtshandlungen, die der Betrieb eines Handelsgewerbes mit sich bringt (§ 49 HGB).

Dem **Prokuristen** ist **gesetzlich** lediglich **untersagt**,

- Inventare, Bilanzen und Steuererklärungen der Geschäftsinhaber zu unterschreiben,
- Prokura zu erteilen und zu entziehen bzw. die eigene Prokura zu übertragen,
- das Unternehmen zu verkaufen oder aufzulösen,
- das Insolvenzverfahren zu beantragen,
- Gesellschafter aufzunehmen (Ausnahme: stille Teilhaber) oder zu entlassen,
- für den/die Geschäftsinhaber einen Eid zu leisten,
- ohne besonders erteilte Befugnis Grundstücke zu verkaufen oder zu belasten,
- Eintragungen ins Handelsregister zu beantragen,
- die Firma zu löschen oder zu ändern.

Beispiel: Rechte des Prokuristen

Der Geschäftsinhaber kommt aus dem Urlaub zurück und stellt fest, dass der Prokurist inzwischen aus der Möbelgroßhandlung einen Tabakimport gemacht hat, ein Grundstück für 400 000,00 EUR und 20 Tonnen Käse gekauft sowie Wechsel für 500 000,00 EUR unterschrieben und einen Filialleiter eingestellt hat.

Beschränkungen zur Verhinderung solcher Handlungen („Der Prokurist darf keine Wechsel akzeptieren ...") gelten nur im **Innenverhältnis**. Im **Außenverhältnis** gelten sie nicht einmal dann, wenn sie dem Geschäftspartner bekannt sind. Allerdings haftet der Prokurist dem Geschäftsinhaber für den Schaden durch Zuwiderhandeln.

Die Prokura kann nur von Kaufleuten oder deren gesetzlichem Vertreter erteilt werden (§ 48 HGB). Zuständig sind:

- im Einzelunternehmen der **Inhaber**;
- in der OHG und KG die **geschäftsführenden Gesellschafter** gemeinsam (den Widerruf kann schon ein einzelner Gesellschafter aussprechen);
- in der AG und der Genossenschaft der **Vorstand**;
- in der GmbH die **Geschäftsführer**.

Die Prokura muss ausdrücklich (mündlich oder schriftlich) erteilt werden. Sie beginnt mit dem Augenblick der Erteilung. Eine Annahmeerklärung seitens des Bevollmächtigten ist nicht erforderlich. Ebenso kann die Prokura jederzeit widerrufen werden. Außerdem endet sie bei Verkauf oder Auflösung des Unternehmens, bei Beendigung des zugrunde liegenden Rechtsverhältnisses (z. B. bei Ausscheiden des Prokuristen aus dem Unternehmen), Insolvenzverfahren und Liquidation, nicht aber beim Tod des Geschäftsinhabers.

Arten der Prokura

Einzelprokura	Gesamtprokura	Filialprokura
Der Prokurist ist allein vertretungsberechtigt	Mehrere Prokuristen (meist zwei) sind nur gemeinsam vertretungsberechtigt (Zweck: gegenseitige Kontrolle)	Die Prokura ist auf eine bestimmte Niederlassung beschränkt. (Die Niederlassungen müssen unter verschiedenen Firmen im Handelsregister eingetragen sein.)
Einzelprokura Motoren- und Getriebebau GmbH ppa. Blume	Gesamtprokura Motoren- und Getriebebau GmbH ppa. Petersen ppa. Dietz	Filialprokura Motoren- und Getriebebau GmbH Niederlassung Neuss ppa. Dietz

Der Prokurist unterschreibt mit einem Zusatz, der die Prokura erkennen lässt: „per procura" oder (abgekürzt) „ppa." oder „pp."

Web
M 384

Die Prokura ist ins Handelsregister einzutragen (und als Einzel-, Gesamt-, Filialprokura zu kennzeichnen), ebenso ihr Erlöschen (siehe: *Prokura im Handelsregister*). Beide Eintragungen haben jedoch nur deklaratorische Bedeutung, d. h., sie bekunden nur den ohnehin gültigen Sachverhalt. Der Prokurist kann also schon vor der Eintragung gültige Geschäfte abschließen. Andererseits kann sich ein Geschäftspartner auf eine eingetragene Prokura berufen, wenn ihm der Widerruf nicht bekannt ist (z. B. aufgrund eines Rundschreibens).

5.7.2 Handlungsvollmacht

Personen können ohne Prokuraerteilung Vollmacht (sog. Handlungsvollmacht) in einem Handelsgewerbe erhalten. Diese kann unterschiedlichen Umfang haben:

Arten der Handlungsvollmacht (§ 54 HGB)

Generalhandlungsvollmacht (allgemeine Handlungsvollmacht)

Allgemeine Vollmacht; berechtigt zu allen Geschäften und Rechtsgeschäften, die der Betrieb eines solchen Handelsgewerbes gewöhnlich mit sich bringt.
Geschäftsführer und Filialleiter haben z. B. Generalhandlungsvollmacht.

Artvollmacht (Teilvollmacht)

Vollmacht zur Vornahme von Rechtshandlungen einer bestimmten Art, die der Betrieb eines solchen Handelsgewerbes gewöhnlich mit sich bringt.
Einkäufer, Verkäufer, Kassierer haben z. B. Artvollmacht.

Spezialvollmacht

Vollmacht zur Vornahme einer einzelnen Rechtshandlung.
Ein Angestellter erhält z. B. den Auftrag, einen Rechnungsbetrag einzuziehen und zu quittieren.

Wie Prokuristen können auch Bevollmächtigte allein vertretungsberechtigt sein **(Einzelvollmacht)** oder gemeinsam **(Gesamtvollmacht)**, ggf. auch zusammen mit einem Prokuristen. Was dem Prokuristen verboten ist, dürfen auch Generalhandlungs- und Artbevollmächtigte nicht. Sie dürfen ohne besonderen Auftrag auch keine Prozesse führen, Wechselverbindlichkeiten eingehen und Kredite aufnehmen (§ 54 Abs. 2 HGB). Kein Bevollmächtigter darf seine eigene Vollmacht auf andere übertragen (§ 58 HGB). Er kann aber im Rahmen der eigenen Vollmacht Untervollmacht erteilen.

Beispiele: Vollmachtserteilung

- Herr Müller (Generalhandlungsvollmacht) erteilt dem Angestellten Eberle Artvollmacht zum Einkauf.
- Einkäufer Eberle erteilt dem Auszubildenden Schröder Spezialvollmacht zum Kauf von Mahnbescheidformularen.

Andere als die genannten Beschränkungen muss ein Dritter nur dann gegen sich gelten lassen, wenn er sie kennt oder kennen muss (§ 54 Abs. 3 HGB). Ansonsten gelten sie nur im **Innenverhältnis**: Der Bevollmächtigte haftet dem Vollmachtgeber bei Überschreiten der Beschränkung.

Überschreitet der Vertreter seine für das Außenverhältnis gültige Vollmacht, wird er selbst, nicht der Vollmachtgeber verpflichtet.

Der Bevollmächtigte kann im Namen des Vertretenen auch keine Rechtsgeschäfte mit sich selbst (sog. **Insichgeschäfte**) tätigen (§ 181 BGB), z. B. sich selbst eine Gehaltserhöhung erteilen.

Handlungsbevollmächtigte unterschreiben mit einem Zusatz, der das Vollmachtverhältnis ausdrückt (§ 57 HGB). Üblich sind folgende Formen:

„in Vollmacht" **„im Auftrag"**

Robert Meurer i. V. *Klein*	Robert Meurer i. A. *Klein*	für Robert Meurer *Klein*	per Robert Meurer *Klein*

Mit „i. A." unterschreiben meist Spezial- und Artbevollmächtigte. Die Unternehmen treffen jedoch intern unterschiedliche Regelungen. Es kommt z. B. vor,

- dass nur die Geschäftsführer mit i. V. unterschreiben dürfen,
- dass der Unterzeichnende seine Funktion zu seiner Unterschrift setzen muss (z. B. *R. Kaventsmann* Einkaufsleiter),
- dass kein Zusatz verwendet wird, weil sich die Vollmacht schon aus der Benutzung der Geschäftsvordrucke ergibt.

Bei Gesamtvollmacht wird auch genau festgelegt, wer links und wer rechts unterschreiben muss.

Generalhandlungsvollmacht kann vom Geschäftsinhaber und Prokuristen erteilt werden. Dies kann formlos, entweder ausdrücklich (mündlich, schriftlich) oder auch durch stillschweigende Duldung erfolgen. Die Vollmacht wird nicht ins Handelsregister eingetragen.

Die Handlungsvollmacht endet wie die Prokura, bei Geschäftsverkauf aber nur bei Widerruf durch den neuen Inhaber. Überdies kann sie erlöschen, wenn ein Geschäft durchgeführt ist (Spezialvollmacht) oder eine vereinbarte Frist abgelaufen ist.

Die Vollmacht kann auch durch Bekanntgabe gegenüber Dritten erteilt werden (siehe Rundschreiben im Kapiteleinstieg). Sie endet dann erst, wenn sie auf die gleiche Weise widerrufen wird (§ 171 Abs. 2 BGB).

Arbeitsaufträge

1. **Der Schuhfabrikant Adler (Kaufmann) bestellt durch mündliche Erklärung seinen Angestellten Preiser zum Prokuristen. Am nächsten Tag, noch vor Eintragung ins Handelsregister, bestellt Preiser ein teures Computersystem für den Betrieb, und zwar ohne Wissen Adlers. Adler ist entrüstet. Der Verkäufer hat als vorsichtiger Geschäftsmann vorher das Handelsregister eingesehen, aber keine Prokura gefunden. Preiser hat allerdings seine Prokura erwähnt.**
   Wer haftet für die Bezahlung des Computersystems?

2. Der Elektrogerätehersteller Schneider will seinem langjährigen Angestellten Emsel Gesamtprokura erteilen. Außerdem stellt er für eine neue Filiale einen Geschäftsführer ein.
   a) Warum erteilt Schneider keine Einzel-, sondern Gesamtprokura?
   b) Welche Vollmacht erhält der Geschäftsführer?
   c) Wann werden die Vollmachten wirksam?
   d) Wie zeichnen die beiden Angestellten?
   e) Beschreiben Sie in beiden Fällen die Schritte, die Schneider unternehmen wird.

3. In einem Betrieb sind die folgenden Handlungen vorzunehmen.
   a) Kauf eines Grundstücks
   b) Verkauf eines Grundstücks
   c) Einkauf von Waren
   d) Verkauf von Waren
   e) Einstellung eines Arbeiters
   f) Entlassung eines Angestellten
   g) Prokura erteilen
   h) Gesamtvollmacht erteilen
   i) Einzelvollmacht (Untervollmacht) erteilen
   j) Aufnahme eines Bankdarlehens
   k) Belastung eines Grundstücks mit einer Hypothek
   l) Zahlung von Lieferantenschulden mit Scheck
   m) Annahme eines Wechsels von einem Kunden
   n) Akzeptierung eines Wechsels
   o) Unterschreiben der Bilanz
   p) Beantragung eines Mahnbescheides
   q) Aufnahme eines Gesellschafters in die Unternehmung

   Entscheiden Sie, ob (1) ein Prokurist, (2) ein Generalhandlungsbevollmächtigter für das Unternehmen bindend diese Handlungen durchführen darf. (Eine entsprechende Spezialvollmacht ist in keinem Fall erteilt.)

6 Personaleinsatzmanagement

6.1 Aufgabe der Personaleinsatzplanung

Die betrieblichen Aufgaben müssen mit dem vorhandenen Personalbestand erfüllt werden. Jedem Mitarbeiter müssen folglich Aufgaben zugeordnet werden.

Die Zuordnung von Mitarbeitern und betrieblichen Aufgaben ist die Aufgabe der Personaleinsatzplanung.

Der Personaleinsatz soll gewährleisten, dass die betrieblichen Aufgaben in optimaler Qualität erfüllt werden. Dies ist nicht einfach.

- Je nach Betriebsart, Sparte (Produktgruppe) und Abteilung stellt sich die Planungsaufgabe anders.
- Gesetzliche Bestimmungen (z. B. Arbeitszeitgesetz) sind zu berücksichtigen.
- Die Mitarbeiter sollen zufrieden sein und motiviert werden.

6.2 Qualitativer Personaleinsatz

Die Arbeitsaufgaben sind auf Stellen und Geschäftsprozesse zu verteilen. Stellen müssen mit qualifiziertem Personal besetzt, Geschäftsprozesse von qualifiziertem Personal erledigt werden. Dies bedeutet: Der Mitarbeiter muss die geforderte Tätigkeitsart und die geforderte Arbeitsmenge bewältigen können. Anforderungs- und Qualifikationsprofil müssen gegenübergestellt werden und sich bestmöglich decken. Hier liegt die Hauptaufgabe der qualitativen Einsatzplanung. Die notwendigen Daten können den Stellenbeschreibungen und Prozessdarstellungen (z. B. Prozesskettendiagrammen) einerseits und dem Personalinformationssystem (Leistungs-, Fähigkeits-, Laufbahndaten) andererseits entnommen werden.

Qualitative Aspekte sind nicht nur bei der Stellenbesetzung, sondern auch bei der Arbeitszuweisung im Ablauf des Betriebsgeschehens zu berücksichtigen.

Beispiele:

- Während der Garantiezeit muss bei einem Kunden eine komplizierte Anlage repariert werden. Man wird dafür unter den vorhandenen Technikern denjenigen mit den besten Spezialkenntnissen auswählen.
- Der Leiter des Projekts „Umweltbilanz" sucht Mitarbeiter. Er wird solche berücksichtigen, die außer der benötigten Qualifikation auch eine starke Motivation für Umweltfragen mitbringen.

6.3 Quantitativer Personaleinsatz

Probleme bei MGB Maltmann Getriebebau e. K.
„Das Arbeitszeitgesetz schreibt uns Höchstarbeitszeiten vor. Tarifverträge, Betriebsvereinbarungen und Einzelarbeitsverträge enthalten einschränkende Bestimmungen über Arbeitszeiten, Pausen, Überstunden, Urlaub. Arbeitskräfte können wegen Krankheit, Kuren, Wehrdienst, Schwangerschaft, Elternzeit, Wahl von Teilzeitarbeit und Fortbildungsmaßnahmen ausfallen. Die andere Seite: Für unsere Produkte haben wir feste Liefertermine. Die Auftragseingänge sind aber unregelmäßig, sodass wir sehr unterschiedlich ausgelastet sind. Sie können sich vorstellen, dass wir schon aus Kostengründen den größten Wert auf eine optimale Planung des Personaleinsatzes legen müssen."

Die quantitative Personaleinsatzplanung soll gewährleisten, dass die benötigte Anzahl Mitarbeiter zur richtigen Einsatzzeit am Einsatzort verfügbar ist.

Vor allem müssen gesichert werden.

- die **Betriebsbereitschaft** (der Fertigungsprozess),
- die **Sicherheit des Betriebsablaufs** (z. B. nötige Kontroll- und Wartungsarbeiten).

Deshalb werden (mit einer speziellen Software) **Personaleinsatzpläne** erstellt. Insgesamt leistet diese Software folgende Aufgaben:

- Ausgabe von Schichtplänen,
- Ermitteln von Zeitsummen und Zuschlägen für Mitarbeiter,

- grafische Darstellung der Personalauslastung,
- Freigabe von Personen (Springern) für andere Stellen,
- Planung des Schichtbedarfs,
- Ermittlung des Urlaubsanspruches,
- Planung der Rufbereitschaft,
- Ausgabe von Personaleinsatzauswertungen.

Beispiel: Schichtplan

Tag →	1.	2.	3.	4.	5.	6.	7.	8.	9.
Frühschicht	Baum (Klein)	Baum (Klein)	Baum (Klein)	Baum (Klein)	Baum (Klein)	Alt (Sack)	Alt (Sack)	Alt (Sack)	Alt (Sack)
Spätschicht	Eger (Groß)	Eger (Groß)	Eger (Groß)	Eger (Groß)	Eger (Groß)	Groß (Klein)	Groß (Klein)	Baum (Diehl)	Baum (Diehl)
Nachtschicht	Alt (Jäger)	Alt (Jäger)	Alt (Jäger)	Jäger (Lars)	Jäger (Lars)	Jäger (Lars)	Jäger (Lars)	Eger (Klein)	Eger (Klein)

6.4 Arbeitszeitmodelle

6.4.1 Arbeitszeit

Die Arbeitszeit ist die Zeit vom Beginn bis zum Ende der Arbeit an einem Arbeitstag. Ruhepausen gehören nicht zur Arbeitszeit.

Das Arbeitszeitgesetz (ArbZG) regelt die Arbeitszeit für Arbeitnehmer ab dem 18. Lebensjahr.

Arbeitszeitgesetz

Tägliche Arbeitszeit

§ 3: Höchstens 8 Std. an 6 Tagen in der Woche; Ausnahme: Bis 10 Std., wenn innerhalb von 6 Monaten ein Ausgleich stattfindet und im Durchschnitt 8 Stunden nicht überschritten werden. (Damit ermöglicht das Gesetz eine flexible Arbeitszeitverteilung über die Woche und eine Verlängerung der Maschinenlaufzeiten.)

Sonn- und Feiertagsarbeit

§ 9: Grundsätzlich verboten.
§ 10: Ausnahmen erlaubt, wenn die Arbeiten nicht an Wochentagen erfolgen können.
Ausnahmen insbesondere für folgende Fälle:

- Technische Erfordernisse verlangen ununterbrochene Produktion, um Verderben von Rohstoffen, Misslingen von Arbeitsergebnissen oder Zerstörung von Produktionsmitteln zu verhindern.
- Notdienste, Kirchen, Musikaufführungen u. Ä., Messen, Versorgungsbetriebe, Landwirtschaft.
- Für Gewerbe wie Hotels, Gaststätten, Krankenhäuser, Verkehrsbetriebe.

Vorgeschrieben: Ein Ersatzruhetag in der Woche; 15 beschäftigungsfreie Sonntage im Jahr.
§ 13: Durch Rechtsverordnungen auch Ausnahmen möglich, z. B. zur Beschäftigungssicherung.

Ruhepausen, Ruhezeit, Nacht-/Schichtarbeit

§ 4: 30 Min. Pause bei 6–9 Stunden Arbeit, darüber 45 Min.
§ 5: Ununterbrochene Ruhezeit nach Arbeitsende mindestens 11 Std.
§ 6: Nacht-/Schichtarbeit höchstens 8 Std. täglich. Ausnahme: 10 Std., wenn innerhalb von 4 Wochen ein Ausgleich stattfindet und im Durchschnitt 8 Std. nicht überschritten werden.

Das **Bundesurlaubsgesetz** schreibt einen bezahlten Erholungsurlaub von mindestens 24 Wochentagen pro Jahr vor. Spezielle Regelungen hinsichtlich der Arbeitszeit mit Bedeutung für die Industrie finden sich im **Jugendarbeitsschutzgesetz** (für Jugendliche unter 18 Jahren), im **Berufsbildungsgesetz** (für Auszubildende) und im **Mutterschutzgesetz** (für Frauen vor und nach der Geburt eines Kindes).

Da es sich in allen Fällen um Gesetze zum Schutz des Arbeitnehmers handelt, können Tarifverträge, Betriebsvereinbarungen und Einzelarbeitsverträge nur für den Arbeitnehmer günstigere Vereinbarungen vorsehen.

Soweit nicht schon eine Regelung in Tarifverträgen getroffen ist, hat der Betriebsrat ein Mitbestimmungsrecht:

Mitbestimmung des Betriebsrats (§ 87 BetrVG) betrifft

- Beginn und das Ende der täglichen Arbeitszeit einschließlich der Pausen
- die Verteilung der Arbeitszeit auf die einzelnen Wochentage
- eine vorübergehende Verkürzung oder Verlängerung der betriebsüblichen Arbeitszeit

So werden Schichtpläne, Teilzeitarbeit, Überstunden und Kurzarbeit, Gleitzeiten und andere Arbeitszeitmodelle durch Betriebsvereinbarungen zwischen Unternehmer und Betriebsrat geregelt.

6.4.2 Arbeitszeitmanagement

In manchen Betrieben arbeiten noch heute alle Arbeitskräfte zur gleichen Zeit täglich acht Stunden. Mit dem Ende der Arbeitszeit werden die Maschinen abgestellt. Mit diesem Grundmodell *Arbeitszeit = Betriebszeit* kommen immer weniger Betriebe zurecht:

- Die Produktionsanlagen werden immer leistungsfähiger, aber auch immer teurer. Ihr Einsatz rechnet sich nur bei einer möglichst vollständigen zeitlichen Auslastung. Die Arbeitszeiten hingegen sind auf unter 40 Wochenstunden gesunken. Eine bessere Maschinenauslastung ist durch Überstunden möglich, aber bei den hohen deutschen Lohnkosten im scharfen internationalen Wettbewerb zu teuer.

- Andererseits gewinnt mit dem Bedürfnis qualifizierter Mitarbeiter nach Selbstverwirklichung und eigenverantwortlicher Arbeit auch der Wunsch nach flexibler Gestaltung der Arbeitszeit an Gewicht.

Es stellt sich deshalb das Problem, Arbeitszeit und Betriebszeit zu entkoppeln. **Arbeitszeitflexibilisierung** (Veränderungen der üblichen *Lage und Dauer der Arbeitszeiten*) ist gefragt. Es existiert bereits eine große Anzahl Arbeitszeitmodelle. Die schwierige Aufgabe, für die jeweiligen Betriebsverhältnisse passende Modelle zu finden oder selbst zu entwickeln, nennt man **Arbeitszeitmanagement**.

Arbeitszeitmanagement ist die Gestaltung des betrieblichen Arbeitszeitsystems. Ziel ist der Ausgleich von Arbeitszeitbedarf und Arbeitszeitangebot. Die Lösung soll ökonomisch wirksam und sozial befriedigend sein und den Rahmen von Gesetz und Tarifvertrag einhalten.

6.4.3 Schichtarbeit

Bei Schichtarbeit übernehmen verschiedene Arbeitnehmer nacheinander einen Arbeitsplatz, weil die Betriebszeit ihre persönliche Arbeitszeit überschreitet.

Schichtarbeit

Wechselschicht

- nicht kontinuierliches Zwei-Schicht-System: Frühschicht (z. B. von 06:00 bis 14:00 Uhr) und Spätschicht (z. B. von 14:00 bis 22:00 Uhr)
- teilkontinuierliches Drei-Schicht-System: zusätzlich: Nachtschicht (z. B. von 22:00 bis 06:00 Uhr), aber ohne Wochenende
- vollkontinuierliches Drei-Schicht-System: zusätzlich durchgehend am Wochenende

Gemeinsames Merkmal: Jeder Mitarbeiter wechselt die Schichten: z. B. 5 Tage Früh-, 5 Tage Spät-, 3 Tage Nachtschicht.

Neben dem Drei-Schicht-System gibt es auch Vier- und Fünf-Schicht-Systeme.

Dauerschicht

Der einzelne Mitarbeiter ist ausschließlich in der gleichen Schicht beschäftigt (z. B. Spätschicht).

Teilschicht

System, bei dem die Arbeitszeit für mehrere Stunden unterbrochen wird (z. B. über Mittag).

Die Schichtarbeit ist eine der ältesten Formen flexibler Arbeitszeit. Sie ermöglicht

- eine Ausweitung der Betriebszeit für teure Fertigungsanlagen (höherer Kapazitätsausnutzungsgrad),
- technisch nicht abbrechbare Prozesse (Kraftwerk, Hochofen, ...),
- durchgehende Dienste (Polizei, Krankenhaus, ...).

Die Arbeitsmedizin sagt:
– höchstens 4 Nachtschichten in Folge!
– dann mindestens 2 freie Tage!
– in 5 Wochen maximal 7 Arbeitstage in Folge!

Wechselschichten bewirken häufig Probleme

- für den Arbeitnehmer:
  - Gesundheitsgefährdung durch gestörten Biorhythmus (Schlafstörungen, Nervosität, Kreislauf-, Magenkrankheiten), insbesondere bei Nachtschicht
  - Beeinträchtigung der sozialen Beziehungen (Familie, Freundeskreis, Verein, Weiterbildung)
- für den Arbeitgeber:
  erhöhter Ausschuss, wenn die Arbeitnehmer im nächtlichen Tief der Kurve der Leistungsdisposition[1] arbeiten

Bei der Aufstellung der Schichtpläne hat der Betriebsrat volles Mitbestimmungsrecht.

6.4.4 Gleitende Arbeitszeit

Bei Gleitzeit muss der Arbeitnehmer eine für längere Perioden (Woche, Monat, Vierteljahr) festgelegte Stundenzahl leisten. Er kann jedoch in Grenzen jeden Tag Arbeitsbeginn und -ende festlegen. Innerhalb der festgelegten längeren Periode sind die entstehenden Differenzen auszugleichen. Folgende Begriffe sind zu unterscheiden:

[1] Vgl. S. 351.

Zeiten beim Gleitzeitmodell
Gesamtarbeitszeit Maximale Zeitspanne, in der am Arbeitstag Arbeit geleistet werden darf
Kernzeit (Block-, Stammzeit) Zeit, in der Anwesenheitspflicht besteht; zugleich tägliche Mindestarbeitszeit
maximale tägliche Arbeitszeit Arbeitszeitgrenze, die nicht überschritten werden darf (nach dem Arbeitszeitgesetz 10 Stunden)
Gleitzeit Differenz aus Gesamtarbeitszeit und Kernzeit. Innerhalb dieser Zeit kann der Mitarbeiter unter Berücksichtigung der maximalen täglichen Arbeitszeit über seine Anwesenheit entscheiden.
Pausenzeit Innerhalb der Kernzeit liegende Arbeitspause von festgelegter Dauer; kann meist innerhalb einer festgelegten Spanne gewählt werden.

Web

Betrachten Sie auch die Präsentation *Gleitende Arbeitszeit*.

M 391

Beispiel: **Gleitende Arbeitszeit**

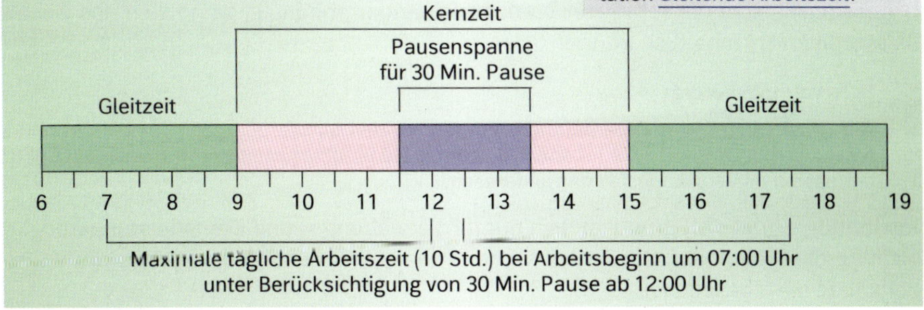

VIERTER ABSCHNITT

Die tatsächlichen Arbeitszeiten können leicht auf persönlichen Zeitkarten erfasst werden. Der Mitarbeiter stempelt Arbeitsbeginn und -ende jeweils an einem Stempelautomaten ein. Erfahrungen mit dem Gleitzeitmodell zeigen eine hohe Eigenverantwortlichkeit der Mitarbeiter. Seltene Unregelmäßigkeiten werden durch Kontrolle der Zeitkarten meist entdeckt und im Gespräch mit dem Vorgesetzten abgeklärt.

Gleitzeitregelungen
- erhöhen den persönlichen Gestaltungsspielraum beträchtlich,
- entlasten die Spitzenverkehrszeiten,
- verhindern Unpünktlichkeit,
- lassen Raum für dringende Arbeiten,
- erhöhen so die Motivation und
- steigern ggf. die Leistung.

Gleitzeitregelungen sind andererseits nur möglich, wenn die Mitarbeiter zeitlich unabhängig voneinander arbeiten können. Dies gilt meist für Bürotätigkeiten, nicht für die Fertigung.
Bei der Einführung und Änderung von Gleitzeitmodellen hat der Betriebsrat volles Mitbestimmungsrecht.

6.4.5 Teilzeitmodelle

Teilzeitarbeitsverhältnisse haben eine gegenüber der tariflichen oder betriebsüblichen Arbeitszeit verkürzte Arbeitszeit. Meist handelt es sich um sog. **Halbtagsarbeit** mit

vereinbarten Arbeitszeiten zwischen 3 und 6 Stunden. Es kann aber z. B. auch an vollen Arbeitstagen die halbe Wochenstundenzahl geleistet werden.
Der Arbeitgeber muss den Arbeitnehmern (auch in leitenden Positionen) Teilzeitarbeit nach Maßgabe des Teilzeit- und Befristungsgesetzes gewähren. Die arbeitsrechtlichen Vorschriften gelten auch für Teilzeitarbeitsverhältnisse, insbesondere für die Lohnfortzahlung im Krankheitsfall und den gesetzlichen Mindesturlaub. Ohne sachliche Gründe dürfen Teilzeitbeschäftigte nicht anders als Vollzeitmitarbeiter behandelt werden.

Jobsharing (Arbeitsplatzteilung)

Jobsharing liegt vor, wenn zwei oder mehrere Arbeitnehmer sich laut ihrem Arbeitsvertrag die Arbeit an einem Vollzeitarbeitsplatz teilen (§ 13 Teilzeit- und Befristungsgesetz).

Die Aufteilung kann sich auf die Arbeitszeit des Tages, der Woche oder des Monats beziehen und bleibt den Mitarbeitern meist selbst überlassen. Die Pflicht zur Vertretung bei einer vorübergehenden Verhinderung des Partners richtet sich nach den Vereinbarungen im Arbeitsvertrag.
Grundsätzlich sind die Jobsharer stark voneinander abhängig, wenn sich das Gesamtarbeitsgebiet nicht inhaltlich trennen lässt.

Beispiel: Jobsharing

Der Arbeitsplatz eines Unternehmensjuristen mit den Schwerpunkten Arbeitsrecht und Wettbewerbsrecht wird auf zwei Jobsharer aufgeteilt. Jeder übernimmt grundsätzlich ein Gebiet und betreut nur im Vertretungsfall das andere mit.

Jobsharing eignet sich grundsätzlich nur für Verwaltungs- und Dienstleistungstätigkeiten, nicht für die Produktion. Der Vorteil für den Arbeitgeber besteht darin, dass der Vollzeitarbeitsplatz stets besetzt ist.

Teilzeit im Schichtbetrieb

Auch bei Schichtarbeit lassen sich betriebsindividuell Teilzeitmodelle finden, die eine höhere Auslastung der Betriebsmittel ermöglichen. Ein Beispiel soll dies erläutern.

Beispiel: Teilzeit im Schichtbetrieb

Ein Betrieb produziert in Serienfertigung spezielle Thermostate und Regelgeräte. Eine starke Zunahme des Arbeitsanfalls bei der Endmontage ist seit Jahren nur mit erheblichem Aufwand an Mehrarbeit, Aushilfen und einigen Neueinstellungen zu bewältigen. Hier sind 85 gewerbliche Arbeitnehmer beschäftigt, davon circa 60 angelernte weibliche Teilzeitkräfte, die aus privaten Gründen nicht länger bereit sind, Mehrarbeit zu leisten. Eine tarifvertragliche Arbeitszeitverkürzung zwingt zur vorzeitigen Beschaffung einer neuen Anlage. Diese benötigt jedoch längere Laufzeiten, um die Stückkosten zu senken und den Kapitaldienst (Zinszahlung und Kredittilgung) zu verbessern. Es wird folgende Schichtlösung erarbeitet:

Dreierschicht für Teilzeitkräfte
Schichtzeit: 5 Stunden je Tag + 20 Minuten unbezahlte Pause
Betriebszeit: 15 Stunden (06:00 Uhr bis 22:00 Uhr abzüglich 3 x 20 Min. Pause)

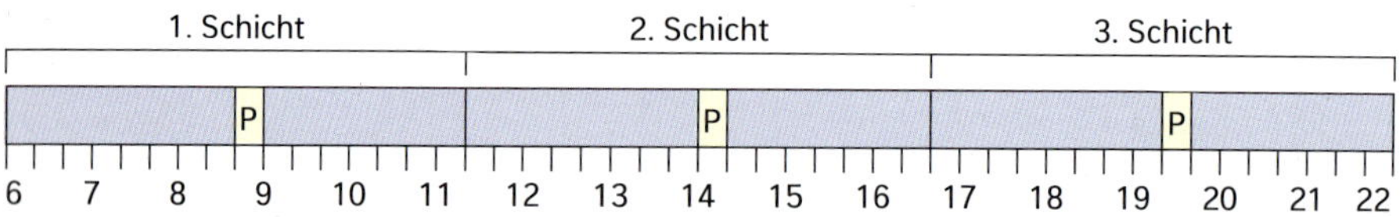

Interessanterweise handelte es sich nicht um Wechsel-, sondern um Dauerschichten. Sie wurden von den Mitarbeiterinnen nach ihren persönlichen Bedürfnissen gewählt. Die dritte Schicht von 16:40 Uhr bis 22:00 Uhr war zunächst unbeliebt. Sie wurde mit 10 vorhandenen Arbeitskräften und 15 Neueinstellungen besetzt. Da diese vor der Einstellung über die Arbeitszeit informiert waren, gab es keine Probleme.

Folgen: Trotz Arbeitszeitverkürzung konnte die Betriebszeit von 40 auf 75 Stunden erhöht, die Kosten für Mehrarbeit und Aushilfe fast auf Null zurückgefahren werden. Bei Bedarf kann die 20-Minuten-Pause auch variabel gehandhabt werden, ohne dass die Bänder stillstehen. So steigt die Betriebszeit um eine weitere Stunde. Das Betriebsklima wurde verbessert. Dies wirkte sich positiv auf die Leistung aus.

Arbeit auf Abruf (KAPOVAZ)

Arbeit auf Abruf oder KAPOVAZ ist in § 12 Teilzeit- und Befristungsgesetz (TzBfG) geregelt.

Die **Dauer der Arbeitszeit** ist laut TzBfG vertraglich festzulegen (z. B. 20 Wochenstunden). Ohne Festlegung gelten gesetzlich 10 Stunden als vereinbart. Der Arbeitsvertrag kann eine Mehrarbeitspflicht vorsehen.

Die **Lage der Arbeitszeit** am Tage (oder in der Woche oder im Monat) wird nach Bedarf angesetzt. Das bedeutet: Der Arbeitnehmer steht abrufbereit zur Verfügung. Wann er benötigt wird, wird ihm kurzfristig mitgeteilt. Das Gesetz sieht dafür eine viertägige Ankündigungsfrist vor. Diese Vorschrift könnte man z. B. elegant handhaben, indem man mittwochs mit den Mitarbeitern den Einsatz für die kommende Woche abspricht.

KAPOVAZ ermöglicht es, den Personaleinsatz gut dem voraussichtlichen Beschäftigungsgrad anzupassen, einerseits Personalleerlauf und andererseits teure Überstunden zu vermeiden. Unzufriedenheit aufgrund der ständigen Abrufbereitschaft, verbunden mit Zwang zur Mehrarbeit, kann man z. B. durch ausführliche Information vor Abschluss des Arbeitsvertrags und durch eine überdurchschnittliche Entlohnung vorbeugen.

Die Gewerkschaften fordern die Abschaffung der Arbeit auf Abruf: Untersuchungen hätten ergeben, dass die TzBfG-Bestimmungen oft nicht eingehalten werden.

6.4.6 Verteilung der Arbeitszeit

Alle Flexibilisierungsmaßnahmen laufen darauf hinaus, das Angebot an Arbeit den Kapazitätsschwankungen anzupassen. KAPOVAZ leistet dies z. B. im Teilzeitbereich. Doch auch im Vollzeitbereich liegen Modelle vor. Sie arbeiten mit „Arbeitszeitkonten“, auf denen in Zeiten hoher Beschäftigung „Stundenguthaben“ angesammelt werden, die in Zeiten niedriger Beschäftigung verbraucht werden. Dies soll anhand von drei Beispielen gezeigt werden.

Beispiel 1: Jahreskonto

Bei einem Hersteller von Elektrowärmegeräten liegt in den Wintermonaten von Oktober bis März ein Hochbedarf an Kundendienstleistungen vor. Diese Leistungen werden durch hochqualifizierte Service-Monteure erbracht. Über die Normalarbeitszeit von 37,5 Wochenstunden hinaus fallen viele teure Überstunden an. Im Sommer sind fast nur Wartungsarbeiten zu erledigen. Der Leerlauf wird durch Urlaub und Beschäftigung des hochqualifizierten Personals am Fließband überbrückt. Dies ist der Motivation sehr abträglich. Als Lösung ergibt sich in Zusammenarbeit mit dem Betriebsrat das folgende Modell:

Arbeitszeit von Oktober bis März:	43 Stunden/Woche
Arbeitszeit von April bis September:	32 Stunden/Woche

Mehrarbeit über 43 Stunden hinaus wird durch freie Tage im Sommer ausgeglichen.

Dabei werden über das ganze Jahr stetig 37,5 Wochenstunden bezahlt.

Beispiel 2: Langzeitkonto

Ein weltweit operierendes Unternehmen stellt Papiermaschinen und Strömungsmaschinen in reiner Auftragsfertigung her. Man produziert mit kostenintensiven flexiblen Fertigungssystemen. Die Auftragseingänge sind sehr unterschiedlich und bewirken eine entsprechende unterschiedliche

Auslastung. Die Wettbewerbssituation führt dazu, dass immer kürzere Lieferzeiten verlangt werden. Die Phasen von Unter- und Überlastung wechseln immer schneller. Man sucht nach einem System, mit dem die Mehrarbeit bei Überlastung durch Freizeit bei Unterlastung ausgeglichen wird. Man findet folgende Lösung:

Die tarifliche Arbeitszeit beträgt 38 Stunden. Alle Mehrarbeit bei Überlastung fließt in ein Langzeitkonto. In Phasen der Unterbeschäftigung werden weniger als 38 Wochenstunden gearbeitet. Die angesammelten Guthaben werden abgebucht. Sie wirken sozusagen wie eine Kurzarbeitsversicherung.

Beispiel 3: Monatskonto

Ein Hersteller von Gelenkwellen stellt fest: In der Lohn- und Gehaltsabteilung und im Rechnungswesen ist der Arbeitsanfall in der ersten und vierten Woche des Monats niedrig; in der zweiten und dritten Woche fallen regelmäßig Überstunden an. Man will die teuren Überstunden abbauen.

In einer Betriebsvereinbarung wird festgelegt, dass die Arbeitszeit für die betroffenen Mitarbeiter in der zweiten und dritten Woche auf bis zu maximal 10 Stunden pro Tag erhöht, in den schwächeren Phasen gesenkt wird. Nach Gruppenabsprache sind auch freie Tage möglich. Die Überstunden werden so abgebaut, Aushilfskräfte entfallen, Leerzeiten werden überbrückt. Die gewonnene Freizeit wirkt in den Belastungsphasen motivierend.

Arbeitsaufträge

1. **Das Arbeitszeitgesetz will – neben anderen Zielsetzungen – eine flexible Gestaltung der Arbeitszeit ermöglichen.**
   a) Was ist unter flexibler Arbeitszeit zu verstehen?
   b) Warum werden flexible Arbeitszeiten heutzutage als enorm wichtig angesehen?
   c) Wie trägt das Arbeitszeitgesetz flexiblen Arbeitszeiten Rechnung?

2. **Ein Industrieschreiner erzählt, er arbeite sehr oft 12 Stunden am Tag.**
   Verstoßen er und sein Arbeitgeber damit gegen geltendes Recht?

3. **Laut Arbeitszeitgesetz können Industriezweige wie die Textilindustrie und die Automobilzulieferer auch an Sonn- und Feiertagen arbeiten.**
   Wie lässt sich diese Möglichkeit begründen?

4. **Vollkontinuierliches Drei-Schicht-System**

Die Pirelli-Belegschaft in Breuberg im Odenwald hat die Belastung der Sieben-Tage-Woche geschluckt. Für 1 380 der gut 2 000 Beschäftigten laufen seit einiger Zeit die Maschinen nonstop an 340 Tagen im Jahr.

Herbert Sarasas vergangene Woche: Montag und Dienstag Frühschicht von 05:30 bis 13:30 Uhr; am Mittwoch und Donnerstag trat er von 13:30 Uhr bis 21:30 Uhr an; dann drei Nachtschichten hintereinander: Beginn 21:30 Uhr, Ende 5:30 Uhr. Heute und morgen hat der 46-Jährige zwei Tage Pause. Immer nach dem Nachtarbeits-Block stehen zwei oder drei zusammenhängende freie Tage auf dem Plan. Dann kommt das nächste Sieben-Tage-Intervall mit verschobenen Schichten, diesmal im 2-3-2-Takt.

Nur noch ein paar Feiertage sind prinzipiell heilig. Komplett frei ist lediglich ein Wochenende im Monat. Das Strecken der 37,5-Stunden-Arbeitswoche über alle Tage war mehr als ein Zugeständnis der Belegschaft. Wie anders sollte sie auf den ausländischen Konkurrenzdruck reagieren? Ohnehin zog Breuberg mit den neuen Maschinenlaufzeiten (gleich sechs Millionen Reifen pro Jahr) gegenüber den Pirelli-Schwesterfirmen in England, Spanien und der Türkei nur nach.

Zum Dank investiert Pirelli nach rasantem Stellenabbau (ein Drittel in vier Jahren) wieder im Odenwald und verspricht sichere Arbeitsplätze zumindest für die nächsten drei, vier Jahre. Mehr als 200 neue Mitarbeiter wurden seit der Einführung des neuen Schichtsystems eingestellt. Und die Arbeiter haben nun wegen der Schichtzulagen jeden Monat brutto 150 bis 200 Euro mehr als zuvor in der Lohntüte, dazu ein „Freischichtkonto" plus drei Tage mehr Sonderurlaub pro Jahr. Die frühere Sechs-Tage-Woche (abwechselnd eine Woche nur Früh-, eine Woche nur Spätschicht) war ‚schlimmer' und ‚härter', das sagen fast alle Pirelli-Beschäftigten.

   a) Schichtarbeit kann aus unterschiedlichen Gründen notwendig sein. Wodurch ist sie bei Pirelli begründet?

b) Welches Schicht-System hatte Pirelli bisher, welches hat das Unternehmen jetzt?
c) Berücksichtigt das jetzige Schicht-System moderne arbeitsmedizinische Erkenntnisse? Spiegelt sich dies auch in der subjektiven Einschätzung der Belegschaft wider?
d) Im Text ist von einem „Freischichtkonto" die Rede. Was ist damit gemeint und wie könnte es im vorliegenden Fall aufgefüllt werden?
e) Der obige Text ist nur ein Auszug. Im Original ist auch von unangenehmen sozialen Auswirkungen der Schichtarbeit bei Pirelli die Rede. Um welche Auswirkungen handelt es sich wahrscheinlich?

5. Folgende Betriebsvereinbarung wurde geschlossen.

Zwischen der **Maschinenbau GmbH,** vertreten durch den Geschäftsführer, Herrn Walter Riedl, und dem **Betriebsrat,** vertreten durch den Vorsitzenden, Herrn Peter Meixner, wird gemäß § 56 BetrVG folgende **Betriebsvereinbarung** geschlossen.

1. Mit Wirkung vom 1. Januar 20.. wird die gleitende Arbeitszeit eingeführt. Im Rahmen der Vereinbarung können die Arbeitnehmer Arbeitsbeginn und Arbeitsende frei wählen.
2. Die **Gesamtarbeitszeit** umfasst die Zeit von 07:00 bis 19:00 Uhr, die **Stammarbeitszeit** die Zeit von 09:00 bis 15:30 Uhr. Während der Stammarbeitszeit müssen die Arbeitnehmer an ihrem Arbeitsplatz sein. Während der **Gleitzeit** (07:00 bis 09:00 Uhr und 15:30 bis 19:00 Uhr) können sie die Arbeitszeit nach eigenen Bedürfnissen einrichten. **Normalarbeitszeit** ist die Zeit von 08:00 bis 16:30 Uhr. Eine Arbeitsleistung von mehr als 10 Stunden pro Tag ist nicht zulässig.
3. Im Monat ist die tarifvertragliche Arbeitszeit zu leisten. Über- oder Unterschreitungen bis zu 10 Stunden pro Monat sind möglich. Sie werden im folgenden Monat ausgeglichen.
4. Jeder Arbeitnehmer führt die vorgeschriebene Zeiterfassung durch.
5. (1) Überschreitungen der Sollarbeitszeit im vorhergehenden Abrechnungszeitraum sind auf der Zeiterfassungskarte vermerkt. Sie vermindern die Sollarbeitszeit.
   (2) Dienstliche Abwesenheit, Urlaub, Kuraufenthalte, Arbeitsunfähigkeit und Schonzeiten nach MuSchG vermindern die Sollarbeitszeit.
   (3) Dienstverhinderungen in Folge eines unverschuldeten Unglücks vermindern die Sollarbeitszeit und werden in der Zeiterfassungskarte nachträglich vermerkt.
   (4) Sonderurlaub nach Maßgabe des bestehenden Tarifvertrags vermindert die Sollarbeitszeit und wird in der Zeiterfassungskarte nachträglich vermerkt.
   (5) Unbezahlte Abwesenheit muss im Einzelfall vereinbart werden.
6. Arbeitsgruppen, bei denen die gemeinsame Anwesenheit der Arbeitnehmer wegen der Natur der Arbeit notwendig ist, stimmen über die gemeinsame Arbeitszeit ab. Die Mehrheitsentscheidung der Arbeitsgruppe ist für alle Arbeitnehmer dieser Gruppe verbindlich.

a) Was ist eine Betriebsvereinbarung?
b) Könnte die dargestellte Maßnahme auch ohne Betriebsvereinbarung einseitig durch den Arbeitgeber eingeführt werden?
c) Stellen Sie die vorliegende Gleitzeitregelung anschaulich durch eine Zeichnung dar.
d) Die gleitende Arbeitszeit ist geeignet, sowohl die Leistungsdisposition als auch die Leistungsmotivation positiv zu beeinflussen. Erläutern Sie dies anhand des vorliegenden Modells.
e) In welchen Betriebsbereichen trifft die Einführung der Gleitzeit auf Schwierigkeiten?

6. Ein Unternehmen verfügt über drei gleichartige Maschinenarbeitsplätze.

Tarifvertraglich festgelegte Arbeitszeit:	**37 Stunden pro Woche**
Gesamtarbeitszeit in 4 Wochen:	**148 Stunden**
Gesamtarbeitszeit für 3 Arbeitsplatze:	**444 Stunden**

Um die Maschinenkapazitäten besser auszulasten, soll die Arbeitsmenge von 4 Wochen auf 3 Wochen verteilt werden. Die anfallende Mehrarbeit soll durch Freizeit ausgeglichen werden. Eine Arbeitskraft soll zusätzlich eingestellt werden.

Entwickeln Sie ein Arbeitszeitmodell, das diesen Anforderungen entspricht.

7. Teilzeitarbeit an sich kann bereits eine Flexibilisierungsmaßnahme darstellen.

a) Kommentieren Sie diesen Satz.
b) Jobsharing und KAPOVAZ sind Methoden der Teilzeitflexibilisierung. Erläutern Sie Möglichkeiten, Grenzen, Vor- und Nachteile ihrer Anwendung.

7 Personalentwicklungsmanagement

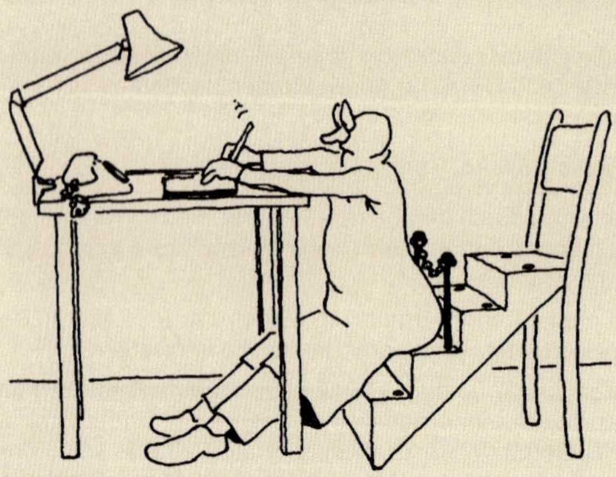

Arbeitsplatz mit Aufstiegschancen

§ 81 Abs. 4 BetrVG
„... Sobald feststeht, dass sich die Tätigkeit des Arbeitnehmers ändern wird und seine beruflichen Kenntnisse und Fähigkeiten zur Erfüllung seiner Aufgaben nicht ausreichen, hat der Arbeitgeber mit dem Arbeitnehmer zu erörtern, wie dessen berufliche Kenntnisse und Fähigkeiten im Rahmen der betrieblichen Möglichkeiten den künftigen Anforderungen angepasst werden können ..."

§ 82 Abs. 2 BetrVG
„Der Arbeitnehmer kann verlangen, dass ... mit ihm die Beurteilung seiner Leistungen sowie die Möglichkeiten seiner beruflichen Entwicklung im Betrieb erörtert werden ..."

7.1 Instrumente der Personalentwicklung

VIERTER ABSCHNITT

Produkte, Technologien, Techniken, Verfahren ändern sich in immer schnellerem Rhythmus. Erhaltungs-, Erweiterungs-, Anpassungs- und Aufstiegsfortbildung sind deshalb für jeden Betrieb unerlässlich. Die Mitarbeiter ihrerseits sind an entsprechenden Maßnahmen interessiert, um ihre Aufgaben sachgerecht erfüllen und beruflich aufsteigen zu können. Das Betriebsverfassungsgesetz gibt ihnen sogar ein entsprechendes Informationsrecht (siehe oben). Die Umsetzung sollte im Einklang mit der Corporate Identity erfolgen.

Wussten Sie, dass man im Lauf eines Arbeitslebens die doppelte bis dreifache Menge der Berufsausbildung lernen muss?

Web M 396

Betrachten Sie auch die Präsentation Personalentwicklungsmanagement.

Beispiel: Personalentwicklungsgrundsätze und Handlungsrichtlinien

Im Unternehmensleitbild von MGB Maltmann Getriebebau e. K. steht der Leitsatz: *Kreativität und Leistungswille unserer Mitarbeiter sind die Basis für unseren Unternehmenserfolg*. Daraus werden folgende Grundsätze und Handlungsrichtlinien abgeleitet:

Grundsätze der Personalentwicklung
- Die Vorgesetzten sind für die Förderung ihrer Mitarbeiter verantwortlich.
- Personalentwicklung setzt Eigeninitiative der Mitarbeiter voraus.
- Führungspositionen werden aus den eigenen Reihen besetzt.
- Dispositive und fachliche Laufbahn sind gleichwertig.
- Die Förderversetzung ist die zentrale Entwicklungsmaßnahme.

↓

Handlungsrichtlinien für die Personalentwicklung (Auszug)
- Jeder Mitarbeiter hat Anspruch auf die Entwicklungsmaßnahmen, die ihn zur Erfüllung der Aufgaben seines Arbeitsplatzes befähigen. Er ist über diese Maßnahmen zu informieren.
- Die Personalabteilung entwickelt in Zusammenarbeit mit den Fachabteilungen typische Führungs- und Fachlaufbahnen für unser Unternehmen.
- Jeder Mitarbeiter wird einmal im Jahr von seinem direkten Fachvorgesetzten beurteilt. Dieser führt mit ihm ein Beurteilungs- und Fördergespräch.
- Beurteilungs- und Fördergespräche sind wesentliche Grundlagen für alle individuellen Entwicklungsmaßnahmen, insbesondere auch für die Maßnahmen der Aufstiegsfortbildung.

Diese Richtlinien nehmen Bezug auf drei wichtige Personalentwicklungsinstrumente:

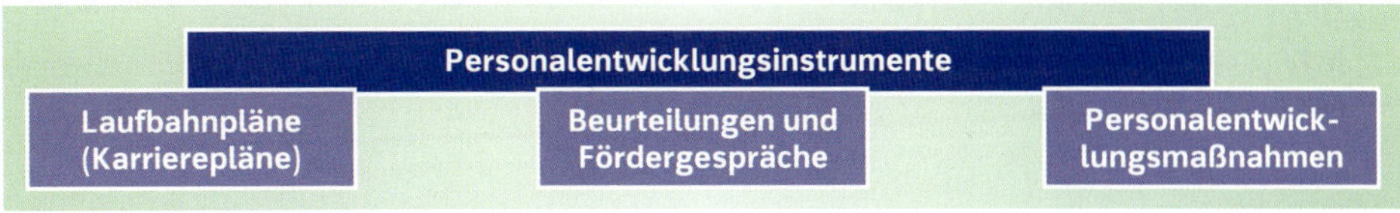

7.2 Laufbahnpläne

Laufbahnpläne zeigen die typischen Wege auf, auf denen bestimmte Positionen im Unternehmen erreicht werden können. Sie nennen auch die grundsätzlich notwendigen Ausgangsvoraussetzungen für die Laufbahn.

Beispiel: Laufbahnplan Konstruktionsbereich

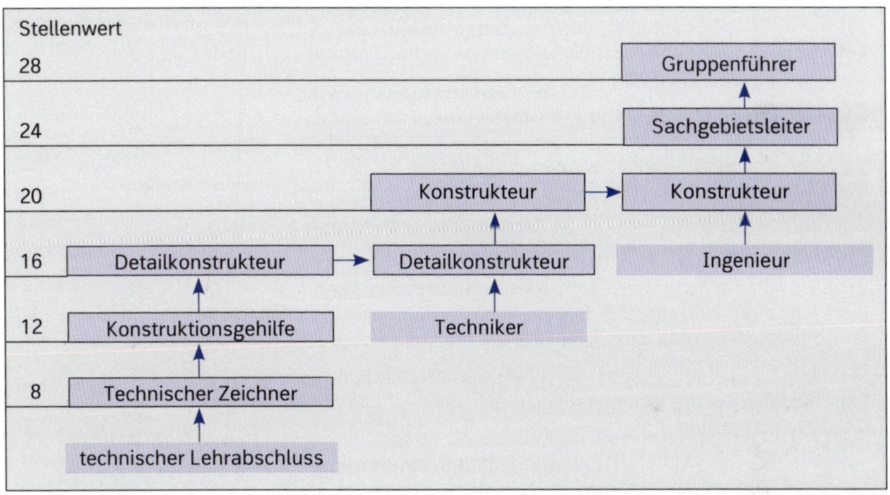

Voraussetzungen für das erfolgreiche Durchlaufen einer Laufbahn sind:

- Erwerb der notwendigen Erfahrungen auf den Laufbahnstufen,
- gute Beurteilungen,
- Teilnahme an den notwendigen Entwicklungsmaßnahmen,
- freie Beförderungsstellen.

Die Laufbahnplanung soll dafür sorgen, dass der künftige Bedarf an Führungskräften und Fachkräften rechtzeitig gesichert wird. Sie zeigt dem Personalmanagement, wo Entwicklungsmaßnahmen angesetzt werden können. Den Mitarbeitern zeigt sie Berufsziele auf und bewirkt so Motivation.

Arbeitsaufträge

1. **Laufbahnpläne zeigen Entwicklungswege im Unternehmen auf.**
   a) Erläutern Sie die möglichen Laufbahnen des oben dargestellten Plans.
   b) Unter welchen Voraussetzungen kann ein technischer Zeichner, dessen Ausbildungsniveau bedeutend unter dem eines Diplom-Ingenieurs liegt, die gleiche Endstufe erreichen wie dieser?
   c) Besorgen Sie sich Laufbahnpläne in Ihrem Betrieb und erläutern Sie sie.

2. **„Die Betriebe sollten Laufbahnpläne auf der Basis sorgfältiger Arbeitsanalysen und Laufbahnüberlegungen ausarbeiten, da ansonsten das Ergebnis nicht nur Motivation, sondern wesentliche Frustration sein kann."**

   Nehmen Sie zu dieser Aussage Stellung.

7.3 Beurteilung

7.3.1 Beurteilungsanlässe

Bei Mitarbeiterbeurteilungen schätzen Vorgesetzte die betrieblichen Leistungen und das betriebsrelevante Verhalten ihrer Mitarbeiter ein.

Beurteilungsanlässe

Entgeltermittlung
Entscheidung über Lohn- oder Gehaltserhöhung, Leistungszulagen, andere Zuwendungen

Personalentwicklungsmaßnahmen
Mitarbeiterauswahl, Entwicklungszielfestlegung, Beurteilung von Fortbildungsergebnissen

Stellenbesetzungen
Bewerberauswahl für die Besetzung frei werdender oder neu geschaffener Stellen

Personalbeförderungen
Bewerberauswahl; Beurteilung von Fachkompetenz und Führungskompetenz (Führungsstellen)

Personalversetzungen
aus sachlichen Anlässen (z. B. Bildung von Arbeitsgruppen); wegen Konflikten (zwischen Mitarbeitern, mit Vorgesetzten); als disziplinarische Maßnahme; zur Verbesserung des Betriebsklimas

Personalfreisetzungen
Entscheidung, welche Mitarbeiter bei Personalabbaumaßnahmen entlassen werden sollen

Leistungsmäßige Einordnung
Sinnvoll, um Leistungsvergleiche zu ermöglichen. Beurteilung wird hier als wirksames Führungsinstrument mit Motivationscharakter angesehen.

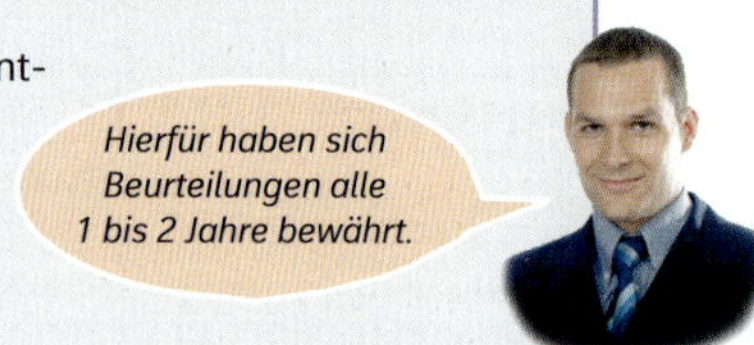

Zusätzlicher Grund: Jeder Mitarbeiter hat beim Wechsel seines Arbeitsplatzes und beim Ausscheiden aus dem Betrieb ein Recht auf schriftliche Bewertung seiner Tätigkeit.

Notwendigkeit von Beurteilungen aus unterschiedlicher Sicht

Mitarbeiter(in)

„Ich erwarte eine objektive, faire Beurteilung meiner Stärken und Schwächen. Ich will eine Bestätigung meines Verhaltens oder aber Ansatzpunkte für notwendige Verhaltensänderungen erfahren."

Vorgesetze(r)

„Ich benötige die Personalbeurteilung ebenso, denn ich muss meine Mitarbeiter sachgerecht einsetzen, sie individuell fördern und motivieren und an Entscheidungen wie den oben genannten mitwirken."

Personalwesen

„Wir benötigen Beurteilungen als Entscheidungsbasis für die oben genannten Maßnahmen. Durch Beurteilungen erhalten wir Daten über die Leistungsstruktur der Mitarbeiter und Grundlagen für die Planung des Personaleinsatzes und der Personalentwicklung."

VIERTER ABSCHNITT

7.3.2 Vorgehen bei der Beurteilung

Beurteilen darf nur, wer direkt und ständig mit dem zu Beurteilenden zusammengearbeitet hat (Vorgesetzter). Beurteilungen sollen objektiv sein, nur betrieblich Relevantes erfassen und vergleichbar sein. Deshalb kann die Personalabteilung **Beurteilungsrichtlinien** erlassen. Diese können einen Katalog von Beurteilungskriterien vorgeben. Er muss genau auf Tätigkeit, Arbeitsplatz und Ranghöhe abgestimmt sein. So spielt das Kriterium **Führungsverhalten** keine Rolle für ausführende Tätigkeiten. Die Kriterien werden entsprechend dem Anforderungsprofil[1] der Stelle ausgewählt.

In der Praxis erstellt man **Beurteilungsbögen** mit den maßgeblichen Beurteilungskriterien. Sie können sogar Vorgaben für die Formulierung enthalten. Der Vorteil ist: Die Aussagen sind direkt mit anderen Beurteilungen vergleichbar. Ohne Vorgaben sollte der Vorgesetzte durch möglichst viele Einzelbeobachtungen das natürliche Verhalten des Mitarbeiters bei der Aufgabenerfüllung schriftlich festhalten. Dem Gedächtnis sollte er nicht vertrauen. Der Beobachtete sollte keine Kenntnis vom Zeitpunkt der Beobachtung zum Zweck der Beurteilung haben.

7.3.3 Beurteilungsfehler

Vorurteile des Vorgesetzten können die Beurteilung färben. Bewusst falsche Beurteilungen liegen vor, wenn untüchtige Mitarbeiter weggelobt werden, während die Fähigen zu schlecht abschneiden. Dies führt zu Unzufriedenheit und Leistungsabfall. Der Vorgesetzte ist über sein Fehlverhalten aufzuklären.

Der schwache Vorgesetzte will es allen recht machen. Seine Beurteilungen liegen immer in der Mitte, sind milde, unklar, nichtssagend und folglich wertlos. Er ist ebenfalls auf den Sinn von Beurteilungen aufmerksam zu machen.

Messbare Beurteilungskriterien, Beurteilungsbögen und Kontrollbeurteilungen sind deshalb sinnvoll. Probleme ergeben sich aber aus Auswahl, Gewichtung und Interpretation der Beurteilungskriterien.

Sind alle Kriterien gerechtfertigt?	Sind z. B. Vor- und Ausbildung überhaupt beurteilungsrelevant?
Welche Gewichtung haben die Kriterien?	Hat z. B. das Auftreten gleich große Bedeutung wie die Arbeitsqualität?
Wird der Sinn der Kriterien richtig verstanden?	Versteht z. B. jeder Beurteilende unter Kreativität das Gleiche?

Im folgenden Beurteilungsbogen haben z. B. alle aufgeführten Kriterien die gleiche Gewichtung.

[1] Vgl. S. 360 f.

VIERTER ABSCHNITT

Beispiel: Muster eines Beurteilungsbogens (Ausschnitt)

	Punkteskala				
	Übertrifft die Anforderungen in besonderem Umfang	Übertrifft die Anforderungen	Genügt den Anforderungen in vollem Umfang	Genügt den Anforderungen fast immer	Genügt den Anforderungen nicht immer
A) Persönlichkeitswerte und fachliche Leistungen	5	4	3	2	1
Fachkenntnisse		4			
Auffassungsgabe, Denkvermögen		4			
Aktivität, Einsatzbereitschaft			3		
Kontaktfähigkeit, Verhandlungsgeschick			3		
Sprache, Stil			3		
äußere Erscheinung			3		
Zuverlässigkeit, Sorgfalt		4			
B) Führungsverhalten als Mitarbeiter und Vorgesetzter					
Selbstständigkeit in laufenden Entscheidungen	5				
Einhaltung des eigenen Delegationsbereichs	5				
Information und Beratung des Vorgesetzten		4			
Gewährleistung selbstständiger Entscheidungen der Mitarbeiter		4			
Einsatz der Mitarbeiter		4			
Information der Mitarbeiter		4			
Dienstaufsicht, Erfolgskontrolle			3		
Schulung und Förderung der Mitarbeiter	5				
C) Erreichte Punktzahl 58	15	28	15		
Erreichbare Punktzahl 75					

7.3.4 Beurteilungs- und Fördergespräch

Der zu Beurteilende muss vor einer abschließenden schriftlichen Formulierung der Beurteilung die Möglichkeit zur kritischen Stellungnahme haben. Deshalb sollte zu jeder Beurteilung grundsätzlich ein Beurteilungsgespräch gehören, in dem eine Aussprache über das Beurteilungsverfahren und das Ergebnis der Beurteilung stattfindet. Der Mitarbeiter hat nach § 82 Abs. 2 BetrVG ein gesetzliches Anrecht auf eine solche Erörterung. Er kann ein Mitglied des Betriebsrats zu dem Gespräch hinzuziehen. Ist der Beurteilte nicht mit der Beurteilung einverstanden, kann er die Aufnahme einer Gegendarstellung verlangen.

Das Beurteilungsgespräch sollte zugleich ein Fördergespräch sein: Der Beurteilende sollte auf die Schwächen, aber auch auf die Stärken des Beurteilten eingehen, Ansatzpunkte für künftiges Handeln, insbesondere für Verbesserungen aufzeigen, ermutigen und motivieren. Insgesamt sollten folgende Regeln beachtet werden:

- Gespräch am besten unter vier Augen führen.
- Gespräch nicht auf Statussymbolen und Amtsautorität aufbauen.
- Gespräch der Persönlichkeitsstruktur des Beurteilten anpassen.
- Konkrete Hinweise zur Verbesserung von Fehlern geben und Vertrauen bekunden.
- Gemeinsam nach Möglichkeiten zur Förderung des Mitarbeiters suchen und neue Arbeitsziele festlegen.
- Merkmale der Leistung, nicht der Person besprechen.
- Positiven Kontakt aufbauen.
- Keine übertriebene und schematische Kritik.
- Stellungnahme des Beurteilten erfragen.

Beurteilungen können auch ohne Wissen des Beurteilten erfolgen und in der Personalakte festgehalten werden. Aufgrund seines Rechts auf Einsichtnahme in die Personalakte nach § 83 BetrVG kann der Beurteilte das Ergebnis in Erfahrung bringen.

Arbeitsaufträge

1. **Das folgende Formular dient speziell der Beurteilung von Auszubildenden.**

Beurteilung

Die Auszubildende/der Auszubildende ____________________

war in der Zeit vom ____________ 20______ bis ____________ 20______ in

Abteilung ____________________ zur Ausbildung

1. Führung Befolgung der Anordnungen, Zusammenarbeit	in allen Punkten der Führung vorbildlich		ordnet sich gut ein, sehr verträglich		verträglich und willig		im Allgemeinen verträglich und willig		vorlaut, befolgt Anordnungen nur unwillig, wenig verträglich		großschnäuzig, unwillig, unverträglich, unhöflich	
2. Fleiß Arbeitsbereitschaft	sehr fleißig, hat an allen Arbeiten sehr großes Interesse		Interesse und Fleiß überdurchschnittlich		fleißig und interessiert		mit Ausnahmen fleißig und interessiert		Fleiß und Interesse lassen sehr zu wünschen übrig		faul, vollkommen ohne Interesse	
3. Lernfähigkeit Auffassungsgabe, Merk- und Denkfähigkeit, Regsamkeit	begreift sehr schnell, hervorragende Auffassungsgabe		begreift schnell, überdurchschnittliche Auffassungsgabe		Auffassungsgabe befriedigend, guter Durchschnitt		etwas langsam in der Auffassung, doch noch ausreichend		begreift erst nach mehrmaligem Erklären		auch bei wiederholter Erklärung nicht fähig das Erklärte richtig zu erfassen	
4. Ordnung	immer sehr ordentlich		aus eigenem Antrieb ordnungsliebend		ordentlich, auch ohne häufige Ermahnung		ordentlich, muss jedoch dazu angehalten werden		unordentlich, kein Ordnungswille		sehr unordentlich und liederlich	
5. Arbeitsgeräte Sauberkeit, Sorgfalt, Maßhaltigkeit	macht Arbeiten immer fehlerfrei, maßhaltig und winkelgerecht		macht sehr selten Fehler, arbeitet sauber und maßhaltig		macht gelegentlich Fehler, sonst saubere Ausführung		macht noch zu viele Fehler, gibt sich aber Mühe		macht sehr viele Fehler, Sauberkeit unzureichend		großer Schmierer, hält nie Maße und Winkel ein	
6. Arbeitstempo	sehr schnell		schnell		seine Zeit liegt schon über dem Durchschnitt		ausreichend, braucht jedoch manchmal noch zu viel Zeit		langsam		sehr langsam	
7. Berichtsheft Ausführung Darstellung Sauberkeit	Führung des Berichtsheftes gibt nie zu Beanstandungen Anlass		richtige und saubere Führung des Berichtshefts		saubere Ausführung, nur selten Beanstandungen		im Allg. zufriedenstellend, jedoch nicht ohne Beanstandungen		Ausführung und Sauberkeit lassen zu wünschen übrig		Ausführung unvollständig, unsauber und sehr nachlässig	
Note		1		2		3		4		5		6

Wertung der Leistungen: 1 = sehr gut, 2 = gut, 3 = befriedigend, 4 = ausreichend, 5 = mangelhaft, 6 = ungenügend

Bemerkungen ____________________

____

____________________ Datum ____________________ Unterschrift

a) Wann sollten Auszubildende nach Ihrer Ansicht beurteilt werden?
b) Wer sollte die Beurteilung vornehmen, wer nicht?
c) Erläutern Sie den Aufbau des Formulars.
d) Nennen Sie Vorteile eines solchen Formulars.
e) Wie ist zweckmäßigerweise vorzugehen, wenn keine Beurteilungsformulare benutzt werden?
f) Hat der Auszubildende das Recht, seine Beurteilung zu erfahren? Was kann er tun, wenn er anderer Ansicht als der Beurteilende ist?
g) Bei welchen Gelegenheiten werden Mitarbeiterbeurteilungen unerlässlich?

2. **Der Beurteilungsbogen auf Seite 400 zeigt für alle Beurteilungskriterien die gleiche Gewichtung.**
   a) Halten Sie die einheitliche Gewichtung für sinnvoll?
   b) Welche Probleme ergeben sich bei unterschiedlicher Gewichtung?
   c) Wie ändert sich das Beurteilungsergebnis, wenn folgende Gewichtungsfaktoren eingeführt werden?
   Fachkenntnisse 5, Auffassungsgabe, Denkvermögen 4, Aktivität, Einsatzbereitschaft 3, Kontaktfähigkeit, Verhandlungsgeschick 3, Sprache, Stil 1, äußere Erscheinung 1, Zuverlässigkeit, Sorgfalt 4, Selbstständigkeit in laufenden Entscheidungen 5, Einhaltung des eigenen Delegationsbereichs 3, Information und Beratung des Vorgesetzten 2, Gewährleistung selbstständiger Entscheidungen der Mitarbeiter 4, Einsatz der Mitarbeiter 4, Information der Mitarbeiter 4, Dienstaufsicht, Erfolgskontrolle 3, Schulung und Förderung der Mitarbeiter 4

7.4 Personalentwicklungsmaßnahmen

7.4.1 Überblick

Entwicklungsmaßnahmen können am Arbeitsplatz (on the job), in der Nähe des Arbeitsplatzes (near the job) oder außerhalb des Arbeitsplatzes (off the job) erfolgen. Die Artenvielfalt ist groß. Die folgende Tabelle zeigt deshalb die für die heutige Praxis wichtigsten Maßnahmen.

Entwicklungsmaßnahmen

am Arbeitsplatz (Training-on-the-Job)	in der Nähe des Arbeitsplatzes (Training-near-the-Job)	außerhalb des Arbeitsplatzes (Training-off-the-Job)
• planmäßige Unterweisung • Arbeitsplatzwechsel • Arbeitsanreicherung • Anleitung und Beratung durch den Vorgesetzten (Coaching) • Übertragung begrenzter Verantwortung an Assistenten oder Stellvertreter • Sonderaufgaben • Qualitätszirkel • Lernstatt	• Fachzeitschriften, Fachliteratur • programmierte Unterweisung • computergestützte Unterweisung (E-Learning) • praktischer Anschauungsunterricht	• Lehrvortrag • Lehrgespräch/Lehrkonferenz/ Seminarunterricht • Fallstudie • Sachverständigen-befragung • Planspiel • Rollenspiel • Podiumsdiskussion
unternehmensinterne Fortbildung	**unternehmensinterne Fortbildung**	**unternehmensinterne oder -externe Fortbildung**

Die Off-the-Job-Maßnahmen können unternehmensintern oder unternehmensextern erfolgen. Im letzteren Fall bieten z. B. Schulen, Akademien, Hochschulen, Berufsseminare und Kammern (IHK, Handwerkskammer) ihre Dienste an. Die Kosten werden i. d. R. vom Unternehmen getragen.

1. Der Lehrstoff/die Lernziele werden nicht unternehmensextern angeboten.
2. Die Qualität der externen Angebote ist schlecht.
3. Die Kosten sind bei eigener Schulung niedriger. Zu gleichen Kosten können wir mehr Mitarbeiter ausbilden.
4. An- und Rückreisezeit für die externe Maßnahme sind zu lang.
5. Wir müssen unternehmensbezogene Lernziele vermitteln.

7.4.2 Entwicklungsmaßnahmen am Arbeitsplatz

Die Schulung am Arbeitsplatz bietet die besten Lernbedingungen und Erfolgsaussichten: Der Mitarbeiter übt exakt die Probleme, die er später selbstständig bewältigen muss. Der Vorgesetzte trägt hier die Verantwortung für die optimale Förderung seiner Mitarbeiter.

Planmäßige Unterweisung

Jede Weitergabe vorhandener Fertigkeiten, Kenntnisse oder Erfahrungen durch den Vorgesetzten oder auf seine Veranlassung hin ist ein Unterweisungsvorgang.

Beispiel: Unterweisung, „4-Stufen-Methode"

1. Stufe: Vorbereitung
- ... des Unterweisers
- ... des Unterweisungsvorgangs
- ... des Mitarbeiters

2. Stufe: Erklären und Vormachen
- ... in geraffter Form
- ... ausführlich mit Begründung
- ... noch einmal, Kernpunkte wiederholen

3. Stufe: Nachmachen lassen
- ... ohne Kommentar; grobe Fehler verbessern
- ... mit detaillierter Erklärung/Begründung
- ... und Kernpunkte wiederholen lassen

4. Stufe: Abschluss
- Mitarbeiter selbstständig üben lassen
- Erfahrene Mitarbeiter für Rückfragen benennen
- Übungsfortschritte beobachten; Erfolg anerkennen

Assistententätigkeit
Einsatz von Assistenten dient Entlastung der Vorgesetzten. Bearbeitung unterschiedlicher Probleme in wechselnden Stellen (Jobrotation) zur Erlangung von Führungswissen. Übernahme von Teilaufgaben des Vorgesetzten, Beratung, Entscheidungsvorbereitung. Ziel: Vorbereitung auf eine Führungsposition.

Coaching
Anleitung und Beratung durch Vorgesetzten: Vorgesetzter plant, steuert, überwacht planmäßig die Tätigkeit des Mitarbeiters, fördert, unterstützt, berät, hilft, regt an (Vorbildfunktion). Hineinwachsen in Aufgabe und Verantwortung wird erleichtert.

Stellvertretertätigkeit
Stellvertreter handelt im Namen des Vertretenen, aber in eigener Verantwortung. Muss folglich eingearbeitet und bereit sein, Verantwortung zu übernehmen. Vorgesetzter muss ihm Verantwortung überlassen.

Qualitätszirkel
Kleine Arbeitsgruppen. Mitglieder (3–10) gehören der gleichen Hierarchiestufe an und haben eine gemeinsame Erfahrungsgrundlage. Freiwillige Treffen (etwa vierzehntäglich), um gemeinsam Probleme des Arbeitsbereichs zu lösen. Dazu gehören auch persönliche Weiterbildung, gegenseitige Förderung, Kontrolle, Verbesserungen im Bereich. Qualitätszirkel sind hierarchielos, Leiter hat nur Moderatorenfunktion. **Ziele:** Problemlösungspotenzial von Mitarbeitern aktivieren, Qualitätsinteresse wecken, Qualitätsbewusstsein und -verantwortung im Sinne von Total-Quality-Management ausbauen.

Arbeitsplatzwechsel (Jobrotation)
Bekannt als Methode der Arbeitsgestaltung. Ermöglicht als Entwicklungsmaßnahme, Arbeitsplätze kennenzulernen, Wissen und Erfahrung zu sammeln. Wird meist für den Führungsnachwuchs angewendet. Bei ausführenden Arbeiten meist bei Einarbeitungs- und Anlernprogrammen.

Arbeitsanreicherung (Jobenrichment)
Form der vertikalen Personalentwicklung: Mitarbeiter übernimmt zusätzlich höherwertige Aufgaben und Verantwortung (z. B. Stellvertretung).

Sonderaufgaben
Das sind z. B. Projekte (etwa: „Errichtung einer Verkaufsfiliale", „Vorbereitung einer Werbekampagne"). Für größere Projekte: Projektgruppen. Mitarbeiter müssen ihr Fachgebiet vertreten, aber fachübergreifend denken. Müssen kooperieren können. Sind an Entscheidungsfindung beteiligt. Tätigkeiten erfordern Kreativität und bieten beste Profilierungschancen für aufstrebenden Führungsnachwuchs.

Lernstatt
ist dem Qualitätszirkel ähnlich, aber Behandlung von Problemen aller Art. Im Vordergrund stehen gemeinsames Lernen und Erarbeiten von Lösungsvorschlägen. **Ziel:** Grundwissen erweitern, Erfahrungen auszutauschen, Kommunikation verbessern, zur Persönlichkeitsentfaltung beizutragen.

7.4.3 Entwicklungsmaßnahmen in der Nähe des Arbeitsplatzes

Moderne Lehrmethoden erlauben Personaleinsparung: Der Mitarbeiter erhält **Lernprogramme: Bücher, Videos, Computerprogramme** (siehe Kasten E-Learning). Ihm steht wöchentlich ein Zeitpensum während seiner Arbeitszeit zur Verfügung, welches er entsprechend den Erfordernissen seines Arbeitsplatzes aufteilen kann. Zusätzlich kann **praktischer Anschauungsunterricht** am Arbeitsplatz erteilt werden. Er greift die vermittelten Lerninhalte auf, ergänzt und vertieft sie. Weiterhin können dem Mitarbeiter für sein Selbststudium **Fachzeitschriften und Fachliteratur** zur Verfügung gestellt werden.

E-Learning

Ein Blick auf die Personalausgaben zeigte deutlich: Die Reise- und Hotelkosten der Röster GmbH waren im letzten Jahr um 40 % gestiegen. Gleichzeitig fehlten wichtige Angestellte zu oft. Man suchte eine Lösung und fand E-Learning: Lehrgänge mithilfe elektronischer Medien.

E-Learning offline	E-Learning online
Lehrgänge auf **CD-ROM** oder **DVD.** Nur eingeschränkter Einsatz interaktiver und multimedialer Elemente.	Lehrgänge über das **Internet** mit **Web-Based-Training** (WBT), d. h. Zugang auf den Server des Tutors, auf dem der Lehrstoff zahlreicher Kurse gespeichert ist.

- Beim Online-Learning können Tutor und Lernender über das Internet kommunizieren.

- Zur Verbesserung der WBT-Ergebnisse werden die Programme um Extras erweitert: Mediaplayer, Notizblock, Lexikon, interaktive Landkarten, Mindmaps, ...
- Vor Kursbeginn erfolgen online Tests auf Vorkenntnisse (Wissensanalyse). Dem Lernenden werden zahlreiche Lernmethoden zur Auswahl angeboten (Lernstildiagnose).
- Der Lernstoff ist in kleinste Lerneinheiten gegliedert. Der Benutzer arbeitet sie selbstständig durch und kann sein Lerntempo selbst bestimmen. Er kann aufrufen: zusätzliche Beispiele, Tests, Unterstützung durch einen Fachmann (Chat) oder durch Kollegen-Chat, Zugriffe auf eine Bibliothek oder Datenbank. Das Programm wertet das Lernverhalten aus, schlägt Möglichkeiten zur Fortsetzung des Lernwegs vor und speichert während der Durcharbeit des Stoffes alle Daten des Lernenden.

7.4.4 Entwicklungsmaßnahmen außerhalb des Arbeitsplatzes

Lehrvortrag, Lehrgespräch
Klassische Seminarmethoden. Lehrgespräch: Wechsel von Frontalunterricht und Diskussion. Diskussion: Untersuchung und Beurteilung des Lehrstoffs.

Fallstudie
Teilnehmer erhalten konkreten Fall zur Bearbeitung und Lösung in festgelegter Zeit. **Ziele:** Umsetzung theoretischen Wissens in die Praxis; Lernen, im Team zu arbeiten, Entscheidungen zu fällen, sich zu entfalten.

Rollenspiel
Simulation betriebsrelevanter Vorgänge in einer Spielsituation. Mitarbeiter übernehmen Rollen (z. B. Verkäufer, Vorgesetzter) und handeln situationsgerecht. Übung sicheren Handelns und zielgerechten Umgangs mit anderen.

Podiumsdiskussion
Teilgruppe diskutiert unter der Leitung eines Moderators ein Thema vor der Gesamtgruppe. Teilgruppe diskutiert anschließend mit der Gesamtgruppe. So Betrachtung und Darstellung von Sachverhalten aus unterschiedlichen Blickwinkeln. Teilnehmer müssen in ständiger Konfrontation mit Gesprächspartnern (Stresssituation!) ihre Ausführungen und ihr Verhalten verteidigen oder korrigieren.

Planspiele
simulieren das Unternehmen im Modell. Spiel über mehrere Perioden. Teilnehmerentscheidungen beeinflussen den Spielfortgang. Teilnehmer erkennen unmittelbar die Auswirkungen ihres Handelns. **Ziele:** Schulung ihres Denkens und Verhalten am Modell. Erkennen des Wesentlichen.

Sachverständigenbefragung
Qualifizierte Fachleute führen mit Kurzreferat in die Problematik ein, zeigen Lösungsalternativen auf. Teilnehmer befragen sie. Die Fachleute stellen zum Schluss die optimale Lösung dar.

7.5 Planung der Personalentwicklung

Zu planen sind die Entwicklungsmaßnahmen und die Teilnahme an Maßnahmen.

7.5.1 Planung der Entwicklungsmaßnahmen

Zunächst sind festzustellen: **Ziele jeder Maßnahme**

Abhängig von den Zielen werden festgelegt: **Inhalte der Maßnahme**

Nun sind zu bestimmen:

Methoden
- Training am Arbeitsplatz
- Seminar
- Planspiel
- ...

Durchführungsart
- eigene Mitarbeiter
- externe Einrichtungen (IHK, VHS, ...)

Instruktoren
- hauptberufliche Ausbilder
- andere Mitarbeiter
- externe Spezialisten

Ort
- Betrieb
- Schulungszentrum
- Hotel
- ...

Dauer

7.5.2 Planung der Teilnahme an Maßnahmen

Die Mitarbeiterentwicklung wird durch Entwicklungspläne (Bildungspläne) gesteuert.

Entwicklungsplan

persönlicher Entwicklungsplan	Standard-Entwicklungsplan
wird speziell für die Entwicklungsziele einer bestimmten Person aufgestellt	wird aufgestellt, wenn bestimmte Entwicklungsziele für mehrere oder viele Mitarbeiter infrage kommen
z. B. Fortbildung von Frau X. zur Abteilungsleiterin Einkauf	z. B. Fortbildung zum Kraftwerksmeister

Jeder Entwicklungsplan enthält:

- Entwickungsziele →
- Entwicklungsmaßnahmen
- Termine

Kenntnisziele: Vorgabe der anzustrebenden Kenntnisse
Berufsziele: Angabe einer anzustrebenden Berufstätigkeit ohne Anspruch auf bestimmte Stelle (z. B. EDV-Koordinator)
Stellenziele: Angabe einer konkret zu besetzenden Stelle (z. B. Leiter der Arbeitsvorbereitung)

Beispiel: **Persönlicher Entwicklungsplan**

Entwicklungsplan für Frau Stentenbach – **Berufsziel:** EDV-Koordinatorin

Kenntnisziele:	Maßnahme	Termin
Systemanalyse	Mitarbeiter der Abteilung Organisation	01.04.–30.06.
	Seminar: „Methoden der Systemplanung“	13.04.–25.04.
	VHS-Kurs: Grundlagen der EDV	28.04.–15.07.
	Wochenendseminar: Datenbanken	02.05.–20.12.
Programmierung	Mitarbeiter der Programmierabteilung	01.07.–30.09.
	Seminarbesuch: PL/1-Programmierung	01.07.–30.08.
	Testmethoden	04.09.–09.09.
	Praktikum „Dialogarbeit“ in Firma Beck und Heilmann GmbH	21.09.–25.09.

VIERTER ABSCHNITT

Arbeitsaufträge

1. **Auch Ihr Ausbildungsbetrieb kann auf Personalentwicklungsmaßnahmen nicht verzichten.**
   a) Nennen Sie mindestens drei Gründe für die Notwendigkeit von Personalentwicklungsmaßnahmen.
   b) Informieren Sie sich in Ihrer Personalabteilung, welche Entwicklungsmaßnahmen
   - für die Erweiterungs- und Anpassungsfortbildung,
   - für die Aufstiegsfortbildung

   Anwendung finden, und berichten Sie darüber.

2. **Für eine Fortbildungsmaßnahme besteht die Wahl zwischen unternehmensexterner und unternehmensinterner Fortbildung. Bei Fremdfortbildung entstehen für jeden Teilnehmer folgende Kosten: Kursgebühr 1 500,00 EUR, Fahrtkosten 100,00 EUR, Spesen 80,00 EUR pro Tag, Übernachtungskosten pro Nacht 100,00 EUR. Es sind 5 Mitarbeiter für 5 Arbeitstage freizustellen.**
   Bei Eigenfortbildung fallen an: Dozentenhonorar für 4 Unterrichtstage à 1 200,00 EUR, Fahrtkosten Dozent 300,00 EUR, Tagesspesen und Übernachtungskosten Dozent wie oben.
   a) Entscheiden Sie sich für Fremd- oder Eigenfortbildung?
   b) Welche Vorteile bringt die Organisation als Eigenfortbildung, wenn man von den Kosten einmal absieht?

3. **Im oben behandelten Kapitel wird eine Reihe von Personalentwicklungsmaßnahmen angesprochen.**
   a) Welche dieser Maßnahmen sind besonders für den Erwerb von Fachwissen geeignet?
   b) Welche Maßnahmen finden in erster Linie bei der gezielten Entwicklung des Führungspersonals Anwendung?
   c) Welche Maßnahmen zielen besonders auf die Entwicklung von Teamfähigkeit?

4. **Die planmäßige Unterweisung ist eine wichtige Entwicklungsmaßnahme.**
   Simulieren Sie eine Unterweisung nach der Vier-Stufen-Methode. Die Lernaufgabe sei z. B. das Laden und erneute Speichern eines Dokumentes mit einem Textverarbeitungsprogramm.

5. Die Inhalte der Berufsausbildung sind grundlegend und verbindlich in den staatlichen Ausbildungsrahmenplänen geregelt. Auf deren Basis erstellen die einzelnen Betriebe Ausbildungspläne. Der Gesamtausbildungsplan für *alle* Auszubildenden eines Ausbildungsberufs gibt die zu durchlaufenden Abteilungen und ggf. spezielle Veranstaltungen sowie die Verweildauer wieder. Hinzu kommen Einzelausbildungspläne für *jeden* Auszubildenden mit der speziell für ihn geltenden Reihenfolge und Verweildauer.

a) Begründen Sie, ob diese Pläne als Entwicklungspläne bezeichnet werden können.

b) Erläutern Sie den Gesamtausbildungsplan Ihres Betriebes sowie Ihren Einzelausbildungsplan.

8 Personalabbaumanagement

8.1 Notwendigkeit von Personalfreisetzungen

Die Freisetzung von Mitarbeitern kann in deren Person oder Verhalten begründet sein oder auf dringenden betrieblichen Erfordernissen beruhen. Dazu gehören vor allem

- Produktionseinschränkungen,
- dauernder Auftragsmangel,
- Stilllegung einzelner Abteilungen,
- Rationalisierungsmaßnahmen.

Solche Ereignisse benötigen eine längere Zeitspanne und haben große Bedeutung für den Betrieb. Sie bedingen deshalb eine eingehende Planung. Diese betrifft auch die damit verbundenen Personalfreisetzungen. Die Geschäftsleitung wird zunächst untersuchen, ob Belegschaftsreduzierungen vermieden werden können. Möglichkeiten sind:

- **Versetzung** zu anderen Konzernfirmen,
- **Kurzarbeit** (Die Agentur für Arbeit zahlt Kurzarbeitergeld als (Teil-)Ausgleich des Lohnausfalls),
- **Abbau von Überstunden**,
- Umwandlung von Vollzeitstellen in **Teilzeitstellen**.

Für notwendige Belegschaftsreduzierungen ohne Entlassungen bieten sich an:

- **Nichtersetzen von Mitarbeitern** (Erreichen des Rentenalters; eigene Kündigung)
- **vorzeitige Pensionierung**
- **Beendigung befristeter Arbeitsverhältnisse** (vgl. S. 378)
- **Aufhebungsverträge** (ggf. mit Ausgleichszahlungen)
  Auf unbestimmte Zeit eingegangene Arbeitsverhältnisse können auch durch Vertrag zu einem beliebigen Zeitpunkt gelöst werden.

Vorsicht! Liegt kein wichtiger Grund vor, so wird bei anschließender Arbeitslosigkeit das Arbeitslosengeld für mindestens ein Viertel der Gesamtanspruchsdauer gesperrt. (Ein wichtiger Grund könnte z. B. sein, dass bei drastischem Personalabbau die verbleibenden Arbeitsplätze gesichert werden sollen.) Gezahlte Abfindungen lassen die Arbeitslosengeldzahlung eine Zeitlang ruhen, weil zunächst die Abfindung für den Lebensunterhalt eingesetzt werden soll.

Reichen diese Maßnahmen nicht, werden fristgerechte Kündigungen nötig.

8.2 Kündigung

Die Kündigung ist die Erklärung eines Vertragspartners, dass er den Arbeitsvertrag lösen will. Sie wird mit Zugang wirksam. Sie muss schriftlich erfolgen und eigenhändig unterschrieben sein. Man unterscheidet die ordentliche und die außerordentliche Kündigung.

VIERTER ABSCHNITT

Die **ordentliche Kündigung** bedarf stets einer Kündigungsfrist gemäß § 622 BGB.

Kündigungsfristen			
Frist während der Probezeit (bis 6 Monate)	2 Wochen		
Grundfrist	4 Wochen zum 15. des Monats oder zum Monatsende		
verlängerte Fristen (gelten nur bei Kündigung durch den Arbeitgeber)	Betriebszugehörigkeit	Frist	
	2 Jahre	1 Monat	
	5 Jahre	2 Monate	
	8 Jahre	3 Monate	jeweils zum Monatsende
	10 Jahre	4 Monate	
	12 Jahre	5 Monate	
	15 Jahre	6 Monate	
	20 Jahre	7 Monate	

Durch den Tarifvertrag können längere oder kürzere Fristen vereinbart werden. Diese gelten für nicht tarifgebundende Arbeitgeber und Arbeitnehmer nur, wenn ihre Anwendung einzelvertraglich vereinbart ist.

Einzelvertraglich ist eine Verkürzung der Grundkündigungsfrist nur zulässig
- bei Aushilfe bis zu 3 Monaten,
- in Betrieben mit nicht mehr als 20 Arbeitnehmern (ohne Auszubildende), wenn die Kündigungsfrist 4 Wochen nicht unterschreitet.

Für die Kündigung durch den Arbeitnehmer darf keine längere Frist vereinbart werden als für die Kündigung durch den Arbeitgeber.
Der Arbeitnehmer hat das Recht, sich während der Arbeitszeit um einen neuen Arbeitsplatz zu bemühen (§ 629 BGB). Wenn im Arbeitsvertrag nichts anderes vereinbart ist, wird die Vergütung für die Fehlzeit weitergezahlt.

Die **außerordentliche Kündigung** (§ 626 BGB) ist stets eine fristlose Kündigung **aus wichtigem Grund**. Das bedeutet, dass dem Kündigenden die Fortsetzung des Arbeitsverhältnisses nicht zugemutet werden kann (z. B. bei Straftaten im Betrieb, Tätlichkeiten, Arbeitsverweigerung, grober Beleidigung, Verletzung der Arbeitsschutzbestimmungen, Nichtzahlung der Vergütung). Wer eine außerordentliche Kündigung verursacht, schuldet dem Vertragspartner Schadensersatz. Die Kündigung muss binnen zwei Wochen ausgesprochen werden, nachdem der Kündigungsgrund bekannt wurde.

8.3 Kündigungsschutz

8.3.1 Sozial ungerechtfertigte Kündigungen

Eine fristgerechte Kündigung durch den Arbeitnehmer ist wirksam. Umgekehrt ist er selbst durch das Kündigungsschutzgesetz gegen eine sozial ungerechtfertigte Kündigung durch den Arbeitgeber geschützt.

Web M 408

Voraussetzungen: Er ist mindestens 6 Monate ununterbrochen beschäftigt und der Betrieb hat mehr als 5 Beschäftigte (ohne Auszubildende).

Betrachten Sie das Video *Personalabbau – eine Persiflage*.

Dabei sind Teilzeitbeschäftigte mit 0,5 (0,75) zu berücksichtigen, wenn ihre regelmäßige Wochenarbeitszeit höchstens 20 (30) Stunden beträgt.

In Betrieben mit maximal 10 Beschäftigten gilt der Kündigungsschutz jedoch nicht für Arbeitnehmer, deren Arbeitsverhältnis nach dem 31.12.2003 begonnen hat. Diese Arbeitnehmer sind auch bei der Berechnung der Beschäftigtenzahl nicht zu berücksichtigen.

Eine Kündigung ist nur in folgenden Fällen sozial gerechtfertigt

- **Sie ist in der Person des Arbeitnehmers begründet (personenbedingte Kündigung).**

  Beispiele: fehlende Eignung, ansteckende Krankheiten, fehlende Arbeitserlaubnis

- **Sie ist im Verhalten des Arbeitnehmers begründet (verhaltensbedingte Kündigung).**
  Beachte:
  1. Die Rechtsprechung verlangt eine erfolglose vorherige **Abmahnung** (mit genauer Nennung des Fehlverhaltens und Androhung der Kündigung für den Wiederholungsfall).
  2. Die Agentur für Arbeit sperrt das Arbeitslosengeld für 1/4 der Gesamtanspruchsdauer.

  Beispiele: Pflichtverletzung, mangelnde Arbeitsleistung, dauernde Unpünktlichkeit

- **Sie beruht auf dringenden betrieblichen Erfordernissen (betriebsbedingte Kündigung).**
  Selbst wenn solche Erfordernisse vorliegen, muss der Arbeitgeber bei der Auswahl der zu Kündigenden ausreichend soziale Gesichtspunkte berücksichtigen.
  Dies kann nur entfallen, wenn die Weiterbeschäftigung eines Arbeitnehmers wegen seiner Kenntnisse, Fähigkeiten und Leistungen oder zur Sicherung einer ausgewogenen Personalstruktur im berechtigten betrieblichen Interesse liegt.

  Beispiele: Produktionseinschränkung, Stilllegung einzelner Abteilungen, dauernder Arbeitsmangel.
  Soziale Gesichtspunkte sind:
  - die Dauer der Betriebszugehörigkeit,
  - das Lebensalter,
  - die Unterhaltspflichten des Arbeitnehmers,
  - Schwerbehinderung.

Der Arbeitgeber muss das Vorliegen eines Kündigungsgrundes nachweisen. Ausnahme: Bei Kündigung aus betrieblichen Erfordernissen muss der Arbeitnehmer die Nichtberücksichtigung sozialer Gesichtspunkte nachweisen. Hält er die Kündigung für sozial ungerechtfertigt, kann er binnen einer Woche nach der Kündigung Einspruch beim Betriebsrat einlegen. Hält der Betriebsrat den Einspruch für begründet, kann er versuchen, eine Verständigung mit dem Arbeitgeber herbeizuführen.

8.3.2 Anhörungs- und Widerspruchsrecht des Betriebsrats

Der Betriebsrat ist vor jeder Kündigung unter Angabe der Kündigungsgründe zu hören (§ 102 BetrVG). Andernfalls ist die Kündigung unwirksam. Der Betriebsrat kann dem Arbeitgeber nach Anhörung des Arbeitnehmers seine Bedenken schriftlich mitteilen:

- bei einer außerordentlichen Kündigung unverzüglich, spätestens binnen 3 Tagen;
- bei einer ordentlichen Kündigung innerhalb einer Woche.

Der ordentlichen Kündigung kann der Betriebsrat aus den nebenstehenden Gründen binnen Wochenfrist widersprechen.

Widerspruchsgründe (§ 102 BetrVG)

1. Der Arbeitgeber hat bei der Auswahl des Arbeitnehmers soziale Gesichtspunkte nicht oder nicht ausreichend berücksichtigt.
2. Die Kündigung verstößt gegen eine Richtlinie nach § 95 BetrVG.
3. Der Arbeitnehmer kann an einem anderen Arbeitsplatz weiter beschäftigt werden.
4. Weiterbeschäftigung ist nach zumutbaren Umschulungs-/Fortbildungsmaßnahmen möglich.
5. Weiterbeschäftigung unter geänderten Vertragsbedingungen ist möglich; der Arbeitnehmer hat sein Einverständnis hiermit erklärt.

Kündigt der Arbeitgeber trotz Widerspruchs des Betriebsrats nach § 102 BetrVG, muss er dem Arbeitnehmer mit der Kündigung eine Kopie der Stellungnahme des Betriebsrats zuleiten.

Der Arbeitnehmer kann beim Arbeitsgericht gegen die Kündigung klagen. Bei einer ordentlichen Kündigung, der der Betriebsrat ordnungsgemäß widersprochen hat, kann er Weiterbeschäftigung zu unveränderten Arbeitsbedingungen bis zum rechtskräftigen Abschluss des Rechtsstreits verlangen.

Bei betriebsbedingten Kündigungen kann der Arbeitgeber dem Arbeitnehmer eine Abfindung anbieten (i. d. R. ein halbes Monatsgehalt pro Jahr Betriebszugehörigkeit). Der Arbeitnehmer kann annehmen oder Klage einreichen. Die Regelung soll helfen, langwierige und schwierige gerichtliche Auseinandersetzungen zu vermeiden.

Es kommt vor, dass der Arbeitgeber kündigt, dem Arbeitnehmer aber die Fortsetzung des Arbeitsverhältnisses zu geänderten Bedingungen anbietet (sog. **Änderungskündigung**). Der Arbeitnehmer kann ein solches Angebot unter dem Vorbehalt annehmen, dass die Änderung nicht sozial ungerechtfertigt ist. Er muss den Vorbehalt spätestens binnen 3 Wochen nach Zugang der Kündigung erklären (§ 2 KSchG).

8.3.3 Klage vor dem Arbeitsgericht

Die Kündigungsschutzklage muss binnen 3 Wochen nach Zustellung der Kündigung beim Arbeitsgericht eingehen (§ 4 KSchG).

Die Kündigung ist wirksam,
- wenn der Arbeitnehmer die Klagefrist versäumt,
- wenn das Gericht die Kündigung bestätigt.

Die Kündigung ist unwirksam,
- wenn das Gericht feststellt, dass die Kündigung sozial ungerechtfertigt ist. Dann muss der Arbeitnehmer weiterbeschäftigt werden.

Ist bei unwirksamer Kündigung dem Arbeitnehmer eine Weiterbeschäftigung nicht zuzumuten, löst das Gericht auf seinen Antrag das Arbeitsverhältnis auf und verurteilt den Arbeitgeber zu einer Abfindung (höchstens 12 Monatsverdienste; ältere Arbeitnehmer – 55 Jahre; 20 Beschäftigungsjahre – höchstens 18 Monatsverdienste). Das Gleiche geschieht auf Antrag des Arbeitgebers bei Gründen, die eine zweckdienliche weitere Zusammenarbeit nicht erwarten lassen.

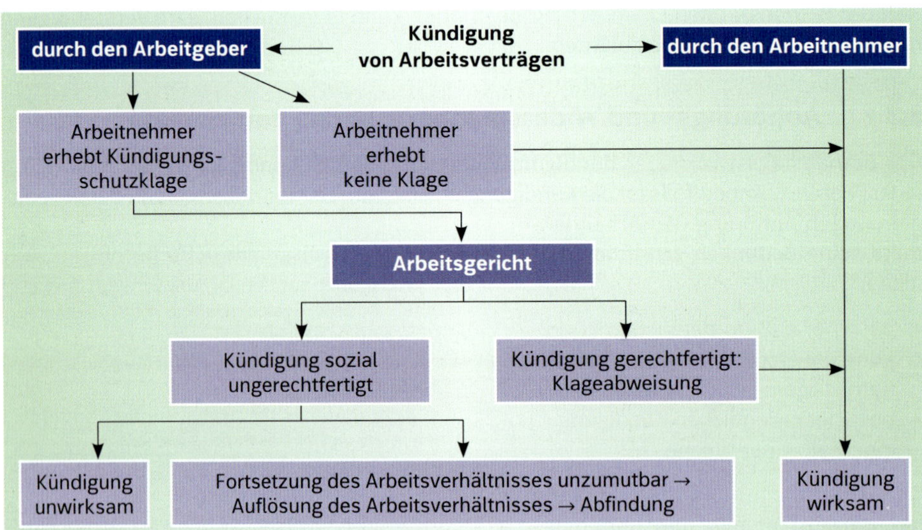

8.3.4 Arbeitszeugnis

Aus einem Arbeitszeugnis:
„... Herr Zappmann hat alle übertragenen Arbeiten ordnungsgemäß erledigt. Er war stets pünktlich und deshalb ein gutes Vorbild. Durch seine Geselligkeit trug er dazu bei, das Betriebsklima zu verbessern. Wir haben uns in gegenseitigem Einvernehmen getrennt."

Der ausscheidende Arbeitnehmer hat Anspruch auf ein Arbeitszeugnis.

§ 630 BGB:
Bei der Beendigung eines dauernden Dienstverhältnisses kann der Verpflichtete von dem anderen Teile ein schriftliches Zeugnis über das Dienstverhältnis und dessen Dauer fordern. Das Zeugnis ist auf Verlangen auf die Leistungen und die Führung im Dienste zu erstrecken.

Einfaches Arbeitszeugnis
Enthält Angaben zur Person sowie über Art und Dauer der Beschäftigung.

Qualifiziertes Arbeitszeugnis
Enthält außerdem eine Beurteilung der Leistung und Führung (des Sozialverhaltens).

Das Zeugnis muss wahrheitsgemäß abgefasst sein. Bei falschen Angaben haftet der alte Arbeitgeber einem neuen wegen vorsätzlicher sittenwidriger Schädigung (§ 826 BGB). Es muss aber wohlwollend sein: Gute Leistungen sind zu erwähnen, schlechte nur, wenn sie wesentlich und schwerwiegend sind. Für schuldhaft unrichtige Aussagen haftet der Arbeitgeber dem Arbeitnehmer wegen Verletzung des Arbeitsvertrags. Der Arbeitnehmer kann beim Arbeitsgericht auf Berichtigung klagen. Die Personalchefs sind in einer Zwickmühle: Eine ungünstige Formulierung kann leicht zu Schadensersatzsansprüchen führen. Sie verwenden deshalb einen „Zeugniscode" mit abgestuftem Lob. Höchstes Lob = beste Beurteilung, schwaches Lob = schwache Beurteilung. Wer sich damit nicht auskennt, merkt oft nicht, dass er ungünstig beurteilt wird. Eine „Geheimsprache" mit Formulierungen, die dem Wortlaut nicht entsprechende Aussagen machen sollen – siehe z. B. unten die Formulierungen 15 und 17 – ist jedoch verboten (§ 109 Abs. 2 GewO).

	Das schreiben sie ...	... und das meinen sie.
1.	... die übertragenen Arbeiten stets zu unserer vollsten Zufriedenheit erledigt.	Sehr gute Leistungen
2.	... stets zu unserer vollen Zufriedenheit erledigt.	Gute Leistungen
3.	... zu unserer Zufriedenheit erledigt.	Ausreichende Leistungen
4.	... im Großen und Ganzen zu unserer Zufriedenheit erledigt.	Mangelhafte Leistungen
5.	... hat sich bemüht, die ... Aufgaben zu unserer Zufriedenheit zu erledigen.	Unzureichende Leistungen
6.	... hat alle Arbeiten ordnungsgemäß erledigt.	Bürokrat ohne Initiative
7.	... ist mit seinen Vorgesetzten gut zurechtgekommen.	Mitläufer, der sich gut anpasst
8.	... war sehr tüchtig und wusste sich gut zu verkaufen.	Unangenehmer Mitarbeiter
9.	... war wegen seiner Pünktlichkeit stets ein gutes Vorbild.	In jeder Hinsicht eine Niete
10.	Wir haben uns in gegenseitigem Einvernehmen getrennt.	Wir haben ihm gekündigt.
11.	... bemühte sich, seinen Aufgaben gerecht zu werden.	Versager
12.	... hat sich im Rahmen seiner Fähigkeiten eingesetzt.	Tat, was er konnte. War nicht viel.
13.	... erledigte alle Arbeiten mit großem Fleiß und Interesse.	Eifrig, aber nicht tüchtig
14.	... zeigte für seine Arbeit Verständnis.	Faul, nichts geleistet
15.	Wir lernten ihn als umgänglichen Kollegen kennen.	Viele sahen ihn lieber von hinten.
16.	... ist ein zuverlässiger (gewissenhafter) Mitarbeiter	Zur Stelle, wenn gebraucht, aber nicht immer brauchbar
17.	Durch seine Geselligkeit trug er zur Verbesserung des Betriebsklimas bei.	Übertriebener Alkoholgenuss

8.4 Vorgehen bei umfangreichen Personalfreisetzungen

Am 17. Januar 20.. schreibt die Miesner GmbH an die Agentur für Arbeit, Dortmund:

Gemäß § 17 Kündigungsschutzgesetz teilen wir Ihnen mit, dass wir zum 31. März 20.. 60 Vollzeitkräfte von augenblicklich 410 Vollzeitbeschäftigten entlassen müssen. Ein Umsatzrückgang von 20 % und Veränderungen im Einzelhandel haben eine Neustrukturierung unserer Organisation erzwungen. Wegen der zunehmenden Konzentration im Handel können wir unsere Umsatzverluste auch nicht durch Preisänderungen ausgleichen. Wir können deshalb die Entlassungen nicht vermeiden. Als Anlage finden Sie eine Stellungnahme unseres Betriebsrates.

Bei Betriebsveränderungen und umfangreichen Entlassungen (oft „Massenentlassungen" genannt) hat der Betriebsrat weitgehende Rechte:

- § 111 BetrVG: Der Unternehmer muss den Betriebsrat über geplante Betriebsveränderungen mit wesentlichen Nachteilen für die Belegschaft unterrichten und sich mit ihm beraten.
- § 112 BetrVG: Kommt ein Interessenausgleich mit dem Betriebsrat zustande, so ist er schriftlich niederzulegen. Das Gleiche gilt für einen Sozialplan.
- § 17 Kündigungsschutzgesetz: Bei umfangreichen Entlassungen muss der Unternehmer den Betriebsrat u. a. schriftlich über die Entlassungsgründe, -zahlen, -gruppen, -zeitraum, Auswahlkriterien und Kriterien für eventuelle Abfindungen unterrichten und sich mit dem Betriebsrat beraten. Die Kündigungen sind außerdem bei der Agentur für Arbeit anzumelden. Sie werden vor Ablauf eines Monats nach Zugang der Anzeige nur wirksam, wenn die Regionaldirektion der BA zustimmt (§ 18). Umfangreiche Entlassungen liegen unter folgenden Bedingungen vor:

Solche Betriebsveränderungen sind: Einschränkung, Stilllegung, Verlegung von Betrieb/Betriebsteilen; Betriebszusammenschlüsse/-spaltungen; grundlegende Änderungen von Organisation, Betriebszweck, Betriebsanlagen; grundlegend neue Arbeitsmethoden/Fertigungsverfahren.

Gesamtzahl der Arbeitnehmer	Zahl der Entlassungen binnen 30 Tagen
mehr als 20 und weniger als 60	mehr als 5
60 bis 499	10 % oder mehr als 25
mindestens 500	mindestens 30

Unter Berücksichtigung der gesetzlichen Vorschriften ergibt sich für die Geschäftsleitung folgendes Vorgehen:

- Die **Geschäftsleitung plant** die notwendigen Umstrukturierungen und errechnet, wie viele Mitarbeiter freigesetzt werden.
- Es werden **Personallisten** erstellt, die bei Kündigungen als Grundlage für die soziale Auswahl nach dem Kündigungsschutzgesetz dienen. Wichtige soziale Gesichtspunkte sind vor allem Alter, Betriebszugehörigkeit, Familienstand, Unterhaltspflicht und Anzahl der Kinder, Einkommen des Ehegatten, Chancen auf dem Arbeitsmarkt, gesundheitliche Schäden durch einen Betriebsunfall.
- Der **Betriebsrat** wird über Ursachen und Folgen der Umstrukturierung informiert.
- Der **Wirtschaftsausschuss** wird informiert, berät mit der Geschäftsleitung und informiert seinerseits den Betriebsrat.
- Der Betriebsrat ruft eine **Betriebsversammlung** ein. Die Geschäftsleitung berichtet dort über die geplanten Maßnahmen. Der Betriebsrat nimmt dazu Stellung.
- Der **Betriebsrat verhandelt** mit der Geschäftsleitung und macht Vorschläge zur Abwendung von Entlassungen. Er verhandelt auch über einen Interessenausgleich und einen Sozialplan.

Der **Interessenausgleich** ist eine Einigung zwischen Arbeitgeber und Betriebsrat über

- die vorgesehenen wirtschaftlichen Maßnahmen,
- die Art und Weise ihrer Durchführung,
- die Zeitplanung.

Der **Sozialplan** ist eine Betriebsvereinbarung, in der den ausscheidenden Arbeitnehmern Abfindungen zugesagt werden. Diese sollen die wirtschaftlichen Nachteile der Entlassung ausgleichen oder mildern.

VIERTER ABSCHNITT

- Der Personalleiter verhandelt mit anderen Konzernunternehmen über die **Übernahme von Arbeitnehmern**, macht diesen Vorschläge und bereitet die Übernahme vor. Mit Personen, die entlassen werden sollen, führt er Gespräche über **Aufhebungsverträge** und sagt ihnen die Teilnahme am Sozialplan zu.
- Nach dem Ende der Verhandlungen mit dem Betriebsrat werden **Interessenausgleich** und **Sozialplan** veröffentlicht.
- Die Kündigungen werden fristgemäß ausgesprochen. Die Entlassungen werden der zuständigen Agentur für Arbeit angezeigt.

Arbeitsaufträge

1. **Personalabbau kann aus zahlreichen Gründen notwendig werden.**
   a) Nennen Sie möglichst viele derartige Gründe.
   b) Nennen Sie Möglichkeiten des Personalabbaus, durch die Entlassungen verhindert werden sollen.
   c) Welche Rechte hat der Betriebsrat bei Personalabbaumaßnahmen?
   d) Warum ist die Geschäftsleitung an Aufhebungsverträgen interessiert?

2. **Frau Klein, 46 Jahre, seit 2 Jahren (10 Jahren) im Betrieb beschäftigt, erhält am 2. Sept. die Kündigung zum 30. Sept.**
   Ist die Kündigungsfrist eingehalten?

3. **Herr Achternbosch arbeitet viel mit dem Junggesellen Kuhn zusammen, der ihm immer von den großen Ferienreisen erzählt, die er sich erlauben kann. Herr Achternbosch dagegen kann höchstens von seiner Familie erzählen. Eines Tages erhält er wegen dauernden Auftragsmangels die Kündigung.**
   a) Ist die Kündigung gerechtfertigt?
   b) Wie kann Herr Achternbosch die Kündigung abwehren?
   Erläutern Sie die befassten Institutionen, das notwendige Vorgehen und die einzuhaltenden Fristen.

4. **Widerspruch des Betriebsrats an die Personalabteilung.**

Körner GmbH, Betriebsrat

Herrn Dr. Bruchner 16.05.20..
im Hause

Ordentliche Kündigung des AN Erich Koller

Sehr geehrter Herr Dr. Bruchner,

der Betriebsrat hat in seiner Sitzung am 15. Mai, 15:30 Uhr, die Kündigung des AN Erich Koller erörtert. Er hat beschlossen, der Kündigung zu widersprechen.
Wir sind der Ansicht, dass bei der Auswahl des zu kündigenden AN soziale Gesichtspunkte nicht ausreichend berücksichtigt wurden. Herr Koller ist Vater von vier minderjährigen Kindern, seine Ehefrau ist nicht berufstätig.

Außerdem hat Herr Koller sich bereit erklärt, an Fortbildungs- und Umschulungsmaßnahmen teilzunehmen. Er könnte dann an einer CNC-Maschine weiterbeschäftigt werden. Er wäre auch bereit, in unserem Ratinger Werk zu arbeiten.

   a) Prüfen Sie, ob die Ausführungen des Betriebsrats den gesetzlichen Bestimmungen entsprechen und einen Widerspruch rechtfertigen.
   b) Könnte der Betriebsrat auch einer außerordentlichen Kündigung widersprechen?
   c) Der Arbeitgeber hält an der Kündigung des Herrn Koller fest. Welche Rechte hat dieser und wie kann er weiter vorgehen?

5. **Bei umfangreichen Personalfreisetzungen spielen Interessenausgleich und Sozialplan eine wichtige Rolle. Hier sehen Sie ein Beispiel:**

Interessenausgleich (Auszug)

Zwischen Geschäftsleitung und Betriebsrat der MIESNER GmbH wird gemäß § 112 Betriebsverfassungsgesetz (BetrVG) folgender Interessenausgleich vereinbart: Die Unterrichtung und die Beratung über die durchzuführende Betriebsänderung gemäß § 111 BetrVG sind zwischen Geschäftsleitung und Betriebsrat erfolgt.

1. Durch Straffung und Veränderung der Organisation werden bis zum 31. März 20.. im Außendienst, in der Technik und im kommerziellen Bereich insgesamt 651 Arbeitsplätze eingespart.
2. Die durch die organisatorische Maßnahme notwendige Verringerung der Mitarbeiterzahl erfolgt durch
   - Versetzung zu anderen Konzernfirmen,
   - Vorpensionierung,
   - Nichtersetzen von Mitarbeitern, die selbst kündigen oder in gegenseitigem Einvernehmen ausscheiden.

   Soweit diese Maßnahmen nicht ausreichen, werden zum 31. März 20.. fristgemäße Kündigungen durch die Firma ausgesprochen. [...]
5. Der Betriebsrat stimmt unter den gegebenen Umständen der Betriebsänderung und den dadurch verursachten personellen Maßnahmen zu. Diese Zustimmung erfolgt unter der Voraussetzung, dass die Verhandlungen über den Sozialplan zu einem positiven Ergebnis führen.

Sozialplan (Auszug)

5. **Abfindungen**

   5.1. Eine Abfindung wird gezahlt, wenn das Arbeitsverhältnis wegen der Betriebsänderung
   - durch MIESNER oder durch den Mitarbeiter fristgemäß gekündigt oder
   - im gegenseitigen Einvernehmen aufgehoben wird
   - und dem Mitarbeiter kein anderer zumutbarerArbeitsplatz bei einer Firma des Konzerns vermittelt werden konnte oder er einen angebotenen Arbeitsplatz abgelehnt hat, weil er nicht die Voraussetzungen der Zumutbarkeit erfüllt. [...]

   5.5 Die Abfindung beträgt für die ersten drei vollen Jahre der Betriebszugehörigkeit je 1 Bruttomonatsgehalt, für die über drei Jahre hinausgehende Betriebszugehörigkeit Bruttomonatsgehälter nach der Formel

   $$\frac{\textbf{Lebensjahre} \cdot \textbf{(Dienstjahre – 3)}}{\textbf{50}}$$

   Die Abfindung beträgt höchstens 12 Monatsgehälter, ab 50 Lebens- und 15 Dienstjahren 15 Monatsgehälter, ab 55 Lebens- und 20 Dienstjahren 18 Monatsgehälter. [...]
6. **Sonderzuwendungen**

   Mitarbeiter, die beim Ausscheiden eine Betriebszugehörigkeit von mehr als 20 Jahren und Anspruch auf eine Abfindung haben, erhalten außerdem eine Sonderzuwendung von 1 000,00 EUR.
7. **Berechnungsgrundlagen und Auszahlungsmodalitäten**

   Für die Höhe der Abfindung und der Sonderzuwendung sind das Lebensalter, die anerkannte Dauer der Betriebszugehörigkeit und das Bruttomonatsgehalt am letzten Tag des Arbeitsverhältnisses maßgebend.

a) Nennen Sie die gesetzlichen Grundlagen für die beiden Abmachungen.
b) Welche Aufgaben haben der vorliegende Interessenausgleich und der Sozialplan?
c) Erläutern Sie, ob und wieweit tatsächlich soziale Gesichtspunkte Berücksichtigung finden.
d) Welchen Abfindungsbetrag erhält der Angestellte Schmunke, 41 Jahre, 11 Dienstjahre, Bruttomonatsgehalt 3 680,00 EUR?

6. **Personalfreistellungen werden oft durch Fehler der Geschäftsleitung notwendig (z. B. wegen falscher Einschätzung der Marktlage, Vornahme von Fehlinvestitionen und Ähnlichem).**
   Kann die Geschäftsleitung vom Betriebsrat oder von den Gerichten für solches „Verschulden" zur Rechenschaft gezogen werden?

7. **Sie haben zwei Mitarbeiter/-innen A. und B., die in Ihrem Aufgabenbereich tätig sind und die Firma verlassen werden.**
   A ist außerordentlich tüchtig. Er/Sie hat gekündigt, weil er/sie sich verbessern kann.
   B zeigt schlechte Leistungen. Kollegen müssen oft aushelfen und seine/ihre Arbeit mit übernehmen. Wegen häufiger Unpünktlichkeit wurde ihm/ihr gekündigt.
   Fassen Sie zwei angemessene Arbeitszeugnisse für die Mitarbeiter/-innen ab.

VIERTER ABSCHNITT

9 Personalführung

9.1 Zielorientierte Menschenführung

Führungsaufgaben enthalten zwei Aspekte:

Vergleichen Sie hierzu S. 22.

Führung

sachbezogener Aspekt der Führung	personenbezogener Aspekt der Führung
Der Führende muss optimale Entscheidungen hinsichtlich der betrieblichen Sachprobleme treffen. Aufgaben: • **Initiativaufgabe** • **Entscheidungsaufgabe** Notwendig: Wissen, Ideenreichtum, Entschlusskraft	Der Führende muss für die zielgerechte Umsetzung der Sachentscheidungen durch die Mitarbeiter sorgen. Aufgaben: • **Durchsetzungsaufgabe** • **Kontrollaufgabe** Notwendig: Beherrschung der Kunst der Menschenführung

***Menschenführung* ist absichtsvolle, zielgerichtete Einflussnahme auf das Verhalten von Menschen. Personalführung ist Menschenführung im Unternehmen.**

Das Ziel der Personalführung ist die Optimierung der Personalleistung. Diese hängt von der Leistungsfähigkeit, -disposition und -motivation ab (vgl. S. 350 f.). Um sie zu fördern, werden *Führungsinstrumente* eingesetzt. Gute Personalführung führt auch zu Mitarbeiterzufriedenheit und zu einem guten *Betriebsklima*.

Web
M 415_1
M 415_2

9.2 Führungsstile

VIERTER ABSCHNITT

MGB Maltmann Getriebebau e. K. hat in einer allgemeinen Führungsanweisung die Führungsgrundsätze für das Unternehmen festgelegt. Dort ist unter anderem zu lesen: „Delegieren bedeutet Übertragen, d. h., jeder Mitarbeiter oder jede Gruppe erhält einen Aufgabenbereich mit bestimmten Befugnissen, innerhalb dessen er/die Gruppe selbstständig handeln und entscheiden muss. Der Mitarbeiter/die Gruppe wird also nicht durch Einzelaufträge geführt ... Jeder Mitarbeiter/jede Gruppe ist für die ihm/ihr übertragenen Aufgaben und Befugnisse verantwortlich ... Ziel ist es, die übergeordneten Instanzen zu entlasten und Vorgesetzten wie Mitarbeitern auf allen Stufen die Möglichkeit zur Entfaltung ihrer Fähigkeiten innerhalb eines bestimmten Aufgabenbereiches zu geben."

9.2.1 Arten von Führungsstilen

Unter einem *Führungsstil* versteht man die Art der Führungsmittel, die eingesetzt werden, um die Mitarbeiter zu einem bestimmten Handeln und Verhalten zu veranlassen.

Betrachten Sie die Videos *Autoritärer Führungsstil* und *Kooperativer Führungsstil*.

Web
M 415_3
M 415_4

Zwei entgegengesetzte Stile sind der autoritäre und der kooperative Führungsstil.

autoritärer Führungsstil	kooperativer Führungsstil
Der Führende entscheidet alles allein. Die Geführten sind Befehlsempfänger. Mitsprache, Anregungen, Widerspruch der Geführten werden nicht zugelassen. Die Geführten sind direkt und vollständig vom Geführten abhängig.	Der Führende handelt gemeinsam mit den Geführten. Die Geführten haben in ihrem Bereich Entscheidungsspielraum. Mitsprache, Anregungen, Widerspruch der Geführten sind erwünscht. Die Geführten handeln weitgehend unabhängig.

In der Praxis findet man Mischformen. Sie tendieren zu dem einen oder anderen Stil. So unterscheidet der amerikanische Führungsforscher R. Tannenbaum sieben Führungsstile nach dem Anteil von Vorgesetzten und Mitarbeitern an der Willensbildung.

Führungsstile (nach Tannenbaum)

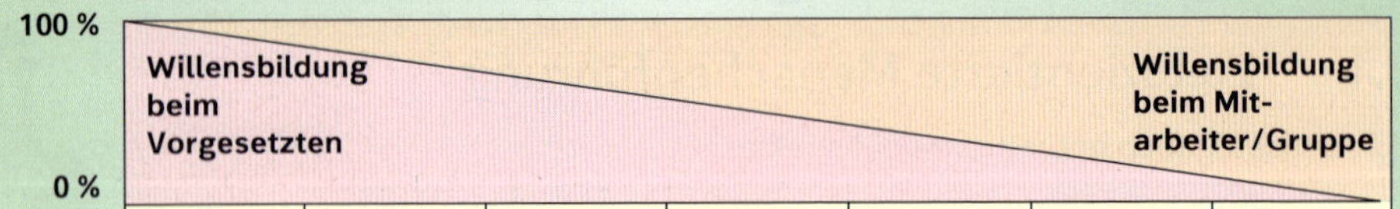

Vorgesetzter entscheidet, setzt durch; notfalls Zwang	Vorgesetzter entscheidet, setzt mit Manipulation durch	Vorgesetzter entscheidet, setzt mit Überzeugung durch	Vorgesetzter informiert, Meinungsäußerung der Betroffenen	Gruppe entwickelt Vorschläge, Vorgesetzter wählt aus	Gruppe entscheidet in vereinbartem Rahmen autonom	Gruppe entscheidet autonom, Vorgesetzter als Integrator, Koordinator
„autoritär"	„patriachalisch"	„informierend"	„beratend"	„kooperativ"	„partizipativ"	„demokratisch"

Autoritärer Führungsstil ⟷ Demokratischer Führungsstil

9.2.2 Beurteilung der Führungsstile

Die mehr **autoritären Führungsstile** sprechen primär die unteren Bedürfnisschichten des Mitarbeiters an. (Denken Sie an die Maslowsche Bedürfnispyramide.) Die Motivation erfolgt nur über Lohnanreize, Gewährung von Sicherheit, Sozialleistungen.

Die mehr **kooperativen Führungsstile** sprechen die höheren Bedürfnisschichten an. Ausübung von Befehlsgewalt ist verpönt. Stattdessen soll der Vorgesetzte seine Mitarbeiter überzeugen und zielgerichtet motivieren. Deshalb werden notwendige Entscheidungen von den Mitarbeitern gefällt.

Der autoritäre Stil kann erfolgreich sein, führt aber bei schlechtem Führer zu Misserfolgen. Aus folgenden Gründen geht die **Entwicklung eindeutig in Richtung der kooperativen Führungsstile**:

- **Automation:** Ausführende Arbeiten werden immer mehr durch automatische Maschinen erledigt. Schöpferische Leistung, Suchen und Finden von Problemlösungen gewinnen an Bedeutung. Dann lähmt ein autoritärer Stil Initiative und Selbstverantwortung.
- **Zunehmende Komplizierung der Vorgänge:** Sie macht die Unternehmensleitung durch eine Person/wenige Personen illusorisch. Delegation von Entscheidungen ist notwendig.
- **Motivation:** Die niedrigen Bedürfnisebenen sind weitgehend abgedeckt. Eine möglichst vollständige Kräftemobilisierung der Mitarbeiter verlangt die Ansprache der höheren Ebenen.
- **Gruppen/Teams:** Die für TQM und Lean Production notwendigen Teams können ihre dynamischen Kräfte nur optimal entfalten, wenn sie selbstständig und verantwortlich handeln, wenn ihnen auch Planungs- und Kontrollaufgaben übertragen werden. Vorgesetzte sind nicht mehr Befehlserteiler, sondern Moderatoren.

Vorgesetzte
- initiieren Prozesse,
- fördern die Ideenfindung,
- fördern Kommunikation und Gruppenarbeit,
- koordinieren und binden jedes Gruppenmitglied ein,
- stellen die Kontrolltätigkeit der Gruppe sicher.

9.2.3 Einführung eines kooperativen Führungsstils

Bei der Einführung eines kooperativen Führungsstils sind zunächst die **Führungsgrundsätze** in einer **allgemeinen Führungsanweisung** festzulegen. Jeder hat sich danach zu richten.

Der Auszug aus einer allgemeinen Führungsanweisung auf Seite 415 zeigt, dass die Delegation von Verantwortung für einen kooperativen Führungsstil sehr wichtig ist. Deshalb erhält der Mitarbeiter/die Gruppe einen **Aufgabenbereich** und die notwendigen Entscheidungsbefugnisse übertragen (**Management by Delegation – Führung durch Delegieren**).

Weiter ist wichtig, dass der Mitarbeiter **klare Zielvorgaben** erhält, die er im Rahmen seines Verantwortungsbereichs selbstständig zu erreichen sucht. Der Vorgesetzte entscheidet nur in Ausnahmefällen, die den Ermessensspielraum des Mitarbeiters überschreiten (**Management by Exception – Führung durch Ausnahmeentscheidung**). Teilweise geht man so weit, die Ziele mit dem Mitarbeiter zu vereinbaren (**Management by Objectives – Führung durch Zielvereinbarung**). Die Leistung des Mitarbeiters/einer Arbeitsgruppe wird an den gesetzten Zielen (Ausbringungsmengen, Qualitäten, Kostensummen, Umsätzen usw.) gemessen und entscheidet letzten Endes über Lohn/Gehalt, Fortbildung und Beförderung.

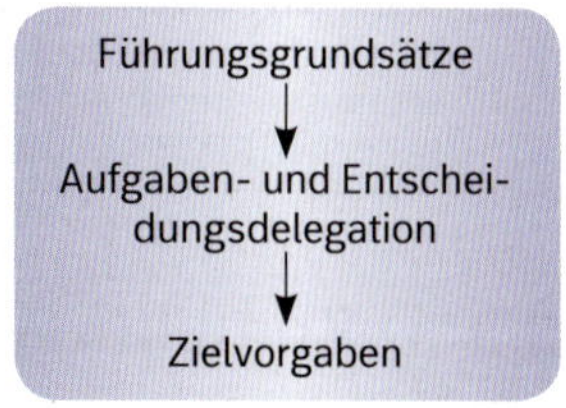

Arbeitsaufträge

1. **Führungsstil**

> **Der Vorgesetzte „von gestern“ war ein Radfahrer: Nach oben buckeln und nach unten treten. Der Vorgesetzte von morgen, und zum Glück gibt es davon heute schon viele, ist seiner ganzen Struktur nach „andersherum“. Er ist nach unten offen; er setzt seine größere berufliche Erfahrung dazu ein, die Ideen seiner jüngeren und meist weniger erfahrenen Mitarbeiter, die sich oft noch nicht optimal artikulieren können, zu erkennen. Er sieht einen wesentlichen Teil seiner Führungsaufgabe darin, beim Formulieren zu helfen und dann nach oben „zu treten“, das heißt, nicht nur die Verantwortung, sondern auch dafür Sorge zu tragen, dass die Ideen nach oben durchgesetzt werden. Er agiert also wie ein „perverser Radfahrer“ (lat. perversus = verdreht, verkehrt).**

a) Beschreiben Sie den Führungsstil, von dem hier die Rede ist.
b) Nennen Sie drei Voraussetzungen des beschriebenen Führungsstils.
c) Beschreiben Sie, auf welchem Wege der Vorgesetzte Motivation schaffen kann.
d) Kooperative Führungsstile sind durchaus keine „weichen“ Führungsstile. Es wird behauptet, dass auch sie inhumane Merkmale haben. Versuchen Sie dies zu begründen.
e) Welche Bedürfnisstufen werden stärker von autoritären, welche stärker von kooperativen Führungsstilen angesprochen?

2. **Die Amerikaner Robert R. Blake und Jane Mouton haben zur Darstellung von Führungsstilen ein Verhaltensgitter (Managerial Grid) entwickelt. Sie gehen von folgenden Fragen aus:**

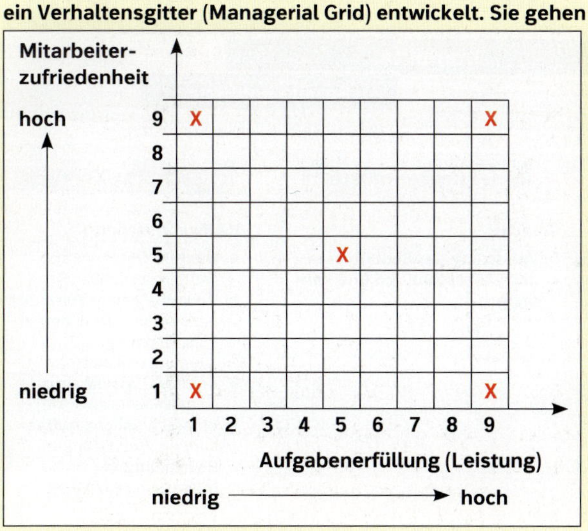

(1) **Gelingt es dem Vorgesetzten, seine Mitarbeiter zur Aufgabenerfüllung zu bewegen?**
(2) **Gelingt es dem Vorgesetzten, die Bedürfnisse und Erwartungen seiner Mitarbeiter bei der Arbeit zu befriedigen?**

Die Felder in diesem Gitter zeigen an, in welchem Ausmaß der Vorgesetzte diese Probleme löst.

a) Die fünf markierten Felder könnte man bezeichnen als
- Middle-of-the-Road-Management – Organisationsführung,
- Team-Management – Team-Führung,

- Task-Management – Befehl-Gehorsams-Führung,
- Impoverished Management – Überlebens-Führung,
- Country-Club-Management – Club-Führung.

Ordnen Sie diese Bezeichnungen sinnvoll zu und erläutern Sie den jeweiligen Führungsstil.

b) Befragungen von Führungskräften ergaben, dass Letztere den Führungsstil mit den Koordinaten 9.9 für den zweckmäßigsten und erfolgreichsten halten. Es kann aber schwierig sein, ihn bei einem gegebenen Mitarbeiterstamm einzuführen. Versuchen Sie hierfür Gründe anzugeben, und benennen Sie Möglichkeiten zur Überwindung dieser Schwierigkeiten.

9.3 Konfliktmanagement

9.3.1 Konflikte

Wo Menschen in Gruppen zusammenarbeiten, entstehen unausweichlich Konflikte (Spannungen, Streitigkeiten, Auseinandersetzungen). Sie entstehen v. a. aufgrund von unterschiedlichen Interessen, Ansichten, Emotionen und Verhaltensweisen. Auch gemeinsame Ziele verhindern nicht das Entstehen von Konflikten. Umso wichtiger ist die **Konfliktregelung**. Denn ohne sie könnten bestehende Konflikte das Erreichen der Unternehmensziele gefährden.

Eine allseitig befriedigende Konfliktlösung kann allerdings nur erfolgen, wenn der Konflikt offen zutage tritt (**manifester** oder **offener Konflikt**). Schwelt er unter der Oberfläche (**latenter Konflikt**), so suchen die Betroffenen oft individuelle, dem Unternehmen abträgliche Auswege, z. B. durch Kündigung, „Krankfeiern“, Sabotageakte oder mangelnde Mitarbeit.

Die Folge ist oft auch ein unbefriedigendes Betriebsklima.

9.3.2 Konfliktarten

Konflikte können nach den Konfliktursachen eingeteilt werden. Wir beschränken uns hier auf einige wichtige und häufige Ursachen.

Konflikte

Individuelle Konflikte

= innere Konfliktsituationen von Einzelpersonen

Häufige Ursachen:

- **Überforderung** (z. B. mengenmäßige, fachliche, kräftemäßige)
- **Unterforderung** (z. B. bei monotoner Arbeit)
- **unzureichende Information** (z. B. über Ziele, Aufgabenstellung, Verfahren, Befugnisse, Weisungsbindung)
- **moralische, weltanschauliche, religiöse Gründe** (z. B. Anweisung, Tierversuche durchzuführen oder Buchungen zu fälschen)

Soziale Konflikte

= zwischenmenschliche Konflikte

Beziehungskonflikte

Ursache:

- **Verletzung des Bedürfnisses nach Akzeptanz und Anerkennung**

Sachliche Konflikte

Häufige Ursachen:

- **Interessengegensätze** (Verteilungskonflikte)
- **Verstöße gegen Vereinbarungen, Vorschriften, betriebliche Ordnung** (Verstoßkonflikte)
- **organisatorische Gründe** (Organisationskonflikte)
- **unterschiedliche Auffassungen, Bewertungen, Beurteilungen** (Auffassungskonflikte)

Individuelle Konflikte

- **Über- und Unterforderung** können durch eine Fehlbesetzung des Arbeitsplatzes bedingt sein. Eventuell besteht die Lösung in einer Versetzung des Mitarbeiters. Ist dies nicht möglich, bleibt nur die Kündigung.

  Ursachen können jedoch auch Organisations- und Planungsmängel sein. Deshalb sind eine optimale Organisation und Planung der Arbeitsprozesse sehr wichtig.

Beispiele: Organisations- und Planungsmängel

- Bei Akkordarbeit ist die Vorgabezeit zu knapp berechnet.
  Lösung: Neuberechnung
- Bei Fließbandarbeit vollzieht der Arbeiter immer die gleiche unselbstständige Verrichtung.
  Mögliche Lösung: Bearbeitung eines größeren Arbeitsprozesses durch eine Gruppe mit Wechsel der Arbeitsplätze unter den Gruppenmitgliedern

- **Unzureichende Informationen** verwirren den Mitarbeiter und veranlassen ihn zu falschen Handlungen und Entscheidungen.

Beispiele: Informationsmängel

- „Montieren Sie die Schrankwand in der Mümmelstr. 23!" anstatt: „ ... Mümmelstr. 23, 4. Etage, linke Wohnung". **Lösung:** Exakte Arbeitsanweisung
- Ein Verkäufer weiß nicht, ob er Rabatte oder Zahlungsfristen gewähren darf und ob die Entscheidung darüber sein direkter Vorgesetzter oder der Absatzleiter trifft. **Lösung:** Stellenbeschreibung mit Angaben über Tätigkeiten, Befugnisse, Über- und Unterordnung.

- **Moralische, weltanschauliche, religiöse Gründe** führen zu Gewissenskonflikten. Meist lassen sie sich nicht lösen. Dann bleibt in der Regel nur die Kündigung seitens des Mitarbeiters.

Beziehungskonflikte

Beziehungskonflikte entstehen, wenn Akzeptanz und Anerkennung verweigert werden. Dies kann schon der Fall sein, wenn Vorgesetzte zum Tadeln und nicht zum Lob tendieren. Gerade deshalb sind periodische Mitarbeiterbeurteilungen sehr wichtig.
Der schlimmste Fall des Beziehungskonflikts entsteht durch Mobbing.

Mobbing ist fortgesetzte Drangsalierung durch Vorgesetzte (Bossing) und/oder Kollegen (Staffing), selten auch durch Untergebene.

Die „beliebtesten" Mobbing-Methoden: hinter dem Rücken reden, Gerüchte verbreiten, jemanden wie Luft behandeln. Die Liste setzt sich fort mit: psychischem Druck, Belästigungen, Schikane, Ausgrenzung, Herabsetzung, Lächerlichmachen, Beleidigung, Bedrohung, sexueller Belästigung, Zuteilung minderwertiger Arbeit, Herabsetzung der Arbeitsergebnisse, Diebstahl von Arbeitsmaterial. Das Opfer ist meist schwach und kann sich kaum wehren.

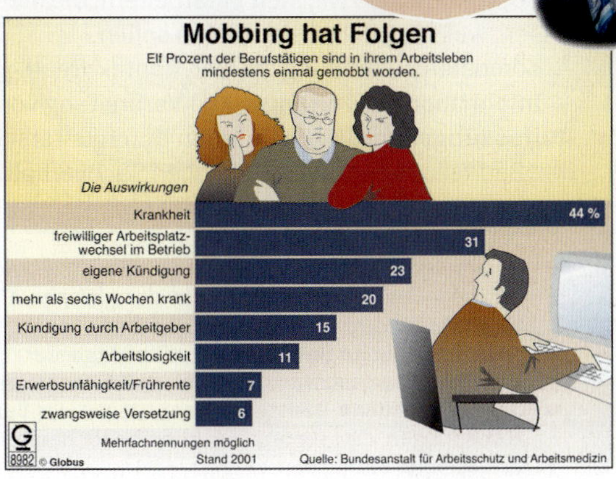

- **Folgen für das Opfer:** Motivationsverlust, körperliche Krankheiten, Depression, Suchtverhalten, sogar Selbstmord.

- **Folgen für das Unternehmen:** Produktivitätsverlust, Kosten für ungenutzte Leistung, schlechtes Betriebsklima, ggf. Schadensersatzleistungen.
- **Rechtliche Beurteilung:** Würde, Persönlichkeitsentfaltung, körperliche Unversehrtheit sind vom Grundgesetz geschützt (Art. 1 und 2 GG). Deshalb stärken die Gerichte mit ihren Urteilen zunehmend die Rechte gemobbter Arbeitnehmer. Sie verlangen, dass der Arbeitgeber den Betrieb so organisiert, dass Mobbing ausgeschlossen ist, und einschreitet, wenn Mobbing trotzdem zustande kommt. Er darf Mobber fristlos entlassen. Handelt er nicht, kann er zu Schadensersatz verurteilt werden.

Was kann der Gemobbte tun?	Was kann der Betrieb gegen Mobbing tun?
• Mobbing-Tagebuch führen (Beweissicherung!) • den Mobber auf sein Verhalten hinweisen • sich beim Vorgesetzten beschweren • den Betriebsrat informieren • Hilfe beim Konfliktberater suchen • Anti-Mobbing-Kurse besuchen • als letztes Mittel: vor Gericht klagen; Schadensersatz einklagen; ggf. kündigen	• Arbeitsorganisation ändern • Informations- und Kommunikationsmanagement verbessern • Vorgesetzte schulen und zu kooperativer Führung anhalten • Schulungen zum Umgang mit Konflikten veranstalten • Beratungsstellen einrichten (Konfliktberater)

Konfliktberater können in Gesprächen Hilfen aufzeigen.

Sachliche Konflikte

- **Verteilungskonflikte** entstehen durch natürliche Interessengegensätze. Sie können z. B. die Höhe der Entlohnung, die Beförderung, die Arbeitsbedingungen oder die Konkurrenz zwischen den Mitarbeitern betreffen.
- **Verstoßkonflikte** entstehen bei Verstößen gegen die betriebliche Ordnung oder gegen Vereinbarungen und Vorschriften.

Die Abgrenzung der sachlichen Konflikte ist nicht eindeutig. Ein Verstoßkonflikt kann z. B. zugleich ein Organisationskonflikt sein.

Beispiele: Verstoßkonflikte

- **Ordnung:** Arbeitsanweisungen werden nicht befolgt; Dienstwege werden nicht eingehalten
- **Vereinbarungen, Vorschriften:** Verstoß gegen Betriebsvereinbarungen, Tarifverträge, Arbeitsverträge, Ausbildungsverträge, Berufsbildungsgesetz, Bundesurlaubsgesetz, Kündigungsschutz, Arbeitssicherheitsgesetz

- **Organisationskonflikte** sind oder entstehen z. B. durch:
  - Kompetenzstreitigkeiten zwischen Kollegen,
  - Rollenkonflikte zwischen Mitarbeitern, die mehrere Vorgesetzte haben und nicht wissen, wessen „Rolle" sie spielen sollen,
  - Kompetenzanmaßung starker, kontaktfreudiger Personen,
  - Informationsverzerrung durch Verbreitung von Gerüchten und Klatsch.
- **Auffassungskonflikte** entstehen durch unterschiedliche Auffassungen, Bewertungen und Beurteilungen von betrieblichen Sachverhalten.

Beispiele: Auffassungskonflikte

- **Unterschiedliche Zielauffassungen (sog. Zielkonflikt):** Um den Gewinn zu steigern, möchte der Produktionsleiter große Serien des gleichen Artikels herstellen, der Absatzleiter hingegen ein breites Absatzprogramm beibehalten.
- **Unterschiedliche Bewertungen:** Die Mitglieder der Geschäftsleitung sind sich nicht einig, ob eine Produktionsausweitung zu einer Gewinnsteigerung oder -minderung führt.
- **Unterschiedliche Beurteilungen:** Wegen der Verweigerung eines Rabatts droht ein Kunde abzuspringen. Der Verkaufssachbearbeiter beurteilt den entstehenden Schaden als groß, sein Vorgesetzter als klein.

9.3.3 Konfliktregelung

Um Schaden vom Unternehmen abzuwenden, ist ein effektives **Konfliktmanagement** notwendig. Darunter versteht man Handhabungsformen zur Vermeidung von Konflikten, zur Verhinderung ihrer Eskalation (Verschärfung) und Ausbreitung sowie zu ihrer Lösung.

Konfliktvermeidung

Sie sollte immer im Vordergrund stehen. Ihr dienen vor allem die **Schaffung eindeutiger Organisationsstrukturen** (z. B. Stellenbeschreibungen, Arbeitsanweisungen) und **Verhaltensvorschriften**. Allerdings können neue Konflikte bei Verstößen dagegen entstehen. Deshalb sind auch **Strafvorschriften** vorzusehen (z. B. Vermerk in der Personalakte, Abmahnung, Versetzung, Kündigung).

Konfliktlösung

Bei Verstoßkonflikten ist nur eine zwangsweise Lösung möglich: Der Verursacher muss nachgeben und ggf. Strafmaßnahmen tragen. Entsprechendes gilt bei Mobbing.

Bei anderen Konflikten können die Konfliktparteien grundsätzlich vier verschiedene **Konfliktlösungsstrategien** verfolgen. Diese basieren auf dem Durchsetzungsvermögen der Parteien und ihrem Willen zur Mitarbeit:

Konfliktlösungsstrategien	Wenig Willen zur Mitarbeit	Viel Willen zur Mitarbeit
Hohes Durchsetzungsvermögen	Durchsetzung	Zusammenarbeit
Niedriges Durchsetzungsvermögen	Vermeidung	Nachgeben

Strategie	Inhalt der Strategie	Ergebnis	
Durchsetzung	Willen, die eigene Position durchzusetzen	Gewinner (der Durchsetzende)	Verlierer
Vermeidung	Keine Konfliktaustragung; keine Änderung	Verlierer	Verlierer
Nachgeben	Konfliktlösung mit Verlust der Position	Verlierer (der Nachgebende)	Gewinner
Zusammenarbeit	beidseitige Einbringung der Position	Gewinner	Gewinner

Zu einer „Win-Win-Situation“ kann es nur bei der Strategie der Zusammenarbeit kommen. Dabei reden oder verhandeln die Konfliktparteien miteinander. Oft schalten sie einen Mediator (Vermittler) ein. Sie können sich, um Zeit und Kräfte zu sparen, auch vertreten lassen (z. B. durch Rechtsanwälte). Bisweilen ist eine gerichtliche Klärung notwendig.

Mediation

Möglichkeiten der Konfliktregelung

Verhandlung zwischen den Betroffenen selbst

Beispiel: Arbeitgeber und Arbeitnehmer verhandeln z. B. über eine Gehaltserhöhung.

Mediation (Vermittlungsverfahren)

Ein unparteiischer Dritter unterstützt auf freiwilliger Basis die Konfliktparteien bei ihren Lösungsversuchen. Der Mediator hat kein Recht zur sachlichen Intervention. Er unterstützt nur und strebt einen Konsens unter Berücksichtigung aller Interessen an.

Beispiel: Die Tarifvertragsparteien vereinbaren zur Streikabwendung ein Schlichtungsverfahren.

Verhandlungen von Vertretern

Beispiel: Arbeitgeberverbände und Gewerkschaften verhandeln im Auftrag von Arbeitgebern und Arbeitnehmern über Lohnerhöhungen.

Einschaltung vorgesetzter Stellen

Beispiel: Der Personalchef trifft eine Entscheidung bei einer Streitigkeit zwischen Ausbilder und Auszubildendem.

Einschaltung von Mitbestimmungsorganen

Beispiel: Ein Arbeitnehmer ruft den Betriebsrat wegen einer seiner Meinung nach sozial ungerechtfertigten Kündigung an.

Anrufung der Gerichte

Beispiel: Der entlassene Arbeitnehmer klagt beim Arbeitsgericht gegen seine Entlassung.

Arbeitsaufträge

1. **Betriebliche Konflikte können unterschiedliche Ursachen haben.**
   a) Geben Sie Beispiele an für
      (1) persönlich bedingte Konflikte,
      (2) Konflikte aus natürlichen Interessengegensätzen,
      (3) Konflikte aus Verstößen gegen die betriebliche Ordnung,
      (4) Konflikte aus Verstößen gegen gesetzliche Bestimmungen und gegen Vereinbarungen,
      (5) Zielkonflikte,
      (6) Konflikte aus Kompetenzüberschreitungen,
      (7) Rollenkonflikte.
   b) Nennen Sie Möglichkeiten, die genannten Konflikte zu lösen oder zu regeln.

2. **Viele Mitarbeiter werden an ihrem Arbeitsplatz gemobbt.**
   a) Erläutern Sie die nebenstehende Grafik.
   b) Welche Folgen hat Mobbing für den einzelnen Mitarbeiter und für den Betrieb? Erstellen Sie eine Übersicht!

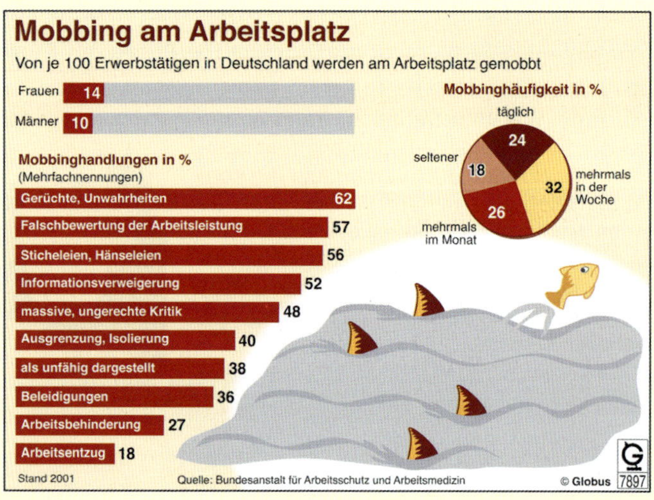

10 beitsentgelte

10.1 Arbeitsstudien

10.1.1 Ziel von Arbeitsstudien

Arbeitsstudien sind erfahrungsmäßig praktisch oder arbeitswissenschaftlich begründete Methoden zur Untersuchung von Arbeitsvorgängen zum Zweck einer optimalen Arbeitsgestaltung.

Sie sind Voraussetzung für eine optimale Fertigungsplanung und Fertigungsorganisation und damit auch für eine sinnvolle Rationalisierung.

Arbeitsstudien wurden von F. W. Taylor (1856–1915) in den USA begründet. Hauptträger in Deutschland war und ist der REFA-Verband, außerdem der „Ausschuss für wirtschaftliche Fertigung" (AWF).

Arten von Arbeitsstudien

Arbeitsablaufstudien

Sie untersuchen die Folge von Arbeitsvorgängen, d. h. das sinnvolle Ineinandergreifen von einzelnen Plätzen, Arbeitsstufen und -gruppen.

Mithilfe dieser Studien ist eine Beurteilung des Arbeitsvollzugs möglich; es lassen sich menschliche oder technische Störungen aufdecken.

Arbeitszeitstudien

Sie messen die für den einzelnen Arbeitsvorgang benötigte Zeit mit Stoppuhren, Registriergeräten und Filmen. Die ausgewerteten Ergebnisse bilden die Basis für die Einteilung der Arbeit in zeitlicher Hinsicht.

Arbeitswertstudien

Sie erfassen die Schwierigkeit von Arbeiten und bezwecken eine Einstufung der Tätigkeiten nach dem Schwierigkeitsgrad.

10.1.2 Arbeitsablaufstudien

Der Arbeitsablauf ist nach REFA eine Folge zusammenhängender **Arbeitsvorgänge** in **Raum** und **Zeit**. Demgemäß sind zu untersuchen:

- die Unterteilung des Arbeitsablaufs in einzelne Arbeitsvorgänge,
- die zeitliche Reihenfolge der Arbeitsvorgänge,
- die räumliche Anordnung der Arbeitsplätze,
- die Beförderungsmittel für die Werkstoffe.

Die Arbeitsabläufe werden auf verschiedene Art, je nach dem Zweck, festgehalten.

Grundlage bei Arbeitsablaufstudien ist stets die Unterteilung des Arbeitsablaufs in Arbeitsvorgänge. Sie wird in einem **Arbeitsgliederungsplan** dargestellt.

Beispiel: Arbeitsgliederungsplan „Herstellung eines Drehstrommotors" (Ausschnitt)

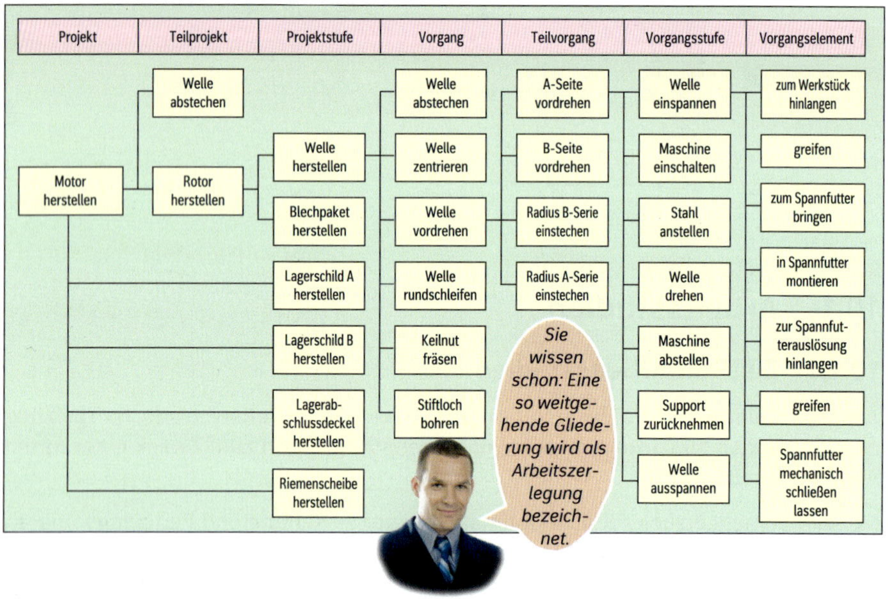

Grundrissdarstellungen zeigen die Länge der Verkehrswege auf und geben Hinweise darauf, wo sich die Verkehrswege verkürzen lassen.

Beispiel: Fertigungsfluss

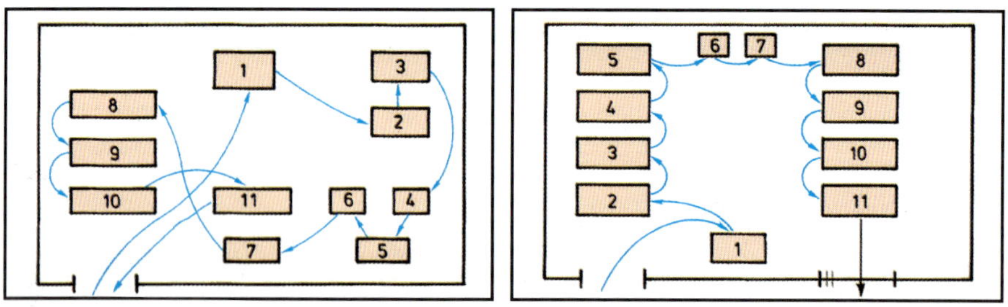

Ausgangszustand (1–11 = Betriebsmittel) Zustand nach Optimierung

Als Grundlage für die Untersuchung von Teilvorgängen, Vorgangsstufen und Vorgangselementen sind **Arbeitsprozessdarstellungen** wie die folgende gut geeignet. Sie können verschiedene Tatbestände zugleich verdeutlichen:

- die berührten Stellen bzw. Abteilungen,
- die verschiedenen Ablaufstufen,
- die auf den jeweiligen Ablaufstufen vorgenommenen Verrichtungen,
- die Häufigkeit der Verrichtungen,
- die Länge der Wege,
- die Zeitdauer.

Beispiel: **Arbeitsprozessdarstellung**

	Arbeitsablauf (Kundenauftragsbearbeitung)					Berührte Stellen						
	Ablaufstufen	Verrichtung				Poststelle	Debitoren-buchhaltung	Verkaufsleiter	Verkauf	Produktlager	Packerei	Versand/Fuhrpark
1	Posteingang – Öffnen des Kundenauftrags	X	I	T	S	1						
2	Bonitätsprüfung	O	X	T	S		2					
3	Sortiert und disponiert	X	I	T	S			3				
4	Entscheidet über Lieferfähigkeit	O	X	T	S				4			
5	Adresse, Konditionen, Preise eingeben	O	X	T	S				5			
6	Mengen eingeben	X	I	T	S				6			
7	Fakturieren	X	I	T	S				7			
8	Rechnungssatz trennen	X	I	T	S				8			
9	Fakturierte Aufträge weiterleiten	O	I	X	S				9			
10	Auftrag kommissionieren	X	I	T	S					10		
11	Auftrag und Begleitpapiere	O	I	X	S					11		
12	Auftrag versandfertig machen	X	I	T	S						12	
13	Versandzettel	O	I	X	S							13
14	Originalrechnung aussortieren	X	I	T	S					14		
15	Originalrechnung und Duplikat	O	I	X	S	15						
16	Originalrechnung und Duplikat an Kunden versenden	O	I	X	S	16						

VIERTER ABSCHNITT

10.2 Arbeitszeitstudien

Aufgabe der *Arbeitszeitstudien* ist die Ermittlung der Vorgabezeit. Hierunter ist der Zeitverbrauch für die ordnungsgemäße Erledigung einer Aufgabe bei normaler Leistung der Arbeitskraft zu verstehen (Sollzeit).

Die Vorgabezeiten werden benötigt für

- die Lohnberechnung bei Akkordarbeit,
- die Ermittlung der Durchlaufzeit eines Produkts,
- die Terminplanung,
- den Personalbedarf.

Vorgabezeiten können für Menschen und Maschinen ermittelt werden. Sie setzen sich nach REFA aus Grundzeiten, Verteilzeiten und Erholungszeiten zusammen.

Zusammensetzung der Vorgabezeiten
Grundzeiten Regelmäßig auftretende Zeiten (Tätigkeits- und Wartezeiten), die sich durch Zeitaufnahme oder Berechnung ermitteln lassen. **Verteilzeiten** Unregelmäßig auftretende Zeiten, die durch einen prozentualen Zuschlag auf die Grundzeit berücksichtigt werden müssen. Sie umfassen sachliche Verteilzeiten (störungsbedingte Unterbrechungen) und persönliche Verteilzeiten (persönlich bedingte Unterbrechungen). **Erholungszeiten** Sie kommen nur bei Menschen vor und dienen dem Abbau von Ermüdung und der Wiederherstellung der Arbeitskraft.

Schema für die Berechnung der Vorgabezeit des Menschen für einen Auftrag:

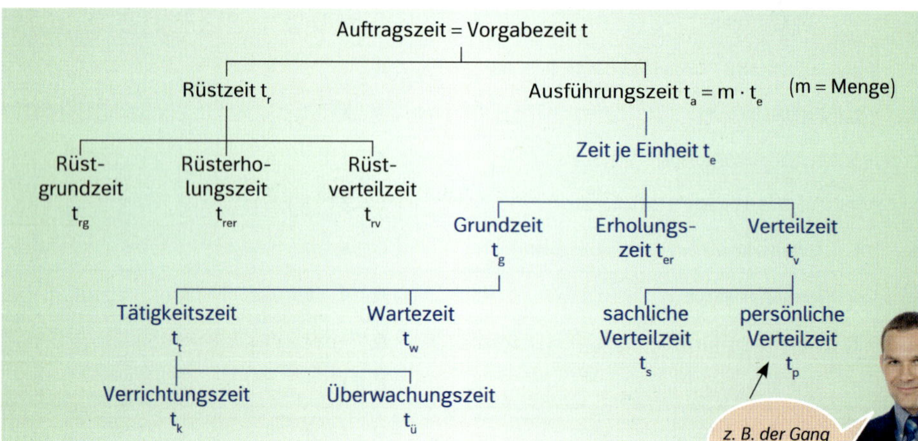

Ein entsprechendes Schema (ohne Erholungszeiten) wird auch für die Belegungszeit von Betriebsmitteln benutzt.

Beispiel: Vorgabezeit

Errechnung der Vorgabezeiten für „Verschlussdeckel, plandrehen, hinterstechen und Bohrung drehen". Fertigungsmenge: 100 Stück

Nr.	Vorgangsstufen	Sollzeit in Minuten	Zeitart
1.	Auftrag und Zeichnung lesen	1,0	t_{rg}
2.	Werkzeug bereitlegen	1,0	
3.	Werkzeug einspannen	0,5	
4.	Maschine einstellen	1,0	
5.	Werkstück einspannen	0,5	t_g
6.	Werkzeug anstellen, Maschine einschalten	0,2	
7.	Bohrung ausdrehen, 1. Span	1,1	
8.	Zurückfahren und Werkzeug anstellen	0,1	
9.	Bohrung ausdrehen, 2. Span	1,1	
10.	Zurückfahren und Werkzeug anstellen	0,2	
11.	Plandrehen	2,3	
12.	Werkzeugwechsel	0,2	
13.	Werkzeug anstellen	0,1	
14.	Hinterstechen	1,6	
15.	Freistechen innen	0,4	
16.	Werkzeugwechsel	0,2	
17.	Werkzeug anstellen	0,1	
18.	Anfasen 3 x	0,5	
19.	Messen	0,05	
20.	Werkzeug abspannen	0,2	
21.	Werkstück ablegen (Nr. 5 bis 21 wird 99-mal wiederholt)	0,1	
22.	Werkzeug ausspannen und weglegen	0,8	t_{rg}

Verteilzeiten für Rüstzeit $t_{rv} = 10\ \%$

Verteilzeitzuschlag für Ausführungszeit $t_v = 10\ \%$

Rüstzeit: $t_r = t_{rg} + t_{rer} + t_{rv}$ $\quad t_r = 4{,}3\text{ Min.} + 0\text{ Min.} + 4{,}3\text{ Min.} \cdot \frac{10}{100} = 4{,}73\text{ Min.}$

Zeit je Einheit: $t_e = t_g + t_{er} + t_v$ $\quad t_e = 8{,}95\text{ Min.} + 0\text{ Min.} + 8{,}95\text{ Min.} \cdot \frac{10}{100} = 9{,}85\text{ Min.}$

Vorgabezeit: $t = t_r + m \cdot t_e$ $\quad t = 4{,}73\text{ Min.} + 100 \cdot 9{,}85\text{ Min.} = 990\text{ Min. (gerundet)}$

Die **Sollzeiten für die Vorgangsstufen** können auf verschiedene Weise ermittelt werden.

Ermittlung der Sollzeiten für die Vorgangsstufen

Messen

Stoppuhr, Stopprechner, Stoppband, Filmkamera, Impulsgeber, Zeitschreiber, Zählwerke u. a. m.

Multimomentaufnahmen

In zufällig ausgewählten Zeitpunkten werden auf Betriebsrundgängen die Tätigkeiten innerhalb einer Gruppe registriert. Von der Häufigkeit des Vorkommens einer bestimmten Tätigkeit schließt man auf ihren prozentualen Anteil an der Gesamtheit des Arbeitsablaufs.

Vergleichen

Vergleich mit ähnlichen, zeitmäßig bekannten Vorgängen

Schätzen

Der gesamte Vorgang oder Teilvorgänge können geschätzt werden.

Planzeiten

Aus Tabellen werden als Richtwerte ermittelte Planzeiten abgelesen, die für bestimmte Arbeitsabschnitte gelten, auf eine Tätigkeit angewendet und aufsummiert.

Berechnen

Zeiten, die vom Vorgang her unbeeinflussbar sind (mechanisch oder automatisch ablaufende Abschnitte), können formelmäßig errechnet werden.

Systeme vorbestimmter Zeiten

Man führt einen Vorgang auf kleine Vorgangselemente zurück, die wiederum bestimmten Grundbewegungstypen zugeordnet werden. So sind die sechs wesentlichen Bewegungselemente nach REFA:

Hinlangen	Bewegen der Hand zu einem Gegenstand
Bringen	Bewegen eines Gegenstandes mit der Hand
Greifen	Schließen der Finger zum Fassen eines Gegenstandes
Vorrichten	Drehen eines Gegenstandes in eine einbaugerechte Lage
Fügen	In- oder Aneinanderfügen von Gegenständen
Loslassen	Öffnen der Finger, die den Gegenstand halten

Es gibt mehrere Systeme vorbestimmter Zeiten, vor allem **MTM (Method-Time-Measurement)** und **WF (Work-Factor)**, die sich vor allem durch eine unterschiedliche Zahl von Bewegungselementen und die Art der Zeitzuordnung unterscheiden. Allgemein lässt sich sagen, dass die Gesamtzeit für einen Vorgang synthetisch durch Aufsummieren der minimalen Zeiteinheiten erfolgt.

Arbeitsaufträge

1. **Eine rationale Arbeitsgestaltung setzt Arbeitsstudien voraus.**
   a) Was versteht man unter Arbeitsstudien?
   b) Welche Tatbestände werden anhand von Arbeitsstudien untersucht?
   c) Beschreiben Sie die auf den Seiten 424 und 425 wiedergegebenen grafischen Darstellungen von Arbeitsprozessen. Versuchen Sie anzugeben, bei welchen Gelegenheiten derartige Arbeitsablaufstudien nötig werden könnten.
   d) Zeichnen Sie aus dem Gedächtnis das Schema zur Berechnung der Vorgabezeit des Menschen für einen Auftrag auf. Erläutern Sie dann Ihre Eintragungen in den einzelnen Kästchen.
   e) Nennen Sie Anlässe, bei denen Vorgabezeiten berechnet werden müssen.

2. **Folgender Auftrag liegt vor: „Welle A-Seite vordrehen"; Menge 15 Stück.**

Nr.	Vorgangsstufen	Sollzeit in Minuten	Zeitart
1.	**Auftrag und Zeichnung lesen**	1,0	
2.	**Stahl bereitlegen**	1,0	
3.	**Stahl einspannen**	0,5	
4.	**Maschine einstellen**	1,0	
5.	**Welle einspannen**	0,5	
6.	**Stahl anstellen, Maschine einschalten**	0,2	
7.	**Welle drehen**	10,0	
8.	**Maschine ausstellen**	0,1	
9.	**Support zurücknehmen**	0,2	
10.	**Welle ausspannen**	0,4	
11.	**Welle ablegen**	0,1	
	(Nr. 5–11 wird 14-mal wiederholt)		
12.	**Stahl ausspannen und weglegen**	0,8	

Verteilzeitzuschlag für Rüstzeit 15 %; Verteilzeitzuschlag für Ausführungszeit 10 %.

a) Berechnen Sie die Rüstzeit, die Zeit je Einheit und die Vorgabezeit.
b) Der Dreher erhält Sollzeiten vorgegeben. Nennen Sie Methoden, diese Sollzeiten zu ermitteln.

3. **Ein modernes Verfahren für die Ermittlung von Sollzeiten ist das Modulverfahren:**

Seine kleinste Einheit, 1 MODUL, entspricht $^1/_7$ sec (für schnelle Planung – exakt: 0,14285 sec). Alle Tätigkeitselemente sind ein Mehrfaches vom MODUL, z. B. bei Hinlang- und Bringbewegungen mit den Armgliedern:

Fingerbewegung	= 1 MOD
Handbewegung aus Handgelenk	= 2 MOD
Unterarmbewegung aus Ellbogengelenk	= 3 MOD
Oberarmbewegung aus Schultergelenk	= 4 MOD
gestreckte Armbewegung	= 5 MOD

Diese Definition aus der anatomischen Kinematik ist unterschiedlich zu den bisherigen Verfahren. Die physiologische Deutung ist empirisch und zeigt im Ergebnis Übereinstimmung mit anderen Verfahren.

Die weiteren Merkmale von MODUL betreffen die geringe Zahl von Ausführungselementen (21), wenig Anwendungsregeln sowie Symbole, die mit dem Zeitwert identisch sind; Übersetzungsroutinen mit der Tabelle entfallen also. Die Addition einstelliger Ziffern (MODULN) ergibt direkt den Zeitwert:

Beispiel:
Kugelschreiber aufnehmen aus Ständer (Hinlangen 45 cm):

Mit Oberarm hinlangen	MOD 4
Kugelschreiber ergreifen	MOD 1
Kugelschreiber herausziehen aus Ständerloch	MOD 2
Kugelschreiber zum Schreibpapier (20 cm): Unterarmbewegung mit Nachrichten des Kugelschreibers	MOD 3
Kugelschreiber zum Schreiben ansetzen: Anfügen	MOD 2

a) Zu welchen der folgenden Verfahren gehört das Modulverfahren nach Ihrer Ansicht?
1. Messen, 2. Multimomentaufnahmen, 3. Vergleichen, 4. Schätzen, 5. Planzeiten, 6. Berechnen, 7. VVZ (Verfahren vorbestimmter Zeiten).

b) Berechnen Sie die Sollzeit für das angegebene Beispiel.

10.3 Personalkosten: Arten, Beeinflussbarkeit

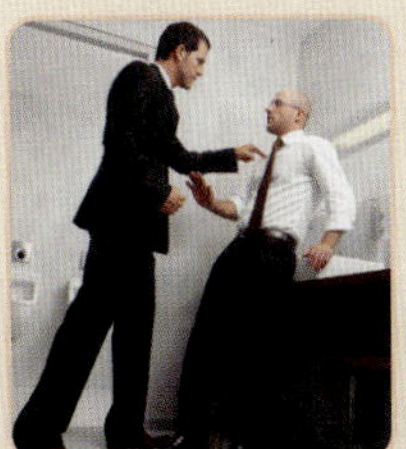

„Wenn Sie mir keine Gehaltserhöhung geben, Chef, dann erzähle ich überall herum, ich hätte eine gekriegt."

Personalkosten sind alle Kosten für die Bereitstellung und den Einsatz der menschlichen Arbeitskraft.

Personalkosten

Direkte Personalkosten
= Entgelt für geleistete Arbeit

- Bruttolöhne und -gehälter
- Zuschläge (z. B. für Mehr-, Schicht-, Sonn- und Feiertagsarbeit, Erschwernis)

Indirekte Personalkosten
(Personalnebenkosten)
= Kosten, die nicht unmittelbar Entgelt für Arbeitsleistung sind

- **gesetzlich festgelegte:** Arbeitgeberbeiträge zur Sozialversicherung, Beiträge zur Berufsgenossenschaft, Aufwand nach Schwerbehinderten- und Mutterschutzgesetz, bezahlte Abwesenheit bei Urlaub, Krankheit, Feiertagen, Aufwand nach Betriebsverfassungsgesetz
- **freiwillige:** Aus- und Fortbildung, Altersversorgung, Werksverpflegung, Gratifikationen, Urlaubsgeld, Fahrtkostenerstattung, Treueprämien, Jubiläumsgeschenke, Sportangebote, vermögenswirksame Arbeitgeberleistungen u. a. m.

Freiwillige Arbeitgeberleistungen sind ein Ansatzpunkt für die Verbesserung von Arbeitsleistung und Betriebsklima. Sie verbessern das „soziale Ansehen" des Betriebs und werden vielfach am Jahresende in sog. Sozialberichten veröffentlicht.

Die Gewerkschaften sind bestrebt, derartige Sozialleistungen in Tarifverträgen festzuschreiben. Dann werden aus freiwilligen Sozialleistungen **tarifliche Sozialleistungen.** Da sie vertraglich begründet sind, können sie nicht mehr einseitig rückgängig gemacht werden. Zwei besonders bekannte Beispiele sind die tarifvertragliche Weihnachtsgratifikation und die tarifvertraglich festgelegte Arbeitgeberbeteiligung an der Vermögensbildung nach dem 5. Vermögensbildungsgesetz.

Nach ihrer Beeinflussbarkeit durch das Personalmanagement werden unterschieden:

- Bestandskosten (Kosten für die Personalbereitstellung; sie sind mit der Mitarbeitereinstellung als Datum gegeben und kaum beeinflussbar.)
- Aktionskosten (Kosten für Personalbeschaffung, -entwicklung, -abbau)
- Reaktionskosten (Fluktuations- und Fehlzeitenkosten)

Aktions- und Reaktionskosten lassen sich durch eine Optimierung der Prozesse gestalten und verringern. Deshalb bedarf es hier guter Planung und eines guten Controllings. Ein wichtiges Instrument dafür ist das Personalbudget.

Das Personalbudget ist ein Plan, der die Obergrenze der Personalkosten einer organisatorischen Einheit für einen Zeitraum (i. d. R. ein Jahr) festlegt.

Das Personalbudget erleichtert die Überwachung der Personalkosten. Geplante und tatsächliche Personalkosten werden verglichen, die Abweichungen werden analysiert.

Arbeitsaufträge

1. **Durchgeführte Untersuchungen zeigen, dass die Personalnebenkosten pro Mitarbeiter bei großen Unternehmen weitaus höher als bei kleineren sind.**
   a) Vergleichen Sie die Sozialleistungen Ihrer Ausbildungsbetriebe. Finden Sie ggf. das genannte Untersuchungsergebnis bestätigt?
   b) Wo liegen nach Ihrer Ansicht die Gründe für derartige Unterschiede? Führen Sie zu diesem Thema eine Diskussion durch.
2. **In einer Großdruckerei ist die Stelle eines Offsetdruckers zu besetzen. Dafür bieten sich als Alternativen eine Festeinstellung oder die Besetzung durch Personalleasing an.**
   a) Fertigen Sie eine Aufstellung über die Kostenarten an, die bei diesen Personalbeschaffungsmaßnahmen anfallen.
   b) Erläutern Sie anhand dieses Falles Möglichkeiten, die Höhe von Aktionskosten zu beeinflussen.

VIERTER ABSCHNITT

10.4 Arbeitswertstudien

10.4.1 Anforderungen an Arbeitsplätzen

Die Höhe der Entlohnung hat großen Einfluss auf die Leistungsmotivation. Vielfach wird sie sogar als die entscheidende Einflussgröße angesehen.

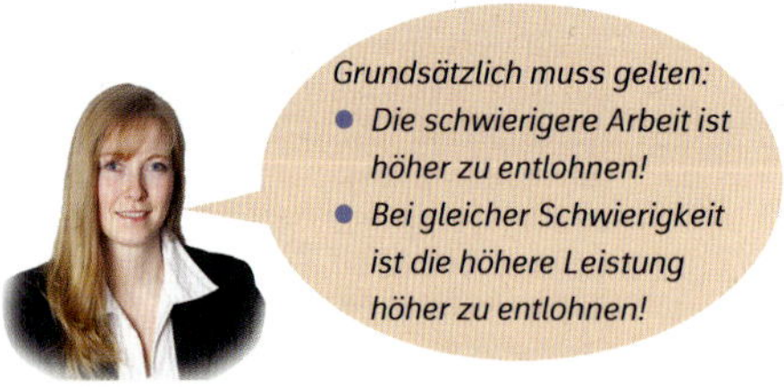

Jeder Arbeitsplatz stellt ganz bestimmte Anforderungen an die dort Beschäftigten. Diese Anforderungen kennzeichnen den **Schwierigkeitsgrad** der Arbeit.

***Arbeitswertstudien* sollen den Schwierigkeitsgrad der Arbeit ermitteln. Sie dienen damit der Arbeitsplatzbewertung und sind eine Grundlage für die Bestimmung der Lohnhöhe.**

Voraussetzungen für Arbeitswertstudien sind eine genaue Untersuchung und Beschreibung jedes Arbeitsplatzes.

Arbeitsplatzbeschreibung		Arbeitsplatzbewertung
– organisatorische Daten – Ziel des Arbeitsplatzes – Tätigkeiten – Entscheidungsbefugnisse – Arbeitsablauf	Arbeitsplatzbeschreibung ⟶ liefert Erkenntnisse zur Arbeitsplatzbewertung	Ermittlung des Schwierigkeitsgrades durch Arbeitswertstudien

Die Anforderungen an die Mitarbeiter an den einzelnen Arbeitsplätzen müssen miteinander verglichen werden, denn die Leistung der Mitarbeiter hängt auch davon ab, ob sie sich selbst im Rahmen des Betriebssystems als gerecht entlohnt beurteilen. Ihre Einstufung soll die unterschiedlichen Arbeitsschwierigkeiten berücksichtigen und den Arbeitenden das Gefühl geben, dass ihr Lohn in angemessenem Verhältnis zum Lohn ihrer Arbeitskollegen steht, die schwierigere oder leichtere Arbeiten ausführen.

10.4.2 Anforderungsarten, -niveau, -struktur

Die einzelnen Anforderungsarten, die mit einer Tätigkeit verbunden sind, wurden 1950 grundlegend im sogenannten **Genfer Schema**[1] festgelegt. Dieses Schema unterscheidet verschiedene Anforderungsarten nach folgenden Hauptmerkmalen:

Genfer Schema

Hauptmerkmale	Anforderungsarten	
	Fachkönnen	**Belastung**
Geistige Anforderungen	① Fachwissen, Berufserfahrung, Fertigkeit im fachlichen Denken (Denkfähigkeit)	③ Beanspruchung der Aufmerksamkeit, der Betätigung der Sinne, Nerven, des Gehirns (aktive Denkfähigkeit)
Körperliche Anforderungen	② Geschicklichkeit, Handfertigkeit, körperliche Fertigkeit (Fähigkeiten der Muskeln)	④ Aktive Betätigung der Muskeln
Umgebungseinflüsse		⑤ Beanspruchung durch passives Ertragen von Temperatur, Nässe, Säure, Staub, Schmutz, Gas, Dämpfen, Lärm, Erschütterung, Blendung, Lichtmangel, Erkältungsgefahr, Arbeit im Freien, Unfallgefahr usw.
Moralische Anforderungen	⑥ Verantwortung für Erzeugnisse, Arbeitsablauf, Betriebsmittel, Sicherheit und Gesundheit anderer	

Das Ausmaß der Beanspruchung durch eine bestimmte Anforderungsart bestimmt das Anforderungsniveau.

Beispiele: Anforderungsniveau

- Ein Arbeiter an einer Schleifmaschine ist einer verhältnismäßig hohen Beanspruchung durch Ertragen von Staub ausgesetzt.
- Ein Ingenieur trägt eine besonders hohe Verantwortung für die Sicherheit der Mitarbeiter.

Erfasst man alle Anforderungsarten an einem Arbeitsplatz sowie ihr jeweiliges Anforderungsniveau, so erhält man ein Bild von der *Struktur* (der Zusammensetzung und Gewichtung) der Anforderungen.

Der REFA-Verband hat einen **Anforderungskatalog** entwickelt, der die einzelnen Anforderungsarten sowie die möglichen Anforderungsniveaus festhält, aufeinander abstimmt und mit einer Bewertungszahl versieht.

[1] Vorschlag gegenüber 16 Teilnehmerstaaten an der vom Comité International de l'Organisation Scientifique (CIOS) in Genf 1950 veranstalteten Tagung.

Anforderungskatalog nach REFA
Anforderungsarten und deren Abstimmung zueinander

Bewertungszahl	I Erforderliche Fachkenntnisse	II Geschicklichkeit	III Anstrengung		IV Verantwortung			V Umgebungseinflüsse				
	Berufsausbildung Berufserfahrung	Handfertigkeit	a Körperliche Beanspruchung	b Geistige Beanspruchung	a für Werkstück und für Betriebsmittel	b für die Arbeitsgüte	c für Gesundheit anderer	a Temperaturbeeinflussung	b Öl, Fett Schmutz, Staub …	c Gase …	d Unfallgefährdung	e Lärm, Blendung, Erkältungsgefahr …
0	kurze Anweisung	keine		gering	gering	gering	gering	gering		gering	gering	gering
1	Anweisung bis 6 Wochen	gering	gering	zeitweise mittel	mittel	mittel	mittel	mittel	gering	mittel	mittel	mittel
2	Anlernen bis 6 Monate	mittel	zeitweise mittel	dauernd mittel	hoch	hoch	hoch	hoch	mittel	hoch	hoch	hoch
3	Anlernen mindestens 6 Monate und zusätzliche Berufserfahrung	hoch	dauernd mittel	dauernd hoch	sehr hoch	sehr hoch	sehr hoch		hoch			sehr hoch
4	abgeschlossene Anlernausbildung und zusätzliche Berufserfahrung	höchste	dauernd hoch	dauernd sehr hoch		ganz außergewöhnlich			sehr hoch			
5	abgeschlossene Facharbeiterausbildung		dauernd sehr hoch	dauernd ganz außergewöhnlich								
6	abgeschlossene Facharbeiterausbildung mit besonderer Berufserfahrung		dauernd außergewöhnlich									
7	abgeschlossene Facharbeiterausbildung und höchstes fachliches Können											

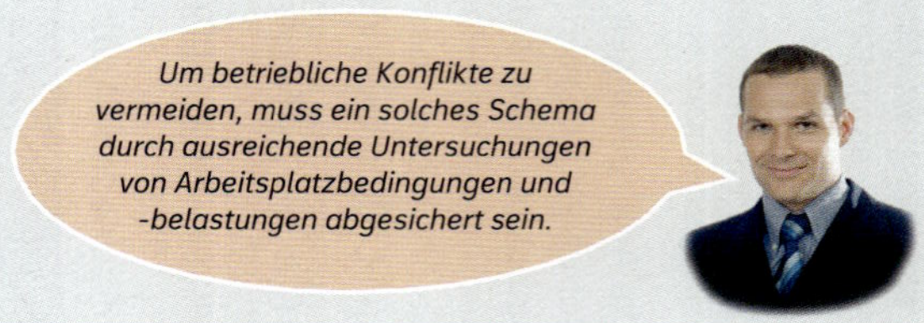

Dieses Schema enthält gewisse **Wertvorstellungen**:

- Bei den einzelnen Anforderungsarten wird eine unterschiedliche Zahl von Anforderungsniveaus gebildet.
- Hohe Anforderungen bei den verschiedenen Anforderungsarten werden unterschiedlich bewertet.

> **Beispiel: Bewertung**
>
> Eine sehr hohe Beanspruchung durch Lärm erhält die Bewertungszahl 3, eine dauernd sehr hohe körperliche Beanspruchung die Bewertungszahl 5.

10.4.3 Methoden der Arbeitsbewertung

Wenn man die **Arbeitsschwierigkeit** ermitteln will, so kann man

- die Anforderungen global beurteilen: **summarische Arbeitsbewertung**,
- die Anforderungen für jede Anforderungsart getrennt beurteilen: **analytische Arbeitsbewertung**.

Arbeitsbewertung

summarisch		analytisch	
Es wird eine Gesamtbeurteilung der Arbeitsschwierigkeiten vorgenommen. Die einzelnen Anforderungsarten werden nur global berücksichtigt.		Die Beurteilung der Arbeitsschwierigkeit erfolgt anhand der einzelnen Anforderungsarten. Jede Art erhält eine Wertzahl.	
Rangfolgeverfahren	**Lohngruppenverfahren**	**Rangreihenverfahren**	**Stufenwertzahlverfahren**

Rangfolgeverfahren

Man vergleicht Stellen paarweise im Hinblick auf ihre Anforderungen miteinander und bringt sie so in eine Rangfolge.

> **Beispiel: Rangfolgeverfahren**

Stelle \ Vergleichsstelle		1	2	3	4	5	Rang
Sekretärin	1		–	+	+	–	2
Bilanzbuchhalter	2	+		+	+	+	4
Stenokontoristin	3	–	–		+	–	1
Bote	4	–	–	–		–	0
Verkäufer	5	+	–	+	+		3

Der Bilanzbuchhalter erhält den höchsten Rang, der Bote den untersten.

Nachteile des Rangfolgeverfahrens:

- Das Verfahren ist nur bei einer geringen Anzahl von Stellen möglich.
- Das Problem des Lohnabstandes zwischen den Stellen ist nicht gelöst.

Lohngruppenverfahren

Für Arbeiter, kaufmännische und technische Angestellte werden jeweils 6 bis 12 Lohngruppen gebildet. Jede Lohngruppe wird in allgemeiner Form nach Schwierigkeitsgraden abgestuft und mit Beispielen versehen.

Beispiel: Lohngruppen

Lohngruppe 8	Facharbeiter mit meisterlichem Können	**Vorarbeiter Gruppenleiter**
Lohngruppe 6	Qualifizierter Facharbeiter mit langer Erfahrung	**Maschinenrichter**
Lohngruppe 4	Qualifizierter Angelernter	**Berufsfremder mit Erfahrung**
Lohngruppe 1	Hilfsarbeiter, Anlernling einfachster Art, Leichtlohngruppe	**Berufsfremder ohne Erfahrung**

Nachteil des Lohngruppenverfahrens:

Die unterschiedlichen Anforderungen einer Tätigkeit werden lediglich global berücksichtigt.

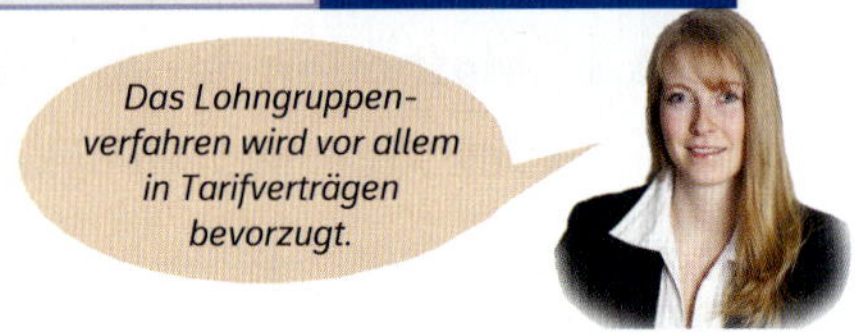

Rangreihenverfahren

Wie beim Rangfolgeverfahren nimmt man eine Einordnung von der einfachsten bis zur schwierigsten Verrichtung vor, **jedoch für jede Anforderungsart getrennt**. Man vergleicht also alle im Betrieb vorkommenden Tätigkeiten nacheinander auf geistige und körperliche Beanspruchung, Verantwortung und Arbeitsbedingungen. Bei 50 Arbeitsplätzen bekommt z. B. die Tätigkeit mit der höchsten Verantwortung den Wert 50, die mit der niedrigsten den Wert 1 usw. Durch eine Gewichtungsziffer wird die unterschiedliche Bedeutung der einzelnen Beanspruchungsarten berücksichtigt. Problematisch ist vor allem das subjektive Element, das in die Gewichtung einfließt.

Beispiel: Rangreihenverfahren

	Kennziffer	**Gewicht**	**Anforderungsart**	**Rang**	**Gewichteter Rang** (gerundet)	
Können	101	9	Arbeitskenntnisse, Ausbildung, Erfahrung, Denkfähigkeit	13	117	
	102	5	Geschicklichkeit, Handfertigkeit	15	75	192
Verantwortung	201	7	eigene Arbeit, Betriebsmittel, Erzeugnisse	23	161	
	202	3	Arbeit anderer	11	33	
	203	3	Sicherheit anderer	11	33	227
Anstrengung	301	5	Sinne und Nerven, Aufmerksamkeit	16	90	
	302	3	Denkfähigkeit, Nachdenken	20	60	
	303	6	muskelmäßige Belastung	21	126	276
Umgebung	401	3	Schmutz	30	90	
	402	2	Staub	40	80	
	403	1,5	Öl	17	26	
	404	3	Temperatur	24	72	
	405	2	Nässe	7	14	
	406	2	Gase, Dämpfe	8	16	
	407	2,5	Lärm	35	88	
	408	2	Erschütterung	9	18	
	409	1	Blendung, Lichtmangel	9	9	
	410	1,5	Erkältung	10	15	
	411	2	Schutzkleidung	30	60	
	412	3	Unfallgefahr	31	93	581
					Punktsumme:	1 276

Stufenwertzahlverfahren

Die Wertzahlen des Anforderungs-Katalogs werden je nach der Dauer der Belastung mit einem Stundenfaktor multipliziert. Man addiert die erhaltenen Punkte. Die Summe ist das Kriterium für die Einordnung in eine Lohngruppe.

Auch hier liegt der Hauptnachteil in dem subjektiven Moment, das in die Gewichtung eingeht.

Beispiel: Stufenwertzahlverfahren

Bewertung der geistigen Beanspruchung							
Anforderungsstufen	**Stufenwertzahl**	**Stundenfaktor** 1,0	1,1	1,2	1,3	1,4	1,5
gering	0	0	0	0	0	0	0
zeitweise mittel	1	1,0	1,1	1,2	1,3	1,4	1,5
dauernd mittel	2	2,0	2,2	2,4	2,6	2,8	3,0
dauernd hoch	3	3,0	3,3	3,6	3,9	4,2	4,5
dauernd sehr hoch	4	4,0	4,4	4,8	5,2	5,6	6,0
dauernd ganz außergewöhnlich	5	5,0	5,5	6,0	6,5	7,0	7,5

Anwendung auf „Brennschneiden“:

Tätigkeiten	Stufenwertzahl	Stundenfaktor	Punkte
Zeichnung lesen	4	1,0	4,0
Arbeit vorbereiten	2	1,1	2,2
Brennschneiden	3	1,4	4,2
			10,4

Auf die gleiche Weise erhält man die notwendigen Punktzahlen für alle anderen Anforderungsarten.

VIERTER ABSCHNITT

Arbeitsaufträge

1. **Arbeitswertstudien beschäftigen sich unter anderem mit dem Vergleich von Arbeitsplätzen.**
   a) Warum müssen Arbeitsplatzvergleiche durchgeführt werden?
   b) Was ist die Voraussetzung dafür, dass Arbeitsplätze überhaupt verglichen werden können?

2. **In dem folgenden Schema werden mehrere betriebliche Stellen in ihrer Wertigkeit miteinander verglichen. + entspricht höherer Wertigkeit; – entspricht niedrigerer Wertigkeit.**

Stelle \ Vergleichsstelle		1	2	3	4	5	Rang
Betriebsschlosser	1		+	–			
Sachbearbeiter Betriebsbüro	2	–					
Produktionsleiter	3	+					
Aushilfskraft	4						
Betriebsingenieur	5						

a) Zeichnen Sie das Schema ab, vervollständigen Sie es und legen Sie durch Vergabe der Zahlen 1 (höchster Rang) bis 5 (niedrigster Rang) die Rangfolge der Stellen fest.
b) Welchen Namen hat dieses Verfahren und zu welchem Zweck erfolgt eine derartige Untersuchung?
c) Sie haben die vergleichenden Eintragungen gefühlsmäßig vorgenommen. Wie ist stattdessen in der betrieblichen Praxis vorzugehen?
d) Vergleichen Sie das Vorgehen bei diesem Verfahren mit denen der anderen Verfahren der Arbeitsbewertung und erläutern Sie die wesentlichen Unterschiede.

3. Auszug aus einem Manteltarifvertrag der Eisen-, Metall- und Elektroindustrie.

Lohngruppe 1: **Die Lohngruppe 1 entfällt.**

Lohngruppe 2: **Einfache Arbeiten, die keine Arbeitskenntnisse, jedoch eine Zweckausbildung voraussetzen und nur eine geringe körperliche Belastung erfordern.**

Lohngruppe 3: **Einfache Arbeiten, die unter körperlicher Belastung, die über die vorgenannten Lohngruppen hinausgeht, auszuführen sind, oder einfache Arbeiten, deren Ausführung gegenüber der vorgenannten Lohngruppe zusätzliche Erfahrungen voraussetzt.**

Lohngruppe 4: **Arbeiten, zu deren Ausführung die erforderlichen Kenntnisse durch Anlernen erworben sind, oder Arbeiten der Lohngruppe 2 mit einer körperlichen Belastung, die über die der Lohngruppe 2 hinausgeht.**

Lohngruppe 5: **Spezialarbeiten, die eine Ausbildung in einem Anlernberuf oder ein Anlernen mit zusätzlichen Erfahrungen erfordern.**

Lohngruppe 6: **Arbeiten, deren Ausführung eine Lehre voraussetzen oder Fähigkeiten und Kenntnisse, die denen eines Facharbeiters gleichzusetzen sind.**

Lohngruppe 7: **Schwierige Facharbeiten, deren Ausführung langjährige Berufserfahrung voraussetzt, die in Ausnahmefällen auch durch Anlernung erworben sein kann.**

Lohngruppe 8: **Besonders schwierige Facharbeiten, die hohe Anforderungen an Können und Wissen stellen und selbstständiges Arbeiten voraussetzen.**

Lohngruppe 9: **Hochwertigste Facharbeiten, die überragendes Können, große Selbstständigkeit, Dispositionsvermögen ... erfordern.**

Diesen Gruppen ordnen sich bestimmte Löhne zu:

Lohngruppen	%	Grundlöhne EUR	Lohngruppen	%	Grundlöhne EUR
2	81,0	9,72	6	100,00	12,00
3	84,0	10,08	7	110,00	13,20
4	88,5	10,62	8	120,00	14,40
5	93,5	11,22	9	133,00	15,96

a) Wie lautet der Name dieses Verfahrens der Arbeitsbewertung und wie wird hier der Schwierigkeitsgrad einer Arbeit bestimmt?
b) Überlegen Sie, aus welchen Gründen dieses Verfahren bei Tarifverträgen bevorzugt wird.
c) Eine besondere Stelle nimmt der sog. Ecklohn ein. Dies ist der für einen über 21 Jahre alten Facharbeiter der untersten Tarifgruppe festgesetzte Normallohn. Die anderen Löhne können durch prozentuale Zu- oder Abschläge vom Ecklohn ermittelt werden. Welcher Lohngruppe ist in diesem Beispiel der Ecklohn zugeordnet?
d) Welchem Zuschlag/Abschlag vom Ecklohn entspricht Lohngruppe 4?

10.5 Anforderungsgerechtigkeit und Leistungsgerechtigkeit

Jede Entlohnung sollte gerecht sein. Aber was bedeutet „gerecht“? Wenn man die Arbeitnehmer befragt, so meinen die meisten, sie schnitten im Vergleich mit anderen zu schlecht ab.

- Herr Schwarz, Herr Appel und Herr Kuhn arbeiten in einer Montagekolonne im Gruppenakkord, d. h., sie werden nach der gemeinsamen Leistung bezahlt. Aber Herr Appel erhält bei gleicher Leistung einen Alterszuschlag von 5 %. Herr Schwarz, der Kolonnenführer, meint, mit einem Leistungszuschlag von nur 10 % sei er zu schlecht bedient. Schließlich trage er viel Verantwortung.

- Herrn Appels Freund wird in einem anderen Unternehmen für die gleiche Tätigkeit im Stundenlohn bezahlt. Trotzdem verdient er das Gleiche, weil die Arbeitnehmer dieses Betriebes übertariflich entlohnt werden. Herr Appel findet dies ungerecht.
- Eine Bekannte von Herrn Appel ist Sekretärin. Er weiß, dass er nicht mehr verdient als sie, obwohl er Schichtarbeit leistet (sie hat eine gleichbleibende Arbeitszeit), höheren körperlichen Belastungen ausgesetzt ist und mehr Lärm ertragen muss. Er meint, auch dies sei ungerecht. Allerdings übersieht er gern, dass seine Bekannte eine lange, qualifizierte Ausbildung benötigte und zwei Fremdsprachen beherrscht.

Der Lohn (das Arbeitsentgelt) ist der Preis für den Einsatz des Produktionsfaktors Arbeit.

Bekanntlich gilt:

- **Wer eine schwierigere Arbeit verrichtet, verdient eine höhere Entlohnung (Anforderungsgerechtigkeit).**
- **Bei gleicher Schwierigkeit muss die höhere Leistung besser entlohnt werden (Leistungsgerechtigkeit).**

Der **Schwierigkeitsgrad** von Tätigkeiten wird durch Arbeitswertstudien ermittelt.

Der **Leistungsgrad** lässt sich ermitteln, wenn bekannt ist, welche quantitative Leistung in einer bestimmten Zeit als „normal" anzusehen ist.

Die quantitative Arbeitsleistung (oder Arbeitsproduktivität) ist das Verhältnis von Ausbringungsmenge und Arbeitszeit.

$$\text{Quantitative Arbeitsleistung (Arbeitsproduktivität)} = \frac{\text{Ausbringungsmenge}}{\text{Arbeitszeit}}$$

Beispiel: Arbeitsproduktivität

$$\frac{20\ \text{Stück}}{2\ \text{Std.}} = 10\ \text{Stück/Std.}$$

Für den Zweck der Entlohnung wird für die zu leistende Arbeit eine Vorgabezeit (Sollzeit) ermittelt. Sie ist der Zeitverbrauch für die ordnungsgemäße Erledigung einer Aufgabe bei Normalleistung. Sie wird durch Arbeitszeitstudien festgelegt.

Entscheidend für die Entlohnung ist der **Leistungsgrad**. Er drückt die tatsächliche Leistung in Prozent der Normalleistung aus:

$$\text{Leistungsgrad} = \frac{\text{Istleistung}}{\text{Normalleistung}} \cdot 100$$

Beispiel: Leistungsgrad

$$\frac{9\ \text{Stück/Std.}}{8\ \text{Stück/Std.}} \cdot 100 = 112{,}5\,\%$$

Der Leistungsgrad kann auch in einen Zeitgrad umgerechnet werden:

$$\frac{\text{Istleistung}}{\text{Normalleistung}} = \frac{\dfrac{\text{Ausbringungsmenge}}{\text{Istarbeitszeit}}}{\dfrac{\text{Ausbringungsmenge}}{\text{Sollarbeitszeit}}} = \frac{\text{Sollarbeitszeit}}{\text{Istarbeitszeit}}$$

$$\text{Zeitgrad} = \frac{\text{Sollzeit}}{\text{Istzeit}} \cdot 100$$

Der **Zeitgrad** drückt die vorgegebene Sollzeit in Prozent der erzielten Istzeit aus:

Beispiel: Zeitgrad

Normalleistung = 8 Stück/Std. Also: Sollzeit = $7\,^1/_2$ Min./Stück = 15/2 Min./Stück
Istleistung = 9 Stück/Std. Also: Istzeit = $6\,^2/_3$ Min./Stück = 20/3 Min./Stück

$$\text{Zeitgrad} = \frac{\frac{15}{2}}{\frac{20}{3}} \cdot 100 = \left(\frac{15}{2} \cdot \frac{3}{20}\right) \cdot 100 = \frac{45}{40} \cdot 100 = 112{,}5\,\%$$

Bei repetitiven Tätigkeiten lässt sich die quantitative Leistung verhältnismäßig gut durch die mengenmäßige Produktivität messen. Je weniger sich das Ergebnis einer Tätigkeit durch Stückzahlen oder Mengen ausdrücken lässt, je ungleichförmiger oder kreativer die übertragenen Aufgaben sind, desto eher muss man entweder auf eine direkte Leistungsmessung völlig verzichten oder aber einen anderen Leistungsmaßstab suchen, z. B. die vermittelten Umsätze (wertbezogener Leistungsmaßstab). Je nach der Art und Weise, wie die quantitative Leistung zur Berechnung des Arbeitsentgelts herangezogen wird, unterscheidet man verschiedene Formen des Entgelts:

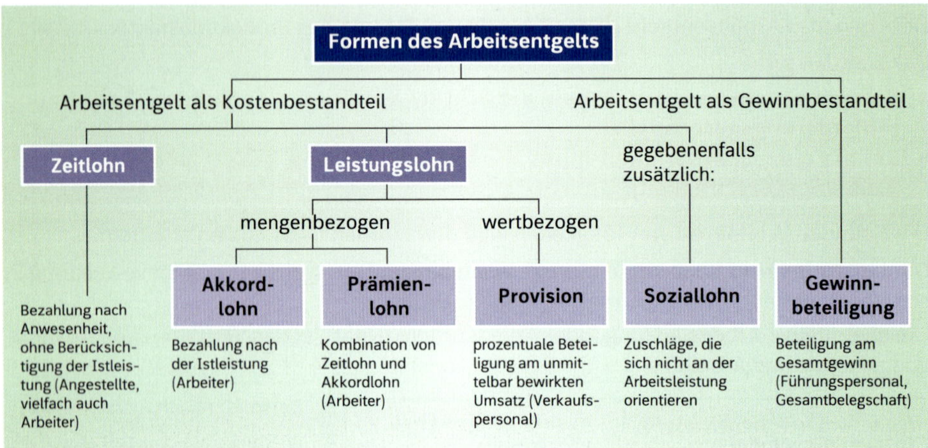

10.6 Zeitlohn

Der *Zeitlohn* entlohnt die Arbeitnehmer nach der Dauer der abgeleisteten Arbeitszeit. Messgröße ist bei Arbeitern der Stundenlohn, bei Angestellten das Monatsgehalt. Die Entlohnung erfolgt unabhängig davon, ob die Normalleistung unter- oder überschritten wird.

Der Begriff *Zeitlohn* bedeutet nicht, dass die Stückleistung unerheblich ist. Man geht vielmehr von einer bestimmten Normalleistung aus, die beim Einzelnen nur anhand der Zeitgröße zu ermitteln ist. Der Arbeitnehmer kann beim Zeitlohn von einem festen Einkommen ausgehen, vorausgesetzt, er leistet die erforderlichen Stunden. Der Arbeitgeber hat auf der anderen Seite feste Gesamtkosten, die aber auf das Stück bezogen veränderlich sind.

Beispiel: Zeitlohn

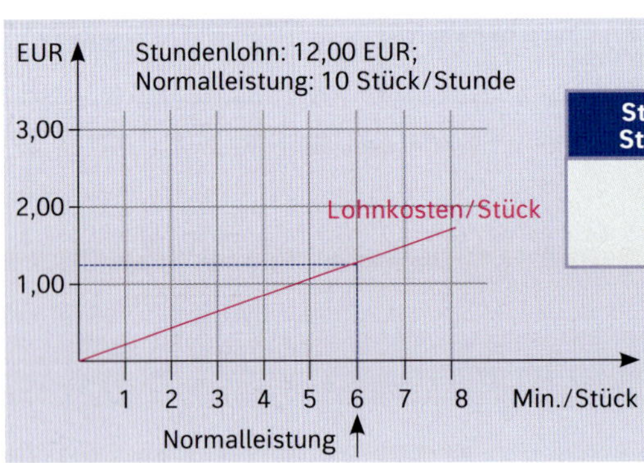

Stück/Stunde	Arbeitszeit/Stück	Lohnkosten/Stück
8	7,5 Min	1,50 EUR
10	6 Min	1,20 EUR
12	5 Min	1,00 EUR

Der Zeitlohn ist überall dort zu verwenden, wo der Anreiz zu überhöhter Leistung unzweckmäßig ist oder die Arbeitnehmer selbst wenig Einfluss auf ihre eigene Leistung nehmen können, wie z. B. bei Fließbandarbeiten.

Vor- und Nachteile des Zeitlohnes		
Vorteile	**Anwendungsbeispiele des Zeitlohnes**	**Nachteile**
– Die freie Arbeitszeit verringert den Ausschuss.	**Präzisionsarbeiten**	– Es besteht kein Anreiz für höhere Stückzahlen.
– Das Tempo bestimmt allein die Maschine.	**Fließband, Maschinenbedienung**	– Sorgfältige Bedienung wird nicht belohnt.
– Leistungsmengen brauchen nicht ermittelt zu werden.	**Bürotätigkeiten**	– Leerlaufzeiten werden nicht immer sinnvoll genutzt.
– Es besteht genügend Zeit für eine gründliche Einarbeitung.	**Einarbeitungen**	– Zeitvorgaben werden nicht unterschritten.

10.7 Akkordlohn

Beim *Akkordlohn* erfolgt die Entlohnung nach der mengenmäßigen Leistung.

Der Akkordlohn setzt messbare, gleichartige Leistungen voraus, bei denen der Arbeiter selbst das Tempo bestimmen kann. Bestandteile des Akkordlohns sind ein garantierter Mindestlohn und ein Akkordzuschlag. Sie ergeben zusammen den Akkordrichtsatz.

Beispiel: Bestandteile des Akkordlohns

garantierter Mindestlohn	8,00 EUR	Entspricht dem Zeitlohn; also Normalleistung, Leistungsgrad 100 %
+ Akkordzuschlag 20 %	1,60 EUR	+ Akkordzuschlag von meist 10–25 %
Akkordrichtsatz (Grundlohn)	9,60 EUR	Stundenverdienst des Akkordarbeiters bei Normalleistung

Der Akkordrichtsatz liegt von vornherein über dem Zeitlohn für vergleichbare Arbeit, weil eine größere Arbeitsintensität unterstellt wird.

Es sind Geldakkord, Zeitakkord und als Sonderform der Gruppenakkord zu unterscheiden.

10.7.1 Geldakkord

Beim *Geldakkord* wird ein fester Geldsatz pro Stück (Stückgeld) vergütet.

$$\text{Stückgeld} = \frac{\text{Akkordrichtsatz}}{\text{Normalleistung/Std.}}$$

Beispiel: Stückgeld

$$\frac{9{,}60\ \text{EUR}}{6\ \text{Stück}} = 1{,}60\ \text{EUR/Stück}$$

Das Arbeitsentgelt errechnet sich beim Geldakkord wie folgt:

$$\text{Arbeitsentgelt} = \text{Istleistung} \cdot \text{Stückgeld}$$

Beispiel: Arbeitsentgelt bei Geldakkord

Der Arbeiter verdient an einem 8-Stunden-Tag

- bei einer Normalleistung von 48 Stück: 48 · 1,60 EUR = 76,80 EUR;
- bei einer Istleistung von 60 Stück: 60 · 1,60 EUR = 96,00 EUR;
- bei einer Istleistung von 30 Stück: 30 · 1,60 EUR = 48,00 EUR;

(Da aber der Mindestlohn 8,00 EUR/Std. beträgt, verdient er auch bei einer Istleistung von nur 30 Stück 64,00 EUR)[1].

Jede einzelne Tätigkeit hat ihr eigenes Stückgeld. Der Geldakkord hat deshalb den Nachteil, dass alle Stückgelder neu berechnet werden müssen, wenn sich die Tariflöhne (Mindestlöhne) ändern.

10.7.2 Zeitakkord

Beim *Zeitakkord* wird die Vorgabezeit pro Stück vorgegeben und mit dem Preis pro Minute (Minutenfaktor) vergütet.

$$\text{Stückgeld} = \frac{\text{Akkordrichtsatz}}{\text{Normalleistung/Std.}}$$

$$\text{Stückgeld} = \frac{\text{Akkordrichtsatz}}{\text{60 Min.}} \cdot \frac{\text{60 Min.}}{\text{Normalleistung/Std.}}$$

$$\text{Stückgeld} = \text{Minutenfaktor} \cdot \text{Vorgabezeit/Stück}$$

$$\text{Arbeitsentgelt} = \text{Istleistung} \cdot \underbrace{\text{Minutenfaktor} \cdot \text{Vorgabezeit/Stück}}_{} \quad \text{(Zeitakkord)}$$

$$\text{Arbeitsentgelt} = \text{Istleistung} \cdot \text{Stückgeld} \quad \text{(Geldakkord)}$$

Beispiel: Arbeitsentgelt bei Zeitakkord

Mindestlohn 8,00 EUR/Std.; Akkordzuschlag 20%; Normalleistung 6 Stück/Std. Dann gilt:
Akkordrichtsatz = 8,00 EUR + 20% = 8,00 EUR + 1,60 EUR = 9,60 EUR
Stückgeld = 9,60 EUR: 6 Stück/Std. = 1,60 EUR/Stück
Minutenfaktor = 9,60 EUR: 60 Min. = 0,16 EUR/Min.
Vorgabezeit/Stück = 60 Min.: 6 Stück = 10 Min./Stück
Arbeitsentgelt für 8 Stunden bei

- Normalleistung von 48 Stück: 48 · 0,16 EUR · 10 = 48 · 1,60 EUR = 76,80 EUR
- Istleistung von 60 Stück: 60 · 0,16 EUR · 10 = 60 · 1,60 EUR = 96,00 EUR
- Istleistung von 30 Stück: 30 · 0,16 EUR · 10 = 30 · 1,60 EUR = 48,00 EUR

Aber Mindestlohn = 8,00 EUR · 8 Std. = 64,00 EUR[1].

Jede einzelne Tätigkeit hat ihren eigenen Minutenfaktor. Bei Tariflohnänderungen bleiben die Vorgabezeiten unverändert; die Minutenfaktoren müssen neu berechnet werden. Beim Akkordlohn bleiben die Lohnkosten/Stück bei Abweichungen von der Normalleistung gleich. Sie steigen erst an, wenn gilt:

Istleistung · Vorgabezeit/Stück · Minutenfaktor < Mindestlohn

Beispiel: Lohnkosten pro Stück

$x \cdot 10 \cdot 0{,}16 < 8 \qquad x < \frac{8}{1{,}6} \qquad x < 5$

---

[1] Das Beispiel zeigt die grundsätzlichen Zusammenhänge. Die Gewerkschaften haben inzwischen tarifvertraglich durchgesetzt, dass auch bei einer Minderleistung der Akkordrichtsatz zu zahlen ist. Damit gehen Mehrleistungen voll zugunsten des Arbeitnehmers, Minderleistungen voll zulasten des Betriebes.

Bei einer Leistung von weniger als 5 Stück/Std., d. h. bei einer Bearbeitungszeit von mehr als 12 Min./Stück, steigen die Lohnkosten/Stück an.

Min./Stück	Stück/Std.	Stundenverdienst	Lohnkosten/Stück
6	10	16,00 EUR	1,60 EUR
10	6	9,60 EUR	1,60 EUR
12	5	8,00 EUR	1,60 EUR
15	4	8,00 EUR	2,00 EUR

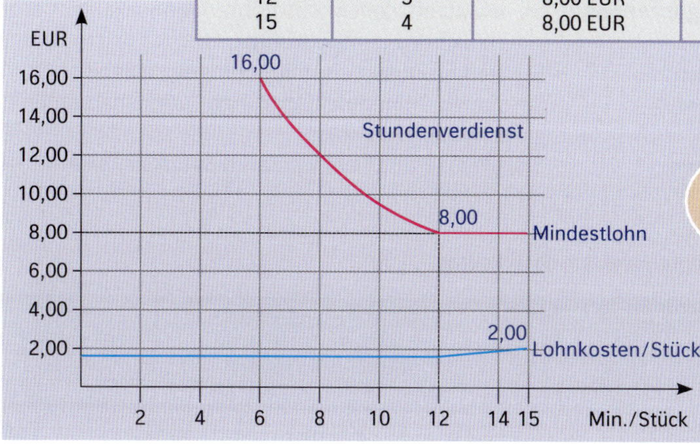

10.7.3 Gruppenakkord

Eine Sonderform des Akkordlohnes ist der **Gruppenakkord**. Hier gelten die Vorgabezeit und der Minutenfaktor für eine Gruppe von Arbeitnehmern, die an einem Werkstück gemeinsam arbeiten. Der Mehrverdienst der Gruppe wird auf die Mitglieder aufgeteilt.

Beispiel: Gruppenakkord

In einer Kolonne arbeiten drei Arbeiter. Der Mindestlohn beträgt 10,00 EUR, der Akkordzuschlag 20%. B erhält außerdem noch einen Alterszuschlag von 20%. C erhält als Kolonnenführer einen Leistungszuschlag von 10%. Es wird im Stückzeitakkord abgerechnet.

Vorgabezeit: 10 Min./Stück

Minutenfaktor:
A 10,00 EUR + 20% .... 12,00 EUR
B 10,00 EUR + 20% + 20% .... 14,40 EUR
C 10,00 EUR + 20% + 10% .... 13,20 EUR
39,60 EUR : 60 Min. = 0,66 EUR/Min.

Leistung: 8 Stück je Stunde

Akkordlohn: 8 · 10 · 0,66 EUR = 52,80 EUR

Schlüssel: $\frac{\text{Istverdienst} \quad 52{,}80 \text{ EUR}}{\text{Sollverdienst} \quad 39{,}60 \text{ EUR}} = 1{,}333$

A erhält 12,00 EUR · 1,33 = 16,00 EUR
B erhält 14,40 EUR · 1,33 = 19,20 EUR
C erhält 13,20 EUR · 1,33 = 17,60 EUR

Vor- und Nachteile des Akkordlohns, insbesondere des Gruppenakkords		
Vorteile		**Nachteile**
– Anreiz zur Leistungssteigerung – kein Risiko der Minderleistung für den Betrieb – fixe Lohnkosten je Stück	**Akkordlohn**	– übersteigertes Tempo – erhöhter Verschleiß – Qualitätsminderung – Kontrolle notwendig – hoher Krankenstand
– stärkere Gruppengemeinschaft – gegenseitige Kontrolle der Gruppenmitglieder – vereinfachte Abrechnung	**Gruppenakkord**	– Überforderung der Gruppe durch den Stärksten

10.8 Prämienlohn

Der Prämienlohn ist eine Kombination aus Zeitlohn und Akkordlohn. Es wird grundsätzlich ein Zeitlohn gezahlt, aber für erhöhte Leistungen tritt eine Prämie hinzu.

Es sind verschiedene Prämien zu unterscheiden:

- **Mengenleistungsprämien:** Sie ersetzen den Akkordlohn, wenn exakte Vorgabezeiten nicht zu ermitteln sind.
- **Qualitätsprämien:** Sie sind für Ausschussminderungen zu zahlen.
- **Ersparnisprämien:** Sie sind für Materialeinsparungen oder sparsamen Energieverbrauch zu zahlen.
- **Nutzungsprämien:** Sie sind zahlbar bei kürzeren Wartezeiten und Reparaturzeiten.

Beispiel: Prämienlohnsystem nach Rowan

Zeitlohn/ Std.	Vorgabezeit (Std.)	Zeitaufwand (Std.)	Ersparte Zeit (in % der Grundzeit)	Prämie (EUR)	Gesamtlohn in der aufgewendeten Zeit (EUR)	Verdienst/ Std. (EUR)
10,00	10	9	10	9,00	99,00	11,00
		8	20	16,00	96,00	12,00
		7	30	21,00	91,00	13,00
		6	40	24,00	84,00	14,00

Die Prämienlohnsysteme sind in der Praxis so aufgebaut, dass die Vergütung für die Mehrleistung dem Arbeiter nicht in voller Höhe zugutekommt, sondern zwischen Betrieb und Arbeiter geteilt wird. Dadurch sinken die Lohnstückkosten für den Betrieb.

Die Vor- und Nachteile des Prämienlohns entsprechen grundsätzlich denen des Akkordlohns.

10.9 Sozialgerechtigkeit: Soziallohn

Auch die sozialen Verhältnisse des Arbeitnehmers sollen angemessen im Arbeitsentgelt Berücksichtigung finden (Sozialgerechtigkeit).

Soziale Bestimmungsfaktoren des Entgelts
Lebensalter
Ältere Arbeitnehmer erhalten gegebenenfalls einen höheren Grundlohn als jüngere.
Familienstand
Verheiratete und Arbeitnehmer mit Kindern erhalten gegebenenfalls Familienzuschläge.
Betriebszugehörigkeit
Langjährige Arbeitnehmer erhalten gegebenenfalls längeren Urlaub, höhere Erfolgsprämien und Gratifikationen sowie Jubiläumsgeschenke oder Lohnzuschläge.

Diese Leistungen durchbrechen den Grundsatz „Gleicher Lohn für gleiche Arbeit". Sie können zu Spannungen führen, wenn sie regelmäßige Lohnbestandteile sind. Man zieht deshalb einmalige Zahlungen vor (Gratifikationen, Jubiläumsgeschenke und ähnliche Leistungen). Auch ist zu bedenken, dass Lebensalter und Familienstand bereits in einer unterschiedlichen Besteuerung der Bruttoeinkommen und in Kindergeldzahlungen durch den Staat berücksichtigt werden.

10.10 Provision

Die *Provision* ist eine prozentuale Beteiligung am Umsatz, der durch die Tätigkeit des Mitarbeiters bewirkt worden ist. Sie wird an das Verkaufspersonal, z. B. an Reisende, gezahlt und soll einen Leistungsanreiz bieten. Sie ist meist mit einem festen Grundgehalt gekoppelt.

Beispiel: Provision

Ein Reisender erhält ein festes Grundgehalt von 1 000,00 EUR im Monat und eine umsatzabhängige Provision von 4 %. Der Umsatz im Monat April beträgt 70 000,00 EUR.
Verdienst = 1 000,00 EUR + 70 000,00 EUR · 4 % = 3 800,00 EUR.

10.11 Gewinnbeteiligung

Die bisher behandelten Lohnformen beziehen sich auf den Arbeitseinsatz des einzelnen Arbeitnehmers bzw. einer Arbeitsgruppe. Darüber hinaus besteht die Möglichkeit, die Arbeitnehmer am Gewinn, also am Überschuss des Unternehmens, zu beteiligen.

Löhne und Gehälter sind Kosten. Sie beeinflussen die Gewinnerzielung. *Gewinnanteile* sind *Überschussbestandteile*. Sie stellen Gewinnverwendung dar.

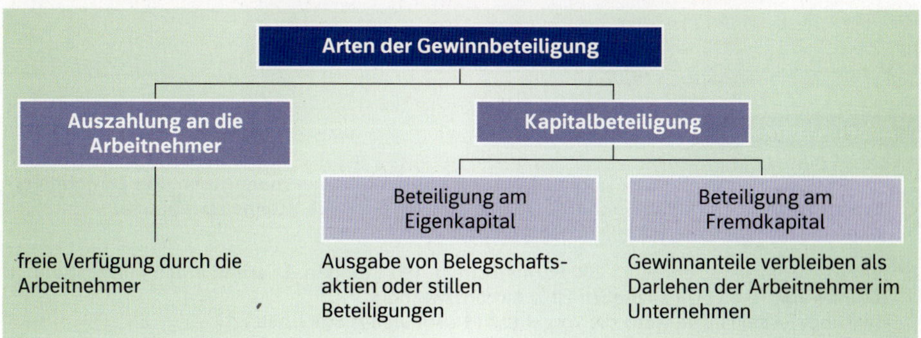

Beteiligungen am Eigenkapital geben dem Arbeitnehmer auch Eigentümerrechte, wie z. B. Stimmrecht in der Hauptversammlung und das Recht auf Dividende.

Beteiligungen am Fremdkapital schließen Eigentümerrechte aus, berechtigen aber zu Zinsforderungen.

Vorteile der Gewinnbeteiligung

für das Unternehmen	für die Arbeitnehmer
– Steigerung des Interesses und der Einsatzbereitschaft – bei Kapitalbeteiligung: Die Gewinnanteile verbleiben als arbeitendes Kapital im Unternehmen.	– Vermögensbildung durch Beteiligung am Produktivvermögen der Wirtschaft – bei Eigenkapitalbeteiligung: Mitbestimmungsrechte

Die Gewinnbeteiligung wird damit begründet, dass der Anteil der Produktionsfaktoren Arbeit und Kapital am Ergebnis erst am Ende des Geschäftsjahres endgültig festgestellt werden kann und dann auf die Faktoren zu verteilen ist.

Bei der Gewinnbeteiligung ergeben sich folgende Probleme:

- Zahlreiche Betriebe erzielen überhaupt keinen Gewinn, z. B. öffentliche Betriebe.
- Die Höhe des Gewinns und damit auch die Höhe des Gewinnanteils der Arbeitnehmer schwankt von Betrieb zu Betrieb erheblich.
- Zu klären ist die Frage, ob die Arbeitnehmer nur am Gewinn oder auch am Verlust beteiligt werden sollen.

10.12 Lohn- und Gehaltsabrechnung

Lohn- und Gehaltszahlungen erfolgen meist monatlich. Mit der Zahlung erhält der Arbeitnehmer eine Lohn- bzw. Gehaltsabrechnung. Diese enthält eine genaue Aufstellung der **Bruttobezüge**, der **Abzüge** und der **Nettozahlung**.

Die Abrechnung ist Aufgabe der Lohn- und Gehaltsbuchführung. Diese führt für jeden Arbeitnehmer ein Lohn- bzw. Gehaltskonto. Sie fasst alle Einzelabrechnungen in einer Lohn- und Gehaltsliste zusammen. Die in dieser Liste enthaltenen Summen werden anschließend im Grundbuch und Hauptbuch gebucht.

Sie finden die Lohn- und Gehaltsabrechnung und die Buchungen in: Management im Industriebetrieb, Band 3, Steuerung und Kontrolle.

Arbeitsaufträge

1. **Es lässt sich feststellen, dass die Lohnanreizsysteme immer mehr durch den Zeitlohn verdrängt werden. Die Gewerkschaften haben als Ziel, die Akkordlöhne abzubauen.**
   Nennen Sie Argumente, die gegen den Akkordlohn sprechen.

2. **Ein Akkordarbeiter erstellt 1 200 Formstücke in 190 Stunden. Er erhält einen Mindestlohn je Stunde von 10,00 EUR zuzüglich 20 % Akkordzuschlag.**
   Wie hoch ist sein Lohn, wenn die Vorgabezeit 10 Minuten je Stück beträgt?

3. **Eine Gewerkschaft hat als erklärtes Ziel ihrer Tarifpolitik die**
   – Beseitigung der Altersklassen,
   – Sicherung der Effektivverdienste,
   – Erhöhung der Anzahl von Gehaltsgruppen.
   a) Prüfen Sie, welche Lohnformen durch diese Änderungen betroffen werden und welche Lohnbestandteile zu ändern sind.
   b) Entscheiden Sie, ob durch diese Forderungen der Leistungslohn verstärkt wird.

4. **Stückgeldakkord und Stückzeitakkord kommen zum gleichen Ergebnis!**
   Weisen Sie das an folgendem Beispiel nach:
   Mindestlohn 8,00 EUR — Normalleistung 5 Stück/Stunde
   Akkordzuschlag 25 % — Istleistung 50 Stück an einem 8-Stunden-Tag
   Errechnen Sie den Akkordlohn nach beiden Verfahren.

5. **Gegeben sind:**
   Akkordrichtsatz 15,00 EUR, Normalleistung 20 Stück
   Ermitteln Sie die Vorgabezeit.

6. **Für einen Gruppenakkord liegen folgende Zahlen vor:**

	Akkordrichtsatz	Istverdienst
Brockbalz Straten Heinen	7,80 EUR 10,00 EUR 12,50 EUR	
		50,00 EUR

Errechnen Sie die Istverdienste.

7. **Für eine Arbeit mit Prämienlohn liegen folgende Zahlen vor:**
   Stundenlohn 10,00 EUR — **Prämie für 1 Std. Zeitersparnis 10 % vom Stundenlohn**
   Vorgabezeit 5 Stunden — **2 Std. Zeitersparnis 20 % vom Stundenlohn**
   Benötigte Zeit 4 Stunden
   Berechnen Sie den Lohn.

8. **Aussagen zur Entlohnung:**
   a) Es ist nur gerecht, wenn jeder den gleichen Lohn erhält.
   b) Der Lohn soll entsprechend der Bedürftigkeit der Personen verteilt werden.
   c) Der Lohn muss leistungsbezogen sein.
   Diskutieren Sie diese Aussagen.

9. **Eine Reihe von Unternehmen hat Modelle entwickelt, nach denen die eigenen Arbeitnehmer eine Gewinnbeteiligung erhalten. Die Gewinnanteile werden meist nicht ausgezahlt, sondern dienen der Beteiligung der Arbeitnehmer am Kapital des Unternehmens.**

> Was ist das? **Beteiligungsmodelle**
>
> Die betriebliche Vermögensbeteiligung in der Bundesrepublik Deutschland, seit 1950 auf freiwilliger Grundlage entwickelt, hat eine Vielfalt von Beteiligungsformen für Mitarbeiter hervorgebracht. Die häufigsten Typen:
>
> - **Belegschaftsaktie.** Der Mitarbeiter erwirbt zu einem Vorzugskurs Aktienkapital an der Gesellschaft und erhält jährlich eine erfolgsabhängige Dividende. Dieses Modell – es gilt nur für Aktiengesellschaften – stellt 21,5 % der praktizierten Beteiligungsmodelle.
> - **Stille Beteiligung.** Die Mitarbeiter werden zu stillen Gesellschaftern mit Kapitalbeteiligung. Das eingesetzte Kapital wird dabei entweder am Unternehmensgewinn beteiligt oder nach Vereinbarung verzinst. Grundsätzlich sind Haftung und Verlustbeteiligung auf die Höhe der Kapitaleinlage beschränkt (32,5 % der Modelle).
> - **Mitarbeiterdarlehen.** Der Arbeitnehmer stellt dem Unternehmen Geld (in der Regel Gewinnbeteiligungsmittel) zur Verfügung und wird zum Gläubiger des Betriebes. Er erhält dafür eine Zinszusage und bekommt den Gesamtbetrag nach einer vereinbarten Laufzeit zurück (32,5 % der Modelle).

   a) Welche Vorteile bringt die Beteiligung am Unternehmenskapital zum einen dem Unternehmen, zum anderen dem Arbeitnehmer?
   b) Die Gewerkschaften begrüßen ihrerseits solche Beteiligungsmodelle nicht gerade mit Enthusiasmus. Welche Gründe könnten dafür vorliegen?

VIERTER ABSCHNITT

FÜNFTER ABSCHNITT

Rahmenlehrplan: LERNFELD 10
Arbeitsprozesse planen, steuern und kontrollieren

Absatzmanagement

1 Stellung des Marketings im Unternehmen

1.1 Absatz und Marketing

Unter *Absatz* (Vertrieb) versteht man alle Tätigkeiten, die auf die Veräußerung der betrieblichen Leistungen gegen Entgelt gerichtet sind.

Absatz

- **Absatzplanung und -vorbereitung**
  - Absatzmarktforschung
  - Produktfindung
  - Festlegung von Absatzbudgets
  - Festlegung absatzpolitischer Maßnahmen
- **Absatzdurchführung (Verkauf)**
  - Kundengewinnung
  - Verkaufsanbahnung
  - Verkaufsabschluss
  - Verkaufsabwicklung
  - Rechnungserstellung
  - Kundenbuchhaltung und Mahnwesen
- **Absatzkontrolle**
  - Gegenüberstellung der Soll- und Istzahlen
  - Auswertung als Grundlage neuer Absatzentscheidungen
- **Erhaltung der Absatzbeziehungen**
  - Kundendienst
  - Kundenpflege

Der Absatz umfasst alle planenden, kontrollierenden und erhaltenden Tätigkeiten im Hinblick auf die Veräußerung der betrieblichen Leistungen. Er ist mehr als der bloße Verkauf.

Das Unternehmen lebt vom gewinnbringenden Absatz am Markt. Aufgrund der Wandlung der Märkte von Verkäufer- zu Käufermärkten genügt es jedoch heutzutage nicht mehr, produzierte Leistungen bestmöglich am Markt „an den Mann zu bringen", zu vermarkten; vielmehr ist es notwendig, das gesamte Betriebsgeschehen von den Bedürfnissen des Marktes her zu planen und zu steuern. Damit wird aus Absatz **Marketing**.

Marketing bedeutet eine marktgesteuerte Unternehmensführung mit dem Ziel, die Märkte zu gestalten und zu beeinflussen.

„Die Märkte gestalten“ bedeutet z. B.:

- Absatz schaffen, vergrößern und erhalten,
- nicht nur vorhandenen Käuferwünschen gerecht werden, sondern auch Vorstellungen, Bedürfnisse und ein erwünschtes Kaufverhalten erzeugen.

Marketing-Maxime:
Versuche nicht zu verkaufen, was schon produziert wurde, sondern produziere, was sich verkaufen lässt!

Bekanntlich lautet die grundlegende **Fragestellung** (vgl. S. 36):
„Wie kann man sich unentbehrlich machen und Kunden an sich binden?“
Und die Antwort: „Man muss das Leben des Kunden ‚mitleben‘, d. h. sich in seine Lage versetzen, seine Probleme erkennen, optimale Lösungen dafür finden und sie dem Kunden möglichst individuell anbieten.“

1.2 Customer-Relationship-Management (CRM)

Immer mehr Unternehmen setzen auf das Internet, um die Konsumgewohnheiten ihrer Kunden auszuforschen. Käufe, Alter und Hobbys – all diese Informationen wandern in Megadatenbanken und werden so miteinander verknüpft, dass ein genaues Kundenprofil entsteht. Wer alles über den Kunden weiß, so die Devise, macht die besseren, weil individuellen Angebote – und gewinnt im Wettbewerb.

Ein modernes Marketing setzt voraus, dass bei allen Marketingstrategien der Kunde im Zentrum der Marketing-Aktivitäten steht. Aber erst in jüngster Zeit erlaubt der Fortschritt in Telekommunikation und Datenverarbeitung die Verwirklichung dieses Gedankens. Im Customer-Relationship-Management erfährt er seine praktische Umsetzung.

Customer-Relationship-Management fasst die kundenbezogenen Prozesse aller Betriebsabteilungen zusammen und stimmt sie aufeinander ab. Alle Kundendaten werden dazu in einer Datenbank gespeichert. Auf der Grundlage dieser Daten kann jeder Kunde automatisch individuell angesprochen und „bearbeitet“ werden.

Wichtige Instrumente für die Individuelle Kundenansprache sind z. B.:
Sales-Force-Automation, Callcenter-Systeme, Online-Shops, Direktmarketingaktionen und Software zur Kundenbewertung.

CRM-System

Eingabedaten:
Kundendaten aus dem Callcenter
Daten der Kundenkorrespondenz
Daten der Außendienstmitarbeiter
Daten der Internetnutzung
und andere

↓

Kundendatenbank

↓

Datenverwendung für:
Sales-Force-Automation
Callcenter-Systeme
Online-Shops
Direktmarketingaktionen
Software zur Kundenbewertung

Customer-Relationship-Management bedeutet in etwa: Kundenbindungs- und Beziehungs-Management. Dahinter steht der Gedanke: Weg vom Massenmarketing hin zum Individualmarketing!

- **Sales-Force-Automation**[1]
  Dies sind Programme zur Unterstützung des Verkaufspersonals. Letzteres hat per Computer Zugang zu den Kundendaten der Datenbank und kann folglich die Kunden effektiver beraten.
- **Callcenter-Systeme**
  In einem Callcenter sitzen Sachbearbeiter, die Kundenanrufe entgegennehmen. Auch sie können über Computer direkt auf die Kundendatenbank zugreifen. Das Center besteht aus Front-Office und Back-Office. Im Front-Office werden die Anrufe angenommen und die Kunden beraten. Das Back-Office wickelt anschließend die Aufträge ab. Die gewonnenen Daten werden in der Datenbank gespeichert.

Callcenter

- **Online-Shops**
  Ein Online-Shop entsteht, wenn das Unternehmen seine Leistungen im Internet anbietet. Die gewünschten Leistungen können sofort bestellt werden. Auch hier werden die gewonnenen Einkaufsdaten in der Kundendatenbank gespeichert.
- **Direktmarketingaktionen**
  Die gespeicherten Daten ermöglichen es, den Kunden gezielt anzusprechen und ihn mit Produkt- und Werbeinformationen zu versorgen (Direktmarketing).

- **Software zur Kundenbewertung**
  Hierunter versteht man Statistikprogramme zur Auswertung von Kundendaten.

Web M 448

Sehen Sie sich auch die Präsentation *CRM* an.

Arbeitsaufträge

1. **Im Folgenden werden zwei unterschiedliche Marktsituationen beschrieben.**

   Marktsituation 1
   - **Der Bedarf übersteigt die derzeit mögliche Produktion.**
   - **Die Käufer akzeptieren teilweise mindere Qualität und überhöhte Preise.**
   - **Der Wettbewerb zwischen den Anbietern ist gering.**

   Marktsituation 2
   - **Der Bedarf ist geringer als die derzeit mögliche Produktion.**
   - **Die Käufer haben relativ viele Wahlmöglichkeiten.**
   - **Der Wettbewerb zwischen den Anbietern ist groß.**

   a) Welche der beiden Marktsituationen beschreibt einen Verkäufermarkt, welche einen Käufermarkt?
   b) Welche dieser Marktsituationen herrscht heutzutage in den Industrieländern vor?
   c) Wie muss ein Unternehmen gesteuert werden, wenn es unter den vorherrschenden Verhältnissen am Markt überleben will?

2. **Viele Unternehmen haben das Customer-Relationship-Management in ihre Marketingaktivitäten integriert. Auch Ihr Ausbildungsbetrieb stellt entsprechende Überlegungen an. Das Thema ist u. a. Gegenstand des betrieblichen Unterrichts und Sie werden mit einer Präsentation des CRM beauftragt. Als Teilthemen sollen auf jeden Fall berücksichtigt werden:**
   - **der Begriff des CRM,**
   - **die Vorteile des Einsatzes von CRM,**
   - **die wichtigsten Typen des CRM,**
   - **CRM-Instrumente.**

   Als Informationsgrundlage erhalten Sie den folgenden Artikel. Außerdem werden Sie auf die Informationsbeschaffung aus dem Internet verwiesen.

[1] engl.: sales force = persönlicher Verkauf

CRM für den Mundo
Im Markt für Mittelklassewagen herrscht starker Wettbewerb. Neukunden können hier nur schwer gewonnen werden. Darum rückt der Autohersteller Moyota seine Kundenstammdaten und damit das Customer-Relationship-Management für den neuen Moyota Mundo in den Vordergrund seiner Marketingbemühungen.
Moyota formuliert als Ziele:

- Steigerung des Mundo-Absatzes durch Aktivierung von Moyota-Fahrern, die kurz- und mittelfristig einen Autokauf planen,
- Unterstützung der Händler durch ein verkaufsförderndes Programm,
- Aufbau einer umfangreichen, aktuellen Datenbank, um eine langfristige Bindung zwischen Moyota und Kunden zu schaffen.

Zusammen mit einer Agentur entwickelte Moyota ein Konzept:
Zuerst stellte die Agentur die Kaufinteressierten aus den Kundenstammdaten zusammen. Dafür bereitete die Agentur Listen vor, die an alle Moyota-Händler verschickt wurden. Die Händler sollten diese Listen aktualisieren, Neukunden darin aufnehmen und Nichtinteressierte streichen. Das Ergebnis: 1 400 000 potenzielle Kunden.
Dann entwickelte die Agentur ein Mailing – einen Werbebrief –, das über die Einführung des neuen Mundo informierte. Eine Woche nach dem Versand wurden die Empfänger telefonisch kontaktiert. 1 150 000 potenzielle Kunden (91 %) konnten so erreicht werden. Die Kunden, die einen geplanten Kauf zeitlich vorzogen, erhielten automatisch über ihren Händler ein Bonuszertifikat.
Alle Interviewergebnisse wurden in einer CRM-Datenbank erfasst. Die Kunden, die Interesse am Kleinwagen Merlino äußerten, wurden den Händlern gemeldet.

Führen Sie die Präsentation durch.

1.3 Marketing-Organisation

MGB Maltmann Getriebebau e. K. hat eine Funktionsorganisation: Rüdiger Maltmann, der Inhaber, leitet das Unternehmen, legt Unternehmensziele und Unternehmenspolitik fest, koordiniert die Teilbereiche und trifft die strategischen Entscheidungen. Ihm sind die Hauptabteilungen **Beschaffung, Produktion, Absatz und Verwaltung** unterstellt. Die Hauptabteilung Absatz umfasst die Abteilungen Marktforschung/Werbung, Verkauf Inland, Verkauf Ausland sowie Mahnwesen/Service. Diese einfache Organisation ist für ein mittelständisches Unternehmen ausreichend. Der Inhaber als Geschäftsführer sorgt hier in enger Abstimmung mit dem Leiter des Absatzmanagements für die Ausrichtung der betrieblichen Funktionen am Markt und trifft die strategischen Absatzentscheidungen.

Die Abteilungsgliederung innerhalb des Absatzbereiches berücksichtigt einerseits planende Prozesse (Abteilung Marktforschung/Werbung), Vertriebs- und Auftragsbearbeitungsprozesse (zwei Verkaufsabteilungen) und Serviceprozesse (Abteilung Mahnwesen/Service). Zugleich sorgt die Trennung zwischen Verkauf Inland und Verkauf Ausland dafür, dass die besonderen Probleme des Auslandsabsatzes ausreichend berücksichtigt werden.

Eine marktgesteuerte Unternehmensführung muss durch eine marketinggerechte Organisation gestützt werden. Marketing darf kein „Anhängsel" der Absatzabteilung sein. Vielmehr muss die Marketingleitung in die Geschäftsleitung integriert sein (Geschäftsführer, Vorstand). Ihr müssen alle Absatzbereiche unterstellt sein. Das Marketing koordiniert alle betrieblichen Funktionen und richtet sie kundenorientiert aus (integriertes Marketing).

Jedes Unternehmen muss die Aufgaben innerhalb der Marketingorganisation nach seinen Erfordernissen gliedern. Maßgeblichen Einfluss haben z. B. die Art der Märkte und Produkte, die Zahl der Produkte, die Kundenstruktur und die Wettbewerbsverhältnisse. Folglich unterscheidet man folgende **Grundformen der Marketingorganisation**:

- funktionsorientierte Marketingorganisation,
- produktorientierte Marketingorganisation,
- kundenorientierte Marketingorganisation,
- gebietsorientierte Marketingorganisation.

In neuerer Zeit treten prozessorientierte Organisationsformen hinzu.

1.3.1 Funktionsorientierte Marketingorganisation

Hier bildet man Abteilungen/Stellen nach grundlegenden Absatzfunktionen. Dies sind v. a.: Marktforschung, Absatzplanung, Werbung, Verkauf, Kundenservice.

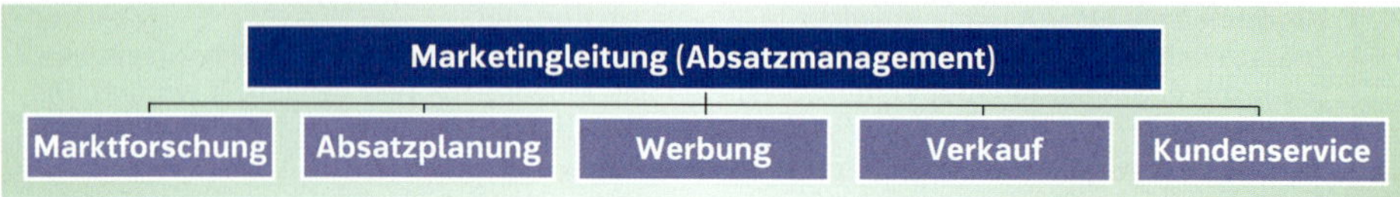

Vorteile:
- klare Verantwortlichkeit der Mitarbeiter für bestimmte Aufgaben,
- Spezialisierung auf diese Aufgaben, folglich hohe Erfahrung,
- einheitliche Erledigung der Aufgaben,
- deshalb einheitlicher Auftritt des Unternehmens am Markt.

Nachteile treten zutage, wenn
- das Unternehmen viele und/oder unterschiedliche Produktgruppen vertreibt,
- es die Interessen unterschiedlicher Kundengruppen berücksichtigen muss,
- es unterschiedliche Verhältnisse auf regionalen Märkten beachten muss.

Die Abteilungen können dann die besonderen Anforderungen ggf. nicht alle zugleich mit der nötigen Qualität erfüllen. Sie sind nicht flexibel genug, sich auf alle unterschiedlichen Marktbedingungen einzustellen und ihre Geschäftsprozesse darauf auszurichten.

FÜNFTER ABSCHNITT

1.3.2 Produktorientierte Marketingorganisation

Um die Belange der einzelnen Produkte stärker zu berücksichtigen, kann man der Marketingleitung Stabsstellen mit **Produktmanagern** (vgl. S. 70) zur Seite stellen.

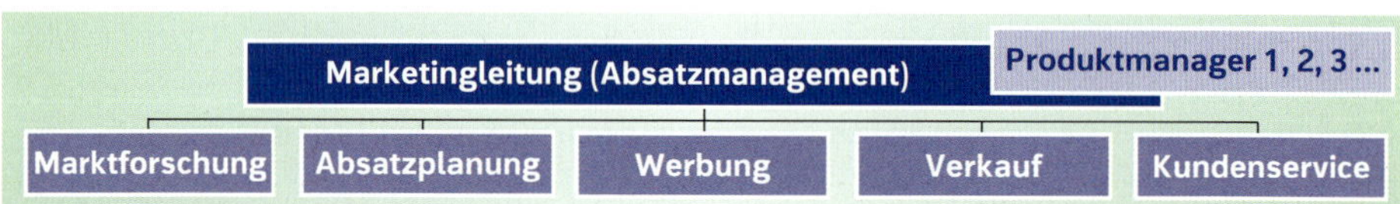

Der Produktmanager koordiniert alle Prozesse für sein(e) Produkt(gruppe). Seine Aufgaben können ggf. von der Produktplanung bis zur Produktentsorgung reichen.

Der Produktmanager hat keine Weisungsbefugnis. Trotzdem erlegt man ihm oft die Verantwortung für sein Produkt auf. Er muss deshalb eine Persönlichkeit mit ausgeprägter Überzeugungsfähigkeit sein.

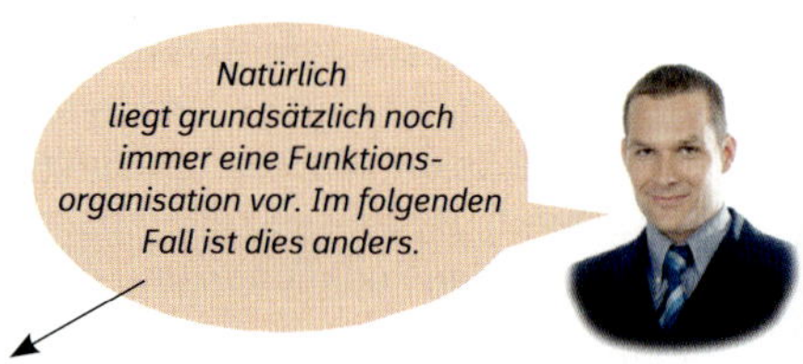

Um passende Marketingkonzepte für unterschiedliche Produktgruppen zu schneidern, bietet sich die produktorientierte Marketingorganisation an. Sie bildet unter der Marketingleitung Abteilungen für die Produktgruppen. Die Absatzfunktionen werden erst auf einer niedrigeren Ebene berücksichtigt.

Funktionen, die für alle Produktgruppen gemeinsam durchgeführt werden können, werden ggf. als Linienabteilung oder als Stabsabteilung ausgegliedert.

Beispiele: Produktorientierte Marketingorganisation

Marktforschung als Linienabteilung

Marktforschung als Stabsabteilung

Diese Organisationsform überträgt das Modell der Spartenorganisation (vgl. S. 50) auf die Marketingorganisation. Sie hat wesentliche **Vorteile**:

- Die Funktionen Absatzplanung, Werbung, Verkauf und Kundenservice können auf die Erfordernisse der jeweiligen Produktgruppe zugeschnitten werden.
- Auf Änderungen der Marktverhältnisse kann produktbezogen flexibler reagiert werden.
- Die Verantwortungs- und Entscheidungsbefugnisse für die Produktgruppen können weitgehend auf die Spartenleiter übertragen werden. Die Sparten werden zu selbstständigen Einheiten; sie planen ihre Geschäfte innerhalb vorgegebener Grenzen selbst. Ggf. wird für jede Sparte ein eigener Gewinn ermittelt und für die Beurteilung und Steuerung der Sparte herangezogen. Dann spricht man von einem **Profit-Center** (vgl. S. 50).

Nachteile sind:

- eventuelle Parallelarbeiten in den einzelnen Sparten,
- dadurch bedingt höhere Aufwendungen.

1.3.3 Kundenorientierte Marketingorganisation

Oft hat ein Unternehmen Abnehmergruppen (Marktsegmente, Teilmärkte), die abweichende Kaufgewohnheiten haben, besondere Kenntnisse erfordern (z. B. Rechtskenntnisse) oder sich durch hohe Umsätze auszeichnen (Key Accounts [Schlüsselkunden], Großkunden). Dann empfiehlt sich eine kundenorientierte Marketingorganisation.

Die kundenorientierte Marketingorganisation bildet unter der Marketingleitung Abteilungen für die Kundengruppen. Erst dann folgen die Absatzfunktionen.

Beispiel: Kundenorientierte Marketingorganisation

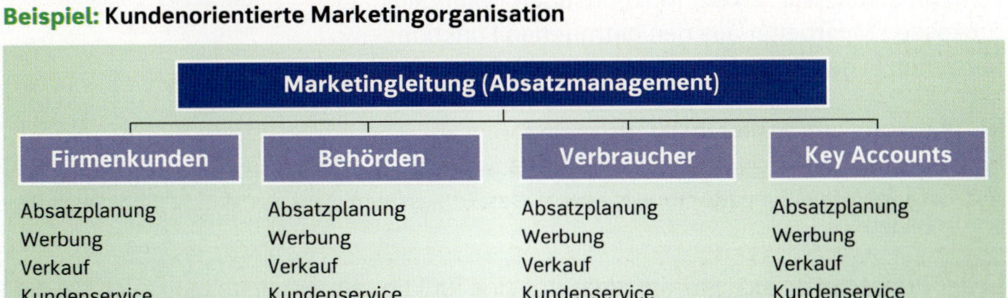

Key Accounts können auch in der Funktions- und der Spartenorganisation organisatorisch berücksichtigt werden. Dazu werden der Marketingleitung Stabsstellen mit Key-Account-

Managern zugeordnet. Diese betreuen die Schlüsselkunden und koordinieren die Marketingaktivitäten kundenbezogen.

Die kundenorientierte Marketingorganisation richtet die Marketingaktivitäten gezielt auf die Kundenwünsche aus. Sie entspricht deshalb der Idee einer marktgesteuerten Unternehmensführung am ehesten.

1.3.4 Gebietsorientierte Marketingorganisation

Bei einem weit verzweigten Absatzgebiet und unterschiedlichen Handelsgewohnheiten, Rechtsordnungen, Sprachen oder Kundenbedürfnissen kann eine gebietsorientierte Marketingorganisation zweckmäßig sein.

Die gebietsorientierte Marketingorganisation bildet unter der Marketingleitung Abteilungen für die verschiedenen Absatzgebiete. Die Absatzfunktionen folgen auf einer niedrigeren Ebene.

Beispiel: Gebietsorientierte Marketingorganisation

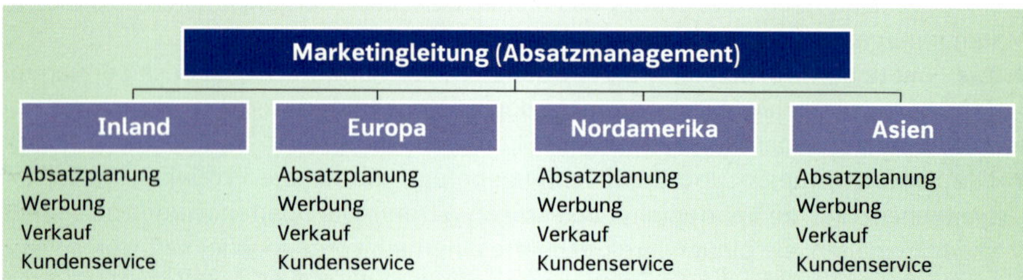

1.3.5 Prozessorganisation

Die Prozessorganisation orientiert sich an den Geschäftsprozessen des Unternehmens. In einem marktgesteuerten Unternehmen sollten alle kundenbezogenen Prozesse – also die Wert schöpfenden Kernprozesse – der Marketingleitung unterstellt werden. Die funktionsorientierten Abteilungen treten in den Hintergrund oder fallen – zumindest teilweise – sogar fort; sie werden ergänzt oder ersetzt durch Prozessteams unter der Leitung eines Prozessverantwortlichen. Dieser steuert und überwacht den Prozess funktionsübergreifend.

Reibungen und Zeitverluste entstehen vor allem an den Schnittstellen zwischen den Funktionen. Um sie zu minimieren, werden bei funktionsübergreifenden Prozessen Mitarbeiter aus den betroffenen Funktionsbereichen in das Prozessteam übernommen.

Beispiel: Auftragsbearbeitungsprozess

Der Auftragsbearbeitungsprozess erstreckt sich über die Funktionen Absatz, Fertigung, Beschaffung und Verwaltung (Rechnungswesen). Das Prozessteam wird aus Mitarbeitern dieser Bereiche gebildet.

In der Praxis hat es sich gezeigt, dass auf eine funktionale Arbeitsteilung auch bei der Prozessorganisation nicht völlig verzichtet werden kann. Jedes Unternehmen muss deshalb individuell die Organisationsform finden, die am besten für die Erreichung seiner Ziele geeignet ist.

Arbeitsaufträge

1. **Die Thermopor GmbH, Detmold, fertigt Fensterglas unter dem Markennamen Thermopora nach den neuesten klima- und umwelttechnischen Erkenntnissen für den Absatz in Deutschland, Belgien, den Niederlanden und Italien an. Jeden Tag verlassen etwa 100 Lastzüge das Unternehmen. Die Marketingorganisation hat folgende Struktur:**

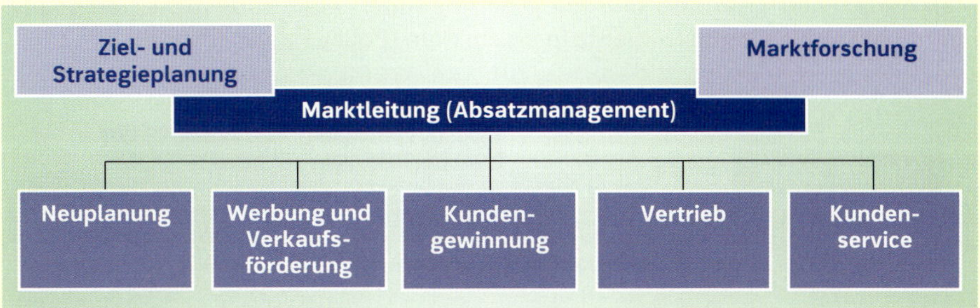

a) Nennen Sie typische Aufgaben der aufgeführten Stellen.

Aufgrund langjähriger Erfahrungen in der Bauwirtschaft will die Thermopor GmbH neue Möglichkeiten der Glasverwendung in Privathäusern erschließen und anbieten. Dazu schlägt der Marketingleiter vor, einen Produktmanager einzustellen.

b) Nennen Sie mögliche Verwendungen von Glas in Privathäusern (z. B. in Bad und Küche).

c) Nennen Sie wichtige Aufgaben des einzustellenden Produktmanagers.

d) Sollte nach Ihrer Ansicht die Stelle des Produktmanagers als Leitungsstelle oder als Stabstelle eingerichtet werden? Begründen Sie Ihre Meinung.

2. **Die Kölner Metallwerke GmbH ist ein Unternehmen, das technische Gewebe (WORLD WIDE WEAVE) fertigt. Bis 2007 wurden lediglich Prozess- und Transportbänder (WEAVE IN MOTION) hergestellt. Durch Zukauf zweier Unternehmen wuchs das Sortiment. Die Sparten CREATIVE WEAVE (Metallgewebeanwendungen für die moderne Architektur) und COMPACT FILTRATION (modernste Verfahrens- und Filtertechnik) kamen hinzu. Im gleichen Zuge wurde die Marketingorganisation angepasst. Dabei berücksichtigte man, dass das Unternehmen in der Sparte CREATIVE WEAVE drei Großkunden gewinnen konnte.**

a) Welche Marketingorganisation hatte das Unternehmen nach Ihrer Ansicht bis 2007? Begründen Sie Ihre Ansicht.

b) Machen Sie einen Vorschlag für die Neuorganisation. Erläutern Sie auch hier Ihre Gründe.

3. **Die Peter Oswald GmbH erzeugt und vertreibt elektronische Steueranlagen für den Werkzeug- und Gerätebau sowie für Großkühlanlagen. Der Absatz ist wie folgt gegliedert:**

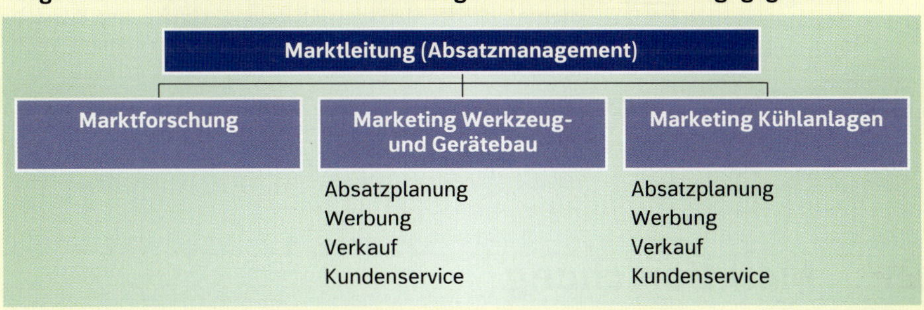

Neuerdings wird der ausländische Markt immer wichtiger. Dabei treten v. a. Probleme mit dem direkten Kontakt zum Kunden auf; ferner ergeben sich Schwierigkeiten mit der Abwicklung der Exporte. Der Absatz soll deshalb neu organisiert werden.

Machen Sie zwei Vorschläge für eine Neuorganisation. Begründen Sie beide Vorschläge.

1.4 Marketing-Konzeption

Um eine marktgesteuerte Unternehmensführung zu verwirklichen, benötigt Marketing eine langfristige und in allen Teilen abgestimmte Konzeption.

Eine Marketingkonzeption ist ein umfassender Grundsatzentwurf, der sich an den Marketingzielen orientiert und die grundlegenden Marketingstrategien sowie die operativen Marketinginstrumente in einem Plan (Policy Paper) festhält.

Marketingziele	→	Marketing-Konzeption	
		Marketingstrategien	abgestimmte Marketinginstrumente (Marketing-Mix)
Wo wollen wir hin?		Wie kommen wir dorthin?	Welche Mittel setzen wir ein?

Eine solche Konzeption entsteht in der Regel in mehreren Teilschritten.

Entstehung einer Marketingkonzeption	
Marktforschung →	Betrifft z. B. zu bearbeitende Problemfelder und Kundengruppen, Marktausdehnung, Bildung von Teilmärkten (= Marktsegmentierung), Einsatz der marketingpolitischen Instrumente
Absatzprognose →	Vorhersage über die Absatzmöglichkeiten
Strategische Marketingziele und Marketingstrategien →	**Strategische Marketingziele** sind langfristige Ziele. Sie betreffen z. B. Marktzugang, Marktwachstum, Produktimage. **Strategien** sind grundsätzliche Entwürfe, die das Vorgehen zur Erreichung der Ziele beschreiben. Sie entstehen durch Planung, sind langfristig wirksam und offen. Das bedeutet: Sie lassen innerhalb der gesteckten Grenzen Spielräume für genauere Ausarbeitungen.
Untergeordnete Marketingziele und Marketinginstrumente →	Zwischen- und Unterziele (Instrumentalziele) führen zur Ableitung operativer, kurzfristiger Maßnahmen **(Marketinginstrumente)**, die der Marktgestaltung und -bearbeitung dienen und bei Marktveränderungen angepasst werden können. Wichtig: **optimaler Marketing-Mix!**
Niederlegung im Policy Paper →	Das Policy Paper enthält die Marketingkonzeption als Grundsatzentwurf über Marketingstrategien und Marketinginstrumente.

2 Marktforschung

R. Maltmann, Inhaber von MGB:
„Wir Unternehmer brauchen Informationen über unsere Märkte. Wir erhalten sie durch Marktforschung. Viele meiner Kollegen meinen, dass sie ihre Märkte bereits kennen. Wer die Marktverhältnisse jedoch falsch einschätzt, führt sein Unternehmen in die Krise. Dabei ist Marktforschung auch für kleine Unternehmen schon mit kostengünstigen Mitteln möglich. Wer sich nicht traut, sollte seinen Betriebsberater bei der Kammer ansprechen."

2.1 Begriff und Aufgaben der Marktforschung

Marktforschung ist die systematische Beschaffung und Verwertung von Informationen über die Märkte des Unternehmens. Sie ist eine wichtige Grundlage der Absatzplanung und Absatzpolitik und soll das Marktrisiko der Unternehmung minimieren.

Markterkundung, Marktforschung, Absatzprognose

Marktuntersuchungen können sein:

Markterkundungen	Marktforschung
Unsystematisches Sammeln von Informationen (Kundengespräche, Berichte von Verkaufspersonal, Marktberichte in Fachzeitschriften, Messebesuche)	Systematisches Sammeln von Informationen (mit wissenschaftlichen Methoden vorbereitet und vom Betrieb selbst oder von Marktforschungsinstituten durchgeführt)

Arten der Marktforschung

- Marktanalyse: Untersuchung des Marktes zu einem bestimmten Zeitpunkt, z. B. für die Einführung eines neuen Produkts (Zeitpunkt-Analyse)
- Marktbeobachtung: Eine Kette von Marktanalysen über einen längeren Zeitraum hinweg, meist bei schon eingeführten Produkten (Zeitraum-Analyse)
- Ökoskopische Marktforschung: Gewinnung objektiver Daten, die von den Marktteilnehmern losgelöst sind (z. B. Marktpotenzial, Umsätze, Marktanteile)
- Demoskopische Marktforschung: Gewinnung von Daten über die Marktteilnehmer:
  - objektive Daten (z. B. Alter , Geschlecht, Beruf)
  - subjektive Daten (z. B. Einstellungen, Meinungen, Bedürfnisse, Verhalten)

Die Informationsbeschaffung erfolgt in den Forschungsbereichen der Marktforschung:

Erforschung der Marktsituation	Erforschung der Kunden	Erforschung der Konkurrenz	Erforschung des Umfeldes
Die Forschungsbereiche liefern Informationen			
... über das Marktpotenzial, das Marktvolumen und den Marktanteil	... über die tatsächlichen und möglichen Nachfrager	... über die Konkurrenz und über die Entwicklung der Branche	... über Entwicklungen im Umfeld des Marktes

Die Ergebnisse werden verarbeitet zur

↓

Absatzprognose

Vorhersagen über den Absatz und den Umsatz der betrieblichen Leistungen

Aufgaben der Marktforschung

Anregung	Prognose	Bewertung	Kontrolle	Bestätigung
Impulsgebung für Entscheidungsprozesse	Vorhersage zukünftiger Verhältnisse	Bewertung von Entscheidungsalternativen	Überprüfung der Wirksamkeit von Marketingentscheidungen	Erforschung der Ursachen von Erfolgen/Misserfolgen

Web

M 456

2.2 Methoden der Marktforschung

Siehe auch die zusammenfassende Präsentation Methoden der Marktforschung.

2.2.1 Sekundärforschung

Sekundärforschung[1] gewinnt Informationen anhand von vorhandenem Datenmaterial.

Sekundärforschung

Innerbetriebliche Informationsquellen	Außerbetriebliche Informationsquellen
z. B.: • Umsatzstatistik • Verkaufsberichte • Schriftwechsel mit Kunden • Sammlung von Zeitschriftenartikeln • Reparaturlisten • Lagerbestandsmeldungen • Aufzeichnungen von Reisenden/Vertretern • Einkaufspreislisten	z. B.: • Statistische Jahrbücher • Statistiken und Berichte von IHK, Verbänden, Banken, Fachzeitschriften • Bilanzen und Geschäftsberichte anderer Unternehmen • Prospekte und Kataloge • Preislisten von Konkurrenzfirmen • Veröffentlichungen wissenschaftlicher Institute

2.2.2 Primärforschung

Primärforschung[2] gewinnt Informationen durch eigens durchgeführte **Erhebungen**. Dies sind Befragungen, Beobachtungen und Tests (Experimente).

Arten von Erhebungen	
Vollerhebung	**Teilerhebung**
Erfassung der Gesamtmasse (z. B. **alle** bekannten Konkurrenten)	Erfassung einer Stichprobe

So geht man bei der Teilerhebung vor:

Gesamtmasse → Zufallsauswahl / Quotenverfahren → Stichprobe

Untersuchung durch

Befragung:	Interview, Fragebogen
Test:	z. B. Warentest, Preistest
Beobachtung:	z. B. Laufwege, Blickwege

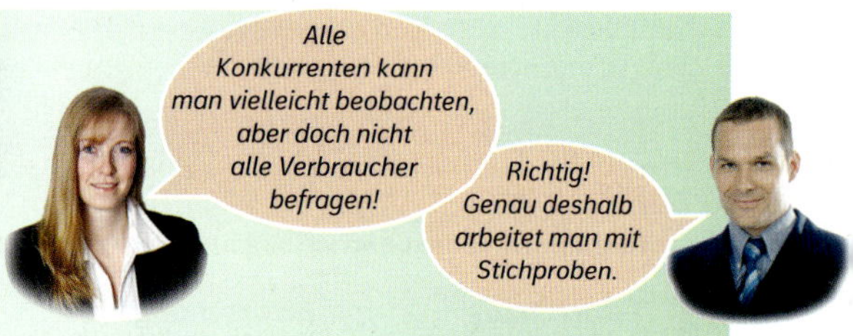

Eine Stichprobe ist eine repräsentative Teilmasse, die aus einer Gesamtmasse ausgewählt wird (z. B. 2 000 Verbraucher von 50 Millionen). Sie muss in ihrer Struktur mit der Gesamtmasse übereinstimmen. Dies erreicht man durch zwei Verfahren:

- **Random-Verfahren (= Zufallsauswahl)**
  Jedes Element der Gesamtmasse hat die gleiche Chance, ausgewählt zu werden. (Man wählt z. B. jeden 100. Namen im Telefonbuch).
- **Quotenverfahren**
  Man analysiert die Struktur der Gesamtmasse und stellt z. B. fest: 50,3 % der Einwohner sind weiblich, 24 % leben in einer Großstadt, 23,2 % sind zwischen 20 und 30 Jahre alt, 55 % verfügen über ein mittleres Einkommen. Die Stichprobe muss nun die gleiche Struktur aufweisen. Der Befrager erhält deshalb genaue Anweisungen, wie viele „weibliche Personen, wohnhaft in einer Großstadt, mit einem Alter zwischen 20 und 30 und mittlerem Einkommen" er befragen muss.

Befragung

Am häufigsten ist die Befragung durch **Fragebögen**. Um eine ausreichende Rücklaufquote zu erhalten, werden sie oft mit Anreizen (Preisausschreiben, Werbegeschenken) verbunden. Fragebögen haben ein festes Frage- und Antwortschema. Kontrollfragen sollen

[1] lat.: secundus = zweiter; Sekundärforschung verwendet Material „aus zweiter Hand".
[2] lat.: primus = erster; Primärforschung verwendet Material „aus erster Hand".

FÜNFTER ABSCHNITT

eine wahrheitsgemäße Beantwortung gewährleisten. Der Fragebogen ermöglicht die Erfassung großer Gruppen und eine schnelle Auswertung.

Beispiel: Auszug aus einem Fragebogen

Wie viele Personen umfasst Ihr Haushalt? ______
Besitzen Sie einen Trockenautomaten? Ja ☐ Nein ☐

Halten Sie einen Trockenautomaten geeignet für
- Kochwäsche? Ja ☐ Nein ☐
- Buntwäsche? Ja ☐ Nein ☐
- Oberbekleidung? Ja ☐ Nein ☐
- Gardinen? Ja ☐ Nein ☐
- Lederbekleidung? Ja ☐ Nein ☐

Die meisten Trockenautomaten kosten zwischen 250,00 EUR und 600,00 EUR.
Wie viel Euro würden Sie dafür ausgeben? ______ EUR

Welche Gründe sprechen nach Ihrer Ansicht für die Anschaffung eines Trockenautomaten?
- Arbeitserleichterung? Ja ☐ Nein ☐
- Wäschepflege? Ja ☐ Nein ☐
- Zeitersparnis Ja ☐ Nein ☐
- weitere Gründe ______

Tatsachenforschung – untersucht objektive Daten des Marktes

Meinungsforschung – untersucht die Meinung der Befragten

Motivforschung – untersucht die Gründe für Kaufentscheidungen

Mündliche Befragungen – **Interviews** – haben nicht die genannten Vorzüge des Fragebogens. Freie Interviews verlangen vom Interviewer große Fähigkeiten und sind zeitaufwendig, können aber genauere Aussagen bringen. Meist vollzieht sich das Interview jedoch anhand eines Fragebogens (Vorteil: Zusatz- und Rückfragen möglich). Heutzutage werden Befragungen auch oft telefonisch durchgeführt.

Die Befragung eines gleichbleibenden Personenkreises zu denselben Themen und in regelmäßigen Abständen über einen längeren Zeitraum heißt **Panel**. Je nach untersuchter Gruppe unterscheidet man Handels- und *Haushaltspanel*.

Web M 457

Beispiel: Haushaltspanel

5 000 repräsentativ ausgewählte Haushalte sollen auf einem Online-Fragebogen fortlaufend alle ihre Einkäufe von Bohnenkaffee notieren. Erfasst werden: Einkaufsdatum, Menge der Packungen, Einzelgewicht, Warenart (z. B. mit oder ohne Koffein), Art der Verpackung, Zustand (gemahlen, ungemahlen), Sorte gemäß Packungsangabe, Marke/Hersteller, Verbrauchsmenge.

Beobachtung

Durch Befragung können keine Sachverhalte erfasst werden, die
- dem Marktteilnehmer selbst nicht bewusst sind,
- die der Marktteilnehmer aufgrund seines Ausdrucksvermögens nicht artikulieren kann.

Hier bietet es sich an, das Verhalten durch Beobachtung zu ermitteln.

Beispiele: Beobachtungen

- Die Laufwege der Kunden in einem Supermarkt werden aufgezeichnet. Sie liefern Erkenntnisse über die optimale Warenpositionierung.
- Durch Testeinkäufe wird beobachtet, ob ein Produkt vom Verkaufspersonal optimal erklärt wird. So können Erkenntnisse zur Verbesserung der Beratungsqualität gewonnen werden.
- An einem Fahrkartenautomaten wird beobachtet, ob die Kunden mit der Menüführung zurechtkommen. Ggf. kann auch die Software des Automaten Aufschluss geben, indem z. B. Vorgangsabbrüche gezählt werden.
- Durch technische Hilfsmittel werden die Blickwege beim Betrachten einer Internetseite erfasst. Dies liefert Erkenntnisse darüber, welche Informationen als erste vom Betrachter erfasst werden. Auch die durchschnittliche Verweildauer auf einer Seite ist erfassbar.

Tests (Experimente)

Tests sind ein beliebtes Mittel, um die Käufereinstellung zu Produkten (Warentest), zu Produktnamen (Marken-, Recalltest), zur Verpackung (Verpackungstest), zur Preishöhe (Preistest) zu ermitteln oder um festzustellen, ob Werbemaßnamen sich lohnen (z. B. Anzeigentest).

- **Laborexperimente** sind Tests, die unter künstlichen Bedingungen durchgeführt werden.

> **Beispiele: Laborexperimente**
> - **Anzeigentest:** Es soll geprüft werden, wie die Farbgestaltung einer Anzeige gefällt. Dazu zeigt man Versuchspersonen die Anzeige in unterschiedlichen Farben. Dabei misst man den Hautwiderstand mithilfe eines Psychogalvanometers. Die Messergebnisse geben Aufschluss über die emotionale Wirkung der Farben.
> - **Preistest:** Versuchspersonen erhalten mehrere Produkte und sollen sie nach ihrer Wertschätzung in eine Rangfolge bringen. Daraus lassen sich Schlüsse ziehen, welche Preise für die Produkte akzeptiert werden.

- **Feldexperimente** sind Tests, die am Markt durchgeführt werden. So wendet man z. B. das Testmarktverfahren an, um die Absatzfähigkeit neuer Produkte zu überprüfen. Dazu wählt man einen regional begrenzten Teilmarkt (z. B. das Saarland) aus, der in seiner Struktur dem Gesamtmarkt ähnlich ist. Dort führt man das Produkt mit allen absatzpolitischen Maßnahmen ein und kontrolliert die Wirkungen (z. B. die Akzeptanz der Verpackung, der Werbung, des Preises oder den Absatzerfolg).

2.3 Forschungsgebiete

2.3.1 Erforschung der Marktsituationen

Wichtige Daten der aktuellen Marktsituation sind das Markt- und das Absatzpotenzial, das Markt- und das Absatzvolumen, der absolute und der relative Marktanteil.

Marktpotenzial (MP)	Marktvolumen (MV)	absoluter Marktanteil (aMA)
bezeichnet die Aufnahmefähigkeit des Marktes: • mengenmäßig: mögliche Gesamtabsatzmenge einer Produktart auf einem Markt, • wertmäßig: möglicher Gesamtumsatz einer Produktart auf einem Markt. Das MP kann nur geschätzt werden.	bezeichnet • mengenmäßig: die tatsächliche Gesamtabsatzmenge einer Produktart auf einem Markt, • wertmäßig: den tatsächlichen Gesamtumsatz einer Produktart auf einem Markt.	bezeichnet den Prozentanteil, den das Absatzvolumen eines Unternehmens am Marktvolumen hat: $aMA = \frac{Absatzvolumen}{Marktvolumen} \cdot 100$
Absatzpotenzial (AP)	**Absatzvolumen (AV)**	**relativer Marktanteil (rMA)**
bezeichnet den Anteil am Marktpotenzial, den ein Unternehmen am Marktpotenzial glaubt erreichen zu können.	bezeichnet die tatsächliche Absatzmenge/den tatsächlichen Umsatz, den das Produkt eines Unternehmens erzielt.	$rMA = \frac{\text{eigener aMA}}{\text{aMA des Hauptkonkurrenten}}$ oder alternativ: $rMA = \frac{\text{eigener aMA}}{\text{aMA der 3 Hauptkonkurrenten}}$

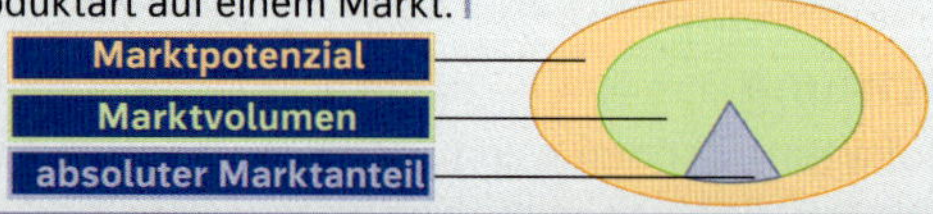

Wichtig sind auch Daten über die Marktentwicklung: Wächst der Markt, stagniert oder schrumpft er?

wachsender Markt	stagnierender Markt	schrumpfender Markt
Das Marktvolumen erreicht noch nicht das Marktpotenzial. Eine Steigerung der Absatzmenge ist wahrscheinlich. 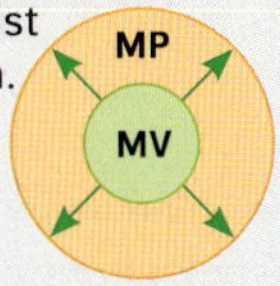	Das Marktvolumen entspricht (nahezu) dem Marktpotenzial (gesättigter Markt). Der Absatz kann nicht mehr steigen. 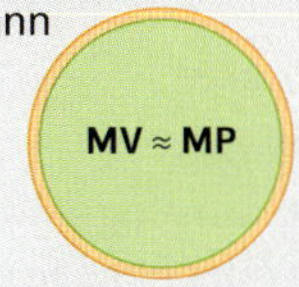	Das Marktpotenzial und das Marktvolumen sinken. Der Absatz nimmt ab. 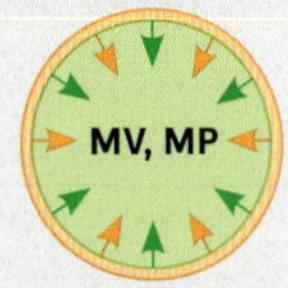

2.3.2 Erforschung der Kunden

Um die Bedürfnisse der bestehenden und potenziellen Kunden optimal befriedigen zu können, müssen möglichst viele Informationen über sie gesammelt werden.

Erforschung der Kunden		
soziodemografische Daten	**Kaufverhalten**	**Persönlichkeitsmerkmale**
Wenn die Kunden Konsumenten sind, sind z. B. von Interesse: • Alter • Geschlecht • Familienstand • Kinder • Einkommen • Ausbildung • Wohnort	• Welche Produkte kauft der Kunde? • Wie oft, wann, wo und wie viel kauft er ein? • Warum kauft er ein Produkt? • Wie gut informiert er sich über ein Produkt (**Involvement**)? • Welche Informationsquellen nutzt er?	• Welche **Einstellung** hat der Kunde zum Produkt/zur Marke? (Meinungsforschung) • Welches **Image** hat das Produkt/die Marke? • Wie können die Einstellungen des Kunden beeinflusst werden? • Welche **Motive** beeinflussen das Kaufverhalten? (Motivforschung)

Erläuterungen:

- **Involvement.** Das Involvement bezeichnet das Ausmaß, in dem sich ein Kunde mit einem Produkt auseinandersetzt, sich darüber informiert. Ein starkes oder schwaches Involvement wirkt sich unmittelbar auf das Kaufverhalten aus.

Involvement und Kaufverhalten		
	Produkte mit hohem Involvement	**Produkte mit niedrigem Involvement**
Merkmale	• hoher Anschaffungspreis • Nutzung über einen langen Zeitraum	• Gebrauchsgegenstände von geringer persönlicher Bedeutung • Dinge des täglichen Bedarfs
Beispiele	• Auto, Immobilie, Tablet-PC, Kaffeevollautomat	• Putzeimer, Spülschwamm • Butter, Marmelade, Duschgel
typisches Kaufverhalten	• aktive Auseinandersetzung: Preisvergleiche, Testberichte usw. • Einbeziehung eigener und fremder Erfahrungen • ausgeprägte Markentreue • gefestigte Einstellung zum Produkt • schlecht durch Marketing zu beeinflussen	• Produktkauf erfolgt meist unreflektiert • nur passive Aufnahme von Informationen • keine bewusste Markentreue • Einstellungen können durch Marketingmaßnahmen beeinflusst werden

- **Einstellung, Image.** Einstellungen beziehen sich auf einzelne Beurteilungskriterien („Den kleinen Kofferraum mag ich nicht.“), das Image (Bild) auf das gesamte Produkt oder die Marke („Dieses Auto ist umweltfreundlich.“) Beide müssen positiv sein, sonst kauft der Kunde nicht.

Durch Meinungsforschung werden die Einstellungen der Kunden und das vorherrschende Produktimage erforscht.

Es ist zum Beispiel herauszufinden,
- wie ein geplantes Produkt, ein eingeführtes Produkt oder eine Produktveränderung (etwa andere Aufmachung oder Fortfall eines Produktes) beim Kunden ankommen;
- ob bzw. in welchem Umfang eine Werbemaßnahme die beabsichtigte Veränderung in der Wahrnehmung des Kunden bewirkt hat.

Beispiel: Positionierungsanalyse

Für die Planung des Kleinstwagens Mino lässt der Hersteller eine ausgewählte Personengruppe das Konzept des Autos nach der Delphi-Methode (s. S. 465) im Vergleich zu Konkurrenzkonzepten einschätzen. Als Gegensatzpaare wurden **emotional – rational** und **wertvoll – billig** gewählt. Vom Ergebnis ist der Hersteller überrascht. Wegen der Produkteigenschaften (1-Liter-Auto, Steuervorteile, wenig Parkraum) hatte er mit einem stärker rational begründeten Interesse gerechnet.

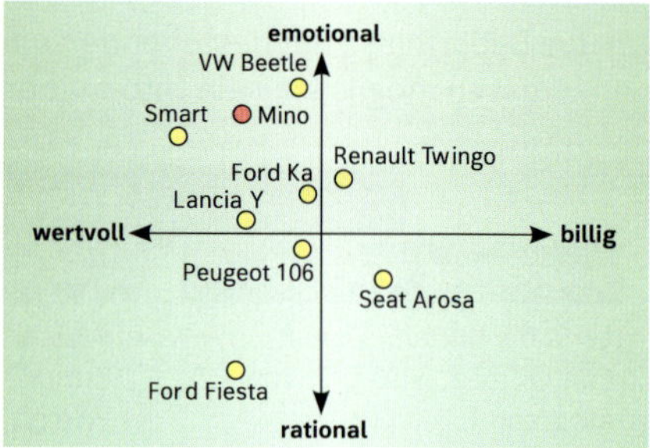

- **Motive.** Die Motive (Beweggründe) für den Produktkauf liegen darin, dass sich der Kunde einen Nutzen von dem Produkt verspricht. Über den **Grundnutzen** (z. B. Auto: Fortbewegung) hinaus ist oft auch der **Zusatznutzen** (z. B. Sportwagen: Gefühl von Sportlichkeit, Exklusivität) wichtig, den ein Gut stiften kann. Die Motive dafür liegen oft im Unterbewussten. Kann man sie im Rahmen der Motivforschung herausfinden, spricht man sie meist durch gezielte, oft raffinierte Werbung an.

2.3.3 Erforschung der Konkurrenz

Die Konkurrenzforschung sammelt Informationen über die tatsächlichen und möglichen Konkurrenten und die Branchenentwicklung.

Konkurrenzforschung

Tatsachenforschung	Verhaltensforschung
• Konkurrenzprodukte (Substitutions-, Komplementärgüter) • Vor- und Nachteile in Qualität, Aufmachung, Preis, Handhabung • Größe des Marktanteiles, Absatzentwicklung • Konkurrenzanbieter (Angebotspalette, Kapitalstärke, Personalbestand, Absatzorgane) • Entwicklungstendenzen bei diesen Größen	aggressive oder zurückhaltende, schnell oder langsam reagierende Konkurrenz im Hinblick auf Preissetzung, Werbemaßnahmen, Verkaufsförderung, Produktgestaltung, Einsatz der Absatzorgane

2.3.4 Erforschung des Umfeldes

Die Marktforschung darf sich nicht auf den Markt selbst beschränken, sondern muss auch immer das gesamte Umfeld des Unternehmens (siehe S. 37) mit einbeziehen. Dann kann man zum Beispiel frühzeitig auf neue Anforderungen an Produkte und Vertriebswege reagieren.

Beispiel: Einfluss des Unternehmensumfeldes auf das Marketing

Umfeldbereiche	Beispiele
politisch-rechtliches Umfeld	Die Einführung von Umweltzonen in deutschen Städten führt dazu, dass Pkw-Hersteller bestimmte Anforderungen hinsichtlich der Schadstoffemissionen berücksichtigen müssen.
soziales Umfeld	Der Trend zum Ein-Personen-Haushalt führt dazu, dass kleinere Einheiten im Lebensmitteleinzelhandel nachgefragt und angeboten werden.
technologisches Umfeld	Steigende Bandbreiten ermöglichen einen schnelleren Datentransfer im Internet. Online-Videotheken haben deshalb die klassische Videothek verdrängt.
ökonomisches Umfeld	Bei der Preisgestaltung für ein Produkt müssen immer die finanziellen Möglichkeiten der potenziellen Kunden berücksichtigt werden. Hierbei spielen z. B. das Lohnniveau oder das Wirtschaftswachstum und diesbezügliche Erwartungen eine Rolle.

2.4 Projektphasen einer Marktanalyse

Eine Marktanalyse entsteht gewöhnlich in sechs Teilphasen:

Phase 1
Definitionsphase
- Formulierung und Strukturierung des Marktforschungsproblems
- Klärung des Informationsbedarfs nach Umfang und für einen zu bestimmenden Zeitraum
- Festlegung der Ziele der Marktanalyse
- Festlegung des Erhebungsrahmens

Phase 2
Designphase
- Festlegung auf Eigenforschung oder Fremdforschung (Letztere wird von einem Marktforschungsinstitut durchgeführt.)
- Festlegung der Analyse-Methoden: Primärforschung oder Sekundärforschung
- Ausarbeitung des Analyseinstruments (z. B. Fragebogen)

Phase 3
Erhebungsphase
- Vortest des Analyseinstruments (Ausmerzen von Fehlern!)
- Erstellung von Praxisanweisungen (Untersuchungsrichtlinien)
- Durchführung der Analyse

Phase 4
Analysephase
- Überprüfung der rückläufigen Unterlagen (vollständig und richtig ausgefüllt? richtiger Personenkreis? Widersprüchlichkeiten?)
- Eingabe der Daten in den Computer
- Datenaufbereitung (z. B. Addition von Ja-Antworten/Nein-Antworten)
- Datenanalyse mittels statistischer Verfahren
- wenn erforderlich: Erstellung einer Marktprognose

Phase 5
Kommunikationsphase
- Kontakte mit dem Auftraggeber der Analyse
- Präsentation der Zwischen- und Endergebnisse
- Diskussion der Ergebnisse mit dem Auftraggeber

Phase 6
Entscheidungsphase
Treffen der notwendigen Entscheidungen (z. B. Beseitigung von Produktmängeln, die in den rückläufigen Fragebögen beanstandet wurden)

2.5 Auswertung von Marktforschungsinformationen (Beispiel SWOT-Analyse)

„Welche Stärken und Schwächen haben unsere Leistungen, Produkte, Marken im Vergleich mit denen unserer (Haupt-)Konkurrenten?“ Die Beantwortung dieser Frage ist wichtig, denn Stärken befördern Chancen und Schwächen befördern Risiken.

- Stärken bestehen in Bereichen, in denen das eigene Unternehmen besser ist als die Konkurrenz.
- Schwächen bestehen dort, wo die Konkurrenz einen Vorsprung hat.

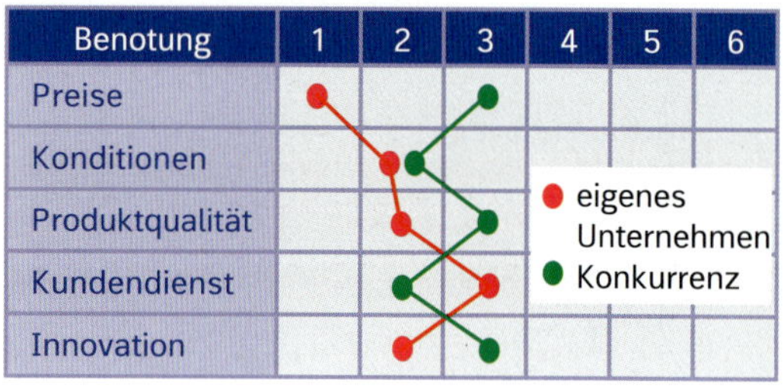

Deshalb wertet man die Ergebnisdaten der Konkurrenzforschung aus und erstellt **Stärken-Schwächen-Analysen**. Stärken-Schwächen-Profile stellen die benoteten Merkmale der eigenen und konkurrierenden Leistungen gegenüber und zeigen, wo Verbesserungsbedarf besteht. Da Stärken und Schwächen unternehmens**interne** Ursachen haben, kann das Unternehmen sie beeinflussen.

Alle Bereiche der Unternehmung sind zu berücksichtigen:

- **Absatz:** z. B. Preise, Konditionen, Produkt-, Termin-, Servicequalität, Kundendienst, Innovation, Werbung, ...
- **Produktion:** z. B. Maschinenqualität, Kapazität, Kosten, Flexibilität, Durchlaufzeit, ...
- **Beschaffung:** z. B. Material- und Lieferqualität, Einkaufspreis, Kosten, ...
- **Personal:** z. B. Kompetenz, Motivation, Betriebsklima, Krankenstand, ...
- **Finanzierung:** z. B. Ausstattung mit Eigenkapital, kurz-/langfristigem Geldkapital, Barmitteln, ...
- **Führung, Organisation:** z. B. Ideenfindung, Planung, Kontrolle, Informationsverarbeitung, ...

Zusätzlich decken **Markt- und Umfeldanalysen** Opportunities und Threats auf, also **externe** Möglichkeiten und Gefahren. Diese wirken von außen auf das Unternehmen ein und sind nicht beeinflussbar. Auch sie begründen Chancen und Risiken (vgl. S. 38).

Es ist sinnvoll und üblich, beide Analysen zu einer **SWOT-Analyse** zu verbinden. Die Gegenüberstellung externer und interner Größen eröffnet die Möglichkeit, Vorgehensweisen (Strategien) zur Nutzung von Stärken und zum Abbau von Schwächen zu planen.

Marktforschung

SWOT-Analyse (S = Strengths, W = Weaknesses, O = Opportunities, T = Threats)		Opportunities (externe Möglichkeiten)	Threats (externe Gefahren)
		1. 2. ...	1. 2. ...
Strengths (interne Stärken)	1. 2. ...	**S-O-Strategie:** Stärken fördern und einsetzen, um Möglichkeiten zu nutzen!	**S-T-Strategie:** Stärken fördern und einsetzen, um Gefahren abzuwehren!
Weaknesses (interne Schwächen)	1. 2. ...	**W-O-Strategie:** Schwächen beseitigen, um Möglichkeiten zu nutzen!	**W-T-Strategie:** Schwächen beseitigen, um Gefahren abzuwehren!

Marktforschung

2.6 Absatzprognose

2.6.1 Prozess der Absatzprognose

Der taiwanesische PC-Hersteller Acer – nach Stückzahlen weltweit an zweiter Stelle – musste im März 2011 einen Umsatzeinbruch melden. Man hoffte noch, im zweiten Quartal die Absatzzahlen stabil halten zu können. Im April jedoch senkte Acer die Absatzprognose und teilte mit, dass mit einem Rückgang von 10 % gegenüber dem Vorquartal zu rechnen sei.

Die Ergebnisse der Marktforschung werden computergestützt mit statistischen Methoden zu Absatzprognosen verarbeitet.

Absatzprognosen sind erfahrungsgestützte Vorhersagen über den Absatz und den Umsatz betrieblicher Leistungen (Produkte, Handelswaren, Dienstleistungen).

Wichtige Prognosen betreffen z. B. die Entwicklung

- des Marktpotenzials und des Absatzpotenzials,
- des Marktvolumens und des Absatzvolumens,
- des Marktanteils.

Prozess der Absatzprognose

Phase 1
Problemanalyse
- Betrifft die Prognose den Gesamtmarkt oder Teilmärkte?
- Soll eine lang-, mittel- oder kurzfristige Prognose erstellt werden?
- Welche Daten sind vorhanden, welche müssen beschafft werden?

Phase 2
Auswahl der Prognosegröße und ihrer Bestimmungsgrößen
- Prognosegrößen sind z. B. Absatzmengen, Umsätze und Marktanteile.
- Bestimmungsgrößen der Absatzmenge sind z. B. Fertigungskapazität und Kundennachfrage.
- Die Nachfrage hängt ihrerseits ab von Einkommen, Bedürfnisstruktur, Preis, Qualität.

Phase 3
Analyse der Zusammenhänge zwischen diesen Größen
Welche Abhängigkeiten (mengen-, wert-, qualitätsmäßige) bestehen zwischen den Größen?

Phase 4
Durchführung der Prognose
Die Prognosegrößen werden auf die Zukunft hochgerechnet.

Phase 5
Marketingentscheidungen treffen/begründen
Anhand der erstellten Prognose können Marketingentscheidungen getroffen oder bereits getroffene Entscheidungen begründet werden.

2.6.2 Arten der Absatzprognose

Als Prognosearten sind vor allem folgende Gegensatzpaare zu nennen:

- kurzfristige und langfristige Absatzprognosen,
- Entwicklungsprognosen und Wirkungsprognosen.

Bei den Prognosemethoden unterscheidet man quantitative und qualitative Methoden.

Arten der Absatzprognose

Kurzfristige Prognose	Langfristige Prognose
Der Vorhersagezeitraum ist	
• < 1 Jahr (Wochen- oder Monatswerte).	• > 1 Jahr (oft 10 Jahre oder mehr).

Entwicklungsprognosen	Wirkungsprognosen
Die Prognosegröße (z. B. Umsatz) wird in Abhängigkeit von Größen bestimmt, die das Unternehmen	
• nicht beeinflussen kann (z. B. Zeit); es werden v. a. quantitative Methoden angewendet.	• beeinflussen kann (z. B. Marketinginstrumente).

Prognosemethoden

Quantitative Methoden	Qualitative Methoden
• erzielen mit mathematischen Verfahren (z. B. gleitender Durchschnitt, Trendberechnung) rechnerische Ergebnisse.	• erzielen verbale Aussagen (Vorhersagen) durch Nutzung der Erfahrungen und Kenntnisse von „Experten“ (z. B. Händler, Kunden, Außendienstmitarbeiter).

Beispiele: Prognosen und Prognosemethoden

Langfristige Entwicklungsprognosen:

1. Bei ihrem Produkt „Kaffeeautomat“ hat die Genuma GmbH die nebenstehenden Absatzzahlen festgestellt.

Jahr	1	2	3	4
Menge	2 500	2 600	2 800	3 000

   Genuma errechnet einen linear ansteigenden **Trend** und prognostiziert für die Jahre 5 und 6 Absatzmengen von 3 200 und 3 400 Stück.

2. Die Konjunkturentwicklung lässt nach einem mäßigen Jahr 1 in Jahr 2 und 3 eine Steigerung des Pkw-Absatzes um jeweils 20 % erwarten. Der Reifenhersteller Good Day nutzt den Pkw-Absatz als **Indikator** für den Reifenabsatz: Er prognostiziert aufgrund dieses Indikators eine Steigerung seines Reifenabsatzes von ebenfalls 20 %.

Wirkungsprognose:

Die Großmolkerei Füller Milch AG hat ihr Werbebudget um 10 % erhöht und ihre Preise für das Produkt Fruchtjoghurt um 10 Cent je Becher gesenkt. Sie prognostiziert eine Absatzsteigerung von 15 %.

Qualitative Prognose

Der indische Automobilhersteller Tuta will sein Billigauto Nona auch in einer Europa-Version anbieten. Dazu erforscht er, auf welche Produkteigenschaften die europäischen Kunden Wert legen und welchen Einführungspreis sie akzeptieren. Er geht nach der sog. *Delphi-Methode* vor: Er legt Studenten des Fachbereichs Automobilwirtschaft einen Katalog mit Fragen vor, die die wahrscheinliche Reaktion unterschiedlicher Käuferschichten auf genannte Autoeigenschaften (Preis, Ausstattung, Kraftstoffverbrauch, Schadstoffausstoß usw.) betreffen. Nach gemeinsamer Auswertung der Antworten folgt ein zweiter Fragenkatalog usw. Mit jeder Runde überdenken die Mitglieder ihre eigenen Antworten. Erfahrungsgemäß kommt es zu einer Annäherung der Meinungen. Das Ergebnis wird u. a. als Grundlage für eine Absatzprognose benutzt.

Arbeitsaufträge

1. **Aus einem Reisebericht des Handlungsreisenden Ralf Petersen:**

   „... Die besuchten Werkstätten halten sich zurzeit generell mit der Anschaffung von Maschinen und Geräten zurück. Sie begründen dies mit dem konjunkturell bedingten Auftragsrückgang ihrer Kunden. Gegenüber dem letzten Vierteljahr ist mein Auftragsvolumen wertmäßig um etwa 25 % von 815 000,00 EUR auf 607 000,00 EUR zurückgegangen. Andererseits konnte ich allgemein reges Interesse an unserer neuen Metallsäge MS-3 feststellen. Eine gezielte Informations- und Werbekampagne könnte sich hier lohnen.

   Der verstärkte Hang zum Hobbywerken führte zu einer leicht ansteigenden Umsatztendenz bei Bohrmaschinen in Fachgeschäften, Warenhäusern und Verbrauchermärkten. Der Kauf von Zusatzgeräten scheint sich langsam von Kreissägen stärker auf Stichsägen zu verlagern. Die Konkurrenz (vor allem Black & Bauer) engagiert sich im Verbrauchermarkt- und Warenhausbereich mit Rabatten, die 10 % über den unsrigen liegen. Die Firma Unipreis ist nur bei einem Wiederverkäuferrabatt von 50 % bereit, unser Sortiment einzuführen ...“

   a) Zu welchem Bereich der Markterkundung gehört das Sammeln von Informationen aus einem solchen Bericht?
   b) Stellen Sie eine Übersicht über die Informationen und Rückschlüsse auf, die sich daraus ergeben.

2. **Das Absatzpotenzial eines Pkw-Typs setzt sich zusammen aus:**
   - **Erstkäufern,**
   - **Zusatzkäufern (Käufer, die diesen Typ als Zweitwagen anschaffen),**
   - **Ersatzkäufern; das sind:**
     - **Modell-Loyale (Käufer, die bereits das Vormodell besitzen und nun das neue Modell kaufen wollen),**
     - **Marken-Loyale (Käufer, die irgendeinen Pkw desselben Fahrzeugherstellers besitzen und nun das neue Modell kaufen),**
     - **Fremdmarkenwechslern (Eroberungen von anderen Marken).**

   Hierzu ein konkreter Fall:
   Die Auto Union will im Jahr 03 einen Nachfolger für ihren Kleinwagen Ancra herausbringen. Folgende Informationen liegen vor:

– Bisherige Ancra-Bestände:		**1 500 000 Stück**
– Insgesamt geschätzte Neukaufrate bisheriger Ancra-Besitzer:		**10 %**
davon:	**Abwanderungen zu Fremdmarken:**	**15 %**
	Abwanderungen zu anderen Modellen des Konzerns:	**35 %**
	Modell-Loyale:	**50 %**
– Zuwanderungen von Fremdmarken:		**40 000 Stück**
– Zuwanderungen von anderen Modellen des Konzerns:		**15 000 Stück**
– Erstkäufer:		**10 000 Stück**
– Zusatzkäufer:		**2 500 Stück**

   Das Marktvolumen betrug im Jahr 01 5 800 000 Stück, das Absatzvolumen 203 000 Stück. Das Marktpotenzial für das Jahr 03 wird auf 6 000 000 Stück geschätzt. Die Auto Union strebt für den Ancra eine Erhöhung des Marktanteils um 0,5 Prozentpunkte an.

a) Berechnen Sie den Marktanteil des alten Modells im Jahr 01.
b) Berechnen Sie das Absatzpotenzial für den neuen Ancra.
c) Erscheint die angestrebte Erhöhung des Marktanteils aufgrund der vorliegenden Marktinformationen als ein erreichbares Ziel?
d) Prognosen machen Aussagen über zukünftige Entwicklungen. Zeigen Sie Probleme auf, die damit zwangsläufig verbunden sind.

3. **Die Haushaltselektro GmbH hat Pläne für eine neuartige Küchenmaschine entwickelt. Sie versucht nun, sich einen genauen Überblick über den Markt zu verschaffen.**

   Welche Marktinformationen benötigt das Unternehmen? Erstellen Sie dazu eine Mindmap.

4. **Die Chemische Werke Edelchrom GmbH will eine Analyse der potenziellen Kunden ihrer Autopolitur „Langglanz" durchführen. Nach einem Jahr kostspieliger Werbung erwartete man einen Marktanteil von etwa 10 %. Der tatsächliche Marktanteil liegt jedoch bei nur 3 %. Deshalb werden vier Marktforschungsunternehmen beauftragt, einen Entwurf für eine Fragebogenaktion zu entwickeln. Außerdem sollen eine Käuferbeobachtung und ein Käufertest durchgeführt werden.**

   a) (1) Bilden Sie je Marktforschungsinstitut ein Marktforschungsteam. Jedes Team erstellt einen Fragebogen mit bis zu 15 Fragen. Er soll erkennen lassen, welche Segmente (Alter, Einkommen, Geschlecht usw.) die Politur ablehnen und welche Gründe für die Ablehnung vorliegen.
   (2) Die Teamsprecher präsentieren der Geschäftsleitung (4 Personen) ihren Entwurf und den erstellten Fragebogen.
   (3) Die Geschäftsleitung diskutiert mit dem Teamsprecher den Gesamtentwurf.
   (Weitere Personen können in die Diskussion eingreifen. Für entsprechende Wortmeldungen wird ein leerer Stuhl bereitgestellt.)
   (4) Zum Schluss wird das Marktforschungsteam mit dem besten Entwurf ausgewählt.
   b) Entwerfen Sie eine Anweisung für die Beobachtung von Kunden. Beobachtungsort sei ein Stand in einem Verbrauchermarkt, an dem eine Werbeaktion für „Langglanz" durchgeführt wird. Es soll das Verhalten der Kunden des Verbrauchermarktes festgehalten werden.
   c) Denken Sie sich einen Test aus, mit dem die Einstellungen zum Produkt „Langglanz" erforscht werden können.
   d) Mit den oben angeführten Maßnahmen werden Marktforschungsinstitute beauftragt. Alternativ könnte – zumindest bei einem Großunternehmen – auch die eigene Marketingabteilung diese Aufgaben erledigen. Welche Gründe sprechen dafür, welche dagegen? (Diskutieren Sie eventuell auch in zwei Gruppen.)

5. **Folgende Zahlen (Absatzmengen in Stück) über den Pkw Mango IV liegen vor:**

Mango IV	Jahr 1	Jahr 2	Jahr 3	Jahr 4
Limousine	150 000	190 000	210 000	140 000
Variant	70 000	70 000	40 000	40 000
Cabrio	58 000	79 000	100 000	100 000
Summe	**278 000**	**339 000**	**350 000**	**270 000**

   a) Stellen Sie die Absatzentwicklung nach Jahren und nach Typen grafisch dar. Benutzen Sie dazu ein Tabellenkalkulationsprogramm.
   b) Bilden Sie mehrere Teams für folgende Arbeiten:
      - Vergleichen Sie die Absatzentwicklung des Mango IV insgesamt und der einzelnen Typen.
      - Das Cabrio zeigt eine positivere Absatzentwicklung als die anderen Typen. Welche Gründe könnte dies haben?
      - Das Kaufverhalten der Cabrio-Käufer soll professionell untersucht werden. Formulieren Sie dazu einen ausführlichen Auftrag an ein Marktforschungsinstitut.
      Präsentieren Sie Ihre Ergebnisse mithilfe einer Präsentationssoftware.

6. **Eine Gruppe von Verbrauchern (3 000 Teilnehmer) soll täglich auf einem Online-Fragebogen ihre Einkäufe unter Eintragung von Produkt, Marke, Gewicht oder Menge und Preis festhalten. Der Fragebogen wird wöchentlich über eine längere Zeit hinweg an ein Marktforschungsinstitut zur Auswertung übermittelt.**

   a) Handelt es sich hier um Primär- oder Sekundärforschung?
   b) Nennen Sie den genauen Namen dieser Marktforschungsmethode.
   c) Nach welchen Verfahren wurden die Personen ausgewählt?

d) Handelt es sich um eine Marktanalyse oder um eine Marktbeobachtung?
e) Versuchen Sie einige Informationen anzugeben, die mithilfe einer solchen Untersuchung gewonnen werden können.

7. Die Kambel AG will ein neues Waschmittel auf den Markt bringen. Deshalb lässt sie von einem Marktforschungsinstitut eine Positionierungsanalyse über die aktuellen Produkte am deutschen Markt erstellen. Zur Einschätzung werden die Gegensatzpaare „weiß – bunt" und „schonend – kraftvoll" ausgewählt. Ergebnis der Analyse:

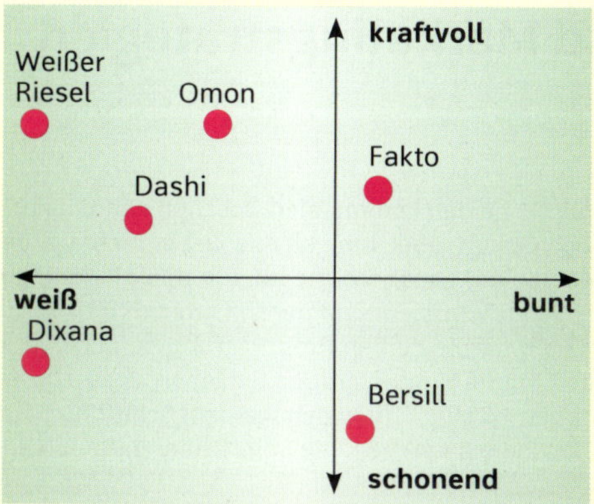

a) Aus einer Positionierungsanalyse können zahlreiche Anhaltspunkte für produktpolitische Maßnahmen abgeleitet werden. Nennen Sie Beispiele.
b) Die Kambel AG sucht geeignete Marktnischen für ihr neues Produkt. Finden Sie solche Nischen auf der Basis des Positionierungsanalyse-Ergebnisses und beschreiben Sie ihre Position.

8. MGB veranstaltet einen Management-Workshop[1], auf dem Probleme der Planung für das folgende Geschäftsjahr bearbeitet werden. Unter anderem sollen mögliche Strategien für Schneckenradgetriebe ermittelt werden. Die Teilnehmer haben schon folgende Elemente erarbeitet:

- ***Opportunities:*** **schneller technischer Fortschritt bei Präzisionsgeräten; wachsende Märkte für Medizintechnik; weltweit Krankenhausneubauten; Trend zu längerer Lebenszeit**
- ***Threats:*** **starke Konkurrenz im Absatzmarkt Ostasien; weltweite Finanzknappheit im Gesundheitswesen; zunehmend verschärfte Sicherheitsvorschriften; steigende Rohstoffpreise; Zunahme von Krisengebieten**
- ***Strengths:*** **Finanzstärke; kurze Entwicklungszeiten; Zusammenarbeit mit zwei Hochschulen; Präzisionsfertigung; höchste Produktqualität; maßgeschneiderte Lösungen; Patente; ausgebildetes Personal; treuer Kundenstamm in Europa und Nordamerika.**
- ***Weaknesses:*** **Produktionsengpässe; hohe Stückkosten; teilweise unsichere Lieferer; schwache Absatzorganisation in Ostasien; dort auch geringe Marktkenntnis und Bekanntheit**

Stellen Sie die Elemente in einer SWOT-Analyse gegenüber und entwickeln Sie geeignete Strategien für die Produktgruppe Schneckenradgetriebe. Benutzen Sie dafür das Formular *SWOT-Analyse*.

Web M 467

9. Die Marketingabteilung der Metall KG führt je Monat eine kurzfristige Absatzprognose für ihre Produkte durch. Dabei berechnet sie die voraussichtliche Absatzmenge eines Monats als gleitenden Durchschnitt der jeweils letzten drei erzielten Monatsabsatzmengen.

Artikelnummer: 111		
Monat	**tatsächliche Absatzmenge (Stück)**	**voraussichtliche Absatzmenge (Stück)**
Januar	300	
Februar	330	
März	325	
April		318
Mai		
Juni		

[1] Workshop: Art Arbeitskreis; Teilnehmer meist aus gemeinsamer Umgebung, mit gemeinsamen Zielen (z. B. Probleme lösen, Strategien entwickeln, voneinander lernen). Leiter soll – anders als bei Seminar und Training – nicht Wissen und Kompetenz vermitteln; ist vielmehr Moderator, soll alle Teilnehmer integrieren, Kommunikation steuern.

Am Ende des Monats April ergibt sich ein Absatz von 340 Stück.

a) Berechnen Sie die voraussichtliche Absatzmenge für Mai.

Am Ende des Monats Mai ergibt sich ein Absatz von 350 Stück.

b) Berechnen Sie die voraussichtliche Absatzmenge für Juni.

3 Marketingziele und Marketingstrategien

3.1 Marketingziele

Maltmann Getriebebau e. K. (MGB) setzt sich für die beiden kommenden Geschäftsjahre das Ziel, den Gewinn um 20 % zu steigern. Das ist einfach gesagt, aber wie soll das Ziel erreicht werden? Hierzu leitet MGB zunächst Ziele für die einzelnen Funktionsbereiche ab. Für den Marketingbereich wird z. B. festgelegt, dass ein Marktanteil von 5 % erreicht und der Umsatz um 20 % gesteigert werden soll. Im nächsten Schritt werden Ziele für die beiden Produktgruppen (Schieberad- und Schneckenradgetriebe) formuliert. So sollen für die Produktgruppe Schieberadgetriebe eine Absatzmenge von 29 000 Stück und ein Umsatz von 14 Mio. EUR erzielt werden. Schritt für Schritt werden weitere, detailliertere Ziele abgeleitet, bis Ziele entstehen, die unmittelbar in Handlungen umgesetzt werden können.

Die obersten Ziele sind nicht operational (SMART). Sie können nicht unmittelbar in zielgerichtete Handlungen umgesetzt werden. Deshalb sind aus den groben Oberzielen detailliertere Unterziele für die Funktionsbereiche abzuleiten.

*Sie erinnern sich: Ziele müssen nach Inhalt, Ausmaß und Zeit festgelegt werden. Sie müssen **spezifisch, messbar, akzeptabel, realistisch und terminiert**, kurz: SMART, sein. SMARTe Ziele heißen auch **operationale** Ziele.* *Siehe S. 23.*

Die Ziele für den Funktionsbereich Absatz heißen Marketingziele.

Im Hinblick auf die Zielinhalte unterscheidet man grundsätzlich zwei Zielgruppen:

Marketingziele

Ökonomische Ziele	Psychografische Ziele
(auf einen ökonomischen Erfolg ausgerichtet)	(auf das Verhalten der Käufer ausgerichtet)

Ökonomische Ziele – Wichtige Ziele (Beispiele):

- Erzwingung des Marktzugangs in einem bestimmten Gebiet oder bei bestimmten Käufergruppen
- Erreichen eines bestimmten Marktanteils
- Halten eines bestimmten Marktanteils
- Erreichen eines bestimmten Umsatzes

Psychografische Ziele – Wichtige Ziele (Beispiele):

- Erhöhung des Bekanntheitsgrades
  - eines Artikels,
  - des gesamten Absatzprogramms,
  - des Unternehmens
- Verbesserung der Kundeninformation über Artikel, Absatzprogramm, Unternehmen
- Verbesserung des Images von Artikeln, des Absatzprogramms und des Unternehmens
- Steigerung der Vorliebe der Kunden
  - für einen Artikel
  - für das Absatzprogramm
  - für das Unternehmen

Die ökonomischen Ziele sind zahlenmäßig zu formulieren. Bei den psychografischen Zielen ist dies nicht möglich.

Beispiel: Ableitung von Marketingzielen für das Jahr 20..

Unternehmensziel: (strategisches Ziel)	**Gewinnsteigerung um 20 %**			
Bereichsziele: (strategische Ziele)	**Beschaffungsziele**	**Produktionsziele**	**Marketingziele**	**weitere Ziele** (z. B. Finanzierungsziele)
	1. Erzielung eines Marktanteils von 5 % auf dem Gesamtmarkt; 2. Umsatzsteigerung von 20 % auf dem Gesamtmarkt			
Zwischenziele: (Gruppenziel)	**Gruppe Schieberadgetriebe**		**Gruppe Schneckenradgetriebe**	
	1. Erreichen einer Absatzmenge von 29 000 Stück 2. Erreichen eines Umsatzes von 14 000 000 EUR			
Unterziele: (Instrumentalziele)	**leistungspolitische Ziele** (betreffen die Absatzleistungen)	**kontrahierungspolitische Ziele** (betreffen die Preise und Konditionen)	**kommunikationspolitische Ziele** (betreffen werbende Maßnahmen)	**distributionspolitische Ziele** (betreffen den Vertrieb)
	1. Neuentwicklung von zwei Produkten 2. Qualitätsverbesserung (Leichtmetall)	Preisanhebung um 2 %	Erhöhung des Bekanntheitsgrads um 30 %	1. Neue Vertretungen in Asien 2. Logistikkostensenkung um 15 %

Die im Beispiel genannten Unterziele betreffen den Einsatz der sog. **Marketinginstrumente**. Darunter versteht man alle Maßnahmen, die zur Marktgestaltung eingesetzt werden können. Sie lassen sich einteilen in Instrumente der Leistungs-, Kontrahierungs-, Kommunikations- und Distributionspolitik. Die folgende Übersicht zeigt Beispiele für entsprechende Ziele:

Die Marketinginstrumente werden ab Kapitel 6 detailliert behandelt. Eine Übersicht finden Sie auf S. 475.

FÜNFTER ABSCHNITT

Marketingziele nach den Marketinginstrumenten

leistungspolitische Ziele	kontrahierungspolitische Ziele	kommunikationspolitische Ziele	distributionspolitische Ziele
z. B. Anbieten von • Spitzenprodukten • Massenprodukten • Standardprodukten • Spezialprodukten • Systemprodukten (kompletten Baugruppen)	z. B. • Preisstabilisierung • Preisanhebung • Preiskontrolle • Preissenkung • Zahlungsbeschleunigung	z. B. • Wecken von Aufmerksamkeit • Informieren des Kunden • Aufbau einer positiven Kundeneinstellung • Stärkung der Kaufabsicht	z. B. • Ausweiten der Absatzorganisation • Versandbeschleunigung • Senkung der Logistikkosten

Die Marketingziele müssen untereinander und mit den anderen Unternehmenszielen abgestimmt werden. Es sollte möglichst Zielharmonie bestehen. Dies ist nicht immer möglich. Bei Zielkonflikten muss ggf. festgesetzt werden, welche Ziele Vorrang haben sollen.

Beispiele: Zielkonflikte

(1) Ziele: 1. Bekanntmachung von Produkten (durch Werbung)
2. Modernisierung der Produktionsanlagen
Konflikt: Die Ausgaben für Werbung schränken die Mittel für die Modernisierung ein.

(2) Ziele: 1. Gewinnsteigerung (durch Aufgabe eines verlustbringenden Produkts)
2. Sicherung der Beschäftigung
Konflikt: Durch die Produktaufgabe entsteht Unterbeschäftigung in der Fertigung.

Arbeitsaufträge

1. **Die PROP GmbH produziert Propeller für kleine Flugzeuge. Sie stellt sich folgendes Ziel: „Wir wollen den Unternehmensgewinn steigern."**
   a) Handelt es sich um ein Formalziel oder um ein Sachziel?
   b) Erfüllt diese Zielformulierung die Anforderungen, die an eine Zielformulierung gestellt werden müssen?
   Nennen Sie zunächst die Anforderungen und formulieren Sie dann ggf. das Ziel anforderungsgerecht.
   c) Begründen Sie die Behauptung: Es handelt sich nicht um ein operationales Ziel.
   d) Was ist zu tun, um zu operationalen Zielen zu gelangen?

2. **Betrachten Sie das Beispiel „Ableitung von Marketingzielen für das Jahr 20.." auf Seite 469.**
   a) Welche der aufgeführten Ziele sind ökonomische Ziele, welche psychografische Ziele?
   b) Leiten Sie aus dem Unternehmensziel Bereichsziele für Beschaffung, Produktion und Finanzierung ab, für die Zielharmonie mit den beiden genannten Marketingzielen besteht.
   c) Leiten Sie für das Beispiel weitere Marketingziele (Zwischen- und Unterziele) für die Sparte Motoren ab.

3. **Für das Produkt X der Ackermann GmbH gilt im Jahr 20..:**

Stückpreis	Absatzmenge	Umsatz (Menge · Preis)	Kosten	Gewinn (Umsatz – Kosten)
100,00 EUR	20 000 Stück	2 000 000,00 EUR	1 300 000,00 EUR	700 000,00 EUR

Die Geschäftsleitung setzt folgende Ziele für das Folgejahr: Umsatzsteigerung 10 %, Gewinnsteigerung 5 %.

mögliche Mittel	Preiserhöhung um 10,00 EUR	Preissenkung um 10,00 EUR	Produktverbesserung
wahrscheinliche Folgen	Absatzrückgang um 20 %	Absatzsteigerung um 5 %	Kostensteigerung um 20 % Umsatzsteigerung um 10 %

   a) Mit welchen Mitteln wird wahrscheinlich tatsächlich eine Umsatzsteigerung erreicht?
   b) Führt die Umsatzsteigerung in diesem Fall auch zur gewünschten Gewinnsteigerung?
   c) Erläutern Sie Zielkonflikte, die ggf. auftreten.

3.2 Marketingstrategien

Der Unternehmer Rüdiger Maltmann hat für MGB das strategische Ziel gesetzt, zu wachsen und ihre Umsätze auf dem europäischen Markt auszubauen. Sie denkt dabei an die Anwendung zweier Strategien:
(1) Die bestehenden Märkte sollen intensiver bearbeitet, die Kunden individueller angesprochen werden.
(2) Die Kundenbedürfnisse sollen durch die schnelle Entwicklung innovativer Produkte optimal befriedigt werden.

Marketingstrategien sind grundsätzliche Entwürfe, die das Vorgehen beschreiben, mit dem die strategischen Marketingziele erreicht werden sollen.

Sie entstehen durch Planung, sind langfristig wirksam und offen. „Offen" bedeutet: Sie beschreiben das Vorgehen nur grob und lassen Handlungsspielräume für die Mitarbeiter, zeigen aber zugleich auch die Grenzen auf.

Strategien können betreffen:

- das Gesamtunternehmen oder seine Sparten (Unternehmensstrategien),
- die Funktionsbereiche (z. B. Marketingstrategien),
- Teilfunktionen (z. B. Preisstrategien, Werbestrategien).

Ausgehend von den Strategien werden konkretere Maßnahmen (Marketinginstrumente) abgeleitet.

3.2.1 Wahl der Geschäftsfelder

Eine grundlegende Strategie ist die Wahl der Geschäftsfelder. Das sind die Leistungsbereiche, in denen ein Unternehmen aufgrund seiner Kompetenzen tätig sein will. Sie werden vor der Unternehmensgründung abgesteckt und langfristig angepasst. Natürlich wählt man nur Felder aus, auf denen man sich einen ausreichenden Umsatz und vertretbare Kosten verspricht. Intensive Marktforschung hilft, sie zu finden.

Beispiel: Geschäftsfelder des Mannesmann-Konzerns

- **1890:** Gründung. Geschäftsfeld: Stahlröhrenproduktion.
- **Vor dem 2. Weltkrieg:** Einstieg in weitere Geschäftsfelder: Erz- und Kohlebergbau, Stahlerzeugung, Maschinenbau.
- **Nach dem 2. Weltkrieg:** Abgabe des Steinkohlen-Bergbaus an die Ruhrkohle AG und der Stahlproduktion an die Thyssen AG. Neue Geschäftsfelder: Anlagenbau (Rexroth, Demag, Krauss-Maffei) und Automobilzulieferbereich (Kienzle, Fichtel & Sachs, VDO, Boge).
- **1990:** Mannesmann ist ein breit diversifizierter Technologiekonzern. Neues Geschäftsfeld: das erste private Mobilfunknetz D2 (mit atemberaubenden Gewinnspannen).
- **2000:** Übernahme der Aktienmehrheit durch das britische Telekommunikationsunternehmen Vodafone. Verlust der Selbstständigkeit. Eingliederung des Telekommunikationsbereichs in die Vodafone Group. Verkauf des gesamten Rests an andere Unternehmen.

3.2.2 Marktsegmentierungsstrategien

Nehmen wir einmal an, ein Unternehmen habe als Geschäftsfeld „industrielle Großbäckerei" gewählt. Dann wird es feststellen, dass die möglichen Käufer hinsichtlich ihres Nachfrageverhaltens sehr heterogen (uneinheitlich) sind: Der eine verlangt Mehrkornbrot, der andere Vollkornbrot, der dritte Weißbrot, der nächste Knäckebrot usw. Der Gesamtmarkt für Brot besteht also in Wirklichkeit aus vielen Teilmärkten (auch Marktsegmente genannt).

Jeden Teilmarkt kennzeichnet eine Käufergruppe, die sich viel homogener (einheitlicher) verhält als die Käufer auf dem Gesamtmarkt. Sie eignet sich deshalb viel besser als Zielgruppe spezieller Marketingmaßnahmen. Für die anbietenden Unternehmen ist es folglich wichtig, den Absatzmarkt auf mögliche Marktsegmente hin zu analysieren und Marktsegmentierung zu betreiben.

Marktsegmentierung ist die Aufteilung des Gesamtmarktes in möglichst einheitliche Teilmärkte sowie die Bearbeitung eines oder mehrerer dieser Teilmärkte.

Dabei kommen zwei Arten von Marktsegmentierungsstrategien zur Anwendung:

- **Markterfassungsstrategie:**
  Aufteilung des Marktes in Segmente mithilfe von Segmentierungskriterien

Segmentierungskriterien

geografische	demografische	psychografische
z. B. • Staaten • Bundesländer • Städte • Wohngebiete	z. B. • Geschlecht • Alter • Familienstand • Kinderzahl • Ausbildung • Einkommen	z. B. • Lebensstil • Risikoeingang • soziale Orientierung • Nutzenvorstellungen

M 472_1

Vgl. auch die Präsentation *Marktsegmentierung*.

- **Marktbearbeitungsstrategien:**
  - Bearbeitung eines (des lukrativsten) Segments
  - Bearbeitung mehrerer Segmente

Einzelheiten hierzu siehe S. 483.

3.2.3 Wachstumsstrategien

Wachstumsstrategien verfolgen das Ziel des Marktwachstums, also der Umsatzsteigerung. Je nach dem Vorgehen auf den Märkten und bei den Produkten sind vier grundsätzliche Strategien möglich:

Produktvorgehen / Marktvorgehen	Beibehaltung der bisherigen Produkte	Entwicklung/Aufnahme neuer Produkte
Weiterbearbeitung der bisherigen Märkte	Strategie der Marktdurchdringung	Strategie der Produktentwicklung
Entschließung neuer Märkte	Strategie der Marktentwicklung	Strategie der Diversifikation

M 472_2

Vergleiche auch die Präsentation *Wachstumsstrategien*.

- Die **Strategie der Marktdurchdringung** soll durch forcierte Marketing-Aktivitäten eine stärkere Durchdringung der bisherigen Märkte mit den bisherigen Produkten erreichen. Dafür bieten sich z. B. an:
  - verbesserte Produktgestaltung (Marke, Qualität, Design, Verpackung),
  - verstärkte Werbung,
  - Aufbau eines Kundenbindungsmanagements (Customer-Relationship-Management; CRM).

- Die **Strategie der Marktentwicklung** soll mit den vorhandenen Produkten neue Absatzregionen oder neue Käuferschichten erschließen. Dafür bieten sich der Aufbau neuer Absatzorgane sowie Produktvariationen (Veränderungen) an, die die neuen Käuferschichten ansprechen.
- Die **Strategie der Produktentwicklung** soll auf den bestehenden Märkten durch Produktinnovationen (Neuentwicklungen) zusätzliche Käufer gewinnen.
- Die **Strategie der Diversifikation** soll durch die Aufnahme andersartiger Erzeugnisse neue Märkte erschließen.

Oft gründet man zu diesem Zweck Tochtergesellschaften, kauft andere Unternehmen auf oder schließt sich mit ihnen zusammen. Man kann das Know-how[1] der anderen Unternehmen nutzen und so eigene Kosten sparen. Diversifikation soll immer von lediglich einem Leistungsbereich unabhängig machen.

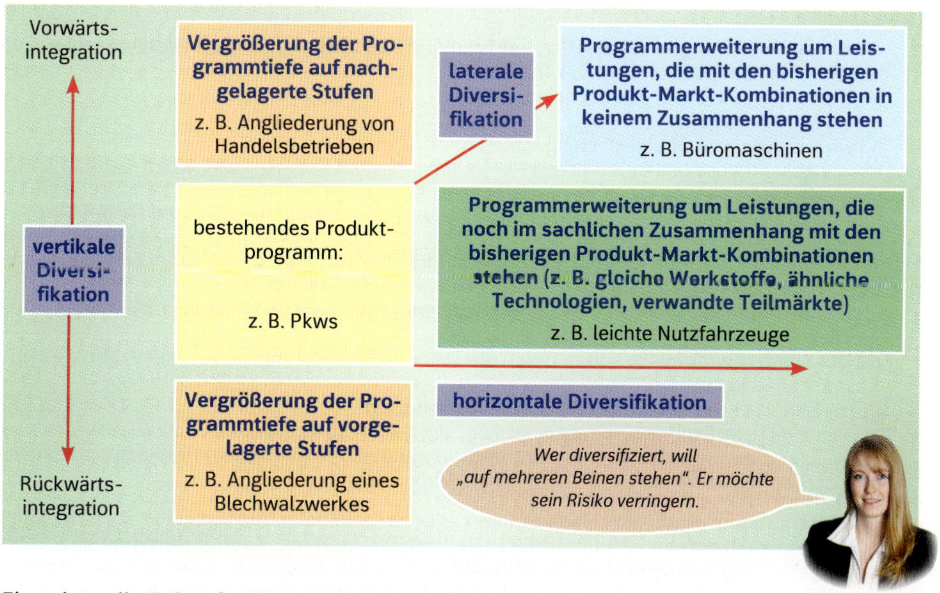

Eine sinnvolle **Zukunftsstrategie** ist oft die Reihenfolge Marktdurchdringung → Marktentwicklung → Produktentwicklung → Diversifikation.

3.2.4 Rückzugsstrategien

In schrumpfenden Märkten können Rückzugsstrategien notwendig werden.

- **Konzentrationsstrategie:** Bewusste Verkleinerung des Geschäftsfelds, um langfristig rentabel zu bleiben. Man konzentriert sich auf lukrative Schwerpunkte, auf eine begrenzte Zahl von Produkten und Nachfragern.
- **Abschöpfungsstrategie:** Aufgabe des Geschäftsfelds mit dem Versuch, vorher noch möglichst starke Geldflüsse herauszuholen; z. B. durch Kürzung der Werbeausgaben, schlechtere Produktqualität, Preiserhöhungen, Beschränkung auf das Ersatzteilgeschäft.
- **Zerschlagungsstrategie:** Möglichst schnelle Einstellung aller Tätigkeiten des Geschäftsfelds. Dies ist meist mit hohen Kosten und Widerstand der Betroffenen verbunden. Deshalb kann man stattdessen auch an einen Verkauf des Geschäftsfelds denken.

[1] Geistig-technische Spezialkenntnisse und Erfahrungen, die nicht rechtlich geschützt werden können. Sie unterliegen deshalb oft strenger Geheimhaltung.

3.2.5 Wettbewerbsstrategien

Wettbewerbsstrategien sollen die Stellung des Unternehmens im Wettbewerb verbessern.

- **Strategie der Kostenführerschaft:** Sie strebt an, mit niedrigeren Kosten als die Konkurrenz zu produzieren. Dies setzt in der Regel eine Produktion in großen Stückzahlen voraus.
- **Strategie der Differenzierung:** Sie stellt die Einzigartigkeit des eigenen Produkts heraus. Hierfür wird die Werbung eingesetzt (vgl. Sprechblase auf S. 520).

Arbeitsaufträge

1. **Die 80 größten deutschen börsennotierten Aktiengesellschaften sind im DAX (Deutscher Aktien-Index) und im MDAX (Mid Cap DAX) gelistet. Zu ihnen gehört die TUI AG. Dieses Unternehmen hieß bis 2002 Preussag AG und firmierte dann um.**
   Informieren Sie sich im Internet über die Geschichte des Unternehmens und berichten Sie über die Geschäftsfelder, die es im Zeitablauf bearbeitet hat.

2. **Marktsegmentierung ist notwendig, um Teilmärkte zu bestimmen, die im Rahmen eines Geschäftsfeldes bearbeitet werden können.**
   Nennen Sie Segmentierungskriterien, nach denen
   a) ein Seifenhersteller,
   b) ein Hersteller von Oberbekleidung
   Marktsegmentierung betreiben könnte.

3. **Betrachten Sie das Einführungsbeispiel zum Kapitel Marketingstrategien auf Seite 471. MGB Maltmann Getriebebau e. K. hat sich das strategische Ziel gesetzt, zu wachsen und seine Umsätze auf dem europäischen Markt auszubauen. Man denkt dabei an die Anwendung zweier Strategien:**
   (1) Die bestehenden Märkte sollen intensiver bearbeitet, die Kunden individueller angesprochen werden.
   (2) Die Kundenbedürfnisse sollen durch die schnelle Entwicklung innovativer Produkte optimal befriedigt werden.
   a) Welche Wachstumsstrategien sind hier angesprochen?
   b) Nennen Sie Maßnahmen, die geeignet sind, den beiden Strategien zum Erfolg zu verhelfen.
   c) Welche dritte Strategie könnte MGB noch anwenden, um mit seinem Produktprogramm zu wachsen? Erläutern Sie auch hier geeignete Maßnahmen.

4. **Ein Unternehmen produziert einen Staubsauger für Haushalte und bietet ihn auf dem deutschen Markt wie folgt an: Es unterhält in Verbrauchermärkten, Kaufhäusern und Baumärkten eigene Verkaufsstände mit jeweils einem eigenen Verkäufer. Dank hervorragender Qualität erreicht das Produkt einen Marktanteil von 20 %. Durch diesen Erfolg ermutigt, setzt die Geschäftsleitung sich ein kontinuierliches jährliches Wachstum zum Ziel. Sie ist überzeugt, den größtmöglichen Erfolg zu erzielen, indem sie nacheinander alle vier Wachstumsstrategien anwendet.**
   Schlagen Sie eine sinnvolle Reihenfolge für den Strategieeinsatz vor und nennen Sie für jede Strategie erfolgswirksame Maßnahmen, die eingesetzt werden können.

5. **Zur Diversifikation des eigenen Angebots bietet sich die weltweite Produktsuche an: Es muss nicht immer eine eigene Produktidee sein, mit der man sein Angebot sinnvoll ergänzen und neue Märkte erschließen kann. Die Eigenentwicklung von Innovationen ist teuer. Deshalb sollte der Erwerb fremder Verwertungsrechte eine Alternative sein.**
   Entwerfen Sie eine Konzeption, wie ein Unternehmen einen entsprechenden Suchprozess sinnvoll planen und durchführen kann.

4 Überblick über die Marketinginstrumente

4.1 Arten der Marketinginstrumente

Die Umsetzung der Marketingstrategien erfordert die Entwicklung von Unterzielen (Instrumentalzielen) und – darauf basierend – von Marketinginstrumenten.

Marketinginstrumente sind die Maßnahmen, die konkret für die Absatz- und Marktgestaltung im Rahmen vorgegebener strategischer Grundsatzentscheidungen eingesetzt werden können.

Die Marketinginstrumente werden üblicherweise eingeteilt in Instrumente der Leistungspolitik, Distributionspolitik[1] (Vertriebspolitik), Kontrahierungspolitik[2] und Kommunikationspolitik[3].

Marketinginstrumente

Instrumente der Leistungspolitik	Instrumente der Distributionspolitik	Instrumente der Kontrahierungspolitik	Instrumente der Kommunikationspolitik
betreffen die Absatzleistungen: Produkte, Marken, Serviceleistungen	betreffen die Gestaltung der Absatzkanäle und der Absatzlogistik	betreffen Vertragsinhalte: Preise, Vertragsbedingungen (Konditionen)	betreffen werbende Maßnahmen
• Produktpolitik • Programmpolitik • Markenpolitik • Servicepolitik	• Absatzorgane • Absatzwege • Absatzlogistik	• Preispolitik • Konditionenpolitik	• Corporate Identity • Public Relations • Sponsoring • Absatzwerbung • Verkaufsförderung • Direct Marketing • Event-Marketing
Abstimmung durch **Leistungsmix**	Abstimmung durch **Distributionsmix**	Abstimmung duch **Kontrahierungsmix**	Abstimmung durch **Kommunikationsmix**

Gesamtabstimmung durch **Marketing-Mix**

Festlegungen über Leistungen und Absatzkanäle können nicht ständig neu getroffen werden. Sie wirken sich längerfristig aus. Insofern sind die leistungs- und distributionspolitischen Entscheidungen bestimmend für die Entscheidungen über Preise, Konditionen und werbende Maßnahmen, die kurzfristig immer neu getroffen werden können.

Die Marketinginstrumente haben teils den Charakter von **„Push-Instrumenten[4]"**, teils denjenigen von **„Pull-Instrumenten[4]"**: Durch den Einsatz von Push-Instrumenten (z. B. Werbung) übt das Unternehmen sozusagen Druck aus, um die Kunden zu beeinflussen. Pull-Instrumente (z. B. Website) hingegen lösen eher eine Sogwirkung aus.

1 Distribution = Verteilung
2 Kontrahierung = Vertragsschließung
3 Kommunikation = Verständigung untereinander, Informationsaustausch
4 engl.: to push = stoßen, to pull = ziehen

Beispiele: Push- und Pull-Instrumente

- Bei einem Werbespot im Fernsehen „pusht" der Anbieter die Werbebotschaft. Der Zuschauer nimmt sie passiv auf.
- Beim Aufruf einer Internetseite wird der Internetnutzer aktiv: Er bestimmt selbst, welche Seiten er anschauen, welche Links er anklicken und wie lange er verweilen will.

4.2 Marketinginstrumente und Absatzplanung

Marketingziele und Marketinginstrumente sind eine unerlässliche Voraussetzung für die **Absatzplanung**. Letztere bestimmt die Absatzmengen und Umsätze aller Produkte für die Planungsperiode und hält sie in einem Absatzplan fest. Dazu muss man jedoch zunächst die Maßnahmen festlegen, mit denen man sie erzielen will.

Beispiel: Marketingziel = Umsatz von 30 Mio. EUR bei Produktgruppe A.

Die Absatzplanung muss die Maßnahmen festlegen, mit denen der Umsatz erreicht wird:

(1) Qualität, Aufmachung und Preis bestimmen maßgeblich die Nachfrage, also die möglichen Absatzmengen und die mögliche Umsatzhöhe.
- Die Produktpolitik legt die zielgerechte Qualität und Aufmachung der Produkte fest.
- Die Preispolitik legt die zielgerechten Preise fest.

(2) Die Käufer können das Produkt nur nachfragen, wenn sie es kennen und wissen, wo es zu beziehen ist.
- Die Kommunikationspolitik macht das Produkt durch Werbung bekannt.
- Die Distributionspolitik legt fest, wer das Produkt wo anbieten soll.

Auf Käufermärkten ist der Absatzplan der Ausgangspunkt für alle anderen Teilpläne des Unternehmens (vgl. Übersicht S. 24).

4.3 Marketing-Mix

Die Marketinginstrumente müssen optimal aufeinander abgestimmt werden (Marketing-Mix). Nur so lässt sich eine größtmögliche zielorientierte Wirkung erreichen.

Dabei sind u. a. zwei wichtige Sachverhalte zu berücksichtigen:

- Festlegungen über Leistungen und Absatzkanäle wirken sich längerfristig aus. Sie können nicht ständig neu getroffen werden. Preise, Konditionen und werbende Maßnahmen hingegen können kurzfristig der aktuellen Absatzsituation angepasst werden.

  Deshalb sind die leistungs- und distributionspolitischen Entscheidungen vorrangig vor den kontrahierungs- und kommunikationspolitischen Entscheidungen zu treffen.

- Bei der Auswahl und Abstimmung der Instrumente ist darauf zu achten, dass hinsichtlich der beabsichtigten Wirkung die einzelnen Maßnahmen
  - sich gegenseitig stören können (z. B. No-Name-Produkt – hoher Preis),
  - austauschbar sein können (z. B. eigener Service – Service durch Handelsbetriebe),
  - sich gegenseitig stützen können (z. B. Markenprodukt – hoher Preis),
  - einander voraussetzen können (Eine hohe Werbeintensität setzt z. B. eine funktionierende Absatzlogistik voraus),
  - beziehungsfrei sein können (z. B. hohe Qualität – funktionierende Marketinglogistik).

Bereiche des Marketing-Mix (Submixe)

Leistungsmix
Zielorientierte Abstimmung der Instrumente der Leistungspolitik untereinander.
Ziel: Die Zielgruppe soll zur bestmöglichen Beurteilung der angebotenen Leistungen gelangen.

Distributionsmix
Optimale Abstimmung der Instrumente der Distributionspolitik untereinander.
Ziel: Das Angebot soll bestmöglich für die Zielgruppe verfügbar gemacht werden.

Kontrahierungsmix
Optimale Abstimmung der Instrumente der Kontrahierungspolitik untereinander.
Ziel: Die Zielgruppe soll durch Preise und Konditionen zum Kauf veranlasst werden.

Kommunikationsmix
Optimale Abstimmung der Instrumente der Kommunikationspolitik untereinander.
Ziel: Es sollen Kontakte zur Zielgruppe hergestellt werden, die die Einstellung zum Unternehmen und zu seinen Leistungen positiv beeinflussen und letztlich zu Käufen führen.

5 Leistungspolitik

5.1 Produktpolitik

5.1.1 Erkenntnisse anhand von Produktlebenszyklus- und Portfolioanalyse

In einer bedeutenden Automobilzeitschrift war unter der Schlagzeile **„Die Vereinigten Autowerke produzieren am Markt vorbei"** Folgendes zu lesen:
„Seit über zehn Jahren produzieren die Vereinigten Autowerke den Pkw vom Typ Traveller in fast unveränderter Form. Der Traveller war schon immer der Stützpfeiler im Absatzprogramm der Autowerke. Sein Erfolg beruhte auf Zuverlässigkeit, Sparsamkeit und Preiswürdigkeit. Dennoch ist man bei den Vereinigten Autowerken unzufrieden, da die Gewinnsituation sich drastisch verschlechtert. Es werden immer weniger Käufer für diesen Typ gefunden. Andere Automobilhersteller haben in der Zwischenzeit erheblich verbesserte Pkws auf den Markt gebracht."

Der **Produktlebenszyklus** verdeutlicht bekanntlich die Lebensphasen eines Produkts: Forschungs- und Entwicklungs-, Markteinführungs-, Wachstums-, Reife-, Marktsättigungs- und Degenerationsphase. Durch eine Produktlebenszyklusanalyse im Rahmen der Marktforschung kann das Unternehmen feststellen, in welcher Lebensphase sich ein bestimmtes Produkt befindet, und entscheiden, ob Produktverbesserungen, Produktaufgabe oder Produktinnovationen nötig sind.

Lesen Sie noch einmal nach auf S. 101.

Siehe auch die Präsentation Produktpolitik im Produktlebenszyklus.

M 477

Web

Allerdings ergibt die Produktlebenszyklusanalyse kein Gesamtbild der Wettbewerbssituation **aller** Produkte zu einem bestimmten Zeitpunkt. Hier hilft die **Portfolioanalyse** weiter.

Was ist ein Produkt?

Produkte im engeren Sinn bezeichen produzierte Sachgüter. Im weiteren Sinn umfasst der Begriff alle von einem Unternehmen produzierten absatzbestimmten Leistungen, also auch Produktsysteme, Energien, Serviceleistungen und sonstige Dienstleistungen.

Als Produkt-Portfolio bezeichnet man den Bestand an Produkten, den ein Unternehmen zu einem gegebenen Zeitpunkt besitzt. Im Rahmen einer Portfolioanalyse teilt man in einem vierteiligen Schema, **Portfolio-Matrix** genannt, die Produkte einprägsam in „Fragezeichen/Hoffnungen“, „Stars“, „Melkkühe“ und „Arme Hunde“ ein. Die Zuordnung erfolgt anhand der beiden folgenden Merkmale:

- jährliches **Marktwachstum** (Umsatzzuwachs des Produkts in Prozent)
- **relativer Marktanteil** des Produkts
  (relativer Marktanteil = eigener Marktanteil : Marktanteil des Hauptkonkurrenten; oder: relativer Marktanteil = eigener Marktanteil : Marktanteile der drei größten Konkurrenten)

Portfolio-Matrix	niedriger relativer Marktanteil in %	hoher relativer Marktanteil in %
hohes Marktwachstum in %	„Fragezeichen/ Hoffnungen“ Produkte mit (noch) niedrigem Marktanteil, aber hohen Wachstumsraten **Maßnahmen:** beobachten und ggf. fördern	„Stars“ Produkte mit bereits hohen Marktanteilen und zugleich hohen Wachstumsraten **Maßnahme:** fördern
niedriges Marktwachstum in %	„Arme Hunde“ Produkte mit niedrigem Marktanteil und niedrigen Wachstumsraten **Maßnahme:** aus dem Markt nehmen	„Melkkühe“ Produkte mit hohem Marktanteil, aber bereits niedrigen Wachstumsraten **Maßnahmen:** Position halten; melken

Beispiel: Produkt-Portfolio der Auto Union AG

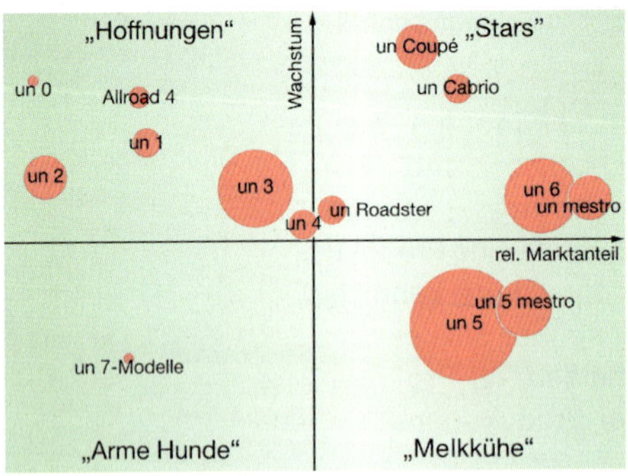

Jedes Unternehmen sollte garantieren, dass es zu jedem Zeitpunkt über eine ausreichende Zahl an „Hoffnungen“, „Stars“ und „Melkkühen“ verfügt. Nur dann kann es die „armen Hunde“ verkraften, zu denen aufgrund des Produktlebenszyklus zwangsläufig alle Produkte einmal werden. Vor allem ist stets für genügend Produktnachwuchs, also für „Hoffnungen“, zu sorgen.

Web M 478

Siehe auch die Präsentation Portfolioanalyse.

Produktlebenszyklus- und Portfolioanalyse liefern Entscheidungsgrundlagen für die Produktpolitik des Unternehmens.

Gegenstand der Produktpolitik sind die unternehmerischen Entscheidungen über Produktinnovationen (Neuentwicklungen), Produktgestaltung, Produktvariationen (z. B. Verbesserungen) und schließlich Produktelimination (Produktaufgabe).

Arbeitsaufträge

1. **Das Produkt A befindet sich in der Lebensphase der Marktsättigung. Der Hersteller arbeitet an der Neuentwicklung eines Nachfolgemodells, das in zwei Jahren auf den Markt kommen soll. Der Absatz von A ist stark gefährdet, da erste bessere Konkurrenzprodukte in Kürze herauskommen werden.**
   Welche Maßnahmen könnten ergriffen werden, um den Absatz von A bis zum Erscheinen des Nachfolgers bestmöglich zu stabilisieren?

2. **Produktlebenszyklus, Portfolioanalysen und Positionierungsanalysen sind Analyseinstrumente zur Einschätzung von Produkten.**
   Bilden Sie zwei Arbeitsteams.
   a) Team 1 erarbeitet Gemeinsamkeiten der Analyseinstrumente.
   b) Team 2 erarbeitet Unterschiede zwischen den Analyseinstrumenten.
   c) Wählen Sie Teamsprecher, die die Ergebnisse präsentieren.

3. **Eine Marktanalyse für die vier wichtigsten Produkte der Gebr. Kufferath AG ergab folgende Daten (Beträge in EUR):**

Produkte	Marktanteil Kufferath	Marktanteil der 3 größten Konkurrenten	Umsatz Jahr 1	Umsatz Jahr 2
Drahtgewebe	5,5 %	80 %	300 000	330 000
Kunststoffgewebe	18,5 %	45 %	110 000	115 000
Mischgewebe	20,0 %	50 %	30 000	36 000
Architekturgewebe	2,8 %	90 %	120 000	168 000

   a) Berechnen Sie den relativen Marktanteil (in Prozent) und das Marktwachstum im Jahr 2 für alle Produkte.
   b) Tragen Sie die berechneten Daten in eine Portfolio-Matrix ein. Der relative Marktanteil wird auf der x-Achse abgetragen. Die Grenze zwischen Quadrant 1 (Arme Hunde) und Quadrant 2 (Melkkühe) auf der x-Achse liegt bei 20 %. Das Marktwachstum wird auf der y-Achse abgetragen. Die Grenze zwischen Quadrant 1 (Arme Hunde) und Quadrant 3 (Fragezeichen) auf der y-Achse liegt bei 10 %.
   c) Ist das Portfolio des Unternehmens optimal? Nehmen Sie dazu Stellung.

5.1.2 Produktinnovation

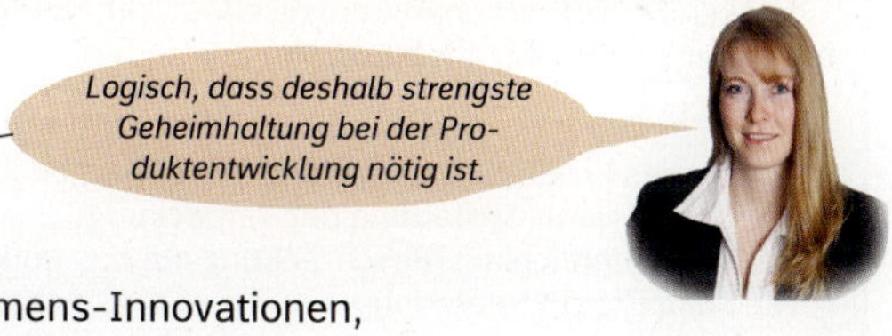

Produktinnovationen verschaffen Wettbewerbsvorteile. Nach dem Umfang unterscheidet man:

- Komplett-Innovationen,
- Teile-Innovationen,
- Namens-Innovationen,
- Verpackungs-Innovationen.

Produktinnovationen können sein:

- **eigenständige Neuentwicklungen,**
- **Übernahmen** von anderen Unternehmen (z. B. aufgrund von Lizenzen[1]),
- **Nachahmungen** fremder Originale (sog. Me-too-Produkte),
- **Weiterentwicklungen** fremder Originale.

An der Entstehung neuer Produkte sind bekanntlich drei Kernprozesse beteiligt: der Innovationsprozess (Inhalt: Ideenfindung), der Produktplanungsprozess (Inhalt: Festmachen von Produktanforderungen) und der Produktentwicklungsprozess. Lesen Sie die Einzelheiten hierzu noch einmal auf Seite 102 ff. nach.

[1] Lizenz = Befugnis zur Ausübung eines Verwertungsrechts, die vom Inhaber dieses Rechts (z. B. dem Inhaber eines Patents) einem Dritten erteilt wurde.

Beispiele: Produktinnovationen

Für dieses Sandwich wurde eine neue Brotsorte (Ciabatta) entwickelt.

Stimmungsleuchte: weltweit erste Anwendung von OLED-Lichtmodulen bei Wohnleuchten

Die Markteinführung ist i. d. R. sehr teuer. Um die Kosten eines Flops (Scheiterns) zu vermeiden, werden viele Produkte zunächst auf einem Testmarkt eingeführt (vgl. S. 458). Nur wenn der Test erfolgreich verläuft, erfolgt die Einführung auf dem Gesamtmarkt.

5.1.3 Produktgestaltung

Durch die Produktgestaltung sollen sich die Produkte von denen der Konkurrenz deutlich und positiv abheben. Deshalb ist auf Qualität, Aufmachung, Markierung und Verpackung zu achten.

Produktgestaltung

Produktqualität

- Ziel: Erfüllung der Ansprüche, Bedürfnisse und Erwartungen der Kunden im Sinne von TQM
- Betroffen: z. B. Fragen der Gebrauchstüchtigkeit, Langlebigkeit, Installations-, Bedienungs-, Wartungs- und Reparaturfreundlichkeit, Transportierbarkeit sowie Umweltfreundlichkeit (Rohstoff schonende Verwendung und Entsorgung)

Produktaufmachung

Festlegung der äußeren Erscheinung (Design, Farbe, Größe)

Produktmarkierung

- Eindeutige Kennzeichnung des Produkts (durch einen Produktnamen, ein Markenzeichen, ein Markensymbol, ein charakteristisches Schriftbild)
- Ziel: Signalwirkung am Markt

Produktverpackung

- Schutz des Produkts gegen äußere Einflüsse bei Lagerung, Transport, Verwendung
- Werbewirksame Gestaltung der Verpackung
- Umweltfreundlichkeit (Beschränkung auf das notwendige Mindestmaß, sonstige Anforderungen wie beim Produktmaterial)

5.1.4 Produktvariation

Produktvariationen sind Änderungen von Produkteigenschaften. Sie werden in der Phase der Marktsättigung zur Abwehr von Konkurrenzprodukten nötig. Außerdem dienen sie der Ansprache neuer Zielgruppen. Ebenso wie Innovationen bedingen sie eine intensive Marktforschung und technische Forschung.

In manchen Branchen ist es kaum möglich, Güter mit neuem **Grundnutzen** auf den Markt zu bringen. So bleibt der Güternutzen in der Bekleidungsindustrie im Wesentlichen konstant. Hier kommt deshalb der Produktvariation um so größere Bedeutung zu. Sie hat die Aufgabe, den **Zusatznutzen** zu erfassen.

Nutzen: Leistungen werden nachgefragt, weil sie Nutzen bringen (vgl. S. 46).
Grundnutzen: beruht auf den objektiven technischen Gebrauchseigenschaften (z. B. Auto: Beförderung)
Zusatznutzen: beruht auf subjektiven, oft irrationalen Vorstellungen (z. B. Sportwagen: Gefühl von Männlichkeit, Sportlichkeit, Exklusivität)

Eine Produktvariation kann erfolgen hinsichtlich

des verwendeten Materials,

z. B.:
- Plastik statt Metall
- Leder statt Stoff
- Luxusausgaben statt Taschenbücher

des Aussehens,

z. B.:
- abgerundet statt eckig
- verschieden gestaltete Gehäuse

der Qualität,

z. B.:
- Klebstoffe für verschiedene Verwendungen
- Markenbezeichnung mit Zusätzen wie „extra gut"

der Kombination von Leistungen.

z. B.:
- kostenlose Aufstellung von Geräten
- Schulung von Bedienungspersonal

5.1.5 Produktelimination

Siehe auch die Excel-Tabelle Produktelimination. Web M 481

Das Erscheinen überlegener und neuartiger Konkurrenzerzeugnisse lässt die Umsätze und die Gewinne meist rasch sinken. Wirft das Produkt nicht mehr ausreichend Gewinn ab, so stellt sich die Aufgabe, es im richtigen Augenblick aus dem Markt zu nehmen: **Produktelimination**.

Für eine Elimination kommen vor allem Produkte mit negativem Deckungsbeitrag infrage. Aber auch ein schlechtes Produktimage, gesetzliche Produktvorschriften oder Störungen im Produktionsprozess können zur Aufgabe führen.

Beispiel: Prüfung einer Produktelimination anhand einer Stufendeckungsbeitragsrechnung.

Ein Betrieb fertigt drei Produkte. Folgende Situation liegt vor (Monatsbeträge in EUR):

Vgl. Bd. 3 „Steuerung und Kontrolle", 2. Abschnitt, Kap. 7.5.3.

	Produktgruppe A		Produktgruppe B	
	Produkt 1	Produkt 2	Produkt 3	Gesamt
Nettoumsatzerlöse – variable Kosten	400 000 320000	135 000 126 000	960 000 720 000	
= Deckungsbeitrag 1 – Erzeugnisfixkosten	80 000 2 000	9 000 10 000	240 000 5 000	320 000
= Deckungsbeitrag 2 – Erzeugnisgruppenfixkosten	78 000 3 000	– 1 000	235 000 5 000	312000
= Deckungsbeitrag 3 – Unternehmensfixkosten	74 000		23 000	304 000 203 000
= Deckungsbeitrag 4 = Monatsgewinn				101 000

Produkt 2 erbringt einen negativen Deckungsbeitrag. Es senkt damit auch den Deckungsbeitrag seiner Produktgruppe und den Monatsgewinn.

Vor einer Elimination von Produkt 2 sollte man untersuchen, ob sich der Deckungsbeitrag in Zukunft erhöhen lässt.

FÜNFTER ABSCHNITT

Viele Erzeugnisse sind unmittelbar mit dem Firmennamen verbunden (z. B. UHU). Eliminiert man sie, so können treue Kunden verloren gehen.

Man muss auch die Auswirkungen auf andere Produkte mitbeachten: Es ist durchaus möglich, dass ein an sich verlustbringendes Erzeugnis den Absatz anderer Leistungen fördert. Dies ist bei Komplementärgütern (sich ergänzenden Gütern) der Fall.

Beispiel: Komplementärgüter

Wer Computer führt, hat auch gute Chancen, Drucker, Scanner, Tastaturen, Bildschirme und andere Geräte sowie Zubehör abzusetzen.

5.2 Programmpolitik

Das DAX-Unternehmen Continental ist jedermann als einer der weltweit größten Reifenhersteller bekannt. Das Absatzprogramm umfasst viele Arten: Continental produziert Reifen für Erdbewegungsmaschinen, Lkws, Busse, Pkws, Motorräder und Fahrräder.

Weniger bekannt ist, dass Continental in Wirklichkeit unendlich viel mehr produziert. Denn Tires (Reifen) ist nur eine von fünf Sparten. Die anderen sind ContiTech AG (technische Elastomere), Chassis & Safety (Fahrgestell und Sicherheit), Interior (Innenraum) und Powertrain (Antriebsstrang). Diese Sparten fertigen unter mehreren Marken die verschiedensten Produkte und Systeme für das Auto. Dazu gehören z. B. Lüftermodule und Elektroantriebe, Antriebskomponenten und Riementriebsysteme, Fluidtechnologie (Schläuche, Schlauchbögen, Schlauchleitungen, Schlauchsysteme und Verbindungskomponenten), Dichtungs- und Führungsprofile (Fenster, Tür-, Motorhaubendichtungen), ISAD (Integrierter Starter Alternator Dämpfer), elektronische Bremssysteme, Kfz-Innenausstattung (Sitzbezüge und -polster, Türseiten- und Armaturenverkleidung), Bremsbetätigung (Vakuum-Bremskraftverstärker, Bremsassistent), Elektronisches Stabilitätsprogramm, Schwingungstechnik, Scheibenbremsen sowie Luftfeder- und Regulierungssysteme.

Damit stellt sich Continental als Automobilzulieferer mit einem breiten Programm an Hightechprodukten dar. Das Ziel des Unternehmens Ziel ist, die Megatrends der Automobilbranche – Sicherheit, Umwelt, Informationen, erschwingliche Fahrzeuge – entscheidend mitzugestalten.

Das **Absatzprogramm** ist die gesamte Palette der Leistungen, die ein Industrieunternehmen anbietet. Es besteht aus selbst erstellten Absatzprodukten sowie ggf. Handelswaren (fremdbezogene Produkte, die weiterverkauft werden; z. B. Zubehör) und Dienstleistungen. Bei Handelsbetrieben spricht man vom **Absatzsortiment**.

Produktions- und Absatzprogramm

<table>
<tr><th colspan="2">Produktionsprogramm</th><th></th><th></th></tr>
<tr><td>Eigenleistungen:
selbsterstellte Anlagegegenstände für den Eigenbedarf</td><td>Produktprogramm:
absatzbestimmte Produkte</td><td>Handelswaren</td><td>Dienstleistungen</td></tr>
<tr><td></td><th colspan="3">Absatzprogramm</th></tr>
</table>

Die Programmpolitik umfasst alle Entscheidungen über die Gestaltung des Absatzprogramms mit dem Ziel eines marktgerechten Programmaufbaus.

Bekanntlich spaltet sich der Gesamtmarkt in der wirtschaftlichen Realität in Marktsegmente (Teilmärkte) auf. Die Marktforschung muss Marktlücken aufspüren, Absatzmöglichkeiten ausfindig machen und gewinnbringende Marktsegmente eröffnen. In Kenntnis möglicher Marktsegmente betreibt das Unternehmen seine Programmbildung.

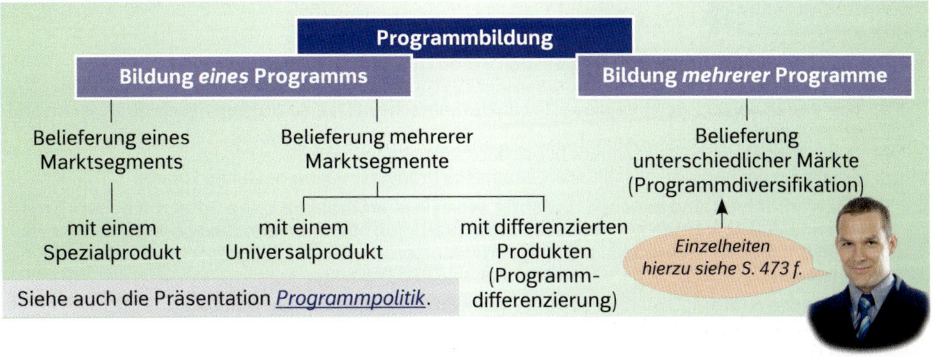

Siehe auch die Präsentation Programmpolitik.

Web M 483

Hinter den Arten der Programmbildung stehen unterschiedliche Strategien:

- Bei der **Belieferung *eines* Marktsegments mit einem Spezialprodukt** beschränkt der Anbieter sich von vornherein auf die Bedürfnisse einer kleineren homogenen Käufergruppe. Bei dieser Gruppe will er einen möglichst hohen Marktanteil erzielen.
- Bei der **Belieferung mehrerer Marktsegmente mit einem Universalprodukt** weiß der Anbieter, dass er nicht den Bedürfnissen aller Käufer entsprechen kann. Er rechnet aber damit, dass er insgesamt mehr Käufer erreicht als mit einem Spezialprodukt auf nur einem Segment.
- **Programmdifferenzierung:** Die beiden genannten Strategien eignen sich für relativ kleine Unternehmen. Je finanzkräftiger der Anbieter ist und je mehr Fertigungskapazität er besitzt, desto mehr kann und wird er sein Programm differenzieren: Er beliefert dann mehrere Marktsegmente mit speziellen Produkten. Sein Ziel ist ein möglichst großer Marktanteil auf dem Gesamtmarkt.

Ein differenziertes Programm besitzt eine bestimmte **Programmbreite** und **Programmtiefe**.

Die Programmbreite ist durch die Zahl der Produktarten bestimmt.
Die Programmtiefe ist durch die Zahl der Varianten der Produktarten bestimmt.

Beispiel: Absatzprogramm der Kunert AG (Beinbekleidung)

Sparte Feinbereich	Sparte Grobstrickbereich
Produktarten: Feinstrümpfe Feinstrumpfhosen	**Produktarten:** Socken Söckchen, Kniestrümpfe, Leggins

Varianten: verschiedene Qualitäten, Größen, Farben, Muster
Handelswaren: Bodys, Beinschmuck
Dienstleistungen: Laufmaschendienst

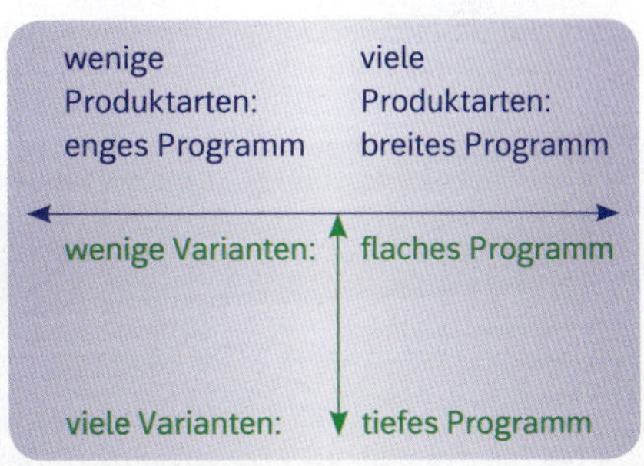

Es ist einsichtig, dass ein breites und tiefes Absatzprogramm die meisten Kunden erreicht. Meist scheitert es jedoch an zu hohen Kosten und begrenzten Fertigungskapazitäten. Deshalb wird oft ein breites Programm mit einem flachen oder ein enges Programm mit einem tiefen kombiniert.

Für die Sortimentsgestaltung der Handelsbetriebe gilt Entsprechendes. Auch hier findet man oft eine Verbindung von breitem und flachem bzw. engem und tiefem Sortiment.

Arbeitsaufträge

1. **Die Portfolio-Matrix unterscheidet bei den Produkten zwischen „Fragezeichen", „Stars", „Melkkühen" und „armen Hunden".**
   a) Begründen Sie, bei welchen dieser Produkte wahrscheinlich eine Notwendigkeit für Produktvariationen besteht.
   b) In welchen Phasen des Produktlebenszyklusses befinden sich diese Produkte?
   c) Geben Sie am Beispiel eines Pkw an, worin eine Produktvariation bestehen könnte.
2. **Produktvariationen sind besonders wichtig, wenn in einer Branche keine Güter mit neuem Grundnutzen entwickelt werden können. Die Produktvariation soll dann den Zusatznutzen erfassen.**
   a) Erläutern Sie den Unterschied zwischen Grundnutzen und Zusatznutzen.
   b) Nennen Sie Beispiele für derartige Branchen und ihre Produkte.
3. **Die Produktgestaltung soll die Produkte von Konkurrenzprodukten abheben und sie optimal an den Kundenbedarf anpassen.**
   Worauf ist nach Ihrer Meinung bei der Gestaltung folgender Produkte besonders zu achten? Schokolade, Waschmittel, Bohrmaschine, Waschmaschine, Oberbekleidung.
4. **Den einzelnen Lebensphasen eines Produkts können typische produkt- und programmpolitische Maßnahmen zugeordnet werden.**
   a) Bilden Sie Arbeitsteams für die einzelnen Lebensphasen.
   b) Ordnen Sie der Ihrem Team zugeordneten Lebensphase geeignete produkt- und programmpolitische Maßnahmen zu.
   c) Jedes Team präsentiert den gefundenen Maßnahmenkatalog.
   d) Diskutieren Sie die gefundenen Maßnahmen und nehmen Sie evtl. Korrekturen vor. Tragen Sie dann die Maßnahmen in eine Tabelle ein.
5. **Programmdifferenzierung und Programmdiversifikation sind zwei Prinzipien der Absatzprogrammbildung.**
   a) Erläutern Sie die beiden Begriffe.
   b) Nennen und erläutern Sie sinnvolle Einsatzmöglichkeiten für beide Prinzipien.
6. **Der Fahrzeughersteller Moyota will für die drei Pkw-Typen Mundo, Merlino und Mardo eine neue Modellreihe einführen. Für ihre Entscheidungen werden dem Vorstand die folgenden Zahlen vorgelegt.**

	Mundo	Merlino	Mardo
geplanter Verkaufspreis	30 000 EUR		21 500 EUR
variable Kosten je Stück	20 000 EUR	5 000 EUR	
fixe Kosten je Periode	20 000 000 EUR	6 000 000 EUR	25 000 000 EUR
Kapazitätsgrenze	3 500 Stück	4 200 Stück	5 800 Stück
maximale Absatzmenge je Periode	3 000 Stück	5 000 Stück	5 800 Stück

   a) Welcher Gewinn ist auf der Basis dieser Zahlen für den Mundo maximal zu erzielen?
   b) Für den Merlino wird ein Gewinn in gleicher Höhe angestrebt. Welcher Verkaufspreis muss dafür erzielt werden?
   c) Das Gleiche gilt für den Mardo. Wie hoch dürfen dann die variablen Stückkosten sein?
7. **Der Moyota-Vorstand (siehe Auftrag 6) will das Absatzprogramm bereinigen. Dazu soll speziell beim Merlino die Zahl der Varianten reduziert werden.**

Typ	Einzelkosten (EUR)	Preis (EUR)	Absatz (Stück)	variable Gemeinkosten (EUR)	Erzeugnisfixkosten (EUR)
Merlino Fließheck	10 000	22 000	120 000	5 000	660 000 000
Merlino Stufenheck	11 000	22 000	140 000	4 500	790 000 000
Merlino Combi	13 000	23 000	80 000	6 000	400 000 000

   Die Fixkosten für die Erzeugnisgruppe betragen 50 000 000,00 EUR. Alle anderen Produktgruppen des Betriebs erbringen zusammen einen Deckungsbeitrag von 640 000 000,00 EUR. Die Unternehmensfixkosten betragen 40 000 000,00 EUR.
   a) Führen Sie eine Programmanalyse im Hinblick auf eine mögliche Produktelimination durch. Verwenden Sie dazu den Deckungsbeitrag als alleiniges Entscheidungskriterium.
   b) Diskutieren Sie weitere Entscheidungskriterien für eine mögliche Produktelimination.
8. **Moyota (siehe Auftrag 7) will das Sondermodell „Merlino Chérie" herausbringen. Es soll ein „Frauenauto" werden. Spezielle Zielgruppe: Frauen im Alter von 30 bis 50 Jahren.**
   a) Welche Eigenschaften sollte das Sondermodell haben?
      (1) Sammeln Sie Vorschläge in einer Brainstorming-Sitzung.
      (2) Diskutieren Sie die Realisierbarkeit.
      (3) Treffen Sie eine Auswahl.
   b) Welche Ziele verfolgt Moyota mit der Sondermodellpolitik?

5.3 Markenpolitik und Servicepolitik

Die Markenpolitik und die Servicepolitik sind eng mit der Gestaltung des Absatzprogramms verbunden. Dabei haben ihre Gegenstände (Marken und Serviceleistungen) eines gemeinsam: Sie sind Sekundärleistungen, die im Zusammenhang mit den Primärleistungen (Produkte und Handelswaren) dem Kunden einen zusätzlichen Nutzen versprechen.

5.3.1 Markenpolitik

Diese Frage haben wir wohl alle schon einmal gestellt. Und was wollten wir wirklich? Einfach nur ein Papiertaschentuch ...
Die Frage kennzeichnet doch wohl das Tollste, was mit einer Marke passieren kann: Der Markenname ist zum Gattungsbegriff geworden. Ein solcher Glücksfall für eine Marke – und damit für das produzierende Unternehmen – ist allerdings nur sehr selten anzutreffen. Können Sie selbst weitere Beispiele nennen?

Markenartikel sind Konsumgüter, die vom Hersteller oder vom Handel mit einer individuellen Kennzeichnung, Marke genannt, auf den Markt gebracht werden.

Anhand einer Marke kann der Verbraucher ein Produkt von Konkurrenzprodukten unterscheiden. Erfahrungen, die er mit einem Markenprodukt macht, bringt er mit der Marke in Verbindung.

Bei erneuten Käufen von Produkten dieser Marke weiß der Kunde z. B., mit welcher Qualität und welchem Service er rechnen kann. Insofern vermittelt die Marke bei Kaufentscheidungen ein Gefühl von Sicherheit. Auf diese Weise gelingt durch die Etablierung einer Produktmarke eine langfristige Kundenbindung. Der Kunde ist zudem bereit, einen höheren Preis zu zahlen, weil er sich der Eigenschaften eines Markenprodukts sicher sein kann.

Marke = alle Zeichen (z. B. Namen, Abbildungen, Zahlen), die geeignet sind, Waren/Dienstleistungen eines Unternehmens von denen anderer Unternehmen zu unterscheiden.

Das Recht auf die Benutzung einer Marke kann durch Eintragung ins Markenregister beim Patentamt geschützt werden.

Funktionen einer Marke	
Abgrenzung von Konkurrenzprodukten	Sicherheit bei Kaufentscheidungen
Erleichterung der Wiedererkennbarkeit	Langfristige Kundenbindung (Markentreue)
→ Durchsetzung höherer Preise	

Die Markenpolitik beschäftigt sich mit dem Aufbau und der Pflege von Produkten als Markenartikel.

Aufbau einer Marke	Markenpflege
Erforderlich sind: • geeignetes Objekt, • Fähigkeit, konstant hohe Qualität zu bieten, • Kapital für Qualitätssicherung, Werbung, Vertriebsorganisation, • intensive Werbung zur Bekanntmachung. **Gründliche Planung:** • der Ziele (z .B. Bekanntheitsgrad, Zielmärkte), • des Markenzeichens, • der Markenstrategie (Einzelmarke? Markenfamilie? Dachmarke für alle Produkte?), • des Preises (ausreichend, Qualität suggerierend, konkurrenzfähig), • der Werbung (wichtig: Verdeutlichung des Kundennutzens).	• Sicherung konstanter Qualität, • Aufbau eines hervorragenden Kundenservices, • Vermeidung markenschädigender Maßnahmen (z. B. massenhafte Gratisaktionen, aggressive Niedrigpreise), • konstante Bewerbung, • „integrative Kommunikation“, d. h.: Bei Maßnahmen der Kommunikationspolitik (v. a. Werbung) soll(en) – die Botschaft in allen Medien gleich lauten (gleiche Kernaussage), – die Gestaltung medienadäquat sein, aber eine „gestalterische Klammer“ aufweisen, – die Einzelmaßnahmen zeitlich angemessen koordiniert sein.

Arbeitsauftrag

Die Lecker GmbH stellt konservierte Nahrungsmittel her. Sie plant, auch 15 Sorten Babynahrung in Gläschen anzubieten, und will dafür eine neue Marke schaffen.

a) Aus welchen Gründen entscheidet sich die Lecker GmbH nach Ihrer Ansicht für ein Markenangebot und gegen den Vertrieb als No-Name-Artikel?
b) Arbeiten Sie in mehreren Arbeitsgruppen wesentliche Elemente der Markenplanung heraus (Ziele, Markenzeichen, Strategie, Preise, Werbung).
c) Die Lecker GmbH will ihren Kundendienst optimal auf die neuen Produkte ausrichten. Schlagen Sie hierfür geeignete Maßnahmen vor.

5.3.2 Servicepolitik

Der Kundenservice (Kundendienst) umfasst Dienstleistungen (Nebenleistungen, Sekundärleistungen), die freiwillig und zum Teil auch kostenlos erbracht werden. Er soll Stammkunden gewinnen und den guten Ruf des Unternehmens stützen. Die Servicepolitik legt die Art der Serviceleistungen fest.

Ein guter Kundenservice bedeutet für den Kunden Beratung und Unterstützung vor dem Kauf und nach dem Kauf. Der Kunde rückt in den Mittelpunkt der Marketing-Aktivitäten des Unternehmens. Er entwickelt aufgrund der zusätzlichen Leistungen eine engere Bindung zum Lieferanten und wird ggf. zum Stammkunden. Der Kunde wird ihn wahrscheinlich selbst dann nicht sofort verlassen, wenn er bei der Konkurrenz günstigere Preise antrifft.

Die Durchführung der Serviceleistungen kann im Rahmen von Outsourcing auch auf andere Unternehmen übertragen werden. So wird insbesondere der technische Kundendienst häufig von den Handelsbetrieben durchgeführt, die die Produkte verkaufen. Ggf. werden auch andere Dienstleistungsunternehmen mit dem kompletten Service betraut.

Wie extrem weit Service gehen kann, zeigen sog. **Betreibermodelle**, die manche Hersteller ihren Kunden anbieten. Hierbei übernimmt ein Anlagenhersteller nicht nur die Wartung der Anlagen bei seinem Kunden, sondern sogar die Fertigung von Produkten auf der Anlage. Der Kunde zahlt lediglich für die gefertigten Produkte.

FÜNFTER ABSCHNITT

Serviceleistungen

Serviceleistungen im Produkt- und Warenbereich

kaufmännische

- Produktinformationen
- Produktberatung
- Wirtschaftlichkeitsberechnung
- Finanzierungspläne
- Personalschulung
- Einkaufserleichterungen (z. B. Kundenkarte, Parkraum)

↓

Einsatz v. a. vor der Kaufentscheidung. Beratung und Systemvorschläge zeigen dem Kunden Vorteile und Verwendungsmöglichkeiten von Erzeugnissen. Hotlines und Callcenter bieten Informationsservice. Online-Shops im Internet bieten Service. Beispiel: Der Kunde kann mit einem „Konfigurator" gewünschte Produktmerkmale zusammenstellen (z. B. beim Auto: Farbe, Sitzbezüge, Sonderausstattung). Ggf. werden Wirtschaftlichkeitsberechnungen, Finanzierungspläne, Personalschulung angeboten.

technische

- Gebrauchsanleitungen
- Installation
- Inspektion
- Wartungsdienst
- Reparaturdienst
- Ersatzteildienst
- Umtausch

↓

Hat auch Bedeutung für die Produktpräsentation, spielt aber größere Rolle **nach** dem Kauf, z. B. bei Montage, Änderungen, Reparaturen. (Oft liegt der eigentliche Gewinn nicht im Kaufgeschäft, sondern erst im späteren Ersatzteil- und Verbrauchsmaterialgeschäft.)

Serviceleistungen im Betreuungsbereich (Kundenpflege)

- Kundenbesuche
- Fortbildungskurse, Seminare
- Managementinformation
- Unternehmensberatung
- Finanzierungshilfen
- Übernahme betrieblicher Funktionen (z. B. Rechnungswesen, Werbung)

↓

Nach dem Verkauf muss der Kontakt mit dem Kunden gepflegt werden, z. B. durch gelegentliche Besuche beim Kunden oder durch Kurse und Seminare des Herstellers (traditionell oder online über das Internet). Ziel der Kundenpflege ist die Kundenbindung.

Arbeitsaufträge

1. **Sie haben die Absicht, a) eine Spülmaschine, b) einen Pkw zu kaufen.**
   Welche Serviceleistungen erwarten Sie vom Verkäufer der Waren?

2. **Die Gerber GmbH ist ein mittelständisches Unternehmen, das Dachgepäckträger und anderes Autozubehör herstellt. Die Verwaltung und die Produktionsstätten sollen mit einer neuen Computeranlage ausgestattet werden.**
   Welche Serviceleistungen könnte die Gerber GmbH von den Computeranbietern erwarten?

3. **In dem Buch „Ausbruch aus der Servicewüste“ von Stefan F. Gross wird die persönliche Dienstleistungskultur als das Instrument für den unternehmerischen Erfolg beschrieben:**
   Persönliche Dienstleistungskultur ist der Wille und die Befähigung,
   - **die Persönlichkeit, die Werte und Ziele eines beruflichen Partners zu erfassen und zu verstehen,**
   - **sich in seine Lage zu versetzen und die Verhältnisse von seinem Standpunkt aus zu betrachten und zu beurteilen,**
   - **Verständnis und Wohlwollen für seine berechtigten Anliegen und Wünsche aufzubringen,**
   - **selbst die Initiative zu ergreifen und aus eigenem Antrieb heraus für ihn tätig zu werden,**
   - **den bestmöglichen Beitrag zum Erreichen seiner Ziele zu liefern,**
   - **die Verantwortung für die Erfüllung der dafür erforderlichen Aufgaben zu übernehmen**
   - **und ihm damit insgesamt ein Höchstmaß an individuellem Nutzen zu bieten.**

   Erstellen Sie eine Präsentation der Serviceleistungen Ihres Ausbildungsbetriebs und beurteilen Sie diese Leistungen vor dem Hintergrund der oben angeführten „Philosophie“.

4. **Kunden erhalten bei einem Kauf eines neuen Pkws in der Regel eine dreijährige Garantie. Ein bekannter Automobilhersteller bietet zusätzlich ohne Mehrkosten bis zum nächsten vorgeschriebenen Service folgende Leistungen: Abschleppen und Bergen nach einem Unfall, Weiter- oder Rückreise nach Fahrzeugausfall oder Fahrzeugabholung nach Fahrerausfall, Krankenrücktransport, Versand von Arzneimitteln ins Ausland.**
   Welchen Zweck verfolgt der Hersteller nach Ihrer Ansicht mit seinem erweiterten Garantieversprechen?

6 Distributionspolitik

Die besten Leistungen, die raffinierteste Werbung und die günstigsten Preise nützen nichts, wenn die Leistungen ihre Kunden und Verwender nicht erreichen.

Die Distributionspolitik (Vertriebspolitik) betrifft die betrieblichen Entscheidungen über die optimale Verteilungsorganisation für die Betriebsleistungen.

Distributionspolitik

akquisitorische Distribution		physische Distribution (Absatzlogistik)	
Entscheidungen über	• Absatzorgane • Absatzwege	Entscheidungen über	• Transportmittel • Lagersysteme

6.1 Akquisitorische Distribution

6.1.1 Überblick: Absatzorgane

Der Absatz (Vertrieb) erfolgt durch Absatzorgane. Diese können zentral oder dezentral tätig werden. Je nach ihrer Bindung an den Betrieb unterscheidet man: werkseigenes, werksgebundenes oder ausgegliedertes Absatzsystem (Vertriebs-, Distributionssystem).

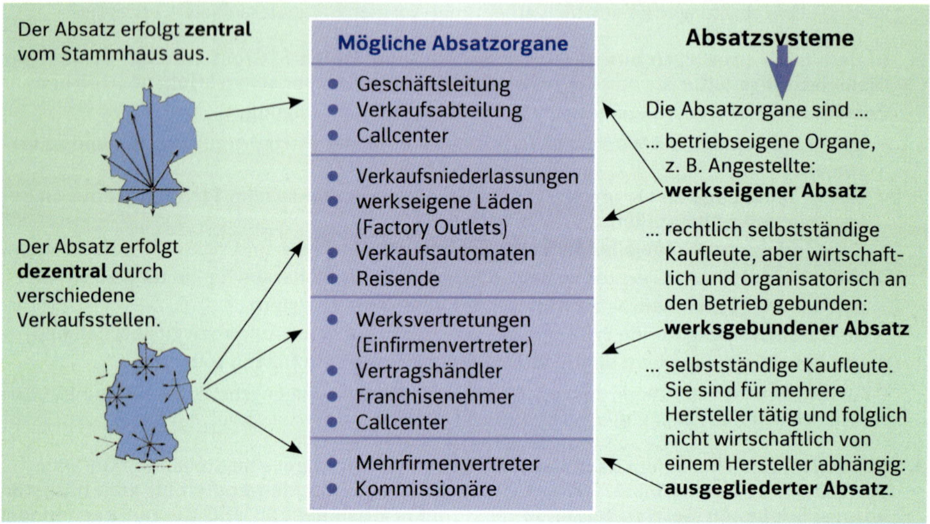

6.1.2 Werkseigener Absatz

Zentraler und dezentraler Absatz

Die Geschäftsleitung verkauft in kleineren Betrieben; ansonsten bei Großaufträgen.

Der werkseigene Absatz erfolgt durch die Geschäftsleitung oder durch Angestellte. Im letzteren Fall kann eine zentrale Verkaufsabteilung tätig werden oder die Kunden werden dezentral (von verschiedenen Orten aus) durch Verkaufsniederlassungen, eigene Läden (Factory Outlets) oder Reisende bedient. Auch Verkaufsautomaten sind möglich.

Der **zentrale Absatz** benötigt relativ wenig Personal. Die Personalkosten sind vergleichsweise niedrig, Sach- und Raumkosten für Verkaufsstellen entfallen. Jedoch fehlt die Kundennähe. Dies erschwert eine intensive Marktbearbeitung. Deshalb ist ein zentraler Absatz im Allgemeinen nur bei einem verhältnismäßig begrenzten Absatzgebiet angebracht. Auch eine umfangreiche Produktpalette, die eine besondere Behandlung der einzelnen Kundengruppen erforderlich macht, verhindert einen ausschließlich zentralen Absatz.

Beim **dezentralen Absatz** ist der Betrieb „näher am Kunden". Folglich ist der Kontakt enger. Besonders gilt dies, wenn Reisende die Kunden besuchen. Allerdings sind die Personal- und Sachkosten viel höher. Will man dies vermeiden, muss man den dezentralen **Absatz mit ausgegliederten Absatzorganen** betreiben (siehe obige Grafik).

Zunehmende Bedeutung gewinnt der Absatz durch **Callcenter** (siehe Bild S. 448). Sie sind häufig ausgegliederte Organisationseinheiten mit Arbeitsplätzen im Betrieb oder bei den Mitarbeitern zu Hause, oft aber auch selbstständige Unternehmen, die als Spezialisten Aufträge durchführen. Im letzteren Fall zählen sie zum werksgebundenen Absatz.

Callcenter sind Kommunikationszentren, die Kundenkontakte über das Telefon abwickeln.

Sie befinden sich oft in Großraumbüros mit abgetrennten Arbeitsplätzen (Sprachboxen). Jeder Mitarbeiter („Agent") hat per Computer direkten Zugriff auf alle relevanten Kunden- und Artikeldaten. Ankommende Anrufe werden gleichmäßig auf die Agenten verteilt; ggf. wird eine Warteschlange eingerichtet.

Passiver Kontakt („Inbound"): Der Kunde/Interessent ruft das Callcenter an.
Aktiver Kontakt („Outbound"): Das Callcenter ruft (potenzielle) Kunden im Rahmen von Telefonmarketing-Aktionen gezielt an.
„Interactive-Voice-Response": Automatische Beantwortung von Kundenanfragen durch den Computer

Aufgaben der Agenten:

- aktive Kundengewinnung und -betreuung
- Begleitung von Produkteinführungen
- Einladungen von Kunden zu Messen
- Durchführen von Nachfassaktionen
- Durchführen von Markt-(Meinungs-)forschung
- Auftragsannahme
- Terminvereinbarungen
- Herausarbeiten von Zielgruppen
- Schaffen eines positiven Images
- professionelle Übermittlung von Informationen über ein Produkt
- Beschwerdenmanagement

Handlungsreisender

Die in Duisburg ansässige Haushaltselektro GmbH setzt für den Verkauf ihrer Produkte im Umkreis von 200 km neben ihrer zentralen Verkaufsabteilung und ihren fünf Verkaufsfilialen Reisende ein. Die Reisenden haben die Aufgabe, den persönlichen Kontakt mit den Kunden zu pflegen, alte Kunden zu besuchen, neue zu werben, ihre Kreditwürdigkeit zu überwachen, die Konkurrenz zu beobachten, Geschäfte zu vermitteln und Kaufverträge abzuschließen.

Der *Reisende* ist ständig aufgrund seines Dienstvertrags damit beauftragt, für seinen Dienstherrn Geschäfte zu vermitteln oder abzuschließen (§ 55 HGB).

Der Reisende hat **Abschlussvollmacht** (auch ohne Bestätigung durch den Arbeitgeber). Sie kann ihm jedoch durch ausdrückliche Erklärung genommen werden, z. B. durch einen Vermerk auf den Bestellformularen: „Die durch den Reisenden vermittelten Geschäfte bedürfen der Bestätigung durch die Geschäftsleitung".

Web M 489

Siehe auch die Präsentation *Handlungsreisender*.

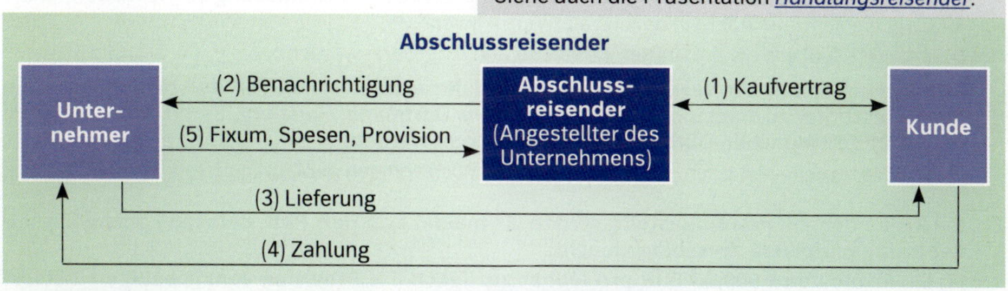

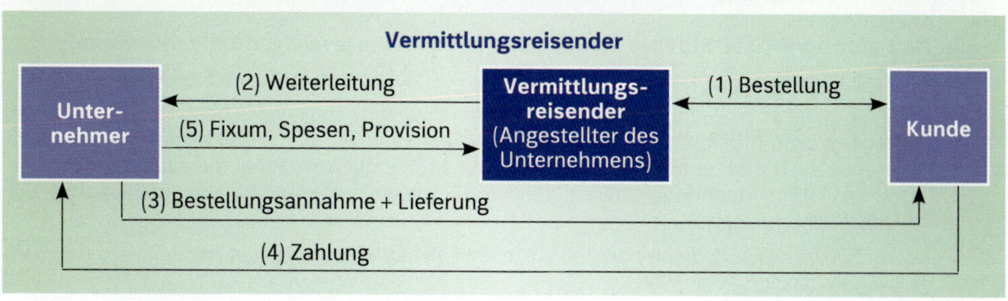

FÜNFTER ABSCHNITT

Die folgenden Beispiele zeigen weitere Einzelheiten.

Beispiele: Reisender

Der Reisende unternimmt nach einem Kundenbesuch vier Wochen nichts.	Vertragswidrig! Er muss sich um Abschlüsse bemühen **(Bemühungspflicht)**. Der Reiseplan wird ihm meist vorgeschrieben.
Er meldet die Vertragsabschlüsse nicht.	Vertragswidrig! Es besteht **Meldepflicht**.
Er zeigt einem Kollegen von einer anderen Firma eine Verkaufskalkulation.	Vertragswidrig! Es besteht **Treue- und Verschwiegenheitspflicht**.
Er arbeitet nebenbei für ein Konkurrenzunternehmen.	Vertragswidrig! Wie für jeden Angestellten besteht **Wettbewerbsverbot**.
Ein Kunde verlangt von ihm einen Preisnachlass wegen eines Warenmangels und außerdem eine längere Zahlungsfrist.	Der Reisende darf Mängelrügen und Erklärungen über die Zurverfügungstellung von Waren entgegennehmen. Er darf aber keine Verträge ändern, insbesondere keine Zahlungsfristen gewähren.
Der Reisende verlangt am Monatsende vom Arbeitgeber eine Provision und den Ersatz seiner Auslagen.	Als Angestellter erhält der Reisende ein Gehalt (Fixum) und Spesen (Aufwendungsersatz). Oft wird das Gehalt niedrig angesetzt und als Leistungsanreiz eine umsatzabhängige Provision gezahlt.
Ein Kunde will dem Reisenden eine fällige Rechnung bezahlen.	Für die Annahme von Zahlungen benötigt der Reisende eine besondere Inkassovollmacht.

Arbeitsaufträge

1. **Die Pahlsen AG, Dortmund, ist ein großer Hersteller von Keksen, Pralinen und Süßigkeiten. Sie vertreibt ihre Produkte europaweit. Dabei setzt sie folgende Absatzorgane ein:**
   - **in Deutschland: Verkaufsabteilung am Firmensitz sowie Reisende;**
   - **im europäischen Ausland: in jedem Land eine Verkaufsniederlassung sowie Reisende.**

   a) Liegt ein zentraler oder ein dezentraler Vertrieb vor?

   b) Erläutern Sie, wie die genannten Absatzorgane eingesetzt werden.

   Der Vorstand plant, die Verkaufsabteilung und die ausländischen Verkaufsniederlassungen durch Callcenter zu ersetzen. Außerdem sollen in Dortmund, Hamburg, Berlin, Köln, Dresden, Frankfurt und München Outlet-Center eingerichtet werden.

   c) Welche Vorteile verspricht man sich wahrscheinlich von den geplanten Absatzorganen?

2. **Ein Reisender soll neu eingestellt werden. Es meldet sich Herr Patt, dem man bezüglich seiner Bezüge folgende Vorschläge macht:**

   (1) Ein Fixum von 1 000,00 EUR pro Monat zuzüglich 5 % Provision vom jeweiligen Zielverkaufspreis.

   (2) Ein Fixum von 500,00 EUR pro Monat zuzüglich 8 % vom jeweiligen Zielverkaufspreis.

   a) Von welchem Monatsumsatz an steht sich Herr Patt bei Vorschlag 2 günstiger?

   b) Herr Patt bringt es im Laufe der Zeit auf einen Monatsumsatz von durchschnittlich 50 000,00 EUR. Da überlegt sein Arbeitgeber, ob es nicht kostengünstiger wäre, ihn durch einen selbstständigen Handelsvertreter zu ersetzen, dem man nur 11 % Provision zahlen müsste. (Beachten Sie, dass Herr Patt im Monat noch etwa 1 200,00 EUR Spesen erhält und Personalnebenkosten von 2 300,00 EUR verursacht.)

   c) Zählen Sie Vorteile auf, die der Betrieb auf jeden Fall hat, wenn er keinen Handelsvertreter, sondern einen Reisenden einsetzt.

6.1.3 Werksgebundener Absatz

Siehe auch die Übersicht Werksgebundener Absatz. M 491 Web

Um die hohen Kosten eines werkseigenen Vertriebssystems zu vermeiden, bedient man sich häufig selbstständiger Unternehmen, die als Werksvertretungen (Einfirmenvertreter), Vertragshändler oder Franchisenehmer tätig werden. Sie sind wirtschaftlich und organisatorisch eng gebunden. Der Hersteller kann ihnen nämlich, je nachdem, was für ein Vertrag mit ihnen abgeschlossen wurde, auch weitgehende Vorschriften machen, etwa im Hinblick auf die Gewährung von Rabatten, Zahlungs- und Lieferungsbedingungen und auf die Preissetzung sowie in der Zusammensetzung des Sortiments und der Größe des Lagers, in der Unterhaltung eines Kunden- und Reparaturdienstes usw. Die Verkaufsorgane tragen als selbstständige Unternehmen ihre Geschäftskosten selbst, verursachen aber andererseits hohe umsatzabhängige Kosten in Form von Provisionen.

Vertragshändler

Der Vertragshändler ist ein selbstständiger Unternehmer, der in eigenem Namen und für eigene Rechnung ein- und verkauft. Er ist durch einen langfristigen Vertrag an den Hersteller gebunden und erhält von diesem in der Regel das Alleinvertriebsrecht für seinen Bezirk. Weitere Rechte können sein: Recht auf Überlassung von Mustern und Ausstellungsstücken, Übernahme von Werbemaßnahmen durch den Hersteller, weitgehender Kundendienst und Reparaturdienst durch den Hersteller.

Dafür unterliegt der Vertragshändler vertraglichen **Bindungen:**

- Sortimentsbindung,
- Vertriebsbindung,
- Mengenbindungen (Mindestverkaufsmengen),
- Lagerbindungen (Mindestlagermengen).

Die **Sortimentsbindung** schreibt dem Vertragshändler den Aufbau seines Sortiments vor.

Beispiele: Sortimentsbindung

- Komplementärgüter anderer Hersteller sollen in das Sortiment aufgenommen werden. (Komplementärgüter sind solche, die sich gegenseitig ergänzen. Die Nachfrage nach einem Gut steigert folglich die Nachfrage nach dem anderen.)
  Komplementärgüter sind z. B. Gartenstühle und Sonnenschirm.
- Substitutionsgüter anderer Hersteller dürfen nicht aufgenommen werden. (Substitutionsgüter sind solche, die sich gegenseitig ersetzen können und folglich sich gegenseitig im Absatz behindern). Substitutionsgüter sind z. B. Handrasenmäher, Motorrasenmäher; Butter, Margarine.

Häufig dürfen nur die Waren des einen Herstellers geführt werden.

Die **Vertriebsbindung** schreibt dem Vertragshändler vor, welche Kunden er beliefern darf.

Beispiele: Vertriebsbindung

- Vertrieb nur an Weiterverkäufer, nicht an Endverbraucher
- Vertrieb nur an Fachgeschäfte oder Warenhäuser mit Fachabteilungen
- Vertrieb nicht an Verbrauchermärkte, Discountgeschäfte, andere Billigpreisgeschäfte, Versandgeschäfte

Durch Sortiments- und Vertriebsbindung betreibt der Hersteller Imagepflege seines Produkts. Das Produkt erscheint dem Kunden als Qualitäts- und Markenartikel. Dementsprechend kann der Hersteller auch bestimmte Preisvorstellungen durchsetzen.

Werksvertretung

Der Hersteller darf einem selbstständigen Händler nicht seinen Weiterverkaufspreis vorschreiben (Verbot der sog. „vertikalen Preisbindung" durch das Gesetz gegen Wettbewerbsbeschränkungen). Deswegen lassen viele Hersteller lieber selbstständige Handelsvertreter vertraglich für sich tätig werden. Wie der Name schon sagt, vertreten sie den Hersteller nur: Sie haben die Vollmacht, seine Waren für ihn zu verkaufen. Dafür erhalten sie eine Provision.

Der Werksvertreter ist an die Weisungen des Herstellers gebunden. Von einer Werksvertretung spricht man, wenn im Vertretungsvertrag bestimmt ist, dass der Handelsvertreter keine anderem Unternehmen vertreten darf (sog. Einfirmenvertreter).

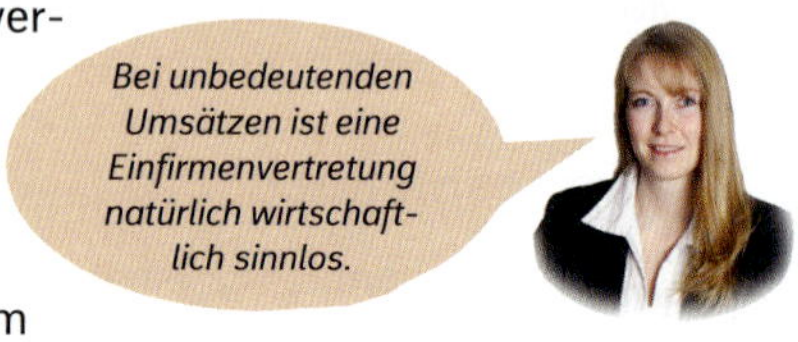

Franchising[1]

Das Franchising beruht auf einem Vertrag zwischen einem Franchisegeber und einem Franchisenehmer.

Der **Franchisegeber**

- besitzt eine Firma, einen Handelsnamen, ein Wortzeichen oder ein Symbol (eventuell eine Marke) für einen Produktions-, Handels- oder Dienstleistungsbetrieb sowie Erfahrungswissen (Know-how);
- verfügt über eine Produktgruppe oder eine bestimmte Art von Dienstleistungen sowie eine originelle Geschäftskonzeption. Diese Konzeption beruht auf eigentümlichen und erprobten geschäftlichen Techniken, die laufend weiterentwickelt und auf ihre Wirksamkeit hin geprüft werden;
- erteilt dem Franchisenehmer die Lizenz, die genannten Produkte bzw. Dienstleistungen rechtlich selbstständig herzustellen und/oder zu vertreiben, die Symbole usw. zu benutzen sowie die Geschäftskonzeption und das Know-how zu übernehmen;
- unterstützt den Franchisenehmer durch ein Paket von Serviceleistungen. Dieses Paket kann z. B. umfassen: Übernahme von Investitionsplanung, Standortauswahl, Personalwerbung, -schulung und -fortbildung, Einkaufsvermittlung, Qualitätsüberwachung beim Einkauf, Produktentwicklung, Public Relations, Marktforschung, Werbung und Verkaufsförderung (z. B. Lieferung von Verkaufshilfen und Werbemitteln), Buchhaltung und kurzfristiger Erfolgsrechnung;
- kann dem Franchisenehmer gegebenenfalls Gebietsschutz erteilen.

Der **Franchisenehmer** verpflichtet sich,

- die genannten Leistungen des Franchisegebers zu übernehmen, Geheimnisse zu wahren und vertraglich vereinbarte Anweisungen (z. B. bezüglich Geschäftseinrichtung und Fortbildung) zu befolgen;

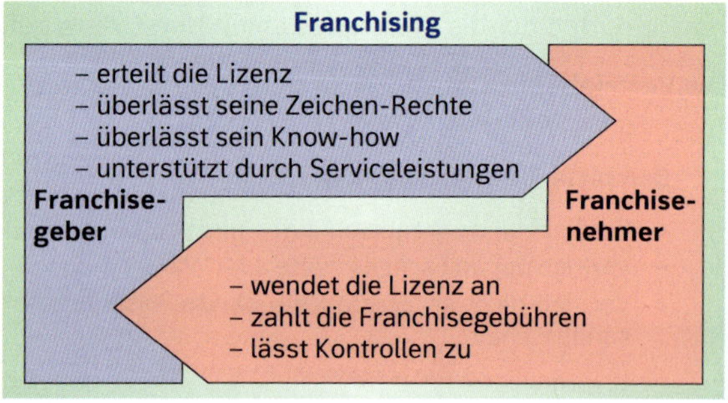

1 „Franchise" (frz., engl.) bedeutet ursprünglich ein hoheitliches Privileg, das Kaufleuten und Handwerkern gegen Zahlung von Gebühren das Recht einräumte, gewisse Tätigkeiten auszuüben (z. B. Messen zu veranstalten).

- zur Zahlung
  - einer einmaligen Eintrittsgebühr,
  - einer laufenden Gebühr, die meist vom Umsatz berechnet wird,
  - von Werbegebühren;
- Kontrollen des Franchisegebers zuzulassen.

© McDonald's

Bekannte Unternehmen nutzen Franchising.

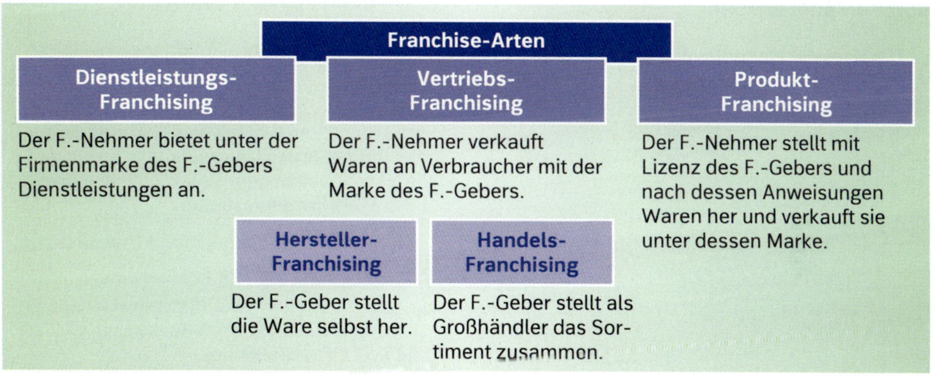

6.1.4 Ausgegliederter Absatz

Ausgegliederter Vertrieb liegt vor, wenn der Hersteller den Absatz seiner Produkte auf rechtlich und wirtschaftlich selbstständige Unternehmen überträgt.

Handelsvertreter

Die Haushaltselektro GmbH hat sich bisher auf Norddeutschland konzentriert. Sie will nun in Süddeutschland Fuß fassen. Die Einrichtung von Verkaufsbüros ist zunächst zu teuer; auch Reisende erzeugen fixe Kosten und sind außerdem nicht ortskundig. Man sucht ein Verkaufsbüro, das seine Kosten selbst trägt, ortsansässig und ortskundig ist und nur für zustande gekommene Verträge bezahlt wird. In einem solchen Fall kann man einen Handelsvertreter engagieren.

Der Handelsvertreter ist als selbstständiger Gewerbetreibender ständig damit betraut, für einen anderen Unternehmer Geschäfte zu vermitteln oder in dessen Namen abzuschließen (§ 84 HGB).

Man sagt: Der HV arbeitet in fremdem Namen und für fremde Rechnung.

Der Handelsvertreter wird aufgrund eines Agenturvertrags (Vertretervertrags) tätig. Er kann als selbstständiger Unternehmer seine Tätigkeit frei gestalten und seine Arbeitszeit selbst bestimmen. Je nach Abschluss- oder Vermittlungsvollmacht unterscheidet man Abschluss- und Vermittlungsvertreter.

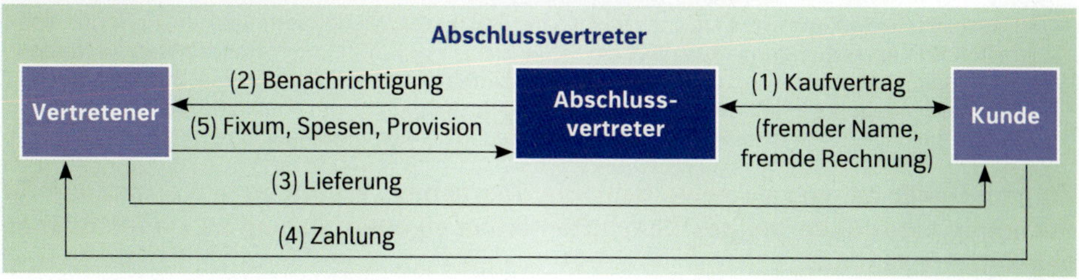

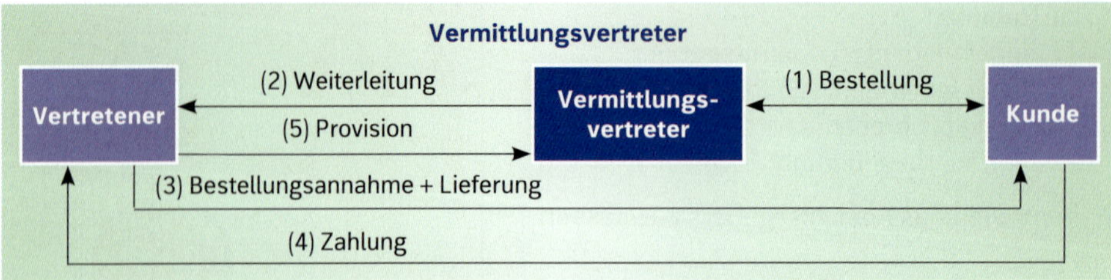

Der Handelsvertreter hat grundsätzlich die gleiche Tätigkeit wie der Reisende, mit den gleichen Rechten und Pflichten. Aus den folgenden Beispielen können Abweichungen und Zusätze erkannt werden.

Web

M 494

Beispiele: Handelsvertreter

Siehe auch die Präsentation *Handelsvertreter*.

Der Vertreter möchte auch für andere Firmen tätig sein.	Das Wettbewerbsverbot gilt nur für den Fall, dass durch Vertretung von Konkurrenzfirmen das Interesse des Unternehmens leiden würde. Es gibt neben dem Einfirmenvertreter also auch **Mehrfirmenvertreter**.
Ein Kunde wünscht ein Muster von der zu bestellenden Ware.	Der Vertreter hat ein Recht auf **Überlassung von Unterlagen** für seine Tätigkeit.
Was erhält der Vertreter für seine Tätigkeit?	Er erhält lediglich eine **Provision**. Diese ist allerdings höher als beim Reisenden, weil sie alle Kosten decken muss.
Der Vertreter hat ein Geschäft abgeschlossen. Einen Monat später tätigt der Kunde eine Nachbestellung direkt bei der Firma.	Der Vertreter erhält auch hier die Provision. Er hat den Kunden geworben. Er hat auch ein **Recht auf Benachrichtigung** im Hinblick auf Annahme, Abänderung, Ablehnung aller vermittelten Geschäfte. Der **Bezirksvertreter** erhält sogar Provision für alle Geschäfte, die ohne sein Mitwirken in seinem Bezirk zustande gekommen sind.
Die Lieferfirma kennt viele der geworbenen Kunden nicht. Sie weiß nicht, ob sie kreditwürdig sind. Wenn sie aber kein Zahlungsziel einräumt, müsste sie auf manches Geschäft verzichten.	Der Vertreter erklärt sich bereit, die Haftung für den Zahlungseingang zu übernehmen. Als Entschädigung erhält er eine besondere **Haftungsprovision (Delkredereprovision)**.
Das Vertragsverhältnis zwischen dem Vertreter und seiner vertretenen Firma wird in beiderseitigem Einverständnis gelöst oder vom Unternehmer gekündigt. Die Firma hat jedoch durch die vom Vertreter geworbenen Kunden noch erhebliche Vorteile.	Der Vertreter erhält **nach dem Ausscheiden noch Provision** für alle Geschäfte, an deren Zustandekommen er nachhaltig mitgewirkt hat. Außerdem erhält er eine Abfindung (**Ausgleichsanspruch**) bis zur Höhe einer Jahresprovision aus dem Durchschnitt der letzten fünf Jahre.

Kommissionär

Die Haushaltselektro GmbH möchte auch im Ausland Fuß fassen. Niederlassungen und Reisende sind mit festen Kosten verbunden, ohne dass ein Erfolg sicher ist; Handelsvertreter arbeiten im Namen der Firma, die aber im Ausland unbekannt ist. Geschäfte mit Unbekannten, zumal mit Ausländern, schließt man – wegen der meist etwas anderen Rechtsbestimmungen im Ausland – nicht so leicht ab. Die Firma entschließt sich deshalb, einen Geschäftsfreund als Kommissionär einzusetzen.

Kommissionär ist, wer es gewerbsmäßig übernimmt, Waren oder Wertpapiere für Rechnung eines anderen (des Kommittenten) in eigenem Namen zu kaufen oder zu verkaufen (§ 383 HGB).

Es gibt also **Einkaufs- und Verkaufskommissionäre**. Sie können ständig oder von Fall zu Fall aufgrund ihres Kommissionsvertrags tätig werden.

Siehe auch die Präsentation *Kommissionär*.

Web M 495

Kommissionslager

Beispiel: Verkaufskommission

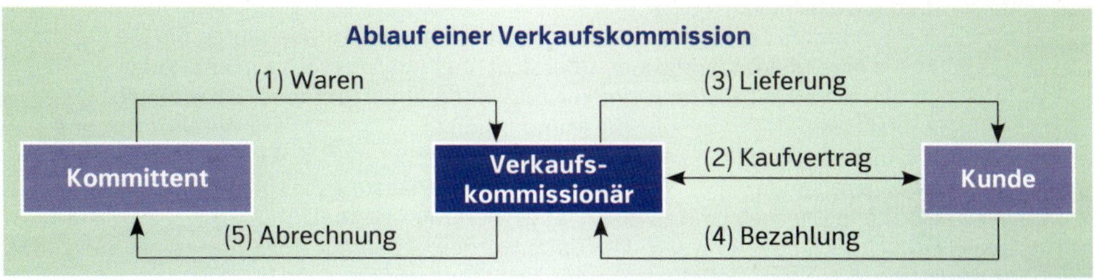

(1) Der Auftraggeber stellt dem Kommissionär Waren zur Verfügung. (Bis zur Eigentumsübertragung an einen Käufer bleibt er Eigentümer.)

(2) Der Kommissionär schließt **im eigenen Namen** mit Kunden Geschäfte ab. Er hat Abschlussvollmacht. Er muss aber Weisungen des Auftraggebers befolgen, insbesondere in Bezug auf die Preise (Gehorsamspflicht). Preisvorteile bei Verkauf über dem vorgeschriebenen Preis stehen dem Auftraggeber zu.

(3) Der Kommissionär beliefert den Kunden und erfüllt damit den Kaufvertrag.

(4) Der Kunde zahlt an den Kommissionär und erfüllt damit den Kaufvertrag.

(5) Der Kommissionär muss dem Kommittenten unverzüglich die Ausführung der Kommission anzeigen. Sonst haftet er selbst für die Erfüllung der Geschäfte (Anzeigepflicht). Er muss dem Auftraggeber die **Kommissionsabrechnung** mit Belegen vorlegen und die eingegangenen Rechnungsbeträge überweisen. In der Praxis erfolgt dies bei ständiger Kommission oft halbjährlich. Provision und Kosten zieht der Kommissionär ab.

Häufig richtet der Auftraggeber dem Kommissionär ein sogenanntes **Kommissionslager** ein. Er übernimmt die Kosten für die Lagerung und alle anderen Aufwendungen (Maklergebühren, Zölle, Fracht, Vergütung für die Benutzung der eigenen Lagerräume und Beförderungsmittel).

Gegenüber dem Kunden gilt der Kommissionär rechtlich als Verkäufer.

Der Kommissionär muss mit der Sorgfalt eines ordentlichen Kaufmanns handeln und die Interessen des Auftraggebers wahren. Er haftet auch für Verlust und Beschädigung des Kommissionsgutes in seinem Besitz.

Wenn der Kommissionär die Haftung für den Zahlungseingang übernimmt, erhält auch er eine **Delkredereprovision**.

Wenn die Waren einen Börsen- oder Marktpreis haben, kann der Verkaufskommissionär sie auch für sich selbst kaufen; der Einkaufskommissionär kann sie aus eigenen Beständen liefern (**Selbsteintrittsrecht**).

Zur Sicherung seiner Forderungen hat der Kommissionär ein gesetzliches **Pfandrecht** am Kommissionsgut, solange er es noch im Besitz hat oder durch Lagerschein, Ladeschein oder Konnossement darüber verfügen kann.

FÜNFTER ABSCHNITT

Die **Vorteile** des Verkaufs durch Kommissionäre sind

- **für den Kommittenten:** Der Kommissionär kennt das Absatzgebiet, die Kaufgewohnheiten der Kunden und ihre wirtschaftlichen Verhältnisse. Er stellt dem Auftraggeber eine fertige Verkaufsorganisation zur Verfügung. Dafür verursacht er vergleichsweise niedrige Kosten.
- **für den Kommissionär:** Er kann sein Sortiment ohne Absatzrisiko vergrößern, da er nicht verkaufen *muss*. Die Kosten trägt der Kommittent. Da oft eine halbjährliche Abrechnung mit dem Auftraggeber stattfindet, verwaltet er in der Zwischenzeit große Summen, die ihm manchmal zinslos oder zinsgünstig zur Verfügung stehen.

Arbeitsaufträge

1. **Der Vertrieb von Waren kann erfolgen**
   - **durch werkseigene, werksgebundene oder ausgegliederte Vertriebssysteme;**
   - **zentral oder dezentral.**

   Bilden Sie Arbeitsteams zur Lösung der Aufgaben a) bis g) und präsentieren Sie die Ergebnisse.
   a) Erstellen Sie eine Mindmap, die eine Übersicht über alle Vertriebssysteme zeigt.
   b) Welchen dieser Vertriebsformen sind die folgenden Absatzorgane zuzuordnen?

(1) Verkaufsfiliale	(2) Kommissionär	(3) Werksvertretung
(4) Mehrfirmenvertreter	(5) Verkaufsabteilung	(6) Franchisenehmer
(7) Handlungsreisender	(8) Verkaufsniederlassung	(9) Vertragshändler

   c) Welche Vorteile und welche Nachteile hat ein zentraler Vertrieb?
   d) Welche Nachteile des zentralen Vertriebs werden durch ein dezentrales werkseigenes Vertriebssystem beseitigt? Welche Nachteile entstehen andererseits?
   e) Welche Vorteile bringt ein werksgebundenes Vertriebssystem?
   f) Wann ist ein ausgegliederter Vertrieb unumgänglich?
   g) Erläutern Sie wesentliche Unterschiede zwischen den beim werksgebundenen Vertriebssystem möglichen Absatzorganen (Werksvertretung, Vertragshändler, Franchisenehmer).

2. **Elektrogeräte werden in aller Regel von den Herstellern über den Groß- und Einzelhandel abgesetzt. Ein bekannter deutscher Staubsaugerhersteller allerdings vertreibt seine Geräte durch eigene Angestellte direkt an der Haustür.**
   a) Nennen Sie Argumente für die beiden entgegengesetzten Vertriebsformen.
   b) Welche Absatzorgane lassen sich beim Absatz an den Handel vorteilhaft einsetzen?
   c) Warum ist ein werksgebundenes Absatzsystem für die oben genannten Hersteller nicht empfehlenswert?

3. **Das Franchisesystem wird gern als eine optimale Möglichkeit für unternehmungsfreudige Personen angesehen, die sich selbstständig machen wollen und über das notwendige Mindeststartkapital verfügen.**
   a) Welche Möglichkeiten bietet Franchising, sich selbstständig zu machen?
   b) Welche Nachteile bringt ein Gewerbe auf Franchisebasis zwangsläufig mit sich?
   c) Durch welche Vorteile werden diese Nachteile für einen Nachwuchsunternehmer mehr als aufgewogen?

4. **Ein mittelständischer Hersteller von Wasserpumpen, ansässig in Bielefeld, vertreibt seine Produkte innerhalb Deutschlands durch seine Verkaufsabteilung. Im Radius von 300 km werden Reisende zur Förderung des Absatzes eingesetzt. Abnehmer sind der örtliche Großhandel, der die Geräte an Installateure weiterverkauft, und teilweise auch die Installateure selbst. Aufgrund von Marktuntersuchungen sieht das Unternehmen Chancen, den Absatz in Süddeutschland und in einigen EU-Ländern erheblich auszuweiten. Es denkt dabei teils an den Einsatz von Handelsvertretern, teils an Kommissionäre.**
   a) Warum lässt man die neuen Absatzgebiete nicht auch durch Reisende bearbeiten?
   b) Für Süddeutschland denkt man an Handelsvertreter, für das Ausland an Kommissionäre. Begründen Sie diese Entscheidung.
   c) Oft werden Großhändler als Handelsvertreter oder als Kommissionäre für Fertigungsbetriebe tätig. Welche Vorteile bieten diese Beziehungen den Vertragspartnern?
   d) Durch den Einsatz von Handelsvertretern und Kommissionären verliert der Fertigungsbetrieb an Einfluss auf den Kunden. Erläutern Sie dies genauer und geben Sie verbleibende Einflussmöglichkeiten an.
   e) Wer trägt den Schaden, wenn der Kunde beim Verkauf durch Handelsvertreter oder Kommissionäre seiner Zahlungspflicht nicht nachkommt? Kann der Unternehmer das Risiko abwälzen?

5. **Ein Betrieb hat die Wahl zwischen dem Einsatz eines Reisenden und eines Handelsvertreters. Die Kosten verhalten sich wie folgt:**

Reisender:	**800,00 EUR Gehalt, 6 % Provision vom Umsatz**
Handelsvertreter:	**8 % Provision vom Umsatz**

Von welchem Umsatz an wird der Einsatz des Reisenden günstiger als der des Handelsvertreters?

6.1.5 Absatzwege (Vertriebswege)

Die Herstellerprodukte können auf dem Wege des direkten Absatzes (Direktvertriebs) oder des indirekten Absatzes (indirekten Vertriebs) zum gewerblichen Verwender bzw. zum privaten Verbraucher gelangen.

Direkter Absatz:
Der Hersteller verkauft seine Produkte über werkseigene oder werksgebundene Absatzorgane unmittelbar an den Endabnehmer (Verwender oder Verbraucher).

Kobold Staubsauger von Vorwerk: Direktvertrieb an den Haushalt

Beispiele: Direktvertrieb

- Der Staubsaugerhersteller Vorwerk verkauft seine Produkte über Kundenberater im Direktvertrieb. Der Kontakt zum Kunden wird nach einem vorausgehenden Beratungsgespräch hergestellt. Die Kundenberater sind selbstständige Handelsvertreter.
- Der Plastikdosenhersteller Tupperware verkauft seine Produkte auf sog. „Tupperpartys", Verkaufsveranstaltungen zu Hause, zu denen Bekannte eingeladen werden.
- Viele Hersteller unterhalten Verkaufsstellen (Factory Outlets) für ihre Marken. Verkauft werden v. a. Produktionsüberhänge, Ausschussware, Auslaufmodelle, Retouren, Sondermodelle.

Direkter Absatzweg	Hauptvorteile:	Hauptnachteile:
Hersteller ↓ Verwender/Verbraucher	• direkter Einfluss auf Absatzorgane und Kunden • Einsparung von Händler-Kosten (z. B. Rabatte) • schnelle Kundenbelieferung • schnelle Reaktion auf Kundenwünsche	• teure Absatzorganisation • hohe Kosten für Lagerung und Transport • mangelhafte Anpassung an Nachfrageänderungen (kein Handel, der aufgrund von Großbestellungen Puffer bildet)

FÜNFTER ABSCHNITT

Der Verkauf an den Endabnehmer erfolgt durch die Geschäftsleitung selbst, die Verkaufsabteilung, Verkaufsniederlassungen, eigene Läden (Factory Outlet), eigene Automaten, eigene Marktstände, Reisende, Einfirmenvertreter oder Vertragshändler.

Indirekter Absatz:
Die Produkte des Herstellers gelangen über ausgegliederte Absatzorgane und Handelsbetriebe zum Verwender oder Verbraucher.

Indirekte Absatzwege

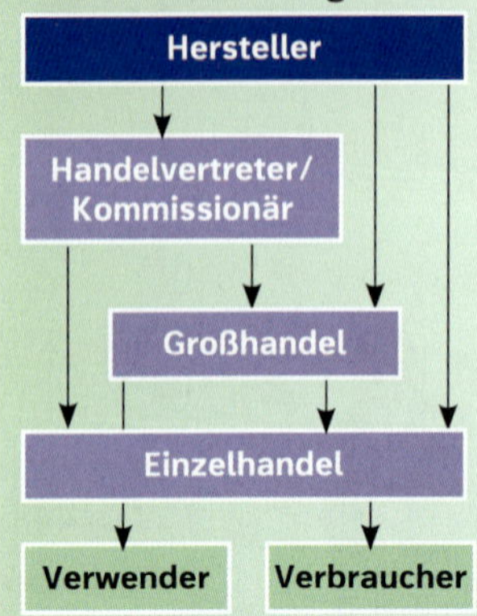

Hauptvorteile:

- kostengünstige Absatzorganisation
- niedrige Kosten für Lagerung und Transport
- gute Anpassung an Nachfrageänderungen (Handel bildet aufgrund von Großbestellungen Puffer)

Hauptnachteile:

- kein direkter Einfluss auf Kunden
- hohe Händlerkosten (z. B. Rabatte)
- kein direkter Einfluss auf Kundenbelieferung
- beschränkte Möglichkeit der Reaktion auf Kundenwünsche

In der Praxis findet man weitere Varianten des indirekten Absatzes. So kaufen Handwerker und Handel häufig über Einkaufsgemeinschaften (z. B. Einkaufsgenossenschaften) ein, die durch Großeinkäufe bessere Preise erzielen können.

Der Hersteller wählt den optimalen Absatzweg aus. Dabei berücksichtigt er die Kosten und die Absatzchancen, die Eigenschaften des Produkts und die Besonderheiten des Absatzmarktes.

- Hochwertige Investitionsgüter (z. B. maschinelle Anlagen, Werkstattausrüstungen) werden meist direkt abgesetzt. Oft werden sie überhaupt erst im Kundenauftrag gefertigt. Der direkte Kontakt zum Kunden ist dann unerlässlich.
- Je mehr eine Ware den Charakter eines Konsumgutes hat, je weniger beratungsbedürftig sie ist, je geringer ihr Wert ist, desto eher bietet sich der indirekte Absatz an.

Eine eindeutige Regel lässt sich jedoch nicht aufstellen. So werden Autos über werkseigene und werksgebundene Vertriebssysteme abgesetzt, teure Pelze über den Fachhandel. Betriebsgröße, Finanzkraft, Marktziele und die Größe des Absatzgebietes spielen eine bedeutende Rolle.

Handelsbetriebe sind auf diese Funktionen spezialisiert und können sie oft besser erfüllen als der Industriebetrieb.

Typische Funktionen des Handels

- **Raumüberbrückung** (Bereitstellung in Verbraucher-/Verwendernähe)
- **Zeitüberbrückung** (ausreichende Lagerhaltung)
- **Sortimentsbildung:**
  - **Mengenaufgabe** (Bereitstellung abnehmergerechter Mengen)
  - **Qualitätsaufgabe** (Bereitstellung der gewünschten Art, Qualität, Größe, Form, Farbe usw.)
- **Werbeaufgabe** (Werbung für ein Produkt)
- **Kreditaufgabe** (Gewährung von Zahlungszielen an den Käufer)

Hersteller mit starker Marktstellung können auch beim indirekten Absatz Einfluss nehmen, v. a. wenn der Artikel so bekannt ist, dass ohne ihn das Händlersortiment unvollständig wäre. Rabatte, Boni, Verträge mit den Händlern über die Größe der Verkaufsfläche, die Lagerhaltung, die Zusammensetzung des Sortiments (Sortimentsbindung) sowie Vertriebsbindung sind möglich.

Hinzu kommt **Rackjobbing** (Regalmiete): Der Hersteller mietet Regale/Verkaufsflächen im Geschäft an, füllt sie laufend mit seinen Waren auf, zeichnet sie mit Preisen aus, nimmt unverkaufte Ware zurück. Der Einzel- oder Großhändler verkauft die Ware für Rechnung und auf Risiko des Herstellers und erhält eine Provision vom Umsatz.

Ein ähnliches System ist der **Hersteller-Verkaufsstand** („Shop-in-the-Shop"; sozusagen ein kleiner Laden im großen): Der Hersteller erhält im Geschäft eine eigene Verkaufsfläche, wo er seine Ware auf eigene Rechnung durch eigenes Personal verkauft.

Entscheidend für die Stärke der Beeinflussung ist jedoch die Marktform. So können Großabnehmer den Produzenten oft ihre Bedingungen diktieren, weil sie sie gegeneinander ausspielen können. Solche Marktmacht haben z. B.

- Großversandhäuser (z. B. Otto),
- Warenhäuser (z. B. GALERIA-Kaufhof),
- Verbrauchermärkte und Fachmärkte (z. B. Real, Praktiker),
- Einkaufsgenossenschaften (z. B. VEDES für Spielsachen, Edeka für Lebensmittel),
- Großhändler, die mit einer Vielzahl von Einzelhändlern zu einer sog. „Kette" zusammengeschlossen sind.

Arbeitsaufträge

1. **Die meisten Konsumgüter werden nicht vom Hersteller selbst an den Endverbraucher abgesetzt, sondern auf einem indirekten Absatzweg vertrieben.**
   a) Nennen Sie typische indirekte Absatzwege.
   b) Beschreiben Sie verschiedene Absatzwege, auf denen Konserven vom Hersteller an den Endverbraucher gelangen.
   c) Welche Aufgaben übernehmen dabei die zwischengeschalteten Betriebe?
   d) Welche Vor- und Nachteile ergeben sich folglich für den Hersteller?
   e) Warum findet man in der Investitionsgüterindustrie häufiger den direkten Vertrieb?
   f) Nennen Sie bekannte Firmen, von denen Sie wissen, dass sie Konsumgüter direkt vertreiben

2. **In Kaufhäusern und Warenhäusern finden Sie bei manchen Gebrauchsgütern (z. B. Nähmaschinen) nur eine Marke.**
   Geben Sie hierfür mögliche Gründe an.

3. **Großunternehmen des Einzelhandels fordern von Industriebetrieben, die als Lieferanten Berücksichtigung finden wollen, oft ungewöhnliche Preisnachlässe und kostenlose Nebenleistungen, z. B. Preisauszeichnung der gelieferten Ware, Einräumen und Nachfüllen der Regale, Eintrittsgelder und Schaufenstermieten (obwohl vom Bundesgerichtshof verboten), Werbekostenzuschüsse, Gewinnausgleich, kostenpflichtige Warenrückgabe und Dutzende von Rabatten. In extremen Fällen werden für die gleiche Ware bis zu 17 verschiedene Rabatte gewährt.**
   a) Aus welchen Gründen wählen die betroffenen Industrieunternehmen trotz der Nachteile den genannten Absatzweg?
   b) Welche Möglichkeiten müssen zwangsläufig in Anspruch genommen werden, um die Preis- und Kostennachteile auszugleichen?

4. **Sie sind Hersteller folgender Produkte und müssen sich für einen Absatzweg entscheiden.**

Hersteller	Produkt
(1) Fabrik für Hand- und Heimwerkermaschinen	elektrische Pressluftbohrmaschine
(2) Maschinenbauer	Klärschlammaufbereitungsanlage
(3) Gummiartikelhersteller	Pkw-Keilriemen

   Welchen Absatzweg wählen Sie?

5. **Das Medien- und Verlagshaus PolyRoM GmbH plant ein neues 20-bändiges Lexikon in Buchform und auf DVD. Das Unternehmen vertreibt seine Produkte bisher im Direktvertrieb über angeschlossene Club-Buchhandlungen. Diese Vertriebsart soll auch für die neuen Produkte beibehalten, aber durch moderne Formen des Direktvertriebs ergänzt werden.**
   a) Machen Sie Vorschläge für Erfolg versprechende Vertriebsformen.
   b) Bilden Sie für jeden Vorschlag eine Arbeitsgruppe und erstellen Sie ein Vertriebskonzept.
   c) Die Marketingleitung untersucht, ob im vorliegenden Fall der indirekte Vertrieb eine aussichtsreiche Alternative bzw. Ergänzung darstellt.
   Debattieren Sie über die Vor- und Nachteile von direktem und indirektem Vertrieb.

6. **Ein großer Kamerahersteller möchte seine Digitalkameras über den Groß- und Facheinzelhandel vertreiben.**
   Welche Marketingaktivitäten kann der Handel dem Kamerahersteller beim indirekten Vertrieb abnehmen?

6.2 Physische Distribution (Absatzlogistik)

Ein großes deutsches Chemieunternehmen (unter anderem Hersteller von Waschmitteln) hat Produktionsstandorte in Düsseldorf und Genthin (Sachsen-Anhalt). Die nationale Verteilung der Produkte erfolgte noch vor wenigen Jahren ausschließlich durch Lkw. Heute geht man nach folgendem Logistikkonzept vor:

Knapp 12 % der jährlichen Absatzmenge – etwa 40 000 t – werden Großkunden durch Lkw-Spediteure direkt ab Werk zugestellt (Exline-Belieferung). Die Hauptmenge von 330 000 t aber wird im Wagenladungsverkehr der Deutschen Bahn AG zu neun dezentralen Regionallägern mit Bahnanschluss befördert. Diese befinden sich in unmittelbarer Nähe von Ballungszentren. Sie dienen einerseits als Puffer zwischen Produktion und Nachfrage, andererseits werden von hier aus die Abnehmer per Lkw im Nahverkehr versorgt.

Das Konzept – speziell auf die Verhältnisse dieses Unternehmens zugeschnitten – zeigt folgende Merkmale und Vorteile:

- Die große Absatztonnage pro Jahr ermöglicht den Einsatz der Bahn-Waggons und macht ihn preiswert.
- Das Volumen-Gewichts-Verhältnis der transportierten Waren lässt eine wirtschaftliche Auslastung der Waggon-Kapazitäten zu.
- Die Absatzmengen auf den regionalen Märkten sind hinreichend vorherbestimmbar.
- Die Einlagerung bei Speditionsbetrieben erspart die fixen Kosten für eigene Läger.
- Die Spediteure können die Ware den Abnehmern zeitflexibel zustellen. Sie transportieren die Ware zusammen mit den Waren anderer Hersteller kostengünstig als Sammelladung.
- Der Sammelladungsverkehr reduziert die Zahl der Gesamttransporte.
- Das Konzept ersetzt etwa 6 600 000 Lkw-Straßenkilometer (dispositionsbedingte Leerfahrten nicht mitgerechnet) durch Bahnkilometer. Es entlastet die bundesdeutschen Straßen und reduziert die Schadstoffemissionen um 7 600 t pro Jahr.

Produktions-Standorte für Wasch- und Reinigungsmittel

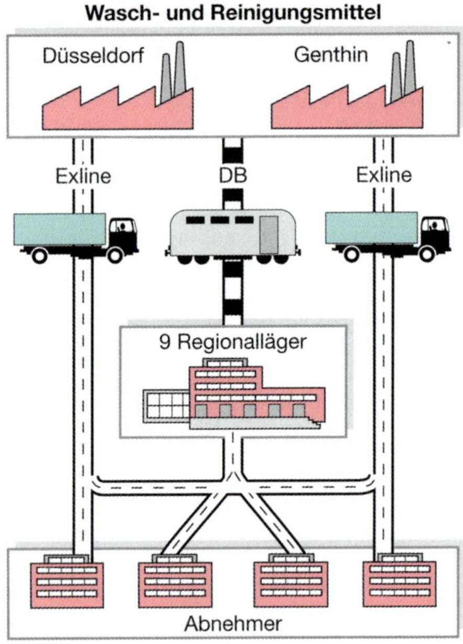

Die produzierten Leistungen müssen vom Ort der Fertigung in die Reichweite der Kunden gelangen. Dies erfordert transport- und lagerbezogene Entscheidungen.

Die grundsätzlichen Transport- und Lagerentscheidungen im Absatzbereich sind Gegenstand der physischen Distribution (Absatz-, Distributions-, Marketinglogistik).

Was aus der Sicht des Abnehmers Beschaffungslogistik darstellt, ist aus der Sicht des Lieferanten Absatzlogistik.

6.2.1 Lagersysteme

Zentrale oder dezentrale Lagerung

Industriebetriebe mit Auftragseinzelfertigung produzieren auf Bestellung und liefern anschließend unmittelbar an den Kunden aus. Anders bei Lagerfertigung. Eine

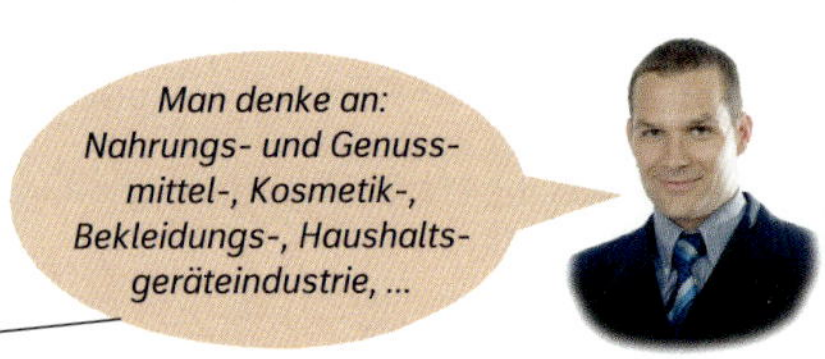

solche liegt bei dem oben dargestellten Waschmittelhersteller vor, aber auch bei vielen anderen Betrieben der Konsumgüterindustrie. Die Produkte werden in größeren Mengen gefertigt. Sie werden zunächst auf Lager genommen und dann bei Bedarf an den Handel verteilt. Dabei kommen entweder ein Zentrallager oder regionale Auslieferungsläger infrage.

Zentrallager

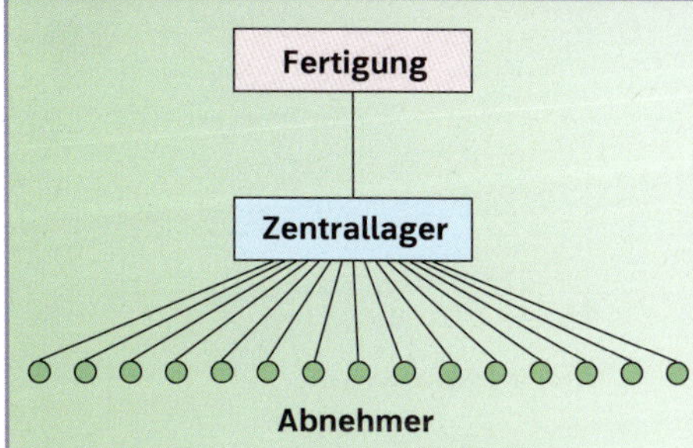

Merkmale:
- niedrigere fixe Lagerkosten
- lange Transportwege zum Kunden
- meist höhere Transportkosten
- niedrigere Auftragsflexibilität:
  - für kleinere Mengen Transportkosten evtl. zu hoch
  - längere Lieferzeiten
  - für Just-in-time-Belieferung weniger gut geeignet

Regionalläger

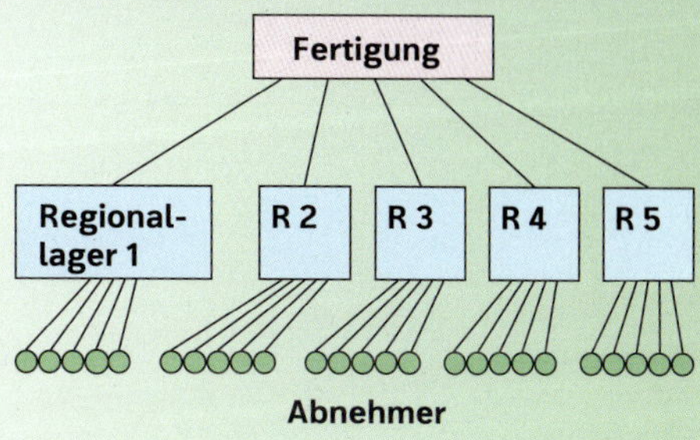

Merkmale:
- höhere fixe Lagerkosten
- kurze Transportwege zum Kunden
- meist niedrigere Transportkosten
- höhere Auftragsflexibilität:
  - Transportkosten auch für kleinere Bestellungen tragbar
  - kürzere Lieferzeiten
  - für Just-in-time-Belieferung besser geeignet

Eigen- oder Fremdlager

Ist ein Eigenlager oder ein Fremdlager vorteilhafter? Diese Frage stellt sich in der Praxis vor allem für dezentrale Auslieferungsläger.

Bei Fremdlagerung entfällt das Weisungsrecht gegenüber dem Lagerpersonal und dessen unmittelbare Kontrolle. Deshalb sollte ein detailliert ausgearbeiteter Vertrag mit dem Lagerhalter die Probleme der Qualitätssicherung und Haftung eingehend regeln.

Ein weiterer entscheidender Gesichtspunkt sind die Kosten:

- Ein eigenes Lager verursacht bekanntlich fixe und variable Kosten (vgl. S. 337 f.).
- Fremdlagerung (bei Spediteuren oder Lagerhäusern) verursacht dem Einlagerer keine fixen Kosten. Er zahlt ein mengenabhängiges Lagergeld (z. B. 1,50 EUR pro 100 kg und pro Monat). Diese variablen Kosten sind in der Regel höher als beim Eigenlager.

Beispiel: Lagerkostenvergleich

	Eigenlagerkosten pro Jahr:	Fremdlagerkosten pro Jahr:
Fixe Lagerkosten	30 000,00 EUR	0,00 EUR
Variable Lagerkosten	12,00 EUR pro 100 kg	20,00 EUR pro 100 kg

Berechnung der kritischen Menge:

$$0{,}12\,x + 30\,000 = 0{,}2\,x$$
$$x = 375\,000$$

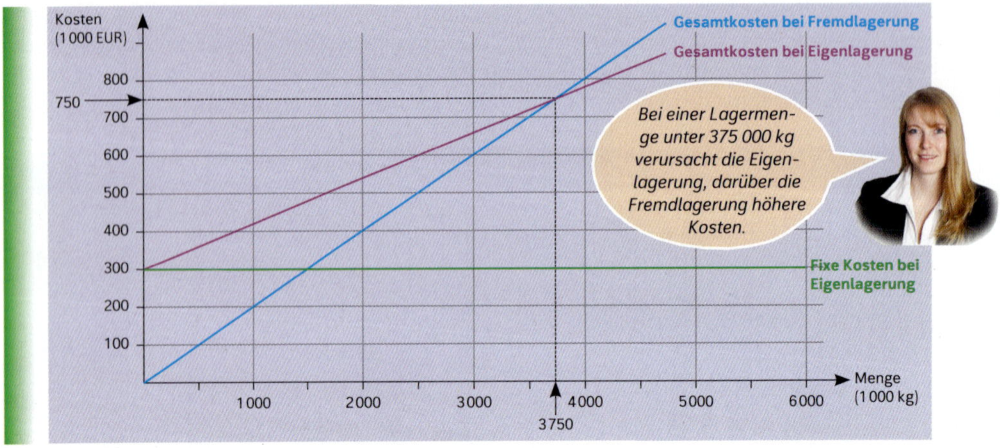

M 502 Siehe auch die Excel-Datei *Kritische Lagermenge*.

Arbeitsaufträge

1. Der im Eingangsbeispiel auf Seite 500 beschriebene Hersteller von Wasch- und Reinigungsmitteln belieferte früher alle Abnehmer von seinem Zentrallager in Düsseldorf aus. Seit fünf Jahren ist die Verteilung neu organisiert.

a) Die meisten Kunden werden von Regionallägern aus bedient. Erläutern und begründen Sie die geografische Verteilung dieser Läger.

b) Nennen Sie Gründe für den Übergang von der zentralen zur dezentralen Lagerung.

c) Es handelt sich durchweg um Fremdläger, nicht um Eigenläger. Begründen Sie auch diese Entscheidung.

d) Die Läger befinden sich durchweg bei Speditionsunternehmen. Inwiefern eignen sich solche Betriebe im vorliegenden Fall bestens als Lagerhalter?

e) Der Produktionsbetrieb hat – im Gegensatz zur Eigenlagerung – keinen direkten Einfluss auf das Lagerpersonal. Nennen Sie Möglichkeiten für ihn, seine Qualitätsanforderungen zu sichern.

f) Die zentrale Belieferung wurde nicht vollständig aufgegeben. Für welche Fälle ist ihr der Vorzug zu geben?

2. Ein Produzent steht vor der Entscheidung zwischen Eigen- und Fremdlagerung. Bei Eigenlagerung entstehen pro Jahr fixe Kosten von 240 000,00 EUR und variable Kosten von 1,00 EUR pro Stück. Bei Fremdlagerung berechnet der Logistik-Dienstleister Lagergeld von 16,00 EUR pro 100 Stück und pro Monat. Die Lagermenge beträgt durchschnittlich 280 000 Stück.

a) Benennen Sie Lagerkosten, die fixe Kosten darstellen, und solche, die variable Kosten darstellen.

b) Berechnen Sie die kritische Lagermenge.

c) Berechnen Sie die Höhe der Lagerkosten bei Eigen- und Fremdlagerung und fällen Sie die notwendige Entscheidung.

d) Der Produzent entscheidet sich trotzdem für die alternative Lösung. Nennen Sie mögliche Gründe.

6.2.2 Transportentscheidungen

Wahl des Transportmittels

Bei Auftragsfertigung macht oft der Kunde dem Lieferanten genaue Vorschriften über das Transportmittel und den Transporteur. In vielen anderen Fällen trifft der Lieferant diese logistische Entscheidung. Er wird das Transportmittel auswählen, das

- den Eigenschaften des Gutes (flüssiger, gasförmiger, fester Zustand, Schüttgut, Stückgut, Größe, Gewicht, Menge, Gefährlichkeit, Empfindlichkeit, Wert) am besten entspricht,
- im Hinblick auf Schnelligkeit, Sicherheit, Preis, Regelmäßigkeit, Pünktlichkeit und Umweltfreundlichkeit den Anforderungen in der vorliegenden Beförderungssituation am besten entspricht.

Beispiele: Vorteile von Transportmitteln

- **Überseetransporte** sind mit dem **Seeschiff** oder dem **Flugzeug** möglich. Das Flugzeug eignet sich aber nicht für Massengüter, kennt Obergrenzen für Maße und Gewichte und darf bestimmte Gefahrstoffe nicht transportieren. Energieverbrauch und Abgasausstoß sind hoch. Die Frachten liegen deutlich über denen des Seeschiffs. Aber das Flugzeug ist schnell und als Transportmittel sehr sicher. Es erspart die teure seemäßige Verpackung und ist günstig hinsichtlich der Transportversicherung. Deshalb eignet sich das Flugzeug vor allem für eilbedürftige, hochwertige, empfindliche und schnell verderbliche Güter. Weiterhin gilt aber: Der Schiffstransport macht oft Anschlusstransporte ins Binnenland erforderlich. Dann kann die Summe der Frachten bisweilen höher sein als bei der Wahl des Flugzeugs.

  Das Schiff ist ideal für Massengut sowie schwere umfangreiche Stückgüter, insbesondere auch für den Transport von Containern.

- **Binnentransporte** sind mit **Binnenschiff**, **Bahn** und **Lkw** möglich. Das Schiff ist umweltfreundlich, eignet sich aber nur für Massengut. Hier ist es konkurrenzlos billig, denn es befördert große Mengen mit geringem Energieaufwand und muss Schifffahrtsabgaben nur für die Benutzung künstlicher Wasserstraßen zahlen. Es kann aber nur Orte an schiffbaren Wasserwegen anlaufen, ist langsam und von Vereisung, Hoch- und Niedrigwasser abhängig. Bei den meisten Kaufmannsgütern besteht deshalb die Wahl zwischen Bahn und Lkw. Der Bahntransport ist umweltfreundlicher (weniger Energieverbrauch, weniger Umweltverschmutzung, keine Verstopfung der Straßen) und weniger witterungsabhängig (Wintertransporte!). Aber der Lkw ist beweglicher: Er erreicht den kleinsten Ort ohne Umladen im Haus-Haus-Verkehr und ist deshalb in der Summe schneller (selbst wenn durch häufige Staus auf den Fernstraßen dieser Vorteil oft infrage gestellt wird). Der Haus-Haus-Verkehr erspart oft Transport-, Verpackungs- und Umschlagskosten und ermöglicht eine individuellere Behandlung und Sonderwünsche. Nur zum Teil kann die Bahn diese Nachteile durch Anschlussgleise für Betriebe, durch große Containerumschlagsbahnhöfe, durch die Möglichkeit des Huckepackverkehrs (Verladen von Lkw und Lkw-Aufbauten auf Züge) und durch garantierte Bereitstellungszeiten ausgleichen.

Die Entscheidung über die Transportmittelart ist oft grundsätzlich und längerfristig bindend; z. B. dann, wenn Regionalläger eingerichtet und ständig beliefert werden. Sie verlangt die genaue Kenntnis der Gütereigenschaften und der Beförderungssituation.

Eigenverkehr oder Fremdverkehr

Grundsätzlich kann der Industriebetrieb eigene Transportmittel einsetzen (Eigenverkehr) oder er beauftragt Transportunternehmen mit der Beförderung (Fremdverkehr). Es handelt sich dabei um

- **Frachtführer**
  - die Eisenbahnen (Deutsche Bahn AG und lokale Bahnen)
  - Güterkraftverkehrsunternehmen. Sie betreiben
    a) nationalen Güterverkehr (Voraussetzung ist eine behördliche Erlaubnis);
    b) grenzüberschreitenden Verkehr mit Staaten der EU (die nationale Erlaubnis berechtigt auch zum Bezug einer für das EU-Gebiet erforderlichen „Gemeinschaftslizenz“);

   c) grenzüberschreitenden Verkehr mit Staaten außerhalb der EU, sog. Drittländern (Voraussetzung: Transportgenehmigungen unterschiedlicher Art).
- Unternehmen der Binnenschifffahrt
   a) Einzelschiffer (Partikuliere)
   b) Reedereien (Großunternehmen mit zum Teil vielen Schiffen)
- Fluggesellschaften

- **Verfrachter** (Transporteure in der Seeschifffahrt)
   - Reedereien (Schiffseigentümer)
   - Ausrüster (sie verwenden gecharterte Schiffe für Fremdtransporte)

- **die Post** (Deutsche Post AG) sowie Kurier-, Express- und Paketdienste

Großunternehmen (z. B. Hüttenwerke, Mineralölkonzerne, Automobilkonzerne) besitzen oft eigene Schiffe für den Transport ihrer Rohstoffe und Produkte. Auf der Schiene findet man auch private Waggons (v. a. Spezialwagen, die von der Bahn nicht angeboten werden). In den meisten Fällen aber stellt sich die Frage nach dem eigenen Fuhrpark beim Straßengüterverkehr.

Die Straßen-Güterbeförderung für eigene Zwecke heißt **Werkverkehr**. Sie ist in folgenden Fällen gestattet:
- Das Unternehmen als Kunde holt Transportgut mit eigenem Fahrzeug ab.
- Das Unternehmen als Lieferant stellt Transportgut mit eigenem Fahrzeug zu.
- Das Unternehmen befördert Transportgut mit eigenem Fahrzeug zwischen seinen Niederlassungen.
- Der Fahrer muss zum Unternehmen gehören.
- Die Beförderung darf nur eine Hilfstätigkeit im Rahmen der Gesamttätigkeit des Unternehmens sein.

Der Werkverkehr bedarf keiner Erlaubnis.

Der Einsatz eigener Fahrzeuge als Alternative zum Fremdverkehr ist nur sinnvoll, wenn er – gleiche Leistung und Zuverlässigkeit vorausgesetzt – kostengünstiger ist.

Beispiel: Entscheidung Eigenverkehr oder Fremdverkehr

Der Druckerhersteller Compu GmbH muss im Laufe eines Monats verschiedene Kunden beliefern. Die Summe der Entfernungen beträgt etwa 4 000 km. Der Betrieb kann entweder einen Kleinlastwagen anschaffen oder einen Spediteur mit der Transportbesorgung beauftragen. Der Spediteur würde 3,10 EUR je km berechnen, also insgesamt 12 400,00 EUR.
Bei Eigenverkehr fallen jährlich folgende fixe Kosten an:
- lineare Abschreibung über 5 Jahre bei einer Anschaffungsausgabe von 60 000,00 EUR,
- 10 % Zinsen p. a. auf das durchschnittlich gebundene Kapital (halber Anschaffungswert),
- Steuer und Versicherung 3 500,00 EUR,
- anteilige Lohnkosten für den Fahrer 45 600,00 EUR bei durchschnittlich 8 Stunden Einsatz täglich.

Die variablen Kosten (Treibstoff-, Öl-, Reifen-, Wartungs- und Reparaturkosten) sind mit 0,55 EUR pro km kalkuliert.

a) Welche Alternative ist günstiger?
   Monatliche Kosten des Eigenverkehrs:

1 000,00 EUR	Abschreibungen (60 000,00 EUR : 5 Jahre : 12 Monate)
250,00 EUR	Zinsen (30 000,00 EUR · 10 % : 12 Monate)
291,66 EUR	Steuer und Versicherung (3 500,00 EUR : 12 Monate)
3 800,00 EUR	Lohnkosten (45 600,00 EUR : 12 Monate)
2 200,00 EUR	variable Kosten (0,55 EUR · 4 000 km)
7 541,66 EUR	

   Der Eigenverkehr ist kostengünstiger.

b) Bis zu welcher Kilometerleistung ist der Fremdverkehr kostengünstiger?

3,1 x = 0,55 x + 5 341,66

x = 2 094,77

Bis 2 094,77 km ist der Fremdtransport, ab 2 094,77 km ist der Eigenverkehr günstiger.

Siehe auch die Excel-Datei *Kritische Transportkilometer*.

Web M 505

Arbeitsaufträge

1. **Die Wahl des Transportmittels ergibt sich aus den Eigenschaften der Sendung und den situationsbedingten Anforderungen an den Transport.**

   a) Erläutern Sie die Eigenschaften der folgenden Sendungen und geben Sie geeignete Transportmittel an.
   - 15 000 t kanadischer Weizen von Montreal nach Köln
   - 1 Dieselmotor, Bruttogewicht 5 520 kg, Maße 2,40 x 1,80 x 1,18 m, von Kehl/Rhein nach Sydney
   - 800 g Schmuck, Wert 23 000,00 EUR, von München nach Phoenix, Arizona
   - 400 kg hochexplosives Flüssiggasgemisch von Nürnberg nach Algier
   - 1 000 t Eisenerz von Kallak (Nordschweden) nach Duisburg
   - 40 kg Feinmessinstrumente (sehr empfindlich gegen Erschütterungen) von Hamburg nach Rom

   b) Ein Kühlaggregat (2 000 kg) soll von München nach Bombay befördert werden. Grundsätzlich eignen sich alle Verkehrsmittel für einen solchen Transport.
   - Warum wird in diesem Fall jedoch der durchgehende Bahn- oder Lkw-Transport höchstwahrscheinlich keine Berücksichtigung finden?
   - Nennen Sie wichtige Gesichtspunkte, die bei der Wahl zwischen Bahn/Lkw/Schiff einerseits und Flugzeug andererseits zu berücksichtigen sind.

2. **Werkverkehr ist jede Beförderung von Gütern für eigene Zwecke mit eigenen Kraftfahrzeugen.**

   a) Welche Vorteile bietet der Werkverkehr gegenüber der Beförderung durch Transportunternehmen?

   b) Geben Sie Beispiele für Unternehmen an, die Güter im Eigenverkehr befördern:
   (1) mit dem Lkw (2) mit Binnenschiffen (3) mit Seeschiffen (4) mit Flugzeugen

   c) Die meisten Beförderungen erfolgen nicht im Werkverkehr, sondern werden von Transportunternehmen gegen Entgelt durchgeführt. Die Gründe sind vor allem in niedrigen Kosten zu suchen. Erläutern Sie diesen Sachverhalt.

3. **Ein Fertigungsbetrieb verschickt in 52 Wochen im Jahr an 5 Tagen in der Woche etwa je 4 t Güter. Die Summe der Entfernungen beträgt täglich im Schnitt 200 km. Der Versand im Selbsteintritt durch einen Spediteur kostet pro Tonne und Kilometer durchschnittlich 0,30 EUR. Man denkt daran, künftig die Sendungen im Werkverkehr zuzustellen. Das betreffende Fahrzeug würde jährlich an fixen Kosten verursachen: Abschreibungen 12 500,00 EUR, Versicherung 1 000,00 EUR, Steuern 250,00 EUR, Fahrerkosten 41 000,00 EUR. Variable Kosten entstehen wie folgt: Kraftstoff 14 l/100 km zu 1,40 EUR/l; Ölwechsel alle 15 000 km, 6 l à 3,00 EUR/l, zusätzlich 0,5 l Öl je 1 000 km; 4 Reifen à 250,00 EUR alle 25 000 km; Inspektionen und Reparaturen auf je 10 000 km etwa 250,00 EUR. Im Werkverkehr sind wegen Leerfahrten pro Tag etwa 300 km zurückzulegen.**

   a) Ist die Einrichtung eines Werkverkehrs unter Kostengesichtspunkten sinnvoll?

   b) Ist Werkverkehr sinnvoll, wenn die Transportleistung um 25 % gesteigert werden kann? Erläutern Sie ggf. die Gründe.

   c) Könnte es Gründe geben, die für den Werkverkehr sprechen, auch wenn er geringfügig teurer sein sollte?

7 Kontrahierungspolitik – Preise und Konditionen

7.1 Aufgaben der Preis- und Konditionenpolitik

Für jedes Unternehmen ist es wichtig, dass „die Preise stimmen“.

Der Preis sollte so kalkuliert sein, dass über den Erlös nicht nur die Kosten abgedeckt werden, sonden darüber hinaus noch ein Gewinn erzielt wird.

- Das Unternehmen muss deshalb über seine Kosten genau informiert sein. Die Kosten bestimmen den Preis, der mindestens gefordert werden muss (Preisuntergrenze).
- Das Unternehmen muss weiterhin über die Marktverhältnisse informiert sein, denn diese bestimmen, welcher Preis überhaupt am Markt gefordert werden kann.
- In Kenntnis seiner Kosten und der Marktverhältnisse setzt das Unternehmen seine Preise und Verkaufskonditionen fest.

Langfristig wird ein maximaler Gewinn angestrebt. Denn nur hohe Gewinne ermöglichen die notwendigen Investitionen und belohnen den Einsatz von Arbeit und Kapital.

Kurzfristig kann es aber notwendig sein, für neue Produkte zunächst einen ausreichenden Markt zu schaffen oder aggressive Konkurrenten abzuwehren.

Die Preis- und Konditionenpolitik muss darüber entscheiden, welche Preise und Konditionen (Verkaufsbedingungen) sinnvoll sind, um die übergeordneten Marketingziele zu erreichen.

7.2 Wirkung von Preisänderungen auf Nachfrage und Umsatz

7.2.1 Preisempfindlichkeit der Nachfrage

Niedrige Preise ziehen Käufer an, hohe Preise schrecken sie ab. Deshalb kann man grundsätzlich davon ausgehen, dass die Nachfrage bei Preiserhöhungen zurückgeht und dass sie bei Preissenkungen steigt. Dieser Zusammenhang lässt sich durch eine Nachfragekurve veranschaulichen.

Beispiel: Normales Nachfrageverhalten

Erdbeerpreis pro kg	Der Haushalt kauft
10,00 EUR	0 kg
6,00 EUR	2 kg
3,00 EUR	4 kg

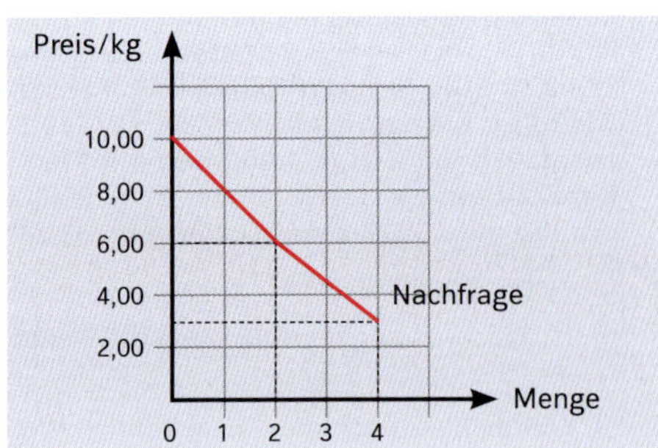

Wenn die Nachfrage stark (schwach) auf Preisänderungen reagiert, spricht man von hoher (niedriger) **Preisempfindlichkeit**. Kultur- und Luxusgüter sind preisempfindlich. Bei existenznotwendigen Gütern ist zu beobachten, dass die Nachfrage kaum auf Preisänderungen reagiert (unempfindliche Nachfrage).

An der Preisempfindlichkeit der Nachfrage kann man erkennen, wie empfindlich die Nachfrager auf eine Preisänderung reagieren.

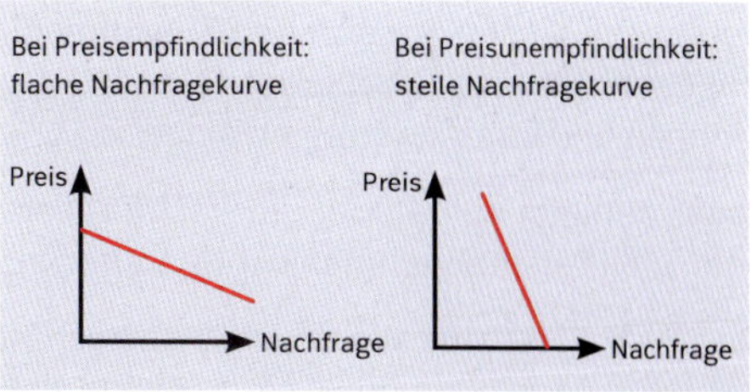

7.2.2 Preiselastizität der Nachfrage

Auch bei hoher Preisempfindlichkeit der Nachfrage beschert eine Preiserhöhung(-senkung) dem anbietenden Unternehmen nicht zwangsläufig eine(n) Umsatzrückgang(-steigerung). Maßgeblich dafür ist vielmehr die Preiselastizität der Nachfrage. Diese hat für jeden Punkt der Nachfragekurve einen anderen Wert.

Bei elastischer Nachfrage ist die prozentuale Mengenänderung größer als die prozentuale Preisänderung, bei unelastischer Nachfrage ist sie kleiner.

Man misst die Nachfrageelastizität (E) durch den nebenstehenden Bruch (sog. Elastizitätskoeffizient).
E > 1 kennzeichnet eine relativ elastische Nachfrage.
E < 1 kennzeichnet eine relativ unelastische Nachfrage.

$$E = \frac{-\text{Mengenänderung in \%}}{\text{Preisänderung in \%}}$$

Der Umsatz reagiert je nach der Größe der Nachfrageelastizität unterschiedlich.

Beispiel: Nachfrageelastizität

Von zwei Produkten (P) werden bei einem Preis von jeweils 100,00 EUR wöchentlich jeweils 200 Stück verkauft. Der Umsatz beträgt also 20 000,00 EUR je Produkt. Eine Preiserhöhung (PE) von 20,00 EUR (20 %) führe zu folgenden Mengenänderungen (MÄ) und Umsätzen:

P	PE	neuer Preis	MÄ		E	neue Absatzmenge	neuer Umsatz
1	20 %	120,00 EUR	– 20 Stück	– 10 %	0,5	180	21 600,00 EUR
2	20 %	120,00 EUR	– 60 Stück	– 30 %	1,5	140	16 800,00 EUR

Bei Produkt 1 (unelastische Nachfrage) führt die Preiserhöhung zu einer Umsatzsteigerung, bei Produkt 2 (elastische Nachfrage) zu einem Umsatzrückgang.

- **Bei elastischer Nachfrage bewirken Preiserhöhungen grundsätzlich einen Umsatzrückgang, Preissenkungen eine Umsatzsteigerung.**
- **Bei unelastischer Nachfrage bewirken Preiserhöhungen grundsätzlich eine Umsatzsteigerung, Preissenkungen einen Umsatzrückgang.**

Beachte:
Die Elastizitätswerte sind in jedem Punkt der Nachfragekurve unterschiedlich (von E = ∞ bis E = 0; siehe Beispiele in der Grafik).
Nur eine Parallele zur Mengenachse ist in allen Punkten vollkommen elastisch (E = ∞), nur eine Parallele zur Preisachse in allen Punkten vollkommen unelastisch (E = 0).

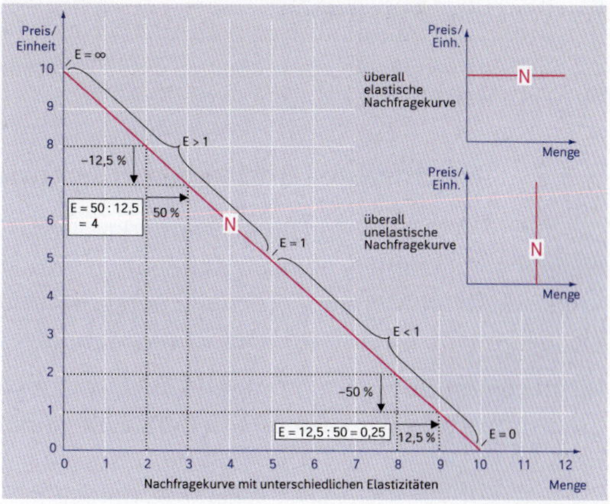

M 508 Web

Veranschaulichen Sie sich den Zusammenhang zwischen Preis, Preiselastizität der Nachfrage und Umsatz anhand des Materials *Nachfrageelastizität*. Dort können Sie z. B. Preise, Mengen und ihre Änderungen eingeben und die Auswirkungen auf den Umsatz ablesen.

Jeder Anbieter sollte über die Nachfrageelastizität seiner Produkte hinreichend informiert sein, um Preismaßnahmen richtig treffen zu können.

Die Grafik zeigt z. B.: Wenn der Preis hoch ist, führt eine Preissenkung zu einer Umsatzsteigerung; ist er niedrig, führt sie zu einem Umsatzrückgang.

7.3 Arten der Preissetzung

7.3.1 Kostenorientierte Preissetzung

Grundsätzlich will der Anbieter von seinen Kunden den Preis erhalten, den er aufgrund seiner Kosten kalkuliert hat. Dies gelingt ihm aber nur auf einem Verkäufermarkt. Auch ein **Alleinanbieter** kann gegebenenfalls seine Preise durchsetzen. Allerdings sind Alleinanbieter heutzutage selten.

Beispiel: Kalkulation eines Getriebes bei MGB Maltmann Getriebebau e. K.

	Fertigungsmaterial	1 500,00	
+	Materialgemeinkosten (20 %)	300,00	
=	Materialkosten	1 800,00	1 800,00
	Fertigungslöhne	1 200,00	
+	Fertigungsgemeinkosten (83 1/3 %)	1 000,00	
=	Fertigungskosten	2 200,00	2 200,00
	Herstellkosten		4 000,00
+	Verwaltungs- und Vertriebsgemeinkosten (20 %)		800,00
=	**Selbstkosten**		4 800,00
+	Gewinnzuschlag (25 %)		1 200,00
=	**Barverkaufspreis**		6 000,00
+	Kundenskonto (4 % vom Zielverkaufspreis)		250,00
=	**Zielverkaufspreis**		6 250,00
+	Kundenrabatt (15 % vom Listenverkaufspreis)		1 102,94
=	**Listenverkaufspreis**		7 352,94

Auf einem Verkäufermarkt könnten die kalkulierten Bar-, Ziel- und Listenverkaufspreise durchgesetzt werden.

7.3.2 Nachfrage- und konkurrenzorientierte Preissetzung

Die heutigen Märkte sind oft Käufermärkte: Das Güterangebot ist groß, die Bedürfnisse sind weitgehend gesättigt. Je nach Angebot und Nachfrage lassen sich höhere oder niedrigere Preise erzielen. Dementsprechend setzt der Unternehmer seinen Preis fest. Man spricht hier von **nachfrageorientierter Preissetzung**.

Hinzu kommt oft noch eine starke Konkurrenz zwischen den Anbietern. Der Betrieb wird bei Preissenkungen der Konkurrenten mitziehen, nicht aber bei Preiserhöhungen. Manchmal richtet er sich auch nach den Preisen eines Konkurrenten mit besonders großem Marktanteil, des sog. **Marktführers**.

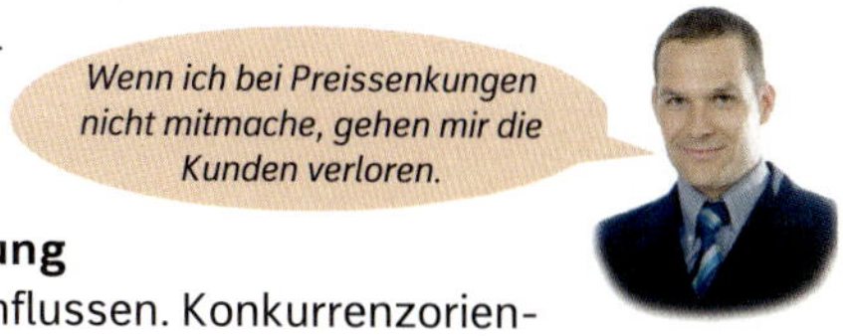

Bei dieser **konkurrenzorientierten Preissetzung** kann das Unternehmen selbst den Preis nicht beeinflussen. Konkurrenzorientierte Preissetzung liegt vor allem vor,

- wenn die Zahl der Anbieter klein ist (sog. **Oligopol**),
- wenn die Güter verhältnismäßig gleichartig (homogen) sind und
- wenn die Nachfrager einen guten Marktüberblick haben.

Die Preiskalkulation ist bei nachfrage- und konkurrenzorientierter Preissetzung nicht überflüssig. Durch eine Teilkostenkalkulation prüft man, ob man zum Marktpreis mit Gewinn oder zumindest kostendeckend anbieten kann und welcher Preis die **Untergrenze** darstellt. Dabei gilt grundsätzlich:

Die Höhe der variablen Stückkosten ist die *kurzfristige (absolute) Preisuntergrenze*.

Begründung: Auch in wirtschaftlich schlechten Zeiten müssen mindestens die variablen Kosten über den Preis erstattet werden. Der größte Teil der variablen Kosten ist nämlich mit laufenden Ausgaben verbunden (z. B. Lohn- und Materialkosten). In der Praxis liegt die Grenze allerdings oft höher, weil auch Teile der Fixkosten ausgabewirksam sind. Bei ihrer Einbeziehung gelangt man zur **liquiditätsorientierten Preisuntergrenze**.

Web

M 509

Beispiel: Kurzfristige Preisuntergrenze

Rechnen Sie selbst in der Excel-Tabelle *Preisuntergrenzen*.

Für die Getriebekalkulation soll gelten:
Von den Materialgemeinkosten sind 50 % (150,00 EUR) fix und 50 % (150,00 EUR) variabel.
Von den Fertigungsgemeinkosten sind 50 % (500,00 EUR) fix und 50 % (500,00 EUR) variabel.
Die Verwaltungs- und Vertriebsgemeinkosten sind zu 100 % fix.

Fertigungsmaterial	1 500,00 EUR
+ variable Materialgemeinkosten	150,00 EUR
+ Fertigunglöhne	1 200,00 EUR
+ variable Fertigungsgemeinkosten	500,00 EUR
= variable Kosten	3 350,00 EUR

kurzfristige Preisuntergrenze

FÜNFTER ABSCHNITT

Die Differenz „Barverkaufspreis minus variable Stückkosten" zeigt an, in welcher Höhe Fixkosten abgedeckt werden. Sie heißt bekanntlich Deckungsbeitrag je Stück.

Fortsetzung des Beispiels: Kurzfristige Preisuntergrenze

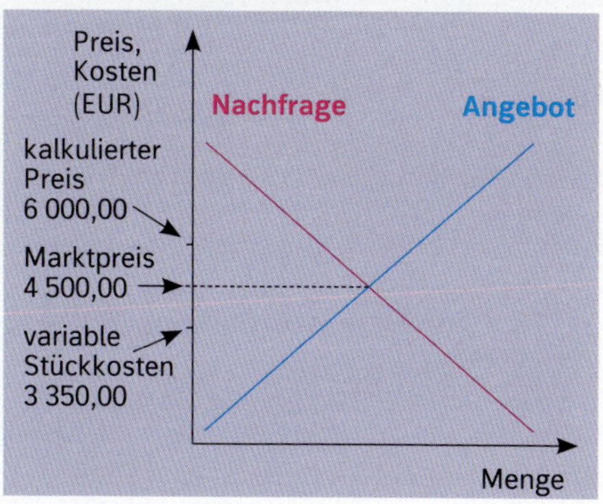

Marktpreis (Stückerlös)	4 500,00 EUR
– variable Stückkosten	3 350,00 EUR
Deckungsbeitrag je Stück	1 150,00 EUR

Der Marktpreis deckt nicht den kalkulierten Preis (6 000,00 EUR) und die Selbstkosten (4 800,00 EUR). Er deckt aber die variablen Stückkosten (3 350,00 EUR) und einen Teil der fixen Stückkosten in Höhe von 1 150,00 EUR.

Bei jedem Verkauf zu einem Preis über den variablen Stückkosten entsteht ein positiver Deckungsbeitrag. Der Betrieb verbessert seine Lage. Bei negativem Deckungsbeitrag verschlechtert er sie.

Grundsätzlich sollten Artikel mit negativem Deckungsbeitrag eliminiert (aufgegeben) werden. Es kann allerdings Gründe geben, davon abzuweichen (vgl. S. 481):
- Wenn eine **Mischkalkulation** möglich ist, lässt sich ein Preisnachteil ggf. ausgleichen.
- Manche Erzeugnisse sind unmittelbar mit dem Firmennamen verbunden (z. B. UHU). Eliminiert man sie, können treue Kunden verloren gehen.
- Es ist möglich, dass ein verlustbringender Artikel den Absatz anderer Artikel fördert. Dies ist z. B. bei Komplementärgütern der Fall.

Die gesamten Stückkosten (= Selbstkosten) sind die *langfristige Preisuntergrenze*.

Begründung: Jeder Artikel sollte auf lange Sicht alle ihm zuzurechnenden Kosten decken. Dann entsteht kein Gewinn, aber der Umsatz reicht aus, um den Betrieb weiterzuführen.

Mit Deckungsbeitrag und Preisuntergrenze reagiert das Unternehmen lediglich passiv auf Käufermärkte und Konkurrenzsituationen. Eine Methode, stattdessen aktiv den Gewinn zu planen, ist die **Zielkostenrechnung**.

Zielpreis	1000,00 EUR
– Zielgewinn	– 150,00 EUR
= erlaubte Kosten	= 850,00 EUR
↓	
Zielkosten	< 850,00 EUR
↓	
Ziellücke	60,00 EUR
↑	
aktuelle Standardkosten (Plankosten)	910,00 EUR

- Vom erzielbaren Verkaufspreis zieht man den erstrebten Gewinn (Zielgewinn) ab und erhält die erlaubten Kosten.
- Höchstens diese Kosten darf das angebotene Produkt verursachen (Zielkosten).
- Man ermittelt möglichst genau die Eigenschaften, die das Produkt haben muss, um für die Kunden attraktiv zu sein (z. B. Marktforschung, Wertanalyse).
- Man ermittelt die Standardkosten (Plankosten), die das Produkt aktuell verursacht. Sind sie höher als die Zielkosten, entsteht eine Ziellücke.
- Man versucht, die eventuelle Ziellücke durch geeignete Kostensenkungsmaßnahmen (Rationalisierung) zu schließen (z. B. andere Materialien, andere Lieferanten, andere Fertigungsverfahren). Dabei darf der vom Kunden gewünschte Nutzen nicht beeinträchtigt werden. Bei Erfolg kann das Produkt produziert und angeboten werden.

Die Zielkostenplanung sollte schon bei der Produktentwicklung einsetzen. Ist ein Produkt erst einmal am Markt, lassen sich die Kosten nur ungleich schwerer reduzieren.

7.4 Preisstellungssysteme

- Der Textilhersteller Top-Dress GmbH gewährt seinen Kunden bei Einkaufspreisen ab 10 000,00 EUR 5 %, ab 15 000,00 EUR 10 %, ab 30 000,00 EUR 15 % und ab 40 000,00 EUR 20 % Rabatt. Kunden mit einem jährlichen Gesamtumsatz von mindestens 100 000,00 EUR erhalten außerdem einen Bonus von 3 %.
- Die Textil-Mode AG gewährt keine Rabatte, aber ihre Preise liegen durchschnittlich zwischen 10 % und 20 % niedriger als die Preise der Top-Dress GmbH.

Um viele Kunden zu gewinnen, sollte das Unternehmen seine Preise möglichst individuell auf den Käufer abstellen. Hierzu dienen grundsätzlich zwei Preisstellungssysteme:

Preisstellungssysteme

Bruttosystem	Nettosystem
Von den angegebenen Preisen werden noch Rabatte gewährt.	**Von den angegebenen Preisen werden keine Rabatte mehr gewährt.**
Beispiel: „Wir bieten an zu 450,00 EUR abzüglich 40 % Wiederverkäuferrabatt."	**Beispiel:** „Wir bieten an zu 270,00 EUR."

7.4.1 Bruttosystem

Durch Rabatte wird ein formell einheitlicher Angebotspreis gegenüber verschiedenen Abnehmern aufgrund festgelegter Bedingungen differenziert.

- **Mengenrabatt:** Soll zum Kauf größerer Mengen anregen. Oft bestehen Rabattstaffeln.

> **Beispiel: Rabattstaffel**
> - Bei Abnahme von mindestens 100 Stück 10 % Rabatt;
> - bei Abnahme von mindestens 300 Stück 15 % Rabatt;
> - bei Abnahme von mindestens 500 Stück 20 % Rabatt.

- **Treuerabatt:** Für langjährige Kunden. Er soll sie an das Unternehmen binden und das Eindringen von Konkurrenten verhindern.
- **Umsatzbonus:** Gutschrift, die gewährt wird, wenn der Kunde bis zum Jahresende einen festgelegten Gesamtumsatz erzielt hat. Je nach Vereinbarung für alle getätigten Umsätze oder nur für Umsätze oberhalb der Umsatzgrenze.
- **Skonto (Barzahlungsrabatt):** Wird bei Zielverkäufen gewährt, wenn der Kunde die Rechnung vorzeitig (meist binnen 8 bis 10 Tagen) bezahlt.
- **Funktionsrabatt:** Preisnachlass, den der Verkäufer gewährt, wenn der Kunde ihm bestimmte Arbeiten abnimmt (z. B. Werbung, Abfüllen, Zuschneiden, Sortieren).
- **Wiederverkäuferrabatt:** Rabatt für Waren, die mit empfohlenem Endverkaufspreis ausgezeichnet sind. Er soll die Kosten des Einzelhändlers abdecken und ihm außerdem einen angemessenen Gewinn sichern.
- **Sonderrabatte:** Personalrabatt (für das eigene Personal); Weiterverarbeitungsrabatt (für Handwerker); Jubiläumsrabatt (anlässlich von Geschäftsjubiläen); Messerabatt (für Messeaufträge); Behördenrabatt

Den **Absatz von unrentablen Kleinmengen** sucht der Betrieb zu unterbinden durch:

- **Mindestabnahmemengen:** z. B: „Mindestabnahmemenge 10 Stück"
- **Mindermengenzuschläge:** Umkehrung des Rabatts; z. B.: „Bei Abnahme von weniger als 10 Stück berechnen wir einen Zuschlag von 15 % auf den Listenpreis."
- **Frankogrenzen:** Übernahme festgelegter Fracht- oder Verpackungskosten von einem bestimmten Wert oder einer bestimmten Menge an; z. B.: „Bei einem Warenbezug ab 1 000,00 EUR erfolgt die Lieferung frei Haus."

Beachte:
Hat der Betrieb eine Prozesskostenrechnung, werden kleine Mengen auch ohne Mindermengenzuschlag richtig kalkuliert.

7.4.2 Nettosystem

Auch beim Nettosystem wird die Abnahme größerer Mengen berücksichtigt. Dies geschieht durch **Preisstaffelungen**.

Beispiel: **Preisstaffelung**

Bei Abnahme von	beträgt der Preis pro Stück
5–10 Stück	100,00 EUR
11–15 Stück	95,00 EUR
16–20 Stück	90,00 EUR
über 20 Stück	86,00 EUR

7.5 Preisstrategien

M 512

7.5.1 Preisdifferenzierung

Siehe hierzu auch die Präsentation *Preisstrategien*.

Preisdifferenzierung bedeutet:

Angebot des *gleichen Produkts* zu unterschiedlichen Preisen, um unterschiedliche Nachfragebedingungen auszunutzen und den Gewinn zu vergrößern.

Arten der Preisdifferenzierung	
Räumliche Preisdifferenzierung	Unterschiedliche Preise an verschiedenen Orten, z. B. unterschiedliche Preise in Filiale A und B; höhere Preise an Autobahntankstellen
Sachliche Preisdifferenzierung	Anbieten desselben Produkts in unterschiedlicher Aufmachung zu unterschiedlichen Preisen, z. B. Anbieten von Waschmitteln als Markenartikel und als No-Name-Ware
Zeitliche Preisdifferenzierung	Unterschiedliche Preissetzung zu verschiedenen Zeitpunkten, z. B. Saisonrabatt, Jubiläumsrabatt, Sonderaktionen (etwa Sonderangebote)
Persönliche Preisdifferenzierung	Preisbildung nach Personengruppen, z. B. Behördenrabatt, Seniorenrabatt, Treuerabatt, Wiederverkäuferrabatt
Preisdifferenzierung nach dem Umsatz	unterschiedliche Preise bei unterschiedlichen Einkaufsumsätzen, z. B. Mengenrabatt, Umsatzbonus, Mindermengenzuschlag, Preisstaffel

7.5.2 Dynamische Preisgestaltung

Maßnahmen der dynamischen Preisgestaltung sollen die Preise flexibel den Marktverhältnissen anpassen.

Produkteinführung: Hier bieten sich zwei Strategien an:

- **Skimming-Strategie: Hohe Einführungspreise (Abschöpfungspreise)**
  Man setzt hohe Einführungspreise, um zunächst die kaufkräftigste Käuferschicht anzusprechen. Anschließend senkt man den Preis. Mit dieser Preissenkung geht manchmal eine Verschlechterung der Ausstattung einher.

  Beispiel: **Skimming-Strategie**

  Einführung eines Romans in gebundener Leinenausgabe, später als Taschenbuch

- **Penetrationsstrategie: Marktdurchdringungspreise (Penetrationspreise)**
  Man setzt einen niedrigen Einführungspreis, um möglichst große Käuferschichten zu gewinnen. Wenn das Erzeugnis nach einer gewissen Zeit gut eingeführt ist, hebt man den Preis vorsichtig an.

Produktelimination: Wenn ein Produkt allmählich aus dem Markt genommen werden soll, hält man meist die Preise stabil und verzichtet auf alle kostenträchtigen Maßnahmen (wie Werbung). Zum Schluss versucht man, das Lager durch starke Preissenkungen in Verbindung mit einer Sonderwerbeaktion zu räumen.

7.5.3 Preispositionierung

Preispositionierung liegt vor, wenn der Betrieb gezielt ein bestimmtes Preisniveau für ein Produkt durchzusetzen versucht. Dies kann z. B. ein aggressiver Niedrigpreis sein oder auch ein gehobener Preis. Letzterer gilt besonders für Markenartikel, mit denen der Käufer eine gleichbleibende Qualität und ein Markenimage verbinden soll.

7.6 Konditionenpolitik

Günstige Verkaufskonditionen stellen für den Kunden u. a. einen zusätzlichen Preisvorteil dar. Sie können folglich die Kaufentscheidung beeinflussen.

Verkaufskonditionen	
Preisnachlässe Rabatte, Skonti, Boni	**Rückgaberecht** Kauf auf Probe
Zahlungsfristen • Der Lieferant gewährt ein Zahlungsziel • Der Lieferant vermittelt dem Kunden einen Kredit • Der Lieferant gewährt Abschlagszahlungen	**Garantieleistungen** Abgabe einer Garantie über die Gewährleistungsfrist hinaus (u. a. bei technischen Geräten)
Übernahme der Verpackungskosten Lieferung „Preis netto einschließlich Verpackung“	**Übernahme der Transportkosten** • „Lieferung frei Haus“ • „Lieferung frei Empfangsstation“
Die Übernahme der Verpackungs- und Transportkosten wird oft von Frankogrenzen abhängig gemacht.	

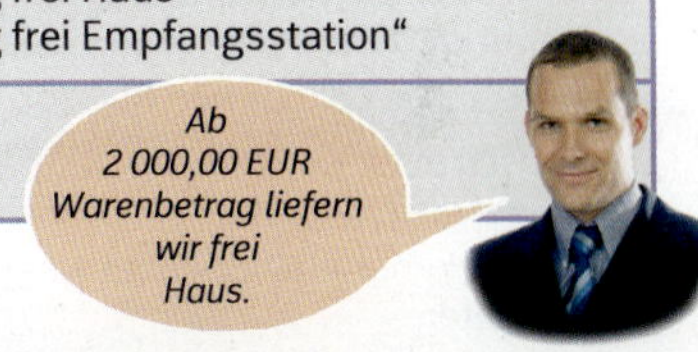

Überblick Preis- und Konditionenpolitik:

Preis- und Konditionenpolitik			
Preissetzung	**Preisstellung**	**Preisstrategien**	**Konditionen**
• kostenorientiert • konkurrenzorientiert • nachfrageorientiert **Besondere Probleme:** • Preisuntergrenze • Mischkalkulation • Sonderangebote	**Bruttosystem:** verschiedene Rabatte, ggf. Preiszuschläge **Nettosystem:** ggf. Preisstaffelung	• Preisdifferenzierung • dynamische Preisgestaltung • Preispositionierung	• Preisnachlässe • Zahlungsfristen • Verpackungskosten • Rückgaberecht • Garantieleistungen • Transportkosten

Arbeitsaufträge

1. **Die Preis- und Konditionenpolitik ist ein wichtiges absatzpolitisches Instrument. Wenn die Preise nicht stimmen, kann ein Unternehmen rasch in die Verlustzone geraten.**
   Erläutern Sie in wenigen Worten die verschiedenen Elemente der Preis- und Konditionenpolitik.

2. **Ein Betrieb bietet eine Ware bisher zu 80,00 EUR an. Er setzt monatlich etwa 150 Stück um. Nach einer Preissenkung um 20 % steigt der Absatz auf 230 Stück.**
   a) Handelt es sich um eine elastische oder unelastische Nachfrage?
   b) Begründen Sie, ob sich die Preissenkung für den Betrieb lohnt.
   c) Wie beurteilen Sie die Aussichten dafür, dass sich die beschriebenen Ergebnisse einstellen, wenn ein Oligopol vorliegt und die Konkurrenten verhältnismäßig homogene Güter anbieten?

Web M 514_1

3. **Durch Rabatte wird ein formell einheitlicher Angebotspreis gegenüber verschiedenen Abnehmern differenziert. Dabei werden verschiedene Rabattarten unterschieden.**
   Ordnen Sie auf dem Arbeitsblatt *Rabattarten* den beschriebenen Fällen bzw. Definitionen die richtigen Rabattarten zu.

4. **Die Vereinigte Maschinen- und Werkzeugfabrik AG (VMW) kalkuliert den Angebotspreis für eine Kleindrehbank.**
   a) Unter welchen Bedingungen könnte der Angebotspreis kostenorientiert festgelegt werden, unter welchen Bedingungen müsste er nachfrageorientiert festgelegt werden?
   b) Vom Listenverkaufspreis gewährt die VMW 20 % Rabatt und 2 % Skonto. Welches Preisstellungssystem wendet sie an?
   c) Welche Möglichkeiten der Preisdifferenzierung könnte der Anbieter nutzen?

5. **Für die Fertigung eines Bohrautomaten entstehen folgende Kosten:**
   Fertigungsmaterial: 5 000,00 EUR, Fertigungslöhne: 2 000,00 EUR.
   Die Materialgemeinkosten betragen 40 %, die Fertigungsgemeinkosten 120 %. Der Verwaltungs- und Vertriebsgemeinkostenzuschlagssatz beträgt 20 %. Von den Material- und Fertigungsgemeinkosten sind 40 % fix und 60 % variabel.
   Bestimmen Sie a) die langfristige und b) die kurzfristige Preisuntergrenze.
   Benutzen Sie ein Tabellenkalkulationsprogramm.

FÜNFTER ABSCHNITT

6. **Unternehmen differenzieren ihre Preise häufig. Ordnen Sie nachfolgende Beispiele den vier behandelten Arten für Preisdifferenzierung zu:**
   a) Rentner bekommen Rabatt,
   b) Nachsaisonpreise sind günstiger,
   c) die gleichen Medikamente sind in England preiswerter als in Deutschland,
   d) Markenartikelhersteller verkaufen ihre Marke auch als „No-Name-Produkt" beim Billigpreisanbieter.

7. **Die Konditionenpolitik steht in sehr engem Zusammenhang mit der Preispolitik.**
   Erläutern Sie dies.

8. **Ein Unternehmen bietet bisher ein Produkt zu 180,00 EUR je Stück an. Die variablen Kosten betragen 80,00 EUR je Stück. Die Nachfrageelastizität beträgt 0,75. Bisher konnten 160 Einheiten abgesetzt werden. Man will den Absatz nun auf 200 Stück erhöhen.**
   a) Wie hoch muss der neue Preis gesetzt werden, um das Mengenziel zu erreichen?
   b) Berechnen Sie den alten und den neuen Deckungsbeitrag (DB pro Stück und Gesamt-DB).
   c) Beurteilen Sie, ob sich die preispolitische Maßnahme rechnet.

9. **Die Haushaltselektro GmbH will eine neuartige Küchenmaschine auf den Markt bringen.**
   a) Erläutern Sie mögliche Grundzüge der Preisgestaltung in den einzelnen Phasen des Produktlebenszyklus.
   b) Die Mega-Handelskette ist ein möglicher Großabnehmer des Produkts. Machen Sie Vorschläge für ein Konditionensystem gegenüber diesem Kunden.

Web M 514_2

10. **Preisstrategien**
    Die Präsentation *Preisstrategien* enthält sieben Fallbeschreibungen. Entscheiden Sie jeweils, welche Preisstrategie angesprochen ist.

8 Kommunikationspolitik

8.1 Meinungswerbung (Public Relations, Öffentlichkeitsarbeit)

Auf einer Bank im Stadtpark ist eine Plakette angebracht: „Geschenk der Firma August Schwabe KG."

Herrn Schwabes Sohn geht zur Berufsschule. Beim letzten Schulfest gab es kostenlos Erbsensuppe mit Würstchen. Im Programmheft stand: „Gestiftet von der Firma August Schwabe KG".

Auf dem Bus der örtlichen Kirchengemeinde befindet sich eine Werbeaufschrift der Firma August Schwabe KG. Sie kostet 500,00 EUR jährlich.

Ob all das sich rentiert, ist nicht nachprüfbar. Auf jeden Fall jedoch tut August Schwabe auf diese Weise sein soziales Engagement öffentlich kund.

Die angeführten Maßnahmen stellen Werbung für das Unternehmen dar. Sie sollen es in der Öffentlichkeit bekannt machen. Jeder soll mit dem Namen „August Schwabe KG" eine positive Vorstellung verbinden. Das Ziel ist die Imagepflege. Insofern besteht eine enge Verbindung zur Corporate Identity (vgl. S. 14).

Alle Maßnahmen, die dem Ziel der Imagepflege dienen, fasst man unter dem Begriff Public Relations (Öffentlichkeitsarbeit, Meinungswerbung, Vertrauenswerbung) zusammen. Public Relations ist noch nicht direkt auf den Absatz ausgerichtet, sondern dient der Pflege der Corporate Identity.

Andere Public-Relations-Maßnahmen, die besonders von Großunternehmen angewandt werden, sind z. B.:

- Werksbesichtigungen durch Schulklassen oder Clubs;
- Tage der offenen Tür;
- Kontakte zu Film, Presse, Funk, Fernsehen;
- Berichte in Tageszeitungen und Zeitschriften;
- Herausgabe von Broschüren, Werks- und Kundenzeitschriften;
- Förderung des Gemeinwohls, z. B. durch Spenden.

FÜNFTER ABSCHNITT

8.2 Sponsoring

Mit Public Relations eng verwandt ist das Sponsoring.

Beim Sponsoring wird das Unternehmen als Förderer (Sponsor) von Personen, Vereinen und sonstigen Institutionen oder Organisationen tätig.

Sponsoring vollzieht sich vor allem im Bereich von Kultur, Sport, Sozialwesen, Umweltschutz und Fernsehen (TV-Programmsponsoring). Im Gegensatz zum Spendenwesen beruht es immer auf dem Prinzip von Leistung und Gegenleistung. Der Gesponserte übernimmt vor allem Werbeleistungen (z. B. Trikotwerbung). Das psychologische Ziel von Sponsoring ist:

Der Empfänger der Werbebotschaft soll das positive Bild, das er vom Gesponserten hat, auf den Sponsor übertragen.

Wichtige Sponsoringziele:

- Verbesserung der Unternehmens- und Markenbekanntschaft,
- Verbesserung des Unternehmensimages (und letztlich des Unternehmenswertes),
- Schaffung attraktiver Möglichkeiten der Kontaktpflege mit Kunden und anderen Ansprechpartnern,
- Dokumentation gesellschaftlicher Verantwortung,
- Verbesserung der Mitarbeiteridentifikation und -motivation.

8.3 Absatzwerbung

Ein großer Teil der Sendezeit von Radio und Fernsehen ist durch Werbung belegt. Dazu gehört auch **Direct-Response**. Dabei werden Produkte oder Dienstleistungen beworben, die der Hörer/Zuschauer sofort telefonisch bestellen kann. Tut er das, hat die Werbung sofort ihr höchstes Ziel erreicht: Sie hat eine Kaufhandlung ausgelöst.

Interessant ist übrigens: Der Sender wird nach Maßgabe der Bestellungen bezahlt. Er erhält z. B. 25 % vom Kaufpreis.

8.3.1 Ziele und Aufgaben der Absatzwerbung

Anders als Public Relations zielt die Absatzwerbung direkt auf Produkte und Leistungen.

Absatzwerbung soll neue Kunden gewinnen. Diese sollen durch ausgewählte Anbieterinformationen direkt zugunsten der umworbenen Güter beeinflusst werden.

Der Umworbene nimmt die Werbebotschaft auf. Soll sie eine Kaufhandlung auslösen, muss der Umworbene die Botschaft in **vier Wirkungsstufen** verarbeiten. Diese Stufen lassen sich zugleich als **psychologische Ziele der Werbung** ansehen.

Wirkungsstufen der Werbung (= psychologische Werbeziele)	
1. Stufe Bekanntmachung des Produkts ↓	Die Bekanntmachung ist die Vorstellung, die Nennung des Produkts. Sie ist notwendig, weil ein Produkt nur dann gekauft werden kann, wenn der Käufer von seiner Existenz weiß.
2. Stufe Information über das Produkt ↓	Der potenzielle Käufer muss Produktinformationen erhalten, die über die reine Bekanntheit hinausgehen. Sie beziehen sich in erster Linie auf den Nutzen, den das Produkt bringt.
3. Stufe Schaffung eines positiven Produktimages ↓	Die Werbung soll bewirken, dass die gesamte Vorstellung von dem Produkt überwiegend positiv ausgeprägt ist. Dies setzt eine positive Bewertung der Produktinformationen voraus.
4. Stufe Schaffung einer Kaufdisposition bzw. Auslösung der Kaufhandlung	Das positive Produktimage soll dazu führen, dass das Produkt dem Umworbenen als wünschenswert erscheint. Die Folge soll eine Kaufdisposition(-neigung) sein (d. h., das Produkt soll bei Bedarf gekauft werden) oder das direkte Auslösen der Kaufhandlung (z. B. Bestellung aus einem Prospekt; Aufsuchen des Verkäufers).

Eine ähnliche Stufung findet sich in folgenden Zielen:

1. Aufmerksamkeit erregen (Attention) **A**
2. Interesse an der Ware wecken (Interest) **I**
3. Besitzwünsche wecken (Desire) **D**
4. Kaufhandlungen auslösen (Action) **A**

Diese Ziele sind unter dem Namen „AIDA-Formel“ bekannt geworden.

Die Werbung wendet sich teils an den Verstand des Menschen, teils versucht sie durch feine psychologische Methoden im Unterbewusstsein versteckte Wünsche, Sehnsüchte, Ängste zu aktivieren. Letzteres ist vor allem bei der Werbung für Konsumgüter im Fernsehen und in Zeitschriften der Fall.

Indem die Werbung Präferenzen für das Unternehmen schafft, bewirkt sie

- die Verkürzung der Einführungsphase bei neuen Produkten,
- die Verlängerung der Lebensdauer eines Produkts.

Aufgaben der Werbung im Lebenszyklus des Produkts

Einführungswerbung
Sie soll neue Produkte bekannt machen und Verlangen danach wecken. Sehr häufig entstehen die Bedürfnisse erst durch die Werbung. Ein Mode- oder Geschmackswandel soll ausgelöst werden, neue Kunden sollen gewonnen, neue Märkte erschlossen werden.

Expansionswerbung
Bei schon eingeführten Produkten will man den Marktanteil erhöhen und eventuell von den Konkurrenten Kunden abziehen. Der Bekanntheitsgrad des Produkts soll erhöht werden.

Stabilisierungswerbung
Die Werbung soll aggressive Konkurrenten abwehren, die ihrerseits den Marktanteil vergrößern und die eigene Stellung am Markt stabilisieren wollen.

Erinnerungswerbung
Sie soll Leistungen des Unternehmens bei bestehenden und früheren Kunden in Erinnerung bringen. Frühere Kunden sollen zurückgewonnen werden.

8.3.2 Werbemittel, Werbeelemente und Werbemedien

Die Werbung setzt zur Erreichung ihrer Ziele Werbemittel und Werbeelemente ein.

Werbeelemente

Schrift	Ton	Bild	Ware	Vergünstigungen
Werbemittel	**Werbemittel**	**Werbemittel**	**Werbemittel**	**Werbemittel**
• Werbebrief • Newsletter (Rundschreiben) • Werbeanzeige • Flyer (Flugblatt) • Prospekt • Preisliste • Kundenzeitschriften • Firmen- und Produktnamen (auf Fahrzeugen, Gebäuden, Verpackungen) • Internetseiten • E-Mail • Mailing-Listen (Adressenlisten)	• Hörfunkspot • CD-Aufnahme • DVD-Aufnahme • Warenvorführung • Verkaufsgespräch	• Werbefilm • Werbevideo • Fernsehspot • Plakat • Lichtbild • Display-Material (z. B. Bodenaufsteller, Zahlteller) • Werbebanner • Werbebuttons (Anstecker)	• Schaufensterauslagen • Verkaufsraumauslagen • Messegegenstände • Ausstellungsgegenstände	• Werbegeschenke • Preisnachlässe • vorteilhafte Lieferungs- und Zahlungsbedingungen • Garantien • Serviceleistungen

FÜNFTER ABSCHNITT

Für den Einsatz der Werbemittel bedient man sich verschiedener **Medien (Werbeträger, Streumedien)**: Briefpost; Tages-, Wochen- und Sonntagszeitungen; Zeitungsbeilagen; Publikums- und Fachzeitschriften; Adressbücher; Hörfunk, Fernsehen, Kino; Internet; CD, DVD; Plakatwände, Litfaßsäulen, Gebäude, Fahrzeuge, Schaufenster, Geschäfts-, Messe-, Ausstellungsräume; Verpackungen u. a. m.

Eine raffinierte Nutzung der Werbeträger erfolgt u. a. durch die **Produktplatzierung** (**Product-Placement**). Dabei werden Produkte geschickt in die Handlung von Spielfilmen, Theaterstücken, Videos oder sogar Romanen eingebracht.

Beispiele: Produktplatzierung

- Aus einem Roman: „Er ging in den Keller und kam kurz darauf mit einer Flasche Dom Pérignon wieder ..."
- Im Film *Ananasfieber* zeigt die Kamera deutlich die Rolex am Arm des Hauptdarstellers Tim Henks.

Vorteile von Produktplatzierung für den Werbetreibenden:

- Der Umworbene wird beeinflusst, ohne die Werbung bewusst wahrzunehmen.
- Er kann sich auch nicht aus der Werbung ausklinken („wegzappen").
- Werbeverbote (z. B. für Zigaretten, Alkohol) können umgangen werden.

8.3.3 Werbegrundsätze

Die Werbung soll wirksam, wirtschaftlich, wahr und klar sein.

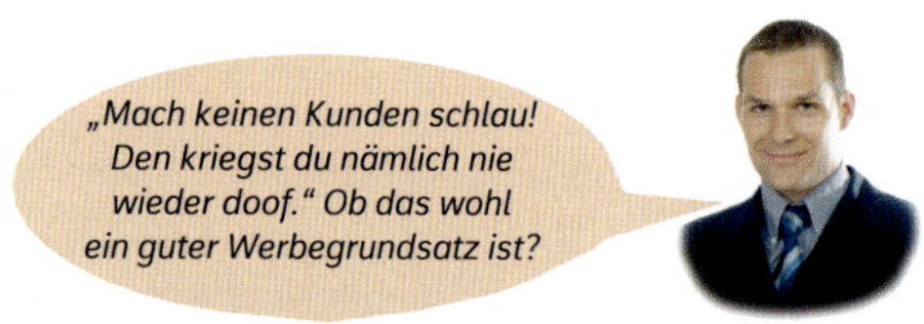

Werbegrundsätze

Wirksamkeit

Wirksamkeit ist der oberste Werbegrundsatz. Er verlangt eine Beschaffenheit der Werbung, die zur Verwirklichung der Werbeziele führt. Aus diesem Grund muss die Werbung genau geplant werden.

Wirtschaftlichkeit

Werbeerfolg und eingesetzte Geldmittel sollen in einem möglichst günstigen Verhältnis zueinander stehen. Auch aus diesem Grund ist eine genaue Planung der Werbung unerlässlich.

Wahrheit

Die Erfahrung zeigt, dass falsche Werbeaussagen auf Dauer eine negative Wirkung erzielen, weil das Vertrauen der Umworbenen getäuscht wird. Deshalb sollen auch irreführende oder übertriebene Aussagen vermieden werden (z. B. „Das beste Waschmittel, das es je gab!"). Die Werbung muss dabei nicht nur die Gesetze der jeweiligen Länder beachten (z. B. Hinweis auf Gesundheitsgefährdung bei Zigaretten), sondern soll auch mit den moralischen und ästhetischen Empfindungen im Einklang stehen.

Klarheit

Zum einen müssen die Ziele der Werbung klar formuliert werden, damit keine ungeeigneten Werbemaßnahmen ergriffen werden. Zum anderen muss die Werbeaussage so klar formuliert bzw. dargestellt sein, dass keine Fehlinterpretationen möglich sind. Sie könnten zu verheerenden Umsatzeinbrüchen führen.

8.3.4 Elemente der Werbeplanung

Werbung ist enorm teuer. Eine gute Werbeplanung ist deshalb unerlässlich.

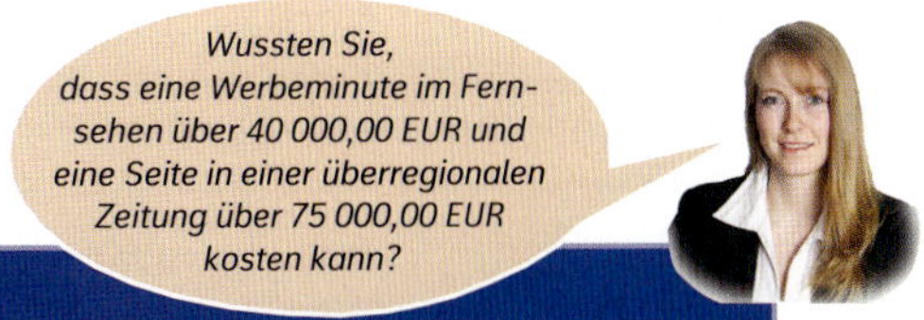

Elemente der Werbeplanung	
Gegenstand	**Erläuterung, Beispiel**
Werbeziele (Festlegung des Werbezwecks)	Die Werbeziele müssen konkretisiert werden, z. B.: „Steigerung des Bekanntheitsgrads von Produkt A um 50 %"; „Erzielung eines positiven Images bei Männern bis 35 Jahren"; „Neutralisieren einer Werbemaßnahme von Konkurrent X".
Werbetreibender (Festlegung des Werbenden)	**Einzelwerbung:** Werbung eines einzelnen Unternehmens → **BLITZOBLANKO** macht blitzblank **Gemeinschaftswerbung:** gemeinsame Werbung mehrerer Unternehmen ohne Namensnennung → **TRINKT MILCH!** **Sammelwerbung:** ebenso, aber mit Namensnennung
Werbebudget (Festlegung der Jahressumme für Werbeausgaben)	Manche Unternehmen setzen gleichbleibende oder leicht wachsende Beträge für Werbung ein. Andere werben gewinnabhängig: **Prozyklische Werbung** (abhängig von den vorhandenen Mitteln): höhere (geringere) Werbeausgaben bei höherem (niedrigerem) Gewinn. **Antizyklische Werbung:** höhere Werbeausgaben bei sinkendem Gewinn, um den Absatz anzuregen. Voraussetzung: gutes Finanzpolster.
Zielgruppe (Werbesubjekt) (Festlegung der Umworbenen)	Grundsätzlich die möglichen Käufer, ggf. aber auch andere Personen, die den Absatz beeinflussen (z. B. bei Süßigkeiten: Kinder als „Bedarfsäußerer"; bei Medikamenten: Ärzte, da Patientenwerbung gesetzlich verboten ist). **Direktwerbung (fein gestreute Werbung):** Spricht nur die möglichen Käufer an. Wirksam, aber – auf den einzelnen Adressaten bezogen – teuer. Breitenwirkung fehlt. Sinnvoll bei bekanntem, begrenzten Abnehmerkreis (z. B. Anlagen, Maschinen). **Massenwerbung (grob gestreute Werbung):** Werbung in den Massenmedien Zeitungen, Zeitschriften, Rundfunk, Fernsehen; ermöglicht Breitenwirkung. Bietet sich bei Gütern des täglichen Bedarfs an, für die jedermann infrage kommt. Auch immer nötig, wenn die möglichen Käufer nicht genau erfassbar sind.
Werbeobjekte (Festlegung der Produkte)	Grundsatz: Zu bevorzugen sind die Produkte, bei denen die Werbung die Werbeziele am besten erfüllen kann. Häufig wird aber über die Firmenwerbung für die anderen Produkte indirekt mitgeworben. 
Werbemittel und Werbemedien (Festlegung der Übermittlungsart)	Grundsatz: Es sind die wirksamsten Mittel zu wählen (sprechen die Zielgruppe möglichst exakt an und drücken den Werbeinhalt am überzeugendsten aus). Die Eignung der infrage kommenden Medien ist zu prüfen (Inter-Media-Selektion). Wichtige Auswahlkriterien: Reichweite (Anzahl der Kontakte der Zielgruppe mit dem Medium), Kosten, Image des Mediums, Eignung zur Vermittlung der Werbebotschaft. Um die Kosten der Medien untereinander in etwa vergleichbar zu machen, berechnet man den Tausenderpreis. Dies ist der Preis für eine ganzseitige Anzeige oder einen 30-Sekunden-Spot, um tausend Leser (Zuschauer, Hörer) zu erreichen.
Streugebiet (Festlegung des Werbegebietes)	Einführungswerbung: oft Werbung auf Testmarkt zur Erfolgstestung; konkurrenzorientierte Expansions- oder Stabilisierungswerbung: Werbung im Gebiet des Wettbewerbs. Ansonsten hängt das Streugebiet oft von einer schon bestehenden Vertriebsorganisation, den Werbekosten, dem Sitz der Zielgruppe ab.

Streuzeit (Festlegung der Werbetermine)	Grundsatz: Erfolg soll zur gewünschten Zeit eintreten. Deshalb ist die Zeitspanne zwischen Werbemitteleinsatz und Erfolgseintritt zu beachten. Verfrühte Werbung wird vergessen, auf verspätete kann man nicht mehr reagieren. Bei saison- und konjunkturabhängigen Betrieben strebt man oft zur Stabilisierung von Kosten und Beschäftigung einen Ausgleich im Zeitverlauf an. Wichtig auch: Wahl der Wochen- oder Monatstage. Samstagwerbung z. B. ist teurer, aber oft wirksamer.

8.3.5 Werbekampagne

Größere Unternehmen schalten für ihre Werbemaßnahmen meist eine Werbeagentur ein. Diese verfügt über Spezialisten: Werbeleiter, Kontaktleute, Marktforscher, Psychologen, Grafiker, Designer, Textgestalter, Layouter, Dekorateure, Fotografen.

Oft lohnt es sich, hohe Kosten für diese Fachleute in Kauf zu nehmen, um einen größeren Werbeerfolg zu erzielen.

Die Werbeplanung vollzieht sich dann wie folgt:

Ablauf einer Werbekampagne

Festlegung des Werbebudgets
Von der Höhe der verfügbaren Mittel hängen die Werbestrategien und die Einschaltung in den Medien ab.

Briefing an die Agentur
Man leitet der Agentur alle notwendigen Informationen in Form eines **schriftlichen Berichts** (Briefing) zu. Die Informationen betreffen:

- die **Werbeziele** (z. B. Steigerung des Bekanntheitsgrades um 50 %),
- eine besondere **Verkaufsidee** (z. B. hervorragende Waschkraft eines Waschmittels),
- **Werbetreibende, Zielgruppe, Käufer, Konkurrenten, Produktpolitik** (Gestaltung, Vorzüge, Verpackung, Sortiment),
- **Preise, Rabatte, Verkaufseinsätze, Public-Relations-Maßnahmen.**

Entwicklung der Werbestrategie
Die Agentur entwickelt die Strategie. Diese legt eine **Kernbotschaft** fest (z. B. „einzigartiger Nutzen" des Gutes) und formuliert eine Beweisführung. Außerdem wird das Produkt mit einem Image versehen.

Gestaltung der Werbemittel, Erstellung des Mediaplans
z. B. Herstellung von Werbefilmen oder Anzeigen; Prüfung der Eignung der infrage kommenden Medien (Inter-Media-Selektion); Festlegung des Hauptwerbemediums, ggf. ergänzender Medien, und des Streugebiets; Festlegung der Einschalttermine (Streuzeit);

Einschaltung in den Medien
Dies ist die Durchführung der Werbemaßnahmen.

1.) Das Produkt hat einen „einzigartigen" Nutzen: **hervorragende Waschkraft**.
2.) **Beweis:** Wir zeigen eine Hausfrau, die das Produkt auch nicht gegen die doppelte Menge eines anderen Produkts tauscht.
3.) Wir geben dem Produkt ein **Image:** Frische und Strahlen.

8.3.6 Kontrolle des Werbeerfolgs

Im Rahmen des Marketingcontrollings ist es wichtig, den Erfolg von Werbemaßnahmen zu kontrollieren und zu messen.

Einzelheiten hierzu finden Sie in Kapitel 11 **Marketingcontrolling**.

8.4 Verkaufsförderung (Salespromotion)

Die Haushaltselektro GmbH hat eine neuartige Küchenmaschine entwickelt. Demnächst erfolgt die Produkteinführung am Markt, begleitet von einer Werbekampagne im Fernsehen und in fünf Publikumszeitschriften. Zusätzlich sollen Verkaufspersonal, Absatzmittler und Handel durch Verkaufsförderungsmaßnahmen auf das neue Produkt eingestimmt werden:

- Verkaufspersonal und Kundendienst werden in einem speziellen Training mit Gebrauchs-, Bedienungs- und Reparaturanleitungen vertraut gemacht.
- Das Gerät wird auf der Haushaltswarenmesse vorgestellt. Es erfolgen Demonstrationen, und die Messebesucher (der Handel) erhalten umfangreiches Prospektmaterial.
- Alle Außendienstmitarbeiter erhalten Vorführgeräte.
- Werbewirksames Display-Material für die Warendemonstration in Fachgeschäften und Warenhäusern wird in Auftrag gegeben: Bodenaufsteller, Hinweisschilder, Vorführfilme (Video, DVD).
- In einem Preisausschreiben können Verbraucher 100 Geräte gewinnen.

Unter *Verkaufsförderung* versteht man zeitlich begrenzte Maßnahmen, die einerseits die Werbung, andererseits die Arbeit der Absatzorgane und des Handels koordinieren, ergänzen und unterstützen.

Die Verkaufsförderung kann sich wenden an

- die eigenen Absatzorgane: **Verkaufspromotion** →
- den Handel: **Händlerpromotion (Merchandising)** →
- die Verbraucher: **Verbraucherpromotion** →

Zum Beispiel:
technische Unterlagen, Kataloge,
Display-Material,
Verkäufertraining,
Preisausschreiben,
Gratisproben,
Verlosungen.

Mittel der Verkaufsförderung
Sachliche Mittel (bereiten die Arbeit des Verkäufers vor, unterstützen, ergänzen sie)
Schriftliche Mittel: Verkaufs- und Werbebriefe; Prospekte, Kataloge, Listen; Produktbeschreibungen, Handbücher; Verfahrensbeschreibungen, Versuchs- und Laborberichte, wissenschaftliche Gutachten; Wirtschaftlichkeitsberechnungen und Vergleiche; Gebrauchs-, Bedienungs- und Montageanleitungen; technische Unterlagen (Diagramme, Zeichnungen, grafische Darstellungen); Sonderdrucke aus Veröffentlichungen und vervielfältigte Vortragsmanuskripte); Referenzlisten; Musterbriefe; kundenbezogene Angebots- und Korrespondenzgestaltung
Demonstrative Mittel: Messen und Ausstellungen; Produktvorführungen im Werk, beim Verwender oder Interessenten; Proben, Muster; Display-Material (Modelle, Attrappen, Bodenaufsteller, Hinweissschilder, Fotos, Filme); Gratisproben
Sonstige Mittel: Hauszeitschriften und Informationsdienste; Jubiläums- und sonstige Broschüren; redaktionelle Artikel; Betriebsbesichtigungen; Pressekonferenzen
Personelle Mittel (sind im Rahmen des Verkäufertrainings einsetzbar)
Schriftliche Mittel: Vertreterrundschreiben, Außendienstinformationen; verkaufsbezogene Druckschriften (Prospekte, Kataloge, Listen, Hauszeitschriften, Sonderdrucke, Referenzlisten usw.); technische Unterlagen (Zeichnungen, Leistungsdiagramme, Schaltpläne, Tabellen, Versuchsberichte usw.), Lehrbriefe, schriftliche Schulungskurse; Wettbewerbsvergleiche; Verkaufsargumentesammlungen; Einführungs- und Anmeldeschreiben für den Außendienst
Optische und akustische Mittel: Modelle, Muster; Zeichnungen, Fotos, Filme, Tonbildschauen; Fernsehaufzeichnungen
Verbale Mittel: Vorträge; persönliche Besprechnungen, Konferenzen, Tagungen; Arbeitsgemeinschaften; Diskussionen, Gruppenarbeit, Aussprachen; Rollenspiel; Falldiskussionen; Brainstorming
Persönliche Mitarbeit und unmittelbares Erleben: Übungen an Maschinen und Geräten; Werksbesichtigungen, Assistenz im Außendienst
Sonstige Mittel: Schulungskurse für Absatzmittler und Kunden; Beratung und persönliche Verkaufsunterstützung der Absatzmittler; Verkaufswettbewerbe und -prämien

8.5 Direct Marketing

Die Stadtwerke Düren GmbH will eine telefonische Kundenbefragung durchführen. In jeder Straße ihres Versorgungsgebietes sollen 10 % der Anwohner nach dem Random-Verfahren ausgewählt und befragt werden, wie sie mit der eingeführten Strommarke evivo zufrieden sind. Befragten, die noch nicht Kunde sind, soll ein Beratungsgespräch angeboten werden.

Direct Marketing (Direktmarketing) entstammt dem Gedankengut des Direktvertriebs. Es zählt heute zu den wichtigsten Bereichen des Marketings.

Das Direct Marketing spricht den Kunden gezielt und individuell an. Damit will es die Grundlage für einen direkten Dialog schaffen.

Ziele von Direct Marketing:
- zielgruppengerechte Informationsübermittlung,
- Minimierung von Streuverlusten beim Dialog.

8.6 Event-Marketing

Ein **Event** ist eine informierende oder unterhaltende Veranstaltung. Unternehmen führen Events durch, um sich dem Kunden in erlebnisorientierter Form zu präsentieren, ihm näherzukommen und mehr über seine Ansichten, Wünsche und Erwartungen zu erfahren.

Beispiele: Events
- Kundenweihnachtsfeier bei BMW mit Thomas Gottschalk
- Produktpräsentation der Firma Miele für Einkäufer in einem nachgebauten Hofbräuhaus

Event-Marketing hat die Aufgabe, das Unternehmen, seine Produkte und Dienstleistungen im Rahmen von Events zu präsentieren. Eine Abstimmung mit dem Gesamtmarketing-Konzept ist unbedingt erforderlich.

Mit einem Event lassen sich wichtige Ziele erreichen:
- Erhöhung des Bekanntheitsgrads von Unternehmen und Leistungen,
- Schaffung eines positiven Images,
- Verbesserung des Dialogs mit Zielgruppen,
- Gewinnung neuer Kunden.

Event: Produktpräsentation

Eventarten	Zielgruppen	Veranstaltungen
Interne Events	Führungskräfte, Mitarbeiter	Außendienstmitarbeitertreffen, Händlerpräsentationen, Aktionärsversammlungen, Festakte
Externe Events	Schlüsselkunden	Pressekonferenzen, Messen, Kongresse, Sponsoring-Events: Sport-, Musik-, kulturelle Veranstaltungen
Sonstige Events	Konsumenten	Bühnenauftritte, Talkshows mit Prominenten, Kleinkunst regionaler Künstler, Gewinnspiele, Kinderbelustigung, Mitmachaktionen, Produktpräsentationen

8.7 Unzulässige Werbung

Werbung kann mit unfairen Mitteln betrieben werden. Das Gesetz gegen den unlauteren Wettbewerb verbietet unlautere Wettbewerbshandlungen, die geeignet sind, den Wettbewerb zum Nachteil der Mitbewerber, Verbraucher oder sonstigen Marktteilnehmer erheblich zu beeinträchtigen (§ 3 UWG).

Unlauterer Wettbewerb laut UWG

Beispiele unlauteren Wettbewerbs (§ 4 UWG)

Unlauter ist es insbesondere,

- die Entscheidungsfreiheit der Marktteilnehmer durch Ausübung von Druck, in menschenverachtender Weise oder durch sonstigen unangemessenen unsachlichen Einfluss zu beeinträchtigen;
- geschäftliche Unerfahrenheit, Leichtgläubigkeit, Angst oder Zwangslagen auszunutzen;
- den Werbecharakter von Wettbewerbshandlungen zu verschleiern;
- bei Preisnachlässen, Zugaben, Geschenken die Inanspruchnahmebedingungen und bei Preisausschreiben oder Gewinnspielen mit Werbecharakter die Teilnahmebedingungen nicht klar und eindeutig anzugeben;
- die Teilnahme an Preisausschreiben/Gewinnspielen vom Kauf einer Ware/Dienstleistung abhängig zu machen, wenn nicht beide naturgemäß miteinander verbunden sind;
- die Kennzeichen, Waren, Dienstleistungen, Tätigkeiten, persönlichen/geschäftlichen Verhältnisse eines Mitbewerbers herabzusetzen oder Betriebs- oder Kreditschädigendes zu behaupten/verbreiten, das nicht erweislich wahr ist;
- Nachahmungen anzubieten, wenn die Abnehmer über die betriebliche Herkunft getäuscht werden oder die Wertschätzung des Nachgeahmten unangemessen ausgenutzt/beeinträchtigt wird oder die für die Nachahmung erforderlichen Kenntnisse unredlich erlangt wurden;
- Mitbewerber gezielt zu behindern.

Irreführende Werbung (§ 5 UWG)

Unlauter handelt, wer irreführend wirbt. Bei der Beurteilung sind alle Bestandteile der Werbung zu berücksichtigen, insbesondere Angaben (einschl. bildliche Darstellungen und Veranstaltungen) über

- Merkmale (z. B. Verfügbarkeit, Art, Ausführung, Zusammensetzung, Herstellungsverfahren und -zeitpunkt, Zwecktauglichkeit, Menge, Beschaffenheit, Herkunft, Testergebnisse);
- Verkaufsanlass, Preis, Preisberechnung, Konditionen;
- die geschäftlichen Verhältnisse des Werbenden.

Es wird vermutet, dass die Werbung mit einer Preisherabsetzung irreführend ist, wenn der Preis nur für eine unangemessen kurze Zeit gefordert wurde.

Irreführend ist die Werbung für eine Ware, die nicht in angemessener Menge (i. d. R. ein Vorrat für zwei Tage) zur Befriedigung der erwarteten Nachfrage vorgehalten wird. Ausnahme: Der Unternehmer weist Gründe nach, die eine geringere Bevorratung rechtfertigen.

Vergleichende Werbung (§ 6 UWG)

Vergleichende Werbung macht unmittelbar oder mittelbar einen Mitbewerber oder seine angebotenen Waren/Dienstleistungen erkennbar. Sie ist unlauter, wenn der Vergleich

- sich nicht auf Güter für den gleichen Bedarf oder Zweck bezieht,
- nicht objektiv auf wesentliche, relevante, nachprüfbare und typische Eigenschaften oder den Preis bezogen ist,
- im Geschäftsverkehr zu Verwechslungen zwischen Werbendem und Mitbewerber oder deren Waren oder Kennzeichen führt,
- die Wertschätzung eines Kennzeichens des Mitbewerbers unlauter ausnutzt oder beeinträchtigt,
- die Waren, Dienstleistungen, Tätigkeiten oder persönlichen oder geschäftlichen Verhältnisse des Mitbewerbers herabsetzt/verunglimpft,
- eine Ware/Dienstleistung als Imitation/Nachahmung einer unter einem geschützten Kennzeichen vertriebenen Ware/Dienstleistung darstellt.

Beim Vergleich mit einem Angebot mit einem besonderen Preis oder anderen besonderen Bedingungen sind der Endzeitpunkt des Angebots und, wenn dieses noch nicht gilt, der Zeitpunkt des Beginns eindeutig anzugeben. Gilt das Angebot nur so lange, wie die Waren/Dienstleistungen verfügbar sind, so ist darauf hinzuweisen.

Unzumutbare Belästigungen (§ 7 UWG)

Unlauter sind auch unzumutbare Belästigungen. Sie sind insbesondere anzunehmen

- bei erkennbar unerwünschter Werbung;
- bei Werbung per Telefonanruf, automatischen Anrufmaschinen, Fax, E-Mail ohne Einwilligung des Adressaten (Ausnahmen bei E-Mail);
- bei Werbung mit elektronischen Nachrichten, bei der die Identität des Absenders verschleiert/verheimlicht wird.

Wer gegen das UWG handelt, kann auf Beseitigung und bei Wiederholungsgefahr auf Unterlassung in Anspruch genommen werden (§ 8 UWG). Handelt er vorsätzlich, muss er den Mitbewerbern den Schaden ersetzen (§ 9 UWG). Erzielt er zudem einen Gewinn zulasten vieler Abnehmer, kann er auf Herausgabe des Gewinns an den Bundeshaushalt in Anspruch genommen werden (§ 10 UWG). Außerdem können Freiheits- oder Geldstrafen verhängt werden (§§ 16–19 UWG).

Arbeitsaufträge

1. **Public Relations sind heute in enger Verbindung mit der Corporate Identity zu sehen. Hinter diesem Begriff verbirgt sich eine Philosophie, derzufolge der Erfolg des Unternehmens wesentlich davon abhängt, ob es ihm gelingt sich eine „Identität" zu geben, sich als ein geschlossenes, unverwechselbares Ganzes zu präsentieren. Jeder Mitarbeiter soll sich mit den Zielen des Unternehmens identifizieren, ein positives Gefühl der Verbundenheit zu ihm entwickeln und sich entsprechend für es einsetzen. Darüber hinaus soll das Unternehmen als Einheit von der Außenwelt erkannt und – mehr noch – anerkannt werden. Die werbewirksame Anbringung des Logos (Firmenzeichens) auf Geschäftspapieren, Gebäuden, Fahrzeugen, Kleidung, Anzeigen, Kundenzeitschriften u. a. m. ist als grundlegende Public-Relations-Maßnahme zu sehen. Desgleichen dient eine einheitliche Berufskleidung für die Mitarbeiter von immer mehr Firmen dazu, das Image nach außen hin zu prägen und das Selbstverständnis der Mitarbeiter nach innen zu stärken ...**
   a) Erläutern Sie den Begriff „Public Relations".
   b) Wodurch unterscheiden sich Public Relations von der Absatzwerbung?
   c) Inwiefern können die oben genannten Maßnahmen als grundlegende Public Relations-Maßnahmen bezeichnet werden?

2. **Der Verkaufsdirektor der Firma Rheinische Haushaltselektro GmbH äußert sich in einer Mitarbeiterbesprechung über die Absatzlage:**
   „Demnächst werden wir unsere neue Küchenmaschine „Super-Blitz" auf den Markt bringen, eine Neuentwicklung, die mixen, pressen, zerkleinern, schneiden, hacken, stampfen, sägen kann.
   Der Marktanteil unseres Trockenautomaten „Trocken-Blitz" liegt bei dem für uns niedrigen Wert von 6 %. Die Konkurrenz unterbietet unseren Preis bis zu 15 % mit Waren von geringer Qualität.
   Seit längerer Zeit ist der Absatz unseres seit zehn Jahren hergestellten Tauchsieders „Blitz-Koch" stark rückläufig."
   a) Man beschließt geeignete Werbemaßnahmen für die drei Produkte. Welche Aufgaben verfolgt die Werbung im jeweiligen Fall?
   b) Welche Werbemittel könnte man sinnvollerweise einsetzen?

3. **Die GERRING Fertigbau GmbH ist ein industrieller Hersteller von Fertighäusern in Massivbauweise (zweischalige hinterlüftete Betonwand mit Styroporisolierung).**
   Die in Dortmund ansässige Firma konnte wegen der hohen Transportkosten für die Betonelemente bisher nur einen Umkreis mit einem Radius von 150 km beliefern, ist jedoch im Begriff, ein Zweigwerk in Aschaffenburg zu eröffnen. Im letzen Jahr konnten 964 Häuser (durchschnittlicher Preis: 120 000,00 EUR), davon 453 mit Keller (durchschnittlicher Kellerpreis: 25 000,00 EUR) ausgeliefert werden. Weitere Präzisierungen nehmen Sie bitte selbst vor.
   Lösen Sie die folgenden Arbeitsaufträge in Gruppenarbeit:
   a) Arbeiten Sie einen Werbeplan für dieses Unternehmen für das Jahr 20.. aus.
   b) Das Unternehmen unterhält an mehreren Orten Musterhäuser. Wie kann mittels dieser Häuser wirksam Werbung betrieben werden?
   c) An Bauwillige sendet die Fertighausfirma Werbebriefe mit dem notwendigen Informationsmaterial. Fassen Sie einen solchen Werbebrief ab. Beachten Sie: Die Werbegrundsätze müssen berücksichtigt werden. Hervorzuheben sind vor allem die technischen Eigenschaften und die Wohneigenschaften des Bauprogramms sowie die Zuverlässigkeit des Lieferanten. Der Briefstil soll anziehend sein, vielleicht auch den einen oder anderen Werbegag enthalten, aber nicht übertreiben.

4. Arbeitsblätter Absatzwerbung und Werbegrundsätze
Bearbeiten Sie die Aufgaben auf den beiden Arbeitsblättern. M 525_1 M 525_2

5. Die Werbung wendet sich oft an das Unterbewusstsein und versucht dort z. B. Wünsche, Bedürfnisse oder Ängste zu aktivieren. Es werden Bereiche wie Ansehen, Prestige, Sex, Männlichkeit, Weiblichkeit, Mut, Jugend, Schönheit, Modern-Sein, Versagen u. a. m. angesprochen.
Beispiele für entsprechende Werbeaussagen:
(1) „Weite, Einsamkeit, harte Männer auf wilden Pferden. Dazu gehört die Pamir-Extra, herb im Geschmack, stark im Aroma. Eine Zigarette für Männer. Selbstverständlich ohne Filter (Nikotinarm im Rauch)."
(2) „Warum schreit das Baby? Es hat doch alles, was es braucht! Frische Windeln und ein duftiges Bettchen! Halt, habe ich etwa Flora-Sanft im letzten Spülgang vergessen? Sollte ich wirklich eine so schlechte Mutter sein?"
(3) „Jugend, Frische, Schönheit! Auch Ihr Mund wird begehrenswerter mit dem Frische-Schock von Super-Weiß, der Zahncreme mit dem atemberaubenden Sexappeal. Nehmen Sie nicht zu viel davon. Ihr eigener Mann könnte Sie wieder küssen wollen."
(4) „Endlich ist er da, der Wagen mit den schwarzen Rallye-Streifen auf den Flanken, 150 PS stark, mit Rennfelgen, Gürtelreifen, Überrollbügel serienmäßig. Von diesem Wagen werden die meisten Autofahrer nur das Heck sehen."
a) Welche Bereiche werden durch diese Werbetexte angesprochen?
b) Formulieren Sie eine Kritik an dieser Art von Werbung.

6. An der Werbung wird oft Kritik geübt. Dabei werden z. B. folgende Argumente vorgetragen:
a) Der Kunde verlangt Waren, die er braucht. – Werbung kann zum Kauf von Waren führen, die man nicht braucht.
b) Der Kunde verlangt sachliche Informationen. – Die Werbung kann Unwahrheiten verbreiten.
c) Der Kunde verlangt preisgünstige Waren. – Werbung verteuert die Waren.
Erläutern Sie diese Argumente näher. Formulieren Sie andererseits Gegenargumente.

7. Auch Maßnahmen der Verkaufsförderung haben werbenden Charakter. Ihre Zielrichtung ist jedoch eine andere als bei den Maßnahmen der Absatzwerbung.
a) Erläutern Sie, wodurch sich Verkaufsförderung und Werbung unterscheiden.
b) Nennen Sie Maßnahmen der Verkaufsförderung, die über den Bereich der Werbung hinausgehen.

8. Seit Jahren stagniert der Markt für Schokolade. Als Innovation will nun die Firma Alfred Knappe GmbH eine Schokoladentafel in Dreiecksform auf den Markt bringen.
a) Erstellen Sie in Teamarbeit ein Briefing für die Werbeagentur Splendid, die mit der Durchführung der Werbekampagne beauftragt werden soll.
b) Entwickeln Sie – ebenfalls in Teamarbeit – zwei alternative Werbestrategien.

9. „Gespannt verfolgen 4 000 Daimler-Vertriebsmitarbeiter in der Frankfurter Festhalle die Geburtsstunde der neuen C-Klasse. Eine faszinierende Inszenierung stimmt das Publikum emotional auf das neue Automobil ein. Wie aus einem Kokon lösen sich die Karossen langsam aus einer weißen Gaze ...".
Events gewinnen immer mehr an Bedeutung.
a) Welche Ziele könnten mit dem beschriebenen Event angestrebt werden?
b) Nennen Sie spontan weitere mögliche Anlässe für ein Event.
c) Entwickeln Sie ein Event für „Fünzig Jahre Binox-Suppen".

10. Kommunikationspolitische Instrumente im Internet werden für Unternehmen immer wichtiger. Beispiele: Bannerwerbung, Gewinnspiele, Produktchats, Produkt-Konfigurator.
a) Nennen Sie Gründe für die zunehmende Bedeutung dieser Instrumente.
b) Vergleichen Sie Werbung im Fernsehen, Rundfunk und Internet. Diskutieren Sie über die Stärken und Schwächen dieser Medien.

11. Verschiedene Anbieter nehmen folgende Handlungen vor:

a) Ein Lebensmittelhändler stellt im Schaufenster besten Wein zu sehr niedrigem Preis aus. Er erklärt aber einem Kunden, es handele sich um einen Irrtum in der Preisangabe. Nach einer Woche steht die Flasche immer noch mit dem alten Preis im Schaufenster.

b) „Im größten Teppichlager am Niederrhein führen wir Teppiche aller Preisklassen und Qualitäten!" – Das Teppichlager ist in Wirklichkeit mittelmäßig groß.

c) Ein Kaufmann behauptet einem Kunden gegenüber, sein Konkurrent X habe überhaupt keine kaufmännische Ausbildung und sei zur Führung eines Geschäftes nicht geeignet.

d) Ein Kaufmann wirbt mit dem Schild „Räumungsverkauf – Alle Artikel sind stark reduziert!" Ein Kunde bemerkt, dass nach einer gewissen Zeit die geschmolzenen Bestände wieder aufgefüllt werden.

e) Eine Waschmittelfirma wirbt für Ihr Produkt: „Nichts wäscht reiner!"

f) Ein Weinhändler bringt an seinen Flaschen Medaillen für frei erfundene Qualitätsprüfungen an.

g) Ein Lebensmitteleinzelhändler hat an seinen Waren keine Preisauszeichnungen.

h) Ein Tintenhersteller benutzt das fremde Markenzeichen „Pelikan".

i) Ein Einzelhändler gewährt einen Barzahlungsrabatt von 3 % an alle seine Kunden.

j) Zu Fischdosen erhält der Kunde von diesem Einzelhändler gratis einen Dosenöffner.

k) Ein Hersteller von Zahnpasta liefert an Geschäfte, die sich verpflichtet haben, die Ware nur zu den vom Hersteller vorgeschriebenen Preisen zu verkaufen.

Beurteilen Sie, ob diese Handlungen zulässig sind. Geben Sie an, gegen welche gesetzlichen Bestimmungen sie gegebenenfalls verstoßen.

9 Marketing-Konzeption von Metallweb e. K.

9.1 Strategische Ziele

Rüdiger Maltmann, der Inhaber von MGB, merkt bei der Vorstellung seiner Aktivitäten (siehe S. 10) an, dass er ein zweites Unternehmen gekauft hat. Es handelt sich um Metallweb e. K., ein mittelständisches Unternehmen mit Sitz in Dortmund, das Metallgewebe für architektonische Zwecke herstellt. Diese sog. Architekturgewebe werden von Metallweb zu zahlreichen Endprodukten verarbeitet: zu Raumteilern, Deckenabhängungen, Außenfassaden, Sonnenschutz, Balkon-, Säulen- und Treppenhausverkleidungen sowie Rolltoren. Ein neuer Geschäftsbereich „Objektdesign" soll hinzukommen. Sein Gegenstand: Herstellung und Vertrieb von Designobjekten im Möbelbereich.

Marktanalysen und die Teilnahme an Möbelmessen in Salzburg, Hannover, Frankfurt, Paris und Köln führten zu der Erkenntnis, dass der Bereich Objektdesign gute Absatzchancen eröffnet. Maltmann plant deshalb einen schnellen Einbau dieses Bereichs in die Betriebsorganisation. Er will formschöne Designobjekte von hoher Qualität kreieren. Größte Bedeutung misst er der Entwicklung einer Erfolg versprechenden **Marketing-Konzeption** für den neuen Geschäftsbereich bei.

„Das Jahr der Übernahme von Metallweb geht als Jahr 01 in unsere Planungen ein. Die Ergebnisse der ersten drei Quartale liegen uns bereits vor. Die Marktsituation ist momentan stabil, sodass wir leicht das Gesamtjahresergebnis vorausberechnen können. Auf der Basis dieses Ergebnisses und auf der Basis der uns vorliegenden Erkenntnisse unserer Marktforschung geben wir der Geschäftsführung für die strategische Planung einen Zeitraum von fünf Jahren vor. Diese Planung bezieht sich also auf die Jahre 02 bis 06."

Wie eine Marketing-Konzeption entsteht, haben wir schon auf Seite 454 dargetellt. Um den Rahmen nicht zu sprengen, beschränken wir unsere Ausführungen zur Marketing-Konzeption von Metallweb auf den Geschäftsbereich Objektdesign.

Bei der Zielplanung sind zunächst die Unternehmensziele festzulegen. Davon ausgehend leitet die Geschäftsführung von Metallweb für den Planungszeitraum (Jahre 02 bis 06) strategische Ziele für die Funktionsbereiche und dann für die Geschäftsbereiche ab.

Beispiel: Strategische Ziele von Metallweb

Strategisches Unternehmensziel:
Steigerung des Unternehmensgewinns um 25 % bis zum Jahr 06 (im Durchschnitt 5 Prozentpunkte pro Jahr). Basis ist der Gewinn des Jahres 01.

Strategische Ziele für die Funktionsbereiche des Unternehmens:

Beschaffung:
Maximaler Anstieg der Beschaffungskosten um 2,5 % bis zum Jahr 06 (im Durchschnitt 0,5 Prozentpunkte pro Jahr)

Produktion:
- Senkung der Personalkosten um 35 % bis zum Jahr 06 (im Durchschnitt 7 Prozentpunkte pro Jahr).
- Entsprechende Steigerung der Produktivität durch Automatisierung

Finanzierung:
Erhöhung des Eigenkapitalanteils am Gesamtkapital um 10 % bis zum Jahr 06

Marketing:
- **Ökonomische Ziele:**
  - Steigerung von Umsatz und Deckungsbeitrag um 20 % bis zum Jahr 06 (im Durchschnitt 4 Prozentpunkte pro Jahr) in den Zielländern Deutschland, Benelux, Schweiz und Österreich
  - Jahr 02: Erzwingung des Marktzugangs in Polen und Tschechien für die Altprodukte
  - Jahr 03 bis 06: Erreichen eines Marktanteils von 5 % bis zum Jahr 06
- **Psychografische Ziele:**
  - Steigerung des Bekanntheitsgrades des Unternehmens in den alten Zielländern um 50 % bis zum Jahr 03.
  - Bekanntheitsgrad: 40 % der Bewohner der neuen Zielländer im Alter von 25 bis 65 Jahren sollen den Namen und den Gegenstand des Unternehmens ab Jahr 03 kennen.

Strategische Ziele für die einzelnen Geschäftsbereiche:

Geschäftsbereich Objektdesign:
- **Ökonomische Ziele:**
  - Erreichen eines Marktanteils von 5 % in den Zielländern Deutschland, Benelux, Schweiz und Österreich bis zum Jahr 06.
    Jahr 02: Erzwingung des Marktzugangs
    Jahr 03 bis 06: Jährliche Steigerung des Marktanteils um einen Prozentpunkt
  - Erzielung eines Umsatzes von 3 000 000,00 EUR und eines Deckungsbeitrags von 900 000,00 EUR bei einer Absatzmenge von 3 000 Designermöbeln im Jahr 06. In den Jahren 02 bis 05 stetiger Aufbau des Umsatzes und Absatzes.
- **Psychografische Ziele:**
  - Steigerung des Bekanntheitsgrades: 40 % der Bewohner der Zielländer im Alter von 25 bis 65 Jahren sollen die Produkte ab Jahr 03 kennen.
  - Erzielung eines Images von Exklusivität und hoher Qualität

Andere Geschäftsbereiche:
Entsprechende Ziele werden hier nicht behandelt.

9.2 Marketingstrategien

„Die Produkte von Metallweb werden bisher in Deutschland, Benelux, Schweiz und Österreich vertrieben. Jetzt wollen wir neue Märkte in Osteuropa erschließen: Tschechien und Polen. Wir werden dort die gleichen Marktsegmente bearbeiten wie in den bestehenden Absatzgebieten.

Die Produkte des neuen Bereichs Objektdesign hingegen wollen wir zunächst nur auf unseren alten Märkten anbieten, bis wir ausreichende Erfahrungen gesammelt haben.“

Marktsegmentierungsstrategie

Die Geschäftsführung von Metallweb wählt Erfolg versprechende Marktsegmente aus, die für den Vertrieb der geplanten Designobjekte bearbeitet werden sollen.

Beispiel: Marktsegmentierung; Auszug aus dem Policy Paper

Aus dem Gesamtmarkt werden folgende Zielgruppen ausgewählt:
- Unternehmen allgemein (Möglicher Bedarf: Designmöbel in Eingangshallen, Empfangs-, Repräsentationsräumen),
- Unternehmen des Wellnessbereichs (Möglicher Bedarf: speziell Liegen),
- Privatpersonen mit einem Monatsnettoeinkommen über 10 000,00 EUR.

Wachstumsstrategien

Wie oben geschildert, strebt Metallweb ein beständiges Wachstum am Markt an, das sich in der Steigerung des Umsatzes ausdrückt. Man will dieses Ziel erreichen, indem man zwei Wachstumsstrategien verfolgt:

Beispiel: Wachstumsstrategien; Auszug aus dem Policy Paper

- **Strategie der Marktentwicklung**
  Diese Strategie wollen wir den bestehenden Geschäftsbereichen zugrunde legen: Wir wollen den Umsatz durch die Erschließung neuer Absatzmärkte (Polen, Tschechien) steigern ...
- **Strategie der horizontalen Diversifikation**
  Diese Strategie wollen wir dem neuen Geschäftsbereich Objektdesign zugrunde legen. Dabei sind zwei parallele Entwicklungslinien zu verfolgen:
  - **die Linie der Produktentwicklung**
    Es sind Produktinnovationen (Designmöbel aus Architekturgewebe) zu entwickeln. Diese sollen die gleichen Halberzeugnisse – Metallgewebe – wie das bisherige Produktprogramm verwenden. Die Metallgewebe sollen jedoch zu neuen Enderzeugnissen (Möbeln) verarbeitet werden.
  - **die Linie der Marktentwicklung**
    Der Geschäftsbereich soll Marketinginstrumente zur Bearbeitung der neuen Zielgruppen entwickeln, die geeignet sind, die geplanten Umsatz- und Deckungsbeitragsziele zu erreichen.

Eine **horizontale** Diversifikation liegt hier vor, weil die neuen Produkte noch in sachlichem Zusammenhang mit den bisherigen Produkt-Markt-Kombinationen stehen (gleiche Halberzeugnisse).

Übrigens betreibt auch die Muttergesellschaft MGB Diversifikation: Mit dem Kauf von Metallweb erweitert sie ihr Absatzprogramm um Leistungen, die mit ihren bisherigen Produkt-Markt-Kombinationen in keinem Zusammenhang stehen: der typische Fall einer **lateralen** Diversifikation.

Wettbewerbsstrategie

Metallweb entscheidet sich für die Strategie der Differenzierung.

Beispiel: Wettbewerbsstrategie; Auszug aus dem Policy Paper

Die Möbel aus Architekturgewebe sollen aufgrund hoher Qualität und edler Materialien Luxus und Exklusivität vermitteln. Deshalb verfolgen wir eine Differenzierungsstrategie: Alle Marketinginstrumente sind so zu planen, dass die Einzigartigkeit der Produkte deutlich herausgestellt wird.

9.3 Marketinginstrumente im Marketing-Mix

Leistungspolitische Ziele und Leistungsmix

Metallweb setzt die folgenden Ziele und plant auf deren Basis den Leistungsmix.

- **Produktinnovation:** Innovative Designmöbel aus Architekturgewebe entwickeln!
- **Produktgestaltung:** Beste Qualität, umweltfreundliche Materialien, attraktive Produktnamen!
- **Produktvariation:** Momentan keine. Frühestens nach erfolgreicher Markteinführung neue Entscheidung über Produktvariationen treffen!
- **Produktprogramm:** Vier Produkte entwickeln: Liege, Lounge Chair, Square Desk, Square Box!
- **Markenpolitik:** Alle Produkte mit einheitlichem Markenzeichen ausstatten!
- **Servicepolitik:** Mindestvorgaben: Produktaufbau beim Kunden durch den Lieferanten; langfristiger Ersatzteildienst; kostenloser Reparaturdienst.

Beispiel: Leistungsmix; Auszug aus dem Policy Paper

- Die Produkte Fly Away, Silver Queen, Silver Beauty und Silver Box sind zu entwickeln.
- Das Gewebe und alle Teile der Produkte sind aus Edelstahl zu fertigen.
- Die Produkte sollen unter der gemeinsamen Marke Silver Web vertrieben werden. Das Markenzeichen soll auf jedem Produkt angebracht werden.
- Die Produkte sollen kostenfrei angeliefert und aufgebaut werden.
- Den Kunden ist ein kostenloser Ersatzteil- und Reparaturdienst für 20 Jahre ab Kauftag zuzusichern.

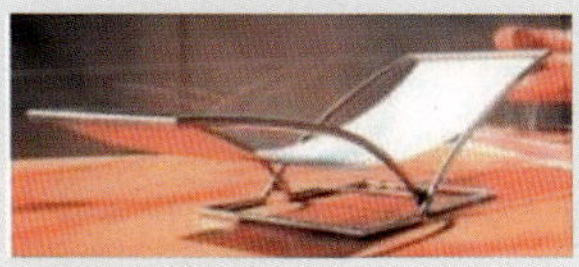

Liege „Fly Away“

Square Desk „Silver Queen“

Metall-
gewebe

Lounge Chair
„Silver Beauty“

Square Box
„Silver Box“

Distributionspolitische Ziele und Distributionsmix

Metallweb setzt folgende Ziele und plant auf deren Basis den Distributionsmix.

- **Absatzorgane:** Für den Verkauf an Verbraucher sind neue Absatzorgane zu entwickeln. Für den Verkauf an Unternehmen und staatliche Einrichtungen ist das bestehende Handelsvertreternetz einzusetzen.
- **Absatzwege:** Indirekter Absatz, evtl. mit Hersteller-Verkaufsstand!
- **Absatzlogistik:** Absatzläger vermeiden! Lieferung durch Hausspediteur!

Beispiel: Distributionsmix; Auszug aus dem Policy Paper

- Die zentrale Verkaufsabteilung nimmt Kundenbestellungen entgegen.
- In 250 Verkaufsstellen der regional größten Möbelhändler des Absatzgebietes werden je 15 m^2 Fläche für Hersteller-Verkaufsstände angemietet. Werbewirksame Kennzeichnung als „Silver Web Shops“. Der Verkauf erfolgt durch den Händler als Kommissionär.
- Weiterhin erfolgt der Vertrieb durch ausgewählte hochpreisige Fachgeschäfte in exklusiven Geschäftslagen von Metropolen des Absatzgebietes (z. B. Düsseldorf: Königsallee; Frankfurt: Zeil).
- Der Vertrieb an Unternehmen und staatliche Einrichtungen erfolgt durch drei selbstständige Handelsvertreter: für Deutschland, für Benelux, für Österreich/Schweiz.

Kontrahierungspolitische Ziele und Kontrahierungsmix

Metallweb setzt die folgenden Ziele und plant auf deren Basis den Kontrahierungssmix.

- **Preise:**
  - Luxusgüter, deshalb hohe Preise setzen!
  - Rabatte gezielt einsetzen!
  - Zur Zahlungsbeschleunigung Skonto gewähren!
- **Konditionen:**
  - Zahlungsziel maximal 30 Tage!
  - Für Verpackungs- und Transportkosten Frankogrenzen setzen!
  - Lange Garantiefristen einräumen!

Beispiel: Kontrahierungsmix; Auszug aus dem Policy Paper

- Die Produkte sollen mit Endverkaufspreisen ausgezeichnet werden. Für den Handel stellen sie empfohlene Richtpreise dar.
- Die Preise sollen für Direktverkäufe an Endabnehmer 50 % Gewinnzuschlag enthalten. Händler erhalten einen Wiederverkäuferrabatt von 35 %, staatliche Einrichtungen einen Behördenrabatt von 20 %.
- Das Zahlungsziel soll maximal 30 Tage betragen. Bei Zahlung binnen 10 Tagen sollen 3 % Skonto gewährt werden.
- Werkslieferungen an Endabnehmer sollen frei Haus einschließlich Verpackung erfolgen. Für Lieferungen an Händler und staatliche Einrichtungen soll dies für Bestellungen ab 10 000,00 EUR gelten.
- Die Garantiefrist für Produktmängel soll 20 Jahre bei bestimmungsgemäßem Gebrauch betragen.

Überlegen Sie: Warum wendet Metallweb hier unterschiedliche Konditionen an?

Kommunikationspolitische Ziele und Kommunikationsmix

Metallweb setzt die folgenden Ziele und plant auf deren Basis den Kommunikationsmix.

- **Werbung:**
  - Die Marke „Silver Web" soll im gesamten Absatzgebiet bekannt gemacht werden. 40 % der Bewohner im Alter von 25 bis 65 Jahren sollen sie kennen.
  - Die Einzigartigkeit der Markenartikel soll vermittelt werden.
  - Psychologische Werbeziele werden gemäß AIDA-Formel festgelegt!
- **Verkaufsförderung:** Vertreter, Kommissionäre und Händler sind mit dem notwendigen Informations- und Werbematerial auszustatten.

Beispiel: Kommunikationsmix; Auszug aus dem Policy Paper

- Zur Markeneinführung soll ein Werbespot (7 Sekunden) im Abendprogramm des Fernsehens geschaltet werden. Werbedauer vier Wochen.
- Hochglanz-Werbeprospekte zur Auslage in allen Verkaufsstellen und zur Verteilung durch Vertreter und Kommissionäre sind zu erstellen.
- In Jahr 02 soll einmal monatlich eine Anzeige (1/3 Seite) abwechselnd in den Zeitschriften „Schöner Wohnen", „Zuhause", „Living At Home", „Elle" und „Wohnideen" geschaltet werden. Die Anzeigen zeigen Einzelobjekte in gepflegter Wohnumgebung.

Der Fachzeitschrift *Möbel & Design* soll eine Reportage zur Veröffentlichung angeboten werden. Sie soll den Produktionsprozess der Objekte vorstellen und die Ergebnisse des Qualitäts- und Umweltmanagements hervorheben.

Arbeitsaufträge

1. **Die Fahrradfabrik Super Bike GmbH hat dem Tüftler Dipl.-Ing. Wolfgang Christ die Gebrauchsmusterrechte für den Wetterschutz eines Fahrrades abgekauft, das von Super Bike produziert wird. Sie plant, das „Wetterschutzfahrrad" unter dem Namen „Fluise" zu produzieren, und will für den Absatz eine Marketing-Konzeption entwickeln.**
   a) In welchen Schritten sollte die Marketing-Konzeption erstellt werden?
   b) Entwickeln Sie Gedanken zum strategischen Teil der Konzeption.
   c) Machen Sie sich vor allem Gedanken darüber, welche Marketinginstrumente Sie einsetzen und zu einem sinnvollen Marketing-Mix verbinden würden.

2. **Auf Seite 320 dieses Buches werden Ihnen die Hochalp Käsefabriken als Produzent von Schmelzkäse vorgestellt. Das Unternehmen stellt neben Schmelzkäse aber auch alle anderen gängigen Käseprodukte her.**
   Versuchen Sie darzustellen, welche Wechselwirkungen zwischen dem Einsatz der folgenden Marketinginstrumente bei diesem Hersteller bestehen können.
   a) Sortimentspolitik und Absatzwerbung
   b) Preispolitik und Absatzwerbung
   c) Produktpolitik und Distributionspolitik
   d) Distributionspolitik und Absatzwerbung

3. **Die Koordination der produktbezogenen absatzpolitischen Instrumente eines Herstellers kann auch zu Abstimmungsproblemen mit den Handelsbetrieben führen.**
   Zeigen Sie dies anhand der Instrumente Sortimentspolitik, Absatzwerbung, Verkaufsförderung, Markenpolitik und Preispolitik auf.

10 Kundennahe Geschäftsprozesse[1]

Auszüge aus Unternehmensleitbildern:

- **OSRAM AG:** „Wir machen besseres Licht für mehr Lebensqualität. Wir sind kundenorientiert. Bei allem, was wir tun, fragen wir uns, ob es unseren Kunden nützt und sie zufriedenstellt."
- **HEITEC AG:** „Wir sind so gut, wie unsere Kunden mit uns zufrieden sind."
- **SIEMENS AG:** „Der Kunde bestimmt unser Handeln. Herausragender Kundennutzen ist unser Ziel. Unser Erfolg hängt von der Zufriedenheit der Kunden ab. Mit unseren Lösungen erreichen sie ihre Ziele schneller, besser und einfacher."

[1] Vgl. S. 57.

10.1 Kundenmanagement

In der Welt der Käufermärkte dreht sich alles um den Kunden. Seine Wünsche gilt es zu erkennen und optimal zu befriedigen. Im harten Konkurrenzkampf ist es von größter Bedeutung, Kunden zu gewinnen und dauerhaft zu binden. Grundsätzlich vollzieht sich dies über folgenden Prozess:

Web M 532

Siehe hierzu auch die Präsentation *Kundenmanagement*.

Kunden identifizieren → Kunden akquirieren → Auftrag abwickeln → Kunden nachbetreuen → Kunden binden

Aufgabe des Kundenmanagements ist es, optimale Wege und Methoden zur Kundengewinnung und Kundenbindung zu finden.

Kundenmanagement ist ...

... vorteilhaft für das Unternehmen

- Stammkunden kaufen mehr.
- Zufriedene Kunden empfehlen weiter.
- Stammkunden sind toleranter.
- Langfristige Kunden verursachen weniger Kosten.
- Das Potenzial eines Kunden wird besser ausgenutzt.
- Stammkunden sind weniger preissensibel.
- Die Arbeit mit bekannten Kunden macht mehr Freude.
- Zufriedene Kunden kommen wieder.

... notwendig wegen der Tendenzen im Wettbewerb

- Die Konzentrationsprozesse verstärken sich.
- Neue Vertriebswege entstehen (Internet).
- Marktnischen werden erforscht und genutzt.
- Die Globalisierung verändert die Angebots- und Nachfragestruktur.
- Innovationen werden schneller eingeführt und verschwinden schneller wieder.
- Branchengrenzen verschwinden (Beispiel: Tankstellen).

... notwendig wegen der Tendenzen im Kundenverhalten

- Die Kunden wechseln schneller.
- Die Kunden erwarten ein besseres Preis-/Leistungsverhältnis.
- Die Kunden erwarten mehr Beratung/Service.
- Die Kunden erwarten zunehmend Modulangebote.
- Die Kunden bilden zunehmend Netzwerke.

10.2 Kundentypen

Die Kunden, die der Anbieter auf dem Markt antrifft, unterscheiden sich in vielerlei Hinsicht (z. B. in ihren Bedürfnissen, ihrer Kaufkraft, ihrem Verhalten). Sich auf den Kunden individuell einzustellen, setzt die Kenntnis der unterschiedlichen Kundentypen voraus. Diese Kenntnis hilft v. a. bei der Frage, wer wirklich ein **wertiger (umsatzstarker) Kunde** ist und welche Leistungen erbracht werden müssen, um ihn zufriedenzustellen.

Unterscheidungsmerkmal	Kundentyp	Erläuterungen
Rechtsstatus und Güterverwendung	• Verbraucher • Unternehmen • Behörden	Haushalte; Güterverwendung für Konsumzwecke Gewerbliche Kunden, Güterverwendung für Produktionszwecke Staatliche Kunden, Güterverwendung für Kollektivbedürfnisse
Dauer der Kundenbeziehung	• Stammkunden • Neukunden	Langjährige Geschäftsbeziehung. Wichtig: Kundenpflege. Neue Geschäftsbeziehung. Wichtig: Kunden speziell ansprechen! Soll Stammkunde werden!)
Kenntnis über nachgefragte Leistungen	• Laien • Experten	Ohne Produkt-/Marktkenntnisse. Benötigen Beratung. Gute Produkt-/Marktkenntnisse. Oft hohe Ansprüche an Preis, Konditionen, Qualität, Service.
Ertrag (Umsatz)	• A-Kunden • B-Kunden • C-Kunden	Hoher Umsatz. Deshalb sehr wichtig für Geschäftserfolg. Individuelle Ansprache nötig. Relativ niedriger Umsatz. Sehr niedriger Umsatz. Keine individuelle Ansprache!
Kundentreue	• X-Kunden • Y-Kunden • Z-Kunden	Sehr treu, wechseln den Lieferanten nicht. Regelmäßiger Kauf; hohe Vorhersagegenauigkeit. Weniger treu; Schwankungen trendmäßig erfassbar; mittlere Vorhersagegenauigkeit. Wechselfreudig; niedrige Vorhersagegenauigkeit.
Kundenpotenziale	• Kunden mit Referenzpotenzial • Kunden mit Cross-Selling-Potenzial • Kunden mit Informationspotenzial • Kunden mit Synergiepotenzial	Können weitere Interessenten beeinflussen und zusätzlich Kunden zuführen. Können weitere Leistungen des gleichen Anbieters nutzen. Können Hinweise auf Produktverbesserungen geben und nützliche Beschwerden anbringen oder weiterleiten. Eröffnen Möglichkeiten der Zusammenarbeit (z. B. in Forschung, Entwicklung, Fertigung, Logistik).
Kaufverhalten bei neuen Produkten	• Innovatoren • Neuerer • Übernehmer • Nachzügler	Fordern kompromisslos Neuerungen; setzen, Trends. Sind für alle Neuerungen offen. Risikolose Kunden; kaufen, was alle haben/kaufen. Hinken technischen Entwicklungen weit hinterher.

*Von großer Bedeutung sind **Schlüsselkunden** (Key-Accounts): umsatzstark, einflussreich, hohe Kundenpotenziale. Oft global ausgerichtete Konzerne.*

Mehrfachpotenziale sind möglich. Wichtig sind v. a. Kunden mit hohen Potenzialen.

10.3 Kundengewinnung

Siehe hierzu auch die Präsentation Kundengewinnung.

Web M 533

10.3.1 Begriff und Instrumente der Kundengewinnung

Die Kundengewinnung(-akquisition, -akquise) umfasst alle Maßnahmen, Prozesse und Instrumente, die den Kunden zum Erstkauf beim Anbieter veranlassen.

FÜNFTER ABSCHNITT

Instrumente der Kundengewinnung

Traditionelle Instrumente

• Werbung	• Telefongespräch	• Verkaufsgespräch
• Direct Mail/Direct Marketing	• Verkaufsförderung	• Tagung
• Messe/Ausstellung	• Präsentation	• Preis, Rabatte
• Konditionen	• Persönliche Beziehungen	• Zusatzleistungen (z. B. Garantien, Service)
• Pressemitteilungen	• Supplements (Ergänzungen)	
• Geschenke	• Kontaktsheets	

Internet-Instrumente

• Newsletter	• Kataloge zum Downloaden	• Web-Kataloge
• E-Mail	• Aufnahme in Presseverteiler	• Bannerwerbung
• Website	• Suchmaschinen	• Gewinnspiele
• Web-Postkarten	• Kostenlose Links	

Die Instrumente werden in der Praxis höchst unterschiedlich eingesetzt. Bestimmend sind:

- **Güterart** (z. B. Produktionsgüter, Konsumgüter; problemlose Güter, technische Güter). Hersteller von Industriegütern sehen v. a. das persönliche Gespräch als wichtiges Akquiseinstrument, Konsumgüterhersteller hingegen mehr die klassische Werbung;
- **Kundenart** (z. B. Verbraucher, Händler, Industriebetrieb; Groß-, Kleinabnehmer). Ein aktives Vorgehen lohnt sich v. a. bei wirtschaftlich interessanten Nachfragern, die zu Schlüsselkunden oder A-Kunden werden können.

10.3.2 Kundengewinnungsprozess

Im Allgemeinen vollzieht sich die Kundengewinnung in vier Phasen:

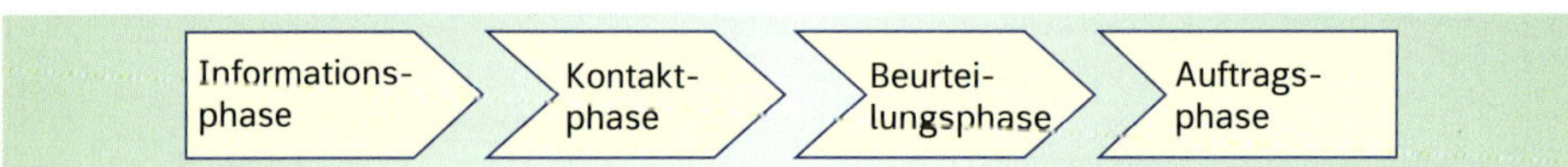

Informationsphase

Der Betrieb sammelt durch Marktforschungsaktivitäten Informationen über potenzielle Kunden. Geeignetes Hilfsmittel ist u. a. das Customer-Relationship-Management (CRM). Es hilft, wertige Kunden zu ermitteln, ihre Kundenpotenziale aufzuspüren und die Kunden in Zielgruppen zu segmentieren.

Kontaktphase

Der Betrieb stellt den ersten Kontakt zum Kunden her. Er ermittelt seine Wünsche und Probleme, tätigt ggf. Kundenbesuche und präsentiert sein Leistungsprogramm, erarbeitet Problemlösungen und präsentiert sie. Bemusterungen, Vorführungen, Beratungen werden durchgeführt[1].

Wichtig:

Die potenziellen Kunden können bisherige Nichtverwender oder Kunden der Konkurrenz sein.

Nichtverwender haben noch keine Produkterfahrung. Wichtig ist deshalb, dass der Verkäufer den Produktnutzen darstellt, Vertrauen aufbaut und positive Erwartungen weckt.

Konkurrenzkunden müssen vom Vorteil des Lieferantenwechsels überzeugt werden. Von der Konkurrenz aufgebaute Wechselbarrieren (Vertrauen, Zufriedenheit, „innere Verpflichtung", ...) müssen beseitigt werden. Ggf. Einstiegsangebot machen!

[1] Vgl. auch: Kaufmännische Serviceleistungen, S. 486.

Beurteilungsphase (Evaluationsphase)

Der mögliche Kunde vergleicht und bewertet ihm vorliegende Alternativen. In dieser Phase muss es dem Anbieter gelingen, beim Interessenten ein positives Image und eine positive Einstellung aufzubauen.

Auftragsphase

Es kommt zum Verkaufsgespräch, zum Angebot der Problemlösung, ggf. zum Produkttest durch den Kunden, zu Verhandlungen über Preise und Konditionen und zur Festlegung von Serviceleistungen. Die Phase endet erfolgreich mit der Erteilung des Kundenauftrags.

Prozessname: Kundengewinnungsprozess
Vom Kundenwunsch zum Kundenauftrag

Prozessinputs:		Inputlieferanten:	Prozessoutputs:		Outputkunden:
• Marktforschungsergebnisse	←	Marketingabteilung	• Kundenauftrag	→	Verkauf
• Kundendaten	←	CRM-Datenbank			
• Kundenwünsche	←	Außendienstreisende			

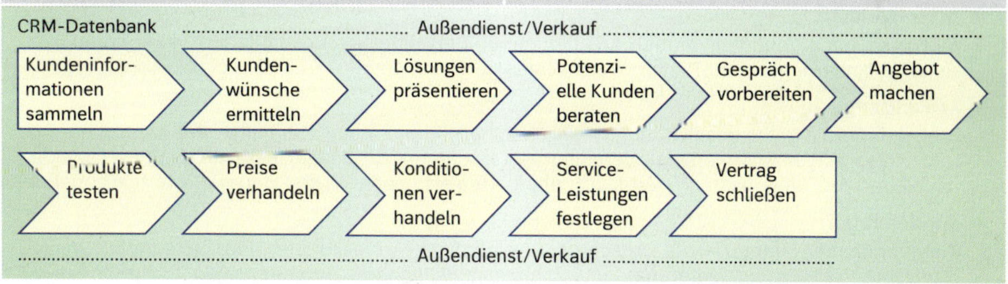

Arbeitsaufträge

1. **Der Pkw-Hersteller Moyota will Kunden für das neue Mundo Cabrio gewinnen. Die Firma hat einen relevanten Datenbestand über Pkw-Besitzer gekauft. Sie beauftragt ein Callcenter, mögliche Interessenten anzurufen und eine Probefahrt mit dem neuen Modell beim nächsten Händler zu vereinbaren.**
   a) Entwickeln Sie einen Leitfaden für den inhaltlichen Aufbau des Telefongesprächs.
   b) Simulieren Sie mehrere Telefongespräche im Unterricht. Legen Sie dabei unterschiedliche Kundentypen zugrunde (Merkmale: Alter, Beruf, Einkommen, Verhalten bei neuen Produkten, bisher gefahrener Pkw (ggf. Konkurrenzfahrzeug), Dauer des Wagenbesitzes).
   c) Entwickeln Sie eine Argumentenliste für ein Verkaufsgespräch beim Pkw-Händler und simulieren Sie das Gespräch.

2. **Für die Kundengewinnung werden traditionelle Instrumente und Internet-Instrumente eingesetzt.**
   a) Informieren Sie sich, welche Instrumente in Ihrem Ausbildungsbetrieb eingesetzt werden.
   Erstellen Sie eine Rangliste der eingesetzten Instrumente.
   b) Entwickeln Sie im Unterricht aus den Einzellisten eine zusammenfassende Rangliste und erstellen Sie die Häufigkeitsverteilung in Form eines Balkendiagramms (Tabellenkalkulationsprogramm, Präsentationssoftware).

10.4 Kundenauftragsbearbeitungsprozess

Bei MGB Maltmann Getriebebau e. K. geht am 15.11.20.. eine Bestellung der Werkmaschinen GmbH, Benzstr. 4, 33613 Bielefeld, ein.

Bestellung
Unser Zeichen: L4011/K8362
Ihr Zeichen:

Bitte bei allen Schreiben angeben

Lieferanten-Nr.	Dokument-Nr.	Datum
K00017	4011	14.11.20..

Lfd. Nr.	Bezeichnung	Einheit	Menge	Einzelpreis	Gesamtpreis
1	Schieberadgetriebe SG2	Stück	10	600,00	6 000,00 EUR
				19 % MwSt	1 140,00 EUR

Die Auftragsbearbeitung berührt die Abteilungen Verkauf Inland (Auftragsbearbeitung), Einkauf, Arbeitsvorbereitung, Logistik, Buchhaltung. Folgende Daten aus der Kundendatenbank können je nach Fall benutzt werden:

- **Auftragsdaten**
  Auftragsnummer, Kundennummer, Artikelnummer, Bestellmenge, Bestelldatum, Liefertermin, spezielle Vereinbarungen über Preise, Preisnachlässe, Konditionen
- **Artikeldaten**
  Artikelnummer, Artikelbezeichnung, Mengeneinheit, Preis, artikelabhängige Preiszuschläge und -abschläge (z. B. Mindermengen-, Veredelungs-, Legierungszuschläge), Lagerort, Mindest-, Melde-, Höchstbestand, Lagerbestand (fortgeschrieben), Umsatz (mengen- und wertmäßig fortgeschrieben)
- **Kundendaten**
  Kundennummer, Name/Firma, Anschrift, Kreditlimit, Vereinbarungen über Versandart, Verpackungsart, Preisabzüge, Lieferungs- und Zahlungsbedingungen, Debitorensaldo (fortgeschrieben), Umsatz (fortgeschrieben), Vertreternummer
- **Auftragsbestandsdaten**
  Auftragsnummer, Kundennummer, Position, Artikelnummer, Termin, Menge
- **Außendienstdaten**
  Vertreternummer, Name, Provisionssatz, Umsatz (fortgeschrieben), Provision (fortgeschrieben)

FÜNFTER ABSCHNITT

Web

M 536

Siehe hierzu auch die Präsentation Kundenauftragsbearbeitung.

Kundenauftragsbearbeitungsprozess

Auftragsbearbeitung

Auftragsprüfung

Plausibilitätsprüfung: Gibt es das gewünschte Produkt? Wenn ja: Hat es die gewünschten Eigenschaften? Ist die Bestellung vollständig und fehlerfrei?
Kreditprüfung: Auftragssumme errechnen, zum Debitorensaldo addieren und feststellen, ob das Kreditlimit überschritten wird. (Wenn ja: Soll trotzdem geliefert werden?) Umsatzhöhe errechnen (wichtig für Bonus).

Kodierung

Der Verkaufssachbearbeiter notiert die Auftragsnummer, die Artikelnummer, die Kundennummer, die Angebotsnummer zur Bestellung und den vereinbarten Einzelpreis EDV-gerecht auf einem Auftragsblatt. Die Auftragsblätter werden in einer Kundenauftragsmappe gesammelt.
Bestellt der Kunde erstmalig, wird ein Kundenstammsatz eingerichtet. Ggf. Auskünfte einholen, insbesondere, wenn Zahlungsziel gewünscht. Bei negativer Auskunft Auftrag ggf. zurückstellen.

Auftragseingabe

Der Auftrag wird mit Kundennummer, Angebotsnummer, Artikelnummer, Menge und Warenempfänger in das System eingegeben.

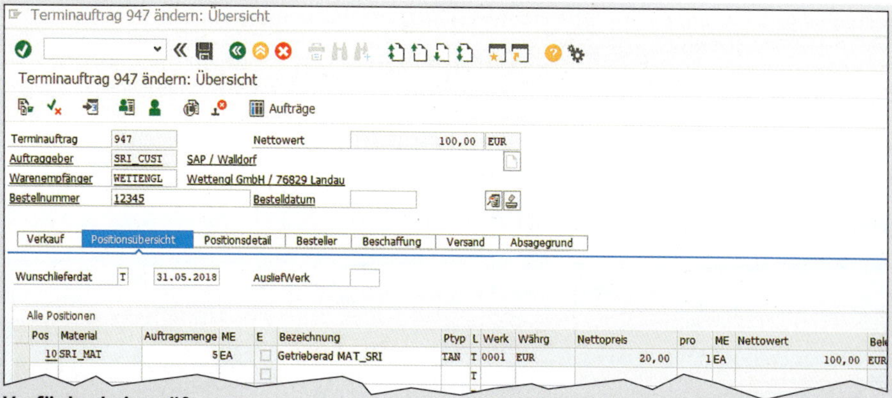

Verfügbarkeitsprüfung
Das System prüft, ob der Artikel als Fertigfabrikat verfügbar ist.

Lagerbestand
– Reservierung für andere Aufträge
+ erwartete Zugänge bis zum Liefertermin
= verfügbarer Bestand

Bestellte Menge reservieren, neuen verfügbaren Bestand errechnen!

Ist kein Fertigfabrikat vorhanden bzw. in Produktion, prüft das System, ob ausreichend Halbfabrikate für die Endfertigung vorhanden sind. Ist dies der Fall, wird unter Berücksichtigung der hinterlegten Durchlaufzeiten und der freien Kapazität der Maschinen ein Liefertermin für das Fertigfabrikat ermittelt.

Andernfalls prüft das System, ob genügend Rohstoffe zur Fertigung der Halbfabrikate vorhanden sind, ermittelt wiederum den Liefertermin und führt zwecks Terminüberwachung die Auftragsbestandsdaten fort.

Sind keine Rohstoffe vorhanden, so ermittelt das System aufgrund der hinterlegten Wiederbeschaffungszeiten die Lieferzeit für die Rohstoffe. Der Sachbearbeiter prüft diesen Prozess kontinuierlich und greift unter Berücksichtigung bestehender Fertigungsaufträge und in Abstimmung mit der Arbeitsvorbereitung eventuell steuernd ein.

Bestellungsannahme
Ergebnis des Prozesses „Verfügbarkeitsprüfung“ ist ein Liefertermin und somit eine verbindliche Bestellungsannahme für den Kunden. Diese wird per Post, E-Mail oder Fax verschickt.

Einkauf

Bestellung
Aufgrund des Bedarfs an Rohstoffen werden Bestellanforderungen an die Abteilung Einkauf gerichtet. Der Einkauf bestellt die gewünschten Rohstoffe beim „besten“ Lieferanten (Kriterien: Preis, Termin, optimale Bestellmenge usw.)

Arbeitsvorbereitung

Maschinenbelegung
Der Sachbearbeiter gibt anhand des Bedarfs Fertigungsaufträge (Einzelaufträge oder – bei Auftragsumwandlung – Sammelaufträge) ins System ein. Aus dem Bedarf lässt sich der Arbeitsvorrat für jede Maschine bestimmen. Dieser ist im Fertigungsleitstand des Betriebsdatenerfassungssystems jederzeit zu ersehen. Die Fertigungsaufträge werden Maschinen zugeordnet. Entsprechend der Verfügbarkeit der Rohstoffe und Halbfabrikate und dem bestätigten Liefertermin wird in den Fertigungsaufträgen ein Zeitfenster angegeben, in dem die jeweiligen Maschinen die Teile, Baugruppen und das Produkt herstellen und montieren sollen.

Auftragsbearbeitung

Terminverfolgung
In festgelegten Zeitabständen von jeweils drei Tagen, beginnend 15 Tage vor dem Liefertermin, nimmt der Sachbearbeiter die jeweilige Kundenauftragsmappe vor und kontrolliert mithilfe des Systems, ob der Auftrag noch „im Termin“ ist. Sollte er sich „außerhalb des Zeitfensters“ befinden, veranlasst der Sachbearbeiter, dass der Auftrag wieder auf Termin gebracht wird und die Artikel gefertigt werden.

Logistik

Kommissionierung
Die gefertigten Artikel werden verpackt. Der neue Bestand wird automatisch gebucht. Die Bestandsbuchung löst automatisch die Erstellung eines „Liefersatzes“ und der Kommissionierlisten aus. Diese Listen werden von den Mitarbeitern des Lagers *Fertigfabrikate* (im Bereich von *Logistik*) abgearbeitet. Die Kommissionierung wird auf dem Auftragsblatt bestätigt.

FÜNFTER ABSCHNITT

Erstellen der Versandpapiere, Versand, Warenausgangsbuchung
Nach der Kommissionierung werden die Versandpapiere erstellt (z. B. Speditionsauftrag, Frachtbrief, Beförderungspapier, Ausfuhrerklärung). Die Artikel werden versandt. Der Warenausgang wird im Lager als Bestandsminderung gebucht. Die Auftragsbestandsdaten werden automatisch fortgeschrieben.

Auftragsbearbeitung und Buchhaltung

Rechnungserstellung und Buchung
Nach der Warenausgangsbuchung wird entsprechend den Daten der Bestellungsannahme automatisch die Rechnung gedruckt, als Forderung gebucht und versandt. Es müssen keine Kopien von Bestellungsannahme und Rechnung abgelegt werden, weil sie jederzeit angezeigt und ausgedruckt werden können. Anhand der Rechnungsdaten werden die Vertreterumsätze und -provisionen berechnet und gebucht.

Geschäftsprozess Kundenauftragsbearbeitung

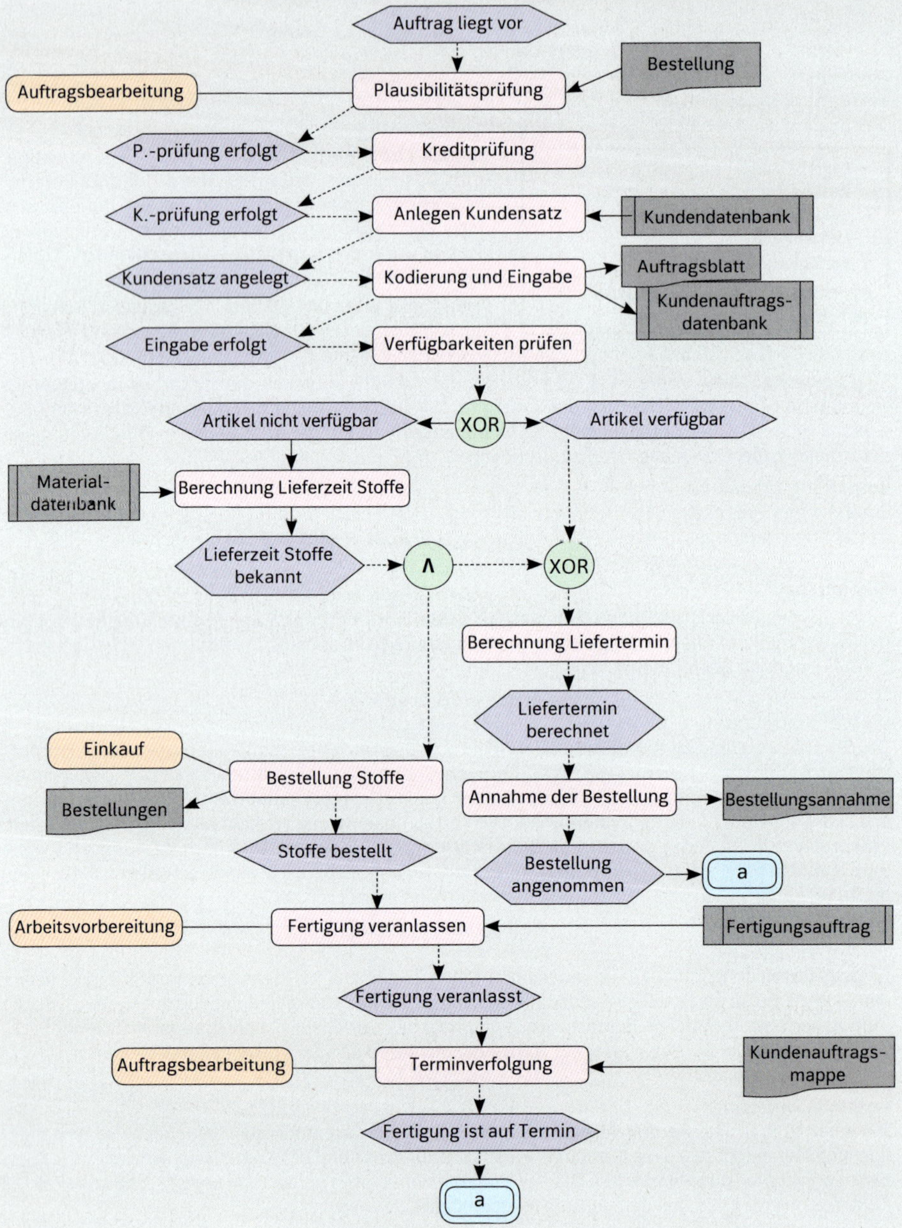

FÜNFTER ABSCHNITT

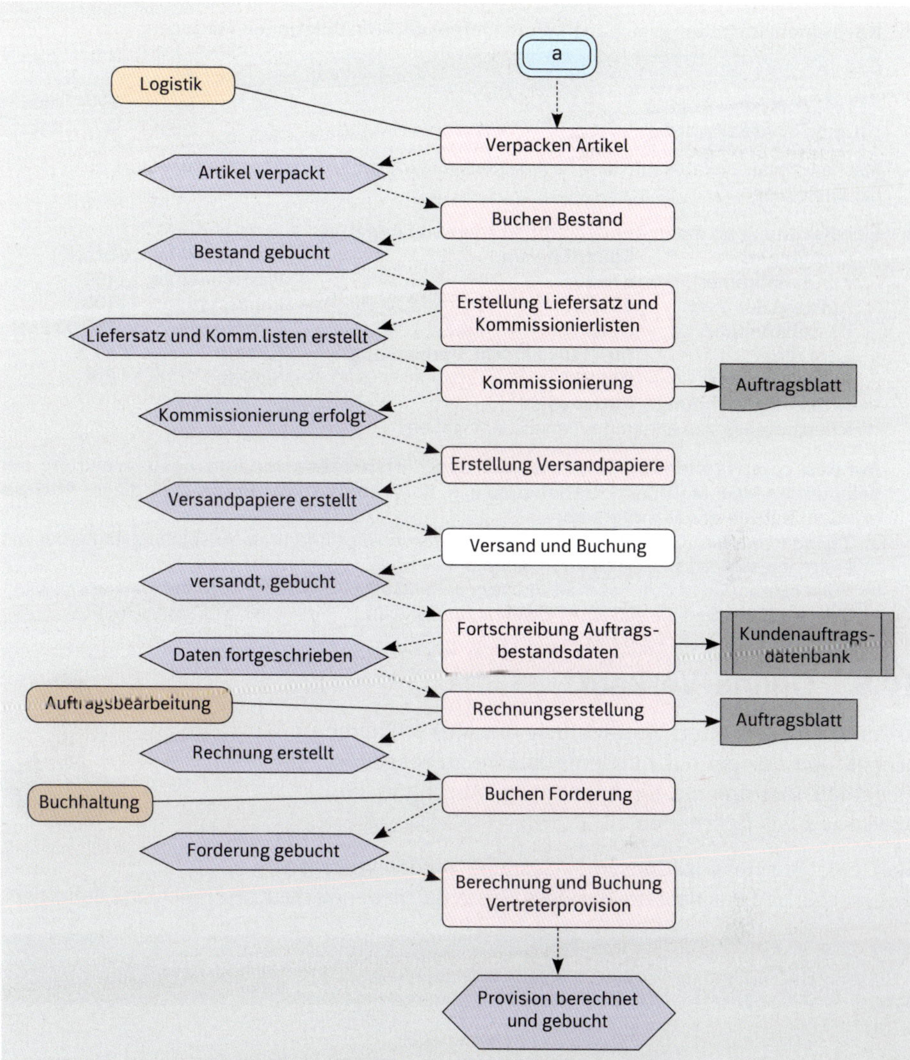

Arbeitsaufträge

1. **Der Haushaltswarenhersteller Franz Häuser KG erhält von einem Bezirksvertreter einen Bestellschein für den Einzelhändler Eduard Reisig über**

100 elektrische Kaffeemühlen,	**Best.-Nr.**	**187, Stückpreis 25,00 EUR**
100 Handmixer,	**Best.-Nr.**	**96, Stückpreis 20,00 EUR**
100 Küchenmaschinen,	**Best.-Nr.**	**37, Stückpreis 60,00 EUR**

Rabatt 10 %, Lieferung nach 20 Tagen unfrei, Zahlungsfrist 30 Tage.

a) Beschreiben Sie die Tätigkeiten, die bei der Franz Häuser KG nach Eingang der Bestellung ablaufen.

b) Schreiben Sie Versandanzeige und Rechnung. (Benutzen Sie ein Textverarbeitungsprogramm.)

2. **Nach einem Bestellungseingang können folgende Konstellationen vorliegen:**

	(1)	(2)	(3)	(4)
Erzeugnis ist verfügbar	**ja**	**ja**	**nein**	**nein**
Kunde ist kreditwürdig	**ja**	**nein**	**ja**	**nein**

Machen Sie der Einkaufsabteilung für jede Konstellation einen Vorschlag für die weitere Behandlung der Bestellung.

3. **Eine Rechnung an einen Kunden enthält folgende Angaben:**
   - **Empfänger: Eduard Reisig**
   - **Kundennummer: 67 180**
   - **Auftragsnummer: 06 712**
   - **Bestellnummer: 6 789**
   - **Lieferung: frei Haus einschl. Verpackung**
   - **Artikelnummer: 034 567**
   - **Artikel-Bezeichnung: Kettensäge**
   - **Mengeneinheit: Stück**
   - **Bestellmenge: 100**
   - **Liefermenge: 100**
   - **Einzelpreis: 190,00 EUR**
   - **Rabatt: 40 %**
   - **Skonto: 2 %**

   Welchen Datensätzen entnimmt man diese Angaben?

4. **Auf den vorausgehenden Seiten ist der Geschäftsprozess der Auftragsbearbeitung am Beispiel von MGB Maltmann Getriebebau e. K. dargestellt. In der Praxis läuft dieser Prozess in jedem Betrieb etwas anders ab.**
   a) Zeichnen Sie den Geschäftsprozess der Auftragsabwicklung Ihres Ausbildungsbetriebes als ereignisgesteuertes Prozesskettendiagramm.
   b) Präsentieren Sie diesen Geschäftsprozess anhand eines Geschäftsfalles mit den verwendeten Belegen (Benutzen Sie ggf. eine Präsentationssoftware).

10.5 Online-Verkauf

E-Commerce erweitert beträchtlich die Möglichkeiten, schnell und flexibel auf Kundenprobleme zu reagieren. Er enthält Instrumente für Anbahnung, Abschluss und Abwicklung von Geschäften.

Lesen Sie noch einmal „Online-Einkauf" auf S. 286 f.

Man findet Business-to-Consumer-Systeme[1] für den Verkauf an Verbraucher und Business-to-Business-Systeme[2] für den Verkauf an Firmen und Behörden.

E-Commerce-Instrumente für Business-to-Consumer-Systeme und Business-to-Business-Systeme

Homepage

Durch Eingabe der Internet-Adresse des Produktanbieters gelangt der Interessent auf die Homepage. Hier findet er Daten über den Anbieter und seine Leistungen, ggf. auch aktuelle Informationen (z. B. Sonderaktionen, Produkterneuerungen, Spiele) und eine E-Mail-Adresse zur Kontaktaufnahme.

Online-Shop

Bekanntlich umfasst der Shop den virtuellen Katalog, die Datenbank, den Warenkorb und das Zahlungssystem. Je größer der Shop, desto mehr zusätzliche arbeitserleichternde Verkaufsfunktionen werden i. d. R. bereitgestellt: Anlage eines Standardwarenkorbs (auf den Kunden individuell zugeschnitten), Volltextsuche, Paketverfolgung (zeigt den Abwicklungsstand eines Auftrags), Kundenerkennung, Speicherung des Kundenprofils, Ermittlung der günstigsten Versandart, Unterstützung mehrerer Zahlungsarten, Cross-Selling, Kalkulation des Endpreises, Kundenverwaltung, Artikelverwaltung, Verkaufswertungen.

Interaktive Anwendungen

Einsatz typischer Kundenbindungsinstrumente, z. B. persönliche Begrüßung der Stammkunden, kundenspezifische Angebote. Sinn dieser Instrumente: Möglichst viele individuelle Daten automatisch erzeugen und an die Kunden versenden, z. B. durch E-Mail.

---

1 engl.: business to consumer = vom Geschäft zum Verbraucher
2 engl.: business to business = vom Geschäft zum Geschäft

Produktkonfigurator

Mit einem Produktkonfigurator lassen sich die Komponenten eines komplexen Produkts (z. B. Maschine, Fahrzeug) zusammenstellen. Der Konfigurator führt den Anwender im Computerdialog durch alle zulässigen Produktalternativen und -kombinationen und veranlasst einen Auswahlprozess. Bestellt der Käufer die ausgewählte Konfiguration, werden Angebot und Bestellung an die Vertriebssoftware weitergegeben. Zugleich werden für das Produkt automatisch Stücklisten, Fertigungs-, Arbeits- und Terminpläne in Verbindung mit dem PPS-System erstellt.

E-Commerce-Instrumente ausschließlich für Business-to-Business-Systeme

Virtuelle Marktplätze

Ein Shop präsentiert die Leistungen eines Anbieters, Marktplätze die Leistungen einer Vielzahl von Anbietern (z. B. einer Branche). So kann der Käufer schneller die Leistungen vergleichen. Sämtliche Verkaufsphasen (Informations-, Vereinbarungs-, Abwicklungsphase) können über den Marktplatz koordiniert werden. Auch unterschiedliche Marktorganisationsformen kommen zur Anwendung, z. B.

- Börsen (Zusammenführen von Anbietern und Nachfragen durch den Marktplatzbetreiber),
- Auktionen (zeitlich begrenzte Ausschreibungsverfahren),
- Online-Shops.

Virtuelle Messen

Themenbezogene Präsentation gleicher oder ähnlicher Leistungen mehrerer Anbieter.

Virtuelle Unternehmen

Auftritt mehrerer Unternehmen, die gemeinsam Komplementärgüter verkaufen.

Arbeitsaufträge

1. **Bei dem Automatenhersteller Automa AG wird jedem Außendienstmitarbeiter für seine Kundengespräche ein Produktkonfigurator eingerichtet. Er soll dazu dienen, das Kundengespräch besser zu strukturieren.**
   a) Für welche Produkte bietet sich ein Konfigurator an?
   b) Erläutern Sie die Arbeit mit einem Konfigurator.
   c) Welche Vorteile bietet ein Konfigurator für Verkäufer und Käufer?
   d) Erstellen Sie für den Geschäftsprozess „Auftragsabwicklung mithilfe eines Konfigurators" ein ereignisgesteuertes Prozessketten-Diagramm.
2. **Verfügt Ihr Betrieb über Produktkonfiguratoren?**
   Wenn ja, präsentieren Sie die Arbeit mit dem Konfigurator im Unterricht.

FÜNFTER ABSCHNITT

10.6 Versandlogistik

Im Versandlager von MGB lagern zurzeit 400 Schieberäder-Getriebe, die aufgrund mehrerer Kundenaufträge gefertigt wurden. Nun sind die die Produkte termingemäß auszuliefern. Die Auftragsabwicklung hat die Liefertermine überwacht und gibt die Aufträge zum jeweiligen Liefertermin frei ...

10.6.1 Versand als logistisches Problem

Am Liefertermin erfolgt der Versand. Teilabläufe sind: **Kommissionierung, Verpackung, Nutzung von Lademitteln, Ausstellung der Versandpapiere, Transport**. Diese auf den ersten Blick einfachen Tätigkeiten sind bei einem größeren Betrieb ein kompliziertes logistisches

Problem: Termine sind einzuhalten, Fehler auszuschließen, Kosten zu minimieren, Sicherheit ist zu gewährleisten, Rechtsvorschriften sind einzuhalten.

10.6.2 Kommissionierung

Kommissionieren ist das Zusammenstellen bestimmter Teilmengen (Artikel) aus einer bereitgestellten Gesamtmenge (Sortiment) aufgrund von Bedarfsinformationen (Auftrag).

Web

Wichtige Entscheidungen betreffen z. B.:

- den Einsatz von Menschen, Maschinen und EDV bei der Kommissionierung;
- die Festlegung kostenoptimaler Ladeeinheiten;
- die Auswahl zweckmäßiger, sicherer, kostengünstiger Verpackungen;
- die Auswahl des optimalen Transportmittels;
- die Auswahl des optimalen Transporteurs;
- das Problem des Outsourcings auf Logistikdienstleiter.

M 542 Siehe hierzu auch die Präsentation *Kommissionierung*.

Kommissioniersysteme

Mann-zur-Ware-Systeme (statische Bereitstellung)

Der Kommissionierer
- begibt sich zum Lagerort,
- prüft dessen Richtigkeit,
- entnimmt die angeforderte Menge.

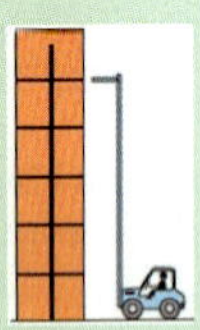

Läger ohne automatische/computergesteuerte Förderzeuge

Vorteile:
- verhältnismäßig geringer Investitionsaufwand,
- Spitzenbelastungen können mit erhöhtem Personaleinsatz bewältigt werden.

Nachteile:
- Lange Wartezeiten des Kommissionierers,
- daher hohe Personalkosten.

Ware-zum-Mann-Systeme (dynamische Bereitstellung)

Der Artikel wird als Lagereinheit (z. B. Palette) entnommen und zum Kommissionierer gebracht.
- Dieser entnimmt die angeforderte Teilmenge.
- Die angebrochene Lagereinheit wird zurück zum Lager befördert.

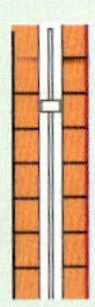

Vor allem (aber nicht ausschließlich) Läger mit automatischen/computergesteuerten Förderzeugen (z. B. Hochregalläger mit automatischem Stapelkran, computergesteuerte Paternoster- und Karusselläger).

Vorteile:
- höhere Kommissionierleistung durch wegfallende Wege
- bei automatischen Förderzeugen Optimierung der Wege durch die EDV
- optimale Gestaltung der Entnahmeplätze

Nachteile:
- hohe Investitionsausgaben für Fördermittel und Steuerungsanlagen
- geringe Flexibilität bei Spitzenbelastungen
- Stillstand bei EDV- und Maschinenausfall

Vollautomatische Bereitstellung

Der Artikel wird am Lagerort vollautomatisch in der angeforderten Menge entnommen.

Läger mit Kommissionierautomaten oder -robotern

Beispiel:

automatische Schachtkommissionierung

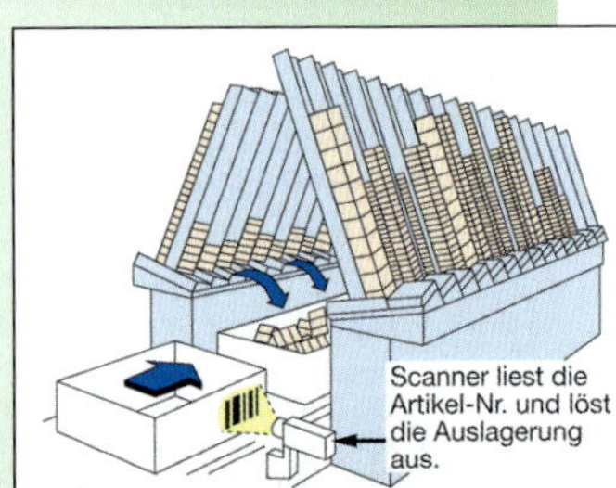

Vorteile:
- höchste Kommissionierleistung
- sehr geringe Fehlerquote

Nachteile:
- sehr hohe Investitionsausgaben
- einheitliche Verpackung und Größe des Kommissioniergutes erforderlich
- Stillstand bei EDV- und Maschinenausfall

10.6.3 Verpackung

Güter können mehrfach verpackt sein:

Verpackungsarten

Verkaufsverpackung	Umverpackung	Transportverpackung
Unmittelbare Umhüllung eines Produkts. Dient der Haltbarkeit, dem Schutz und ggf. dem Zusammenhalt der Ware (z. B. bei Flüssigkeiten!) bis hin zum Verwender.	Zweite Verpackung um die Verkaufsverpackung. Ohne unmittelbare Schutzfunktion für die Ware. Enthält oder umschließt ggf. Informationen (Werbung, Beipackzettel ...).	Umhüllung mit vielfältigen Schutzfunktionen hinsichtlich Laden, Transport, Umschlag, Entladen und ggf. Einlagerung der Ware.

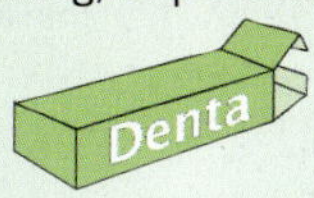

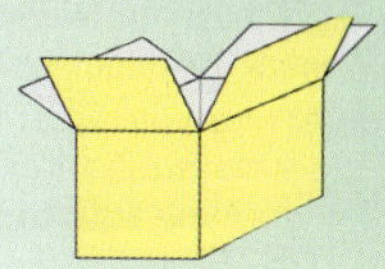

Bei festen Stückgütern ist eine **Verkaufsverpackung** oft nicht erforderlich. Andere Güter (flüssige, gasförmige, körnige, mehlige, ...) erhalten erst durch die Verkaufsverpackung die Eigenschaft von Stückgütern. Die Verkaufsverpackung wird Teil des Produkts, der Verpackungsvorgang ist Teil des Fertigungsprozesses.

Das Produkt ist z. B. nicht mehr „Sonnenblumenöl", sondern „eine Liter-Dose Sonnenblumenöl".

Durch die **Transportverpackung** entstehen Packstücke.

Bestandteile der Transportverpackung

- **Packmittel**: z. B. Karton, Kiste, Sack, Netz, Box, Palette, Behälter
- **Packhilfsmittel**
  - **Schutzmaterial**
    - **gegen Feuchtigkeit**: z. B. Ölpapier, Teerpapier, Schrumpffolie
    - **gegen Stoß u. Druck**: z. B. Wellpappe, Schaumfolie, Seidenpapier
  - **Füllstoffe**: z. B. Schaumstoffe, Holzwolle, Papierwolle, Kunststoffflocken
  - **Verschlussmittel**: z. B. Kordel, Draht, Nylonschnur, Klebeband, Kunststoffband, Stahlband, Schrumpffolie, Vernagelung, Plomben

Die Verpackung muss eine Reihe logistischer Anforderungen erfüllen:

Logistische Anforderungen an die Verpackung

Die Verpackung soll schützen

- Schutz der Ware
  - vor Beschädigung durch Fall, Stoß, Druck, Schub, Rütteln, Schwingungen, Klimaeinwirkungen (Hitze, Kälte, Feuchtigkeit), Tiere (Schädlinge), Verunreinigungen;
  - vor Mengenverlusten (z. B. Auslaufen, Verdunsten);
  - vor Raub, Diebstahl.
- Schutz des Menschen (z. B. vor scharfen Kanten, Gift, Strahlung);
- Schutz des Transportmittels, anderer Packmittel und der Umwelt (z. B. durch auslaufende Flüssigkeit, Entzündung, Explosion, Geruch des Packguts).

Die Verpackung soll Lagerung, Laden und Transport rationalisieren

Die Verpackung soll bewirken, dass das Packgut

- Flächen- und raumsparend gelagert und transportiert werden kann, z. B. durch Stapelbarkeit. (Auch die leere Verpackung sollte stapelbar, ggf. ineinander schachtelbar oder faltbar sein.)

- mit mechanischen oder automatischen Umschlags- und Fördermitteln bewegt und gehandhabt werden kann. Liegt diese Eigenschaft bei einem Gut vor, so nennt man es eine Ladeeinheit.

Die Verpackung soll kostengünstig sein

Gefordert sind wenig Personaleinsatz, kurze Verpackungszeiten, preiswertes Material, geringes Gewicht (Einsparung von Lade-, Transport-, Umschlagskosten!), Wiederverwendbarkeit.

Die Verpackung soll umweltfreundlich sein

Das Verpackungsgesetz (VerpackG) legt fest:

- Verpackungen sind aus umweltverträglichen und die stoffliche Verwertung nicht belastenden Materialien herzustellen.
- Um Abfälle zu vermeiden, sollen Verpackungen auf das unmittelbar notwendige Maß beschränkt werden, wiederbefüllbar sein (falls möglich und zumutbar) und ansonsten stofflich verwertet werden.

Hersteller und Vertreiber von Waren müssen Transportverpackungen nach Gebrauch zurücknehmen und einer erneuten Verwendung oder einer stofflichen Verwertung außerhalb der öffentlichen Abfallentsorgung zuführen.

Diesen Anforderungen lässt sich heute am besten durch den Einsatz von **Lademitteln** entsprechen. Sie fassen kleine Einheiten wie Kartons, Kisten, Schachteln zu größeren Ladeeinheiten zusammen. Hier kann nur eine kleine Auswahl aus der enormen Vielfalt der Lademittel genannt werden.

Lademittel

Paletten

Genormte Ladeflächen aus Holz (1 200 x 800 mm), die von allen Seiten mit Gabelstaplern aufgenommen werden können. Außerdem: Gitterboxpaletten aus Stahlrohr mit Seitenwänden aus Stahldraht. Paletten werden meist Zug um Zug getauscht (beladene Palette gegen leere). Damit entfällt die Rückbeförderung.

Pressholzpaletten

Beim Stapeln raumsparender als Flachpaletten. Auf den Paletten können große Kartons aus Wellpappe befestigt werden. Es entstehen sog. „Paltainer“ oder „Welltainer“.

Pliboxen

Zusammenlegbare Sperrholzkisten, die gefaltet geliefert werden und schnell auf der Palettenbasis montiert werden können. Stabil und für viele Gefahrgüter geeignet.

Collico-Kisten

Zusammenlegbare Aluminiumbehälter. Beim Versand wird das Eigengewicht nicht berechnet. Der Rückversand zusammengelegter Kisten erfolgt frachtfrei.

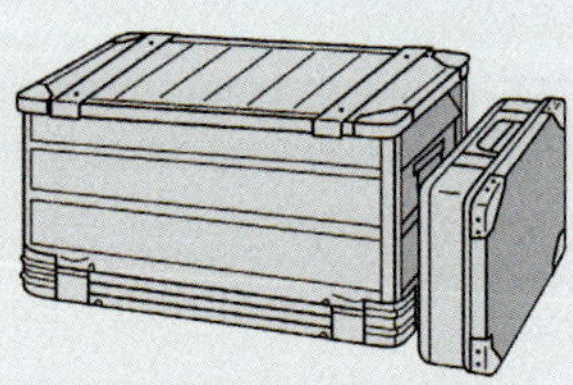

Großcontainer

Großcontainer sind 20, 30 und 40 engl. Fuß lange Großbehälter aus Metall in verschiedenen Ausführungen (z. B. Seitenwände mit Türen; Kühlcontainer). Man unterscheidet international genormte Container (ISO-Container; für den Seeversand können nur sie benutzt werden) und Binnencontainer (breiter und höher als ISO-Container, speziell für den innereuropäischen Verkehr entwickelt).

Container gestatten eine leichte Verpackung, schnelle Be- und Entladung, Haus-Haus-Verkehr der Ware in demselben Behälter, Verringerung der Umschlagsgefahren.

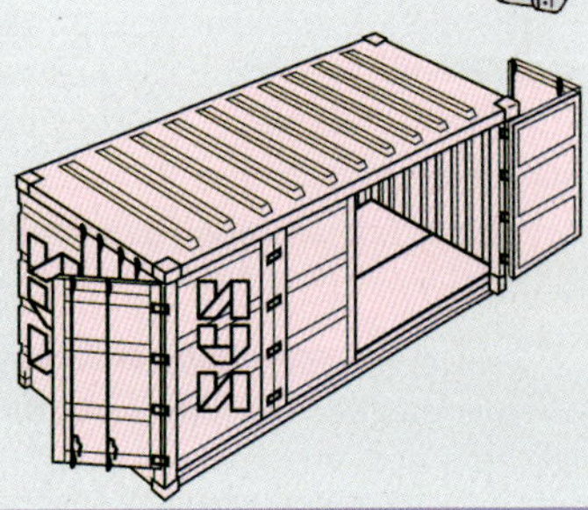

Arbeitsaufträge

1. **Die Produkte von MGB – viele verschiedene Arten von Motoren und Getrieben – sind sämtlich Einbauteile für die unterschiedlichsten Geräte und Fahrzeuge (für Nähmaschinen, Rasenmäher, feinmechanische Geräte, Aufzüge, Kräne, Gabelstapler, um nur wenige Beispiele zu nennen). Jedes Teil wird am Ende der Produktionskette automatisch in einen Karton verpackt. Leerräume werden mit Styroporformteilen ausgefüllt und stabilisiert. Die Kartons werden auf Pressholzpaletten gestapelt und mit Stahlbändern befestigt.**
   Etwa 75 % der Produkte werden Just-in-time geliefert. Diese Teile gehen täglich aus der Fertigung direkt an die Laderampe zur Lkw-Verladung.
   Die restlichen Produkte werden bis zum Abruf in einem Palettenhochregallager eingelagert, welches durch automatische Stapelkräne bedient wird.
   a) Mit welchen Vor- und Nachteilen ist das EDV-verwaltete Hochregallager verbunden?
   b) Beschreiben Sie den Auslagerungs- und Kommissioniervorgang in seinen Einzelheiten.
   c) Erfolgt die Kommissionierung nach dem Prinzip „Mann-zur-Ware“ oder „Ware-zum-Mann“?
   d) Die Abnehmer der Produkte haben ihre Standorte sämtlich in Europa. Sie werden auf dem Landweg bedient. Gegen welche Gefahren müssen die Waren durch die Verpackung geschützt werden? Ist die gewählte Verpackung hierfür geeignet?
   e) Beurteilen Sie die gewählte Verpackung unter den Gesichtspunkten der Rationalisierung und der Kostengünstigkeit.
   f) Beurteilen Sie die gewählte Verpackung unter dem Aspekt der Umweltfreundlichkeit. Ziehen Sie dazu auch die Bestimmungen des Verpackungsgesetzes heran.
   g) Würde die gewählte Verpackung auch optimal für einen Überseetransport sein? Begründen Sie ausführlich, wie die Verpackung beschaffen sein müsste.
2. **Für den internationalen Güterversand setzt sich immer mehr der Einsatz von Containern durch.**
   a) Welche Vorteile bietet der Versand in Containern?
   b) Ist es möglich, auch kleinere Stückgutsendungen in Containern nach Übersee zu verschicken?
   c) In Containern werden einzelne Ladungseinheiten gern auf Paletten geladen.
   Welche Vorteile bietet die Palette?

10.6.4 Güterbeförderung

Gewerbliche Transportunternehmen befördern auf der Basis von Frachtverträgen Güter gegen Entgelt.

Huckepackverkehr

Kleingut sind Sendungen, für die der Absender keinen gesonderten Güterwagen verlangt. Er kann je nach Art des Gutes einen Spediteur oder Kurier-, Express- und Paketdienste mit dem Versand beauftragen.

Eisenbahngüterverkehr

Der wichtigste deutsche Anbieter im Eisenbahnverkehr ist die **Deutsche Bahn AG**. Den Güterverkehr betreibt sie durch ihre Tochtergesellschaft **DB Mobility Logistics AG**. Deren Tochter **DB Cargo Deutschland AG** wiederum ist Betreiber des Eisenbahngüterverkehrs. Außerdem gibt es kleinere regionale Bahngesellschaften. Die DB Cargo hat die Beförderung von Kleingut völlig aufgegeben. Sie bietet nur folgende Beförderungsleistungen an:

Beförderungsleistungen der DB Cargo

- **Wagenladung**: Sendungen, für die der Absender einen gesonderten Güterwagen verlangt
- **Ganzzug**: Beförderung eines kompletten Zuges von A nach B ohne Rangieren
- **kombinierte Verkehre**
  - **Containerverkehr**: Großcontainer werden auf Waggons transportiert
  - **Huckepackverkehr**: Lkws und Lkw-Aufbauten werden auf Waggons transportiert

Web

M 546

Wagenladung

Die Transportverträge sind entweder Leistungsverträge (schriftlich geschlossen, Laufzeit 12 Monate) oder Einzelverträge. Bei Einzelverträgen ist der Auftrag entweder der vom Kunden ausgefüllte Bahnfrachtbrief oder ein sog. „Beförderungspapier“. Letzteres kann auch per Fax oder E-Mail an die Bahn geschickt werden. Es hat den gleichen Inhalt wie der Frachtbrief.

Wagen sind beim zentralen KundenServiceZentrum in Duisburg schriftlich zu bestellen. Sie werden zur Beladung auf einem Freiladegleis des Güterbahnhofs oder einem betriebseigenen Anschlussgleis bereitgestellt.

Die meisten Güterzüge fahren „im Nachtsprung“ (nachts). Dies ermöglicht es, attraktive Abhol- und Zustelltermine für die Wagen anzubieten (z. B. Abholen des Wagens beim Versender am Nachmittag und Zustellung des Empfänger am folgenden Vormittag).

Ganzzüge

Ganzzüge werden für den Transport großer Gütermengen eingesetzt, die vor allem für die Belieferung großer Werke benötigt werden. Die Bahn bietet drei Varianten an:

- **Plantrain:** Preisgünstiges Angebot für die Beförderung großer Mengen (Kohle, Erze). Mengen, Verkehrstage und -zeiten werden für die gesamte Vertragsdauer vorher verbindlich festgelegt; Bestellung mindestens zwei Monate vor Beginn des ersten Transports.
- **Variotrain:** Ähnlich, aber der Kunde kann unter Einhaltung bestimmter Fristen entscheiden, welche Züge wann genau zum Einsatz kommen.
- **Flextrain:** Nur 24 Stunden Bestellvorlauf; ohne Festlegung fester Übergabezeiten und Mindestmengen im Voraus; deshalb Eignung für Konsumgüter.

Ganzzüge

Kombinierte Verkehre

- **Containerverkehr:** Es werden überwiegend bahneigene Container eingesetzt. Der Kunde schließt mit der Bahn den Frachtvertrag und übergibt einen Formularsatz mit Übergabeschein und Container-Frachtbrief. DB Cargo sorgt für die Zustellung von und zu den Containerumschlagbahnhöfen. Der Preis umfasst Containermiete und Fracht. Grenzüberschreitende Verkehre werden von der TFG Transfracht durchgeführt, einer Gesellschaft der Deutschen Bahn Gruppe.
- **Huckepackverkehr:** Lkw-Unternehmer können ihre Lkws, Sattelauflieger oder Wechselaufbauten auf bestimmten Strecken auf Niederflurwagen der Bahn befördern lassen. Die Abwicklung des Verkehrs erfolgt durch die Kombiverkehr GmbH & Co. KG, eine Gemeinschaftsgründung der DB Mobility Logistics AG und von 270 Speditionsunternehmen. Mit ihr schließt der Unternehmer den Beförderungsvertrag für den Schienentransport. Im Vertragsverhältnis zwischen dem Lkw-Unternehmer und den Absendern der beförderten Güter gelten für den Gesamttransport auf Straße und Schiene die Geschäftsbedingungen des Lkw-Unternehmers.

Im **internationalen Bahngüterverkehr** können ebenfalls Wagenladungen befördert werden. Beförderungspapier ist der internationale Eisenbahnfrachtbrief.

Güterbeförderung mit dem Lastkraftwagen

Im gewerblichen Straßengüterverkehr mit dem Lkw kann der Beförderungsvertrag grundsätzlich über die Beförderung von **Kleingut** (Stückgut) oder kompletten **Ladungen** abgeschlossen werden. Allerdings ist die Unterscheidung Theorie: Stückgut wird fast immer einem Spediteur übergeben. Dieser stellt die gesammelten Stückgüter zahlreicher Versender zu Lkw-Ladungen (sog. **Sammelladungen**) zusammen. Meist werden sie auf festen Relationen (Linien) befördert. Beförderungspapier ist in der Regel ein Frachtbrief.

FÜNFTER ABSCHNITT

Güterbeförderung durch KEP-Dienste (Kurier-, Express-, Paketdienste)

KEP-Dienste sind Transportunternehmen, die auf die Beförderung von Kleinsendungen und Paketen spezialisiert sind. Führend in Deutschland sind vor allem: United Parcel Service (UPS), TNT, Deutscher Paketdienst (DPD), German Parcel-Paket-Logistik (GP), DHL Express GmbH.

- **Kurierdienste** befördern vorzugsweise Kleinsendungen (z. B. Dokumente) durch Boten (Kurier) von Haus zu Haus. Die Preise sind entsprechend hoch.
- **Expressdienste** befördern zeitempfindliche Sendungen vom Absender zum Empfänger. Sie garantieren die Auslieferungstermine oder vereinbaren feste Zustelltermine. In der Regel werden die Sendungen an Knotenpunkten gesammelt und dann verteilt.
- **Paketdienste** ähneln den Expressdiensten, garantieren aber in der Regel nicht die Zustelltermine.

Die **Deutsche Post AG** z. B. bedient den deutschen KEP-Markt durch ihre Tochterunternehmen **DHL Paket** und **DHL Express**.

Versandarten (DHL)	
Warensendung	**Höchstgewicht**
Verbilligter Versand von Proben, Mustern und kleinen Gegenständen mit der Briefpost. Einlieferung ohne Einlieferungsnachweis! Die Sendung darf nicht verschlossen werden. Besondere Versendungsformen sind nicht zugelassen.	500 g
Päckchen	
Warenversand mit Gebührenvorteilen gegenüber Brief und Paket. Beförderung mit der Paketpost. Einlieferung ohne Einlieferungsnachweis! Zwei Zustellversuche. Rücksendung bei Unzustellbarkeit.	2 000 g
Paket	
Einlieferung freigemacht oder unfrei am Postschalter mit ausgefülltem Paketschein (zugleich Einlieferungsnachweis). Zwei Zustellungsversuche (Empfänger kann per Postkarte den zweiten Termin bestimmen). Rücksendung bei Unzustellbarkeit. Haftung der Post bis zum Höchstbetrag von 500,00 EUR.	31,5 kg
Express-Paket	
Zustellung am Tag nach der Einlieferung (gegen Aufpreis). Gegen weitere (hohe) Aufpreise sind auch Frühzustellung an Werktagen sowie Sonn- und Feiertagszustellung möglich.	20 kg

Besondere (gebührenpflichtige) Versendungsformen für Pakete	
Eigenhändig	Die Sendung wird nur dem Empfänger persönlich oder einem besonders Bevollmächtigten ausgehändigt.
Transportversicherung	Für Pakete mit Transportversicherung haftet die Post für den tatsächlichen Wert bis zur Höhe der Wertangabe (höchstens 25 000,00 EUR).
Rückschein	Der Rückschein ist eine Empfangsbestätigung des Empfängers, ohne die die Sendung nicht ausgeliefert wird. Die Post schickt den Rückschein an den Absender zurück.
Nachnahme	Nachnahmesendungen werden nur gegen Zahlung des auf dem Nachnahmepaketschein angegebenen Nachnahmebetrages an den Empfänger ausgeliefert. Der Betrag wird an den Absender überwiesen. Nachnahmehöchstbetrag: Postpaket 3 500,00 EUR, Express-Paket 5 000,00 EUR.

Weitere Verkehrsträger

Zu Konnossement und Ladeschein als *Wertpapiere* siehe BuchPlusWeb.

Seeschiffe werden entweder gechartert oder verkehren nach festem Fahrplan (Linienschiffe). Sie befördern alle Arten Güter. Meist werden Spediteure eingeschaltet, die alle Probleme des An- und Abtransports, Umschlags und Aus- und Einfuhrverfahrens lösen. Beförderungspapier ist in der Linienschiffahrt das Konnossement (siehe S. 669 f.). Dieses ist ein Wertpapier. Es verkörpert das Eigentum am Gut und wird dem Ablader (Anlieferer) übergeben. Der Kapitän darf das Gut nur gegen Rückgabe des Konnossements ausliefern.

Web

M 548_1

Binnenschiffe befördern Massengut. Dafür wird das ganze Schiff oder ein Teil gechartert. Im Stückgutgeschäft (bis 300 t) werden v. a. Container befördert. Beförderungspapier ist i. d. R. der Ladeschein. Er hat die gleiche Bedeutung wie das Konnossement.

Flugzeuge werden ebenfalls gechartert oder fliegen im Linienverkehr. Beförderungspapier ist der Luftfrachtbrief. Auch hier werden meist Spediteure eingeschaltet.

Unterstützung durch ERP

Die Versandart kann vom Kunden vorgeschrieben sein. Dann ist sie in der Kundenauftragsdatenbank gespeichert. Der Sachbearbeiter erfasst sie über das ERP-System. Dann greift er auf den Programmteil „Versandpapiere" zu. Er ermöglicht die Ausstellung und den formularmäßigen Ausdruck von Frachtbriefen, Paketscheinen, Konnossementen und Lieferscheinen (bei Beförderung mit eigenen Fahrzeugen).

Hat der Kunde keine Versandart vorgegeben, so kann der Sachbearbeiter sich vom ERP-System eine solche vorschlagen lassen. Dazu muss er die wesentlichen Daten der Sendung eingeben, wie Gewicht, Stückzahl, Außenmaße, Entfernung zum Empfänger, Eilbedürftigkeit.

Web

10.6.5 Aufgaben des Spediteurs

M 548_2

Traditionelle Aufgaben

Siehe hierzu auch die Präsentation *Spediteur*.

FÜNFTER ABSCHNITT

Der Versand gestaltet sich schwierig, wenn mehrere Frachtführer eingeschaltet, die Güter umgeladen und vielleicht auch zwischengelagert werden müssen. Dann fehlt häufig der Überblick über die Fülle der Formalitäten, die günstigsten Transportwege und Umschlagsmöglichkeiten. Hier hilft als Fachmann der Spediteur.

Spediteure besorgen für ihre Auftraggeber die Güterversendung (§ 453 HGB). Sie organisieren die Beförderung, bestimmen insbesondere Beförderungsmittel und -weg, wählen die Transportunternehmer aus, schließen Fracht-, Lager- und Speditionsverträge und sichern Schadensersatzansprüche des Versenders (§ 454 HGB).

Nach diesen Bestimmungen befördert der Spediteur nicht selbst, sondern besorgt die Beförderung durch Transportunternehmer. Mit dem Auftraggeber schließt er einen Speditionsvertrag, mit Transportunternehmen in eigenem Namen Frachtverträge. Ihnen gegenüber gilt **er** also als Absender. Den Güterumschlag lässt er durch Zwischenspediteure besorgen.

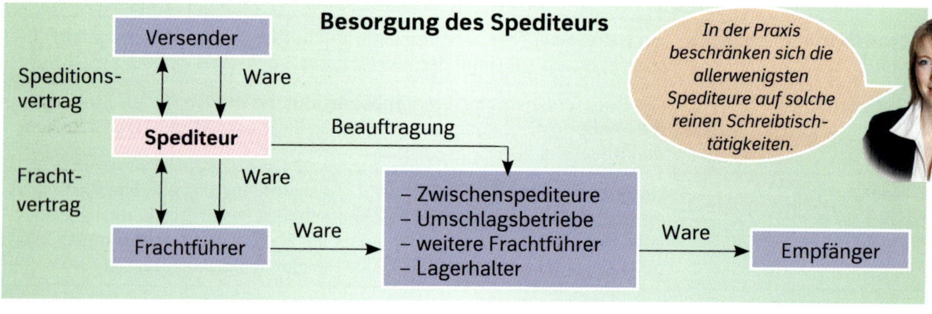

Das HGB räumt dem Spediteur erweiterte Rechte ein:

Erweiterte Rechte des Spediteurs

Selbsteintritt (§ 458 HGB)
Der Spediteur darf die Güterbeförderung selbst ausführen.

Spedition zu festen Kosten (§ 459 HGB)
Der Spediteur kann mit dem Versender einen festen Preis für die gesamte Beförderung bis hin zum Empfänger vereinbaren. Dies geschieht besonders bei mehrstufigen Transporten (Transporte, bei denen die Sendung mehrmals von einem Verkehrsmittel auf ein anderes „umgeschlagen" wird).

Sammelladung (§ 460 HGB)
Der Spediteur kann die Versendung eines Gutes zusammen mit den Gütern anderer Versender bewirken.
Der Spediteur sammelt Stückgüter verschiedener Versender, deren Empfänger ihren Sitz in derselben Region haben, und gibt sie als Ladung auf oder befördert sie als Ladung im Selbsteintritt. Die Beförderung als Ladung ist bedeutend frachtgünstiger. Einen Teil seines Frachtvorteils gibt der Spediteur an den Versender weiter. Ein Empfangsspediteur verteilt die Sendungen an die Endempfänger.

Von diesen Rechten macht der Spediteur in der Praxis zum Vorteil seines Auftraggebers ausgiebig Gebrauch.

Logistische Aufgaben – Outsourcing

Der Spediteur übernimmt nicht nur die Besorgung von Einzelversendungen. Er wird vielmehr in das Logistiksystem seiner Auftraggeber eingebunden: Er geht langfristige vertragliche Bindungen mit dem Industriebetrieb ein und wird fest für ihn tätig. Für den Bereich der Materialwirtschaft wurden hierzu schon Ausführungen gemacht.

Im Versandbereich kann er ein **Auslieferungslager** unterhalten[1]. Entweder füllt er dieses Lager selbst auf, indem er die Produkte direkt aus der Fertigung abholt oder der Fertigungsbetrieb sorgt für die Auffüllung. Jetzt kann der Spediteur

- Lagerarbeiten übernehmen (z. B. Materialpflege und Qualitätsprüfungen),
- die Kommissionierung selbst vornehmen,
- Ladeeinheiten festlegen,
- die Ware verpacken,
- geeignete Lade- und Transportmittel bestimmen,
- die Versandpapiere ausstellen,
- alle Transport- und Umschlagsvorgänge besorgen oder die Ware im Selbsteintritt transportieren,
- alle erforderlichen Nebenleistungen erbringen,
- die Waren „just in time" ausliefern.

Auslieferungslager

Der Industriebetrieb gliedert damit Tätigkeiten aus, die er früher selbst ausgeführt hat, und überträgt sie auf einen Dienstleister. Maßgeblich für dieses **Outsourcing** sind

- **Kostengesichtspunkte:** Einsparung von Personalkosten (bei Kommissionierung, Verpackung, Transport, ...), Investitionskosten (für Kommissioniersysteme, Förderzeuge, Lagerraum, Transportmittel, ...), Wartungskosten (für eigene Fahrzeuge),
- **Qualitätsgesichtspunkte:** Spezialisierte Logistikdienstleister mit großer Erfahrung können die Versandaufgaben oft schneller und fehlerfreier ausführen als der Industriebetrieb. Zufriedenere Kunden sind die erwünschte Folge.

[1] Vgl. S. 501 f.

FÜNFTER ABSCHNITT

Voraussetzung für das Funktionieren einer solchen Organisation ist ein störungsfreier Fluss der notwendigen Informationen zwischen Industriebetrieb und Spediteur (Fertigstellungs- und Abholtermine, Mengen, Kundendaten, Auftragsgrößen, ...). Dies bedingt eine weitgehende Vernetzung der beidseitigen Computersysteme.

Arbeitsaufträge

1. **Die Bahn hat in den letzten Jahrzehnten immer mehr Marktanteile an den schnelleren Lkw verloren. Durch bestimmte Leistungsangebote will sie Marktanteile zurückgewinnen.**
   Um welche Leistungsangebote der Bahn handelt es sich? Nennen Sie Einzelheiten.

2. **Die kombinierten Verkehre der Bahn sind insbesondere unter Umweltgesichtspunkten begrüßenswert.**
   a) Welche kombinierten Verkehre sind zu unterscheiden?
   b) Erläutern Sie die Vorteile dieser kombinierten Verkehre für den Versender und für den Lkw-Frachtführer.

3. **Die Grünspan KG übergibt dem Güterkraftverkehrsunternehmer Hurtig in Essen eine Ladung Kupferrohre unfrei zur Beförderung an die August Tücke OHG in Erlangen.**
   a) Was ist unter „Güterkraftverkehr" zu verstehen?
   b) Darf jeder Lkw-Besitzer gewerblichen Güterkraftverkehr betreiben?
   c) Welches Dokument kann Grünspan an Hurtig übergeben?

4. **Sie wollen als Absender folgende Sendungen möglichst schnell befördern lassen:**
   a) 10 kg Ersatzteile von Düsseldorf nach Stuttgart,
   b) 90 kg Ersatzteile von Düsseldorf nach Saloniki (Griechenland),
   c) 3 Kolli mit je 60 kg Damenkleidern von München nach Hamburg,
   d) 15 kg Medikamente von Erlangen nach Frankfurt/Oder,
   e) 20 t Lacke von Augsburg nach Potsdam.
   Für welche Transportmöglichkeiten entscheiden Sie sich?

5. **Eine Stückgutsendung mit Autoersatzteilen soll von Frankfurt/M. nach Kairo transportiert werden.**
   Beschreiben Sie alle Transportmöglichkeiten mit ihren Vor- und Nachteilen und entscheiden Sie sich für die nach Ihrer Meinung günstigste Alternative.

6. **Die Post kennt verschiedene besondere Versendungsformen.**
   Nennen Sie diese Versendungsformen und geben Sie an, unter welchen Bedingungen sie angezeigt sind.

7. **Sie wollen ein Paket mit Fräsern im Gewicht von 19 kg**
   (1) mit eigenem Lkw, (3) durch die Bahn,
   (2) durch die Post, (4) durch Ihren Spediteur,
   nach Hamburg versenden.
   Welche Versandpapiere müssen bzw. können Sie jeweils ausstellen?

8. **Angenommen, Sie sind als Akquisiteur (Reisender, Kundenwerber) bei einer bekannten Spedition beschäftigt. Der Geschäftsführer eines Betriebes äußert Ihnen gegenüber, er könne auf die Dienste eines Spediteurs gut verzichten.**
   Versuchen Sie, ihn vom Gegenteil zu überzeugen.

10.7 Nichtannahme der Kaufsache

Der Käufer ist Gläubiger der Warenschuld. Wenn er die tatsächlich angebotene, fällige und mängelfreie Lieferung nicht annimmt, gerät er in Annahmeverzug (§ 293 ff. BGB). Verschulden ist nicht Voraussetzung.

Da der Käufer Warengläubiger ist, spricht das BGB von Gläubigerverzug. Gegensatz: Schuldnerverzug des Käufers (Zahlungsverzug).

Ein wörtliches Angebot genügt,
- wenn der Käufer erklärt hat, er werde die Leistung nicht annehmen (§ 295 BGB);
- bei Holschulden (§ 295 BGB). Ist der Abholtermin kalendermäßig bestimmt, ist ein Angebot überflüssig (§ 296 BGB).

Der Käufer gerät auch in Annahmeverzug,
- wenn er bei Zug-um-Zug-Geschäften zwar annahmebereit ist, aber die Zahlung ablehnt (§ 298 BGB);
- wenn der Verkäufer nach § 271 BGB schon vor dem vertraglichen Leistungstermin liefern darf und er die Leistung nicht annimmt. Jedoch muss er nicht ständig annahmebereit sein. Ist er vorübergehend verhindert, gerät er nur in Verzug, wenn der Verkäufer die Leistung eine angemessene Zeit vorher angekündigt hat (§ 299 BGB).

Während des Verzugs geht die Gefahr auf den Käufer über. Der Verkäufer haftet nur noch, wenn er seine Sorgfaltspflicht vorsätzlich oder grob fahrlässig verletzt (§ 300 BGB). Wird die Sache durch Zufall (ohne Verschulden des Verkäufers) oder sogar aufgrund leichter Fahrlässigkeit des Verkäufers beschädigt oder geht sie deshalb unter oder verloren, muss der Käufer z. B. trotzdem den Kaufpreis zahlen. Hätte er die Lieferung angenommen, wäre es ja nicht zu Beschädigung/Untergang der Sache gekommen.

Rechte des Verkäufers bei Annahmeverzug

Der Verkäufer kann
- auf Abnahme bestehen (§ 433 BGB).
- Ersatz aller Mehraufwendungen für das erfolglose Angebot (z. B. Transportkosten) und die Aufbewahrung (z. B. Lagergeld) und Erhaltung der Ware (z. B. Warenpflege) verlangen (§ 304 BGB).
- Als Kaufmann kann er die Ware an jedem geeigneten Ort sicher auf Kosten und Gefahr des Käufers hinterlegen (einlagern) (§ 373 HGB).

Der Verkäufer kann auch
- sich durch **Selbsthilfeverkauf** von der Lieferpflicht befreien (§ 383 BGB). Dazu lässt er die Ware am Erfüllungsort (als Kaufmann: an einem beliebigen Ort) auf Kosten des Käufers amtlich versteigern (§ 383 BGB), verrechnet den Erlös mit der fälligen Forderung (§ 387 BGB) und hinterlegt ggf. einen Rest beim Amtsgericht (§ 383 BGB). Die Versteigerung ist dem Käufer anzudrohen und öffentlich bekannt zu machen. Der Termin ist dem Käufer unverzüglich mitzuteilen (§§ 383, 384 BGB). Ist bei verderblichen Gütern Gefahr im Verzug, kann die Androhung unterbleiben (**Notverkauf**, § 384 BGB).
- bei Waren mit Börsen- oder Marktpreis[1] den Selbsthilfeverkauf „freihändig“ durch einen öffentlich ermächtigten Handelsmakler durchführen lassen (§ 385 BGB).

[1] Börsen sind organisierte Märkte für vertretbare Güter, die nach Maß, Zahl oder Gewicht gehandelt werden und deshalb beim Verkauf nicht anwesend sein müssen. Man unterscheidet Wertpapier- (Effekten-), Devisen- und Warenbörsen. Ein Börsen- oder Marktpreis ist gegeben, wenn für Sachen der geschuldeten Art am Verkaufsort aus einer größeren Anzahl von Verkäufen ein Durchschnittspreis ermittelt werden kann. Der erzielte Erlös muss mindestens dem Durchschnittspreis entsprechen.

Der Käufer ist nicht nur Warengläubiger, sondern schuldet dem Verkäufer auch die Abnahme und Bezahlung der Ware. Unter den Voraussetzungen von § 286 BGB (z. B. Verschulden, Mahnung) gerät er zugleich in **Schuldnerverzug**. Lesen Sie hierzu auf S. 560 f. nach.

Arbeitsaufträge

1. **Am 26. März schreibt die Gebr. Reinhards OHG an ihren Kunden (Fritz Müller Nachf., Haushaltswarengroßhandel, Postfach 260216, 50973 Köln):**

> Annahmeverzug
>
> Wie uns die Spedition Schenkel & Co. mitteilte, haben Sie unsere gestern angelieferten Waren - 50 Kartons emaillierte Töpfe, auf Paletten verpackt und in Folien verschweißt - nicht angenommen. Auf unsere telefonische Anfrage teilte uns Ihre Sekretärin, Frau Klein, lediglich ohne Angabe von weiteren Gründen mit, es handele sich um eine ausdrückliche Anweisung Ihres Einkaufsleiters, Herrn Bungert.
>
> Wir haben kein Verständnis für dieses unbegründete Vorgehen. Leider können wir die Ware nicht zurücknehmen, da unser Lagerraum voll beansprucht ist.
>
> Wir haben deshalb die Spedition Schenkel & Co. beauftragt, die Waren vorerst in ihren Räumen in Köln, Oberstr. 126, einzulagern und gegen Übernahme der entsprechenden Kosten für Sie zu Verfügung zu halten.
>
> Wir bitten Sie nunmehr um umgehende Vertragserfüllung und um Abholung der Paletten. Andernfalls würden wir einen Selbsthilfeverkauf vornehmen und Ihnen rechtzeitig Ort und Zeit hierfür angeben.

a) Erläutern Sie den inhaltlichen Aufbau des Briefes.
b) Sind die Voraussetzungen für einen Annahmeverzug gegeben?
c) Verhält sich der Lieferant korrekt gegenüber dem Käufer?
d) Erläutern Sie, wie der angeführte Selbsthilfeverkauf abgewickelt würde.
e) Verfassen Sie ein Antwortschreiben des Käufers.
f) Könnte der Verkäufer vom Käufer auch dann den vollen Kaufpreis verlangen, wenn die Ware während der Einlagerung beim Spediteur beschädigt würde?
g) Welche anderen als die im Brief beschriebenen Maßnahmen könnte der Verkäufer auch ergreifen? Vergleichen Sie das Für und Wider der unterschiedlichen Vorgehensweisen.

2. **Die Firma Weber & Co. KG liefert aufgrund eines Kaufvertrages (Abmachung über den Lieferzeitpunkt: „Lieferung am 16. Juni per Lkw frei Haus") mit eigenem Lastzug 500 Sack Erbsen von Dortmund an die Konservenfabrik Gustav Reimer OHG in Berlin. Auf der Autobahn steht der Lastzug wegen eines Unfalls acht Stunden in einem Stau. Er kommt deshalb nicht schon am 16. Juni gegen Abend, sondern erst am Morgen des folgenden Tages beim Kunden an. Dort wird dem Fahrer ohne Angabe von Gründen die Annahme verweigert. Nach einem Anruf bei seiner Firma lagert er die Waren in einem Lagerhaus ein und nimmt Rückfracht mit. Im anschließenden Schriftwechsel stellt sich heraus, dass der Kunde die Lieferung mit der Begründung ablehnt, es handele sich um einen Fixkauf und der Lieferant habe sich im Lieferungsverzug befunden. (Was er nicht mitteilt, ist, dass er inzwischen eine preisgünstigere Einkaufsmöglichkeit herausgefunden hat.) Die Gustav Reimer OHG verweigert auch die Zahlung, die laut Abmachung „netto Kasse ohne Abzug" erfolgen müsste. Weber & Co. behaupten dagegen, der Kunde befinde sich im Annahme- und Zahlungsverzug.**

a) Beurteilen Sie den Fall unter Darlegung der notwendigen Begründungen.
b) Fertigen sie den angedeuteten Schriftwechsel an. (Benutzen Sie ein Textverarbeitungsprogramm.)

10.8 Zahlungsvorgänge

Gewerbliche Kunden zahlen i. d. R. durch Überweisung, sehr selten durch Verrechnungsscheck. Die früher häufige Zahlung durch Wechsel ist im SEPA-Raum (siehe unten) selten geworden. Bei außereuropäischen Auslandsgeschäften kommt die Wechselzahlung jedoch durchaus vor.

Hinweise:
Sie erhalten hier einen Kurzüberblick über die Zahlungswege mit Bedeutung für Industrieunternehmen.

Interessierte Leser finden detailliertere Informationen im Infomaterial _Zahlungsverkehr_.

Zahlungen bei Außenhandelsgeschäften werden im Anhang des Buches (S. 666 ff.) behandelt.

Web

M 553

Beim **Direktverkauf von Industrieunternehmen an Verbraucher** kommen zahlreiche Zahlungsarten vor. Sie hängen von der Art des Verkaufsgeschäftes ab:

Verkaufsgeschäft	Bargeldzahlung	halbbare Zahlung		bargeldlose Zahlung					
		Nachnahme	Zahlschein	Überweisung	Lastschrift	Kreditkarte	Debitkarte	Bezahldienste	Smartphone
Versandgeschäft		x	x	x	x				
Lieferungen von Versorgungsunternehmen (z. B. Strom)			x	x	x				
Online-Verkauf		x		x	x	x	x	x	
Laden-/Outletverkauf	x					x	x		x
Haustürgeschäft	x	x	x	x					

10.8.1 Bargeldzahlung

Wer mit Bargeld (Banknoten, Münzen) zahlt, kann eine schriftliche Quittung (z. B. Quittungsvordruck, Kassenbon, quittierte Rechnung) verlangen (§ 368 BGB). Sie beweist die Zahlung, ist Buchungsbeleg und Nachweis für das Finanzamt. Der Kassenbon genügt den Anforderungen des Finanzamts nur, wenn die Steuernummer des Verkäufers, der Kaufgegenstand und die Mehrwertsteuer aufgeführt sind.

10.8.2 Halbbare Zahlung

Zahlschein

Mit Zahlscheinformularen können am Bankschalter Bareinzahlungen auf ein Empfängerkonto bei einem beliebigen Kreditinstitut getätigt werden. Die Banken berechnen dem Einzahler verhältnismäßig hohe Preise für diese Zahlungsart.

Nachnahme

Der Zahlschein ist auch beteiligt, wenn eine Ware per Nachnahme versandt wird. Der Überbringer (z. B. Post) darf die Sendung dem Empfänger nur **gegen Barzahlung des Nachnahmebetrags** (Kaufpreis, Beförderungs- und Zahlungskosten) ausliefern. Der Überbringer zahlt den vereinnahmten Betrag per beigefügtem Zahlschein auf das Konto des Versenders ein.

10.8.3 Bargeldlose Zahlung

Überweisung

Durch einen Überweisungsauftrag an seine Bank veranlasst der Zahler die Umbuchung eines Geldbetrags von seinem Konto auf das Empfängerkonto.

M 554

Web

Zur Identifizierung von Empfängerbank und Empfängerkonto sind bei der Überweisung die **IBAN** (*International Bank Account Number* = internationale Kontonummer) und bei Zahlungen ins Ausland zusätzlich der **BIC** (Bank Identifier Code = internationale Bankleitzahl) anzugeben.

Überweisungen in und zwischen den Ländern des Euro-Zahlungsverkehrsgebiets **SEPA** (Single Euro Payments Area) erfolgen nach einheitlichen Standards. SEPA umfasst die EU-Länder, Island, Liechtenstein, Norwegen und die Schweiz.

Der Kontoinhaber kann Überweisungen über Online-Dienste oder das Internet vom Computer aus tätigen. Für den Kontozugang muss er sich durch Eingabe einer persönlichen Identifikationsnummer (PIN) ausweisen. Für jede Überweisung ist zusätzlich eine besondere Transaktionsnummer (TAN) als „elektronische Unterschrift" einzugeben. Die Banken setzen vorzugsweise folgende zurzeit als sicher angesehene TAN-Verfahren ein:

- **mTAN (mobile TAN):** Zusendung der einzugebenden TAN per SMS auf das Handy
- **ChipTAN:** Der Bankkunde steckt seine Bankkarte in ein Eingabegerät (TAN-Generator). Die Bank erzeugt einen „Flickercode" auf der Überweisungsmaske. Hält man das Gerät an diese Stelle, wird automatisch die einzugebende TAN erzeugt.

Dauerüberweisung (Dauerauftrag): Mit ihr wird die Bank angewiesen, Zahlungen in gleichbleibender Hohe in regelmäßigen Zeitabständen auszuführen (z. B. am 15. jedes Monats). Vorteile: Arbeitserleichterung, kein Vergessen der Zahlung.

Lastschrifteinzug

Beim Lastschrifteinzug lässt der Zahlungsempfänger durch seine Bank den Schuldbetrag vom Konto des Schuldners abbuchen („umgekehrte Überweisung").

Der Schuldner erteilt dem Zahlungsempfänger ein schriftliches oder elektronisches (widerrufliches) Einzugsmandat. Darin weist er auch seine Bank zur Einlösung der Lastschrift(en) an.

Das Lastschriftmandat kann sich auf eine **einzelne Zahlung** oder auf **wiederkehrende Zahlungen** (auch mit variierenden Beträgen, z. B. Telefonrechnungen) beziehen. Feste Fälligkeitsdaten sind vorzugeben und dem Schuldner im Voraus mitzuteilen, damit er für ausreichende Deckung auf seinem Konto sorgen kann.

Der Kontoinhaber kann bei **Basislastschriften** mit gültigem Mandat binnen 8 Wochen ohne Begründung die Erstattung des belasteten Betrags verlangen (ohne Mandat: 13 Monate).
Bei **Firmenlastschriften** kann er die Bank nur bis zum Fälligkeitstag anweisen, die Lastschriften nicht einzulösen.

Man unterscheidet **Basislastschriften** und **Firmenlastschriften**. Letztere werden ausschließlich für den Einzug von Forderungen an Unternehmen eingesetzt.

Auch das Lastschriftverfahren ist im gesamten SEPA-Raum vereinheitlicht. Lastschriften können also z. B. von Deutschland aus in alle SEPA-Länder erfolgen.

Kreditkarte

Kreditkarten werden kreditwürdigen Personen von Kreditkartenorganisationen gegen eine Jahresgebühr angeboten. Der Inhaber kann damit

- Der Karteninhaber legt dem Vertragsunternehmen die Kreditkarte vor und unterschreibt einen Leistungsbeleg.
- Der Vertragsunternehmer reicht der Kreditkartenorganisation den Beleg ein und erhält eine Gutschrift auf seinem Konto. Eine Provision wird ihm einbehalten.
- Die Kreditkartenorganisation schickt dem Karteninhaber monatlich eine detaillierte Sammelrechnung über die fälligen Zahlungen und bucht den Gesamtbetrag im Wege des Lastschrifteinzugsverfahrens von seinem Konto ab.

weltweit bargeldlos Zahlungen bei Vertragsunternehmen der Organisation tätigen. MasterCard, VISA, American Express und Diners Club sind die bekanntesten Kreditkarten.

Die Kreditkarte wird auch beim Online-Kauf verwendet (**E-Payment**):

Kreditkarte

- Der Käufer gibt sie beim Online-Shop als Zahlungsmittel an.
- Er gibt die Kartennummer und eine dreistellige Sicherungsnummer (auf der Rückseite der Karte) in das Bestellformular ein.
- Die Daten werden verschlüsselt an das System übertragen. Dieses prüft das Bankkonto des Kunden. Ist er zahlungsfähig, erhält der Verkäufer eine Zahlungsgarantie.
- Der Zahlungsbetrag wird, wie bei Kreditkarten üblich, vom Kundenkonto eingezogen.

Debitkarte

SEPA sieht auch einheitliche Kartenzahlungen vor. Dazu geben die europäischen Kreditinstitute Debitkarten an ihre Kunden heraus. Auf einem Chip speichern sie u. a. IBAN und BIC. Damit entsteht eine Multifunktionskarte. Sie gestattet nach Eingabe der PIN,

Debitkarte

- am **Selbstbedienungs-Terminal** der Hausbank Kontoauszüge auszudrucken, Überweisungen zu tätigen und Daueraufträge einzurichten, zu ändern oder zu löschen,
- am **Bargeldautomaten** bei jeder beliebigen Bank im SEPA-Raum Bargeld zulasten des Girokontos abzuheben,
- in Geschäften an elektronischen Datenkassen zu bezahlen (**POS-Zahlung**; POS = Point of sale, Verkaufsort),
- die Karte zulasten des Girokontos an einem Ladeterminal der Bank mit einer Geldsumme aufzuladen (maximal 200,00 EUR). So entsteht eine **Geldkarte**. An Geldkarten-Terminals (z. B. Geschäften, Park- oder Fahrkartenautomaten) kann der Karteninhaber damit zahlen. Das Terminal bucht den Betrag von der Karte ab und schreibt ihn dem Empfängerkonto gut. Neuere Karten haben einen Funkchip. Er ermöglicht kontaktloses Bezahlen (sog. Girogo). Dazu muss man die Karte nur vor das Lesegerät halten.

Mobiles Bezahlen

Die Zahlung per Smartphone wird von mehreren Banken angeboten. Ein einheitlicher Standard existiert aber noch nicht. Die Anbieter setzen teils auf Banking-Apps, auf Zahlung per SMS und auf Chips, die man auf das Smartphone klebt.

Bezahldienste

Viele Online-Verkäufer liefern grundsätzlich erst nach Zahlungseingang. Für den Käufer entstehen längere Wartezeiten. Bezahldienste können die Lieferung beschleunigen. Bekannt sind v. a. PayPal, ClickandBuy, Skrill, giropay, paydirekt und Wirecard.

Bei Paypal z. B. eröffnet der Kunde unter seiner E-Mail-Adresse ein Konto. Beim Online-Einkauf wählt er die Zahlungsart Paypal. Er wird auf eine abgesicherte Zahlungsseite von Paypal geleitet, loggt sich mit einem Passwort ein und kann wählen zwischen der Zahlung aus einem eventuellen Guthaben, der Zahlung per Lastschrift vom Bankkonto, der Zahlung per Lastschrift vom Kreditkartenkonto und der Zahlung per giropay (Weiterleitung auf das Bankkonto mit Erstellung einer Online-Überweisung). In jedem Fall wird die Zahlung dem Paypal-Konto des Empfängers sofort gutgeschrieben, sodass er die Ware versenden kann.

Arbeitsaufträge

1. **Bei der Bargeldzahlung werden – anders als bei der halbbaren oder der bargeldlosen Zahlung – oft Quittungen ausgestellt.**
   Wie lässt sich dieses unterschiedliche Vorgehen erklären?

2. **Die folgenden Zahlungen sollen getätigt werden. Der Zahler besitzt ein Girokonto bei der örtlichen Sparkasse und ein Postbankgirokonto.**
   (1) Monatliche Zahlung der Wohnungsmiete (stets 400,00 EUR)
   (2) Zahlung der monatlichen Telefonrechnung (unterschiedliche Beträge)
   (3) Zahlung von 1 000,00 EUR auf ein Konto bei einem anderen Geldinstitut
   (4) Zahlung von 50,00 EUR auf ein Konto bei demselben Geldinstitut
   (5) Begleichung einer Liefererrechnung (Wareneinkäufe für 4 000,00 EUR)
   (6) Bezahlung eines Mantels im Bekleidungsgeschäft (300,00 EUR)
   (7) Bezahlung einer Tube Zahnpasta im Drogeriemarkt (1,30 EUR)
   (8) Einzahlung von 4 000,00 EUR Tageseinnahmen von unterwegs auf das Bankkonto durch einen Reisenden mit Inkassovollmacht
   (9) Bezahlung einer Liefererrechnung (900,00 EUR) an einen Reisenden mit Inkassovollmacht
   (10) Abhebung vom eigenen Konto (500,00 EUR)
   (11) Rückvergütung von Versicherungsprämien an 120 Kunden, deren Kontoverbindungen nicht bekannt sind
   (12) Bezahlung eines Notebooks, das im Online-Shop eines Computerhändlers bestellt wird.
   a) Nennen Sie jeweils alternative mögliche Zahlungsarten und erläutern Sie das Vorgehen.
   b) Falls Formulare nötig sind, beschaffen Sie sie bei einer Bank und füllen Sie sie aus.

3. **„Plastikgeld" – z. B. die Kreditkarte – wird immer beliebter.**
   a) Kann jeder Inhaber eines Kontos eine Kreditkarte erwerben?
   b) Für welche Zahlungen eignet sich die Kreditkarte?
   c) Wie wird eine Zahlung per Kreditkarte abgewickelt?
   d) Erkundigen Sie sich bei einer Bank, welche Leistungen eine Kreditkarte insgesamt umfassen kann.
   e) Der Baustoffgroßhandel Küppers GmbH akzeptiert Kreditkarten. Trotzdem würde es keinem seiner gewerblichen Kunden einfallen, mit der Karte zu bezahlen. Erklären Sie den Grund.
   f) Im Einzelhandel „drohen" Kunden bisweilen dem Verkäufer, mit der Kreditkarte zu bezahlen, wenn sie keinen Preisnachlass erhalten. Erläutern Sie den Hintergrund.

4. **Frau Schwarz lebt auf dem Land. Heute ist sie 25 km weit in die Großstadt gefahren. Dort will sie ihren Wagen voll tanken und im Verbrauchermarkt einkaufen. Vor dem Tanken bemerkt sie, dass sie nur noch 3,75 EUR Bargeld in der Tasche hat. Gott sei Dank hat sie aber ihre Bankkarte (Debitkarte) nicht vergessen.**

   Erläutern Sie die unterschiedlichen Möglichkeiten, die Frau Schwarz hat, um ihre Kaufabsichten in die Tat umsetzen.

5. **Hier sehen Sie den Ausschnitt einer Rechnung von MGB Maltmann Getriebebau e. K. an die Elektrosa GmbH.**

Rechnung

Art.-Nr.	Bezeichnung	Menge	Einzel-Preis	Gesamtpreis
1200	Schieberadgetriebe	10	300,00	3 000,00
			19 % USt	570,00

   a) Welche Zahlungsart wird die Elektrosa GmbH wählen?
   b) Erläutern Sie, wie die Elektrosa GmbH bei der Zahlung vorgeht.
   c) Welche Bedeutung haben bei der Zahlung IBAN und BIC?

10.9 Debitorenmanagement

10.9.1 Debitorenkonten

Das Debitorenmanagement betrifft folgende Vorgänge am Ende des Geschäftsprozesses Verkauf: Überwachung, Prüfung und Buchung des Zahlungseingangs sowie das Mahnwesen. Damit trägt es wesentlich dazu bei, die Liquidität des Unternehmens zu sichern.

In Ergänzung zum **Sachkonto 2400 Forderungen aus Lieferungen und Leistungen** im Hauptbuch wird im Kontokorrentbuch für jeden Kunden (Debitor, Schuldner) ein **Debitorenkonto** geführt.

Beispiel: Debitorenkonten

Hauptbuchhaltung:
2400 Forderungen aus Lieferungen und Leistungen

Debitorenbuchhaltung:
10001 Minster GmbH
10002 Plisch & Plumm KG
... ...

Das Debitorenprogramm entnimmt die Daten für das Debitorenkonto dem **Kundenstammsatz** in der Kundendatenbank.

Relevante Daten des Kundenstammsatzes

Kommunikationsdaten	Zahlungsverkehrsdaten	Mahndaten	Berechtigungsdaten
Kundennummer, Kundenname (Firma), Anschrift (auch: Land), Telefon, Telefax, E-Mail-Adresse	Bankverbindung (Bankleitzahl, Bank, Kontonummer, BIC, IBAN), Zahlungsbedingungen	Datum der letzten Mahnung, Mahnstufe	Passwort (für Personen, die Zugangsberechtigung zum Konto haben)

Kundenstammsätze können vom Vertrieb, von der Finanzbuchhaltung oder für Vertrieb und Buchhaltung von einer zentralen Stelle angelegt werden.
Das System benutzt die Debitorendaten des Kundenstammsatzes

- **als Vorschlagswerte für die Buchhaltung:**
  Es schlägt z. B. einen Buchungssatz unter Berücksichtigung der gespeicherten Skontoangaben vor;
- **für die Verarbeitung der Geschäftsfälle:**
  Es verarbeitet z. B. Mahndaten für den maschinellen Mahnlauf (Mahnlistenerstellung).

10.9.2 Prüfen und Buchen des Zahlungseingangs

Am 04.03.20.. wurde bei MGB Maltmann Getriebebau e. K. auf dem Debitorenkonto der Herbert Meier GmbH & Co. KG eine Forderung über 2 628,17 EUR gebucht:
10122 Meier an 5000 Umsatzerlöse und 4800 Umsatzsteuer.
Am 02.05.20.. zeigt die Hausbank von MGB den Eingang der Überweisung an:

Deutsche Bank	**ÜBERWEISUNGSEINGANG**	**Beleg-Datum:** 02.05.20..
Empfänger:	MGB Maltmann Getriebebau e. K., 45128 Essen	
	IBAN: DE60 3607 0050 0085 1452 88 **BIC:** DEUTDEDEXXX	
Auftraggeber:	Herbert Meier GmbH & Co. KG	
	IBAN: DE85 3425 0000 0000 1244 04 **BIC:** SOLSE33XXX	
Verwendungszweck:	**Re.-Nr.** 7223002079 **vom** 04.03.20.. **Kd.-Nr.:** 10122	
	Betrag EUR: 2 628,17 **Sk. EUR** 0,00	

- Der Sachbearbeiter ruft durch Eingabe der Kundennummer den Debitor auf und lässt sich eine Liste der offenen Rechnungsposten (OP-Liste) zeigen.

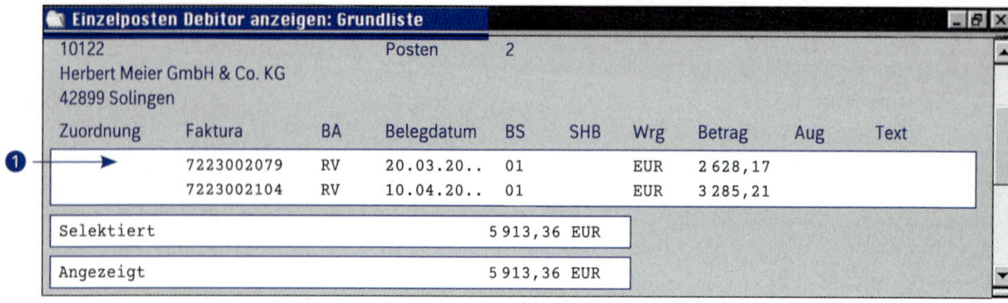
Einzelposten Debitor anzeigen: Grundliste

10122 Posten 2
Herbert Meier GmbH & Co. KG
42899 Solingen

Zuordnung	Faktura	BA	Belegdatum	BS	SHB	Wrg	Betrag	Aug	Text
❶ →	7223002079	RV	20.03.20..	01		EUR	2 628,17		
	7223002104	RV	10.04.20..	01		EUR	3 285,21		

Selektiert 5 913,36 EUR
Angezeigt 5 913,36 EUR

- Der Sachbearbeiter vergleicht die Daten des Überweisungseingangs mit den gespeicherten Kundendaten. Wenn nötig, nimmt er Korrekturen vor.
- Zwecks Prüfung der Zahlungsbedingungen klickt er die Zeile des entsprechenden Rechnungspostens (❶) an. Nun werden alle Vertriebsdaten des Käufers angezeigt.
- Stimmen die Daten überein, kann die Buchung erfolgen. Dazu werden eingegeben: Datum des Überweisungseingangsbelegs, Buchungsdatum, eigenes Zahlungsmittelkonto (2800 Bank), Debitorenkonto (hier: 10122), Zahlungsbetrag. Dem Sachbearbeiter werden noch einmal alle nicht gebuchten Zahlungseingänge des Kunden gezeigt. Er klickt den zu buchenden Überweisungseingang an. Das System zeigt eine Buchungssimulation (Buchungsvorschlag) an. Ist sie in Ordnung, erfolgt die Buchung.

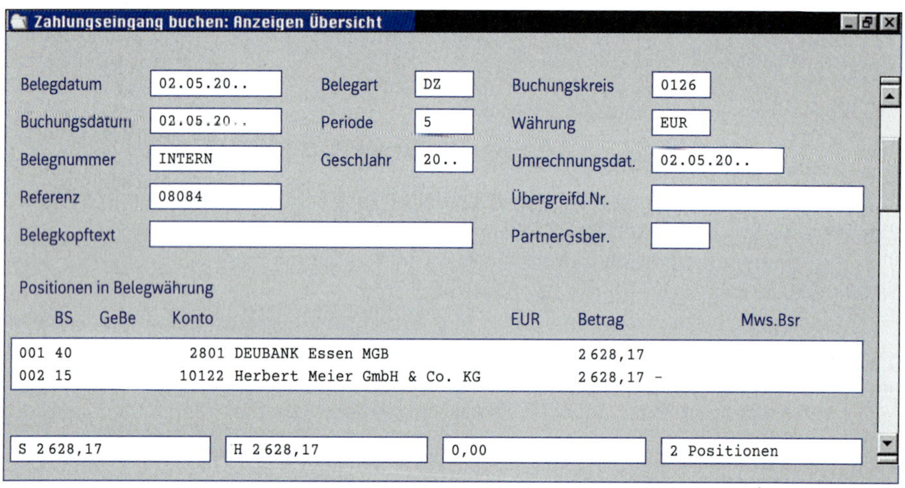
Zahlungseingang buchen: Anzeigen Übersicht

Belegdatum 02.05.20.. Belegart DZ Buchungskreis 0126
Buchungsdatum 02.05.20.. Periode 5 Währung EUR
Belegnummer INTERN GeschJahr 20.. Umrechnungsdat. 02.05.20..
Referenz 08084 Übergreifd.Nr.
Belegkopftext PartnerGsber.

Positionen in Belegwährung

BS	GeBe	Konto	EUR	Betrag	Mws.Bsr
001	40	2801 DEUBANK Essen MGB		2 628,17	
002	15	10122 Herbert Meier GmbH & Co. KG		2 628,17 -	

S 2 628,17 H 2 628,17 0,00 2 Positionen

Prozessname: Prüfen und Buchen des Zahlungseingangs
Von der Prüfung des Überweisungseingangs bis zum Buchen der Debitorenrechnung

Prozessinputs:	**Inputlieferanten:**	**Prozessoutputs:**	**Outputkunden:**
Überweisungs-eingang ←	Kreditinstitut	Buchung →	Debitorenbuchhaltung

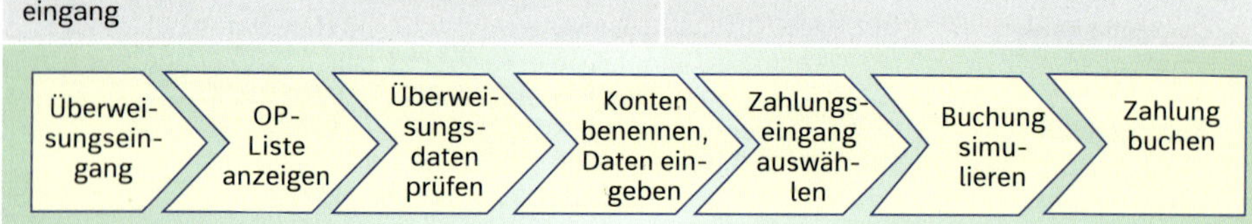

10.9.3 Mahnlauf

Siehe hierzu auch die Präsentation Mahnlauf. M 559

Das System erstellt Mahnlisten der fälligen und nicht bezahlten Rechnungen. Zusätzlich können weitere Analysen (z. B. Kontoanalysen, Alarmreports, Fälligkeitsraster zur Beurteilung nicht eingehaltener Zahlungstermine) erstellt und ausgegeben werden.

- Der Sachbearbeiter legt fest, für welche Debitoren und welchen Zeitraum die Mahnliste erstellt werden soll. Dazu gibt er die betreffenden Debitorennummern (von ... bis) und das Stichdatum ein.
- Das System erstellt automatisch einen ersten Mahnlistenvorschlag.
- Der Sachbearbeiter überprüft die vorgeschlagenen Mahnstufen. Ist er mit einer Mahnstufe nicht einverstanden, kann er sie durch eine andere ersetzen.
- Nach Durchsicht aller Debitoren wird die endgültige Mahnliste erstellt.

MGB		**Mahnliste zum 03.07. ...**		Zeit: 14:17:22		Datum: 03.07. ...	Seite 1
Konto	Beleg-Nummer	Referenz-nummer	Buchungs-datum	Fälligkeits-datum	Verzugs-tage	Betrag in EUR	Mahn-stufe
10090	EMTEC ELECTRONICS GmbH, 67001 Ludwigshafen						
	26079	6122038502	30.04. ...	30.05. ...	34	2 390,00	2
	14022	7235039000	02.05. ...	22.06. ...	11	1 000,00	1
						3 390,00	
10099							

- Das System druckt die Mahnung aus.
  In der ersten Mahnung wird der Schuldner höflich an die fällige Zahlung erinnert. (Zwar will der Verkäufer sein Geld haben, nicht aber den Kunden verlieren!)

Mahn-Stufen	Vorgehen	
0	Keine Mahnung	
1	Erste Mahnung	(evtl. „Erinnerung“)
2	Zweite Mahnung	(Zahlungsfrist angeben!)
3	Dritte Mahnung	(als Einschreiben!)
4	Einzug der Forderung	(Inkassoinstitut beauftragen!)

  Spätestens in der dritten Mahnung droht man den Einzug der Forderung an. Gewerbliche Auskunfteien („Creditreform“, Schimmelpfeng“, „Bürgel“ usw.) unterhalten z. B. Inkassoinstitute.

Inkassoinstitute sind gefürchtet: Zwar können sie die Zahlung nicht erzwingen, aber die schlechte Zahlungsmoral des Schuldners bekannt machen.

Beispiele: Mahnungen

10. Juni 20..

Erinnerung

Sehr geehrte Damen und Herren,

über Ihren Auftrag haben wir uns sehr gefreut. Sicherlich waren Sie mit unserer Leistung zufrieden.

Dürfen wir Sie daran erinnern, nunmehr die fällige

Rechnung Nr. 6122038502 vom 30.04. über 2 390,00 EUR

zu begleichen?

Mit freundlicher Empfehlung

3. Juli 20..

Zweite Mahnung

Sehr geehrte Damen und Herren,

mit unserem Schreiben vom 10. Juni 20.. haben wir Sie an unsere offenstehende Rechnung Nr. 6122038502 erinnert. Bisher ist Ihre Zahlung jedoch nicht bei uns eingegangen.

Bitte bedenken Sie, dass auch wir unseren Verpflichtungen pünktlich nachkommen müssen.

Wir bitten Sie, den Betrag von 2 390,00 EUR bis zum 20. Juli 20.. zu überweisen

Mit freundlichen Grüßen

25. Juli 20..

Dritte und letzte Mahnung

Trotz Erinnerungsschreibens und zweiter Mahnung haben Sie unsere

Rechnung Nr. 6122038502 vom 30.04.

nicht beglichen.

Wir können nicht länger warten und bitten um Ihre Zahlung bis spätestens zum 5. August 20..

Rechnungsbetrag	2 390,00 EUR
Mahngebühr	30,00 EUR
11,5 % Verzugszinsen vom 31.05.–05.08.20..	50,45 EUR
	2470,45 EUR

Nach Ablauf dieses Termins werden wir einen Mahnbescheid beantragen oder Klage erheben.

Hinweis: Berechnung der Zinstage kalendergenau bei 365 Zinstagen im Jahr. Dieses Vorgehen setzt sich in der Praxis bei Verzugszinsen immer mehr durch.

Durch die Forderungsüberwachung und geeignete Maßnahmen zum Eintreiben der Forderungen trägt das Debitorenmanagement wesentlich dazu bei, dass der Betrieb zahlungsfähig bleibt, keine unnötigen Kredite aufnehmen muss und nicht durch Forderungsverjährung oder Kundeninsolvenz Verluste erleidet.

Prozessname: Mahnlauf
Vom Start des Mahnlaufs bis zum Mahnschreiben

Prozessinputs:		Inputlieferanten:	Prozessoutputs:		Outputkunden:
Forderungsdaten	←	Debitorenbuchhaltung	Mahnliste	→	Debitorenbuchhaltung
			Mahnschreiben	→	Kunden

Mahnlauf starten → Debitoren auswählen, Stichdatum eingeben → vorläufige Mahnliste erstellen → Mahnliste bearbeiten → Endgültiger Lauf → Mahnungen drucken

10.9.4 Zahlungsverzug

Wenn die Zahlung fällig ist, der Käufer nicht zahlt und der Verkäufer die Zahlung angemahnt hat, gerät der Käufer mit dem Erhalt der Mahnung in Zahlungsverzug (§ 286 BGB). Als Mahnung gilt auch die Zustellung eines Mahnbescheids sowie die Klageerhebung vor Gericht.

Der Zahlungsverzug ist der Schuldnerverzug des Käufers (Geldschuldners).

Der Verzug tritt auch ohne Mahnung ein, wenn
- der Zahlungstag nach dem Kalender bestimmt ist oder sich von einem vorausgehenden Ereignis an nach dem Kalender bestimmen lässt (z. B. „Zahlung 14 Tage nach Lieferung"),
- der Käufer die Zahlung ernsthaft und endgültig verweigert,
- der Käufer eine Rechnung oder gleichwertige Zahlungsaufstellung erhalten hat und dann nicht binnen 30 Tagen nach Fälligkeit zahlt.
  Ist der Zeitpunkt des Rechnungszugangs unsicher, tritt der Verzug bei Nicht-Verbrauchern 30 Tage nach Fälligkeit und Empfang der Gegenleistung (Kaufsache) ein.

Der Käufer gerät allerdings nicht in Verzug,
- solange die Zahlung infolge eines Umstandes unterbleibt, den er nicht verschuldet hat (§ 286 Abs. 4 BGB; Beweispflicht liegt beim Käufer),
- wenn er berechtigte Einreden hat (z. B. Verjährung, Stundung) oder ein Zurückbehaltungsrecht geltend macht (z. B. wegen Warenmängeln).

Rechte des Verkäufers bei Zahlungsverzug

Entweder:
- **Auf Zahlung bestehen und Schadensersatz wegen der Zahlungsverzögerung verlangen** (§ 280 BGB), z. B. Mahnkosten, eigene Kreditzinsen
- **Zusätzlich bis zur Zahlung die Lieferung der Kaufsache verweigern** (§ 273 BGB) (wenn Vorauszahlung vereinbart war)

Oder stattdessen:

Eine angemessene Nachfrist setzen. Nach erfolglosem Ablauf:
- **vom Kaufvertrag zurücktreten** (§ 323 BGB) Die gelieferte Ware ist zurückzugeben.
- **zusätzlich Schadensersatz statt der Zahlung verlangen** (§§ 281, 325 BGB): z. B. Mahnkosten, eigene Kreditzinsen, entgangener Gewinn

Nach Ablauf einer Nachfrist vom Vertrag zurücktreten (ohne Schadensersatz) kann der Verkäufer auch, wenn der Käufer die Verzögerung nicht verschuldet hat (§ 323 BGB).

Das Setzen einer Nachfrist ist entbehrlich (§§ 281, 323 BGB), wenn
- der Käufer die Zahlung ernsthaft und endgültig verweigert,
- besondere Umstände den sofortigen Rücktritt rechtfertigen.

Eine Geldschuld ist während des Verzugs zu verzinsen (sog. **Verzugszinsen**, § 288 BGB). Die Höhe des Zinssatzes kann vereinbart werden. Ohne Vereinbarung beträgt sie
- 5 Prozentpunkte über dem **Basiszinssatz**, wenn ein Verbraucher am Geschäft beteiligt ist,
- ansonsten 9 Prozentpunkte über dem BZS.

> Der **Basiszinssatz** ist im BGB festgelegt. Er beträgt laut § 247 BGB 3,62 % und verändert sich jährlich zum 01.01. und 01.07. um die Prozentpunkte, um die seine Bezugsgröße seit der letzten Veränderung des Basiszinssatzes gestiegen/gefallen ist. (Bezugsgröße ist der Mindestbietungssatz der EZB vor dem ersten Kalendertag des betreffenden Halbjahrs. Einzelheiten siehe Band 2, *Wirtschafts- und Sozialprozesse.)* Aktueller BZS (seit 01.01.2018): –0,88 %.

Kaufleute können bei zweiseitigen Handelsgeschäften schon vom Fälligkeitstag an bis zum Eintritt des Verzugs 5 % Zinsen fordern (§§ 352, 353 HGB).

Der Gläubiger einer Entgeltforderung hat bei Verzug des Schuldners, der kein Verbraucher ist, außerdem einen Anspruch auf Zahlung einer Pauschale in Höhe von 40,00 EUR (§ 288 Abs. 5 BGB).

10.9.5 Gerichtliches Mahnverfahren

Zahlt der Schuldner trotz Mahnungen nicht, kann der Gläubiger ihn durch das Gericht mahnen lassen. Das gerichtliche Mahnverfahren erfolgt mit einem **Mahnbescheid**. Der Gläubiger richtet ihn an das im jeweiligen Bundesland für das Mahnverfahren zuständige zentrale Amtsgericht (in Nordrhein-Westfalen die Amtsgerichte Hagen und Euskirchen). Das Gericht stellt dem Schuldner den Mahnbescheid zu. Es prüft aber nicht den Sachverhalt! Der weitere Ablauf des Verfahrens ist in der folgenden Grafik dargestellt.

Web M 562

Sehen Sie sich den Ablauf in der Präsentation *Gerichtliches Mahnverfahren* an.

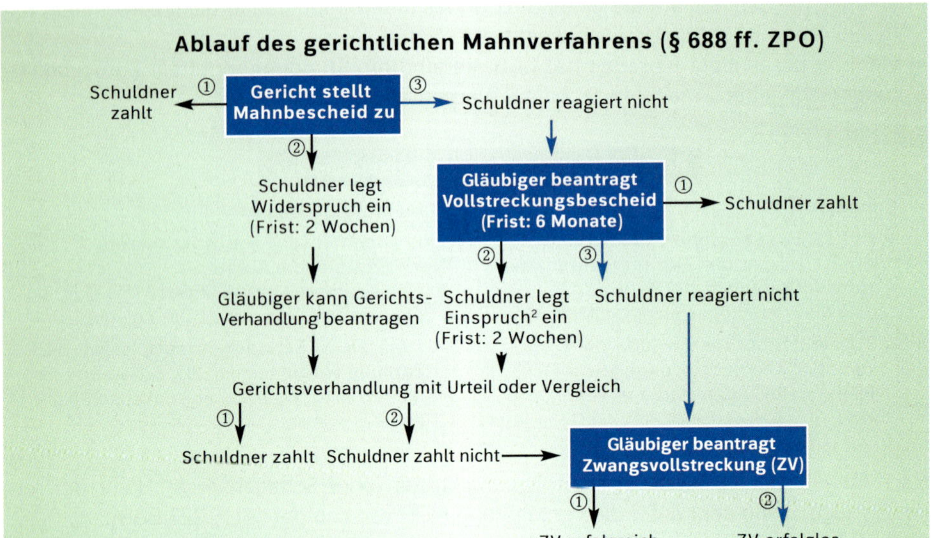

[1] Bis zu einem Streitwert von 5 000,00 EUR ist das Amtsgericht, darüber hinaus das Landgericht zuständig (§ 23 GVG).

[2] Der Vollstreckungsbescheid ist vorläufig vollstreckbar. Der Schuldner kann gegen Sicherheitsleistung mit dem Einspruch die Aussetzung bis zur Entscheidung über den Einspruch beantragen.

Wenn der Schuldner die eidesstattliche Versicherung verweigert, kann der Gläubiger ihn sogar in Haft nehmen lassen: bis zu sechs Monate allerdings auf eigene Kosten!

Der Vollstreckungsbeamte nimmt bei der **Zwangsvollstreckung** (§§ 704 ff., 803 ff. ZPO) Geld, Schmuck und Kostbarkeiten als Faustpfand in Besitz. Andere Gegenstände beschlagnahmt er durch Aufkleben von Pfandsiegelmarken. (Persönliche und dem Haushalt und der Erwerbstätigkeit dienende Gegenstände sind nicht pfändbar, z. B. Kleidung, Betten, Küchengeräte, Handwerkszeug.) Die gepfändeten Gegenstände werden versteigert. Auch Forderungen (z. B. Lohn-, Gehalts-, Mietforderungen) werden gepfändet. Sie dürfen dann nicht an den Schuldner ausgezahlt werden, sondern sind dem Gläubiger zu überweisen. Auch hier sind bestimmte Beträge unpfändbar.

Bei Grundstücken erfolgt die Zwangsvollstreckung durch Zwangsversteigerung, Zwangsverwaltung oder Eintragung einer Sicherungshypothek ins Grundbuch.

10.9.6 Klageverfahren

Siehe auch die Präsentation *Zivilprozess*.

M 563

Der Gläubiger kann den säumigen Schuldner auch im Zivilprozess auf Zahlung verklagen. Bei Klagen bis 5 000,00 EUR ist das Amtsgericht, darüber hinaus das Landgericht zuständig (§ 23 GVG). Bis 750,00 EUR Streitwert muss vorher eine außergerichtliche Schlichtung durch einen gerichtlich vereidigten Schlichter versucht werden (§ 15a EGZPO).

Zur vorbereitenden Klärung der Verhältnisse setzt der Richter einen frühen ersten Termin an oder veranlasst ein schriftliches **Vorverfahren**. In einer **Güteverhandlung** lotet er die Möglichkeit einer gütlichen Einigung aus. Ist dieser Versuch erfolglos, kommt es zur **Hauptverhandlung**. Diese soll den Sachverhalt klären durch

- Vortragen der Standpunkte,
- Beweismittel (Zeugenaussagen, Gutachten, Urkunden, Augenschein).

Die Parteien können einen **Vergleich** schließen oder der Richter spricht ein streitiges **Urteil**. Erscheint der Beklagte nicht zum Termin, so verurteilt das Gericht ihn gemäß Antrag des Klägers (Versäumnisurteil). Erscheint der Kläger nicht, so weist das Gericht (ebenfalls mit einem Versäumnisurteil) auf Antrag des Beklagten die Klage ab.

Prozesse sind risikobehaftet und können sehr teuer werden. Die unterlegene Partei muss alle Kosten tragen (Prozess-, Beweisaufnahme-, Urteils-, Sachverständigen-, Anwaltsgebühren, Auslagen für Zeugen und Sachverständige). Kann der unterliegende Beklagte nicht zahlen, hält sich das Gericht an den Kläger. Deshalb ist oft eine außergerichtliche Einigung vernünftiger.

Arbeitsaufträge

1. **Die AKZO CHEMICALS GmbH erhält von ihrer Bank folgenden Überweisungseingang:**

Deutsche Bank	**ÜBERWEISUNGSEINGANG**	**Beleg-Datum:** 26.02.20..
Empfänger:	AKZO CHEMICALS GmbH 45013 Essen **IBAN:** DE41 3607 0050 0816 6688 00 **BIC:** DEUTDEDEXXX	
Auftraggeber:	Hans Bauchgraf OHG **IBAN:** DE04 5848 0010 0000 2440 45 **BIC:** SOLADES1SUW	
Verwendungszweck:	**Re.-Nr.** 62716659 **vom** 14.02.20.. **Kd.-Nr.:** 10037 **Betrag EUR:** 4 200,00 **Sk. EUR** 126,00	

   a) Welche Tätigkeiten löst der Überweisungseingang im Debitorenmanagement aus?
   b) Berechnen Sie den Skontoprozentsatz. Formulieren Sie eine Zahlungsbedingung, die dem Skontoabzug zugrunde liegen könnte.
   c) Bewirkt die Zahlung unter Abzug von Skonto eine Dateneingabe, die von der Zahlung ohne Skontoabzug abweicht?
   d) Formulieren Sie den Buchungssatz für die Buchung der Zahlung.

2. **Ihr Ausbildungsbetrieb verfügt über ein EDV-gestütztes Debitorenmanagement.**
   a) Erstellen Sie eine ereignisgesteuerte Prozesskette für das Prüfen und Buchen von Überweisungseingängen.
   b) Erstellen Sie mithilfe eines Präsentationsprogramms eine Benutzeranleitung für diesen Subprozess des Debitorenmanagements. Die Anleitung soll die zur Veranschaulichung der Prozessschritte notwendigen Screenshots enthalten.

3. **Betrachten Sie den Geschäftsfall in Auftrag 1 auf Seite 301 ff. Die Pelzer GmbH & Co. KG. hat die bestellten Hubtische am 18. Juni an die Maschinenfabrik Klemm GmbH geliefert. Rechnungsdatum ist der 18. Juni. Am 25. Juli ist die Zahlung noch nicht bei Pelzer eingegangen.**
   a) Wann hätte die Zahlung eingehen müssen?
   b) Ist Klemm am 25. Juli bereits in Zahlungsverzug?
   c) Fertigen Sie eine unterschriftsreife 1. Mahnung („Erinnerung") an.
   d) Klemm zahlt trotz zweier Mahnungen nicht. Fertigen Sie eine unterschriftsreife „letzte Mahnung" an. Benutzen Sie für die Briefe ein Textverarbeitungsprogramm.
   e) Bei welchem Gericht muss Pelzer Klemm auf Zahlung verklagen?
   f) Wie wird Pelzer vor Gericht die Forderung beweisen?
   g) Schildern Sie den Ablauf des Klageverfahrens Pelzer GmbH & Co. KG gegen Maschinenfabrik Klemm GmbH.

4. Betrachten Sie den abgebildeten Antrag auf Erlass eines Mahnbescheids.

a) Auf wessen Antrag ergeht der Mahnbescheid und gegen wen ist er gerichtet?
b) Welche Forderungen werden geltend gemacht?
c) Welches Gericht ist für den Mahnbescheid zuständig?
d) Auf welche Arten kann der Schuldner auf den Mahnbescheid reagieren? Erläutern Sie, wie das Verfahren dann jeweils fortgesetzt werden kann.
e) Welches Gericht wäre bei einem Widerspruch auf den Mahnbescheid (bzw. bei einem Einspruch auf den Vollstreckungsbescheid) zuständig?
f) Welche Möglichkeit verbleibt dem Gläubiger bei erfolgloser Pfändung des Schuldners?

Raum für Vermerke des Gerichts

Antrag auf Erlass eines Mahnbescheids

– Nicht verwendbar für Rechtsanwälte und registrierte Inkassodienstleister –

Zeilen-Nummer

Datum des Antrags: ..-10-29 C

Bitte beachten Sie die Ausfüllhinweise!

Antragsteller

Bei mehreren Antragstellern: Es wird versichert, dass der in Spalte 1 Bezeichnete bevollmächtigt ist, die weiteren zu vertreten.

Spalte 1 – 1 = Herr, 2 = Frau
Vorname
Nachname
Straße, Hausnummer – bitte kein Postfach! –
Postleitzahl | Ort | Ausl. Kz.

Spalte 2 – Weiterer Antragsteller – 1 = Herr, 2 = Frau
Vorname
Nachname
Straße, Hausnummer – bitte kein Postfach! –
Postleitzahl | Ort | Ausl. Kz.

Spalte 3 – Nur Firma, juristische Person u. dgl. als Antragsteller
3 = nur Einzelfirma 4 = nur GmbH u. Co KG **sonst Rechtsform:**
Rechtsform, z. B. GmbH, AG, OHG, KG: AG
Vollständige Bezeichnung: Dausenauer Glas AG
Fortsetzung von Zeile 9: Glashütte
Straße, Hausnummer – bitte kein Postfach! –: Röderweg 3
Postleitzahl: 56132 Ort: Dausenau Ausl. Kz.

Gesetzlicher Vertreter
3 ◀ Nr. der Spalte, in der der Vertretene bezeichnet ist
Stellung (z. B. Geschäftsführer, Vater, Mutter, Vormund): Vorstand
Vor- und Nachname: Albert Hein
Straße, Hausnummer – bitte kein Postfach! –: Römerstr. 16
Postleitzahl: 56132 Ort: Dausenau Ausl. Kz.

Gesetzlicher Vertreter (auch weiterer)
◀ Nr. der Spalte, in der der Vertretene bezeichnet ist
Stellung
Vor- und Nachname
Straße, Hausnummer – bitte kein Postfach! –
Postleitzahl | Ort | Ausl. Kz.

Antragsgegner

Falls der Antragsgegner unter das Zusatzabkommen zum NATO-Truppenstatut fällt, bitte Ausfüllhinweise beachten.

◁ Antragsgegner sind Gesamtschuldner

Spalte 1 – 1 = Herr, 2 = Frau
Vorname
Nachname
Straße, Hausnummer – bitte kein Postfach! –
Postleitzahl | Ort | Ausl. Kz.

Spalte 2 – Weiterer Antragsgegner – 1 = Herr, 2 = Frau
Vorname
Nachname
Straße, Hausnummer – bitte kein Postfach! –
Postleitzahl | Ort | Ausl. Kz.

Spalte 3 – Nur Firma, juristische Person u. dgl. als Antragsgegner
3 = nur Einzelfirma 4 = nur GmbH u. Co KG **sonst Rechtsform:**
Rechtsform, z. B. GmbH, AG, OHG, KG: KG
Vollständige Bezeichnung: Walter Diekers KG
Fortsetzung von Zeile 24: Spirituosenfabrik
Straße, Hausnummer – bitte kein Postfach! –: Nordstr. 11
Postleitzahl: 40477 Ort: Düsseldorf Ausl. Kz.

Gesetzlicher Vertreter
3 ◀ Nr. der Spalte, in der der Vertretene bezeichnet ist
Stellung (z. B. Geschäftsführer, Vater, Mutter, Vormund): Komplementär
Vor- und Nachname: Walter Diekers
Straße, Hausnummer – bitte kein Postfach! –: Oderstr. 1
Postleitzahl: 40231 Ort: Düsseldorf Ausl. Kz.

Gesetzlicher Vertreter (auch weiterer)
◀ Nr. der Spalte, in der der Vertretene bezeichnet ist
Stellung
Vor- und Nachname
Straße, Hausnummer – bitte kein Postfach! –
Postleitzahl | Ort | Ausl. Kz.

ZP 44 - Antrag auf Erlass eines Mahnbescheids für maschinelle Bearbeitung – Hagen – gen. 08.2010 Justizvollzugsanstalt Bochum

Fassung 01. 06. 2010

Bitte die nächste Vordruckseite beachten!

FÜNFTER ABSCHNITT

Bezeichnung des Anspruchs

I. Hauptforderung – siehe Katalog in den Hinweisen –

Katalog-Nr.	Rechnung/Aufstellung/Vertrag oder ähnliche Bezeichnung	Nr. der Rechng./des Kontos u. dgl.	Datum bzw. Zeitraum (TT.MM.JJ) vom	bis	Betrag EUR
43	Rechnung	5756	13.08.20..		2.390,00

Postleitzahl | Ort als Zusatz bei Katalog-Nr. 17, 19, 20, 90 | Ausl. Kz. | Vertragsart als Zusatz bei Katalog-Nr. 28 -Vertrag

Sonstiger Anspruch – nur ausfüllen, wenn im Katalog nicht vorhanden – mit Vertrags-/Lieferdatum/Zeitraum vom ... bis ...

Fortsetzung von Zeile 36 | vom | bis | Betrag EUR

Nur bei Abtretung oder Forderungsübergang:
Früherer Gläubiger – Vor- und Nachname, Firma (Kurzbezeichnung) | Datum | Seit diesem Datum ist die Forderung an den Antragsteller abgetreten/auf ihn übergegangen. | Postleitzahl | Ort | Ausl. Kz.

IIa. Laufende Zinsen

Zeilen-Nr. der Hauptforderung	Zinssatz %	oder %-Punkte über Basiszinssatz	1 = jährl. 2 = mtl. 3 = tägl.	Betrag EUR nur angeben, wenn abweichend vom Hauptforderungsbetrag.	Ab Zustellung des Mahnbescheids, wenn kein Datum angegeben. ab oder vom	bis
32	8				13.09.20..	

IIb. Ausgerechnete Zinsen
Gemäß dem Antragsgegner mitgeteilter Berechnung für die Zeit vom | bis | Betrag EUR

III. Auslagen des Antragstellers für dieses Verfahren

Vordruck/Porto Betrag EUR	Sonstige Auslagen Betrag EUR	Bezeichnung
2,00		

IV. Andere Nebenforderungen

Mahnkosten Betrag EUR	Auskünfte Betrag EUR	Bankrücklastkosten Betrag EUR	Inkassokosten Betrag EUR	Anwaltsvergütung für vorgerichtl. Tätigkeit Betrag EUR	Sonstige Nebenforderung Betrag EUR	Bezeichnung
60,00						

Ein streitiges Verfahren wäre durchzuführen vor dem
1 = Amtsgericht, 2 = Landgericht, 3 = Landgericht – KfH, 8 = Amtsgericht – Familiengericht, 6 = Sozialgericht

1 ◀ in Postleitzahl 40477 Ort Düsseldorf

X ◁ Im Falle eines Widerspruchs beantrage ich die Durchführung des streitigen Verfahrens.

Prozessbevollmächtigter des Antragstellers

Ordnungsgemäße Bevollmächtigung versichere ich.

4 ◀ 3 = Rechtsbeistand, 4 = Herr, Frau, 9 = Verbraucherzentrale, -verband

Betrag EUR – Bei Rechtsbeistand: Anstelle der Auslagenpauschale (Nr. 7002 VV RVG) werden die nebenstehenden Auslagen verlangt, deren Richtigkeit versichert wird.

◁ Der Antragsteller ist nicht zum Vorsteuerabzug berechtigt.

Vor- und Nachname/Bezeichnung: Peter Reichel / Rechtsanwalt

Straße, Hausnummer – bitte kein Postfach! –: Bachstr. 2

Postleitzahl: 56132 Ort: Dausenau Ausl. Kz.

IBAN oder: Bankleitzahl, Konto-Nr.: DE51360100508228354600

BIC (Bank Identifier Code): PBNKDEFF

Von Kreditgebern (auch Zessionar) zusätzlich zu machende Angaben bei Anspruch aus Verbraucherdarlehensvertrag (§§ 491 ff BGB):

Zeilen-Nr. der Hauptforderung	Vertragsdatum	Effektiver Jahreszins	Zeilen-Nr. der Hauptforderung	Vertragsdatum	Effektiver Jahreszins	Zeilen-Nr. der Hauptforderung	Vertragsdatum	Effektiver Jahreszins

Geschäftszeichen des Antragstellers/Prozessbevollmächtigten

An das
Amtsgericht Mayen
- Mahnabteilung -

56723 Mayen
Postleitzahl, Ort

Ich erkläre, dass der Anspruch von einer Gegenleistung abhängt, die bereits erbracht wurde oder nicht von einer Gegenleistung abhängt.
Ich beantrage, einen Mahnbescheid zu erlassen und in diesen die Kosten des Verfahrens aufzunehmen.

Unterschrift des Antragstellers/Vertreters/Prozessbevollmächtigten

Peter Reichel

Fassung 01.06.2010

5. Betrachten Sie noch einmal die Bestellung der Elegius GmbH auf Seite 314. Elegius hat bis zum 15 Okt. noch nicht bezahlt und zahlt auch trotz mehrerer Mahnungen nicht.
Besorgen Sie sich das Formular eines Mahnbescheids und füllen Sie dieses aus.

10.9.7 Verjährung von Forderungen

Wer Forderungen hat, muss sich darum kümmern. Die Gerichte gewähren ihre Hilfe nur eine bestimmte Zeit. Danach verjährt die Forderung. Das bedeutet:

Die Forderung besteht weiter. Der Schuldner hat jedoch ein Leistungsverweigerungsrecht (§ 214 BGB). Der Gläubiger kann den Schuldner nach Ablauf der Verjährungsfrist nicht mehr gerichtlich zur Leistung zwingen.

Trotz Verjährung erbrachte Leistungen kann der Schuldner aber nicht zurückfordern.

Ein Pfand kann der Gläubiger nach der Verjährung noch durch Versteigerung verwerten.

Vorteile der Verjährung:
- Quittungen müssen nur begrenzte Zeit aufbewahrt werden.
- Der Gläubiger wird zur Ordnung und zur Überwachung der Forderungen gezwungen.
- Die Rechtssicherheit wird erhöht.

Wichtige Verjährungsfristen für vertragliche Ansprüche nach BGB	
Die **regelmäßige Verjährungsfrist** gilt für alle Ansprüche, für die keine anderen Fristen festgelegt sind (u. a. für die Ansprüche auf Lieferung, Zahlung, Abnahme aus dem Kaufvertrag und anderen Verträgen).	**3 Jahre** (§ 195) ab Schluss des Jahres, in dem 1. der Anspruch fällig ist und 2. der Gläubiger von den anspruchsbegründenden Umständen und der Person des Schuldners **Kenntnis** hat oder ohne grobe Fahrlässigkeit erlangen muss (§ 199);
Besondere Verjährungsfristen gelten für • Schadensersatzansprüche	**10 Jahre** ab Entstehung des Anspruchs bzw. **30 Jahre** ab schadensauslösendem Ereignis. Maßgeblich ist die früher endende Frist (§ 199).
• Herausgabeansprüche • rechtskräftig festgestellte Ansprüche (z. B. aufgrund von Vollstreckungsbescheid, Urteil, gerichtlichem Vergleich) • Ansprüche aus vollstreckbaren Titeln, Vergleichen, Insolvenzverfahren	**30 Jahre** (§ 197) ab Fälligkeit des Anspruchs (§ 200); ab Rechtskraft der Entscheidung, Errichtung des Titels, Feststellung im Verfahren (§ 201)
• Ansprüche aus Mängeln an Bauwerken und Sachen, die für ein Bauwerk verwendet werden und dessen Mangelhaftigkeit verursachen	**5 Jahre** ab Grundstücksübergabe bzw. Ablieferung der Sache (§ 438) oder Abnahme des Werkes (§ 634a)
• Ansprüche aus anderen Mängeln (Mängel an Kaufsachen und Werken aus Werkverträgen) (Ausnahme: Für arglistig verschwiegene Mängel gilt die regelmäßige Verjahrungsfrist)	**2 Jahre** ab Ablieferung der Sache (§ 438) oder Abnahme des Werkes (§ 634a)

Daneben gibt es weitere spezielle Verjährungsfristen (z. B. 5 Jahre für Steuerschulden).

Vertragspartner können die Verjährungsfristen auch vertraglich vereinbaren, aber nicht über 30 Jahre hinaus verlängern. Nicht verkürzt werden können die Gewährleistungsfristen beim Verbrauchsgüterkauf (§ 476 Abs. 2 BGB; vgl. S. 318).

Die Verjährung wird durch Neubeginn und Hemmung hinausgeschoben.

Neubeginn und Hemmung der Verjährung

Neubeginn der Verjährung (§ 212 BGB)

Die Verjährung beginnt erneut, wenn

1. der Schuldner den Anspruch durch Abschlagszahlung, Zinszahlung, Sicherheitsleistung oder in anderer Weise anerkennt oder
2. eine gerichtliche oder behördliche Vollstreckungshandlung vorgenommen oder beantragt wird.

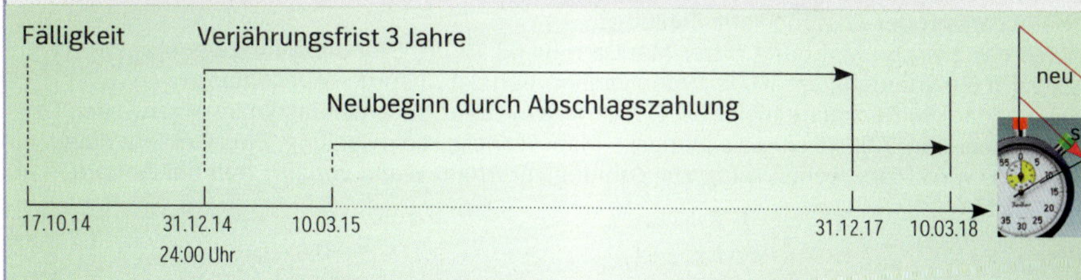

Hemmung der Verjährung

1. solange, wie Schuldner und Gläubiger über den Anspruch verhandeln, bis eine Partei die Verhandlungen verweigert. Die Verjährung tritt frühestens drei Monate nach dem Ende der Hemmung ein (§ 203 BGB),
2. während der Zeit der Rechtsverfolgung, z.B. durch Klageerhebung, Zustellung des Mahnbescheids, Anspruchsanmeldung im Insolvenzverfahren (§ 204 BGB). Die Hemmung endet sechs Monate nach der rechtskräftigen Entscheidung oder – bei Stillstand des Verfahrens – der letzten Verfahrenshandlung,
3. solange der Schuldner aufgrund einer Vereinbarung mit dem Gläubiger vorübergehend die Leistung verweigern darf (§ 205 BGB),
4. solange der Gläubiger innerhalb der letzten sechs Monate der Verjährungsfrist durch höhere Gewalt an der Rechtsverfolgung gehindert ist (§ 206 BGB).

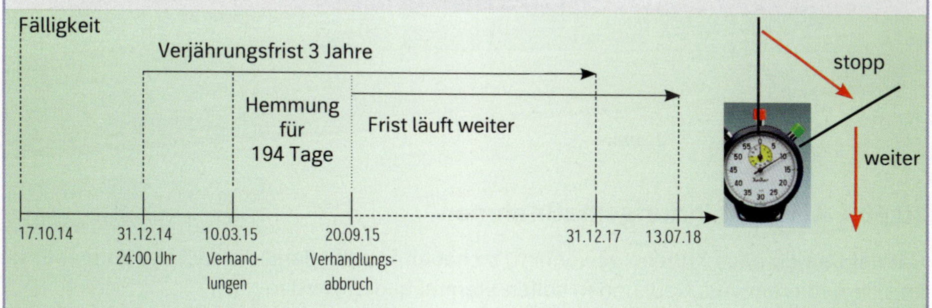

Arbeitsaufträge

1. **Wann verjähren/verjährten folgende Forderungen?**
   a) – Forderung auf Lieferung aus dem Kauf eines Neuwagens; vereinbarter Liefertermin 15.01.15.
   – Forderung auf Zahlung des Kaufpreises; vereinbarter Zahlungstermin = Liefertermin.
   – Schadensersatzforderung wegen Lieferungsverzug; tatsächliche Lieferung am 30.03.15.

   - Alternativ: Forderung auf den Ersatz von Mehraufwendungen wegen Annahmeverzug (Dauer 30 Tage).
   - Alternativ: Schadensersatzforderung wegen Zahlungsverzug; vertraglicher Zahlungstermin 07.09.15.
   - Forderung auf Beseitigung von Mängeln am gelieferten Wagen; Lieferung 30.03.15.
   - Forderung auf Schadensersatz wegen dieser Mängel.
   - Forderung auf Zahlung des Kaufpreises und Schadensersatz gemäß Gerichtsurteil, rechtskräftig am 18.02.16.
   - Forderung auf Schadensersatz wegen Aufbruch und Diebstahl des Wagens am 18.06.15.

b) Forderung auf Neulieferung und Schadensersatz für verzogene Fenster; Vertragsabschluss 06.02.15, Lieferung 15.03.15

c) Forderung auf Schadensersatz wegen eines vom Verkäufer verschwiegenen Unfallschadens eines Gebrauchtwagens; Vertragsabschluss 06.02.15, Lieferung 10.02.15.

2. **Die Peter Marx KG kaufte am 25.11.15 von Otto Zweck e. K. einen Bürocomputer. Die Zahlung sollte binnen 30 Tagen nach Lieferung (Liefertermin 29.11.) erfolgen; sie wurde nicht geleistet.**

a) Wann verjährt der Anspruch auf Zahlung?

b) Nach der zweiten Mahnung bittet Marx am 04.03.16 um Stundung für zwei Monate. Zweck gewährt die Stundung am 10.03. Wann verjährt nun der Anspruch auf Zahlung?

c) Die unerledigte Rechnung bleibt bei Zweck wegen Organisationsmängeln im Mahnwesen lange vergessen. Am 17.02.19 wird sie entdeckt. Marx verweigert die Zahlung. Zweck erhebt Klage. Am 25.07.19 wird Marx rechtskräftig zur Zahlung verurteilt. Wann verjährt nun der Anspruch auf Zahlung?

10.10 Kundenbindung und Serviceprozesse

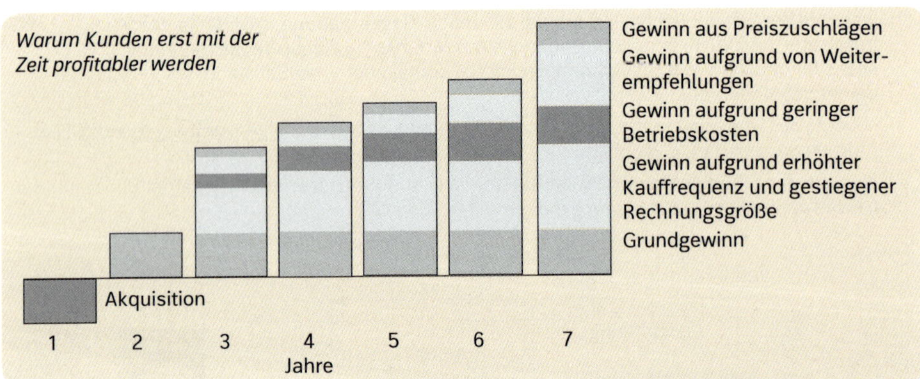

Web

M 568

10.10.1 Kundenbindungsmaßnahmen

Siehe hierzu auch die Präsentation *Kundenbindung*.

Hat der Betrieb neue Kunden gewonnen, so hat er anschließend die wichtige Aufgabe, sie an sich zu binden: Aus Neukunden sollen Stammkunden werden.

Die Kundenbindung umfasst alle Maßnahmen,

- **die verhindern, dass Kunden abwandern;**
- **die kontinuierliche oder vermehrte Wiederholungs- und Folgekäufe bewirken.**

Der Kunde soll dem Betrieb Umsätze bringen. Andererseits verursachen die Kundenbindungsmaßnahmen Kosten. Erfolgreich sind die Maßnahmen vor allem dann, wenn der Quotient **Kundenbindungskosten : Kundenumsatz** im Zeitablauf immer günstiger (d. h. kleiner!) wird.

Die Kunden sind **heterogen**, ihre Ansprüche differieren nach Art und Ausmaß und ändern sich im Zeitablauf. Wie die Produkte unterliegen auch die Kundenbeziehungen einem **Lebenszyklus**: Sie entstehen, wachsen, stagnieren, sterben. In jeder Phase sind die angemessenen Maßnahmen zu treffen mit dem Ziel, **Kundenzufriedenheit** zu erzielen und **Kundenvertrauen** aufzubauen und zu erhalten. Kundenbindungsmaßnahmen sind natürlich besonders wichtig für **„wertige", umsatzstarke Kunden** (Schlüsselkunden, A-Kunden).

Wichtige Kundenbindungsmaßnahmen sind:

- **Innovative Leistungssysteme**
  Leistungssysteme sind ganzheitliche Problemlösungen für den Kunden. Sie sind in Märkten mit zunehmender Auswechselbarkeit von Produkten, wachsenden Ansprüchen mächtiger Kunden und intensivem Preiswettbewerb von größter Bedeutung.
- **Integration in die Wertschöpfungskette**
  Betriebe, die ihre Kunden in Forschung und Entwicklung integrieren, lösen eine vielfältige Kooperation aus. Auch die Vernetzung von Kunde und Lieferant durch das Internet errichtet Wechselbarrieren.

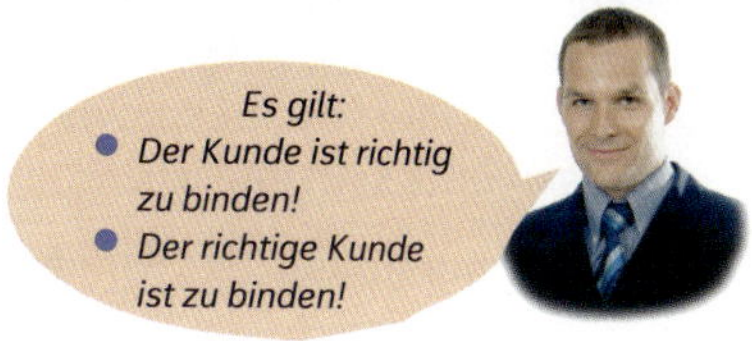

- **Bonusprogramme**
  Bonusprogramme sollen den Kunden für seine Treue belohnen. Für den Industriebetrieb bieten sich z. B. an: Treuerabatte; kostenlose Zusatzleistungen.
- **Kontaktpflege**
  Regelmäßige Kontakte sollen Vertrauen aufbauen und erhalten. Die Kommunikation muss unbedingt die individuellen Belange berücksichtigen und ein Kundenfeedback ermöglichen. Unter den zahlreichen Instrumenten sind v. a. zu nennen:
  Callcenter, Hotlines, Kundenbesuche, persönliche Mailings, Kundenbefragungen, E-Mails, personalisierte Web-Angebote, Anrufe, Kundenclubs, Download-Angebote, Kundenzeitschriften, Events, Chats, Newsletters, Workshops, Kurse, Seminare, Managementinformation, Unternehmensberatung.
- **Serviceleistungen**
  Die genannten Maßnahmen der Kontaktpflege gehören zu den Maßnahmen der Kundenpflege. Diese stellen bekanntlich Serviceleistungen im Betreuungsbereich dar. Kaufmännische und technische Serviceleistungen treten hinzu.

10.10.2 Serviceprozesse

Im Rahmen der Geschäftsprozesse gehört der Kundenserviceprozess zu den grundlegenden Kernprozessen.

Der Serviceprozess betreut die Kunden nach dem Kauf, soll sie bei Schwierigkeiten unterstützen, Produktmängel beseitigen und den dauerhaften Einsatz des Produkts absichern.

Der Serviceprozess unterteilt sich in drei grundlegende Teilprozesse:

- Behebung aktueller Kundenprobleme (z. B. Produktmängel, Ersatzteilversorgung, Reparaturen),
- Durchführung laufender Servicearbeiten (v. a. Wartungsarbeiten),
- Bereitstellung ergänzender Serviceleistungen (z. B. Schulungen des Servicepersonals, Servicedokumentation).

Serviceprozesse werden ausgelöst durch Anforderungen wie Beanstandungen, Fehlermeldungen, Servicecalls, Änderungswünsche. Sie haben die Aufgabe, Lösungen für die zugrunde liegenden Probleme zu realisieren. In einer Clearingstelle werden die Anforderungen gesammelt, nach Priorität (Vorrangigkeit) geordnet, gebündelt. Dann wird die Bearbeitung veranlasst. Wir wollen dies am Beispiel des **Beschwerdemanagements** verdeutlichen.

Beschwerden wollen auf ein Verhalten des Anbieters aufmerksam machen, das als unangemessen angesehen wird. Sie sind auf eine entsprechende Verhaltensänderung und ggf. eine Entschädigung gerichtet. Ziele des Beschwerdemanagements sind folglich:

- Wiederherstellen der Kundenzufriedenheit,
- Minimierung der Negativwirkungen der Kundenunzufriedenheit auf das Unternehmen,
- Nutzung der Beschwerdehinweise für Verbesserungen.

Eine Beschwerde ist jede Äußerung von Unzufriedenheit mit dem Anbieter. Sie kann an den Betrieb gerichtet sein, aber auch bei Dritten (z. B. Medien, Verbraucherzentralen) angebracht werden.

Geschäftsprozess Beschwerdenbearbeitung

Beschwerdenannahme → Beschwerdenbearbeitung → Beschwerdenreaktion → Beschwerdenauswertung → Beschwerdenberichtswesen

Arbeitsaufträge

1. Nachfolgend ist ein typischer Kundenbeziehungs-Lebenszyklus abgebildet.

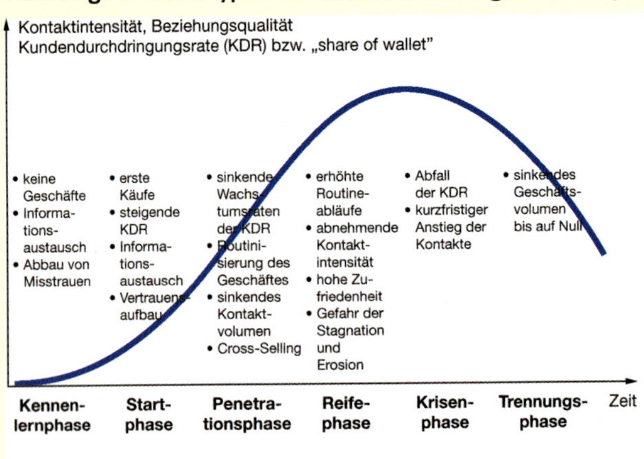

a) Erläutern Sie die Phasen des Lebenszyklus.

b) Geben Sie an, in welchen Phasen Kundenbindungsmaßnahmen angebracht sind und nennen Sie geeignete Maßnahmen.

2. **Die Werbeagentur Publiciti e. K. soll für ihren Auftraggeber im Rahmen des Direct Marketings ein Mailing und einen Flyer über die neue Kundenkarte „Plus-Card“ entwerfen und an 200 000 Haushalte versenden. Folgende Informationen über die Kundenkarte liegen vor:**
   - ***Punkte sammeln beim Einkaufen***
     Überall, wo man den Kundenkarten-Aufkleber sieht, bekommt der Karteninhaber mit der „Plus-Card“ beim Einkaufen Rabatte in der Höhe, die der jeweilige Kundenkarten-Partner festgelegt hat. Diese Ersparnisse sammelt der Karteninhaber in Form von „Plus-Punkten“ auf seiner Karte wie in einer Geldbörse.
   - ***Bezahlen mit Plus-Punkten***
     Die Karte ist wie bares Geld. Denn man kann jeden Plus-Punkt bei allen Kundenkarten-Partnern wieder ausgeben. Zudem erhält der Karteninhaber bei jedem Einkauf mit der „Plus-Card“ eine Übersicht über seinen aktuellen Punktestand.
   - ***Vergünstigungen genießen in der Freizeit***
     Mit der „Plus-Card“ profitiert der Karteninhaber nicht nur von „tollen Einkaufsvorteilen“. Denn zusätzlich erhält er mit seiner „Plus-Card“ auch in allen Freizeiteinrichtungen mit dem Kundenkarten-Aufkleber einen Preisnachlass.

   Entwerfen Sie das Mailing und den Flyer.

3. **Bei der Scharnamm GmbH wurden bisher Kundenreklamationen mehr oder weniger zufällig bearbeitet. Nun soll ein Beschwerdenmanagement aufgebaut werden, das systematisch alle Kundenreklamationen erledigt.**

   Sie erhalten die Aufgabe, den Geschäftsprozess „Prüfung einer Kundenreklamation wegen mangelhafter Lieferung“ mithilfe einer ereignisgesteuerten Prozesskette zu erstellen.

4. **Nach Abschluss der Servicearbeiten an einem Produkt und Prüfung der Funktionstüchtigkeit erfolgt die Übergabe an den Auftraggeber in Form eines Übergabegesprächs. Dieses Gespräch kann in den dargestellten Schritten ablaufen.**

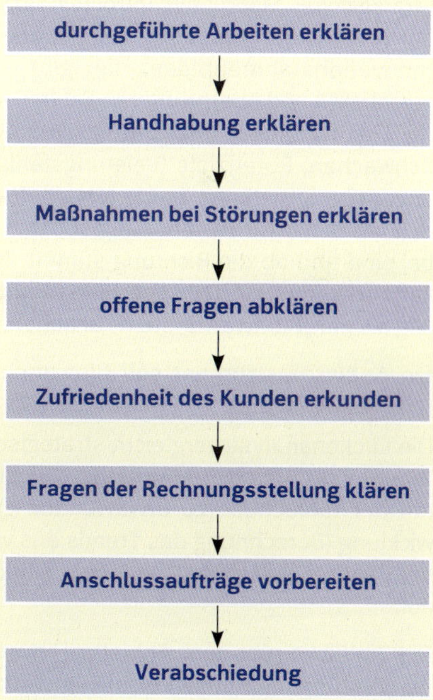

   a) – Bilden Sie vier Arbeitsgruppen in der Klasse.
      – Jede Gruppe bearbeitet zwei Vorgänge des Übergabegesprächs und formuliert mögliche Inhalte dieser Vorgänge.
      – Bestimmen Sie eine geeignete Präsentationstechnik und einen Gruppensprecher, der die Ergebnisse präsentiert.
      – Nach circa 15 Minuten Vorbereitungszeit sollten die Gruppensprecher ihre Ergebnisse der Klasse vorstellen.

   b) Bewerten Sie die Präsentationsergebnisse und machen Sie im Plenum, falls notwendig, Ergänzungen.

   c) In der nächsten Phase der Gruppenarbeit nennen Sie einige Produkte, auf die sich die erarbeiteten Inhalte unmittelbar anwenden lassen. Entscheiden Sie sich für ein Produkt. Innerhalb der Gruppe einigen Sie sich, wer die Rolle des Kunden und die des Servicetechnikers übernehmen soll. Bereiten Sie gemeinsam ein Rollenspiel „Übergabegespräch“ mithilfe von Rollenkarten vor.

   d) Jede Gruppe führt ein Rollenspiel vor. Die anderen Personen notieren während des Rollenspiels ihre Beobachtungen. Nach jedem Rollenspiel wird vorgetragen, was positiv war und was möglicherweise verbessert werden könnte.

11 Marketingcontrolling

Vom Absatz lebt das Unternehmen. Es ist deshalb einsichtig, dass gerade in diesem Bereich Controllingmaßnahmen von größter Bedeutung sind.

Marketingcontrolling unterstützt das Marketingmanagement
- **bei der Entwicklung von Marketingstrategien und -konzeptionen,**
- **bei der Festlegung von langfristigen und kurzfristigen Solldaten.**

Es erstellt Soll-Ist-Vergleiche und Abweichungsanalysen, ermittelt Kennzahlen und erstellt Berichte.

Marketingcontrolling umfasst zwei Ebenen:

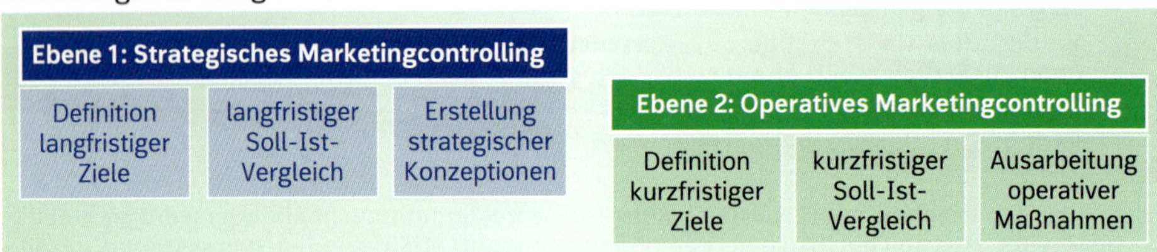

11.1 Strategisches Marketingcontrolling

Strategisches Marketingcontrolling bezieht sich auf langfristige Marketing-Konzeptionen und Innovationsrahmenpläne. Hier gibt es keine messbaren und überprüfbaren Zahlen, sondern nur Eigenschaften, Chancen, Risiken, Stärken, Schwächen, Potenziale (Leistungsfähigkeiten) und grobe Strukturen. Es kann nur gefragt werden, ob diese Tatbestände logisch und plausibel sind und ob die Richtung stimmt. Insofern kann man das strategische Marketingcontrolling als ein „Frühwarnsystem" ansehen.

Wichtige Instrumente des strategischen Marketingcontrollings

Gap-Analyse; Stärken-Schwächen-Analyse; Investitionsrechnung; Markenbewertungsanalyse; Branchenanalyse; Lebenszyklusanalyse; Szenarioanalyse; Portfolioanalyse; Umfeldanalyse; Positionierungsanalyse; Marktsegmentierungsstudie; Werbekontrolle. Die meisten dieser Instrumente wurden schon eingehender behandelt.

FÜNFTER ABSCHNITT

Ein Analyseinstrument soll hier noch kurz angesprochen werden: die **Gap-Analyse (Lücken-Analyse)**.

Die Lückenanalyse vergleicht strategische Planungsgrößen (z. B. Umsatz, Gewinn) mit der tatsächlich zu erwartenden Entwicklung (Berechnung des Trends aus vorhandenen Größen) und zeigt die Ziellücke auf.

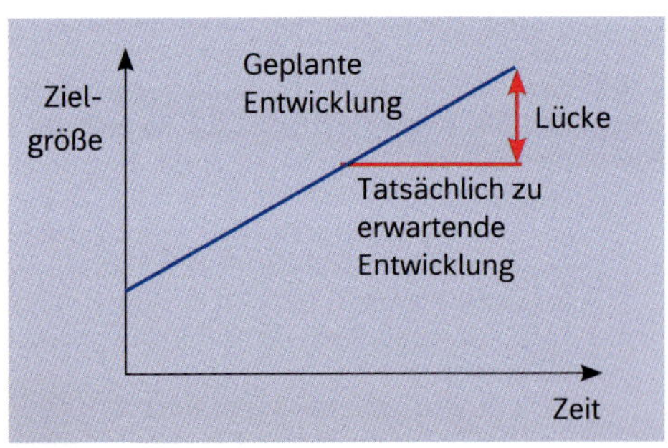

Die Ziellücke gibt dem Anbieter Hinweise für den Umgang mit den bisher verwendeten Strategien. Handlungsmöglichkeiten sind:

- Änderung der bisherigen Strategie,
- Einsatz einer neuen Strategie.

Die Lückenanalyse kann auch für das operative Controlling genutzt werden.

11.2 Operatives Marketingcontrolling

11.2.1 Gegenstände und Instrumente

Das **operative Marketingcontrolling** bezieht sich auf das kurzfristige und laufende Geschehen. Dazu gehören z. B.

- die Budgetierung von Umsätzen, Gewinnen, Werbe- und Distributionskosten,
- laufende Innovationsprojekte und Markteinführungen,
- Auftragseingänge und Verkaufsergebnisse (von Produkten, in Absatzgebieten).

Wichtige Instrumente des operativen Marketingcontrollings

Budgetierung, Deckungsbeitragsrechnung, Umsatz- und Abweichungsanalyse, ABC-Analyse (Produkte, Kunden), Kundenzufriedenheitsmessung, Marketingkennzahlen.

Das Controlling wirkt bei der Setzung kurzfristiger Ziele mit, entwickelt Sollwerte, Kennzahlen zur Beurteilung der Zielerreichung und Korrekturmaßnahmen bei Abweichungen. Alle Sollgrößen sind hier zahlenmäßig im ERP-System festgehalten. Deshalb kann das Controlling Soll-Ist-Vergleiche, Abweichungsanalysen und Berichte erstellen sowie Marketingkennzahlen ermitteln.

11.2.2 Marketingkennzahlen

Wie bei Beschaffung und Produktion verdichtet das Controlling auch im Absatzbereich das anfallende Zahlenmaterial zu Kennzahlen, um Soll-Ist-, Betriebs-, Branchen- und Zeitvergleiche zu erleichtern.

Kennzahlen zu Markt-, Umsatz- und Erfolgszielen

Das Marketing zielt in erster Linie hohe Marktanteile und Umsatzzahlen an, um dem Unternehmen einen hohen Gewinn zu sichern. Entsprechende Kennzahlen gehören deshalb zu den wichtigsten Marketingkennzahlen. Einige davon sind schon bekannt (siehe S. 458):

- **Marktpotenzial** und **Absatzpotenzial** einer Produktart,
- **Marktvolumen** und **Absatzvolumen** einer Produktart,
- **absoluter** und relativer **Marktanteil** einer Produktart.

Das Absatzvolumen ist der **Umsatz einer Produktart**, der **Gesamtumsatz** die Summe der Produktumsätze. Wichtige Kennzahlen sind Umsatzanteile, die Umsatzentwicklung und der Grad der Zielerreichung bzw. -abweichung.

Interessante **Marktkennzahlen** sind neben dem Marktvolumen auch dessen Wachstum, neben dem absoluten und relativen Marktanteil auch deren Entwicklung sowie die Struktur der Kunden und der Konkurrenz.

Wichtige **Erfolgskennzahlen** sind der Betriebsgewinn, der Deckungsbeitrag und die Umsatzrentabilität:

- Der **Betriebsgewinn** zeigt die Ertragskraft des Unternehmens. Er steht für Investitionen, Schuldentilgungen und Gewinnausschüttungen zur Verfügung.
- Die **Umsatzrentabilität** zeigt diese Ertragskraft in Prozent vom Umsatz. Sie zeigt, wie viel Euro Gewinn auf jeweils 100,00 EUR Umsatz entfallen.
- Der **Deckungsbeitrag** zeigt, in welcher Höhe der Umsatz die fixen Kosten deckt.

M 574

Umsatzkennzahlen

Umsatz = Absatzmenge · Preis je Einheit

- Gesamtumsatz
- Produktgruppenumsatz
- Produktumsatz

- Sollumsatz
- Istumsatz

- Jahresumsatz
- Vierteljahresumsatz
- Monatsumsatz

Ein ausführliches Beispiel für Umsatzkennzahlen und ihre Auswertung wurde schon im Infomaterial Controlling behandelt. Lesen Sie nach!

Umsatzanteile

- Umsatzanteil eines Produkts = $\frac{\text{Produktumsatz}}{\text{Gesamtumsatz}} \cdot 100$

Weitere Umsatzanteile werden entsprechend gebildet:
- Umsatzanteil einer Produktgruppe
- Umsatzanteil einer Kundengruppe
- Umsatzanteil eines Verkaufsgebietes
- Umsatzanteil eines Reisenden, Vertreters
- Umsatzanteil des E-Commerce usw.

Abweichungskennzahlen

- Umsatzzielerreichungsgrad (UZEG) = $\frac{\text{Istumsatz}}{\text{Sollumsatz}} \cdot 100$
- Umsatzzielabweichung = UZEG – 100 %

Entwicklungskennzahlen

Umsatzentwicklung = $\frac{\text{Umsatz der Periode}}{\text{Umsatz der Basisperiode}} \cdot 100$

Auftragseingänge und Angebotserfolg helfen bei der Abschätzung künftiger Umsätze:

- Auftragseingänge in EUR
- Angebotserfolg = $\frac{\text{erteilte Aufträge}}{\text{Angebote}} \cdot 100$

Marktkennzahlen

- Marktvolumen (Wert) (MV) = Umsatz der Branche
- Marktwachstum = $\frac{\text{zusätzliches MV}}{\text{MV der Vorperiode}} \cdot 100$

Kundenstruktur = $\frac{\text{Zahl Inlands-/Auslandskunden}}{\text{Gesamtzahl Kunden}} \cdot 100$

Konkurrenzstruktur = $\frac{\text{MV der Hauptkonkurrenten}}{\text{gesamtes MV}} \cdot 100$

- absoluter Marktanteil (aMA) = $\frac{\text{Absatzvolumen}}{\text{Marktvolumen}} \cdot 100$
- Markanteilsentwicklung = $\frac{\text{aMA der Periode}}{\text{aMA der Basisperiode}} \cdot 100$
- relativer Marktanteil (rMA) = $\frac{\text{eigener aMA}}{\text{aMA des Hauptkonkurrenten (oder der 3 Hauptkonkurrenten)}}$

rMa > 1 bedeutet: Man ist selbst Marktführer.
rMa < 1 zeigt den Abstand vom Marktführer an.

Erfolgskennzahlen

Betriebsgewinn = Leistungen – Kosten

Deckungsbeitrag = Umsatzerlöse – variable Kosten

Umsatzrentabilität = $\frac{\text{Betriebsgewinn}}{\text{Umsatzerlöse}} \cdot 100$

Im Rahmen der marketingpolitischen Instrumente ist die Kenntnis der Umsatz- und Marktanteilsentwicklung wichtig für die **Produkt- und Programmpolitik**. Sie hilft z. B. bei der Beurteilung, ob Produkte verbessert, aus dem Markt genommen oder ersetzt werden sollen. Soweit sie sich auf Absatzgebiete, Kundengruppen oder Absatzorgane beziehen, haben sie auch Bedeutung für die Distributionspolitik.

Kennzahlen zur Distributionspolitik

Für die Distributionspolitik sind insbesondere Kennzahlen zu den Kosten und Leistungen des Vertriebs interessant. Sie zeigen, wie leistungsfähig der Vertrieb ist.

Als Beispiele seien die nebenstehenden Kennzahlen angeführt.

$$\text{Vertriebskostenanteil} = \frac{\text{Vertriebskosten}}{\text{Gesamtkosten}} \cdot 100$$

$$\text{variable Vertriebskostenquote} = \frac{\text{var. Vertriebskosten}}{\text{Vertriebskosten}} \cdot 100$$

$$\text{Außendienstkostenquote} = \frac{\text{Kosten des Außendienstes}}{\text{Vertriebskosten}} \cdot 100$$

$$\text{Außendienstumsatzquote} = \frac{\text{Umsatz Außendienst}}{\text{Gesamtumsatz}} \cdot 100$$

$$\text{Ergiebigkeitsgrad Außendienst} = \frac{\text{Umsatz Außendienst}}{\text{Kosten Außendienst}} \cdot 100$$

Beispiel: Kennzahlen zur Distributionspolitik

Die Kosten- und Leistungsrechnung bei MGB ermittelt für das abgelaufene Jahr folgende Zahlen:

Umsatz (Zahlen in Mio. EUR)		
Umsatz des Vertriebsinnendienstes		9,00
Umsatz von Reisenden	7,00	
Umsatz von Handelsvertretern/Kommissionären	14,00	
Umsatz des Außendienstes	**21,00**	21,00
Gesamtumsatz		**30,00**

Kosten (Zahlen in Mio. EUR)			
Provisionen (Handelsvertreter/Kommissionäre)	0,70		
Kosten Reisende (Gehälter, Spesen, andere)	0,25		
Kosten des Außendienstes	**0,95**	0,95	
weitere Vertriebskosten		1,65	
gesamte Vertriebskosten		**2,60**	2,60
davon variable Kosten		0,80	
weitere Kosten			22,40
Gesamtkosten			**25,00**

Vertriebskostenanteil = (2,60 / 25,00) · 100 = 10,4 %

variable Vertriebskostenquote = (0,80 / 2,60) · 100 = 30,77 %

Außendienstkostenquote = (0,95 / 2,60) · 100 = 36,54 %

Außendienstumsatzquote = (21,00 / 30,00) · 100 = 70 %

Ergiebigkeitsgrad Außendienst = 21,00 / 0,95 = 22,1

Auch diese Kennzahlen werden erst im Vergleich aussagekräftig: im Soll-Ist-, Betriebs-, Branchen- und Zeitvergleich.

Kennzahlen zur Preispolitik

Um angemessene preispolitische Entscheidungen für einzelne Produkte treffen zu können, muss das Marketingcontrolling insbesondere folgende Kennzahlen ermitteln:

kurzfristige Preisuntergrenze = variable Stückkosten
langfristige Preisuntergrenze = gesamte Stückkosten

$$\text{Deckungsbeitrag je Stück} = \text{Stückerlös} - \text{variable Stückkosten}$$

$$\text{Nachfrageelastizität} = \frac{-\text{Mengenänderung in \%}}{\text{Preisänderung in \%}}$$

Diese Kennzahlen wurden schon in Kapitel 7 eingehend behandelt.

Kennzahlen zur Kommunikationspolitik

Im Rahmen der Kommunikationspolitik ist insbesonders wichtig um den Erfolg von Werbemaßnahmen zu kontrollieren und zu messen. Dabei wird zwischen ökonomischem und außerökonomischem Werbeerfolg unterschieden.

Ökonomischer Werbeerfolg

Ökonomische Werbeziele können ein Umsatzzuwachs oder ein höherer Marktanteil sein. Die Zielerreichung lässt sich mit folgenden **Kennzahlen** messen:

$$\text{Wirtschaftlichkeit der Werbung} = \frac{\text{Umsatzzuwachs}}{\text{Werbeaufwand}}$$

Der Wert der Kennzahl sollte größer als 1 sein.

$$\text{Marktanteil} = \frac{\text{Umsatz}}{\text{Gesamtumsatz des Marktes}} \cdot 100$$

Marktanteil vor und nach der Werbemaßnahme vergleichen!

Die Messung des ökonomischen Werbeerfolgs ist wichtig, aber in der Praxis überaus problematisch, denn eine Steigerung des Umsatzes oder eine Erhöhung des Marktanteils hängt vom Einsatz **aller** Marketinginstrumente und außerdem von der Konjunktur, der Wirtschaftspolitik, der Mode und weiteren Einflüssen ab. Auch kann eine Werbemaßnahme erfolgreich sein, obwohl Umsatz oder Marktanteil sogar zurückgehen. Dann hat die Werbung vielleicht eine noch schlechtere Entwicklung verhindert.

Einigermaßen zuverlässig lässt sich die ökonomische Werbeerfolgskontrolle nur auf einem **Testmarkt** durchführen, der in seiner Struktur mit dem Vergleichsmarkt möglichst übereinstimmen soll. Man wirbt auf dem Testmarkt und stellt fest, wie sich Marktanteil und/oder Umsatz im Vergleich zu den Nicht-Werbegebieten entwickeln.

Außerökonomischer Werbeerfolg

Wegen der Mängel der ökonomischen Erfolgskontrolle hat man Kennzahlen entwickelt, die sich an den psychologischen Werbezielen orientieren. Sie zielen darauf ab, das Verhalten der Umworbenen auszuwerten und festzustellen, wie die Werbung auf sie einwirkt. Dementsprechend kann man die Wirksamkeit der Werbemaßnahmen überprüfen und die Werbemaßnahmen gegebenenfalls variieren.

Beispiele: „AIDA-Kennzahlen"

$$\text{Attention} = \frac{\text{Aufmerksame Adressaten}}{\text{Gesamtzahl der Adressaten}} \qquad \text{Desire} = \frac{\text{Überzeugte}}{\text{Gesamtzahl der Adressaten}}$$

$$\text{Interest} = \frac{\text{Interessenten}}{\text{Gesamtzahl der Adressaten}} \qquad \text{Action} = \frac{\text{Zusätzliche Käufer}}{\text{Gesamtzahl der Adressaten}}$$

Um solche Kennzahlen zu erhalten, nimmt man Beobachtungen (z. B. mit Blickbewegungs-Registriergeräten), Befragungen, Tests (z. B. Erinnerungstests, Tests über die Nachhaltigkeit von Werbemaßnahmen) vor. Fehler lassen sich dabei nicht vermeiden: Wer sich erinnert, muss deshalb nicht positiv berührt sein. Wer sich nicht erinnert, kann trotzdem positiv beeinflusst worden sein.

Arbeitsaufträge

1. **Der Reifenhersteller Contanital AG will bei einer Reorganisationsmaßnahme eine Abteilung Marketingcontrolling einrichten. Diese soll die Marketingleitung mit Informationen versorgen, an Planungen mitwirken und die Ergebnisse kontrollieren.**

   a) Suchen Sie im Internet typische Ziele des Marketingcontrollings und berichten Sie darüber.
   b) Welche Hauptaufgaben hat nach Ihrer Ansicht eine Abteilung Marketingcontrolling?
   c) Das Marketingcontrolling kann nur funktionieren, wenn es optimal mit Informationen versorgt wird.
      (1) Welche Phasen umfasst der entsprechende Informationsprozess?
      (2) Welche Informationen werden benötigt und wo können sie gefunden werden?
   d) Das Marketingcontrolling sollte u. a. einmal jährlich ein Marketing-Audit vorbereiten.
      (1) Was versteht man unter einem Marketing-Audit?
      (2) Welche Aufgaben erfüllt ein Marketing-Audit heutzutage?
      (3) Welche Arten von Marketing-Audits sind in der Praxis zu finden?

2. **Ein Hersteller von Bohrmaschinen (B) und Schleifmaschinen (S) vertreibt seine Produkte über Baumärkte und über das Internet. Das Marketingcontrolling stellt u. a. den Erfolg der beiden Vertriebswege mithilfe des „Vertriebsdeckungsbeitrags", eines speziellen Stufendeckungsbeitrags, fest.**
   Die variablen Herstellkosten je Stück von Produkt B betragen 25,00 EUR, die von Produkt S 30,00 EUR.

Vertriebsdaten				
	Baumärkte		Internet	
	B	S	B	S
Jährliche Absatzmenge (Stück)	25 000	20 000	10 000	8 000
Bruttopreis je Stück (EUR)	100,00	90,00	120,00	130,00
Erlösschmälerungen je Stück (EUR)	2,00	1,80	2,40	2,60
Jährliche Kosten der Kundenbetreuung (EUR)	50 000,00		10 000,00	

Ermitteln Sie den erfolgbringendsten Absatzweg anhand folgender Stufendeckungsbeitragsrechnung.

Stufendeckungsbeitragsrechnung				
	Baumärkte		Internet	
	B	S	B	S
Gesamtbruttoerlös (EUR)				
Erlösschmälerungen (EUR)				
Gesamtnettoerlös (EUR)				
gesamte variable Herstellkosten des Umsatzes (EUR)				
Deckungsbeitrag 1 (Fertigungs-Deckungsbeitrag)				
Erzeugnis-Vertriebsfixkosten (Kundenbetreuung) (EUR)				
Deckungsbeitrag 2 (Vertriebs-Deckungsbeitrag)				

3. **Bei einem Getränkehersteller liegen die folgenden Verhältnisse vor.**

Sorte	Variable Kosten pro Flasche	Preis (Liter)	Füllmenge (Flaschen)	Maximale Absatzmenge
A	10,00 EUR	12,00 EUR	0,5	30 000
B	8,00 EUR	9,50 EUR	0,3	20 000
C	9,00 EUR	10,40 EUR	0,7	20 000

FÜNFTER ABSCHNITT

Gesamte Fixkosten: 14 000,00 EUR
Die betriebliche Kapazität ist auf 12 000 Liter pro Planungsperiode beschränkt.

a) Kann die Nachfrage voll befriedigt werden?
b) Welche Mengen sollten von den einzelnen Sorten gefertigt werden? Entscheiden Sie dies anhand des Deckungsbeitrags je Liter.
c) Berechnen Sie den maximalen Gewinn.
Verwenden Sie zur Lösung die Arbeitsvorlage *Getränkeproduktion*.

Web M 578_1

4. Die Haushaltswaren GmbH stellt monatlich Umsatzstatistiken wie die folgende auf:

Umsatzstatistik Monat: Mai	Verkaufsgebiet Nr.: 5		
Artikelgruppe	IST (EUR)	SOLL (EUR)	Abweichung (%)
1	234 500,00	220 000,00	
2	160 600,00	200 000,00	
3	311 235,00	310 000,00	

a) Berechnen Sie die fehlenden Zahlen.
b) Beurteilen Sie den Verkaufserfolg jeder Produktgruppe.
c) Welche weiteren Untersuchungen sind anzustellen und wozu dienen diese Untersuchungen?

5. Die Haushaltswaren GmbH hat folgende Kennzahlen errechnet:

	Kennzahlen	Laufendes Jahr	Vorjahr	Abweichung in %
Marktdaten	**Anzahl Kunden**	**945**	**920**	
	Anzahl Interessenten	**40**	**35**	
	Marktanteil in %	**2,3**	**2,2**	
Umsatz- und Ertragsdaten	**Angebotserfolg in %**	**34,4**	**34,9**	
	Auftragseingang in EUR	**6 509 000,00**	**6 567 000,00**	
	Umsatz in EUR	**6 447 000,00**	**6 501 300,00**	
Interne Kenndaten	**Vertriebskosten in %**	**9,0**	**8,7**	
	Werbekosten in %	**2,3**	**2,1**	
	Umsatz pro Vertriebsmitarbeiter in EUR	**716 333,33**	**722 366,67**	

Berechnen Sie die fehlenden Zahlen und ziehen Sie Rückschlüsse auf
a) die Situation des Betriebes am Markt,
b) die Leistungen des Marketings,
c) die Kostenstruktur.

6. Im Rahmen des Marketingcontrollings soll überprüft werden, ob die Werbemaßnahmen der GERRING Fertigbau GmbH erfolgreich waren.

a) Vor und nach der Durchführung des Werbefeldzugs wurden folgende Zahlen ermittelt:

	vor der Werbung EUR	nach der Werbung EUR
Werbekosten		2540000,00
Umsatz	127000000,00	167000000,00
Gesamtumsatz des Marktes	1905000000,00	2438000000,00
Produktionskosten	80000000,00	106000000,00
Vertriebskosten	20000000,00	24000000,00

- Errechnen Sie geeignete Kennzahlen zur Ermittlung des ökonomischen Werbeerfolgs.
- Beurteilen Sie die Zuverlässigkeit der ermittelten Kennzahlen.

b) In der Zeitschrift Bausparrevue wurde ein Preisausschreiben veranstaltet. Das Preisausschreiben brachte folgende Zahlen und Resultate: Auflage der Zeitschrift: 10 000 Exemplare; Teilnehmer am Preisausschreiben: 6 000; Anfragen aufgrund des Preisausschreibens: 500; Haushalte mit positiven Stellungnahmen nach Vertreterbesuch: 100; Käufer von Häusern: 32.
Errechnen Sie geeignete Kennzahlen zur Ermittlung des außerökonomischen Werbeerfolgs.

Web M 578_2

7. Methoden zur Überprüfung des Werbeerfolgs

Wenden Sie auf dem Arbeitsblatt *Werbeerfolg* die folgenden Methoden zur Überprüfung des Werbeerfolgs an:
(1) BuBaW-Methode (Bestellung unter Bezugnahme auf Werbung)
(2) Netapps-Methode (net-ad-produced purchases)
(3) AIDA-Methode (Attention, Interest, Desire, Action)

SECHSTER ABSCHNITT

Rahmenlehrplan: LERNFELD 11
Investitions- und Finanzierungsprozesse planen

Investitions- und Finanzmanagement

1 Finanzierung und Investition

1.1 Geschäftsprozesse

Das Finanzmanagement ist mit der Finanzierung (Beschaffung von Finanzmitteln, von Kapital) für Investitionen (Anlage der Mittel in Vermögensgegenstände) befasst. Investitionen fallen z. B. bei der Unternehmensgründung, bei Geschäftserweiterungen, Rationalisierungs- und Modernisierungsmaßnahmen sowie Ersatzbeschaffungen an. Es kann sich um die unterschiedlichsten Güter handeln (Anlagen, Vorrichtungen, Werkzeuge, Vorräte an Roh-, Hilfs- und Betriebsstoffen). Die Maßnahmen können einen großen oder kleinen Umfang haben. Dementsprechend gibt es zahlreiche unterschiedliche Investitions- und Finanzierungsprozesse. Als Beispiel sei hier der Investitions- und Finanzierungsprozess für einen Anlagegegenstand (Maschine) dargestellt.

Prozessname: Investitions- und Finanzierungsprozess
Vom Projektanlass bis zur Überwachung des Finanzierungserfolgs

Prozessinputs:	Lieferanten des Inputs:	Prozessoutputs:	Kunden des Outputs:
• Projektanlass	← Fachabteilung	• Investitionsrechnung	→ Finanzabteilung
		• Finanzierungspläne	→ Finanzabteilung

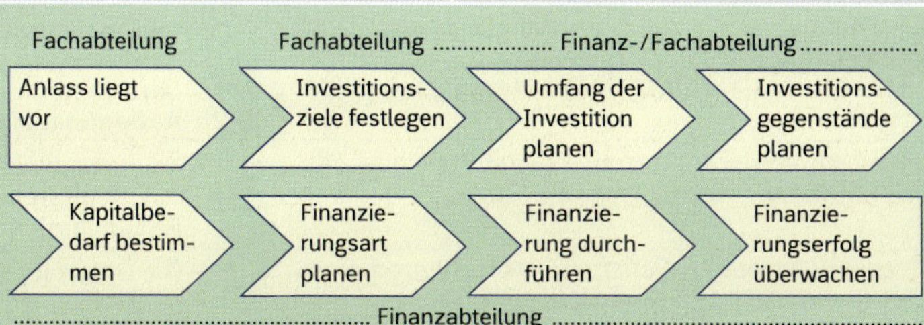

1.2 Finanzierung und Investition im Unternehmenskreislauf

Herr Schramm ist gelernter Bauschlosser. Er hat die Meisterprüfung abgelegt. Seit Langem schon träumt er vom eigenen Betrieb. Er hat bereits eine gewisse Summe angespart, als ihm der Zufall noch mit einem hohen Lottogewinn zu Hilfe kommt.

Nun wagt Herr Schramm den Sprung: Mit seinem Geld und einem Bankkredit kann er ein Grundstück, Baumaterial und Arbeitskräfte für einen Werkstattbau, Maschinen und Werkzeuge finanzieren. So legt er das eigene und fremde Kapital in Betriebsvermögen an. Es verbleibt noch ein Betrag, mit dem Herr Schramm Werkstoffe beschaffen kann. Damit beginnt ein Kreislauf von Sachgütern und Geldwerten, der andauern wird, so lange das Unternehmen besteht: Die Werkstoffe werden verarbeitet, die Produkte verkauft. Auch abgenutzte Betriebsmittel werden veräußert. Durch die Verkäufe fließen

SECHSTER ABSCHNITT

Geldwerte in den Betrieb zurück. Einen Teil davon muss Herr Schramm dem Betrieb für seinen privaten Lebensunterhalt und für die Rückzahlung des Kredits entziehen, den anderen Teil kann er für den Einkauf neuer Werkstoffe, den Ersatz der abgenutzten Betriebsmittel und den Kauf zusätzlicher Betriebsmittel verwenden. Damit beginnt der Kreislauf von Neuem. Reichen die betrieblichen Erlöse nicht zur Durchführung der geplanten Investitionen aus, so kann Herr Schramm dem Betrieb auch neues Kapital in Form von Einlagen oder neuer Kredite zuführen.

Das Unternehmensgeschehen zeigt bekanntlich immer wiederkehrende Kreisläufe mit Geld- und Güterströmen.

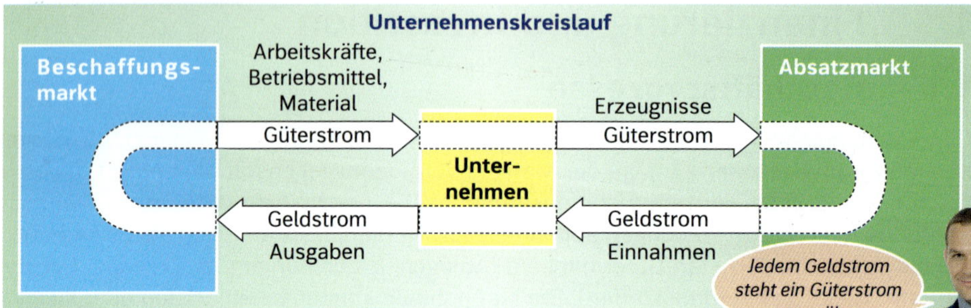

Um den Unternehmenskreislauf in Gang zu setzen und in Gang zu halten, muss Kapital bereitgestellt werden.

***Kapital* im betriebswirtschaftlichen Sinn sind Mittel – Geldmittel und Sachmittel-, die für produktive Zwecke bereitgestellt werden. Kapitalbereitstellung (Kapitalbeschaffung) bedeutet Finanzierung, Kapitalentzug Entfinanzierung.**

Die Anlage von Kapital in Vermögensteilen für produktive Zwecke heißt *Investition*. Investition beinhaltet Kapitalbindung. Der umgekehrte Vorgang, die Kapitalfreisetzung, heißt Desinvestition.

Finanzierung und Investition	
Die Kapitalbeschaffung erfolgt zuerst durch Einlagen der Eigentümer (Eigenkapital) und Kredite (Fremdkapital). Die bereitgestellten Mittel können Geld- und Sachmittel (Betriebsmittel oder Werkstoffe) sein.	Kapital zuführende Einnahmen durch Eigen- oder Fremdkapital heißen **Außenfinanzierung**.
Die Beschaffung der Betriebsmittel und Werkstoffe bindet das Kapital in Sachwerten.	Kapitalbindung in Sachwerten bedeutet **Sach- oder Realinvestition**.
Durch die Produktion werden Werkstoffe zu Fertigprodukten. Dies bedeutet eine Umschichtung von Vermögenswerten.	Die Umschichtung von Vermögenswerten bedeutet **Uminvestitionen**.
Auch durch den Verkauf der Erzeugnisse und den gelegentlichen Verkauf abgenutzter Betriebsmittel werden die Vermögenswerte umgeschichtet: Es entstehen Forderungen.	Forderungen (ebenso die finanzielle Beteiligung an anderen Unternehmen) sind **Finanzinvestitionen**.
Der Eingang der Forderungen durch Bezahlung der fälligen Rechnungen setzt das gebundene Kapital wieder frei.	Kapitalfreisetzung bedeutet **Desinvestition**.
Die Kapitalfreisetzung ist eine Kapitalbeschaffung von innen her. Das freigesetzte Kapital kann im Betrieb erneut in Sachwerten gebunden oder für Beteiligungen verwendet werden.	Kapital freisetzende Einnahmen bedeuten **Innenfinanzierung**.
Von besonderer Bedeutung ist die Verwendung der freigesetzten Mittel für den Ersatz abgenutzter Betriebsmittel.	Dem Ersatz abgenutzer Betriebsmittel dienen **Ersatzinvestitionen**.
Kapital kann dem Betrieb auch durch Privatentnahmen, Gewinnausschüttung oder Kreditrückzahlung entzogen werden.	Kapitalentzug bedeutet **Entfinanzierung**.

Im Unternehmen vollzieht sich ein ständiger Kreislauf von Finanzierung (Kapitalbeschaffung), Investition (Kapitalbindung) und Desinvestition (Kapitalfreisetzung). Mit der Kapitalbindung sind die Beschaffung, der Einkauf, die Produktion und die Lagerung verbunden. Sie führen zu **Ausgaben und zu Kapital bindenden Zahlungsströmen**.

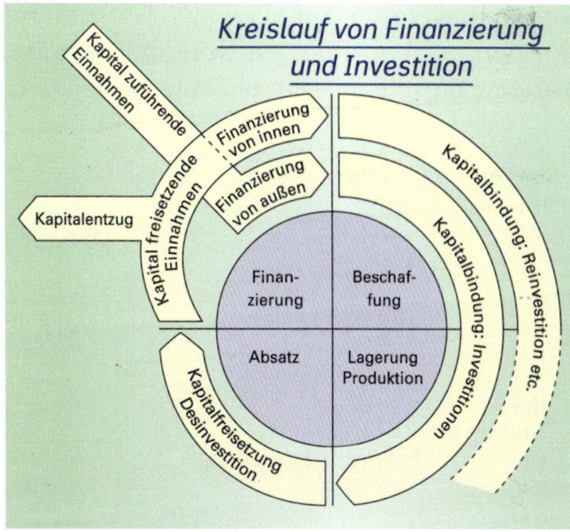

M 581_1

Beispiele: Kapital bindende Zahlungsströme
- Bezahlung von Lieferantenrechnungen für bezogene Werkstoffe
- Bezahlung von Maschineneinkäufen
- Bezahlung von Löhnen

Mit der Kapitalfreisetzung sind der Absatz und der Verkauf verbunden. Sie führen zu **Einnahmen und zu Kapital freisetzenden Zahlungsströmen**.

Beispiele: Kapital freisetzende Zahlungsströme
- Eingehende Kundenzahlungen für verkaufte Erzeugnisse
- Eingehende Zahlungen für den Verkauf gebrauchter Maschinen

Die Kapital bindenden Zahlungsströme liegen gewöhnlich im Zeitablauf vor den Kapital freisetzenden Zahlungsströmen.

Logisch! Zwischen Ein- und Verkauf liegt die Produktion. Und die braucht ihre Zeit.

Die *Bereitstellung von Kapital* (Finanzierung) überbrückt die Zeitspanne zwischen Kapital bindenden und Kapital freisetzenden Zahlungsströmen.

Siehe auch die Präsentation *Überbrückungsfunktion der Finanzierung*.

M 581_2

Finanzierung und Investition hängen eng zusammen. Kapitalverwendung setzt immer Kapitalbeschaffung voraus.

Aber eine Kapitalbeschaffung verlangt nicht immer eine Investition. So kann ein Unternehmen einen Kredit aufnehmen, um fällige Verbindlichkeiten zu bezahlen. Dann erfolgt keine Investition, sondern eine Umfinanzierung. Umgekehrt kann eine Finanzierung auch ohne Geldmittel erfolgen, wenn ein Teilhaber Sachgüter, z. B. Maschinen, einbringt.

SECHSTER ABSCHNITT

1.3 Bilanz: Spiegel von Investition und Finanzierung

- Das Unternehmen erstellt bei Geschäftseröffnung und am Ende jedes Geschäftsjahres eine Bilanz.
- Die Bilanz hat zwei wertgleiche Seiten: Aktiva und Passiva.

Aktiva Bilanz	Passiva
A. Anlagevermögen	A. Eigenkapital
B. Umlaufvermögen	B. Fremdkapital

Die Passivseite zeigt die Finanzierung (die Kapitalquellen, die Vermögensherkunft).
Die Aktivseite zeigt die Investition (die Kapitalverwendung, die Vermögensformen).

1.3.1 Passivseite (Finanzierungsseite)

Die Passivseite zeigt die Finanzierung **nach der rechtlichen Stellung der Kapitalgeber**:
- **Eigenfinanzierung.** Sie entsteht, indem die Eigentümer das **Eigenkapital** aufbringen.
- **Fremdfinanzierung.** Sie entsteht, indem Gläubiger **Fremdkapital** einbringen.

Eigen- und Fremdkapital können von außen zugeführt werden (**Außenfinanzierung**) oder aus dem Leistungsprozess des Unternehmens stammen (**Innenfinanzierung**). Somit ergeben sich die folgenden grundlegenden Finanzierungsarten:

Finanzierungsarten		**nach der Herkunft der Mittel**	
		Außenfinanzierung	**Innenfinanzierung**
nach der rechtlichen Stellung der Kapitalgeber	**Eigenfinanzierung**	**Eigen-Außenfinanzierung:** Einlagenfinanzierung	**Eigen-Innenfinanzierung:** • Rückflussfinanzierung • Selbstfinanzierung (Überschussfinanzierung)
	Fremdfinanzierung	**Fremd-Außenfinanzierung:** Kreditfinanzierung	**Fremd-Innenfinanzierung:** Rückstellungsfinanzierung

Beispiel: Finanzierungsarten in der Bilanz

Wir betrachten folgende vereinfachte Bilanz:

Aktiva	Bilanz (in 1000 EUR)	Passiva	
A. Anlagevermögen		A. Eigenkapital	1 900
I. Immaterielle Vermögensgegenstände	100		
II. Sachanlagen	900		
III. Finanzanlagen		Fremdkapital:	
1. Beteiligungen	800		
2. Wertpapiere	100	B. Rückstellungen	250 ← Rückstellungsfinanzierung
B. Umlaufvermögen			
I. Vorräte		C. Verbindlichkeiten	1 400 ← Kreditfinanzierung
1. Stoffe	600		
2. Erzeugnisse	700		
II. Forderungen	300		
III. Kassenbestand, Bankguthaben	50		

EK Anfangsbestand		1600	← Einlagen- und Selbstfinanzierung früherer Jahre
+ Erträge	1 500		
davon verrechnete Abschreibungen	250		← Rückflussfinanzierung
– Aufwendungen	1 200		
= Gewinn		300	
davon einzubehalten:	200		← Selbstfinanzierung (Überschussfinanzierung)
davon auszuschütten:	100		← Entfinanzierung

Die Finanzierungsarten werden in Kap. 3 erläutert.

1.3.2 Aktivseite (Investitionsseite)

Investitionsarten nach Liquidität und stofflicher Beschaffenheit

Die Aktivseite der Bilanz heißt auch Vermögens- oder Investitionsseite, denn sie zeigt die Verwendung der aufgebrachten Finanzierungsmittel, ihre Investition (wörtlich: „Einkleidung") in Vermögenswerte. Die Werte sind bekanntlich nach ihrer Liquidität geordnet.

- **Anlagevermögen:** Vermögenswerte, die dem Geschäftsbetrieb dauernd dienen sollen (§ 247 Abs. 2 HGB) und nicht zum Verkauf bestimmt sind.
- **Umlaufvermögen:** Werte, die im Betriebsprozess ständig umgewandelt werden.

Nach ihrer stofflichen Beschaffenheit lassen sich folgende Investitionsarten erkennen:

Investitionen				
Immaterielle Investitionen	**Sachinvestitionen**		**Finanzinvestitionen**	
	Anlageinvestitionen	Vorratsinvestitionen	Finanzanlagen	Forderungen
z. B. Software, Patente, Lizenzen, gekaufter Firmenwert	Sachanlagen, Betriebsmittel	Werkstoffe, Halberzeugnisse Fertigerzeugnisse	Beteiligungen, Anlagewertpapiere, (zur langfristigen Geldanlage gehalten)	Umlaufwertpapiere, Forderungen a. L. u. L., andere Forderungen

Außerdem enthält die Aktivseite die **flüssigen Mittel** (Bankguthaben, Barmittel). Sie sind noch nicht angelegt oder infolge von Verkäufen wieder freigesetzt worden **(Desinvestition)**. Sie sind also keine Investitionen, sondern stehen für Investitionen zur Verfügung.

Beispiel: Investitionsarten in der Bilanz

Wir betrachten wieder die vereinfachte Bilanz von Seite 582:

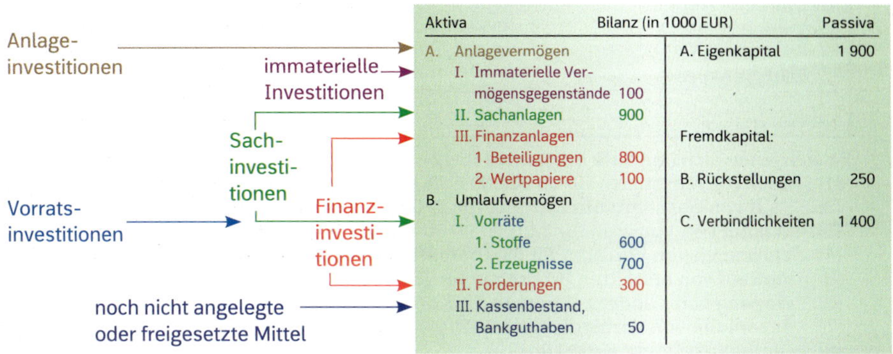

Investitionsarten nach dem Zweck der Investition

Jede Investition verfolgt bestimmte Zwecke. Dies führt zu folgenden Investitionsarten:

Investitionsarten	Investitionszwecke
Gründungsinvestitionen	Bereitstellung des notwendigen Anlage- und Umlaufvermögens bei der Unternehmensgründung
Ersatzinvestitionen (Reinvestitionen)	Ersatz verbrauchter Betriebsmittel durch neue Betriebsmittel (Kapitalerneuerung)
Erweiterungsinvestitionen	Vergrößerung der Kapazität durch zusätzliche oder größere Betriebsmittel (Kapitalneubildung)
Rationalisierungsinvestitionen	Verbesserung der Leistungsfähigkeit durch produktivere oder kostengünstigere Betriebsmittel (Kapitalverbesserung)
Modernisierungsinvestitionen	Anpassung der Betriebsmittel an den technischen Fortschritt; meist verbunden mit Ersatz- oder Rationalisierungsinvestitionen
Umstellungsinvestitionen	Schaffung der Produktionsgrundlagen bei neuen Unternehmenszielen
Sicherungsinvestitionen	Schaffung eines eisernen Bestandes zur Sicherung der laufenden Produktion; Anlage in Sicherheitsbeständen an Finanzmitteln
Sozialinvestitionen	Schaffung von Finanzanlagen zur Absicherung der Mitarbeiter (sie fördern das Gefühl der Zusammengehörigkeit)
Immaterielle Investitionen	Kapitalanlage für Forschung, Werbung, Ausbildung

Arbeitsaufträge

1. **Investition und Finanzierung bilden im Unternehmen einen Kreislauf.**
   Erläutern Sie diesen Kreislauf anhand der Grafik auf Seite 581. Zeigen Sie dabei, dass die Finanzierung die Zeit zwischen Kapital bindenden und Kapital freisetzenden Zahlungsströmen überbrücken muss.

2. Zu Beginn des Geschäftsjahres 12 weist die Eröffnungsbilanz der Schraubenfabrik Franz Bresser folgende Bestände auf:

Aktiva	**Bilanz** (in EUR)		Passiva
I. Anlagevermögen		**I. Eigenkapital**	400 000,00
Maschinen	300 000,00	**II. Fremdkapital**	
Geschäftsausstattung	150 000,00	Darlehen	140 000,00
II. Umlaufvermögen		Verbindlichkeiten	150 000,00
Vorräte	90 000,00		
Forderungen	70 000,00		
Bankguthaben	80 000,00		
	690 000,00		690 000,00

Es vollziehen sich im Laufe des Jahres folgende Vorgänge:

(1) **Kauf von Maschinen für 80 000,00 EUR gegen Rechnung,**
(2) **Kauf von Geschäftsausstattung für 30 000,00 EUR gegen Rechnung,**
(3) **Einkauf von Vorräten für 220 000,00 EUR gegen Rechnung,**
(4) **Verbrauch von Vorräten für die Produktion für 215 000,00 EUR,**
(5) **Verkauf von erstellten Produkten für 350 000,00 EUR gegen Rechnung,**
(6) **Eingang von Kundenzahlungen für 330 000,00 EUR,**
(7) **Bezahlung von Verbindlichkeiten 210 000,00 EUR,**
(8) **Darlehenstilgung 10 000,00 EUR,**
(9) **Abschreibung von Maschinen 30 000,00 EUR,**
(10) **Abschreibung von Geschäftsausstattung 15 000,00 EUR,**
(11) **Entnahme von 50 000,00 EUR durch den Inhaber.**

a) Welche Finanzierungs- und Investitionsarten lassen sich anhand der Eröffnungsbilanz unterscheiden?

b) Erläutern Sie die Finanzierungs- und Investitionstätigkeit im Ablauf des Geschäftsjahres anhand der Geschäftsfälle.
Erstellen Sie hierfür das Gewinn- und Verlustkonto, das Privatkonto und das Schlussbilanzkonto. Vergleichen Sie die Anfangs- und Endbestände des Unternehmens und ermitteln Sie
- den Gesamtumfang und die Änderungen an Anlage-, Vorrats- und Finanzinvestitionen,
- den Umfang der im Geschäftsjahr getätigten Ersatz- und Erweiterungsinvestitionen,
- die Finanzierungsquellen.

c) Bestimmte Investitionsarten lassen sich den Unterlagen nicht unmittelbar entnehmen. Nennen Sie sie und geben Sie an, an welchen Stellen sie ggf. versteckt sind.

M 584 Benutzen Sie das Arbeitsblatt *Investitionstätigkeit*.

3. Alle Finanzierungsvorgänge lassen sich jeweils zwei der folgenden Finanzierungsarten zurechnen: Eigenfinanzierung, Fremdfinanzierung, Innenfinanzierung, Außenfinanzierung.
Welche Finanzierungsarten liegen bei folgenden Vorgängen vor?

a) Kapitaleinlage der Gesellschafter
b) Aufnahme eines Hypothekendarlehens
c) Akzeptierung eines Wechsels für ein Importgeschäft
d) Bildung einer Prozessrückstellung
e) Verrechnung von Abschreibungen in den Verkaufspreis
f) Einbehaltung von Gewinnanteilen
g) Überziehung des Bankkontos
h) Bildung stiller Reserven durch überhöhte Abschreibung der Geschäftsausstattung
i) Ausnutzung eines Zahlungszieles von 60 Tagen
j) Barverkauf von Fertigerzeugnissen
k) Einreichung eines Wechsels zum Diskont

SECHSTER ABSCHNITT

2 Investitionsmanagement

2.1 Investitionsplanung

Bei einer Fehlinvestition ist der Kapitalrückfluss so gering, dass es vorteilhafter gewesen wäre, die Investition zu unterlassen.

Investitionen binden Kapital. Dieses kann folglich nicht mehr anderweitig gewinnbringend angelegt werden. Fehlinvestitionen, die nicht zum nötigen Kapitalrückfluss führen, können sich katastrophal auswirken und sogar zur Insolvenz (Zahlungsunfähigkeit) führen. Deshalb sind Investitionen gründlich nach Art und Umfang zu planen.

Der Prozess der Investitionsplanung vollzieht sich grundsätzlich in folgenden Schritten:

1. Investitionsbedarf ermitteln
2. Investitionsvorhaben festlegen
3. Investitionsziele festlegen
4. Begrenzende Daten ermitteln
5. Korrigierte Investitionsvorhaben festlegen
6. Investitionsgegenstände suchen
7. Investitionsgegenstände beurteilen
8. Investitionsrechnungen vornehmen
9. Investitionsentscheidungen vornehmen
10. Investitionsplan aufstellen

1 Investitionsbedarf ermitteln

Grundsätzlich sind das Absatz- und das Produktionsprogramm (laut Absatz- und Produktionsplan) bestimmend für die Art und Menge der benötigten Bauten, Anlagen, Förderzeuge, Büroausstattungen, Werkzeuge und Materialien, kurz: für die Anlage- und Vorratsinvestitionen.

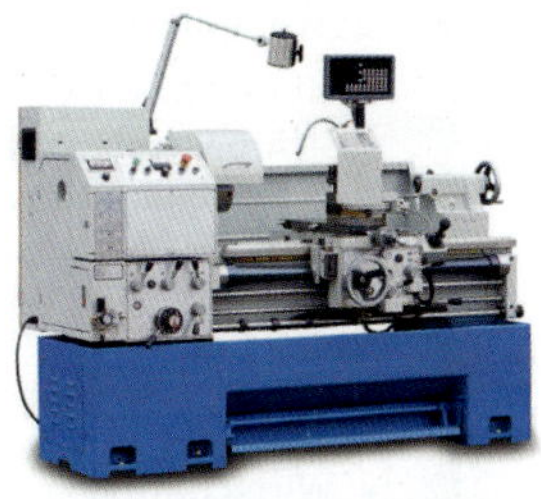

Investitionsobjekt CNC-Maschine

Der Investitionsbedarf ist laufend, systematisch und vollständig zu ermitteln. Anregungen kommen häufig direkt aus den Bereichen. Eventuell besteht auch eine eigene Abteilung *Anlagenplanung*, die systematisch den Bedarf feststellt.

2 Investitionsvorhaben festlegen

Anhand der von der Geschäftsleitung festgelegten Unternehmensziele und -strategien sind aus dem Investitionsbedarf tatsächliche Investitionsvorhaben abzuleiten. Priorität haben **unerlässliche Investitionen**. An zweiter Stelle folgen **erwünschte Investitionen**.

3 Investitionsziele festlegen

Für jedes Investitionsvorhaben sind die Investitionsziele exakt zu konkretisieren.
Bei **Finanzinvestitionen** ist dies relativ einfach. Das erstrebte Ziel ist eine möglichst hohe Rendite (prozentuale Verzinsung) des eingesetzten Kapitals (z. B. 10 %).
Bei **Sachinvestitionen** (v. a. Anlageinvestitionen) hingegen ist ein ganzes Zielbündel zu berücksichtigen:

- **Investitionszwecke** → Ersatz, Erweiterung, Rationalisierung, Modernisierung, Umstellung, Sicherung
- **ökonomische Ziele** → Rendite-(Rentabilitäts-)steigerung, Kostensenkung, schnellstmöglicher Kapitalrückfluss, Produktivitätssteigerung
- **technische Ziele** → z. B. Arbeitsgüte, Präzision, Geschwindigkeit, Bedienungsfreundlichkeit, Betriebssicherheit
- ggf. **soziale Ziele** → z. B. Sicherung von Arbeitsplätzen, Senkung der Unfallgefahr, Verbesserung der Arbeitsumgebung
- ggf. **ökologische Ziele** → Vermeidung von Umweltbelästigung (z. B. Lauferschütterung, Lärm- und Geruchsentwicklung, Wasser-, Luftverschmutzung)

Beispiel: Investitionsziele

1. Ersatz von Anlage XY
2. Anpassung an den technischen Fortschritt
3. Geräuschentwicklung ≤ 30 Dezibel
4. Verarbeitungsgenauigkeit mindestens 1 μ (1/1000 mm)
5. flexible Einsetzbarkeit
6. Der betreffende Produktionsbereich soll seine Engpasseigenschaft verlieren (Erweiterungsinvestition!)
7. Steigerung des Gewinns um mindestens 15 %

❹ **Begrenzende Daten ermitteln**

Daten, die die Investition begrenzen, können z. B. sein:
gesetzliche Vorschriften (Sicherheit, Umweltschutz); vorhandene bzw. beschaffbare Größen: Raum, Energieanschlüsse, Arbeitskräfte, Finanzierungsmittel.

❺ **Korrigierte Investitionsvorhaben festlegen**

Aufgrund der Begrenzungen müssen die Investitionsvorhaben ggf. korrigiert werden.

❻ **Investitionsgegenstände suchen**

Für die Suche nach zieloptimalen Investitionsgegenständen muss eine Vielzahl von Daten (= technische und wirtschaftliche Eigenschaften) der möglichen Gegenstände beschafft werden.

Beispiele: Eigenschaften von Investitionsgegenständen

- **Technische Eigenschaften**
  - Arbeitsgüte und -präzision
  - Bedienungsfreundlichkeit
  - Möglichkeiten des Einbaus von Vorrichtungen
  - Raumbedarf
  - Umweltverträglichkeit (z. B. Lauferschütterung, Lärm-, Geruchsentwicklung, Wasser-, Luftverschmutzung)
  - Betriebssicherheit
  - Energieaufnahme
  - notwendige Fundamentierung
  - und andere mehr
- **Wirtschaftliche Eigenschaften**
  - Lieferfristen der Hersteller
  - erforderliche Arbeitskräfte (Menge und Qualität)
  - notwendige Beschickungsmaterialien
  - mögliche Arbeitsorganisation
  - und andere mehr

❼ **Investitionsgegenstände beurteilen**

Die Eigenschaften werden mit den gesetzten Investitionszielen und den begrenzenden Daten verglichen:

- **Unerlässliche Eigenschaften** müssen vorhanden sein; andernfalls scheidet der Investitionsgegenstand aus.
- **Zusätzliche Eigenschaften** werden mit Bewertungszahlen versehen. Die Bewertungszahlen werden addiert.

❽ **Investitionsrechnungen vornehmen**

Außerdem sind quantifizierbare Daten zu ermitteln. Dazu gehören:

- der notwendige Kapitalbedarf (Einzelheiten siehe S. 588 ff.)
- die Nutzungsdauer
- die Ausbringungsmenge
- die entstehenden Aufwendungen und Erträge
- die entstehenden Ausgaben und Einnahmen
- der Restwert des eventuell aufgrund der Investition ausscheidenden Gutes
- der Restwert des Investitionsgegenstands am Ende der Nutzungsdauer
- die angestrebte Mindestrendite (sog. Kalkulationszinssatz)

Diese Daten werden für Investitionsrechnungen verwendet. Diese Rechnungen liefern Informationen darüber, in welchem Umfang die möglichen Investitionen Kosten einsparen, Gewinne und Rentabilität bewirken und sich amortisieren. (Einzelheiten siehe S. 591 ff.)

❾ **Investitionsentscheidungen vornehmen**

Die Entscheidung fällt sinnvollerweise zugunsten der Gegenstände mit den höchsten Bewertungszahlen und den besten Ergebnissen der Investitionsrechnungen.

❿ **Investitionsplan aufstellen**

Der Investitionsplan ist eine Aufstellung der für den Investitionszeitraum im Unternehmen geplanten Investitionen (siehe S. 588 f.).

Für die Investitionsplanung sind zwei weitere Sachverhalte wichtig:

- **Finanzierungssicherheit**
  Kapitalmangel kann eine gewünschte Investition verhindern oder begrenzen. Deshalb ist parallel zur Investitionsplanung für eine gesicherte Finanzierung zu sorgen. Die geplanten Investitionsausgaben gehen stets auch in die Finanzplanung ein.

Die **Finanzplanung** erfasst systematisch alle im Planungszeitraum erwarteten Einnahmen, Ausgaben und flüssigen Mittel. Sie ermittelt die Über- und Unterdeckung und plant einen Ausgleich zwischen Einnahmen und Ausgaben. (Einzelheiten siehe S. 635 ff.)

- **Risiko**
  Die vorhandenen und erzielbaren Informationen weisen oft Mängel auf:
  - **Unvollständigkeit:** Notwendige Informationen fehlen.
  - **Unbestimmtheit:** Die Aussage von Informationen ist unexakt.
  - **Unsicherheit:** Der Wahrheitsgehalt von Informationen ist begrenzt.

Beispiele: Informationsmängel

- Unvollständigkeit: Die tatsächliche Absatzmenge der erstellten Produkte ist unbekannt.
- Unbestimmtheit: Die Nutzungsdauer kann zwischen 6 und 10 Jahren liegen.
- Unsicherheit: Bedienungspersonal ist jederzeit verfügbar. Dies ist nur begrenzt sicher.

Die Folge sind Chancen und Risiken:

- **Chance:** Möglichkeit, die erwartete Zielerfüllung zu übertreffen
- **Risiko:** Möglichkeit, die erwartete Zielerfüllung zu verfehlen, und zwar durch
  (1) Wahl einer suboptimalen Alternative,
  (2) Wahl der optimalen Alternative, aber die Zielerfüllung bleibt unter der Erwartung

Zur Risikominimierung verwendet man z. B. **Entscheidungsbäume** (um Ergebnisse von Alternativen zu erkennen), **Wert- und Nutzwertanalysen** (um Alternativen zu bewerten) sowie die **Szenariotechnik** (um Entwicklungen abzuschätzen). Oft verzichtet man auf eine optimale Investition und begnügt sich mit einer „befriedigenden" Lösung.

Web

Zum Entscheidungsbaum und zur Szenariotechnik siehe im Ordner „Arbeitsmethoden" die Dateien *2 Visualisierungstechniken* und *5 Techniken zur Entscheidungsvorbereitung*. *M 587_1* *M 587_2*

Arbeitsaufträge

1. **Auf Seite 22 und 26 des Lehrbuchs sind die Phasen von Entscheidungsprozessen beschrieben.**
   a) Erkennen Sie in diesen Phasen den oben dargestellten Investitionsplanungsprozess wieder? Stellen Sie einen Vergleich an.
   b) Nennen Sie die Daten (Informationen), die speziell für Investitionsentscheidungen benötigt werden.

2. **Wie alle Entscheidungen, so sind auch Investitionsentscheidungen mit Risiken behaftet.**
   a) Nennen Sie mögliche Risiken.
   b) Geben Sie Möglichkeiten an, diese Risiken zu begrenzen.

3. **Der Automobilzulieferer Autotec GmbH stellt u. a. Gummimanschetten auf einer Anlage mit einer Jahreskapazität von 320 000 Stück her. Der Absatz an Gummimanschetten kann aufgrund eines langfristigen Lieferkontrakts im folgenden Jahr von 300 000 Stück auf 400 000 Stück steigen. Zurzeit liegen folgende Daten vor:**
   Fixe Kosten 100 000,00 EUR, variable Stückkosten 1,50 EUR; Stückerlös 2,20 EUR.
   In Zukunft kann nur noch ein Stückpreis von 2,00 EUR erzielt werden.
   a) Wird eine Investition erforderlich? Wenn ja, welche Art von Investition?
   b) Welche Ziele müssen unbedingt formuliert werden?
   c) Nennen Sie Daten, die die Investition begrenzen könnten.
   d) Unter welchen Aspekten sind geeignete Investitionsgegenstände zu suchen und zu beurteilen?

Es wird u. a. das Ziel „Steigerung des Gewinns um mindestens 20 %" gesetzt. Nach erfolgter Beurteilung kommen zwei gleichwertige Anlagen infrage:
Alternative 1: Fixe Kosten 250 000,00 EUR, variable Stückkosten 1,00 EUR;
Alternative 2: Fixe Kosten 180 000,00 EUR, variable Stückkosten 1,20 EUR.

e) Welche Anlagen erreichen die gesetzten Ziele?
f) Für welche Anlage sollte die Entscheidung fallen?

2.2 Ermittlung des Kapitalbedarfs

Die Lipfert GmbH will ihr Programm auf die Herstellung von Gartenmöbeln ausdehnen. Dazu soll eine Fertigungshalle auf dem Betriebsgrundstück gebaut werden. Bei der Investitionsplanung wird der Bedarf an Produktionsmitteln festgestellt. Man bezieht verschiedene Investitionsrechnungen ein um zu ermitteln, ob der Investitionsaufwand sich lohnen wird. Aus den anfallenden Zahlen ergibt sich der Kapitalbedarf für das Anlagevermögen. Außerdem wird der Kapitalbedarf für das Umlaufvermögen berücksichtigt, weil Werkstoffe, Zwischen- und Endprodukte bis zum Eingang der Kundenzahlungen vorfinanziert werden müssen.

Web

M 588 Sehen Sie sich zu diesem Kapitel auch die Exceldatei *Ermittlung des Kapitalbedarfs* an.

2.2.1 Kapitalbedarf für das Anlagevermögen

Der Kapitalbedarf für das Anlagevermögen wird aus den Anschaffungskosten der langfristig benötigten Wirtschaftsgüter einschließlich aller Nebenkosten errechnet. Er heißt Grundfinanzierung.

Anschaffungskosten

  Anschaffungspreis (Rechnungspreis)
− **Preisminderungen** (Rabatte, Skonti)
+ **Anschaffungsnebenkosten** (z. B. Begutachtung, Provisionen, Transport-, Verpackungs-, Versicherungs-, Montage-, Prüf-, Umbaukosten, Zölle und andere Einfuhrabgaben, bei Immobilien auch Notar- und Gerichtskosten, Grunderwerbsteuer)
+ **nachträgliche Anschaffungskosten** (z. B. Erschließungskosten, Kosten ergänzender Geräte)
= **Anschaffungskosten**

Zur Grundfinanzierung rechnet man auch den eisernen Bestand (Mindestlagerbestand) an Materialien, denn dieser ist wie das Anlagevermögen langfristig gebunden, und soll nicht angegriffen werden.

Beispiel: Investitionsplan mit Kapitalbedarf

Die Lipfert GmbH ermittelt die Einzelbeträge der Grundfinanzierung und trägt sie in den Investitionsplan ein.

Hans Lipfert GmbH							
Investitionsplan Jahr 20..						Kapitalbedarf	
Investitionsgegenstand	Menge	Plantermin	Neubeschaffung	Ersatzbeschaffung	Beschaffungsjahr Altanlage	Kapitalbedarf Neu	Kapitalbedarf Ersatz
Grundstücke und Gebäude							
Fertigungshalle für Gartenmöbel	1 Halle	März	x			650 000,00	
Zufahrtsstraße	25 m; 7 m br.	Juni	x			50 000,00	
Betriebsausstattung							
Holzpresse für Stilmöbel	1 Stück	Nov.		x	1993		60 000,00

CNC-Bandsägemaschine	1 Stück	Juli	x			90 000,00	
CNC-Fräse	2 Stück	Juli	x			80 000,00	
Bohrautomat	1 Stück	Juli	x			65 000,00	
Schleifautomat	1 Stück	Juli	x			60 000,00	
Wachsauftragsmaschine	1 Stück	Juli	x			75 000,00	
Montagewerkbank	2 Stück	Juli	x			40 000,00	
Werkzeugsatz Bandsäge	3 Sätze	Juli	x			8 000,00	
Werkzeugsatz Fräsen	6 Sätze	Juli	x			19 000,00	
Werkzeugsatz Bohrautomat	3 Sätze	Juli	x			7 000,00	
Schleifmaterial	s. Anlage 1	Juli	x			6 000,00	
Nebenkosten						30 000,00	
Mindestlagerbestand Material						10 000,00	
Transportmittel							
Gabelstapler	1 Stück	Juli	x			32 000,00	
Transportband	1 Stück	Juli	x			28 000,00	
Summe						**1 250 000,00**	**60 000,00**

Da erst nach der Produktionsaufnahme Kapital freisetzende Einnahmen entstehen, muss der Erstbedarf an Kapital voll durch Außenfinanzierung gedeckt werden.
In späteren Wirtschaftsjahren entsteht ein Folgebedarf für Ersatz-, Erweiterungs-, Rationalisierungs- und Modernisierungsinvestitionen. Er kann zumindest zum Teil mit Mitteln der Innenfinanzierung gedeckt werden.

2.2.2 Kapitalbedarf für das Umlaufvermögen

Um den Kapitalbedarf für das Umlaufvermögen zu ermitteln, müssen möglichst genaue Absatzprognosen vorliegen. Dann können Durchschnittswerte für die täglichen Produktionsmengen und Ausgaben berechnet werden. Die Ausgaben betreffen Material, Fertigungslöhne und die ausgabewirksamen Bestandteile der Gemeinkosten für Fertigung, Lagerung, Verwaltung und Vertrieb. Der Betrieb muss die Mittel dafür so lange bereitstellen, bis sie durch die Einnahmen aus dem Verkauf der Erzeugnisse gedeckt werden. Der zu überbrückende Zeitraum heißt **Kapitalbindungsdauer**. Zahlungsziele für Kunden verlängern, Lieferantenziele verkürzen ihn.

Beispiel: Kapitalbedarf für das Umlaufvermögen

Die Lipfert GmbH rechnet mit folgenden Zeiten:
- durchschnittliche Lagerdauer der Werkstoffe (LW) .... 15 Tage
- durchschnittliche Produktionsdauer (P) .... 3 Tage
- durchschnittliche Lagerdauer der Erzeugnisse (LE) .... 12 Tage
- durchschnittliches Lieferantenziel bei Skonto (LZ) .... 10 Tage
- durchschnittliches Kundenziel bei teilweisem Skonto (KZ) .... 15 Tage

Es ergeben sich folgende Zeiten für die Kapitalbindungsdauer.

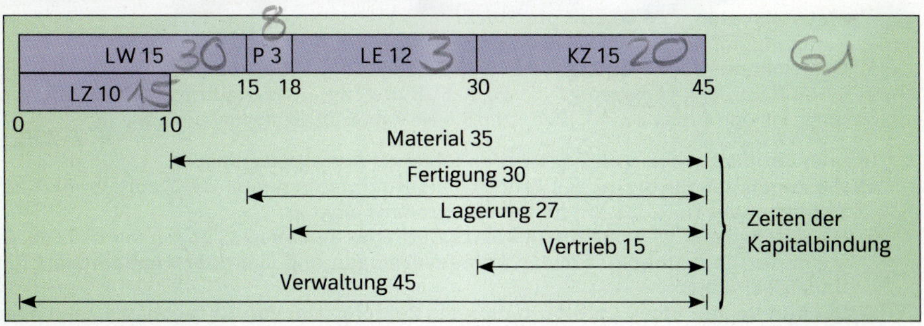

Geht man weiter davon aus, dass täglich 100 Stück produziert werden und dass pro Tag die in der folgenden Tabelle aufgeführten durchschnittlichen Ausgaben entstehen, so ergibt sich der Kapitalbedarf durch die Multiplikation dieser Ausgaben mit der jeweiligen Kapitalbindungsdauer:

	tägliche Ausgaben pro Stück (EUR)	Tagesbedarf (EUR)	Kapitalbindungsdauer (Tage)	Kapitalbedarf (EUR)
Material	20,00	2 000,00	35	70 000,00
Löhne	25,00	2 500,00	30	75 000,00
Gemeinkosten:				
Fertigung		1 500,00	30	45 000,00
Lagerung		100,00	27	2 700,00
Vertrieb		400,00	15	6 000,00
Verwaltung		300,00	45	13 500,00
Kapitalbedarf für das Umlaufvermögen:				212 200,00

Es gilt: **Kapitalbedarf für das Umlaufvermögen = Tagesbedarf · Kapitalbindungsdauer**

Diese Berechnung kann allerdings nur als Anhaltspunkt dienen. In der Praxis können sehr leicht Abweichungen von den geplanten Werten und Terminen auftreten. Stehen dann die Mittel für fällige Rechnungen nicht zur Verfügung, kann der Betrieb rasch in unangenehme Zahlungsschwierigkeiten geraten. Eine flexible Finanzplanung soll die ständige Zahlungsfähigkeit sichern. Dazu ist es nötig, Soll- und Istwerte häufig (z. B. monatlich) zu vergleichen und Abweichungen festzustellen.

Arbeitsaufträge

1. **Die Lipfert GmbH benötigt eine CNC-Bandsäge.**
   Angebotspreis 110 000,00 EUR frei Werk; 3 % Skonto bei Barzahlung; Montagekosten 5 000,00 EUR; Angebotspreis Absaugvorrichtung einschließlich Montage 25 000,00 EUR; Abnahmekosten der Anlage 1 000,00 EUR.
   Berechnen Sie den Kapitalbedarf für die Investition.

2. **Die Stahl GmbH & Co. KG will Staubsauger in ihr Produktionsprogramm aufnehmen. Dazu wären Anlageinvestitionen von 1,5 Mio. EUR nötig. Für das Umlaufvermögen wird mit folgenden Zielen gerechnet:**
   - **durchschnittliche Lagerdauer der Werkstoffe: .... 10 Tage**
   - **durchschnittliche Produktionsdauer: .... 3 Tage**
   - **durchschnittliche Lagerdauer der Fertigerzeugnisse: .... 10 Tage**
   - **Zahlungsziel der Kunden: .... 30 Tage**
   - **Zahlungsziel gegenüber den Lieferanten bei Skonto: .... 10 Tage**

   Die voraussichtliche Produktionsmenge beträgt 100 Stück pro Tag.
   Es wird mit folgenden Kosten gerechnet:
   - **Materialkosten: 60,00 EUR pro Stück**
   - **Fertigungslöhne: 80,00 EUR pro Stück**
   - **Gemeinkosten: Fertigung: 1 000,00 EUR pro Tag; Lagerung: 80,00 EUR pro Tag; Vertrieb: 300,00 EUR pro Tag; Verwaltung: 220,00 EUR pro Tag**

   Ermitteln Sie den Kapitalbedarf. (Benutzen Sie ein Tabellenkalkulationsprogramm.)

3. **In einer Berufsabschlussprüfung werden folgende Aussagen gemacht.**
   a) **Mit zunehmender Breite des Produktionsprogramms nimmt der Kapitalbedarf zu, mit zunehmender Tiefe des Produktionsprogramms sinkt er.**
   b) **Die durchschnittliche Lagerdauer eines Betriebes sinkt von 45 Tagen auf 35 Tage. Damit steigt der Kapitalbedarf für das Anlagevermögen und sinkt der Kapitalbedarf für das Umlaufvermögen.**
   c) **Die Kunden der Block GmbH erhalten ein Zahlungsziel von 30 Tagen, sie zahlen jedoch durchweg binnen 10 Tagen unter Ausnutzung von 3 % Skonto. Der tatsächliche Kapitalbedarf der Block GmbH ist deshalb größer als der geplante Kapitalbedarf.**

   Sind die Behauptungen richtig?

SECHSTER ABSCHNITT

2.3 Investitionsrechnungen

2.3.1 Dynamische und statische Investitionsrechnungen

Investitionsrechungen (Wirtschaftlichkeitsrechnungen) berechnen den wirtschaftlichen Vorteil von Investitionen. Sie sollen folgende Fragen beantworten:

- Ist eine beabsichtigte **Neu-, Ersatz-, Rationalisierungsinvestition** vorteilhaft?
- Welche Alternative ist bei der **Wahl zwischen mehreren Anlagen** vorteilhafter?

Dynamische Investitionsrechnungen beschreiben Investitionen durch Zahlungsreihen.

Beispiel: Rechenansatz der sog. Kapitalwertmethode (Beträge in EUR)

Anschaffungsauszahlung = 100 000,00 EUR; die Einzahlung in Jahr 5 enthält 40 000,00 EUR Resterlös.

Zeitpunkt (Jahresbeginn)	0	1	2	3	4	5
Einzahlungsreihe		25 000,00	40 000,00	60 000,00	70 000,00	95 000,00
Auszahlungsreihe	– 100 000,00	– 10 000,00	– 10 000,00	– 10 000,00	– 10 000,00	– 10 000,00
Überschussreihe	– 100 000,00	15 000,00	30 000,00	50 000,00	60 000,00	85 000,00

Die Anschaffungsauszahlung soll sich rentieren (lohnen). Die Rendite ergibt sich aus den Überschüssen. Ein früher Überschuss (z. B. im 1. Jahr) verzinst sich wieder und ist deshalb wertvoller als ein später Überschuss (z. B. im 5. Jahr). Um die Überschüsse vergleichbar zu machen, zinst man sie mit dem kalkulatorischen Zinssatz[1] auf den Zeitpunkt 0 ab (Ermittlung des Barwerts). Die Investition ist vorteilhaft, wenn die Summe aller Barwerte (der Kapitalwert) die Anschaffungsauszahlung übersteigt.

Statische Investitionsrechnungen arbeiten nicht mit Ein- und Auszahlungsreihen, sondern mit Werten der Kosten- und Leistungsrechnung (Kosten, Erlöse[2]) eines einzelnen repräsentativen Jahres. Für eine grobe Abschätzung der Wirtschaftlichkeit von Investitionen reicht dies in der Regel aus.

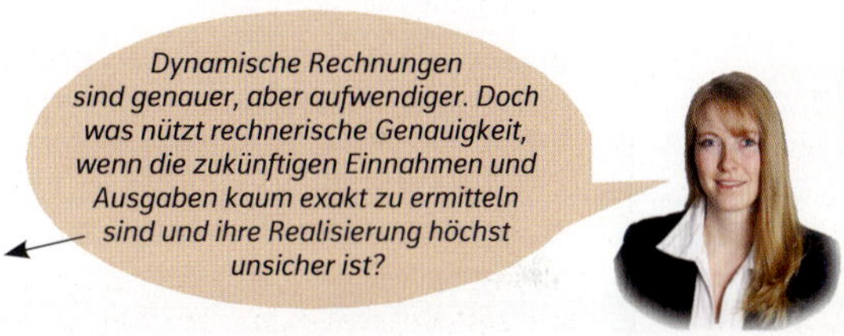

Man unterscheidet folgende Rechnungen:

- Kostenvergleichsrechnung
- Gewinnvergleichsrechnung
- Rentabilitätsvergleichsrechnung
- Amortisationsvergleichsrechnung

Web

Zu den folgenden Beispielen 1, 3, 4, 8, 9, 10, 11 finden Sie in der Datei *Investitionsrechnungen* Excel-Tabellen. Die Daten der Tabellenblätter sind miteinander verknüpft.

M 591

SECHSTER ABSCHNITT

2.3.2 Kostenvergleichsrechnung

Die Kostenvergleichsrechnung beurteilt Investitionsalternativen nur durch Vergleich ihrer Kosten. Deshalb werden bei allen Alternativen gleiche Produkterlöse vorausgesetzt.

Wichtiger Hinweis
Kalkulatorische Abschreibungen sind nach herrschender Lehrmeinung nicht auf der Basis des Anschaffungs-, sondern des **Wiederbeschaffungswerts** zu bilden. (Nur selten findet man die Ansicht, dies gelte auch für den Ansatz kalkulatorischer Zinsen.) Leider ist der Wiederbeschaffungswert zum Zeitpunkt der Investitionsentscheidung oft nicht hinreichend genau bestimmbar. Deshalb legt man **bei Investitionsrechnungen ersatzweise meist den Anschaffungswert** zugrunde. Wir handhaben dies im Folgenden ebenso.

[1] Der kalkulatorische Zinssatz orientiert sich am marktüblichen Zinssatz für langfristige Kredite.
[2] Man findet – seltener – auch Investitionsrechnungen, die mit Zahlen der Finanzbuchführung (Aufwendungen und Erträgen) operieren. Wir folgen hier dem üblichen Vorgehen mit Kosten und Erlösen.

Beispiel 1: Kostenvergleichsrechnung

(Wahl zwischen zwei Anlagen)

Daten der Anlagen		Anlage 1	Anlage 2
Nutzungsdauer	Jahre	10	10
kalkulator. Abschreibung	%	10	10
Anschaffungswert (A)	EUR	100 000,00	150 000,00
Restwert, geschätzt (R)	EUR	20 000,00	30 000,00
Maximalkapazität	Stück/Jahr	1 100	1 200
Ausbringungsmenge	Stück/Jahr	1 000	1 000
kalkulatorischer Zinssatz	%	8	8

Hinweis: Die kalkulatorischen Zinsen sind vom durchschnittlich gebundenen Kapital zu berechnen.

durchschnittlich gebundenes Kapital
= (Anschaffungswert + Restwert) / 2
= (Anschaffungswert – Restwert) / 2 + Restwert

Ableitung: $\frac{A+R}{2} = \frac{A-R+2R}{2} = \frac{A-R}{2} + \frac{2R}{2} = \frac{A-R}{2} + R$

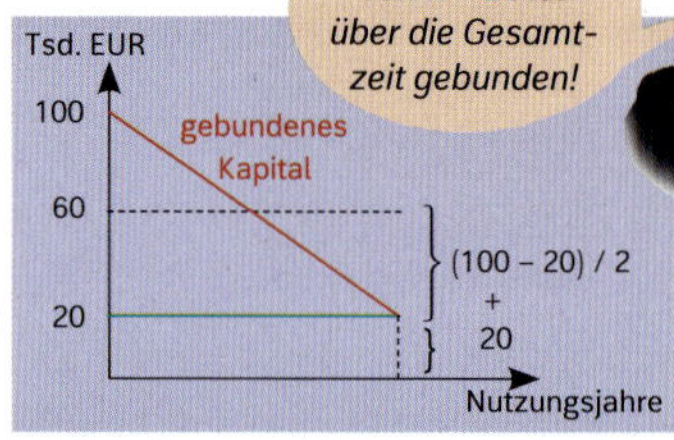

Berechnung der Kosten		Anlage 1	Anlage 2
Kapitaleinsatz = Anschaffungswert – Restwert	EUR	80 000,00	120 000,00
durchschnittlich gebundenes Kapital = (A + R) : 2	EUR	60 000,00	90 000,00
kalkulator. Abschreibung (10 % vom Kapitaleinsatz)	EUR/Jahr	8 000,00	12 000,00
kalkulatorische Zinsen (8 % vom durchschn. gebundenen Kap.)	EUR/Jahr	4 800,00	7 200,00
Wartungs-, Raum-, Versicherungskosten u. a.	EUR/Jahr	2 000,00	3 000,00
Summe Fixkosten	EUR/Jahr	**14 800,00**	**22 200,00**
Fertigungslöhne	EUR/Jahr	20 000,00	15 000,00
Fertigungsmaterial	EUR/Jahr	30 000,00	25 000,00
Energie, Hilfsstoffe u. a.	EUR/Jahr	10 000,00	5 000,00
Summe variable Kosten	EUR/Jahr	**60 000,00**	**45 000,00**
Gesamtkosten	EUR/Jahr	**74 800,00**	**67 200,00**
variable Stückkosten	EUR/Stück	60,00	45,00
gesamte Stückkosten	EUR/Stück	**74,80**	**67,20**

Der Vergleich kann auf der Basis von Gesamtkosten oder gesamten Stückkosten durchgeführt werden. In beiden Fällen ist Anlage 2 kostengünstiger. Sie ist Anlage 1 vorzuziehen.

SECHSTER ABSCHNITT

Für Investitionsentscheidungen sind in der Praxis nicht nur die Kosten für eine bestimmte Produktionsmenge wichtig. Vielmehr will man auch die **kritische Menge** wissen, bei der sich das Verhältnis der Vorteilhaftigkeit umkehrt (vgl. S. 130).

M 592 Web

Beispiel 2: *Kritische Menge* (Fortsetzung des obigen Beispiels)

Die Gesamtkosten betragen bei einer beliebigen Ausbringungsmenge x:

Anlage 1: $K_1 = 60x + 14\,800$
Anlage 2: $K_2 = 45x + 22\,200$

Bei der kritischen Menge sind die Gesamtkosten gleich:

$60x + 14\,800 = 45x + 22\,200$
$x = (22\,200 - 14\,800) / (60 - 45)$
$x \approx$ **493**

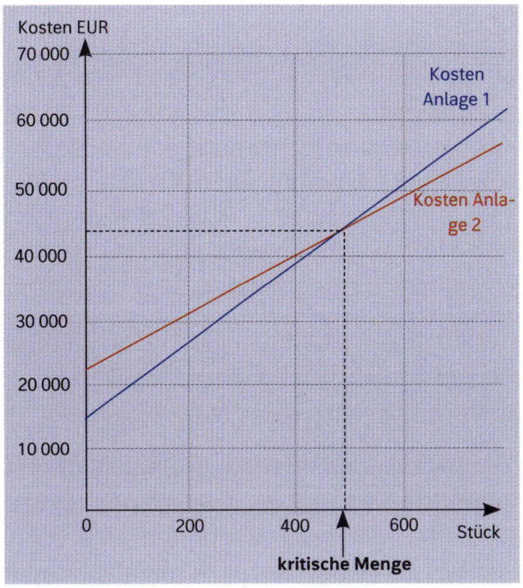

Hinweis:
Für die Anlagen können auch **unterschiedliche Ausbringungsmengen** geplant werden (z. B. für A1 1 000 Stück und für A2 900 Stück). Dann gilt:
Ein Kostenvergleich kann nur auf Stückkostenbasis durchgeführt werden.
Sinnvoller ist es jedoch, statt der Kosten- die Gewinnvergleichsrechnung anzuwenden. Begründung: Mengenänderungen wirken sich auch auf die Höhe des Erlöses aus.

Die Kostenvergleichsrechnung hilft auch bei der Beurteilung, ob der Ersatz einer teilabgeschriebenen Anlage vorteilhaft ist (Ersatz-, Rationalisierungsinvestition).

Voraussetzung: Mit der neuen Anlage werden gleiche Produkte und Ausbringungsmengen erstellt.

Im Ersatzfall muss ein nicht realisierbarer Restwert der bestehenden Anlage von der neuen Anlage mitverdient werden. Er ist deshalb deren Anschaffungswert zuzuschlagen, mitabzuschreiben und mitzuverzinsen. Umgekehrt ist ein Nettoresterlös abzuziehen.

Beispiel 3: Kostenvergleichsrechnung bei einer Rationalisierungsinvestition

Annahme: Ein Betrieb nutzt Anlage 1 aus Beispiel 1 sieben Jahre und hat sie auf den kalkulatorischen Restwert von 44 000,00 EUR abgeschrieben. Weiterhin ermittelt der Betrieb:

Anlage 1 (alt):

	kalkulatorischer Restwert	44 000,00
+	Abbruchkosten	5 000,00
–	ersparte Reparatur	4 000,00
–	Veräußerungserlös	36 000,00
=	nicht realisierbarer Restwert	9 000,00

Anlage 2 (neu):

Anschaffungswert	150 000,00
+ nicht realisierbarer Restwert von A1	9 000,00
= korrigierter Anschaffungswert	159 000,00

Es soll geprüft werden, ob ein Ersatz durch Anlage 2 zu diesem Zeitpunkt vorteilhaft ist.

Berechnung der Kostenersparnis		Anlage 1	Anlage 2
Kapitaleinsatz (neue Anlage) = 159 000,00 – 30 000,00	EUR	80 000,00	129 000,00
durchschnittl. gebundenes Kapital (neue Anlage) = (159 000,00 + 30 000,00) : 2	EUR	60 000,00	94 500,00
kalkulator. Abschreibung (10 % vom Kapitaleinsatz)	EUR/Jahr	8 000,00	12 900,00
kalkulatorische Zinsen (8 % vom durchschn. gebundenen Kap.)	EUR/Jahr	4 800,00	7 560,00
Wartungs-, Raum-, Versicherungskosten u. a.	EUR/Jahr	2 000,00	3 000,00
Summe Fixkosten	EUR/Jahr	**14 800,00**	**23 460,00**
Summe variable Kosten	EUR/Jahr	**60 000,00**	**45 000,00**
Gesamtkosten	EUR/Jahr	**74 800,00**	**68 460,00**
gesamte Stückkosten	EUR/Stück	**74,80**	**68,46**

Anlage 2 führt zu einer Kostenersparnis von 6 340,00 EUR. Die Investition erscheint vorteilhaft.

Man beachte: Investitionsentscheidungen nur aufgrund von Kostenvergleichen tragen ein hohes Risiko! Sinnvoll ist ein zusätzlicher Gewinnvergleich.

2.3.3 Gewinnvergleichsrechnung

Die Gewinnvergleichsrechnung beurteilt Investitionen anhand ihrer Gewinne. Bei Investitionsalternativen vergleicht sie die Gewinne.

Die Gewinnvergleichsrechnung baut auf der Kostenvergleichsrechnung auf. Sie bezieht nur zusätzlich die Leistungen (= Produkterlöse) mit in die Rechnung ein. Gleiche Gesamterlöse (Umsätze) werden nicht vorausgesetzt.

Die Erlöse können variieren durch
- **unterschiedliche Produktionsmengen** bei gleichem Stückpreis;
- **unterschiedliche Stückerlöse.** So lassen sich größere Mengen ggf. nur zu niedrigerem Stückpreis absetzen. Je nach Situation kann der Umsatz dann steigen oder fallen;
- **unterschiedliche Produktqualitäten**, die Preisabweichungen zulassen.

Sind die durchschnittlichen Kapitaleinsätze der Investitionsalternativen ungleich, lässt sich die Vergleichbarkeit durch eine **Differenzinvestition** herstellen: Es wird der zusätzliche Gewinn berücksichtigt, den das Anlegen des Differenzbetrages erbringt. Ist dafür keine konkrete Sachinvestition möglich, nimmt man an, dass der Betrag zum kalkulatorischen Zinssatz am Kapitalmarkt angelegt werden kann.

Beispiel 4: Gewinnvergleichsrechnung (Wahl zwischen zwei Anlagen)

Wir übernehmen die Anlagendaten, Fixkosten und variablen Stückkosten von Beispiel 1. Ausbringungsmenge auf Anlage 2 = 1 100 Stück; Stückerlös bei Anlage 1 = 90,00 EUR; Stückerlös bei Anlage 2 = 86,00 EUR.
Differenzinvestition: Die Differenz zwischen dem durchschnittlich gebundenen Kapital der beiden Anlagen (30 000,00 EUR) wird am Kapitalmarkt zum kalkulatorischen Zinssatz von 8 % angelegt und erbringt folglich einen Zusatzgewinn von 2 400,00 EUR.

Berechnung der Gewinns		Anlage 1	Anlage 2
Summe Fixkosten	EUR/Jahr	14 800,00	22 200,00
Summe variable Kosten	EUR/Jahr	60 000,00	49 500,00
Gesamtkosten	EUR/Jahr	74 800,00	71 700,00
Gesamterlös (Umsatz)	EUR/Jahr	90 000,00	94 600,00
Gewinn	EUR/Jahr	**15 200,00**	**22 900,00**
Gewinn aus der Differenzinvestition	EUR/Jahr	2 400,00	
Gesamtgewinn	EUR/Jahr	**17 600,00**	**22 900,00**

Anlage 2 erzielt einen Gewinnvorteil von 7 700,00 EUR. Auch nach Vornahme der Differenzinvestition bleibt noch ein Gewinnvorteil von 5 300,00 EUR. Anlage 2 ist folglich vorzuziehen.

Bei der Gewinnvergleichsrechnung kann man ebenfalls eine kritische Menge berechnen, bei der sich das Verhältnis der Vorteilhaftigkeit umkehrt:

Beispiel 5: Kritische Gewinnmenge

Der Gesamtgewinn beträgt bei einer beliebigen Menge x:

Anlage 1: $G_1 = 90x - (60x + 14\,800) + 2\,400$
Anlage 2: $G_2 = 86x - (45x + 22\,200)$

Bei der kritischen Menge sind die Gewinne gleich:

$$90x - (60x + 14\,800) + 2\,400 = 86x - (45x + 22\,200)$$

$$x = \frac{22\,200 - 14\,800 + 2\,400}{(86 - 45) - (90 - 60)}$$

$$\mathbf{x \approx 891}$$

Anlage 2 erzielt bei Mengen über 891 Stück einen höheren Gewinn.

Bei Ersatz-/Rationalisierungsinvestitionen werden gleiche Gesamterlöse unterstellt. Deshalb bringt die Gewinnvergleichsrechnung in diesen Fällen keine neuen Erkenntnisse gegenüber der Kostenvergleichsrechnung. Ein erzielter Gewinnzuwachs entspricht genau der erzielten Kostenersparnis.

Beispiel 6: Gewinnvergleichsrechnung bei einer Rationalisierungsinvestition
(Fortsetzung von Beispiel 3)

Die Absatzmenge betrage 1 000 Stück, der Stückerlös 90,00 EUR.

Berechnung des Gewinns		alte Anlage	neue Anlage
Gesamterlös	EUR/Jahr	90 000,00	90 000,00
Gesamtkosten	EUR/Jahr	74 800,00	68 460,00
Gewinn	EUR/Jahr	**15 200,00**	**21 540,00**

Das Ergebnis entspricht dem der Kostenvergleichsrechnung: Gewinnzuwachs = Kostenersparnis = 6 340,00 EUR. Dementsprechend steigt die **Wirtschaftlichkeit (Ergiebigkeitsgrad E)**:
$E_{alt} = 90\,000{,}00 / 74\,800{,}00 \approx 1{,}2$ $E_{neu} = 90\,000{,}00 / 68\,460{,}00 \approx 1{,}3$
Die Vornahme der Rationalisierungsinvestition erscheint vorteilhaft.

2.3.4 Rentabilitätsvergleichsrechnung

Die Rentabilitätsvergleichsrechnung beurteilt Investitionen anhand ihrer Rentabilität; bei Investititonsalternativen vergleicht sie die Rentabilitäten.

Auch die Rentabilitätsvergleichsrechnung ermittelt zunächst den Gewinn. Dann setzt sie den Gewinn in Beziehung zum durchschnittlich gebundenen Kapital. Das Ergebnis ist die Rentabilität (prozentuale Kapitalverzinsung). Die Kennzahl Rentabilität macht die Investition mit jeder anderen Anlagealternative vergleichbar.

- **Bruttorentabilität**
  Die Rentabilitätsvergleichsrechnung addiert oft die abgezogenen kalkulatorischen Zinsen wieder zum Gewinn hinzu. Die mit dieser korrigierten Gewinngröße errechnete Rentabilität heißt Bruttorentabilität. Sie zeigt an, wie viel Prozent der Kapitaleinsatz zur Deckung der kalkulatorischen Zinsen und zur Gewinnerzielung erwirtschaftet. Folglich gestattet sie einen direkten Vergleich mit den kalkulatorischen Zinsen, die der Kapitaleinsatz mindestens erzielen sollte.
- **Nettorentabilität**
  Der Nettorentabilität liegt der unkorrigierte Gewinn zugrunde. Sie gibt an, wie viel Prozent Gewinn die Investition nach Deckung der kalkulatorischen Zinsen erzielt.

$$R_{brutto} = \frac{\text{Gewinn + kalkulatorische Zinsen}}{\text{durchschnittlicher Kapitaleinsatz}} \cdot 100$$

$$R_{netto} = \frac{\text{Gewinn}}{\text{durchschnittlicher Kapitaleinsatz}} \cdot 100$$

SECHSTER ABSCHNITT

Beispiel 7: Brutto- und Nettorentabilität

erzielte Bruttorentabilität	38,44 %
kalkulatorischer Zinssatz (Mindestverzinsung)	8,00 %
erzielte Nettorentabilität (Übergewinn)	30,44 %

Die Investition erzielt eine Bruttorentabilität von 38,44 %. Diese liegt 30,44 Prozentpunkte (Nettorentabilität = 30,44 %) über der Mindestverzinsung (8 %).

Bei unterschiedlichem Kapitaleinsatz soll auch die Rentabilitätsvergleichsrechnung eine mögliche **Differenzinvestition** berücksichtigen.

Beispiel 8: Rentabilitätsvergleichsrechnung (Fortsetzung von Beispiel 4)

Rentabilitätsberechnung ohne Differenzinvestition		Anlage 1	Anlage 2
durchschnittlich gebundenes Kapital = (A + R) : 2	EUR	60 000,00	90 000,00
Gewinn	EUR/Jahr	15 200,00	22 900,00
Nettorentabilität	%	**25,33**	**25,44**
kalkulatorische Zinsen	EUR/Jahr	4 800,00	7 200,00
Gewinn vor Zinsen	EUR/Jahr	20 000,00	34 600,00
Bruttorentabilität	%	**33,33**	**33,44**

Die Bruttorentabilität übersteigt die Nettorentabilität um den Betrag des kalkulatorischen Zinssatzes (8 %).

Anlage 2 erwirtschaftet eine geringfügig höhere Rendite. Sie erscheint zunächst vorteilhafter.

Wegen der unterschiedlichen Kapitaleinsätze muss wiederum die Differenzinvestition von 30 000,00 EUR berücksichtigt werden (hier: Anlage am Kapitalmarkt zum kalkulatorischen Zinssatz von 8 %; Zusatzgewinn: 2 400,00 EUR).

Beachte: Diese Differenzinvestition ist eine Finanzinvestition. Anders als eine entsprechende Sachinvestition muss sie bei der Berechnung der Bruttorentabilität nicht kalkulatorische Zinsen von 8 % erwirtschaften. Deshalb beträgt der Unterschied zwischen Brutto- und Nettorentabilität bei Anlage 1 jetzt weniger als 8 %.

Rentabilitätsberechnung mit Differenzinvestition		Anlage 1	Anlage 2
gesamtes durchschnittlich gebundenes Kapital	EUR	90 000,00	90 000,00
Gewinn	EUR/Jahr	15 200,00	22 900,00
Zusatzgewinn aus Differenzinvestition	EUR/Jahr	2 400,00	
Gesamtgewinn	EUR/Jahr	17 600,00	22 900,00
Nettorentabilität	%	**19,56**	**25,44**
kalkulatorische Zinsen (nicht von der Differenzinvestition!)	EUR/Jahr	4 800,00	7 200,00
Gewinn vor Zinsen	EUR/Jahr	22 400,00	30 100,00
Bruttorentabilität	%	**24,89**	**33,44**

Anlage 2 erwirtschaftet auch unter Berücksichtigung der Differenzinvestition eine höhere Rendite. Sie erscheint vorteilhafter als Anlage 1.

Auch bei Ersatz-/Rationalisierungsinvestitionen baut die Rentabilitätsvergleichsrechnung auf der Gewinnvergleichsrechnung auf. Sie unterstellt dabei wiederum gleiche Gesamterlöse.

Eine höherer Gewinn aufgrund der Investition ist deshalb auch hier das Ergebnis einer Kosteneinsparung.

Beispiel 9: Rentabilitätsvergleichsrechnung bei einer Rationalisierungsinvestition (Fortsetzung von Beispiel 6)

Rentabilitätsberechnung		neue Anlage	alte Anlage
durchschnittlich gebundenes Kapital = (A + R) : 2	EUR	60 000,00	94 500,00
Gewinn	EUR/Jahr	15 200,00	21 540,00
Nettorentabilität	%	**25,23**	**22,79**
kalkulatorische Zinsen	EUR/Jahr	4 800,00	7 560,00
Gewinn vor Zinsen	EUR/Jahr	20 000,00	29 100,00
Bruttorentabilität	%	**33,23**	**30,79**

Der Ersatz der alten Anlage erscheint jetzt nicht mehr vorteilhaft. Zwar führt die Investition zu einer Gewinnsteigerung (siehe Beispiel 5), aber sie verlangt einen bedeutend höheren Kapitaleinsatz. Das Ergebnis ist eine niedrigere Rentabilität des eingesetzten Kapitals.

2.3.5 Amortisationsvergleichsrechnung

Die Amortisationsvergleichsrechnung ermittelt den Zeitraum, in dem die Anschaffungsauszahlung wieder zurückfließt (sich amortisiert). Dieser Zeitraum heißt Kapitalrückflusszeit (Wiedergewinnungszeit, Pay-off-Period).

Die Amortisationsvergleichsrechnung arbeitet als einziges statisches Verfahren grundsätzlich nicht mit Werten der Kosten- und Leistungsrechnung. Die Rückflüsse (Cashflow) werden vielmehr als Überschüsse von Einzahlungen (v. a. Produkterlösen) und Auszahlungen (z. B. Zinszahlungen) erfasst. Soweit sie nicht feststehen, werden sie geschätzt.

Bei Ersatz-/Rationalisierungsinvestitionen wird die Anschaffungsauszahlung um den Nettoresterlös der Altanlage gekürzt. Ein nicht realisierbarer Restwert ist zu addieren.

Kumulationsrechnung

Die Kumulationsrechnung erfasst die jährlichen Rückflüsse einzeln. Sie werden kumuliert (aufaddiert), bis die Höhe der Anschaffungsauszahlung erreicht ist.

Der Unternehmer schätzt das mit der Investition verbundene Risiko und legt eine diesem Risiko entsprechende **Sollrückflusszeit** fest.

Eine Investition gilt als günstig, wenn die errechnete Kapitalrückflusszeit kürzer ist als die Sollrückflusszeit.

Beispiel 10: Kumulationsrechnung

Folgende Anlagen sollen für eine Ersatzinvestition mit der Kumulationsrechnung auf ihre Vorteilhaftigkeit geprüft werden.

		Anlage 1	Anlage 2
Nutzungsdauer	Jahre	10	10
Anschaffungsauszahlung (A)	EUR	95 000,00	135 000,00
Resterlös der alten Anlage (R_{alt})	EUR	15 000,00	15 000,00
korrigierte Anschaffungsauszahlung ($A - R_{alt}$)	EUR	**80 000,00**	**120 000,00**
Sollrückflusszeit	Jahre	**4**	**4**

Rückflüsse	Anlage 1	kumuliert	Anlage 2	kumuliert
1. Jahr	24 000,00	24 000,00	26 000,00	26 000,00
2. Jahr	27 000,00	51 000,00	30 000,00	56 000,00
3. Jahr	32 000,00	**83 000,00**	50 000,00	106 000,00
4. Jahr	25 000,00	108 000,00	40 000,00	**146 000,00**
5. Jahr	25 000,00	133 000,00	45 000,00	191 000,00
6. Jahr	25 000,00	158 000,00	23 000,00	214 000,00
...	...	...	...	...

Beide Anlagen erfüllen die Anforderung der Sollrückflusszeit.
Bei Anlage 1 fließt die Anschaffungsauszahlung schon gegen Ende des 3. Jahres, bei Anlage 2 erst im 2. Quartal des 4. Jahres zurück. Insofern ist Anlage 1 als vorteilhafter anzusehen.

Durchschnittsrechnung

Vgl. hierzu S. 647 sowie Band 3 „Steuerung und Kontrolle", Sachwort „Cashflow-Analyse".

Die Durchschnittsrechnung greift wieder **hilfsweise** auf Werte der Kosten- und Leistungsrechnung zurück. Sie ermittelt den Kapitalrückfluss (Cashflow) von Einzelinvestitionen **näherungsweise** als Summe der zuzurechnenden Gewinn- und Abschreibungswerte. Die Kapitalrückflusszeit ergibt sich dann wie folgt:

$$\text{Kapitalrückflusszeit} = \frac{\text{korrigierte Anschaffungsauszahlung}}{\text{durchschnittl. (Jahresgewinn + kalkulatorische Abschreibung)}}$$

Dabei geht man davon aus, dass die im Gewinn enthaltenen Leistungen (v. a. Erlöse) und Kosten meist mit Ein- und Auszahlungen verbunden sind. Eine Ausnahme sind die als Kosten verrechneten Abschreibungen. Sie führen nicht zu Auszahlungen, sondern werden von den Kunden mit den Erlösen rückvergütet. Deshalb sind sie im Nenner zum Jahresgewinn hinzuzuaddieren.

Wenn man es genau nimmt, gilt dies auch für den Teil der kalkulatorischen Zinsen, der für die Finanzierung mit Eigenkapital verrechnet wird. Er ist ebenfalls zu addieren, wird aber in der Regel vernachlässigt.

Beispiel 11: Durchschnittsrechnung

Wir legen die Investitionsalternativen von Beispiel 10 zugrunde und ergänzen fehlende Zahlen:

		Anlage 1	Anlage 2
korrigierte Anschaffungsauszahlung ($A - R_{alt}$)	EUR	**80 000,00**	**120 000,00**
durchschnittlicher Gesamtgewinn (hier der ersten 4 Jahre)	EUR/Jahr	19 000,00	24 500,00
kalkulatorische Abschreibung bei 10 Nutzungsjahren	EUR/Jahr	8 000,00	12 000,00
Gewinn + Abschreibung	**EUR/Jahr**	**27 000,00**	**33 500,00**
Kapitalrückflusszeit = korr. Ansch.auszahl. : (Gewinn + Abschreibung)	Jahre	**2,96**	**3,29**

Die errechneten Kapitalrückflusszeiten entsprechen ungefähr denen in Beispiel 10 und führen zur gleichen Investitionsentscheidung.

Die Amortisationsrechnung ist in der Praxis verbreitet, weil sie einem gewissen Sicherheitsbedürfnis Rechnung trägt. Sie gewichtet aber die Investition mit schnellem Rückfluss schwerer als diejenige, die vielleicht erst nach Ablauf der Kapitalrückflusszeit starke Rückflüsse aufweist, und vernachlässigt somit ggf. wichtige Gewinne (vgl. die Rückflussentwicklung in Beispiel 10). Deshalb sollten auf jeden Fall ergänzend Gewinn- und Rentabilitätsgesichtspunkte herangezogen werden.

2.4 Investitionscontrolling

Das Controlling im Investitionsbereich muss Sorge tragen, dass die Investitionsplanung in allen Phasen ordnungsgemäß durchgeführt wird. Es stellt die Planungsinstrumente bereit (z. B. Entscheidungsbaum, Wertanalyse, Nutzwertanalyse, Szenariotechnik, Investitionsrechnungen, Kapitalbedarfsrechnungen) und überwacht ihren Einsatz.

Nach der Durchführung von Investitionen wertet das Controlling die Ergebnisse aus und stellt in Soll-Ist-Vergleichen fest, in welchem Ausmaß die gestellten Ziele (Produktivität, Wirtschaftlichkeit, Kosten, Gewinn, Rentabilität, Kapitalrückflusszeit) erreicht wurden. Dazu können die behandelten Investitionsrechnungen – diesmal mit Istwerten statt Planwerten – verwendet werden. Wie Produktivität, Wirtschaftlichkeit und Rentabilität überprüft werden können, haben wir schon im Zusammenhang mit dem Produktionscontrolling behandelt.

Lesen Sie noch einmal auf S. 213 ff. nach!

Arbeitsaufträge

1. **MGB will im Rahmen einer Produktionserweiterung zwei neue CNC-Maschinen für die Teilefertigung (Zahnräder) beschaffen. Drei Fabrikate kommen für die Auswahl infrage.**
   Die vorgesehene Ausbringungsmenge beträgt 25 000 Stück pro Maschine und Jahr. Es wird mit einer Nutzungsdauer von 12 Jahren gerechnet.
   Der kalkulatorische Zinssatz beträgt 7 %. Zu diesem Zinssatz kann jederzeit Kapital angelegt werden.
   Die mit Fabrikat 3 erzeugten Produkte können wegen besserer Qualität in der Kalkulation mit einem höheren Verrechnungspreis angesetzt werden.
   Das investierte Kapital soll binnen 6 Jahren zurückfließen.

Zusätzlich gelten folgende Angaben:

		Fabrikat 1	Fabrikat 2	Fabrikat 3
Anschaffungswert (zwei Maschinen)	EUR	400 000,00	420 000,00	430 000,00
kalkulierter Restwert	EUR	0,00	0,00	0,00
Fixkosten (neben Abschreibung und Zinsen)	EUR/Jahr	3 000,00	3 000,00	3 000,00
variable Stückkosten:				
Fertigungslöhne	EUR/Stück	0,50	0,50	0,50
Fertigungsmaterial	EUR/Stück	1,00	1,00	1,00
Energie, Hilfsstoffe, Reparaturmaterial	EUR/Stück	0,12	0,11	0,10
kalkulierter Produktwert	EUR/Stück	3,20	3,20	3,40

Benutzen Sie für folgende Aufgabenstellungen ein Tabellenkalkulationsprogramm.

a) Beurteilen Sie die Vorteilhaftigkeit der Investitionsalternativen mithilfe von Kosten-, Gewinn-, Rentabilitäts- und Amortisationsvergleichsrechnung.

b) Bestimmen Sie die kritischen Kosten- und Gewinnmengen rechnerisch.

c) Beurteilen Sie die Vorteilhaftigkeit der Investitionsalternativen erneut, wenn die Ausbringungsmenge mit Fabrikat 3 einerseits auf 60 000 Stück gesteigert werden kann, andererseits jedoch der kalkulierte Produktwert auf 3,25 EUR sinkt.

2. **Die Geller GmbH hat eine Produktionsanlage für Gummimanschetten zu fast 3/4 abgeschrieben und plant eine Rationalisierungsinvestition. Zwei Anlagen kommen als Ersatz infrage. Folgende Daten liegen vor:**

		alte Anlage	Anlage 1	Anlage 2
Anschaffungswert	EUR	1 100 000,00	1 300 000,00	1 500 000,00
voraussichtlicher Restwert	EUR	100 000,00	130 000,00	140 000,00
geplante Nutzungsdauer	Jahre	15	15	15
Fixkosten (neben Abschreibung und Zinsen)	EUR/Jahr	2 500,00	3 000,00	3 000,00
variable Stückkosten:				
Fertigungslöhne	EUR/Stück	4,00	3,00	3,00
Fertigungsmaterial	EUR/Stück	4,00	4,00	4,00
Energie, Hilfsstoffe, Reparaturmaterial	EUR/Stück	3,00	2,30	2,00
Ausbringungsmenge	Stück	100 000	100 000	100 000
Stückerlös pro Gummimanschette	EUR/Stück	13,00	13,00	13,00

Der kalkulatorische Zinssatz beträgt 6 %. Zu diesem Zinssatz kann jederzeit Kapital angelegt werden.

Kalkulatorischer Restwert der Altanlage: 366 666,67 EUR
Abbruchkosten: 10 000,00 EUR
Veräußerungserlös: 400 000,00 EUR

Benutzen Sie für folgende Aufgabenstellungen ein Tabellenkalkulationsprogramm.

a) Beurteilen Sie die Vorteilhaftigkeit der Investitionsalternativen mithilfe von Kosten-, Gewinn- und Rentabilitätsvergleichsrechnung.

b) Bestimmen Sie rechnerisch und zeichnerisch die kritischen Kosten- und Gewinnmengen.

Es wird mit folgenden jährlichen Kapitalrückflüssen (in TEUR) gerechnet:
Neuanlage 1: 290; 330; 370; 340; 330; 320; 320; 320; ...
Neuanlage 2: 300; 340; 400; 350; 340; 330; 330; 320; ...
Die Sollrückflusszeit soll maximal 5 Jahre betragen.

c) Vergleichen Sie die Vorteilhaftigkeit der Investitionsalternativen mithilfe der Amortisationsvergleichsrechnung. Wenden Sie dabei die Kumulationsrechnung sowie die Durchschnittsrechnung an.

d) Die Geschäftsleitung entscheidet sich für die Anschaffung von Anlage 2. Welche Aspekte hat sie damit verstärkt gewichtet?

Das Controlling stellt am Ende des Jahres der Anschaffung fest, dass die Lohnkosten um 4 % und die Materialkosten um 5 % gestiegen sind.

e) Ermitteln Sie die Auswirkungen auf Kosten, Gewinn, Rentabilität und Kapitalrückfluss.

SECHSTER ABSCHNITT

3 Finanzierungsarten

3.1 Entscheidungskriterien; Finanzierungsplan

Die Mittel für Investitionen können von außen zufließen oder von innen erwirtschaftet werden; sie können von den Eigentümern oder von Fremden zur Verfügung gestellt werden. Je nach der Situation kann sich eine bestimmte Finanzierungsart aufzwingen oder eine Wahlmöglichkeit bestehen. Gegebenenfalls schließt die Rechtsform des Unternehmens auch bestimmte Finanzierungsarten von vornherein aus.

Eine grundlegende Entscheidung betrifft die Wahl zwischen Eigen- und Fremdfinanzierung. Hierzu einige Entscheidungsmerkmale, die für Kapitalgeber und Kapitalnehmer gleichermaßen wichtig sind:

Merkmale	Eigenfinanzierung	Fremdfinanzierung
Dauer der Verfügbarkeit	unbegrenzt	beschränkt auf Kreditlaufzeit
Tilgung (= Rückzahlung)	nein	ja; mindert Liquidität (Verfügbarkeit flüssiger Mittel)
Zinszahlung	nein	ja; mindert ebenfalls Liquidität
weitere Aufwendungen	keine (Ausnahme: Kapitalgesellschaften)	zahlreich; z. B. Bankprovisionen; Notar-, Gerichtskosten; Kosten für Stellung von Sicherheiten
Haftung	Eigenkapital haftet für Unternehmensschulden	Fremdkapital haftet nicht für Unternehmensschulden
Stellung von Sicherheiten	nein	ja; schränkt Verfügungsgewalt über betroffene Gegenstände ein
Gewinnbeteiligung	ja	nein
Verlustbeteiligung	ja	nein
steuerliche Behandlung	nicht als Betriebsaufwand absetzbar	als Betriebsaufwand absetzbar
Entscheidungsfreiheit	neue Gesellschafter entscheiden mit	keine Einschränkung durch Fremdkapital

Unter Berücksichtigung dieser Entscheidungsmerkmale ist für konkrete Investitionsvorhaben ein Finanzierungsplan aufzustellen. Er enthält die Finanzierungsmittel.

Beispiel: **Finanzierungsplan der Möbelfabrik Lipfert (Fortsetzung von S. 588)**

Lipfert GmbH

Finanzierungsplan

Zugrunde liegender Investitionsplan: Jahr 20..

Kapitalbedarf Anlagegüter und Mindestlagerbestand Material	1 310 000,00	
Finanzierungsmittel:		
Entnahme aus Kapitalrücklagen		900 000,00
Grundschulddarlehen der Industriebank		410 000,00
Kapitalbedarf Umlaufvermögen:	212 200,00	
Finanzierungsmittel:		
Lieferantenziele		190 000,00
Kontokorrentkredit der Industriebank		22 200,00
Summe:	1 522 200,00	1 522 200,00

SECHSTER ABSCHNITT

Die vollständige und pünktliche Bereitstellung der Finanzierungsmittel ist sorgfältig zu planen. Ohne diese Mittel sind die Investitionsvorhaben gefährdet.

3.2 Außenfinanzierung mit Eigenkapital (Einlagenfinanzierung)

Bei der Außenfinanzierung mit Eigenkapital führen die Eigentümer des Unternehmens Einlagen zu. Auch spätere Beteiligungen von Gesellschaftern sind Einlagen.

Anlässe für die Zuführung von Einlagen können sein:
- Gründung,
- Geschäftserweiterung,
- Modernisierung,
- Rationalisierung,
- Fusion,
- Änderung der Rechtsform,
- Sanierung (Ausgleich von Verlusten, Erreichen des Mindestkapitals).

3.2.1 Gesetzliche Vorschriften zur Mittelzuführung

Je nach Rechtsform wird das Eigenkapital in der Bilanz unterschiedlich ausgewiesen.

Eigenkapital	
Einzelunternehmen und Personengesellschaften	**Kapitalgesellschaften**
Die Bilanz weist das Eigenkapital in einem einzelnen Posten aus. (Ausnahme: Kommanditeinlagen sind gesondert auszuweisen.)	Die Bilanz weist das Eigenkapital in getrennten Positionen aus: – Gezeichnetes Kapital – Rücklagen – Gewinn-/Verlustvortrag – Jahresüberschuss (oder Bilanzgewinn)

Die Aufgliederung des Eigenkapitals bei Kapitalgesellschaften ist durch die **Haftungsbeschränkung** der Gesellschafter bedingt. Der Gesetzgeber will

- verhindern, dass das gezeichnete Kapital/Geschäftsguthaben vermindert wird,
- eine saubere Trennung erreichen von
  - gezeichnetem Kapital/Geschäftsguthaben,
  - zugewachsenem Kapital (Rücklagen),
  - für Verwendung vorgesehenem Kapital (Jahresüberschuss, Gewinnvortrag) bzw. ausschüttbarem Kapital (Bilanzgewinn).

Mittelzuführung bei wichtigen Rechtsformen
Einzelunternehmen Der Einzelunternehmer kann sein Betriebsvermögen durch beliebig hohe Geld- oder Sacheinlagen vergrößern. Sein Privatvermögen setzt die Grenzen. Er bestimmt auch über die Kapitalentnahmen.
Offene Handelsgesellschaft Die Gesellschafter legen im Gesellschaftsvertrag Art und Höhe der Einlagen fest (ohne besondere Vereinbarung: gleich hohe Einlagen). Kein Gesellschafter muss seinen Kapitalanteil erhöhen. Er darf ihn auch nicht eigenmächtig erhöhen. Sein Gewinnanteil erhöht ihn automatisch. Die Privatentnahmen (HGB: jährlich bis 4 % des Kapitalanteils) mindern ihn. Der Gesellschaftsvertrag kann in allen Punkten andere Regelungen vorsehen. Er kann z. B. auch eine Nachschusspflicht vorsehen. Werden neue Gesellschafter aufgenommen, müssen ihre Kapitalanteile neu festgelegt werden.
Kommanditgesellschaft Für die Vollhafter gelten die gleichen Bestimmungen wie für die OHG-Gesellschafter. Kommanditisten erbringen eine feste Einlage. Gewinnanteile mehren sie nicht. Eine Änderung von Kommanditeinlagen erfordert eine Änderung des Gesellschaftsvertrags und der Eintragung im Handelsregister.
Gesellschaft mit beschränkter Haftung Die Satzung legt die Höhe des Stammkapitals (mindestens 25 000,00 EUR) und der einzubringenden Geschäftsanteile (mindestens 1,00 EUR) fest. Nicht entnommene Gewinne werden durch Gesellschafterbeschluss den Rücklagen oder dem Gewinnvortrag zugeführt. Die Satzung kann für den Fall späteren Kapitalbedarfs eine beschränkte oder unbeschränkte Nachschusspflicht vorsehen. Eine Erhöhung des Stammkapitals mittels Ausgabe von Geschäftsanteilen an die alten Gesellschafter oder an neue bedarf einer Satzungsänderung (Gesellschafterbeschluss mit ¾-Mehrheit der Geschäftsanteile erforderlich). Das jeweilige Stammkapital ist ins Handelsregister einzutragen.
Aktiengesellschaft Die Satzung legt die Höhe des Grundkapitals (mindestens 50 000,00 EUR) und des Wertes der Aktien (mindestens 1,00 EUR) fest. Die Kapitalzuführung erfolgt durch den Kauf der Aktien durch die Aktionäre. Nicht entnommene Gewinne werden den Rücklagen oder dem Gewinnvortrag zugeführt. Eine Erhöhung des Grundkapitals mittels Ausgabe junger (neuer) Aktien bedarf einer Satzungsänderung (HV-Beschluss mit ¾-Mehrheit der anwesenden Aktienanteile erforderlich). Das jeweilige Grundkapital ist ins Handelsregister einzutragen. Die HV kann auch eine Kapitalherabsetzung (Rückzahlung an die Aktionäre) beschließen. (Zur Aktie als Wertpapier siehe auch die Datei Wertpapiere.)

Web M 602

SECHSTER ABSCHNITT

3.2.2 Beurteilung der Außenfinanzierung mit Eigenkapital

Die Einlagenfinanzierung bietet die typischen Vorteile der Eigenfinanzierung:

- unbegrenzte Verfügbarkeit, keine Rückzahlungsverpflichtung
- keine Belastung mit Tilgung und Zinsen, also keine Beeinträchtigung der Liquidität
- Eigentümer entscheiden über Eigenkapitalverzinsung durch Gewinnausschüttung (Ausnahme AG: Vorstand und Aufsichtsrat können unter festgelegten Umständen bis zu 50 % des Jahresüberschusses in die Rücklagen einstellen)
- Eigenkapital = haftendes Kapital; Erhöhung der Kreditwürdigkeit

Die Finanzierung durch Beteiligung hängt stark von der Rechtsform ab:

Vollhafter (Einzelunternehmer, OHG-Gesellschafter, Komplementäre) haben das Recht, die Geschäfte zu führen und die Firma zu vertreten. Sie werden es sich gründlich überlegen, ob sie durch Aufnahme neuer Gesellschafter zu einer großen Beeinträchtigung ihrer eigenen Rechte bereit sind und ob das unbedingt nötige Vertrauensverhältnis gewährleistet ist.

Teilhafter (Kommanditisten) haben nur beschränkte Mitsprache- und Kontrollrechte. Sie sind in der Regel nur dann „zu bekommen", wenn es dem Unternehmen gut geht und eine höhere Verzinsung der Kapitalanlage als auf dem Kapitalmarkt erzielt wird. Fremdkapital ist folglich in diesem Fall kostengünstiger zu erhalten, verpflichtet aber, wie schon gesagt, auch bei einer Verschlechterung der Geschäftslage zu Zins- und Tilgungszahlungen.

GmbH: Neue Gesellschafter sind oft nur zu erhalten, wenn sie mehr als 50 % der Geschäftsanteile bekommen und so entscheidend Einfluss nehmen können.

Beispiel: Kapitalbeteiligung

Die Maschinenfabrik Hörner GmbH stellt Walzwerke her. Die Produktion muss aufgrund des zunehmenden Wettbewerbs immer mehr vorfinanziert werden. Da es sich oft um Beträge von 100 Millionen EUR und mehr handelt, reicht die Finanzkraft des mittelständischen Unternehmens nicht mehr aus. Ein Großkonzern beteiligt sich mit 51% der Geschäftsanteile.

AG: Sie hat die größten Vorteile. Sie kann durch die Ausgabe junger Aktien leicht große Kapitalmengen erhalten. Kapitalanleger sind verhältnismäßig leicht zu finden, weil die Aktie beweglich ist und jederzeit verkauft werden kann, ein Vorgang, von dem die AG selbst nicht berührt wird.

3.2.3 Private Equity

Vor allem für mittelständische Unternehmen ist es schwer, Kapital zu beschaffen, wenn die Geschäfte schlecht laufen. Private-Equity-Fonds nutzen diese Situation. Sie sind Fondsgesellschaften, die von privaten und institutionellen Anlegern (Banken, Versicherungen, Investmentfonds) finanziert werden. Sie stellen – meist über spezielle Private-Equity-Gesellschaften – privates Beteiligungskapital (private equity) zur Verfügung (Gegensatz: public equity = Aktienkapital). Meist gehen sie wie folgt vor:

Das Unternehmen kaufen – umstrukturieren – sanieren – mit Gewinn verkaufen.

Häufig werden auf diese Weise Unternehmen vor der Insolvenz gerettet. Es kommt aber auch vor, dass die Finanzinvestoren mit geliehenem Kapital gut gehende Unternehmen kaufen und ihnen die kompletten Schuldenlasten für das Kapital aufbürden. Läuft die Investition dann nicht wie erwartet, wird das Unternehmen geschwächt, muss Arbeitskräfte entlassen und wird ggf. zahlungsunfähig.

Eine Sonderform ist **Venture Capital** (Risikokapital). Der Hintergrund ist: Zu gründende oder soeben gegründete Unternehmen erhalten wegen des erhöhten Risikos von Banken oft keinen Kredit. Die Finanzinvestoren beteiligen sich für eine begrenzte Zeit und statten überdies die unerfahrenen Unternehmensgründer mit Management-Know-how aus. Ob die Beteiligung letztendlich Erfolg bringt, ist zu Beginn nicht abzusehen. Das Risiko kann zum Totalverlust des Kapitals führen. Im Falle des Gelingens entsteht jedoch in aller Regel ein sehr hoher Gewinn.

Arbeitsaufträge

1. **Aussagen über die Außenfinanzierung mit Eigenkapital:**
   a) **OHG und KG haben ein festes Grundkapital, das von den Gesellschaftern aufgebracht wird.**
   b) **Die Rücklagen weisen bei einer Kapitalgesellschaft das zugewachsene Kapital aus.**
   c) **Eine Kapitalerhöhung erfolgt bei einer GmbH durch Privateinlagen der Gesellschafter, die ihre Stammeinlage mehren.**
   d) **Die Höhe des gezeichneten Kapitals ist bei einer AG durch die Satzung festgelegt.**
   e) **Eine Kapitalerhöhung stellt eine Zuführung von Gewinnen zu den Rücklagen dar.**
   f) **Wenn Aktien unter pari ausgegeben werden, bedeutet dies eine Kapitalherabsetzung.**
   g) **Ein Agio bei der Ausgabe von Aktien wird in die Kapitalrücklage eingestellt.**
   h) **Kapitalerhöhungen werden vom Vorstand der AG beschlossen.**

   Welche dieser Aussagen sind richtig, welche falsch?

2. **Herr Mager ist Inhaber einer Textilfabrik. Er benötigt für eine Geschäftserweiterung dringend neues Kapital in Höhe von 600 000,00 EUR. Ein Kredit würde ihn zu sehr mit Zins- und Tilgungszahlungen belasten. Er sucht Gesellschafter und denkt**
   a) **an die Gründung einer OHG,**
   b) **an die Gründung einer GmbH.**

   Wie vollzieht sich in beiden Fällen die Kapitalbeschaffung und welche Vor- und Nachteile ergeben sich jeweils für Herrn Mager?

3. **Auszug aus der Tagesordnung der Hauptversammlung einer AG:**

   ...
   3. **Vorstand und Aufsichtsrat schlagen vor, das gezeichnete Kapital gegen Bareinzahlung wie folgt zu erhöhen:**
      Das Grundkapital von 1189 086 000,00 EUR wird um 169869500,00 EUR auf 1358 955 500,00 EUR durch Ausgabe neuer auf den Inhaber lautender Stammaktien gegen Bareinzahlung mit halber Dividendenberechtigung für 20.. zu pari erhöht.
      Die neuen Aktien werden von einem Konsortium unter Führung der Deutschen Bank AG mit der Verpflichtung übernommen, den Aktionären im Verhältnis 7:1 neue Aktien zum Ausgabepreis von 10,00 EUR je Aktie im Nennbetrag von 1,00 EUR zum Bezug anzubieten.
   4. **Vorstand und Aufsichtsrat schlagen vor, § 3 der Satzung (gezeichnetes Kapital) an die neuen Kapitalverhältnisse wie folgt anzupassen ...**

   a) Nennen Sie zwei Gründe für eine Kapitalerhöhung.
   b) Wie viele alte Aktien muss ein Aktionär besitzen, um eine neue Aktie erwerben zu können?
   c) Welche Möglichkeiten hat ein Aktionär, der nur 4 alte Aktien besitzt?
   d) Wie erklärt es sich, dass eine Aktie mit 1,00 EUR Nennwert zu 10,00 EUR angeboten wird?
   e) Welche Bilanzpositionen nehmen das neue Eigenkapital der AG auf?

4. **Die Prüfer KG ist in Zahlungsschwierigkeiten. Sie inseriert in der Zeitung: „Kommanditeinlage gesucht ...“**
   a) Wie beurteilen Sie die Chance, die gewünschte Einlage zu erhalten?
   b) Welche anderen Finanzierungsmöglichkeiten stehen noch offen?

3.3 Außenfinanzierung mit Fremdkapital (Kreditfinanzierung)

Bei MGB ist Zahltag. 624 000,00 EUR an Löhnen und Gehältern sind auszuzahlen. Einen solch hohen Betrag weist das Bankkonto zurzeit nicht auf. Trotzdem überweist die Bank das Geld im Rahmen eines bestehenden Kontokorrentkredits. Auch für Wareneinkäufe wird das Konto häufig überzogen.
In den nächsten Tagen ist die Anschaffung eines Lkws im Wert von 90 000,00 EUR fällig. Hierfür stellt die Bank ein Darlehen in Höhe von 70 000,00 EUR zur Verfügung.

3.3.1 Kredit

Das Eigenkapital reicht i. d. R. nicht aus, um alle Gegenstände des Anlage- und Umlaufvermögens zu finanzieren. Es werden zusätzlich Kredite benötigt.

Ein Geldkredit (§ 488 BGB) ist ein zeitweise überlassener Geldbetrag. Als Preis für die Überlassung ist i. d. R. ein Zins zu zahlen. Kredite stellen Verbindlichkeiten dar.

Unternehmen benötigen v. a. **Betriebskredite** zur Deckung von vorübergehendem Geldbedarf (Einkäufe, Lohnzahlungen) und **Investitionskredite** zum Kauf von Anlagegegenständen.

Kreditgeber können sein:
- Lieferanten → Einräumung eines Zahlungsziels (Zahlungsfrist),
- Banken → Gewährung von Darlehen und Kontokorrentkrediten,
- Kunden → Anzahlungen und Vorauszahlungen,
- Staat → Gewährung von Förderdarlehen,
- Kapitalanleger → Kauf von Unternehmensanleihen.

Web

M 605

Das Infomaterial Kreditarten gibt Ihnen eine Übersicht über Kreditarten nach unterschiedlichen Gesichtspunkten.

3.3.2 Bonitätsprüfung

Unternehmen nehmen im Wesentlichen Kredite von zweierlei Kreditgebern in Anspruch:
- von **Lieferanten** in Form von Zahlungszielen,
- von **Kreditinstituten** in Form von Kontokorrentkrediten und Darlehen.

Beide sind daran interessiert, die Bonität (Kreditwürdigkeit) des Kreditnehmers zu prüfen.

Der Kreditnehmer gilt als kreditwürdig, wenn
- **er den Kredit vereinbarungsgemäß verzinsen und tilgen kann,**
- **eine Kreditauskunft positiv ist,**
- **er die geforderten Sicherheiten stellen kann.**

Der Kreditgeber wird **Auskünfte** über den Kreditnehmer einholen. Dafür bieten sich an: öffentliche Register (Handelsregister, Schuldnerverzeichnis), Auskunfteien, Geschäftsfreunde, Banken des Kreditnehmers. Banken geben allerdings nur sehr begrenzte Auskünfte; Geschäftsfreunde sind wenig geneigt, negative Sachverhalte preiszugeben.

Wirtschaftsauskunfteien liefern gegen Bezahlung verlässlichere Informationen. Sie sind an vielen Kunden interessiert. Deshalb müssen die Auskünfte zutreffen. Die Auskunfteien verwerten täglich Informationen von IHKs, aus öffentlichen Registern, Insolvenzverfahren, Zeitungen, Geschäftsberichten, Bilanzveröffentlichungen und Recherchen (z. B. Befragungen).

SECHSTER ABSCHNITT

Vier bekannte Auskunfteien sind: Creditreform, Schimmelpfeng, Deltavista und Bürgel. Die Banken und die Kredit gebende gewerbliche Wirtschaft unterhalten eine eigene Auskunftseinrichtung: die SCHUFA (**Schu**tzgemeinschaft **f**ür **a**llgemeine Kreditsicherung unter dem Dach der Schufa Holding AG). Diese speichert Privatkredite sowie Unregelmäßigkeiten bei Kreditbedienung und Zahlungsverkehr und gibt auf Anfrage Auskunft.

Die Banken müssen strenge Anforderungen an die Bonität von Unternehmen als Kreditnehmer stellen. Dies führt auch dazu, dass ein Unternehmen mit schlechterer Bonität mit schlechteren Kreditkonditionen, insbesondere höheren Zinsen, bedient wird.

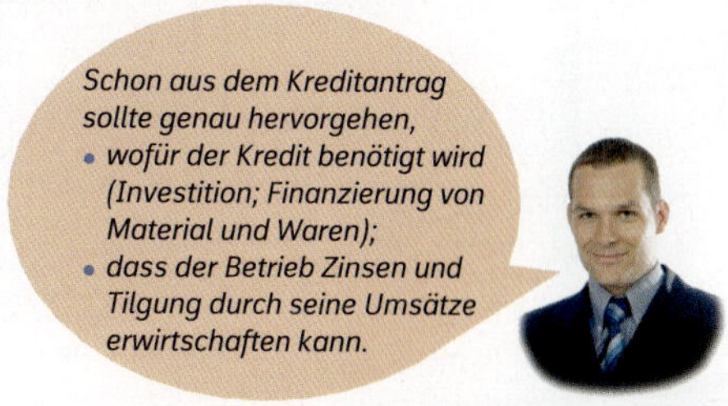

Die Banken beurteilen die Kreditwürdigkeit anhand eines verbindlichen Prüfverfahrens, das **Rating** genannt wird (engl. to rate = bewerten, einschätzen). Ein Unternehmen bekommt nur Kredit, wenn es das Rating durchlaufen hat.

Die Grundlage des Ratings bilden interne Daten des Unternehmens sowie externe Wirtschaftsinformationen (z. B. Branchenanalysen). Die Unternehmen müssen auch ihr Geschäftskonzept (Businessplan) vorlegen und darin ihre Ziele, Strategien und Maßnahmen darstellen.

Wichtige Ratingfaktoren

- **Sog. „harte Faktoren":**
  - Finanzwirtschaft
  - Branchenrisiko
  - Geschäftsprofil und Wettbewerbsposition
  - Jahresabschluss, Kapitalanlagen und -ausstattung, Liquidität
  - Marktanalyse
  - Produkte und Dienstleistungen
- **Sog. „weiche Faktoren":**
  - Managementqualität
  - Unternehmensstrategien
  - Personalpolitik
  - Organisationsstrukturen

Ein gutes Prüfungsergebnis bedeutet:

- Der Kreditnehmer gilt als zuverlässig, geschäftstüchtig, branchenkundig, fleißig (**persönliche Kreditwürdigkeit**),
- Die wirtschaftlichen Verhältnisse des Kreditnehmers sind geordnet, die Vermögenslage gilt als gut, der Betrieb hat eine ordentliche Führung und Verwaltung (**sachliche Kreditwürdigkeit**).

Beispiel: Kreditauskunft

Ort: 41462 Neuss
Z. u. H. Nr.: 05-6048
Kontroll-Nr.: Ze BU
Ihr Zeichen: La
Datum: 15. Dezember 20..
Nr.: BT 0/228/49/D/2f

Kredinfo GmbH

Stechmann & Co. GmbH
Königsallee 25
80333 München

Betr.:
Kurt Busch
Fabrik chemischer Rohstoffe GmbH
Peterstr. 40
41462 Neuss

Hinweis	Rubrik	Angaben
Unternehmensform und Alter	Rechtsform	GmbH
	Gründung	02.01.1938 als Einzelfirma, 07.08.1952 als GmbH
	Handelsregister	20.10.1952, Ag Neuss, HRB 510
	Gesellschafter	Kurt Busch sen., Neuss 500 000,00 EUR Dr. Jürgen Busch, Neuss 250 000,00 EUR Dr. Kurt Busch jun., Neuss 200 000,00 EUR
	Stammkapital (gezeichnetes Kapital)	950 000,00 EUR
Haftungsverhältnisse	Geschäftsführer	Kurt Busch sen., geb. 20.02.1950, verheiratet, Akazienallee 14, Neuss, gute Beurteilung
Produktion und Branche	Allgemeines	Produktion von Lackkunstharzen, Kunststoffbändern, -verpackungen und ähnlichen Artikeln Vertrieb erfolgt zum Teil über Firma Mahlendorf Handel & Co., Neuss
Größe der Belegschaft	Mitarbeiter	ca. 30 Angestellte, ca. 130 Arbeiter
Umsätze	Jahresumsatz	20.. ca. 38,0 Mio. EUR, Vorjahr ca. 36,0 Mio. EUR
mögliche Sicherheiten und	Immobilien	Eigentum der Firma Betriebsgrundstück und -gebäude, ca. 6 800 m^2, zur Hälfte bebaut, Verkehrswert ca. 10,0 Mio. EUR, angeblich geringe Belastung
Betriebsmittel	Aktiva	Betriebseinrichtung: maschinelle Anlagen, Forschungslabor, 2 Tankwagen, 2 Lkw, 10 Pkw, Zeitwert ca. 7,0 Mio. EUR Material- und Warenlager ca. 5,0 Mio. EUR Außenstände ca. 6,5 Mio. EUR GmbH ist mit 140 000,00 EUR Kommanditistin der Firma Mahlendorf Handel & Co., Neuss
Verpflichtungen Ihres Geschäftspartners	Passiva	Lieferantenverbindlichkeiten nach Eigenangaben 3,6 Mio. EUR Bankkredit auf gedeckter Basis in unbekannter Höhe steht zur Verfügung
etwaige zusätzliche Sicherheiten	Anmerkung	nicht haftendes Immobilienvermögen von Kurt Busch sen. Bürokomplex Cantadorstr. 10, 40211 Düsseldorf, Verkehrswert ca. 1,0 Mio. EUR, Belastung unbekannt Überprüfung sämtlicher Angaben zum Immobilieneigentum durch Grundbucheinsicht nicht möglich
Bankverbindung	Banken	Sparkasse Neuss Commerzbank AG, Neuss
Zahlungsweise	Zahlungsweise	vereinbarungsgemäß, teils mit Skonto
Zulässigkeit eines Kredits	Kreditfrage	200 000,00 EUR (zweihunderttausend) zulässig

Im Interesse einer objektiven Auskunftserteilung bitten wir um Nachricht bei abweichenden Erfahrungen.

Diese Auskunft ist nur für den Anfragenden bestimmt. Für den Inhalt der Auskunft wird jede Haftung abgelehnt, das gilt auch für den etwaigen Vorsatz von Erfüllungsgehilfen. Wer die Auskunft zur Kenntnis nimmt, unterwirft sich damit diesen Bedingungen.

Arbeitsaufträge

1. **Sie erhalten von Gebr. Sailer die folgende Bitte um Auskunft.**

> Sehr geehrte Damen und Herren,
>
> die auf dem beiliegenden Blatt genannte Firma hat uns einen Auftrag über 6 000,00 EUR erteilt und bittet um ein Zahlungsziel von 30 Tagen.
>
> Der Besteller hat Sie uns als Referenz angegeben. Da der Kunde uns bisher unbekannt ist, wären wir Ihnen für eine möglichst genaue Auskunft verbunden. Vor allem interessieren uns der Ruf und das Ansehen des Inhabers sowie die Größe, der Umsatz und die Zahlungsweise der Firma. Des Weiteren bitten wir Sie um ein Krediturteil.
>
> Wir sichern Ihnen für Ihre Auskünfte absolute Verschwiegenheit zu und danken Ihnen im Voraus für Ihre Mühe.
>
> Mit freundlichen Grüßen

a) Nennen Sie die wesentlichen Teile dieser Bitte um Auskunft.
b) Warum wird der Name des Kunden im Brief nicht genannt?
c) Schreiben Sie eine Antwort auf die Bitte um Auskunft. Sie soll nach Möglichkeit alle Punkte der Anfrage beantworten. Des Weiteren wird vertrauliche Behandlung der Angaben erbeten. Der Brief enthält den Hinweis auf Unverbindlichkeit der Auskunft.
d) Wir nehmen an, dass der Kunde bei Gebr. Sailer Waren auf Ziel kaufen will. Welches Kreditsicherungsmittel ist hierfür in der kaufmännischen Praxis gang und gäbe? Erläutern Sie die Absicherung, die durch dieses Mittel eintritt.
e) Gesetzt den Fall, die Zahlungsweise des Kunden würde als schleppend beurteilt. Welche Absicherung wäre für diesen Fall ratsam?

2. **Als Hersteller von Teppichböden haben Sie die folgende Auskunft über die Firma Heike Hünersen erhalten.**

> **Rechtsform: Einzelfirma**
> **Gründung: 10. Oktober 1986**
> **Eintragung ins Handelsregister: 15. Dezember 1986; Ag Ansbach unter HRA 740**
> **Inhaber: Heike Hünersen, Kauffrau, Heilsbronn**
>
> **Allgemeines:**
> **Das Unternehmen wurde von Heike Hünersen in Heilsbronn gegründet. Gegenstand ist die Herstellung von Jalousien und Kehlleisten sowie der Großhandel mit Nadelfilz-Teppichböden. In Heilsbronn, Fürther Straße 9, befinden sich modern ausgestattete Betriebsräume. Auslieferungslager werden in Amberg/Opf., Königsallee 4, und Ansbach/Mfr., Steinweg 9, unterhalten. Zurzeit liegt ein guter Auftragsbestand vor. Nach eigenen Angaben wird mit 4 Angestellten und 16 Arbeitern ein Jahresumsatz von etwa 4 Mio. EUR erzielt. Die kaufmännische und technische Leitung liegt in den Händen des Ehemanns der Inhaberin, Kurt Hünersen, der auch Prokura zeichnet.**
>
> **Persönliches:**
> **Heike Hünersen, geborene Hecht, wurde am 14. November 1961 in Heilsbronn geboren. Sie ist mit Kurt Hünersen, geboren am 14. März 1958 in Erlangen, verheiratet. Die Eheleute leben in Gütertrennung; sie haben ein Kind, das 1983 geboren wurde. In persönlicher Hinsicht liegt gegen Heike Hünersen Nachteiliges nicht vor.**
> **Der Ehemann, der seit 1978 in der gleichen Branche selbstständig war, geriet in finanzielle Schwierigkeiten. Ein über sein Vermögen am 15. Januar 1984 eröffnetes Vergleichsverfahren wurde am 1. Dezember 1984 aufgehoben. Es gelangten 35 % in drei Raten zur Verteilung.**
>
> **Vermögenslage:**
> **Haus- und Grundeigentum ist in Heilsbronn für Heike Hünersen nicht eingetragen. Die Miete für die Betriebsräume an obiger Anschrift beträgt monatlich etwa 4 700,00 EUR, die für die Wohnung an gleicher Anschrift etwa 700,00 EUR. In der Betriebseinrichtung und den Kraftfahrzeugen sind etwa 140 000,00 EUR investiert. Den Wert des Warenlagers schätzt man auf etwa 180 000,00 EUR. Inwieweit hierauf noch Verpflichtungen ruhen ist nicht bekannt. Die Barmittel sind knapp, jedoch betragen die Außenstände 49 000,00 EUR. Zum Betriebsvermögen gehören Wertpapiere mit einem Kurswert von ca. 17 000,00 EUR.**

SECHSTER ABSCHNITT

> **Krediturteil:**
> **Zahlungen erfolgen z. T. mit Zielüberschreitungen bis zu 90 Tagen. Ende 20.. hörten wir auch von gerichtlichen Maßnahmen. Zu einer ungedeckten Kreditgabe kann nicht geraten werden.**
>
> **Bankverbindung:**
> **Gewerbe- und Landwirtschaftsbank Ansbach eG, Zweigst. Heilsbronn.**

a) Welche Einrichtungen sind in der Lage, derartige Auskünfte zu erteilen?
b) Wie wird der Kreditnehmer persönlich beurteilt?
c) Wie wird die sachliche Kreditwürdigkeit beurteilt?
d) Im Krediturteil werden „gerichtliche Maßnahmen“ erwähnt. Was könnte damit gemeint sein?
e) Die Liquiditätslage des Kreditnehmers erscheint trotz guter Auftragslage angespannt. Auf welche Gründe könnte dies ggf. zurückzuführen sein?

3. **In aktuellen Befragungen berichten viele deutsche Unternehmer, dass sie Schwierigkeiten haben, an Bankkredite zu kommen.**
   a) Nennen Sie Gründe für solche Schwierigkeiten.
   b) Was können Unternehmen tun, um die Aufnahme von Krediten zu erleichtern?
   c) Welche Nachteile haben Unternehmen mit einem eher schlechten Rating bei Kreditaufnahmen?

3.3.3 Kreditsicherung – Personal- und Realkredit

Es besteht immer die Gefahr, dass ein Kredit trotz positiver Kreditprüfung des Kreditnehmers nicht ordnungsgemäß bedient (verzinst und getilgt) wird. Deshalb werden Kredite oft besichert.

Kreditsicherheiten sind Sachen und Rechte, die dem Kreditgeber zur Verfügung gestellt werden und die er bei einem Zahlungsausfall verwerten kann.

Nach der Stärke der Kreditsicherung unterscheidet man folgende **Kreditarten**:

- **einfacher Personalkredit (Blankokredit)**
  Hier erfolgt keine Absicherung.
  Der Kredit ist kurzfristig und nicht für Anlageinvestitionen geeignet.
- **verstärkter Personalkredit**
  Beim verstärkten Personalkredit haften neben der Person des Kreditnehmers noch weitere Personen oder eine Bank.
  Sicherungsmittel: Bürgschaft, Kreditleihe, Zession.
- **Realkredit**
  Beim Realkredit werden bestimmte Rechte an Sachen vom Kreditnehmer auf den Kreditgeber übertragen (sog. „dingliche Sicherung“).
  Sicherungsmittel: Sicherungsübereignung, Pfandrechte an beweglichen Sachen oder an Rechten, Grundpfandrechte (Hypothek, Grundschuld) und Eigentumsvorbehalt.

keine Sicherung
↓
mittlere Sicherung
↓
starke Sicherung

Wichtig ist die Unterscheidung zwischen akzessorischen und fiduziarischen Sicherheiten:

- **Akzessorische („ergänzende“) Sicherheiten** bestehen nur in Verbindung mit der Forderung und erlöschen mit ihr. Dies gilt für die Bürgschaft, das Pfandrecht an beweglichen Sachen und Forderungen sowie die Hypothek)
- **Fiduziarische (treuhänderische) Sicherheiten** erlöschen hingegen nicht mit der Forderung. Daher sollte ihr Zweck in einer Sicherungsvereinbarung festgelegt werden. Dies gilt für die Sicherungsübereignung, die Sicherungsabtretung und die Grundschuld.

3.3.4 Verstärkte Personalkredite

Kreditsicherung durch Wechsel

Der Wechsel dient der Finanzierung von Wareneinkäufen (fast nur noch im Auslandsgeschäft). Die typische Laufzeit beträgt drei Monate. Der Kunde erhält folglich ein Zahlungsziel von drei Monaten. Der Lieferant ist zu dieser Kreditgewährung bereit,

- weil die Strenge des Wechselrechts eine gewisse Sicherheit verleiht.
- weil i. d. R. vereinbart wird, dass die Bank des Käufers selbstschuldnerisch für die Wecheinlösung bürgt: Sie ergänzt das Akzept des Käufers durch ein Avalakzept (Bürgschaftsakzept) und macht so den Käufer kreditwürdig (Kreditleihe).
- weil der Lieferant den Wechsel seiner Bank verpfänden und sich so vor dem Verfalltag Geld verschaffen kann. Die Kosten belastet er dem Käufer.

Kreditsicherung durch Bürgschaft und Kreditleihe

Durch eine Bürgschaft verpflichtet sich ein Bürge vertraglich gegenüber dem Gläubiger eines Dritten, für die Verbindlichkeiten des Dritten einzustehen (§ 765 BGB).

Die Bürgschaft ist ein einseitig verpflichtender Vertrag. Die Schriftform ist vorgeschrieben (§ 766 BGB). Kaufleute können mündlich bürgen, wenn die Bürgschaft für sie ein Handelsgeschäft darstellt (§ 350 HGB).

Bürgschaftsarten

Ausfallbürgschaft	Selbstschuldnerische Bürgschaft
Der Bürge ist erst zur Leistung verpflichtet, wenn • der Gläubiger den Ausfall des Hauptschuldners durch eine erfolglos betriebene Zwangsvollstreckung nachweist (sog. Einrede der **Vorausklage**) oder • für den Hauptschuldner das Insolvenzverfahren beantragt ist oder • anzunehmen ist, dass die Zwangsvollstreckung erfolglos sein wird.	Der Bürge haftet wie der Hauptschuldner selbst; er hat nicht die Einrede der Vorausklage. Wenn der Hauptschuldner nicht zahlt, kann der Gläubiger sofort die Zahlung vom Bürgen verlangen. Kreditinstitute verlangen stets selbstschuldnerische Bürgschaften. Die Bürgschaft eines Kaufmanns ist, wenn sie ein Handelsgeschäft darstellt, stets eine selbstschuldnerische Bürgschaft (§ 349 HGB).

Der Bürge haftet in gleicher Höhe wie der Hauptschuldner – auch für Zinsen, Provisionen, Spesen, Schadensersatzansprüche und Kosten (z. B. Prozesskosten). Die Bürgschaftsverbindlichkeit steigt also mit der Hauptschuld, ggf. bis zu einem vereinbarten Höchstbetrag. Sie sinkt und erlischt auch mit der Hauptschuld (z. B. durch Erfüllung der Hauptschuld, Erlass, Aufrechnung mit einer Gegenforderung). Es gilt deshalb:

Die Bürgschaft ist ein akzessorisches Recht: Sie ist ein Nebenrecht, das nur in Abhängigkeit von einem Hauptrecht gilt (Akzessorietät).

Der Bürge hat die gleichen Einreden (Gegenrechte) wie der Hauptschuldner (z. B. die Einreden der Verjährung, der Schuldstundung, der Aufrechnung mit Gegenforderungen). Wird der Bürge in Anspruch genommen, so geht die Forderung vom Gläubiger auf ihn über. Er hat dann ein Rückgriffsrecht auf den Hauptschuldner.

Auch Banken übernehmen selbstschuldnerische Bürgschaften für ihre Kunden, z. B. für Verbindlichkeiten aus Wareneinkäufen. Damit übertragen sie ihre eigene Kreditwürdigkeit auf ihren Kunden. Deshalb spricht man von einer **Kreditleihe**. Eine andere Form der Kreditleihe sind **Bankgarantien**. Beispiele: Erfüllungsgarantie (für den Fall, dass der Verkäufer nicht vertragsgemäß liefert), Gewährleistungsgarantie (bei Sachmängeln), Zahlungsgarantie (bei Zahlungsausfall des Kunden). Einzelheiten siehe Infomaterial *Kreditleihe*.

M 610_1

Arbeitsauftrag

Erika Muster hat eine Boutique eröffnet. Für Wareneinkäufe und laufende Ausgaben gewährt ihr die Kreditbank AG einen Kontokorrentkredit; sie kann Kreditbeträge bis 50 000,00 EUR auf ihrem Konto jederzeit in Anspruch nehmen. Als Sicherheit lässt sich die Bank eine Bürgschaft von Frau Musters Vater mit einem Höchstbetrag von 75 000,00 EUR geben (siehe Vertragsvordruck *Bürgschaftsvertrag*.

M 610_2

a) Füllen Sie den Vertragsvordruck aus.
b) Welche Verpflichtung übernimmt der Vater durch seine Bürgschaft?
c) Welche Art der Bürgschaft verlangt die Kreditbank? Erläutern Sie die Gründe.
d) Warum wird der Bürgschaftshöchstbetrag höher als der Kreditbetrag festgelegt?
e) Der Vertrag führt unter Punkt 2. mehrere Verzichtserklärungen auf. Suchen Sie im Internet (*www.gesetze-im-internet.de/bgb/*) die genannten Paragrafen auf und erläutern Sie die Verzichtserklärungen.
f) Wann erlischt die Bürgschaft?
g) Erläutern Sie an diesem Beispiel den Begriff des akzessorischen Rechtes.
h) Was bedeutet die im Vertrag genannte Haftung als Gesamtschuldner?

Kreditsicherung durch Sicherungszession (Sicherungsabtretung)

Eine Forderung kann vom Glaubiger durch Vertrag auf eine andere Person übertragen werden (Abtretung, Zession). Der neue Gläubiger tritt an die Stelle des bisherigen Gläubigers (§ 398 BGB). Er hat die gleichen Rechte und muss alle Einreden des Schuldners gegen sich gelten lassen. Der Abtretende heißt auch Zedent, der neue Gläubiger Zessionar.

Beim Zessionskredit tritt der Kreditnehmer eigene Forderungen zur Sicherung des Kredits an den Kreditgeber ab (Sicherungszession).

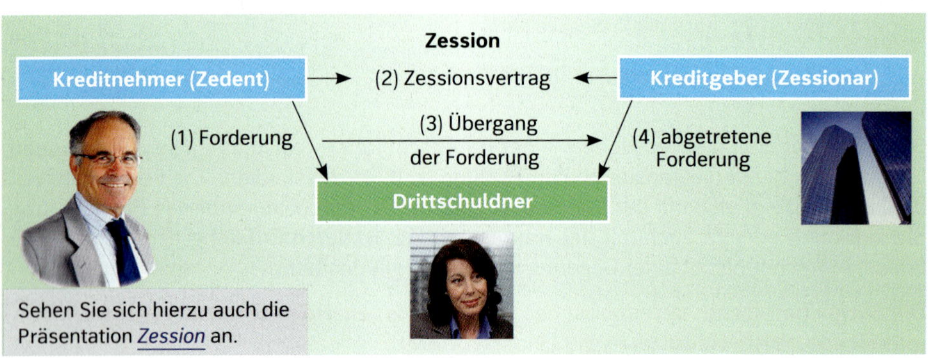

Sehen Sie sich hierzu auch die Präsentation *Zession* an.

M 610_3

Durch eine **Sicherungsvereinbarung** im Zessionsvertrag verpflichtet sich der Kreditgeber, über die abgetretenen Forderungen lediglich zur Sicherung seiner Forderung zu verfügen, mit eingehenden Beträgen die Kreditverbindlichkeiten des Kreditnehmers abzudecken und die Forderung nach der Rückzahlung des Kredits rückabzutreten.

Die Zession kann offen oder still erfolgen:

- Bei der **offenen Zession** teilt der Zedent seinem Schuldner die Abtretung der Forderung mit. Der Schuldner kann dann mit befreiender Wirkung nur an den Zessionar zahlen. Dieser sollte sich sicherheitshalber vom Schuldner bestätigen lassen, dass er von der Abtretung Kenntnis hat, dass er die Forderung nicht bestreitet und dass er keine Gegenrechte hat.
- Bei der **stillen Zession** teilt der Zedent seinem Schuldner die Abtretung der Forderung nicht mit. So soll eine Störung der Beziehung zwischen Zedent und Schuldner vermieden werden. Der Schuldner zahlt weiter an den Zedenten, der seinerseits die vertraglichen Zahlungen an den Zessionar leistet. Wenn der Zessionar seine Kreditforderung gefährdet sieht, kann er den Drittschuldner von der Zession in Kenntnis setzen (vertraglich nicht ausschließbares **Offenlegungsrecht**) und von ihm unmittelbare Zahlung verlangen.

Für den Zessionar liegt stets ein gewisses Risiko darin, dass er die Zahlungsfähigkeit des Drittschuldners nicht kennt.

Beispiele: Risiken bei der Sicherungszession

- Im Zessionsvertrag (stille Zession) wurde vereinbart, dass der Zedent die vom Drittschuldner erhaltenen Zahlungen an den Zessionar abführen soll. Der Zedent zahlt jedoch nicht, obwohl er vom Drittschuldner ordnungsgemäß Zahlung erhält.
- Der Zedent tritt eine still abgetretene Forderung ein weiteres Mal, diesmal offen, ab. Der Drittschuldner zahlt an den zweiten Zessionar, da er von der ersten Abtretung nichts weiß. Der Zedent erfüllt seinerseits seine Zahlungsverpflichtungen gegenüber dem Erstzessionar nicht.

In beiden Fällen ist die Abtretung für den Zessionar wertlos: Der gutgläubige Drittschuldner hat in Unkenntnis der stillen Zession an den ersten Gläubiger bzw. an den Zweitzessionar gezahlt. Die Zahlung befreit ihn von seiner Verpflichtung (§ 407, § 408 BGB).

Weitere Beispiele: Risiken bei der Sicherungszession

- Der Zedent tritt nicht existierende oder mit einem gesetzlichen Abtretungsverbot belegte Forderungen ab.
- Der Drittschuldner kann Forderungen des Zedenten mit eigenen Gegenforderungen aufrechnen.

Kann ein Unternehmen für einen längerfristigen Kredit nur kurzfristige Forderungen aus Lieferungen und Leistungen abtreten, so besteht die Möglichkeit einer Globalzession oder einer Mantelzession:

- Bei der **Globalzession** tritt der Kreditnehmer sämtliche Forderungen einer festgelegten Forderungsgruppe ab, z. B. Forderungen gegenüber Kunden aus Nordrhein-Westfalen, Forderungen gegenüber den Käufern des Produktes XY, Forderungen gegenüber Kunden mit den Anfangsbuchstaben G bis N. Der Zessionar wird mit dem Augenblick der Entstehung der Forderung ihr Eigentümer.
- Bei der **Mantelzession** verpflichtet sich der Zedent, bezahlte Forderungen durch neue Forderungen zu ersetzen. Er muss deshalb dem Zessionar in festgelegten Zeiträumen (z. B. monatlich) Debitorenlisten (Schuldnerlisten) übergeben. Mit der Übergabe der Liste wird der Zessionar Eigentümer der darin aufgeführten Forderungen.

Arbeitsaufträge

1. **Die Rosa Rüssel GmbH – geschäftsführende Gesellschafterin Rosa Rüssel – nimmt bei der Kreditbank AG einen Investitionskredit in Höhe von 250 000,00 EUR auf. Zinssatz 5 %, anfängliche Tilgung 5 %. Es wird Annuitätentilgung vereinbart. Die Besicherung des Kredits erfolgt durch eine Grundschuld und zusätzlich durch die stille Sicherungsabtretung einer Mietforderung in Höhe von jährlich 30 000,00 EUR aus der Vermietung einer Fabrikhalle in Musterstadt, Industriestr. 12. Mieterin ist die Damm AG.**

   Web

   M 612

   a) Fertigen Sie den Abtretungsvertrag aus. Benutzen Sie hierfür das Material *Sicherungsabtretungsvertrag*. Wählen Sie dort unter alternativen Formulierungen die jeweils für den vorliegenden Fall passende aus.
   b) Darf die Kreditbank die abgetretene Forderung einziehen, um ihre eigene Forderung zu bedienen? Begründen Sie Ihre Antwort.
   c) Warum genügt der Kreditbank nach Ihrer Ansicht nicht die alleinige Besicherung ihrer Forderung durch die Forderungsabtretung? Erläutern Sie die Gründe genauer.
   d) Eine Sicherungsabtretung kennzeichnet ein fiduziarisches Recht. Was versteht man darunter und welche Ziffer des Vertrages trägt dieser Tatsache Rechnung?

2. **Der Großhändler Werner Schlampel bezieht als Vertragshändler des Herstellers Züll GmbH ständig Waren mit Zahlungsziel. Zur Sicherung der Lieferantenkredite hat Schlampel an Zülle alle Forderungen aus dem Weiterverkauf der Waren an eine genau festgelegte Anzahl Einzelhändler in Form einer stillen Zession abgetreten.**
   a) Welche spezielle Art der Zession liegt hier vor?
   b) Aus welchen Gründen könnten sich die Partner für eine stille Zession entschieden haben?
   c) Züll trägt bei der stillen Zession ein ungleich größeres Risiko aufgrund eventueller unsauberer Machenschaften des Zedenten als bei der offenen Zession. Nennen sie hierfür vier verschiedene Beispiele.

3.3.5 Realkredite

Kreditsicherung durch Pfandrechte – Lombardkredit

Kredite gegen Verpfändung von beweglichen Sachen oder von Rechten als Sicherheit heißen Lombardkredite (§§ 1204, 1273 BGB). Im Geschäftsleben sind es i. d. R. Bankkredite.

Der Lombardkredit eignet sich nur für kurzfristige Finanzierungen (z. B. Überbrückung vorübergehender Zahlungsengpässe, Überbrückung der Zeit zwischen Ein- und Verkauf).

Die Pfandgegenstände müssen wertbeständig und leicht verkäuflich sein. Grundsätzlich geeignet sind Effekten (börsenfähige Wertpapiere; z. B. Aktien, Anleihen), Edelmetalle, Wechsel, Waren und Forderungen. Wechsellombard kommt nur noch bei Auslandswechseln vor, denn Wechsel werden im SEPA-Raum nur noch selten ausgestellt (vgl. S. 553). Die Verpfändung von Forderungen aus Lieferungen und Leistungen kommt so gut wie nicht mehr vor: Stattdessen hat sich die Forderungsabtretung (vgl. S. 610) durchgesetzt. Die Verpfändung von Forderungen in Form von Lebensversicherungen oder Sparguthaben findet jedoch Anwendung.

Nach der vertraglichen Einigung über die Pfandbestellung muss das Pfand in den Besitz des Kreditgebers übergehen. Dazu wird es ihm übergeben (sog. „Faustpfand“ als dingliche Sicherung). Es gibt aber auch andere Arten der Besitzverschaffung (siehe unten). Der Kreditnehmer bleibt Eigentümer des Pfandes. Zahlt er fristgerecht, erhält er das Pfand zurück. Andernfalls tritt die „Pfandreife“ ein: Der Kreditgeber droht die Pfandverwertung an und lässt das Pfand nach einem Monat (Wartefrist) öffentlich versteigern. Effekten verkauft er an der Börse. Auch im Insolvenzverfahren des Kreditnehmers kann der Kreditgeber das Pfand so abgesondert vom restlichen Vermögen verwerten.

Das Pfandrecht ist wie die Bürgschaft ein akzessorisches Recht: Eine Pfandbestellung setzt eine bestehende Forderung voraus. Mit der Forderung erlischt auch das Pfandrecht.

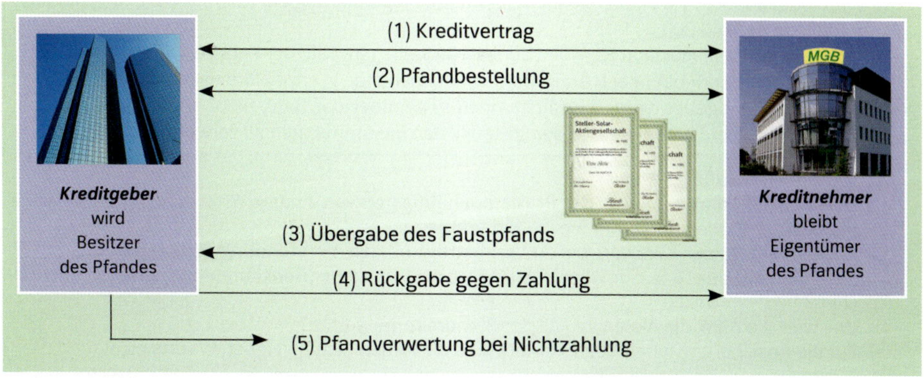

Um das Kreditrisiko zu verringern, beleihen die Banken die Sachen nur beschränkt:

Art des Lombards	Pfand	Beleihungsgrenze
Effektenlombard	Effekten	Anleihen: 80 %, Aktien 60 % des Kurswertes
Warenlombard	Handelswaren	50 % des Marktwertes
Edelmetalllombard	Gold, Silber	50 % des Marktwertes
Wechsellombard	Wechsel	90 % der Wechselsumme
Forderungslombard	Forderungen	je nach Art und Güte der Forderung

Am häufigsten ist der Effektenlombard. Der Kreditnehmer nutzt ihn, wenn er seine Wertpapiere nicht verkaufen will, um Geld zu beschaffen. Die Kreditbesicherung ist leicht: Effekten werden nämlich heutzutage nicht mehr als Urkunden ausgestellt, sondern als Rechte ins Kundendepot der Bank eingebucht. Sie können folglich nicht wie Sachen übergeben werden. Vielmehr werden sie für die Verpfändung einfach im Depot gesperrt. Dann kann der Pfandgeber sie nicht mehr verkaufen.

Edelmetalle (Gold, Silber) werden der Bank übergeben, Warenvorräte nicht. Sie bleiben stattdessen entweder in einem abgetrennten Raum des Kreditnehmers „unter Mitverschluss" der Bank – Raum mit zwei Schlössern; den Schlüssel eines Schlosses erhält die Bank – oder sie werden in einem Lagerhaus eingelagert. Die Bank erhält einen Lagerschein. Nur gegen Vorlage und Rückgabe dieses Scheins darf die Ware wieder herausgegeben werden. Man beachte, dass sich nur Warenvorräte für eine Verpfändung eignen, über die der Pfandgeber während der Kreditlaufzeit nicht verfügen muss.

Arbeitsaufträge

1. **Auszug aus einem Pfandbestellungsvertrag:**

> Der Pfandgeber verpfändet der Bank folgende Wertpapiere in seinem Depot 200773 9246 einschließlich ggf. anfallender Dividenden:
> 400 Stück Allianz Stammaktien, ISIN DE0008404005,
> 500 Stück Daimler Stammaktien, ISIN DE0007100000,
> 950 Stück RWE Vorzugsaktien, ISIN DE0007037129.

> Die Verpfändung dient der Sicherung aller Ansprüche der Bank aus der befristeten Erhöhung des Kreditlimits um 45 000,00 EUR (von 160 000,00 EUR auf 205 000,00 EUR) auf dem Konto 0097843555. Sie endet mit der fristgemäßen Rückführung der Kontoüberziehung auf das Kreditlimit von 160 000,00 EUR.
> Der Kredit wird mit maximal 50 % des Kurswertes beliehen, Fällt der Kurswert unter diese Grenze, muss der Pfandgeber nach Aufforderung ausreichende Wertpapiere nachreichen.
> Wenn der Pfandgeber seine Verpflichtungen gegenüber der Bank nicht erfüllt, ist diese berechtigt, das Pfand entsprechend den gesetzlichen Bestimmungen zu verwerten.

a) Welche Lombardart liegt hier vor?
b) Diese Lombardart kommt in der Praxis am häufigsten vor. Andere Arten sind hingegen völlig unüblich geworden. Erläutern Sie die Hintergründe.
c) Angenommen, der Kurswert der Aktien beträgt bei der Verpfändung 95 000,00 EUR. Er fällt anschließend um 18 %. Für wie viel Euro Kurswert muss der Bankkunde Sicherheiten nachreichen?
d) Wie wird die Bank die Aktien im Fall der Pfandreife verwerten?
e) Für die Besicherung langfristiger Kredite sind die Aktien nicht geeignet. Warum nicht?

2. **Ein Pfand muss in den Besitz des Gläubigers übergehen. Zur Besicherung eines Kredits will ein Industriebetrieb Fertigerzeugnisse an seine Bank verpfänden.**
   a) Warum kann es sich in diesem Fall nur um einen kurzfristigen Kredit handeln?
   b) Die Verpfändung von Waren ist eine für den Pfandgeber i. d. R. unvorteilhafte Lombardart und deshalb in der Praxis selten anzutreffen. Erläutern Sie den Grund dafür.
   c) Die Bank ist mit der Verpfändung einverstanden, kann die Erzeugnisse aber nicht lagern. Wie kann ihr der Pfandgeber trotzdem den Besitz daran verschaffen?

Kreditsicherung durch Sicherungsübereignung

> Metallweb e. K. benötigt ein Darlehen über 120 000,00 EUR für den Kauf einer Webmaschine. Wertpapiere zur Verpfändung sind nicht vorhanden. Als Sicherheit für einen langfristigen Kredit würden sie sich auch nicht eignen. Materialbestände sind vorhanden, werden aber für die Produktion benötigt. Deshalb bietet der Eigentümer, Rüdiger Maltmann, die Sicherungsübereignung eines Lkws an, der zum Vermögen seines anderen Unternehmens MGB Maltmann Getriebebau e. K. gehört.

Die Verpfändung beweglicher Sachen erfordert deren Übergabe. Dies ist problematisch, wenn der Kreditnehmer die Sachen für seinen Betrieb benötigt (z. B. Maschinen, Material, Erzeugnisse, Kraftfahrzeuge). Auch kann das Kreditinstitut die Sachen nicht lagern.

- **Man vereinbart deshalb, geeignete Sachen dem Kreditgeber zur Besicherung der Kreditforderung zu übereignen (Sicherungsübereignung) und**
- **den Besitz der Sachen beim Kreditnehmer zu belassen (sog. Besitzkonstitut, § 930 BGB).**

SECHSTER ABSCHNITT

Die Eigentumsübertragung soll nur die Kreditforderungen sichern. In einer **Sicherungsvereinbarung** wird deshalb festgelegt, dass der Kreditgeber das Eigentumsrecht nur geltend machen darf, wenn der Kreditnehmer seine Pflichten nicht erfüllt (sog. **Treuhandeigentum, fiduziarische Sicherheit**). Nach vertragsgerechter Tilgung soll der Schuldner das Eigentum zurückerhalten. Gerät er aber mit der Zahlung in Verzug, kann der Gläubiger die Herausgabe der Sache verlangen und diese verwerten (auch im Insolvenzverfahren).

> **Wichtig:**
> Die Sache muss im Vertrag genau bestimmt sein. Formulierungen wie „Alle Maschinen sind sicherungsübereignet“ sind ungeeignet!
> Man kann auch alle Waren in einem genau bestimmten Raum übereignen (Raumsicherungsübereignung). Entnommene Waren sind dann durch neue zu ersetzen.

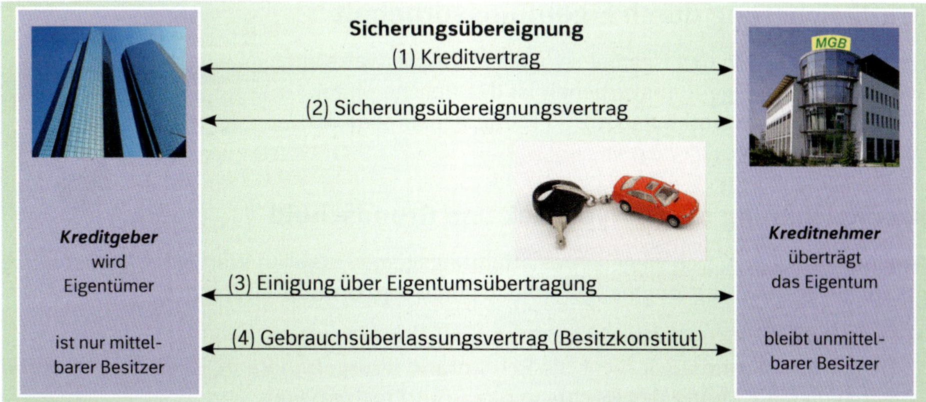

Schauen Sie sich hierzu auch die Präsentation *Sicherungsübereignung* an. *M 615_1*

Spezielle Risiken des Kreditgebers:

- Der Kreditnehmer könnte die Sache an einen gutgläubigen Dritten verkaufen.
- Die Sache unterliegt noch einem Eigentumsvorbehalt.
- Die Sache ist schon einmal sicherungsübereignet.
- Die Sache befindet sich in gemieteten Räumen. Sie unterliegt dem Vermieterpfandrecht.
- Die Sache unterliegt starker Abnutzung oder starkem Preisverfall oder ist so speziell, dass sie nicht verwertet werden kann.

Quittungen vorlegen lassen!

Verzichtserklärung des Vermieters verlangen!

Die Sache nicht oder zu einem sehr niedrigen Satz beleihen!

Arbeitsauftrag

Im Eingangsfall auf Seite 614 ist der Fall des Unternehmens Metallweb e. K. beschrieben, das ein Darlehen über 120 000,00 EUR zum Kauf einer Webmaschine besichern muss.

a) Warum eignen sich die Verpfändung von Wertpapieren noch die Verpfändung von Materialbeständen als Sicherheiten für diesen Kredit?
b) Der Eigentümer, Rüdiger Maltmann, bietet einen Lkw aus dem Vermögen von MGB als Sicherheit an. Warum eignet auch dieser sich nicht für eine Verpfändung?
c) Der Lkw soll zur Sicherheit übereignet werden. Lesen Sie hierzu den *Sicherungsübereignungsvertrag* genau durch. *M 615_2*
d) Wer wird gemäß diesem Vertrag Eigentümer des Lkws, wer sein Besitzer? Erläutern Sie hierzu den Begriff Besitzkonstitut.
e) Das Besitzkonstitut nützt sowohl dem Unternehmen MGB als auch der Bank. Begründen Sie dies.
f) Handelt es sich bei dem Eigentum der Bank am Lkw um ein unbeschränktes Eigentum?
g) Erläutern Sie nun den grundlegenden Unterschied zwischen einer Pfandbestellung und einer Sicherungsübereignung. Gehen Sie dabei auf die Begriffe Eigentum, Besitz, Besitzkonstitut und Treuhandeigentum ein.
h) Die Bank wird Treuhandeigentümer. Trägt sie auch alle Gefahren und Lasten, die ein Eigentümer normalerweise zu tragen hat?
i) Maltmann war auch bereit, der Bank statt des Lkws die gekaufte Webmaschine und eine weitere Webmaschine zur Besicherung zu überlassen. Warum hat sich die Bank nach Ihrer Ansicht für den Lkw entschieden?
j) Wie sichert sich die Bank im Vertrag zusätzlich gegen Risiken ab?
k) Vergleichen Sie die Verwertung des Sicherungsgegenstandes mit der Verwertung eines Pfandgegenstands.

SECHSTER ABSCHNITT

Kreditsicherung durch Eigentumsvorbehalt

Der Verkäufer erklärt den Eigentumsvorbehalt üblicherweise in seinen AGB. Der Eigentumsvorbehalt ist das übliche Mittel, um sich bei Warenverkäufen vor Forderungsausfällen zu schützen.

Einzelheiten siehe S. 306 f.

Kreditsicherung durch Hypothek und Grundschuld

Grundstücke eignen sich wegen ihres erfahrungsgemäß stabilen Wertverlaufs besonders gut für die Besicherung langfristiger Kredite durch sog. **Grundpfandrechte**.

- **Hypothek und Grundschuld sind Pfandrechte an Grundstücken.**
- **Da man ein Grundstück nicht als Faustpfand übergeben kann, wird die Übergabe durch die Eintragung des Rechts in das Grundbuch ersetzt.**
- **Im Gegensatz zum Faustpfand bleibt der Pfandgeber Besitzer des Grundstücks. Er kann es nutzen und – wenn er den Kredit ablöst – sogar verkaufen.**

Das Amtsgericht führt das Grundbuch als öffentliches Verzeichnis aller Grundstücke. Sein Inhalt: Eigentumsverhältnisse und auf dem Grundstück ruhende Lasten, Beschränkungen und Grundpfandrechte. Die Reihenfolge der Eintragungen bestimmt ihren Rang. Dies bedeutet z. B.: Forderungen aufgrund einer erstrangigen Eintragung müssen voll befriedigt sein, bevor Rechte aus einer zweitrangigen Eintragung zum Zuge kommen.

Das Grundbuch genießt **vollen öffentlichen Glauben,** d. h.: Was eingetragen ist, gilt als unbedingt richtig.

Das Handelsregister z. B. genießt nur beschränkten öffentlichen Glauben.

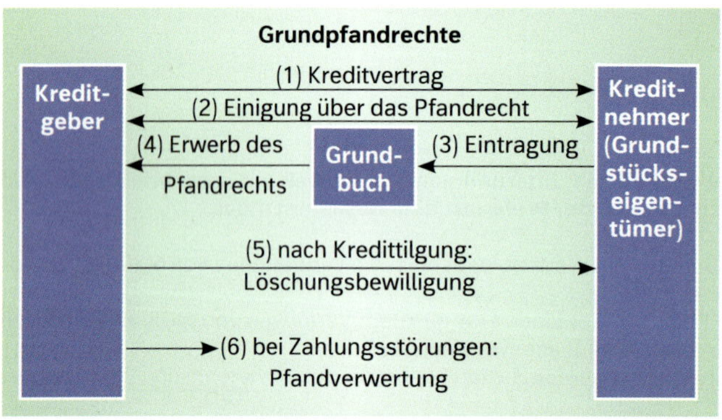

Ein Grundpfandrecht kann auf zweierlei Art bestellt werden:

- allein durch Grundbucheintragung (**Buchhypothek, -grundschuld**) oder
- durch zusätzliche Ausfertigung einer Urkunde (Hypotheken-, Grundschuldbrief) nach der Eintragung (**Briefhypothek, -grundschuld**).

Ohne Brief erwirbt der Gläubiger das Pfandrecht mit der Grundbucheintragung, mit Brief erst mit der Briefübergabe. Die Briefausstellung ist mit zusätzlichen Kosten verbunden, aber sie ermöglicht z. B. die Abtretung oder Verpfändung des Rechts ohne Änderung der Grundbucheintragungen.

Hypothek und Grundschuld sind unterschiedlich konstruiert:

M 616_1
M 616_2

Sehen Sie sich auch die Präsentation *Hypothek und Grundschuld* und die Datei *Grundschuldbestellungsauftrag* an.

- **Die *Hypothek* ist ein akzessorisches Pfandrecht. Sie wird also stets zur Sicherung einer Forderung – v. a. eines Darlehens – eingetragen (§ 1113 BGB) und setzt ein rechtsgültiges Schuldverhältnis voraus.**

- **Für die Hypothekenschuld haftet einerseits das Grundstück (dingliche Haftung) und andererseits der Schuldner selbst mit seinem gesamten Vermögen (persönliche Haftung).**

Entsteht keine Forderung – z. B. wenn der Kredit nicht ausgezahlt wird – oder ist die Forderung erloschen, steht die Hypothek dem Grundstückseigentümer zu und wird kraft Gesetzes zu einer Eigentümergrundschuld (siehe weiter unten).

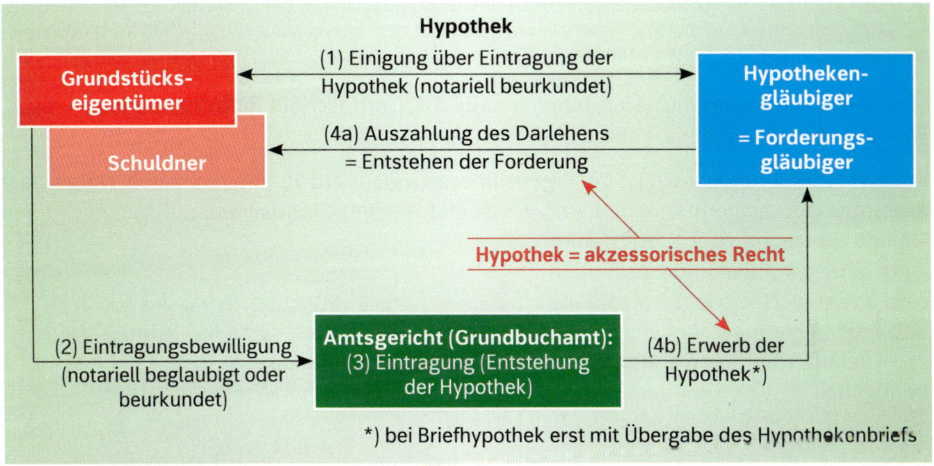

- **Die Grundschuld ist ein Grundpfandrecht, aufgrund dessen an den Begünstigten eine bestimmte Geldsumme aus dem Grundstück zu zahlen ist (§ 1191 BGB). Eine bestehende Forderung – z. B. ein Darlehen – wird im Gegensatz zur Hypothek nicht vorausgesetzt (abstraktes Recht).**
- **Insofern haftet für die Grundschuld nur das Grundstück (dingliches Recht).**
- **Die Grundschuld wird, wenn nichts anderes vereinbart ist, nach Kündigung mit einer Frist von 6 Monaten fällig.**

Obwohl die Grundschuld keine Forderung voraussetzt, wird sie in der Praxis fast ausschließlich zur Sicherung von Forderungen bewilligt (Fremdgrundschuld). Dabei sollte der Zweck der Grundschuld in einer Sicherungsvereinbarung festgelegt werden. Als abstraktes Recht ist die Grundschuld aber vom Bestand und Umfang der besicherten Forderung unabhängig. Man kann sie auch nach ihrer Bestellung für die Besicherung anderer Forderungen verwenden, indem man einfach die Sicherungsvereinbarung entsprechend ändert.

Deshalb verlangen die Banken heutzutage zur Darlehenssicherung meist nicht die Bestellung einer Hypothek, sondern einer Grundschuld.

> **Beispiel: Sicherungsvereinbarung**
>
> „Die Grundschuld dient zur Sicherung des Baudarlehens Nr. 1232 vom 23.01.20..“
>
> Diese Vereinbarung wird vier Jahre später wie folgt geändert: „Die Grundschuld dient zur Sicherung aller Forderungen der Bank aus der Geschäftsverbindung.“
>
> Im Gegensatz zur Hypothek erlischt diese Grundschuld nicht mit der Rückzahlung des Darlehens. Der Schuldner kann ihre Rückübertragung erst nach der Tilgung seiner sämtlichen Verbindlichkeiten gegenüber der Bank verlangen.

Das Fehlen des persönlichen Anspruchs aus der Grundschuld ist übrigens unerheblich. Dieser Anspruch ergibt sich bereits aus dem Kreditvertrag.

Von der Fremdgrundschuld ist die **Eigentümergrundschuld** zu unterscheiden. Dabei lässt der Grundstückseigentümer eine (möglichst erstrangige) Grundschuld auf seinen eigenen Namen eintragen. Bei Kreditbedarf kann er die Grundschuld verpfänden oder abtreten. Nach der Rückzahlung des Kredits steht sie ihm wieder zur entsprechenden Verwendung zur Verfügung.

Die **Verwertung eines Grundpfandrechts** erfolgt aufgrund eines vollstreckbaren Titels (Gerichtsurteil oder Zwangsvollstreckungsklausel im Grundpfandrechtsvertrag) durch **Zwangsvollstreckung**.

Die Zwangsvollstreckung kann im Wege der **Zwangsversteigerung** und der **Zwangsverwaltung** durch einen gerichtlich bestellten Verwalter erfolgen. Bei der Versteigerung wird der Gläubiger aus dem Versteigerungserlös, bei der Verwaltung aus den laufenden Erträgen aus dem Grundstück befriedigt.

Auch im Insolvenzverfahren des Schuldners kann der Gläubiger das Grundpfandrecht entsprechend verwerten.

SECHSTER ABSCHNITT

Arbeitsaufträge

1. **Kredite können dinglich gesichert werden.**
   a) In welchen Fällen liegt eine dingliche Sicherung vor?
      (1) Sicherungsübereignung einer Maschine,
      (2) Übernahme einer Ausfallbürgschaft,
      (3) Übernahme einer selbstschuldnerischen Bürgschaft,
      (4) Sicherung eines Darlehens durch eine Hypothek,
      (5) Sicherung eines Darlehens durch eine Grundschuld,
      (6) Übergabe eines Faustpfands,
      (7) Kreditsicherung durch Abtretung einer Forderung.
   b) Erläutern Sie den Begriff dingliche Sicherung.
   c) In welcher Form erfolgt die dingliche Sicherung bei Grundpfandrechten?

2. **Grundpfandrechte unterscheiden sich stark von Faustpfandrechten.**
   Erläutern Sie die Unterschiede im Einzelnen.

3. **Betrachten Sie die obenstehende Karikatur. Der Bankkunde denkt: „Blöder Phrasendrescher! Leider hat er nur allzu sehr recht."**
   Erläutern Sie den Sachverhalt, der durch die Karikatur ironisch beleuchtet wird.

4. **Wegen der Aufnahme eines Investitionsdarlehens verlangt die Kreditbank die Eintragung einer erstrangigen Grundschuld auf das Betriebsgrundstück der Schmelzer GmbH.**
   a) Wo wird die Grundschuld eingetragen?
   b) Was bedeutet erstrangige Eintragung?
   c) Warum verlangt die Bank eine erstrangige Eintragung? Berücksichten Sie bei Ihrer Antwort folgende Situation:
   Im Insolvenzverfahren beläuft sich die zur Befriedigung der Gläubiger zur Verfügung stehende Insolvenzmasse auf 800 000,00 EUR. Ihr stehen an Grundbucheintragungen gegenüber:
   Rang 1: Grundschuld Kreditbank 400 000,00 EUR,
   Rang 2: Hypothek Förderbank 250 000,00 EUR,
   Rang 3: Grundschuld Kreditbank 200 000,00 EUR
   Rang 4: Grundschuld Peter Müller 40 000,00 EUR
   d) Welche praktischen Vorteile bietet der Brief?
   e) Die Bank verlangt die Eintragung einer Grundschuld anstatt einer Hypothek. Erläutern Sie die wahrscheinlichen Gründe.

3.3.6 Kurzfristige Kreditfinanzierung

Zur kurzfristigen Kreditfinanzierung zählen vor allem

- Kundenanzahlungen,
- Kontokorrentkredit,
- Lieferantenkredit,
- Factoring,
- Forfaitierung.

Kundenanzahlungen

Anzahlungen sind bei Großaufträgen (Schiffbau, Maschinenbau, Wohnungsbau usw.) üblich, da der Hersteller das gesamte Projekt – teilweise wegen langer Produktionsdauer – nicht allein finanzieren kann. Häufig wird ein Drittel des Kaufpreises bei Auftragserteilung, ein Drittel bei Lieferung und ein Drittel mit vereinbartem Ziel fällig. Um das Risiko abzuwenden, dass der Lieferant seinen Verpflichtungen nicht nachkommt, verlangt der Kunde häufig als Sicherheit eine Bankgarantie.

Kontokorrentkredit

Ein *Kontokorrentkredit* entsteht, wenn in einem festgelegten Abrechnungszeitraum auf einem Konto Kreditbeträge in schwankender Höhe bis zu einer Obergrenze (Kreditlimit) in Anspruch genommen, zurückgezahlt und wieder beansprucht werden können.

SECHSTER ABSCHNITT

Beispiel: Kontokorrentkredit

Das Konto des Kaufmanns K. bei der Handelsbank weist im 1. Vierteljahr 20.. die folgenden Buchungen auf: Das Kreditlimit beträgt 5 000,00 EUR.

Buchungsdatum	Vorgang	Wert	Soll	Haben
2. Jan.	Saldovortrag	31. Dez.		2 000,00 EUR
19. Jan.	Überweisung	20. Jan.	5 000,00 EUR	
21. Jan.	Barabhebung	21. Jan.	1 500,00 EUR	
28. Jan.	Lastschrift	2. Feb.		3 000,00 EUR
15. Feb.	Überweisung	15. Feb.	4 500,00 EUR	
21. Feb.	Effektenkauf	21. Feb.	2 000,00 EUR	
3. März	Überweisung	5. März		6 000,00 EUR
19. März	Bareinzahlung	19. März		2 500,00 EUR
			13 000,00 EUR	13 500,00 EUR

Web
M 620

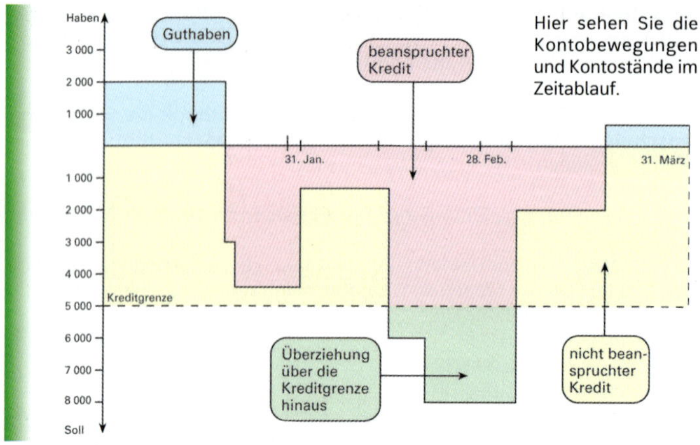

Hier sehen Sie die Kontobewegungen und Kontostände im Zeitablauf.

Berechnen Sie die Zinsen mithilfe der Excel-Tabelle Kontokorrentkredit – Kontostaffel.

Das Beispiel zeigt: Das Konto wird „in laufender Rechnung" geführt (ital. conto corrente = laufende Rechnung). Es kann abwechselnd Soll- und Habenbeträge aufweisen.

Kontokorrentkredite werden i. d. R. von Banken gewährt. Diese richten sich bei der Einräumung des Kreditlimits nach dem Umsatz und bei der Zinshöhe nach der Bonität des Kunden.

Die **Kreditzinsen** (Sollzinsen) werden nur für die jeweils beanspruchten Beträge und für die Zeit der Beanspruchung berechnet. Die Zinssätze (2016: etwa 9 % bis 11 % p. a.) sind beträchtlich höher als Darlehenszinssätze. Eine Überschreitung des Kreditlimits muss die Bank nicht tolerieren. Tut sie es trotzdem, berechnet sie zusätzlich hohe Überziehungszinsen (oft bis 6 %). Guthaben werden, wenn überhaupt, nur sehr niedrig verzinst.

Die Banken lassen sich die Flexibilität des Kontokorrentkredits teuer bezahlen.

Der Kontokorrentkredit ist grundsätzlich für die **Deckung eines kurzfristigen Finanzbedarfs** bestimmt. Der Abrechnungszeitraum ist in der Regel sechs Monate. Dann muss das Konto ausgeglichen werden. Allerdings erfolgt in der Praxis meist immer wieder – ausdrücklich oder stillschweigend – eine Verlängerung. Dadurch erhält der Kredit einen langfristigen Charakter. Da die Bank ihn aber jederzeit kündigen kann, sollte er – entsprechend der goldenen Finanzierungsregel (s. S. 636) – niemals für die Finanzierung von langfristig gebundenen Anlagegegenständen eingesetzt werden. Natürlich verbietet sich dies auch wegen der hohen Zinsen. Die Banken erwarten auch, dass das Kreditlimit nicht langfristig ausgeschöpft, sondern das Konto kurzfristig immer wieder aufgefüllt wird.

SECHSTER ABSCHNITT

Verwendungsmöglichkeiten des Kontokorrentkredits
Betriebskredit Dient der Deckung eines vorübergehenden Geldbedarfs, z. B. dem Wareneinkauf oder der Entlohnung von Arbeitskräften.
Saisonkredit Dient der Finanzierung von Saisongeschäften wie z. B. dem Einkauf der Herbstkollektion im Frühjahr bis zum Verkauf Ende des Jahres.
Zwischenkredit Dient der Vorfinanzierung eines Anlagenkaufs bis zur Ablösung durch ein längerfristiges Darlehen.

Wesentliche **Vorteile des Kontokorrentkredits** sind:

- stetige Anpassung an den jeweiligen Finanzbedarf,
- stetige Anpassung der Zinsbelastung an den Finanzbedarf,
- bequeme Inanspruchnahme durch Barabhebung, Überweisung, Scheck, Lastschrifteinzugsverfahren und andere Zahlungsarten sowie entsprechend bequeme Tilgung.

Bisweilen räumen auch Lieferanten ihren ständigen Kunden Kontokorrentkredite ein. Diese sind dann eine besondere Form des Lieferantenkredits.

Lieferantenkredit

Der Lieferantenkredit entsteht, indem der Lieferant seinem Kunden für gelieferte Waren ein Zahlungsziel einräumt.

Der Kredit ergibt sich sozusagen „nebenbei" aus dem Kaufvertrag, als Mittel der Absatzförderung. Er wird in der Regel ohne Formalitäten gewährt und nur durch den Eigentumsvorbehalt gesichert. Die Verzinsung ist im Kaufpreis bereits enthalten, weil bei vorzeitiger Zahlung (innerhalb von 8 bis 10 Tagen) meist 1 % bis 3 % Skonto abgezogen werden dürfen. Damit verschafft sich der Lieferant früher Liquidität, spart Zinsen und verkleinert das Risiko des Zahlungsausfalls.

1 % bis 3 % Skonto klingt nach wenig und kann Unkundige veranlassen, das Zahlungsziel auszunutzen. Aber sogar ein Skonto von 1 % entspricht einem hohen effektiven (wirklichen) Zinssatz. Deshalb ist der Lieferantenkredit einer der teuersten Kredite überhaupt. Wenn nicht genügend flüssige Mittel vorhanden sind, sollte der Kunde sein Bankkonto überziehen (Kontokorrentkredit), um Skonto abziehen zu können.

Beispiel: Effektivverzinsung bei Skontoabzug

Rechnung	
500 Taschenrechner X3	1 680,67
19 % USt.	319,33
	2 000,00

Zahlung:
30 Tage netto oder
10 Tage mit 3 % Skonto

a) Wie viel Prozent beträgt der effektive Jahreszinssatz für den Skontoabzug?

b) Lohnt sich der Skontoabzug, wenn dafür eine Kreditfinanzierung (Kontoüberziehung) erforderlich ist, für die 9 % Zins anfallen?

c) Wie viel Euro beträgt der Finanzierungsgewinn?

1. Skonto und Zahlbetrag berechnen:
Skonto: 2 000,00 · 0,03 = 60,00
Zahlbetrag: 2 000,00 – 60,00 = 1 940,00

2. Kreditzeitraum feststellen:
30 Tage – 10 Tage = 20 Tage
(Die ersten 10 Tage steht der Lieferantenkredit kostenlos zur Verfügung.)

3. Skonto in effektiven Jahreszinssatz umrechnen:

Überschlagsrechnung:

p %	360 Tage
20 Tage	3 %

$$p = \frac{360 \cdot 3}{20}$$

p = 54 (%)

Genauere Rechnung:

$$p = \frac{z \cdot 100 \cdot 360}{K \cdot t}$$

$$p = \frac{60 \cdot 100 \cdot 360}{1940 \cdot 20}$$

p = 55,67 (%)

Eine wirklich exakte Rechnung müsste zusätzlich noch den Zinsertrag berücksichtigen, den die Anlage der ersparten 60,00 EUR für die restlichen 330 Tage des Jahres erbringen würde.

4. Effektive Ersparnis bei Kreditfinanzierung:
54 % – 9 % = 45 % | 55,67 % – 9 % = 46,67 %
Man spart trotz Kreditfinanzierung 45 %/46,67 % p. a.

5. Notwendiger Finanzierungsbetrag:

	Rechnungsbetrag	2 000,00
–	Skonto	60,00
	Zu finanzieren für 20 Tage:	1 940,00

6. Zinsen nach Formel:

$$z = \frac{1\,940 \cdot 9 \cdot 20}{100 \cdot 360} = 9{,}70 \text{ (EUR)}$$

7. Finanzierungsgewinn:

	Skonto: brutto 60,00; netto	50,42
–	Bankzinsen	– 9,70
=	Finanzierungsgewinn	40,72

$$50{,}42 = \frac{60}{119} \cdot 100$$

Sie können die effektive Ersparnis bei Kreditfinanzierung des Skontoabzugs auch mithilfe der Excel-Tabelle *Effektivverzinsung bei Skontoabzug* berechnen.

Web
M 621

Factoring

Das Factoring soll Unternehmen mit hohen Außenständen Liquidität verschaffen.

Der *Factor*, in der Regel eine Factoring-Gesellschaft (Factoring-Bank), kauft laufend die Forderungen eines Unternehmens (Anschlusskunde genannt) auf und bevorschusst sie. Er übernimmt die Eintreibung der Forderungen beim Kunden.

Gekauft werden Forderungen aus Lieferungen und Leistungen an gewerbliche Kunden mit offenen Zahlungszielen bis zu 120 Tagen (Export 180 Tage). Der Factor berechnet seinem Anschlusskunden Zinsen für die Vorschüsse sowie eine Umsatzgebühr.

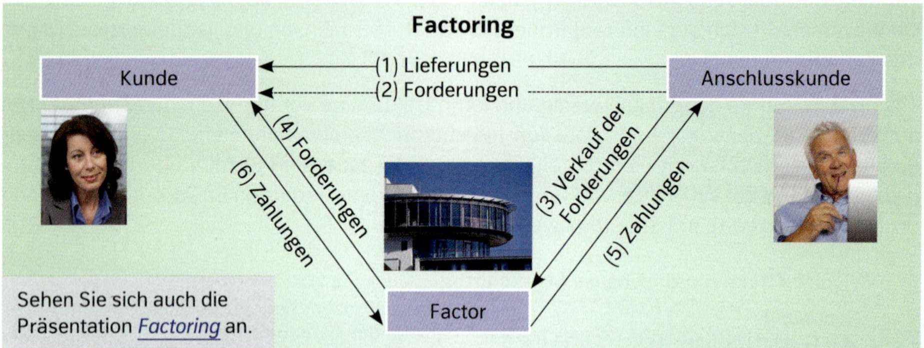

Web

M 622 Sehen Sie sich auch die Präsentation *Factoring* an.

Aufgaben des Factors, je nach Vertragsgestaltung
Dienstleistungsfunktion Kreditwürdigkeitsprüfung und -überwachung, Inkasso, Mahnverfahren
Finanzierungsfunktion Sofortige Bevorschussung der Forderung gegen Factorgebühren anstelle eines Zinses
Risikofunktion Risikoübernahme für Forderungsverluste gegen Prämie (sog. echtes Factoring). Beim unechten Factoring werden die Forderungen nur erfüllungshalber angekauft.

Die Kosten des Factorings sind durch die Risikoprämie etwas höher als die üblichen Kreditkosten. Berücksichtigt man, dass Verwaltungsarbeiten wie Fakturierung oder Mahnverfahren mit übernommen werden, so kann die Kosteneinsparung erheblich größer sein als die zu zahlenden Gebühren. Banken kaufen Forderungen aber nur unter bestimmten Bedingungen an. Es muss ein bestimmter Mindestumsatz vorhanden sein (Factoring wird erst ab einem Jahresumsatz von 0,5 bis 1 Mio. EUR lohnend). Es darf sich nur um Forderungen gegen Wiederverkäufer handeln.

SECHSTER ABSCHNITT

Forfaitierung

Die Forfaitierung hat große Ähnlichkeit mit dem Factoring:

- Ein Kreditinstitut kauft die Forderung eines Exporteurs.
- Das Kreditinstitut übernimmt voll das Risiko des Zahlungseingangs.
- Es werden nur Einzelforderungen gekauft.
- Das Kreditinstitut übernimmt keine Dienstleistungsfunktion.
- Es muss sich um eine erstklassige Forderung handeln.
- Die Forderung muss zusätzlich gesichert sein (etwa durch eine Ausfuhrkreditversicherung).

Arbeitsaufträge

1. **Der Kontokorrentkredit ist grundsätzlich ein kurzfristiger Kredit, nimmt aber in der Praxis meist einen langfristigen Charakter an.**
   a) Erläutern Sie diesen scheinbaren Widerspruch.
   b) Kontokorrentkredit – langfristiger Charakter: Bedeutet dies, dass der Kontokorrentkredit für langfristige Finanzierungen verwendet werden sollte?

2. **Die SAMA GmbH verfügt zu Beginn des laufenden Geschäftsjahres am 1. Januar über 400 000,00 EUR an liquiden Mitteln. Es ist eine Gewinnentnahme von 250 000,00 EUR vorgesehen. Für das gesamte Jahr rechnet man mit ordentlichen Ausgaben von 5 Mio. EUR und mit ordentlichen Einnahmen von 5,3 Mio. EUR. Außerordentliche Einnahmen in Höhe von 80 000,00 EUR werden zur Jahresmitte aufgrund des Verkaufs gebrauchter Maschinen anfallen. Da die Zahlungstermine von Ausgaben und Einnahmen nicht übereinstimmen, wird es garantiert des öfteren zu Zahlungsengpässen kommen.**
   Für welche der folgenden Finanzierungen ist unter diesen Umständen die Inanspruchnahme eines Kontokorrentkredits geeignet, für welche nicht? Begründen Sie Ihre Meinung.
   a) Finanzierung eines Materialeinkaufs in Höhe von 30 000,00 EUR im Mai,
   b) teilweise Finanzierung der Lohn- und Gehaltszahlungen Ende Juli in Höhe von 80 000,00 EUR,
   c) Finanzierung des Kaufs neuer Personal Computer Ende Juni in Höhe von 8 000,00 EUR,
   d) Finanzierung des Kaufs neuer CNC-Maschinen in Höhe von 770 000,00 EUR im Februar,
   e) Vorfinanzierung des Kaufs dieser CNC-Maschinen bis zur Ablösung durch ein Bankdarlehen im März.

3. **Ein Kontokorrentkonto weist im 2. Vierteljahr folgende Buchungen auf:**

Buchungsdatum	Vorgang	Wert	Soll (EUR)	Haben (EUR)
01.04.	Saldovortrag	31.03.	3 500,00	
08.04.	Überweisung	07.04.		2 800,00
19.04.	Überweisung	19.04.	13 000,00	
02.05.	Barauszahlung	02.05.	2 000,00	
14.05.	Lastschrifteingang	13.05.		14 300,00
27.05.	Lastschrifteingang	26.05.		4 000,00
30.05.	Überweisung	30.05.	5 000,00	
12.06.	Wertpapierkauf	10.06.	6 700,00	
13.06.	Überweisung	13.06.	1 900,00	
24.06.	Überweisung	24.06.		12 000,00

   Das Kreditlimit beträgt 10 000,00 EUR.
   Die Bank berechnet 0,25 % Habenzinsen, 11 % Sollzinsen, 5 % Überziehungszinsen.
   Das Konto wird zum 30.06. abgeschlossen.
   Stellen Sie mithilfe eines Tabellenkalkulationsprogramms eine Zinsstaffel auf und berechnen Sie die Zinsen.

4. **Sie beziehen Waren im Wert von 6 000,00 EUR.**
   Zahlungsbedingungen: 30 Tage netto Kasse oder binnen 10 Tagen mit 3 % Skonto. Sie haben den Betrag im Moment nicht zur Verfügung, können jedoch einen Kontokorrentkredit zu 12 % p. a. in Anspruch nehmen.
   Welche Zahlungsweise ziehen Sie vor? Begründen Sie Ihre Entscheidung durch eine Rechnung.

5. **Folgende Rechnungsbeträge und Zahlungsbedingungen liegen vor:**

Rechnungsbetrag		Zahlungsbedingung	
1.	6 780,00 EUR	45 Tage netto/	14 Tage 2 % Skonto
2.	1 578,00 EUR	30 Tage netto/	10 Tage 1 % Skonto
3.	4 432,00 EUR	60 Tage netto/	20 Tage 3 % Skonto
4.	46 450,00 EUR	30 Tage netto/	7 Tage 2,5 % Skonto
5.	22 860,00 EUR	60 Tage netto/	10 Tage 2 % Skonto
6.	100 000,00 EUR	90 Tage netto/	14 Tage 3 % Skonto

   Zinskosten eines Überziehungskredits: 8,5 %

   Berechnen Sie jeweils
   a) den effektiven Zinssatz für den Skontoabzug,
   b) die effektive Ersparnis bei Kreditfinanzierung,
   c) den Finanzierungsgewinn.

   Sie können die Excel-Tabelle *Effektivverzinsung bei Skontoabzug* (siehe S.621) benutzen. Prüfen Sie jedoch die Ergebnisse bei mindestens zwei Aufgaben durch eigene Rechnung.

SECHSTER ABSCHNITT

3.3.7 Langfristige Kreditfinanzierung

Darlehen

Ein *Darlehen* ist ein Kredit, bei dem eine einmalige Auszahlung in festgelegter Höhe erfolgt.

Im Gegensatz zum Kontokorrentkredit kann beim Darlehen über zurückgezahlte Beträge nicht erneut verfügt werden.

Darlehen dienen als längerfristige Kredite meist der Finanzierung des Anlagevermögens. Sie werden je nach Höhe und Laufzeit durch Bürgschaften, Lombardierungen, Sicherungsübereignungen oder Grundpfandrechte abgesichert.

Darlehensarten

Festdarlehen	Abzahlungsdarlehen	Annuitätendarlehen
Rückzahlung in einer Summe mit zwischenzeitlichen gleichbleibenden Zinszahlungen	Tilgung in festen Raten bei gleichmäßig sinkenden Zinszahlungen	Jährliche Zahlung eines festen Betrags (Annuität) bei steigender Tilgung und zunehmend sinkenden Zinsen

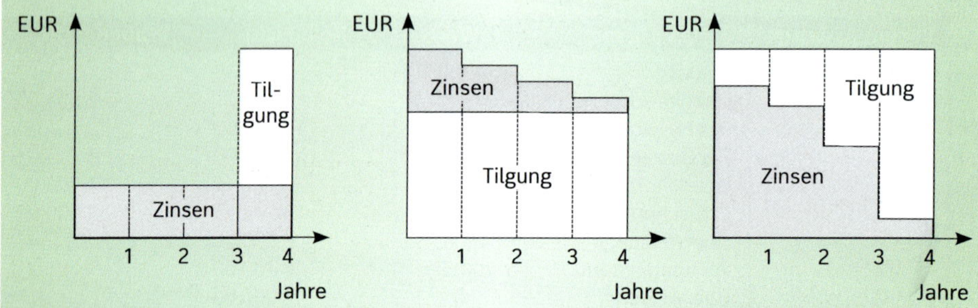

Beachte: Die Grafiken zeigen nur die Tendenz, nicht die wirklichen zahlenmäßigen Verhältnisse!

Die Zinsen für die einzelnen Jahre werden von der Restschuld am Ende des jeweiligen Jahres berechnet. Beim Annuitätendarlehen erzielt man eine gleichbleibende Annuität, indem man die durch die fortlaufende Tilgung ersparten Zinsen auf die jährlichen Tilgungsraten aufschlägt (siehe Beispiel 3).

Beispiele: Darlehensarten

1. Festdarlehen
Darlehenssumme 10 000,00 EUR, 10 % Zins, Laufzeit 4 Jahre.
Am Ende jedes Jahres sind 1 000,00 EUR Zinsen zu zahlen. Am Ende des 4. Jahres wird die Gesamtsumme von 10 000,00 EUR zurückgezahlt.

2. Abzahlungsdarlehen
Darlehenssumme 10 000,00 EUR, 10 % Zins, Laufzeit 4 Jahre, Tilgung in gleichen Jahresraten.

Tilgungsplan

Jahr	Restschuld zu Jahresbeginn EUR	Zinsen EUR	Tilgung EUR	Annuität EUR
1	10 000,00	1 000,00	2 500,00	3 500,00
2	7 500,00	750,00	2 500,00	3 250,00
3	5 000,00	500,00	2 500,00	3 000,00
4	2 500,00	250,00	2 500,00	2 750,00

An jedem Jahresende werden 2 500,00 EUR getilgt. Zinsen werden stets vom Restkredit gezahlt.

3. Annuitätendarlehen
Darlehenssumme 10 000,00 EUR, 10 % Zins. Für das erste Jahr wird eine Tilgung von 20 % der Kreditsumme vereinbart.

Tilgungsplan

Jahr	Restschuld zu Jahresbeginn EUR	Zinsen EUR	Tilgung EUR	Annuität EUR
1	10 000,00	1 000,00	2 000,00	3 000,00
2	8 000,00	800,00	2 200,00	3 000,00
3	5 800,00	580,00	2 420,00	3 000,00
4	3 380,00	338,00	2 662,00	3 000,00
5	718,00	71,80	718,00	789,80

Am Ende des 1. Jahres werden 2 000,00 EUR getilgt. Zinszahlung: 1 000,00 EUR.
Die Zinsen für das 2. Jahr werden vom Restkredit (8 000,00 EUR) berechnet: 800,00 EUR.
Die Zinsersparnis in Höhe von 200,00 EUR gegenüber Jahr 1 wird der Tilgung am Ende des 2. Jahres zugeschlagen. So bleibt der Gesamtbetrag (die Annuität) gleich. Entsprechendes gilt für Jahr 3 und 4. Nur die letzte Annuität ist wegen der geringeren Restschuld kleiner.

Web

Anhand der Excel-Dateien *Tilgungsplan Abzahlungsdarlehen* und *Tilgungsplan Annuitätendarlehen* können Sie selbst feststellen, wie sich Änderungen der Darlehenssumme, des Zinssatzes und der Laufzeit auswirken. Prüfen Sie u. a., ob ein niedrigerer Zinssatz beim Annuitätendarlehen nur Vorteile bringt.

M 625_1
M 625_2

Industrieanleihen und Wandelschuldverschreibungen

Großunternehmen benötigen für Investitionen oft Kreditsummen von mehreren Hundert Millionen Euro. Einzelne Banken können oder wollen diese Summen nicht aufbringen. Es werden deshalb **Obligationen (Anleihen)** aufgelegt, die man in viele kleine Anteilscheine (Teilschuldverschreibungen) zu 1 000,00 EUR oder einem Vielfachen davon stückelt.

Obligationen sind Urkunden, die bestimmte Rechte verbriefen (hier: Zinszahlung, Rückzahlung). Die Ausübung der Rechte ist an den Besitz des Papiers gebunden. Wer die Urkunde nicht vorweisen kann, kann auch keine Rechte ausüben. Urkunden mit dieser Eigenschaft heißen **Wertpapiere**.
Wertpapiere sind z. B. auch: Banknote, Konnossement, Scheck, Wechsel, Aktie. Wertpapiere, die an Börsen gehandelt werden, heißen **Effekten**.
Einzelheiten hierzu finden Sie im Infomaterial *Wertpapiere*.

Web
M 625_3

SECHSTER ABSCHNITT

Über diese Stücke werden Urkunden ausgestellt, die über die Banken an Kapitalanleger verkauft werden. Die Urkunden beweisen die Forderung und verbriefen das Recht auf Zinsen und Rückzahlung zum festgelegten Zeitpunkt. Eine Kündigung ist meist nicht möglich. Die Schuldverschreibungen werden jedoch an der Börse gehandelt und können dort jederzeit zum Tageskurs verkauft werden.

Die von Unternehmen ausgegebenen Anleihen heißen *Industrieanleihen*.

Sie werden fast nur von großen Aktiengesellschaften ausgegeben, weil sie sich wegen hoher Ausgabekosten nur bei Anleihebeträgen von mehreren Millionen Euro rentieren. Eine Unterart davon sind die Wandelschuldverschreibungen.

***Wandelschuldverschreibungen* sind Anleihen, die dem Eigentümer die Wahl zwischen der Rückzahlung des Anleihebetrags am Fälligkeitstag oder (unter festgelegten Bedingungen) dem Eintausch in Aktien einräumen.**

Die **Besicherung von Anleihen** erfolgt in der Regel durch die Eintragung eines Grundpfandrechts ins Grundbuch (vgl. S. 616).

Schuldscheindarlehen

***Schuldscheine* sind Urkunden, mit denen der Schuldner eine bestimmte Leistung, z. B. eine Geldleistung, verspricht.**

Schuldscheine sind aber keine Wertpapiere, sondern lediglich Beweisurkunden über die bestehende Forderung. Die Forderung kann vertraglich auf einen anderen Gläubiger übertragen werden (sog. Abtretung oder Zession der Forderung).

Darlehen werden bisweilen in Verbindung mit einem Schuldschein vergeben. Die Kreditgeber sind aber meistens nicht Banken, sondern Versicherungen, die langfristiges Kapital anlegen wollen. Als Kreditnehmer kommen nur erstklassige große Unternehmen infrage.

Schuldscheindarlehen ersparen die hohen Ausgabekosten von Anleihen, ihr Zinssatz liegt aber meist 0,25 % bis 0,5 % höher. Die Absicherung erfolgt ebenfalls durch Grundpfandrechte.

3.3.8 Beurteilung der Kreditfinanzierung

Vor Finanzierungsentscheidungen sind folgende Hauptvor- und -nachteile der Kreditfinanzierung abzuwägen:

Vor- und Nachteile der Kreditfinanzierung	
Vorteile	**Nachteile**
• Keine Beschränkung der Verfügungs- und Leitungsrechte • Keine Beteiligung an der Gewinnausschüttung • Zinsen als Betriebsaufwand steuerlich absetzbar	• Befristete Kapitalverfügbarkeit • Einschränkung der Liquidität durch Tilgungs- und Zinszahlung • Gewinnmindernde Zinskosten • Weitere Kosten (z. B. Bankprovisionen, Notarkosten, Gerichtskosten, Kosten für Gestellung von Sicherheiten) • Eingeschränkte Verfügbarkeit über Sicherungsgegenstände

Wichtig ist eine wohlüberlegte Wahl zwischen Darlehen und Kontokorrentkredit:

- **Kontokorrentkredite** sind teurer und kurzfristig kündbar. Andererseits können sie nach Belieben in Anspruch genommen und zurückgezahlt werden. Sie eignen sich deshalb für die Überbrückung eines Spitzenbedarfs.
- **Darlehen** sind billiger, haben aber eine feste Laufzeit und Zinsbelastung. Sie eignen sich für einen längerfristigen Kreditbedarf.

Die **Rechtsform** hat Einfluss auf die Kreditfinanzierung:

- Bei sonst gleichen Verhältnissen sind Rechtsformen mit vollhaftenden Eigentümern vergleichsweise kreditwürdig. Dies gilt insbesondere für die OHG (unbeschränkte, unmittelbare, solidarische Haftung der Gesellschafter).
- Die GmbH ist wegen der beschränkten Haftung bedeutend weniger kreditwürdig. Die Banken vereinbaren deshalb bei der Kreditvergabe in der Regel zusätzlich die persönliche Haftung der Gesellschafter.
- Die AG ist trotz beschränkter Haftung wegen der strengen gesetzlichen Vorschriften über Rechnungslegung und Gewinnverwendung am kreditwürdigsten.

Arbeitsaufträge

1. **Kontokorrentkredit und Darlehen sind unterschiedlich gestaltet und verfolgen unterschiedliche Zwecke.**
   a) Erläutern Sie die Gestaltung von Darlehen und Kontokorrentkredit.
   b) Welche Zwecke verfolgen das Darlehen und welche der Kontokorrentkredit?

2. **Die Bresser KG will einen Rohstoffeinkauf über 12 000,00 EUR tätigen, um einen Kundenauftrag ausführen zu können. Weiterhin wird mit Löhnen und weiteren Kosten in Höhe von 17 000,00 EUR kalkuliert. Die Produktion wird 10 Tage dauern. Dann ist Monatsende und die Löhne sind zu zahlen. Bressers Kunde wünscht ein Zahlungsziel von 30 Tagen. Bresser verfügt momentan nur über liquide Mittel in Höhe von 7 000,00 EUR.**
   a) Beurteilen Sie, ob Bresser ein Bankdarlehen über 22 000,00 EUR aufnehmen soll, um Einkauf und Produktion vorzufinanzieren.
   b) Wäre stattdessen die Ausgabe einer Anleihe sinnvoll?
   c) Überlegen Sie, welche anderen Finanzierungsmöglichkeiten sinnvoll sein könnten.

3. **Zwei Darlehen von 100 000,00 EUR werden zu folgenden Bedingungen vergeben:**
   a) Abzahlungsdarlehen, Laufzeit 10 Jahre, 10 % Zins,
   b) Annuitätendarlehen, 8 % anfängliche Tilgung, 10 % Zins.
   Stellen Sie beide Tilgungspläne auf. (Benutzen Sie ein Tabellenkalkulationsprogramm.)

4. **Metallweb e. K. benötigt zur Finanzierung von Metallwebstühlen (Erweiterungsinvestition), Anschaffungswert 200 000,00 EUR, ein Darlehen.**
   Die Nutzungsdauer der Maschinen wird auf 12 Jahre geschätzt, ihr Restwert am Ende der Nutzungsdauer auf 20 000,00 EUR.
   Der marktübliche Zinssatz für langfristige Kredite beträgt 5 %. Auch die Kredit gebende Bank verlangt 5 % Zinsen.
   Neben Abschreibungen und Zinsen fallen 3 500,00 EUR jährliche Fixkosten an.
   Jährliche variable Kosten: Fertigungslöhne 55 000,00 EUR, Fertigungsmaterial 65 000,00 EUR, sonstige Kosten 20 000,00 EUR.
   Es wird mit jährlichen Erlösen von 176 000,00 EUR gerechnet.
   a) Berechnen Sie mit Investitionsrechnungen den durchschnittlichen Jahresgewinn, die Brutto- und Nettorentabilität und die Kapitalrückflusszeit. Benutzen Sie ein Tabellenkalkulationsprogramm.
   b) Wird die Bank unter den vorliegenden Voraussetzungen nach Ihrer Ansicht bereit sein, das gewünschte Darlehen zur Verfügung zu stellen?
   c) Auf wie viel Euro sollte der Darlehensbetrag lauten? (Bitte begründen!)
   d) Welche Laufzeit sollte der Kredit höchstens, welche mindestens haben? (Bitte begründen!)
   e) Erstellen Sie mit einem Tabellenkalkulationsprogramm die Tilgungspläne für ein Fest-, ein Abzahlungs- und ein Annuitätendarlehen unter Zugrundelegung der Höchst- und Mindestlaufzeit. Geben Sie aufgrund Ihrer Rechnungen die Vor- und Nachteile der jeweiligen Darlehensart an und entscheiden Sie sich für eine Darlehensart.
   f) Prüfen Sie, ob aufgrund Ihrer Rechnungen Gründe vorliegen, die vorher angenommene Mindestlaufzeit des Darlehens zu korrigieren. Nehmen Sie ggf. die Korrektur vor.
   g) Fertigen Sie eine Präsentation Ihrer Arbeitsergebnisse an und führen Sie sie vor.

5. **Der Unternehmer Florian Geyer will seinen Betrieb beträchtlich erweitern. Da er nur einen geringen Teil des notwendigen Kapitals durch Gewinn und Einlagen selbst aufbringen kann, verbleiben zwei Möglichkeiten: Aufnahme eines Gesellschafters oder Kreditaufnahme.**
   Stellen Sie die grundsätzlichen Vor- und Nachteile dieser beiden Finanzierungsformen einander gegenüber.

3.4 Innenfinanzierung

3.4.1 Innenfinanzierung mit Eigenkapital

Rückflussfinanzierung

Der Tiefbauunternehmer Carl Schneider hat einen Bagger für 180 000,00 EUR angeschafft. Die Nutzungsdauer wird auf 6 Jahre geschätzt, die jährliche Einsatzzeit auf 1 500 Stunden. Der jährliche Abschreibungsbetrag beläuft sich bei linearer Abschreibung auf 30 000,00 EUR (180 000,00 EUR : 6).

Schneider kalkuliert seinen Angebotspreis für eine Arbeitsstunde:

Arbeitslohn (einschl. Lohnnebenkosten)	35,00 EUR
Kraftstoff (10 l à 1,30 EUR)	13,00 EUR
Abschreibungen (30 000,00 EUR : 1 500)	20,00 EUR
Weitere Geschäftskosten...	40,00 EUR
....	108,00 EUR
Gewinnzuschlag 15 %	16,20 EUR
Angebotspreis	124,20 EUR

In den Betriebsmitteln ist Kapital gebunden. Die einsatzbedingte Wertminderung der Betriebsmittel wird durch die Abschreibungen erfasst. Wie alle anderen Kosten müssen sie in die Absatzpreise einkalkuliert werden. Diese führen dem Unternehmen die Abschreibungswerte wieder zu und bewirken eine Freisetzung des gebundenen Kapitals. Am Ende der Nutzungsdauer sollte so viel Kapital zurückgeflossen sein, dass das Anlagegut wiederbeschafft werden kann.

***Rückflussfinanzierung* ist Finanzierung aus Abschreibungswerten.**

Sind mehrere Anlagegegenstände vorhanden, so können die eingehenden Abschreibungswerte bereits vor dem Ende der Nutzungsdauer der einzelnen Betriebsmittel zur Finanzierung von Erweiterungsinvestitionen benutzt werden (**Kapazitätserweiterungseffekt**).

M 628

Web

Beispiel: *Kapazitätserweiterungseffekt*

Ein Betrieb beschafft sich in vier aufeinanderfolgenden Jahren je eine Maschine im Wert von 1 000,00 EUR mit einer vierjährigen Nutzungsdauer. Die Abschreibung soll je Maschine jährlich 250,00 EUR betragen.

	Jahr (Ende)				
Maschinen	1	2	3	4	5
	EUR	EUR	EUR	EUR	EUR
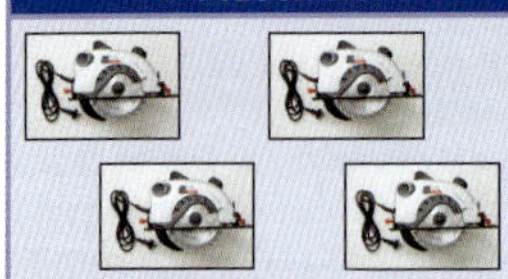 1	250,00	250,00	250,00	250,00	250,00
2		250,00	250,00	250,00	250,00
3			250,00	250,00	250,00
4				250,00	250,00
Jährliche Abschreibung	250,00	500,00	750,00	1 000,00	1 000,00
Liquide Mittel	250,00	750,00	1 500,00	2 500,00	2 500,00
– Reinvestitionen	–	–	–	1 000,00	1 000,00
Freigesetzte Mittel	250,00	750,00	1 500,00	1 500,00	1 500,00

Während der ersten vier Jahre beträgt der Kapitalbedarf jährlich 1 000,00 EUR. Am Ende des vierten Jahres muss die erste Maschine ersetzt werden, die zweite am Ende des fünften Jahres usw. Ab dem vierten Jahr entspricht die Abschreibung der Reinvestition von 1 000,00 EUR. Die Abschreibungsbeträge der ersten drei Jahre stehen zur Neuinvestition zur Verfügung. Dieser **freigesetzte** Betrag könnte zur Erweiterung der **Kapazität** verwendet werden.

Selbstfinanzierung (Überschussfinanzierung)

■ Offene Selbstfinanzierung

***Offene Selbstfinanzierung* liegt vor, wenn Teile des Gewinns einbehalten werden.**

Nicht entnommene Gewinne von Einzelunternehmer und Vollhaftern fließen den Kapitalkonten zu. Die Gewinnanteile von Kommanditisten stellen Verbindlichkeiten dar. Sie können ggf. als Fremdkapital in dem Unternehmen verbleiben. Bei den Kapitalgesellschaften und Genossenschaften fließen nicht ausgeschüttete Gewinne den **Gewinnrücklagen** zu. Die Aktiengesellschaft ist sogar zur Bildung **gesetzlicher Rücklagen** verpflichtet. Darin ist einzustellen (§ 150 AktG): der zwanzigste Teil des um einen Verlustvortrag aus dem Vorjahr geminderten Jahresüberschusses, bis die gesetzliche Rücklage und die Kapitalrücklagen zusammen den zehnten oder den in der Satzung bestimmten höheren Teil des Grundkapitals erreichen.

■ Stille Selbstfinanzierung

Sehen Sie sich auch die Präsentation *Stille Selbstfinanzierung* an.

Web M 629

MGB Maltmann Getriebebau e. K. schreibt ihre Betriebsmittel innerbetrieblich für die Zwecke der Kostenrechnung linear ab. In der Gewinn- und Verlustrechnung, die für das Finanzamt maßgeblich ist, wendet sie jedoch für Gegenstände, die bis einschließlich 2010 hergestellt wurden, die Abschreibung vom Buchwert mit dem höchsten steuerlich zulässigen Abschreibungssatz an. Da der Maschinenpark sehr neu ist, ergeben sich bei der Abschreibung vom Buchwert höhere Abschreibungsbeträge.

Innerbetriebliche Erfolgsermittlung bei linearer Abschreibung (in Tsd. EUR)

S		H	
Abschreibungen	10	Erträge	700
Andere Aufwendungen	600		
Gewinn	90		700
	700		700

GuV-Rechnung bei Abschreibung vom Buchwert (in Tsd. EUR)

S		H	
Abschreibungen	30	Erträge	700
Andere Aufwendungen	600		
Gewinn	70		
	700		700

Bezogen auf den tatsächlichen Wertverlust der Betriebsmittel hat das Unternehmen in diesem Beispiel einen Gewinn von 90 000,00 EUR erwirtschaftet. Aufgrund der Abschreibung vom Buchwert beträgt der steuerlich ausgewiesene Gewinn jedoch nur 70 000,00 EUR. 20 000,00 EUR werden als Aufwand ausgewiesen. Sie sind damit auch der Gewinnausschüttung entzogen und können zur Finanzierung von Investitionsvorhaben verwendet werden.

Das Beispiel zeigt, dass die stille Selbstfinanzierung durch die Unterbewertung von Aktiva ermöglicht wird. Sie führt zur Bildung **stiller Rücklagen**. Die stillen Rücklagen werden zu einem späteren Zeitpunkt aufgelöst, z. B. wenn die Abschreibungsbeträge vom Buchwert niedriger werden als die kalkulatorischen Abschreibungsbeträge oder wenn die betreffenden Vermögensgegenstände verkauft werden.

Mit der Unternehmenssteuerrefom 2008 wurde die Abschreibung vom Buchwert (degressive Abschreibung) für Neuanschaffungen abgeschafft. Um der 2008 einsetzenden Wirtschaftskrise gegenzusteuern, wurde sie für 2009 und 2010 angeschaffte Gegenstände wieder zugelassen. Sie ist danach ggf. nur noch bei ausländischen Tochterunternehmen möglich. Gleichwohl können auch in Deutschland noch stille Rücklagen gebildet werden, wenn z. B. steuerlich eine kürzere Nutzungsdauer angesetzt werden kann als in der

Kostenrechnung. Auch dann ergibt sich steuerlich ein höherer Abschreibungssatz. Beispiel: steuerlich 8 Jahre ≙ 12,5 %, kostenrechnerisch 10 Jahre ≙ 10 %.

Der **Vorteil der stillen Selbstfinanzierung** gegenüber der offenen Selbstfinanzierung liegt darin, dass die Bildung der offen ausgewiesenen Gewinnrücklagen aus dem versteuerten Gewinn erfolgt, während bei der stillen Form diese Beträge überhaupt nicht als Gewinn ausgewiesen und deshalb zunächst auch nicht versteuert werden. Die Steuern werden vielmehr bis zur Auflösung der stillen Rücklagen sozusagen gestundet. Dies bedeutet größere Finanzierungskraft, höhere Liquidität und Zinsvorteile.

Ebenso wie die Unterbewertung von Aktivposten führt die Überbewertung von Passivposten zu stillen Rücklagen[1].

***Stille Selbstfinanzierung* entsteht durch die Bildung stiller Rücklagen**
- **aufgrund der Unterbewertung von Aktiva,**
- **aufgrund der Überbewertung von Passiva.**

3.4.2 Innenfinanzierung mit Fremdkapital

MGB Maltmann Getriebebau e. K. hat einen Großauftrag über 1 200 000,00 EUR erhalten. Er hat sich dabei jedoch verpflichten müssen, 3 Jahre lang kostenlos anfallende Reparaturen zu übernehmen, die auf Herstellungsmängeln beruhen. Hierfür bildet er im Jahr des Vertragsabschlusses eine Garantierückstellung von 4 % (= 48 000,00 EUR).
Im selben Jahr stellt MGB einen neuen Produktionsleiter ein, dem er eine betriebliche Pensionszusage macht (monatlich 1 000,00 EUR, zu zahlen ab dem 67. Lebensjahr). Hierfür wird jährlich eine Pensionsrückstellung gebildet.

***Innenfinanzierung* mit Fremdkapital erfolgt durch die Bildung von Rückstellungen.**

Rückstellungen sind Verbindlichkeiten, Verluste oder Aufwendungen, die dem Grunde nach bereits feststehen und insofern als Aufwand in dem Geschäftsjahr zu buchen sind, in dem sie verursacht werden, aber deren Höhe und Fälligkeit am Bilanzstichtag noch nicht bekannt sind. Als Verbindlichkeiten stellen sie Fremdkapital dar.

Rückstellungen sind nach § 249 HGB zu bilden für:
- **ungewisse Verbindlichkeiten (z. B. Pensionsverpflichtungen, zu erwartende Inanspruchnahme aus Bürgschaften, Garantieverpflichtungen usw.);**
- **drohende Verluste aus schwebenden Geschäften (z. B. wegen Preisrückgang bei gekauften, aber noch nicht gelieferten Rohstoffen);**
- **im Geschäftsjahr unterlassene Aufwendungen für Instandhaltung, die binnen 3 Monaten nach dem Bilanzstichtag nachgeholt werden, oder für Abraumbeseitigung, die im folgenden Geschäftsjahr nachgeholt werden;**
- **Gewährleistungen aus Kulanz.**

Die jeweilige Rückstellung wird auf einem Aufwandskonto gegengebucht. Damit wird der ausgewiesene Gewinn gemindert. Der betreffende Betrag ist damit auch der Gewinnausschüttung entzogen, verbleibt in dem Unternehmen und kann zur Finanzierung von Investitionen verwendet werden.

[1] Vgl. S. 631.

Von besonderer Bedeutung sind die **Pensionsrückstellungen**, da sie dem Unternehmen sehr langfristig zur Verfügung stehen. Die Zahlung der Pensionen kann eventuell sogar aus erneut gebildeten Rückstellungen geleistet werden. Der Staat verlangt deshalb die Beachtung finanzmathematischer Regeln beim Ansatz von Pensionsrückstellungen.

Andere Rückstellungen sind in der Höhe anzusetzen, die bei vernünftiger kaufmännischer Beurteilung notwendig ist. Hier verbleibt dem Unternehmen ein Bewertungsspielraum. So können Prozessrückstellungen oder Gewährleistungsrückstellungen höher als notwendig angesetzt werden. Der Effekt ist der gleiche wie bei überhöhten Abschreibungen: Verminderung des ausgewiesenen Gewinns und Steuerstundung bis zur Auflösung der Rückstellung. Dies bedeutet auch hier größere Finanzierungskraft, höhere Liquidität und Zinsvorteile.

Die überhöhte Rückstellung (Überbewertung von Passiva) führt wie die Unterbewertung von Aktiva zu einer stillen Rücklage. Der überhöhte Teil der Rückstellung hat damit den Charakter von Eigenkapital. Er wäre eigentlich Gewinn. Somit ist er der Selbstfinanzierung zuzurechnen.

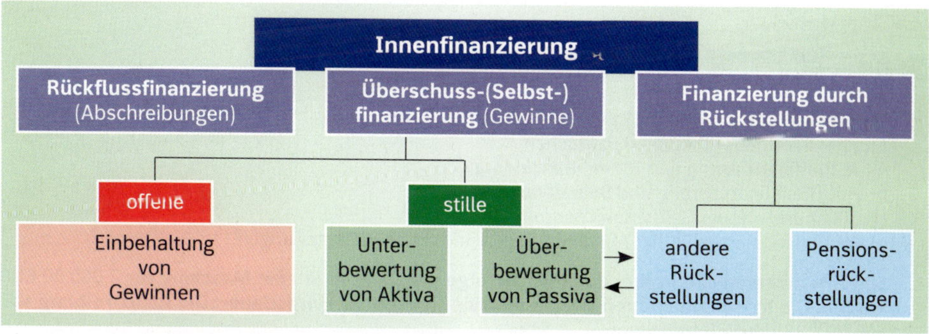

3.4.3 Beurteilung der Innenfinanzierung

Vorteile der Innenfinanzierung

- Innenfinanzierung bedeutet für das Unternehmen Mittelzuführung aus eigener Kraft ohne Verpflichtung gegenüber Kapitalgebern. Sie gestattet den Ersatz verbrauchter Vermögensgegenstände und die Bildung zusätzlichen Vermögens von innen her. Damit schützt sie das Unternehmen vor Substanzverlusten und ermöglicht dessen Wachstum. Schulden können ohne Substanzverlust zurückgezahlt und der Anteil des Eigenkapitals am Gesamtvermögen erhöht werden. Dies bedeutet einerseits eine Stärkung der Finanzkraft, andererseits eine Erhöhung der Kreditwürdigkeit. Finanzierungskosten und irgendwelche lästige Formalitäten entstehen nicht.

- Der Kapitalmarkt muss nicht in Anspruch genommen, das Privatvermögen der Eigentümer nicht angegriffen werden. Im Gegensatz zur Aufnahme neuer Gesellschafter verschieben sich die Entscheidungsbefugnisse nicht.

SECHSTER ABSCHNITT

- Eine ausreichende Innenfinanzierung kann das Unternehmen in seinen Investitionsentscheidungen weitgehend von der staatlichen Kreditpolitik unabhängig machen.
- Für Klein- und Mittelbetriebe ist die Innenfinanzierung oft die einzige Möglichkeit, Kapital zu beschaffen. Leider wird der nötige Umfang dadurch eingeschränkt, dass Gewinne von den Eigentümern zur Deckung des privaten Lebensunterhalts entnommen werden müssen.
- Die stille Selbstfinanzierung führt über den Weg der Steuerstundung zu höherer Finanzkraft und Liquidität. Sie eröffnet bei Aktiengesellschaften auch Möglichkeiten der Dividendenpolitik: In gewinnreichen Jahren werden stille Rücklagen gebildet, die in gewinnarmen Jahren zum Zwecke der Dividendenzahlung aufgelöst werden können.

Nachteile der Innenfinanzierung

Die Bildung erheblicher stiller Rücklagen führt dazu, dass die Bilanz als Instrument der Rechenschaftslegung erheblich an Aussagekraft verliert. Das Unternehmen stellt sich schlechter dar, als es ist. Andererseits kann die Möglichkeit, stille Rücklagen aufzulösen, zu einer zu guten Selbstdarstellung führen und Fehler der Geschäftsleitung verschleiern.

Arbeitsaufträge

1. **Innenfinanzierung kommt in unterschiedlichen Formen vor.**
   Erläutern Sie die Unterschiede zwischen
   a) Außenfinanzierung und Innenfinanzierung,
   b) Rückflussfinanzierung und Selbstfinanzierung,
   c) stiller und offener Selbstfinanzierung,
   d) Innenfinanzierung durch Abschreibungen und durch Rückstellungen.
2. **Ein Unternehmen will in drei aufeinanderfolgenden Jahren je eine Maschine für 2 000,00 EUR kaufen. Die Maschinen haben jeweils eine vierjährige Nutzungsdauer. Die Abschreibung soll 500,00 EUR jährlich betragen.**
   a) Erläutern Sie anhand dieses Beispiels den Kapazitätserweiterungseffekt der Abschreibungen.
   b) Am Ende welchen Jahres kommt hier der Kapazitätserweiterungseffekt zum Tragen?
3. **Bewertungsspielräume können die Bildung stiller Rücklagen zulassen.**
   Geben Sie an, wie die folgenden Vermögenswerte und Verbindlichkeiten am Bilanzstichtag bewertet werden können und welche Möglichkeiten zur Bildung stiller Rücklagen bestehen.
   a) Rohstoffe
   b) unbebaute Grundstücke
   c) Maschinen
   d) ein Messgerät (Anschaffungswert 400,00 EUR zzgl. MwSt.)
   e) Pensionsrückstellungen
   f) Prozessrückstellungen
4. **„Stille Rücklagen verschaffen bei ihrer Bildung erhöhte Liquidität, führen aber später zu stärkeren Einschränkungen der Liquidität."**
   Erläutern Sie diesen Satz.

SECHSTER ABSCHNITT

3.5 Leasing als Finanzierungsalternative

Der Baustoffproduzent Küppers GmbH benötigt einen neuen Kran-Lkw. Zur Bezahlung des Preises von 190 000,00 EUR stehen zur Zeit 30 000,00 EUR an Eigenmitteln zur Verfügung, den Rest müsste die Bank finanzieren. Allerdings ist wegen hoher Kreditaufnahmen für Betriebserweiterungen der Kreditspielraum schon ausgeschöpft, ebenso wie die Möglichkeiten der Kreditsicherung. Darüber hinaus würde man das vorhandene Eigenkapital lieber für die Finanzierung von Materialeinkäufen einsetzen, um noch besser Skonti ausnutzen zu können. Der Kundenberater der Hausbank schlug letzte Woche vor, den Lkw nicht zu kaufen, sondern zu leasen.

Leasen bedeutet: mieten, pachten. Tatsächlich ist ein Leasingvertrag rechtlich eine spezielle Art des Mietvertrags:

Beim Leasing wird ein Gegenstand (z. B. Gebäude, Gerät, Fahrzeug) gegen Entgelt für eine feste Zeit vertraglich zur Nutzung überlassen. Der Überlassende heißt Leasinggeber, der Nutzer Leasingnehmer. Das – meist monatliche – Entgelt heißt Leasingrate.

Sehen Sie sich auch die Präsentation *Leasing* an.

Web M 633

Arten von Leasing-Verträgen	
	nach der Art des Leasing-Gegenstandes
Immobilien-Leasing:	Mieten von Gebäuden
Mobilien-Leasing:	Mieten von beweglichen Gütern (z. B. Maschinen, Fahrzeuge, EDV-Anlagen, Handtuchautomaten)
	nach dem Leasinggeber
direktes Leasing:	Der Hersteller des Objektes ist Leasinggeber.
indirektes Leasing:	Eine Leasing-Gesellschaft (meist Tochter-Gesellschaft einer Bankenorganisation) ist Leasinggeber.
	nach der Kündigungsmöglichkeit
Operate-Leasing:	Vertrag kurzfristig kündbar (Leasinggeber trägt das Risiko der Investition; setzt mehrmals verwertbare Güter voraus, z. B. Kfz, EDV-Anlage).
Finance-Leasing:	Vertrag während der Grundmietzeit nicht kündbar (Leasingnehmer trägt das Risiko der Investition).
	nach der Option bei Vertragsablauf
optionsloser Vertrag:	Rückgabe des Objekts nach Vertragsablauf.
Vertrag mit Kaufoption:	Leasingnehmer kann das Objekt auf der Basis des Restbuchwertes oder Verkehrswertes kaufen.
Vertrag mit Tauschoption:	Leasingnehmer kann das Objekt gegen ein neues eintauschen.
Vertrag mit Verlängerungsoption:	Leasingnehmer kann Verlängerung der Mietzeit auf der Basis des Restwertes oder Verkehrswertes verlangen.

Typische Leasing-Laufzeiten:
- → Ausrüstungsgegenstände 2 bis 6 Jahre
- → komplette Industrieanlagen bis zu 14 Jahre
- → Gebäude bis zu 30 Jahre

Der Leasingnehmer zahlt dem Leasinggeber während der Grundmietzeit eine monatliche Leasingrate. Diese enthält Kosten, die zum Teil auch beim Kauf des Objektes anfallen würden:

Zusammensetzung der Leasingrate

- **Abschreibungen**
- **Kapitalverzinsung** (meist mindestens 2 % mehr als beim Kauf)
- **anteilige Verwaltungskosten**
- **Risikozuschlag für Ausfälle**
- **Wartungs- und Reparaturkosten** (wenn der Leasinggeber laut Vertrag Wartung und Reparatur übernimmt)
- **ggf. Versicherungsprämie** (wenn der Leasingnehmer den Gegenstand nicht selbst versichert)
- **Gewinn** des Leasinggebers

Beispiel: Leasing-Angebot Kran-Lkw

Angebot der Mobilien Leasing GmbH: Kran-Lkw Moyota Kralo; Mietzeit 48 Monate; jährliche Fahrleistung 25 000 km; Fahrzeugpreis netto (ohne MwSt) 90 800,00 EUR; monatliche Leasingrate netto 2,8 % vom Nettopreis; Restwert nach 4 Jahren netto 45 400,00 EUR; nach Vertragsende nach Wunsch des Kunden Rückgabe des Fahrzeugs oder Ankauf zum Restwert.

Der Leasingnehmer trägt regelmäßig die Risiken, die im Zusammenhang mit der Nutzung des Objektes stehen: die Verlustgefahr, die Gefahr des vorzeitigen Verschleißes und die Gefahr der Beschädigung. Er ist also so gestellt wie ein Käufer.

SECHSTER ABSCHNITT

Leasingraten betragen bei 5-Jahresverträgen monatlich etwa 2 %, bei 3-Jahresverträgen etwa 3 % vom Anschaffungswert. Insbesondere wegen der in der Leasingrate enthaltenen höheren Verzinsung und des Gewinnzuschlages sind die Kosten meist höher als beim Kauf. Trotzdem wiegt für Unternehmen oft eine Reihe von Vorteilen schwerer:

*Merke: **Verbrauchern** ist wegen der höheren Kosten vom Leasing abzuraten. **Unternehmen** sollten jeden Einzelfall prüfen.*

- Das **Unternehmen behält flüssige Mittel** in Höhe des Kaufpreises, die beim Kauf langfristig gebunden wären. Beim Leasing wird nur in Höhe der Leasingrate Kapital gebunden. Das freibleibende Kapital kann zur Finanzierung des Umlaufvermögens (Waren, Materialien) eingesetzt werden; dieses wird schneller umgeschlagen und bringt rascher Gewinn.
- Der **Kreditspielraum bleibt erhalten**, weil kein Kredit für das Investitionsobjekt aufgenommen werden muss.
- Der Leasinggeber prüft zwar die Kreditwürdigkeit des Leasingnehmers; da er Eigentümer des Leasingobjektes bleibt, sind aber **keine Sicherheiten zu stellen**.
- Aufgrund der günstigen Mietzeiten wird die **Investitionstätigkeit flexibler**: Die Anlagen befinden sich immer auf einem aktuellen Stand der Technik. Ggf. ist der Leasingvertrag sogar kurzfristig kündbar (Operate-Leasing).
- Die **Leasingrate** ist – unabhängig von Zinssatzänderungen – über die gesamte Grundmietzeit **unveränderlich**. Der Betrieb hat folglich eine feste Kalkulationsgrundlage.
- Die Vertragsgestaltung kann so erfolgen, dass die **Leasingrate voll als Aufwand** angesetzt werden kann. Damit sinken die gewinnabhängigen Steuern. (Für die Gewerbesteuer gilt dies nur innerhalb bestimmter Grenzen.)

Grundmietzeit in % der gewöhnlichen Nutzungsdauer	Steuerliche Behandlung
kleiner als 40 % oder größer als 90 %	Der Gegenstand wird dem Leasingnehmer zugerechnet. Dieser schreibt ihn wie einen gekauften Gegenstand ab. Die Leasingrate wird in einen Tilgungs- und einen Aufwandsanteil aufgeteilt.
40 % bis 90 %	Der Leasingnehmer kann die Leasingrate voll als Aufwand ansetzen.

- Der **Verwaltungsaufwand ist niedriger** als bei gekauften Anlagen.
- Durch eventuelle Wartungs- und Beratungsverträge kann der Betrieb am **Know-how des Leasinggebers** teilhaben.

Arbeitsauftrag

Die Metalltuche GmbH möchte für einen Außendienstmitarbeiter einen Pkw Moyota Mundo beschaffen. Alternativen: Leasing oder Kauf. Folgende Angebote liegen vor:

Leasingangebot des Moyota-Händlers	Kreditangebot der Sparkasse
Leasingangebot des Moyota-Händlers: Mundo 1.6, 75 kw/102 PS, Drei-Wege-Kat Vertragszeit: 36 Monate Jährliche Fahrleistung: 25 000 km Nettowerte (ohne MwSt): Fahrzeugpreis: 20 900,00 EUR Monatl. Leasingrate: 3 % vom Fahrzeugpreis Restwert nach 36 Monaten: 7 747,41 EUR	Kreditangebot der Sparkasse: Darlehen in Höhe von 90 % des Fahrzeugpreises (ohne MwSt), Laufzeit: 36 Monate; Auszahlung: 100 %, Zinsen: Durchgehend 15 % vom Anfangskredit, Tilgung: Am Ende der beiden ersten Jahre jeweils 5 % der Kreditsumme, Rest am Ende der Laufzeit

a) Wie viel Euro betragen die Leasingausgaben insgesamt und durchschnittlich pro Jahr?
b) Wie viel Euro betragen beim Kreditkauf die Kreditkosten?
c) Wie viel Euro betragen beim Kreditkauf die Gesamtbelastung und die durchschnittliche jährliche Belastung? (Einrechnen: sämtliche Ausgaben und kalkulatorische Zinsen in Höhe von 4,25 % für den Eigenkapitaleinsatz abzüglich Restwert des Pkw).
d) Welche Alternative (Leasing oder Kauf) ist teurer? Um wie viel Prozent ist sie teurer?
e) Welche Gründe könnten die Metalltuche GmbH trotzdem zur Wahl der teureren Alternative bewegen? Diskutieren Sie über das Pro und Kontra. Ziehen Sie dabei ggf. weitere Unterlagen heran (z. B. Unterlagen zu den steuerlichen Auswirkungen).

4 Finanzplanung und Finanzcontrolling

4.1 Finanzplanung und Finanzierungsziele

Die *Finanzplanung* erfasst systematisch alle im Planungszeitraum erwarteten Einnahmen, Ausgaben und flüssigen Mittel. Sie ermittelt die Über- und Unterdeckung und plant einen Ausgleich zwischen Einnahmen und Ausgaben.

Die Finanzplanung ist mit allen Bereichen verbunden. Vom Absatz erhält sie Meldungen über die erwarteten Erlöse, von den anderen Bereichen Meldungen über den Kapitalbedarf. Erwartete Einnahmen und Ausgaben sind gegenüberzustellen, Lücken durch Kredite zu schließen.

Wenn Finanzmittel nur begrenzt beschafft werden können, müssen die vorrangigen Investitionen festgestellt werden. In jedem Fall werden den Abteilungen Budgets zugeteilt, die von den Verantwortlichen einzuhalten sind.

Die Finanzplanung soll auch sicherstellen, dass die Ziele der Finanzierung erreicht werden.

Das **Hauptziel der Finanzierung** ist die **Deckung des Kapitalbedarfs** für alle laufenden und geplanten Investitionen. Dies ist gleichbedeutend mit der **Sicherung der Liquidität**. Ein liquides Unternehmen befindet sich „im finanziellen Gleichgewicht."

Finanzierungsziele
- Deckung des Kapitalbedarfs/Sicherung der Liquidität
- Förderung der finanziellen Flexibilität
- Sicherheit gegen Investitionsrisiken
- Förderung der Rentabilität/Minimierung der Finanzierungskosten
- Förderung von Finanzimage und Bonitätsbeurteilung

Ein Unternehmen ist liquide (im finanziellen Gleichgewicht), wenn es alle finanziellen Verpflichtungen jederzeit fristgerecht erfüllen kann (inklusive der Eigentümeransprüche, z. B. der Dividendenansprüche).

Die Finanzierung soll außerdem
- **die finanzielle Flexibilität fördern:** Je nach der gegebenen Situation sollen die passenden Finanzierungsmittel eingesetzt werden können. Das Unternehmen soll finanziell unabhängig bleiben und z. B. nicht in die Abhängigkeit von Kreditgebern oder neuen Gesellschaftern geraten;
- **Sicherheit gegen Investitionsrisiken bieten:** Jede Investition ist mit Risiken behaftet. Je höher diese sind, desto höher soll das Eigenkapitalpolster sein. Dann können eventuelle Verluste aufgefangen werden;
- **die Rentabilität/Rendite des Kapitaleinsatzes fördern:** Es sollen gewinnträchtige Investitionen finanziert werden. Zugleich sollen die Finanzierungsmittel mit den geringstmöglichen Kosten beschafft werden;
- **das Finanzimage des Unternehmens fördern:** Je besser die finanzielle Situation des Unternehmen ist, desto besser wirkt dies nach außen und beeinflusst die Beurteilung der Bonität (Kreditwürdigkeit) positiv.

Zwischen Liquiditäts- und Rentabilitätsziel besteht ein ständiger **Zielkonflikt:** Das Streben nach Rentabilität verlangt die produktive Investition der flüssigen Mittel. Hierdurch jedoch werden die Mittel gebunden und können nicht mehr für fällige Zahlungen verwendet werden.

SECHSTER ABSCHNITT

M 636

Web

Beispiel: Zielkonflikt Liquidität – Rentabilität

Sehen Sie sich auch die Präsentation *Zielkonflikt Liquidität – Rentabilität* an.

Ein kleines Unternehmen hat am 07.03. ein Guthaben in Höhe von 50 000,00 EUR auf dem Bankkonto. Für einen Kundenauftrag kauft es Rohstoffe für 30 000,00 EUR ein und bezahlt diese am 10.03. Der Auftrag wird ihm einen Gewinn von 24 000,00 EUR bringen. Zahlungseingänge sind in den kommenden Tagen nicht zu erwarten.

Am 11.03. geht eine Nachricht der Bank ein: „... Ihr Darlehen über 40 000,00 EUR wird am 15.03. zur Rückzahlung fällig ..."

Der Fälligkeitstag wurde von der Buchhaltung übersehen. Jetzt ergeben sich am 15.03. Liquiditätsprobleme. Obwohl die Finanzierung des Materialkaufs eine Rentabilität von 80 % abwerfen wird (24 000,00 / 30 000,00 · 100 = 80 %), kann das Darlehen nicht fristgerecht getilgt werden.

4.2 Finanzierungsregeln (Finanzierungsgrundsätze)

Bei MGB Maltmann Getriebebau e. K. wurde festgestellt, dass das Rohstofflager eine Umschlagshäufigkeit von 6 aufweist. Das Kapital ist also im Durchschnitt 2 Monate in den Werkstoffen gebunden. Man ist deshalb dazu übergegangen, mit den Lieferanten Zahlungsfristen von 90 Tagen zu vereinbaren. Auf diese Weise muss kein Eigenkapital für den Einkauf eingesetzt werden. Die Werkstoffe sind mit hoher Wahrscheinlichkeit binnen 3 Monaten verarbeitet, verkauft und bezahlt. Mit dem Erlös können die eigenen Verbindlichkeiten fristgerecht beglichen werden.

Eine solche Finanzierung ist selbstverständlich beim Kauf von Maschinen nicht möglich. Wenn möglich, versucht man, sie mit Erlösüberschüssen zu finanzieren. Fehlbeträge werden mit Bankkrediten abgedeckt, deren Laufzeit der geschätzten Nutzungsdauer der Maschinen entspricht und die in jährlichen Teilbeträgen getilgt werden.

Man muss nicht nur wissen, in welcher Höhe Kapitalbedarf auftritt, um Finanzierungsmittel in gleicher Höhe zu beschaffen. Investition und Finanzierung müssen vielmehr auch zeitlich aufeinander abgestimmt werden.

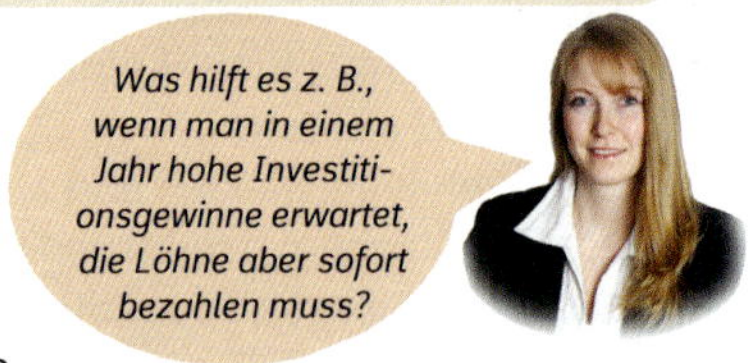

Finanzierungsregeln sind Grundregeln für die zeitliche Abstimmung von Investition und Finanzierung. Sie sollen helfen, die Liquidität zu sichern.

- **Goldene Finanzierungsregel (auch: goldene Bankregel): Die Bindungsdauer von Kapital muss der Dauer der Kapitalüberlassung für den bestimmten Zweck entsprechen.**
- **Goldene Bilanzregel: Anlagevermögen und eiserne Bestände sollen durch Eigenkapital und langfristiges Fremdkapital abgedeckt sein.**

Eigenkapital kann unbedenklich langfristig investiert werden, da es unbegrenzt zur Verfügung steht. Fremdkapital jedoch muss fristgerecht zurückgezahlt und deshalb rechtzeitig freigesetzt werden. Deshalb gilt:

- Nur Vorräte mit kurzfristigem Fremdkapital finanzieren! Die gebundenen Mittel fließen durch den Verkauf rasch zurück.
- Betriebsmittel nicht mit kurzfristigem Fremdkapital finanzieren! Die gebundenen Mittel fließen erst im Lauf der Jahre über die Produkterlöse zurück. Ein kurzfristiger Kredit könnte nicht rechtzeitig zurückgezahlt werden.

Auch eine Finanzierung über den Investitionsendpunkt hinaus ist problematisch. Sie bedeutet Tilgung- und Zinsbelastung, wenn die entsprechenden Anlagen bereits nicht mehr verwendet werden und dementsprechend keine Erlöse mehr hereinbringen.

Kritik an goldener Finanzierungs- und Bilanzregel

Goldene Finanzierungsregel	Goldene Bilanzregel
Die Einhaltung der goldenen Finanzierungsregel sichert die Liquidität nicht, wenn – die getätigte Investition Verluste bringt, – die getätigte Investition zwar ihre Zinsen und Tilgungsleistungen, nicht aber die laufenden Zahlungen für Löhne, Werkstoffe, Steuern usw. erwirtschaftet.	Die Einhaltung der goldenen Bilanzregel sichert die Liquidität nicht, weil – die Bilanz nicht alle künftigen Ein- und Auszahlungen ausweist (Lohn- und Mietzahlungen, Steuern, Mieteinnahmen usw.), – die Zahlungstermine nicht aus der Bilanz zu ersehen sind, – die Bilanz keine Möglichkeiten der Kapitalbeschaffung zeigt (durch Einlagen, Kreditverlängerung usw.).

Die Einhaltung der Regeln kann also die Liquidität nicht garantieren, aber zu ihrer Aufrechterhaltung beitragen.

4.3 Aufstellung von Finanzplänen

Finanzpläne stellen die Einnahmen und Ausgaben für eine bestimmte Periode gegenüber (z. B. kurzfristiger Plan: 1 Jahr, mittelfristiger Plan: bis zu 4 Jahre, langfristiger Plan: über 4 Jahre). Damit lässt sich erkennen, wie liquide das Unternehmen zu jedem Zeitpunkt der Periode ist. Diese **Periodenliquidität** hat mehr Aussagekraft als die **Momentanliquidität (Stichtagsliquidität)**, die z. B. zum Bilanzstichtag ermittelt wird.

Am häufigsten ist der Jahresfinanzplan. Er wird je nach Bedarf in Quartale oder Monate unterteilt. Vielfach nimmt man auch eine überlappende Planung vor: Der Plan wird für ein Jahr aufgestellt. Ist der erste Monat (bzw. das erste Quartal) abgelaufen, so wird der 13. Monat (bzw. das fünfte Quartal) in die Planung einbezogen.

Der Finanzplan trennt zwischen ordentlichen und außerordentlichen Einnahmen und Ausgaben.

Einnahmen und Ausgaben im Finanzplan

Ordentliche Einnahmen und Ausgaben	Außerordentliche Einnahmen und Ausgaben
Sie ergeben sich aus der Umsatztätigkeit des Unternehmens (Materialeinkauf, Lohnzahlung, Erlöse usw.)	Sie ergeben sich aus Finanzmaßnahmen (z. B. Kreditaufnahmen, Einnahmen aus Maschinenverkäufen, Kreditrückzahlung, Gewinnausschüttung, Anlagenkäufe)

Beispiel: **Finanzplan (in Tsd. EUR)**

	Jahr ..			Januar			Februar		
	Soll	Ist	Abweichung	Soll	Ist	Abweichung	Soll	Ist	Abweichung
A Flüssige Mittel	120			10	10	0	40	52	12
B Zahlungseingänge									
Ordentliche Zahlungseingänge:									
Verkaufserlöse									
– Produkt A	1 080			90	95	+ 5	90	93	+ 3
– Produkt B	860			70	76	+ 6	70	68	– 2
Mieten, Pachten	48			4	4	0	4	4	0
Zinsen	24			2	2	0	2	2	0
Sonstige ordentl. Zahlungseingänge	24			2	3	+ 1	2	2	0
Summe	2 036			168	180	+ 12	168	169	+ 1
Außerordentliche Zahlungseingänge:									
Kreditaufnahme	200			–	–	–	100	100	0
Anlagenverkäufe	80			–	–	–	40	35	– 5
Summe	280			–	–	–	140	135	– 5

	Jahr ..			Januar			Februar		
	Soll	Ist	Abweichung	Soll	Ist	Abweichung	Soll	Ist	Abweichung
C Zahlungsausgänge									
Ordentliche Zahlungsausgänge:									
Materialkäufe	720			60	64	+ 4	60	64	+ 4
Löhne, Gehälter	480			40	40	0	40	40	0
Zinsen	84			7	7	0	7	7	0
Mieten	96			8	8	0	8	8	0
Steuern, Versicherungen	120			10	9	– 1	10	10	0
Werbung	36			3	3	0	3	3	0
Reparaturen	60			5	2	– 3	5	1	– 4
Summe	1 596			133	133	0	133	133	0
Außerordentliche Zahlungsausgänge:									
Anlagenkäufe	240			–	–	–	120	125	+ 5
Kredittilgung	60			5	5	0	5	5	0
Summe	300			5	5	0	125	130	+ 5
Über-/Unterdeckung	+ 420			+ 40	+ 52	+ 12	+ 90	+ 93	+ 3

Web

M 638 Sie finden diesen *Finanzplan* auch in BuchPlusWeb als Excel-Datei. Sie können ihn mit selbstgewählten Zahlen fortführen. Beim Ausfüllen der Monate März, April usw. werden die Eintragungen in den ersten drei Spalten fortlaufend zu Jahressummen aufaddiert.

Eine Überdeckung im Finanzplan kennzeichnet einen Liquiditätsüberschuss (Anlagemöglichkeiten suchen!), eine Unterdeckung einen Finanzierungsbedarf.

Arbeitsaufträge

1. **Die zeitliche Abstimmung von Investition und Finanzierung ist für die Erhaltung des finanziellen Gleichgewichts des Unternehmens unerlässlich.**
   a) Was ist unter finanziellem Gleichgewicht zu verstehen?
   b) Erläutern Sie die obige Aussage am Beispiel einer zu beschaffenden Produktionsanlage mit Anschaffungskosten von 400 000,00 EUR.
   c) In welchen der folgenden Fälle ist ein Unternehmen nicht im finanziellen Gleichgewicht?
      (1) Die kurzfristigen Verbindlichkeiten übersteigen die Zahlungsmittel und kurzfristigen Forderungen.
      (2) Zahlungsmittel und kurzfristige Forderungen übersteigen die kurzfristigen Verbindlichkeiten.
      (3) Zahlungsmittel und kurzfristige Forderungen entsprechen den kurzfristigen Verbindlichkeiten.

2. **Oben ist ein Teil eines Finanzplans abgebildet.**
   a) Erläutern Sie, wie die Finanzplanung in die betriebliche Gesamtplanung eingebettet ist.
   b) Welche Ziele verfolgt der Betrieb mit der Aufstellung eines Finanzplans?
   c) Besteht zwischen den verfolgten Zielen Harmonie oder kommt es zu Zielkonflikten?
   d) Inwiefern unterscheidet sich die Liquidität, die sich aus dem Finanzplan ergibt, von der Liquidität, die als Kennzahl aus der Bilanz entwickelt wird?
   e) In dem dargestellten Finanzplan wird zwischen jeweils zwei Gruppen von Einnahmen und Ausgaben unterschieden. Um welche Gruppen handelt es sich und warum nimmt man eine derartige Unterscheidung vor?
   f) Der Finanzplan dient nicht nur zur Vorherbestimmung von Einnahmen und Ausgaben, sondern auch zu ihrer Kontrolle. Wie erfolgt diese Kontrolle?
   g) Was ist unter Über- bzw. Unterdeckung zu verstehen und wie wird sie im Finanzplan berechnet?
   h) Führen Sie den Finanzplan mit selbst gewählten Zahlen auf einem gesonderten Blatt fort.

4.4 Instrumente des Finanzcontrollings

Das Finanzcontrolling prüft u. a. durch Soll-Ist-Vergleich, ob und in welchem Ausmaß die Finanzierungsziele erreicht und die Finanzierungsregeln eingehalten wurden. Die Kontrollergebnisse bewirken ggf. Korrekturen der Investitions- und Finanzplanung. Die notwendigen Daten entnimmt das Controlling vor allem der Finanzbuchhaltung, dem Investitionsplan, dem Finanzplan, dem Jahresabschluss und der Kosten- und Leistungsrechnung.

Wir beschränken uns hier auf eine kurze Auswertung des Jahresabschlusses. Detailliertere Informationen finden Sie in *Management im Industriebetrieb, Band 3, Steuerung und Kontrolle,* 2. Abschn., Kap. 3.4.3 und 5.4.3, und 4. Abschn., Kap. 8.

4.4.1 Bilanzkennzahlen

Aus dem Jahresabschluss lassen sich Kennzahlen ermitteln. Diese ermöglichen Aussagen über die Liquidität, die Rentabilität und die finanzielle Flexibilität des Betriebes. Aufschlussreich ist vor allem die tendenzielle Entwicklung der Kennzahlen im Zeitablauf.

Bilanzkennzahlen entstehen, wenn man „waagerecht" und „senkrecht" Beziehungen zwischen den folgenden vier Gruppen herstellt:

Web

Siehe hierzu die Präsentation und die Excel-Datei *Bilanzkennzahlen*. *M 639_1* *M 639_2*

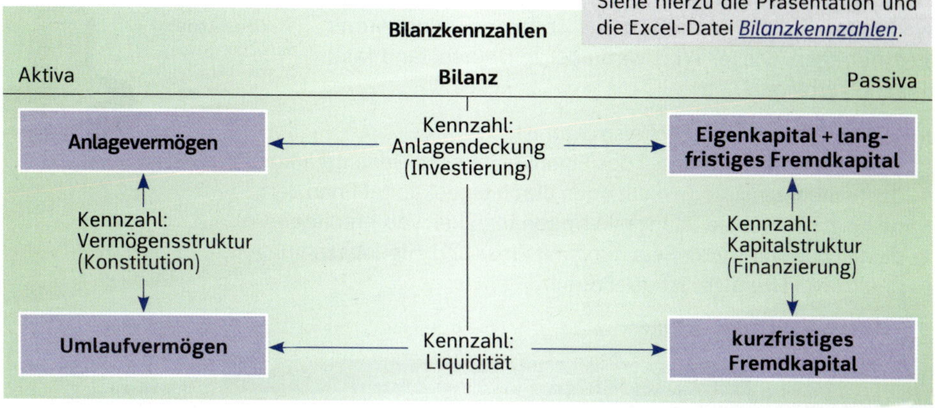

Der Berechnung der Kennzahlen wird hier eine vereinfachte Bilanz zugrunde gelegt.

Beispiel: Vereinfachte Bilanz

Aktiva — **Bilanz** (in Mio. EUR) — Passiva

	Aktiva	Vorjahr	Berichtsjahr	Passiva	Vorjahr	Berichtsjahr
Liquide Mittel 4. Ordnung:	Anlagevermögen	9	13	Eigenkapital	8	8
	Umlaufvermögen:			Fremdkapital:		
Liquide Mittel 3. Ordnung:	Materialien, Produkte	3	7	langfristige Darlehen	3	4
Liquide Mittel 2. Ordnung:	Forderungen	8	7	Lieferantenverbindlichkeiten	11	16
Liquide Mittel 1. Ordnung:	Zahlungsmittel	2	1			
		22	28		22	28

Anlagendeckung, Vermögensstruktur, Kapitalstruktur

$$\text{Anlagendeckung (Investierung)} = \frac{\text{Eigenkapital + langfristiges Fremdkapital}}{\text{Anlagevermögen}} \cdot 100$$

$$\text{Vermögensstruktur (Konstitution)} = \frac{\text{Anlagevermögen}}{\text{Umlaufvermögen}} \cdot 100$$

$$\text{Kapitalstruktur (Finanzierung)} = \frac{\text{Eigenkapital}}{\text{Fremdkapital}} \cdot 100$$

Die **Anlagendeckung** misst, in welchem Maß der goldenen Bilanzregel entsprochen wird. Ein Wert von 100 % bedeutet volle Deckung des Anlagevermögens durch langfristiges Kapital. Er ist ein Anhaltspunkt für finanzielle Stabilität: Es ist keine Bedrohung der Liquidität dadurch zu befürchten, dass

- in Anlagevermögen gebundenes Kapital kurzfristig zur Rückzahlung fällig wird,
- ggf. zu höheren Zinsen neu beschafft werden muss.

Die **Vermögensstruktur** misst das Verhältnis Anlagevermögen zu Umlaufvermögen. Je größer der Wert ist,

- desto größer ist der Anteil des Anlagevermögens am Gesamtvermögen,
- desto stärker ist der Betrieb mit fixen Kosten belastet,
- desto weniger anpassungsfähig ist der Betrieb in Rezessionsphasen,
- desto schwieriger und langwieriger ist eine ggf. notwendige Freisetzung von Kapital.

Die **Kapitalstruktur** misst das Verhältnis Eigenkapital zu Fremdkapital. Grundsätzlich sollte es mindestens 1 : 1 betragen. Dieser Wert wird aber in Deutschland fast nirgends erreicht.

Je größer die Kennzahl *Kapitalstruktur* ist,

- desto größer ist der Anteil des Eigenkapitals am Gesamtkapital,
- desto mehr sind die Investitionen durch Eigenkapital finanziert,
- desto größer ist die finanzielle Unabhängigkeit von Kreditgebern,
- desto niedriger ist die Belastung mit Zins- und Tilgungszahlungen,
- desto kreditwürdiger ist der Betrieb.

Beispiel: Bilanzkennzahlen

	Vorjahr	Berichtsjahr
Anlagendeckung	$\frac{8+3}{9} \cdot 100 = 122{,}2\ \%$	$\frac{8+4}{13} \cdot 100 = 92{,}3\ \%$
Vermögensstruktur	$\frac{9}{13} \cdot 100 = 69{,}2\ \%$	$\frac{13}{15} \cdot 100 = 86{,}7\ \%$
Kapitalstruktur	$\frac{8}{14} \cdot 100 = 57{,}14\ \%$	$\frac{8}{20} \cdot 100 = 40\ \%$

Die Situation hat sich im Berichtsjahr gegenüber dem Vorjahr verschlechtert: Eigenkapital und langfristiges Fremdkapital decken das Anlagevermögen nicht mehr; das Anlagevermögen ist teilweise mit kurzfristigem Fremdkapital finanziert. Dies widerspricht der goldenen Finanzierungsregel. Die Vermögensstruktur verschiebt sich zugunsten des Anlagevermögens (starke Investitionen im Anlagevermögen), die Kapitalstruktur zugunsten des Fremdkapitals (Finanzierung der Investitionen durch Fremdkapital). Folgen: Abnehmende Liquidität, höhere Zins- und Tilgungsbelastung, geringerer Spielraum für weitere Kredite, wachsender Einfluss fremder Kapitalgeber.

Liquidität

Liquiditätskennzahlen sollen darüber Aufschluss geben, in welchem Maß die liquiden Mittel erster, zweiter und dritter Ordnung zur Bezahlung der fälligen Verbindlichkeiten ausreichen.

Die **Barliquidität** (Liquidität 1. Grades) gibt den Deckungsgrad der kurzfristigen Verbindlichkeiten durch bare Mittel (Kassenbestand, Bankguthaben) an. Da nur ein Teil der Verbindlichkeiten sofort fällig ist, darf sie unter 100 % liegen. Als Faustregel für die Untergrenze gelten 20 %.

$$\text{Barliquidität} = \frac{\text{Liquide Mittel 1. Ordnung}}{\text{Kurzfristige Verbindlichkeiten}} \cdot 100$$

Die **Einzugsliquidität** (Liquidität 2. Grades) gibt den Deckungsgrad der kurzfristigen Verbindlichkeiten durch Mittel wieder, die binnen 3 Monaten verfügbar werden (Kundenforderungen, Besitzwechsel, Wertpapiere). Zweifelhafte Forderungen sollten nicht berücksichtigt werden. Die Einzugsliquidität sollte 100 % betragen.

$$\text{Einzugsliquidität} = \frac{\text{Liquide Mittel 1. und 2. Ordnung}}{\text{Kurzfristige Verbindlichkeiten}} \cdot 100$$

Die **Umsatzliquidität** (Liquidität 3. Grades) gibt den Deckungsgrad der kurzfristigen Verbindlichkeiten durch Mittel wieder, die durch den künftigen Umsatzprozess flüssig gemacht werden können (Vorräte an Rohstoffen, Halb- und Fertigprodukte). Dabei ist zu beachten, dass Rohstoffe und Halbfabrikate erst noch verarbeitet werden müssen, also schwerer liquidierbar sind. Nach einer Faustregel sollte die Umsatzliquidität etwa 200 % betragen.

$$\text{Umsatzliquidität} = \frac{\text{Liquide Mittel 1., 2. und 3. Ordnung}}{\text{Kurzfristige Verbindlichkeiten}} \cdot 100$$

Beispiel: Liquiditätskennzahlen

	Vorjahr	Berichtsjahr
Barliquidität	$\frac{2}{11} \cdot 100 = 18{,}18\ \%$	$\frac{1}{16} \cdot 100 = 6{,}25\ \%$
Einzugsliquidität	$\frac{2+8}{11} \cdot 100 = 90{,}9\ \%$	$\frac{1+7}{16} \cdot 100 = 50{,}0\ \%$
Umsatzliquidität	$\frac{2+8+3}{11} \cdot 100 = 118{,}18\ \%$	$\frac{1+7+7}{16} \cdot 100 = 93{,}75\ \%$

Der ungünstige Eindruck, der sich schon bei Anlagendeckung, Vermögens- und Kapitalstruktur andeutete, verfestigt sich: Keine der drei Liquiditätskennziffern erzielt ausreichende Werte. Während Bar- und Einzugsliquidität im Vorjahr noch in die Nähe ausreichender Werte kamen, verschlechtern sie sich im Berichtsjahr enorm. Die Umsatzliquidität, die bereits im Vorjahr völlig unzureichend ist, verschlechtert sich im Berichtsjahr weiter und liegt jetzt sogar unter 100 %. Es erscheint sehr fraglich, ob der Betrieb kurzfristig seine Verbindlichkeiten noch pünktlich bezahlen kann.

Die bedeutendste der drei aufgeführten Liquiditätskennzahlen ist die Einzugsliquidität. In absoluten Zahlen ausgedrückt, stellt die Einzugsliquidität das **Netto-Geldvermögen** dar.

Liquide Mittel 1. und 2. Ordnung
– kurzfristige Verbindlichkeiten
= Netto-Geldvermögen

Beispiel: Netto-Geldvermögen

Vorjahr	Berichtsjahr
10	8
– 11	– 16
– 1	– 8

Die unzureichende Deckung der kurzfristigen Verbindlichkeiten verstärkt sich im Berichtsjahr beträchtlich.

Die Aussagekraft der **Liquiditätskennzahlen** ist begrenzt:

- Die Bilanz weist Forderungen und Verbindlichkeiten nicht aus, für die noch keine Rechnungen vorliegen oder für die keine Rechnungen anfallen (zu erwartende Ausgaben für Einkäufe, Lohnzahlungen, Mieten, Gebühren, Stromkosten, Steuern usw.; zu erwartende Einnahmen aus Vermietungen, Verkäufen usw.). Man spricht deshalb von einer **Stichtagsliquidität**.
- Die Bilanz weist keine Fälligkeitstermine für Forderungen und Verbindlichkeiten aus.
- Die Bilanz zeigt keine Möglichkeiten der Kapitalbeschaffung auf, die gegebenenfalls bestehen (z. B. zusätzliche Kredite oder Einlagen).
- Die Bilanz wird in der Regel erst Monate nach dem Bilanzstichtag erstellt. Die Verhältnisse können sich bis dahin bereits stark verändert haben.

Anhand der Liquiditätskennzahlen lässt sich deshalb nicht beurteilen, ob ein Unternehmen zu einem gegebenen Zeitpunkt tatsächlich zahlungsfähig ist.

Die Liquiditätskennzahlen geben jedoch im Zeitvergleich Aufschluss darüber, wie sich die Liquiditätslage des Unternehmens ändert, ob sie angespannter wird oder sich entspannt. Sie gestatten damit auch einen gewissen Einblick in die Liquiditätspolitik.

Werden weiter gehende Einsichten verlangt, so hilft die **Bewegungsbilanz** (Finanzierungsrechnung) weiter. Sie lässt die Ursachen für die Liquiditätsveränderungen erkennen.

4.4.2 Bewegungsbilanz

Die Bilanz zeigt die Bestände an Finanzierungsmitteln und Investitionen zum Bilanzstichtag. Will man die Finanzierungs- und Investitionsvorgänge erfassen, die im Jahresablauf zu diesen Beständen geführt haben, so muss man die Posten zweier Bilanzen vergleichen. In einer Bewegungsbilanz hält man dann Mittelherkunft und -verwendung in vier typischen Veränderungen fest:

Mittelverwendung — Bewegungsbilanz	Mittelherkunft
Mittel können verwendet werden für	**Mittel können zufließen durch**
• **Zunahme von Aktivposten:** – Sach-Anlage-Investitionen (z. B. Maschinenkauf) – Sach-Vorrats-Investitionen (z. B. Materialeinkauf) – Finanz-Investitionen (Beteiligungen, Forderungen) – Desinvestitionen (Barmittel)	• **Zunahme von Passivposten:** – Eigen-Außen-Finanzierung (Einlagen) – Eigen-Innen-Finanzierung (Gewinne) – Fremd-Außen-Finanzierung (Kredite) – Fremd-Innen-Finanzierung (Rückstellungen)
• **Abnahme von Passivposten:** Entfinanzierung (z. B. Schuldentilgung, Gewinnentnahme, Kapitalentnahme)	• **Abnahme von Aktivposten:** Kapitalfreisetzung (Rückfluss von Abschreibungen, Abbau von Anlagen, Vorräten, Forderungen)

Um die Veränderungen des Eigenkapitals genauer erfassen zu können, zieht man zusätzlich das Gewinn- und Verlustkonto heran, bei Einzelunternehmen und Personengesellschaften auch das Privatkonto.

Die Bewegungsbilanz kann die Ursachen für Liquiditätsveränderungen aufzeigen, weil sie die Investitions- und Finanzierungstätigkeit während des Geschäftsjahres erfasst. Dies soll hier an dem begonnenen Beispiel verdeutlicht werden.

Beispiel: Bewegungsbilanz

Wir zeichnen noch einmal die Bilanz auf und fügen das Gewinn- und Verlustkonto hinzu. Private Kapitalbewegungen sollen nicht stattgefunden haben.

Bilanz (in Mio. EUR)

Aktiva	Vorjahr	Berichtsjahr	Passiva	Vorjahr	Berichtsjahr
Anlagevermögen	9	13	Eigenkapital	8	8
Umlaufvermögen:			Fremdkapital:		
Materialien, Produkte	3	7	langfristige Darlehen	3	4
Forderungen	8	7	Lieferantenverbindlichkeiten	11	16
Zahlungsmittel	2	1			
	22	28		22	28

mangelnder Absatz

Gewinn- und Verlustkonto (in Mio. EUR)

Soll		Haben	
Materialkosten	17	Verkaufserlöse	30
Lohnkosten	14	Bestandsveränderungen	2
Abschreibungen	1		
Gewinn	0		
	32		32

ausbleibende Gewinn

Mittelverwendung	**Bewegungsbilanz** (in Mio. EUR)		Mittelherkunft
Investitionen im Anlagevermögen:		Fremd-Außen-Finanzierung:	
Ersatzinvestitionen	1	Darlehensaufnahme	1
Erweiterungsinvestitionen	4	neue Verbindlichkeiten	5
Investitionen im Umlaufvermögen:		Kapitalfreisetzung:	
Vorratsinvestitionen	4	Abbau von Forderungen	1
		Rückflussfinanzierung durch	
		Freisetzung von Abschreibungswerten	1
		Abbau von Zahlungsmitteln	1
	9		9

davon 3 für Anlageinvestitionen (falsche Finanzierung), 2 für Vorratsinvestitionen wegen mangelnden Absatzes (ausbleibende Erlöse)

Der Betrieb hat 5 Mio. EUR in Anlagen investiert, davon 1 Mio. EUR in Ersatzinvestitionen (durch Abschreibungen finanziert) und 4 Mio. EUR in Erweiterungsinvestitionen. Letztere wurden mit 1 Mio. EUR langfristigen Mitteln (Darlehen) und mit 3 Mio. EUR kurzfristigem Fremdkapital (Verbindlichkeiten) finanziert. Dies verstößt gegen die goldene Finanzierungsregel und die goldene Bankregel und bringt den Betrieb in Liquiditätsschwierigkeiten, wenn die kurzfristigen Mittel zur Rückzahlung fällig werden. Eine Umschuldung in ein Darlehen wäre sinnvoll, aber der Betrieb ist in der gegenwärtigen Lage wenig kreditwürdig:

Die Anlageinvestitionen erweisen sich – zumindest kurzfristig – als Fehlinvestitionen: Wegen der vergrößerten Produktionskapazität wurden die Bestände an Vorräten um 4 Mio. EUR vergrößert. Aus dem GuV-Konto geht hervor, dass davon 2 Mio. EUR Bestandserhöhungen an Produkten darstellen. Diese Produkte konnten nicht verkauft werden und brachten deshalb keine Zahlungsmittel in die Kasse. Sie konnten deshalb nur mit 2 Mio. EUR durch Zahlungen finanziert werden (Abbau von Zahlungsmitteln um 1 Mio. EUR und Forderungen von 1 Mio. EUR). Die restlichen 2 Mio. EUR wurden durch Verbindlichkeiten finanziert.

Die Liquiditätsklemme des Betriebes beruht also auf einer Finanzierung des Anlagevermögens mit kurzfristigem Fremdkapital und auf Zahlungsmittelknappheit wegen Absatzschwierigkeiten.

Aufgrund mangelnden Absatzes bleibt auch der notwendige Gewinn aus: Die Bestandserhöhungen sind mit ihren Kosten bewertet. Wären die Vorräte verkauft worden, so wären sie mit den höheren Verkaufspreisen bewertet. Die Differenz wäre Gewinn.

Arbeitsaufträge

1. Für ein Unternehmen ergebe sich folgende Bilanz:

Aktiva	**Bilanz** (in Tsd. EUR)		Passiva
Anlagevermögen	400	Eigenkapital	300
Rohstoffe, Halbfabrikate	80	Langfristiges Fremdkapital	300
Fertigerzeugnisse	140	Kurzfristiges Fremdkapital	400
Forderungen	200		
Flüssige Mittel	180		
	1 000		1 000

Berechnen und beurteilen Sie:

a) die Anlagendeckung,

b) die Vermögensstruktur,

c) die Kapitalstruktur,

d) die 3 Liquiditätsgrade und das Netto-Geldvermögen.

Warum lässt sich die Zahlungsfähigkeit des Unternehmens anhand der Bilanz nicht endgültig beurteilen?

2. Es liegen die folgende Eröffnungsbilanz und die Geschäftsfälle des Jahres vor.

Aktiva	**Bilanz** (in Tsd. EUR)		**Passiva**
I. Anlagevermögen		**I. Eigenkapital**	420
Maschinen	400	**II. Fremdkapital**	
Geschäftsausstattung	100	Rückstellungen	50
II. Umlaufvermögen		Verbindlichkeiten	360
Vorräte	200		
Forderungen	90		
Zahlungsmittel	40		
	830		830

Geschäftsfälle	**Tsd. EUR**
1. Eingang von Kundenzahlungen	**20**
2. Maschinenkäufe auf Ziel	**100**
3. Kauf von Vorräten auf Ziel	**270**
4. Verbrauch an Vorräten	**250**
5. Verkäufe an Kunden auf Ziel (Abschreibungen in Höhe von 50 sind einkalkuliert)	**400**
6. Eingang von Kundenzahlungen	**390**
7. Bezahlung von Verbindlichkeiten	**350**
8. Abschreibung von Maschinen	**50**
9. Einstellung in Rückstellungen	**20**
10. Gewinnentnahme	**10**

a) Stellen Sie das Privatkonto, das GuV-Konto und die Schlussbilanz auf.

b) Stellen Sie die Entwicklung von Anlagendeckung, Vermögensstruktur, Kapitalstruktur und Liquidität fest und beurteilen Sie diese Entwicklung kritisch.

c) Zeigen Sie die Ursachen der Liquiditätsveränderungen anhand einer Bewegungsbilanz auf und erläutern Sie die Ursachen ausführlich.

4.4.3 Kennzahlen zur Beurteilung der Ertragskraft des Kapitals (Rentabilität)

Der Einsatz von Kapital (Eigen- und Fremdkapital) im Unternehmen muss sich lohnen: Sein Ertrag muss Tilgungen und Zinszahlungen sowie einen angemessenen Gewinn sichern. Eine Kennzahl für die Ertragskraft des Kapitals ist die Rentabilität.

Die Rentabilität ist die prozentuale Verzinsung des durchschnittlich eingesetzten Kapitals.

$$\text{Rentabilität} = \frac{\text{Gewinn}}{\text{durchschnittlicher Kapitaleinsatz}} \cdot 100$$

Mit Rentabilitätskennzahlen prüft man die Ertragskraft einzelner Investitionen (vgl. S. 218, 595) sowie des insgesamt im Unternehmen investierten Eigenkapitals (Eigenkapital- oder Unternehmerrentabilität) und Gesamtkapitals (Gesamtkapital- oder Unternehmensrentabilität).

Zur Beurteilung der Ertragskraft des insgesamt investierten Kapitals vergleicht man die jeweilige Rentabilitätskennzahl mit

- dem marktüblichen Zinssatz für langfristige Kapitalanlagen,
- der branchenüblichen Kapitalrentabilität (Unternehmensvergleich),
- der Kapitalrentabilität vergangener Jahre (Zeitvergleich),
- der geplanten Kapitalrentabilität (Soll-Ist-Vergleich).

Eigenkapitalrentabilität:

$$\text{Eigenkapitalrentabilität} = \frac{\text{EBT}}{\text{durchschnittliches Eigenkapital}} \cdot 100$$

Erläuterungen:

Als Gewinngröße benutzt man meist das **EBT (Earnings Before Tax = Jahresüberschuss vor Steuern)**, denn der Jahresüberschuss nach Abzug der Steuern stört die Vergleichbarkeit

- mit anderen Unternehmen (auch Konzernunternehmen): unterschiedliche Besteuerung je nach Standort, Rechtsform, Land; Ergebnisverbesserung durch Anwendung von Steuertricks,
- mit dem marktüblichen Zinssatz für Kapitalanlagen: Dieser ist ein Bruttozinssatz vor Steuern,
- im Zeitablauf: Steuervorschriften und Steuersätze können sich ändern.

1. Bei **Kapitalgesellschaften** weist der Posten *Jahresüberschuss* in der Gewinn- und Verlustrechnung nach HGB den Gewinn nach Abzug von Körperschaft- und Gewerbesteuer und der sonstigen Steuern aus. Deshalb sind alle Steuern wieder hinzuzurechnen.
   Bei **Einzelunternehmen und Personengesellschaften** hingegen weist der Jahresüberschuss den Gewinn nach Abzug der betrieblichen Steuern aus. Deshalb sind diese wieder hinzuzurechnen.

2. Bei **Einzelunternehmen und Personengesellschaften** beziehen die geschäftsführenden Inhaber kein Gehalt. Der Jahresüberschuss muss folglich die Inhaberentlohnung und die Kapitalverzinsung decken. Die Rentabilität soll jedoch nur die Kapitalverzinsung messen. Für ihre Berechnung zieht man deshalb ein fiktives Geschäftsführergehalt, den sog. **kalkulatorischen Unternehmerlohn**, ab.
   Bei **Kapitalgesellschaften** hingegen sind Geschäftsführer bzw. Vorstände Angestellte und beziehen ein Gehalt. Der Jahresüberschuss dient dann nur noch der Kapitalverzinsung.
   Nur durch den Abzug des fiktiven Unternehmerlohns werden die Rentabilitätskennzahlen von Kapitalgesellschaften und Einzelunternehmen/Personengesellschaften vergleichbar.

Kapitalgesellschaften:	Einzelunternehmen/ Personengesellschaften:
Jahresüberschuss + Steuern vom Einkommen und Ertrag + sonstige Steuern	Jahresüberschuss (Jahresgewinn) – kalkulatorischer Unternehmerlohn + betriebliche Steuern
= EBT (Jahresüberschuss vor Steuern)	= EBT (Jahresüberschuss vor Steuern)

Siehe hierzu das Info-Material <u>*GuV-Rechnung*</u>.

Web *M 645_1*

Die Eigenkapitalrentabilität zeigt, wie viel Prozent Gewinn vor Steuern der Einsatz des Eigenkapitals im Unternehmen gebracht hat.

Beispiel: Eigenkapitalrentabilität

Siehe die Exel-Datei <u>*EK- und GK-Rentabilität*</u>. *M 645_2*

Web

Die GuV-Rechnung der Metzer OHG weist zusammengefasst folgende Zahlen aus:

S	**Gewinn- und Verlustrechnung** (in EUR)		H
Aufwendungen ohne Zinsen	989 000,00	Erträge	1 380 000,00
Zinsaufwendungen	60 000,00		
betriebliche Steuern	100 000,00		
Jahresüberschuss	231 000,00		
	1 380 000,00		1 380 000,00

Die beiden Gesellschafter kalkulieren einen Unternehmerlohn von jeweils 80 500,00 EUR.
Durchschnittliches Eigenkapital des Geschäftsjahrs: 1 300 000,00 EUR;
durchschnittliches Gesamtkapital: 1 000 000,00 EUR.

Marktüblicher Zinssatz für langfristige Kapitalanlagen: 6 %; branchenübliche Eigenkapitalrentabilität: 10,5 %; Eigenkapitalrentabilität des vergangenen Jahres: 11,7 %; für das Berichtsjahr geplante Eigenkapitalrentabilität: 12,5 %.

$$\text{Eigenkapitalrentabilität} = \frac{231\,000 + 110\,000 - 161\,000}{1\,300\,000} \cdot 100 = 13{,}08\ \%$$

Auf je 100,00 EUR Eigenkapital entfallen 13,08 EUR Kapitalverzinsung vor Steuern.
Der marktübliche Zinssatz wird um 7,08 Prozentpunkte übertroffen. Diese Differenz kann als eine Risikoprämie (Prämie für das höhere Risiko des Kapitaleinsatzes im Unternehmen gegenüber einer Anlage am Kapitalmarkt) angesehen werden.
Der Rentabilitätsvergleich mit anderen Unternehmen der Branche und mit dem Vorjahr fällt positiv aus und das geplante Rentabilitätsziel wurde leicht übertroffen.

Anstelle des EBT verwendet man auch oft das **EBIT** (Earnings Before Interest and Tax = Jahresüberschuss vor Zinsen und Steuern). Das EBIT lässt zusätzlich das Finanzergebnis unberücksichtigt. Grund: Unterschiedliche Finanzierungsformen und regional/zeitlich unterschiedlich schwankende Zinssätze erschweren die Vergleichbarkeit.

Gesamtkapitalrentabilität:

$$\text{Gesamtkapitalrentabilität} = \frac{\text{EBT + Fremdkapitalzinsen}}{\text{durchschnittliches Gesamtkapital}} \cdot 100$$

Erläuterung:

Das Fremdkapital erwirtschaftet nicht nur einen Teil des Gewinns, sondern auch seine Zinsen. Diese sind deshalb in der Formel zu berücksichtigen.

Beispiel (Fortsetzung): Gesamtkapitalrentabilität

Gesamtkapitalrentabilität der Metzer OHG auf der Basis der obigen GuV-Rechnung:

Siehe noch einmal die Exel-Datei *EK- und GK-Rentabilität* von S. 645.

$$\text{Eigenkapitalrentabilität} = \frac{231\,000 + 110\,000 - 161\,000 + 60\,000}{1\,300\,000 + 1\,000\,000} \cdot 100 = 10\ \%$$

Auch die Gesamtkapitalrentabilität wird anhand von Vergleichen mit dem marktüblichen Zinssatz für langfristige Kapitalanlagen sowie Zeit-, Branchen- und Soll-Ist-Vergleichen beurteilt.

Man nutzt die Gesamtkapitalrentabilität, um zu prüfen, ob sich die Aufnahme zusätzlichen Fremdkapitals lohnt. Dies ist der Fall, wenn die Eigenkapitalrentabilität steigt. Dabei gilt:

Bei der Aufnahme zusätzlichen Fremdkapitals steigt die Eigenkapitalrentabilität, solange der Zinssatz für Fremdkapital kleiner als die Gesamtkapitalrentabilität ist.

Man nennt dies den **„Leverage-Effekt" (Hebelwirkung)** der zunehmenden Verschuldung.

Voraussetzung ist jedoch: Jeder zusätzliche Euro verursacht den gleichen Aufwand und Ertrag wie bisher. Bei Einzelunternehmen und Personengesellschaften muss außerdem der Unternehmerlohn ein gleichbleibender Prozentsatz des Gesamtkapitals sein.

M 646 **Beispiel (Fortsetzung):** ***Leverage-Effekt***

Web

Bei Metzer verursacht jeder Euro Kapital 0,60 EUR Ertrag und 0,43 EUR Aufwand. Für das Fremdkapital sind außerdem durchschnittlich 6 % Zinsen zu zahlen. Der Unternehmerlohn beträgt 7 % des Gesamtkapitals.
Lohnt sich eine Kreditaufnahme von 100 000,00 EUR zu a) 6 %, b) 10 %, c) 11 % Zinsen?
(Die vorzunehmende Investition verursacht entsprechende Erträge und Aufwendungen und der Unternehmerlohn beträgt weiterhin 7 % des Gesamtkapitals.)

alternative Zinssätze		6 %	10 %	11 %
Eigenkapital	1 300 000,00	1 300 000,00	1 300 000,00	1 300 000,00
Fremdkapital alt	1 000 000,00	1 000 000,00	1 000,000,00	1 000 000,00
Kreditaufnahme		100 00000	100 000,00	100 000,00
Fremdkapital neu		1 100 000,00	1 100 000,00	1 100 000,00
Gesamtkapital	2 300 000,00	2 400 000,00	2 400 000,00	2 400 000,00
Ertrag	1 380 000,00	1 440 000,00	1 440 000,00	1 440 000,00
Aufwendungen ohne Zinsen	−989 000,00	−1 032 000,00	−1 032 000,00	−1 032 000,00
Unternehmerlohn	−161 000,00	−168 000,00	−168 000,00	−168 000,00
EBT + Fremdkapital-Zins	230 000,00	240 000,00	240 000,00	240 000,00
Altzins	−60 000,00	−60 000,00	−60 000,00	−60 000,00
Neuzins		−6 000,00	−10 000,00	−11 000,00
EBT	170 000,00	174 000,00	170 000,00	169 000,00
Gesamtkapitalrentabilität	10,00 %	10,00 %	10,00 %	10,00 %
Eigenkapitalrentabilität	13,08 %	13,38 %	13,08 %	13,00 %
Die Eigenkapitalrentabilität		wächst	bleibt gleich	sinkt

Unter Rentabilitätsgesichtspunkten lohnt sich die Kreditaufnahme nur beim Zinssatz von 6 % (bzw. bei Zinssätzen, die kleiner als die Gesamtrentabilität von 10 % sind), weil die Eigenkapitalrentabilität steigt.

Arbeitsauftrag

Bei der Metallbau KG ergeben sich zum Jahreswechsel folgende Zahlen (zusammengefasst):

A	**Bilanz** (in EUR)				P
	Vorjahr	**Berichtsjahr**		**Vorjahr**	**Berichtsjahr**
Anlagevermögen	2 650 000,00	2 750 000,00	Eigenkapital	2 900 000,00	3 100 000,00
Umlaufvermögen	1 700 000,00	1 790 000,00	Fremdkapital	1 500 000,00	1 500 000,00
Aktive Rechnungsabgrenzung	50 000,00	60 000,00			
	4 400 000,00	4 600 000,00		4 400 000,00	4 600 000,00

S	**Gewinn- und Verlustrechnung** (in EUR)		H
Aufwendungen ohne Zinsen	5 295 000,00	Erträge	6 000 000,00
Zinsaufwendungen	100 000,00		
betriebliche Steuern	300 000,00		
Jahresüberschuss	305 000,00		
	6 000 000,00		6 000 000,00

Dem Vollhafter wird ein kalkulatorischer Unternehmerlohn von 200 000,00 EUR zugerechnet. Eigenkapitalrentabilität laut Branchenstatistik: 12 %; geplante Eigenkapitalrentabilität: 13 % Gesamtkapitalrentabilität laut Branchenstatistik: 11 %; geplante Gesamtkapitalrentabilität: 11 %

a) Berechnen Sie die Eigenkapitalrentabilität und die Gesamtkapitalrentabilität für das Berichtsjahr.

b) Beurteilen Sie die beiden Kennzahlen durch Branchenvergleich und Soll-Ist-Vergleich.

c) Lohnt sich unter Rentabilitätsgesichtspunkten die Aufnahme eines Kredits von 200 000,00 EUR zu 5 % Zins? (Jeder Euro der beabsichtigten Investition verursacht die gleichen Aufwendungen und Erträge wie bisher. Der Unternehmerlohn wächst prozentual wie das Gesamtkapital.)

d) Ab welchem Zinssatz steigt bei Kreditaufnahme die Rentabilität des Eigenkapitals nicht mehr?

e) Nehmen Sie Stellung zu folgender Behauptung: „Wenn die Zinssätze niedrig genug sind, sollte das Unternehmen sein Fremdkapital immer weiter erhöhen.“

4.4.4 Kennzahlen für die Innenfinanzierungskraft des Unternehmens

M 648

Umsatzrentabilität (Umsatzverdienstrate)

Sehen Sie sich auch die Datei *Finanzierungskraft-Kennzahlen* an.

Die Umsatzrentabilität ist eine wichtige Kennzahl für die Innenfinanzierungskraft des Unternehmens. Sie ist das prozentuale Verhältnis von EBT und Umsatz.

Die Umsatzrentabilität heißt auch Umsatzverdienstrate. Sie zeigt, wie viel Euro Verdienst (Gewinn) mit jeweils 100,00 EUR Umsatz erzielt werden.

Dem Unternehmen stehen diese Mittel für Investitionen, Schuldentilgungen, Steuerzahlungen und Gewinnausschüttungen zur Verfügung.

$$\text{Umsatzrentabilität} = \frac{\text{EBT}}{\text{Umsatzerlöse}} \cdot 100$$

Beispiel: Umsatzrentabilität

Umsatzerlöse: 800 000,00 EUR
EBT: 96 000,00 EUR

$$\text{Umsatzrentabilität} = \frac{96\,000{,}00}{800\,000{,}00} \cdot 100 = 12\ \%$$

Eine zu niedrige Umsatzrentabilität signalisiert eine zu geringe Gewinnspanne. Dies ist z. B. der Fall, wenn das Ziel der Umsatzmaximierung um jeden Preis verfolgt wird.

Cashflow und Cashflow-Rentabilitäten

Der Gewinn kann durch die Abschreibungspolitik und durch die Bildung und Auflösung von Rückstellungen stark manipuliert werden. Er ist deshalb nur sehr bedingt für die Beurteilung der wirklichen Innenfinanzierungskraft des Unternehmens geeignet. Eine andere Kennzahl, der Cashflow (Kassenzufluss), erfasst den tatsächlichen Mittelzufluss aus dem Inneren des Unternehmens genauer.

Der Cashflow (Liquiditätszufluss) eines Rechnungsjahres ist die Differenz aus den regelmäßigen zahlungswirksamen Erträgen und Aufwendungen.

Zahlungswirksam sind Aufwendungen und Erträge, die zu Zahlungsvorgängen führen.

In der Praxis ermittelt man den Cashflow meist durch eine indirekte Rechnung:

Jahresüberschuss

\+ **zahlungsunwirksame Aufwendungen** (Abschreibungen auf Anlagen, Erhöhung der langfristigen Rückstellungen, Bestandsminderungen und andere Aufwendungen von wesentlicher Bedeutung)

– **zahlungsunwirksame Erträge** (Zuschreibungen auf Anlagen, Verminderung der langfristigen Rückstellungen, Bestandserhöhungen und andere Erträge von wesentlicher Bedeutung)

Dabei beschränkt man sich oft auf die wesentlichsten Posten und gelangt zu der folgenden vereinfachten Formel:

	Jahresüberschuss
+	**Abschreibungen auf Anlagen**
+	**Veränderung der langfristigen Rückstellungen**
=	**Cashflow**

Beispiel: **Cashflow**

Aktiva	**Bilanz** (in Tsd. EUR)		Passiva
Anlagevermögen	5 000	Eigenkapital (wie Vorjahr)	4 200
Vorräte	3 650	Langfristiges Fremdkapital (wie Vorjahr)	2 000
Forderungen, Bankguthaben	350	Kurzfristiges Fremdkapital (wie Vorjahr)	2 800
	9 000		9 000

Gewinn- und Verlustrechnung (in Tsd. EUR):

	Umsatzerlöse	4 000
	Bestandsveränderungen an unfertigen und fertigen Erzeugnissen	200
	Gesamtleistung	4 200
–	Aufwand für Werkstoffe	1 000
–	Löhne und Gehälter	900
–	Soziale Aufwendungen	550
–	Erhöhung/Verminderung von langfristigen Rückstellungen	150
–	Abschreibungen auf Anlagen	600
–	Zinsen	400
–	Steuern	250
=	Jahresüberschuss	500

	Jahresüberschuss	500
+	Abschreibungen auf Anlagen	600
+	Erhöhung von langfristigen Rückstellungen	150
=	**Cashflow**	1 250

Der Cashflow kann – wie das EBT – prozentual auf das Eigenkapital, das Gesamtkapital und den Umsatz bezogen werden. Das Ergebnis sind **Cashflow-Rentabilitäten**:

Von jeweils 100,00 EUR ...

$$\text{Cashflow-Umsatzrentabilität} = \frac{\text{Cashflow}}{\text{Umsatzerlöse}} \cdot 100 \qquad \frac{1\,250}{4\,000} \cdot 100 = 31{,}25\ \%$$

... Umsatzerlösen fließen 31,25 EUR ...

$$\text{Cashflow-Eigenkapitalrentabilität} = \frac{\text{Cashflow}}{\text{Eigenkapital}} \cdot 100 \qquad \frac{1\,250}{4\,200} \cdot 100 = 29{,}76\ \%$$

... Eigenkapital fließen 29,76 EUR ...

$$\text{Cashflow-Gesamtkapitalrentabilität} = \frac{\text{Cashflow}}{\text{Gesamtkapital}} \cdot 100 \qquad \frac{1\,250}{9\,000} \cdot 100 = 13{,}89\ \%$$

... Gesamtkapital fließen 13,89 EUR ...

... an flüssigen Mitteln zurück.

Entschuldungsgrad

Der Entschuldungsgrad zeigt, in welcher Zeit das Unternehmen bei unveränderter innerer Finanzierungskraft seine Schulden abzahlen kann. Dazu setzt man die Schulden (effektive Verschuldung) und Finanzierungskraft (Cashflow) in Beziehung zueinander.

	Langfristige Schulden	2 000
+	Kurzfristige Schulden	+ 2 800
–	Monetäres Umlaufvermögen (Forderungen, flüssige Mittel)	– 350
=	Effektive Verschuldung	= 4 450

$$\text{Entschuldungsgrad} = \frac{\text{Effektive Verschuldung}}{\text{Cashflow}}$$

$$\frac{4\,450}{1\,250} = 3{,}56$$

Bei gleichbleibendem Cashflow werden die Schulden in 3,56 Jahren getilgt.

Arbeitsauftrag

Bilanzen und GuV-Rechnungen des Galvanisierungsbetriebs Franz Werter e. K. in den Jahren 02 und 03:

Bilanz (in Tsd. EUR)

A	02	03		02	03 P
Anlagevermögen	700	720	Eigenkapital	500	600
Rohstoffe, Halbfabrikate	400	450	Langfristiges Fremdkapital	400	300
Forderungen, Bank	100	130	Kurzfristiges Fremdkapital	300	400
	1 200	1 300		1 200	1 300

Gewinn- und Verlustrechnung (in Tsd. EUR)

S	02	03		02	03 H
Betriebliche Steuern	80	70	Umsatzerlöse	1 000	1 050
Pensionsrückstellung	10	10	Andere Erträge	140	150
Abschreibung auf Anlagen	60	60			
Zinsen	50	45			
Andere Aufwendungen	740	800			
Jahresüberschuss	200	215			
	1 140	1 200		1 140	1 200

Eigenkapital Jahr 01: 480; Gesamtkapital Jahr 01: 1 180; Steuern vom Einkommen und Ertrag Jahr 02: 50; Jahr 03: 54; kalkulierter Unternehmerlohn: 100

Berechnen Sie für beide Geschäftsjahre folgende Kennzahlen und stellen Sie einen Zeitvergleich an.

a) Eigenkapitalrentabilität,
b) Gesamtkapitalrentabilität,
c) Umsatzrentabilität,
d) Cashflow-Eigenkapitalrentabilität,
e) Cashflow-Gesamtkapitalrentabilität,
f) Cashflow-Umsatzverdienstrate,
g) Entschuldungsgrad.

ANHANG

Außenhandelsgeschäfte

1 Rechtsgrundlagen im Überblick

Wie viele deutsche Unternehmen ist auch MGB Maltmann Getriebebau e. K. sehr exportorientiert. Er macht etwa 50 % seines Umsatzes im Ausland und bezieht ein Viertel seiner Materialien von ausländischen Lieferanten. Viele seiner Mitarbeiter im Ein- und Verkauf müssen sich folglich gut mit Außenhandelsrecht, Vertriebsformen im Import und Export, internationalem Kaufrecht und international üblichen Lieferungs- und Zahlungsbedingungen, mit Dokumenten und Risiken, mit dem Einfuhr- und Ausfuhrverfahren, mit Zollfragen und anderen speziellen Sachverhalten auskennen.

Als Mitglied der Europäischen Union ist Deutschland an das EU-Recht gebunden:

- **EU-Verordnungen** sind in allen Mitgliedsländern unmittelbar geltendes Recht,
- **EU-Richtlinien** müssen in nationales Recht umgesetzt (z. B. in nationale Gesetze eingearbeitet) werden.

Wichtige EU-Vorschriften sind z. B. der Zollkodex, der Zolltarif und die Dual-Use-Verordnung. Letztere macht die Ausfuhr von Gütern, die sowohl für zivile als auch für militärische Zwecke verwendet werden können, genehmigungspflichtig.

- Das deutsche Außenhandelsrecht ist grundlegend im **Außenwirtschaftsgesetz** (AWG) geregelt.
- Die **Außenwirtschaftsverordnung** (AWV) enthält ergänzende und erläuternde Vorschriften.
- Eine **Einfuhrliste** und eine **Ausfuhrliste** geben Auskunft über Beschränkungen im Außenhandelsverkehr, insbesondere über die Genehmigungspflicht von Ein- und Ausfuhren. Zwar ist der Handel mit dem Ausland in Deutschland weitgehend liberalisiert. Das bedeutet: Die meisten Güter dürfen ohne Beschränkung ein- und ausgeführt werden. Jedoch existiert eine Vielzahl von Ausnahmen.

Die Kaufverträge werden meist auf der Basis des **UN-Kaufrechts** geschlossen. Man schätzt, dass dies für mehr als zwei Drittel des internationalen Warenhandels gilt.

Weltweit anerkannt – obwohl nicht auf internationalen Abkommen basierend – sind die von der Internationalen Handelskammer (International Chamber of Commerce, ICC) in Paris herausgegebenen

- Internationalen Handelsklauseln **Incoterms**,
- **Einheitlichen Richtlinien und Gebräuche für Dokumentenakkreditive (ERA)** und
- **Einheitlichen Richtlinien für Inkassi (ERI).**

Die ICC ist ein Zusammenschluss von Unternehmern und Verbänden aus Industrie- und Entwicklungsländern in mehr als 130 Ländern. Ihre Ziele sind die Förderung des Welthandels sowie die Harmonisierung und Liberalisierung von internationalen Handelsverfahren und Geschäftspraktiken bei fairem Handel.

2 UN-Kaufrecht

2.1 Rechtsproblematik

Das Vertragsrecht ist international nicht einheitlich festgelegt. Jedes Land hat eigene Normen hinsichtlich des Zustandekommens, des Inhaltes, der Erfüllung und der gestörten Erfüllung von Verträgen. Folglich müssen die Parteien ihrem Vertrag das Recht eines Landes zugrunde legen. Einigen sie sich z. B. auf das Recht des Käuferlandes, kann der Verkäufer bei Vertragsstörungen seine Forderungen nur bei den Gerichten dieses Landes geltend machen. Das ausländische Recht ist dem Verkäufer ggf. nicht hinreichend bekannt. Deshalb trägt er ein beträchtliches Risiko.

Web

M 652

Das *Übereinkommen der Vereinten Nationen über Verträge über den Internationalen Warenkauf* (UN-Kaufrecht; Convention on Contracts for the International Sale of Goods; CISG) löst dieses Problem, indem es ein internationales Kaufrecht schafft. Dieses wird von allen Vertragsstaaten anerkannt. Es wird Bestandteil des nationalen Rechts und geht bei internationalen Verträgen dem innerstaatlich gültigen Recht vor.

Vertragsstaaten (2018)
Albanien, Ägypten, Argentinien, Armenien, Australien, Bahrain, Belgien, Benin, Bosnien und Herzegowina, Brasilien, Bulgarien, Burundi, Chile, China, Dänemark, Deutschland, Dominikanische Republik, El Salvador, Ecuador, Estland, Finnland, Frankreich, Gabun, Georgien, Griechenland, Guinea, Guyana, Honduras, Irak, Island, Israel, Italien, Japan, Kanada, Kirgisien, Kolumbien, Kongo, Korea (Süd), Kroatien, Kuba, Lesotho, Lettland, Libanon, Liberia, Litauen, Luxemburg, Madagaskar, Mauretanien, Mazedonien, Mexiko, Moldau, Mongolei, Montenegro, Neuseeland, Niederlande, Norwegen, Österreich, Paraguay, Peru, Polen, Rumänien, Russland, Sambia, San Marino, Schweden, Schweiz, Serbien, Singapur, Slowakei, Slowenien, Spanien, St. Vincent und Grenadien, Syrien, Tschechien, Türkei, Uganda, Ukraine, Ungarn, Uruguay, USA, Usbekistan, Vietnam, Weißrussland, Zambia, Zypern.

2.2 Anwendungsbereich

Das UN-Kaufrecht gilt für den gewerblichen Kauf von Waren, nicht aber von Rechten und Grundstücken (Art. 1 CISG). Computersoftware gilt als Ware. Werklieferungsverträge werden ebenfalls erfasst (Art. 3 Abs. 1 CISG).
Käufer und Verkäufer müssen ihre Niederlassungen in verschiedenen Staaten haben.

Sind diese Voraussetzungen erfüllt, kommt das UN-Kaufrecht automatisch zur Anwendung. Es kann nur durch eine eindeutige Formulierung im Vertrag ausgeschlossen werden (Art. 6 CISG).

Die Parteien können auch von den Bestimmungen des UN-Kaufrechts abweichen oder seine Wirkung ändern (Art. 6 CISG).

Nicht eindeutig wäre: „Dieser Vertrag unterliegt deutschem Recht." Denn das UN-Kaufrecht ist ja in Deutschland gültiges Recht. Die Formulierung muss vielmehr lauten: „Die Anwendung des UN-Kaufrechts wird für diesen Vertrag ausgeschlossen. Es gelten ausschließlich die Bestimmungen des deutschen BGB und HGB."

Aus deutscher Sicht kommt das UN-Kaufrecht in der Regel zur Anwendung:

- bei allen Exporten in Vertragsstaaten und Importen aus Vertragsstaaten,
- bei allen Exporten in Nicht-Vertragsstaaten (Es gilt das Recht des Exportstaats.),
- ansonsten, wenn es vereinbart wird.

2.3 Vertragsabschluss

Der Vertrag kommt durch Angebot und Annahme zustande. Es besteht Formfreiheit, wenn nationales Recht dem nicht entgegensteht (Art. 11, 96 CISG).

Das Angebot ist ein an bestimmte Personen gerichteter Vorschlag zum Vertragsabschluss. Es kann vom Verkäufer oder vom Käufer ausgehen.

Abschluss des Kaufvertrags (Art. 14–24 CISG)

Angebot → **Kaufvertrag** ← **Annahme**

Angebot
- muss hinreichend bestimmt sein (Ware bezeichnen; ausdrücklich oder stillschweigend den Preis festsetzen,
- wird bei Zugang wirksam,
- kann bis zum Zeitpunkt des Zugangs zurückgenommen werden,
- kann unwiderruflich sein (z. B. durch Befristung),
- kann widerruflich sein und vor dem Versand einer Annahme widerrufen werden,
- erlischt stets mit Erhalt einer Ablehnung.

Annahme
- eines mündlichen Angebots muss sofort erfolgen,
- eines befristeten Angebots muss innerhalb der Frist zugehen,
- ansonsten innerhalb einer angemessenen Frist zugehen (wie nach BGB),
- wird bei fristgemäßem Zugang wirksam,
- kann vor dem Zugang zurückgenommen werden,
- kann durch schlüssiges Handeln (Warenversand, Zahlung) innerhalb der Frist erfolgen.

Eine Annahme mit wesentlichen Ergänzungen, Einschränkungen oder sonstigen Änderungen gilt als Ablehnung und Gegenangebot. Unwesentliche Abweichungen gelten als Annahme, wenn der Anbietende sie nicht unverzüglich beanstandet. Unterlässt er dies, so begründen die Abweichungen den Vertragsinhalt.

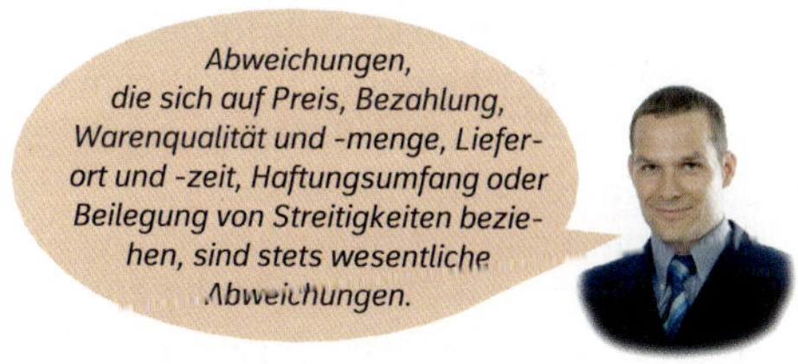

Eine verspätete Annahme, die erkennen lässt, dass sie bei normaler Beförderung rechtzeitig zugegangen wäre, ist wirksam, wenn der Anbietende nicht unverzüglich mitteilt, dass er sein Angebot als erloschen betrachtet.

Schweigen und Untätigkeit begründen keine Annahme.

Der Vertrag ist in dem Moment geschlossen, in dem die Annahme des Angebots wirksam wird.

2.4 Pflichten der Vertragspartner

Die Vertragspartner haben folgende Pflichten:

MGB Maltmann
Getriebebau e. K.,
Deutschland

Der Verkäufer muss
gemäß Art 30 CISG

- die Ware vertragsgemäß liefern,
- die sie betreffenden Dokumente übergeben,
- das Eigentum an der Ware übertragen.

Eletec Limited
Australien

Der Käufer muss
gemäß Art. 53 CISG

- den Kaufpreis vertragsgemäß zahlen,
- die Ware vertragsgemäß abnehmen.

2.4.1 Pflichten des Verkäufers

- **Vertragsmäßigkeit der Ware** (Art. 35, 41, 42 CISG)
  Die Ware muss frei von Rechtsmängeln (Rechten Dritter) und Sachmängeln sein. Sie muss also in Menge, Qualität und Art sowie hinsichtlich Verpackung oder Behältnis zum Zeitpunkt des Gefahrenübergangs den Anforderungen des Vertrages entsprechen.

Wurde nichts anderes vereinbart, muss sie
- sich für die gebrauchsgewöhnlichen Zwecke eignen,
- sich für einen vom Käufer bei Vertragsabschluss mitgeteilten Zweck eignen,
- einer/einem vorgelegten Probe oder Muster entsprechen,
- in der warenüblichen, ansonsten angemessen schützenden Weise verpackt sein.

- **Erfüllungsort (Leistungsort)** (Art. 31, 67, 69 CISG)
  Der Verkäufer muss die Ware am Erfüllungsort auf seine Kosten und seine Gefahr bereitstellen.
  - Erfüllungsort ist grundsätzlich der Lager- oder Produktionsort, ansonsten der Niederlassungsort des Verkäufers bei Vertragsschluss. Die Gefahr geht dort bei der Übernahme der Ware auf den Käufer über (bei nicht rechtzeitiger Übernahme jedoch bei Zur-Verfügung-Stellung).
  - Bei einem Versendungskauf – der die Regel sein dürfte – erfüllt der Verkäufer jedoch, indem er die Ware **dem ersten Beförderer** übergibt. Er muss die Verträge für den Transport zum Bestimmungsort mit angemessenen Beförderungsmitteln schließen. Die Kosten dafür muss der Käufer tragen; desgleichen die Kosten einer Transportversicherung. Der Verkäufer muss ihm dafür alle erforderlichen Auskünfte erteilen.
  - Der Erfüllungsort kann auch vertraglich festgelegt werden. Dann muss der Verkäufer auf seine Kosten und seine Gefahr dorthin liefern.

Beachte:
In der Praxis vereinbaren Käufer und Verkäufer in aller Regel bestimmte Klauseln der **Incoterms**. Diese regeln den Gefahrenübergang, die Übernahme der Transportkosten und alle anderen Pflichten (v. a. Dokumentenbeschaffung, Transport- und Versicherungsverträge).

- **Lieferzeit** (Art. 33, 47, 48, 52 CISG)
  In der Regel wird der Liefertermin oder ein Lieferzeitraum vertraglich vereinbart. Dann muss der Verkäufer zu diesem Zeitpunkt bzw. in diesem Zeitraum liefern. Liefert er vorzeitig, kann der Käufer die Ware abnehmen oder die Abnahme verweigern. Umgekehrt kann der Lieferant auch nach dem Liefertermin noch liefern. Der Käufer kann hierfür eine angemessene Nachfrist setzen.

  Ohne Vereinbarung ist innerhalb einer angemessenen Frist nach Vertragsschluss zu liefern.

- **Übergabe von Dokumenten** (Art. 34 CISG)
  Der Verkäufer muss die Dokumente hinsichtlich Zeit, Ort und Form vertragsgemäß übergeben. Geschah dies schon vorher, kann er bis zum vertraglichen Übergabezeitpunkt noch jede Vertragswidrigkeit der Dokumente beheben, wenn dies dem Käufer keine unzumutbaren Unannehmlichkeiten verursacht. Der Käufer kann Schadensersatz verlangen.

2.4.2 Pflichten des Käufers

- **Abnahme der Ware** (Art. 53, 60 CISG)
  Der Käufer muss alle Handlungen vornehmen, die die Lieferung ermöglichen und die der Lieferant vernünftigerweise erwarten kann, und die Ware übernehmen.

- **Zahlung des Kaufpreises** (Art. 53–59 CISG)
  - Der Käufer muss alle Maßnahmen treffen, die die Zahlung ermöglichen.
  - Die Zahlung hat am vereinbarten Termin zu erfolgen. Ohne Vereinbarung ist sie fällig, sobald der Verkäufer die Ware oder die Verfügungsdokumente vertragsgemäß zur Verfügung gestellt hat; jedoch erst, nachdem der Käufer Gelegenheit hatte, die Waren zu untersuchen.
  - Das UN-Kaufrecht sagt nichts über die Währung, in der zu zahlen ist. Sie sollte deshalb vereinbart werden. Ohne Vereinbarung ist die Zahlung in der Währung der Verkaufsniederlassung Handelsbrauch.
  - Ohne Vereinbarung ist der Erfüllungsort für die Zahlung der Niederlassungsort des Verkäufers, bei Zahlung gegen Waren- oder Dokumentenübergabe der Übergabeort.

2.5 Erfüllungsstörungen (Leistungsstörungen)

Eine Erfüllungsstörung liegt bekanntlich vor, wenn ein Vertragspartner seine Leistung nicht vertragsgemäß erbringt. Das deutsche Recht unterscheidet dabei die mangelhafte Lieferung (Sach- und Rechtsmängel), den Schuldnerverzug (Lieferungs- und Zahlungsverzug) und den Gläubigerverzug (Annahmeverzug).

Das UN-Kaufrecht hingegen macht diese Unterscheidung nicht, sondern geht von einem einheitlichen Begriff der Vertragsverletzung aus (Art. 45 und 61 CISG).

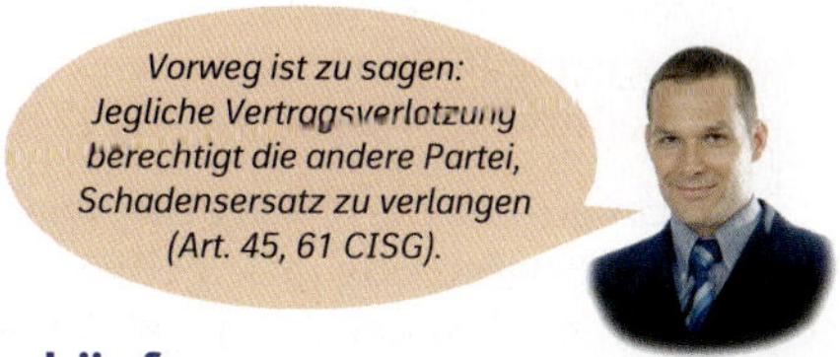

2.5.1 Vertragsverletzung durch den Verkäufer

Nichteinhaltung des Liefertermins

Liefert der Verkäufer verspätet, kann der Käufer Ersatz des entstandenen Schadens verlangen (Art. 45 CISG).

Nach Ablauf einer angemessenen Nachfrist kann er die Aufhebung des Vertrages erklären (Art. 49 Abs. 1 CISG).

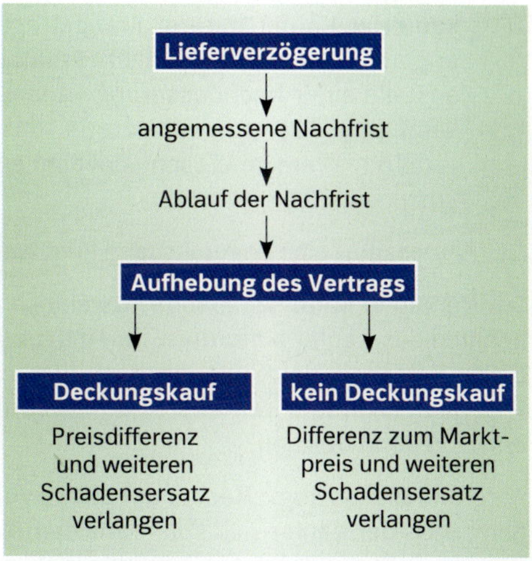

Erfährt er, dass der Verkäufer doch noch liefert, muss die Erklärung in angemessener Frist erfolgen, sonst wird sie unwirksam (Art. 49 Abs. 2 CISG).

Die Aufhebung des Vertrags (= Rücktritt vom Vertrag) befreit beide Parteien von ihren Vertragspflichten (Ausnahme: Pflicht zum Schadensersatz). Der Verkäufer muss eine geleistete Vorauszahlung zurückerstatten.

Der Käufer kann **Schadensersatz** verlangen:

- bei einem Deckungskauf in Höhe des Preisunterschieds (Art. 75 CISG),
- ohne Deckungskauf in Höhe der Differenz zwischen Einkaufs- und Marktpreis zur Zeit der Aufhebung (Art. 76 CISG),
- weiteren Schadensersatz einschließlich entgangenem Gewinn (Art. 74 CISG).

Der Käufer muss alle angemessenen Maßnahmen zur Schadensminderung treffen. Andernfalls kann der Verkäufer Herabsetzung des Schadensersatzes verlangen (Art. 77 CISG).

Entsprechendes gilt, wenn nur ein Teil der Ware geliefert wird. Eine Aufhebung des gesamten Vertrags ist dann jedoch nur bei einer wesentlichen Vertragsverletzung (siehe unten) möglich (Art. 51 CISG).

Mangelhafte Lieferung

Die gelieferte Ware muss frei von Rechts- und Sachmängeln sein. Der Käufer muss sie so schnell, wie die Umstände es erlauben, **untersuchen** (lassen), beim Versendungskauf spätestens nach dem Eintreffen am Bestimmungsort (Art. 38 CISG).

Mängel sind unter genauer Angabe der Vertragswidrigkeit zu **rügen** (Art. 39 CISG):

- innerhalb der vertraglichen Garantiefrist,
- ansonsten in angemessener Frist nach ihrer Feststellung,
- versteckte Mängel spätestens binnen zwei Jahren nach Übergabe der Ware.

Der Käufer hat unter den im UN-Kaufrecht genannten Voraussetzungen ein Recht auf Nacherfüllung (Nachbesserung oder Ersatzlieferung), Preisminderung oder Vertragsaufhebung. Außerdem hat er ein Recht auf Schadensersatz.

- **Recht auf Nacherfüllung** (Art. 46 CISG)
  - **Nachbesserung (Mängelbeseitigung)**
    Der Käufer kann mit der Mängelrüge oder in angemessener Frist danach Nachbesserung (Mängelbeseitigung) verlangen. (Ausnahme: Dies ist unter Berücksichtigung aller Umstände unzumutbar.)
  - **Ersatzlieferung**
    Nur bei einer wesentlichen Vertragsverletzung kann der Käufer mit der Mängelrüge oder in angemessener Frist danach Ersatzlieferung anstelle einer Nachbesserung verlangen. Dies setzt (mit Ausnahmen) voraus, dass er die gelieferte Ware im Wesentlichen im erhaltenen Zustand zurückgibt.

Eine Vertragsverletzung ist wesentlich, wenn sie für die andere Partei solchen Nachteil zur Folge hat, dass ihr im Wesentlichen entgeht, was sie nach dem Vertrag hätte erwarten dürfen (Art. 25 CISG).
Dies gilt insbesondere, wenn der Schaden nicht oder nicht angemessen behoben werden kann.

Der Käufer kann eine angemessene Frist zur Nacherfüllung setzen.

Der Verkäufer kann seinerseits kostenlose Nacherfüllung anbieten, eine Frist dafür nennen und den Käufer auffordern, ihm mitzuteilen, ob er die Erfüllung annehmen will (Art. 48 CISG). Entspricht der Käufer der Aufforderung nicht in einer angemessenen Frist, so gilt die Frist des Verkäufers. Der Käufer kann während dieser Zeit keine Rechte außer Schadensersatz geltend machen.

Aufgrund dieses sog. „Rechts auf zweite Andienung“ kann der Verkäufer folglich verhindern, dass der Käufer sich sofort aus dem Vertrag löst. Allerdings darf für den Käufer Folgendes nicht entstehen: unzumutbare Verzögerung, unzumutbare Unannehmlichkeiten, Ungewissheit über die Erstattung seiner Auslagen durch den Käufer.

- **Recht auf Vertragsaufhebung** (Art. 49 CISG)
  Der Käufer kann **bei einer wesentlichen Vertragsverletzung** die Aufhebung des Vertrages erklären. Dies muss in einer angemessenen Frist erfolgen,

- nachdem er die Vertragsverletzung kannte oder kennen musste,
- nachdem die oben genannten Fristen abgelaufen sind oder
  der Lieferant erklärt hat, er werde in der Nachfrist des Käufers nicht erfüllen oder
  der Käufer erklärt hat, er werde die Erfüllung nicht annehmen.

Der Käufer muss eine zugesandte Ware auf Kosten des Verkäufers in Besitz nehmen, ggf. bei einem Dritten einlagern und für ihre Erhaltung sorgen. Er kann die Rückgabe verweigern, bis der Verkäufer ihm seine angemessenen Kosten erstattet hat (Art. 86, 87 CISG).

Der Käufer hat – mit bestimmten Ausnahmen – kein Recht auf Vertragsaufhebung, wenn er die Ware nicht im Wesentlichen im erhaltenen Zustand zurückgeben kann (Art. 82 CISG).

Die erhaltenen Leistungen sind jeweils Zug um Zug zurückzugeben (Art. 81 CISG). Der Verkäufer muss dabei den Kaufpreis vom Tag der Zahlung an verzinsen. Der Käufer schuldet dem Verkäufer seinerseits den Gegenwert aller Vorteile, die er aus der Ware gezogen hat (Art. 84 CISG).

Verzögert der Verkäufer die Rücknahme ungebührlich, kann der Käufer die Ware auf jede geeignete Weise verkaufen (**Selbsthilfeverkauf**). Bei verderblicher Ware muss er dies im Interesse des Verkäufers sogar. Die Verkaufsabsicht ist anzuzeigen. Aus dem Erlös kann er seine Kosten decken. Den Rest muss er herausgeben (Art. 88 CISG).

- **Recht auf Kaufpreisminderung** (Art. 50 CISG)
  Der Käufer kann den Kaufpreis entsprechend dem tatsächlichen Wert der Ware zum Zeitpunkt der Lieferung herabsetzen.
  Ausnahmen:
  - wenn der Verkäufer den Mangel behebt,
  - wenn der Käufer die Nacherfüllung ablehnt.

- **Recht auf Schadensersatz** (Art. 45 CISG)
  Ein Recht auf Schadensersatz besteht in allen Fällen zusätzlich wie bei der Nichteinhaltung des Liefertermins. Auch hier muss der Käufer alle angemessenen Maßnahmen zur Schadensminderung treffen.

Mangelhafte Lieferung

Warenprüfung – so schnell, wie die Umstände es erlauben

↓

Mängelrüge – in der Garantiefrist; ansonsten in angemessener Frist nach Entdeckung; versteckte Mängel spätestens nach zwei Jahren. Ggf. angemessene Nachfrist setzen!

↓

Nacherfüllung
- **Nachbesserung**
- **Ersatzlieferung** – nur bei wesentlichem Mangel

Verkäufer hat seinerseits „Recht der zweiten Andienung"; kann Frist anbieten

→ nach Fristablauf →
- **Preisminderung**
- **Vertragsaufhebung** – ggf. mit **Deckungskauf**; bei ungebührlicher Verzögerung der Warenrücknahme ggf. **Selbsthilfeverkauf**

In allen Fällen zusätzlich: **Schadensersatz**

2.5.2 Vertragsverletzung durch den Käufer

Nichtabnahme der Ware

- Nimmt der Käufer die vertragsgemäß angebotene Ware nicht ab und hat der Verkäufer sie noch in Besitz oder kann sonst über sie verfügen, muss er auf Kosten des Käufers für ihre Erhaltung sorgen. Er kann sie auch bei einem Dritten einlagern (Art. 85 CISG). Verzögert der Käufer die Abnahme oder die Zahlung des Kaufpreises oder der Erhaltungskosten ungebührlich, kann der Verkäufer – wie oben beschrieben – seinerseits einen **Selbsthilfeverkauf** vornehmen (§ 88 CISG).
- Der Verkäufer kann dem Käufer auch eine **angemessene Nachfrist für die Abnahme** setzen. Während dieser Zeit kann er keine Rechte außer Schadensersatz geltend machen (Art. 63 CISG).
- Nimmt der Käufer die Ware auch innerhalb der Nachfrist nicht ab oder erklärt er, er werde sie nicht abnehmen, kann der Verkäufer die **Aufhebung des Vertrages** erklären (Art. 64 CISG).
- Der Verkäufer kann in allen Fällen zusätzlich **Schadensersatz** verlangen (Art. 61 CISG). Er muss alle angemessenen Maßnahmen zur Schadensminderung treffen (Art. 77 CISG).

Nichteinhaltung des Zahlungstermins

Zahlt der Käufer verspätet, kann der Verkäufer **Ersatz des entstandenen Schadens** verlangen, z. B. Mahnkosten, Kreditkosten (Art. 61 CISG). Er kann **Verzugszinsen** vom Fälligkeitstag an verlangen (Art. 78 CISG). Er kann auf Zahlung bestehen und dafür eine angemessene Nachfrist setzen (Art. 62, 63 CISG).

Nach Ablauf der Nachfrist kann der Verkäufer die Aufhebung des Vertrages erklären (Art. 64 Abs. 1 CISG).

Hat der Käufer die Ware schon erhalten, muss er sie zurückgeben (Art. 81 CISG). Er schuldet dem Verkäufer den Gegenwert aller Vorteile, die er aus der Ware gezogen hat (Art. 84 CISG). Der Verkäufer kann auch weiterhin Schadensersatz verlangen (z. B. auch für die Kosten der Rechtsverfolgung).

2.6 Sonstige Bestimmungen des UN-Kaufrechts

- **Verschlechterungseinrede und vorweggenommener Vertragsbruch**
  Käufer oder Verkäufer können jeweils ihre Erfüllung aussetzen, wenn sich herausstellt, dass der Vertragspartner einen wesentlichen Teil seiner Leistung nicht erfüllen kann oder wird (Art. 71 CISG). Ist abzusehen, dass er eine wesentliche Vertragsverletzung begehen wird, können sie jeweils die Aufhebung des Vertrages erklären (Art. 72 CISG).
- **Teillieferungskauf** (Art. 73 CISG)
  Begeht ein Vertragspartner im Rahmen eines Sukzessivlieferungsvertrags (Teillieferungskaufs) eine wesentliche Vertragsverletzung bei einer Teillieferung, kann der Vertragspartner die Aufhebung des Vertrags für diese Teillieferung erklären. Hat er triftigen Grund zu der Annahme, dass weiterhin wesentliche Vertragsverletzungen zu erwarten sind, kann er die Vertragsaufhebung für die Zukunft erklären.

2.7 Rechtliche Durchsetzung von Ansprüchen

Um bei Streitigkeiten Rechte aus einem Vertrag durchsetzen zu können, müssen die Gerichte bemüht werden. Aber welches Gericht ist bei einem internationalen Vertrag zuständig? Und welches Recht wendet dieses Gericht an? Die folgenden Ausführungen geben einen kleinen Eindruck von den Problemen, die in diesem Zusammenhang entstehen können.

Beispiel: Gerichtsstand in Deutschland

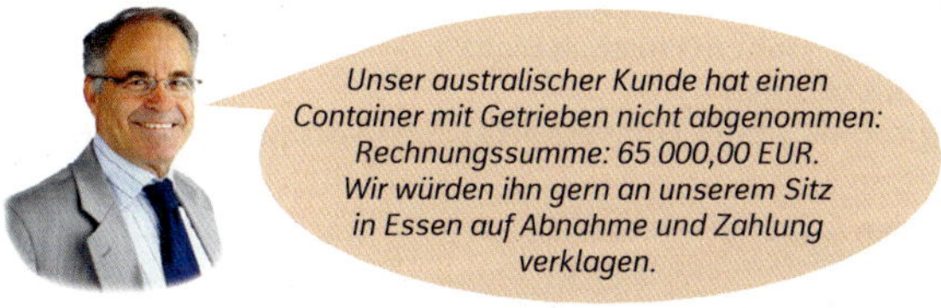

Gründe:
- Das ausländische Recht ist unbekannt.
- Ausländische Anwalts- und Gerichtskosten sind unbekannt.
- Ein Prozess im Ausland ist schlecht überschaubar.

Diese Gründe sind einsichtig. Aber: Der Kunde sitzt in Australien. Und dort kann das Urteil eines deutschen Gerichts nicht vollstreckt werden. Vielmehr muss es von den australischen Gerichten und Behörden anerkannt werden.

Das UN-Kaufrecht enthält keine Vorschriften zum Gerichtsstand. Deshalb ist dieser grundsätzlich durch den Erfüllungsort bestimmt. Ohne besondere Vereinbarung ist der Sitz des Verkäufers Erfüllungsort für beide Teile und somit auch Gerichtsstand.

Beispiel: Gerichtsstand in Südafrika

Sitz des Exporteurs: Kapstadt, Südafrika;
Sitz des Importeurs: Dortmund, Deutschland.
Im Kontrakt (Kaufvertrag) wurde als Rechtsgrundlage das UN-Kaufrecht vereinbart.

Über den Gerichtsstand wurde keine Vereinbarung getroffen. Folglich befindet er sich am Sitz des Verkäufers in Kapstadt. Der Importeur verklagt den Verkäufer dort. Grund: Der Importeur hat den Vertrag wegen eines wesentlichen Mangels aufgehoben. Der Exporteur weigert sich jedoch, den Kaufpreis zurückzuerstatten und Schadensersatz zu leisten.

Südafrika ist nicht Vertragsstaat des UN-Kaufrechts. Deshalb beurteilt das dortige Gericht den Fall nach südafrikanischem Recht, obwohl der Kontrakt auf der Basis des UN-Kaufrechts geschlossen wurde.

Das UN-Kaufrecht gestattet es, den Gerichtsstand frei zu vereinbaren. Es ist nun leicht einsichtig, dass dieser Vereinbarung größte Bedeutung beizumessen ist. Sie sollte nicht ohne Hinzuziehung von Fachanwälten vorgenommen werden.

Für internationale Verträge zwischen Unternehmen in EU-Staaten legt das Übereinkommen der Europäischen Gemeinschaften über die gerichtliche Zuständigkeit und die Vollstreckung gerichtlicher Entscheidungen in Zivil- und Handelssachen (EuGÜ) fest, dass bei einer Gerichtsstandsvereinbarung ausschließlich die Gerichte des vereinbarten Staates zuständig sind.

In den meisten Fällen ist es für beide Parteien günstiger, wenn sie durch eine **Schiedsgerichtsklausel** im Vertrag die Schlichtung durch ein Schiedsgericht vereinbaren. Schiedsgerichte sind private Einigungsstellen. Sie sind mit Experten besetzt und eignen sich vielfach besser als ggf. fachfremde Richter für die Beurteilung von Streitfällen. In der Regel werden Schiedssprüche leichter vollstreckt als die Urteile ausländischer Gerichte. Lehnt allerdings eine Partei den Schiedsspruch ab, muss doch wieder ein staatliches Gericht mit dem Rechtsstreit befasst werden.

Arbeitsaufträge

1. **Folgende Rechtsgeschäfte liegen vor:**
   (1) Kauf eines Grundstücks in Kanada durch die Mertens OHG
   (2) Transport von Maschinenteilen für einen deutschen Kunden nach Brüssel
   (3) Aufbau eines Messestandes für einen amerikanischen Kunden in New York
   (4) Verkauf von Walzblechen durch die Stahl AG nach Marokko
   (5) Verkauf einer privaten Jacht nach Monaco
   (6) Verkauf eines Computerprogramms eines Düsseldorfer Softwareherstellers an einen Kunden in Budapest

   Fallen diese Rechtsgeschäfte unter den Anwendungsbereich

   a) des HGB,

   b) des UN-Kaufrechts?

2. **Die Andoga GmbH bietet zwei argentinischen Kunden jeweils an:**
   300 Spezialmaschinenschrauben zum Stückpreis von 50,00 EUR. Lieferung ab Werk ausschließlich Verpackung.
   Kunde 1 nimmt das Angebot an, bestellt jedoch „ausschließlich Verpackung".
   Kunde 2 nimmt ebenfalls an, bestellt jedoch zu 45,00 EUR je Stück.
   Kommt ein Kaufvertrag zustande

   a) nach deutschem Kaufrecht,

   b) nach UN-Kaufrecht?

   Die Andoga GmbH will ihr Angebot nach Absendung widerrufen, weil ihr ein Kalkulationsfehler unterlaufen ist.

   Ist c) nach deutschem Kaufrecht, d) nach UN-Kaufrecht ein Widerruf möglich?

   e) Bis zu welchem Zeitpunkt muss jeweils ein wirksamer Widerruf erfolgen?

   Der Kunde nimmt das Angebot letztlich doch unverändert an. Die Andoga GmbH hat darin keine Angaben zum Zeitpunkt der Lieferung gemacht.

   Wann muss der Verkäufer f) nach deutschem Recht, g) nach UN-Kaufrecht liefern?

   Im Kaufvertrag wurden auch keine besondern Vereinbarungen hinsichtlich des Erfüllungsorts getroffen.

   Erläutern Sie die Regelungen, die h) das deutsche Recht, i) das UN-Kaufrecht für diesen Fall vorsehen.

3. **Für die Lieferung von zehn Paletten Computerpapier aus China wurde als Zeitpunkt der Anlieferung der 07.03.20.. vereinbart. Der Liefertermin wird nicht eingehalten. Die Ware geht auch an den folgenden Tagen nicht ein. Trotz einer Nachfrist von 10 Tagen liefert der Verkäufer nicht.**

   Welche Rechte hat nunmehr der Käufer

   a) nach deutschem Recht,

   b) nach UN-Kaufrecht?

4. **Ein Möbelhändler prüft gelieferte Mahagoni-Schreibtische zwei Monate nach Lieferung und stellt dabei tiefe Kratzer auf den Tischplatten fest. Er sendet dem Verkäufer sofort eine schriftliche Mängelrüge und verlangt Rücknahme und Neulieferung.**

   a) Beurteilen Sie die Erfolgsaussichten dieses Vorgehens einerseits nach deutschem Recht und andererseits nach UN-Kaufrecht.

   b) Nehmen wir an, der Käufer habe die Mängel unverzüglich nach Lieferung gerügt. Welche Rechte kann er in diesem Fall geltend machen?

   c) Nehmen wir weiterhin an, der Käufer wolle vom Vertrag zurücktreten (deutsches Recht) bzw. den Vertrag aufheben (UN-Kaufrecht). Welche Möglichkeit hat der Verkäufer, dies zu verhindern?

5. **Ein Käufer nimmt die vertragsgemäß gelieferte Ware nicht ab und verweigert auch die Zahlung.**

   Machen Sie Vorschläge, wie der Verkäufer in diesem Fall vorgehen sollte:

   a) nach deutschem Recht, b) nach UN-Kaufrecht.

3 Incoterms®

3.1 Zweck und Anwendung der Incoterms®

Das UN-Kaufrecht enthält nur sehr vage und für das konkrete Geschäft kaum ausreichende Bestimmungen zum Erfüllungsort, zur Lieferung und zur Dokumentenübergabe. Dabei sind die Probleme bei Außenhandelsgeschäften ungleich komplizierter als im Binnenhandel. Beispielsweise ergeben sich folgende Fragen (und andere mehr):

- Wer übernimmt Transport-, Umschlags-, Prüfkosten und ab wo übernimmt er sie?
- Wer trägt die Transportgefahren und wer muss sie ggf. versichern?
- Wer muss die Verträge mit den Beförderungsunternehmen schließen?
- Wer muss welche Dokumente beschaffen? Wie muss er damit verfahren?
- Welche staatlichen Genehmigungen sind zu beschaffen und wer muss sie beschaffen?
- Wer muss sich um die Formalitäten bei Aus- und Einfuhr kümmern?

Auch die nationalen Gesetze der Staaten der Welt regeln die Fragen nicht oder nur unzureichend und vor allem unterschiedlich. Hinzu kommen unterschiedliche Handelsbräuche, die zu abweichenden Auslegungen und Missverständnissen führen.

In der Praxis verwenden Käufer und Verkäufer sehr häufig die **Incoterms®** (International Commercial Terms = Internationale Handelsklauseln), um die Lieferbedingungen bei Außenhandelsgeschäften unmissverständlich festzulegen.

Die Incoterms® sind handelsübliche, international einheitlich ausgelegte Vertragsformeln, die von der ICC in Paris herausgegeben und 2010 zuletzt angepasst wurden.

Die Incoterms® haben keine Gesetzeskraft, sondern werden nur wirksam, wenn sie von den Parteien vereinbart und damit Vertragsbestandteil werden. Sie regeln genau, welche wesentlichen Pflichten Verkäufer und Käufer jeweils zu erfüllen haben (z. B. Besorgung von Dokumenten, Anlieferung, Benachrichtigung, Übernahme von Kosten und Gefahren) und wo genau Kosten und Gefahren vom Verkäufer auf den Käufer übergehen. Durch ihre Anwendung erübrigen sich folglich eigene Regelungen.

Wichtig:

1. Die Incoterms® gelten ausschließlich für den Kaufvertrag (nicht für Speditions-, Beförderungs-, Lagerverträge und andere).
2. Die Incoterms® regeln nicht:
   - den Vertragsabschluss,
   - das Eigentum an der Ware,
   - die Erfüllungsstörungen,
   - die Zahlungsabwicklung.

   Diese Fragen sind vielmehr anhand der übrigen Vertragsbestimmungen und des anwendbaren Rechts (z. B. UN-Kaufrecht) zu beurteilen.

3.2 Struktur der Incoterms® 2010

Die Incoterms® 2010 bestehen aus 11 Klauseln, die durch jeweils drei Buchstaben abgekürzt werden. Sie sind entsprechend dem ersten Buchstaben in Gruppen eingeteilt. Innerhalb einer Gruppe bestehen folgende Gemeinsamkeiten:

Gruppen der Incoterms®	
E-Klausel (EXW)	**Abholklausel.** Der Käufer trägt alle Kosten und Gefahren ab Werk des Verkäufers am benannten Ort.
F-Klauseln (FCA, FAS, FOB)	**Absendeklauseln (Hauptransport wird vom Verkäufer nicht bezahlt).** Der Verkäufer trägt Kosten und Gefahr bis zur Übergabe der Ware an einen vom Käufer benannten Frachtführer am benannten Ort.
C-Klauseln (CFR, CIF, CPT, CIP)	**Zweipunktklauseln (Haupttransport wird vom Verkäufer bezahlt).** Der Verkäufer trägt zusätzlich die Kosten, der Käufer die Gefahr für den Haupttransport bis zum benannten Bestimmungsort.
D-Klauseln (DAP, DAT, DDP)	**Ankunftsklauseln.** Der Verkäufer trägt Kosten und Gefahr bis zum benannten Ankunfts- bzw. Bestimmungsort.

Die Reihenfolge der Klauseln ist so gewählt, dass die Pflichten des Verkäufers von E über F und C nach D zunehmen. Die des Käufers nehmen entsprechend ab.
Zu jeder Klausel gehören zehn „Regeln". Diese legen die Klausel verbindlich aus, indem sie auf gegenüberliegenden Seiten die Pflichten von Verkäufer und Käufer aufführen. Folgende Bereiche werden geregelt:

Regelungsbereiche der Incoterms®			
A Verpflichtungen des Verkäufers		**B Verpflichtungen des Käufers**	
A 1	Lieferung vertragsmäßiger Ware	B 1	Zahlung des Kaufpreises
A 2	Lizenzen, Genehmigungen und Formalitäten	B 2	Lizenzen, Genehmigungen und Formalitäten
A 3	Beförderungs- und Versicherungsverträge	B 3	Beförderungsvertrag
A 4	Lieferung	B 4	Abnahme
A 5	Gefahrenübergang	B 5	Gefahrenübergang
A 6	Kostenteilung	B 6	Kostenteilung
A 7	Benachrichtigung des Käufers	B 7	Benachrichtigung des Verkäufers
A 8	Liefernachweis, Transportdokument oder entsprechende elektronische Mitteilung	B 8	Liefernachweis, Transportdokument oder entsprechende elektronische Mitteilung
A 9	Prüfung – Verpackung – Kennzeichnung	B 9	Prüfung der Ware
A 10	Kostentragung bei sonstigen Unterstützungsleistungen	B 10	Kostentragung bei sonstigen Unterstützungsleistungen

Beispiel: **Aus einem Angebot von MGB an ČKD Kutná Hora, a.s., Bratislava, Slowakei**

Our terms of delivery are:
EXW Niersstr.12, Essen, Germany, Incoterms® 2010.

Stets „Incoterms® 2010" anfügen! Nur dann steht fest, dass die Klausel sich wirklich auf die Regel der ICC bezieht und nicht auf andere Auslegungen.

Der Käufer nimmt das Angebot an. Damit ist die Klausel vereinbart. Die Regelung lautet:

A Verpflichtungen des Verkäufers

A1 Lieferung vertragsgemäßer Ware
Der Verkäufer hat die Ware und die Handelsrechnung in Übereinstimmung mit dem Kaufvertrag bereitzustellen und jeden sonstigen vertraglich vereinbarten Konformitätsnachweis zu erbringen.
Jedes Dokument, auf das in A1–A10 Bezug genommen wird, kann auch ein entsprechender elektronischer Beleg oder ein entsprechendes elektronisches Verfahren sein, wenn dies zwischen den Parteien vereinbart oder üblich ist.

A2 Lizenzen, Genehmigungen Sicherheitsfreigaben und andere Formalitäten
Falls zutreffend, hat der Verkäufer den Käufer auf dessen Verlangen, Gefahr und Kosten bei der Beschaffung der Ausfuhrgenehmigung oder anderer behördlicher Genehmigungen, die für die Ausfuhr der Ware erforderlich sind, zu unterstützen.

A3 Beförderungs- und Versicherungsverträge
a. Beförderungsvertrag
Der Verkäufer hat gegenüber dem Käufer keine Verpflichtung, einen Beförderungsvertrag abzuschließen.
b. Versicherungsvertrag
Der Verkäufer hat gegenüber dem Käufer keine Verpflichtung, einen Versicherungsvertrag abzuschließen. Jedoch hat der Verkäufer dem Käufer auf dessen Verlangen, Gefahr und (gegebenenfalls entstehende)

B Verpflichtungen des Käufers

B1 Allgemeine Verpflichtungen des Käufers
Der Käufer hat den im Kaufvertrag genannten Preis der Ware zu zahlen.
Jedes Dokument, auf das in B1–B10 Bezug ge-nommen wird, kann auch ein entsprechender elektronischer Beleg oder ein entsprechendes elektronisches Verfahren sein, wenn dies zwischen den Parteien vereinbart oder üblich ist.

B2 Lizenzen, Genehmigungen Sicherheitsfreigaben und andere Formalitäten
Falls zutreffend, obliegt es dem Käufer, auf eigene Gefahr und Kosten die Aus- und Einfuhrgenehmigung oder andere behördliche Genehmigungen zu beschaffen sowie alle Zollformalitäten für die Ausfuhr der Ware zu erledigen.

B3 Beförderungs- und Versicherungsverträge
a. Beförderungsvertrag
Der Käufer hat gegenüber dem Verkäufer keine Verpflichtung, einen Beförderungsvertrag abzuschließen.
b. Versicherungsvertrag
Der Käufer hat gegenüber dem Verkäufer keine Verpflichtung, einen Versicherungsvertrag abzuschließen.

B4 Übernahme
Der Käufer muss die Ware übernehmen, wenn **A4** und **A7** entsprochen worden ist.

Kosten jene Informationen zur Verfügung zu stellen, die der Käufer für den Abschluss einer Versicherung benötigt.

A4 Lieferung
Der Verkäufer hat die Ware zu liefern, indem er sie dem Käufer am genannten Lieferort an der gegebenenfalls vereinbarten Stelle zur Verfügung stellt, jedoch ohne Verladung auf das abholende Beförderungsmittel. Wurde am benannten Lieferort keine bestimmte Stelle vereinbart und kommen mehrere Stellen in Betracht, kann der Verkäufer die Stelle auswählen, die für den Zweck am besten geeignet ist. Der Verkäufer hat die Ware am vereinbarten Zeitpunkt oder innerhalb des vereinbarten Zeitraums zu liefern.

A5 Gefahrenübergang
Der Verkäufer trägt bis zur Lieferung gemäß **A4** alle Gefahren des Verlustes oder der Beschädigung der Ware, mit Ausnahme von Verlust oder Beschädigung unter den in **B5** beschriebenen Umständen.

A6 Kostenverteilung
Der Verkäufer hat alle die Ware betreffenden Kosten zu tragen, bis diese gemäß **A4** geliefert worden ist, ausgenommen solcher Kosten, die vom Käufer wie in **B6** zu tragen sind.

A7 Benachrichtigungen an den Käufer
Der Verkäufer hat den Käufer über alles Nötige zu benachrichtigen, damit dieser die Ware übernehmen kann.

A8 Transportdokument
Der Verkäufer hat gegenüber dem Käufer keine Verpflichtung.

A9 Prüfung – Verpackung – Kennzeichnung
Der Verkäufer hat die Kosten jener Prüfvorgänge (wie Qualitätsprüfung, Messen, Wiegen und Zählen) zu tragen, die notwendig sind, um die Ware gemäß **A4** zu liefern.
Der Verkäufer hat auf eigene Kosten die Ware zu verpacken, es sei denn, es ist handelsüblich, die jeweilige Art der verkauften Ware unverpackt zu transportieren. Der Verkäufer kann die Ware in der für ihren Transport geeigneten Weise verpacken, es sei denn, der Käufer hat den Verkäufer vor Vertragsabschluss über spezifische Verpackungsanforderungen in Kenntnis gesetzt. Die Verpackung ist in geeigneter Weise zu kennzeichnen.

A10 Unterstützung bei Informationen und damit verbundene Kosten
Der Verkäufer hat, falls zutreffend, dem Käufer auf dessen Verlangen, Gefahr und Kosten rechtzeitig alle Dokumente und Informationen, einschließlich sicherheitsrelevanter Informationen, die der Käufer für die Ein- und/oder Ausfuhr der Ware und/oder für ihren Transport bis zum endgültigen Bestimmungsort benötigt, zur Verfügung zu stellen oder ihn bei deren Beschaffung zu unterstützen.

B5 Gefahrenübergang
Der Käufer trägt alle Gefahren des Verlustes oder der Beschädigung der Ware ab dem Zeitpunkt, in dem sie wie in **A4** vorgesehen geliefert worden ist.
Falls der Käufer es unterlässt, gemäß **B7** zu benachrichtigen, trägt der Käufer alle Gefahren des Verlustes oder der Beschädigung der Ware ab dem vereinbarten Lieferzeitpunkt oder ab Ablauf des vereinbarten Lieferzeitraums, vorausgesetzt, die Ware ist eindeutig als die vertragliche Ware kenntlich gemacht worden.

B6 Kostenverteilung
Der Käufer hat
a. alle die Ware betreffenden Kosten ab dem Zeitpunkt der Lieferung wie in **A4** vorgesehen zu tragen;
b. alle zusätzlichen Kosten zu tragen, die entweder dadurch entstanden sind, dass die ihm zur Verfügung gestellte Ware nicht übernommen worden oder keine Benachrichtigung gemäß **B7** erfolgt ist, vorausgesetzt, die Ware ist eindeutig als die vertragliche Ware kenntlich gemacht worden;
c. falls zutreffend, alle Zölle, Steuern und andere Abgaben sowie die bei der Ausfuhr fälligen Kosten der Zollformalitäten zu tragen; und
d. alle dem Verkäufer durch die in **A2** vorgesehene Unterstützung entstandenen Kosten und Abgaben zu erstatten.

B7 Benachrichtigungen an den Verkäufer
Wann immer der Käufer berechtigt ist, innerhalb eines vereinbarten Zeitraums den Zeitpunkt und/oder innerhalb des benannten Ortes die Stelle für die Warenübernahme zu bestimmen, hat er den Verkäufer in angemessener Weise darüber zu benachrichtigen.

B8 Liefernachweis
Der Käufer hat dem Verkäufer einen angemessenen Nachweis der Warenübernahme zu erbringen.

B9 Prüfung der Ware
Der Käufer hat die Kosten für jede vor der Verladung zwingend erforderliche Warenkontrolle (preshipment inspection) zu tragen, einschließlich behördlich angeordneter Kontrollen des Ausfuhrlandes.

B10 Unterstützung bei Informationen und damit verbundene Kosten
Der Käufer hat dem Verkäufer rechtzeitig alle sicherheitsrelevanten Informationsanforderungen mitzuteilen, sodass der Verkäufer die Verpflichtungen entsprechend **A10** erfüllen kann.
Der Käufer hat dem Verkäufer alle Kosten und Abgaben zu erstatten, die dem Verkäufer durch das Zurverfügungstellen oder die Unterstützung bei der Beschaffung der Dokumente und Informationen wie in **A10** vorgesehen entstanden sind.

Quelle: Bernstorff, Christoph Graf von: Incoterms® 2010 Regeln der Internationalen Handelskammer (ICC). Köln: Bundesanzeiger Verlag 2012.

3.3 Kurzübersicht über die Klauseln

E-Klausel

1. EXW Ab Werk/ex works (... benannter Lieferort); z. B. EXW Austr., Köln

Der Verkäufer
... liefert, indem er die Ware dem Käufer auf seinem Gelände oder an einem anderen benannten Ort (Werk, Lager, ...) zur Verfügung stellt.
... macht die Ware nicht zur Ausfuhr frei.
... verlädt die Ware nicht auf das abholende Beförderungsmittel. (Ggf. andere Regelung ausdrücklich durch Zusatz im Kaufvertrag vermerken! Der Verkäufer trägt aber nicht die Kosten.)

Kosten und Gefahr:
Der Käufer trägt alle Kosten und Gefahren ab Zurverfügungstellung. Er muss z. B. sämtliche Frachtverträge schließen

F-Klauseln

2. FCA Frei Frachtführer/free carrier (... benannter Lieferort); z. B. FCA Flughafen Düsseldorf

Der Verkäufer
... liefert die Ware dem vom Käufer benannten Frachtführer oder sonstigen Dritten (v. a. Spediteur) am benannten Ort an.
... verlädt die Ware auf seine Kosten, wenn die Lieferung bei ihm stattfindet.
... entlädt die Ware nicht von seinem Fahrzeug, wenn er sie an einem anderen Ort anliefert.
... macht die Ware auf seine Kosten zur Ausfuhr frei.

Kosten und Gefahr: Sämtliche Kosten und Gefahren gehen nach Anlieferung auf den Käufer über. Der Käufer muss z. B. sämtliche Frachtverträge schließen. (Andere Vereinbarung möglich. Ausdrücklich im Kaufvertrag vermerken!)

3. FAS Frei Längsseite Schiff/free alongside ship (... benannter Verschiffungshafen); z. B. FAS Hamburg, Seehafen 1

Der Verkäufer
... liefert, wenn die Ware längsseits des vom Käufer benannten Schiffs im benannten Verschiffungshafen gebracht ist (landseitig am Kai oder wasserseitig in Leichterschiffen).
... macht die Ware auf seine Kosten zur Ausfuhr frei.

Kosten und Gefahr: Sämtliche Kosten und Gefahren gehen nach der genannten Verbringung auf den Käufer über (z. B. Verladung an Bord, Frachtkosten, Transportrisiko). Er muss die entsprechenden Transportverträge schließen. (Andere Vereinbarung möglich. Ausdrücklich im Kaufvertrag vermerken!)

4. FOB Frei an Bord/free on board (... benannter Verschiffungshafen); z. B. FOB Bremen, Neustädter Hafen

Der Verkäufer
... liefert die Ware vereinbarungsgemäß an Bord des vom Käufer benannten Schiffs im benannten Verschiffungshafen.
... macht die Ware auf seine Kosten zur Ausfuhr frei.

Kosten und Gefahr: Sämtliche Kosten und Gefahren gehen nach der An-Bord-Lieferung (Verladung) auf den Käufer über (z. B. Frachtkosten, Transportrisiko). Er muss den Seefrachtvertrag schließen. (Andere Vereinbarung möglich. Ausdrücklich im Kaufvertrag vermerken!)

C-Klauseln

5. CFR Kosten und Fracht/cost and freight (... benannter Bestimmungshafen); z. B. CFR New York, Pier 11

Bis Incoterms® 2000 ging die Gefahr nach dem „Überschreiten der Reeling“ auf den Käufer über; jetzt erst nach der Verladung an Bord.

Der Verkäufer
... liefert die Ware vereinbarungsgemäß an Bord des von ihm benannten Schiffs im benannten Verschiffungshafen).
... macht die Ware auf seine Kosten zur Ausfuhr frei.
... schließt auf eigene Rechnung den Seefrachtvertrag bis zum genannten Bestimmungshafen.

Kosten und Gefahr: Der Verkäufer trägt die Kosten bis zur erfolgten An-Bord-Lieferung (Verladung) und die Seefracht. Die Gefahr geht nach der An-Bord-Lieferung auf den Käufer über.

6. CIF Kosten, Versicherung und Fracht/cost, insurance and freight (... benannter Bestimmungshafen); z. B. CIF Mumbai, Indira Dock

Der Verkäufer
... liefert die Ware vereinbarungsgemäß an Bord des von ihm benannten Schiffs im benannten Verschiffungshafen.
... macht die Ware auf seine Kosten zur Ausfuhr frei.
... schließt auf eigene Rechnung den Seefrachtvertrag bis zum benannten Bestimmungshafen und die Seetransportversicherung. (Nur Mindestdeckung! Bessere Deckung erfordert ausdrückliche Vereinbarung.)

Kosten und Gefahr: Der Verkäufer trägt die Kosten bis zur erfolgten An-Bord-Lieferung (Verladung) und die Seefracht. Die Gefahr geht nach der An-Bord-Lieferung auf den Käufer über.

7. CPT Frachtfrei/carriage paid to (... benannter Bestimmungsort); z. B. CPT Airport Toronto

Der Verkäufer
... liefert die Ware dem von ihm benannten Frachtführer am benannten Lieferort.
... schließt auf eigene Rechnung den Beförderungsvertrag bis zur benannten Stelle am benannten Bestimmungsort.
... macht die Ware auf seine Kosten zur Ausfuhr frei.

Kosten und Gefahr: Alle Gefahren gehen nach der Lieferung am benannten Lieferort (bei mehreren aufeinanderfolgenden Frachtführern nach der Lieferung an den ersten Frachtführer) auf den Käufer über, eventuelle weitere Kosten nach der Lieferung am benannten Bestimmungsort.

8. CIP Frachtfrei versichert/carriage and insurance paid to (... benannter Bestimmungsort); z. B. CIP New York, Pier 11

Der Verkäufer
... liefert die Ware dem von ihm benannten Frachtführer am benannten Lieferort.
... schließt auf eigene Rechnung den Beförderungsvertrag bis zur benannten Stelle am benannten Bestimmungsort sowie die Transportversicherung. (Nur Mindestdeckung! Bessere Deckung erfordert ausdrückliche Vereinbarung.)
... macht die Ware auf seine Kosten zur Ausfuhr frei.

Kosten und Gefahr: Alle Gefahren gehen nach der Lieferung am benannten Lieferort (bei mehreren aufeinanderfolgenden Frachtführern nach der Lieferung an den ersten Frachtführer) auf den Käufer über, eventuelle weitere Kosten nach der Lieferung am benannten Bestimmungsort.

D-Klauseln

9. DAP Geliefert am Ort/delivered at place (... benannter Bestimmungsort); z. B. DAP Güterbahnhof Kehl, Gleis 2

Der Verkäufer
... liefert dem Käufer die Ware an der benannten Stelle des benannten Bestimmungshafens oder Bestimmungsorts entladebereit zum Abtransport; er schließt dazu auf eigene Rechnung den Beförderungsvertrag.
... macht die Ware auf seine Kosten zur Ausfuhr und Durchfuhr, aber nicht zur Einfuhr frei.

Kosten und Gefahr: Alle Kosten (auch die Kosten der Entladung) und Gefahren gehen nach der Lieferung am benannten Bestimmungsort auf den Käufer über.

10. DAT Geliefert ab Terminal/delivered at terminal (... benannter Terminal im Hafen oder am Bestimmungsort); z. B. DAT Containerterminal 4, Montevideo

Der Verkäufer
- ... stellt dem Käufer die Ware am benannten Terminal im Bestimmungshafen oder am Bestimmungsort entladen zum Abtransport zur Verfügung; er schließt dazu auf eigene Rechnung die nötigen Beförderungsverträge.
- ... macht die Ware auf seine Kosten zur Ausfuhr und Durchfuhr, aber nicht zur Einfuhr frei.

Kosten und Gefahr: Alle Kosten und Gefahren gehen nach der Lieferung (Entladung) am benannten Terminal auf den Käufer über.

11. DDP Geliefert verzollt/delivered duty paid (...benannter Bestimmungsort); z. B. DDP Istanbul, 6 Türkeli Cd

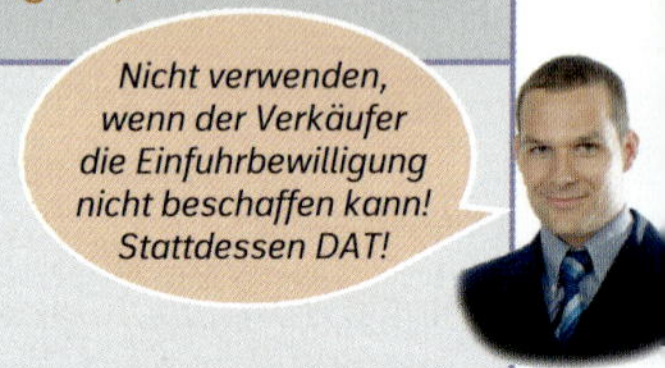

Der Verkäufer
- ... liefert dem Käufer die Ware am benannten Bestimmungsort entladebereit zum Abtransport; er schließt dazu auf eigene Rechnung die nötigen Beförderungsverträge.
- ... macht die Ware auf seine Kosten zur Ausfuhr, Durchfuhr und Einfuhr frei.

Kosten und Gefahr: Alle Kosten (auch die Kosten der Entladung) und Gefahren gehen nach der Lieferung am benannten Terminal auf den Käufer über. (Andere Vereinbarung über die Entladekosten möglich. Unbedingt im Kaufvertrag vermerken!)

Die folgende Übersicht zeigt, für welche Transportarten die Klauseln sich eignen.

Transportart	EXW	FCA	FAS	FOB	CFR	CIF	CPT	CIP	DAP	DAT	DDP
Bahntransport	x[1]	x[2]					x	x	x	x	x
Lkw-Transport	x	x					x	x	x	x	x
Binnenschiffstransport	x[1]	x	x	x	x	x	x	x	x	x	x
Seeschiffstransport (konventionell)			x	x	x	x	x	x	x	x	x
Seeschiffstransport (Container, Ro-Ro)	x	x[3]					x	x	x	x	x
Flugzeug	x	x[4]					x	x	x	x	x
Multimodaler Transport	x	x[3]					x	x	x	x	x

[1] Sofern das Werk Bahn-/Hafenanschluss hat; sonst FCA! [2] Bahnhof [3] benannter Übergabeort [4] Flughafen

- Es sollten keine Klauseln mit Bezug auf einen Schiffstransport eingesetzt werden, wenn der Übergabeort und der Transport nicht in Zusammenhang mit einem Schiff stehen.
- Beladene Container werden dem Verfrachter an einem Container Yard (Container-Depot) angeliefert. Deshalb sind die Klauseln FAS und FOB für Containerbeförderung per Schiff nicht geeignet, CFR und CIF nur im Ausnahmefall.
- Ro-Ro = Roll-On/Roll-Off; Transport von selbst auf- und abfahrenden Schienen- und Straßenfahrzeugen auf Schiffen
- Multimodaler (kombinierterTransport) = Gesamttransport, bei dem nacheinander verschiedene Verkehrsmittel zum Einsatz kommen und mit dessen kompletter Organisation/Durchführung ein Spediteur beauftragt wird.

Arbeitsaufträge

1. **Ein Mitarbeiter im Versand stellt folgende Behauptungen auf:**
   (1) Ein Kaufvertrag nach UN-Recht macht die Benutzung der Incoterms® überflüssig.
   (2) Incoterms® sind Handelsklauseln, die für Beförderungsverträge gelten.
   (3) Jede Incoterms-Klausel ist für jeden beliebigen Versand geeignet.
   (4) Die Incoterms® regeln u. a. den Kosten- und Gefahrenübergang vom Käufer auf den Verkäufer
   Welche Behauptungen sind richtig, welche falsch? Begründen Sie Ihre Antwort.

2. **Die MGB Maltmann Getriebebau e. K. verkauft 100 Schieberädergetriebe an einen Kunden in Paterson in der Nähe von New York, USA. Der Kunde wünscht den Versand CIF New York Incoterms® 2010. Folgende Kosten fallen für den Transport an:**

Preis ab Werk	**60 000,00 EUR**
Lkw-Transport nach Bremen	**1 000,00 EUR**
Beschaffung der Dokumente	**100,00 EUR**
Kaigebühren und Schiffsverladung	**300,00 EUR**
Seefracht bis New York	**2 500,00 EUR**
Seetransportversicherung	**150,00 EUR**
Entladekosten in New York	**200,00 EUR**
Lkw-Transport zum Empfänger	**450,00 EUR**
Entladen beim Empfänger	**100,00 EUR**
Einfuhrabgaben	**1 000,00 EUR**

a) Zu welchem Gesamtpreis CIF New York bietet MGB dem Kunden die Getriebe an?
b) Welche Verträge muss MGB schließen?
c) Welche Gefahren tragen die Vertragspartner jeweils?
d) Beantworten Sie die gleichen Fragen für folgende Klauseln:
- EXW Essen;
- CFR Bremen;
- DAP New York;
- DDP Paterson.

4 Dokumentärer Zahlungsverkehr

Der Papierhersteller Renz & Co. KG, Münster, hat in Khartoum (Sudan) einen Interessenten für Zellulosepapier gefunden. Nach Erhalt von Informationsmaterial und Vorverhandlungen bittet die Firma Mustafa bin Said um Festofferte und Proforma-Rechnung. Diese „Als-ob-Rechnung" enthält die Angaben der späteren Handelsrechnung. Sie wird für die vorgeschriebene Registrierung im Importregister des Sudan benötigt sowie für die Beantragung eines Akkreditivs bei der Bank des Kunden. Der Kunde nimmt das Angebot von Renz an.

Inhalt des Kontrakts (Kaufvertrags):

Verkäufer:	Renz & Co. KG, Münster
Käufer:	Mustafa bin Said, Khartoum
Artikel:	Zellulosepapier auf Rotationsrollen
Qualität:	weiß, holzfrei, gebleicht, 60 g/m²
Menge:	65 000 m², 100 Rollen, 60 cm breit
Verpackung:	10 Paletten in Folie verschweißt
Lieferung:	sofort
Preis:	10 000,00 EUR CIF Port Sudan gemäß Incoterms® 2010
Zahlung:	durch unwiderrufliches bestätigtes Akkreditiv zugunsten Renz & Co. KG bei Deutsche Bank AG, Münster, gegen Übergabe – der unterschriebenen Handelsrechnung (3-fach, englisch), – des vollen Satzes (5-fach) reiner An-Bord-Konnossemente, an Order und blanko indossiert, mit dem Vermerk „Fracht bezahlt", – der Versicherungspolice der Sudan Insurance Company, ausweisend „Prämie bezahlt" für vollen Rechnungsbetrag plus 10 %, – der Packliste, – des konsularisch legalisierten Ursprungszeugnisses (2-fach, englisch).

Bereitstellung und Bestätigung des Akkreditivs werden Renz von der Deutschen Bank avisiert. Daraufhin beauftragt Renz seinen Spediteur, die Waren vom Lager abzuholen, mit der Ausfuhranmeldung beim Zoll zu gestellen und anschließend die Anlieferung an das Schiff in Bremen zu besorgen und die Seetransportversicherung einzudecken. Danach wird das vom Schiffsmakler der Reederei ausgestellte Konnossement zusammen mit Handelsrechnung, Versicherungspolice und Packliste der Deutschen Bank überreicht. Diese prüft die Dokumente auf Übereinstimmung mit dem Akkreditiv und schreibt dann dem Konto von Renz den Rechnungsbetrag gut.

Das Risiko des Zahlungsausfalls ist im Außenhandel ungleich größer als im Binnenhandel. Eine Absicherung durch Eigentumsvorbehalt existiert im Ausland oft nicht. Wenn doch, ist das Recht nur schwieriger und mit zusätzlichen Kosten durchzusetzen. Deshalb wird der sog. „dokumentäre Zahlungsverkehr" bevorzugt. Er umfasst mehrere Spielarten. Sie haben eines gemeinsam: Der Verkäufer gibt die Dokumente heraus, die zur Verfügung über die Ware berechtigen, und erhält dafür Zug um Zug Zahlung. Die von der Internationalen Handelskammer in Paris herausgegebenen

- **Einheitlichen Richtlinien und Gebräuche für Dokumentenakkreditive (ERA)** und
- **Einheitlichen Richtlinien für Inkassi (ERI)**

bewirken, dass die Zahlungen international nach einem einheitlichen Standard abgewickelt werden.

ANHANG

4.1 Dokumente

- **Transportdokumente** betreffen den Frachtvertrag. Sie beweisen den Abschluss des Vertrags, bescheinigen den Empfang der Sendung und begleiten sie. Mit **Sperrpapieren** kann der Absender nachträglich über die Sendung verfügen. Gibt er sie aus der Hand, ist das Verfügungsrecht „gesperrt". **Warenwertpapiere** gehen weiter: Durch ihre Übertragung wird zugleich das Eigentum an der Sendung übertragen.
- **Versicherungsdokumente** weisen den Abschluss einer Transportversicherung nach.
- **Zolldokumente** werden für die Wareneinfuhr benötigt.

Dokumente

Transportdokumente	Versicherungsdokumente	Zolldokumente	Weitere Dokumente
– Konnossement – Ladeschein – Frachtbrief – Luftfrachtbrief – Spediteurübernahmebescheinigung	Versicherungspolice	– Proforma-Rechnung – Handelsfaktura – Konsulatsfaktura – Zollfaktura – Ursprungszeugnis	– Inspektionszertifikat – Packliste

Zu Konnossement und Ladeschein als *Wertpapiere* siehe BuchPlusWeb.

Web M 667

Transportdokumente

Konnossement (Bill of Lading; B/L) und Ladeschein

Konnossement: Urkunde über den Seetransport. Der Verfrachter (= Beförderer) bescheinigt die Übernahme der Ware und verspricht Auslieferung nur an den im Dokument Genannten.

Bord-Konnossement: Bestätigt die Bordverladung; **Übernahme-Konnossement:** Bestätigt nur die Übernahme zur späteren Verladung. Dokumentärer Zahlungsverkehr erfordert Bord-Konnossemente.

Orderkonnossement: Gestattet, das Eigentum an der Ware durch Indossament zu übertragen (z. B. Weiterverkauf der noch schwimmenden Ware).

FIATA Combined Transport Bill of Lading: Durchgehendes Konnossement für die Gesamtbeförderung von Gütern, die zusätzlich mit Land-/Lufttransportmitteln befördert werden. Ausstellung durch den Gesamtverantwortlichen (meist ein Spediteur).

Ladeschein: Er entspricht dem Konnossement. Er wird üblicherweise im Binnenschiffsverkehr ausgestellt (von daher auch Bezeichnung als Fluss- oder Binnenkonnossement). Eine Änderung von § 403 BGB ermöglicht es jetzt jedoch, Ladescheine für jeden Transport (z. B. Lkw-Transport, multimodaler Transport) auszustellen.

Bahn-, Lkw-, Luftfrachtbrief

Bahnversand: Internationaler Eisenbahnfrachtbrief.

Lkw-Versand: CMR-Frachtbrief (CMR = Übereinkommen über den Beförderungsvertrag im internationalen Straßengüterverkehr).

Luftversand: Luftfrachtbrief (Air Way Bill; AWB).

Ein Exemplar des Frachtbriefs ist Sperrpapier. Der Absender kann damit über die Ware verfügen, solange der Empfänger es nicht erhalten hat (Luftfrachtbrief: seine Aushändigung verlangt hat). Er kann z. B. die Ware umleiten, wenn der Empfänger die Annahme der Dokumente verweigert.

Spediteurübernahmebescheinigung (Forwarders Certificate of Receipt; FCR)

Dokument, das üblicherweise vom Spediteur beim Lkw-Versand ausgestellt wird. Bescheinigt die Sendungsübernahme und verspricht die Auslieferung an den Empfänger. Widerruf nur bei Rückgabe des FCR möglich. Es ist deshalb ein Sperrpapier.

Die Transportdokumente enthalten auch Angaben über die übernommene Fracht und den äußerlichen Zustand der Sendung. Der dokumentäre Zahlungsverkehr verlangt **„reine" Dokumente**. Sie bescheinigen, dass keine äußerlichen Schäden erkennbar sind.

Versicherungsdokumente
Einzelpolice Transportversicherungsvertrag für eine Sendung.
Generalpolice Gesamtvertrag; alle gleichartigen Transporte sind im Voraus versichert.
Abschreibepolice Vertrag über eine bestimmte Summe; versicherte Transporte werden davon abgesetzt („abgeschrieben“).

Orderkonnossement

BILL OF LADING B/L No. **71**

BOSCO

Britisch Ocean Shipping Company

Shipper
Renz & Co. KG
Loddenheide 12
48155 Münster

Consignee
to order

Notify Party
Messrs.
Mustafa bin Said
6 Ben Halef Rd
Khartoum/Sudan

*Pre-carriage by | *Place of Receipt by Pre-carrier

Ocean Vessel Voy. No.: MS Blackpool | Port of Loading: Bremen

ORIGINAL 5/five

Port of Discharge	* Final destination (if goods to be transhipped at port of discharge)	Freight payable at	Number of original Bs/L
Khartoum		paid	

Marks & Nos.	Number and kind of packages; description of goods	Gross weight kos	Measurement m³
Renzco Khartoum 1-10	10 paletts shrinkwrapped cellulose paper white, free from wood-pulp and bleached	4190 kos	

TOTAL PACKAGES (IN WORDS) one

Freight and charges
paid

Shipped on board the vessel named above in apparent good order and condition (unless otherwise indicated) the goods or packages specified herein and to be discharged at the above mentioned port of discharge or as near theseto as the vessel may safely get and be always afloat. The weight, measure, marks, numbers, quality, contents and value, being particulars furnished by the Shipper, are not checked by the Carrier on loading. The Shipper, Consignee and the Holder of this Bill of Lading hereby expressly accept and agree to all printed, written or stamped provisions, exceptions and conditions of this Bill of Lading, including those on the back hereof.

In witness whereof, the Carrier or his Agents has signed Bills of Lading all of this tenor and date, one of which being accomplished, the others to stand void.

Shippers are requested to note particularly the exceptions and conditions of this Bill of Lading with reference to the validity of the insurance upon their goods.

Place and date of issue:	
Bremen	November 13, 20..

Signed for the Carrier
CLAUS RICKMERS KG
Rickmers
as agents

*) Applicable only, when document used as a through Bill of Lading

ANHANG

Zolldokumente
Proforma-Rechnung
„Als-ob-Rechnung" mit den Angaben der späteren Handelsrechnung. Ist in manchen Ländern für die Erteilung einer Importlizenz, ansonsten für die Beantragung eines Akkreditivs nötig.
Handels-, Konsulats-, Zollfaktura
Handelsfaktura: Die übliche Rechnung. Dient der Zahlung und der Ermittlung des Einfuhrzollwerts. **Konsulatsfaktura:** Formelle Rechnung mit Beglaubigung des Konsulats des Importlandes; wird von manchen Ländern zur Bestätigung der Richtigkeit von Warenwert und Ursprung verlangt. **Zollfaktura:** Gleicher Zweck, aber unbeglaubigt, meist nur zweite Unterschrift verlangt.
Ursprungszeugnis
Maßgeblicher Nachweis der Warenherkunft für die Zollbehörde. Danach kann je nach Handelsabkommen zwischen den Staaten ein ermäßigter Zollsatz berechnet werden. In Deutschland ist die IHK für die Ausstellung zuständig. Die Ursprungszeugnisse der EU-Länder sind in der Form einheitlich. Zu den Ursprungszeugnissen der EU gehören Präferenznachweise und Warenverkehrsbescheinigungen.

Weitere Dokumente
Inspektionszertifikat
Wird verlangt, um zu gewährleisten, dass die Lieferung tatsächlich z. B. in Güte, Anzahl, Zusammensetzung, Beschaffenheit der Bestellung entspricht. Grund: Beim dokumentären Zahlungsverkehr werden nur die Dokumente, nicht die Waren selbst geprüft.
Packliste
Detaillierte Aufstellung aller Frachtstücke mit Markierung, Art, Gewichten und Inhalt.

4.2 Zahlung gegen Dokumente

Durch die Zahlungsbedingung „Zahlung gegen Dokumente" (d/p) verpflichtet sich der Importeur, Zahlung gegen Übergabe der im Kaufvertrag vereinbarten Dokumente zu leisten.

Die Abwicklung erfolgt über die Banken von Importeur und Exporteur:

Der Exporteur erhält bei der Versendung von seinem beauftragten Spediteur die Dokumente, gibt sie mit einem Inkassoauftrag an seine Bank weiter und lässt sie über die Bank des Importeurs diesem gegen Zahlung aushändigen. Es erfolgt also Zahlung Zug um Zug.

Dokumenteninkasso mit der Vereinbarung „Zahlung gegen Dokumente"

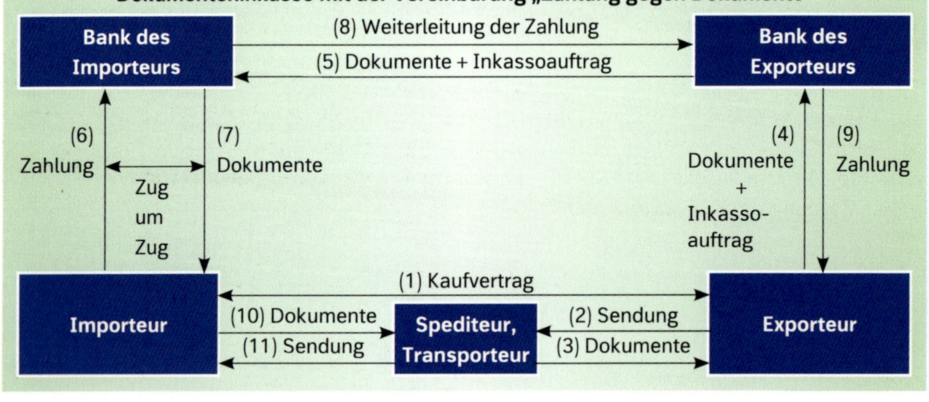

4.3 Dokumente gegen Akzept

Durch die Zahlungsbedingung „Dokumente gegen Akzept“ (d/a) verpflichtet sich der Importeur, einen akzeptierten Wechsel gegen Aushändigung der vereinbarten Dokumente zu übergeben.

Der Exporteur geht wie beim Dokumenteninkasso vor, fügt aber seinem Inkassoauftrag einen Wechsel bei, den er auf den Importeur gezogen hat. Wegen der größeren Sicherheit wird oft auch eine Wechselziehung auf die Bank des Importeurs vereinbart. Diese gibt dann einen **Akzeptkredit**.

Zahlung erfolgt erst bei Fälligkeit des Wechsels. In der Regel reicht der Exporteur den Wechsel aber seiner Bank zum Diskont ein.

4.4. Zahlung mittels Akkreditiv

Ein Akkreditiv (genauer: Dokumentenakkreditiv) ist eine Verpflichtung der Bank des Importeurs (Akkreditivbank), gegen Übergabe der Dokumente unbedingt Zahlung zu leisten.

Die Zahlungsbedingung im Kaufvertrag lautet: „Zahlung durch Akkreditiv“ (letter of credit, L/C).

Ablauf eines Dokumentenakkreditivs

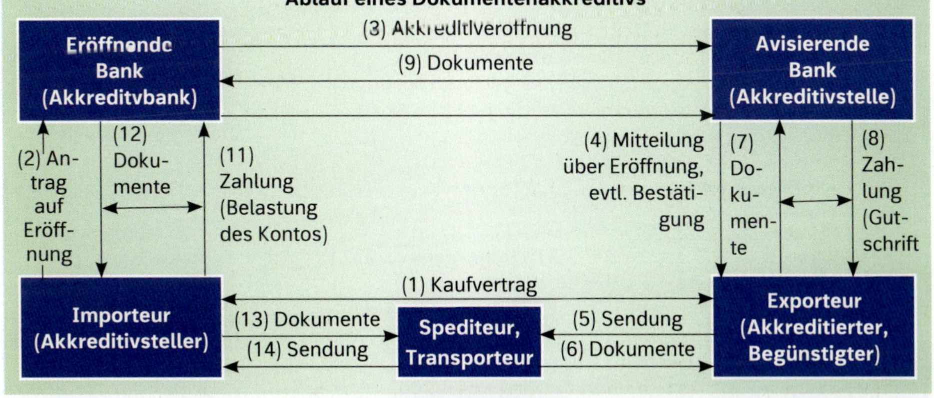

Der Importeur beantragt bei seiner Bank die Eröffnung des Akkreditivs. Mit der Eröffnung verpflichtet sich die Bank, an seiner Stelle zu zahlen. Dadurch ist der Exporteur sicher, gegen Übergabe der vollständigen und reinen Dokumente Zahlung zu erhalten. Die Akkreditivbank verlangt vom Importeur in der Regel die Hinterlegung des Kaufpreises oder anderer Sicherheiten.

Für die Zahlungsabwicklung wird die Bank des Exporteurs (Akkreditivstelle) eingeschaltet. Die Akkreditivbank teilt ihr die Eröffnung mit. Daraufhin benachrichtigt die Akkreditivstelle den Exporteur. Dieser versendet die Ware, übergibt die Dokumente seiner Bank und erhält Zahlung. Die Dokumente werden an die Akkreditivbank weitergeleitet. Diese händigt sie gegen Zahlung dem Importeur aus.

ANHANG

Bestätigung der Akkreditiveröffnung

Bank of Sudan
Khartoum 10.10.20..

Irrevocable Commercial Letter of Credit
No. 454566

Renz & Co. KG
Loddenheide 12
48155 Münster

via airmail through Deutsche Bank AG
Münster

Dear Sirs,
By order of Messrs. Mustafa bin Said, Khartoum/Sudan

we hereby establish in your favour an irrevocable Letter of Credit for EUR 10 000,00

-.-.- tenthousand Euros -.-.-

available by your drafts at ---- sight on Deutsche Bank AG Filiale Münster

for 100 % of the invoice value accompanied by the following documents:

- commercial invoice in threefold in English language
- full set clean on board bill of Lading
  issued to order and blank endorsed
  marked „freight prepaid“, notify address, fivefold
- insurance certificate, covering all risks for 110 % of
  CIF-value, marked „premium paid“
- packing-list in duplicate
- certificate of origin in duplicate

<u>covering shipment of:</u>

- 65 000 m² = 100 rolls of cellulose paper, white, free from wood-pulp
  and bleached at 60 cm each and 60 g/m²
  as per order No. 1321
  CIF port Sudan subject to Uniform Customs and practice for
  Documentary Credits (2 000 Revision)
- shipment not later than 30 November 20..

Part shipments ~~permitted~~/not permitted. Latest date of shipment: 30 November 20..

This letter of credit is negotiable at sight with Deutsche Bank in Münster/
Germany on 30 December 20.. the latest.

Yours faithfully,
Bank of Sudan

Arten von Akkreditiven

- **Widerrufliches Akkreditiv**
  kann von der eröffnenden Bank jederzeit geändert oder annuliert werden
- **Unwiderrufliches Akkreditiv**
  begründet eine feststehende Zahlungsverpflichtung der eröffnenden Bank
  - **unbestätigtes Akkreditiv**
    verpflichtet nur die eröffnende Bank zur Zahlung
  - **bestätigtes Akkreditiv**
    ist von der avisierenden Bank bestätigt und verpflichtet auch sie zur Zahlung gegen Übergabe der reinen Dokumente

Widerrufliche Akkreditive kommen in der Praxis kaum vor. Wegen der höheren Sicherheit werden häufig bestätigte Akkreditive verlangt.

Dokumentenakkreditive müssen befristet sein, d. h. ein Verfallsdatum für die Vorlage der Dokumente enthalten.

Anstelle der Zahlung bei Vorlage der Dokumente kann ein Akkreditiv auch vorsehen:

- das Versprechen der Akkreditivbank, die Leistung zu einem festgesetzten späteren Zeitpunkt (meist nach 30 bis 180 Tagen) zu erbringen (deferred letter of credit = hinausgeschobenes Akkreditiv);
- die Aushändigung eines Akzepts der Akkreditivbank.
  Bei bestätigten Akkreditiven kann die Akkreditivstelle das Akzept auch direkt geben. Wird der Wechsel anschließend diskontiert, entsteht wieder ein Rembourskredit.

Arbeitsauftrag

Betrachten Sie den Kapiteleinstieg auf Seite 666 (Vertragspartner Renz und bin Said).
Der Kontrakt enthält die Klausel „CIF Port Sudan gemäß Incoterms® 2010".

a) Erläutern Sie die Bedeutung dieser Klausel für den Vertrag.

Die Zahlung soll durch Akkreditiv erfolgen.

b) Ist diese Zahlung bei allen Außenhandelsgeschäften üblich?
c) Begründen Sie die Vereinbarung eines Akkreditivs im vorliegenden Fall.
d) Beschreiben Sie den genauen Ablauf des Akkreditivverfahrens im vorliegenden Fall.
e) Welche Wirkung hat die Vereinbarung eines unwiderruflichen bestätigten Akkreditivs?
f) Wie könnte dem Kunden geholfen werden, wenn er zwar bereit ist, durch Akkreditiv zu zahlen, aber einen Kredit von drei Monaten wünscht?
g) Vergleichen Sie die Zahlungsbedingungen d/p und L/C. Welche bietet dem Exporteur ein höheres Maß an Sicherheit?

Die Zahlung soll gegen Übernahme der Dokumente erfolgen.

h) Welche Gruppen von Dokumenten lassen sich im vorliegenden Fall unterscheiden?
i) Wozu dient die Handelsrechnung und warum ist sie auf englisch abzufassen?
j) Wodurch unterscheidet sich die Proforma-Rechnung von den anderen Rechnungsarten?
k) Erläutern Sie die genannten Anforderungen an das Konnossement: voller Satz, rein, An-Bord-Konnossement, an Order, blanko indossiert.
l) Erläutern Sie, wenn möglich, auch die gegenteiligen Begriffe zu Aufgabe k).

Abkürzungsverzeichnis

%	Prozent
&	et (und)
§	Paragraf
a. a. O.	am angegebenen Ort
Abb.	Abbildung
Abs.	Absatz
AFNOR	Agence Française de Normalisation (Französisches Institut für Normung)
AG	Aktiengesellschaft
Ag	Amtsgericht
AGB	Allgemeine Geschäftsbedingungen
AGG	Allgemeines Gleichbehandlungsgesetz
AHK	Auslandshandelskammer
AIDA	Attention – Interest – Desire – Action
AktG	Aktiengesetz
amer.	amerikanisch
Amp.	Ampère
AO	Abgabenordnung
a. o.	außerordentlich
Art.	Artikel
Aufl.	Auflage
AÜG	Arbeitnehmerüberlassungsgesetz
ausschl.	ausschließlich
AWB	Air Way Bill (Luftfrachtbrief)
AWG	Außenwirtschaftsgesetz
AWV	Außenwirtschaftsverordnung
BA	Bundesagentur für Arbeit
BAB	Betriebsabrechnungsbogen
BANF	Bestellanforderung
BBiG	Berufsbildungsgesetz
BDA	Bundesvereinigung der Deutschen Arbeitgeberverbände
BDE	Betriebsdatenerfassungssystem
BDSG	Bundesdatenschutzgesetz
Best.-Nr.	Bestellnummer
BetrVG	Betriebsverfassungsgesetz
bfn	brutto für netto
BGB	Bürgerliches Gesetzbuch
BIC	Bank Identifier Code (internat. Bankleitzahl)
BLZ	Bankleitzahl
BWL	Betriebswirtschaftslehre
bzw.	beziehungsweise
ca.	cirka
CAD	Compute Aided Design (computergestützte Konstruktion)
CAE	Computer Aided Engineering (computergestützte Ingenieurtätigkeiten)
CAM	Computer Aided Manufacturing (computergestützte Fertigung)
CAP	Computer Aided Planning (computergestützte Arbeitsplanung)
CAQ	Computer Aided Quality Insurance (computergestützte Qualitätssicherung und -kontrolle)
cbm	Kubikmeter
CD	Compact Disc
CEN	Comité Européen de Normalisation (Europäischer Ausschuss für Normung)
CFR	cost and freight; Kosten und Fracht
CIF	cost, insurance and freight; Kosten, Versicherung, Fracht
CIM	Computer Integrated Manufacturing (computerintegrierte Fertigung)
CIP	carriage and insurance paid to; frachtfrei versichert
CISG	Convention on Contracts for the International Sale of Goods
cm	Zentimeter
CMR	Convention relative au Contrat de Transport International de Marchandises par Route (Übereinkommen über den Beförderungsvertrag im internationalen Straßengüterverkehr)
CNC	Computerized Numerical Control (computergestützte numerische Steuerung)
Co.	Kompanie
CPT	carriage paid to; frachtfrei
CRM	Customer-Relationship-Management (etwa: Kundenbindungs- und Beziehungsmanagement)
ct	Cent
DAF	delivered at frontier; geliefert Grenze
DAT	delivered at terminal; geliefert ab Terminal
d. h.	das heißt
DB AG	Deutsche Bahn AG
DDP	delivered duty paid; geliefert verzollt
DFÜ	Datenfernübertragung
DesignG	Designgesetz
DIN	Deutsches Institut für Normung
DNC	Direct Numerical Control (Anlage mit zentraler Computersteuerung)
DPMA	Deutsches Patent- und Markenamt
Dr.	Doktor
DV	Datenverarbeitung
DVD	Digital Versatile Disk (ein Massenspeicher)
E-	electronic (z. B. E-Commerce)
e. V.	eingetragener Verein
EDV	elektronische Datenverarbeitung
eG	eingetragene Genossenschaft
EG	Europäische Gemeinschaft
EGZPO	Einführungsgesetz zur Zivilprozessordnung
Einh.	Einheit
einschl.	einschließlich
e. K.	eingetragener Kaufmann
e. Kfm.	eingetragener Kaufmann
e. Kffr.	eingetragene Kauffrau
E-Mail	electronic mail (elektronische Post)
EMAS	Eco-Mangement and Audit Scheme
EN	Europäische Norm
engl.	englisch
EPA	Europäisches Patentamt
EPK	ereignisgesteuertes Prozessketten-Diagramm
ER	Eingangsrechnung
ERA	Einheitliche Richtlinien und Gebräuche für Dokumentenakkreditive
ERI	Einheitliche Richtlinien für Inkassi
ERP	Enterprise-Resource-Planning (bereichsübergreifende Unternehmenssoftware)
ESt	Einkommensteuer
EStG	Einkommensteuergesetz
EU	Europäische Union
EUR	Euro
evtl.	eventuell
EXW	ex works; ab Werk
f.	und die folgende Seite/der folgende Paragraf
FAS	free alongside ship; frei Längsseite Schiff
Fax	Telefax
FAZ	frühester Anfangszeitpunkt
FCA	free carrier; frei Frachtführer
FCR	Forwarders Certificate of Receipt; Spediteurübernahmebescheinigung
F&E	Forschung und Entwicklung
FEZ	frühester Endzeitpunkt
ff.	und die folgenden Seiten/Paragrafen
FIFO	first in – first out (als erstes rein – als erstes raus)
FOB	free on board; frei an Bord
frz.	französisch
g	Gramm
GbR	Gesellschaft bürgerlichen Rechts
GenG	Genossenschaftsgesetz
GewO	Gewerbeordnung
ggf.	gegebenenfalls
GmbH	Gesellschaft mit beschränkter Haftung
GmbHG	GmbH-Gesetz
griech.	griechisch

G. u. V.	Gewinn- und Verlustrechnung
G+V-Konto	Gewinn- und Verlustkonto
GVG	Gerichtsverfassungsgesetz
GWB	Gesetz gegen Wettbewerbsbeschränkungen
HGB	Handelsgesetzbuch
HRA	Handelsregister Abteilung A
HRB	Handelsregister Abteilung B
Hrsg.	Herausgeber
hrsg.	herausgegeben
http	hyper text transfer protocol (ein Internet-Übertragungsprotokoll)
HV	Hauptversammlung
i. d. R.	in der Regel
IBAN	International Bank Account Number (internationale Kontonummer)
ICC	International Chamber of Commerce (Internationale Handelskammer)
IHK	Industrie- und Handelskammer
Incoterms®	International Commercial Terms
Inh.	Inhaber
ISDN	Integrated Services Digital Network (digitales Netzwerk für integrierte Dienste)
ISO	International Organization for Standardization
IT	Informationstechnologie
ital.	italienisch
i. V.	im Vorjahr
Jg.	Jahrgang
JIT	Just-in-time
jun.	junior (der Jüngere)
KAPOVAZ	kapazitätsorientierte variable Arbeitszeit
Kd.-Nr.	Kundennummer
KEP-Dienste	Kurier-, Express-, Paketdienste
Kfz	Kraftfahrzeug
kg	Kilogramm
KG	Kommanditgesellschaft
km	Kilometer
KSchG	Kündigungsschutzgesetz
KVP	Kontinuierlicher Verbesserungsprozess
kW	Kilowatt
kWh	Kilowattstunde
l	Liter
lat.	lateinisch
L/C	Letter of Credit; Akkreditiv
Lkw	Lastkraftwagen
lt.	laut
m	Meter
m^2	Quadratmeter
m^3	Kubikmeter
ME	Mengeneinheit
Mio.	Million(en)
mm	Millimeter
MPM	Metra-Potential-Method (Methode der Netzplantechnik)
Mrd.	Milliarde(n)
MTM	Method-Time-Measurement (ein Zeitermittlungssystem)
MwSt	Mehrwertsteuer
Nachf.	Nachfolger
Nr.	Nummer
OHG	Offene Handelsgesellschaft
p. a.	pro anno (für ein Jahr)
PC	Personal Computer
PIN	persönliche Identifikationsnummer
PIS	Personalinformationssystem
Pkw	Personenkraftwagen
PPS	Produktionsplanung und -steuerung
qm	Quadratmeter
QM	Qualitätsmanagement
REFA	REFA – Verband für Arbeitsgestaltung, Betriebsorganisation und Unternehmensentwicklung e. V.
Re.Nr.	Rechnungsnummer
Rn	Randziffer
S.	Seite
s.	siehe
SAZ	spätester Anfangszeitpunkt
SCHUFA	Schutzgemeinschaft für allgemeine Kreditsicherung unter dem Dach der Schufa Holding AG
SCM	Supply-Chain-Management
sec.	Sekunde(n)
sen.	senior (der Ältere)
SEPA	Single Euro Payments Area (einheitliches Euro-Zahlungsgebiet)
SEZ	spätester Endzeitpunkt
SGB	Sozialgesetzbuch
Sk	Skonto
sog.	sogenannt
Stck.	Stück
StGB	Strafgesetzbuch
t	Tonne(n)
TAN	Transaktionsnummer
Tel.	Telefon
TEUR	tausend Euro
Tg.	Tag(e)
TPM	Total-Productive-Maintenance (eigenverantwortliche Instandhaltung)
TQM	Total-Quality-Management (Umfassendes Qualitätsmanagement)
Tsd.	Tausend
TÜV	Technischer Überwachungsverein
TV	Television, Fern sehen
TzBfG	Teilzeit- und Befristungsgesetz
u. a.	und andere; unter anderem
u. a. m.	und andere(s) mehr
usw.	und so weiter
UWG	Gesetz gegen den unlauteren Wettbewerb
V	Volt
v. a.	vor allem
vgl.	vergleiche
WF	Work-Factor (ein Zeitermittlungssystem)
www	world wide web (multimediales Informationsnetz im Internet)
z. B.	zum Beispiel
zzgl.	zuzüglich
ZPO	Zivilprozessordnung

Sachwortverzeichnis

Hinweise:

1. **Adjektive sind nachgestellt (z. B. Absatz, zentraler). Ausnahmen sind feststehende Begriffe (z. B. Offene Handelsgesellschaft).**
2. **Bei mehreren Fundstellen ist die eventuelle Hauptfundstelle durch Fettdruck hervorgehoben.**

A
ABC-Analyse **250 f.**, 339, 572
Abfall **97**, 201
Abfallbörse 244
Abfindung (bei Kündigung) 410
Ablader 548
Ablauforganisation 48, **52**
Ablaufplanung 166
Abnahme der Ware (UN-Kaufrecht) 653
Abnehmer 252
Abrede, individuelle 294
Absatz 41 f., 446 ff.
- ausgegliederter 488
- dezentraler 488
- direkter 497
- indirekter 497 f.
- werkseigener 488
- werksgebundener 488, **491**
- zentraler 488
Absatzdurchführung 446
Absatzkontrolle 446
Absatzlogistik 475, 487, **500**
Absatzmanagement 446
Absatzmarkt 35
Absatzmarktforschung 446
Absatzorgane 475, **488,** 529
Absatzplan 24, **476**
Absatzplanung 446, **476**
Absatzpotenzial **458**, 573
Absatzprognose 454 f., **463 f.**
Absatzprogramm 87, **482**
Absatzsortiment 482
Absatzsystem 488
Absatzvolumen **458**, 573
Absatzweg 475, **497**, 529
Absatzwerbung 475, **516**
Abschlussreisender 489
Abschlussvertreter 493
Abschlussvollmacht 489, 493, 495
Abschöpfungspreis 512
Abschöpfungsstrategie 473
Abschreibung 90
- kalkulatorische 591 f.
Abteilung 48 f.
Abtretung
- des Herausgabeanspruchs 305
Abzahlungsdarlehen 624
AFNOR 226
AGB 293 f.
Agence Française de Normalisation 226
Agentur für Arbeit 370
Agenturvertrag 493
AIDA-Formel 517
AIDA-Kennzahlen 576
Air Way Bill 667
Akkordlohn 438, **439**
Akkreditiv 670
Aktiengesellschaft 602
Aktivseite der Bilanz 582
Akzept 609
Akzeptkredit 670
Akzessorietät 609
Alleinanbieter 508
Alleinvertriebsrecht 491
Allgemeine Geschäftsbedingungen 280, 291, **293 f.**
Allgemeines Gleichbehandlungsgesetz 375
Altfahrzeuggesetz 99
Amortisationsvergleichsrechnung 591, 597
Änderungskündigung 370, **410**
Andienung 300
Anforderungsart 431
Anforderungsgerechtigkeit 437
Anforderungskatalog 431 f.
Anforderungsliste 105
Anforderungsniveau 431
Anforderungsprofil **360 f.**, 372
Anforderungsstruktur 431
Anfrage 259, **278**, 290
Angebot 35, (des Verkäufers) 279, 290, (UN-Kaufrecht) 651 f.
Angebotseinholung 278
Angebotserfolg 574
Angebotspreis 146
Angebotsvergleich 279 f.
Anlageinvestition 582 f.
Anlagendeckung 639
Anlagenproduktivität 214
Anlagevermögen 582
Anleihe 625
Annahme (des Antrags) 290 f., (UN-Kaufrecht) 651 f.
- verspätete 292
Annahmeverzug 551
Annuität 624
Annuitätendarlehen 624
Anordnungsplan 109
Anpreisung 290
Anschaffungskosten 588
Anschaffungswert 591
Anschauungsunterricht 403 f.
Anspruchsgruppen 11, **16**
Antrag (zum Vertrag) 290 f.
Anzahl prozessgerecht ausgeführter Aufträge 218
Anzahlung 301, 619
Anzeigentest 458
Arbeit auf Abruf 393
Arbeitnehmererfindung 115
Arbeitnehmerüberlassungsvertrag 371 f.
Arbeitsablauf 424
Arbeitsablaufstudie 226, 423, **424**
Arbeitsanalyse 52, **53**
Arbeitsanreicherung 157, **230,** 403 f.
Arbeitsbedingungen 349
Arbeitsbewertung 433
Arbeitsdirektor 353
Arbeitsentgelt 438 ff.
Arbeitserweiterung 157, **230**
Arbeitsfolgeplan 168
Arbeitsgericht 410
Arbeitsgerichtsgesetz 379
Arbeitsgestaltung, ergonomische 228
Arbeitsgliederung 52
Arbeitsgliederungsplan 154, **424**
Arbeitsgliederungsplan 225
Arbeitsgruppe 54, 234 f.
- teilautonome 230
Arbeitshumanisierung 230
Arbeitskatalog 53
Arbeitskoeffizient 214
Arbeitskosten 119
Arbeitskräfte 40
Arbeitsleistung, quantitative 437
Arbeitsmethoden 9
Arbeitsorganisation, temporäre 231
Arbeitsplan 164, **167 f.**, 188
Arbeitsplandaten 146
Arbeitsplanung 168
Arbeitsplatzbewertung 430 f.
Arbeitsplatzschutzgesetz 379
Arbeitsplatzteilung 392
Arbeitsplatzwechsel 157, **230,** 403 f.
Arbeitsproduktivität 214, 437
Arbeitsprozessdarstellung 425
Arbeitsstudie 423 ff.
Arbeitssynthese 52, **53**
Arbeitsteilung 225
Arbeitsverbindung 52
Arbeitsvereinigung 53
Arbeitsverhältnis 378
- befristetes 378, **407**
Arbeitsvermittlung 370
Arbeitsverteilung 53 f., 175, **192**
Arbeitsvertrag 377**, 378**
Arbeitsvorbereitung **165**, 537
Arbeitswert 168
Arbeitswertstudie 168, 423, **430**
Arbeitszeit 388
- flexible 390
- gleitende 390 f.
Arbeitszeitflexibilisierung 389
Arbeitszeitgesetz 379, **388**
Arbeitszeitkonto 393
Arbeitszeitmanagement 389
Arbeitszeitmodell 388 f.
Arbeitszeitstudie 168, 170, 228, 423, **426**
Arbeitszerlegung 154, 225
Arbeitszeugnis 379, **411**

Artikellieferant 249
Artikelnummer 328
Artmangel 315, **316**
Artteilung 225
Artvollmacht 383, **384 f.**
Assessment-Center **375**, 376
Assistent 403 f.
Aufbauorganisation 48
Auffassungskonflikt 418, **420**
Aufgabenanalyse 48
Aufgabengliederung 225
Aufgabensynthese 48
Aufhebungsvertrag 407
Auflage **138**, 140
Auflassung 306
Aufmachungsverpackung 299
Auftrag 162, (Bestellung) 290
Auftragsarbeitsplan 168, **189**
Auftragsbearbeitung 42, 536 ff.
Auftragsbearbeitungsprozess 42, 57, 536
Auftragsdaten 146
Auftragseingang 574
Auftragseinzelfertigung 88, **91**, 161, 257
Auftragsfertigung 91, **136**, 138
Auftragsfortschrittskontrolle 146
Auftragsfreigabe 146, **192**
Auftragspapiere 192 f.
Auftragsprüfung 536
Auftragsumwandlung 175, **176**
Auftragsverwaltung 181
Auftragsvorbereitung 163
Auftragswesen 162
Aufwandsminimierung 18
Aufwendungen 17, 45
Aufwendungsersatz 313, 316 f.
Auktion 541
Ausbildung 350
Ausbringungsmenge 120, **124**
Ausfall 201, 206
Ausfallquote 217
Ausfuhrliste 650
Ausführungszeit 170, 426
Ausgleichsanspruch 494
Auskunft (über Kreditnehmer) 605
Auskunftei 605
Auslagerung 331
Auslastungskontrolle 201
Auslieferungslager 501, 549
- zentrales 274
Ausrüster 504
Ausschreibung 260, 279
Ausschuss 201, 206
Ausschuss für wirtschaftliche Fertigung 423
Ausschussquote 217
Ausschussstrukturquote 217
Außendienstkostenquote 575
Außendienstumsatzquote 575
Außenfinanzierung 580, 582
Außenhandelsgeschäft 650
Außenwirtschaftsgesetz 650
Außenwirtschaftsverordnung 650
Aussonderungsrecht 307
Automat 139
Automation **143, 225**, 235
Avalakzept 609

B

BAB 121 f.
Bahntransport 503
Balkendiagramm 170, 183, 189
BANF 282
Bankgarantie 610
Bankregel, goldene 636
Bareinkaufspreis 276
Bargeldzahlung 553
Barliquidität 640
Barverkaufspreis **160**, 508
Barwert 591
Barzahlungsrabatt 511
Basisarbeitsplan 168, **189**
Basislastschrift 554
Basiszinssatz 561
Bauablaufplan 158
Baukastensystem 156, **227**
Baumusterplan 227
Baureihe 227
Baustein 156, **227**
Baustelle 138, 149, **158**
Baustellenfertigung 149, **158**
BDE 145 f., **199**
Bearbeitungszeit 53, 154
Bearbeitungszentrum 144
Bedarf 164, **173**, 248, 264
Bedarfsermittlung 146
- bedarfsgesteuerte 177
- deterministische 177
- plangesteuerte 174, **177**
- programmgesteuerte 177
- stochastische 180
- verbrauchsgesteuerte 174, **180**
Bedarfsplanung 172
Bedürfnisse 351
Bedürfnisstufen 351
Befehlsweg 25
Beförderungskosten 298
Beförderungspapier 546
Befragung 456
Befristung (Arbeitsverhältnis) 378, **407**
Begabung 350
Behördenrabatt 511
Belästigung, unzumutbare 523
Belastungsplanung 175, 182, **186**
Belastungsschranke 187
Belastungsübersicht 187
Belegungszeit
Benchmark 66
Benchmarking **65 ff.**, 205
Benchmarking-Projekt 67
Beobachtung 456, **457**
Bereitstellungsdisposition 175, **193**
Berufsausbildung 367
Berufsbildung 367
Berufsbildungsgesetz 388
Beschaffung **41 f.**, 242
- fertigungssynchrone 257, **271**
- globale 259
- lokale 259
- modulare 259
Beschaffungskosten 242, 257, 262
Beschaffungslogistik 242, **243**

Beschaffungsmanagement 246
Beschaffungsmarkt 35
Beschaffungsmarktforschung 249
Beschaffungsmenge 248
Beschaffungsplanung 256 f.
Beschaffungsprinzipien 256 f.
Beschaffungsstrategie 259
Beschaffungszeitpunkt 248
Beschäftigung 125
Beschäftigungsglättung 91
Beschäftigungsgrad 125, 217
Beschwerde 570
Beschwerdemanagement 570
Beschwerdenbearbeitung 570
Besitz 305 f.
Besitzkonstitut 306, 614
Besorgung (Spediteur) 548
Bestand
- disponierbarer **265**, 340
- eiserner 265, **266**, 340, 588
Bestandskennzahlen 340
Bestandsmanagement 320
Bestandsüberwachung 334
Bestellanforderung 282
Bestellmenge, optimale **262**, 339
Bestellpunktverfahren 264, **266**
Bestellrhythmusverfahren 264, **267**
Bestellstrategie 264
Bestelltermin (beim Bestellterminverfahren) 268
Bestellterminverfahren 264, **268**
Bestellung **283**, 537
- ausstehende 283
Bestellungsannahme 283, 290, **293**, 537
Bestellwesen 146
Bestellzeitpunkt 266
Bestimmungskauf 295
Betrieb 10
Betriebsabrechnungsbogen 121
Betriebsanforderung 162
Betriebsdatenerfassung 145, **199**
Betriebsdatenerfassungssystem **193**, 537
Betriebsgewinn **215 f.**, 573 f.
Betriebsklima 415
Betriebskredit 605, 620
Betriebslabor 107
Betriebsmaterialien 93
Betriebsmittel 40
Betriebsmittelbedarf 173
Betriebsmittelbedarfsplan 164
Betriebsmitteldaten 146
Betriebsmittelkosten 119
Betriebsoptimum 125
Betriebsrat 11, 364, 368, 370, 390, 409 f., 412
Betriebsstoffe 93 f.
Betriebsveränderung 412
Betriebsvereinbarung **380**, 389, 395
Betriebsverfassungsgesetz 379
Betriebswirtschaftslehre 10
Beurteilung 350, 397, **398 ff.**
Beurteilungs- und Fördergespräch 397, **400**
Beurteilungsbogen 399 f.
Bewegungsbilanz 641, **642 f.**

Bewegungsdaten 248
Bewerberauswahl 372
Bewerbung 371, **372 f.**
Bewerbungsbogen 376
Bewerbungsfragebogen 376
Bezahldienst 555
Bezahlen, mobiles 555
Beziehungskonflikt 418, **419**
Bezirksvertreter 494
Bezugskosten 276
Bezugspreis 276
Bezugsquellen 248
Bezugsquellenermittlung 259, 277
BIC 554
Bilanz 581 ff.
Bilanzkennzahlen 639
Bilanzregel, goldene 636 f.
Bill of Lading 667
Binnenschiff 503, 548
Binnentransport 503
Blankokredit 608
Bonität 286, 605
Bonitätsprüfung 286, 605
Bonusprogramm 570
Bord-Konnossement 667
Börse 541, **551**
Börsen- oder Marktpreis 551
Bossing 419
Brainstorming 103
Break-Even-Point 132
Briefing 520
Bringschuld 297
Bruttobedarf 111, **177**
Bruttobedarfsrechnung 177
Bruttogewicht 295 f.
Bruttopersonalbedarf 364 f.
Bruttorentabilität 595 f.
Budget 24
Budgetierung **28**, 572
Bundesagentur für Arbeit 370
Bundeselterngeld- und Elternzeitgesetz 379
Bundesurlaubsgesetz 379, **388**
Bürgschaft 608, **609**
Bürosoftware 31
Business Process Reengineering **58**, 66
Business-to-Business-System 540 f.
Business-to-Consumer-System 540

C
CAD **107 f.**, 145 f.
CAE 145 f.
Callcenter 448, **488 f.**
CAM **143**, 145 f.
CAP 145 f.
CAQ 145 f.
Cashflow 597, **648 f.**
Cashflow-Eigenkapitalrentabilität 649
Cashflow-Gesamtkapitalrentabilität 649
Cashflow-Umsatzrentabilität 649
CEN 226
Chance 39, **587**
Charge 140
Chargenfertigung 137, **140**
Chemikaliengesetz 94 f.
CIM **145**, 235
Client 31
CNC-Maschine 143
Coaching 403 f.
Comité Européen de Normalisation 226
Computer Aided Design 107 f.
Computer Aided Engineering 145 f.
Computer Aided Manufacturing 143
Computer Aided Planning 145 f.
Computer Aided Quality Assurance 145 f.
Computer Integrated Manufacturing 145
Container 544
Containerverkehr (Bahn) 545 f.
Controller 27
Controlling 27, (Produktion) 210, (Material) 339
Corporate Behaviour 14
Corporate Communication 14
Corporate Design 14
Corporate Identity **14**, 475, 515
CPD-Konto 310
CRM-System 31
Customer Relationship Management 31, **447**, 534

D
Darlehen 624
Daten 29
- personenbezogene 357
Datenbank 29 f.
Datensatz **29 f.**, 248
Dauerauftrag 554
Dauerüberweisung 554
Debitkarte 555
Debitorenkonto 557
Debitorenmanagement 557
Deckungsbeitrag **131 ff.**, 151 f., 481, 509, 573 f., 576
- relativer 134
Deckungskauf 313, 317, (UN-Kaufrecht) 654
Delegation 25
Delkredereprovision 494 f.
Delphi-Methode 460, **465**
Design, eingetragenes 116
Desinvestition 580, 583
Deutsches Institut für Normung 72, 227
Deutsches Patent- und Markenamt 114
Diensterfindung 115
Dienstleister 19
Dienstleistung 87, 482
Dienstleistungsunternehmen 19
Dienstverhältnis 378
Differenzierung 474
Differenzinvestition 594 ff.
Dilemma der Ablaufplanung 151
DIN 226
Direct Marketing/Direktmarketing 448, 475, **522**
Direktvertrieb 497
Direktwerbung 519
Diskriminierung 375
Diskriminierungsverbot 375
Dispositionsliste 334
Dispositionsstufe 179
Dispositionsstufen-Verfahren 179
Distribution 487
- akquisitorische 488
- physische 487, **500**
Distributionslogistik 500
Distributionsmix 475, **477, 529**
Distributionspolitik 475, **487**, 575
Distributionssystem 488
Diversifikation 472 f., 528
Dokumente (Außenhandel) 653, 667 ff.
- gegen Akzept 670
Dokumentenakkreditiv 670
Dokumenteninkasso 669
Downcycling 75
Dual-Use-Verordnung 650
Durchlaufterminierung 146
Durchlaufzeit 146, 151, **170 f.**
Durchschnitt
- gleitender 180
- permanenter 335
Durchschnittskosten 120
Durchsetzungsaufgabe 22, **25**

E
Earnings Before Interest an Tax 646
Earnings Before Tax 645
EBIT 646
EBT 644 ff.
E-Business 286
E-Commerce 286, 540
Effekten 612, 625
Effektenlombard 613
Effektivverzinsung 621
Eigen-Außenfinanzierung 582
Eigenfertigung 90
Eigenfinanzierung 581 f.
Eigen-Innenfinanzierung 582
Eigenkapital 17, 580 ff.
Eigenkapitalrentabilität 644 f.
Eigenlager 501
Eigenleistungen 87
Eigentum 305 f.
Eigentümergrundschuld 617 f.
Eigentumsübergang 301
Eigentumsvorbehalt **306**, 608, 616
- erweiterter 307
- nachträglicher 307
Eigenverkehr 503
Eignung 350
Eignungstest 374
Einarbeitung 377
Einarbeitungsplan 377
Einbauteile 93 f.
Einfirmenvertreter 488, 491 f.
Einfuhrliste 650
Einführungswerbung 517
Eingangskontrolle 203
Eingangslager 320
Einigung 305 f.
Einkauf 242
- dezentraler 246
- zentraler 246
Einkaufassistent 246
Einkaufsgemeinschaft 498

Einkaufsgenossenschaft 498
Einkaufsinfosatz 249
Einkaufskalkulation 276
Einkaufskommissionär 495
Einkaufskosten 276
Einkaufsorganisation 246
Einkaufspreis 248
Einkaufsprozess, operativer 282, 285
Einkaufsvolumen 343
Einkaufszeitpunkt 264
Einlage 601 f.
Einlagenfinanzierung 582, **601**
Einlagerung 331
Einliniensystem 49
Einproduktbetrieb 125
Einquellenbeschaffung 259
Einrede 561, 609 f.
– der Vorausklage 609
Einstandspreis 260, **276**
Einstellung (Personal) 377
Einwirkzeit 170
Einzelbeschaffung 138, **257,** 259
Einzelfertigung **137 f.**, 150
Einzelhandel 498
Einzelkosten 121
Einzelschiffer 504
Einzelteilbeschaffung 259
Einzelüberweisung 311
Einzelunternehmen 601 f.
Einzelvollmacht 384
Einzelwerbung 519
Einzugsliquidität 640
Einzugsmandat 554
Eisenbahngüterverkehr 545
Elastizitätskoeffizient 507
E-Learning 286, **403 f.**
Elektro- und Elektronikgerätegesetz 99
E-Logistics 286
EMAS 81 f.
Endkontrolle 203
Engpass 24, 125
Enterprise Resource Planning 29
Entfinanzierung 580
Entlohnung 349
Entnahme-Stückliste 193
Entscheidungsaufgabe 22, **25**
Entscheidungsbaum 587
Entscheidungsprozess **22**, 26
Entschuldungsgrad 650
Entsorgung 243
Entsorgungslogistik 44, 243
Entwicklung 103
– nachhaltige 75
Entwicklungsmaßnahmen 403 ff.
Entwicklungsplan 406
Entwicklungsprognose 464
E-Payment 286
EPK 61 f.
E-Procurement 286
E-Procurement-Nutzungsgrad 344
E-Recruiting 286, **376**
Erfahrung 350
Erfindung 114 f.
Erfolgskennzahlen 573 f.
Erfüllungsgarantie 610
Erfüllungsgeschäft 305
Erfüllungsort 296 f., (UN-Kaufrecht) 653
Erfüllungsstörungen 312, (UN-Kaufrecht) 354
Ergänzungsmaterial 93 f.
Ergiebigkeitsgrad 213, 215, (Außendienst) 575
Ergonomie 228
Erhebung 456
Erholungszeit 426
Erinnerungswerbung 517
Erlös 17
Erlösmaximierung 18
ERP-Programm/System 29 f.
Ersatzinvestition 580, 583, 595 ff.
Ersatzkauf 313, 317
Ersatzlieferung 316, (UN-Kaufrecht) 655
Erscheinungsbild 12, **14**
Erstellungszeit 265
Erträge 17, 45
Erweiterungsinvestition 583
Erzeugnisstruktur 111
Erzeugnisstrukturdaten 146
EU-Richtlinie 650
Europäisches Patentamt 115
Europa-Patent 115
EU-Verordnung 650
Event 522
Event-Marketing 475, **522**
Expansionswerbung 517
Experiment 456, **458**
Explosionszeichnung 109 f.
Expressdienst 504, **547**
Express-Paket 547

F

Fabrik 19
Fabrikkalender 183
Fachinstanz 49
Fachkompetenz 9
Fachnorm 226
Factoring 622
Factory Outlet 488, 497
Fähigkeitsprofil 360 f.
Fahrlässigkeit 296, 551
Fallstudie 403, **405**
Falschlieferung 315 f.
Faustpfand 562, **612**
F&E 103
Fehlerkosten 206
Fehler-Möglichkeits- und Einfluss-Analyse 205
Fehlerverhütungskosten 206
Fehlinvestition 584
Fehlmengenkosten 242, **264 f.**, 341
Feiertagsarbeit 388
Feinterminierung 175, 182, **187**
Feldexperiment 458
Fertigung 41 f.
– automatische 143
– manuelle 143
– maschinelle 143
Fertigungsauftrag 162, 165, **181**, 537
Fertigungseinheit 325, 544
Fertigungsgemeinkosten 122 f., (maschinenabhängige) 123
Fertigungsgemeinkostenzuschlagssatz 122
Fertigungshilfsmittel 168, **173**
Fertigungsinsel 156
– flexible 157
Fertigungskontrolle 200
Fertigungskosten 122
Fertigungsleitstand 181, 188, **192**, 537
Fertigungslöhne 121 ff.
Fertigungsmaterialkosten 121
Fertigungsplan 164, **166**
Fertigungsplanung 86, 155, **164 f.**
Fertigungsprogramm 87
Fertigungsprogrammplanung, kurzfristige 134
Fertigungsprozessmanagement 160
Fertigungssteuerung 86, 155, 165, **175**
Fertigungssystem, flexibles 144
Fertigungstiefe **89 ff.**, 256
Fertigungstyp 137
Fertigungsverfahren 136, **149 ff.**
Festdarlehen 624
Festlieferant 249, 277 f.
Festplatzsystem 330
FIATA Combined Transport Bill of Lading 667
FIFO 331
Finanzcontrolling 638
Finanzierung 41, 579 ff., (Kennzahl) 639
Finanzierungsgrundsatz 636
Finanzierungsplan 600
Finanzierungsregel, goldene 636 f.
Finanzierungsziele 635
Finanzinvestition 580, 582 f.
Finanzmanagement 579
Finanzplan 637
Finanzplanung 587, 590, **635**
Firewall 32
Firmenlastschrift 554
Fixkauf **300**, 313, 317
Fixklausel 300
Fixkosten 126
Fixkostendegression **128**, 139, 155
Fixum 489 f.
Flachpalette 325
Fließarbeitsplan 155, 165
Fließband 153, 230
Fließbandabgleich 154
Fließfertigung 149, **153 f.**
Fließinsel 156
Flop 101
Flugzeug 503, 548
Flussprinzip 153, 156
Fördereinheit 325, 544
Fördersystem 325 f.
Forderungseinzug 559
Förderzeit 170
Förderzeug 173, **326**
Forfaitierung 622
Formalziele 17 f., (Produktion) 86, (Material) 242
Forschung 103
Fortbildung 367, 403
Fortschritt, technischer 137

Forwarders Certificate of Receipt 667
Frachtbrief 546, 667
Frachtführer 296, 503
Frachtvertrag 548
Fragebogen 456 f.
Franchising 492
Frankaturklausel 298
Frankogrenze 511
Freiplatzsystem 330 f.
Freizeichnungsklausel 291
Fremd-Außenfinanzierung 582
Fremdbezug 90
Fremdfinanzierung 581 f.
Fremdgrundschuld 617
Fremd-Innenfinanzierung 582
Fremdkapital 580 ff.
Fremdkontrolle 203
Fremdlager 501
Fremdverkehr 503
Frist 291
Fristenplan 170
Führung 22, **415 ff.**
- durch Ausnahmeentscheidung 417
- durch Delegieren 416
- durch Zielvereinbarung 417
Führungsanweisung, allgemeine 415 f.
Führungsaufgaben 22 f.
Führungsfunktion 41
Führungsgrundsätze 415 f.
Führungs-Informationssystem 31
Führungsinstrumente 415
Führungsprozess 22
Führungsstil 415
Funktionen (betriebliche Teilaufgaben) 40 f.
Funktionsanalyse 103
Funktionsorganisation 50
Funktionsrabatt 511
Fürsorgepflicht 379

G
Ganzzug 545 f.
Gap-Analyse 572
Garantie 317, 319, 513
Gate Meeting 104
Gattungskauf 295
Gattungssache 295
Gebrauchsmuster 116
Gefährdungshaftung 76, 296
Gefahrgutbeauftragter 96
Gefahrstoffe 94 f.
Gefahrstoffverordnung 95
Gegenstromverfahren 24
Gehaltsabrechnung 444
Gehorsamspflicht 378
Geldakkord 439
Geldfluss 41, **46**
Geldkarte 555
Geldkredit 605
Geldschuld 297
Gemeinkosten 121
Gemeinkostenzuschlagssätze 122
Gemeinschaftswerbung 519
Generalhandlungsvollmacht 383, **384 f.**
Genfer Schema 360, **431**
Gerichtsstand 298, (UN-Kaufrecht) 658
Gesamtkapazität 125
Gesamtkapitalrentabilität 646 f.
Gesamtkosten 120, 128 ff., (fixe) 126, (variable) 127
Gesamtvollmacht 384 f.
Gesamtzeichnung 109
Geschäftsfeld 471
Geschäftsprozess 56
Geschäftsprozesslandschaft 62
Gesellschaft mit beschränkter Haftung 602
Gesetz der Massenproduktion 127 f.
Gewährleistung 301, **315**
Gewährleistungsgarantie 610
Gewalt, höhere 313
Gewinn **17 f.**, 45, 161 f.
Gewinnbeteiligung 438, **443**
Gewinnmaximierung 18
Gewinnmenge, kritische 594
Gewinnschwelle 132 f.
Gewinnungsbetriebe 19
Gewinnvergleichsrechnung 591, **594**
Gewinnvortrag 602
Gewinnzuschlag 161
GHS-Verordnung 95
Girogo 555
Girokonto 311
Gitterboxpalette 325
Glaube, öffentlicher 616
Gläubiger 308
Gläubigerverzug 551
Gleichgewicht, finanzielles 635
Gleitzeit 391
Global Sourcing 259
Globalisierung 13, **36**
Globalzession 611
Grobterminierung 175, 182, **183**
Großhandel 498
Großserie 139
Grundbuch 306, **616**
Grunddatenverwaltung 146
Grundfinanzierung 588
Grundkapital 602
Grundlagenforschung 103
Grundmaterial 93 f.
Grundnorm 226
Grundnutzen 460, **481**
Grundpfandrecht 608, **616**
Grundrissdarstellung 424
Grundschuld 608, **616 ff.**
Grundstoffindustrie 19
Gründungsinvestition 583
Grundzeit 426
Grundziele **14**, 23
Gruppenakkord 441
Gruppenarbeit 157, **230, 234**
Gruppendiskussion 374
Gruppenfertigung 54, 149, **156**
Gruppenzeichnung 109
Güteklasse 294
Güter
- freie 74
- knappe 74
- vertretbare 88
Güterbeförderung 545
Güterfluss 42 f.
Güteverhandlung 563
Gutmengenquote 217

H
Haftung 296
Haftungsbeschränkung 601
Haftungsprovision 494
Halberzeugnisse 94
Halbtagsarbeit 391
Handarbeit 143
Handel 498
Handeln, schlüssiges 290, 292
Handelsfaktura 667, **669**
Handelsgeschäft, zweiseitiges 317
Handelsklasse 294
Handelspanel 457
Handelsunternehmen 19
Handelsvertreter 493 f.
Handelswaren 87, 90, 94, **243**, 482
Handlager 320, 322
Händlerpromotion 521
Handlungskompetenz **9**, 350
Handlungsreisender 489
Handlungsvollmacht 383, **384 f.**
Handwerksunternehmen 19
Hauptlager 320, 322
Hausauftrag 162
Haushaltspanel 457
Haus-Haus-Verkehr 503
Head Hunting 372
Hersteller-Verkaufsstand 498
Herstellkosten **122 f.**, 160
- variable 90
Hilfsprozess 57
Hilfsstoffe 93 f.
Hochregallager 325, 330 f., 338
Höchstbestand (Lager) **265**, 340
Holschuld 297
Homepage 540
Huckepackverkehr 503, **545 f.**
Humanisierung (Arbeit) 157, **229**
Humankapital 351
Humanvermögen 351 f.
Hypothek 608, **616 f.**

I
IBAN 554
Ideenfindung 103
Identifikationsnummer
- persönliche 554
- steuerliche 377 f.
Incoterms 299, 650, 653, **660 f.**
Industrieanleihe 625
Industrieroboter 144
Industrieunternehmen 19
Information 25
Informationsfluss 42 f.
Informationsmanagement 28 f.
Informationsprozess 25 f.
Informationssystem, vernetztes 145
Informationstechnik 29
Initiativaufgabe 22, **23**
Initiativbewerbung 371
Inkassoinstitut 559
Innenauftrag 162
Innenfinanzierung 580, 582, **628**
Innovation **102 f.**, 235

Innovationsprozess 56, **103**
Insichgeschäft 385
Insolvenz 584
Insolvenzverfahren 307
Inspektionszertifikat 667, **669**
Instanz 48
Interessenausgleich 412 f.
Interessengruppen 16
Inter-Media-Selektion 519 f.
International Organization for Standardization 226
Internationale Handelskammer 650
Internet 31
Internetauktion 32, 260, 279
Internet-Browser 31
Interview 457
Intranet 32
Inventarliste 335
Inventur 334
Investierung 639
Investition 579 ff.
- immaterielle 582 f.
Investitions- und Finanzierungsprozess 579
Investitionscontrolling 598
Investitionsgüterindustrie 19
Investitionskredit 605
Investitionsmanagement 579, 584
Investitionsplan 586, 588
Investitionsplanung 584 f.
Investitionsrechnung 573, 586, **591**
Investitionsziele 585
Involvement 459
Ishikawa-Diagramm 205, **238**
ISO 226
Istbestand (Lager) **265**, 340
Isteindeckungszeit 268

J

JIT 272
Jobenlargement 230
Jobenrichment **230**, 404
Jobrotation **230**, 404
Jobsharing 392
Jubiläumsrabatt 511
Jugendarbeitsschutzgesetz 379, 388
just in sequence 272
Just-in-time 235, **271 ff.**

K

Kaizen 66, 205, **234 f.**, 238
Kalkulation 94, **160 f.**, **508 f.**
Kalkulationszinssatz 586
Kanban 197
Kapazität **124 f.**, 146
Kapazitätsausnutzung 125
Kapazitätserweiterungseffekt 628
Kapazitätsplanung 146, 182, **186**
Kapital 17, **580**
- durchschnittlich gebundenes 592
- totes 337
Kapitalbedarf 586, **588 ff.**
Kapitalbindung 242, 257, **262**, 341, 580 f.
- durchschnittliche 344 f.
Kapitalbindungsdauer 589 f.
Kapitalfreisetzung 580 f.
Kapitalgesellschaft 601
Kapitalrückflusszeit 597
Kapitalstruktur 639 f.
Kapitalwert 501
Kapitalwertmethode 591
KAPOVAZ 393
Karriereplan 397
Karusselllager 330, 338
Kauf 290 ff
- auf Abruf
- in Bausch und Bogen 295
- nach Besicht 295
- nach Muster 295
- nach Probe 295
- zur Ansicht 295
- zur Probe 295
Käufermarkt **36**, 271
Kaufverhalten 459
Kaufvertrag 290 ff., (UN-Kaufrecht) 652
K-Checkliste 104
Kennzahlen 27, **28**, (Produktion) 213, (Material) 339, (Personal) 359
Kennzahlenmethode 364 f.
KEP-Dienst 547
KEP-Dienstleister 298
Kernprozess 56
Key Account 451, 533
Key-Account-Manager 451
Klageverfahren 563
Klausel, überraschende 294
Kleingut 298, 545 f.
Kleinserie 139
Know-how 81, 473
Kommanditeinlage 602
Kommanditgesellschaft 602
Kommission 495
Kommissionär 488, **494 ff.**
Kommissioniersystem 542
Kommissionierung 537, 541, **542**
Kommissionslager 495
Kommittent 495 f.
Kommunikation 12, **14**
Kommunikationsmix 475, **477**, **530**
Kommunikationspolitik 475, **517**, 576
Kommunikationsunternehmen 19
Kompetenz 9, 349 f.
Komplementärgut 89, 482
Konditionen **506**, 530
Konditionenpolitik 475, 506, **513**
Konfigurator 143, 486, 541
Konflikt 418 f
Konfliktlösungsstrategie 421
Konfliktmanagement 418, 421
Konfliktregelung 418, **421 f.**
Konkurrenzforschung 460
Konkurrenzklausel 379
Konkurrenzstruktur 574
Konnossement 548, **667 f.**
Konstitution 639
Konstruktion 107
Konstruktionsstückliste **110**, 166
Konstruktionszeichnung 109
Konsulatsfaktura 667, **669**
Konsumgüterindustrie 19
Konsumrückstände 97
Kontaktpflege 570
Kontokorrentbuch 308
Kontokorrentkredit 619 f.
Kontokorrentvorbehalt 307
Kontrahierungsmix 475, **477**, **530**
Kontrahierungspolitik 475
Kontrollaufgabe 22, **25**
Kontrolle 27
Konventionalstrafe 314
Konzentrationsstrategie 473
Koordination 25
Kosten 118 ff.
- auflagenfixe 141
- auflagenvariable 141
- der Abnahme 299
- der Übergabe 299
- externe 74
- fixe 91, **126 ff.**, (Lager) 337
- interne 74
- variable 127 ff., (Lager) 337
Kostenabweichung 212
Kostenartenintensität 217
Kostenerfassung 119
Kostenführerschaft 474
Kostenkoeffizient 215
Kostenkontrolle 201, 211
Kostenmanagement 119
Kostenplanung 211
Kostenproduktivität 215
Kostenspaltung 211
Kostenstelle 121
Kostenträger **118**, 121 f.
Kostenträgerzeitblatt 122 f.
Kostenvergleichsrechnung 591
Kredit 605
Kreditauskunft 606
Kreditfinanzierung 582, **604**
- kurzfristige 619
- langfristige 624
Kreditinstitute 19
Kreditkarte 554 f.
Kreditleihe 608 f., **610**
Kreditlimit 619
Kreditor 308
Kreditorenkonto 308
Kreditorenmanagement 308
Kreditprüfung 536
Kreditsicherheit 608
Kreditwürdigkeit 606
Kreislauflogistik 243
Kreislaufwirtschaft **75**, 98
Kreislaufwirtschafts- und Abfallgesetz **76**, 97, 99
Kulanz 319
Kultur 12
Kumulationsrechnung 597
Kunde 237, 532 ff.
Kundenakquise 533
Kundenakquisition 533
Kundenanzahlung 619
Kundenauftrag 162
Kundenauftragsbearbeitung 538
Kundenauftragsbearbeitungsprozess 536
Kundenauftragsmappe 536 f.
Kundenbestellung 162
Kundenbeziehungs-Lebenszyklus 570

Kundenbindung 486, 532, **568**
Kundendaten 536
Kundendienst 446, **486**
Kundengewinnung 446, 532, **533**
Kundengewinnungsprozess 534
Kundenmanagement 532
Kundenpflege 486
Kundenpotenzial 533
Kundenrabatt 160
Kundenservice 486
Kundenskonto 160
Kundenstammsatz 536, 557
Kundenstruktur 574
Kundentyp 532
Kündigung (Arbeitsverhältnis) **407 f.**, 413
Kündigungsfrist 408
Kündigungsschutz 408 f.
Kündigungsschutzgesetz 379, 408
Kündigungsschutzklage 410
Kuppelprodukt 89
Kurierdienst 504, 547
Kurzarbeit 407
Kybernetik 33

L
Laborexperiment 458
Ladeeinheit 325, 544
Lademittel 541, **544**
Laden, werkseigener 488
Ladeschein 548
Ladung (Lkw) 298, 546
Lager 320
- dezentrales 323
- organisatorisches 151
- unfreiwilliges 151, 321
- zentrales 322
Lagerbestand 264 f.
- disponierbarer **265**, 340
- durchschnittlicher **340 f.**, 344 f.
- eiserner **265**, 340
- verfügbarer **265**, 340, 537
Lagerbestandsführung 146
Lagerbindung 491
Lagerdauer, durchschnittliche 344
Lagereinheit 325, 544
Lagereinrichtung 324
Lagerentnahme 333
Lagerfachkarte 330
Lagerfertigung 88, 91, **136**, 139 f.
Lagerkapazität 338
Lagerkarte 330
Lagerkosten 242, 257, 262, **337 f.**, 341, (bei Sortenfertigung) 141
- durchschnittliche 344 f.
- fixe 337 f.
- variable 337
Lagerkostensatz 141, **262 f.**
Lagerkostenvergleich 501
Lagerlogistik 243
Lagerorganisation 322
Lagerreichweite 268, **341**
Lagerreserve **264 f.**, 340
Lagerrisiko 337
Lagerschein 613
Lagersysteme 500
Lagerung 41 f., 242, 320 ff.
- chaotische 330
- dezentrale 323, 500 f.
- zentrale 322, 500 f.
Lagerversandauftrag 162
Lagervorrichtungen 324
Lagerzeit 170
Lagerzinsen 141
Lagerzinssatz 345
Lagerzugang 333
Lagerzugangsschein 193, 195
Lastenheft 105
Lastschrifteinzug 554
Laufbahn 397
Laufbahnplan 360
Laufbahnplan 397
Laufkarte 193 f.
Lean Management 235
Lean Production 234 f.
Leasing 632 ff.
Leasingrate 633
Lebenslauf 373
Lehre 173
Lehrgespräch 403, **405**
Lehrkonferenz 403
Lehrvortrag 403, **405**
Leiharbeitnehmer 371
Leistungsbilanz (Bewerbung) 373
Leistungsdisposition 350, **351**
Leistungsfähigkeit 9, **350**
Leistungsfaktoren 40
Leistungsgerechtigkeit 407
Leistungsgrad 437
Leistungslohn 438
Leistungsmix 475, **477, 528 f.**
Leistungsmotivation 350, **351**
Leistungsort 296, (UN-Kaufrecht) 653
Leistungspolitik 475, **477**
Leistungsstörungen (UN-Kaufrecht) 654
Leistungswilligkeit 351
Leitung 41
Lernprogramm 404
Lernprozess 25
Lernstatt 403 f.
Leverage-Effekt 646
Lieferantenauftragsdatenbank 249, 283
Lieferantenauswahl 248, 256
- operative 277
- strategische 258
Lieferantenauswahlprozess 260
Lieferantenauswahlstrategie 259
Lieferantenbeurteilung 260
Lieferantendatenbank 249, 277
Lieferantenermittlung 259, 277
Lieferantenkennzahlen 340, **342**
Lieferantenkredit 621
Lieferantenqualität 260, 342
Lieferantenrabatt 276
Lieferantenskonto 276
Lieferantenstammsatz 308
Lieferantensuche
- operative 277
- strategische 258
Lieferantensuchmaschine **259**, 278
Lieferbereitschaftsgrad 342
Lieferketten-Datenbank 32
Lieferkosten, durchschnittliche 343
Lieferservicegrad 342
Lieferung, mangelhafte 315, (UN-Kaufrecht) 655
Lieferungsverzug 312
Lieferzeit 265, 300, (UN-Kaufrecht) 653
Liegezeit 170
Linienschiff 548
Liquidität 18, 635, (Kennzahlen) 639 ff.
Liquiditätskennzahlen 640
Listeneinkaufspreis 276
Listenpreis 146
Listenverkaufspreis **160 f.**, 508
Lizenz 115, 479
Lkw-Ladung 298, 546
Lkw-Transport 503
Logistik 43 f.
Logistikdienstleister 243 f.
Logistikpartnerschaft 44, 245
Logistiksystem, integriertes 44
Lohnabrechnung 444
Lohngruppe 168, **433 f.**
Lohngruppenverfahren 433
Lohnkosten 438
Lohnschein 193 f.
Lombard 612 f.
Lombardkredit 612
Los **138**, 140
Losgröße, optimale 140, **141**, 176
Loswechselkosten 141
Lücken-Analyse 572
Luftfrachtbrief 548, 667

M
Machbarkeitsprüfung 104
Mahnbescheid 561 f.
Mahnlauf 557, **559**
Mahnliste 559
Mahnung 284, **312 f., 559 ff.**
Mahnverfahren, gerichtliches 561 f.
make or buy 89
Management 22
- by Delegation 416
- by Exception 417
- by Objectives 417
Management-Informationssystem 31
Managementprozess 57
Manager 16
Mängel 284, **315 ff.**, (UN-Kaufrecht) 655
- arglistig verschwiegene 317 f.
- offene 318
- versteckte 318
Mängelbeseitigung 316
Mangelfolgeschaden 317
Mängelrüge 318
Mantelzession 611
Marke **117**, 294, 485
Markenpflege 485
Markenpolitik 475, **485**, 529
Markenschutz 117
Markentest 458
Marketing 446 ff.
Marketingcontrolling 572

Marketinginstrumente 454, 469, **475, 528**
Marketingkennzahlen 573
Marketing-Konzeption 454, 526
Marketinglogistik 500
Marketing-Mix 454, 475, **476 f.**
Marketing-Organisation 449 ff.
Marketingstrategie 454, **471, 527**
Marketingziele 454, **468 f.**
Market-Pull-Strategie 102
Markt 35
– globalisierter 36
Markt- und Umfeldanalyse 462
Marktanalyse 455, 461
Marktanteil
– absoluter **458**, 573 f., 576
– relativer **458**, 478, 573 f.
Marktanteilsentwicklung 574
Marktbeobachtung 455
Marktdurchdringung 472
Marktdurchdringungspreis 512
Marktentwicklung 458, 472 f., 528
Markterkundung 455
Marktforschung 103, **454 ff.**
– demoskopische 455
– ökoskopische 455
Marktführer 509
Marktkennzahlen 573 f.
Marktplatz, virtueller 541
Marktpotenzial **458**, 572
Marktsegment 471 f.
Marktsegmentierung 472
Marktsegmentierungsstrategie 471, 528
Marktsituation 458
Marktvolumen 458, 473 f.
Marktwachstum 574
Marktwirtschaft 11
Maschinenbelegung 134, 146, **150 f.**, 182, **187 ff.**, 537
Maschinenleerkosten 151
Maschinenstundensatz 123
Maslowsche Bedürfnispyramide 351
Mass Customization 142
Massenentlassung 412
Massenfertigung 137, **139 f.**
Massenwerbung 519
Materialannahme 284
Materialbedarf 174, 247
Materialbedarfsplan 164
Materialdatenbank 248
Materialdisposition 175, **177**
Materialeffizienz 214
Materialeingangsschein 284
Materialeinzelkosten 94
Materialentnahmeschein 193 f.
Materialgemeinkosten 94, **122 f.**
Materialgemeinkostenzuschlagssatz 122
Materialien 40, **93 f.**, 241
Materialkosten 119, 122
Materialmanagement 241
Materialnummer 328
Materialproduktivität 214
Materialprüfung 284
Materialstammdaten 146
Materialstammsatz 248
Matrixorganisation 50
Maximalkapazität **125**, 146
Maximalprinzip **17**, 213
Mediaplan 520
Mediation 421
Mehrarbeit 370
Mehrfachfertigung 137
Mehrfirmenvertreter 488, **494**
Mehrliniensystem 49
Mehrquellenbeschaffung 259
Meilenstein 69
Meinungsforschung 457, **459 f.**
Meinungswerbung 515
Meisterdisposition 327
Meldebestand (Lager) 265, **266**, 339 f.
Meldepflicht 490
Meldeweg 25
Menge, kritische 91, 130, 592
Mengenbindung 491
Mengendisposition 262 f.
Mengenkoeffizient 214
Mengenkontrolle 201
Mengenrabatt 511
Mengenteilung 225
Menschenführung 415
Merchandising 521
Messe, virtuelle 541
Messerabatt 511
Methoden systematischer Ideenentwicklung 103
Methodenkompetenz 9
Method-Time-Measurement 428
Metra Potential Method 184
Minderlieferung 315 f.
Mindermengenzuschlag 511
Mindestabnahmemenge 511
Mindestbestand (Lager) **265**, 340, 588
Mindestkapazität 125
Minimalkostenkombination 137
Minimalprinzip **17**, 213
Minutenfaktor 440
Mischkalkulation 510
Mitbestimmung (Betriebsrat) 368, 389 f.
Mittel, flüssige 583
Mittelserie 139
Mitverschluss 613
Mobbing 370, **419**
Modell des Unternehmens 41
Modernisierungsinvestition 583
Modul 273
Modular Sourcing 259
Modulverfahren 429
Momentanliquidität 637
Motivation 25, 351
Motivforschung 457, **459 f.**
M-Störgrößen 204
Multimomentaufnahme 427
Multiple Sourcing 259
Mutterschutzgesetz 379, 388

N
Nacharbeitsquote 217
Nachbesserung (UN-Kaufrecht) 655
Nacherfüllung 316 f., (UN-Kaufrecht) 655
Nachfrage 35
Nachfrageelastizität 507 f., 576
Nachfrist
– für die Abnahme (UN-Kaufrecht) 657
– für die Lieferung 313, (UN-Kaufrecht) 653
– für die Zahlung 306, 561, (UN-Kaufrecht) 657
– zur Nacherfüllung 317, (UN-Kaufrecht) 654
Nachhaltigkeit (Materialien) 97
Nachkalkulation 161
Nachlaufzeit 265
Nachnahme **301**, 547, 553
Nachricht 25
Nachschusspflicht 602
Nachtarbeit 388
Nachweisgesetz 378
Naturalrabatt 296
Nettobedarf 112, **178**
Nettobedarfsrechnung 178
Netto-Geldvermögen 641
Nettogewicht 295 f.
Nettopersonalbedarf 365
Nettorentabilität 595 f.
Netzplan 184
Nichtabnahme der Ware (UN-Kaufrecht) 657
Nichtannahme der Kaufsache 551
Nichteinhaltung des Liefertermins 312, (UN-Kaufrecht) 654
Nichteinhaltung des Zahlungstermins (UN-Kaufrecht) 657
Niederstwertprinzip 335
Norm (Kultur) 11, (Standard) 72, **109, 226**, 294
Normalkostenrechnung 160
Normalleistung 437 f.
Normung **226**, 294
Notverkauf 551
Null-Fehler-Produktion **207**, 234, 238, 273
Nullserie 105
Nutzen (des Kunden) 46
Nutzen 254 f.
Nutzwertanalyse 104, 261, 279, **281**, 587

O
Oberziel 18
Objektzentralisation 153, 246
Obligation 625
Offene Handelsgesellschaft 602
Öffentlichkeitsarbeit 515
Öko-Audit 81
Ökobilanz 81
Oligopol 509
Online-Einkauf 286 f.
Online-Shop **286**, 448, **540 f.**
Online-Verkauf 540
OP-Liste 558
Opportunities 39
Optimalkapazität **125**, 127 ff.
Optimierung, lineare 134
Orderbuch 249
Orderkonnossement 667 f.
Organigramm 51

Organisation 25, **48 ff.**, (Beschaffung) 246, (Produktion) 149, (Personal) 353
Organisationsfunktion 41
Organisationskonflikt 418, **420**
Organisationsmodelle 49
Organisations-Nummerierung 329
Organisationsschaubild 51
Organisationstypen der Fertigung 149
Outsourcing 90, 549

P

Päckchen 547
Packliste 667, **669**
Paket 547
Paketdienst 504, **547**
Paketversand 298
Palette 325, 544
Panel 457
Partie 140
Partiefertigung 137, **140**
Partikulier 504
Passivseite der Bilanz 581
Patent 114
Paternosterlager 330, 338
Pay-off-Period 597
PayPal 555
Penetrationspreis 512
Penetrationsstrategie 512
Pensionsrückstellung 631
Periodenliquidität 637
Personalabbaumanagement 407
Personalakte **354**, 377, 401
Personalanforderung 368
Personalanwerbung 368
Personalaufwand 358 f.
Personalauswahl 372
Personalbedarf 173, **36**
- qualitativer 349
- quantitativer 349
Personalbedarfsdeckung 349
Personalbedarfsplan 164
Personalbedarfsplanung
- qualitative 366
- quantitative 364
Personalberater 372
Personalbeschaffung 348, 368 ff.
- externe 369, **370**
- interne 369
Personalbeschaffungsmanagement 363
Personalbestandsanalyse 359 f.
Personalbudget 430
Personalcontrolling 358 f.
Personaldaten 354
Personaleinsatz 387
Personaleinsatzmanagement 386
Personaleinsatzplanung 386
Personalentwicklung 348, **367, 396 ff.**,
Personalentwicklungsgrundsätze 396
Personalentwicklungsinstrumente 397
Personalentwicklungsmanagement 396
Personalentwicklungsmaßnahmen 397, **402 ff.**
Personalereignisse 358 f.
Personalfreisetzung 407
- umfangreiche 412
Personalführung 348 f., **415**
Personalinformationssystem 348 f., **358 f.**
Personalkosten 429
Personalkredit 608, **609**
Personalleasing 371
Personalleistung 349 f.
Personalmanagement 348
Personalmarketing 368
Personalnebenkosten 429
Personalplanung 173, 348 f.
Personalprozesse 354
Personalrabatt 511
Personalstammsatz 377
Personalstatistik 358
Personalstruktur 358 f.
Personalverwaltung 348 f.
Personengesellschaft 601
Personenkonto 308
Pfandbestellung 612 f.
Pfandrecht 608, **612 f.**, (Kommissionär) 49
Pfändung 562
Pfandverwertung 612
Pflichtenheft 105
PIN 554
Plankalkulation 160
Plankosten 211
Plankostenrechnung 160, **211**
Planspiel 403, **405**
Planung 24, (Produktionsprogramm) 91
Planungsfunktion 41
Planzeit 428
Platzkauf 317
Podiumsdiskussion 403, **405**
Police 668
Policy Paper 454, 528 ff.
Portfolio 478
Portfolioanalyse **478**, 572
Portfolio-Matrix 478
Positionierungsanalyse **460**, 572
Post 504
POS-Zahlung 555
Potenzialanalyse 211
Potenzialfaktor 211
PPS 145 f.
PPS-Datenbank 248
Prämie (beim Prämienlohn) 442
Prämienlohn 438, **442**
Preis 296, **506 ff.**, 530
Preisabweichung 212
Preisbindung, vertikale 492
Preisdifferenzierung 512
Preiselastizität der Nachfrage 507 f.
Preisempfindlichkeit der Nachfrage 506
Preisminderung (bei Mängeln) 317, (UN-Kaufrecht) 655 f.
Preisnachlass 296, 513
Preisobergrenze (Einkauf) 276
Preisplanung (Einkauf) 275
Preispolitik 475, **506**, 575
Preispositionierung 513
Preissetzung 508
Preisstaffelung 511 f.
Preisstellungssystem 510 f.
Preisstrategie 512
Preisstrukturanalyse **276**, 339
Preistest 458
Preisuntergrenze 133, 506, **509 f.**, 575
Preiszuschlag 296
Primärbedarf 174
Primärforschung 250, **456**
Primärrohstoff 97
Prinzip, ökonomisches **17**, 23
Prioritätsregeln 151, **175**
Private Equity 603
Privatentnahme 602
Probearbeitszeit 377
Product-Placement 518
Produkt 478
Produktdesign 114
Produktelimination **101**, 479, **481** f.
Produktentstehungsmanagement 101
Produktentwicklung 104, 472 f., 528
Produktentwicklungsprozess 56, **104**
Produktfeld 88
Produktgestaltung **480**, 529
Produktimage 460
Produktinnovation **102, 479 f.**, 529
Produktion 85
- schlanke 234
Produktionscontrolling 211
Produktionsdurchführung 86
Produktionsfaktoren 40
Produktionsgüterindustrie 19
Produktionskontrolle 86, **200 f.**
Produktionslogistik 243
Produktionsmanagement 85 f.
Produktionsplanung 86
Produktionsplanung und -steuerung 145 f.
Produktionsprogramm **87**, 91
Produktionsprogramm-Management 87
Produktionsprogrammplanung 86, 91
Produktionsrückstände 97
Produktionsziele 85
Produktivität 153, **213 f.**
Produktkonfigurator 143, 541
Produktlebenszyklus **101**, 477
Produktlebenszyklusanalyse 477 f.
Produktmanagement 70
Produktmanager **70**, 450
Produktmaterialien 91
Produktplanung 104
Produktplanungsprozess 56, 104
Produktplatzierung 518
Produktpolitik 475, **477**, 574
Produkt-Portfolio 478
Produktprogramm **87 f.**, 529
Produktspezialisierung 89, 228
Produktvariation **480**, 529
Profilabgleich 360
Profit-Center 50, 451
Proforma-Rechnung 667, **669**

Programmbreite (Produktion) 88, (Absatz) 483
Programmdifferenzierung 483
Programmdiversifikation 483
Programmplanung 91
Programmpolitik 475. **482**, 574
Programmtiefe (Produktion) 88, (Absatz) 483
Projekt **68**, 231, 404
Projektmanagement 68
Projektstufe 154
Projektteam 68, 103
Prokura 383 f.
Prototyp 105
Provision 438, **443,** 489 f., 491, 493 f.
Prozessanalyse 60
Prozesscontrolling 64
Prozessdarstellung 61
Prozessgestaltung 61
Prozesskettendiagramm 61 f.
Prozesskosten, durchschnittliche 343
Prozesslandkarte 62 f.
Prozessoptimierung 63
Prozessorganisation 58
Prozesssteuerung 195
Prozessteam 58
Prozessverantwortlicher 58
Prüfkosten 206
Prüfplan 202
Prüfplanung 201
Prüfzeit 170
Public Relations 475, **515**
Puffer
- freier 184, 186
- gesamter 184 f.
Pull-Instrumente 475 f.
Pull-Prinzip 196
Push-Instrumente 475 f.
Push-Prinzip 196

Q
Qualifikation 349 f.
Qualifikationsprofil **360**, 372
Qualität 36 f., **71, 201, 236**, 480
Qualitätsaudit 72
Qualitätsförderung 205
Qualitätskontrolle **201 ff.**, 273
Qualitätskosten 206
Qualitätslenkung 205
Qualitätsmanagement 36 f., **71 f.**, 204
- umfassendes 236
Qualitätsplanung 205
Qualitätsprämie 205
Qualitätsregelung 205
Qualitätssicherung 204 f.
Qualitätsstandards 205
Qualitätszertifikat 72
Qualitätszirkel 205, 403 f.
Quantitätsmangel 315, **316**
Querschnittsaufgaben **70**, 354
Quittung 553
Quotenverfahren 456
Quotierung 249

R
Rabatt 296, **511**
Rabattquote 344
Rabattstaffel 511
Rackjobbing 498
Rahmenbedingungen 39
Rahmenliefervertrag 136, 286
Rahmenvertrag 249, 261, 273 f.
Ramschkauf 295
Random-Verfahren 456
Rangfolgeverfahren 433
Rangreihenverfahren 433 f.
Ratenkauf 301
Rating 606
Rationalisierung 221 ff.
Rationalisierungsinvestition **583**, 593, 595 ff.
Rationalisierungsprozess 222
Rationalisierungsziele 222
Raumgestaltung 53 f.
Raumzentralisation 158
Realinvestition 580
Realkredit 608, **612**
Recalltest 458
Rechnungsbuchung 538
Rechnungserstellung 538
Rechnungsprüfung 284, **309**
Rechnungswesen, betriebliches 45
Rechtsgeschäft, zweiseitiges 290
Rechtsmangel 307, **315**
Recycling **75**, 97 f., 243
Recyclingbörse 244
Recyclingslogistik 243
Redistributionslogistik 243
Reederei 504
REFA-Verband 222, 423
Regalmiete 498
Regelkarte 203 f.
Regelkreis 26 f., (Produktion) 200
Regelung 27
Regionallager 501
Reihenfertigung 149, **153**
Reihenfolgeplanung 187
Reinvestition 583
Reisender 488, **489 f.**
Reklamationsquote 342
Relaunch 102
Rembourskredit 670
Rendite 591
Rentabilität **218, 595**, 635, **644 ff.**
Rentabilitätsvergleichsrechnung 591, **595 f.**
Reparaturmaterial 93 f.
Repetierfaktor 211
Ressourcenmanagement 241
Restfertigungsgemeinkosten 123
Rezeptur 107
Risiko 39, **587**
Risiko-Analyse 104
Risikokapital 603
Risiko-Management 76
Risikoprämie 337
Roboter 144
Rohstoffe 93 f.
Rollenspiel 403, **405**
Rückflussfinanzierung 582, **628**
Rückgaberecht 513
Rückkopplung 27
Rücklage 602
- offene 629
- stille 629 f.
Rückmeldeschein 193 f.
Rücknahmevorschriften 99
Rückschein 547
Rückstände 97 f.
Rückstellung 630
Rückstellungsfinanzierung 582
Rücktritt vom Vertrag 306, 313, 316 f., 561
Rückwärtsterminierung 183
Rückzugsstrategie 473
Ruhepause 388
Ruhezeit 388
Rüstkosten 141
Rüstzeit 168, 170, 426

S
Sachen 290
- bewegliche 305
- vertretbare 295
Sachinvestition 580, 582
Sachleistungsunternehmen 19
Sachmangel 315 f.
Sachverständigenbefragung 403, **405**
Sachziele 18 f., (Produktion) 86, (Material) 242
Saisonkredit 620
Sales-Force-Automation 448
Sammelladung 546, **549**
Sammelüberweisung 310 f.
Sammelwerbung 519
Satzung 602
Schadensberechnung
- abstrakte 313,
- konkrete 313
Schadensersatz 306, 313, 317, 561, (UN-Kaufrecht) 654 ff.
Scheck 311
Schichtarbeit 388, 390
Schichtplan 388
Schickschuld 297
Schiebeprinzip 196
Schiedsgericht 658
Schiffstransport 503
Schlechtlieferung 315
Schlüsselkunde 451, 533
Schlüsselprozess 56
Schlüsselqualifikationen 9
Schmiergeldverbot 379
Schuldnerverzeichnis 562
Schuldnerverzug 312, 551 f., 560
Schuldschein 626
Schuldscheindarlehen 626
Schwachstellenanalyse **63**, 205
Schweigen 292
Schwierigkeitsgrad 430 f., 437
SCM-System 31, 44
Seeschiff 548
Sekundärbedarf **174**, 177
Sekundärforschung 250, **456**
Sekundärrohstoff 97
Selbstauskunft 260
Selbsteintritt 549
Selbsteintrittsrecht (Arbeitgeber) 379, (Kommissionär) 495, (Spediteur) 549

Selbstfinanzierung 582, **629**
Selbsthilfeverkauf 551, (UN-Kaufrecht) 656 f.
Selbstkontrolle 203
Selbstkosten **122**, 160
Seminarunterricht 403
SEPA 553 ff.
Serie **138**, 140
Serienfertigung **137 ff.**, 140
Serienprodukt 139
Server 31
Serviceleistungen 570
Servicepolitik 475, **486,** 529
Serviceprozess 57, 568
Shareholder 16
Shareholder Value 18
Shareholder-Ziele 16, **17**, 349
Shop-in-the-Shop 498
Sicherheit
- akzessorische 608
- fiduziarische 608, 614
Sicherung, dingliche 608
Sicherungsabtretung 610
Sicherungshypothek 562
Sicherungsinvestition 583
Sicherungsübereignung 608, 614 f.
Sicherungsvereinbarung 608, 610, 614, 617
Sicherungszession 610
Single Sourcing 259
Skills 362
Skimming-Strategie 512
Skonto 301, 511, **621**
SMART **23**, 468
Sofortauftrag 175
Sofortkauf 300
Solleindeckungszeit 268
Sollrückflusszeit 597
Sollzeit 426 f.
Sonntagsarbeit 388
Sorgfalt (des Verkäufers) 296
Sortenartikel 140
Sortenfertigung 137, **140**
Sortiment 483, 542
Sortimentsbindung 491
Sortimentsplanung 134
Sozialaufwand 358 f.
Sozialgerechtigkeit 442
Sozialinvestition 583
Sozialleistungen 429
Soziallohn 438, 442
Sozialplan 412 f.
Sozialversicherungsausweis 377 f.
Sparsamkeitsgrad 213, 215, 343
Spartenorganisation 50
Spediteur 44, 243, 296, **548 ff.**
Spediteurübernahmebescheinigung 667
Spedition zu festen Kosten 549
Speditionsvertrag 548
Sperrpapier 667 f.
Spesen 489 f.
Spezialvollmacht 383, **384 f.**
Spezieskauf 295
Spezifikationskauf 295
Sponsoring 475, **515**
Springer 156
Stabilisierungswerbung 517
Stabliniensystem 49
Stabsstelle 49
Staffing 419
Stakeholder 11, **16**, 38
Stakeholderanalyse 38
Stakeholder-Ziele **16, 20**, 349
Stammdaten 248
Stammkapital 602
Standardisierung 226
Standards **205**, 226, (Durchschnittsqualitäten) 294
Stärken-Schwächen-Analyse **462**, 572
Stauzeit 170
Stelle 48 f.
Stellenangebot 371
Stellenanzeige 371
Stellenausschreibung 369
Stellenbeschreibung 360, **366**
Stellenbesetzung 377
Stellenbörse 376
Stellengesuch 371
Stellenmethode 365
Stellenplan 360
Stellenplan 364
Stellenvermittlung 370
Stellvertreter 403 f.
Steuerung 27
Stichprobe **203**, 456
Stichprobenkontrolle 203
Stichtagsliquidität 637, 641
Straßenfertigung 153
Strategie 24, 68, **471 ff.**
Streugebiet 519 f.
Streumedium 518
Streuzeit 520
Strukturbaum **111**, 146
Stückgeld 439
Stückgut 298, 543
Stückherstellkosten 215
Stückkauf 295
Stückkosten 120, (fixe) 126, (variable) 127
Stückliste 110 ff.
Stücklistenauflösung 177
Stückschuld 295
Stufendeckungsbeitragsrechnung 481
Stufenwertzahlverfahren 433, **435**
Subprozess 56
Substitutionsgut 89
Supply Chain 44, **59**
Supply Chain Management 31, **59**
Supportprozess 57
sustainable development 75
SWOT-Analyse 462
Symbole 11
Synektik 103
System 273
Systeme vorbestimmter Zeiten 428
Systemlieferant 273
Szenariotechnik 587

T
Taktzeit 53, **154**
TAN 554
Tara 295
Tarifvertrag 380
Tarifvertragsgesetz 379
Tatsachenforschung 457, 460
Tausenderpreis 519
Taylorismus 153
Teamarbeit 157, **230, 234**, 238
Technology-Push-Strategie 102
Teilefamilie 227
Teilerhebung 456
Teilestammdaten 146
Teileverwendungsnachweis 112
Teilezeichnung 109
Teilhafter 603
Teillieferungskauf (UN-Kaufrecht) 657
Teillieferungskauf 300
Teilmarkt 471 f.
Teilpläne, operative 24
Teilprozess 56
Teilvorgang 154
Teilzeit- und Befristungsgesetz **379**, 392
Teilzeitarbeit 392
Teilzeitbeschäftigung 379
Teilzeitmodelle 391
Telearbeit 231
Terminauftrag 175
Termindisposition 170, 175, **182**
Terminkarte 193
Terminkauf 300
Terminkontrolle 201
Terminplan 183
Terminplanung 170
Terminüberwachung 284
Terminverfolgung 537
Tertiärbedarf 174
Test 456, **458**
Testmarkt 576
Testmarktverfahren 458
Threats 39
Tilgungslan 624 f.
Total-Productive-Maintenance 234
Total-Quality-Management 66, 222, **236**
TQM 236 ff.
Training-
- on-the-job 403
- near-the-job 403
- off-the-job 403
Transaktionsnummer 554
Transferstraße 154
Transport 541
Transportdokumente 667
Transportkosten 513
Transportmittel 502 f.
Transportsystem 325 f.
Transportverpackung 299, **543**

Trend 464
Treu und Glauben 294, 305, 318
Treuepflicht 379, 490
Treuerabatt 511
Treuhandeigentum 614
Typ 226, (Güteklasse) 294
Typung 227

U
Übereignung 305
Übergabe 305

Überschussfinanzierung 582
Überseetransport 503
Überweisung 311, **553 f.**
Übung 350
Umfeld **37 f.**, 460 f.
Umfeldanalyse 39
Umfinanzierung 581
Umlaufvermögen 582
Umsatz 17, 573 f.
Umsatzanteil 573 f.
Umsatzbonus 511
Umsatzentwicklung 573 f.
Umsatzkennzahlen 574
Umsatzliquidität 641
Umsatzmaximierung 18
Umsatzrentabilität 573 f., 647
Umsatzzielerreichungsgrad 574
Umschlagshäufigkeit 344
Umschulung 367
Umstellungsinvestition 583
Umverpackung 543
Umweltbetriebsprüfung 81
Umweltbilanz 81
Umwelthaftungsgesetz 76
Umweltkonflikt 74
Umweltkosten 74
Umweltmanagement 21, 74, **79**, (Produktion) 96
Umweltmaßnahmen 75
Umweltprivatrecht 76
Umweltqualität 99
Umweltschadensgesetz 76
Umweltschutz 78
Umweltschutzbeauftragter 80 f.
Umweltstrafrecht 76
Umweltverträglichkeitsprüfung 75
Umweltverwaltungsrecht 75
Umweltzertifikat 21
Unit Sourcing 259
UN-Kaufrecht 650, **651**
Unmöglichkeit der Leistung 295, 313, 316
Unternehmen 10
- schlankes 233 f.
- virtuelles 541
Unternehmensethik 11
Unternehmensgewinn 18
Unternehmensidentität 14
Unternehmensimage 14
Unternehmenskreislauf 580
Unternehmenskultur 11, **12 f.**
Unternehmensleitbild 11, **13 f.**
Unternehmensphilosophie 13 f.
Unternehmensstrategie 471
Unternehmensziele 11, 16
Unternehmerlohn, kalkulatorischer 645
Unternehmerrisiko 337
Unternehmerrückgriff 318
Unterweisung
- computergestützte 403
- planmäßige 403
- programmierte 403,
Unterziel 18 f.
Upcycling 75
Urlaub 379, **388**
Ursache-Wirkungs-Diagramm 238
Ursprungszeugnis 667, **669**
Urteil 563

V
Variante 88, 227, 483
Venture Capital 603
Veränderungszeit 170
Verarbeitungsbetriebe 19
Verbraucher 317
Verbraucherpromotion 521
Verbrauchervertrag 294
Verbrauchsabweichung 212
Verbrauchsgüterkauf 317 f.
Verbrauchswert 250 f.
Verbundbeschaffung 259
Veredelungsbetriebe 19
Verfahrensinnovation 102
Verfahrensmanagement 136
Verfrachter 504
Verfügbarkeitsprüfung 146, 537
Vergleich 563
Vergütungspflicht 379
Verhalten 12, **14**
Verhaltensforschung 460
Verjährung 565
Verjährungsfrist 565 f., (Mängel) 318
Verkauf 446
Verkäufermarkt **36**, 271
Verkaufsabteilung 488
Verkaufsautomat 488
Verkaufsbedingungen 506
Verkaufseinheit 325, 544
Verkaufsförderung 475, **521**, 530
Verkaufsidee 520
Verkaufskommissionär 495
Verkaufskonditionen 513
Verkaufsniederlassung 488
Verkaufspromotion 521
Verkaufsverpackung 543
Verkehr, kombinierter (Bahn) 545 f.
Verkehrsunternehmen 19
Verlässlichkeit einer Anlage 218
Verlust, zufälliger 313
Vermittlungsreisender 489
Vermittlungsvertreter 493 f.
Vermittlungsvollmacht 493
Vermögensstruktur 639 f.
Verpackung 97, 299, 541, **543 f.**
Verpackungseinheit 325, 544
Verpackungskosten **299**, 513
Verpackungstest 458
Verpackungsgesetz **76**, 99, 544
Verpfändung 612
Verpflichtungsgeschäft 305
Verrechnungspreis 119, 335
Verrichtungszentralisation 150, 246
Versandanzeige 284
Versandeinheit 325, 544
Versandlogistik 541
Versandpapiere 438, 541
Verschlechterung, zufällige 313
Verschlechterungseinrede (UN-Kaufrecht) 657
Verschulden 296
Verschuldenshaftung 76, 296
Verschuldung, effektive 650
Verschwendung 234
Verschwiegenheitspflicht 379, 490
Versendungskauf 297, (UN-Kaufrecht) 653, 655

Versetzung **370**, 407
Versicherung, eidesstattliche 562
Versicherungen 19
Versicherungsdokumente 667
Versorgungslogistik 44
Versorgungsrisiko 257
Versorgungssicherheit **242**, 339 f.
Verstoßkonflikt 418, 420
Verteilungskonflikt 418, **420**
Verteilzeit 364, **426**
Vertragsaufhebung (UN-Kaufrecht) 654 ff.
Vertragserfüllung 305
Vertragshändler 488, **491**
Vertragsrücktritt 306, 313, 316 f., 561
Vertragsstrafe 314
Vertragsverletzung (UN-Kaufrecht) 654, 657
Vertrauenswerbung 515
Vertretbarkeit (Güter) 88, 294 f.
Vertretervertrag 493
Vertrieb 446
Vertriebsbindung 491
Vertriebsgemeinkosten 122 f.
Vertriebsgemeinkostenzuschlagssatz 122
Vertriebskostenanteil 575
Vertriebskostenquote 575
Vertriebspolitik 473, **487**
Vertriebsprozess 57
Vertriebssystem 488
Verursacherprinzip 75
Verwaltung 41 f.
Verwaltungsgemeinkosten 122 f.
Verwaltungsgemeinkosten-zuschlagssatz 122
Verzögerung, schuldhafte 284
Verzug 312 f., 551, 560 f.
Verzugsquote 342
Verzugszinsen 561, (UN-Kaufrecht) 657
Vollerhebung 456
Vollhafter 603
Vollkontrolle 203
Vollmacht 382 f.
Vollstreckungsbescheid 562
Vorauszahlung 301
Vorgabezeit 168, **188**, 229, **426**
Vorgang 154
- kritischer 184, 186
Vorgang, kritischer 61
Vorgangselement 154
Vorgangsstufe 154, 424, 427
Vorkalkulation 146, 161
Vorlaufverschiebung 178
Vorlaufzeit **178**, 265
Vorleistungen 45
Vorratsauftrag 162
Vorratsbeschaffung **257**, 264
Vorratsinvestition 582 f.
Vorrichtung 173
Vorsatz 296, 551
Vorserie 105
Vorsorgeprinzip 74
Vorstellungsgespräch 374
Vorwärtsterminierung 183

W

Wachstumsstrategie 472, 528
Wagenladung 299, **545 f.**
Wandelschuldverschreibung 625
Wanderprinzip 158
Waren 290, 305
Warenannahme 284
Warenart 294
Warenbeschaffenheit 294
Warenbezeichnung 294
Warenbörse 294
Warendraufgabe 296
Warendreigabe 296
Warenprüfung 284
Warenschuld 297
Warensendung 547
Warentest 458
Warenwertpapier 667
Wartezeit 53, 151, 154, **170**
Wasserhaushaltsgesetz 76
Website 10
Wechsel 553, **609**
Weg, kritischer 186
Weisungssysteme 49
Weiterverarbeitungsrabatt 511
Werbeagentur 520
Werbebudget 519 f.
Werbeelement 517
Werbeerfolg 520, **576**
Werbegrundsatz 518
Werbekampagne 520
Werbemedium 517 ff., 520
Werbemittel 517, 519
Werbeobjekt 519
Werbeplanung 519 f.
Werbestrategie 520
Werbesubjekt 519
Werbeträger 518
Werbeziele 516, 519 f.
Werbung **515 ff.**, 530
- antizyklische 519
- irreführende 523
- prozyklische 519
- vergleichende 523
- unzulässige 522
Werkstatt 138, 149 f., 156
Werkstättenfertigung 149 ff.
Werkstattfertigung 149
Werkstattsteuerung 187
Werkstoff 93
Werksvertretung 488, 491, **492**
Werkverkehr 504
Werkzeug 173
Wertanalyse **252 ff.**, 339, 587
Wertefluss 42, **45**
Wertpapier 548, **625**
Wertschöpfung **45**, 89
Wertschöpfungsprozess 45 f.
Wertschöpfungstiefe 89
Wettbewerb 11
- unlauterer 523
Wettbewerbsstrategie 474, 528
Wettbewerbsverbot 379, 490
Widerruf 291
Widerspruchsklage 307
Wiederbeschaffungswert 591
Wiederbeschaffungszeit 265
Wiedereinsatzlogistik 243
Wiedergewinnungszeit 597
Wiederverkäuferrabatt 511
Willenserklärungen
- bindende 291
- empfangsbedürftige 291
- übereinstimmende 290
Wirkungsprognose 464
Wirtschaftlichkeit 17, 201, 213 ff., 339, 343
- der Beschaffung 343
- der Lagerung 343 f.
- der Werbung 576
- mengenmäßige 214 f.
- von Investitionen 595
- wertmäßige 215 f.
Wirtschaftlichkeitsrechnung 591
Wirtschaftsauskunftei 605
Work-Factor 428
Workflow 63
Workflowanalyse **63**, 205
Workshop 467

X

XYZ-Analyse 252

Z

Zahllauf 310
Zahlschein 553
Zahlung (Einkauf) 311, (Verkauf) 553 ff., (UN-Kaufrecht) 654
- bargeldlose 311, 553
- gegen Dokumente 669
- halbbare 311, 553
Zahlungsausgang 46
Zahlungseingang 45
Zahlungsfähigkeit 18
Zahlungsfrist 513
Zahlungsgarantie 610
Zahlungstermin 301
Zahlungsverkehr, dokumentärer 666
Zahlungsvermerke (Bahn) 299
Zahlungsverzug 551, **560**
Zahlungsziel 621
Zedent 610
Zehner-Regel 203
Zeitakkord 440
Zeitdisposition 262 f.
Zeitgrad 437
Zeitlohn 438
Zeitmanagement 36 f.
Zeitplan 164, **170 f.**
Zeitplanung 170
Zentrallager 501
Zentralstelle 49
Zerschlagungsstrategie 473
Zession 608, **610 f.**, 626
Zessionar 610
Zessionskredit 610
Ziehprinzip 196
Ziele **11**, 16 ff., (Personal) **349**, 352, (Marketing) 468 f.
- ethische 16, (Material) 242
- ökologische **16 f.**, 20, (Produktion) 86, (Material) 242
- ökonomische 16 f., (Produktion) 86, (Material) 242
- operationale 23
- operative 23
- SMARTe 23
- soziale **16 f.**, 20, (Produktion) 86
- strategische 23, 527
- strukturelle 23
- taktische 23
Zieleinkaufspreis 276
Zielharmonie 18, 244, 470
Zielkauf 301
Zielkonflikt **18**, 20, 86, 242, 265, 420, 470, 635
Zielkosten 510
Zielkostenrechnung 510
Zielverkaufspreis **160**, 508
Zins 605
- kalkulatorischer 591 f.
Zins- und Lagerkostensatz 262
Zinssatz
- effektiver 621
- kalkulatorischer 591
Zolldokumente 667
Zollfaktura 667, **669**
Zollkodex 650
Zolltarif 650
Zufallsauswahl 456
Zusatzbedarf 174
Zusatznutzen 460, **481**
Zusendung unbestellter Waren 291, 293
Zwangsversteigerung 562, 618
Zwangsvollstreckung 562, 618
Zweckkauf 313, 317
Zweifel 294, 300
Zwischenkontrolle 203
Zwischenkredit 620
Zwischenlager 320
Zwischenpuffer 153
Zwischenspediteur 548

Bildquellenverzeichnis

Fotos

ABUS Kransysteme GmbH, Gummersbach: S. 492
aconso AG, München: S. 355
Aral AG, Bochum: S. 117.3, 485.1
Beiersdorf AG, Hamburg: S. 117.4, 485.2
Bildungsverlag EINS GmbH, Köln: S. 9
BURGER KING, München: S. 493.3
CabCom GmbH, Frankfurt/Main: S. 259
Chiquita Europe B.V., Deutsche Niederlassung, Hamburg: S. 117.5
Clarissa Dorette Wagner, Würselen: S. 529.1–529.6, 530
Daimler AG, Stuttgart: S. 273
Deutscher Industrie- und Handelskammertag e. V., Berlin: S. 244
Deutscher Sparkassen Verlag GmbH, Stuttgart: S. 555.1–555.2
dpa Picture-Alliance GmbH, Frankfurt/Main: S. 11, 153 (akg-images), 221 (Globus Infografik), 224.1 (akg-images), 229.7, 271, 352 (akg-images/Erich Lessing), 419 (Globus Infografik), 422 (Globus Infografik), 495 (dpa/Fotoreport), 516 (dpa/Fotoreport)
DQS GmbH, Deutsche Gesellschaft zur Zertifizierung von Managementsystemen, Frankfurt/Main: S. 72
European Pallet Association e. V., Düsseldorf: S. 325.4–325.5
fotolia.com, New York: alle freigestellten Köpfe, S. 10 (Udo Kroener), 16.1 (Andreas Rodriguez), 16.2 (Joanna Laznicka), 16.3 (Jürgen Leo Klautzsch), 32.1–32.14 (nurbs & splines), 41 (Udo Kroener), 94.1–94.2 (Kaarsten), 94.3 (LVDESIGN), 94.4 (Globalflyer), 95.1–95.11 (T. Michel), 108.1 (MARZKY Ragsac Jr.), 116 (virtua73), 138 (Ianny 19), 139.1 (Arno Massee), 143.2 (Kadmy), 145 (ep stock), 154 (LE image), 231 (pressmaster), 298 (Thaut Images), 299.1 (Olivier), 320 (contrastwerkstatt), 354 (Tadja Savic), 398.1 (Robert Kneschke), 398.2 (Michaela Rofeld), 400 (Adam Gregor), 408 (Robert Kneschke), 448 (Sean Prior), 463 (nurbs & splines), 478.1 (Marco Birn), 478.2 (JJAVA), 478.3 (sararoom), 478.4 (Hans-Jürgen Krahl), 480.1 (HLPhoto), 480.2 (Sascha S.), 515.1 (Dron), 519 (Subbotina Anna), 520 (Franck Boston, Gestaltung: View Medien und Kommunikation, Grevenbroich), 522.1 (Günther Ullmann), 545 (Cornelia Wohlrab), 546.1 (Thaut Images), 547 (nougaro), 548 (Angelika Bentin), 567.1– 567.2, 581 (mbongo), 613.3 (Udo Kroener), 615.2 (Arturo Limón), 615.3 (Udo Kroener), 628.2–628.5 (Hasel), 632 (Peter38)
Fressnapf Tiernahrungs GmbH, Krefeld: S. 493.2
Groupe SEB Deutschland GmbH, Offenbach: S. 117.7
Henkel AG & Co. KGaA, Düsseldorf: S. 117.1, 139.2, 140
Jungheinrich GmbH, Hamburg: S. 326.1
MBI Niederwimmer GmbH, Linz (Österreich): S. 199.1
McDonald's Deutschland LLC, München: S. 493.1
Messe Frankfurt/Petra Welzel: S. 35
MEV Verlag GmbH, Augsburg: S. 158, 224.2, 301, 306, 421, 429, 460, 506, 546.2, 549, 609.1–609.2, 610.1–610.2, 613.1, 615.1, 622.1–622.3, 628.1
ONK GmbH, Köln: S. 329.2
Panasonic Deutschland, Hamburg: S. 253
PRETTL Electronics GmbH, Radeberg: S. 156.1
Procter & Gamble Germany GmbH & Co Operations oHG, Schwalbach: S. 117.6
PROFORM DESIGN, Winnenden/Michele di Gaspare, Bergheim: S. 108.4
RNK Verlag, Großbeeren: S. 564, 565

SAP Deutschland SE & Co. KG, Walldorf: S. 30, 282, 283, 537
Schenker Deutschland AG, Frankfurt/Main: S. 326.2
Schwartauer Werke GmbH & Co. KGaA, Bad Schwartau: S. 117.2
shutterstock.com: S. 522.2 (Darren Brode)
sprd.net AG, Leipzig: S. 143.1
stock.adobe.com, Dublin: S. 613.2 (bourger)
TÜV Rheinland Service GmbH, Köln: S. 21
Umweltbundesamt, Dessau-Roßlau: S. 80.1–80.2, 83
Umweltgutachterausschuss (UGA) beim Bundesministerium für Umwelt, Naturschutz und nukleare Sicherheit, Berlin: S. 82
viastore SYSTEMS GmbH, Stuttgart: S. 327.2, 331
Vorwerk & Co. KG, Wuppertal: S. 497
Wolfgang Christ, Northeim: S. 531

Zeichnungen

Angelika Brauner, Hohenpeißenberg/Bildungsverlag EINS GmbH, Köln: S. 201.1–201.3, 274, 338.1–338.3
Elisabeth Galas, Bad Breisig/Bildungsverlag EINS GmbH, Köln: S. 34, 74 (Koloration: Rolf-Günther Nolden), 98, 106, 137.1–137.4, 147, 225.1–225.2, 227.1–227.2, 229.1–229.6, 230.1–230.2, 299.2–299.4, 302, 315.2–315.5, 325.1–325.3, 368 (Koloration: Rolf-Günther Nolden), 500, 542.1–542.3, 543.1–543.3, 544.1–544.5
Erik Liebermann, Steingaden: S. 396, 418, 570
Gabriele Timm, Kaarst/Bildungsverlag EINS GmbH, Köln: S. 416, 635.1–635.2
Jupp Wolter (Künstler)/Haus der Geschichte der Bundesrepublik Deutschland, Bonn: S. 232.1, 443
Michele di Gaspare, Bergheim/Bildungsverlag EINS GmbH, Köln: S. 42, 108.2–108.3, 108.5–108.6, 109, 110, 113, 173.1–173.3
Oliver Wetterauer, Stuttgart/Bildungsverlag EINS GmbH, Köln: S. 487
Reinhold Löffler, Dinkelsbühl: S. 12
Rolf-Günther Nolden, Grevenbroich: S. 114, 148, 196, 197, 200.2, 213, 232.2, 241, 312, 315.1, 318, 324, 336, 348, 350, 363, 375, 386, 402, 407, 423, 430, 446, 491, 515.2, 517, 551, 562, 566, 601, 618, 631

Umschlagfoto: MEV Verlag GmbH, Augsburg